U0802547

极限论与微分学新探

定光桂　著

科学出版社

北京

内 容 简 介

这是一本探索性的书. 笔者试图将实数、极限和微分学这些数学分析的基础理论用现代分析的观点来处理. 本书既要将上述理论的基本内容全部覆盖, 又要将原内容赋予一系列的发展和创新.

这是一本“雅俗共赏”的书. 本书通俗, 是因为阅读本书的预备知识仅仅需要初等数学知识(中学内容); 而本书“雅”, 则是因为其观点新、技巧性强且创新内容多.

这是一本培养创造性思维的书. 本书讲述由浅而深, 从形象到抽象; 并特别注意引导读者去“举一反三”, 从各种“(正)例”“反例”以及“注”的学习中学会联想, 并发现且引导出新的结果.

本书既可以作为数学分析的教材, 亦可作为高年级大学生、研究生和需用此相应知识的科教人员的参考书.

图书在版编目(CIP)数据

极限论与微分学新探/定光桂著. —北京: 科学出版社, 2014.1

ISBN 978-7-03-039552-8

I. ①极… II. ①定… III. ①极限-研究②微分学研究 IV. ① O17

中国版本图书馆 CIP 数据核字(2014) 第 043355 号

责任编辑: 赵彦超 李静科 / 责任校对: 张小霞

责任印制: 赵 博 / 封面设计: 陈 敬

科学出版社 出版

北京东黄城根北街 16 号

邮政编码: 100717

http://www.sciencep.com

北京市金木堂数码科技有限公司印刷

科学出版社发行 各地新华书店经销

*

2014 年 2 月第 一 版 开本: 720 × 1000 1/16

2025 年 3 月第五次印刷 印张: 31 3/4

字数: 621 000

定价: 128.00 元

(如有印装质量问题, 我社负责调换)

作 者 简 介

定光桂 男, 1961 年毕业于南开大学. 现任南开大学数学系教授、国务院学位委员会评聘的博士生导师. 主要研究巴拿赫空间上的算子(特别是“等距算子”)与泛函(特别是“拟次加”泛函)理论, 独立发表论文 70 余篇, 数学专著 8 本(约 272 万字). 现在主要从事关于“等距延拓”问题的研究工作.

1981 年回国后在本科生及研究生教学第一线工作, 从无到有地带出一支有特色并在国内外有影响的巴拿赫空间理论和泛函分析的研究队伍. 由于在培养研究生及科研上的成就, 曾多次获校、市的教学和科研奖. 1989 年以“培养高质量数学研究生”成果独立获首届国家级“教学成果优秀奖”; 1990 年因培养少数民族地区年轻数学教师和研究生成绩突出获国家民委“民族团结、进步先进个人奖”; 1991 年获国家教育部 “科技进步奖”; 1998 年独立获天津市“科技进步奖”(首届“自然科学奖”); 1999 年获天津市“九五”立功奖章; 2000 年作为“基础数学人才培养基地”成员获“天津市特等模范集体”; 2001 年获“宝钢优秀教师奖”; 2012 年独立获天津市自然科学一等奖.

专著《巴拿赫空间引论》于 1984 年在科学出版社出版, 并被(台湾)“九章数学会基金”在其《让数学名著永恒》项目中首选为重版书目, 并在 2008 年出版了第二版. 另外, 专著《泛函分析新讲》和《数学分析的方法与技巧选讲》分别于 2007 年和 2009 年在科学出版社出版, 此为两本具有特色的、有别于中外同类专题的著作.

自 1987 年以来, 一直承担国家自然科学基金及国家教育部博士点基金项目, 并担任项目负责人. 曾任南开大学教务长、数学系系主任、天津市数学会副理事长、中国数学会教育委员. 连续四届任天津市政协常委, 并连任两届市政协教育文化委员会及科技教育委员会副主任.

序

定光桂教授的《极限论与微分学新探》是一部具有鲜明特色、探索性很强的新著.

众所周知, 极限论和微分学是数学分析的基础. 至今为止, 虽然涉及这些内容的中外书籍不下百千种, 但是, 像该书这样既将上述基本理论全部覆盖, 又具有一系列创新论述与认识, 且将近代分析的观点渗透其中的著作却实为罕见.

此书的特点, 首先是按照数学理论发展的模式, 严格地从公理和定义出发, 紧扣问题的核心和实质来论述. 其中, 与中外相应内容最不相同的是: 在此书中, 用有理数端点的“闭区间套”来定义无理数和实数, 从而导出实数的完备性. 继而, 用完全类似的方法导出了任意距离空间中“闭球套公理”与“完备性公理”的等价性这一结论. 其次, 从内容的“一致性”出发, 在不多增加篇幅的情况下, 作者将相应近代分析的许多观点和内容和谐地渗入其中. 其三, 此书对许多结论及各种形式的反例 (包括作者的创新结果) 的论述特别注意引导读者去“举一反三”, 去“联想”, 从而激活读者的创造性思维和逐步培养他们独立思考和学习研究的能力. 至于此书的其他特点, 读者从此书的学习中一定可以发现, 在此就不一一列举了.

此书不但对于学习微积分的读者会有帮助, 而且对于从事数学分析教学的教师也同样具有参考价值. 特别地, 由于此书中有大量的正、反例子 (有的是作者构造的), 因此, 对于自学的读者也将大有裨益.

徐宗本

2012 年秋于西安交通大学

前　言

在本书与读者见面之时, 我首先要衷心感谢徐宗本院士和彭济根院长, 感谢他们亲赴南开大学, 邀请我到西安交通大学工作, 使我得以亲身参加到教育部为推进我国研究型大学水平的提升而首创的有关数学拔尖创新人才的试验教学工作.

虽然我在高校教学科研工作已 50 多年, 但是, 自从瑞典皇家科学院 Mittag-Leffler 数学研究所回国后, 已经 30 多年没有从事基础数学的再学习和专研. 此次有机会亲身投入到此一 (在人才治国战略思想指导下) 具有历史意义的高等教育工作中, 三年来的实践, 我才深切感受到: 作为所有高等数学各分支基础和核心的"极限理论"以及应用广泛的"微分学理论"的确有不少值得改进的空间.

众所周知, "微积分学" 的创建至今已有二三百年的历史. 几百年来, 在一些数学大师和许多杰出数学先辈们的辛勤劳动下, "微积分学"已经被塑造成一个相当完美的经典数学成品. 因此要想做任何一点的改动都是十分不易的. 然而, 时代在进步, 科学技术在飞速发展, 从 21 世纪的今天来看, "微积分学"则又有不少应该和可以改进的空间, 尤其是其极限和微分学理论部分. 我想, 其实许多数学工作者肯定也看到了这一点, 但是由于他们"无暇"去做或者"不屑"去做, 致使几百年后"微积分学"理论基本变化不大, 至少在近半个多世纪以来, 内容和论述变化不大.

*　*　*

要培养创新人才, 就应该有创新的思维. 在这三年的再学习、讲授、讨论和研究中, 对作为现代分析强有力的工具及基础并对后续学科有深刻影响的极限和微积分学理论, 应该并且也能够作一个重新的探索和改革. 正是基于此, 我撰写出了这本探索性的书. 在本书的写作中, 我有下面的几点思索:

(一) 要将现代分析的观点渗透其中. 这里, 我们既不是将现代分析的某些内容"下移", 也不去专门介绍某些新专题, 而是在继存下来的极限论和微分学的内容中, 对可以引申的部分, 在尽可能简单的原有框架下, 让读者了解现代分析中某些方法技巧以及它们的应用. 例如, 对于极限的定义及其某些基本性质, 由于它们在一维实数空间、n 维欧氏空间以至于任意"赋范空间"和抽象的"距离空间"中表达和处理手法的"一致性", 我们最后则将它们转为在距离空间或者赋范空间来讨论. 又如, 连续函数在 "闭区间" 上的整体性质, 其证明与距离空间上的连续函数在"紧集"或"自列紧集"上之整体性质是完全相同的, 因此我们就直接用后者来代替前者. 这样一来, 不但没有增加篇幅和难度, 反而有助于读者深刻和完整地了解相关特性的内涵、实质以及后续学科的学习. 再如, 对于现今书本中常爱选用的有关 n 维欧氏空间中凸函数的连续性专题, 我们则顺势推广到任意 n 维"赋范空间"来讨论. 此外, 在有关多元函数 (泛函) 和映像 (算子) 的微分之论述中, 我们则很自然地将 (连续)"线性泛函"和 (连续)"线性算子"以及"弗雷歇导数"等近代泛函分析的概念和初等内容引领出来.

(二) 注重数学的特点 —— 严谨且简练, 并引导读者善于抓住问题的核心和实质. 仅以实数的完备性为例, 我们知道, 既然极限论是从实数域中开始讨论的, 那么, 我们首先就要论证实数的"完备性", 即除了有理数和无理数之外, 实数轴上没有"空隙". 因此, 关系到从有理数域出发, 如何构造 (产生) 出所谓的"无理数". 值得一提的是: 如果仅仅将无理数直接就"简单地"定义为有理数列 (例如"十进位小数") 的"极限", 这是不对的. 因为, 这与极限定义之开首约定"如果存在一个数"的前提相矛盾. 在本书引入实数完备性相互等价的五个命题中, 我们不采用"戴德金分割原理""康托尔确界原理"或"康托尔单调有界收敛原理"为出发点, 因为此三个原理中均涉及一个"序"(大小比较之) 的结构. 但从本质剖析, 这种"序"的特性与"完备性"(实数的) 是毫不相干的! 由于此"附加物"的羁绊, 使得这三个原理均不可能推广到任意的抽象距离空间, 而作为该空间实施完备化的工具. 这里, 我们也不用"柯西基本列收敛原理"(虽然在后续的学科"泛函分析"等均是用它来做距离空间完备化之工具的), 因为对一个初学高等数学的读者而言, 我们认为, 用此原理来定义实数似乎显得过于抽象了一些. 因此, 最终我们采用有理数组成 (长度趋向零) 的"闭区间套"来作为定义实数的公理, 如同玩具"俄罗斯套娃". 从而给极限论研讨之基石 —— 实数理论 —— 一个直观、清晰、新颖和严格地诠释. 这种对内容的深入剖析, 并引导读者抓住内容的核心和实质之论述方法, 其始终贯穿于本书之中, 而最后 6.4 节关于隐函数定理的重新处理, 则亦是这种探索的一个范例.

(三) 注意激活读者的创造性思维, 逐步培养他们的独立思考和学习研究的能力. 一些著名的教育家认为: 真正好的教育, 就是系统地培养和给予学生自己发现新事物的能力和机会. 因此, 在本书中, 我们将通过一些基本内容的延伸, 让读者学会联想, 善于逻辑推理, 并逐步培养独立研讨的能力. 例如, 在介绍数列与其子列之间极限的传递关系时, 我们将其反问题一直引申到数列与其"无穷"多个"分割子数列"的情况. 又如, 对于施笃兹定理之逆不成立时我们构造的几种反例, 以及加"*"号介绍由此引来之"泛函分析"的一个著名命题. 再如, "数列的上、下极限"一节中一些启迪思维的例子, 等等. 为了加强作为基础的数列极限部分之学习与掌握, 我们将"数项级数"的内容"陪绑式"地紧随其后. 这样的安排不但让读者重新复习了数列极限几乎全部的基本定理, 也使他们看到由级数本身而产生出的许多新的结果. 特别地, 在"重排级数"部分, 我们又向读者展示了一些新的论证方法和创新性的结论. 为了引导读者得出有关"有限维赋范空间上凸函数必连续"的漂亮结果, 我们则先引出一个十分容易验证的命题: 在任意赋范空间的线性泛函, 其在任一点"局部有上界"则必连续. 并由此来启发和联想而得出上述的所需结论. 此外, 在 5.3 节中, 由于我们"直接"用函数的导数与二次导数来分别判断函数的升降 (单调性) 与凸凹状态 (而不沿袭几百年来用"中值公式"作为"中介"的模式), 因此让读者又看到了一条新径. 而在后继的中值公式一节中, 我们则详细地从逻辑思维的联想、推断, 着力于引导读者从一个结论去推导出下一个结论, 充分地体验科研的创新逻辑思维. 并且, 这种启发读者"举一反三"的联想始终贯彻于本书之中.

(四) 请读者要重视本书中的 (正) 例、反例和"注", 千万不要忽略. 这些均将使读者加深对相应内容的深入、全面地理解. 特别是一些注记, 那都是我们重新学习这些内容的一些心得和体会, 也即"以注解意"也, 它们均是本书重要的组成部分. 如果仔细阅读、体会, 必将会受益匪浅的. 这样既方便于读者对自己学习实践的检验, 也有利于读者的自学.

* * *

在本书完成之际, 必须要感谢西安交通大学陆亚明老师, 他年轻、富有朝气、进取心极强; 他亲自打印了前三章, 完成了全书几乎所有作图和计算机编译等工作; 此外, 他还提出过不少有益的意见和建议. 另外, 我也要感谢西安交通大学"拔尖学生试验班"的优秀学生赵福军同学, 感谢他在学习、休息之余, 完成了除前三章外的其余绝大部分书稿的录入工作.

在此, 必须再次感谢西安交通大学数学与统计学院, 感谢这里的领导和老师们给予了我一个再学习、再探索的机会, 使我亲自参加了培养拔尖创新人才的试点工作, 并且激励和全力支持我在工作实践和深入专研中, 撰写出了这本探索性的书.

* * *

必须指出的是, 在撰写此书时, 我们参考了 50 年来国内外与此相关的许多优秀书籍. 由于数量太多, 就不一一列出作为参考文献并予以致谢了.

本书中的定义、定理、例题、图等的编号分别按节排序.

既然这是一本探索而写出的书, 必然会有许多不足或不当之处, 亦敬请专家和读者们指正.

最后, 我想再附录几句至理名言, 与青年读者们共勉. 一是中国的古训:"学成于思, 毁于随". 二是法国的名言:"成功的必然之路, 就是不断地重来一次".

定光桂

2012 年秋于西安交通大学

目　录

第 1 章 实数的完备性

在知道了有理数及其性质的基础上,“如何定义实数”本质上就是研讨“如何定义无理数”. 本章完全遵循数学学科发展的规律, 利用公理化的方式予以严格讨论, 从而指出, 由“有理数”和“无理数”组成的“实数”将满足一个重要的数学性质: 完备性.

当我们追溯到原始社会就不难发现: 数学, 甚至数字均是来源于实践的. 人类的祖先从对捕捉到的猎物的计数中逐渐形成了“自然数”(即正整数 $1, 2, 3, \cdots$) 的概念 (在现代数学中, 人们常将自然数的全体记为 $\mathbb{N}$). 随后, 在对猎物的分配中就产生了“正有理分数”的概念, 即形如 $\dfrac{a}{b}$ 的分数 (其中 a 和 b 均属于自然数集, 我们记为: $a, b \in \mathbb{N}$). 例如, 五个人捕到了两只野兔, 均分的话每人只可得到 $\dfrac{2}{5}$ 只. 随着社会继续发展, 从物品交换、借贷等过程中又产生了负整数、负分数和零的概念. 这样, 就形成了一般的“整数”(通常记为 $\mathbb{Z}$) 和“有理数”(通常记为 $\mathbb{Q}$) 的概念.

1.1 有理数集 $\mathbb{Q}$ 的性质

虽然绝大多数人都熟悉有理数, 且知晓它的许多特性, 但大多都没有, 也不会从中提炼出有理数所具有的特性及其抽象的数学实质. 其实, 有理数集 $\mathbb{Q}$ 主要有以下关于代数结构、序结构和拓扑结构的三个特性 (这也将是下面将要定义的实数集亦必须具备的特性):

1.1.1 四则运算性质 (代数结构)

(1) 全体有理数构成一个**加法群**, 即在 $\mathbb{Q}$ 上定义了一种运算“+”(称为“加法”), 使得对任意的 $x, y, z \in \mathbb{Q}$(这里“$\in$”表示“属于”), 均成立以下 5 个性质:

1°(封闭性)$x + y \in \mathbb{Q}$;

2°(结合性)$x + (y + z) = (x + y) + z$;

3°(交换性)$x + y = y + x$;

4°(零元) 存在元素 $0 \in \mathbb{Q}$, 使得 $x + 0 = x$. 此“0”称为 $\mathbb{Q}$ 的“零元”;

5°(加法逆元) 存在 $-x \in \mathbb{Q}$, 使得 $x + (-x) = 0$. 此“$-x$”称为“x”的加法“逆元”或“负元”.

(2) 全体非零有理数构成一个交换的**乘法群**, 即在 $\mathbb{Q}$ 上定义了一种运算“$\cdot$”(称

为"乘法"), 使得对于任意的 $x, y, z \in \mathbb{Q}$, 均成立以下 5 个性质:

1°(封闭性)$x \cdot y \in \mathbb{Q}$;

2°(结合性)$x \cdot (y \cdot z) = (x \cdot y) \cdot z$;

3°(交换性)$x \cdot y = y \cdot x$;

4°(单位元) 存在元素 $1 \in \mathbb{Q}$, 使得 $x \cdot 1 = x$. 此"1"称为 $\mathbb{Q}$ 的"单位元"或"幺元";

5°(乘法逆元) 对任意的 $x \neq 0$, 存在 $x^{-1} \in \mathbb{Q}$, 使得 $x \cdot x^{-1} = 1$. 此"x^{-1}"称为"x"的乘法"逆元"或"倒数".

注 1　一般而言, 在一个集合 S 中定义的乘法运算若只满足以上 1°, 2° 两条, 则称 S 为**乘法半群**; 在此基础上若还满足 3°, 则称之为**交换的乘法半群**; 此外, 若还满足 4°, 就称之为**含单位元的交换乘法半群**.

(3) 在 $\mathbb{Q}$ 内, 上述加法与乘法之间有以下分配律:

$$\begin{aligned} (x+y)\cdot z &= x\cdot z + y\cdot z, \\ z\cdot(x+y) &= z\cdot x + z\cdot y, \end{aligned} \qquad \forall\, x, y, z \in \mathbb{Q}.$$

注 2　由前面所提到的乘法的交换性可知, 上面的两式其实是等同的. 我们有意将其分开写出, 是为了在后继数学课程中, 当介绍一般的抽象"线性空间"概念并涉及该空间中"元素"的加法和"数乘"运算之间的关系时, 也可类似地导出. 此外, 在上面的式子中, 还使用了国际通用的逻辑学符号" $\forall$ ", 其意是"(对) 任意的", 这是将英文单词"ANY"的第一个字母倒置而得. 附带说一句, 今后还会用到符号" $\exists$ ", 其意是"存在", 它由英文单词"EXIST"的第一个字母通过"(镜面) 反射"而得.

1.1.2　全序性质 (序结构)

为了在一般集合上给出有关"序"和"距离"的定义, 先要来介绍有关集 (集合) 的概念.

所谓**集**(或**集合**), 是指具有某些性质的对象或事物的全体, 而这些对象称为所给集合的**元**(或**元素**). 必须注意的是, 这里仅仅是对"集合"及"元素"这两个术语进行朴素的描述, **而不是定义**. 以上是遵循集论的创始人德国著名数学家 Cantor(康托尔) 最初给出的概括性说法. 一个事物或对象与给定的集合之间, 有"属于"和"不属于"两种基本关系 (通常记为"$\in$"和"$\notin$"). 在这种意义下, 由于去掉了"个性"、抽象出了"共性", 因此显得十分简明.

(1) 在介绍有理数集 $\mathbb{Q}$ 的全序性质前, 给出有关"序""全序"及"线性序"的定义.

定义 1 集合 S 称为是**有序集**(或**半序集**、**偏序集**), 是指在其中“某些”元素之间定义了一个**序关系**“$\prec$”, 其对 S 中的元素 x, y, z, 满足以下三个条件:

1°(自反性) $x \prec x$;

2°(反对称性) 若 $x \prec y$ 且 $y \prec x$, 则 $x = y$;

3°(传递性) 若 $x \prec y$ 且 $y \prec z$, 则 $x \prec z$.

注 3 上述有序集也被称作**(半) 序空间**, 常记为 $(S, \prec)$.

定义 2 集合 S 称为是**全序集**, 如果它是一个具有序“$\prec$”的有序集, 并且对任意的 $x, y \in S$, 关系 $x \prec y$ 和 $y \prec x$ 至少有一个成立.

定义 3 设集合 S 是一个具有序“$\prec$”的加法群和乘法半群, 如果对 S 中的任意元 x 及 y, 当有关系式 $x \prec y$ 时, 有

1° 对任意的 $z \in S$, 均成立 $x + z \prec y + z$;

2° 对满足 $z \succ 0$ 的任意元 $z \in S$, 均成立 $z \cdot x \prec z \cdot y$,

则称 S 为**线性有序集**.

注 4 在上述定义中, 若 S 中的序关系是全序的, 则称其为**线性全序集**.

由以上定义容易看出, 当有理数集 $\mathbb{Q}$ 以通常的大小关系“$\leqslant$”作为序关系“$\prec$”时, 则有下面结论:

定理 1 有理数集 $\mathbb{Q}$ 是一个线性全序集.

证明 略.

(2) 对于有理数集 $\mathbb{Q}$ 中元素的大小关系, 还有如下著名的 Archimedes(阿基米德, 古希腊数学家) 公理:

公理 1 (Archimedes 公理) 对任意的 $x \in \mathbb{Q}$, 必存在自然数 n, 使得 $n > x$.

1.1.3 拓扑结构

(这里, 把由距离引出的一些性质称为拓扑性质. 至于拓扑的严格定义, 将在 4.7 节给出.)

(1) 设 S 是一个集合, 如果对 S 中任意的一对元素 x, y, 均有一个“数” $d(x, y)$ 与之对应 (至今, 由于我们只知道“有理数”, 故而此处提及的“数”仅指“有理数”. 待引入了“实数”的定义之后, 此处的“数”便可为任一“实数”) , 并满足以下条件:

1°(非负性) $d(x, y) \geqslant 0$, 并且 $d(x, y) = 0 \Longleftrightarrow x = y$(这里符号“$\Longleftrightarrow$”表示“等价”、“当且仅当”或“充分必要”);

2°(对称性) $d(x, y) = d(y, x)$;

3°(三角不等式) 对任意的 $x, y, z \in S$, $d(x, y) \leqslant d(x, z) + d(z, y)$.

我们称“d”为 S 上的一个**距离**, 而赋予了距离“d”的集合 S 称为**距离空间**(或**度量空间**), 并记为 (S, d).

如果在有理数集 $\mathbb{Q}$ 中定义距离 $d(x,y) \triangleq |x-y|$(符号"$\triangleq$"表示"定义"或"规定"), 则有:

定理 2　$(\mathbb{Q}, d)$ 是一个距离空间.

证明　略.

(2) 有理数的自稠密性.

定理 3　有理数集 $\mathbb{Q}$ 是**自稠密的** (这是指对任一元 $x \in \mathbb{Q}$ 及任意小的"正有理数" ε, 均存在元 $x_\varepsilon \in \mathbb{Q}$, 使得 $0 < |x_\varepsilon - x| < \varepsilon$). 特别地, $\mathbb{Q}$ 还是"各向稠密"的 (即对任一元 $x \in \mathbb{Q}$, 无论在 x 的左边还是右边, 均可找到与其任意逼近的有理数).

证明　事实上, 只需取 $x_\varepsilon = x \pm \dfrac{\varepsilon}{2}$ 即可.

注 5　从定理 3 可以直接导出如下结论: 对任意两个不同的有理数 r_1, r_2, 必存在 (与 r_1 和 r_2 均不同的)有理数 $\overline{r}$, 使其在 r_1 与 r_2 之间. 事实上, 虽然从有理数的定义我们已知数 $\dfrac{r_1+r_2}{2} \in \mathbb{Q}$ 满足上述条件, 然而, 从定理 3 知, 只要取正有理数 $\varepsilon < \dfrac{|r_1-r_2|}{2}$, 则由定理 3 中的不等式同样可得到结论 (而不需再用有理数的定义).

注 6　再次强调, 由于现在假定大家只知道"有理数", 而并不清楚"实数"的确切定义, 因此在上面对"自稠密性"的描述中所涉及的一切"数"均为"有理数"(例如: x, ε 和 x_ε). 当然, 待"数系"得到扩张后 (例如扩张到实数集), "自稠密性"自然也就能被进一步地描述 (例如用到的"数"便可选为"实数").

1.2　实数的定义

首先, 取一水平直线, 在其上任取一点作为"原点", 并将它与数"0"对应. 在这条直线上原点的右边任取一点, 并将它与"1"对应. 将"0"与"1"之间的线段定为"单位线段".

其次, 从原点开始, 利用单位线段可在取定的直线上沿着原点右侧逐一标出所有的自然数, 而沿着原点左侧逐一标出所有负整数 (如图 1).

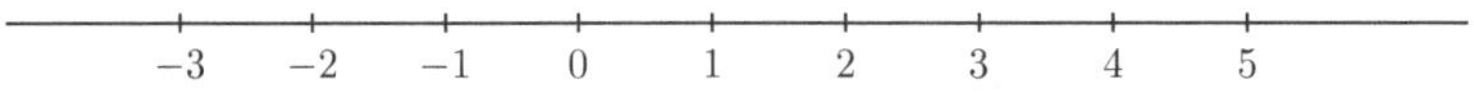

图 1

最后, 通过平均分划则不难在"0"和"1"之间的线段上标出以下点 (此中, 当然有重复的点):

$$\frac{1}{1}, \frac{1}{2}, \frac{1}{3}, \frac{1}{4}, \cdots;$$

$$\frac{2}{2},\ \frac{2}{3},\ \frac{2}{4},\ \frac{2}{5},\cdots;$$

$$\cdots\cdots$$

$$\frac{n}{n},\ \frac{n}{n+1},\ \frac{n}{n+2},\frac{n}{n+3},\cdots;$$

$$\cdots\cdots$$

这样一来, 就得到了“0”和“1”之间所有有理数在上述直线上所对应的点. 因而再通过平移 (如图 2), 便可在直线上标出“全体”有理数所对应的点 (这些点称为**有理点**).

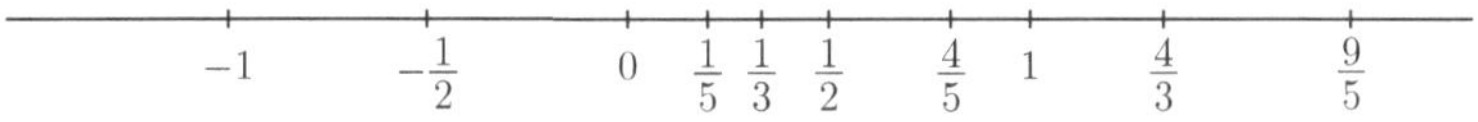

图 2

这条直线称为**实轴**(或**数轴**).

显然可以看到, 从“0”到“1”的直线段 (从而整条直线) 是“连续不断”的 (换句话说, 是“无空隙”的). 但是, 在其上对应于有理数的点 (简称“有理点”) 是否就“填满”了整个线段呢? 为了回答这一问题, 先给出一个“公理”, 并以此作为进一步研究的出发点, 正如平面几何中的“平行线公理”(过直线外一点必存在唯一一条与已知直线平行的直线) 以及前面提到的 Archimedes 公理一样.

公理 1(实数的公理化准则一: 闭区间套原理) 设 $\{\Delta_n\}_{n=1}^{\infty}$ 为有理数集 $\mathbb{Q}$ 内的以有理数 $r_1^{(n)}$ 和 $r_2^{(n)}$ 为端点的“**有理闭区间**”列 (这里的“区间”内仅含有理数), 满足以下两个条件:

1° $\Delta_1\supset\Delta_2\supset\cdots\supset\Delta_{n-1}\supset\Delta_n\supset\cdots$;

2° $r_2^{(n)}\geqslant r_1^{(n)}$ $(n\in\mathbb{N})$ 且 $(r_2^{(n)}-r_1^{(n)})\to 0$ (当 $n\to\infty$ 时).

那么, 在实轴上必存在唯一的点 x, 该点位于 $r_1^{(n)}$ 与 $r_2^{(n)}$ 之间 (对于任意的 $n\in\mathbb{N}$).

注 1 上面 1° 中的符号“$\supset$”与“$\subset$”分别表示“包含”和“包含于”. 于是, $\Delta_{n-1}\supset\Delta_n$ 即是说: 对任意的 y, $y\in\Delta_n\Longrightarrow y\in\Delta_{n-1}$.

注 2 在这里, 需要补充说明一下上面 2° 中“$r_2^{(n)}-r_1^{(n)}\to 0$(当 $n\to\infty$ 时)”的含义, 这指的是: 对任意小的“有理数” $\varepsilon>0$, 必存在自然数 n_ε, 使得当 $n\geqslant n_\varepsilon$ 时, 均有

$$|r_2^{(n)}-r_1^{(n)}|<\varepsilon,$$

并读作:“当 n 趋于无穷时, $(r_2^{(n)}-r_1^{(n)})$ 趋于 0”.

注 3 这里强调一下, 此处的以 $r_1^{(n)}$ 和 $r_2^{(n)}$ 为端点的“有理闭区间”指的是 $r_1^{(n)}$ 和 $r_2^{(n)}$ 之间的全体“有理数”(包括 $r_1^{(n)}$ 和 $r_2^{(n)}$) 所成之集, 因此它与我们在中学学过的“区间”不同, 在这儿不能将这种“有理闭区间”写成 $[r_1^{(n)},r_2^{(n)}]$ 的形式,

而只能写为 $[r_1^{(n)}, r_2^{(n)}] \cap \mathbb{Q}$ 的形式 ($\forall\, n \in \mathbb{N}$). 这里符号"$\cap$"代表两个集合的公共部分, 称为"**交**".

注 4　以后, 为了方便起见, 将满足公理 1 中的条件"有理闭区间套"称为"**定点区间套**".

例 1　证明: 对任意的 $r \in \mathbb{Q}$, 均有 $\dfrac{r}{n} \to 0$(当 $n \to \infty$ 时).

证明　若 $r = 0$, 则命题显然成立. 若 $r \neq 0$, 则对任意小的有理数 $\varepsilon > 0$, 由 1.1 节中公理 1(Archimedes 公理) 知存在自然数 n_ε, 使得

$$n_\varepsilon > \frac{|r|}{\varepsilon},$$

因此, 当 $n \geqslant n_\varepsilon$ 时, 就有

$$\left|\frac{r}{n} - 0\right| \leqslant \frac{|r|}{n_\varepsilon} < \frac{|r|}{|r|/\varepsilon} = \varepsilon.$$

从而命题得证. □

例 2　对任意$r \in \mathbb{Q}$, 均有 $\dfrac{r}{2^n} \to 0$(当 $n \to \infty$ 时). (请读者自证.)

为了利用上面的公理 1, 还需要用到有理点的一个特性. 为此, 先给出一个定义:

定义 1　一个集合中的元素如果能与自然数集 $\mathbb{N}$ 按"一一对应"的关系排列起来, 则称此集为**可列集**(或**可数集**).

例 3　所有奇数 (或偶数) 的全体所成之集为可数集. 这是因为, 以奇数为例, $\{\pm(2n-1) : n \in \mathbb{N}\}$ 可按如下方式排成一列:

$$1,\ -1,\ 3,\ -3,\ 5,\ -5,\ \cdots.$$

引理 1　0 与 1 之间的有理数全体是可列集.

证明　如后面图 3, 按箭头所示, 可将 0 与 1 之间的有理数全体排成一列 (其中有重复), 再将重复的有理数删去, 即可得到本引理的结论. □

注 5　从上面的构造性做法我们可类似地导出: 有理数集 $\mathbb{Q}$ 也是一个可列集. (请读者自证之)

利用公理 1 和引理 1, 即可得到下面的结论:

定理 1　在位于"0"与"1"之间的实轴线段上必存在着非有理数的点.

证明　由上面的引理, 可将"0"与"1"之间的有理数排成如下一列:

$$r_1,\ r_2,\ \cdots,\ r_n,\ \cdots,$$

其中, 对每个 $n \in \mathbb{N}$, 均有 $r_n \in \mathbb{Q}$. 由 1.1 节中提到的有理数的"自稠密性"可知, 存在以两个不同的有理数 a_1, b_1 为端点的"有理闭区间"$\Delta_1(a_1, b_1$ 位于"0"和"1"

之间), 使得

$$b_1 - a_1 > 0 \quad 且 \quad r_1 \notin \Delta_1.$$

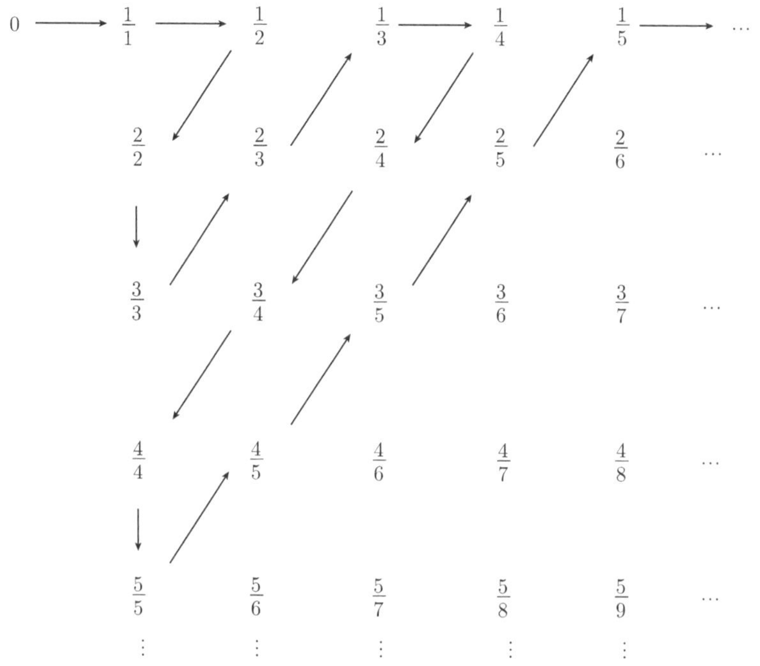

图 3

同样, 存在以不同的两个有理数 a_2, b_2 为端点的“有理闭区间” $\Delta_2 \subset \Delta_1$, 使得

$$0 < b_2 - a_2 < \frac{b_1 - a_1}{2} \quad 且 \quad r_2 \notin \Delta_2.$$

一般地, 当以两个不同的有理数 a_{n-1}, b_{n-1} 为端点的“有理闭区间” Δ_{n-1} 已被找到后, 则存在以不同的两个有理数 a_n, b_n 为端点的“有理闭区间” $\Delta_n \subset \Delta_{n-1}$, 使得

$$0 < b_n - a_n < \frac{b_{n-1} - a_{n-1}}{2} \quad 且 \quad r_n \notin \Delta_n, \qquad \forall\, n > 1.$$

再注意到 $\{\Delta_n\}$ 的取法, 我们还可得到: 对任意的 $n \in \mathbb{N}$, 均有

$$r_k \notin \Delta_n, \qquad k = 1,\ 2,\ \cdots,\ n.$$

这样一来, 由前面的例 2 可知 $b_n - a_n \to 0$(当 $n \to \infty$ 时). 因此, 由公理 1(闭区间套原理) 则可导出: 存在一点 x, 它位于 a_n 与 b_n 之间 (对任意的 $n \in \mathbb{N}$), 从而也在“0”和“1”之间, 但从上面闭区间套的构造可知

$$x \neq r_n, \qquad \forall\, n \in \mathbb{N}.$$

这就说明 x 不是有理点, 从而定理得证. □

推理 对实轴上任何一个直线段 I, 其内均存在着非有理数的点.

证明 由 1.1 节中提到的有理数集的“自稠密性”易知, 必有以“有理数”为端点的“有理闭区间套”$\{I_n\}$ 满足与上面定理中 $\{\Delta_n\}$ 类似的条件, 因而不难由闭区间套原理证得本结论. □

这样一来, 由上面的定理 1 和推理即可看出: 反映在实轴上, 有理点之间是有“空隙”的, 因此就产生了“无理数”的概念. 但为了使上述直观想法的表达数学化并合乎数学理论的逻辑, 下面, 利用“定点区间套”来定义“实数”.

由公理 1 知, 闭区间套原理保证了 (同玩具“俄罗斯套娃”类似) 每个“定点区间套”均可唯一确定实轴上的一个点. 于是可以给出如下定义:

定义 2 在实轴上, 每一个“定点区间套”所确定的点称为**实数点**(它们的全体记为 $\mathbb{R}$). 特别地, 当 r 为有理数时, 由“**0-区间套**”$\{\Delta_n\}$ ($\Delta_n = [r, r]$, $\forall\, n \in \mathbb{N}$) 确定的点为有理点. 凡不能用“0-区间套”确定的点则称为**无理点**.

定义 3 设 $\{\Delta_n\}$ 与 $\{\widetilde{\Delta}_n\}$ 为两个“定点区间套”, 如果满足

$$\Delta_n \cap \widetilde{\Delta}_n \neq \varnothing, \qquad \forall\, n \in \mathbb{N},$$

则称 $\{\Delta_n\}$ 与 $\{\widetilde{\Delta}_n\}$ 是**等价的**(或**对等的**), 记为 $\{\Delta_n\} \sim \{\widetilde{\Delta}_n\}$. 反之, 若存在 $N \in \mathbb{N}$, 使得

$$\Delta_n \cap \widetilde{\Delta}_n = \varnothing, \qquad \forall\, n \geqslant N,$$

则称 $\{\Delta_n\}$ 与 $\{\widetilde{\Delta}_n\}$ 是**不等价的**(或**不对等的**).

注 6 由定义 3 不难看出, 等价的“定点区间套”定义了实轴上同一个点. 反之, 同一个点所对应的“定点区间套”也必相互等价.

接下来, 定义 $\mathbb{R}$ 上的运算, 在做这项工作之前, 需要先引入几个引理:

引理 2 若 $\{\Delta_n\}$ 和 $\{\widetilde{\Delta}_n\}$ 是“定点区间套”, 则 $\{-\Delta_n\}$, $\{\Delta_n + \widetilde{\Delta}_n\}$ 及 $\{\Delta_n \cdot \widetilde{\Delta}_n\}$ 均为“定点区间套”, 其中

$$\left.\begin{aligned} -\Delta_n &\triangleq \{-r : r \in \Delta_n\}, \\ \Delta_n + \widetilde{\Delta}_n &\triangleq \{r + \widetilde{r} : r \in \Delta_n, \widetilde{r} \in \widetilde{\Delta}_n\}, \\ \Delta_n \cdot \widetilde{\Delta}_n &\triangleq \{r \cdot \widetilde{r} : r \in \Delta_n, \widetilde{r} \in \widetilde{\Delta}_n\}, \end{aligned}\right. \qquad \forall\, n \in \mathbb{N}.$$

证明 下面仅对 $\{\Delta_n + \widetilde{\Delta}_n\}$ 和 $\{\Delta_n \cdot \widetilde{\Delta}_n\}$ 给出证明, 而将 $\{-\Delta_n\}$ 的证明留给读者.

对任意自然数 n, 设 Δ_n 的端点为 $r_1^{(n)}$ 和 $r_2^{(n)}$ $(r_1^{(n)} \leqslant r_2^{(n)})$, $\widetilde{\Delta}_n$ 的端点为 $\widetilde{r}_1^{(n)}$ 和 $\widetilde{r}_2^{(n)}$ $(\widetilde{r}_1^{(n)} \leqslant \widetilde{r}_2^{(n)})$. 由定义容易看出,

$$\Delta_n + \widetilde{\Delta}_n \supset \Delta_{n+1} + \widetilde{\Delta}_{n+1},$$
$$\Delta_n \cdot \widetilde{\Delta}_n \supset \Delta_{n+1} \cdot \widetilde{\Delta}_{n+1}.$$

1) 先证明 $\{\Delta_n + \widetilde{\Delta}_n\}$ 是"定点区间套".

显然, 对任意的 $n \in \mathbb{N}$, $\Delta_n + \widetilde{\Delta}_n$ 是以 $r_1^{(n)} + \widetilde{r}_1^{(n)}$ 和 $r_2^{(n)} + \widetilde{r}_2^{(n)}$ 为端点的有理闭区间. 另外, 由 $r_2^{(n)} - r_1^{(n)} \to 0$ 及 $\widetilde{r}_2^{(n)} - \widetilde{r}_1^{(n)} \to 0$(当 $n \to \infty$ 时) 可知: 对任意的有理数 $\varepsilon > 0$, 存在自然数 k_ε 及 l_ε, 使得

$$|r_2^{(n)} - r_1^{(n)}| < \frac{\varepsilon}{2}, \qquad \forall\, n \geqslant k_\varepsilon,$$

及

$$|\widetilde{r}_2^{(n)} - \widetilde{r}_1^{(n)}| < \frac{\varepsilon}{2}, \qquad \forall\, n \geqslant l_\varepsilon.$$

现令 $n_\varepsilon = \max\{k_\varepsilon, l_\varepsilon\}$, 则当 $n \geqslant n_\varepsilon$ 时, 从上两式容易得出

$$|(r_2^{(n)} + \widetilde{r}_2^{(n)}) - (r_1^{(n)} + \widetilde{r}_1^{(n)})| \leqslant |r_2^{(n)} - r_1^{(n)}| + |\widetilde{r}_2^{(n)} - \widetilde{r}_1^{(n)}| < \varepsilon,$$

这说明 $(r_2^{(n)} + \widetilde{r}_2^{(n)}) - (r_1^{(n)} + \widetilde{r}_1^{(n)}) \to 0$(当 $n \to \infty$ 时). 综上我们就证明了 $\{\Delta_n + \widetilde{\Delta}_n\}$ 是"定点区间套".

2) 再证明 $\{\Delta_n \cdot \widetilde{\Delta}_n\}$ 是"定点区间套".

记

$$\alpha_n = \min\{r_1^{(n)}\widetilde{r}_1^{(n)},\ r_1^{(n)}\widetilde{r}_2^{(n)},\ r_2^{(n)}\widetilde{r}_1^{(n)},\ r_2^{(n)}\widetilde{r}_2^{(n)}\},$$
$$\beta_n = \max\{r_1^{(n)}\widetilde{r}_1^{(n)},\ r_1^{(n)}\widetilde{r}_2^{(n)},\ r_2^{(n)}\widetilde{r}_1^{(n)},\ r_2^{(n)}\widetilde{r}_2^{(n)}\},$$

则对任意的 $n \in \mathbb{N}$, $\Delta_n \cdot \widetilde{\Delta}_n$ 是以 α_n 和 β_n 为端点的有理闭区间. 为了证明 $\{\Delta_n \cdot \widetilde{\Delta}_n\}$ 是"定点区间套", 只需说明当 $n \to \infty$ 时, $\beta_n - \alpha_n$ 趋于 0 即可. 事实上, 对于任意的 $n \in \mathbb{N}$, $\beta_n - \alpha_n$ 若不为 0, 则只可能是以下 6 个数中的某个:

$$|r_1^{(n)}\widetilde{r}_1^{(n)} - r_1^{(n)}\widetilde{r}_2^{(n)}|,\ |r_1^{(n)}\widetilde{r}_1^{(n)} - r_2^{(n)}\widetilde{r}_1^{(n)}|,\ |r_1^{(n)}\widetilde{r}_2^{(n)} - r_2^{(n)}\widetilde{r}_2^{(n)}|,$$

$$|r_2^{(n)}\widetilde{r}_1^{(n)} - r_2^{(n)}\widetilde{r}_2^{(n)}|,\ |r_2^{(n)}\widetilde{r}_2^{(n)} - r_1^{(n)}\widetilde{r}_1^{(n)}|,\ |r_2^{(n)}\widetilde{r}_1^{(n)} - r_1^{(n)}\widetilde{r}_2^{(n)}|.$$

由 $r_2^{(n)} - r_1^{(n)} \to 0$ 及 $\widetilde{r}_2^{(n)} - \widetilde{r}_1^{(n)} \to 0$(当 $n \to \infty$ 时), 容易导出前四个数均是趋于 0 的. 再注意到以下不等式:

$$|r_2^{(n)}\widetilde{r}_2^{(n)} - r_1^{(n)}\widetilde{r}_1^{(n)}| = |r_2^{(n)}\widetilde{r}_2^{(n)} - r_2^{(n)}\widetilde{r}_1^{(n)} + r_2^{(n)}\widetilde{r}_1^{(n)} - r_1^{(n)}\widetilde{r}_1^{(n)}|$$

$$\leqslant |r_2^{(n)}|\cdot|\widetilde{r}_2^{(n)}-\widetilde{r}_1^{(n)}|+|\widetilde{r}_1^{(n)}|\cdot|r_2^{(n)}-r_1^{(n)}|.$$

不难得出 (见下面的注)$|r_2^{(n)}\widetilde{r}_2^{(n)}-r_1^{(n)}\widetilde{r}_1^{(n)}|$ 是趋于 0 的 (当 $n\to\infty$ 时). 类似地也可证明 $|r_2^{(n)}\widetilde{r}_1^{(n)}-r_1^{(n)}\widetilde{r}_2^{(n)}|$ 是趋于 0 的. 这就完成了引理的证明. □

注 7* 注意到前面的注 2, 不难导出: 如果有理数列 $\{r_2^{(n)}-r_1^{(n)}\}$ 趋于 0(当 $n\to\infty$ 时), 且 $\{r_3^{(n)}\}$ 是一个"有界"有理数列, 则必有

$$r_3^{(n)}(r_2^{(n)}-r_1^{(n)})\to 0,\qquad 当n\to\infty时.$$

引理 3 若 $\{\Delta_n\}$ 和 $\{\widetilde{\Delta}_n\}$ 是等价的"定点区间套", $\{\Delta_n'\}$ 和 $\{\widetilde{\Delta}_n'\}$ 也是等价的"定点区间套", 则以下三组区间套均是等价的:

$$\{-\Delta_n\}\quad 与\quad \{-\widetilde{\Delta}_n\},$$

$$\{\Delta_n+\Delta_n'\}\quad 与\quad \{\widetilde{\Delta}_n+\widetilde{\Delta}_n'\},$$

$$\{\Delta_n\cdot\Delta_n'\}\quad 与\quad \{\widetilde{\Delta}_n\cdot\widetilde{\Delta}_n'\}.$$

证明 下面只证明 $\{\Delta_n+\Delta_n'\}$ 与 $\{\widetilde{\Delta}_n+\widetilde{\Delta}_n'\}$ 是等价的, 其余类似.

由于 $\{\Delta_n\}$ 和 $\{\widetilde{\Delta}_n\}$ 等价, 故 $\Delta_n\cap\widetilde{\Delta}_n\neq\varnothing$ ($\forall\ n\in\mathbb{N}$), 也即, 对任意的自然数 n, 均存在 $a_n\in\Delta_n\cap\widetilde{\Delta}_n$. 类似地, 对任意自然数 n, 也存在 $b_n\in\Delta_n'\cap\widetilde{\Delta'}_n$. 于是

$$a_n+b_n\in(\Delta_n+\Delta_n')\cap(\widetilde{\Delta}_n+\widetilde{\Delta}_n'),\qquad \forall\ n\in\mathbb{N}.$$

这就证明了 $\{\Delta_n+\Delta_n'\}$ 与 $\{\widetilde{\Delta}_n+\widetilde{\Delta}_n'\}$ 等价. □

下面来定义实数点集中的负元、加法和乘法.

定义 4 设 x 和 y 是两个实数点, $\{\Delta_n\}$ 和 $\{\Delta_n'\}$ 分别是它们的任一"定点区间套", 定义 $-x$、$x+y$ 和 $x\cdot y$ 分别为"定点区间套" $\{-\Delta_n\}$, $\{\Delta_n+\Delta_n'\}$ 及 $\{\Delta_n\cdot\Delta_n'\}$ 所确定的点, 并分别称它们为 x 的**负元**、x 与 y 的**和**以及 x 与 y 的**积**.

注 8 根据注 6, 等价的"定点区间套"确定了同一个点, 所以, 由引理 2 和引理 3 知, 上述定义是合理的.

注 9 显然, 在定义 4 的假设条件下, 实数点的减法可按下述方式定义: $x-y$ 为"定点区间套" $\{\Delta_n+(-\Delta_n')\}$ 所确定的点.

关于实数除法的引入会稍微麻烦一些. 先引入一些引理.

引理 4 设 x 是实数轴上异于"0"的一个点, 则必存在 x 的一个"定点区间套" $\{\Delta_n\}$, 使得 $0\notin\Delta_n$ ($\forall\ n\in\mathbb{N}$).

证明 任取 x 的一个"定点区间套" $\{\Delta_n'\}$, 则由 $x\neq 0$ 知存在 $n_0\in\mathbb{N}$, 使得 $0\notin\Delta_n'$ ($\forall\ n\geqslant n_0$)(否则, $\{\Delta_n'\}$ 将与"0-区间套" $\{\Delta_n\}$ ($\Delta_n=[0,0]$, $\forall\ n\in\mathbb{N}$) 等价, 而这与 $x\neq 0$ 矛盾). 于是, 我们取 $\{\Delta_n\}$=$\{\Delta_n'\}_{n=n_0}^{\infty}$ 即满足条件. □

引理 5 设 $\{\Delta_n\}$ 是一个“定点区间套”, 且其中每个 Δ_n ($\forall\, n\in\mathbb{N}$) 均不包含 0, 则 $\{\Delta_n^{-1}\}$ 也是一个“定点区间套”, 其中

$$\Delta_n^{-1}\triangleq\{r^{-1}:r\in\Delta_n\},\qquad \forall\, n\in\mathbb{N},$$

且 $\{\Delta_n^{-1}\}$ 中每个有理闭区间也均不包含 0.

证明 首先, 我们显然看出:

$$\Delta_n^{-1}\supset\Delta_{n+1}^{-1},\qquad \forall\, n\in\mathbb{N}.$$

因此为了证明 $\{\Delta_n^{-1}\}$ 也是一个“定点区间套”, 只需要证明 $\{\Delta_n^{-1}\}$ 中的有理闭区间的两端点间之距离当 $n\to\infty$ 时必趋于 0 即可. 今假设 Δ_n 的端点顺序为 $r_1^{(n)}$ 和 $r_2^{(n)}$, 则 Δ_n^{-1} 的两个端点便顺序为 $\dfrac{1}{r_1^{(n)}}$ 和 $\dfrac{1}{r_2^{(n)}}$ (或 $\dfrac{1}{r_2^{(n)}}$ 和 $\dfrac{1}{r_1^{(n)}}$). 于是, 由

$$\left|\frac{1}{r_1^{(n)}}-\frac{1}{r_2^{(n)}}\right|=\frac{1}{|r_1^{(n)}|\cdot|r_2^{(n)}|}|r_2^{(n)}-r_1^{(n)}|\leqslant\frac{1}{\min(|r_1^{(n)}|^2,\ |r_2^{(n)}|^2)}|r_2^{(n)}-r_1^{(n)}|,$$

以及 $(r_2^{(n)}-r_1^{(n)})\to 0$(当 $n\to\infty$ 时), 即可导出: $\left|\dfrac{1}{r_1^{(n)}}-\dfrac{1}{r_2^{(n)}}\right|\to 0$(当 $n\to\infty$ 时). 从而引理的前一个结论得证.

至于引理的后一个结论则是明显的. 事实上, 由 $0\notin\Delta_n$ ($\forall\, n\in\mathbb{N}$) 知, 上述每一个 Δ_n 的有理端点 $r_1^{(n)}$ 和 $r_2^{(n)}$ 必有性质:

$$r_1^{(n)}\cdot r_2{}^{(n)}>0,\qquad \forall\, n\in\mathbb{N},$$

也即 $r_1^{(n)}$ 和 $r_2^{(n)}$ 同号 ($\forall\, n\in\mathbb{N}$). 由此, 即可导出

$$0\notin\left[\frac{1}{r_2^{(n)}},\ \frac{1}{r_1^{(n)}}\right]\cap\mathbb{Q}\triangleq\Delta_n^{-1},\qquad \text{当}r_2^{(n)}\geqslant r_1{}^{(n)}>0\text{时},$$

及

$$0\notin\left[\frac{1}{r_1^{(n)}},\ \frac{1}{r_2^{(n)}}\right]\cap\mathbb{Q}\triangleq\Delta_n^{-1},\qquad \text{当}0>r_2^{(n)}\geqslant r_1{}^{(n)}\text{时}.$$

总之, 引理得证. □

引理 6 设 $\{\Delta_n\}$ 与 $\{\widetilde{\Delta}_n\}$ 为两个等价的“定点区间套”, 且两者中任意“有理闭区间”均不包含 0, 则 $\{\Delta_n^{-1}\}$ 与 $\{\widetilde{\Delta}_n^{-1}\}$ 也是两个等价的“定点区间套”.

证明 这可由“定点区间套”等价性的定义直接得到 (略). □

下面我们来对实数点集中的任何非零元来定义其逆元.

定义 5　设 x 是实数轴上异于 "0" 的一个点, 并选取其一个不包含 0 的 "定点区间套" $\{\Delta_n\}$. 我们称由 $\{\Delta_n^{-1}\}$ 所确定的点为 x 的**逆元**, 并记为 x^{-1}.

注 10　引理 5 和引理 6 确保了上述定义的合理性.

注 11　实数点的除法可通过如下方式定义: 若 $y \in \mathbb{R}$ 且 $y \neq 0$, 则 $\dfrac{x}{y} \triangleq x \cdot y^{-1}$.

从上面的这些定义即可得出有关实数点的以下几个性质:

性质 1　实数点集 $\mathbb{R}$ 在 "加法" 运算下构成一个加法群, 在 "乘法" 运算下其所有非零元构成一个交换群, 并且以上两种运算满足分配律.

证明　容易由运算的定义及有理数集的相应性质推出. 只需注意到加法的零元仍为有理点 0(即由 "0-区间套" $\{\Delta_n\}$ ($\Delta_n = [0,0], \forall\, n \in \mathbb{N}$) 所确定的点), 乘法单位元仍为有理点 1(即由 "0-区间套" $\{\Delta_n\}$, $\Delta_n = [1,1]$, $\forall\, n \in \mathbb{N}$ 所确定的点). □

注 12　实数集 $\mathbb{R}$ 同有理数集 $\mathbb{Q}$ 一样, 对 "加法" 构成一个交换群, 对 "乘法" 构成一个半群, 且 "加法" 和 "乘法" 满足分配律, 这在代数上称为**环**. 若一个环对 "乘法" 形成一个含单位元的交换半群, 就称该环为**含单位元的交换环**. 另外, 一个环如果至少含有两个元素, 且其非零元之集合对 "乘法" 亦构成一个群, 则称该环为**除环**. 对 "乘法" 可交换的除环称为 "**域**". 由此我们可知, $\mathbb{Q}$ 与 $\mathbb{R}$ 均是域, 因而人们也常称它们为 "有理数域" 和 "实数域".

下面定义实数点集 $\mathbb{R}$ 中的序.

定义 6　设 a 和 b 是两个实数点, 并存在 a 的 "定点区间套" $\{\Delta_n\}$ 以及 b 的 "定点区间套" $\{\widetilde{\Delta}_n\}$, 设 Δ_n 的左端点为 $r_1^{(n)}$, 右端点为 $r_2^{(n)}$; $\widetilde{\Delta}_n$ 的左端点为 $\widetilde{r}_1^{(n)}$, 右端点为 $\widetilde{r}_2^{(n)}$. 若有

$$r_1^{(n)} \leqslant \widetilde{r}_2^{(n)}, \qquad \forall\, n \in \mathbb{N},$$

则称 a**小于或等于** b(或 b **大于或等于** a), 并记作 $a \leqslant b$(或 $b \geqslant a$). 若 $a \leqslant b$ 且 $a \neq b$, 则称 a **小于** b(或 b **大于** a), 并记作 $a < b$(或 $b > a$).

性质 2　实数点集 $\mathbb{R}$ 是一个线性全序集.

证明　通过 1.1 节中有理数集的相应性质, 并注意到这里实数点的集合中的有理数点 (即以 "0-区间套" 作为 "定点区间套" 所确定的点) 保持那里的一切特性, 以及确定实数之等价 "定点区间套" 必保持相应关系的性质, 则容易导出本结论. □

性质 3　实数点集 $\mathbb{R}$ 满足 Archimedes 公理.

证明　假设 ξ 是一个实数点, 对其任意一个 "定点区间套" $\{\Delta_n\}$(Δ_n 的左端点为 $r_1^{(n)}$, 右端点为 $r_2^{(n)}$), 由有理数的 Archimedes 公理知, 总存在自然数 m 使得 $m > r_2^{(1)}$, 注意到 $r_2^{(1)} \geqslant r_2^{(2)} \geqslant \cdots \geqslant r_2^{(n)} \geqslant \cdots$, 由此立即导出

$$r_2^{(n)} < m, \qquad \forall\, n \in \mathbb{N}.$$

这样一来, 由定义 6 可知 $\xi \leqslant m$(这是因为, m 可由“0-区间套” $\{\widetilde{\Delta}_n\}$:“$\widetilde{\Delta}_n = [m,m], \forall\, n \in \mathbb{N}$”来定义). 另外, 由于

$$\Delta_n \cap \widetilde{\Delta}_n = \varnothing, \qquad \forall\, n \in \mathbb{N},$$

故 $\xi \neq m$. 综上, 我们得到了 $m > \xi$. □

性质 4 在 $\mathbb{R}$ 中, 任意两个不同的有理点之间必有无理点. 任意两个不同的无理点之间既有有理点, 也有无理点 (也即是说, 无理点也是自稠密的). 由此可推出, 实数点均是自稠密的.

证明 我们分三段来证明.

1) 从定理 1 后面的推理可以立即导出任意两个不同的有理点之间必有无理点 (此中, 我们必须注意有理点集是由“0-区间套”确定的).

2) 从定义 3 可知, 对任何两个不同的无理点 $x, \widetilde{x}$, 则必有它们所对应的两个“定点区间套” $\{\Delta_n\}$ 和 $\{\widetilde{\Delta}_n\}$, 使得当 n 大于某一自然数 n_0 时, Δ_n 和 $\widetilde{\Delta}_n$ 互不相交. 这样一来, 有理闭区间 Δ_n 和 $\widetilde{\Delta}_n$ $(\forall\, n \in \mathbb{N})$ 的诸有理端点中, 必有两个由有理数所构成的“0-区间套”位于 x 与 $\widetilde{x}$ 之间.

3) 结合上面 1) 及 2) 的证法则可导出实数点均是自稠密的. □

性质 5 实数点集 $\mathbb{R}$ 构成一个距离空间.

由于这一性质的证明要涉及极限的内容, 故我们将这一证明放在 1.4 节中注 7.

最后, 谈谈数集的完备性. 完备性是实数集所具备的最基本且最重要的性质, 它有时也被称为是实数的连续性. 有下面的定义:

定义 7 假设 S 是通过某一公理, 并在有理数集 $\mathbb{Q}$ 的基础上进行数系扩张而形成的一个数集. 如果将该公理定义中所涉及的“有理数”全换为“S 中的数”, 该公理结论仍成立, 就称这样的数集 S **在该公理下是完备的**(或简称, S 是 **完备的**).

注 13 一个依赖于某一公理而形成的数集 S 如果是完备的, 就说明通过该公理已无法再构造出新的“数”了. 换句话说, 数集 S 在该公理下是没有“空隙”的 (否则, 这些空隙可作为再引入一些新“数”的理由), 这也是完备性定义的由来.

对于前面定义的实数点集而言, 有下面的定理.

定理 2(实数的完备性定理) 对任意的以实数点为端点、由实数点组成的长度趋于 0 的闭区间套 $\{I_n\}$, 必存在唯一的实数点 x, 使得

$$\{x\} = \bigcap_{n=1}^{\infty} I_n.$$

证明 由前面实数点的性质 4 可断言, 对上面给定的闭区间套 $\{I_n\}$, 必存在相应的“定点区间套” $\{\Delta_n\}$ (Δ_n 的端点为有理数 $r_1^{(n)}$ 和 $r_2^{(n)}$), 使得由其确定的实数点 x_0 必满足 $x_0 \in I_n$ $(\forall\, n \in \mathbb{N})$.

事实上, 首先, 不妨假设在上述区间套 $\{I_n\}$ 中, 存在无穷多个具有无理数端点的区间 (否则结论是显然的).

其次, 考察每个区间 I_n 的左端点. 假设 $I_1=[\alpha_1,\beta_1]$, 则当 α_1 为有理数时, 令

$$r_1^{(1)}=\alpha_1;$$

而当 α_1 为无理数时, 注意到 α_1-1 也是无理数, 故由性质 4 可知, 必存在有理数 $r_1^{(1)}$ 满足

$$\alpha_1-1<r_1^{(1)}<\alpha_1.$$

接着考查 $I_2=[\alpha_2,\beta_2]$, 同样, 当 α_2 为有理数时, 令

$$r_1^{(2)}=\alpha_2;$$

而当 α_1 为无理数时, 则取有理数 $r_1^{(2)}$ 满足

$$\max\left\{\alpha_2-\frac{1}{2},\ r_1^{(1)}\right\}\leqslant r_1^{(2)}<\alpha_2.$$

......

如此做下去, 一般地, 当 $I_n=[\alpha_n,\beta_n]$ 时, 有有理数 $r_1^{(n)}$ 满足

$$\max\left\{\alpha_n-\frac{1}{n},\ r_1^{(n-1)}\right\}\leqslant r_1^{(n)}\leqslant\alpha_n,\qquad\forall\ n\in\mathbb{N}.$$

类似地, 可对每个区间 I_n 的右端点来讨论, 亦可得到一列有理数 $r_2^{(n)}$, 其满足条件

$$\beta_n\leqslant r_2^{(n)}\leqslant\min\left\{\beta_n+\frac{1}{n},\ r_1^{(n-1)}\right\},\qquad\forall\ n\in\mathbb{N}.$$

这样一来, 注意到

$$0<r_2^{(n)}-r_1^{(n)}\leqslant\left(\beta_n+\frac{1}{n}\right)-\left(\alpha_n-\frac{1}{n}\right)=(\beta_n-\alpha_n)+\frac{2}{n}\to 0,\quad\text{当 } n\to\infty \text{ 时},$$

可知 $\{[r_1^{(n)},r_2^{(n)}]\cap\mathbb{Q}\}$ 必为一"定点区间套" (且有 $[r_1^{(n)},r_2^{(n)}]\supset I_n,\forall\ n\in\mathbb{N}$), 故可设其确定的唯一的点为 x_0.

下面证明: x_0 必属于每一个区间 I_n ($\forall\ n\in\mathbb{N}$).

事实上, 反之, 如存在某个自然数 n_0, 使得 $x_0\notin I_{n_0}$, 不妨假设 $x_0<\alpha_{n_0}$, 如图 4(当 $x_0>\beta_{n_0}$ 时, 可类似证明). 那么, 注意到 I_n 为"套", 故有

$$\alpha_n-x_0\geqslant\alpha_{n_0}-x_0>0,\qquad\forall\ n\geqslant n_0.$$

由此则有

$$r_2^{(n)} - r_1^{(n)} \geqslant r_2^{(n)} - x_0 > \alpha_n - x_0 \geqslant \alpha_{n_0} - x_0 > 0, \qquad \forall\, n \geqslant n_0.$$

而此显然与 $(r_2^{(n)} - r_1^{(n)}) \to 0$(当 $n \to \infty$ 时) 矛盾!

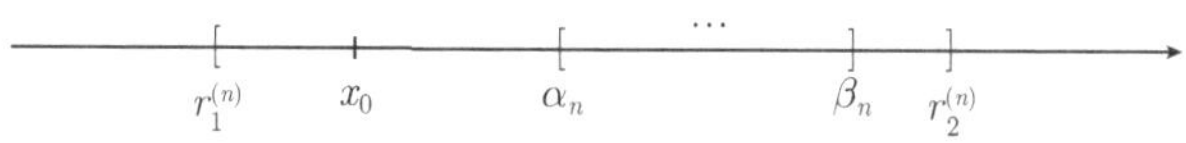

图 4

从而,

$$x_0 \in \bigcap_{n=1}^{\infty} I_n.$$

此外, 上述 x_0 必是唯一的 (请读者自行论证). 因而定理得证. □

注 14 值得注意的是, 对任意的由实数组成的长度趋于 0 的闭区间套 $\{I_n\}$, 虽然均存在由“有理数”为端点组成的闭区间套 $\{[r_1^{(n)}, r_2^{(n)}]\}$(注意, 此处指的不是“定点区间套”), 使得

$$I_n \subset [r_1^{(n)}, r_2^{(n)}], \qquad \forall\, n \in \mathbb{N},$$

且有

$$\bigcap_n I_n = \bigcap_n [r_1^{(n)}, r_2^{(n)}].$$

但是, 反过来, 却未必存在 $\{[r_1^{(n)}, r_2^{(n)}]\}$(以有理数为端点), 使得

$$[r_1^{(n)}, r_2^{(n)}] \subset I_n, \qquad \forall\, n \in \mathbb{N},$$

且有

$$\bigcap_n I_n = \bigcap_n [r_1^{(n)}, r_2^{(n)}].$$

可见反例如下:

反例 设对任意自然数 n, $I_n = \left[\xi, \xi + \dfrac{1}{n}\right]$(其中, ξ 是一个无理数). 由于对任一个有理端点的“区间套”$\{[r_1^{(n)}, r_2^{(n)}]\}$, 只要有 $[r_1^{(1)}, r_2^{(1)}] \subset [\xi, \xi + 1]$, 则由 $r_1^{(1)} \in \mathbb{Q}$, 而 $\xi \notin \mathbb{Q}$, 可知 $r_1^{(1)} - \xi > 0$. 由于

$$r_1^{(1)} \leqslant r_1^{(2)} \leqslant \cdots \leqslant r_1^{(n)} \leqslant \cdots,$$

由此可知 $\xi \notin \bigcap_n [r_1^{(n)}, r_2^{(n)}]$, 但 $\bigcap_n I_n = \{\xi\}$.

注 15　由于实数点集 $\mathbb{R}$ 是完备的 (无“空隙”的), 而且它们仍然满足我们熟知的有理数集 $\mathbb{Q}$ 的一切重要特性. 因此, 以后将不再区别“点”与其所对应的“数”, 也不再以“定点区间套”的方式来描述实数, 而均以通常的符号 (例如 x, y, z 或 α, β, γ) 来表示之.

1.3　实数的其他公理化引入

关于实数的公理化定义, 实质上就是有关“无理数”的公理化引入. 常用的公理有以下几个, 下面先一一介绍它们, 并指出它们中的哪些可以推广到高维及无限维线性空间 (甚至任意的抽象距离空间) 有关“完备化”的理论中去. 在 1.5 节中, 我们将指出这些引入实数的公理之间的等价性 (即承认其中一个以后, 其余均可由其推出).

在公理化构造实数的过程中, 无论采取哪种方式, 有四点是必须要求的:

(1) 需要用有理数集 $\mathbb{Q}$ 作为基础来构造;

(2) 所构造出的实数集, (在“等价”意义下) 必须使有理数集 $\mathbb{Q}$ 为其一个真子集, 并且, $\mathbb{Q}$ 必在 (其“完备集”)$\mathbb{R}$ 中稠密;

(3) 所构造出的实数集, 应保持有理数集 $\mathbb{Q}$ 所具有的代数性质、序性质和拓扑性质;

(4) 所构造出的实数集是完备的.

下面介绍实数构造的其他公理化方法. 首先是由德国数学家 J.W.R.Dedekind (戴德金) 提出的 Dedekind 分割:

定义 1　设 $\mathbb{Q}_1$ 和 $\mathbb{Q}_2$ 是 $\mathbb{Q}$ 的两个子集, 满足:

1° $\mathbb{Q}_i \neq \varnothing$ $(i = 1, 2)$;

2° $\mathbb{Q}_1 \cap \mathbb{Q}_2 = \varnothing$ 且 $\mathbb{Q}_1 \cup \mathbb{Q}_2 = \mathbb{Q}$;

3° 对任意的 $x \in \mathbb{Q}_1$ 及 $y \in \mathbb{Q}_2$, 均有 $x < y$.

则称 $\mathbb{Q}_1$ 和 $\mathbb{Q}_2$ 是 $\mathbb{Q}$ 的一个**Dedekind 分割**(或简称**分割**), 记为 $\mathbb{Q}_1|\mathbb{Q}_2$. 称 $\mathbb{Q}_1$ 为**下分割**, 称 $\mathbb{Q}_2$ 为**上分割**.

公理 1(实数的公理化准则二: Dedekind 分割原理)　有理数集 $\mathbb{Q}$ 的每一个分割 $\mathbb{Q}_1|\mathbb{Q}_2$ 必定义了一个实数. 当 $\mathbb{Q}_1$ 有最大数或 $\mathbb{Q}_2$ 有最小数 (这个数指有理数) 时, 此数即为由 $\mathbb{Q}_1|\mathbb{Q}_2$ 定义的有理数; 而当 $\mathbb{Q}_1$ 无最大数且 $\mathbb{Q}_2$ 无最小数时, 分割 $\mathbb{Q}_1|\mathbb{Q}_2$ 定义了一个“无理数”.

注 1　在以上定义下, 可以证明, 若对“实数集”$\mathbb{R}$ 做类似于定义 1 中的分割, 则必有以下性质: 或“下分割”有最大值, 或“上分割”有最小值. 此即说明实数集是“完备”的.

例 1 若令 $\mathbb{Q}_1 = \{x \in \mathbb{Q} : x < 1\}$, $\mathbb{Q}_2 = \{x \in \mathbb{Q} : x \geqslant 1\}$, 则 $\mathbb{Q}_1|\mathbb{Q}_2$ 为 $\mathbb{Q}$ 的一个 Dedekind 分割. 这一分割定义了有理数“1”.

例 2 若令 $\mathbb{Q}_1 = \{x \in \mathbb{Q} : x^2 < 2\} \cup \{x \in \mathbb{Q} : x \leqslant 0\}$, $\mathbb{Q}_2 = \{x \in \mathbb{Q} : x^2 > 2$ 且 $x \geqslant 0\}$, 则 $\mathbb{Q}_1|\mathbb{Q}_2$ 为 $\mathbb{Q}$ 的一个 Dedekind 分割. 这一分割实质上定义了无理数“$\sqrt{2}$”.

评论 上述定义实数集的方法用到了“序”的概念, 因此无法推广到高维空间, 更别说推广到一般的度量空间了.

下面介绍利用“确界”来定义实数的方法. 首先, 给出一个定义:

定义 2 设 A 为全序集 $(S, \prec)$ 的一个子集, 若其“上界集合”$\{y \in S : x \prec y, \forall x \in A\}$ 中存在最小元, 则称这一最小元为 A 的**上确界**, 记为 $\sup A$; 若 A 的“下界集合”$\{z \in S : z \prec x, \forall x \in A\}$ 中存在最大元, 则称这一最大元为 A 的**下确界**, 记为 $\inf A$.

注 2 这里, “sup”与“inf”分别来源于拉丁文 supremum 和 infimum. 简而言之, 一个全序集的上确界就是其“最小的上界”, 下确界就是其“最大的下界”.

利用确界的定义可以给出下面的公理:

公理 2(实数的公理化准则三: Cantor 确界存在原理) 有理数集 $\mathbb{Q}$ 的任何有上 (下) 界的非空子集必定义了一个实数 (特别地, 当该非空子集包含其上 (下) 确界时, 它就定义了一个有理数).

注 3 这些有理数集 $\mathbb{Q}$ 的有上 (下) 界的非空子集之全体导出了所有的实数; 而这些实数恰是与之对应的非空子集在实数集中的上 (下) 确界.

注 4 由确界的定义, 容易证明: 对于“实数集”$\mathbb{R}$ 的每一个非空子集而言, 若其有上 (下) 界, 则必有上 (下) 确界, 并且这个确界也必是一个“实数”(即通过“确界”不会再产生新的数了), 从而导出了实数的完备性.

评论 这种定义实数的方法与公理 1 的缺陷一样, 其缺点是必须对“全序集”来讨论, 从而无法推广到高维或抽象空间.

下面是通过单调有界的有理数数列来定义实数:

公理 3(实数的公理化准则四: Cantor单调有界收敛原理) 有理数集 $\mathbb{Q}$ 中的任何一个“单调递增”(即后项不小于前项) 且有上界或者“单调递减”且有下界的数列, 均确定了实数轴上的一个点. 因此, 这些“有理数列”的全体构成了实数集 $\mathbb{R}$.

注 5 同样地, 再利用这种方法定义实数之后, 也可验证实数的完备性. 此即: 在实数集 $\mathbb{R}$ 中, 任何“单调递增”且有上界或者“单调递减”且有下界的实数列均确定一个“实数”(将来可以证明, 这个数正是该数列的“极限”).

注 6 上面, 称一个数列 $\{x_n\}_{n=1}^{\infty}$ “单调递增”(或者“单调递减”), 是指: 对

任意的 $n \in \mathbb{N}$, 其满足条件

$$x_n \leqslant x_{n+1} \quad (\text{相应地}, x_n \geqslant x_{n+1}).$$

而称 $\{x_n\}_{n=1}^{\infty}$ 的"极限"是实数 a, 是指: 对任意充分小的实数 $\varepsilon > 0$, 均存在 $n_\varepsilon \in \mathbb{N}$, 使得当 $n \geqslant n_\varepsilon$ 时, 均有 $|x_n - a| < \varepsilon$.

评论　这一定义实数的方法仍需用到"序"的概念. 此外, 要注意的是这个公理是将每个"单调有界"的有理数列"视为"(定义为) 一个实数, 而在引入了"极限"的概念以后, 才知道上述有理数列所确定的值正是该数列的极限. 但是, 不能因此而直接定义实数为"单调有界有理数列的极限". 这是因为, 如果用此定义, 那么必须先知道这个极限具体是什么, 但是这个极限却有可能正是需要定义的"无理数". 那么从逻辑上来说, 造成了"用一个未知的概念去定义一个未知的概念", 这是在数学理论中绝对不允许出现的.

为了避免在上述评论中所提到的用"极限"来定义实数, 人们发现了下面这个更好的构造实数的公理, 它是用法国著名数学家 A.L.Cauchy(柯西) 的名字命名的. 在引入它之前, 先给出一个定义:

定义 3　设 $\{x_n\}_{n=1}^{\infty}$ 是有理数集 $\mathbb{Q}$ 中的一个数列, 若对任何有理数 $\varepsilon > 0$, 必存在 $n_\varepsilon \in \mathbb{N}$, 使得当 $m, n \geqslant n_\varepsilon$ 时, 均有 $|x_m - x_n| < \varepsilon$, 则称 $\{x_n\}$ 是一个**Cauchy 基本列**(或简称为**Cauchy 列**).

公理 4(实数的公理化准则五: Cauchy基本列收敛原理)　有理数集 $\mathbb{Q}$ 中的任何一个"Cauchy 基本列"均确定实数轴上的一个点. 这些"Cauchy 基本列"的全体也就构成了实数集 $\mathbb{R}$.

注 7　类似地, 由这一公理化准则亦可导出实数集 $\mathbb{R}$ 的完备性, 即: 对任意的 Cauchy 基本"实"数列, 其必确定唯一的"实数"(以后将证明, 该实数即是 Cauchy 列的极限).

评论　这个公理和 1.2 节的公理 1(闭区间套原理) 一样, 是一个较好的、可以在将来推广到一般抽象距离空间的、有关空间完备性的实用公理. 在实数的定义中之所以没有直接用它, 是因为此公理较为抽象, 不如闭区间套原理直观.

1.4　数列极限初论

为什么要将"极限"予以公理化定义呢? 因为在现实世界中, 当一个物体"无限地"向另一物体"逼近", 而没有"达到"时, 我们无法科学地描述它们的"逼近程度". 例如, 在天体中两个星球的逼近程度 (以距离来表述) 与反应堆中两个粒子的逼近程度 (仍以距离来衡量), 如果以同一距离数量来表达其含义, 则是相差十万

八千里! 因此, 必须借助于数学公理化的描述, 使得它们有关逼近与极限的概念均统一在同一个框架内.

此外, 同样地, 为了导出有关实数公理化的几个原则之间的等价性, 必须在实数集中引入数列极限的概念 (前面 1.2 节曾经对有理数集涉及过), 并介绍其一些简单性质.

定义 1 对数列 $\{x_n\}_{n=1}^{\infty}$ 而言, 如果对任意 (小的) 数 $\varepsilon > 0$, 必存在 $n_\varepsilon \in \mathbb{N}$, 使得当 $n \geqslant n_\varepsilon$ 时, 均有 $|x_n| < \varepsilon$, 就称 $\{x_n\}$ 是**一个无穷小量**, 并称 $\{x_n\}$**以 0 为极限**, 或称 $\{x_n\}$ **收敛于 0**, 记为

$$\lim_{n\to\infty} x_n = 0 \quad 或 \quad x_n \to 0\ (当 n \to \infty 时).$$

定义 2 称数列 $\{x_n\}_{n=1}^{\infty}$ 的**极限是** a(或**收敛于** a), 是指数列 $\{x_n - a\}$ 是一个无穷小量, 并记为

$$\lim_{n\to\infty} x_n = a \quad 或 \quad x_n \to a\ (当 n \to \infty 时).$$

注 1 无穷小量不是一个"数", 它仅是一个有动态的"变量".

注 2 从以上定义可以看出, 如果有 $|y_n| \leqslant |x_n|$ $(\forall\, n \geqslant (某)n_0)$, 且 $\{x_n\}$ 是无穷小量, 则 $\{y_n\}$ 也是无穷小量 (特别地, $\{x_n\}$ 是无穷小量等价于 $\{|x_n|\}$ 是无穷小量). 并且, 不难导出以下两个结论:

1° 如果 $\{x_n\}$ 是无穷小量, $\{b_n\}$ 是有界变量 (即: 存在正数 ρ, 使得 $|b_n| \leqslant \rho$, $\forall\, n \in \mathbb{N}$), 那么 $\{b_n x_n\}$ 亦为无穷小量.

2° 若 $\{x_n\}$ 和 $\{y_n\}$ 都是无穷小量, 则 $\{x_n + y_n\}$ 也是无穷小量.

注 3* 值得注意的是: 虽然任意有限个无穷小量之和仍是无穷小量, 但是, "无穷多个"无穷小量之"和"则**未必是**无穷小量. 事实上, 有如下反例: 依次取

$$\{x_n^{(1)}\} = \left\{1,\ \frac{1}{2},\ \frac{1}{3},\ \frac{1}{4},\ \cdots,\ \frac{1}{k},\ \frac{1}{k+1},\ \cdots\right\},$$

$$\{x_n^{(2)}\} = \left\{0,\ \frac{1}{2},\ \frac{1}{3},\ \frac{1}{4},\ \cdots,\ \frac{1}{k},\ \frac{1}{k+1},\ \cdots\right\},$$

$$\{x_n^{(3)}\} = \left\{0,\ 0,\ \frac{1}{3},\ \frac{1}{4},\ \cdots,\ \frac{1}{k},\ \frac{1}{k+1},\ \cdots\right\},$$

$$\cdots\cdots$$

$$\{x_n^{(k)}\} = \left\{0,\ 0,\ 0,\ 0,\ \cdots,\ \frac{1}{k},\ \frac{1}{k+1},\ \cdots\right\},$$

$$\{x_n^{(k+1)}\} = \left\{0,\ 0,\ 0,\ 0,\ \cdots,\ 0,\ \frac{1}{k+1},\ \cdots\right\},$$

……

显然每一个数列 $\{x_n^{(k)}\}_{n=1}^{\infty}$ $(\forall\ k\in\mathbb{N})$ 均为无穷小量, 但是它们的“和”所组成的数列

$$\{x_n^{(1)}+x_n^{(2)}+\cdots+x_n^{(k)}+\cdots\}=\{1,\ 1,\ 1,\ \cdots,\ 1,\cdots\}$$

极限为 1, 故并非无穷小量. 当然, 亦有“可列个无穷小量相加后仍为无穷小量”的例子 (请读者自己举例说明之).

类似地, 也可构造性地指出:“无穷多个”无穷小量之“积”也**未必是**无穷小量, 虽然有限个无穷小量之“积”仍为无穷小量 (请读者自证).

注 4　在上面定义 1 和定义 2 中, 首先要注意, 正数 ε 是任取的; 而当 ε 被选取好了之后, 便可去选取相应的自然数 n_ε, 在这一过程中, ε 是“给定的”. 因此, 在引入 ε 时, 也常用到这样的语句: **对于任意给定的正数** ε. 其次, 从定义显然可知自然数 n_ε 是依赖于 ε 的; 另一方面, 这个自然数 n_ε 也不是由 ε 唯一确定的, 故不能将其理解为一个依赖于 ε 的函数. 事实上, 由定义可看出, 若可取 n_ε 为 n_0, 则也可以选取 n_ε 为 $n_0+1, n_0+2,\cdots$, 因此不是唯一的. 最后, 由于 $\lim\limits_{n\to\infty}x_n=a$ 意味着对任意的 $\varepsilon>0$, 当 $n\geqslant n_\varepsilon$ 时总有 $|x_n-a|<\varepsilon$, 即有 $a-\varepsilon<x_n<a+\varepsilon$, 也即 $x_n\in(a-\varepsilon,a+\varepsilon)$(称这一区间为 a 的“**ε-邻域**”). 因此从几何观点可以看出: 点集 $\{x_n:n\geqslant n_\varepsilon\}$ 均落在该“ε-邻域”内, 而在此邻域外**至多只有有限多个**点 $x_1,x_2,\cdots,x_{n_\varepsilon-1}$(如图 1).

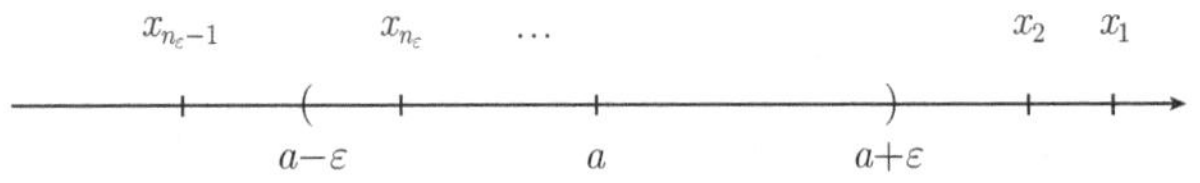

图 1

定义 3　如果数列 $\{x_n\}$ 不以任何实数 a 为其极限, 则称其为**发散的**.

例 1　观察以下三个简单的例子 (请读者自证), 其中 a 为一个常数:

1) 数列 $\left\{a+\dfrac{(-1)^n}{n}\right\}$ 收敛于 a.

2) 数列 $\{a+(-1)^n\}$ 是发散的.

3) 数列 $\{a+n\}$ 与 $\{a-n\}$ 均是发散的.

例 2　证明

$$\lim_{n\to\infty}\frac{2n^2+2n+1}{n^2+1}=2.$$

证明　由于对自然数 n 而言,

$$\left|\frac{2n^2+2n+1}{n^2+1}-2\right|=\frac{2n-1}{n^2+1}\leqslant\frac{2n}{n^2}=\frac{2}{n},$$

故对任意的 $\varepsilon > 0$, 只需令 $n_\varepsilon = [2\varepsilon^{-1}] + 1$, 则当 $n \geqslant n_\varepsilon$ 时, 有

$$\left|\frac{2n^2+2n+1}{n^2+1} - 2\right| \leqslant \frac{2}{n} < \frac{2}{2\varepsilon^{-1}} = \varepsilon.$$

从而命题得证. □

从数列极限的定义, 显然可以导出关于收敛数列的以下性质:

定理 1 (极限的唯一性) 如果数列 $\{x_n\}$ 有极限, 则此极限值必是唯一的.

证明 事实上, 若有 $\lim\limits_{n\to\infty} x_n = a$ 及 $\lim\limits_{n\to\infty} x_n = b$ 同时成立, 则由定义可知: 对任意的 $\varepsilon > 0$, 必存在 $k_\varepsilon \in \mathbb{N}$, 使得

$$|x_n - a| < \varepsilon, \qquad \forall\, n \geqslant k_\varepsilon;$$

同样又存在 $m_\varepsilon \in \mathbb{N}$, 使得

$$|x_n - b| < \varepsilon, \qquad \forall\, n \geqslant m_\varepsilon.$$

这样一来, 若令 $n_\varepsilon = \max\{k_\varepsilon, m_\varepsilon\}$, 则当 $n \geqslant n_\varepsilon$ 时, 从以上两式便可得到

$$|a-b| = |a - x_n + x_n - b| \leqslant |x_n - a| + |x_n - b| < 2\varepsilon,$$

于是由 ε 的任意性便可推出 $a = b$. □

定理 2 (有极限的数列之有界性) 如果数列 $\{x_n\}$ 有极限, 则必存在正数 ρ, 使得对任意 $n \in \mathbb{N}$ 均有 $|x_n| \leqslant \rho$ 成立.

证明 其实, 由前面的注 4, 已经不严格地得到了这里的结论. 下面将予以严格论述.

设 $\lim\limits_{n\to\infty} x_n = a$. 由定义, 若特取 $\varepsilon = 1$, 则必存在 $n_0 \in \mathbb{N}$, 使得

$$|x_n - a| < 1, \qquad \forall\, n \geqslant n_0.$$

由此便知

$$|x_n| < |a| + 1, \qquad \forall\, n \geqslant n_0.$$

现令 $\rho = \max\{|x_1|, |x_2|, \cdots, |x_{n_0}|, |a|+1\}$, 则可由上式导出

$$|x_n| \leqslant \rho, \qquad \forall\, n \in \mathbb{N}. \qquad \square$$

定理 3 (极限的保序性) 设 $\lim\limits_{n\to\infty} x_n = a$, $\lim\limits_{n\to\infty} y_n = b$, 那么

1° 若 $b > a$, 则存在 $n_0 \in \mathbb{N}$, 使得当 $n \geqslant n_0$ 时, 均有 $y_n > x_n$;

2° 若存在 $n_0' \in \mathbb{N}$, 使得当 $n \geqslant n_0'$ 时, 均有 $y_n \geqslant x_n$, 则有 $b \geqslant a$.

证明 1) 特取 $\varepsilon_0 = \dfrac{b-a}{2}(>0)$, 由极限的定义知存在 $n_1, n_2 \in \mathbb{N}$ 使得分别有

$$|x_n - a| < \varepsilon_0, \qquad \forall\, n \geqslant n_1,$$

和

$$|y_n - b| < \varepsilon_0, \qquad \forall\, n \geqslant n_2.$$

这样一来, 若令 $n_0 = \max\{n_1, n_2\}$, 则当 $n \geqslant n_0$ 时, 从上面两式就可导出

$$y_n > b - \varepsilon_0 = b - \frac{b-a}{2} = \frac{a+b}{2} = a + \varepsilon_0 > x_n.$$

从而 1° 的结论得证.

2) 利用反证法. 此时若有 $b < a$, 则由 1° 的结论知: 存在 $n_0 \in \mathbb{N}$, 使得当 $n \geqslant n_0$ 时, 均有 $y_n < x_n$ 成立, 因此当 $n \geqslant \max\{n_0, n_0'\}$ 时亦有 $y_n < x_n$ 成立, 而这与 2° 中假设矛盾. 由此归谬证得 2° 的结论. □

注 5 在上面定理 3 的 2° 中, 即使将假设条件变为对任意的 $n \in \mathbb{N}$ 均有 $y_n > x_n$ 成立, **一般也未必有** $\lim\limits_{n\to\infty} y_n > \lim\limits_{n\to\infty} x_n$. 反例如下: 选取 x_n 为一收敛数列, 而 $y_n = x_n + \dfrac{1}{n}$, 于是显然有 $y_n > x_n$, 但是 $\lim\limits_{n\to\infty} y_n = \lim\limits_{n\to\infty} x_n$.

注 6 从定理 3 还可以导出如下结论: 如果 x_n 是单调递增 (或单调递减) 的数列, 且有 $\lim\limits_{n\to\infty} x_n = a$, 那么必有

$$x_n \leqslant a\ (\text{相应地},\ x_n \geqslant a), \qquad \forall\, n \in \mathbb{N}.$$

事实上, 只需对任意的 $n_0 \in \mathbb{N}$, 在定理 3 中取 $y_n \equiv x_{n_0}$(即 y_n 为常数数列) 便可得出结论.

作为前面注 2 的推广, 有下面的命题.

定理 4 (极限的夹进定理)　设三个数列 $\{x_n\}$, $\{y_n\}$ 及 $\{z_n\}$ 满足以下关系:

$$y_n \leqslant x_n \leqslant z_n, \qquad \forall\, n \geqslant n_0,$$

其中 n_0 为某个给定的自然数. 那么, 当 $\lim\limits_{n\to\infty} y_n$ 与 $\lim\limits_{n\to\infty} z_n$ 均存在且均等于 a 时, 必有

$$\lim_{n\to\infty} x_n = a.$$

证明　对任意的 $\varepsilon > 0$, 必存在 $n_0 \in \mathbb{N}$, 使得当 $n \geqslant n_0$ 时, 同时有

$$|y_n - a| < \varepsilon \quad \text{和} \quad |z_n - a| < \varepsilon,$$

此即有

$$a - \varepsilon < y_n < a + \varepsilon \quad \text{和} \quad a - \varepsilon < z_n < a + \varepsilon.$$

由此即可得到: 当 $n \geqslant n_0$ 时, 有

$$a-\varepsilon<y_n \leqslant x_n \leqslant z_n<a+\varepsilon.$$

从而导出

$$\lim_{n\to\infty} x_n=a. \qquad \square$$

定理 5 (极限运算是"线性"运算) 如果 $\lim\limits_{n\to\infty} x_n^{(1)}=a_1$, $\lim\limits_{n\to\infty} x_n^{(2)}=a_2$, 则对任意的实数 α_1, α_2, 有

$$\lim_{n\to\infty}(\alpha_1 x_n^{(1)}+\alpha_2 x_n^{(2)})=\alpha_1 \lim_{n\to\infty} x_n^{(1)}+\alpha_2 \lim_{n\to\infty} x_n^{(2)}=\alpha_1 a_1+\alpha_2 a_2.$$

(此即: 极限运算与线性运算 (即变量的加法和数乘运算) 可以交换.)

证明 由 $\lim\limits_{n\to\infty} x_n^{(1)}=a_1$ 及 $\lim\limits_{n\to\infty} x_n^{(2)}=a_2$ 可知: 对于任意的 $\varepsilon>0$, 存在自然数 k_ε 和 m_ε, 使得

$$|x_n^{(1)}-a_1|<\frac{1}{1+|\alpha_1|}\cdot\frac{\varepsilon}{2}, \qquad \forall\, n \geqslant k_\varepsilon$$

和

$$|x_n^{(2)}-a_2|<\frac{1}{1+|\alpha_2|}\cdot\frac{\varepsilon}{2}, \qquad \forall\, n \geqslant m_\varepsilon.$$

这样一来, 若取 $n_\varepsilon=\max\{k_\varepsilon, m_\varepsilon\}$, 则当 $n \geqslant n_\varepsilon$ 时, 以上二式均成立, 从而有

$$\begin{aligned}
|(\alpha_1 x_n^{(1)}+\alpha_2 x_n^{(2)})-(\alpha_1 a_1+\alpha_2 a_2)| &\leqslant |\alpha_1(x_n^{(1)}-a_1)|+|\alpha_2(x_n^{(2)}-a_2)| \\
&=|\alpha_1|\cdot|x_n^{(1)}-a_1|+|\alpha_2|\cdot|x_n^{(2)}-a_2| \\
&<\frac{|\alpha_1|}{1+|\alpha_1|}\cdot\frac{\varepsilon}{2}+\frac{|\alpha_2|}{1+|\alpha_2|}\cdot\frac{\varepsilon}{2} \\
&\leqslant \varepsilon.
\end{aligned}$$

由此定理得证. □

注 7 从上面极限的性质, 尤其是"保序性"和"线性性"的结论, 可以证明前面 1.2 节中的性质 5: **实数集 $\mathbb{R}$ 在距离 $d(x,y) \triangleq |x-y|$ 下必构成一个距离空间**. 事实上, 对任意的两个实数 $x, \widetilde{x}$, 分别任取其"定点区间套" Δ_n 和 $\widetilde{\Delta}_n$, 并设 Δ_n 的端点为有理数 $r_1^{(n)}$ 和 $r_2^{(n)}$, $\widetilde{\Delta}_n$ 的端点为有理数 $\widetilde{r}_1^{(n)}$ 和 $\widetilde{r}_2^{(n)}$, 那么所定义的距离则可表为

$$d(x,\widetilde{x})=\lim_{n\longrightarrow\infty}|r_1^{(n)}-\widetilde{r}_1^{(n)}|$$

(类似地, 可用上两个"定点区间套"的"右端点"所对应的值之差的极限, 或者"一左一右"的端点值之差的极限来定义, 而这些极限值其实都是一样的). 故显然有

$d(x,\widetilde{x}) \geqslant 0$(这是由 $|r_1^{(n)} - \widetilde{r}_1^{(n)}| \geqslant 0$ 及极限的“保序性”推出的), 且由“定点区间套”的定义可知 $d(x,\widetilde{x}) = 0 \Longleftrightarrow x = \widetilde{x}$. 此外, $d(x,\widetilde{x}) = d(\widetilde{x},x)$ 也是明显的. 最后, 对任意的实数 y, 任选其某个有理数端点为 $t_1^{(n)}$ 和 $t_2^{(n)}$ 的“定点区间套”, 利用有理数的三角不等式关系及极限的“保序性”和“可加性”, 便可从关系式

$$|r_1^{(n)} - \widetilde{r}_1^{(n)}| \leqslant |r_1^{(n)} - t_1^{(n)}| + |t_1^{(n)} - \widetilde{r}_1^{(n)}|$$

导出

$$\lim_{n\longrightarrow\infty} |r_1^{(n)} - \widetilde{r}_1^{(n)}| \leqslant \lim_{n\longrightarrow\infty} |r_1^{(n)} - t_1^{(n)}| + \lim_{n\longrightarrow\infty} |t_1^{(n)} - \widetilde{r}_1^{(n)}|,$$

此即 $d(x,\widetilde{x}) \leqslant d(x,y) + d(y,\widetilde{x})$. 这就完成了关于 $\mathbb{R}$ 是一个距离空间的证明.

注 8 值得特别注意的是, 高等数学与初等数学的最大区别就是引入了“极限”, 也就是引入了“辩证逻辑”! 在初等数学中, 我们学习的是“形式逻辑”. 此两者的区别就在于前者是“辩证性的”和“变动的”“动态的”, 而后者是“孤立的”和“固定不变的”. 这一点可以从极限的定义看出来. 首先, 我们考虑的不是一个“数”, 而是一个“数列”(是一个群体, 它有无穷多个项, 每一个项是一个数); 其次, 我们讲的是一个“变化结果”, 也即: 当项数无限制地变化下去后, 此群体变化的结果, 用“数学语言”描述则是, 对任意给定的 ε(这里, “任意”两字即是一种动态. 虽然一旦给出后, ε 就是固定的一个数, 但是给出“多么小”的数却是任意的, 也即是可变化的), 而使该数列中的项, 一旦位于数列中某一项 n_ε 以后 (即 $n \geqslant n_\varepsilon$), 其与“某固定数 a”(此即为上变量动态的最终趋势的结果) 相差“均”能够小于上面的正数 ε. 因而这又是一个动态, 即项数的动态. 所以, 没有一个“变量”(这里指数列 $\{x_n\}$), 没有上述两种动态 (这里指项数 $n \to \infty$ 和由此产生的结果 $x_n \to a$), 那就没有极限的概念.

从上面的解释, 可以将初等数学中的“数学归纳法”深入理解, 得知其仅是一个**有限**归纳法. 首先, 回忆一下数学归纳法的如下格式: 记 $P(n)$ 为一个自然数 n 的命题. 如当 $n = k_0$ 时, $P(k_0)$ 真, 并且 $P(k)$ 真 $\Longrightarrow P(k+1)$ 真 ($\forall\, k \geqslant k_0$), 那么, $P(n)$ 均真 ($\forall\, n \geqslant k_0$). 事实上, 虽然数学归纳法讲的也是无限个 $n \in \mathbb{N}$, 但是对任给的一个自然数 k, 它仅保证其“下一个”性质. 因此, 它与极限不一样, 后者则是要在大于某一自然数后, “任意变动”. 因此说到底, 前者仅是“量变”, 而后者是“质变”. 正如在几何中, “点”的长度是 0, 因此, 一个点一个点地“累加”, 其长仍为 0, 由这种“形式逻辑”是推导不出“线段有大于 0 的长度, 且它是由点组成的”. 类似地, 从数学归纳法, 我们容易导出: 对于每一个自然数 n, 均有 $\dfrac{1}{n} > 0$. 然而从极限定义有: $\lim\limits_{n\to\infty} \dfrac{1}{n} = 0$. 另外, 大家都熟悉中国古代的一条数学真理:“一尺之杆, 日取其半, 永世不竭. ”这实际上讲的就是一个数学归纳法的结论: 对任意的 $l > 0$, $\dfrac{l}{2^n} > 0$ ($\forall\, n \in \mathbb{N}$). 但却没有得到上述过程的“动态目标”, 也即没有得到: 当上做

法无限进行下去时, 所取长度必趋于 0. 因此切莫把初等数学中的"数学归纳法"误认为已经引入了"辩证逻辑", 从而将它与极限一样对待, 否则必会发生类似上面例子的错误.

1.5 定义实数的各公理所对应的完备化定理间之等价性

从 1.2 节及 1.3 节可以看出, 实数在每个公理化的定义下均必是"完备"的. 也即, 均可证明 (如 1.2 节的定理 2 一样): 将那些公理定义中的"有理数"换成已定义的"实数"时, 该公理结论仍成立. 因此, 为了以后讲述的需要, 下面将证明上述公理所导出的实数完备性的各定理之间的等价性 (将可看到, 在下面各实数的完备性定理中, 只要将假设条件中所有涉及的数换回"有理数", 就得到了原始形式的各公理).

为方便起见, 先在实数域内将前面提到的各公理所导出的相应的完备化定理重新表述一遍.

实数完备化特征 1 (闭区间套定理) 假设 $\{\Delta_n\}_{n=1}^{\infty}$ 为一列闭区间, 其中 $\Delta_n = [a_n, b_n]$ 满足以下两个条件:

1° $\Delta_1 \supset \Delta_2 \supset \cdots \supset \Delta_{n-1} \supset \Delta_n \supset \cdots, \forall\, n \in \mathbb{N}$;

2° 区间长度 $|\Delta_n| = b_n - a_n \to 0$(当 $n \to \infty$ 时).

那么, 必存在唯一的实数 x, 使得

$$\{x\} = \bigcap_{n=1}^{\infty} \Delta_n.$$

实数完备化特征 2 (Dedekind 分割定理) 将实数集 $\mathbb{R}$ 分拆成两个非空集 D_1 和 D_2, 我们称 $D_1|D_2$ 为**分割**, 如果其满足:

1° $D_1 \cap D_2 = \varnothing$ 且 $D_1 \cup D_2 = \mathbb{R}$;

2° 对任意的 $x \in D_1$ 及 $y \in D_2$, 均有 $x < y$.

那么, $\mathbb{R}$ 的任意分割 $D_1|D_2$ 均必对应于一个实数 β, 并且它要么是 D_1 内的最大数, 要么是 D_2 内的最小数.

尽管我们曾在 1.3 节的定义 2 中给出了"确界"的定义, 但在这里即将引入"确界存在定理"之前, 希望用严格的数学语言给出由实数组成的集合之确界的一个等价定义. 这两种定义方式在今后的证明中均会用到.

定义 1 设实数集 $\mathbb{R}$ 的子集 S 有上界, 则满足如下条件的数 β 就称为是 S 的**上确界**:

1° 对任意的 $x \in S$, 均有 $x \leqslant \beta$;

2° 对任意的 $\varepsilon > 0$, 必存在 $x_0 \in S$, 使得 $x_0 > \beta - \varepsilon$.

定义 2　设实数集 $\mathbb{R}$ 的子集 S 有下界, 则满足如下条件的数 α 就称为是 S 的**下确界**:

1° 对任意的 $x \in S$, 均有 $x \geqslant \alpha$;

2° 对任意的 $\varepsilon > 0$, 存在 $x_0 \in S$, 使得 $x_0 < \alpha + \varepsilon$.

注 1　此外, 当数集 S 无上界时, 约定: $\sup S = +\infty$; 类似地, 当数集 S 无下界时, 约定: $\inf S = -\infty$.

注 2　对一个数集而言, 其最大 (或最小) 值必为其上确界 (相应地, 下确界). 反之未必成立, 例如: 数集 $\left\{1 - \dfrac{1}{n} : n \in \mathbb{N}\right\}$ 无最大值, 但以 1 为上确界; 数集 $\left\{\dfrac{1}{n} : n \in \mathbb{N}\right\}$ 无最小值, 但以 0 为下确界.

有了上面的定义, 就可以按下述方式描述 Cantor 确界存在原理.

实数完备化特征 3 (Cantor 确界存在定理)　对于实数集 $\mathbb{R}$ 的每一个非空子集而言, 若其有上 (下) 界, 则必有上 (下) 确界.

实数完备化特征 4 (Cantor 单调有界收敛定理)　实数集 $\mathbb{R}$ 中的任何一个单调递增且有上界 (或者单调递减且有下界) 的数列均收敛于一个实数.

在叙述实数集 $\mathbb{R}$ 中的 Cauchy 基本列收敛定理之前, 先在 $\mathbb{R}$ 上给出 Cauchy 基本列的定义.

定义 3　设 $\{x_n\}$ 是 $\mathbb{R}$ 中的一个数列, 若对任意的 $\varepsilon > 0$, 必存在 $n_\varepsilon \in \mathbb{N}$, 使得当 $m, n \geqslant n_\varepsilon$ 时, 均有 $|x_m - x_n| < \varepsilon$, 则称 $\{x_n\}$ 是一个 **Cauchy 基本列**(或简称为 **Cauchy 列**).

实数完备化特征 5 (Cauchy 基本列收敛定理)　实数集 $\mathbb{R}$ 中的任何一个 Cauchy 基本列均收敛于一个实数.

下面通过五个定理来说明以上五个特征性定理的等价性.

定理 1　Dedekind 分割定理等价于 Cantor 确界存在定理.

证明　1) 分割定理 $\Longrightarrow$ 确界定理:

对于任意一个有上界的数集 S, 首先, 不妨假设 S 没有最大值 (否则, 此最大值即为 S 的上确界, 命题得证). 令 $D_2 \triangleq \{y : x < y, \forall\, x \in S\}$(此为 S 的所有上界所组成的集合), 再令 $D_1 = \mathbb{R} \setminus D_2$. 显然, $D_2 \neq \varnothing$, 再由 $S \subset D_1$ 知 $D_1 \neq \varnothing$; 另外, 不难看到, D_2 中的任意数必然大于 D_1 中的任意数. 事实上, 反之如有元 $d_2 \in D_2$ 及 $d_1 \in D_1$, 使得

$$d_2 \leqslant d_1,$$

那么, 从 D_2 的定义可知

$$d_2 > x, \qquad \forall\, x \in S.$$

因此, 从上面两式便可导出 $d_1 > x$ $(\forall\ x \in S)$, 此即 d_1 亦是 S 的一个上界, 从而由上面的取法应有 $d_1 \in D_2$, 这与 $D_1 \cap D_2 = \varnothing$ 矛盾. 因此, 得到了 $\mathbb{R}$ 的一个分割 $D_1|D_2$. 于是, 由 Dedekind 分割定理知 $D_1|D_2$ 必确定一个数, 记为 β_0. 不难看出数 β_0 有以下两种情况:

(i) 若 $\beta_0 \in D_1$, 则 β_0 为集 D_1 中的最大元, 于是由 $S \subset D_1$ 可知 β_0 为 S 的一个上界. 这说明 $\beta_0 \in D_2$, 结合 $\beta_0 \in D_1$ 便得到 $D_1 \cap D_2 \neq \varnothing$. 这与 $D_1|D_2$ 是 $\mathbb{R}$ 的一个分割之假设矛盾.

(ii) 若 $\beta_0 \in D_2$, 则 β_0 为集 D_2 中的最小元, 从而 β_0 也是 S 的"所有上界"的集合之最小元, 于是由定义知 $\beta_0 = \sup S$.

对于有下界的集合 S, 可以类似地证明结论 (请读者自证).

2) 确界定理 $\Longrightarrow$ 分割定理:

设 $D_1|D_2$ 是 $\mathbb{R}$ 的一个分割. 由分割的定义可知, D_1 有上界且 D_2 有下界. 因此, 由确界定理则可导出, 上确界 $\sup D_1$ 和下确界 $\inf D_2$ 必均存在. 再次注意到 Dedekind 分割的定义, 我们有

$$x < y, \qquad \forall\ x \in D_1,\ y \in D_2.$$

故由上确界是"最小上界"的定义, 从上式便可得到 (因上式表明 D_2 中每个元 y 均为数集 D_1 的上界)

$$\sup D_1 = \sup_{x \in D_1} x \leqslant y, \qquad \forall\ y \in D_2.$$

而上式又表明 $\sup D_1$ 为数集 D_2 的一个下界, 故再由下确界是"最大下界"的定义便可推出

$$\sup D_1 \leqslant \inf D_2.$$

如此一来, 可断言: $\sup D_1 = \inf D_2$. 事实上, 若不然, 则有 $\sup D_1 < \inf D_2$, 由于"平均数" $\xi = \dfrac{\sup D_1 + \inf D_2}{2}$ 满足

$$\sup D_1 < \xi < \inf D_2,$$

故从上、下确界的定义可知: $\xi \notin D_1, \xi \notin D_2$, 这与 $D_1|D_2$ 是 $\mathbb{R}$ 的一个分割的假设矛盾. 因此, 上面的数 $\sup D_1 = \inf D_2$ 即为分割 $D_1|D_2$ 所确定的数. 当这个数在 D_1 中时, 它就是 D_1 的最大数; 当它在 D_2 中时, 它就是 D_2 的最小数. □

定理 2 由闭区间套定理可以导出确界定理.

证明 不妨假设 S 是有下界的非空数集 (若 S 为有上界的非空数集亦可如下面做法类似证之). 现任取集 S 的一个下界 a_1, 如果 $a_1 \in S$, 则 a_1 为数集 S 的最小元. 显而易见, 这个 a_1 就是 S 的下确界, 从而定理结论得证.

如果 S 的下界 a_1不是 S 的最小元, 那么, 任取一元 $x_1 \in S$, 然后将闭区间 $[a_1, x_1]$ 等分为两个区间. 当中点 $\dfrac{a_1+x_1}{2}$ 仍为 S 的一个下界时, 我们记 $[a_2, x_2] \triangleq \left[\dfrac{a_1+x_1}{2}, x_1\right]$; 而当 $\dfrac{a_1+x_1}{2}$ 不是 S 的下界时, 可取元 $x_2 \in S$ 且 $x_2 \leqslant \dfrac{a_1+x_1}{2}$, 并记 $[a_2, x_2] \triangleq [a_1, x_2] \subset \left[a_1, \dfrac{a_1+x_1}{2}\right]$. 此即, 无论在哪种情形下, 均可找到区间 $[a_2, x_2]$ 满足: 该区间长度不超过 $[a_1, x_1]$ 的一半, 且 a_2 是 S 的一个下界及 $x_2 \in S$.

然后, 将区间 $[a_2, x_2]$ 二等分, 并按上述方法选取区间 $[a_3, x_3]$ 满足: 该区间长度不超过 $[a_2, x_2]$ 的一半, 且 a_3 是 S 的一个下界, 及 $x_3 \in S$.

如此做下去, 便可得到一个闭区间列 $\{[a_n, x_n]\}_{n=1}^{\infty}$, 其满足以下条件: a_n 均是 S 的下界, 及 $x_n \in S$ $(\forall\, n \in \mathbb{N})$, 并且有

1) $[a_1, x_1] \supset [a_2, x_2] \supset \cdots \supset [a_n, x_n] \supset \cdots$;

2) $x_n - a_n \leqslant \dfrac{x_1 - a_1}{2^{n-1}} \to 0$ (当 $n \to \infty$ 时).

故由闭区间套定理可知, 必存在唯一的数 $\alpha \in [a_n, x_n] (\forall\, n \in \mathbb{N})$. 下面将要证明: α 即为数集 S 的下确界, 从而得出定理的结论.

下面介绍两种证明方法:

$\alpha = \inf S$ 的证法 1: 首先证明 α 必为 S 的一个下界. 事实上 (如图 1), 如果 α 不是 S 的一个下界, 那么, 必有 $x_0 \in S$, 使得 $x_0 < \alpha$, 此即

$$\delta_0 \triangleq \alpha - x_0 > 0.$$

注意到 $\alpha \in [a_n, x_n] (\forall\, n \in \mathbb{N})$ 及 $|[a_n, x_n]| = x_n - a_n \to 0$(当 $n \to \infty$ 时). 由此可以导出: 存在 $n_0 \in \mathbb{N}$, 使得

$$|[a_{n_0}, x_{n_0}]| < \frac{\delta_0}{2}.$$

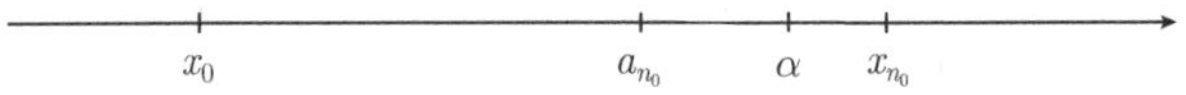

图 1

由此立即得到 $x_0 < a_{n_0}$. 而此显然与 a_{n_0} 是 S 的下界的假设矛盾.

此外, α 必为 S 的下确界. 事实上, 对任意的 $\delta_1 > 0$, 类似地, 从 α 的取法则可得: 存在 $n_1 \in \mathbb{N}$, 使得

$$|[a_{n_1}, x_{n_1}]| < \delta_1.$$

由此即可导出

$$x_{n_1} - \alpha < \delta_1,$$

也即 $x_{n_1} < \alpha + \delta_1$(这里, $x_{n_1} \in S$). 综上得知 α 为 S 的下确界.

$\alpha = \inf S$ 的证法 2：下面，利用 1.4 节中极限的性质来证明所需结论. 首先，注意到上面提及的数 α 的特性，我们有

$$0 \leqslant \alpha - a_n \leqslant x_n - a_n, \qquad \forall\, n \in \mathbb{N}.$$

故由 1.4 节注 2，便可从上式得到数列 $\{\alpha - a_n\}$ 是一个无穷小量，也即有：$\lim\limits_{n\to\infty} a_n = \alpha$. 再注意到每一个 a_n $(n \in \mathbb{N})$ 均为数集 S 的下界. 因此，对任意的 $x \in S$，都有

$$a_n \leqslant x, \qquad \forall\, n \in \mathbb{N}.$$

这样一来，从 1.4 节的定理 3，便可得到

$$\alpha = \lim_{n\to\infty} a_n \leqslant x, \qquad \forall\, x \in S.$$

由此导出：α 亦是数集 S 的一个下界.

此外，类似上面的论述，亦可证明 $\lim\limits_{n\to\infty} x_n = \alpha$，故由极限定义得：对任意的 $\varepsilon > 0$，必存在 $n_\varepsilon \in \mathbb{N}$，使得 $x_{n_\varepsilon} < \alpha + \varepsilon$，但从上面关于 x_n $(n \in \mathbb{N})$ 的取法可知 $x_{n_\varepsilon} \in S$，于是由定义 2 立即导出：α 是数集 S 的下确界. □

注 3 从上面定理后半段的两种证法可以看出，其第一个证法的优点在于不用极限的一些特性 (如，保序性等)，而仅用无穷小量的定义来导出所需结论；其第二个证法的优点则是仅用分析表达式，从而较为清晰. 因此，各有其长，均值得学习借鉴.

定理 3 由确界定理可以导出单调有界收敛定理.

证明 不妨设数列 $\{x_n\}$ 是单调递增且有上界 (对单调递减且有下界的情况可类似证之)，则由确界定理可知，数列 $\{x_n\}$ 必存在上确界. 令 $\beta = \sup\limits_{n\in\mathbb{N}} x_n$. 下面证明 β 是数列 $\{x_n\}$ 的极限.

事实上，由上确界的定义，首先有以下两个结论：

1) $x_n \leqslant \beta (\forall\, n \in \mathbb{N})$;

2) 对任意的 $\varepsilon > 0$，必存在 $n_\varepsilon \in \mathbb{N}$，使得 $x_{n_\varepsilon} > \beta - \varepsilon$.

注意到数列 $\{x_n\}$ 是单调递增的，故由 2) 有关系式

$$x_n \geqslant x_{n_\varepsilon} > \beta - \varepsilon, \qquad \forall\, n \geqslant n_\varepsilon.$$

这样一来，从上式和 1) 即可得到：对任意的 $\varepsilon > 0$，有

$$\beta - \varepsilon < x_n \leqslant \beta, \qquad \forall\, n \geqslant n_\varepsilon.$$

此即 $\lim\limits_{n\to\infty} x_n = \beta$，从而定理得证. □

定理 4　由单调有界收敛定理可以导出闭区间套定理.

证明　设 $\{[a_n,b_n]\}$ 为一个闭区间套 (如图 2), 即

$$[a_1,b_1]\supset[a_2,b_2]\supset\cdots\supset[a_n,b_n]\supset\cdots,$$

且区间长度 $|[a_n,b_n]|=b_n-a_n\to 0$(当 $n\to\infty$ 时).

那么, 首先由上面的包含关系可知: 数列 $\{a_n\}$ 是单调递增的, 且有上界 (因任意一个 b_n 均为数列 $\{a_n\}$ 的上界). 同样地, 数列 $\{b_n\}$ 是单调递减的, 且有下界 (因任意一个 a_k $(n\in\mathbb{N})$ 均为数列 $\{b_n\}$ 的下界).

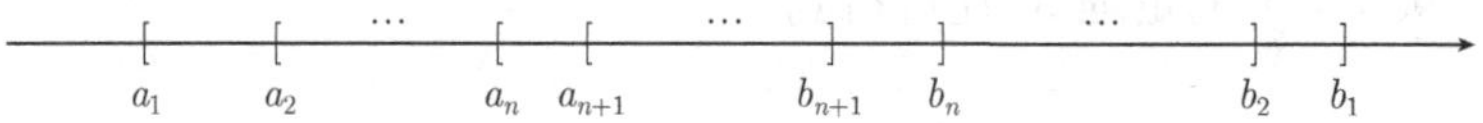

图 2

这样一来, 由单调收敛定理可知: 极限 $\lim\limits_{n\to\infty}a_n$ 与 $\lim\limits_{n\to\infty}b_n$ 均存在, 并且从区间长度趋于 0 的假设, 以及极限运算的线性性质 (1.4 节定理 5) 便得到

$$\lim_{n\to\infty}a_n=\lim_{n\to\infty}b_n.$$

今记上面的极限值为 α, 可从 $\{a_n\}$ 和 $\{b_n\}$ 的单调性及 1.4 节注 5 导出

$$\alpha\in[a_n,b_n],\qquad\forall\, n\in\mathbb{N}.$$

最后, 为了完成证明, 只需说明在集 $\bigcap\limits_{n=1}^{\infty}[a_n,b_n]$ 中仅有唯一的元素即可. 事实上, 若还有一个数 β, 使得亦有

$$\beta\in[a_n,b_n],\qquad\forall\, n\in\mathbb{N},$$

也即 $a_n\leqslant\beta\leqslant b_n(\forall\, n\in\mathbb{N})$, 则由极限运算的保序性 (1.4 节定理 3), 即可导出

$$\alpha=\lim_{n\to\infty}a_n\leqslant\beta\leqslant\lim_{n\to\infty}b_n=\alpha,$$

也即有 $\beta=\alpha$. 由此, 我们证明了闭区间套定理. □

注 4　从上面的证明可以看出, 如果去掉“闭”字或区间长度不趋于 0, 则均是无法保证结论成立的. 反例可见: (开) 区间套 $\left\{\left(0,\dfrac{1}{n}\right)\right\}$, 或者 (半开半闭) 区间套 $\left\{\left(0,\dfrac{1}{n}\right]\right\}$, 以及 $\{[n,+\infty)\}$ (这里区间 $[n,+\infty)$ 表示不小于 n 的全体实数所成之集).

注 5 定理 2、定理 3 和定理 4 其实已经证明了下面的关联式:

$$\text{闭区间套定理} \Longleftrightarrow \text{确界定理} \Longleftrightarrow \text{单调有界收敛定理}.$$

下面将要证明最后一个等价关系: 闭区间套定理与 Cauchy 基本列收敛定理的等价性 (这里, 将 Cauchy 定理加上了"收敛"二字, 实因此时, 在实数域上, 由该定理所定义的实数正是"Cauchy 基本列"的极限). 为此, 先来介绍一个定义和一个引理.

定义 4 设 $\{x_n\}$ 是一个数列, 又设 $\{n_k : k = 1, 2, \cdots\}$ 为自然数集 $\mathbb{N}$ 的一个无限子集, 满足

$$n_1 < n_2 < \cdots < n_k < n_{k+1} < \cdots,$$

我们称 $\{x_{n_k}\}$ 为数列 $\{x_n\}$ 的一个**子列**.

引理 设数列 $\{x_n\}$ 为一 Cauchy 基本列, 并设其有一子列 $\{x_{n_k}\}$ 是收敛的, 且 $\lim\limits_{k\to\infty} x_{n_k} = \alpha$, 那么 $\{x_n\}$ 必收敛, 且有 $\lim\limits_{n\to\infty} x_n = \alpha$.

证明 对任意的数 $\varepsilon > 0$, 首先由 $\{x_n\}$ 是 Cauchy 基本列 (注意前面的定义 3) 知, 存在 $n_0 \in \mathbb{N}$, 使得有关系式

$$|x_m - x_n| \leqslant \frac{\varepsilon}{2}, \qquad \forall\, m, n \geqslant n_0.$$

此外, 由 $\{x_{n_k}\}$ 收敛于 α, 又有: 对上述正数 ε, 必存在 $k_0 \in \mathbb{N}$, 使得

$$|x_{n_k} - \alpha| \leqslant \frac{\varepsilon}{2}, \qquad \forall\, k \geqslant k_0.$$

这样一来, 若取 $k_1 = \max(k_0, n_0)$, 则当 $n \geqslant n_{k_1}$ 时 (注意此时必有 $n \geqslant n_{k_1} \geqslant k_1 \geqslant n_0$), 从以上两不等式便可推出

$$|x_n - \alpha| \leqslant |x_n - x_{n_{k_1}}| + |x_{n_{k_1}} - \alpha| < \frac{\varepsilon}{2} + \frac{\varepsilon}{2} = \varepsilon,$$

也即得到 $\lim\limits_{n\to\infty} x_n = \alpha$. □

定理 5 闭区间套定理等价于 Cauchy 基本列收敛定理.

证明 1) 闭区间套定理 $\Longrightarrow$ Cauchy 基本列收敛定理:

设数列 $\{x_n\}$ 是一个 Cauchy 基本列, 也即是说: 对任意的数 $\varepsilon > 0$, 存在 $n_\varepsilon \in \mathbb{N}$, 使得

$$|x_m - x_n| < \varepsilon, \qquad \forall\, m, n \geqslant n_\varepsilon.$$

于是, 由上式可知, 若取 $\varepsilon = \dfrac{1}{2}$, 必可找到自然数 n_1, 使得

$$|x_n - x_{n_1}| < 2^{-1}, \qquad \forall\, n \geqslant n_1. \tag{1}$$

同样地, 必可找到自然数 $n_2(>n_1)$ 及 $n_3(>n_2)$, 使得分别有

$$|x_n - x_{n_2}| < 2^{-2}, \qquad \forall\, n \geqslant n_2 \tag{2}$$

及

$$|x_n - x_{n_3}| < 2^{-3}, \qquad \forall\, n \geqslant n_3.$$

特别地, 可以从 (1) 及 (2) 得到

$$|x_{n_2} - x_{n_1}| < 2^{-1} \quad 及 \quad |x_{n_3} - x_{n_2}| < 2^{-2}.$$

依此类推, 可以找到 $\{x_n\}$ 的一个子列 $\{x_{n_k}\}$, 使其满足

$$|x_{n_{k+1}} - x_{n_k}| < 2^{-k}, \qquad \forall\, k \in \mathbb{N}.$$

这样一来, 从上式一方面可以得到

$$x_{n_{k+1}} - x_{n_k} < 2^{-k} = 2^{-(k-1)} - 2^{-k}, \qquad \forall\, k \in \mathbb{N},$$

即

$$x_{n_{k+1}} + 2^{-k} < x_{n_k} + 2^{-(k-1)}, \qquad \forall\, k \in \mathbb{N}; \tag{3}$$

另一方面, 又有

$$x_{n_k} - x_{n_{k+1}} < 2^{-k} = 2^{-(k-1)} - 2^{-k}, \qquad \forall\, k \in \mathbb{N},$$

即

$$x_{n_k} - 2^{-(k-1)} < x_{n_{k+1}} - 2^{-k}, \qquad \forall\, k \in \mathbb{N}. \tag{4}$$

而从 (3) 和 (4) 可以看出, 对任意的自然数 k, 均成立

$$\left[x_{n_{k+1}} - 2^{-k}, x_{n_{k+1}} + 2^{-k}\right] \subset \left[x_{n_k} - 2^{-(k-1)}, x_{n_k} + 2^{-(k-1)}\right],$$

于是就得到了一个闭区间套 $\left\{\left[x_{n_k} - 2^{-(k-1)}, x_{n_k} + 2^{-(k-1)}\right]\right\}$, 且其区间的长度趋于 0(当 $k \to \infty$ 时). 因而从闭区间套定理即可导出：存在唯一的数 α, 使得

$$\alpha \in \left[x_{n_k} - 2^{-(k-1)}, x_{n_k} + 2^{-(k-1)}\right], \qquad \forall\, k \in \mathbb{N}.$$

再由极限的定义便知, $\lim\limits_{k\to\infty} x_{n_k} = \alpha$. 由此结合引理即可导出 $\lim\limits_{n\to\infty} x_n = \alpha$, 这就证明了 Cauchy 基本列收敛定理.

2) Cauchy 基本列收敛定理 $\Longrightarrow$ 闭区间套定理:

设 $\{[a_n, b_n]\}$ 为一个闭区间套, 则由 $b_n - a_n \to 0$(当 $n \to \infty$ 时) 可知: 对任意的 $\varepsilon > 0$, 存在 $n_\varepsilon \in \mathbb{N}$, 使得下式成立:

$$|b_n - a_n| < \varepsilon, \qquad \forall\, n \geqslant n_\varepsilon.$$

此外, 从区间套的构造又可看到, 对任意的 $m, n \geqslant n_\varepsilon$(不妨设 $m \geqslant n$), 有

$$a_n \leqslant a_m \leqslant b_m \leqslant b_n.$$

于是由以上两式我们立即得到

$$\left.\begin{aligned} |a_m - a_n| \leqslant |b_n - a_n| < \varepsilon, \\ |b_m - b_n| \leqslant |b_n - a_n| < \varepsilon, \end{aligned}\right. \qquad \forall\, m, n \geqslant n_\varepsilon.$$

这说明数列 $\{a_n\}$ 和 $\{b_n\}$ 均为 Cauchy 基本列, 从而由 Cauchy 基本列收敛原理知, $\{a_n\}$ 和 $\{b_n\}$ 均收敛. 这样一来, 类似于定理 4 的证明, 我们知道存在唯一的数 α, 使得 $\{\alpha\} = \bigcap\limits_{n=1}^{\infty} [a_n, b_n]$. □

从上面五个定理我们可以看出, 对于实数集而言, 上述五个有关实数完备化的特征性定理均是等价的, 此外, 在 1.6 节中将会看到, 上述有关完备化特征的"闭区间套定理"和"Cauchy 基本列收敛定理"是可以推广到二维 Euclid(欧几里得) 空间、高维 Euclid 空间, 甚至一般的抽象距离空间中去的 (这里, 值得我们回忆并注意的是: 只要在一个抽象集合中定义了"距离"的概念, 它就构成了一个距离空间, 而这一集合本身无需具备任何代数结构、序结构等特性).

1.6 任何抽象距离空间之完备性

1.5 节已经指出了在全体实数所形成的距离空间 $\mathbb{R}$ 中有关其完备性的五个定理是等价的. 也即是说, 当"承认"了其中任何一个时, 其余几个定理均可由它推导出来. 但是, 正如 1.3 节曾经评论过的一样, 在上述五个定理中, 仅有"闭区间套定理"和"Cauchy 基本列收敛定理"是可以推广到二维 Euclid 空间、n 维 Euclid 空间, 甚至一般的抽象距离空间中去的. 而这正是本节的主要研究内容.

与在实数轴上的做法不同, 在一般的抽象距离空间中, 人们愿意用"Cauchy 基本列收敛定理"来作为空间完备性的定义. 它的优点在于其分析表达式的简明性. 在前面 1.3 节和 1.5 节中, 我们已在有理数集和实数集中分别给出了 Cauchy 列的定义, 下面先将该定义推广到一般的距离空间:

定义 1 设 (X, d) 是一个距离空间. X 中的一个点列 $\{x_n\}$ 称为是 **Cauchy 基本列**(或简称为 **Cauchy 列**), 是指: 对任意的 $\varepsilon > 0$, 必存在 $n_\varepsilon \in \mathbb{N}$, 使得

$$d(x_m, x_n) < \varepsilon, \qquad \forall\, m, n \geqslant n_\varepsilon.$$

定义 2　设 (X,d) 是一个距离空间. X 中的一个点列 $\{x_n\}$ 称为是**收敛的**, 是指: 存在一个点 $x_0 \in X$, 其对于任意的 $\varepsilon > 0$, 必存在 $n_\varepsilon \in \mathbb{N}$, 使得下式成立:

$$d(x_n, x_0) < \varepsilon, \qquad \forall\, n \geqslant n_\varepsilon.$$

此时, 我们也称 x_0 为点列 $\{x_n\}$ 的**极限**, 并记为 $\lim\limits_{n\to\infty} x_n = x_0$.

定义 3　设 (X,d) 是一个距离空间. 如果 X 中的每一个 Cauchy 基本列均收敛, 我们就称 (X,d) 是**完备的**.

定义 4　设 (X,d) 是一个距离空间. 对任意点 $x_0 \in X$ 及正实数 r, 我们称集合

$$B(x_0, r) \triangleq \{x \in X : d(x, x_0) \leqslant r\}$$

为 X 中**以 x_0 为中心, 以 r 为半径的闭球**. 与实数集 $\mathbb{R}$ 中闭区间套相类似, 一个闭球列 $\{B(x_n, r_n)\}$ 称为是 X 中的一个**闭球套**, 是指其满足条件 (如图 1):

$$B(x_1, r_1) \supset B(x_2, r_2) \supset \cdots \supset$$

$$B(x_n, r_n) \supset B(x_{n+1}, r_{n+1}) \supset \cdots.$$

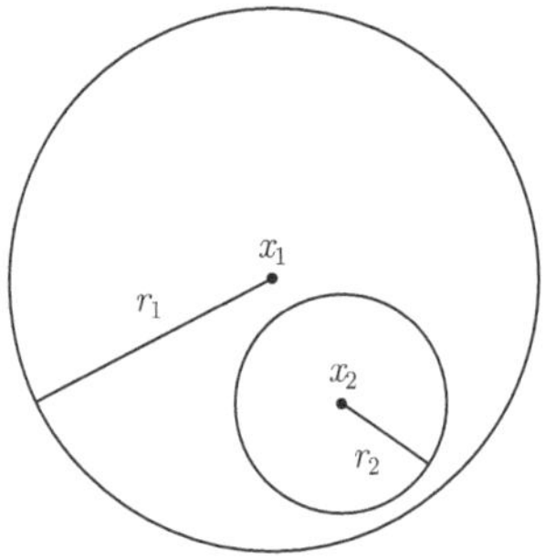

图 1

注 1　若取 $X = \mathbb{R}$, $d(x,y) = |x - y|$ $(\forall\ x, y \in \mathbb{R})$, 不难看出上面定义中的 "Cauchy 基本列" "极限" 和 "闭球套" 即为前面所讲述的 "Cauchy 基本列" "极限" 和 "闭区间套". 此外, 以 x_0 为中心的 "ε-对称" 闭区间 $[x_0 - \varepsilon, x_0 + \varepsilon]$ 即为距离空间 $\mathbb{R}$ 的以 x_0 为中心, 以 ε 为半径的 "闭球".

与 1.5 节定理 5 一样, 同样可以在抽象的距离空间中得到下面的定理, 而且其证明方法也是完全类似的. 因此, 从下面的证明可以体会如何从 "特殊" 到 "一般" 地去推广一个命题 (此即属于 "创造性思维").

定理 1　设 (X,d) 是一个距离空间, 则 (X,d) 完备的充分必要条件是: 对于任意的闭球套 $\{B(x_n, r_n)\}$, 如果 $r_n \to 0$(当 $n \to \infty$ 时), 则有唯一的点 $x_0 \in X$, 使得 $\{x_0\} = \bigcap\limits_{n=1}^{\infty} B(x_n, r_n)$.

注 2　定理 1 中的这个关于距离空间完备性的充要条件的命题称为**闭球套定理**.

在给出定理的证明之前, 首先来引入一个定义以及一个与之相关的引理.

定义 5　设 (X,d) 是一个距离空间, 又设 $x_0 \in X$, Y 为 X 的一个子集. 我们称

$$d(x_0, Y) \triangleq \inf\{d(x_0, y) : y \in Y\}$$

为点 x_0 到集 Y 的距离.

引理 设 $B(x,r)$ 为距离空间 (X,d) 中的一个闭球, x_0 为 X 中一个点. 若 $x_0 \notin B(x,r)$, 则必有 $d(x_0, B(x,r)) > 0$.

这一引理的证明留给读者. 下面证明定理 1.

必要性 假设距离空间 (X,d) 是完备的. 那么对任意满足 $r_n \to 0$(当 $n \to \infty$ 时) 的闭球套 $\{B(x_n, r_n)\}$, 首先注意到

$$B(x_m, r_m) \subset B(x_n, r_n), \qquad \forall\, m > n(m, n \in \mathbb{N}),$$

便可得到 $d(x_m, x_n) < r_n$(如图 2 所示). 再结合假设 $r_n \to 0$(当 $n \to \infty$ 时), 我们便可立即导出 $\{x_n\}$ 为空间 X 中的一个 Cauchy 列. 这样一来, 从 X 的完备性立即得到: 存在元 $x_0 \in X$, 使得 $\lim\limits_{n\to\infty} x_n = x_0$. 下面我们来证明:

$$\{x_0\} = \bigcap_{n=1}^{\infty} B(x_n, r_n).$$

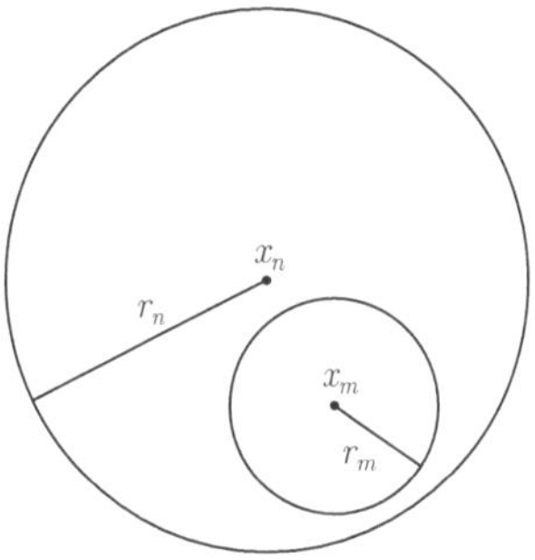

图 2

事实上, 首先应有 $x_0 \in B(x_n, r_n)(\forall\, n \in \mathbb{N})$. 否则, 若存在 $n_0 \in \mathbb{N}$, 使得 $x_0 \notin B(x_{n_0}, r_{n_0})$, 则由引理知距离 $d_0 \triangleq d(x_0, B(x_{n_0}, r_{n_0})) > 0$. 故再次注意到前面的包含关系式, 即得到: 对任意的 $n > n_0$, 有

$$d(x_0, x_n) \geqslant d(x_0, B(x_n, r_n)) \geqslant d(x_0, B(x_{n_0}, r_{n_0})) = d_0 > 0,$$

而这显然与 $\lim\limits_{n\to\infty} x_n = x_0$ 矛盾!

其次, 若还有一个点 $\widetilde{x}_0$ $(\widetilde{x}_0 \neq x_0)$ 亦满足 $\widetilde{x}_0 \in \bigcap\limits_{n=1}^{\infty} B(x_n, r_n)$, 那么, 从 $x_0, \widetilde{x}_0 \in B(x_n, r_n)$ $(\forall\, n \in \mathbb{N})$ 即可得

$$0 < d(x_0, \widetilde{x}_0) \leqslant 2r_n, \qquad \forall\, n \in \mathbb{N}.$$

但这与 $r_n \to 0$(当 $n \to \infty$ 时) 矛盾. 综上所述, 必要性得证.

充分性 假设闭球套定理成立. 那么, 对于空间 X 中的任何一个 Cauchy 点列 $\{x_n\}$, 类似于 1.5 节定理 5 证明的第一部分, 亦可类似地选出一个子列 $\{x_{n_k}\}$, 使其满足条件

$$d(x_{n_k}, x_{n_{k+1}}) \leqslant 2^{-k}, \qquad \forall\, k \in \mathbb{N}.$$

由此可以断言: 闭球列 $\left\{B\left(x_{n_k}, 2^{-(k-1)}\right)\right\}$ 是一个闭球套. 事实上, 对任意的元

$y \in B\left(x_{n_{k+1}}, 2^{-k}\right)$, 有 $d(y, x_{n_{k+1}}) \leqslant 2^{-k}$, 于是从距离的三角不等式可得

$$\begin{aligned} d(y, x_{n_k}) &\leqslant d(y, x_{n_{k+1}}) + d(x_{n_{k+1}}, x_{n_k}) \\ &\leqslant 2^{-k} + 2^{-k} = 2^{-(k-1)}, \end{aligned}$$

此即 $y \in B\left(x_{n_k}, 2^{-(k-1)}\right)$, 而由 y 的任意性便知

$$B\left(x_{n_{k+1}}, 2^{-k}\right) \subset B\left(x_{n_k}, 2^{-(k-1)}\right), \qquad \forall\, k \in \mathbb{N}.$$

此外, 注意到上式的闭球套中各球的半径所成之数列的通项满足条件: $2^{-(k-1)} \longrightarrow 0$(当 $k \to \infty$ 时), 因而由闭球套定理立即导出: 存在唯一的元 $x_0 \in X$, 使得有 $x_0 \in \bigcap\limits_{k=1}^{\infty} B(x_{n_k}, 2^{-(k-1)})$. 由此显然得到

$$\lim_{k \to \infty} x_{n_k} = x_0.$$

最后, 类似于 1.5 节的引理, 我们可从 $\{x_n\}$ 是 Cauchy 列以及上式导出 $\lim\limits_{k\to\infty} x_{n_k} = x_0$, 这就完成了 (X, d) 是完备距离空间的证明. □

下面, 从两个定理来体会距离空间的完备性对许多实际问题的重要意义.

首先, 要介绍的是在线性代数和微分方程理论中经常用到的与迭代法求解相关的定理. 为此, 首先给出一个定义.

定义 6　设 A 是定义在距离空间 (X, d) 上并在其内取值的一个"映像"(或理解为"抽象的函数"), 称之为**压缩的**, 是指: 存在一个实数 $\alpha \in (0, 1)$, 使得

$$d(Ax_1, Ax_2) \leqslant \alpha d(x_1, x_2), \qquad \forall\, x_1, x_2 \in X.$$

满足上述条件的映像 A 也称为是 **α-Lipschitz 映像**.

定理 2　设 (X, d) 是一个完备的距离空间, A 是从 X 到其自身的一个压缩映像. 那么, 必存在唯一的元 $x_0 \in X$, 使得 $Ax_0 = x_0$.

证明　利用"迭代法". 首先, 在 X 中任取一元 x_1, 然后令

$$x_{n+1} = Ax_n, \qquad \forall\, n \in \mathbb{N}.$$

那么, 由假设, 有

$$d(x_2, x_3) = d(Ax_1, Ax_2) \leqslant \alpha d(x_1, x_2),$$

故

$$d(x_3, x_4) = d(Ax_2, Ax_3) \leqslant \alpha d(x_2, x_3) \leqslant \alpha^2 d(x_1, x_2),$$

$$\cdots\cdots$$

一般地, 由距离的三角不等式、归纳法及 A 是压缩映像的假设可得：对任意的 $n, k \in \mathbb{N}$,

$$\begin{aligned} d(x_n, x_{n+k}) &\leqslant d(x_n, x_{n+1}) + d(x_{n+1}, x_{n+2}) + \cdots + d(x_{n+k-1}, x_{n+k}) \\ &\leqslant (\alpha^{n-1} + \alpha^n + \cdots + \alpha^{n+k-2}) d(x_1, x_2) \\ &= \frac{\alpha^{n-1}(1-\alpha^k)}{1-\alpha} \cdot d(x_1, x_2) \\ &< \frac{\alpha^{n-1}}{1-\alpha} \cdot d(x_1, x_2) \longrightarrow 0 \quad (n \to \infty). \end{aligned}$$

由此便可推出, 点列 $\{x_n\}$ 必为 X 中的 Cauchy 列. 这样一来, 利用 X 的完备性, 便可找到一元 $x_0 \in X$, 使得

$$\lim_{n \to \infty} x_n = x_0, \tag{1}$$

此即

$$\lim_{n \to \infty} d(x_n, x_0) = 0.$$

再注意到

$$0 \leqslant d(Ax_n, Ax_0) \leqslant \alpha d(x_n, x_0),$$

故由上两关系式及极限的夹逼定理 (1.4 节定理 4) 可知 $\lim\limits_{n \to \infty} d(Ax_n, Ax_0) = 0$, 也即有

$$\lim_{n \to \infty} Ax_n = Ax_0. \tag{2}$$

结合迭代关系式 $x_{n+1} = Ax_n (\forall\ n \in \mathbb{N})$、(1) 及 (2), 可导出

$$x_0 = \lim_{n \to \infty} x_{n+1} = \lim_{n \to \infty} Ax_n = Ax_0.$$

最后, 还须说明 x_0 的唯一性. 事实上, 若 $\widetilde{x}_0 \in X$ 也满足 $A\widetilde{x}_0 = \widetilde{x}_0$, 那么, 由 A 的压缩性可得

$$d(x_0, \widetilde{x}_0) = d(Ax_0, A\widetilde{x}_0) \leqslant \alpha d(x_0, \widetilde{x}_0).$$

考虑到 $\alpha \in (0,1)$, 故从上式可得 $d(x_0, \widetilde{x}_0) = 0$, 也即有 $x_0 = \widetilde{x}_0$. 至此, 定理得证. □

注 3 定理 2 中的元 x_0 称为映像 A 的**不动点**. x_0 亦可视为“算子方程”$(A - I)x = \theta$ 的唯一解, 这里, I 表示**恒等映像**(即: I 是将 X 中的每一个元均映为其自身的映像), θ 表示抽象距离空间 X 的“零元”(为与数“0”区别, 特别用希腊字母 θ 来表示之).

注 4 一般地, 如果一个映像 A 不是压缩的, 则其未必存在不动点; 即使存在不动点也未必是唯一的.

下面再举一个例子来说明距离空间完备性的重要作用.

定义 7　设 f 是定义在距离空间 (X,d) 上的一个实函数, 称 f 在空间 X 内某一点 x_0 处是**局部有上界的**, 是指: 存在 $\delta_0>0$, 使得 f 在闭球 $B(x_0,\delta_0)$ 上有上界, 也即是存在正数 ρ_0, 使得

$$f(x)\leqslant \rho_0,\qquad \forall\, x\in B(x_0,\delta).$$

对于某个固定的数 $\varepsilon_0\geqslant 0$, 称 f 是空间 X 上的ε_0**(几乎)-局部极小值函数**, 是指: 对任意的 $\widetilde{x}\in X$, 均存在数 $\delta_{\widetilde{x}}>0$, 使得

$$f(\widetilde{x})\leqslant f(y)+\varepsilon_0,\qquad \forall\, y\in B(\widetilde{x},\delta_{\widetilde{x}}).$$

此时, 也称 $f(\widetilde{x})$ 是 f 在闭球 $B(\widetilde{x},\delta_{\widetilde{x}})$ 上的 ε_0**(几乎)-极小值**.

注 5　特别地, 当 $\varepsilon_0=0$ 时, 上面定义中的 f 即为"局部极小值"的函数.

定理 3　设 (X,d) 是一个完备的距离空间, f 是空间 X 上的一个 ε_0- 局部极小值函数. 那么, f 必在空间 X 内的某一点处是局部有上界的.

证明　利用归谬法. 假设 f 在 X 内任何一点处均不是局部有上界的. 那么, 任取一点 $x_0\in X$, 由假设可知, f 在 x_0 处不是局部有上界的, 故在以 x_0 为中心、δ_0 为半径的闭球 $B(x_0,\delta_0)$ 上 f 也是没有上界的. 因此, 必存在一个点 $x_1\in B(x_0,\delta_0)$, 使得 $f(x_1)>1$. 另一方面, 由于 f 是"ε_0-局部极小值"函数, 故对于点 x_1, 存在相应的正数 $\delta_1<\dfrac{\delta_0}{2}$, 使得

$$f(x)+\varepsilon_0\geqslant f(x_1)>1,\qquad \forall\, x\in B(x_1,\delta_1).$$

类似地, 由于 f 在 x_1 处不是局部有上界的, 故在以 x_1 为中心、$\dfrac{\delta_1}{2}$ 为半径的闭球 $B\left(x_1,\dfrac{\delta_1}{2}\right)$ 上也是没有上界的 (如图 3). 从而存在 $x_2\in B\left(x_1,\dfrac{\delta_1}{2}\right)$, 使得 $f(x_2)>2$. 而对此 x_2, 又从 f 是"ε_0-局部极小值"函数可知, 存在相应的正数 $\delta_2<\dfrac{\delta_1}{2}$, 使得

$$f(x)+\varepsilon_0\geqslant f(x_2)>2,\qquad \forall\, x\in B(x_2,\delta_2).$$

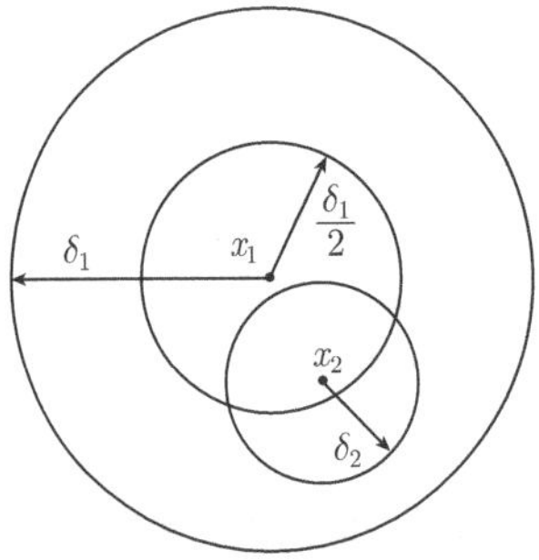

图 3

如此做下去, 就得到了一个点列 $\{x_n\}\subset X$ 以及一个闭球套$\{B(x_n,\delta_n)\}$ (其中, $\delta_{n+1}<\dfrac{\delta_n}{2}$, $\forall\, n\in\mathbb{N}$), 使得对任意的自然数 n, 均有关系式

$$f(x)+\varepsilon_0\geqslant f(x_n)>n,\qquad \forall\, x\in B(x_n,\delta_n).\tag{3}$$

并且注意到 δ_n $(n\in\mathbb{N})$ 的取法, 有 $0<$

$\delta_n < \dfrac{\delta_0}{2^n}$ ($\forall\ n \in \mathbb{N}$), 故由极限的定义 (或夹进定理) 得 $\delta_n \to 0$(当 $n \to \infty$ 时). 这样一来, 从空间 X 的完备性假设, 由闭球套定理即可导出: 存在唯一的元 $x_0 \in X$, 使得

$$\{x_0\} = \bigcap_{n=1}^{\infty} B(x_n, r_n). \tag{4}$$

于是, 由上面的式 (3) 和 (4), 便可得到

$$f(x_0) \geqslant f(x_n) - \varepsilon_0 > n - \varepsilon_0, \qquad \forall\ n \in \mathbb{N}.$$

而这与假设 $f(x)$ 为定义在 X 上的一个函数 (从而 $f(x_0)$ 是一个确定的实数) 相矛盾. 由此本定理得证. □

注 6 上面定理 3 的证明方法即为完备距离空间中著名的"**纲推理**"方法, 它是一个技巧性很强且很有用的数学分析方法. 之所以称其为"纲推理", 是因为它利用的是空间完备性所内涵的"第二纲集"的特性 (后者将在"泛函分析"或"(点集) 拓扑学"中学到). 这里则是直接利用空间的完备性来证明相应命题, 而证明技巧则是: (i) 注意到距离空间完备性是等价于闭球套定理的; (ii) 用反证法, 构造一列半径趋于 0 的闭球套, 使得套中的每一个闭球其"整体"均具有某一性质 P; (iii) 由闭区间套定理, 所作的闭球套交于一个公共点, 但在此点 ("个体") 不具备上述性质 P, 因而与 (ii) 矛盾. 由此归谬证出所需命题.

1.7 极限点定理与有限覆盖定理

(一)

利用 1.5 节中有关实数完备性的定理, 可以导出另外两个十分有用的定理: 一个是由捷克数学家 Bolzano(波尔查诺) 和德国著名数学家 Weierstrass(魏尔斯特拉斯) 提出的"**(有界集的) 极限点定理**", 亦称为 Bolzano-Weierstrass 定理; 另一个是由德国数学家 Heine(海涅) 和法国数学家 Borel(博雷尔) 提出的"**(有界闭区间的) 有限覆盖定理**", 亦称为 Heine-Borel 定理. 它们均是与前面有关实数完备性定理等价的命题.

首先, 给出"极限点定理".

定理 1 (Bolzano-Weierstrass 定理) 任一有界数列必可选出一个收敛子列.

证明 在这里, 利用闭区间套定理来证明本定理.

考虑有界数列 $\{x_n\}$. 由其有界性可知, 必存在两个实数 $a_1 < b_1$, 使得

$$a_1 \leqslant x_n \leqslant b_1, \qquad \forall\ n \in \mathbb{N}.$$

今将区间 $[a_1,b_1]$ 等分成两个闭区间 $\left[a_1,\dfrac{a_1+b_1}{2}\right]$ 和 $\left[\dfrac{a_1+b_1}{2},b_1\right]$, 则在这两个子区间中至少有一个含有数列 $\{x_n\}$ 中无穷多项, 将这样的一个子区间记为 $[a_2,b_2]$(若两个子区间均含 $\{x_n\}$ 中无穷多个"项", 则任取一个作为 $[a_2,b_2]$). 然后, 再将 $[a_2,b_2]$ 等分为两个子闭区间, 同样选取一个含有 $\{x_n\}$ 中无穷多项的子区间, 并记为 $[a_3,b_3]$. 这样一来, 不断重复以上的做法, 就可得到一列闭区间 $\{[a_n,b_n]\}$, 它们具有下面三个性质:

1) 每个区间 $[a_k,b_k](k\in\mathbb{N})$ 内均含有数列 $\{x_n\}$ 中无穷多项;

2) $[a_1,b_1]\supset[a_2,b_2]\supset\cdots\supset[a_k,b_k]\supset[a_{k+1},b_{k+1}]\supset\cdots$;

3) $b_k-a_k=\dfrac{b_1-a_1}{2^{k-1}}\to 0$(当 $k\to\infty$ 时).

于是, 从 2) 和 3), 由闭区间套定理就可导出: 存在唯一的数 $\xi\in[a_k,b_k]$ $(\forall\ k\in\mathbb{N})$, 且有

$$\lim_{k\to\infty}a_k=\lim_{k\to\infty}b_k=\xi.$$

最后, 需要说明, 可从原给定数列 $\{x_n\}$ 中选出一个收敛于 ξ 的子列. 事实上, 由于 1), 每个区间 $[a_k,b_k]$ $(k\in\mathbb{N})$ 内均含有数列 $\{x_n\}$ 中无穷多个项, 故可先从 $\{x_n\}$ 中任意选取一项 $x_{n_1}\in[a_1,b_1]$, 再从 $\{x_n\}$ 中选取 $x_{n_2}\in[a_2,b_2]$ 且满足 $n_2>n_1$. 以此类推, 就可从 $\{x_n\}$ 中选取一个子列 $\{x_{n_k}\}$, 满足 $x_{n_k}\in[a_k,b_k]$ $(\forall\ k\in\mathbb{N})$, 也即有

$$a_k\leqslant x_{n_k}\leqslant b_k,\qquad \forall\ k\in\mathbb{N}.$$

于是, 由上面两个关系式, 从极限的夹逼定理 (1.4 节定理 4), 可得

$$\lim_{k\to\infty}x_{n_k}=\xi.$$

这就完成了定理的证明. □

注 1 当数列 $\{x_n\}$ 有一个子列 $\{x_{n_k}\}$ 满足 $\lim\limits_{k\to\infty}x_{n_k}=\xi$ 时, 从极限的定义可知: 在 ξ 的任何"ε-邻域"$(\xi-\varepsilon,\xi+\varepsilon)$ 内必含有"无穷多个"$\{x_n\}$ 的"项". 因此, 称 ξ 为 $\{x_n\}$ 的一个**极限点**, 这也正是上面定理称为 (有界集的)"极限点原理"的原因. 与此相应地, 如果我们考虑的不是一个有界数列, 而是实数集中的一个有界无穷"点集"S(注意, 这与有界数列是有差别的, 例如, 当一个数列中所有项均相等时, 这个数列只能形成一个"单点集", 而不是"无穷"点集), 则当 ξ 的任何"去心 ε-邻域"$(\xi-\varepsilon,\xi)\cup(\xi,\xi+\varepsilon)$ 内均至少包含 S 中"一个"点时 (其实, 此也即: 含"无穷多"个点), 就称 ξ 为 S 的一个**聚点**(注意与极限点的定义相区别), 且相应的有下面的定理:

聚点定理 任一有界无穷点集至少有一个聚点.

注 2 值得指出的是, 从定理 1 的证明中我们已经得到了如下的逻辑关系:

$$\text{闭区间套定理} \Longrightarrow \text{极限点定理}.$$

反之, 也不难从极限点定理直接推出区间套定理, 从而得出两者的等价性 (这一证明留给读者).

下面, 用极限点定理来导出 Cauchy 基本列收敛定理, 因此也就导出了极限点定理与 1.5 节中有关实数完备性的五个定理的等价性 (这是因为, 在 1.5 节中已证明了该五个定理的相互等价性).

定理 2 从极限点定理可以导出 Cauchy 基本列收敛定理.

证明 设 $\{x_n\}$ 是一个 Cauchy 基本列. 那么, 由 Cauchy 基本列的定义可知, 存在自然数 $n_0 \in \mathbb{N}$, 使得

$$|x_n - x_m| < 1, \qquad \forall\, n, m \geqslant n_0.$$

特别地, 有

$$|x_n - x_{n_0}| < 1, \qquad \forall\, n \geqslant n_0,$$

从而推出

$$|x_n| < |x_{n_0}| + 1, \qquad \forall\, n \geqslant n_0.$$

因此, 若取 $\rho = \max\{|x_1|, |x_2|, \cdots, |x_{n_0-1}|, |x_{n_0}|+1\}$, 则对任意的 $n \in \mathbb{N}$ 均有 $|x_n| \leqslant \rho$, 这说明 $\{x_n\}$ 是一个有界数列. 从而, 由极限点定理可知: 存在收敛子列 $\{x_{n_k}\} \subset \{x_n\}$. 于是由 1.5 节引理则知数列 $\{x_n\}$ 也收敛. 这就证明了 Cauchy 基本列收敛定理. □

在介绍"有限覆盖定理"之前, 先给出一个定义.

定义 1 设 S 是实数集 $\mathbb{R}$ 的一个子集, $\mathscr{I} \triangleq \{I_\lambda : \lambda \in \Lambda\}$ 是一个集族 (其中 Λ 为一个指标集). 如果

$$S \subset \bigcup_{\lambda \in \Lambda} I_\lambda,$$

就称集族 $\mathscr{I}$ 是集合 S 的一个**覆盖**(或称 S 被 $\mathscr{I}$ 所覆盖). 特别地, 若 $\mathscr{I}$ 中的每个集合均为 $\mathbb{R}$ 中的开区间, 便称 $\mathscr{I}$ 是集合 S 的一个**开覆盖**.

注 3 定义 1 中的开覆盖也可按下述方式定义: 对于任意的 $x \in S$, 均存在 $\mathscr{I}$ 中的一个开区间 $I_{\lambda(x)}$, 使得 $x \in I_{\lambda(x)}$. 与前面极限定义中由正数 ε 所确定的自然数 n_ε 一样, 上面的指标 $\lambda(x)$ 并不是唯一的. 此外, 对于两个不同的点 x 和 $\widetilde{x}$, 亦可有 $\lambda(x) = \lambda(\widetilde{x})$, 这是因为 S 中两个不同的点也有可能被同一个开区间所覆盖.

定义 2 设集族 $\mathscr{I} = \{I_\lambda : \lambda \in \Lambda\}$ 是集合 S 的一个覆盖, 如果 $\mathscr{I}$ 的一个子集 $\mathscr{I}_0 = \{I_\lambda : \lambda \in \Lambda_0 \subset \Lambda\}$ 仍是 S 的一个覆盖, 就称 $\mathscr{I}_0$ 为 $\mathscr{I}$ 的一个**子覆盖**. 特别地, 当指标集 Λ_0 为有限集时, 称 $\mathscr{I}_0$ 为 $\mathscr{I}$ 的一个**有限子覆盖**.

下面给出有限覆盖定理.

定理 3 (Heine-Borel 定理)　*设 $[a,b]$ 是 $\mathbb{R}$ 上的一个有界闭区间. 那么, $[a,b]$ 的任一开覆盖均有有限子覆盖.*

证明　同前面定理 1 的证明一样, 这里也用闭区间套定理来进行证明.

用归谬法. 假设定理的结论不成立, 这说明存在 $[a,b]$ 的一个开覆盖 $\mathscr{I}=\{I_\lambda:\lambda\in\Lambda\}$, 使得 $\mathscr{I}$ 中任意有限多个开区间均无法覆盖$[a,b]$. 那么, 将 $[a,b]$ 等分为两个闭区间 $\left[a,\dfrac{a+b}{2}\right]$ 和 $\left[\dfrac{a+b}{2},b\right]$, 则这两个区间中至少有一个不能被 $\mathscr{I}$ 中有限个区间所覆盖, 将具有这种性质的一个子区间记为 $[a_1,b_1]$ (若两个子区间均不能被有限覆盖, 则任取一个作为 $[a_1,b_1]$). 然后, 再将 $[a_1,b_1]$ 等分为两个闭子区间, 同样选取一个不能被有限覆盖的子区间, 并记为 $[a_2,b_2]$. 这样一来, 不断重复以上的做法, 就可得到一列闭区间 $\{[a_n,b_n]\}$, 它们具有以下性质:

1) 每个区间 $[a_n,b_n]$ $(n\in\mathbb{N})$ 均不能被 $\mathscr{I}$ 中有限个区间所覆盖;

2) $[a,b]\supset[a_1,b_1]\supset[a_2,b_2]\supset\cdots\supset[a_n,b_n]\supset[a_{n+1},b_{n+1}]\supset\cdots$;

3) $b_n-a_n=\dfrac{b-a}{2^n}\to 0$(当 $n\to\infty$ 时).

由 2) 和 3) 可以看出 $\{[a_n,b_n]\}$ 满足闭区间套定理的条件, 于是存在唯一的数 $\xi_0\in[a_n,b_n]$ $(\forall\, n\in\mathbb{N})$, 使得

$$\lim_{n\to\infty}a_n=\lim_{n\to\infty}b_n=\xi_0. \tag{1}$$

而注意到 $\xi_0\in[a,b]$, 由假设便有: 存在 $\lambda_0\in\Lambda$, 使得 $\xi_0\in I_{\lambda_0}$. 由于 I_{λ_0} 是一个开区间, 故不妨设 $I_{\lambda_0}=(\alpha_{\lambda_0},\beta_{\lambda_0})$, 于是由上可知 $\alpha_{\lambda_0}<\xi_0<\beta_{\lambda_0}$. 这说明 ξ_0 与开区间 I_{λ_0} 的两个端点的距离均大于 0. 因此, 取

$$\varepsilon_0\triangleq\min\{\xi_0-\alpha_{\lambda_0},\beta_{\lambda_0}-\xi_0\}>0.$$

由 (1) 式知, 可以找到一个自然数 n_0, 使得对 $n\geqslant n_0$ 都有

$$|a_n-\xi_0|<\varepsilon_0\qquad\text{和}\qquad|b_n-\xi_0|<\varepsilon_0.$$

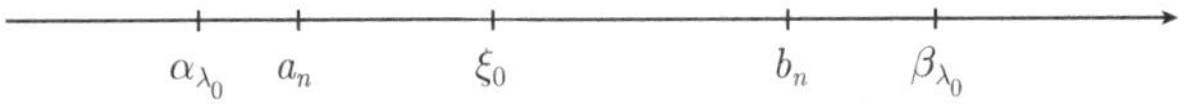

图 1

由此即得

$$\xi_0-\varepsilon_0<a_n\quad\text{和}\quad b_n<\xi_0+\varepsilon_0,\qquad\forall\,n\geqslant n_0.$$

再结合 ε_0 的定义, 对 $n\geqslant n_0$ 得出下面两个关系式

$$\alpha_{\lambda_0}=\xi_0-(\xi_0-\alpha_{\lambda_0})\leqslant\xi_0-\varepsilon_0<a_n$$

和

$$\beta_{\lambda_0}=\xi_0+(\beta_{\lambda_0}-\xi_0)\geqslant\xi_0+\varepsilon_0>b_n.$$

此即导出：$[a_n,b_n]\subset(\alpha_{\lambda_0},\beta_{\lambda_0})=I_{\lambda_0}$ $(\forall\ n\geqslant n_0)$. 换句话说, 仅 I_{λ_0} 一个区间就将 $[a_n,b_n]$ 覆盖了, 这显然与上面区间套 $\{[a_n,b_n]\}$ 的性质 1) 矛盾! 由此本定理得证. □

在上面定理的证明中实际上得到了如下的逻辑关系：

$$\text{闭区间套定理}\Longrightarrow\text{有限覆盖定理}.$$

事实上, 以上的两个定理是等价的, 我们通过下面的定理来说明这个问题.

定理 4 由有限覆盖定理可以导出极限点定理.

证明 设 $\{x_n\}$ 为一个有界数列, 那么必存在两个实数 $a<b$, 使得

$$a\leqslant x_n\leqslant b,\qquad\forall\ n\in\mathbb{N}.$$

下面证明 $\{x_n\}$ 有一个收敛子列, 也即是要证 (参见注 1)：存在实数 $\xi\in[a,b]$, 使得 ξ 的任何 ε-邻域 $(\xi-\varepsilon,\xi+\varepsilon)$ 内均含有 $\{x_n\}$ 中无穷多个“项”.

利用归谬法. 假设对任意的 $x\in[a,b]$, 均存在 $\varepsilon_{(x)}>0$, 使得 x 的邻域 $(x-\varepsilon_{(x)},x+\varepsilon_{(x)})$ 内至多含有 $\{x_n\}$ 中的有限项 (当然, 也可不包含 $\{x_n\}$ 中的任一项).

这样一来, 就得到了一个开区间族 $\{(x-\varepsilon_{(x)},x+\varepsilon_{(x)}):x\in[a,b]\}$, 显然它将闭区间 $[a,b]$ 覆盖. 于是, 由有限覆盖定理可知, 必存在有限多个开区间

$$(x_1-\varepsilon_{(x_1)},x_1+\varepsilon_{(x_1)}),(x_2-\varepsilon_{(x_2)},x_2+\varepsilon_{(x_2)}),\cdots,(x_{n_0}-\varepsilon_{(x_{n_0})},x_{n_0}+\varepsilon_{(x_{n_0})}),$$

它们可以将 $[a,b]$ 覆盖, 故从上面不等式得知, 当然也将数列 $\{x_n\}$ 覆盖.

但注意到这些开区间的取法, 故在每一个开区间内均至多含有 $\{x_n\}$ 中有限多项, 因而上面这些有限个开区间也至多能覆盖数列 $\{x_n\}$ 中有限多项, 显然与它们能覆盖整个数列 $\{x_n\}$ 的上段所得结论矛盾. □

注 4 综合这四个定理和 1.5 节的内容, 可以看到以下七个定理是等价的:

(1) 闭区间套定理　　(2) Dedekind 分割定理
(3) 确界定理　　(4) 单调有界收敛定理
(5) Cauchy 基本列收敛定理　　(6) 极限点定理
(7) 有限覆盖定理

(二)

值得注意的是, 为什么我们没有将“极限点定理”和“有限覆盖定理”放在前面 1.5 节来讲述呢? 原因是这两个原理本质上 (或从其内容特性来看) 并不是体现

“完备性”的特征, 换句话说, 这两个定理只是“恰巧”在实数集里, 在“某些条件”下它们与实数的完备性等价, 但在一般情形下, 它们是比完备性强得多的性质.

从更深层次来讲, 这两个定理之所以在实数集 $\mathbb{R}$ 的某些子集里与 1.5 节中“完备性”的五个定理等价 (即可互相推导), 只是因为相应的实数集的子集本身隐含了 (或附加了) 别的条件. 为了更深入地了解, 先将上面两个定理所代表的 (拓扑) 特性抽象出来. 这里, 首先来谈谈有限覆盖定理的抽象特性.

定义 3 实数集 $\mathbb{R}$ 的子集 K 称为是**紧集**, 是指: K 的每一个开覆盖均有有限子覆盖.

注 5 从 Heine-Borel 定理 (定理 3) 可以看出, $\mathbb{R}$ 中任何“有界闭”区间均是紧集. 一般来说, 满足有限覆盖原理的集就是紧集. 因此, 这一定义不但可以推广到任意距离空间, 而且还可以推广到任意具有开集定义的“拓扑空间”中去 (这在以后讲到“点集拓扑”的内容时则可看到). 特别值得指出的是: 紧集是一个很强的很有特性的概念. 它涉及“个体”(微观概念) 与“整体”(宏观概念) 间的关系, 又涉及“有限”与“无限”的关系, 此即, 从该集的“每一点”均被一个开集所覆盖 (一般而言, 即有“无穷多个”开集覆盖住此集) 而导出“整个”集能够被上述“有限”个开集所覆盖. 因此, 必须好好体会上述两类不同概念的结合.

从紧集的定义不难得到以下几个定理.

定理 5 若 $\mathbb{R}$ 的子集 K 是紧集, 则其必为有界集.

证明 反之, 若 K 是无界的, 那么必存在数列 $\{x_n\} \subset K$, 使得

$$|x_{n+1}| > |x_n| + 1, \qquad \forall\, n \in \mathbb{N}.$$

事实上, 这是因为, 任取一点 $x_1 \in K$, 由 K 的无界性, 便可找到另外一点 $x_2 \in K$, 满足 $|x_2| > |x_1| + 1$. 类似地, 又可找到 $x_3 \in K$, 满足 $|x_3| > |x_2| + 1$ 等, 这样就得到了一个数列 $\{x_n\}$. 如此一来, 对于 $\{x_n\}$ 以及 K 的开覆盖 $\left\{\left(x - \dfrac{1}{3}, x + \dfrac{1}{3}\right) : x \in K\right\}$, 显然找不到“有限”子覆盖. 这是因为: 任何有限个形如 $\left(x - \dfrac{1}{3}, x + \dfrac{1}{3}\right)$ 的开区间只能覆盖一个有界集, 而由 $\{x_n\}$ 的构造知, 对任意自然数 n 均有 $|x_n| \geqslant n - 1$. □

注 6 从定理 5 的逆否命题立即可知: $\mathbb{R}$ 中的任何一个无界集必不可能是紧集. 由此得到下面的逻辑关系:

$$\text{完备集} \nRightarrow \text{紧集}.$$

也即是说, 集合的完备性无法导出其紧性 (这里, 数域中的完备集即为前面 1.6 节中“完备距离空间”的特例), 反例如下:

反例 实数集 $\mathbb{R}$ 和其子集 $(-\infty, a]$ 及 $[b, +\infty)$ 均是完备集, 但它们都不是紧集.

解 首先, 集 $\mathbb{R}$ 显然是完备的 (这在 1.5 节中已全面论述).

其次, 我们来说明 $[b,+\infty)$ 的完备性. 对任意的一个 Cauchy 实数列 $\{x_n\}\subset[b,+\infty)$, 由实数集 $\mathbb{R}$ 的完备性可知: 必存在 $\xi\in\mathbb{R}$, 使得 $\lim\limits_{n\to\infty}x_n=\xi$. 若 $\xi\notin[b,+\infty)$, 则必有 $\xi<b$, 故由极限的保序性 (1.4 节定理 3) 便可导出: 存在自然数 n_0, 使得

$$x_n<b,\qquad \forall\ n\geqslant n_0.$$

而此显然与 $\{x_n\}\subset[b,+\infty)$ 矛盾. 因而得到 $\xi\in[b,+\infty)$. 这就证明了 $[b,+\infty)$ 是完备的. 类似地, 也可证明 $(-\infty,a]$ 是完备集 (请读者自证).

最后, 直接由定理 5 推出 $\mathbb{R}$, $(-\infty,a]$ 及 $[b,+\infty)$ 均不是紧集. □

定理 6 若 $\mathbb{R}$ 的子集 K 是一个紧集, 则其必为完备集.

证明 如果 K 是由有限个点组成, 则结论是明显的. 这是因为, 此时对 K 中任何一个 Cauchy 列 $\{x_n\}$, 从其定义:“对于任意的 $\varepsilon>0$, 均存在数 $n_\varepsilon\in\mathbb{N}$, 使得当 $m,n\geqslant n_\varepsilon$ 时, 必有 $|x_m-x_n|<\varepsilon$”, 不难看出, 只要取 ε 为 K 中所有点 (注意, 此时 K 仅有“有限多个”点) 相互之间的最短距离的一半 (即取 $\varepsilon=\dfrac{1}{2}\min\{d(p,p'):p,p'\in K,p\neq p'\}$). 而对一种极端的情形, 即 K 为“单点集”的情形, 则取 $\varepsilon=1$. 那么当 $n\geqslant n_\varepsilon$ 时, 所有的 x_n 必恒为一常数, 从而 $\{x_n\}$ 在 K 中收敛.

下面, 就 K 由无穷多个点所组成的情形来证明.

设 $\{x_n\}$ 是 K 中一个 Cauchy 列, 并且不妨假设其不是常数列, 则由定理 2 的证明过程可知, $\{x_n\}$ 必为一个有界数列. 现在, 用类似上面定理 4 的证明方法来证明 (注意: **不能**直接用该定理的结论, 因为该结论只能说明 $\{x_n\}$ 有极限点存在, 但并不能保证这一极限点属于 K).

用归谬法. 设 K 中的每个点 x 均非 $\{x_n\}$ 的极限点, 可以得到一个开区间族 $\{(x-\varepsilon_{(x)},x+\varepsilon_{(x)}):x\in K\}$, 使得其中每个开区间均至多含有 $\{x_n\}$ 中有限项. 这样一来, 由 K 的紧性可知, K 可以被上面开区间族中的“有限多个”开区间所覆盖, 当然 K 中的数列 $\{x_n\}$ 也就被这有限个开区间所覆盖. 但是, 这一结论显然与上面的开区间的取法 (即: 每个开区间至多含有 $\{x_n\}$ 中有限项) 相矛盾. 因此, 这就证明了 $\{x_n\}$ 必有一个收敛于 K 内的子列.

最后, 再利用 1.5 节中的引理, 便可得到 $\{x_n\}$ 也必收敛于 K 内的某一点. 由此我们导出了 K 必是一个完备集. 从而定理得证. □

其实, 以上两个定理已经准确地描述了紧集的特征. 这是因为下面的定理:

定理 7 如果 $\mathbb{R}$ 的子集 K 是一个有界的完备集, 则其必为一个紧集.

证明 利用前面的 Heine-Borel 定理 (定理 3) 的证法.

首先, 由于 K 是一个有界集, 故存在一个有界闭区间 $[a,b]$, 使得 $K\subset[a,b]$. 然后, 我们用归谬法来证明本定理结论.

反之, 假设存在 K 的一个开覆盖 $\{I_\lambda : \lambda \in \Lambda\}$, 使得其中任何有限个开区间 $I_\lambda(\lambda \in \Lambda)$ 均不可能覆盖 K. 将区间 $[a,b]$ 等分为两个闭子区间 $\left[a, \dfrac{a+b}{2}\right]$ 和 $\left[\dfrac{a+b}{2}, b\right]$. 于是, 在这两个区间中至少有一个使得该区间中属于 K 的点不能被有限个 I_λ 所覆盖, 选取这样的一个区间并记为 $[a_1, b_1]$. 然后, 再将 $[a_1, b_1]$ 等分为两个闭子区间, 类似地选取其中满足条件:"该区间中属于 K 的点不能被有限个 I_λ 所覆盖"的一个并记为 $[a_2, b_2]$. 如此做下去, 便可得到一个闭区间列 $\{[a_n, b_n]\}$, 它们满足下述条件:

1) 每个 $[a_n, b_n] \cap K$ $(n \in \mathbb{N})$ 均不能被 $\{I_\lambda : \lambda \in \Lambda\}$ 中有限个开区间所覆盖;

2) $[a_1, b_1] \supset [a_2, b_2] \supset \cdots \supset [a_n, b_n] \supset [a_{n+1}, b_{n+1}] \supset \cdots$;

3) $b_n - a_n = \dfrac{b-a}{2^n} \to 0$(当 $n \to \infty$ 时).

于是, 由闭区间套定理 (根据上节定理 1 我们已经知道, 这一定理是 $\mathbb{R}$ 中集合完备的充要条件) 可知: 存在唯一的数 $\xi_0 \in [a_n, b_n](\forall\, n \in \mathbb{N})$, 并且有

$$\lim_{n\to\infty} a_n = \lim_{n\to\infty} b_n = \xi_0. \tag{2}$$

注意到 1) 蕴含了对任意的 $n \in \mathbb{N}$, $[a_n, b_n] \cap K$ 均不是空集, 故可选取一列数 $\{x_n\}$, 使得

$$x_n \in [a_n, b_n] \cap K, \qquad \forall\, n \in \mathbb{N}.$$

于是由 (2) 式以及极限的夹进定理 (1.4 节定理 4), 便可得到 $\lim\limits_{n\to\infty} x_n = \xi_0$, 再结合 K 的完备性假设便可导出 $\xi_0 \in K$.

此外, 考虑到 $K \subset \bigcup\limits_{\lambda\in\Lambda} I_\lambda$, 便可找到一个开区间 $I_{\lambda_0} \in \{I_\lambda\}$, 使得 $\xi_0 \in I_{\lambda_0}$. 最后, 与 Heine-Borel 定理 (定理 3) 证明的后半部分相同, 亦可找到一个自然数 n_0, 使得

$$[a_n, b_n] \subset I_{\lambda_0}, \qquad \forall\, n \in \mathbb{N}.$$

而这显然与 1) 矛盾. 由此定理得证. □

从以上三个定理可以得到如下结论:

推理 $\mathbb{R}$ 的子集 K 是紧集的充要条件是 K 为一个有界的完备集.

注 7 在以后讲到多变量的情形时, 将会看到, 上面推理的结论对任意 n 维 Euclid 空间 (或更一般的, n 维"赋范空间") 均是正确的.

注 8 但是, 我们将来会指出, 对于"无穷维赋范空间"而言, 上面的推理是不正确的, 仅其中的必要条件部分 (即定理 5 和定理 6) 成立.

下面, 再将满足"极限点定理"的集合的特性抽象出来.

定义 4 实数集 $\mathbb{R}$ 的子集 K 称为是**列紧集**, 是指: K 中的任意数列 $\{x_n\}$ 均有收敛子列. 进一步地, 如果 K 中的任意数列 $\{x_n\}$ 均有子列收敛于 K 内 (即, 子列的极限属于 K), 则称 K 为**自列紧集**.

注 9 从定义 4 以及前面提到的极限点定理 (Bolzano-Weierstrass 定理) 可知: 对实数集 $\mathbb{R}$ 而言, 其任何有界子集均为列紧集; 其任何有界完备集均是自列紧集.

注 10* 一般而言, 在可以定义元列收敛的任何空间中 (例如, 任何距离空间, 甚至以后在“点集拓扑”中将讲到的“拓扑空间”), 均有上述列紧集和自列紧集的概念. 而且不难在距离空间中类似导出: 凡列紧集必为有界集. 因而在完备的距离空间中, 如果其任何有界集对于任意正数 ε, 均可被“有限”个“直径”小于 ε 的闭球所包含, 那么, 从“闭球套定理”类似可以导出此集的列紧性 (上述证法类似于使用“鸽巢原理”的推广命题“加上”空间的完备性). 值得指出的是, 任意 Euclid 空间 $\mathbb{R}^n$, 一般地, 任意“有限维”的“赋范空间”(后面 4.1 节将会介绍其定义) 就是满足此条件的距离空间.

下面通过两个定理来证明, 对 $\mathbb{R}$ 的任意子集均有下面关系: 紧性 $\Longleftrightarrow$ 自列紧性. 在以后讲到高维甚至一般的抽象空间时, 我们还将证明更一般的结果: 对距离空间中的任何集合而言, 紧性等价于自列紧性.

定理 8 设 K 为一个数集, 当它是一个紧集时, 其必为一个自列紧集.

证明 完全可以用上面定理 4 的证明方法来导出本定理的结论.

首先, 由于 K 是一个紧集, 故从定理 5 可知其必为一个有界集. 因此, K 中的任一数列必为有界数列. 其次, 不妨假设 K 是无穷点集 (否则, 定理结论显然成立).

仍用归谬法来证明. 若 K 不是自列紧的, 那么必存在一个数列 $\{x_n\} \subset K$, 其不存在收敛于 K 的子列. 注意到 $\{x_n\}$ 的有界性, 不妨设有两个数 $a < b$, 使得

$$a \leqslant x_n \leqslant b, \qquad \forall\, n \in \mathbb{N}.$$

类似于定理 4 的证明过程, 对任意的 $x \in K$, 可以找到一个开区间 $(x-\varepsilon_{(x)}, x+\varepsilon_{(x)})$, 其内仅含 $\{x_n\}$ 中至多有限个项. 于是, 由于 K 的紧性以及 $\{(x-\varepsilon_{(x)}, x+\varepsilon_{(x)}) : x \in K\}$ 构成了集 K 的一个开覆盖, 故可找出 K 的一个有限子覆盖, 这一子覆盖当然也应覆盖了数列 $\{x_n\}$. 但另一方面, 由于子覆盖中的每一个区间至多包含 $\{x_n\}$ 中有限个项, 因而这一有限子覆盖不可能完全覆盖 $\{x_n\}$, 从而得出矛盾. □

为了说明上面定理的逆命题也成立, 需要下面的引理. 这一引理与前面的定理 5 和定理 6 很相似, 它描述了自列紧集的一个特性.

引理 如果 K 是一个自列紧集, 则其必是一个有界的完备集.

证明 用归谬法证明.

若 K 是无界数集, 与前面定理 5 的证明一样, 可以选取一列数 $\{x_n\} \subset K$, 满

足

$$|x_{n+1}| > |x_n| + 1, \qquad \forall\, n \in \mathbb{N}.$$

这样一来, 数列 $\{x_n\}$ 无任何收敛子列 (这是因为, 从 1.4 节可知, 收敛列必须是有界的), 这就与 K 的自列紧性矛盾.

同样地, 如果 K 不是完备集, 那么, 必存在一个 Cauchy 列 $\{\widetilde{x}_n\} \subset K$, 它不在 K 内收敛 (也即是说, 其极限点不在 K 内). 这样一来, $\{\widetilde{x}_n\}$ 的任何子列均不可能收敛于 K 内 (否则, 从 1.5 节引理 1 便知 $\{\widetilde{x}_n\}$ 也必将收敛于 K 内). 这又与 K 的自列紧性矛盾. □

有了这个引理, 从前面的定理 7 便可直接得到下面的定理.

定理 9　*设 K 为一个数集, 当它是一个自列紧集时, 其亦必是一个紧集.*

由定理 8 和定理 9 即可得到下面一个推理.

推理　*实数集 $\mathbb{R}$ 的子集 K 是紧集的充要条件是 K 为自列紧集.*

从上面的论述我们看到, 在实数域 $\mathbb{R}$ 中, 紧性与自列紧性是等价的. 那么, 为什么在本节 (一) 中, 那些有关实数完备性的定理均可以导出相应集合的紧性和自列紧性呢? 其实, 通过仔细观察不难看出, 当在上面推导各个定理的等价性时, 均只局限在"有界集"上! 而从本节 (二) 中的论述我们已经知道: 在实数空间 $\mathbb{R}$ 中, 任何一个有界的完备集就是一个紧集, 也同时是一个自列紧集. 因此, 切莫认为紧性 (或自列紧性) 与完备性是等价的, 否则就会犯一个很严重的概念错误.

注 11*　*值得注意的是, 后继的课程 (参见 4.1 节) 将会指出: 在无穷维的"线性"距离空间中, 即使其是一个完备空间, 也不能保证其任意有界集是紧集 (或自列紧集).*

特别地, 在空间 (l^2)(即对每个元 $x = \{x(n)\} \in (l^2)$, 必有 $\sum_{n=1}^{\infty} |x(n)|^2 < +\infty$) 中, 取集 $B = \{e_n : n \in \mathbb{N}\}$, 这里,

$$e_n = (0,\ \cdots,\ 0,\ \underset{(\text{第 } n \text{ 项})}{1},\ 0,\ \cdots), \qquad \forall\, n \in \mathbb{N},$$

即可说明之.

最后, 特别值得指出的是: 紧性和自列紧性是分析学中两个十分重要和有用的特性, 尤其对于将会提到的有关连续函数取最大 (最小) 值、函数的一致连续性等命题它们均起着极其关键性的作用. 而在数学的许多专题研究中 (例如: 优化问题、凸分析、算子方程、泛函空间几何理论等), 也常常是不可或缺的. 因此, 首先必须好好学习并熟练掌握实数域中的紧性和自列紧性的定义及其特性, 为以后在高维 Euclid 空间, 甚至于一般的抽象距离空间中学习相应的紧性和自列紧性等更深的知识做好准备.

第 2 章 数列的极限

在上一章中, 为了证明有关实数完备性的五个特征性定理之间的等价性, 我们在 1.4 节中简略地介绍了数列的极限以及它的几个简单性质. 这一章将更加详细地介绍数列的极限 (其存在性以及一些更深刻的性质). 由于极限论 (本章讨论的是“离散”数列的极限, 以后将会介绍“连续”变量的极限理论) 是微积分学的基础, 该理论的许多内容和技巧都将对数学的绝大多数分支起着十分重要的作用. 因此, 我们必须好好学习并掌握这一理论的内容和精髓.

2.1 数列极限的存在

首先, 回忆一下在 1.4 节中, 曾经给出过“收敛”数列 $\{x_n\}$ 之极限的定义 (当数列 $\{x_n\}$ 无极限存在时, 称其是**发散的**), 即称数列 $\{x_n\}$ 的**极限**是 a(或者说其**收敛于** a) 并记为 $\lim\limits_{n\to\infty} x_n = a$, 是指 $\{x_n - a\}$ 是一个无穷小量, 也即: 对任意 (小的) 数 $\varepsilon > 0$, 必存在自然数 n_ε, 使得均有

$$|x_n - a| < \varepsilon, \qquad \forall\, n \geqslant n_\varepsilon.$$

注 1 当用“ε-N”语言来严格描述数列 $\{x_n\}$“不以 a 为极限”时, 应为: 存在数 $\varepsilon_0 > 0$, 使得对任意自然数 n, 均存在自然数 $m > n$, 使得有 $|x_m - a| \geqslant \varepsilon_0$.

注 2 对于“定向”的发散数列, 即“无限增大”(或“无限减小”) 的数列 $\{x_n\}$, 可用以下严格的数学语言来描述其特性: 对任意 (大) 的数 $\rho > 0$, 必存在自然数 n_ρ, 使得均有

$$x_n > \rho\ (\text{或} x_n < -\rho), \qquad \forall\, n \geqslant n_\rho.$$

此时, 既可称 $\{x_n\}$ **发散**于 $+\infty$(或相应地, **发散**于 $-\infty$), 也可称 $\{x_n\}$ **趋于** $+\infty$(或 $-\infty$), 并记为 $\lim\limits_{n\to\infty} x_n = +\infty$(或 $-\infty$), 或者记为 $x_n \to +\infty$(或 $-\infty$), (当 $n \to \infty$ 时). 但是, 必须记住, 这里的“$\lim\limits_{n\to\infty} x_n = +\infty$”只是一个记号, 与前面的 $\lim\limits_{n\to\infty} x_n = a$ 所指“数列 $\{x_n\}$ 的极限 (**存在**, 且) 等于 a”的意义是完全不同的.

注 3 除了注 2 中提及的“定向”发散数列以外, 还有一种发散于 ∞ 的情形也是很重要的, 这里的“∞”既包含了 $+\infty$ 和 $-\infty$, 但又不限于此, 其还可以是“摇摆式”地无限发散, 我们称其为**无穷大量**, 这是一种“非定向”的发散. 具体定义如下: 对数列 $\{x_n\}$ 而言, 若对任意 (大) 的数 $\rho > 0$, 必存在自然数 $n_\rho \in \mathbb{N}$, 使得均有

$$|x_n| > \rho, \qquad \forall\, n \geqslant n_\rho,$$

则称 $\{x_n\}$**发散于**∞, 并记为 $\lim\limits_{n\to\infty} x_n = \infty$.

注 4 不难证明:

1° 当 $\lim\limits_{n\to\infty} x_n = 0$ 且 $x_n \neq 0\ (\forall\, n \geqslant n_0)$ 时, 有 $\lim\limits_{n\to\infty} \dfrac{1}{x_n} = \infty$;

2° 当 $\lim\limits_{n\to\infty} x_n = \infty$ 且 $x_n \neq 0\ (\forall\, n \geqslant n_0)$ 时, 有 $\lim\limits_{n\to\infty} \dfrac{1}{x_n} = 0$.

事实上, 以 2° 为例, 当假设 $\lim\limits_{n\to\infty} x_n = \infty$ 且 $x_n \neq 0(\forall\, n \geqslant n_0)$ 时, 对于任意 (小) 的数 $\varepsilon > 0$, 令 $\rho = \dfrac{1}{\varepsilon}$, 则必存在 $n_\varepsilon \in \mathbb{N}$, 使得均有

$$|x_n| > \rho = \frac{1}{\varepsilon}, \qquad \forall\, n \geqslant n_\varepsilon,$$

此即

$$\left|\frac{1}{x_n}\right| < \varepsilon, \qquad \forall\, n \geqslant n_\varepsilon,$$

也即 $\lim\limits_{n\to\infty} \dfrac{1}{x_n} = 0$(这一结果在下面 2.3 节中要用到).

有了上面极限的定义, 首先关注的当然是如何判断一个数列的极限是否存在. 这里, 自然会联想到前面提到的有关实数完备性的五个特征性定理. 值得注意的是, 由于从任何一个定理作为公理出发, 均可得到实数的完备性, 并且在 1.5 节中我们还知道, 在实数集中这五个定理是相互等价的. 因此, 任何一个定理均可当作实数集 $\mathbb{R}$ 是完备的特性来使用 (其中特别实用的是: 区间套定理、Cantor 确界定理、Cantor 单调有界收敛定理以及 Cauchy 基本列收敛定理). 此外, 在 1.7 节中利用实数的完备性特征导出了以后常用的两个定理, 即极限点定理 (Bolzano-Weierstrass 定理) 和有限覆盖定理 (Heine-Borel 定理).

在上面列出的这些定理中, 判断一个数列的极限存在与否的最有力的“工具”是 Cantor 单调有界收敛定理和 Cauchy 基本列收敛定理.

(一)

先来看三个使用 Cantor 单调有界收敛定理来判定数列极限存在性的例子.

例 1 研究数列 $\{x_n\}$ 的敛散性, 其中

$$x_n = \left(1 + \frac{1}{n}\right)^n, \qquad \forall\, n \in \mathbb{N}.$$

解 注意到上述数列具有以下两个性质:

1) 数列 $\{x_n\}$ 是单调递增的.

事实上, 可由二项式定理立即得出

$$
\begin{aligned}
x_n &= \left(1+\frac{1}{n}\right)^n = \sum_{k=0}^{n}\binom{n}{k}\left(\frac{1}{n}\right)^k \\
&= 1+n\cdot\left(\frac{1}{n}\right)+\frac{n(n-1)}{2!}\left(\frac{1}{n}\right)^2+\cdots+\frac{n(n-1)\cdots 1}{n!}\left(\frac{1}{n}\right)^n \\
&= 1+1+\frac{1}{2!}\left(1-\frac{1}{n}\right)+\cdots+\frac{1}{n!}\left(1-\frac{1}{n}\right)\cdots\left(1-\frac{n-1}{n}\right).
\end{aligned}
$$

类似地,

$$
x_{n+1} = 1+1+\frac{1}{2!}\left(1-\frac{1}{n+1}\right)+\cdots+\frac{1}{(n+1)!}\left(1-\frac{1}{n+1}\right)\cdots\left(1-\frac{n}{n+1}\right).
$$

于是, 通过逐项比较以上二式, 立即看出: 后一式的前 n 项中每一项均不小于前一式中相应地项; 此外, 后式还比前式多了一项 (也即是最后一项), 且这一项为正数. 因此 $x_n < x_{n+1}$ $(\forall\, n \in \mathbb{N})$.

2) 数列 $\{x_n\}$ 是有上界的.

事实上, 从上面前式便可得到

$$
\begin{aligned}
x_n &< 1+1+\frac{1}{2!}+\cdots+\frac{1}{n!} \\
&< 1+1+\frac{1}{2}+\cdots+\frac{1}{2^{n-1}} \\
&= 3-\frac{1}{2^{n-1}} < 3.
\end{aligned}
$$

这样一来, 由 Cantor 单调有界收敛定理则知极限 $\lim\limits_{n\to\infty}\left(1+\dfrac{1}{n}\right)^n$ 存在. □

注 5 在例 1 的 1) 的证明中, 为了证明 $\left\{x_n=\left(1+\dfrac{1}{n}\right)^n\right\}$ 是一个单调递增的数列, 也可运用初等数学中的“算术平均–几何平均不等式”:

$$
\sqrt[n]{a_1a_2\cdots a_n} \leqslant \frac{a_1+a_2+\cdots+a_n}{n}, \qquad \forall\, n \in \mathbb{N},
$$

这里, $a_1, a_2, \cdots, a_n$ 均为正数. 于是,

$$
\left(\frac{x_{n+1}}{x_n}\right)^{\frac{1}{n+1}} = \frac{1+\dfrac{1}{n+1}}{\left(1+\dfrac{1}{n}\right)^{\frac{n}{n+1}}} > \frac{n+2}{n+1}\cdot\left\{\frac{1+n\left(1+\frac{1}{n}\right)}{n+1}\right\}^{-1} = 1, \quad \forall\, n \in \mathbb{N},
$$

也即得到 $\{x_n\}$ 是单调递增的.

此外, 上面的极限值便是著名的"自然对数"的底数 e, 也即

$$e \triangleq \lim_{n\to\infty}\left(1+\frac{1}{n}\right)^n.$$

可以证明, e 是一个无理数, 从上面极限的定义可知, 可以用有理数来无限地逼近它. 例如, e 的直到前 15 位小数的值为 2.718281828459045. 必须予以特别注意的是, 数 e 是数学分析中经常会涉及的一个非常重要的特殊的无理数.

例 2　设 $x_1=\sqrt{2}$, $x_n=\sqrt{2x_{n-1}}$ $(\forall\, n\geqslant 2)$. 试研究数列 $\{x_n\}$ 的敛散性.

解　注意到

$$x_{n+1}-x_n=\sqrt{2x_n}-\sqrt{2x_{n-1}}=\sqrt{2}\left(\sqrt{x_n}-\sqrt{x_{n-1}}\right),\qquad \forall\, n\geqslant 2.$$

故知 $x_{n+1}-x_n$ 与 x_n-x_{n-1} 是同号的 $(\forall\, n\geqslant 2)$. 因此, 可通过递推得到: 对任意的 $n\in\mathbb{N}$, $x_{n+1}-x_n$ 与 x_2-x_1 是同号的. 注意到

$$x_2-x_1=\sqrt{2\sqrt{2}}-\sqrt{2}>0,$$

于是, $x_{n+1}-x_n>0$ $(\forall\, n\in\mathbb{N})$, 也即, 数列 $\{x_n\}$ 是单调递增的.

此外, 我们利用数学归纳法来证明 $x_n<2$ $(\forall\, n\in\mathbb{N})$, 从而说明数列 $\{x_n\}$ 是有上界的. 事实上, $x_1=\sqrt{2}<2$ 显然成立. 现归纳地假设 $x_k<2$, 则有

$$x_{k+1}=\sqrt{2x_k}<\sqrt{2\cdot 2}=2.$$

这就证明了 $x_n<2$ $(\forall\, n\in\mathbb{N})$, 此即, 数列 $\{x_n\}$ 是有上界的.

这样一来, 由 Cantor 单调有界收敛定理, 可知极限 $\lim\limits_{n\to\infty}x_n$ 存在. □

注 6　上面能想到用归纳法来证明, 并看出 2 是数列的一个上界, 是有技巧的. 其实, 也还可用下面的方法来证明 $\{x_n\}$ 是有上界的: 由于 $\{x_n\}$ 是单调递增的, 故有

$$\sqrt{2x_n}-x_n=x_{n+1}-x_n>0,$$

因此有 $\sqrt{2x_n}>x_n$. 注意到 $x_n>0$, 由此立即得到 $x_n<2$ $(\forall\, n\in\mathbb{N})$.

例 3　设 $b_1>a_1>0$, 并对任意的 $n\in\mathbb{N}$, 令 $b_{n+1}=\dfrac{a_n+b_n}{2}$(算术平均值) 及 $a_{n+1}=\sqrt{a_nb_n}$(几何平均值). 再令

$$x_n=\begin{cases} a_k, & \text{当}n=2k-1(\text{奇数})\text{ 时},\\ b_k, & \text{当}n=2k(\text{偶数})\text{ 时},\end{cases}\qquad \forall\, n\in\mathbb{N}.$$

试研究数列 $\{x_n\}$ 的敛散性.

解 首先, 注意到 $\{x_n\}$ 不是单调的, 但是利用"实数的几何平均值不超过算术平均值"命题, 可以得到如下关系式:

$$
\begin{aligned}
&a_n \leqslant b_n, \\
&b_{n+1} = \frac{a_n + b_n}{2} \leqslant \frac{b_n + b_n}{2} = b_n, \qquad \forall\, n \in \mathbb{N}. \\
&a_n = \sqrt{a_n \cdot a_n} \leqslant \sqrt{a_n \cdot b_n} = a_{n+1},
\end{aligned}
$$

由此, 可以看出 $\{x_n\}$ 确实不是单调的, 但它的两个子列 $\{x_{2n-1}\}$ 和 $\{x_{2n}\}$ (也即是 $\{a_n\}$ 和 $\{b_n\}$) 却是单调的, 并且 $\{x_{2n-1}\}$ 是单调递增的, $\{x_{2n}\}$ 是单调递减的.

此外, 由上面的不等式还可以得出: $\{b_n\}$, 即 $\{x_{2n}\}$ 有下界 (因为任何一个 a_{n_0} 均为其下界); $\{a_n\}$, 即 $\{x_{2n-1}\}$ 有上界 (因为任何一个 b_{n_0} 均为其上界).

由此, 综上二特性, 由 Cantor 单调有界收敛定理可以导出: $\lim\limits_{n\to\infty} x_{2n-1}$ 与 $\lim\limits_{n\to\infty} x_{2n}$ 是存在的.

最后, 注意到前面的不等式, 又可得到

$$
b_{n+1} - a_{n+1} = \frac{a_n + b_n}{2} - a_{n+1} \leqslant \frac{a_n + b_n}{2} - a_n = \frac{b_n - a_n}{2}, \qquad \forall\, n \in \mathbb{N}.
$$

因此, 可以递推地得出

$$
0 \leqslant b_{n+1} - a_{n+1} \leqslant \left(\frac{1}{2}\right)^n (b_1 - a_1) \to 0, \qquad \text{当} n \to \infty \text{时}.
$$

再利用 1.4 节定理 5 就有

$$
\lim_{n\to\infty} x_{2n} - \lim_{n\to\infty} x_{2n-1} = \lim_{n\to\infty} (x_{2n} - x_{2n-1}) = \lim_{n\to\infty} (b_n - a_n) = 0,
$$

也即

$$
\lim_{n\to\infty} x_{2n} = \lim_{n\to\infty} x_{2n-1},
$$

从而用"ε-N"方法容易证得 $\lim\limits_{n\to\infty} x_n$ 亦存在 (并且与上面的极限值相同). □

(二)

判断数列极限是否存在的另一个十分重要和基本的方法就是 Cauchy 基本列收敛定理. 比前面提到的 Cantor 单调有界定理"强"的是, Cauchy 定理 (亦称为"Cauchy 准则") 是一个判断数列敛散性的充要条件 (而 Cantor 单调有界定理仅是一个充分条件). 换句话说, 如果一个数列是 Cauchy 基本列, 那么它就是收敛的, 否则就是发散的. 因此, 我们首先应当学会如何描述一个"命题"及其"否命题".

在这里, 用"数学符号"简洁地将"数列是 Cauchy 基本列"及"数列不是 Cauchy 基本列"罗列出来.

$\{x_n\}$是 Cauchy 基本列 :

$\forall\, \varepsilon > 0,\ \exists n_\varepsilon \in \mathbb{N}$, 使得均有

$|x_{m_1} - x_{m_2}| < \varepsilon,\ \forall\, m_1, m_2 \geqslant n_\varepsilon$.

$\{x_n\}$不是 Cauchy 基本列 :

$\exists\, \varepsilon_0 > 0,\ \forall\, n \in \mathbb{N}$, 均有

$|x_{m_1^{(n)}} - x_{m_2^{(n)}}| \geqslant \varepsilon_0,\ \exists\, m_1^{(n)}, m_2^{(n)} \geqslant n$.

(如用语言描述则为)

$\{x_n\}$是 Cauchy 基本列 :

对于任意的$\varepsilon > 0$, 必存在$n_\varepsilon \in \mathbb{N}$,
使得对任意的$m_1, m_2 \geqslant n_\varepsilon$, 均有
$|x_{m_1} - x_{m_2}| < \varepsilon$.

$\{x_n\}$不是 Cauchy 基本列 :

存在$\varepsilon_0 > 0$, 使得对任意的$n \in \mathbb{N}$,
均存在$m_1^{(n)}, m_2^{(n)} \geqslant n$, 有
$|x_{m_1^{(n)}} - x_{m_2^{(n)}}| \geqslant \varepsilon_0$.

注 7　读者由此可以看到, 对"否命题"的描述其实很简单: 只要将符号"$\forall$"和"$\exists$"互换, 然后再将结论否定即可.

注 8　亦可将"数列 $\{x_n\}$ 不是 Cauchy 基本列"写为: 存在 $\varepsilon_0 > 0$ 及两个 (无穷) 自然数列 $\{m_1^{(n)}\}$ 和 $\{m_2^{(n)}\}$, 使其均满足关系式 $|x_{m_1^{(n)}} - x_{m_2^{(n)}}| \geqslant \varepsilon_0\ (\forall\, n \in \mathbb{N})$.

下面给出三个例子.

例 4(不动点原理)　设 f 是一个 $\mathbb{R}$ 上的实函数, 其满足

$$|f(x) - f(y)| \leqslant \theta|x - y|, \qquad \forall\, x, y \in \mathbb{R},$$

其中, $0 < \theta < 1$. 现任取一数 x_0, 并令 $x_n = f(x_{n-1})\ (\forall\, n \in \mathbb{N})$. 证明 $\lim\limits_{n\to\infty} x_n$ 存在.

证明　从函数 f 的假设, 有

$$|x_{n+1} - x_n| = |f(x_n) - f(x_{n-1})| \leqslant \theta|x_n - x_{n-1}|, \qquad \forall\, n \in \mathbb{N}.$$

因此, 通过递推可以得到

$$|x_{n+1} - x_n| \leqslant \theta|x_n - x_{n-1}| \leqslant \theta^2|x_{n-1} - x_{n-2}| \leqslant \cdots \leqslant \theta^n|x_1 - x_0|, \quad \forall\, n \in \mathbb{N}.$$

这样一来, 对于任意的 $m, n \in \mathbb{N}$, 若 $m > n$, 则有

$$\begin{aligned}
|x_m - x_n| &\leqslant |x_m - x_{m-1}| + |x_{m-1} - x_{m-2}| + \cdots + |x_{n+1} - x_n| \\
&\leqslant (\theta^{m-1} + \theta^{m-2} + \cdots + \theta^n)|x_1 - x_0| \\
&\leqslant \frac{\theta^n}{1-\theta}|x_1 - x_0|.
\end{aligned}$$

由此可知: 对于任意的 $\varepsilon > 0$, 必存在 $n_\varepsilon \in \mathbb{N}$, 使得当 $n \geqslant n_\varepsilon$ 时, 有 $\dfrac{\theta^n}{1-\theta}|x_1 - x_0| < \varepsilon$. 从而可以导出 $\{x_n\}$ 是一个 Cauchy 列, 而由 Cauchy 基本列收敛定理, 可知 $\{x_n\}$ 是收敛的. □

注 9 上述例子显然是 1.6 节中提到的一般距离空间上之"压缩映像原理"在实数空间 $\mathbb{R}$ 上的特例. 作为此原理的另一有用的特例可见下面的例 5.

例 5 设 $f(x) = \theta\sin x + a$(其中 $0 < \theta < 1$), 并令 $x_{n+1} = f(x_n)$ $(\forall\, n \in \mathbb{N})$, 则"迭代的数列" $\{x_n\}$ 必收敛于"**Kepler(开普勒) 方程**"

$$x = \theta\sin x + a$$

的解. 由此亦知, 上述以德国天文学家 Kepler 命名的方程的解存在且唯一.

例 6 设 $x_n = 1 + \dfrac{1}{2} + \cdots + \dfrac{1}{n}$ $(\forall\, n \in \mathbb{N})$. 证明 $\lim\limits_{n\to\infty} x_n$ 不存在.

证明 取 $\varepsilon_0 = \dfrac{1}{2}$. 对任意的 $n \in \mathbb{N}$, 有

$$x_{2n} - x_n = \frac{1}{n+1} + \frac{1}{n+2} + \cdots + \frac{1}{2n} > n \cdot \frac{1}{2n} = \frac{1}{2} = \varepsilon_0.$$

由此可知数列 $\{x_n\}$ 不满足 Cauchy 准则, 因而它是发散的, 故 $\lim\limits_{n\to\infty} x_n$ 不存在. □

注 10 上面的例 6 还有另一技巧证法, 注意到前面例 1 中数 e 的定义, 并考虑到 $\left\{\left(1+\dfrac{1}{n}\right)^n\right\}$ 是单调递增收敛于 e 的, 所以

$$\left(1+\frac{1}{n}\right)^n < e, \qquad \forall\, n \in \mathbb{N}.$$

在不等式两边取自然对数, 就有

$$n(\ln(n+1) - \ln n) < 1, \qquad \forall\, n \in \mathbb{N},$$

此即

$$\frac{1}{n} > \ln(n+1) - \ln n, \qquad \forall\, n \in \mathbb{N}.$$

从而得到

$$x_n = 1 + \frac{1}{2} + \cdots + \frac{1}{n} > \ln(n+1), \qquad \forall\, n \in \mathbb{N}.$$

这说明 $\lim\limits_{n\to\infty} x_n = +\infty$, 故数列 $\{x_n\}$ 的极限不存在.

例 7 设 $x_n = \sin 1 + \dfrac{\sin 2}{2^2} + \dfrac{\sin 3}{3^2} + \cdots + \dfrac{\sin n}{n^2}$ $(\forall\, n \in \mathbb{N})$. 证明 $\lim\limits_{n\to\infty} x_n$存在.

证明 对任意的 $m, n \in \mathbb{N}$ $(m > n)$, 有

$$
\begin{aligned}
|x_m - x_n| &= \left|\frac{\sin(n+1)}{(n+1)^2} + \frac{\sin(n+2)}{(n+2)^2} + \cdots + \frac{\sin m}{m^2}\right| \\
&\leqslant \frac{1}{(n+1)^2} + \frac{1}{(n+2)^2} + \cdots + \frac{1}{m^2} \\
&< \frac{1}{n(n+1)} + \frac{1}{(n+1)(n+2)} + \cdots + \frac{1}{(m-1)m} \\
&= \left(\frac{1}{n} - \frac{1}{n+1}\right) + \left(\frac{1}{n+1} - \frac{1}{n+2}\right) + \cdots + \left(\frac{1}{m-1} - \frac{1}{m}\right) \\
&= \frac{1}{n} - \frac{1}{m} < \frac{1}{n}.
\end{aligned}
$$

由此容易导出: 对任意的 $\varepsilon > 0$, 当取 $n_\varepsilon \in \mathbb{N}$ 使得 $n_\varepsilon > \dfrac{1}{\varepsilon}$ 时, 对任意的 $m, n \in \mathbb{N}$, 只要 $m > n \geqslant n_\varepsilon$, 就有

$$
|x_m - x_n| < \frac{1}{n} \leqslant \frac{1}{n_\varepsilon} < \varepsilon,
$$

从而 $\{x_n\}$ 是 Cauchy 基本列, 故收敛. □

2.2　数列极限存在的某些传递性

本节我们要讲述有关从某些数列极限的存在性导出另一些数列极限存在性的一些命题.

(一)

在前面 1.4 节中已经讲过: 收敛数列之全体组成一个线性空间, 也即是说, 它们对"加法"和"数乘"运算是封闭的. 因此得到了有关极限存在性的一个传递关系: 当 $\lim\limits_{n\to\infty} x_n$ 和 $\lim\limits_{n\to\infty} y_n$ 存在时, 必有 $\lim\limits_{n\to\infty} \alpha x_n$ 存在 (α 为任意的一个实数) 以及 $\lim\limits_{n\to\infty} (x_n + y_n)$ 存在 (从而 $\lim\limits_{n\to\infty} (x_n - y_n)$ 也存在, 这一性质在上节例 3 中用到过).

下面再来介绍收敛数列的四则运算中另外两个运算法则 ——"乘法"和"除法". 有下面的定理.

定理 1　若 $\lim\limits_{n\to\infty} x_n = a$, $\lim\limits_{n\to\infty} y_n = b$, 那么

1° 数列 $\{x_n \cdot y_n\}$ 必有极限, 且

$$
\lim_{n\to\infty} (x_n \cdot y_n) = \left(\lim_{n\to\infty} x_n\right) \cdot \left(\lim_{n\to\infty} y_n\right) = a \cdot b.
$$

2° 当 $\lim\limits_{n\to\infty} y_n \neq 0$ 时, 必存在某自然数 N, 使得数列 $\left\{\dfrac{x_n}{y_n}\right\}_{n\geqslant N}$ 有极限, 且有

$$\lim_{n\to\infty}\frac{x_n}{y_n}=\frac{\lim\limits_{n\to\infty}x_n}{\lim\limits_{n\to\infty}y_n}=\frac{a}{b}.$$

证明 1) 首先注意到下面的不等式:

$$\begin{aligned}|x_ny_n-ab|&=|x_ny_n-x_nb+x_nb-ab|\\&\leqslant|x_n|\cdot|y_n-b|+|b|\cdot|x_n-a|,\qquad\forall\, n\in\mathbb{N},\end{aligned}$$

并注意到 $\{x_n\}$ 是收敛的, 故由 1.4 节定理 2 可知 $\{x_n\}$ 必是有界数列. 因此存在正数 ρ, 使得

$$|x_n|<\rho,\qquad\forall\, n\in\mathbb{N}.\tag{1}$$

这样一来, 由设 $\lim\limits_{n\to\infty}x_n=a$ 和 $\lim\limits_{n\to\infty}y_n=b$ 可得, 对任意的 $\varepsilon>0$, 存在 (公共的) 自然数 n_ε, 使得

$$|x_n-a|<\frac{\varepsilon}{|b|+1}\quad\text{和}\quad|y_n-b|<\frac{\varepsilon}{(|b|+1)\rho},\qquad\forall\, n\geqslant n_\varepsilon.\tag{2}$$

从而, 将 (1) 和 (2) 式代入开首的不等式, 得

$$|x_ny_n-ab|<\rho\cdot\frac{\varepsilon}{(|b|+1)\rho}+|b|\frac{\varepsilon}{|b|+1}=\varepsilon,\qquad\forall\, n\geqslant n_\varepsilon.$$

于是就证明了 $\lim\limits_{n\to\infty}(x_n\cdot y_n)=\left(\lim\limits_{n\to\infty}x_n\right)\cdot\left(\lim\limits_{n\to\infty}y_n\right)$.

2) 首先, 由 $\lim\limits_{n\to\infty}y_n\neq 0$ 可以断言: 必定存在一个自然数 N, 使得有 $y_n\neq 0\ (\forall\, n\geqslant N)$.

事实上, 由于 $\lim\limits_{n\to\infty}y_n=b\neq 0$, 可以取正数 $\varepsilon_0=\dfrac{|b|}{3}$, 必定存在自然数 N, 使得

$$|b|-|y_n|\leqslant|y_n-b|<\varepsilon_0,\qquad\forall\, n\geqslant N.$$

由此即得

$$|y_n|\geqslant|b|-\varepsilon_0=|b|-\frac{|b|}{3}=\frac{2|b|}{3}>0,\qquad\forall\, n\geqslant N.\tag{3}$$

这就导出了 $y_n\neq 0\ (\forall\, n\geqslant N)$. (这样一来, 数列 $\left\{\dfrac{x_n}{y_n}\right\}_{n\geqslant N}$ 是有意义的.)

其次, 同样只需要注意到下面的不等式:

$$\begin{aligned}\left|\frac{x_n}{y_n}-\frac{a}{b}\right|&=\left|\frac{b(x_n-a)-a(y_n-b)}{y_nb}\right|\\&\leqslant\frac{|b|\cdot|x_n-a|+|a|\cdot|y_n-b|}{|y_nb|},\qquad\forall\, n\geqslant N;\end{aligned}$$

并结合 (3) 式便可得到

$$\left|\frac{x_n}{y_n}-\frac{a}{b}\right| \leqslant \frac{3}{2|b|}\cdot|x_n-a|+\frac{3|a|}{2|b|^2}\cdot|y_n-b|, \qquad \forall\, n \geqslant N. \tag{4}$$

这样一来, 由 $\{x_n\}$ 和 $\{y_n\}$ 分别收敛于 a 和 b 的假设, 即可得到: 对任意的 $\varepsilon>0$, 必存在一个 (公共的) 自然数 $n_\varepsilon \geqslant N$, 使得

$$|x_n-a|<\frac{|b|}{3}\varepsilon \quad 和 \quad |y_n-b|<\frac{|b|^2}{3(|a|+1)}\varepsilon, \qquad \forall\, n \geqslant n_\varepsilon. \tag{5}$$

因而, 从上面 (4), (5) 两式, 即可导出

$$\left|\frac{x_n}{y_n}-\frac{a}{b}\right|<\frac{\varepsilon}{2}+\frac{\varepsilon}{2}=\varepsilon, \qquad \forall\, n \geqslant n_\varepsilon.$$

由此即得

$$\lim_{n\to\infty}\frac{x_n}{y_n}=\frac{\lim\limits_{n\to\infty}x_n}{\lim\limits_{n\to\infty}y_n}.$$

因而证得定理所需之 2° 的结论. □

推理　*如果 $\lim\limits_{n\to\infty}x_n=a\neq 0$, 那么*

1° 存在 $N_1\in\mathbb{N}$, 使得对任意的 $p\in\mathbb{Z}$, 数列 $\{x_n^p\}_{n\geqslant N_1}$ 均有极限, 且有

$$\lim_{n\to\infty}x_n^p=\left(\lim_{n\to\infty}x_n\right)^p.$$

2° 当 $a>0$ 时, 必存在 $N_2\in\mathbb{N}$, 使得对任意非零的 $q\in\mathbb{Z}$, 数列 $\{x_n^{\frac{1}{q}}\}_{n\geqslant N_2}$ 均有极限, 且有

$$\lim_{n\to\infty}x_n^{\frac{1}{q}}=\left(\lim_{n\to\infty}x_n\right)^{\frac{1}{q}}.$$

3° 当 $a>0$ 时, 必存在 $N_3\in\mathbb{N}$, 使得对任意的 $r\in\mathbb{Q}$, 数列 $\{x_n^r\}_{n\geqslant N_3}$ 均有极限, 且有

$$\lim_{n\to\infty}x_n^r=\left(\lim_{n\to\infty}x_n\right)^r.$$

证明　1) 当 $p=0$ 时, 结论是显然的. 如果整数 $p>0$, 则由定理 1 中的乘法运算性质, 利用归纳法可得到所需结论. 而当 $p<0$ 时, 首先注意到假设 $\lim\limits_{n\to\infty}x_n\neq 0$, 故存在 $N_1\in\mathbb{N}$, 使得 $x_n\neq 0$ $(\forall\, n\geqslant N_1)$; 其次, 从定理 1 中的除法运算性质可知 $\lim\limits_{n\to\infty}x_n^{-1}=\left(\lim\limits_{n\to\infty}x_n\right)^{-1}$; 最后, 对数列 $\{x_n^{-1}\}_{n\geqslant N_1}$ 利用定理 1 中的乘法运算性质及归纳法, 便可对任意的负整数 p 得到 $\lim\limits_{n\to\infty}x_n^p=\left(\lim\limits_{n\to\infty}x_n\right)^p$. 这就证明了所需结论 1°.

2) 令

$$y_n = x_n^{\frac{1}{q}}, \qquad \forall\ n \in \mathbb{N},$$

则 $y_n^q = x_n$ ($\forall\ n \in \mathbb{N}$). 下面首先对整数 $q > 0$ 的情形证明 $\lim\limits_{n\to\infty} y_n$ 是存在的. 事实上, 注意到假设 $\lim\limits_{n\to\infty} x_n = a > 0$, 类似于定理 1 证明中的 (3) 式, 可知: 存在数 $N_2 \in \mathbb{N}$, 使得

$$x_n \geqslant \frac{2a}{3} > 0, \qquad \forall\ n \geqslant N_2. \tag{6}$$

于是, 注意到下面恒等式 (当 $m, n \in \mathbb{N}$ 且 $m > n$ 时):

$$y_m^q - y_n^q = (y_m - y_n)(y_m^{q-1} + y_m^{q-2} y_n + \cdots + y_m y_n^{q-2} + y_n^{q-1}),$$

由 (6) 式便可得到

$$\begin{aligned}|y_m^q - y_n^q| \geqslant |y_m - y_n| \cdot &\left\{ \left(\frac{2a}{3}\right)^{\frac{q-1}{q}} + \left(\frac{2a}{3}\right)^{\frac{q-2}{q}} \cdot \left(\frac{2a}{3}\right)^{\frac{1}{q}} + \cdots \right. \\ &\left. + \left(\frac{2a}{3}\right)^{\frac{1}{q}} \cdot \left(\frac{2a}{3}\right)^{\frac{q-2}{q}} + \left(\frac{2a}{3}\right)^{\frac{q-1}{q}} \right\} \\ = |y_m - y_n| \cdot q &\left(\frac{2a}{3}\right)^{\frac{q-1}{q}}, \qquad \forall\ m, n \geqslant N_2,\end{aligned}$$

也即导出了

$$|y_m - y_n| \leqslant q^{-1} \left(\frac{2a}{3}\right)^{\frac{1-q}{q}} |y_m^q - y_n^q| = q^{-1} \left(\frac{2a}{3}\right)^{\frac{1-q}{q}} |x_m - x_n|, \qquad \forall\ m, n \geqslant N_2.$$

这样一来, 利用 Cauchy 准则, 即可从 $\{x_n\}$ 的收敛假设及上式导出: 数列 $\{y_n\}_{n \geqslant N_2}$ 亦是收敛的. 于是由定理 1 中的乘法运算及归纳法, 得 (注意 $\{y_n\}$ 的假设)

$$\lim_{n\to\infty} y_n^q = \left(\lim_{n\to\infty} y_n\right)^q = \lim_{n\to\infty} x_n,$$

因此

$$\lim_{n\to\infty} x_n^{\frac{1}{q}} = \lim_{n\to\infty} y_n = \left(\lim_{n\to\infty} x_n\right)^{\frac{1}{q}}.$$

最后, 对 $q < 0$ 的情形, 可如同 1) 中的处理方式类似证明之. 由此就得到了 2°.

3) 注意到任何有理数 $r \in \mathbb{Q}$ 均可写为 $r = \dfrac{p}{q}$(其中: $p, q \in \mathbb{Z}$ 且 $q \neq 0$) 的形式. 因此, 3° 可直接由 1° 和 2° 导出.

综上, 推理的结论全部得证. □

下面给出三个利用极限四则运算来导出所需极限的例子.

例 1　证明: 数列 $\left\{\left(1+\frac{1}{n}\right)^{n+1}\right\}$ 单调递减趋向于 e(当 $n\to\infty$ 时).

证明　在 2.1 节注 5 中已经定义了 $e=\lim\limits_{n\to\infty}\left(1+\frac{1}{n}\right)^n$. 此外, 易知 $\lim\limits_{n\to\infty}\left(1+\frac{1}{n}\right)=1$. 因此, 由定理 1, 数列 $\left\{\left(1+\frac{1}{n}\right)^{n+1}\right\}$ 也是有极限的, 并且有

$$\lim_{n\to\infty}\left(1+\frac{1}{n}\right)^{n+1}=\lim_{n\to\infty}\left(1+\frac{1}{n}\right)^{n}\cdot\lim_{n\to\infty}\left(1+\frac{1}{n}\right)=e.$$

另一方面, 类似于 2.1 节的注 5, 利用"算术平均–几何平均不等式"可得, 对任意的 $n\in\mathbb{N}$,

$$\left(\frac{n}{n+1}\right)^{n+1}<\left\{\frac{1+(n+1)\cdot\frac{n}{n+1}}{n+2}\right\}^{n+2}=\left(\frac{n+1}{n+2}\right)^{n+2},$$

因此 $\left(1+\frac{1}{n}\right)^{n+1}>\left(1+\frac{1}{n+1}\right)^{n+2}$. 从而就得到了 $\left\{\left(1+\frac{1}{n}\right)^{n+1}\right\}$ 是单调递减趋向于 e 的结论. □

注 1　从上节的例 1 和本节的例 1, 我们立即导出在数值计算中十分有用的如下关系式:

$$\left(1+\frac{1}{n}\right)^n<e<\left(1+\frac{1}{n}\right)^{n+1},\qquad\forall\, n\in\mathbb{N}$$

和 (对上式取自然对数)

$$\frac{1}{n+1}<\ln\left(1+\frac{1}{n}\right)<\frac{1}{n},\qquad\forall\, n\in\mathbb{N}.$$

例 2　求 $\lim\limits_{n\to\infty}\left(1-\frac{1}{n}\right)^n$.

解　由于

$$\begin{aligned}\left(1-\frac{1}{n}\right)^n&=\left(\frac{n}{n-1}\right)^{-n}=\left(1+\frac{1}{n-1}\right)^{-n}\\&=\frac{1}{\left(1+\frac{1}{n-1}\right)^{n-1}}\cdot\frac{1}{\left(1+\frac{1}{n-1}\right)},\qquad\forall\, n\in\mathbb{N},\end{aligned}$$

注意到

$$\lim_{n\to\infty}\left(1+\frac{1}{n-1}\right)^{n-1}=\lim_{n\to\infty}\left(1+\frac{1}{n}\right)^n=e,$$

以及

$$\lim_{n\to\infty}\left(1+\frac{1}{n-1}\right)=1,$$

由极限的四则运算, 从前面三个关系式立即得到: $\lim\limits_{n\to\infty}\left(1-\frac{1}{n}\right)^n=e^{-1}$. □

同样地, 利用极限的四则运算法则, 也可以将 2.1 节例 2 中数列 $\{x_n\}$ 的极限计算出来.

例 3 设 $x_1=\sqrt{2}$, $x_n=\sqrt{2x_{n-1}}$ ($\forall\ n\geqslant 2$). 求 $\lim\limits_{n\to\infty}x_n$.

解 在 2.1 节例 2 中我们利用 Cantor 单调有界收敛定理证明了数列 $\{x_n\}$ 极限的存在性. 现在来计算 $\lim\limits_{n\to\infty}x_n$.

注意到 $\{x_n\}$ 满足

$$x_{n+1}^2=2x_n,\qquad \forall\ n\in\mathbb{N}.$$

这样一来, 从定理 1 可得

$$\lim_{n\to\infty}x_n^2=\lim_{n\to\infty}2x_{n-1}=2\lim_{n\to\infty}x_n.$$

于是, 由 $\lim\limits_{n\to\infty}x_n\neq 0$(这可由 $\{x_n\}$ 的取法明显得出) 及上式, 即可导出 $\lim\limits_{n\to\infty}x_n=2$. □

(二)

在前面 1.4 节中, 已经介绍过“夹进定理”(1.4 节定理 4), 也即: 若数列 $\{y_n\}$ 和 $\{z_n\}$ 的极限均为 a, 那么, 当数列 $\{x_n\}$ 满足 $y_n\leqslant x_n\leqslant z_n$ ($\forall\ n\geqslant n_0$) 时, $\{x_n\}$ 也必以 a 为极限.

注 2 值得注意的是: 当数列 $\{y_n\}$ 和 $\{z_n\}$“夹着”数列 $\{x_n\}$ 前进时, 实际上, 我们不必如“夹进定理”所假设的“$y_n\leqslant x_n\leqslant z_n$ ($\forall\ n\geqslant$ (某)n_0)”, 或者“$z_n\leqslant x_n\leqslant y_n$ ($\forall\ n\geqslant$ (某)n_0)”成立, 只要假设“当 $n\geqslant$ (某)n_0 时, 均有 $\{x_n\}$ 在 $\{y_n\}$ 和 $\{z_n\}$ 之间”成立, 则定理的结论仍真 (其证明方法与 1.4 节中相应定理的证明是完全类似的).

有了上面的定理, 就可以求出相应的许多数列的极限. 下面给出五个例子.

例 4 求 $\lim\limits_{n\to\infty}\left(\frac{1}{\sqrt{n^2+1}}+\frac{1}{\sqrt{n^2+2}}+\cdots+\frac{1}{\sqrt{n^2+n}}\right)$.

解 注意到下面的不等式:

$$\frac{n}{\sqrt{n^2+n}}\leqslant\frac{1}{\sqrt{n^2+1}}+\cdots+\frac{1}{\sqrt{n^2+n}}\leqslant\frac{n}{\sqrt{n^2+1}},\qquad \forall\ n\in\mathbb{N}. \tag{7}$$

并从关系式

$$\frac{n}{\sqrt{n^2+n}}=\frac{1}{\sqrt{1+\dfrac{1}{n}}} \quad 及 \quad \frac{n}{\sqrt{n^2+1}}=\frac{1}{\sqrt{1+\dfrac{1}{n^2}}},$$

易知, 当令

$$y_n=\frac{n}{\sqrt{n^2+n}} \quad 及 \quad z_n=\frac{n}{\sqrt{n^2+1}}, \qquad \forall\, n\in\mathbb{N}$$

时, 由关于极限的四则运算和上面定理 1 后面的推理可得

$$\lim_{n\to\infty} y_n=\lim_{n\to\infty} z_n=1. \tag{8}$$

最后, 当注意到 (7) 和 (8) 式, 故由夹进定理, 即可导出

$$\lim_{n\to\infty}\left(\frac{1}{\sqrt{n^2+1}}+\frac{1}{\sqrt{n^2+2}}+\cdots+\frac{1}{\sqrt{n^2+n}}\right)=1. \qquad \square$$

例 5 证明: 对任意的 $a>0$, 均有 $\lim\limits_{n\to\infty}\sqrt[n]{a}=1$.

证明 下面分三步证明:

1) 当 $a=1$ 时, 结论显然成立.

2) 当 $a>1$ 时, 令

$$x_n=\sqrt[n]{a}-1, \qquad \forall\, n\in\mathbb{N}.$$

由此则有 $x_n>0$ 及

$$a=(1+x_n)^n\geqslant 1+nx_n, \qquad \forall\, n\in\mathbb{N},$$

也即

$$0<\sqrt[n]{a}-1\leqslant\frac{a-1}{n}, \qquad \forall\, n\in\mathbb{N}.$$

注意到简单的极限式 $\lim\limits_{n\to\infty}\dfrac{a-1}{n}=0$, 便可从上式及夹进定理得到所需结论.

3) 当 $0<a<1$ 时, 令 $\widetilde{a}=\dfrac{1}{a}$. 从 2) 的结论可知 $\lim\limits_{n\to\infty}\sqrt[n]{\widetilde{a}}=1$. 于是, 利用极限的四则运算便可得到

$$\lim_{n\to\infty}\sqrt[n]{a}=\lim_{n\to\infty}\sqrt[n]{\widetilde{a}^{-1}}=\left(\lim_{n\to\infty}\sqrt[n]{\widetilde{a}}\right)^{-1}=1.$$

综上三种情况, 我们证明了本题结论. $\square$

例 6 证明: $\lim\limits_{n\to\infty}\sqrt[n]{n}=1$.

证明 与例 5 的证明方法类似, 令

$$y_n=\sqrt[n]{n}-1, \qquad \forall\, n\in\mathbb{N}.$$

于是有

$$n = (1+y_n)^n \geqslant \binom{n}{2} y_n^2 = \frac{n(n-1)}{2} y_n^2, \qquad \forall\, n \geqslant 2,$$

也即

$$0 < y_n \leqslant \sqrt{\frac{2}{n-1}}, \qquad \forall\, n \geqslant 2.$$

注意到极限式 $\lim\limits_{n\to\infty} \sqrt{\dfrac{2}{n-1}} = 0$, 故从上式及夹逼定理即可得到本题结论. □

直接利用例 6 的结果, 容易导出下面的两个结论.

例 7 证明: $\lim\limits_{n\to\infty} \dfrac{\ln n}{n} = 0$.

证明 由例 6 已知 $\lim\limits_{n\to\infty} \sqrt[n]{n} = 1$, 故对任意的 $\varepsilon > 0$, 由于 $e^{\varepsilon} > 1$, 由数列极限的保序性可得: 存在 $n_\varepsilon \in \mathbb{N}$, 使得

$$\sqrt[n]{n} < e^{\varepsilon}, \qquad \forall\, n \geqslant n_\varepsilon.$$

由此, 当对上式两边取对数时 (从初等数学已知 $\ln x$ 是严格单调递增的函数), 可得

$$0 < \frac{\ln n}{n} < \varepsilon, \qquad \forall\, n \geqslant n_\varepsilon.$$

也即证得所需结论.

例 8 证明: $\lim\limits_{n\to\infty} n^a \theta^n = 0$, 其中, a 为任意实数, θ 为满足 $|\theta| < 1$ 的任意实数.

证明 当 $\theta = 0$ 时, 命题显然成立, 故不妨设 $\theta \neq 0$.

对任意实数 a, 取自然数 k, 使得 $k > a$. 由例 6 及极限的四则运算可知 $\lim\limits_{n\to\infty} \sqrt[n]{n^k} = 1$. 于是, 由 $|\theta| < 1$ 及极限定义可得: 存在自然数 N, 使得

$$\sqrt[n]{n^k} < \frac{1}{|\theta|}, \qquad \forall\, n \geqslant N.$$

这样一来, 就可导出

$$0 \leqslant n^a |\theta|^n < \frac{n^a}{n^k} = \frac{1}{n^{k-a}}, \qquad \forall\, n \geqslant N.$$

注意到 $k > a$, 故由定义有极限 $\lim\limits_{n\to\infty} \dfrac{1}{n^{k-a}} = 0$. 于是由上式及夹逼定理便可立即得出本题结论. □

例 9 求 $\lim\limits_{n\to\infty} \left(1 + \dfrac{2}{n} + \dfrac{4}{n^3}\right)^n$.

解 为方便起见, 记 $x_n \triangleq \left(1 + \dfrac{2}{n} + \dfrac{4}{n^3}\right)^n$.

首先, 注意到下面的不等式:

$$1+\frac{2}{n}<1+\frac{2}{n}+\frac{4}{n^3}\leqslant 1+\frac{2}{n}+\frac{1}{n^2}=\left(1+\frac{1}{n}\right)^2,\qquad \forall\, n\geqslant 4.$$

因而有下面的关系式:

$$\left(1+\frac{2}{n}\right)^n<x_n\leqslant\left(1+\frac{1}{n}\right)^{2n},\qquad \forall\, n\geqslant 4. \tag{9}$$

这样一来, 注意到 e 的定义, 一方面, 有

$$\lim_{n\to\infty}\left(1+\frac{1}{n}\right)^{2n}=\left(\lim_{n\to\infty}\left(1+\frac{1}{n}\right)^n\right)^2=e^2, \tag{10}$$

另一方面, 又有

$$\begin{aligned}\lim_{n\to\infty}\left(1+\frac{2}{n}\right)^n&=\lim_{n\to\infty}\left\{\left(1+\frac{1}{n/2}\right)^{n/2}\right\}^2\\&=\left\{\lim_{n\to\infty}\left(1+\frac{1}{n/2}\right)^{n/2}\right\}^2\overset{\text{(注)}}{=\!=\!=}e^2.\end{aligned}$$

(注: 严格来说, 上式最后一步是无法直接得到的. 为严格求得此式中的极限, 可以利用下面的关系式

$$\begin{aligned}\left(1+\frac{2}{n}\right)^n&=\left(1+\frac{1}{n}\right)^n\left(1+\frac{2}{n}\right)^n\left(1+\frac{1}{n}\right)^{-n}=\left(1+\frac{1}{n}\right)^n\left(\frac{n+2}{n+1}\right)^n\\&=\left(1+\frac{1}{n}\right)^n\left(1+\frac{1}{n+1}\right)^{n+1}\left(1+\frac{1}{n+1}\right)^{-1}.\end{aligned}$$

因而由极限的四则运算及 e 的定义容易得出

$$\begin{aligned}\lim_{n\to\infty}\left(1+\frac{2}{n}\right)^n&=\lim_{n\to\infty}\left(1+\frac{1}{n}\right)^n\cdot\lim_{n\to\infty}\left(1+\frac{1}{n+1}\right)^{n+1}\cdot\lim_{n\to\infty}\left(1+\frac{1}{n+1}\right)^{-1}\\&=e^2.\end{aligned}$$

之所以写出上面的 (注) 式, 是为了在将来介绍连续变量 (函数) 的相应极限关系式 $\lim\limits_{x\to+\infty}\left(1+\dfrac{1}{x}\right)^x=e$ 之前, 在此预先给读者一个启示.)

这样一来, 由 (9), (10) 和上面的 (注) 式, 利用夹进定理便可得到

$$\lim_{n\to\infty}\left(1+\frac{2}{n}+\frac{4}{n^3}\right)^n=e^2.\qquad\square$$

(三)

现在, 来介绍一个数列与其子列 (子列的定义见 1.5 节定义 4) 的关系.

例如, 在 2.1 节例 3 中提到的, $\{x_{2n-1}\}$ 和 $\{x_{2n}\}$ 均是 $\{x_n\}$ 的子列. 特别地, $\{x_n\}$ 可视为其自身的子列. 显然, 除了“常值数列”(即各项恒等于一个常数的数列) 以外, 一个数列可有不只一个子列. 特别地, 当 $\{x_n\}$ 有“无穷多”项取值不同时, $\{x_n\}$ 就有“无穷多个”互不相同的子列. 事实上, 此时, 任何均“不取”上面“不同值中某一个”所组成的子列就是互不相同的.

注 3 更特别的是, 若 $\{x_n\}$ 有“无穷多”项取值不同, 则必存在相互“没有取同一值的项”的无穷多个子列. 事实上, 当 $\{x_n\}$ 具有如下由互不相同的值所组成的子列时:

$$\{x_1^\circ,\ x_2^\circ,\ x_3^\circ,\ \cdots,\ x_n^\circ,\ \cdots\},$$

取 $\{x_n^\circ\}$ 中下标具有 $2k-1$ 形式的项 (奇数项) 组成一个新子列, 记为 $\{x_{1,n}^\circ\}$. 然后, 从余下的数列 $\{x_{2k}^\circ\}$ 中又取其所有“奇数项”的全体, 记为 $\{x_{2,n}^\circ\}$. 接着, 再从余下的数列 $\{x_{2k}^\circ\}\setminus\{x_{2,n}^\circ\}$ 中取其所有的“奇数项”全体, 记为 $\{x_{3,n}^\circ\}$. $\cdots\cdots$ 如此做下去, 就可得到 $\{x_n\}$ 的无穷多个子列 $\{x_{k,n}^\circ\}_n$ $(\forall\ k\in\mathbb{N})$. 在这些子列中, 它们相互之间取值均是不同的. 一般地, 也可对于任意给定的自然数 k 将 $\{x_n^\circ\}$ 中下标具有 $2^k m-2^{k-1}$ $(\forall\ m\in\mathbb{N})$ 形式的项组成一个子列, 记为 $\{x_{k,n}^\circ\}_n$, 则在这些无穷多个子列 $\{x_{k,n}^\circ\}_n$ $(k\in\mathbb{N})$ 中, 相互之间没有一项取值是相同的.

下面, 首先来介绍一个重要而又基本的结果.

定理 2 如果 $\lim\limits_{n\to\infty}x_n=a$, 那么, $\{x_n\}$ 的任何一个子列 $\{x_{n_k}\}$ 也必有极限, 且亦有 $\lim\limits_{k\to\infty}x_{n_k}=a$.

证明 由设 $\lim\limits_{n\to\infty}x_n=a$, 故对任意的 $\varepsilon>0$, 必存在 $n_\varepsilon\in\mathbb{N}$, 使得

$$|x_n-a|<\varepsilon,\qquad \forall\ n\geqslant n_\varepsilon.$$

而对 $\{x_n\}$ 的任意一个子列 $\{x_{n_k}\}$, 由于 $\lim\limits_{k\to\infty}n_k=+\infty$, 故对上面的自然数 n_ε, 必存在 $k_\varepsilon\in\mathbb{N}$, 使得

$$n_k\geqslant n_\varepsilon,\qquad \forall\ k\geqslant k_\varepsilon.$$

综合以上两式, 即可导出

$$|x_{n_k}-a|<\varepsilon,\qquad \forall\ k\geqslant k_\varepsilon,$$

此即证得 $\lim\limits_{k\to\infty}x_{n_k}=a$. □

注 4 由上定理的逆否命题即可得到一个实用的结果: 对于一个数列 $\{x_n\}$, 如其存在两个子列收敛于不同的数, 则其必无极限存在.

反过来, 能否从一个数列 $\{x_n\}$ 的“某些”子列的收敛性导出 $\{x_n\}$ 的收敛性呢? 在 2.1 节例 3 中, 曾经得到: 当 $\{x_n\}$ 的奇数项子列 $\{x_{2n-1}\}$ 和偶数项子列 $\{x_{2n}\}$ 均收敛于同一数 a 时, $\{x_n\}$ 亦收敛于 a. 更一般地, 有下面的结论.

定理 3 如果数列 $\{x_n\}$ 被“分割”为有限个子列 $\{x_{n_k^{(1)}}\}, \{x_{n_k^{(2)}}\}, \cdots, \{x_{n_k^{(m_0)}}\}$ (此即: $\{x_n\}$ 中每一项必属于且仅属于一个子列中), 那么, 只要这 m_0 个子列均以 a 为极限, 则数列 $\{x_n\}$ 也有极限, 且极限值亦为 a.

证明 由上述每一子列 $\{x_{n_k^{(m)}}\}$ 均以 a 为极限的假设可知: 对任意的 $\varepsilon > 0$, 必存在 $k_{(m)} \in \mathbb{N}$, 使得

$$|x_{n_k^{(m)}} - a| < \varepsilon, \qquad \forall\, k \geqslant k_{(m)} \quad (m = 1, 2, \cdots, m_0).$$

这样一来, 当令 $n_\varepsilon = \max\limits_{1 \leqslant m \leqslant m_0} n_{k_{(m)}}^{(m)}$ 时, 即可从上式导出

$$|x_n - a| < \varepsilon, \qquad \forall\, n \geqslant n_\varepsilon,$$

也即证得 $\lim\limits_{k\to\infty} x_n = a$. □

注 5 在上面的定理 3 中, 当 $\{x_n\}$ 被“分割”为“无穷多个”子列时, 相应的结论则未必正确 (即使该结论对一些特殊情况成立, 相应 (上面) 的证明方法也是失效的. 这是因为, 对于无穷多个子列的情形, 那里的 n_ε 未必存在). 事实上, 有如下反例:

反例 1 设 $\{x_n\} \triangleq \left\{1, \dfrac{1}{1}, 2, \dfrac{1}{2}, 3, \dfrac{1}{3}, \cdots, n, \dfrac{1}{n}, \cdots\right\}$. 显然 $\left\{\dfrac{1}{n}\right\}$ 是其一个子列, 现取 $\left\{\dfrac{1}{n}\right\}$ 中的“奇数项”, 记为 $\{x_{1,n}^{\circ}\}$. 此后再取其“余下的”数列 $\left\{\dfrac{1}{n}\right\} \setminus \{x_{1,n}^{\circ}\}$ 中的“奇数项”, 并记为 $\{x_{2,n}^{\circ}\}$. 接着再取其“余下的”数列 $\left\{\dfrac{1}{n}\right\} \setminus \left(\{x_{1,n}^{\circ}\} \cup \{x_{2,n}^{\circ}\}\right)$ 中的“奇数项”, 并记为 $\{x_{3,n}^{\circ}\}$. $\cdots\cdots$ 如此做下去, 就可以得到“互不相交”的可数个子列 $\{x_{k,n}^{\circ}\}_{n=1}^{\infty}$ $(k \in \mathbb{N})$, 使得

$$\left\{\frac{1}{n}\right\} = \bigcup_{k=1}^{\infty} \{x_{k,n}^{\circ}\}_n.$$

现在再将原数列 $\{x_n\}$ 中数值为 k 的那一项放到相应的子列 $\{x_{k,n}^{\circ}\}_{n=1}^{\infty}$ 中去 (保持其与此子列中元在原数列中的次序), 并将所得到的新的子列记为 $\{\widetilde{x}_{k,n}\}_{n=1}^{\infty}$ $(k \in \mathbb{N})$. 这样一来, $\{x_n\}$ 就被“分割”成了无穷多个“互不相交”的子列, 也即

$$\{x_n\} = \bigcup_{k=1}^{\infty} \{\widetilde{x}_{k,n}\}_n.$$

显然可以看出：每个子列 $\{\widetilde{x}_{k,n}\}_{n=1}^{\infty}$ 均收敛于 0. 但是，同样容易看出，上述数列 $\{x_n\}$ 是无极限的 (这是因为它有一个发散的子列 $\{n\}_{n=1}^{\infty}$，故由定理 2 的结论可知).

反例 2 与上面反例 1 中“化整为零”式的构造相反，这里，也可以用“积零为整”式的方法来构造出另一个反例.

先设将要得到的反例已分割成下面无穷个 (可列个) 子列:

$$\begin{gathered}\{x_{1,n}\}=\{1,\ 0,\ 0,\ 0,\ \cdots\},\\ \{x_{2,n}\}=\{2,\ 0,\ 0,\ 0,\ \cdots\},\\ \{x_{3,n}\}=\{3,\ 0,\ 0,\ 0,\ \cdots\},\\ \cdots\cdots\\ \{x_{k,n}\}=\{k,\ 0,\ 0,\ 0,\ \cdots\},\\ \cdots\cdots\end{gathered}$$

显然，上述任何数列 $\{x_{k,n}\}_n$ 均是以 0 为极限的 ($\forall\ k\in\mathbb{N}$). 然后，用前面 1.2 节引理 1 证明中完全相同的取法，也即：将上面各数列依序排成一个无穷矩阵后，从左上角开始，依右上至左下的斜线取法，就可构造出如下以 $\{x_{k,n}\}_n$ 为子列的一个数列:

$$\{x_n\}=\{1,\ 0,\ 2,\ 0,\ 0,\ 3,\ 0,\ 0,\ 0,\ 4,\ 0,\ \cdots\}.$$

显然，由定理 2 可知此数列是发散的.

从定理 2, 不难看到下面两个极限不存在之数列的例子.

例 10 证明：当数 $a\leqslant -1$ 时，数列 $\{a^n\}$ 必不存在极限.

证明 下面分两种情况讨论:

1) 当 $a=-1$ 时，此时数列

$$\{a^n\}=\{-1,\ 1,\ -1,\ 1,\ \cdots\}.$$

显然，其奇数项子列 $\{a^{2n-1}\}$ 以 -1 为极限，其偶数项子列 $\{a^{2n}\}$ 以 1 为极限，故 $\lim\limits_{n\to\infty}a^{2n-1}\neq\lim\limits_{n\to\infty}a^{2n}$，于是由定理 2 的逆否命题可知 $\lim\limits_{n\to\infty}a^n$ 不存在.

2) 当 $a<-1$ 时，则类似从 $\lim\limits_{n\to\infty}a^{2n-1}=-\infty$ 和 $\lim\limits_{n\to\infty}a^{2n}=+\infty$ 可知，不仅 $\{a^n\}$ 的极限不存在，而且该数列还不是“定向发散”的 (见 2.1 节注 2). □

例 11 证明：$\lim\limits_{n\to\infty}\sin n$ 不存在.

证明 反之，如果 $\lim\limits_{n\to\infty}\sin n=a$，那么，由数列极限与其前有限项无关的性质可知：$\lim\limits_{n\to\infty}\sin(n+2)=a$ 成立. 于是，从三角公式得到

$$\lim_{n\to\infty}2\sin 1\cdot\cos(n+1)=\lim_{n\to\infty}(\sin(n+2)-\sin n)=0.$$

注意到 $2\sin 1 \neq 0$, 因而

$$\lim_{n\to\infty} \cos n = \lim_{n\to\infty} \cos(n+1) = 0, \tag{11}$$

由此便可得到

$$\lim_{n\to\infty} \sin 2n = \lim_{n\to\infty} 2\sin n\cos n = 0.$$

注意到前面定理 2, 并结合前面的归谬假设"$\{\sin n\}$ 的极限为 a", 就可得到 $a=0$, 也即

$$\lim_{n\to\infty} \sin n = 0. \tag{12}$$

这样一来, 从 (11) 及 (12) 两式便可导出下面的矛盾关系式:

$$1 = \lim_{n\to\infty} 1 = \lim_{n\to\infty} \left(\sin^2 n + \cos^2 n\right) = 0.$$

由此, 我们归谬证得本题结论. □

2.3 Stolz(施笃兹) 定理

本节仍讲述有关数列极限存在性的某些传递性质, 这就是著名的、由德国数学家 O.Stolz 得到的一个非常有用的定理. 由于此定理的证明有其独特的技巧, 且从此定理又可引申到数学的一个分支"泛函分析"中的一个重要的研究课题, 因此, 我们将其单独作为一节来讲述.

下面给出这一定理.

定理 1 (Stolz)　*假设数列 $\{y_n\}$ 自某一项以后是"严格单调递增"趋向 $+\infty$ 的, 那么, 对于任意的数列 $\{x_n\}$, 只要*

$$\lim_{n\to\infty} \frac{x_n - x_{n-1}}{y_n - y_{n-1}} = a\ (\in \mathbb{R}),$$

就有 $\lim\limits_{n\to\infty} \dfrac{x_n}{y_n} = a$.

证明　首先, 由假设可知: 对任意的 $\varepsilon > 0$, 必存在 $n_\varepsilon \in \mathbb{N}$, 使得均有

$$\left|\frac{x_n - x_{n-1}}{y_n - y_{n-1}} - a\right| < \frac{\varepsilon}{2}, \qquad \forall\, n \geqslant n_\varepsilon. \tag{1}$$

此外, 从假设不妨认为: 当 $n \geqslant n_\varepsilon$ 时, $\{y_n\}$ 也是"严格单调递增"的且各项均大于 0(注意假设"$\lim\limits_{n\to\infty} y_n = +\infty$").

其次, 从 (1) 式可得

$$a - \frac{\varepsilon}{2} < \frac{x_n - x_{n-1}}{y_n - y_{n-1}} < a + \frac{\varepsilon}{2}, \qquad \forall\, n \geqslant n_\varepsilon.$$

注意到 $\{y_n\}$ 的严格递增性, 便有

$$\left(a-\frac{\varepsilon}{2}\right)(y_n-y_{n-1})<x_n-x_{n-1}<\left(a+\frac{\varepsilon}{2}\right)(y_n-y_{n-1}),\quad \forall\, n\geqslant n_\varepsilon. \tag{2}$$

今取足够大的自然数 n $(n>n_\varepsilon)$, 则由 (2) 我们有

$$\sum_{k=n_\varepsilon+1}^{n}\left(a-\frac{\varepsilon}{2}\right)(y_k-y_{k-1})<\sum_{k=n_\varepsilon+1}^{n}(x_k-x_{k-1})<\sum_{k=n_\varepsilon+1}^{n}\left(a+\frac{\varepsilon}{2}\right)(y_k-y_{k-1}),$$

此即

$$\left(a-\frac{\varepsilon}{2}\right)(y_n-y_{n_\varepsilon})<x_n-x_{n_\varepsilon}<\left(a+\frac{\varepsilon}{2}\right)(y_n-y_{n_\varepsilon}).$$

现将上面不等式的各项除以 (正数)y_n, 就可得到

$$\left(a-\frac{\varepsilon}{2}\right)\left(1-\frac{y_{n_\varepsilon}}{y_n}\right)<\frac{x_n}{y_n}-\frac{x_{n_\varepsilon}}{y_n}<\left(a+\frac{\varepsilon}{2}\right)\left(1-\frac{y_{n_\varepsilon}}{y_n}\right),\quad \forall\, n>n_\varepsilon. \tag{3}$$

最后, 当注意到 y_{n_ε} 及 x_{n_ε} 对于变量 n 而言均是一个常数 (即不随 n 的变化而变化), 故由 $\lim\limits_{n\to\infty}y_n=+\infty$ 可以导出

$$\lim_{n\to\infty}\frac{y_{n_\varepsilon}}{y_n}=\lim_{n\to\infty}\frac{x_{n_\varepsilon}}{y_n}=0. \tag{4}$$

(事实上, 由假设知, 对任意的 $\widetilde{\varepsilon}>0$, 必存在 $\widetilde{n}_\varepsilon$, 使得

$$y_n>\frac{|y_{n_\varepsilon}|+|x_{n_\varepsilon}|}{\widetilde{\varepsilon}},\qquad \forall\, n\geqslant\widetilde{n}_\varepsilon.$$

由此即可导出 $\left|\dfrac{y_{n_\varepsilon}}{y_n}\right|,\left|\dfrac{x_{n_\varepsilon}}{y_n}\right|\leqslant\dfrac{|y_{n_\varepsilon}|+|x_{n_\varepsilon}|}{y_n}<\widetilde{\varepsilon},\quad \forall\, n\geqslant\widetilde{n}_\varepsilon.$) 于是, 从极限的线性运算及 (4) 式便可得到

$$\lim_{n\to\infty}\left\{\left(a-\frac{\varepsilon}{2}\right)\left(1-\frac{y_{n_\varepsilon}}{y_n}\right)+\frac{x_{n_\varepsilon}}{y_n}\right\}=a-\frac{\varepsilon}{2}$$

及

$$\lim_{n\to\infty}\left\{\left(a+\frac{\varepsilon}{2}\right)\left(1-\frac{y_{n_\varepsilon}}{y_n}\right)+\frac{x_{n_\varepsilon}}{y_n}\right\}=a+\frac{\varepsilon}{2}.$$

这样一来, 令

$$u_n=\left(a-\frac{\varepsilon}{2}\right)\left(1-\frac{y_{n_\varepsilon}}{y_n}\right)+\frac{x_{n_\varepsilon}}{y_n}\ \text{及}\ v_n=\left(a+\frac{\varepsilon}{2}\right)\left(1-\frac{y_{n_\varepsilon}}{y_n}\right)+\frac{x_{n_\varepsilon}}{y_n},\quad \forall\, n>n_\varepsilon.$$

由上面两个极限式便可推出：对最前面给定的 (任意正数)ε, 必存在自然数 n_0, 使得

$$\left|u_n-\left(a-\frac{\varepsilon}{2}\right)\right|<\frac{\varepsilon}{2}\quad\text{及}\quad\left|v_n-\left(a+\frac{\varepsilon}{2}\right)\right|<\frac{\varepsilon}{2},\qquad \forall\, n\geqslant n_0.$$

由此得到

$$u_n > a - \varepsilon \quad 及 \quad v_n < a + \varepsilon, \qquad \forall\, n \geqslant n_0. \tag{5}$$

于是, 注意到 $\{u_n\}$ 和 $\{v_n\}$ 的取法, 由 (3) 和 (5) 两式, 便可导出

$$a - \varepsilon < \frac{x_n}{y_n} < a + \varepsilon, \qquad \forall\, n \geqslant \max(n_\varepsilon + 1, n_0).$$

从而证得 $\lim\limits_{n\to\infty} \dfrac{x_n}{y_n} = a$. □

注 1 值得注意的是, 上面的证明是将极限的运算与"ε-N"方法相结合而得的, 值得好好学习和运用. 此外, 还必须留心的是, 定理结论的证明**不能**通过对式 (3) 直接取极限 (利用极限运算), 然后再令 $\varepsilon \to 0$ 导出. 这是因为, 如果直接对 (3) 取极限, 那么前提就是已经**默认了** $\lim\limits_{n\to\infty} \dfrac{x_n}{y_n}$ **的存在性**. 因此, 最终虽然也得到了 $\lim\limits_{n\to\infty} \dfrac{x_n}{y_n} = a$ 的结论, 但那只是说明"**如果数列** $\left\{\dfrac{x_n}{y_n}\right\}$ **的极限存在, 其必与** $\left\{\dfrac{x_n - x_{n-1}}{y_n - y_{n-1}}\right\}$ **的极限相等**"而已 (不过, 当我们学习了后面 2.5 节有关数列上、下极限的知识后, 这里是可以直接由取上、下极限而简洁地导出结论的).

在上面的定理中, 当 $\lim\limits_{n\to\infty} \dfrac{x_n - x_{n-1}}{y_n - y_{n-1}} = +\infty$(或 $-\infty$) 时, 相应的结论仍是成立的, 即有下面的推理:

推理 在上面定理中, 如果将 a 换为 $+\infty$(或 $-\infty$), 该定理结论仍然成立.

证明 由假设,

$$\lim_{n\to\infty} \frac{x_n - x_{n-1}}{y_n - y_{n-1}} = +\infty \ (或者 -\infty),$$

下面证明必有 $\lim\limits_{n\to\infty} \dfrac{x_n}{y_n} = +\infty$(或 $-\infty$).

仅对 $+\infty$ 的情形来证明. 因为对于 $-\infty$ 的情形, 可以在上面极限式中令 $\widetilde{x}_n = -x_n\ (\forall\, n \in \mathbb{N})$, 这样就可转化为 $+\infty$ 情形来进行证明, 从而不难导出所需结果.

类似于定理 1 的证法, 从"$\{y_n\}$ 自某一项以后严格单调递增"的假设可得: 存在 $n_1 \in \mathbb{N}$, 使得

$$y_n - y_{n-1} > 0, \qquad \forall\, n \geqslant n_1.$$

另外, 从假设 $\lim\limits_{n\to\infty} \dfrac{x_n - x_{n-1}}{y_n - y_{n-1}} = +\infty$ 以及 2.1 节注 2 可知: 对于数 $\rho_0 = 1$, 必存在 $n_2 \in \mathbb{N}$(不妨设 $n_2 \geqslant n_1$), 使得

$$\frac{x_n - x_{n-1}}{y_n - y_{n-1}} > \rho_0 = 1, \qquad \forall\, n \geqslant n_2.$$

由以上两式便可得到

$$x_n - x_{n-1} > y_n - y_{n-1}, \qquad \forall\ n \geqslant n_2. \tag{6}$$

于是, 对任意的 $n > n_2$, 有

$$\sum_{k=n_2+1}^{n} (x_k - x_{k-1}) > \sum_{k=n_2+1}^{n} (y_k - y_{k-1}),$$

此即

$$x_n - x_{n_2} > y_n - y_{n_2}, \qquad \forall\ n > n_2.$$

因而, 从 $\{y_n\}$ 趋于 $+\infty$ 的假设以及上式可以得到 $x_n \to +\infty$(当 $n \to \infty$ 时). 此外, 从 (6) 可以看出, 数列 $\{x_n\}$ 自某项以后也是"严格单调递增"的. 这样一来, 注意到开首的假设, 有 (利用 2.1 节注 4) $\lim\limits_{n\to\infty} \dfrac{y_n - y_{n-1}}{x_n - x_{n-1}} = 0$, 于是, 可由定理 1 得到 $\lim\limits_{n\to\infty} \dfrac{y_n}{x_n} = 0$. 最后, 再次注意到 2.1 节注 4, 并且注意到自某项以后, x_n 和 y_n 均是大于 0 的, 便可导出 $\lim\limits_{n\to\infty} \dfrac{x_n}{y_n} = +\infty$. □

注 2 上面的 Stolz 定理的逆命题未必是正确的, 也即: 在定理 1 的假设条件下, 由 $\lim\limits_{n\to\infty} \dfrac{x_n}{y_n}$ 存在 (或 $+\infty$, 或 $-\infty$), 一般未必能推出 $\lim\limits_{n\to\infty} \dfrac{x_n - x_{n-1}}{y_n - y_{n-1}}$ 存在 (相应地为 $+\infty$ 或 $-\infty$). 可见下面的反例:

反例 1 设 a 为任一实数, $x_n = (-1)^n + an$, $y_n = n$ $(\forall\ n \in \mathbb{N})$. 不难看出 $\lim\limits_{n\to\infty} \dfrac{x_n}{y_n} = a$, 但是由于 $\dfrac{x_n - x_{n-1}}{y_n - y_{n-1}} = x_n - x_{n-1} = [(-1)^n - (-1)^{n-1}] + a$ $(\forall\ n \in \mathbb{N})$, 故知 $\lim\limits_{n\to\infty} \dfrac{x_n - x_{n-1}}{y_n - y_{n-1}}$ 不存在.

反例 2 设 $x_n = n + (-1)^n\sqrt{n}$, $y_n = \sqrt{n}$ $(\forall\ n \in \mathbb{N})$, 显然可以看出 $\lim\limits_{n\to\infty} \dfrac{x_n}{y_n} = +\infty$. 但是, 由于

$$\begin{aligned}
\frac{x_n - x_{n-1}}{y_n - y_{n-1}} &= \frac{1 + (-1)^n\sqrt{n} - (-1)^{n-1}\sqrt{n-1}}{\sqrt{n} - \sqrt{n-1}} \\
&= \frac{\left(\sqrt{n} + \sqrt{n-1}\right)\left(1 + (-1)^n\sqrt{n} - (-1)^{n-1}\sqrt{n-1}\right)}{\left(\sqrt{n} + \sqrt{n-1}\right)\left(\sqrt{n} - \sqrt{n-1}\right)} \\
&= \left(\sqrt{n} + \sqrt{n-1}\right) + (-1)^n\left(2n + 2\sqrt{n(n-1)} - 1\right), \quad \forall\ n \in \mathbb{N},
\end{aligned}$$

因此, $\lim\limits_{n\to\infty} \dfrac{x_n - x_{n-1}}{y_n - y_{n-1}} \neq +\infty$.

事实上, 从上两反例可以作出更一般的反例, 其主要想法是: 当取 $\{y_n\} = \{n\}$ 时, 为了使

$$\lim_{n\to\infty} \frac{x_n}{y_n} = \lim_{n\to\infty} \frac{x_n}{n} = a,$$

且

$$\lim_{n\to\infty}\frac{x_n-x_{n-1}}{y_n-y_{n-1}}=\lim_{n\to\infty}(x_n-x_{n-1})\text{ 不存在},$$

可以取 $\{x_n\}$ 永远有一对 "相邻两项相同", 而其他的相邻项之差有非零极限即可.

由此, 不难引出下面的反例:

反例 3 设 a 为任一非零实数. 令 $y_n=n$, $x_n=a\left(n+\dfrac{1+(-1)^{n+1}}{2}\right)$ $(\forall\, n\in\mathbb{N})$, 也即 $\{x_n\}$ 可表示如下:

$$2a,\ 2a,\ 4a,\ 4a,\ \cdots,\ (2n)a,\ (2n)a,\ \cdots.$$

由此可以看出

$$\lim_{n\to\infty}\frac{x_n}{y_n}=\lim_{n\to\infty}\frac{a\left(n+\dfrac{1+(-1)^{n+1}}{2}\right)}{n}=a,$$

但

$$\lim_{n\to\infty}\frac{x_n-x_{n-1}}{y_n-y_{n-1}}=\lim_{n\to\infty}(x_n-x_{n-1})\text{ 不存在}.$$

反例 4 令 $y_n=n$, $x_n=\left(n+\dfrac{1+(-1)^{n+1}}{2}\right)^2$ $(\forall\, n\in\mathbb{N})$. 那么, 类似于反例 3, 可以看出

$$\lim_{n\to\infty}\frac{x_n}{y_n}=+\infty,$$

但 $\lim\limits_{n\to\infty}\dfrac{x_n-x_{n-1}}{y_n-y_{n-1}}$ 不存在.

利用 Stolz 定理, 可以得到下面一些很有用的极限传递关系:

例 1 证明: 如果 $\lim\limits_{n\to\infty}a_n=a$, 则有

$$\lim_{n\to\infty}\frac{a_1+a_2+\cdots+a_n}{n}=a.$$

(上即表明: 当数列 $\{a_n\}$ 以 a 为极限时, 则其"算术平均值"的数列亦以 a 为极限.)

证明 令 $\{y_n\}\triangleq\{n\}$, $\{x_n\}\triangleq\{a_1+a_2+\cdots+a_n\}$. 于是, 由假设可得

$$\lim_{n\to\infty}\frac{x_n-x_{n-1}}{y_n-y_{n-1}}=\lim_{n\to\infty}a_n=a.$$

因此, 由 Stolz 定理直接导出

$$\lim_{n\to\infty}\frac{a_1+a_2+\cdots+a_n}{n}=\lim_{n\to\infty}\frac{x_n}{y_n}=a. \qquad \square$$

例 2* 证明：如果 $a_n>0\ (\forall\ n\in\mathbb{N})$ 且 $\lim\limits_{n\to\infty}a_n=a$，则有

$$\lim_{n\to\infty}\sqrt[n]{a_1a_2\cdots a_n}=a.$$

(上即表明：当正项数列 $\{a_n\}$ 以 a 为极限时，则其“几何平均值”的数列亦以 a 为极限.)

证明 这里，先得承认一个事实 (这一结论也可在后面介绍“连续函数”时证明)：如果 $a>0$，则有

$$a_n\to a\iff \ln a_n\to\ln a,\qquad 当n\to\infty时. \tag{7}$$

有了这一约定，首先将所需论证的变量取自然对数，即

$$\ln\left(\sqrt[n]{a_1a_2\cdots a_n}\right)=\frac{\ln a_1+\ln a_2+\cdots+\ln a_n}{n},\qquad \forall\ n\in\mathbb{N}.$$

现在，令

$$x_n=\ln a_1+\ln a_2+\cdots+\ln a_n\quad 及\quad y_n=n,\qquad \forall\ n\in\mathbb{N}.$$

那么，从假设及 (7) 式，并由

$$\lim_{n\to\infty}\frac{x_n-x_{n-1}}{y_n-y_{n-1}}=\lim_{n\to\infty}\ln a_n=\ln a$$

和 Stolz 定理可得

$$\lim_{n\to\infty}\frac{\ln a_1+\ln a_2+\cdots+\ln a_n}{n}=\lim_{n\to\infty}\frac{x_n}{y_n}=\ln a,$$

也即 $\lim\limits_{n\to\infty}\ln\left(\sqrt[n]{a_1a_2\cdots a_n}\right)=\ln a$. 最后，再次利用 (7) 式，就可导出 $\lim\limits_{n\to\infty}\sqrt[n]{a_1a_2\cdots a_n}=a$. □

例 3 证明：如果 $\lim\limits_{n\to\infty}a_n=a$，则有

$$\lim_{n\to\infty}\frac{a_1+2a_2+\cdots+na_n}{n^2}=\frac{a}{2}.$$

证明 记

$$x_n=\sum_{k=1}^{n}ka_k,\quad y_n=n^2,\qquad \forall\ n\in\mathbb{N}.$$

由

$$\frac{x_n-x_{n-1}}{y_n-y_{n-1}}=\frac{\sum\limits_{k=1}^{n}ka_k-\sum\limits_{k=1}^{n-1}ka_k}{n^2-(n-1)^2}=\frac{na_n}{2n-1}=\frac{a_n}{2-\dfrac{1}{n}},\qquad \forall\ n\in\mathbb{N},$$

及 $\lim\limits_{n\to\infty} a_n = a$, 从极限的四则运算法则可以得到

$$\lim_{n\to\infty} \frac{x_n - x_{n-1}}{y_n - y_{n-1}} = \frac{a}{2}.$$

于是, 由 Stolz 定理可得 $\lim\limits_{n\to\infty} \frac{x_n}{y_n} = \frac{a}{2}$, 由此证得所需结论. □

例 4　证明: 对任意自然数 m, 有

$$\lim_{n\to\infty} \left(\frac{1}{n^{m+1}} \sum_{k=1}^{n} k^m \right) = \frac{1}{m+1}.$$

(留给读者自证.)

例 5　设 $\lim\limits_{n\to\infty} a_n = a$, $\lim\limits_{n\to\infty} b_n = b$. 证明:

$$c_n \triangleq \frac{a_1 b_n + a_2 b_{n-1} + \cdots + a_{n-1} b_2 + a_n b_1}{n} \to ab, \quad \text{当} n \to \infty \text{时}.$$

证明　由上面的假设可知

$$\begin{aligned} c_n &= \frac{1}{n} \sum_{k=1}^{n} a_k b_{n+1-k} \\ &= \frac{1}{n} \left\{ \sum_{k=1}^{n} (a_k - a) b_{n+1-k} + \sum_{k=1}^{n} a b_{n+1-k} \right\} \\ &= \frac{1}{n} \sum_{k=1}^{n} (a_k - a) b_{n+1-k} + \frac{a}{n} \sum_{k=1}^{n} b_k. \end{aligned}$$

注意到假设 $\lim\limits_{n\to\infty} b_n = b$, 故从 1.4 节定理 2 知, 数列 $\{b_n\}$ 必是有界的, 因此存在正数 ρ, 使得 $|b_n| \leqslant \rho \ (\forall\ n \in \mathbb{N})$. 由此, 有不等式

$$0 \leqslant \frac{1}{n} \left| \sum_{k=1}^{n} (a_k - a) b_{n+1-k} \right| \leqslant \rho \cdot \frac{1}{n} \sum_{k=1}^{n} |a_k - a|, \qquad \forall\ n \in \mathbb{N}. \tag{8}$$

注意到本例的假设 $\lim\limits_{n\to\infty} a_n = a$, 也即 $\lim\limits_{n\to\infty} |a_n - a| = 0$. 故从前面例 1 的结果, 我们立即得到

$$\lim_{n\to\infty} \left(\rho \cdot \frac{1}{n} \sum_{k=1}^{n} |a_k - a| \right) = \rho \cdot \lim_{n\to\infty} \frac{1}{n} \sum_{k=1}^{n} |a_k - a| = \rho \cdot \lim_{n\to\infty} |a_n - a| = 0.$$

于是, 由夹逼定理及 (8) 式可得

$$\lim_{n\to\infty} \frac{1}{n} \left| \sum_{k=1}^{n} (a_k - a) b_{n+1-k} \right| = 0. \tag{9}$$

此外, 又由本例的假设 $\lim\limits_{n\to\infty} b_n = b$ 和例 1 的结果, 又可得到

$$\lim_{n\to\infty}\left(\frac{a}{n}\sum_{k=1}^{n} b_k\right) = a\cdot\lim_{n\to\infty}\left(\frac{1}{n}\sum_{k=1}^{n} b_k\right) = a\cdot\lim_{n\to\infty} b_n = ab. \tag{10}$$

这样一来, 由关系式 (9) 和 (10), 回到开始的恒等式, 即可导出数列 $\{c_n\}$ 的极限是存在的, 并且有

$$\lim_{n\to\infty} c_n = \lim_{n\to\infty}\left(\frac{1}{n}\sum_{k=1}^{n}(a_k - a)b_{n+1-k}\right) + \lim_{n\to\infty}\left(a\cdot\frac{1}{n}\sum_{k=1}^{n} b_k\right) = ab. \qquad \square$$

注 3 上面例 5 中开首的关系式 (恒等式) 是十分有意义的, 类似这种形式的关系式 (即称之为 Abel 和数) 在以后的级数理论中是十分有用的.

附* 关于保存矩阵

作为进一步的思考, 我们自然会提出更深的问题: 如果数列 $\{a_n\}$(这里, 我们将每一个实数列视为一个"元素") 是有极限的, 并且, 在一个无穷矩阵 $\boldsymbol{B} = (\beta_{nm})$ 的作用下,

$$b_n \triangleq \sum_{m=1}^{\infty} \beta_{nm}\cdot a_m \qquad (n = 1, 2, \cdots)$$

(也即 $\lim\limits_{\tilde{m}\to\infty}\sum\limits_{m=1}^{\tilde{m}} \beta_{nm}\cdot a_m$) 均存在, 那么, 无穷矩阵 $\boldsymbol{B}$ 需要满足什么条件, 才能使得作用后的数列 $\{b_n\}$ 也收敛, 并且其极限值与 $\{a_n\}$ 的极限值相同?

回顾一下在上面的例 1 中提到的, 对于一个收敛于 a 的数列 $\{a_n\}$, 其"算术平均值"数列 $\{b_n\}$ 也收敛于 a. 事实上, 这一数列 $\{b_n\}$ 就是数列 $\{a_n\}$ 在下面的无穷矩阵 $\boldsymbol{B}$ 的作用下得到的:

$$\boldsymbol{B} = \begin{pmatrix} 1 & 0 & 0 & 0 & \cdots & 0 & 0 & \cdots \\ \frac{1}{2} & \frac{1}{2} & 0 & 0 & \cdots & 0 & 0 & \cdots \\ \frac{1}{3} & \frac{1}{3} & \frac{1}{3} & 0 & \cdots & 0 & 0 & \cdots \\ \vdots & \vdots & \vdots & \vdots & & \vdots & \vdots & \\ \frac{1}{n} & \frac{1}{n} & \frac{1}{n} & \frac{1}{n} & \cdots & \frac{1}{n} & 0 & \cdots \\ \vdots & \vdots & \vdots & \vdots & & \vdots & \vdots & \end{pmatrix}.$$

也即, 容易验证有

$$b_n=\sum_{m=1}^{\infty}\beta_{nm}\cdot a_m=\frac{a_1+a_2+\cdots+a_n}{n},\qquad \forall\, n\in\mathbb{N}.$$

而对于 Stolz 定理而言, 当数列 $\{a_n\}\triangleq\left\{\dfrac{x_n-x_{n-1}}{y_n-y_{n-1}}\right\}$ 有极限 a 时 (这里, 约定 $\{y_n\}$ 严格递增, 且 $x_0=y_0=0$), 趋于同一极限之相应数列 $\{b_n\}\triangleq\left\{\dfrac{x_n}{y_n}\right\}$, 其实就是在下面的无穷矩阵 $\boldsymbol{B}$ 的作用下得到的:

$$\boldsymbol{B}=\begin{pmatrix}\frac{y_1}{y_1} & 0 & 0 & 0 & \cdots & 0 & 0 & \cdots\\ \frac{y_1}{y_2} & \frac{y_2-y_1}{y_2} & 0 & 0 & \cdots & 0 & 0 & \cdots\\ \frac{y_1}{y_3} & \frac{y_2-y_1}{y_3} & \frac{y_3-y_2}{y_3} & 0 & \cdots & 0 & 0 & \cdots\\ \vdots & \vdots & \vdots & \vdots & & \vdots & \vdots & \\ \frac{y_1}{y_n} & \frac{y_2-y_1}{y_n} & \frac{y_3-y_2}{y_n} & \frac{y_4-y_3}{y_n} & \cdots & \frac{y_n-y_{n-1}}{y_n} & 0 & \cdots\\ \vdots & \vdots & \vdots & \vdots & & \vdots & \vdots & \end{pmatrix}.$$

也即, 亦容易验证有

$$b_n=\sum_{m=1}^{\infty}\beta_{nm}\cdot a_m=\frac{x_n}{y_n},\qquad \forall\, n\in\mathbb{N}.$$

从以上两个矩阵, 可以发现什么共同点呢? 显然,

1° "各行"元素的绝对值之和均存在且一致有界;

2° "各行"元素的和均为 1;

3° "各列"元素所组成的数列均趋于 0;

……

事实上, 以上两个特例即为泛函分析中有关"保存矩阵"的最浅显的例子 (当然, 类似的例子还有"单位矩阵", 即主对角线上元素均为 1, 而其余元素均为 0 的矩阵). 为此, 有下面更一般的定义:

定义　设 $\boldsymbol{B}=(\beta_{nm})$ 为一无穷矩阵, 称其为**保存的**, 是指对于任意收敛数列 $\{a_n\}$, 当 $\boldsymbol{B}$ 作用于 $\{a_n\}$ 后, 其所产生的数列 $\{b_n\}$ 亦是收敛的, 且与 $\{a_n\}$ 的极限值相同 (这里, $b_n=\sum\limits_{m=1}^{\infty}\beta_{nm}\cdot a_m,\quad \forall\, n\in\mathbb{N}$).

注 4　由上可得

$$\boldsymbol{B}\cdot\begin{pmatrix}a_1\\a_2\\\vdots\\a_n\\\vdots\end{pmatrix}=\begin{pmatrix}b_1\\b_2\\\vdots\\b_n\\\vdots\end{pmatrix}.$$

有关保存矩阵的特征性命题是由波兰数学家 H.D.Steinhaus(斯坦因豪斯) 和德国数学家 O.Toeplitz(特普利茨) 共同得到的.

定理 2 (Steinhaus-Toeplitz) 为使无穷矩阵 $\boldsymbol{B}=(\beta_{nm})$ 是保存的, 其充分必要条件是以下三个条件同时成立:

1° 各行元素的"绝对值之和"均存在且其所组成之数列有界, 也即: 存在一个正数 ρ_0, 使得均有

$$\sum_{m=1}^{\infty}|\beta_{nm}|\leqslant\rho_0,\qquad\forall\ n\in\mathbb{N};$$

2° 各行元素之"和"所组成之数列趋于 1(当"行数"趋于 ∞ 时), 也即有

$$\lim_{n\to\infty}\left(\sum_{m=1}^{\infty}\beta_{nm}\right)=1;$$

3° "各列"元素所组成的数列均趋于 0, 也即有

$$\lim_{n\to\infty}\beta_{nm}=0,\qquad\forall\ m\in\mathbb{N}.$$

这个定理是线性泛函分析中三大原理之一的"共鸣定理"(亦称"一致有界原理") 的一个应用结果. 这里, 我们就不予以证明了, 有兴趣的读者不难从泛函分析的书籍中查到.

我们介绍上面的内容, 就是期望培养读者"从特殊联想到一般"的创造性思维. 因从大量的科学史料中我们可以看到: 许多精彩的科学成果其实都是从一些特殊的, 甚至初等的事例中得到启发, 然后再经过探索、专研和发展而最终形成的. 大家熟知的典故莫过于"苹果落地"的现象与"万有引力定律"之间的联系等. 因此, 我们一定要从所学过的内容中不断地培养自己善于观察、总结和联想的能力.

2.4 $\dfrac{\infty}{\infty}$, $\dfrac{0}{0}$ 与 1^∞ 型极限

在 2.2 节定理 1 中, 曾介绍了有关数列极限的除法运算. 但是值得注意的是: 首先, 只有当 $\lim\limits_{n\to\infty}x_n$ 和 $\lim\limits_{n\to\infty}y_n$ 均存在且 $\lim\limits_{n\to\infty}y_n\neq0$ 时, 才能得到数列 $\left\{\dfrac{x_n}{y_n}\right\}$ 的

极限存在; 并且, 此时“除法”运算与“极限”运算**可以交换**(即“先作除法, 再取极限”等于“先取极限, 再作除法”), 故有 $\lim\limits_{n\to\infty}\dfrac{x_n}{y_n}=\dfrac{\lim\limits_{n\to\infty}x_n}{\lim\limits_{n\to\infty}y_n}$ 的结论.

但是, 当 $\lim\limits_{n\to\infty}x_n$ 和 $\lim\limits_{n\to\infty}y_n$ 有一个不存在时, 或者当 $\lim\limits_{n\to\infty}y_n=0$ 时, 不能保证上面的结论成立 (当然, 也有成立的情况, 例如, 不难证明: 当 $\lim\limits_{n\to\infty}x_n=0$ 且 $\lim\limits_{n\to\infty}y_n=\infty$ 时, 必然有 $\lim\limits_{n\to\infty}\dfrac{x_n}{y_n}=0$). 因此, 特在此另作讨论.

下面先来讨论: 当 $\lim\limits_{n\to\infty}x_n=\infty$, $\lim\limits_{n\to\infty}y_n=\infty$ 时, 如何来考察 $\left\{\dfrac{x_n}{y_n}\right\}$ 的极限是否存在, 并且在其存在时讨论该极限的求法, 此也即是对 $\dfrac{\infty}{\infty}$ 型极限的讨论. 回顾前面 2.1 节的注 4, 可知:“无穷大量”的倒数必为“无穷小量”; 反过来,“无穷小量”的倒数也必为“无穷大量”(这里均约定, 凡作“分母”者, 必非 0). 因此, 从本质上讲, 将 $\dfrac{\infty}{\infty}$ 型极限的求法掌握了以后, $\dfrac{0}{0}$ 型极限的求法自然也就掌握了.

首先, 举几个例子.

例 1　求 $\lim\limits_{n\to\infty}\dfrac{8n^3+4n^2+n}{n^3+10n+1}$.

解　令 $x_n\triangleq\dfrac{8n^3+4n^2+n}{n^3+10n+1}$ $(\forall\, n\in\mathbb{N})$. 将 x_n 的分子和分母均除以 n^3, 可得

$$x_n=\frac{8+\dfrac{4}{n}+\dfrac{1}{n^2}}{1+\dfrac{10}{n^2}+\dfrac{1}{n^3}},\qquad \forall\, n\in\mathbb{N}.$$

故从极限的四则运算, 我们立即得到

$$\lim_{n\to\infty}x_n=\frac{\lim\limits_{n\to\infty}\left(8+\dfrac{4}{n}+\dfrac{1}{n^2}\right)}{\lim\limits_{n\to\infty}\left(1+\dfrac{10}{n^2}+\dfrac{1}{n^3}\right)}=8.\qquad\square$$

例 2　求 $\lim\limits_{n\to\infty}\dfrac{3n^2+5n+6}{n^4+1}$.

解　以 n^4 去除上面极限式的通项之分子和分母, 便可得到

$$\lim_{n\to\infty}\frac{3n^2+5n+6}{n^4+1}=\frac{\lim\limits_{n\to\infty}\left(\dfrac{3}{n^2}+\dfrac{5}{n^3}+\dfrac{6}{n^4}\right)}{\lim\limits_{n\to\infty}\left(1+\dfrac{1}{n^4}\right)}=0.\qquad\square$$

例 3　证明: $\lim\limits_{n\to\infty}\dfrac{n^3+5}{8n^2+3n+1}=+\infty$.

(请读者自证.)

为了总结出 $\dfrac{\infty}{\infty}$ 及 $\dfrac{0}{0}$ 型极限的求法, 首先介绍如何对无穷大量 (或无穷小量) 来进行相互比较.

定义 设 $\{x_n\}$ 和 $\{y_n\}$ 是两个无穷大量 (或无穷小量), 那么

1° 当 $\lim\limits_{n\to\infty}\dfrac{x_n}{y_n}=1$ 时, 称 $\{x_n\}$ 和 $\{y_n\}$ 是**等价的**无穷大量 (或无穷小量), 并记为 $x_n\sim y_n$(当 $n\to\infty$ 时).

2° 当 $\lim\limits_{n\to\infty}\dfrac{x_n}{y_n}=0$ 时, 称 $\{y_n\}$ 是比 $\{x_n\}$ **高阶的**无穷大量 (相应的, 称 $\{x_n\}$ 是比 $\{y_n\}$ **高阶的**无穷小量), 并记为 $x_n=o(y_n)$(当 $n\to\infty$ 时).

3° 当 $\{x_n\}$ 和 $\{y_n\}$ 不满足 2° 的条件且 $\left\{\dfrac{x_n}{y_n}\right\}$ 是一个"有界集"时, 称 $\{x_n\}$ 和 $\{y_n\}$ 是**同阶的**无穷大量 (或无穷小量), 并记为 $x_n=O(y_n)$(当 $n\to\infty$ 时).

注 1 注意在上面 3° 中, 并不需要 $\lim\limits_{n\to\infty}\dfrac{x_n}{y_n}=a\neq 0$. 例如: 无穷大量 $\{3n^2+(-1)^n n^2\}$ 与 n^2 就是"同阶"的无穷大量. 此外, 必须注意在 2° 中, 对两个无穷大量或者无穷小量而言, 在描述时, $\{x_n\}$ 和 $\{y_n\}$ 的前后位置是有变化的.

注 2 从 2.2 节的例 8, 不难得到: 当 $|\theta|<1$ 时, 对任意的正实数 p, 均有

$$\theta^n=o\left(\frac{1}{n^p}\right),\qquad 当\ n\to\infty\ 时.$$

此即: 当 $|\theta|<1$ 时, 对任意的 $p>0$, "等比数列" $\{\theta^n\}$ 均为比"调和数列" $\left\{\dfrac{1}{n^p}\right\}$ 高阶的无穷小量.

此外, 还有

$$\ln n=o(n^p),\qquad 当\ n\to\infty\ 时.$$

也即: 对任意的正数 p, 数列 $\{n^p\}$ 均为比数列 $\{\ln n\}$ 高阶的无穷大量.

$\dfrac{\infty}{\infty}$ 型极限的求法 从前面三个例子可以看出, $\dfrac{\infty}{\infty}$ 型极限的求法可按如下三个步骤进行: 首先取 (所求极限之) 数列的分子和分母之各项中无穷大量的"阶"的"最大"者. 然后以此分别去除分子和分母. 最后, 按极限的四则运算法则计算之.

注 3 当然, 对于无穷大量的"阶", 如非 n^λ(λ 为某一正数) 的形式, 则一般是不易判别的, 对这些情况则需要运用一些技巧或关系式.

与上面类似, 当 $\lim\limits_{n\to\infty}x_n=\lim\limits_{n\to\infty}y_n=0$ 时, 若数列 $\{y_n\}$ 从某项开始恒不为 0, 则 $\lim\limits_{n\to\infty}\dfrac{x_n}{y_n}$ 即为 $\dfrac{0}{0}$ 型极限. 从上面有关 $\dfrac{\infty}{\infty}$ 型极限的讨论, 显然可以类似地得到下面结论.

$\frac{0}{0}$ **型极限的求法**　对 $\frac{0}{0}$ 型极限的求法可按如下三个步骤进行：首先取 (所求极限之) 数列的分子和分母之各项中无穷小量的“阶”的“最小”者. 然后以此分别去除分子和分母. 最后, 按极限的四则运算法则计算之.

例 4　求 $\lim\limits_{n\to\infty} n^a\theta^n$, 其中, $a>0$, $|\theta|<1$.

解　首先, 当 $\theta=0$ 时, $\lim\limits_{n\to\infty} n^a\theta^n=0$. 下面假设 $\theta\neq 0$, 由

$$n^a\theta^n=\frac{n^a}{\theta^{-n}},\qquad \forall\, n\in\mathbb{N},$$

可知 $\lim\limits_{n\to\infty} n^a\theta^n$ 亦为 $\frac{\infty}{\infty}$ 型. 而在 2.2 节例 8 中, 已经从夹逼定理得知 $\lim\limits_{n\to\infty} n^a\theta^n=0$.

□

1^∞ **型极限的求法**　对于 1^∞ 型极限的求法, 除了一些特殊方法外 (例如在 2.1 节的例 1 中, 通过 Cantor 单调有界收敛定理得到极限 $\lim\limits_{n\to\infty}\left(1+\frac{1}{n}\right)^n$ 的存在性), 一般而言, 假设 $x_n\to 1$ 且 $y_n\to\infty$(当 $n\to\infty$ 时). 当研讨 $\lim\limits_{n\to\infty} x_n^{y_n}$ 时, 可以通过“取对数”来进行. 此时, 我们将研讨下面形式的极限：$\lim\limits_{n\to\infty}(y_n\cdot\ln x_n)$, 也即 $\lim\limits_{n\to\infty}\left(y_n\cdot\frac{1}{(\ln x_n)^{-1}}\right)$ (此即 $\frac{\infty}{\infty}$ 型) 或者 $\lim\limits_{n\to\infty}\frac{\ln x_n}{y_n^{-1}}$ (此即 $\frac{0}{0}$ 型), 从而就可回到前面的讨论.

2.5　数列的上、下极限

在前面 2.2 节 (三) 的注 3 和注 5 中, 已得到：当一个数列 $\{a_n\}$ 有无穷多项取值不同时, 它是可以被“分割”为“两两没有取相同值的项”的“无穷多个”子列的. 此外, 在每个子列中, 均有“无穷”多个项, 它们的值也是两两不同的. 这样一来, 如果每个子列均有极限的话, 则原数列就可能有几个甚至无穷多个极限点. 下面就来构造一个这样特别的例子.

例　在 $\mathbb{R}$ 中取无穷多个点, 记为

$$p_1,\ p_2,\ \cdots,\ p_n,\cdots.$$

(这里, 上述实数集的子集 $\{p_k\}$ 可以是有界的, 也可以是无界的.) 然后, 作一个数列 $\{x_n\}$ 如下：

令 $x_1=p_1$, $x_2=p_2$. 然后“返回”, 又取 $x_3=p_1$, $x_4=p_2$, $x_5=p_3$. 然后又“返回”, 再取 $x_6=p_1$, $x_7=p_2$, $x_8=p_3$, $x_9=p_4$. 如此“往返前进”. 一般而言, 当 x_m 取到最大下标为 k 的 p_k 时, 就返回来, 重新从 p_1 取起, 令

$$x_{m+1}=p_1,\ x_{m+2}=p_2,\ \cdots,\ x_{m+k}=p_k,\ x_{m+k+1}=p_{k+1}.$$

然后又返回来, 顺序重取一遍, 且再“前进”一步.

这样一来, 上面的数列 $\{x_m\}$ 就必以 p_1, p_2, $\cdots$, p_n, $\cdots$ 这无穷多个点为“极限点”(恒取 p_n 的子列 $\{x_{m^{(n)}}\}$ 显然以 p_n 为极限).

注 1 上面的取法是十分有用的, 这在以后许多问题中 (特别是后面 3.4 节, 涉及变号级数的交换特性之著名的 Riemann 定理及其推理的证明时) 又会用到, 必须好好牢记这一方法. 其实, 此一证法是容易记忆的, 只要回忆起我国古代名诗《孔雀东南飞》的开首两句:“孔雀东南飞, 五里一徘徊. ”就容易将此一技巧做法记住了. 当然, 依此处和以后所需不同, 取法中的“徘徊”当然不是“五里”, 而是看需而做.

注 2 在前面 1.5 中, 曾讲过“极限点”与“聚点”的差别. 这里, 必须再次强调: 一个数列 $\{x_n\}$ 的“聚点” p_0, 是指: 在 p_0 的任意小的邻域内均有**无穷多个取不同值的**x_n(也即是**不同的**x_n 的**点**). 而数列 $\{x_n\}$ 的“极限点” $\widetilde{p}_0$, 则是指: 在 $\widetilde{p}_0$ 的任意小的邻域内均有**无穷多个**x_n 中的**项**(注意, 这些项可取**同一个值**). 显然, 有限的点集是没有“聚点”的, 然而仅取有限个实数值的数列则必有“极限点”.

注 3 在上面注 2 对“极限点”与“聚点”的描述中, 该点的邻域是任意的, 故注 2 中出现的“均有无穷多个”也可换为“均有一个”, 其实质是一样的 (因为 $\mathbb{R}$ 是自稠密的距离空间). 此外, 数列 $\{x_n\}$ 的“极限点”和“聚点”可以属于点集 $\{x_n\}$, 也可以不属于 $\{x_n\}$.

既然一个数列可以有许多极限点, 我们自然会去考虑它们中的“最大者”和“最小者”(当然, 此“最大者”或“最小者”是否存在仍需证明). 为此, 先给出如下引理:

引理 *对任何一个有界数列 $\{a_n\}$ 而言, 如设其“所有极限点”所成之集为 L, 则 $\inf L$ 和 $\sup L$ 必存在, 且有 $\inf L \in L$, $\sup L \in L$(因此有 $\inf L = \min L$, $\sup L = \max L$).*

证明 在前面 1.5 节的定义 1 和定义 2 中, 曾给出了上、下确界的定义, 下面来证明所需结论. 并且, 由于类似性, 仅就下确界的情形给予证明.

首先, 由于 L 是 $\{a_n\}$ 的全体极限点所成之集, 因此, 可以断言: 由 $\{a_n\}$ 的有界性必可导出 L 的有界性.

事实上, 由 $\{a_n\}$ 是有界数列的假设可知, 必存在数 ξ_1 和 ξ_2, 使得

$$\xi_1 < a_n < \xi_2, \qquad \forall\, n \in \mathbb{N}. \tag{1}$$

于是, 对 $\{a_n\}$ 的任何一个极限点 x, 由定义可知: 对 x 的任何一个 ε-邻域 $(x-\varepsilon, x+\varepsilon)$, 其必含有 $\{a_n\}$ 中某一项 a_{n_0}(这里, ε 是任一正数), 于是就有 $|a_{n_0} - x| < \varepsilon$, 也即

$$a_{n_0} - \varepsilon < x < a_{n_0} + \varepsilon. \tag{2}$$

这样一来, 由 (1) 和 (2) 两式, 我们立即得到

$$\xi_1-\varepsilon<x<\xi_2+\varepsilon.$$

特别地, 当取 $\varepsilon=1$ 时, 从上式即可导出: 集 L 必以 ξ_1-1 为其一个下界, 而以 ξ_2+1 为其一个上界.

其次, 从上面结果, 由 1.5 节的 Cantor 确界存在定理便知: $\inf L$ 和 $\sup L$ 均是存在的.

最后, 仅证 $\inf L\in L$(也即 L 有最小值). 令 $\alpha\triangleq\inf L$. 从下确界的定义可知: 对任意的 $\varepsilon>0$, 必存在元 $x_\varepsilon\in L$, 使得

$$x_\varepsilon<\alpha+\varepsilon \qquad \text{及} \qquad x_\varepsilon\geqslant\alpha>\alpha-\varepsilon.$$

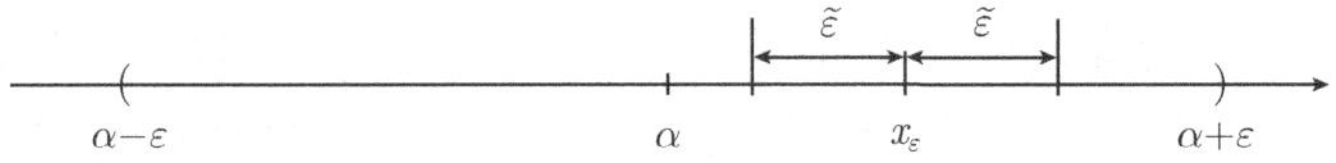

图 1

也即 $x_\varepsilon\in(\alpha-\varepsilon,\alpha+\varepsilon)$. 注意到 x_ε 为数列 $\{a_n\}$ 的一个极限点, 由定义知在 x_ε 的某"$\widetilde{\varepsilon}$-邻域" $(x_\varepsilon+\widetilde{\varepsilon},x_\varepsilon-\widetilde{\varepsilon})$ $(\subset(\alpha-\varepsilon,\alpha+\varepsilon))$ 内必含有数列 $\{a_n\}$ 的无穷多个"项"(这里, 如图 1 所示, 例如可取 $\widetilde{\varepsilon}=\dfrac{1}{2}(\alpha+\varepsilon-x_\varepsilon)$). 由此也即得知点 α 的邻域 $(\alpha-\varepsilon,\alpha+\varepsilon)$ 内亦含有数列 $\{a_n\}$ 的无穷多个"项", 此即: α 也是数列 $\{a_n\}$ 的极限点, 从而导出 $\alpha\in L$. □

有了上面的引理, 就可以引入数列的"上、下极限"的概念了.

定义 1　对任意一个有界数列 $\{a_n\}$, 其所有极限点之最大者称为其**上极限**, 其所有极限点之最小者称为其**下极限**, 分别记为 $\overline{\lim\limits_{n\to\infty}}\,a_n$ 和 $\underline{\lim\limits_{n\to\infty}}\,a_n$.

注 4　显然, 当 $\lim\limits_{n\to\infty}a_n$ 存在时, 由极限的唯一性 (1.4 节定理 1) 可知, 数列 $\{a_n\}$ 除 $\lim\limits_{n\to\infty}a_n$ 以外, 不可能再有别的任何极限点. 因而, $\overline{\lim\limits_{n\to\infty}}\,a_n=\underline{\lim\limits_{n\to\infty}}\,a_n=\lim\limits_{n\to\infty}a_n$. 同样地, 当 $\overline{\lim\limits_{n\to\infty}}\,a_n=\underline{\lim\limits_{n\to\infty}}\,a_n$ 时, 由于此时数列 $\{a_n\}$ 的全体极限点所成之集 L 的最大、最小值相同, 因而 L 必为"单点集", 故从极限点的定义, 可以导出 $\{a_n\}$ 的极限存在, 且有 $\lim\limits_{n\to\infty}a_n=\overline{\lim\limits_{n\to\infty}}\,a_n=\underline{\lim\limits_{n\to\infty}}\,a_n$.

注 5　与前面 2.1 节注 2 类似, 当数列 $\{a_n\}$"无上界"时, "记" $\overline{\lim\limits_{n\to\infty}}\,a_n=+\infty$; 而当数列 $\{a_n\}$"无下界"时, "记" $\underline{\lim\limits_{n\to\infty}}\,a_n=-\infty$.

注 6　从上面注 4 和注 5 并联系到 2.1 节注 2 可知: 数列 $\{a_n\}$ 除了收敛或定向发散以外, 只能是"不定向发散"的, 此时则有 $\overline{\lim\limits_{n\to\infty}}\,a_n-\underline{\lim\limits_{n\to\infty}}\,a_n$ 为某一正数或 $+\infty$, 其中, 前一种情况称为是**有限振幅**的数列, 后者被称为**无限振幅**的数列.

下面给出两个有关数列上、下极限的“数学形式”(而非上面的“所有极限点所成之集”这类语言表达形式) 的等价定义.

定理 1 对于一个有界数列 $\{a_n\}$ 而言, $\overline{\lim\limits_{n\to\infty}}\, a_n = \beta$ 的充分必要条件是

1° 对任意的 $\varepsilon > 0$, 必存在 $n_\varepsilon \in \mathbb{N}$, 使得均有

$$a_n \leqslant \beta + \varepsilon, \qquad \forall\, n \geqslant n_\varepsilon;$$

2° 对任意的 $\varepsilon > 0$ 及任意的 $k \in \mathbb{N}$, 均存在 $n_k > k$, 使得

$$a_{n_k} > \beta - \varepsilon.$$

证明 在证明之前, 先来体会一下上面两个条件, 其实, 它们所描述的就是两条: 其一, 由于对任意的 $\varepsilon > 0$, 数列 $\{a_n\}$ 至多只有有限个“项”位于 $\beta + \varepsilon$ 右侧, 这说明数列 $\{a_n\}$ 在 β 右侧不可能还有极限点; 其二, β 确实是数列 $\{a_n\}$ 的某个子列的极限.

下面来严格证明. 当 $\overline{\lim\limits_{n\to\infty}}\, a_n = \beta$ 时, 由定义可知, β 即为 $\{a_n\}$ 的最大极限点, 即 β 为 $\{a_n\}$ 的一个极限点, 且 $\{a_n\}$ 没有比 β 更大的极限点 (或凡是比 β 大的数均非 $\{a_n\}$ 的极限点). 由此注意到:

1) 凡是比 β 大的数均非 $\{a_n\}$ 的极限点 $\Longleftrightarrow$ 对任意的 $\varepsilon > 0$, $\{a_n\}$ 中大于 $\beta+\varepsilon$ 的项只能至多有“有限”个 (从而不能形成极限点) $\Longleftrightarrow$1° 的结论.

2) β 为 $\{a_n\}$ 的一个极限点 $\Longleftrightarrow$ β 的任意一个 ε-(对称) 邻域内有无穷多个 $\{a_n\}$ 的项 $\Longleftrightarrow$1° 和 2° 的结论. □

定理 1′ 对一个有界数列 $\{a_n\}$ 而言, $\underline{\lim\limits_{n\to\infty}}\, a_n = \alpha$ 的充分必要条件为

1° 对任意的 $\varepsilon > 0$, 必存在 $n_\varepsilon \in \mathbb{N}$, 使得均有

$$a_n \geqslant \alpha - \varepsilon, \qquad \forall\, n \geqslant n_\varepsilon;$$

2° 对任意的 $\varepsilon > 0$ 及任意的 $k \in \mathbb{N}$, 均存在 $n_k > k$, 使得

$$a_{n_k} < \alpha + \varepsilon.$$

(留给读者自证.)

定理 2 对于一个有界数列 $\{a_n\}$ 而言, $\overline{\lim\limits_{n\to\infty}}\, a_n = \beta$ 的充分必要条件是 $\inf\limits_{k\in\mathbb{N}} \sup\limits_{n\geqslant k} a_n = \beta$(或 $\lim\limits_{k\to\infty} \sup\limits_{n\geqslant k} a_n = \beta$).

证明 充分性 (“$\Longleftarrow$”): 首先, 容易看到, 如设 $\beta_k = \sup\limits_{n\geqslant k} a_n \quad (\forall k \in \mathbb{N})$, 显然 $\{\beta_k\}$ 是一个单调递减且有下界的数列, 故由 1.5 节中的 Cantor 单调有界收敛定理可知: $\lim\limits_{k\to\infty} \beta_k$ 是存在的, 且有

$$\lim_{k\to\infty} \beta_k = \inf_{k\in\mathbb{N}} \beta_k \triangleq \beta.$$

于是, 注意到 β_k 是单调递减趋于 β 的, 可以得到下面的两个性质:

1) 对任意的 $\varepsilon > 0$, 必存在 $k_\varepsilon \in \mathbb{N}$, 使得

$$\beta_k \leqslant \beta + \varepsilon, \qquad \forall\, k \geqslant k_\varepsilon.$$

因此, 从 $\beta_k = \sup\limits_{n \geqslant k} a_n$ 我们立即得到

$$a_n \leqslant \beta_k \leqslant \beta + \varepsilon, \qquad \forall\, n \geqslant k \geqslant k_\varepsilon. \tag{3}$$

2) 对任意的 $\varepsilon > 0$, 显然有

$$\beta_k \geqslant \beta > \beta - \frac{\varepsilon}{2}, \qquad \forall\, k \in \mathbb{N}.$$

由此, 同样可从 $\beta_k = \sup\limits_{n \geqslant k} a_n$ 得到: 对任意的 $k \in \mathbb{N}$, 均存在 $n_k > k$, 使得

$$a_{n_k} > \beta_k - \frac{\varepsilon}{2} > \beta - \varepsilon. \tag{4}$$

这样一来, 由定理 1 及 (3), (4) 两式便可立即导出 $\overline{\lim\limits_{n\to\infty}}\, a_n = \beta$.

必要性 (“$\Longrightarrow$”): 当 $\overline{\lim\limits_{n\to\infty}}\, a_n = \beta$ 时, 从定理 1 可知 $\{a_n\}$ 必满足条件 1°: 对任意的 $\varepsilon > 0$, 必存在 $n_\varepsilon \in \mathbb{N}$, 使得

$$a_n \leqslant \beta + \varepsilon, \qquad \forall\, n \geqslant n_\varepsilon.$$

由此可得

$$\sup_{n \geqslant n_\varepsilon} a_n \leqslant \beta + \varepsilon. \tag{5}$$

此外, 由定理 1 又知 $\{a_n\}$ 还满足条件 2°: 对上面的 $\varepsilon > 0$ 以及任意的 $k \in \mathbb{N}$, 均存在 $n_k > k$, 使得

$$a_{n_k} > \beta - \varepsilon.$$

这就说明对任意的 $k \in \mathbb{N}$, 均有

$$\sup_{n \geqslant k} a_n \geqslant a_{n_k} > \beta - \varepsilon.$$

因此, $\beta - \varepsilon$ 是数列 $\{\sup\limits_{n \geqslant k} a_n\}_k$ 的一个下界. 于是, 从下确界是“最大下界”的定义可得

$$\inf_{k \in \mathbb{N}} \sup_{n \geqslant k} a_n \geqslant \beta - \varepsilon. \tag{6}$$

这样一来, 从 (5) 和 (6) 两式即可导出: 对任意的 $\varepsilon > 0$, 均有

$$\beta - \varepsilon \leqslant \inf_{k \in \mathbb{N}} \sup_{n \geqslant k} a_n \leqslant \sup_{n \geqslant n_\varepsilon} a_n \leqslant \beta + \varepsilon.$$

最后, 注意到 ε 的任意性, 就可得到所需结论 $\inf\limits_{k\in\mathbb{N}}\sup\limits_{n\geqslant k} a_n=\beta$. □

类似地, 同样可以得到有关下极限的如下定理:

定理 2′ 对于一个有界数列 $\{a_n\}$ 而言, $\varliminf\limits_{n\to\infty} a_n=\alpha$ 的充分必要条件是

$$\sup_{k\in\mathbb{N}}\inf_{n\geqslant k} a_n=\alpha.$$

(留给读者自证.)

注 7* 上面关于数列 $\{a_n\}$ 的上、下极限的定理是十分重要的. 这是因为, 无论是原始定义或是定理 1 和定理 1′ 的等价定义, 它们对二维及以上的 Euclid 空间已无效, 更别说推广到一般的"序空间". 但是, 由定理 2 和定理 2′ 所给出的上、下极限的等价定义则完全可以推广到一般的序空间. 更有趣的是, 它还可以推广到任意的点集空间. 在集合论中, 如果定义任意一列集合 $\{A_n\}$ 的"上、下确界"为它们的"并"和"交":

$$\sup_{n\geqslant k} A_n \triangleq \bigcup_{n\geqslant k} A_n \quad 及 \quad \inf_{n\geqslant k} A_n \triangleq \bigcap_{n\geqslant k} A_n, \qquad \forall\, k\in\mathbb{N}.$$

(特别地, 对于有限个集合的"并"或"交", 可通过在上式中分别令其余集合为"空集"或"全空间 (集)"得到). 同样, 可以定义一列集合 $\{A_n\}$ 的**上极限集**和**下极限集**如下:

$$\varlimsup_{n\to\infty} A_n \triangleq \inf_{k\in\mathbb{N}}\sup_{n\geqslant k} A_n=\bigcap_{k=1}^{\infty}\bigcup_{n\geqslant k} A_n;$$

$$\varliminf_{n\to\infty} A_n \triangleq \sup_{k\in\mathbb{N}}\inf_{n\geqslant k} A_n=\bigcup_{k=1}^{\infty}\bigcap_{n\geqslant k} A_n.$$

从集合的并和交的定义容易看出上述上、下极限集的含义如下:

$$\varlimsup_{n\to\infty} A_n=\{x: x属于无穷多个A_n, n\in\mathbb{N}\};$$

$$\begin{aligned}\varliminf_{n\to\infty} A_n &=\{x: x仅不属于有限个A_n, n\in\mathbb{N}\}\\ &=\{x: 存在n_x\in\mathbb{N}, 使得均有x\in A_n, \forall\, n\geqslant n_x\}.\end{aligned}$$

因此, 显然有 $\varliminf\limits_{n\to\infty} A_n\subset\varlimsup\limits_{n\to\infty} A_n$.

下面来看几个关于数列上、下极限的例子.

例 1 设 $a_n=\{(-1)^n\}$, 那么显然有 $\varliminf\limits_{n\to\infty} a_n=-1$, $\varlimsup\limits_{n\to\infty} a_n=1$.

例 2　设 $a_n = \frac{n}{7} - \left[\frac{n}{7}\right]$(这里, $[a]$ 代表不超过 a 的最大整数). 求 $\varliminf\limits_{n\to\infty} a_n$ 和 $\varlimsup\limits_{n\to\infty} a_n$.

解　注意到 a_n 为 $\frac{n}{7}$ 的小数部分, 故数列 $\{a_n\}$ 由以下七个数构成:

$$0,\ \frac{1}{7},\ \frac{2}{7},\ \frac{3}{7},\ \frac{4}{7},\ \frac{5}{7},\ \frac{6}{7},$$

并且 $\{a_n\}$ 的极限点的全体正是这七个数, 故 $\varliminf\limits_{n\to\infty} a_n = 0$, $\varlimsup\limits_{n\to\infty} a_n = \frac{6}{7}$. □

例 3　设 $\{a_n\}$, $\{b_n\}$ 为两数列.

1° 若 $a_n \leqslant b_n$ ($\forall\, n \in \mathbb{N}$), 则必有

$$\varliminf_{n\to\infty} a_n \leqslant \varliminf_{n\to\infty} b_n \qquad 及 \qquad \varlimsup_{n\to\infty} a_n \leqslant \varlimsup_{n\to\infty} b_n.$$

2° $\varliminf\limits_{n\to\infty} a_n = -\varlimsup\limits_{n\to\infty}(-a_n)$.

(留给读者自证.)

例 4　设 $a_n > 0$ ($\forall\, n \in \mathbb{N}$). 证明:

$$\varliminf_{n\to\infty} \frac{a_{n+1}}{a_n} \leqslant \varliminf_{n\to\infty} \sqrt[n]{a_n} \leqslant \varlimsup_{n\to\infty} \sqrt[n]{a_n} \leqslant \varlimsup_{n\to\infty} \frac{a_{n+1}}{a_n}.$$

证明　仅来证有关下极限的不等式 (对于上极限的不等式请读者自证).

设 $\varliminf\limits_{n\to\infty} \frac{a_{n+1}}{a_n} = \alpha$, 那么, 当 $\alpha = 0$ 时, 上相关不等式显然成立. 因此, 不妨设 $\alpha > 0$. 于是, 由定理 1 可知: 对于任意 (小) 的数 $\varepsilon > 0$(取 ε 足够小, 使得 $\alpha - \varepsilon > 0$), 必存在 $n_\varepsilon \in \mathbb{N}$, 使得

$$\frac{a_{n+1}}{a_n} > \alpha - \varepsilon > 0, \qquad \forall\, n \geqslant n_\varepsilon.$$

由此可知

$$\frac{a_n}{a_{n_\varepsilon}} = \frac{a_{n_\varepsilon+1}}{a_{n_\varepsilon}} \cdot \frac{a_{n_\varepsilon+2}}{a_{n_\varepsilon+1}} \cdots \frac{a_n}{a_{n-1}} > (\alpha - \varepsilon)^{n-n_\varepsilon}, \qquad \forall\, n \geqslant n_\varepsilon.$$

也即有

$$a_n > (\alpha - \varepsilon)^{n-n_\varepsilon} \cdot a_{n_\varepsilon}, \qquad \forall\, n \geqslant n_\varepsilon.$$

然后, 再将上不等式“开 n 次方”, 得

$$\sqrt[n]{a_n} > (\alpha - \varepsilon) \cdot \sqrt[n]{\frac{a_{n_\varepsilon}}{(\alpha - \varepsilon)^{n_\varepsilon}}}, \qquad \forall\, n \geqslant n_\varepsilon.$$

这样一来, 利用例 3 中的 (1), 立即导出 (注意 2.2 节例 5):

$$\underline{\lim_{n\to\infty}}\sqrt[n]{a_n}\geqslant\underline{\lim_{n\to\infty}}\left((\alpha-\varepsilon)\cdot\sqrt[n]{\frac{a_{n_\varepsilon}}{(\alpha-\varepsilon)^{n_\varepsilon}}}\right)=(\alpha-\varepsilon)\cdot\lim_{n\to\infty}\sqrt[n]{\frac{a_{n_\varepsilon}}{(\alpha-\varepsilon)^{n_\varepsilon}}}=\alpha-\varepsilon.$$

最后, 注意到 ε 的任意性, 便可从上式得到

$$\underline{\lim_{n\to\infty}}\sqrt[n]{a_n}\geqslant\alpha=\underline{\lim_{n\to\infty}}\frac{a_{n+1}}{a_n}.\qquad\square$$

注 8　例 4 中的不等式十分重要, 它在后面的级数理论中还会用到. 此外, 其证明技巧也值得好好学习.

例 5*　设 $x_n=\sin n\ (\forall\ n\in\mathbb{N})$. 证明:

1° 数列 $\{x_n\}$ 的极限点集为 $[-1,1]$(此即, $\{\sin n\}$ 是稠密于 $[-1,1]$ 的).

2° $\underline{\lim_{n\to\infty}}\sin n=-1,\ \overline{\lim_{n\to\infty}}\sin n=1$.

证明　下面介绍一个很有趣的方法来证明 1° (当 1° 得证后, 2° 则是明显的推论).

1) 由 Archimedes 公理可知: 当 $b>a>0$ 且 $0<\delta<b-a$ 时, 必存在一个最小的自然数 n_0, 使得

$$n_0\delta>a\qquad\text{且}\qquad(n_0-1)\delta\leqslant a.$$

由此从上后式得到 $n_0\delta\leqslant a+\delta<a+(b-a)=b$, 故

$$n_0\delta\in(a,b).$$

2) 对于任意的一个数 $x\in[-1,1]$, 令 $\theta=\arcsin x\ (-\pi<\theta\leqslant\pi)$, 并将它在单位圆周上标出, 如图 2. 下面证明: 在此圆周上以 θ 为中心的任一“δ-弧邻域”内, 必有无穷多个自然数 (弧长) 的点位于其中 (以 A 为起点, 逆时针旋转计数).

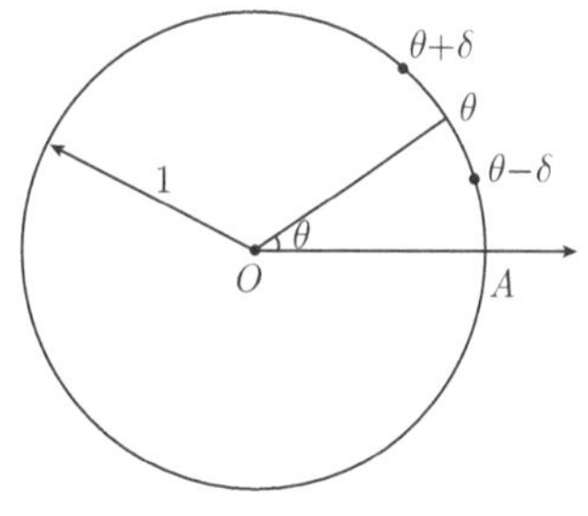

图 2

下面用归谬法来证明上述结论. 若存在某个 $\delta>0$, 使得沿着逆时针方向从 $\theta-\delta$ 到 $\theta+\delta$ 的弧段 (记为 $\widehat{\Delta}_0$) 内没有自然数弧长的点, 那么可以断言以下四点:

(i) 将弧段 $\widehat{\Delta}_0$ 沿顺时针方向移一个弧长, 并记新的弧段为 $\widehat{\Delta}_1$, 则 $\widehat{\Delta}_1$ 内亦没有自然数弧长的点.

(ii) 将弧段 $\widehat{\Delta}_1$ 又沿着“顺时针”方向移一个弧长, 并记新的弧段为 $\widehat{\Delta}_2$, 则 $\widehat{\Delta}_2$ 内仍没有自然数弧长的点. 如此做下去, 便得到一列弧段 $\{\widehat{\Delta}_n\}$, 它们具有两个性质: $|\widehat{\Delta}_n|=|\widehat{\Delta}_0|$ 及 $\widehat{\Delta}_n$ 不含自然数弧长的点 $(\forall\ n\in\mathbb{N})$.

(iii) 对任意的 $m, n \in \mathbb{N}$, $\widehat{\Delta}_m$ 与 $\widehat{\Delta}_n$ 不可能重合 (这是因为圆周长 2π 不是整数).

(iv) 在 $\{\widehat{\Delta}_n\}$ 的弧段中, 至少有两个相交 (否则, 它们将两两不交地出现在圆周上, 而其总长度为"无穷", 这是不可能的).

这样一来, 从 (iv), 可假设 $\widehat{\Delta}_{n_1}$ 与 $\widehat{\Delta}_{m_1}$ 相交 (且设 $m_1 > n_1$), 那么它们合起来的弧段就变长了, 假设其长为 (注意 (ii))

$$|\widehat{\Delta}_{n_1} \cup \widehat{\Delta}_{m_1}| = |\widehat{\Delta}_0| + \delta_0, \qquad \delta_0 > 0.$$

当然, 由 (ii) 可知新弧段 $\widehat{\Delta}_{n_1} \cup \widehat{\Delta}_{m_1}$ 亦不含有自然数弧长的点.

现在, 将此新弧段 $\widehat{\Delta}_{n_1} \cup \widehat{\Delta}_{m_1}$ 做类似于上面的讨论. 由于 $\widehat{\Delta}_{n_1}$ 与 $\widehat{\Delta}_{m_1}$ (也即是 $\widehat{\Delta}_{n_1+(m_1-n_1)}$) 相交, 故 $\widehat{\Delta}_{n_1} \cup \widehat{\Delta}_{m_1}$ 与 $\widehat{\Delta}_{m_1+(m_1-n_1)}$ 也必相交, 于是可以得到新弧段 $\widehat{\Delta}_{n_1} \cup \widehat{\Delta}_{m_1} \cup \widehat{\Delta}_{2m_1-n_1}$, 且从对称关系可知, 新弧段长

$$|\widehat{\Delta}_{n_1} \cup \widehat{\Delta}_{m_1} \cup \widehat{\Delta}_{2m_1-n_1}| = |\widehat{\Delta}_0| + 2\delta_0.$$

如此做下去, 就可得到新弧段 $\widehat{\Delta}_{n_1} \cup \widehat{\Delta}_{m_1} \cup \cdots \cup \widehat{\Delta}_{m_1+k(m_1-n_1)}$, 其长为

$$|\widehat{\Delta}_{n_1} \cup \widehat{\Delta}_{m_1} \cup \cdots \cup \widehat{\Delta}_{m_1+k(m_1-n_1)}| = |\widehat{\Delta}_0| + (k+1)\delta_0, \qquad \forall\, n \in \mathbb{N}.$$

于是由 Archimedes 公理知, 存在一个自然数 k_0, 使得 $\widehat{\Delta}_{n_1} \cup \widehat{\Delta}_{m_1} \cup \cdots \cup \widehat{\Delta}_{m_1+k_0(m_1-n_1)}$ 的长度大于 1. 这样一来, 由前面的 1) 可导出: 在弧段 $\widehat{\Delta}_{n_1} \cup \widehat{\Delta}_{m_1} \cup \cdots \cup \widehat{\Delta}_{m_1+k_0(m_1-n_1)}$ 内必含有自然数弧长的点. 而此显然与上面的 (ii) 矛盾. 因此, 单位圆周上任一点 θ 均为"自然数弧长点"的极限点 (也是聚点).

3) 注意到下面关系式 (其证明见下面例 6):

$$|\sin\theta| \leqslant |\theta|, \qquad \forall\, \theta \in \mathbb{R}, \tag{7}$$

以及上面从"几何"上已经得到的: 单位圆周上的"固定一点"θ(那里, 由其对应于 A 点的弧长, 也即对应于 $\overrightarrow{OA}$ 的弧度而记之), 其必可由从 A 点出发, 以逆时针方向沿单位圆周运动对应于 $\overrightarrow{OA}$ 之"相应弧度为 n"的点无限地逼近.

因此, 对于任意的 $\varepsilon > 0$, 从弧度 (即"长度") 的关系而言, 当找到自然数 n_ε, 使其对应的点 n_ε(记为) 与上面固定的点 θ 之间的弧长

$$\left|\widehat{n_\varepsilon\theta}\right| < \varepsilon,$$

那么, 转化为数值的关系, 当自然数 n_ε 是围绕上述单位圆周 $\left[\dfrac{n_\varepsilon}{2\pi}\right]$ 圈而得时 (这里, $\left[\dfrac{n_\varepsilon}{2\pi}\right]$ 代表不超过$\dfrac{n_\varepsilon}{2\pi}$ 的最大整数), 此时弧长的"数值"n_ε 其实是与弧长的"数

值" $\left(\left[\frac{n_\varepsilon}{2\pi}\right]\cdot 2\pi+\theta\right)$ 相差为 ε, 也即

$$\left|n_\varepsilon-\left(\left[\frac{n_\varepsilon}{2\pi}\right]\cdot 2\pi+\theta\right)\right|<\varepsilon. \tag{8}$$

这样一来, 从上面 (7) 和 (8) 式, 可导出

$$\begin{aligned}|x-\sin n_\varepsilon| &= |\sin\theta-\sin n_\varepsilon| = \left|\sin\left(\left[\frac{n_\varepsilon}{2\pi}\right]\cdot 2\pi+\theta\right)-\sin n_\varepsilon\right| \\ &= \left|2\sin\left(\frac{\left(\left[\frac{n_\varepsilon}{2\pi}\right]\cdot 2\pi+\theta\right)-n_\varepsilon}{2}\right)\cos\left(\frac{\left(\left[\frac{n_\varepsilon}{2\pi}\right]\cdot 2\pi+\theta\right)+n_\varepsilon}{2}\right)\right| \\ &\leqslant 2\left|\frac{\left(\left[\frac{n_\varepsilon}{2\pi}\right]\cdot 2\pi+\theta\right)-n_\varepsilon}{2}\right| = \left|n_\varepsilon-\left(\left[\frac{n_\varepsilon}{2\pi}\right]2\pi+\theta\right)\right|<\varepsilon.\end{aligned}$$

4) 从上面 2) 和 3) 不难导出 x 是 $\{\sin n\}$ 的一个极限点. 注意到 x 的任意性, 这就证明了区间 $[-1,1]$ 上任何一个点均为数列 $\{\sin n\}$ 的极限点. □

例 6* 设 $x_n=\cos n\ (\forall\ n\in\mathbb{N})$. 证明:

1° 数列 $\{x_n\}$ 的极限点集为 $[-1,1]$.

2° $\varliminf\limits_{n\to\infty}\cos n=-1,\ \varlimsup\limits_{n\to\infty}\cos n=1.$

证明 显然可以用类似于例 5 的方法来进行证明. 此处, 再来介绍另一种新的方法.

1) 图 3 直接给出一个断言: $|\sin x|\leqslant|x|$. 事实上, 当 $|x|\geqslant 1$ 时不等式显然成立. 当 $|x|<1$ 时, 由图 3 可知 $|\overset{\frown}{B_1B_2}|\geqslant|\overline{B_1B_2}|$ (弧长大于弦长), 此即

$$2|x|\geqslant 2|\sin x|.$$

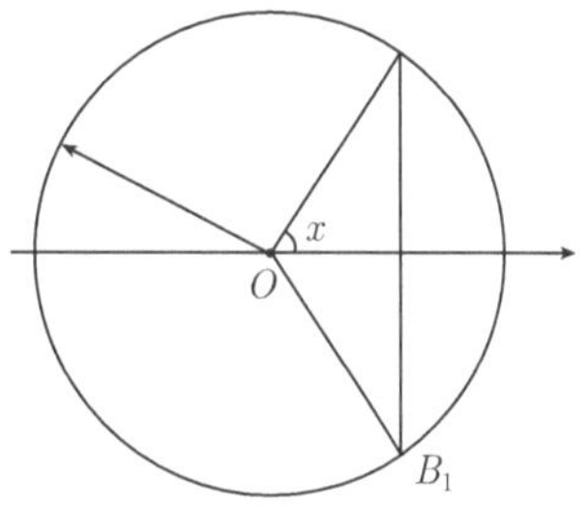

图 3

2) 证明: 对任意的 $\varepsilon>0$, 必存在两数 $n_1,n_2\in\mathbb{N}$, 使得 $|n_1-2n_2\pi|<\varepsilon$.

事实上, 注意到: 对于任意的 $n\in\mathbb{N}$, $2n\pi-[2n\pi]$(即 $2n\pi$ 的小数部分) 均为 $(0,1)$ 内"互不相同"的数 (这是因为 π 是一个无理数), 故由 1.7 节中的 Bolzano-Weierstrass 定理可知 $\{2n\pi-[2n\pi]\}$ 必有聚点. 从而对任意的 $\varepsilon>0$, 必有 $m_1,m_2\in\mathbb{N}$(不妨设 $m_1>m_2$), 使得

$$|(2m_1\pi-[2m_1\pi])-(2m_2\pi-[2m_2\pi])|<\varepsilon,$$

此即

$$|([2m_2\pi]-[2m_1\pi])-2(m_2-m_1)\pi|<\varepsilon.$$

于是, 只需令 $n_1=[2m_2\pi]-[2m_1\pi]$, $n_2=m_2-m_1$, 显然 $n_1,n_2\in\mathbb{N}$, 且有 $|n_1-2n_2\pi|<\varepsilon$.

3) 今对任意的 $x\in[-1,1]$, 令 $\theta=\arccos x$ $(0<\theta\leqslant\pi)$. 对任意的 $\varepsilon>0$(我们不妨取 $\varepsilon<\theta$), 取 $n_\varepsilon=\left[\dfrac{\theta}{|n_1-2n_2\pi|}\right]$(这里, n_1,n_2 为 2) 中所定的两个自然数). 于是, 有 $n_\varepsilon\in\mathbb{N}$, 及

$$n_\varepsilon\leqslant\frac{\theta}{|n_1-2n_2\pi|}<n_\varepsilon+1.$$

由此得到

$$n_\varepsilon|n_1-2n_2\pi|\leqslant\theta<(n_\varepsilon+1)|n_1-2n_2\pi|.$$

这样一来, 利用这一不等式及 1), 可导出

$$\begin{aligned}|x-\cos(n_\varepsilon n_1)|&=|\cos\theta-\cos(n_\varepsilon\cdot|n_1-2n_2\pi|)|\\&=2\left|\sin\left(\frac{\theta+n_\varepsilon\cdot|n_1-2n_2\pi|}{2}\right)\sin\left(\frac{\theta-n_\varepsilon\cdot|n_1-2n_2\pi|}{2}\right)\right|\\&\leqslant2\left|\sin\left(\frac{\theta-n_\varepsilon\cdot|n_1-2n_2\pi|}{2}\right)\right|\leqslant|\theta-n_\varepsilon\cdot|n_1-2n_2\pi||\\&<|n_1-2n_2\pi|<\varepsilon.\end{aligned}$$

这就证明了 x 是 $\{\cos n\}$ 的极限点. 最后, 注意到 x 的任意性, 即可导出 1°. 至于 2°, 其显然是 1° 的推论. □

例 7* 作一个数列 $\{x_n\}$, 使得 $\{x_n\}$ 稠密于整个实数集 $\mathbb{R}$.

解 由上面例 5, 例 6 的结论不难构造出下面三个例子:

例 a 注意到例 5, 故知对任意自然数 k, $\{k\sin n\}_n$ 必在 $[-k,k]$ 上稠密. 由此将此 (可数) 无穷个数列 $\{k\sin n\}_n$ $(\forall\ k\in\mathbb{N})$ 按照 1.2 节引理 1 证明中的重排技巧, 即现将上述可数个数列依序排成一个无穷矩阵, 然后, 从“右上向左下”以对角线形式重排, 就将上面无穷个数列“积零为整”地排成了一个数列 $\{x_n\}$ 如下:

$$\sin1,\quad\sin2,\quad2\sin1,\quad\sin3,\quad2\sin2,\quad3\sin1,\quad\cdots.$$

不难看出, 此数列 $\{x_n\}$ 必稠密于实数集 $\mathbb{R}$.

例 b 与例 a 类似, 从例 6 的结果, 同样以上例 a 的方式, 将 (可数) 无穷个数列 $\{k\cos n\}_n$ $(\forall\ k\in\mathbb{N})$ “积零为整”地排成一个新数列 $\{x_n\}$, 即为所需.

例 c 证明: 数列 $\{\tan n\}$ 是稠密于实数集 $\mathbb{R}$ 的.

证明 从例 5 的证明中可知, 自然数弧长的点必稠密于单位圆周上 0 到 $\dfrac{\pi}{2}$ 的弧段. 由于对于任意的 $\theta\in\left[0,\dfrac{\pi}{2}\right)$, 在前面例 5* 的做法中, 我们将那里开始的弧段

$\widehat{\Delta}_0$ 改定义为

$$\widehat{\Delta}_0 \triangleq [\theta, \theta + \widetilde{\varepsilon}],$$

这里, $0 < \widetilde{\varepsilon} < \min\left\{\frac{1}{2}\left(\frac{\pi}{2} - \theta\right),\ \varepsilon \cdot \cos^2\left(\frac{1}{2}\left(\frac{\pi}{2} + \theta\right)\right)\right\}$. 那么, 与前面例 5 后半部分的推导类似, 对于类似例 5 得到的自然数 $\widetilde{n}_\varepsilon$, 即可导出

$$\begin{aligned}
|\tan\theta - \tan\widetilde{n}_\varepsilon| &= \left|\frac{\sin\theta}{\cos\theta} - \frac{\sin\widetilde{n}_\varepsilon}{\cos\widetilde{n}_\varepsilon}\right| = \left|\frac{\sin\theta\cos\widetilde{n}_\varepsilon - \cos\theta\sin\widetilde{n}_\varepsilon}{\cos\theta\cos\widetilde{n}_\varepsilon}\right| \\
&= \left|\frac{\sin\left(\left[\frac{\widetilde{n}_\varepsilon}{2\pi}\right]2\pi + \theta\right)\cos\widetilde{n}_\varepsilon - \cos\left(\left[\frac{\widetilde{n}_\varepsilon}{2\pi}\right]2\pi + \theta\right)\sin\widetilde{n}_\varepsilon}{\cos\left(\left[\frac{\widetilde{n}_\varepsilon}{2\pi}\right]2\pi + \theta\right)\cos\widetilde{n}_\varepsilon}\right| \\
&= \frac{\left|\sin\left(\left(\left[\frac{\widetilde{n}_\varepsilon}{2\pi}\right]2\pi + \theta\right) - \widetilde{n}_\varepsilon\right)\right|}{|\cos\theta\cos\widetilde{n}_\varepsilon|} \\
&\leqslant \frac{\left|\left(\left[\frac{\widetilde{n}_\varepsilon}{2\pi}\right]2\pi + \theta\right) - \widetilde{n}_\varepsilon\right|}{\min\left(\cos^2\theta, \cos^2\widetilde{n}_\varepsilon\right)}, \\
&\leqslant \frac{\widetilde{\varepsilon}}{\cos^2(\theta + \widetilde{\varepsilon})} < \frac{\widetilde{\varepsilon}}{\cos^2\left(\frac{\theta}{2} + \frac{\pi}{4}\right)} < \varepsilon, \qquad \forall\, x \in \left[0, \frac{\pi}{2}\right).
\end{aligned}$$

因此, 不难从上关系式导出: $\{\tan n\}$ 是稠密于数集 $\left\{\tan x : x \in \left[0, \frac{\pi}{2}\right)\right\}$ 的. 此即, $\{\tan n\}$ 是稠密于数集 $[0, +\infty)$ 的.

类似地, 又可得到: $\{\tan n\}$ 亦是稠密于数集 $\left\{\tan x : x \in \left(\frac{\pi}{2}, \pi\right]\right\}$ 的, 也即稠密于数集 $(-\infty, 0]$.

总上则知数列 $\{\tan n\}$ 即为所求. □

第3章　数项级数

如果给定了一列数：$u_1, u_2, \cdots, u_k, \cdots$，将它们各项相加，这个表达式

$$u_1 + u_2 + \cdots + u_k + \cdots, \tag{*}$$

就称为**无穷级数**，或者简称为**级数**；每一个 u_k $(\forall\ k \in \mathbb{N})$ 则称为这个级数的**通项**．由于上面每一个通项均为实数，因而，亦可称上面的级数为**数项级数**(以区别于以后将涉及的、以函数为通项所组成的"函数项级数")．当然，在不会造成混淆的情况下，就直称级数即可．

同样地，为了简单，一般直接将上面的式 $(*)$ 记为 $\sum_{k=1}^{\infty} u_k$ 或者 $\sum_{k} u_k$．当然，值得注意的是，上面的定义仅是"形式"的．因为，细心的读者一定可以产生这样的疑问：上面的 $(*)$ 式中"无穷项相加"究竟代表什么意思？因为显然可知，这样的"加法"是永远无法完成的．

但是，由于我们学习了第 2 章，知道了数列极限的概念．因此，当将上面级数和"$\sum_{k} u_k$"与由定义 $s_n \triangleq \sum_{k=1}^{n} u_k$ $(\forall\ n \in \mathbb{N})$ 所组成的数列 $\{s_n\}$ 的极限"$\lim_{n\to\infty} s_n$"相关联时，不难将级数 $\sum_{k} u_k$ 的研究进行下去．

3.1　级数的敛散性及该性质的传递性

首先给出级数收敛的定义．

定义 1　一个 (无穷) 级数 $\sum_{k} u_k$ 的前 (依次) n 项和 $s_n = \sum_{k=1}^{n} u_k$，称为级数的**第 n 个部分和**$(\forall\ n \in \mathbb{N})$；相应的 $\{s_n\}$ 称为级数的部分和数列．如果数列 $\{s_n\}$ 收敛 (发散)，则称级数 $\sum_{k} u_k$ 是**收敛**的 (**发散**的)．此外，当 $\sum_{k} u_k$ 收敛时，极限值 $s \triangleq \lim_{n\to\infty} s_n$ 称为级数 $\sum_{k} u_k$ 的**和**，并记为 $\sum_{k} u_k = s$．

注 1　注意，当级数 $\sum_{k} u_k$ 发散时，"$\sum_{k} u_k$"仅仅代表一个记号，而不代表任何 (实) 数．特别地，与极限一样，当 $\lim_{n\to\infty} s_n = +\infty$(或 $-\infty$) 时，亦借收敛的记法，记 $\sum_{k} u_k = +\infty$(相应的，$-\infty$)，称级数 $\sum_{k} u_k$ **发散到正无穷**(**或负无穷**)．

注 2 称 $r_n = \sum_{k=n+1}^{\infty} u_k$ 为级数的**第 n 个余项**. 从上面定义显然可知: 如 $\sum_k u_k$ 收敛, 则 $r_n \to 0$(当 $n \to \infty$ 时).

注 3 从级数敛散性的定义不难看出: 一个级数的敛散性与其前面任意有限项的取值是无关的.

由于一个级数的敛散性等价于它的部分和数列的敛散性, 因此, 从数列极限存在性的 Cauchy(收敛) 原理可以得到下面有关级数收敛性的 Cauchy 判别法:

定理 1 (Cauchy 判别法) 一个级数 $\sum_k u_k$ 收敛的充分必要条件是: 对于任意的 $\varepsilon > 0$, 必存在 $n_\varepsilon \in \mathbb{N}$, 使得

$$|u_{n+1} + u_{n+2} + \cdots + u_m| < \varepsilon, \qquad \forall\, m > n \geqslant n_\varepsilon.$$

证明 读者只要对数列收敛的 Cauchy 收敛定理熟悉, 那么此定理是十分显然的. 事实上, 只要注意下面的等价关系即可

$$\begin{aligned}(\text{级数})\sum_k u_k \text{收敛} &\Longleftrightarrow (\text{数列})\{s_n\}\text{收敛 (这里, } s_n = \sum_{k=1}^{n} u_k,\ \forall\, n \in \mathbb{N})\\ &\Longleftrightarrow \forall\, \varepsilon > 0,\ \exists\, n_\varepsilon \in \mathbb{N}, \text{使得} \quad |s_m - s_n| < \varepsilon, \qquad \forall\, m > n \geqslant n_\varepsilon.\end{aligned}$$

因此, 注意到 $\{s_n\}$ 的定义, 上面的不等式即为定理所需, 由此定理得证. □

注 4 上 Cauchy 判别法多用在理论问题和验证级数发散问题中. 而以此来判别级数的收敛则用得较少.

从级数收敛的定义或者从定理 1, 不难得到有关级数收敛的一个 (非常有用的) 必要条件:

推理 (级数收敛的必要条件) 级数 $\sum_k u_k$ 收敛 $\Longrightarrow \lim_{k\to\infty} u_k = 0$.

证明 (证法一): 由级数收敛, 可设 $\sum_k u_k = s$, 若记部分和 $s_n = \sum_{k=1}^{n} u_k$, 也即有 $\lim_{n\to\infty} s_n = s$. 因此, 从极限的运算即可导出

$$\lim_{k\to\infty} u_k = \lim_{n\to\infty}(s_k - s_{k-1}) = \lim_{n\to\infty} s_k - \lim_{n\to\infty} s_{k-1} = s - s = 0,$$

此即证得推理.

(证法二): 直接由 Cauchy 准则, 从 $\sum_k u_k$ 收敛 (也即 $\lim_{n\to\infty} s_n$ 存在), 即可导出

$$|s_n - s_{n-1}| \longrightarrow 0, \qquad \text{当} n \to \infty \text{时},$$

此即 $u_n \to 0$(当 $n \to \infty$ 时). 由此推理得证. □

注 5　在前面 2.1 节中通过 Cauchy 收敛定理可知(见 2.1 节例 6) 级数 $\sum\limits_n \frac{1}{n}$ 是发散的. 由此可知: 通项 $u_k \to 0$(当 $k \to \infty$ 时) 不是 $\sum\limits_k u_k$ 收敛的充分条件. 切记!

定理 2 (Cantor 判别法)　一个同号级数 $\sum\limits_k u_k$(即级数中各项均同号), 当 $u_k \geqslant 0$(即均取正号, $\forall\, k \in \mathbb{N}$), 且存在正数 ρ_0, 使得 $\sum\limits_{k=1}^{n} u_k < \rho_0$ $(\forall\, n \in \mathbb{N})$ 时, 则有 $\sum\limits_k u_k$ 收敛.

证明　对数列 $\left\{s_n \triangleq \sum\limits_{k=1}^{n} u_k\right\}$ 用 Cantor 单调有界收敛定理可直接导出 (请读者验证之). □

注 6　当取负号时, 从定理 2 立刻可以得到下面相似的命题: 如果在级数 $\sum\limits_k u_k$ 中均有: $u_k \leqslant 0$ $(\forall\, k \in \mathbb{N})$ 和 $\sum\limits_{k=1}^{n} u_k > -\rho_0$ $(\forall\, n \in \mathbb{N})$, 那么, $\sum\limits_k u_k$ 收敛.

定理 3　任意两个级数如果仅有有限项不同, 或一个比另一个仅多了"有限项", 则它们的敛散性相同. 特别地, 一个级数 $\sum\limits_k u_k$ 与其"余项" $\sum\limits_{k=n+1}^{\infty} u_k (\triangleq r_n)$ 同敛散.

证明　事实上, 只要证明定理的最后结论就可以了. 因为有了此一结论, 定理前面所说的两种情况所对应的结论当然均可得到.

为了证明 $\sum\limits_{k=1}^{\infty} u_k$ 与 $\sum\limits_{k=n+1}^{\infty} u_k$ $(\forall\, n \in \mathbb{N})$ 敛散性相同, 只需要注意到: 对于任意给定的 $n_0 \in \mathbb{N}$, 余项 (级数)$r_{n_0} \triangleq \sum\limits_{k=n_0+1}^{\infty} u_k$ 的"m 项部分和" $s_m^{(r)} = u_{n_0+1} + u_{n_0+2} + \cdots + u_{n_0+m}$ 与原级数 $\sum\limits_{k=1}^{\infty} u_k$ 的部分和数列 $\{s_n\}$ 之间有下面的关系式:

$$s_m^{(r)} = s_{n_0+m} - s_{n_0}, \qquad \forall m \in \mathbb{N}.$$

由此可以看出 (注意 s_{n_0} 为一常数):

$$\begin{aligned}\lim_{m\to\infty} s_m^{(r)}\text{存在 (或不存在)} &\Longleftrightarrow \lim_{m\to\infty} s_{n_0+m}\text{存在 (或不存在)}\\ &\Longleftrightarrow \lim_{m\to\infty} s_m\text{存在 (或不存在)}.\end{aligned}$$

此即证得: 余项级数 $\sum\limits_{k=n+1}^{\infty} u_k$ 与原级数 $\sum\limits_{k=1}^{\infty} u_k$ 有相同的敛散性 $(\forall\, n \in \mathbb{N})$. □

注 7 在上面定理 3 中, 其最后的结论当然也可由其前面的结论导出. 而此时, 为了证明此前一结论, 可以直接利用前面的 Canchy 判别法 (定理 1) 得到 (请读者自证之).

类似于前面 1.4 节的极限运算, 容易得到下面两个定理 (这两个定理的证明留给读者).

定理 4(收敛级数对于线性运算的封闭性) 如果级数 $\sum\limits_k u_k$ 和 $\sum\limits_k v_k$ 均收敛, α 和 β 为任意两个数, 那么, 级数 $\sum\limits_k(\alpha u_k+\beta v_k)$ 也收敛, 且有

$$\sum_k(\alpha u_k+\beta v_k)=\alpha\sum_k u_k+\beta\sum_k v_k.$$

定理 5(收敛级数的保序性) 如果级数 $\sum\limits_k u_k$ 和 $\sum\limits_k v_k$ 均收敛, 且有 $u_k\leqslant v_k\ (\forall\ k\in\mathbb{N})$, 那么, $\sum\limits_k u_k\leqslant\sum\limits_k v_k$.

必须注意的是, 一般说来 (除了以后将会讲到的特殊的情况之外), 级数的"项"是不满足交换律和结合律的.

下面将要介绍的是两种特殊情况的项数的结合, 在这种结合下, 级数的收敛性是可以保持的.

定理 6 当级数 $\sum\limits_k u_k$ 收敛时, 其项数满足结合律 (此即, 其任一"依序"的项数结合后所组成的新级数仍收敛, 并且和数不变).

证明 设由级数 $\sum u_k$ 所组成的新级数是 $\sum\widetilde{u}_k$, 其中,

$$\widetilde{u_1}=u_1+u_2+\cdots+u_{k_1},$$

$$\widetilde{u_2}=u_{k_1+1}+u_{k_1+2}+\cdots+u_{k_2},$$

$$\cdots\cdots$$

$$\widetilde{u}_{m+1}=u_{k_m+1}+u_{k_m+2}+\cdots+u_{k_{m+1}},$$

$$\cdots\cdots$$

这里, $0=k_0<k_1<k_2<\cdots<k_m<k_{m+1}<\cdots$ 是一个严格递增的自然数数列. 那么, 从上面的取法, 可得到此新级数部分和的表达式

$$\widetilde{s}_n=\widetilde{u}_1+\widetilde{u}_2+\cdots+\widetilde{u}_n=s_{k_n},\qquad\forall\ n\in\mathbb{N}.$$

由此可知新级数 $\sum\limits_k\widetilde{u}_k$ 的部分和数列 $\{\widetilde{s}_n\}$ 即为原级数 $\sum\limits_k u_k$ 部分和数列 $\{s_k\}$ 的一个子列 $\{s_{k_n}\}$. 因而, 从前面 2.2 节中有关收敛数列的子列的特性, 即可导

出：由于假设 $\lim\limits_{k\to\infty} s_k$ 存在，故其子列的极限 $\lim\limits_{n\to\infty} \widetilde{s}_n$ 亦存在，并且有 $\lim\limits_{n\to\infty} \widetilde{s}_n = \lim\limits_{k\to\infty} s_n$. □

有了上面的定理 6, 不难得到下面的定理 7.

定理 7 在级数 $\sum\limits_k u_k$ 中，如果"依序"仅将其任意"有限个"具有"相同符号"的项相结合，则此所得到的新级数 $\sum\limits_k \widetilde{u}_k$ 与原级数有相同的敛散性；并且，当它们收敛时，必具有相同之和.

证明 这里只要对收敛性来证明即可. 下面，分两个方面来验明本定理结论：

1) 如果原级数 $\sum\limits_k u_k$ 收敛，则新级数 $\sum\limits_k \widetilde{u}_k$ 亦收敛.

事实上，此结论从上面定理 6 就可直接导出得到.

2) 如果新级数 $\sum\limits_k \widetilde{u}_k$ 收敛，则原级数 $\sum\limits_k u_k$ 亦收敛.

事实上，当设 $\lim\limits_{n\to\infty} \widetilde{s}_n = s$ 时，这里，$\widetilde{s}_n = \sum\limits_{m=1}^{n} \widetilde{u}_m \ (\forall\ n \in \mathbb{N})$，其中，

$$\widetilde{u}_{m+1} = u_{k_{m+1}} + u_{k_{m+2}} + \cdots + u_{k_{m+1}},$$

并且，$0 = k_0 < k_1 < k_2 < \cdots < k_m < k_{m+1} < \cdots$ 是一个严格递增的自然数数列，那么，从定理假设可知：上面关于 $\widetilde{u}_{m+1}$ 之等式右边的各项同号.

这样一来，对于原级数的任何一个项数 $k \in \mathbb{N}$，显然存在 $m \in \mathbb{N}$，使得 $k \in (k_{m-1}, k_m]$. 而从上面 $\{k_m\}_m$ 的选法可以看出：当 k 从项数 $k_{m-1}+1$ 变到项数 k_m 的时候，(原级数的部分和)s_k 必在 (新级数的两个部分和) $\widetilde{s}_{m-1}$ 及 $\widetilde{s}_m$ 之间"单调"地变动，也即有下面关系式：

$$\widetilde{s}_{m-1} \leqslant s_k \leqslant \widetilde{s}_m \quad \text{或者} \quad \widetilde{s}_m \leqslant s_k \leqslant \widetilde{s}_{m-1}, \qquad \forall\ k \in (k_{m-1}, k_m],\ m \in \mathbb{N}.$$

最后，再注意到此部分开首的假设，从 (新级数)$\sum\limits_k \widetilde{u}_k$ 的收敛性，可知 $\lim\limits_{n\to\infty} \widetilde{s}_n$ 是存在的，因此可设一个数 $\widetilde{s}$，使得

$$\lim_{n\to\infty} \widetilde{s}_{m-1} = \lim_{n\to\infty} \widetilde{s}_m = \widetilde{s}.$$

于是，注意到上面两个关系式，由夹逼定理，可得 $\lim\limits_{n\to\infty} s_k = \widetilde{s}$，也即 (原级数)$\sum\limits_k u_k$ 亦是收敛的，并且有 $\sum\limits_k u_k = \sum\limits_k \widetilde{u}_k$.

因此，由上面的 1) 和 2) 的结果，就证得了本定理. □

注 8 定理 7 的前提很重要，否则，级数中的项某种结合后所得之新级数收敛是推不出原级数收敛的，反例可见 $\sum\limits_{n=0}^{\infty}(-1)^n$. 事实上，将此级数中相邻的项两两结合，则可得新级数收敛于 0. 但原级数通项不趋于 0, 显然原级数是发散的.

定理 8 (正号项级数敛散性的比较传递法) 设 $\sum\limits_k u_k$ 和 $\sum\limits_k \widetilde{u}_k$ 均为正项级数. 如果以下两条件中有一个成立:

1° $u_k \leqslant \widetilde{u}_k, \quad \forall\, k \geqslant$ (某)k_0,

2° 两级数中各项均不为 0, 且 $\dfrac{u_{k+1}}{u_k} \leqslant \dfrac{\widetilde{u}_{k+1}}{\widetilde{u}_k}$ $(\forall\, k \geqslant$ (某)$k_1)$,

则当 $\sum\limits_k \widetilde{u}_k$ 收敛时, $\sum\limits_k u_k$ 亦收敛; 而当 $\sum\limits_k u_k$ 发散时, $\sum\limits_k \widetilde{u}_k$ 亦发散.

证明 1) 设 $s_n = \sum\limits_{k=k_0}^{n} u_k$, $\widetilde{s}_n = \sum\limits_{k=k_0}^{n} \widetilde{u}_k$ $(\forall\, n \geqslant k_0)$, 显然易见, 在 1° 的假设下有 $s_n \leqslant \widetilde{s}_n$. 因而, 当 $\sum\limits_{k \geqslant k_0} \widetilde{u}_k$ 收敛时, 其部分和数列 $\{\widetilde{s}_n\}_{n \geqslant k_0}$ 必收敛. 故从极限的初等性质 (见前面 1.4 节) 可知, $\{\widetilde{s}_n\}_{n \geqslant k_0}$ 必为一有界数列, 由此得知 $\{s_n\}_{n \geqslant k_0}$ 亦为一有界数列. 这样一来, 从 Cantor 判别法 (定理 2) 可知级数 $\sum\limits_{k \geqslant k_0} u_k$ 亦收敛. 最后, 由本节开首的注 3, 可以导出级数 $\sum\limits_k u_k$ 是收敛的.

另一方面, 当 $\sum\limits_k u_k$ 发散时, 如有 $\sum\limits_k \widetilde{u}_k$ 收敛, 那么, 从上面证明则立即导出 $\sum\limits_k u_k$ 亦收敛, 这与假设矛盾!

2) 由 2° 的假设, 不难导出

$$\frac{u_k}{\widetilde{u}_k} \leqslant \frac{u_{k-1}}{\widetilde{u}_{k-1}} \leqslant \cdots \leqslant \frac{u_{k_1}}{\widetilde{u}_{k_1}}, \quad \forall\, k \geqslant k_1,$$

此即

$$u_k \leqslant \frac{u_{k_1}}{\widetilde{u}_{k_1}} \cdot \widetilde{u}_k, \qquad \forall\, k \geqslant k_1.$$

这样一来, 从上面 1) 的证法即可得到: 当 $\sum\limits_k \widetilde{u}_k$ 收敛时, 级数 $\sum\limits_k u_k$ 亦收敛.

另一方面, 类似上面的 1), 此时同样由归谬法可以导出: 当 $\sum\limits_k u_k$ 发散时, 级数 $\sum\limits_k \widetilde{u}_k$ 必发散. □

从上面的定理 8, 可以得到下面的推理:

推理 设 $\lim\limits_{k\to\infty} \left|\dfrac{u_k}{\widetilde{u}_k}\right| = q$, 那么

1° 当 $q = 0$ 时, 如级数 $\sum\limits_k |\widetilde{u}_k|$ 收敛, 则 $\sum\limits_k |u_k|$ 收敛;

2° 当 $q > 0$ 时, 级数 $\sum\limits_k |u_k|$ 和 $\sum\limits_k |\widetilde{u}_k|$ 有相同的敛散性;

3° 当 $q = +\infty$ 时, 如级数 $\sum\limits_k |\widetilde{u}_k|$ 发散, 则 $\sum\limits_k |u_k|$ 发散.

证明　只要注意到极限的定义, 用 “ε-N” 语言或者 “ρ-N” 语言 (对 “无穷” 的情形) 并利用上面的定理 8, 就不难得到本推理结论 (请读者详细自证). □

注 9　下面, 请读者来考察一下从上面定理 8 中 2° 所引申出来的一个结果的真伪性:

首先, 从上面定理 8 中的证明 1), 可以看出: 在定理条件下, 数列 $\left\{\dfrac{u_k}{\widetilde{u}_k}\right\}$ 是单调下降的; 并且, 从正项级数假设可知, 此数列以 0 为下界. 由此, 从 Cantor 单调有界收敛定理得知: $\lim\limits_{k\to\infty}\dfrac{u_k}{\widetilde{u}_k}$ 是存在的.

其次, 注意到级数部分和的定义, 由于

$$s_n=\sum_{k=1}^{n}u_k \quad 及 \quad \widetilde{s}_n=\sum_{k=1}^{n}\widetilde{u}_k, \qquad \forall\, n\in\mathbb{N},$$

因此, 从 Stolz 定理 (参看前面 2.3 节) 和

$$\lim_{n\to\infty}\frac{s_n-s_{n-1}}{\widetilde{s}_n-\widetilde{s}_{n-1}}=\lim_{n\to\infty}\frac{u_n}{\widetilde{u}_n}\ (存在),$$

可知 $\lim\limits_{n\to\infty}\dfrac{s_n}{\widetilde{s}_n}$ 存在, 且有

$$\lim_{n\to\infty}\frac{s_n}{\widetilde{s}_n}=\lim_{n\to\infty}\frac{u_n}{\widetilde{u}_n}.$$

最后, 注意到定理假设 $\sum\limits_{k}\widetilde{u}_k$ 收敛, 即 $\lim\limits_{n\to\infty}\widetilde{s}_n$ 存在, 于是从极限运算性质及上式可知 $\lim\limits_{n\to\infty}s_n$ 亦存在, 即 $\sum\limits_{k}u_k$ 收敛. 另外, 从上式还知

$$\lim_{n\to\infty}s_n=\left(\lim_{n\to\infty}\frac{u_n}{\widetilde{u}_n}\right)\cdot\lim_{n\to\infty}\widetilde{s}_n. \tag{$*$}$$

这个结果看似十分有趣, 且是上面定理 8 的精确化. 但是, 仔细一想, 其显然是错误的! 因为在定理 8 中 2° 的假设不变的前提下, 当随意改变一项 u_k 和 $\widetilde{u}_k$ 的值时, 显然级数 $\sum\limits_{k}u_k$ 与 $\sum\limits_{k}\widetilde{u}_k$ 的和均必然改变, 这样一来所得到的关系式 $(*)$ 必然不成立!

那么, 上述推导的问题出在哪里呢? 其实, 它就出在 Stolz 定理的使用上. 因为在 2.3 节的 Stolz 定理中, 必须假设 y_n(从某项起) “严格单调” 趋于 $+\infty$. 而上面的推导中却在没有这个前提假设下使用了 Stolz 定理, 因而才出现上面谬误的关系式 $(*)$.

下面举一些例子.

例 1　说明: 级数 $\sum\limits_{n}n$, $\sum\limits_{n}(-1)^n$, $\sum\limits_{n}[1+(-1)^n]$, $\sum\limits_{n}\sqrt[n]{n}$ 和 $\sum\limits_{n}\sqrt[n]{a}$ (其中, a 为某一正常数) 均是发散的.

解　对于前面三个级数, 可以看出, 由于各级数的通项均不趋于 0, 故从定理 1 的推理可知此三个级数是发散的. 至于后面的两个级数, 只要回忆到前面 2.2 节中的例 5 和例 6, 便知 $\sqrt[n]{a}, \sqrt[n]{n} \to 1$(当 $n \to \infty$ 时), 因而同理可知后面两个级数也是发散的.

例 2　证明: 级数 $\sum\limits_{n} \sin n$ 是发散的.

证明　(证法一): 从前面 2.2 节例 10 的解法可知: 如有 $\sin n \to 0$(当 $n \to \infty$ 时), 那么对 $\sin(n+1)$ 利用"和角公式"可导出 $\cos n \to 0$(当 $n \to \infty$ 时). 从而与 $\sin^2 n + \cos^2 n = 1$ 矛盾! 这样一来, 从此级数通项 $\sin n \nrightarrow 0$(当 $n \to \infty$ 时), 得到所需结论.

(证法二): 如图 1 所示, 取单位圆周上从 $\dfrac{\pi}{3}$ 到 $\dfrac{2\pi}{3}$ 的弧段, 显然, 此弧长为 $\dfrac{1}{3}\pi > 1$. 故类似前面 2.5 节中例 5 的方法, 从 x 轴的数 1 出发, 依逆时针方向取"自然数的弧点", 由于此运动"步长"为 1, 但上取的"弧段长"大于 1. 因此必然有"自然数的弧点" n_1 落于其中. 然后又以 n_1 为起点依上面讨论, 则将又有一个"自然数的弧点" n_2 落入此弧段中. 如此做法, 就找到了一个严增的"自然数的弧点" $\{n_k\}$, 使得它们均落在上述从 $\dfrac{\pi}{3}$ 到 $\dfrac{2\pi}{3}$ 的弧段内. 由此我们立即得到

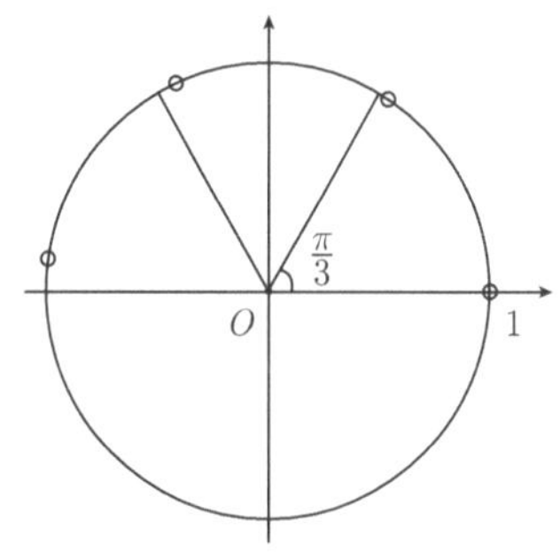

图 1

$$\sin n_k \geqslant \sin \frac{\pi}{3} = \frac{\sqrt{3}}{2}, \qquad \forall\, k \in \mathbb{N}.$$

因此: $\sin n \nrightarrow 0$(当 $n \to \infty$ 时). 于是, 从级数收敛的必要条件可知 $\sum\limits_{n} \sin n$ 发散.

□

注 10　*在前面 2.5 节中曾经讲过: 数列 $\{\sin n\}$ 是稠密于 $[-1,1]$ 上的. 因此, $\lim\limits_{n\to\infty} \sin n$ 当然不存在, 因而更不会有 $\sin n \to 0$(当 $n \to \infty$ 时). 由此, 从级数收敛的必要条件就可导出上面所需结论. 但是此结论来之十分不易, 俗话说:"杀鸡焉用牛刀". 故此处并没有用此一结论证之.*

例 3 (等比级数)　讨论级数 $\sum\limits_{n} x^{n-1}$(其中: x 是任意实数) 的敛散性.

解　下面分两种情况讨论:

1) 当 $|x| \geqslant 1$ 时, 由于上级数"通项" $x^{n-1} \nrightarrow 0$(当 $n \to \infty$ 时), 因此, 从级数收敛的必要条件可知相应的级数是发散的.

2) 当 $|x|<1$ 时 (此时显然有 $x^{n-1}\to 0$(当 $n\to\infty$ 时)), 故由初等数学知识有

$$s_n=\sum_{k=1}^{n}x^{k-1}=1+x+x^2+\cdots+x^{n-1}=\frac{1-x^n}{1-x}\to\frac{1}{1-x},\quad 当n\to\infty时,$$

即此时相应级数是收敛的, 且有 $\sum\limits_n x^{n-1}=\dfrac{1}{1-x}$. □

例 4　讨论级数 $\sum\limits_n \dfrac{1}{n^2}$ 的敛散性.

解　(此级数通项显然是趋向于 0 的) 注意到 Cantor 判别法 (定理 2), 由于此级数各项均非负, 且有

$$\begin{aligned}s_n&=\sum_{k=1}^{n}\frac{1}{k^2}=1+\frac{1}{2^2}+\frac{1}{3^2}+\cdots+\frac{1}{n^2}\\&\leqslant 1+\frac{1}{1\cdot 2}+\frac{1}{2\cdot 3}+\cdots+\frac{1}{(n-1)\cdot n}\\&=1+\left(1-\frac{1}{2}\right)+\left(\frac{1}{2}-\frac{1}{3}\right)+\cdots+\left(\frac{1}{n-1}-\frac{1}{n}\right)\\&=2-\frac{1}{n}<2,\qquad\forall\, n\in\mathbb{N},\end{aligned}$$

由此, 从该判别法, 可知级数 $\sum\limits_n \dfrac{1}{n^2}$ 收敛. □

例 5　讨论级数 $\sum\limits_n \dfrac{7n^2+6}{n^3}$ 的敛散性.

解　注意到, $\dfrac{1}{n^3}<\dfrac{1}{n^2}$ $(\forall\, n\in\mathbb{N})$, 由例 4, 从 Cantor 判别法可知级数 $\sum\limits_n \dfrac{1}{n^3}$ 收敛. 因此从收敛级数的运算性质可知 $\sum\limits_n \dfrac{6}{n^3}$ 收敛. 另一方面, 从前面 2.1 节中例 6 可知级数 $\sum\limits_n \dfrac{1}{n}$ 是发散的, 同样由收敛级数的运算性质可知 $\sum\limits_n \dfrac{7}{n}$ 亦是发散的 (否则后者如果收敛, 则与 $\dfrac{1}{7}$ 数乘后则将导出 $\sum\limits_n \dfrac{1}{n}$ 收敛, 矛盾). 这样一来, 再次运用收敛级数运算的性质, 可以归谬证得 $\sum\limits_n \dfrac{6}{n^3}$ 与 $\sum\limits_n \dfrac{7}{n}$ 相加必发散. 由此解决了本例子. □

例 6　设级数 $\sum\limits_n u_n$ 收敛, 且数列 $\{u_n\}$ 单调递减. 证明: $\lim\limits_{n\to\infty} n\cdot u_n=0$.

证明　首先, 从级数 $\sum\limits_n u_n$ 收敛的假设可知必有 $u_n\to 0$(当 $n\to\infty$ 时). 由此, 结合假设"u_n 单调递减", 则知

$$u_n \geqslant 0, \qquad \forall\, n \in \mathbb{N}.$$

然后, 再次利用 $\sum_n u_n$ 收敛的假设, 由 Cauchy 判别法 (定理 1) 可得到: 对于任意的 $\varepsilon > 0$, 必存在 $n_\varepsilon \in \mathbb{N}$, 使得

$$|s_m - s_n| = |u_{n+1} + u_{n+2} + \cdots + u_{n+m}| < \frac{\varepsilon}{2}, \qquad \forall\, m > n \geqslant n_\varepsilon.$$

这样一来, 特取 $n = n_\varepsilon$, $m \geqslant 2n_\varepsilon$, 从上两式并注意到 $\{u_n\}$ 的单调递减性就可得到

$$\frac{\varepsilon}{2} > u_{n_\varepsilon+1} + u_{n_\varepsilon+2} + \cdots + u_m \geqslant (m - n_\varepsilon)u_m \geqslant \frac{1}{2}m \cdot u_m.$$

于是, 对上述 $\varepsilon > 0$, 当取 $m_{(\varepsilon)} = 2n_\varepsilon$ 时, 从上则可导出

$$m \cdot u_m < \varepsilon, \qquad \forall\, m > m_{(\varepsilon)}.$$

此即验得: $\lim\limits_{m\to\infty} m \cdot u_m = 0$, 也即 $\lim\limits_{n\to\infty} n \cdot u_n = 0$. □

例 7 已知$1 - \frac{1}{2} + \frac{1}{3} - \frac{1}{4} + \cdots + \frac{1}{2n-1} - \frac{1}{2n} + \cdots = \ln 2$. 证明: $1 + \frac{1}{3} - \frac{1}{2} + \frac{1}{5} + \frac{1}{7} - \frac{1}{4} + \cdots + \frac{1}{2n-1} - \frac{1+(-1)^n}{2n} + \cdots = \frac{3}{2}\ln 2$.

证明 先将假设条件写出

$$1 - \frac{1}{2} + \frac{1}{3} - \frac{1}{4} + \frac{1}{5} - \frac{1}{6} + \frac{1}{7} - \frac{1}{8} + \cdots + \frac{(-1)^{n-1}}{n} + \cdots = \ln 2. \tag{1}$$

然后, 由收敛级数的"数乘"运算, 从上可得

$$\frac{1}{2} - \frac{1}{4} + \frac{1}{6} - \frac{1}{8} + \cdots + \frac{(-1)^{n-1}}{2n} + \cdots = \frac{1}{2}\ln 2. \tag{2}$$

注意到上面 (2) 式中所得级数"显示"出来的"项"是"跳跃"的, 也即上面显示出来的仅仅是原级数分母为偶数的项 (且有符号变化). 所以, 为了让级数的"加法"运算可以进行, 将此级数的"奇数项"补齐 (即用"0"补齐), 故 (2) 式可变为

$$0 + \frac{1}{2} + 0 - \frac{1}{4} + 0 + \frac{1}{6} + 0 - \frac{1}{8} + \cdots + 0 + \frac{(-1)^{n-1}}{2n} + \cdots = \frac{1}{2}\ln 2. \tag{2'}$$

这样一来, 由收敛级数的"加法"运算, 从上面 (1) 和 (2′) 式, 即可导出

$$1 + 0 + \frac{1}{3} - \frac{1}{2} + \frac{1}{5} + 0 + \frac{1}{7} - \frac{1}{4} + \cdots + \frac{1}{2n-1} - \left(\frac{1+(-1)^n}{2n}\right) + \cdots = \frac{3}{2}\ln 2,$$

也即得到所需关系式

$$1+\frac{1}{3}-\frac{1}{2}+\frac{1}{5}+\frac{1}{7}-\frac{1}{4}+\cdots+\frac{1+(-1)^n}{2n}+\cdots=\frac{3}{2}\ln 2. \qquad \square$$

例 8 验证: 级数 $\sum_n \frac{1}{n^p}$(p 为任意实数) 当 $p \leqslant 1$ 时发散, 当 $p > 1$ 时收敛.

证明 首先, 从 2.1 节例 6, 可知 (调和级数)$\sum_n \frac{1}{n}$ 是发散的. 而注意到明显的不等式

$$\frac{1}{n^p} > \frac{1}{n}, \qquad \forall\, p < 1,$$

故从上面正项级数敛散性的比较传递法 (定理 8) 可知, 此时级数 $\sum_n \frac{1}{n^p}$ $(p < 1)$ 均发散.

其次, 类似地, 从上面例 4 已知 $\sum_n \frac{1}{n^2}$ 收敛, 故由上述的比较传递法亦可直接导出: 级数 $\sum_n \frac{1}{n^p}$ $(p \geqslant 2)$ 收敛 $(\frac{1}{n^p} \leqslant \frac{1}{n^2}, \forall\, p \geqslant 2, n \in \mathbb{N})$.

最后, 余下来仅需讨论 $1 < p < 2$ 的情况. 此时, 注意级数部分和的特性. 由于其"前 $2^n - 1$ 项"部分和 $\{s_{2^n-1}\}$ 有以下关系:

$$s_1 = 1,$$

$$s_{2^2-1} = s_3 = 1+\frac{1}{2^p}+\frac{1}{3^p} < 1+\frac{2}{2^p} = 1+\frac{1}{2^{p-1}},$$

$$s_{2^3-1} = s_7 = s_3+\frac{1}{4^p}+\frac{1}{5^p}+\frac{1}{6^p}+\frac{1}{7^p} < \left(1+\frac{1}{2^{p-1}}\right)+\frac{4}{4^p} = 1+\frac{1}{2^{p-1}}+\left(\frac{1}{2^{p-1}}\right)^2.$$

由此类似可得

$$s_{2^n-1} \leqslant 1+\frac{1}{2^{p-1}}+\cdots+\left(\frac{1}{2^{p-1}}\right)^{n-1}, \qquad \forall\, n \in \mathbb{N}.$$

这样一来, 从等比级数求和公式, 即可导出

$$s_{2^n-1} < \sum_k \left(\frac{1}{2^{p-1}}\right)^{k-1} = \left(1-\frac{1}{2^{p-1}}\right)^{-1}, \qquad \forall\, n \in \mathbb{N}.$$

再注意到 $\sum_n \frac{1}{n^p}$ 是正项数级, 因此, 部分和是"单调递增的", 由此可得

$$s_n \leqslant s_{2^n-1} < \left(1-\frac{1}{2^{p-1}}\right)^{-1}, \qquad \forall\, n \in \mathbb{N},$$

也即级数 $\sum_n \frac{1}{n^p}$ $(p>1)$ 的部分和数列 $\{s_n\}$ 是有界的. 因而由 Cantor 判别法 (定理 2) 可知, 该级数是收敛的 (值得注意的是, 上面的证明对于 $p \geqslant 2$ 亦是正确的. 因此, 此段证明已经覆盖了上面第二段证明, 虽然方法完全不同). □

注 11 在上面的证明中, 其最后一段的证明其实已“覆盖”了其第二段的证明. 也即是说, 上面的最后一段证明中, 只要 $p>1$, 其一切推导均是正确的 (不仅限于 $1<p<2$ 的情形). 但仍将 $p \geqslant 2$ 单独叙述了一下, 这是因为上面第三段的证明中, 其技巧性太强, 因此, 读者一开始未必就能想到. 所以, 先加进“$p \geqslant 2$”的简单证明是想要提示读者: 当一个问题摆在面前时, 要学会先易后难、先简单后复杂地去解决它. 这样, 即使最难的一部分还解决不了, 但是问题中较容易的一些部分我们则已经解决而且可以筛选出来.

例 9 设正项级数 $\sum_n u_n$ 发散, 研讨级数 $\sum_n \frac{u_n}{1+nu_n}$ 的敛散性.

解 分以下四种情况来讨论:

1) 如果 (上极限存在) $\overline{\lim\limits_{n\to\infty}}\, nu_n = p \neq 0$, 那么, 由上极限的定义 (前面的 2.5 节) 可知, 对于正数 1, 必存在 $n_1 \in \mathbb{N}$, 使得

$$nu_n < p+1, \qquad \forall\, n \geqslant n_1.$$

于是

$$\frac{u_n}{1+nu_n} \geqslant \frac{u_n}{1+(p+1)} = \frac{u_n}{2+p}, \qquad \forall\, n \geqslant n_1.$$

注意到级数 $\sum_n u_n$ 发散的假设, 由级数敛散性对数乘运算的传递法可知 $\sum_n \frac{u_n}{2+p}$ 亦是发散级数. 这样一来, 从正项级数敛散性的比较传递法, 以及前面的定理 3(即级数的敛散性与前面任意有限项的取值无关), 即可导出级数 $\sum_n \frac{u_n}{1+nu_n}$ 必发散.

2) 当 $\overline{\lim\limits_{n\to\infty}}\, nu_n = +\infty$ 时, 级数 $\sum_n \frac{u_n}{1+nu_n}$ 的敛散性无法判断. 可见下面两个例子.

例 a 设

$$u_n = \begin{cases} 1, & \text{当} n = k^2 \text{时}, \\ 0, & \text{当} n \neq k^2 \text{时}, \end{cases} \qquad \forall\, n \in \mathbb{N}.$$

显然可以看出

$$\overline{\lim_{n\to\infty}}\, nu_n = \lim_{k\to\infty} 1 \cdot k^2 = +\infty;$$

而级数

$$\sum_n \frac{u_n}{1+nu_n} = \sum_k \frac{1}{1+k^2}$$

收敛 (因 $\dfrac{1}{1+k^2} < \dfrac{1}{k^2}$, $\forall\, k \in \mathbb{N}$).

例 b　设

$$u_n = \begin{cases} 1, & \text{当} n = 2k-1 \text{时}, \\ 0, & \text{当} n = 2k \text{时}, \end{cases} \qquad \forall\, n \in \mathbb{N}.$$

同样有 $\overline{\lim\limits_{n\to\infty}}\, nu_n = +\infty$; 而级数

$$\sum_n \frac{u_n}{1+nu_n} = \sum_k \frac{1}{2k}$$

发散.

3) 当 $\lim\limits_{n\to\infty} nu_n = 0$ 时, 级数 $\sum\limits_n \dfrac{u_n}{1+nu_n}$ 的敛散性无法判断.

这里的结论亦可由上面 2) 中的例 a 和例 b 看出, 因为上面两例中均有 $\underline{\lim\limits_{n\to\infty}}\, nu_n = 0$, 但形为 $\sum\limits_n \dfrac{u_n}{1+nu_n}$ 的级数一个为收敛, 一个为发散.

4) 当 $\underline{\lim\limits_{n\to\infty}}\, nu_n = q \neq 0$ 时, 首先, 从设可知 $u_0 \geqslant 0(\forall n \in \mathbb{N})$, 故有 $q > 0$. 于是由下极限的定义 (前面 2.5 节) 可知: 对于正数 $q_0 < q$, 必存在 $n_0 \in \mathbb{N}$, 使得

$$nu_n > q_0 > 0, \qquad \forall\, n \geqslant n_0.$$

由此可得

$$\frac{n}{q_0} \cdot u_n > 1, \qquad \forall\, n \geqslant n_0.$$

这样一来, 便可导出

$$\frac{u_n}{1+nu_n} > \frac{u_n}{\dfrac{n}{q_0} \cdot u_n + nu_n} = \frac{1}{\dfrac{1}{q_0}+1} \cdot \frac{1}{n}, \qquad \forall\, n \geqslant n_0.$$

因此, 类似于 1), 从比较传递法、前面定理 3 以及 $\sum\limits_n \dfrac{1}{n}$ 的发散性, 我们立即得到了级数 $\sum\limits_n \dfrac{u_n}{1+un_n}$ 的发散性. □

3.2　同号项级数的敛散性及其判别法

同号项级数的概念是十分清楚的, 此即在级数 $\sum\limits_k u_k$ 中所有的 u_k $(\forall\, k \in \mathbb{N})$ 是同一符号的. 注意到 3.1 节的定理 4 不难看出: 一个级数的敛散性对于任何非 0

的“数乘”运算是不变的. 因此, 本节仅需来研讨有关正项级数 (即各项均非负的级数) 的收敛性及其敛散性的几个著名判别法. 因为, 对于一个负项级数, 只要乘“-1”, 则它就变为与原级数同敛散的正项级数了.

对于正项级数, 首先, 利用 Cantor 定理即可得一个易见的判别法, 此即上节的定理 2, 也即“只要一个正项级数 $\sum\limits_k u_k$ 的所有部分和 $\{s_n\}$ 所成之数集具有上界, 则其必收敛”.

下面, 接着来介绍两个常用的判别法, 即比值判别法和根值判别法. 此两判别法分别由法国的数学家 J.L.R.D'Alembert(达朗贝尔) 和 A.L.Cauchy(柯西) 得到.

定理 1 (比值判别法, 或称 D'Alembert判别法) 设 $\sum\limits_n u_n$ 是一个正项级数. 那么

1° 如存在正数 $q<1$, 使得“比值” (有意义)$D_n \triangleq \dfrac{u_{n+1}}{u_n} \leqslant q$ ($\forall\ n \geqslant$ (某)n_0), 则级数 $\sum\limits_n u_n$ 收敛;

2° 如果 $D_n \triangleq \dfrac{u_{n+1}}{u_n} \geqslant 1$ ($\forall\ n \geqslant$ (某)n_1), 则级数 $\sum\limits_n u_n$ 发散.

证明 由设 $D_n = \dfrac{u_{n+1}}{u_n}$ ($\forall\ n \geqslant n_0$) 有意义 (即分母不为 0), 故可分两种情况验证结论:

1) 当有 $D_n \leqslant q$ ($\forall\ n \geqslant n_0$) 且 $0<q<1$ 时, 由于

$$\frac{u_n}{u_{n_0}} = D_{n-1} \cdot D_{n-2} \cdots D_{n_0} \leqslant q^{n-n_0}, \qquad \forall\ n > n_0,$$

故可得到

$$u_n \leqslant \frac{u_{n_0}}{q^{n_0}} \cdot q^n, \qquad \forall\ n > n_0. \tag{1}$$

这样一来, 注意到级数 $\sum\limits_n q^n$(“公比”小于 1 的等比正项级数) 是收敛的, 从而级数 $\sum\limits_n \dfrac{u_{n_0}}{q^{n_0}} \cdot q^n$ 亦是收敛的. 最后从 (1) 式, 利用 3.1 节有关两级数敛散性的“比较传递法”立即导出级数 $\sum\limits_n u_n$ 是收敛的. 由此定理的 1° 得证.

2) 当有 $D_n \geqslant 1$ ($\forall n \geqslant n_1$) 时, 由于

$$u_n \geqslant u_{n-1} \geqslant \cdots \geqslant u_{n_1} > 0, \qquad \forall\ n > n_1,$$

可知级数 $\sum\limits_n u_n$ 的通项 $u_n \nrightarrow 0$(当 $n \to \infty$ 时). 因此, 从级数收敛的必要条件可导出此级数是发散的. 由此定理的 2° 得证. □

推理(比值判别法之极限形式)　设 $\sum_n u_n$ 是一个正项级数. 那么

1° 如果 $\varlimsup_{n\to\infty}\frac{u_{n+1}}{u_n}=\theta<1$, 则级数 $\sum_n u_n$ 收敛;

2° 如果 $\varliminf_{n\to\infty}\frac{u_{n+1}}{u_n}=\rho>1$, 则级数 $\sum_n u_n$ 发散.

证明　只要回忆起数列上、下极限的定义, 从上面定理则不难导出本推理的结论, 下面分别来证明之.

1) 当 $\varlimsup_{n\to\infty}\frac{u_{n+1}}{u_n}=\theta<1$ 时, 从上极限的定义, 对于正数 $\varepsilon_0=\frac{1-\theta}{2}$, 必存在 $n_0\in\mathbb{N}$, 使得

$$\frac{u_{n+1}}{u_n}<\theta+\varepsilon_0=\frac{1+\theta}{2}<1,\qquad \forall\, n>n_0.$$

于是从定理 1 之 1°, 可立即得到本推理中 1° 的结论.

2) 当 $\varliminf_{n\to\infty}\frac{u_{n+1}}{u_n}=\rho>1$ 时, 从下极限定义, 对于正数 $\varepsilon_1=\frac{\rho-1}{2}$, 必存在 $n_1\in\mathbb{N}$, 使得

$$\frac{u_{n+1}}{u_n}>\rho-\varepsilon_1=\frac{1+\rho}{2}>1,\qquad \forall\, n>n_1.$$

于是同样从定理 1 之 2° 可以直接得到本推理中 2° 的结论. □

注 1　在比值判别法的极限形式中, 如果一个正项级数 $\sum_n u_n$ 满足 $\lim_{n\to\infty}\frac{u_{n+1}}{u_n}=1$, 上判别法失效! 也即, 此时的级数可能是收敛的, 也可能是发散的. 例如: 对于级数 $\sum_n\frac{1}{n}$ 和级数 $\sum_n\frac{1}{n^2}$, 容易验证, 它们均满足通项比值的极限 $\lim_{n\to\infty}\frac{u_{n+1}}{u_n}=1$. 但是前面已经知道上两级数前者 (调和级数) 是发散的, 后者是收敛的.

注 2　值得注意的是, 在比值判别法中当上极限 $\varlimsup_{n\to\infty}\frac{u_{n+1}}{u_n}=\rho>1$ 时, 是得不出 $\sum_n u_n$ 必定发散的结论的. 反例如下: 先取一个收敛的正项级数 $\sum_n v_n$, 然后将它的每一项与其自身的二倍相加, 于是所得之新级数 (记为)$\sum_n u_n$ 具有如下形式:

$$v_1+2v_1+v_2+2v_2+\cdots+v_n+2v_n+\cdots.$$

因此,

$$\varlimsup_{n\to\infty}\frac{u_{n+1}}{u_n}\geqslant\lim_{n\to\infty}\frac{u_{2n}}{u_{2n-1}}=2>1.$$

但 $\sum_n u_n$ 显然是收敛的, 这是因为, 从前面收敛级数的运算性质已知

$$\sum_n u_n=\sum_n v_n+\sum_n 2v_n=3\sum_n v_n.$$

定理 2 (根值判别法, 或称 Cauchy 判别法) 设 $\sum_n u_n$ 是一个正项级数, 那么

1° 如果存在正数 $q<1$, 使得"根值" $C_n \triangleq \sqrt[n]{u_n} \leqslant q$ ($\forall\ n \geqslant$ (某)n_0), 则级数 $\sum_n u_n$ 收敛;

2° 如果存在子列 $\{n_k\} \subset \mathbb{N}$, 使得 $C_{n_k} \triangleq \sqrt[n_k]{u_{n_k}} \geqslant 1$ ($\forall\ k \in \mathbb{N}$), 则级数 $\sum_n u_n$ 发散.

证明 由设 $C_n = \sqrt[n]{u_n}$ ($\forall\ n \in \mathbb{N}$), 故可分两种情况验证结论:

1) 当有 $C_n \leqslant q$ ($\forall\ n \geqslant n_0$) 且 $0<q<1$ 时, 由于

$$u_n \leqslant q^n, \qquad \forall\ n \geqslant n_0,$$

故从几何级数 $\sum_n q^n$ 的收敛性, 由上节的比较传递法即可导出级数 $\sum_n u_n$ 亦是收敛的. 因此本定理结论 1° 得证.

2) 当有

$$C_{n_k} \geqslant 1, \qquad \forall\ k \in \mathbb{N}$$

时, 此即有

$$u_{n_k} \geqslant 1, \qquad \forall\ k \in \mathbb{N},$$

也即级数 $\sum_n u_n$ 的通项不趋于 0(当 $n \to \infty$ 时), 故知其必发散. 由此证得本定理的结论 2°. □

推理 (根值判别法的极限形式) 设 $\sum_n u_n$ 是一个正项级数, 那么

1° 如果 $\overline{\lim\limits_{n\to\infty}}\, C_n = \theta < 1$, 则级别数 $\sum_n u_n$ 收敛;

2° 如果 $\underline{\lim\limits_{n\to\infty}}\, C_n = \rho > 1$, 则级数 $\sum_n u_n$ 发散.

证明 类似于上面定理 1 的推理的证明 (请读者证之). □

注 3 当 $\overline{\lim\limits_{n\to\infty}} \sqrt[n]{u_n} = 1$ 时, 正项级数 $\sum_n u_n$ 的敛散性是无法判别的. 与上面的注 1 相同, 亦可用级数 $\sum_n \frac{1}{n}$ 和 $\sum_n \frac{1}{n^2}$ 作为例子. 事实上, 从前面的 2.2 节例 6 已知: $\lim\limits_{n\to\infty} \sqrt[n]{n} = 1$, 因此 $\lim\limits_{n\to\infty} \sqrt[n]{n^2} = \lim\limits_{n\to\infty} \sqrt[n]{n} \cdot \lim\limits_{n\to\infty} \sqrt[n]{n} = 1$. 注意到当数列有极限时, 其上、下极限均等于此极限, 故得本注的结论.

注 4 注意到 2.5 节例 4 的下面结果: 如果 $\{u_n\}$ 是正的数列, 则有

$$\underline{\lim_{n\to\infty}} \frac{u_{n+1}}{u_n} \leqslant \underline{\lim_{n\to\infty}} \sqrt[n]{u_n} \leqslant \overline{\lim_{n\to\infty}} \sqrt[n]{u_n} \leqslant \overline{\lim_{n\to\infty}} \frac{u_{n+1}}{u_n}.$$

由此不难看出: 当 Cauchy 法不能用时, 即 $\overline{\lim\limits_{n\to\infty}} C_n = 1$ 时, D'Alembert 判别法一定也不能用; D'Alembert 判别法可用时, Cauchy 法一定可用; 但反之未必. 可以查看下面的反例.

反例 设正项数列 $\sum\limits_n u_n$ 如下定义:

$$\frac{1}{2}+\frac{1}{3}+\frac{1}{2^2}+\frac{1}{3^2}+\cdots+\frac{1}{2^n}+\frac{1}{3^n}+\cdots.$$

如用 D'Alembert 的比值判别法, 由于

$$\left.\begin{aligned}\frac{u_{2n}}{u_{2n-1}}&=\frac{1}{3^n}\Big/\frac{1}{2^n}=\left(\frac{2}{3}\right)^n,\\ \frac{u_{2n-1}}{u_{2n-2}}&=\frac{1}{2^n}\Big/\frac{1}{3^{n-1}}=\frac{1}{2}\left(\frac{3}{2}\right)^{n-1},\end{aligned}\right.\qquad \forall\, n\in\mathbb{N},$$

故知

$$\overline{\lim_{n\to\infty}}\frac{u_{n+1}}{u_n}=+\infty \quad 及 \quad \underline{\lim_{n\to\infty}}\frac{u_{n+1}}{u_n}=0.$$

因此, D'Alembert 判别法失效.

但是, 由于

$$\lim_{n\to\infty}\sqrt[n]{u_n}=\begin{cases}\sqrt{\dfrac{1}{3}}, & 当n=2k时,\\ \sqrt{\dfrac{1}{2}}, & 当n=2k-1时,\end{cases}\qquad \forall\, k\in\mathbb{N},$$

故知

$$\overline{\lim_{n\to\infty}}\sqrt[n]{u_n}=\sqrt{\frac{1}{2}}<1.$$

因此, 从 Canchy 判别法知上级数 $\sum\limits_n u_n$ 是收敛的.

注 5 从以上两种级数敛散性的判别"标值" D_n 和 C_n ($\forall\, n\in\mathbb{N}$) 的定义可以看出: 当通项为"阶乘"形式时, 多用"比值判别法"; 当通项为"乘幂"形式时, 多用"根值判别法". 而另一方面, 也可看出, 此两判别法 (从证明可看出) 均是判别**比某个几何级数收敛得"快"的级数**(也即此级数的"通项"是比收敛的几何级数之"通项"高阶的无穷小). 事实上, 可以证明: 如有 $\lim\limits_{n\to\infty}\sqrt[n]{u_n}=\theta<1$, 那么, 对于任意的数 $a\in(\theta,1)$, 必有 $\lim\limits_{n\to\infty}\dfrac{u_n}{a^n}=0$.

从上面的注 5 最后的叙述, 我们当然会联想到, 对于一个收敛级数 $\sum\limits_n u_n$, 如果其比 (收敛的) 几何级数均收敛得"慢", 那么, 是否也可以用一类比 (收敛的) 几何级数收敛得"慢"且我们熟悉的另一类级数来与它运用比较判别法呢? 这里, 容易联

想到的、可作为“标尺”来比较的级数当然就是 (广义的) 调和级数 $\sum \frac{1}{n^p}$ $(p>1)$ 了. 因为从 2.2 节的例 7, 有下面的关系式: 对于任意的正数 $\theta<1$, 均有

$$\lim_{n\to\infty} \frac{\theta^n}{\frac{1}{n^p}} = \lim_{n\to\infty} n^p\theta^n = 0. \tag{$*$}$$

正是上面的创造性思维, 瑞士数学家 J.L.Raabe(拉阿伯) 得到了下面的一个比“比值判别法”更精细的新的判别法, 它是处理正项级数 $\sum\limits_n u_n$“当 $\frac{u_{n+1}}{u_n}<1$ $(\forall\, n\in\mathbb{N})$ 且有 $\lim\limits_{n\to\infty}\frac{u_{n+1}}{u_n}=1$ 时”(当比值判别法失效时)的一个新的判别法.

为了介绍这一新的判别法, 先来给出一个引理.

引理 1 设 $u_n>0$, 并记两个新的“标值”为

$$R_n \triangleq n\left(\frac{u_n}{u_{n+1}}-1\right), \quad \widetilde{R}_n \triangleq n\left(1-\frac{u_{n+1}}{u_n}\right), \qquad \forall\, n\in\mathbb{N}.$$

那么, 必有下面关系式成立:

$$\text{存在数}p>1, \text{使 } R_n \geqslant p\ (\forall\, n\geqslant n_0) \Longleftrightarrow \text{存在数 } \widetilde{p}>1, \text{使 } \widetilde{R}_n\geqslant \widetilde{p}\ (\forall\, n\geqslant \widetilde{n}_0).$$

证明 “$\Longrightarrow$”: 设有数 $p>1$, 使得 $R_n\geqslant p$ $(\forall\, n\geqslant n_0)$. 注意到 R_n 和 $\widetilde{R}_n$ 的定义, 有

$$R_n = n\left(\frac{u_n}{u_{n+1}}-1\right)\geqslant p,$$

从而有

$$\frac{u_n}{u_{n+1}}\geqslant 1+\frac{p}{n}=\frac{n+p}{n}, \qquad \forall\, n\in\mathbb{N}.$$

由此可得 (注意到 $u_n>0$)

$$\widetilde{R}_n = n\left(1-\frac{u_{n+1}}{u_n}\right)\geqslant n\left(1-\frac{n}{n+p}\right)=\frac{np}{n+p}, \qquad \forall\, n\in\mathbb{N}.$$

注意到 $\lim\limits_{n\to\infty}\frac{n}{n+p}=1$ 以及假设条件 $p>1$, 因此, 当设一个足够小的数 $\varepsilon_0\in(0,1)$, 使得数 $\widetilde{p}\triangleq(1-\varepsilon_0)p>1$ 时, 从极限定义可知: 存在 $\widetilde{n}_0\in\mathbb{N}$(不妨取 $\widetilde{n}_0\geqslant n_0$), 使有

$$\frac{n}{n+p}\geqslant 1-\varepsilon_0, \qquad \forall\, n\geqslant \widetilde{n}_0(\geqslant n_0).$$

这样一来, 注意到 $R_n\geqslant p$ $(\forall\, n\geqslant n_0)$ 的假设, 从上两不等式即可导出

$$\widetilde{R}_n\geqslant p(1-\varepsilon_0)\triangleq \widetilde{p}(>1), \qquad \forall\, n\geqslant \widetilde{n}_0.$$

"$\Longleftarrow$": 类似上面论述, 有

$$R_n = n\left(\frac{u_n}{u_n+1}-1\right) \geqslant \frac{n\widetilde{p}}{n-\widetilde{p}}, \qquad \forall\, n \in \mathbb{N}.$$

因此, 类似地利用极限关系 $\lim\limits_{n\to\infty}\dfrac{n}{n-\widetilde{p}}=1$ 以及假设条件 $\widetilde{p}>1$, 不难仿照上段证明方法, 将这里所需的结论导出. □

定理 3 (Raabe 判别法) 设 $\sum\limits_n u_n$ 是一个正项级数. 那么

1° 如果存在数 $p>1$, 使得值 $R_n \triangleq n\left(\dfrac{u_n}{u_{n+1}}-1\right) \geqslant p$ ($\forall\, n \geqslant$ (某)n_0), 则级数 $\sum\limits_n u_n$ 收敛;

2° 如果 $R_n \triangleq n\left(\dfrac{u_n}{u_{n+1}}-1\right) \leqslant 1$ ($\forall\, n \geqslant$ (某)n_1), 则级数 $\sum\limits_n u_n$ 发散.

证明 1) 由设 $R_n = n\left(\dfrac{u_n}{u_{n+1}}-1\right) \geqslant p > 1$ ($\forall\, n \geqslant n_0$), 故由引理 1 知: 存在数 $\widetilde{p}>1$, 使得

$$\widetilde{R}_n = n\left(1-\frac{u_{n+1}}{u_n}\right) \geqslant \widetilde{p}, \qquad \forall\, n \geqslant \widetilde{n}_0.$$

由此可知

$$\frac{u_{n+1}}{u_n} \leqslant 1-\frac{\widetilde{p}}{n}, \qquad \forall\, n \geqslant \widetilde{n}_0. \tag{1}$$

引用一个二项式的推广公式, 由瑞士数学家 J.Bernoulli(贝努里) 得到的不等式

$$(1+x)^p \geqslant 1+px, \qquad \forall\, x>-1,\ p \geqslant 1.$$

(此公式的严格证明在今后微分学学习中易得), 可导出

$$\frac{1}{n^{\widetilde{p}}}\Big/\frac{1}{(n-1)^{\widetilde{p}}} = \left(1-\frac{1}{n}\right)^{\widetilde{p}} \geqslant 1-\frac{\widetilde{p}}{n}, \qquad \forall\, n \in \mathbb{N}.$$

这样一来, 从此式及 (1) 式, 可得

$$\frac{u_{n+1}}{u_n} \leqslant \frac{1}{n^{\widetilde{p}}}\Big/\frac{1}{(n-1)^{\widetilde{p}}}, \qquad \forall\, n \geqslant \widetilde{n}_0.$$

于是由正项级数敛散性的"比较传递法"(那里的定理 8 之 2°), 以及 $\sum\limits_n \dfrac{1}{n^{\widetilde{p}}}$ ($\widetilde{p}>1$) 的收敛性即可导出级数 $\sum\limits_n u_n$ 是收敛的. 从而得到了所需结论 1°.

2) 当 $R_n = n\left(\dfrac{u_n}{u_{n+1}}-1\right) \leqslant 1$ ($\forall\, n \geqslant n_1$) 时, 即可得到

$$\frac{u_n}{u_{n+1}} \leqslant 1+\frac{1}{n} = \frac{n+1}{n}, \qquad \forall\, n \geqslant n_1,$$

也即有

$$\frac{u_{n+1}}{u_n} \geqslant \frac{n}{n+1} = \frac{1}{n+1} \Big/ \frac{1}{n}, \qquad \forall\, n \geqslant n_1.$$

这样一来, 同样由上节正级数敛散性的"比较传递法", 从 $\sum\limits_n \frac{1}{n}$ 的发散性可得级数 $\sum\limits_n u_n$ 的发散性. 从而得到了定理所需的结论 2°. □

注 6 由前面的引理 1 或者从上面定理的证明中, 其实已经看到: 如果在上面定理 3 中将那里的敛散性"标值" R_n 换为 $\widetilde{R}_n$, 则相应结论亦是正确的, 也即以下命题:

1° 如果存在数 $\widetilde{p} > 1$, 使得值 $\widetilde{R}_n \triangleq n\left(1 - \frac{u_{n+1}}{u_n}\right) \geqslant \widetilde{p}$ $(\forall\, n \geqslant \widetilde{n}_0)$, 则级数 $\sum\limits_n u_n$ 收敛;

2° 如果 $\widetilde{R}_n \triangleq n\left(1 - \frac{u_{n+1}}{u_n}\right) \leqslant 1$ $(\forall\, n \geqslant \widetilde{n}_1)$, 则级数 $\sum\limits_n u_n$ 发散.

推理 (Raabe 判别法的极限形式) 设 $\sum\limits_n u_n$ 是一个正项级数, 并设

$$R_n = n\left(\frac{u_n}{u_{n+1}} - 1\right) \to \rho, \qquad \text{当} n \to \infty \text{时}.$$

那么,

1° 当 $\rho > 1$ 时, 级数 $\sum\limits_n u_n$ 收敛;

2° 当 $\rho < 1$ 时, 级数 $\sum\limits_n u_n$ 发散;

3° 当 $\rho = 1$, 且 $n\left(\frac{u_n}{u_{n+1}} - 1\right) > 1$ 时, 收敛性不定.

(请读者自证.)

沿着上面定理 3 的思路, 即不以"几何级数"而以"调和级数"为比较的"标尺", 直接利用正项级数敛散性的比较传递法 (见上节定理 8 之 1°), 容易直接得到下面的定理:

定理 4 (通项趋向于 0 的"阶"之判别法) 设 $\sum\limits_n u_n$ 是一个正项级数. 那么

1° 如果存在数 $p > 1$, 正常数 c 以及 $n_0 \in \mathbb{N}$, 使得

$$u_n \leqslant \frac{c}{n^p}, \qquad \forall\, n \geqslant n_0,$$

则级数 $\sum\limits_n u_n$ 收敛;

2° 如果存在数 $\beta \leqslant 1$, 正常数 d 以及 $n_1 \in \mathbb{N}$, 使得

$$u_n \geqslant \frac{d}{n^\beta}, \qquad \forall\, n \geqslant n_1,$$

则级数 $\sum_n u_n$ 发散.

相应地, 定理 4 也有极限形式的命题如下:

推理(通项趋向于 0 的"阶"之判别法的极限形式) 设 $\sum_n u_n$ 是一个正项级数. 那么

1° 如果存在数 $p>1$, 使得

$$\lim_{n\to\infty}\frac{u_n}{\dfrac{1}{n^p}}=\lim_{n\to\infty}n^p u_n=c(\text{某一数}),$$

则级数 $\sum_n u_n$ 收敛;

2° 如果存在数 $\beta\leqslant 1$, 使得

$$\lim_{n\to\infty}\frac{u_n}{\dfrac{1}{n^\beta}}=\lim_{n\to\infty}n^\beta u_n=d\ (\neq 0)\text{或}+\infty,$$

则级数 $\sum_n u_n$ 发散.

(请读者自证.)

从上面 Raabe 判别法导出的思路, 当然容易"举一反三"地联想到: 如果有比"几何级数" $\sum_n \theta^n\ (0<\theta<1)$ 和"调和级数" $\sum_n \frac{1}{n^p}\ (p>1)$ 收敛得"更慢"的级数, 当同样取它作为"标尺"而利用 3.1 节的"比较传递法"(其两种形式:"通项比较"和"比式比较") 时, 那么, 必能导出更新且更精确的又一种级数敛散性的判别法. 事实的确如此! 下面, 不加 (严格) 证明地给出又一个实例.

引理 2* 级数 $\sum_n \frac{1}{n(\ln n)^p}$ 对任意的数 $p>1$ 收敛, $p\leqslant 1$ 发散.

注 7 上面结论的证明需用到"积分判别法", 因此只有到以后讲到积分学后才容易证明. 当将上面的级数与调和级数 $\sum_n \frac{1}{n^p}$ 类比时, 其敛散性则十分容易记忆. 类似地, 用积分法, 同样容易得到下面更深入的结论:

级数 $\sum_n \frac{1}{n\ln n\cdot(\ln(\ln n))^p}$ 对任意的数 $p>1$ 收敛, $p\leqslant 1$ 发散;

级数 $\sum_n \frac{1}{n\ln n\cdot\ln(\ln n)\cdot(\ln(\ln(\ln n)))^p}$ 对任意的数 $p>1$ 收敛, $p\leqslant 1$ 发散;

······

此外, 当学过微分学后不难证明: 级数 $\sum_n \frac{1}{n(\ln n)^{p_2}}\ (\forall\, p_2>1)$ 比级数 $\sum_n \frac{1}{n^{p_1}}\ (\forall\, p_1>1)$ 收敛得"慢"; 级数 $\sum_n \frac{1}{n\ln n\cdot(\ln(\ln n))^{p_3}}\ (\forall\, p_3>1)$ 比级数 $\sum_n \frac{1}{n(\ln n)^{p_2}}$

$(\forall\, p_2 > 1)$ 收敛得“慢”; ……

有了上面的引理 2*, 将级数与级数 $\sum\limits_n \dfrac{1}{n(\ln n)^p}$ 比较, 从上一节定理 8 中的“比较传递法”的 1°(“通项”比较) 和 2°(“比式”比较), 可以得到下面两个定理.

定理 5(通项趋向于 0 的“阶”之又一判别法) 设 $\sum\limits_n u_n$ 是一个正项级数. 那么

1° 如果存在数 $p > 1$, 正数 c 以及 $n_0 \in \mathbb{N}$, 使得

$$u_n \leqslant \frac{c}{n(\ln n)^p}, \qquad \forall\, n \geqslant n_0,$$

则级数 $\sum\limits_n u_n$ 收敛;

2° 如存在数 $\beta \leqslant 1$, 正数 d 以及 $n_1 \in \mathbb{N}$, 使得

$$u_n \geqslant \frac{d}{n(\ln n)^\beta}, \qquad \forall\, n \geqslant n_1,$$

则级数 $\sum\limits_n u_n$ 发散.

推理(通项向 0 的“阶”之又一判别法的极限形式) 设 $\sum\limits_n u_n$ 是一个正项数级. 那么,

1° 如果存在数 $p > 1$, 使得

$$\lim_{n\to\infty}\left(u_n \Big/ \frac{1}{n(\ln n)^p}\right) = \lim_{n\to\infty} n(\ln n)^p \cdot u_n = c(\text{某一数}),$$

则级数 $\sum\limits_n u_n$ 收敛;

2° 如果存在数 $\beta \leqslant 1$, 使得

$$\lim_{n\to\infty}\left(u_n \Big/ \frac{1}{n(\ln n)^\beta}\right) = \lim_{n\to\infty} n(\ln n)^\beta \cdot u_n = d\ (\neq 0)\text{或} +\infty,$$

则级数 $\sum\limits_n u_n$ 发散.

下面是由德国著名数学家 K.F.Gauss(高斯) 得到的判别法:

定理 6(Gauss 判别法) 设 $\sum\limits_n u_n$ 是一个正项数级, 其满足

$$\frac{u_n}{u_{n+1}} = r_1 + \frac{r_2}{n} + \frac{r_3}{n\ln n} + o\left(\frac{1}{n\ln n}\right), \qquad \text{当}\, n\to\infty\,\text{时}.$$

那么

1° 如果 $r_1>1$, 或者 $r_1=1$ 且 $r_2>1$, 或者 $r_1=r_2=1$ 且 $r_3>1$, 则级数 $\sum\limits_n u_n$ 收敛;

2° 如果 $r_1<1$, 或者 $r_1=1$ 且 $r_2<1$, 或者 $r_1=r_2=1$ 且 $r_3<1$, 则级数 $\sum\limits_n u_n$ 发散.

证明　下面分三种情况予以验证:

1) 当 $r_1>1$ 或者 $r_1<1$ 时, 直接用 D'Alembert 的比值判别法, 则可得出所需结论.

2) 当 $r_1=1$ 时, 且 $r_2>1$ 或者 $r_2<1$ 时, 直接用 Raabe 判别法, 则可得出所需结论.

3) 当 $r_1=r_2=1$, 且 $r_3>1$ 或者 $r_3<1$ 时, 则需要分别取另一级数为 $\sum\limits_n \dfrac{1}{n\cdot(\ln n)^p}$ (其中, $1<p<r_3$) 或者 $\sum\limits_n \dfrac{1}{n\cdot\ln n}$. 然后, 注意到前面引理 2* 的结论, 直接利用正项级数敛散性的"比较传递法" (上节定理 8 中之 2°), 则可导出所需结论. □

从上面定理 6 不难导出下面推理.

推理　在上定理 6 中, 设

$$\frac{u_n}{u_{n+1}}=r_1+\frac{r_2}{n}+o\left(\frac{1}{n^2}\right),\qquad 当n\to\infty时.$$

那么,

1° 如果 $r_1>1$, 或者 $r_1=1$ 且 $r_2>1$, 则级数 $\sum\limits_n u_n$ 收敛;

2° 如果 $r_1<1$, 或者 $r_1=1$ 且 $r_2\leqslant 1$, 则级数 $\sum\limits_n u_n$ 发散.

有了以上正项级数敛散性的几个判别法, 可以举出下面一些例子.

例 1　讨论级数 $\sum\limits_n \dfrac{x^n}{(1+x)(1+x^2)\cdots(1+x^n)}$(其中, x 为任意正实数) 的敛散性.

解　由于此时有

$$\frac{u_{n+1}}{u_n}=\frac{x}{1+x^{n+1}}\xrightarrow[(n\to\infty)]{}\begin{cases}x, & 当x<1时,\\ \dfrac{1}{2}, & 当x=1时,\\ 0, & 当x>1时,\end{cases}$$

也即得到 $\lim\limits_{n\to\infty}\dfrac{u_{n+1}}{u_n}<1$, 故从 D'Alembert 判别法 (极限形式) 可知: 上级数对任意正数 x 均收敛. □

例 2 讨论级数 $\sum\limits_{n}\dfrac{(a+1)\cdots(na+1)}{(b+1)\cdots(nb+1)}$(其中 a 和 b 均为任意正数) 的敛散性.

解 注意到

$$\frac{u_{n+1}}{u_n}=\frac{(n+1)a+1}{(n+1)b+1}\longrightarrow\frac{a}{b},\qquad 当n\to\infty时.$$

故从"比值判别法"可知: 当 $a<b$ 时, 上级数收敛; 当 $a>b$ 时, 上级数发散. 当 $a=b$ 时, 虽然该判别法失效, 但注意到, 此时上级数通项 $u_n\equiv 1$ ($\forall\, n\in\mathbb{N}$), 故由级数收敛的必要条件 (应有 $\lim\limits_{n\to\infty}u_n=0$)可知级数亦发散. □

例 3 讨论级数 $\sum\limits_{n}n!\left(\dfrac{x}{n}\right)^n$(其中 x 为任意正实数) 的敛散性.

解 由"比值"

$$D_n=\frac{u_{n+1}}{u_n}=\frac{(n+1)!\left(\dfrac{x}{n+1}\right)^{n+1}}{n!\left(\dfrac{x}{n}\right)^n}=\frac{x}{\left(1+\dfrac{1}{n}\right)^n}\to\frac{x}{e},\qquad 当n\to\infty时,$$

故由"比值判别法"(极限形式) 可知: 当 (正数)$x<e$ 时, 上级数收敛; 当 $x>e$ 时, 上级数发散. 对于 $x=e$ 时的情况, 虽然上判别法已失效, 但当我们代入上式并注意到在前面 2.1 节我们已知 $\left(1+\dfrac{1}{n}\right)^n$ 单调递增地趋向于 e(当 $n\to\infty$ 时). 因此, 此时有

$$D_n=\frac{e}{\left(1+\dfrac{1}{n}\right)^n}>1,\qquad \forall\, n\in\mathbb{N}.$$

由此, 从"比值判别法"可知, 当 $x=e$ 时, 上级数亦发散. □

例 4 判断级数 $\sum\limits_{n}\left(1-\dfrac{1}{n}\right)^{n^2}$ 的敛散性.

解 注意到

$$\begin{aligned}\sqrt[n]{u_n}&=\left(1-\frac{1}{n}\right)^n=\frac{1}{\left(\dfrac{n}{n-1}\right)^n}=\frac{1}{\left(1+\dfrac{1}{n-1}\right)^n}\\&=\frac{1}{\left(1+\dfrac{1}{n-1}\right)^{n-1}}\cdot\frac{1}{\left(1+\dfrac{1}{n-1}\right)}\longrightarrow\frac{1}{e}(<1),\quad 当n\to\infty时.\end{aligned}$$

故由"根值判别法", 知上级数收敛. □

例 5 讨论级数 $\sum\limits_{n}\dfrac{n^k}{x^n}$(其中, x 为任意正实数, k 为任意自然数) 的敛散性.

解　注意到前面 2.2 节中, 有极限关系式 $\lim\limits_{n\to\infty}\sqrt[n]{n}=1$, 因此, 有

$$\sqrt[n]{u_n}=\frac{\sqrt[n]{n^k}}{x}=\frac{(\sqrt[n]{n})^k}{x}\longrightarrow\frac{1}{x},\qquad 当n\to\infty时.$$

于是, 由“根值判别法”, 可以导出: 当 $x>1$ 时, 上级数收敛; 当 (正数)$x<1$ 时, 上级数发散. 此外, 当 $x=1$ 时, 虽然上判别法失效, 但当将 $x=1$ 代入时, 级数的通项则有关系式

$$u_n=n^k\longrightarrow+\infty,\qquad 当n\to\infty时.$$

因此, 当 $x=1$ 时, 上级数亦是发散的. □

注 8　从上例的结果: 当 $x>1$ 时, 对任意 $k\in\mathbb{N}$, 级数 $\sum\limits_n\dfrac{n^k}{x^n}$ 收敛. 由此, 从级数收敛的必要条件可导出: $\dfrac{n^k}{x^n}\to0$(当 $n\to\infty$ 时). 于是, 这里又得到了一个重要的命题: (对于数列而言) 任意幂函数所构成的无穷大量比任意 (自然数的) 指数函数所构成的无穷大量 (当 $n\to\infty$ 时) 的“阶数”要高. 其实此一结论, 当我们学到微分学时可知: 对于任何实数的连续变量 $x\to+\infty$ 时, 任意“幂函数” a^x $(a>1)$ 均是比任意“指数函数” x^α $(\alpha>0)$“高阶”的无穷大量.

例 6　判断级数 $\sum\limits_n\dfrac{(2n-1)!!}{(2n)!!}\dfrac{1}{2n+1}$ 的敛散性 (这里, $(2n)!!$ 代表“偶数”的阶乘, 即 $(2n)!!=2n\cdot2(n-1)\cdots4\cdot2$; $(2n-1)!!$ 代表“奇数”的阶乘, 即 $(2n-1)!!=(2n-1)\cdot(2n-3)\cdots3\cdot1$; 而 $k!!$ 即为以 k 的奇、偶性定的“奇阶乘”或“偶阶乘”).

解　首先, 看上面“通项”是否趋于 0(如不趋于 0, 则知级数发散). 注意到

$$0<u_n=\frac{(2n-1)!!}{2n!!}\frac{1}{2n+1}=\frac{(2n-1)(2n-3)\cdots3\cdot1}{2n\cdot(2n-2)\cdots4\cdot2}\cdot\frac{1}{2n+1}<\frac{1}{2n+1},$$

故 $u_n\to0$(当 $n\to\infty$ 时). 因此单凭此无法判断.

其次, 由于通项为“连乘”形式, 自然先想到用“比值判别法”. 注意到

$$\begin{aligned}D_n\triangleq\frac{u_{n+1}}{u_n}&=\left(\frac{(2n+1)!!}{(2n+2)!!}\frac{1}{2n+3}\right)\Big/\left(\frac{(2n-1)!!}{2n!!}\frac{1}{2n+1}\right)\\&=\frac{(2n+1)^2}{(2n+2)\cdot(2n+3)}=\frac{4n^2+4n+1}{4n^2+10n+6}\\&=\frac{4+4\left(\dfrac{1}{n}\right)+\dfrac{1}{n^2}}{4+10\left(\dfrac{1}{n}\right)+6\left(\dfrac{1}{n^2}\right)}\longrightarrow1,\qquad 当n\to\infty时,\end{aligned}$$

故知“比值判别法”失效.

这样一来, 我们再考虑 Raabe 判别法. 注意到

$$R_n \triangleq n\left(\frac{u_n}{u_{n+1}}-1\right)=n\left(\frac{(2n+2)\cdot(2n+3)}{(2n+1)^2}-1\right)$$
$$=n\left(\frac{6n+5}{(2n+1)^2}\right)\longrightarrow\frac{3}{2}(>1),\qquad \text{当}n\to\infty\text{时}.$$

故由 Raabe 判别法可知, 上级数是收敛的. □

注 9 上面的思考步骤是有普遍意义的. 值得以后解决此类问题借鉴.

例 7 设 $\lambda>0$, 并记 $\binom{\lambda}{n}\triangleq\frac{\lambda(\lambda-1)\cdots(\lambda-n+1)}{n!}$ $(\forall\ n\in\mathbb{N})$. 验证级数 $\sum\limits_n\left|\binom{\lambda}{n}\right|$ 是收敛的.

证明 显然, 通项为“连乘”形式, 故先用“比值法”. 由

$$D_n\triangleq\frac{u_{n+1}}{u_n}=\left|\binom{\lambda}{n+1}\right|\Big/\left|\binom{\lambda}{n}\right|=\frac{|\lambda-n|}{n+1},\qquad \forall\ n\in\mathbb{N}.$$

注意 λ 为一正常数, 故对足够大的 n 有 $|\lambda-n|=n-\lambda$, 由此不难看出

$$D_n=\frac{u_{n+1}}{u_n}=\frac{|\lambda-n|}{n+1}\longrightarrow 1,\qquad \text{当}n\to\infty\text{时}.$$

因此, “比值判别法”失效.

但注意到

$$R_n=n\left(\frac{u_n}{u_{n+1}}-1\right)=n\left(\frac{\left|\binom{\lambda}{n}\right|}{\left|\binom{\lambda}{n+1}\right|}-1\right)$$
$$=n\left(\frac{n+1}{|\lambda-n|}-1\right)=n\cdot\frac{(n+1)-|n-\lambda|}{|n-\lambda|}$$
$$=\frac{n(1+\lambda)}{n-\lambda}(\text{当 } n>\lambda \text{ 时})\longrightarrow 1+\lambda(>1),\qquad \text{当}n\to\infty\text{时}.$$

故从 Raabe 判别法可知上面的级数收敛. □

注 10 从例 7 中级数收敛, 即可导出其通项趋于 0, 即

$$\left|\binom{\lambda}{n}\right|=\frac{|\lambda(\lambda-1)\cdots(\lambda-n+1)|}{n!}\longrightarrow 0,\qquad \text{当}n\to\infty\text{时},$$

也即: 对任意的正数 λ,

$$\frac{[(n-1)-\lambda][(n-2)-\lambda]\cdots[1-\lambda][0-\lambda]}{n\cdot(n-1)\cdots2\cdot1}\longrightarrow 0,\qquad \text{当}n\to\infty\text{时}.$$

值得注意的是, 当 $\lambda \notin \mathbb{N}$ 时, 上极限结论是不易直接证明的.

例 8* 判断级数 $\sum\limits_{n} \sin \dfrac{x}{n^p}$(其中: p 和 x 为任意正数) 的敛散性.

解 注意到在前面 2.5 节例 6 中, 我们已经知道: 当弧度 $x \in \left[0, \dfrac{\pi}{2}\right]$ 时, 必有 $\sin x \leqslant x$ (其实, 对任意的 $x \in \mathbb{R}$, 均有 $|\sin x| \leqslant |x|$ 成立). 因此, 对任意给定的正数 p 和 x, 均存在 $n_0 \in \mathbb{N}$, 使得

$$\sin \frac{x}{n^p} \geqslant 0 \quad 及 \quad \sin \frac{x}{n^p} \leqslant \frac{x}{n^p}, \qquad \forall\, n \geqslant n_0.$$

这样一来, 用正项级数敛散性的"比较传递法"(或通项趋于 0 的"阶"的比较), 由于当 $p > 1$ 时, 级数 $\sum\limits_{n} \dfrac{x}{n^p}$ 收敛, 故知级数 $\sum\limits_{n} \sin \dfrac{x}{n^p}$ 亦收敛. 此外, 注意到下面一个关系式:

$$\frac{\sin x}{x} \longrightarrow 1, \qquad 当x \to 0时,$$

(此在以后函数极限部分将严格证明.) 则知 (注意, 类似于数列极限, 函数极限亦有相关的整体与其任意子列的极限互等关系):

$$\lim_{n\to\infty} \left(u_n \Big/ \frac{x}{n^p}\right) = \lim_{n\to\infty} \left(\sin \frac{x}{n^p}\right) \Big/ \frac{x}{n^p} = 1.$$

故由定理 4 的推理, 从级数 $\sum\limits_{n} \dfrac{x}{n^p}$ 在 $p \leqslant 1$ 发散, 则知级数 $\sum\limits_{n} \sin \dfrac{x}{n^p}$ 亦发散. □

3.3 变号级数的收敛 (条件收敛) 与绝对收敛

定义 1 一个级数 $\sum\limits_{n} u_n$, 如果它既有无穷多个正项, 又有无穷多个负项, 那么, 它就是一个**变号级数**. 如果此级数的相应级数 $\sum\limits_{n} |u_n|$ 收敛, 则称级数 $\sum\limits_{n} u_n$**绝对收敛**; 如果 $\sum\limits_{n} u_n$ 收敛但不绝对收敛, 则称级数 $\sum\limits_{n} u_n$**条件收敛**.

注 1 由前面 3.1 节的 Cauchy 判别法, 显然从以下不等式

$$\left|\sum_{k=n}^{m} u_k\right| \leqslant \sum_{k=n}^{m} |u_k|, \qquad \forall\, m > n,\ n, m \in \mathbb{N},$$

容易看出: 绝对收敛的级数必为收敛级数. 反过来则未必正确, 即任何一个收敛的级数未必一定是绝对收敛的. 我们学习了下面的 Leibniz(莱布尼茨) 判别法 (定理 1) 后, 则可容易地举出大量反例.

注 2 由于 $\sum\limits_{n} |u_n|$ 是一个同号级数 (正项级数), 因此, 判断一个级数是否绝对收敛, 完全可以利用上一节的所有判别法去验证之.

在变号级数中, 其形式最简单的一种就是下面所谓的交错级数.

定义 2 一个级数称为**交错级数**, 是指此级数是由正项与负项交错排列相加而得, 也即此级数可以表示为 $\sum\limits_{n}(-1)^{n+1}u_n$ 或者 $\sum\limits_{n}(-1)^{n}u_n$, 其中 $u_n>0\ (\forall\, n\in\mathbb{N})$.

关于交错级数的收敛性, 德国著名数学家 G.W.Leibniz(莱布尼茨) 给出了下面一个十分有用的充分性命题.

定理 1(Leibniz 判别法) 设数列 $\{u_n\}$ 单调递减趋向 0, 那么, 交错级数 $\sum\limits_{k}(-1)^{k+1}u_k$ 必收敛.

证明 首先, 由假设级数是交错的并且 $\{u_n\}$ 单调递减的, 因此,

$$s_{2n}=s_{2n-2}+(u_{2n-1}-u_{2n})\geqslant s_{2n-2},\qquad \forall\, n\in\mathbb{N},$$

此即级数 $\sum\limits_{k}(-1)^{k+1}u_k$ 的"偶数项"部分和数列 $\{s_{2n}\}$ 是单调递增的. 此外, 从下式

$$\begin{aligned}s_{2n}&=\sum_{k=1}^{2n}(-1)^{k+1}u_k=u_1-(u_2-u_3)-\cdots-(u_{2n-2}-u_{2n-1})-u_{2n}\\&\leqslant u_1,\qquad \forall\, n\in\mathbb{N},\end{aligned}$$

又得知:"偶数项"部分和数列 $\{s_{2n}\}$ 是有"上界"的. 因此, 从 Cantor 单调有界收敛定理可以导出: 极限 $\lim\limits_{n\to\infty}s_{2n}\triangleq s$ 是存在的.

其次, 注意到假设 $\lim\limits_{n\to\infty}u_n=0$. 由此, 从极限运算, 可得

$$\lim_{n\to\infty}s_{2n+1}=\lim_{n\to\infty}(s_{2n}+u_{2n+1})=\lim_{n\to\infty}s_{2n}+\lim_{n\to\infty}u_{2n+1}=s.$$

总上两个结果, $\{s_{2n}\}$ 与 $\{s_{2n}\}$ 均以 s 为极限. 由前面 2.2 节的结果, 即可导出: $\lim\limits_{n\to\infty}s_n=s$, 也即是级数 $\sum\limits_{k}(-1)^{k+1}u_k$ 收敛. □

注 3 从以上证明中, 我们得到了一个十分有用的结果, 即在定理 1 的假设条件下, 总有下面不等式

$$\left|\sum_{k=n}^{m}(-1)^{k+1}u_k\right|\leqslant|u_n|,\qquad \forall\, m>n,\ n,m\in\mathbb{N}.$$

(当然, 上面结论对于形如 $\sum\limits_{k}(-1)^{k}u_k$ 的交错级数也是成立的, 因为只要将此级数乘以 (-1) 则就可从上结论同样得到所需结果.)

注 4 显而易见, 上定理中, $u_n\to0$(当 $n\to\infty$ 时) 是不可少的, 因为此是任何级数收敛的必要条件. 此外, 数列 $\{u_n\}$"单调递减"也是不可少的 (当然, 这

个单调性只要从某 (足够大的) 项数 n_0 以后成立就可以了, 因为一个级数的敛散性与其任意有限项无关). 反例可见 $\sum\limits_n\left(\dfrac{1}{n}+\dfrac{(-1)^n}{\sqrt[3]{n}}\right)$. 注意到级数 $\sum\limits_n\dfrac{1}{n}$ 是发散的, 而从 Leibniz 判别法又知级数 $\sum\limits_n\dfrac{(-1)^n}{\sqrt[3]{n}}$ 是收敛的, 因此, 从收敛级数的运算性质可以归谬地证明上面两级数之和是发散的. 而注意到此反例中的级数可写为 $\sum\limits_n(-1)^n\left(\dfrac{1}{\sqrt[3]{n}}+\dfrac{(-1)^n}{n}\right)$, 因此它确为一个交错级数, 且通项也趋于 0; 而之所以不满足 Leibniz 判别法, 正是由于其通项不是"单调递减"地趋于 0.

下面再来讨论形如 $\sum\limits_n u_nv_n$ 的一般级数的收敛性判别法. 首先, 回忆在前面 2.3 节中例 5 后面的注 2, 曾引入过上述形式乘积和的一个转换恒等式, 由此恒等式, 就得出了该例的结论. 类似地, 来介绍一个十分有用的有关上述形式部分和的转换关系式, 这是挪威著名数学家 N.H.Abel(阿贝尔) 首先得到的, 即

Abel 求和公式　$\sum\limits_{k=1}^{n}a_kb_k=a_nB_n+\sum\limits_{k=1}^{n-1}(a_k-a_{k+1})B_k$ (其中 $B_k=\sum\limits_{i=1}^{k}b_i$, $1\leqslant k\leqslant n$, $n\geqslant 2$).

值得一提的是, 这一公式的验证并不是很难的. 只要从上面 B_k 的假设, 以及 $b_k=B_k-B_{k-1}$ $(1\leqslant k\leqslant n)$, 并约定 $B_0=0$, 然后代入左式就不难经过运算整理后得到 (请读者验明之).

有了上面的 Abel 求和公式, 不难导出有关级数 $\sum\limits_k a_kb_k$ 收敛的两个充分性命题, 其中一个是 Abel 的工作, 另一个则是由德国著名数学家 P.G.L.Dirichlet(狄利克雷) 得到的.

定理 2　对于级数 $\sum\limits_k a_kb_k$, 如果其满足以下条件之一:

1° (Abel) 数列 $\{a_k\}$ 单调有界, 且级数 $\sum\limits_k b_k$ 收敛,

或者

2° (Dirichlet) 数列 $\{a_k\}$ 单调趋于 0, 且级数 $\sum\limits_k b_k$ 的部分和数列 $\{B_k\}$ 有界,

那么, 其必收敛.

证明　按上面两种情况验证.

1) 当数列 $\{a_k\}$ 单调有界时, 从 Cantor 单调有界收敛定理可知: 存在数 a, 使得

$$a_k\text{单调递增趋于 }a\text{ 或 }a_k\text{ 单调递减趋于 }a,\qquad \text{当}k\to\infty\text{时}.$$

此外, 又从级数 $\sum_k b_k$ 收敛的假设, 可知存在数 B 和正数 ρ, 使有

$$B_n \longrightarrow B \ (\text{当}n \to \infty\text{时}) \quad \text{及} \quad |B_n| \leqslant \rho \ (\forall\ n \in \mathbb{N}).$$

由此, 注意到上两关系式, 我们立即得到

$$\lim_{n\to\infty} a_n \cdot B_n = a \cdot B,$$

以及

$$\sum_{k=1}^{n-1} |(a_k - a_{k+1}) \cdot B_k| \leqslant \rho \sum_{k=1}^{n-1} |a_k - a_{k+1}| = \rho |a_1 - a_n|, \qquad \forall\ n \geqslant 2.$$

(注意, 上面的最后一个等式是利用了数列 $\{a_k\}$ 的单调性.)

于是, 由 $\{a_k\}$ 以 a 为极限, 从极限的保序性, 通过上面不等式我们立即得到

$$\lim_{n\to\infty} \sum_{k=1}^{n-1} |(a_k - a_{k+1}) \cdot B_k| \leqslant \lim_{n\to\infty} \rho |a_1 - a_n| = \rho |a_1 - a|.$$

也即, 级数 $\sum_{k=1}^{\infty} (a_k - a_{k+1}) \cdot B_k$ 是绝对收敛的, 因而是收敛的.

最后, 利用 Abel 求和公式, 从上面所得结果即可导出

$$\begin{aligned}\lim_{n\to\infty} \sum_{k=1}^{n} a_k b_k &= \lim_{n\to\infty} a_n \cdot B_n + \lim_{n\to\infty} \sum_{k=1}^{n-1} (a_k - a_{k+1}) \cdot B_k \\ &= a \cdot B + \sum_{k=1}^{\infty} (a_k - a_{k+1}) \cdot B_k.\end{aligned}$$

此即级数 $\sum_k a_k b_k$ 是收敛的, 从而得到所需之 1° 的结论.

2) 当级数 $\sum_k b_k$ 的部分和数列 $\{B_k\}$ 有界时, 可取一正数 ρ, 使得

$$|B_n| = \left| \sum_{k=1}^{n} b_k \right| \leqslant \rho, \qquad \forall\ n \in \mathbb{N}.$$

于是, 当注意到假设 $\{a_n\}$ 是趋向于 0 的, 从上式得到

$$\lim_{n\to\infty} a_n \cdot B_n = 0.$$

此外, 与上面 1) 中的论述一样, 由于 $\{a_n\}$ 单调性的假设, 同样有

$$\sum_{k=1}^{n-1} |(a_k - a_{k+1}) \cdot B_k| \leqslant \rho \sum_{k=1}^{n-1} |a_k - a_{k+1}| = \rho |a_1 - a_n|, \qquad \forall\ n \geqslant 2.$$

于是, 从数列 $\{a_n\}$ 以 0 为极限, 故当上式两边取极限后我们立即得到

$$\lim_{n\to\infty}\sum_{k=1}^{n-1}|(a_k-a_{k+1})\cdot B_k|\leqslant\rho|a_1|,$$

因而, 同样导出 $\sum_{k=1}^{\infty}(a_k-a_{k+1})\cdot B_k$ 是 (绝对) 收敛的.

最后, 类似于 1), 由 Abel 求和公式就可得到级数 $\sum_k a_kb_k$ 的收敛性, 从而导出了定理所需之 2° 的结论. □

注 5　在上面定理 2 的有关级数 $\sum_k a_kb_k$ 收敛性的两个判别法中, 显然可以看出: 前面的 Leibniz 判别法其实仍是 Dirichlet 判别法的一个特例. 此外, 其实 Dirichlet 判别法亦是可以 (从数学逻辑中) 直接导出 Abel 判别法的 (请读者自证之). 但是人们为什么仍独立地保留 Abel 判别法呢? 实因, 虽然 Dirichlet 判别法可以将 Abel 判别法作为它的一个推理, 但是在 Dirichlet 判别法的证明过程中却离不开 Abel 的成果, 即 "Abel 求和公式"! 因此, 这里, 特意各自独立地证明它们, 从中使读者看出 Abel 求和公式所起的关键作用. 在应用中, 上两方法各有所长, 故可因势而用.

下面来看几个例题.

例 1　讨论级数 $\sum_n(-1)^n\frac{1}{n^p}$(其中: p 为任意实数) 的绝对收敛和条件收敛性.

解　下面分三种情况讨论:

1) 当 $p\leqslant 0$ 时, 由于上述级数通项不趋于 0, 故知级数 "发散".

2) 当 $p>1$ 时, 同样由 3.1 节例 8, 我们可知, 上述级数 "绝对收敛".

3) 当 $0<p\leqslant 1$ 时, 由 3.1 节例 8 可知, 上级数不绝对收敛, 但由 Leibniz 判别法可知其收敛, 也即其为 "条件收敛". □

例 2*　判别级数 $\sum_n(-1)^{n+1}\sin\frac{\alpha}{n}$($\alpha$ 为任一正数) 的条件收敛和绝对收敛性.

解　1) 在前面 2.5 节的例 6 中曾经从几何上得到下面的不等式:

$$\sin\theta\leqslant\theta,\qquad\forall\,0\leqslant\theta\leqslant\frac{\pi}{2}.$$

由此可知, 对任意固定的正数 α, 必存在 $n_0\in\mathbb{N}$, 使得

$$0<\sin\frac{\alpha}{n}\leqslant\frac{\alpha}{n}\leqslant\frac{\pi}{2},\qquad\forall\,n\geqslant n_0.\tag{1}$$

这样一来, 我们立即得到

$$\lim_{n\to\infty}\sin\frac{\alpha}{n}=0.$$

而当注意到数列 $\left\{\sin\dfrac{\alpha}{n}\right\}_{n\geqslant n_0}$ 是单调递减的, 从而由 Leibniz 判别法可知级数 $\sum\limits_n(-1)^{n+1}\sin\dfrac{\alpha}{n}$ 收敛.

2)* 此外, 注意到, 从几何图形上, 可以得到下面关系式:

$$\sin\theta<\theta<\tan\theta,\qquad \forall\ 0<\theta<\frac{\pi}{2}.$$

事实上, 从下图 1 中, 当设单位圆在点 A 处的切线为 AC 时, 则从面积比较可知:

$$|\triangle AOB|<|\text{扇形}OAB|<|\triangle ADC|,$$

(这里, 用“$|\cdot|$”表示图形的面积.) 注意到图 1 为单位圆, $\overline{AC}$ 为圆的切线. 因此, 上不等式即为

$$\frac{1}{2}\sin\theta<\frac{1}{2}\theta<\frac{1}{2}\tan\theta,\qquad 0<\theta<\frac{\pi}{2},$$

也即有

$$1<\frac{\theta}{\sin\theta}<\frac{1}{\cos\theta},\qquad 0<\theta<\frac{\pi}{2}.\tag{2}$$

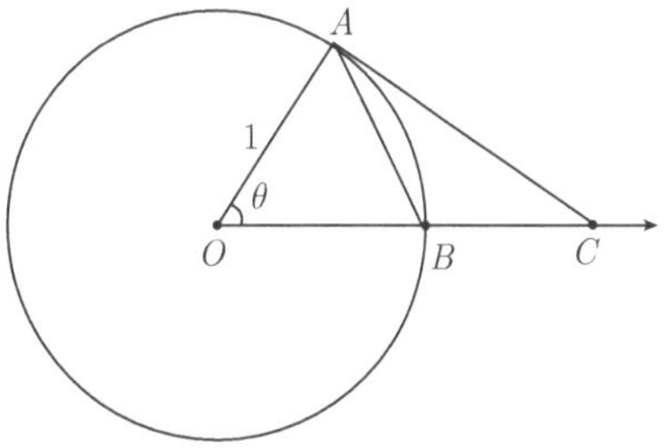

图 1

回到前面的关系式, 从上 (1), (2) 两式则可得到

$$1<\frac{\dfrac{\alpha}{n}}{\sin\left(\dfrac{\alpha}{n}\right)}<\frac{1}{\cos\left(\dfrac{\alpha}{n}\right)},\qquad \forall\ n\geqslant n_0.\tag{3}$$

于是, 注意到三角函数的和差化积公式, 由于

$$\cos\frac{\alpha}{n}-1=\cos\frac{\alpha}{n}-\cos 0=-2\sin^2\left(\frac{\alpha}{2n}\right),$$

于是, 从前面 (1) 式即可导出

$$\left|\cos\frac{\alpha}{n}-1\right|=2\left|\sin^2\left(\frac{\alpha}{2n}\right)\right|\leqslant 2\left(\frac{\alpha}{2n}\right)^2,\qquad \forall\ n\geqslant n_0.$$

由此不难得到关系式

$$\lim_{n\to\infty}\cos\frac{\alpha}{n}=1=\cos 0.\tag{4}$$

这样一来, 从上面 (3) 和 (4) 两式, 由“夹进定理”, 便可导出

$$\lim_{n\to\infty}\frac{\dfrac{\alpha}{n}}{\sin\left(\dfrac{\alpha}{n}\right)}=1,\qquad \forall\ \alpha>0.$$

故由正项级数敛散性的比较传递法导出：级数 $\sum\limits_n \sin\frac{\alpha}{n}$ 与级数 $\sum\limits_n \frac{\alpha}{n}$ 同敛散 (注意, 当 $n \geqslant n_0$ 后, $\sum\limits_n \sin\frac{\alpha}{n}$ 是一个正项级数), 从而得知级数 $\sum\limits_n (-1)^{n+1}\sin\frac{\alpha}{n}$ 不是绝对收敛的, 也即, 所给级数是条件收敛的. □

例 3* 如果 $\sum\limits_n u_n^2$ 收敛, 问: 是否 $\sum\limits_n u_n$, $\sum\limits_n (-1)^{n+1}u_n$ 及 $\sum\limits_n u_n^3$ 必收敛?

解 下面分两段来讨论:

1) 不难看出, 当 $\sum\limits_n u_n^2$ 收敛时, $\sum\limits_n u_n^3$ 必绝对收敛.

事实上, 由 $\sum\limits_n u_n^2$ 收敛, 故有 $u_n \to 0$(当 $n \to \infty$ 时). 因此, 必存在 $n_0 \in \mathbb{N}$, 使得均有

$$|u_n| < 1, \qquad \forall\, n \geqslant n_0.$$

于是

$$|u_n^3| < u_n^2, \qquad \forall\, n \geqslant n_0.$$

从而由正项级数敛散性的比较传递法 (见 3.1 节定理 8 之 1°), 可得 $\sum\limits_n u_n^3$ 绝对收敛.

2) 当 $\sum\limits_n u_n^2$ 收敛时, $\sum\limits_n u_n$ 与 $\sum\limits_n (-1)^{n+1}u_n$ 则未必收敛. 可见下面的反例:

反例 设

$$u_n = \begin{cases} \dfrac{1}{n}, & \text{当}4 \nmid n\text{时}, \\ -\dfrac{1}{n}, & \text{当}4 \mid n\text{时}; \end{cases}$$

这里, $4 \mid n$ 代表 n 可被 4“整除”, $4 \nmid n$ 代表 n 不可被 4“整除”. 显然, 此时 $\sum\limits_n u_n^2 = \sum\limits_n \frac{1}{n^2}$ 收敛. 但是

(i) 由于

$$\sum_n u_n = \frac{1}{1} + \frac{1}{2} + \frac{1}{3} - \frac{1}{4} + \cdots + \frac{1}{4n-3} + \frac{1}{4n-2} + \frac{1}{4n-1} - \frac{1}{4n} + \cdots,$$

故当将上述级数“依序结合”时 (将相应 4 项结合), 所得到的新级数 (记为 $\sum\limits_n \widetilde{u}_n$) 之通项

$$\begin{aligned} \widetilde{u}_n &= \frac{1}{4n-3} + \frac{1}{4n-2} + \frac{1}{4n-1} - \frac{1}{4n} > \frac{1}{4n-3} + \frac{1}{4n-2} > \frac{2}{4n-2} \\ &= \frac{1}{2n-1} > \frac{1}{2n}, \qquad \forall\, n \in \mathbb{N}. \end{aligned}$$

故由级数 $\sum_n \frac{1}{n}$ 的发散性, 及比较传递法可知级数 $\sum_n \widetilde{u}_n$ 亦发散. 最后, 注意到"一个级数收敛, 其依序结合所组成的任何新级数必亦收敛"(见前面 3.1 中定理 7), 故由此逆否命题可导出原级数 $\sum_n u_n$ 亦是发散的.

(ii) 由于

$$\sum_n (-1)^{n+1} u_n = \frac{1}{1} - \frac{1}{2} + \frac{1}{3} + \frac{1}{4} + \cdots + \frac{1}{4n-3} - \frac{1}{4n-2} + \frac{1}{4n-1} + \frac{1}{4n} + \cdots,$$

故类似于上面 (i) 的做法, 令

$$v_n = \frac{1}{4n-3} - \frac{1}{4n-2} + \frac{1}{4n-1} + \frac{1}{4n},$$

则有

$$v_n > \frac{1}{4n-1} + \frac{1}{4n} > \frac{2}{4n} = \frac{1}{2n}, \qquad \forall\, n \in \mathbb{N}.$$

因此同 (i) 一样, 从新级数 $\sum_n v_n$ 的发散性可以导出该原级数 $\sum_n (-1)^{n+1} u_n$ 的发散性. □

例 4 讨论级数 $\sum_n (-1)^{n+1} \sqrt[n]{3} \frac{(n+1)^n}{n^{n+1}}$ 的条件收敛和绝对收敛性.

解 下面分两步来讨论:

1) 注意到上级数可改写为 $\sum_n \frac{(-1)^{n+1}}{n} \sqrt[n]{3} \left(1 + \frac{1}{n}\right)^n$. 而由 Leibniz 判别法可知级数 $\sum_n \frac{(-1)^{n+1}}{n}$ 收敛. 此外, 不难验证数列 $\{\sqrt[n]{3}\}$ 是单调递减且有界的, 故从 Abel 判别法可知级数 $\sum_n \frac{(-1)^{n+1}}{n} \sqrt[n]{3}$ 收敛. 最后, 再次运用 Abel 判别法, 从级数 $\sum_n \frac{(-1)^{n+1}}{n} \sqrt[n]{3}$ 收敛, 且由数列 $\left\{\left(1 + \frac{1}{n}\right)^n\right\}$ 是单调递增且有界的 (见前面 2.1 节例 1), 故即可导出原级数是收敛的.

2) 注意到若记原级数为 $\sum_n u_n$, 则有

$$|u_n| \Big/ \frac{1}{n} = \sqrt[n]{3} \left(1 + \frac{1}{n}\right)^n \longrightarrow e, \qquad \text{当} n \to \infty \text{时}.$$

故由比较传递法和级数 $\sum_n \frac{1}{n}$ 的发散性, 即可导出原级数不是绝对收敛的. □

例 5 验证级数 $\sum_n (-1)^{n+1} \frac{1}{\sqrt{n}} \left(1 + \frac{1}{n}\right)^n (3 - \arctan n)$ 的敛散性.

证明　类似于上面的例 4, 由于级数 $\sum_n \frac{(-1)^{n+1}}{\sqrt{n}}$ 收敛, 以及数列 $\left\{\left(1+\frac{1}{n}\right)^n\right\}$ 单调递增有界, 从 Abel 判别法得知级数 $\sum_n (-1)^{n+1}\frac{1}{\sqrt{n}}\left(1+\frac{1}{n}\right)^n$ 收敛; 再由数列 $\{3-\arctan n\}$ 是单调递减且有界的, 再次利用 Abel 判别法, 便可导出上所给级数收敛. □

例 6　讨论级数 $\sum_n \frac{\cos(nx)}{n}$ 的条件收敛和绝对收敛性 (其中, x 为任意实数).

解　下面分两种情况讨论:

1) 当 $x=2k\pi$ ($\forall\, k\in\mathbb{Z}$) 时, 由于 k 是整数, 故知 $\cos(n(2k\pi))\equiv 1$, 由此不难看出原级数变为 $\sum_n \frac{1}{n}$, 从而发散!

2) 当 $x\neq 2k\pi$ ($\forall\, k\in\mathbb{Z}$) 时:

(i) 注意到 $\frac{1}{n}$ 单调递减趋于 0(当 $n\to\infty$ 时), 并且 (从三角函数求和公式) 有

$$
\begin{aligned}
\left|\sum_{k=1}^{n}\cos(kx)\right| &= \left|\frac{1}{\sin\frac{x}{2}}\sum_{k=1}^{n}\cos(kx)\sin\frac{x}{2}\right| \\
&= \frac{1}{2\left|\sin\frac{x}{2}\right|}\left|\sum_{k=1}^{n}\left(\sin\left(k+\frac{1}{2}\right)x-\sin\left(k-\frac{1}{2}\right)x\right)\right| \\
&= \frac{1}{2\left|\sin\frac{x}{2}\right|}\left|\sin\left(n+\frac{1}{2}\right)x-\sin\frac{x}{2}\right| \\
&\leqslant \frac{1}{\left|\sin\frac{x}{2}\right|}, \qquad \forall\, n\in\mathbb{N}.
\end{aligned}
$$

故由 Dirichlet 判别法即可导出级数 $\sum_n \frac{\cos(nx)}{n}$ 收敛.

(ii) 此外, 注意到关系式

$$
\left|\frac{\cos(nx)}{n}\right| \geqslant \frac{\cos^2(nx)}{n} = \frac{1+\cos(2nx)}{2n}, \qquad \forall\, n\in\mathbb{N},\ x\in\mathbb{R}.
$$

那么, 类似于 (i), 易知级数 $\sum_n \frac{\cos(2nx)}{n}$ 是收敛的, 而级数 $\sum_n \frac{1}{n}$ 是发散的, 因此, 结合到上面的 1), 即可导出 $\sum_n \frac{1+\cos(2nx)}{2n}$ 对任意的 $x\in\mathbb{R}$ 均是发散的. 最后, 从正项级数敛散性的比较传递法, 可得知所给级数 $\sum_n \frac{\cos(nx)}{n}$ 不是绝对收敛的. □

例 7 讨论级数 $\sum\limits_n(-1)^{n+1}\dfrac{\sin^2 n}{\sqrt{n}}$ 的条件收敛和绝对收敛性.

解 注意到 $\sin^2 n=\dfrac{1}{2}(1-\cos(2n))$ ($\forall\ n\in\mathbb{N}$), 故

$$\sum_n(-1)^{n+1}\frac{\sin^2 n}{\sqrt{n}}=\sum_n\frac{1}{2}\left(\frac{(-1)^{n+1}}{\sqrt{n}}+\frac{(-1)^n\cos(2n)}{\sqrt{n}}\right).$$

由 Leibniz 判别法可知级数 $\sum\limits_n\dfrac{(-1)^{n+1}}{\sqrt{n}}$ 是收敛的. 此外, 注意到

$$\sum_n\frac{(-1)^n\cos(2n)}{\sqrt{n}}=\sum_n\frac{\cos(n\pi+2n)}{\sqrt{n}},$$

因而由 Dirichlet 判别法, 类似上面例 6 可知, 上级数也是收敛的. 于是, 从收敛级数的运算可以导出原级数是收敛的.

另一方面, 因

$$\frac{\sin^2 n}{\sqrt{n}}=\frac{1-\cos(2n)}{2\sqrt{n}},$$

故由级数 $\sum\limits_n\dfrac{1}{\sqrt{n}}$ 发散, 及 $\sum\limits_n\dfrac{\cos(2n)}{\sqrt{n}}$ 收敛 (Dirichlet 判别法), 得级数 $\sum\limits_n\dfrac{\sin^2 n}{\sqrt{n}}$ 发散, 故原级数不绝对收敛, 从而本例的级数仅是条件收敛的. □

3.4 绝对收敛级数与条件收敛级数的重排级数之特性

(一)

本段将讲述绝对收敛级数有关"重排"后的特性.

首先回忆在前面 2.2 节中, 我们曾经说过, 一个数列 $\{u_k\}$ 是可以"分割"为"可数"无穷多个子列的. 特别地, 对于一个级数 $\sum\limits_k u_k$, 从中可以取出"任意多项"(有限或无限均可) 且"任意排列", 则其形成一个"子级数", 记为

$$u_1^{(1)}+u_2^{(1)}+\cdots+u_k^{(1)}+\cdots,$$

这里, 约定: 当上面仅取有限项时, 均以 0 作为后面的项.

那么, 当级数 $\sum\limits_k u_k$ 绝对收敛时, 从 Cantor 单调有界收敛定理, 容易证明上面的子级数也是绝对收敛的, 故可以令

$$s^{(1)}=\sum_k u_k^{(1)}.$$

这样一来, 不难将上级数 $\sum\limits_k u_k$“分解”为可数无穷个子级数: $\left\{\sum\limits_k u_k^{(m)}: m \in \mathbb{N}\right\}$. 此时记 $s^{(m)} = \sum\limits_k u_k^{(m)}\ (\forall m \in \mathbb{N})$.

上面的做法可以严格地表示如下: 设有一个从自然数集 $\mathbb{N}$ 到实数集 $\mathbb{R}$ 内的“对应”(即“映像”)f, 使得

$$f(k) = u_k, \qquad \forall\, k \in \mathbb{N}.$$

又设 $\mathbb{N}$ 有一个依序的 (至多可数个) 无穷“分割”:

$$\mathbb{N} = \bigcup_{m=1}^{\infty} \mathbb{N}^{(m)},$$

此中, $\mathbb{N}^{(m)}$ 两两不交, 且 $\mathbb{N}^{(m)}$ 可以为有限集或者从某 m_0 后均为“空集”, $\forall m \in \mathbb{N}$. 记 $\mathbb{N}^{(m)} = \{i_1^{(m)},\ i_2^{(m)},\ \cdots,\ i_k^{(m)},\ \cdots\}$(注意此集可以是有限的或空集), 这里, 当 $\mathbb{N}^{(m)} \neq \varnothing$ 时, $\mathbb{N}^{(m)}$ 中自然数是“严格递增”的 (即按序排列的), $\forall m \in \mathbb{N}$. 这样一来, 就可以通过上述映像 $f: \mathbb{N} \to \mathbb{R}$ 得到前面所述 (未曾交换次序) 的至多 (可数) 无穷多个子级数 $\left\{\sum\limits_k u_k^{(m)}: m \in \mathbb{N}\right\}$. 事实上, 从原级数所对应的映像 f 便可导出这些子级数, 只要设

$$u_k^{(m)} \triangleq f(i_k^{(m)}) = u_{i_k^{(m)}}, \qquad \forall\, k \in \mathbb{N},\ m \in \mathbb{N},$$

即可得到.

此外, 作上述自然数集 $\mathbb{N}^{(m)}\ (m \in \mathbb{N})$ 到其自身的一个“置换”τ(也即, 一个“一一对应”), 则可得到

$$\widetilde{\mathbb{N}}^{(m)} = \{\widetilde{i}_1^{(m)},\ \widetilde{i}_2^{(m)},\ \cdots,\ \widetilde{i}_k^{(m)},\ \cdots\} \triangleq \{\tau(i_1^{(m)}),\ \tau(i_2^{(m)}),\ \cdots,\ \tau(i_k^{(m)}),\ \cdots\}$$

(由此显然有 $\mathbb{N}^{(m)} = \widetilde{\mathbb{N}}^{(m)},\ \forall\, m \in \mathbb{N}$); 并且此时前面相应的 (至多可数个) 子级数 $\left\{\sum\limits_k u_k^{(m)}\right\}$ 则变为

$$\sum_k \widetilde{u}_k^{(m)} \triangleq \sum_k u_{\widetilde{i}_k^{(m)}} = \sum_k u_{\tau(i_k^{(m)})}, \qquad \forall\, m \in \mathbb{N},$$

此即为原级数的“分解”子级数经过“重新排列”后所得到的重排的分解子级数.

值得注意的是

1) 当对 $\mathbb{N}$ 不作"分割", 但元的排列次序有所不同 (设其为 $\widetilde{\mathbb{N}}$) 时, 有 $\mathbb{N}=\widetilde{\mathbb{N}}$(集合互等), 且设 $\mathbb{N}$ 到 $\widetilde{\mathbb{N}}$ 的"置换"为 τ(也即一个"一一映射"). 那么, 从上可知, 此新级数 $\sum\limits_k \widetilde{u}_k$ 即为由原级数通过重排而得, 称为**重排级数**, 且有

$$\widetilde{u}_k = f(\tau(k)) = u_{\tau(k)}, \qquad \forall\, k \in \mathbb{N}.$$

2) 当 $\bigcup\limits_{m\in\mathbb{N}_0} \mathbb{N}^{(m)} = \mathbb{N}$(这里, $\mathbb{N}_0 \subset \mathbb{N}$ 可以是有限集) 是 $\mathbb{N}$ 的一个"依序分割"(即有 $i_{k'}^{(m_1)} < i_{k''}^{(m_2)}$, $\forall\, i_{k'}^{(m_1)} \in \mathbb{N}^{(m_1)}$, $i_{k''}^{(m_2)} \in \mathbb{N}^{(m_2)}$, $k', k'' \in \mathbb{N}$, $m_1 < m_2$, $m_1, m_2 \in \mathbb{N}_0$), 并且每个子集 $\mathbb{N}^{(m)} \subset \mathbb{N}$ 可以是"有限集"时, 此时的新级数即为由原级数任意"依序合并项"而成, 称为**并项级数**.

有了上面的准备工作, 下面来介绍绝对收敛级数的一个重要特性:

定理 1 设级数 $\sum\limits_k u_k$ 绝对收敛, 并设 $\left\{\sum\limits_k u_k^{(m)} : m \in \mathbb{N}\right\}$ 为级数 $\sum\limits_k u_k$ 中取"任意多项"并按"任意排列"所形成的 (至多可数的)"分解重排"子级数列. 那么, 当令 $s^{(m)} = \sum\limits_k u_k^{(m)}$ $(\forall\, m \in \mathbb{N})$ 时, 则有 $\sum\limits_m s^{(m)}$ 亦绝对收敛, 并且 $\sum\limits_k u_k = \sum\limits_m s^{(m)}$ (由此特别得知: 一个绝对收敛级数当其任意交换项的次序而成的"重排级数", 以及任意依序合并各项后所成的"并项级数", 其"和"不变).

证明 由上面 $\{s^{(m)}\}$ 的取法, 从极限运算可得

$$\begin{aligned}
\sum_{m=1}^{n} |s^{(m)}| &= \sum_{m=1}^{n} \left|\sum_{k=1}^{\infty} u_k^{(m)}\right| \leqslant \sum_{m=1}^{n} \left(\sum_{k=1}^{\infty} |u_k^{(m)}|\right) \\
&= \sum_{m=1}^{n} \left(\lim_{j\to\infty} \sum_{k=1}^{j} |u_k^{(m)}|\right) = \lim_{j\to\infty} \sum_{k=1}^{j} \sum_{m=1}^{n} |u_k^{(m)}| \\
&\leqslant \sum_{k=1}^{\infty} |u_k|, \qquad \forall\, n \in \mathbb{N}.
\end{aligned}$$

(注意, 上面仅对 n 而言, 用到了 n 个 (有限个) 和的极限等于 n 个极限之和的运算性质. 此外, 这里及以后, 均按分解的子级数的"个数"以及各子级数中的"项数"都是"可数无穷"的情形来表出, 而当它们中有"有限"的情况发生时, 均可以"从某个数后或从某项之后均为 0"来作理解.) 因此, 由 Cantor 单调有界收敛定理, 可知 $\sum\limits_m s^{(m)}$ 亦绝对收敛.

为了证明 $\sum\limits_k u_k = \sum\limits_m s^{(m)}$. 下面用两种证法:

证法一：首先, 由 $\sum_k u_k$ 的绝对收敛性, 知对任意的 $\varepsilon>0$, 存在 $n_0\in\mathbb{N}$, 使得

$$\sum_{k>n_0}|u_k|<\varepsilon. \tag{1}$$

于是, 对于级数 $\sum_k u_k$ 余下的有限个项 $\{u_1,\ u_2,\ \cdots,\ u_{n_0}\}$, 由于它们必包含在有限个“分解子级数”之有限和中, 也即对于 u_1, 其必在某“分解子级数” $\sum_k u_k^{(m_1)}$ 中, 我们找出其在此子级数中的下标, 设为 $k_1^{m_1}$. 接着对于 u_2, 设其对应在子级数 $\sum_k u_k^{(m_2)}$ 中的项数为 $k_2^{m_2}$; $\cdots\cdots$. 最后, 对于 u_{n_0}, 设其对应在子级数 $\sum_k u_k^{(m_{n_0})}$ 中的项数为 $k_{n_0}^{m_{n_0}}$. 于是, 令

$$m_0=\max\{m_n,\ k_n^{m_n}:1\leqslant n\leqslant n_0\},$$

容易看到, 此 m_0 个“分解子级数”的前 m_0 项之总和必定包含 $u_1, u_2,\ \cdots, u_{n_0}$, 也即有下面集合关系式：

$$\begin{aligned}\{u_1,\ u_2,\ \cdots,\ u_{n_0}\}\subset\{&u_1^{(1)},\ \cdots,\ u_{m_0}^{(1)};\ u_1^{(2)},\ \cdots,\ u_{m_0}^{(2)};\ \cdots;\\&u_1^{(m_0)},\ \cdots,\ u_{m_0}^{(m_0)}\}\\\subset\{&u_1,\ u_2,\ \cdots,\ u_k,\ \cdots\}.\end{aligned}$$

这样一来, 令集空间 $X\triangleq\{u_1,\ u_2,\ \cdots,\ u_k,\ \cdots\}$, X 的子集

$$A\triangleq\{u_1,\ u_2,\ \cdots,\ u_{n_0}\},$$

$$B\triangleq\{u_1^{(1)},\ \cdots,\ u_{m_0}^{(1)};\ u_1^{(2)},\ \cdots,\ u_{m_0}^{(2)};\ \cdots;\ u_1^{(m_0)},\ \cdots,\ u_{m_0}^{(m_0)}\},$$

从上可知 $A\subset B$, 因而不难导出

$$B\setminus A=B\cap A^c\subset A^c. \tag{2}$$

因此 (注意 (1) 式)

$$\left|\left(\sum_{k=1}^{m_0}u_k^{(1)}+\sum_{k=1}^{m_0}u_k^{(2)}+\cdots+\sum_{k=1}^{m_0}u_k^{(m_0)}\right)-\sum_{k=1}^{n_0}u_k\right|\leqslant\sum_{k>n_0}|u_k|<\varepsilon.$$

此外, 当 $m\geqslant m_0$ 时, (2) 式中 B 将增大, 但并不影响 (2) 式的结果; 而当 $n\geqslant n_0$ 时, A 将增大, 但在上式左边可能增加的项却仍在原来的 A^c(即 A 的余集) 中. 由此可知：对于任意的自然数 $m\geqslant m_0$, $n\geqslant n_0$, 均有以下关系式成立：

$$\left|\left(\sum_{k=1}^{m}u_k^{(1)}+\sum_{k=1}^{m}u_k^{(2)}+\cdots+\sum_{k=1}^{m}u_k^{(m)}\right)-\sum_{k=1}^{n}u_k\right|<\varepsilon.$$

这样一来, 注意到级数 $\sum\limits_{k} u_k$ 收敛, 故在上式中, 当在两边令 $n \to \infty$ 时, 从极限的保序性可得

$$\left|\left(\sum_{k=1}^{m} u_k^{(1)} + \sum_{k=1}^{m} u_k^{(2)} + \cdots + \sum_{k=1}^{m} u_k^{(m)}\right) - \sum_{k=1}^{\infty} u_k\right| \leqslant \varepsilon, \qquad \forall\ m \geqslant m_0.$$

由此, 即可导出 (当在上式中两边再令 $m \to \infty$ 时)

$$\left|\left(\sum_{k=1}^{\infty} u_k^{(1)} + \sum_{k=1}^{\infty} u_k^{(2)} + \cdots + \sum_{k=1}^{\infty} u_k^{(i)} + \cdots\right) - \sum_{k=1}^{\infty} u_k\right| \leqslant \varepsilon,$$

此即

$$\left|\sum_{i=1}^{\infty} s^{(i)} - \sum_{k=1}^{\infty} u_k\right| \leqslant \varepsilon.$$

最后, 注意到 ε 的任意性, 从上则可得到 $\sum\limits_{m} s^{(m)} = \sum\limits_{k} u_k$.

证法二：(i) 当 $u_k \geqslant 0$ ($\forall\ k \in \mathbb{N}$) 时, 对任意的 $m_0 \in \mathbb{N}$, 显然有

$$\sum_{m=1}^{m_0} s^{(m)} \leqslant \sum_{k=1}^{\infty} u_k \text{ (由设, 后者收敛)}.$$

因 $\left\{\sum\limits_{m=1}^{m_0} s^{(m)}\right\}$ 对 m_0 单调递增有上界, 因此, 从 Cantor 单调有界收敛定理可知级数 $\sum\limits_{m} s^{(m)}$ 收敛, 且有

$$\sum_{m=1}^{\infty} s^{(m)} \leqslant \sum_{k=1}^{\infty} u_k. \tag{3}$$

反过来, 由于对任意的 $k_0 \in \mathbb{N}$, 显然有

$$\sum_{k=1}^{k_0} u_k \leqslant \sum_{m=1}^{\infty} s^{(m)} \text{ (从上已知后者收敛)}.$$

由此, 类似地即可导出

$$\sum_{k=1}^{\infty} u_k \leqslant \sum_{m=1}^{\infty} s^{(m)}. \tag{4}$$

最后, 由 (3), (4) 两个不等式, 可得到所需结论：$\sum\limits_{m} s^{(m)} = \sum\limits_{k} u_k$.

(ii) 当 $\{u_k\}$ 有正有负时, 令

$$u_k^{+} = \frac{|u_k| + u_k}{2} \quad \text{及} \quad u_k^{-} = \frac{|u_k| - u_k}{2}, \qquad \forall\ k \in \mathbb{N}.$$

(u_k^+, u_k^- 分别称为 u_k 的**正部**和**负部**. 注意, 一个数的"负部"不是负数! 正如复数中, 一个复数的"虚部"不是"虚数"一样. 此外, 当 $u_k > 0$ 时, $u_k^+ = |u_k|$ 且 $u_k^- = 0$; 当 $u_k < 0$ 时, $u_k^+ = 0$ 且 $u_k^- = |u_k|$; 而当 $u_k = 0$ 时, 则有 $u_k^+ = u_k^- = 0$.) 显然有

$$u_k = u_k^+ - u_k^-, \quad |u_k| = u_k^+ + u_k^-, \qquad \forall\, k \in \mathbb{N}.$$

并且从 $u_k^\pm$ ($\forall\, k \in \mathbb{N}$) 的取法以及收敛级数的运算, 不难得到下面关系式:

$$\begin{aligned}\sum_k |u_k| \text{收敛} &\Longrightarrow \sum_k u_k^+ \text{及} \sum_k u_k^- \text{均收敛}\\ &\Longrightarrow \sum_k u_k = \sum_k u_k^+ - \sum_k u_k^-.\end{aligned}$$

这样一来, 定义

$$s_+^{(m)} \triangleq \sum_k u_k^{(m)+} \quad \text{及} \quad s_-^{(m)} \triangleq \sum_k u_k^{(m)-}, \qquad \forall\, m \in \mathbb{N},$$

对于相应的正项级数 $\sum\limits_m s_\pm^{(m)}$ 与 $\sum\limits_k u_k^\pm$ 而言, 不难从上面有关正项级数的结果 (i) 导出

$$\sum_m s_+^{(m)} = \sum_k u_k^+ \quad \text{及} \quad \sum_m s_-^{(m)} = \sum_k u_k^-.$$

由此可以得到

$$\sum_m |s^{(m)}| \leqslant \sum_m \left(s_+^{(m)} + s_-^{(m)}\right) = \sum_m s_+^{(m)} + \sum_m s_-^{(m)} \text{ (收敛)},$$

也即级数 $\sum\limits_m s^{(m)}$ 也是绝对收敛的; 并且, 还可得到

$$\begin{aligned}\sum_m s^{(m)} &= \sum_m \left(s_+^{(m)} - s_-^{(m)}\right) = \sum_m s_+^{(m)} - \sum_m s_-^{(m)}\\ &= \sum_k u_k^+ - \sum_k u_k^- = \sum_k \left(u_k^+ - u_k^-\right)\\ &= \sum_k u_k.\end{aligned}$$

由此, 所需结论得证. □

从上面定理及其证明, 即可得到下面推理:

推理 1　如果级数 $\sum\limits_k u_k$ 绝对收敛, 则必存在两个收敛的正项级数 $\sum\limits_k a_k$ 和 $\sum\limits_k b_k$, 使得

$$\sum_k u_k = \sum_k a_k - \sum_k b_k.$$

推理 2 如果级数 $\sum_k u_k$ 是条件收敛的, 则正项级数 $\sum_k u_k^+$ 和 $\sum_k u_k^-$ 必均发散. 反过来, 若 $\sum_k u_k^+$ 和 $\sum_k u_k^-$ 一个收敛一个发散, 则原级数 $\sum_k u_k$ 必发散.

注 1 上定理 1 的结论仅对绝对收敛级数是正确的. 对于条件收敛的级数, 重新排列后则可能破坏其收敛性, 或者改变原级数的和数. 反例可见前面 3.1 节中的例 7. 那里, 曾经从收敛级数的运算法则, 由已知

$$1-\frac{1}{2}+\frac{1}{3}-\frac{1}{4}+\cdots+\frac{1}{2n-1}-\frac{1}{2n}+\cdots=\ln 2,$$

得

$$\begin{aligned}&1+\frac{1}{3}-\frac{1}{2}+\frac{1}{5}+\frac{1}{7}-\frac{1}{4}+\cdots+\frac{1}{2n-1}-\frac{1+(-1)^n}{2n}+\cdots\\=&\sum_n\left(\frac{(-1)^{n+1}}{n}+\frac{(-1)^{n+1}}{2n}\right)=\frac{3}{2}\ln 2.\end{aligned}$$

而后一级数即为前一级数的一个重排: 其将原级数**依序**“先取两个正项, 后取一个负项”而成. 此新级数虽然仍收敛, 但级数的“和”则改变了.

类似地, 取上面的级数 $\sum_n \frac{(-1)^{n+1}}{n}$ 的重排如下: **依序**先取一个正项, 再取一个负项; 接着依序取两个正项后, 再取一个负项; 接着依序取三个正项后再取一个负项; …… 如此下去则可得级数

$$\begin{aligned}&\left(1-\frac{1}{2}\right)+\left(\frac{1}{3}+\frac{1}{5}-\frac{1}{4}\right)+\left(\frac{1}{7}+\frac{1}{9}+\frac{1}{11}-\frac{1}{6}\right)+\cdots\\=&\sum_{k=1}^{\infty}\left(\frac{1}{k^2-k+1}+\frac{1}{k^2-k+3}+\cdots+\frac{1}{k^2+k-1}-\frac{1}{2k}\right).\end{aligned}$$

注意到重排级数的通项

$$\begin{aligned}&\frac{1}{k^2-k+1}+\frac{1}{k^2-k+3}+\cdots+\frac{1}{k^2+k-1}-\frac{1}{2k}\\\geqslant&\frac{k}{k^2+k-1}-\frac{1}{2k}>\frac{1}{k+1}-\frac{1}{2k}=\frac{k-1}{2k(k+1)}\\=&\frac{1}{2k}\cdot\frac{k-1}{k+1}\geqslant\frac{1}{6k},\qquad\forall\ k\geqslant 2.\end{aligned}$$

故由正项级数 $\sum_k \frac{1}{6k}$ 发散 (因与 $\sum_k \frac{1}{k}$ 比较可知), 以及级数敛散性的比较传递法可以得知: 虽然原级数是收敛的, 但是上面的重排新级数却是发散的.

(二)

下面, 再来介绍有关条件收敛级数重排后的特性. 这就是由德国著名数学家 G.F.B.Riemann(黎曼) 得到的下面定理.

定理 2 (Riemann) 如果级数 $\sum_k u_k$ 是条件收敛的, 那么, 对于任意的 s(s 可以是一个实数, 或是 $+\infty$, 或 $-\infty$), 必存在原级数的一个"重排级数" $\sum_k \widetilde{u}_k$(也即存在 $\mathbb{N}$ 到 $\mathbb{N}$ 的一个置换 τ, 使得 $\widetilde{u}_k = u_{\tau(k)}$, $\forall\, k \in \mathbb{N}$), 使得

$$\sum_k \widetilde{u}_k = s.$$

为了证明叙述得清晰, 下面先引入一个引理:

引理 设一个级数 $\sum_k u_k$ 满足条件:

1° 此级数的"正项"和"负项"所组成的级数均发散;

2° 此级数的通项 $u_k \to 0$(当 $k \to \infty$ 时).

那么, 对于任意的 s(s 可以是一个实数, 或是 $+\infty$, 或 $-\infty$), 必存在原级数的一个"重排级数" $\sum_k \widetilde{u}_k$, 使得

$$\sum_k \widetilde{u}_k = s.$$

证明 首先, 分别记 $\sum_k u_{i_k}$ 和 $\sum_k u_{j_k}$ 为原级数中全体正项和负项依序相加所得的子级数, 则从引理的假设 1° 可知, 此时必有 $\sum_k u_{i_k} = +\infty$ 及 $\sum_k u_{j_k} = -\infty$. 而有了此条件加上本引理的假设条件 2°, 本引理的构造性证明则可进行.

下面分三种情况来进行构造性证明.

1) 当 $s \in \mathbb{R}$ 时, 不妨设 s 为正实数 (当其为非正实数时亦可如下步骤类似证得).

为使重排级数, 也即变序后的级数之和为 $s(>0)$, 先依序取原级数中通项为正项的数列 $\{u_{i_k}\}$ 中的项来相加. 当这些和"刚刚"大于 s 时, 又反过来依序取原级数中通项为负项的数列 $\{u_{j_k}\}$ 中的项. 而当取到这些负项使得和数"刚好"小于 s 时, 回过头来依序取第一次"余下"的 $\{u_{i_k}\}$ 中的项. 直到和数"刚好"又大于 s 时, 又回过头来再依序取"余下"的 $\{u_{j_k}\}$ 中的项, $\cdots\cdots$ 如此无休止地做下去, 注意到引理的假设条件 2°, 即 $u_k \to 0$(当 $k \to \infty$ 时). 这样, 就可以将收敛于给定数 s 的重排级数 $\sum_k \widetilde{u}_k$ 找出来 (注意, 上面的"徘徊"法在前面 2.5 节的例 1 中已曾用过).

下面用数学语言予以严格地证明. 事实上, 由于引理的条件 1°, 因此, 由上假定数 $s \geqslant 0$, 故必可依序取到原级数的第 n_1 个“正项”, 使其满足下面不等式 (注意 $\sum\limits_{k} u_{i_k} = +\infty$):

$$\sum_{k=1}^{n_1-1} u_{i_k} \leqslant s < \sum_{k=1}^{n_1} u_{i_k},$$

(若 $n_1 = 1$, 则默认上式左边的和式为 0.) 也即

$$0 < \sum_{k=1}^{n_1} u_{i_k} - s \leqslant u_{i_{n_1}}.$$

令

$$a_1^{(+)} = \sum_{k=1}^{n_1} u_{i_k}.$$

从上则可得到

$$0 < a_1^{(+)} - s \leqslant u_{i_{n_1}}. \tag{5}$$

此时, 按 u_{i_k} $(1 \leqslant k \leqslant n_1)$ 在原级数 $\sum\limits_{k} u_k$ 中的位置, 依序将 u_{i_k} 重新记为 $\widetilde{u}_k$ $(1 \leqslant k \leqslant n_1)$.

然后, 同样由于引理的条件 1°, 反过来依序取原级数中 m_1 个“负项”, 使其满足下面不等式 (注意 $\sum\limits_{k} u_{j_k} = -\infty$):

$$a_1^{(+)} + \sum_{k=1}^{m_1} u_{j_k} < s \leqslant a_1^{(+)} + \sum_{k=1}^{m_1-1} u_{j_k},$$

也即

$$0 < s - \left(a_1^{(+)} + \sum_{k=1}^{m_1} u_{j_k}\right) \leqslant -u_{j_{m_1}}.$$

令

$$a_1^{(-)} = \sum_{k=1}^{m_1} u_{j_k},$$

(注意, 此处用的是上标“$(-)$”, 而不是代表“负部”的“$-$”, 即告诉读者此处为“负数”, 应与“负部”相区别!)

从上则可得到

$$0 < s - \left(a_1^{(+)} + a_1^{(-)}\right) \leqslant -u_{j_{m_1}}. \tag{6}$$

此时, 按 u_{j_k} $(1 \leqslant k \leqslant m_1)$ 在原级数 $\sum\limits_k u_k$ 中的位置, 依序将 u_{j_k} 重新记为 $\widetilde{u}_{k+n_1}$ $(1 \leqslant k \leqslant m_1)$.

接着, 回过头来再取原级数余下来的"正项", 依序取至"第 n_2 个"正项, 使其满足下面不等式:

$$\left(a_1^{(+)} + a_1^{(-)}\right) + \sum_{k=n_1+1}^{n_2-1} u_{i_k} \leqslant s < \left(a_1^{(+)} + a_1^{(-)}\right) + \sum_{k=n_1+1}^{n_2} u_{i_k}.$$

令

$$a_2^{(+)} = \sum_{k=n_1+1}^{n_2} u_{i_k}.$$

从上则可得到

$$0 < \left(a_1^{(+)} + a_1^{(-)} + a_2^{(+)}\right) - s \leqslant u_{i_{n_2}}. \tag{7}$$

此时, 再按 u_{i_k} $(n_1+1 \leqslant k \leqslant n_2)$ 在原级数 $\sum\limits_k u_k$ 中的位置, 依序将 u_{i_k} 重新记为 $\widetilde{u}_{k+m_1}$ $(n_1+1 \leqslant k \leqslant n_2)$.

类似地, 再回来取原级数余下来的"负项", 依序取至"第 m_2 个"负项, 使其满足下面不等式:

$$\left(a_1^{(+)} + a_1^{(-)} + a_2^{(+)}\right) + \sum_{k=m_1+1}^{m_2} u_{j_k} < s \leqslant \left(a_1^{(+)} + a_1^{(-)} + a_2^{(+)}\right) + \sum_{k=m_1+1}^{m_2-1} u_{j_k}.$$

令

$$a_2^{(-)} = \sum_{k=m_1+1}^{m_2} u_{j_k}.$$

从上则可得到

$$0 < s - \left(a_1^{(+)} + a_1^{(-)} + a_2^{(+)} + a_2^{(-)}\right) \leqslant -u_{j_{m_2}}. \tag{8}$$

此时, 同样按上面 u_{j_k} $(m_1+1 \leqslant k \leqslant m_2)$ 在原级数 $\sum\limits_k u_k$ 中的位置, 依序将 u_{j_k} 重新记为 $\widetilde{u}_{k+n_2}$ $(m_1+1 \leqslant k \leqslant m_2)$.

如此做下去, 就可得到下面的交错级数:

$$a_1^{(+)} + a_1^{(-)} + a_2^{(+)} + a_2^{(-)} + \cdots + a_l^{(+)} + a_l^{(-)} + \cdots, \tag{9}$$

且类似于上面 (5)~(8) 式, 有下面两个关系式:

$$\begin{cases} 0 < \left(a_1^{(+)} + a_1^{(-)} + a_2^{(+)} + a_2^{(-)} + \cdots + a_l^{(+)}\right) - s \leqslant u_{i_{n_l}}, \\ 0 < s - \left(a_1^{(+)} + a_1^{(-)} + a_2^{(+)} + a_2^{(-)} + \cdots + a_l^{(+)} + a_l^{(-)}\right) \leqslant -u_{j_{m_l}}, \end{cases} \quad \forall\, l \in \mathbb{N}.$$

这样一来, 记 (9) 式中的级数的前 l 项部分和为 $\widetilde{s}_l$, 从上面两关系式, 可得到

$$\begin{cases} 0 < \widetilde{s}_{2l-1} - s \leqslant u_{i_{n_l}}, \\ 0 < s - \widetilde{s}_{2l} \leqslant -u_{j_{m_l}}, \end{cases} \qquad \forall\, l \in \mathbb{N},$$

最后, 再次注意到引理的假设条件 2°, 由 $u_k \to 0$(当 $k \to \infty$ 时), 故从上两不等式即可导出 (注意夹进定理)

$$\lim_{l\to\infty} \widetilde{s}_{2l-1} = \lim_{l\to\infty} \widetilde{s}_{2l} = s.$$

由此可知, 上交错级数是收敛于 s 的. 而当注意到上面 $\widetilde{u}_k\ (\forall\, k \in \mathbb{N})$ 的取法, 也即证得: 原级数 $\sum\limits_k u_k$ 的一个重排级数 $\sum\limits_k \widetilde{u}_k$ 必收敛于 s.

2) 当 $s = +\infty$ 时, (注意到上面 1) 的做法, 类似地, 注意到引理的假设条件 1°, 我们先从原级数 $\sum\limits_k u_k$ 中依序取若干“正项”, 使其和大于 1. 然后反过来依序取第一个“负项”. 接着, 再回来依序取原级数余下来的若干正项, 使整个取出的项之和大于 2. 再接着, 又反过来类似地从原级数中取出第二个负项, …… 如此做下去, 并注意到引理的假设条件 2°, 其通项 $u_k \to 0$(当 $k \to \infty$ 时), 因而上面负项的选出并不会影响新取出的级数 (即重排级数) 部分和的无限增大. 由此不难得出, 所得到的重排级数 $\sum\limits_k \widetilde{u}_k = +\infty$.

3) 当 $s = -\infty$ 时, 完全可以类似上面 2) 的构造法验明定理结论. □

从上面的引理, 容易得到上面 Riemann 定理的证明:

定理 2 的证明 注意到此时级数 $\sum\limits_k u_k$ 条件收敛, 因此从上面定理 1 的推理 1 和推理 2 可知: 其相应的正项级数 $\sum\limits_k u_k^+$ 和 $\sum\limits_k u_k^-$(由原级数各项“正部”所成级数和各项“负部”所成级数) 均发散, 也即 $\sum\limits_k u_k^{\pm} = +\infty$. 因此, 若记 $\sum\limits_k u_{i_k}$ 为将原级数 $\sum\limits_k u_k$ 中全体“正项”依序相加所得的子级数, 并将原级数中全体“负项”依序相加所得的子级数记为 $\sum\limits_k u_{j_k}$, 则有

$$\sum_k u_{i_k} = +\infty \quad \text{及} \quad \sum_k u_{j_k} = -\infty.$$

(注意, 这里的 $\sum\limits_k u_{i_k}$ 即由正项级数 $\sum\limits_k u_k^+$ 中的非零项组成, 而 $\sum\limits_k u_{j_k}$ 即由负项级数 $\sum\limits_k (-u_k^-)$ 中的非零项组成, 并且有

$$\sum_k u_{i_k} = \sum_k u_k^+ \quad \text{及} \quad \sum_k u_{j_k} = -\sum_k u_k^-.\,)$$

由此则有上面引理的假设条件 1°.

此外, 同样由级数收敛的必要条件以及定理的假设又可得到上面引理的假设条件 2°.

因此, 从引理则有结论: 对于任意的 s(s 可以是一个实数, 或是 $+\infty$, 或 $-\infty$), 必存在原级数中 "非零项" 的一个重排, 使得所得级数 "收敛于" 实数 s(相应地, "趋向于" $+\infty$, 或 "趋向于" $-\infty$). 最后, 当原级数 $\sum\limits_k u_k$ 有无穷多个取 0 的项时, 只要将上面所得的新级数中每相邻两项之间放入一个 0(即 "取 0 的项"); 当原级数中仅有 m_0 个 (有限个) 取 0 的项时, 就在新级数第一项前插入 m_0 个 "0 项". 这样一来, 如此得到依上面做法排序之级数 $\sum\limits_k \widetilde{u}_k$ 即为原级数的一个重排级数, 并且仍保持有结论 $\sum\limits_k \widetilde{u}_k = s$. 于是定理得证. □

注 2　上面的 Riemann 定理的结果是很漂亮的! 从某种意义上讲, 这个定理精彩结果的发现比之其证明更为不易. 因为对有一定数学知识的人而言, 他们仍可能会证得此结论 (在知道结论的前提下), 但能最先看出此结果则非常不容易. 而这正是我们要培养的科学洞察能力! 当然, 当一个结果或猜想被给出来以后, 相应的验证能力也是很重要的. 对于此 Riemann 定理而言, 其证明方法亦是很有创造性的, 值得仔细反复回味.

注 3　在这里, 对于此 Riemann 定理, 我们没有按照中外书中相应的证明写法, 而是先引入了一个引理, 这是基于以下两点考虑: 其一, 用引理是为了将此定理成立的核心实质条件予以强调而显现出来; 其二, 则是为了将所需的 (变项) 重排级数表出 (而在一般的证明中, 由于原级数 $\sum\limits_k u_k$ 可能有取 0 的项, 以及其 "正部级数" 和 "负部级数" 中亦必有取 0 的项, 因而相应的重排级数是无法写出的). 但是, 这样的改动, 通过我们介绍的引理, 仍将大数学家 Riemann 解决此问题的最具有创新意义的方法技巧完全保留了下来.

例　设

$$u_n = \begin{cases} \dfrac{1}{n}, & \text{当} 4 \nmid n \text{时}, \\ -\dfrac{1}{n}, & \text{当} 4 \mid n \text{时}, \end{cases}$$

则对任意实数 s(或相应地有 $+\infty$, 或 $-\infty$), 必存在级数 $\sum\limits_n u_n$ 的一个重排级数 $\sum\limits_n \widetilde{u}_n$, 使得有 $\sum\limits_n u_n = s$(或者 $+\infty$, 或 $-\infty$).

证明　此级数是上节例 3* 中的反例. 那里, 已知该级数是发散的 (因其 "依序结合" 后发散), 因此不能用上面的 Riemann 定理. 但是, 从该定理前面的引理却

知, 本例的结论是明显的. □

完全利用上面 Riemann 定理的证明技巧 (此特别集中地显现在上面引理的证明中), 类似地可以得到下面两个推理:

推理 1　在前面引理的两个条件下, 对于任意的 s(s 为一个实数, 或者 $+\infty$, 或 $-\infty$), 原级数 $\sum\limits_k u_k$ 必存在一个"子级数" $\sum\limits_k u_{t_k}$, 使其收敛于 s.

证明　只对任意实数 $s>0$ 来验证本推理结论 (对于其他情况, 依以下构造方法亦可类似推得. 请读者自证).

这里, 沿用前面引理证明中关于原级数全体正项及负项所成子级数的符号. 与前面引理的证明方法类似, 此时由于原级数的正项所组成的级数发散, 故有 $\sum\limits_k u_{i_k} = +\infty$. 可以依序取至其第 n_1 个"正项", 使其满足 (注意 $\sum\limits_k u_{i_k} = +\infty$)

$$\sum_{j=1}^{n_1-1} u_{i_k} \leqslant s < \sum_{j=1}^{n_1} u_{i_k}.$$

(若 $n_1 = 1$, 则默认上式左边的和式为 0.) 令

$$a_1^{(+)} = \sum_{j=1}^{n_1} u_{i_k}.$$

从上则有

$$0 < a_1^{(+)} - s \leqslant u_{i_{n_1}}.$$

此时, 按上面 u_{i_k} $(1 \leqslant j \leqslant n_1)$ 在原级数 $\sum\limits_k u_k$ 中的位置, 依序将 u_{i_k} 改记为 u_{t_k} $(1 \leqslant k \leqslant n_1)$.

现假设 $u_{j_{m_0}}$ 为原级数 $\sum\limits_k u_k$ 中第 n_1 个正项"后面"第一个出现的负项. 注意到推理的假设, 有 $\sum\limits_k u_{j_k} = -\infty$, 由此可知亦有 $\sum\limits_{k \geqslant m_0} u_{j_k} = -\infty$. 这样, 又可从原级数中负项 $u_{j_{m_0}}$ 所对应的"那一项开始", 依序取至原级数的第 m_1 个"负项", 使其满足下面不等式:

$$a_1^{(+)} + \sum_{k=m_0}^{m_1} u_{j_k} < s \leqslant a_1^{(+)} + \sum_{k=m_0}^{m_1-1} u_{j_k}.$$

令

$$a_1^{(-)} = \sum_{k=m_0}^{m_1} u_{j_k}.$$

从上则有

$$0 < s - \left(a_1^{(+)} + a_1^{(-)}\right) \leqslant -u_{j_{m_1}}.$$

此时, 按上面 u_{j_k} $(m_0 \leqslant k \leqslant m_1)$ 在原级数 $\sum\limits_k u_k$ 中的位置, 依序将 u_{j_k} 改记为 $u_{t_{n_1+k}}$ $(1 \leqslant k \leqslant m_1 - m_0 + 1)$.

……

如此做下去, 就可以得到下面的一个交错级数:

$$a_1^{(+)} + a_1^{(-)} + a_2^{(+)} + a_2^{(-)} + \cdots + a_l^{(+)} + a_l^{(-)} + \cdots \tag{10}$$

其满足下面两个不等式:

$$\begin{cases} 0 < \left(a_1^{(+)} + a_1^{(-)} + a_2^{(+)} + a_2^{(-)} + \cdots + a_l^{(+)}\right) - s \leqslant u_{i_{n_l}}, \\ 0 < s - \left(a_1^{(+)} + a_1^{(-)} + a_2^{(+)} + a_2^{(-)} + \cdots + a_l^{(+)} + a_l^{(-)}\right) \leqslant -u_{j_{m_l}}, \end{cases} \quad \forall\, l \in \mathbb{N}.$$

由此可得, 上面 (10) 式中的级数是收敛的, 且有

$$a_1^{(+)} + a_1^{(-)} + a_2^{(+)} + a_2^{(-)} + \cdots + a_l^{(+)} + a_l^{(-)} + \cdots = s.$$

最后, 注意到上面 $a_l^{\pm}$ $(\forall\, l \in \mathbb{N})$ 的取法, 以及原级数 $\sum\limits_k u_k$ 的子级数 $\sum\limits_k u_{t_k}$ 的取法, 从上也即导出: 由原级数挑出的子级数 $\sum\limits_k u_{t_k}$ 是收敛的, 且有 $\sum\limits_k u_{t_k} = s$. 此即证得本推理. □

类似地, 还可以得到下面结论更强的一个推理:

推理 2* 在前面引理的假设条件下, 级数 $\sum\limits_k u_k$ 必有一个重排级数 $\sum\limits_k \widetilde{u}_k$, 其具有以下特性: 对于任意的 s(s 为一个实数, 或者 $+\infty$, 或 $-\infty$), 均存在此重排级数的"部分和数列"的一个子数列 $\{\widetilde{s}_{k_i}\}$(也即, $\widetilde{s}_{k_i} = \sum\limits_{k=1}^{k_i} \widetilde{u}_k$), 使得 $\lim\limits_{i\to\infty} \widetilde{s}_{k_i} = s$.

证明 (证法一): 这里, 仍然沿用前面引理证明中关于原级数全体正项及负项所成之子级数的符号.

从第 1 章实数理论可知: 有理数集 $\mathbb{Q}$ 是可数的, 并且是"稠密"于整个实数集的 (即: 任意两个不同的实数之间必有有理数). 于是, 由 $\mathbb{Q}$ 的可数性, 可以令 $\mathbb{Q} = \{\pm|r_i|\}$. 这样, 对于数 $+|r_1|$ 而言, 按前面引理的证法, 可依序取原级数的 n_1 个"正项", 使得

$$\sum_{k=1}^{n_1-1} u_{i_k} \leqslant |r_1| < \sum_{k=1}^{n_1} u_{i_k}.$$

(若 $n_1 = 1$, 则默认上式左边的和式为 0.) 接下来, 依序取原级数的 m_1 个"负项", 使得

$$\sum_{k=1}^{n_1} u_{i_k} + \sum_{k=1}^{m_1} u_{j_k} < |r_1| \leqslant \sum_{k=1}^{n_1} u_{i_k} + \sum_{k=1}^{m_1-1} u_{j_k}.$$

然后继续依序取原级数余下的负项, 而当这些负项与上式左边两组项之总和"刚刚小于" $-|r_1|$ 时, 亦记下此时附加到的负项之最后一项的项数. 接下来, 又转过来依序取原级数余下的"正项", 类似地, 当这些正项与已取过的三组项之总和 (注意, 除上面不等式显示出的两组项之和外, 后加的第三组均为负项之和)"刚刚大于" $-|r_1|$ 时, 同样记下此时附加到的正项之最后一项的项数. 然后, 又"继续"依序取余下的"正项", 而当这些正项与上面已取过的四组项之总和"刚刚大于" $+|r_1|$ 时, 也同样记下此时附加到的正项之最后一项的项数. 接着, 又"继续"依序取余下的"正项"或者"负项"向 $+|r_2|$ 逼近.

上面的做法, 其实就是利用原级数的正项和负项, 先从左边向 $+|r_1|$"逼近", 当"刚刚大于" $+|r_1|$ 时, 又回过头来从右边向 $+|r_1|$"逼近"; 当"刚刚小于" $+|r_1|$ 时, 就接着从右边向着 $-|r_1|$"逼近", 一旦过了 $-|r_1|$, 又回过头来从左边向它再"逼近". 接着, 回来继续依序加正项又对 $|r_1|$"左逼近"和"右逼近". 紧接着, 加正项或者负项对 $+|r_2|$ 进行"左、右逼近"或"右、左逼近"(视 $+|r_2|$ 在 $+|r_1|$ 的左方或右方而定). 然后, 又转向"逼近" $-|r_2|$. 紧接着又转过来, 再次"逼近" $-|r_1|$, $+|r_1|$, $+|r_2|$, ⋯⋯.

总的来说, 上面的构造法就是遵循下面"摇摆式"伸展的规律:

$$\text{先“扩展”} \Longrightarrow \text{再“回头”} \Longrightarrow \text{再“扩展”} \Longrightarrow \text{再“回头”}.$$

具体做法是: 利用原级数的正项 $\{u_{i_k}\}$ 和负项 $\{u_{j_k}\}$, 先从 $+|r_1|$ 出发, 向 $-|r_1|$ 扩展. 然后回头向 $+|r_1|$, 接着向 $+|r_2|$ 扩展. 接着再回头直至 $-|r_1|$, 然后向 $-|r_2|$ 扩展. 紧接着又"回头"直至 $+|r_2|$, 然后向 $+|r_3|$ 扩展. ⋯⋯

值得注意的是, 上述做法是可行的, 因为原级数的正项所成级数 $\sum\limits_k u_{i_k}$ 以及负项所成级数 $\sum\limits_k u_{j_k}$ 分别是发散到 $+\infty$ 和 $-\infty$ 的. 此外, 上面交替依序地取 $\{u_{i_k}\}$ 和 $\{u_{j_k}\}$, 从 $u_k \to 0$ (当 $k\to\infty$ 时), 故知上面的"重排级数"(即, 上面依序按需要取原级数的"正项"或"负项", 实际上改变了原级数中正负项原来的位置) 的部分和序列 $\{\widetilde{s}_j\}$ 必定越来越"逼近"每一个 $+|r_i|$ 和 $-|r_i|$ ($\forall\, i\in\mathbb{N}$).

这样一来, 对于任意一个有理数 r, 重排级数 $\sum\limits_k \widetilde{u}_k$ 的部分和数列 $\{\widetilde{s}_k\}$ 中必存在一个子列 $\{\widetilde{s}_{k_n}\}$, 使得 $\lim\limits_{n\to\infty}\widetilde{s}_{k_n}=r$.

最后, 从上结论可以断言: 对于任意的 s(s 为一个实数, 或者 $+\infty$, 或 $-\infty$), 必存在上 $\{\widetilde{s}_k\}$ 中的一个子列 $\{\widetilde{s}_{k_m}\}$, 使得 $\lim\limits_{m\to\infty}\widetilde{s}_{k_m}=s$.

事实上, 由有理数集 $\mathbb{Q}$ 是稠密于实数集 $\mathbb{R}$ 的, 故对上任意的 s, 必存在有理数序列 r_m, 使得

$$|r_m-s|<\frac{1}{2m},\qquad \forall\, m\in\mathbb{N}.$$

而从前一段的结果, 可知: 对上面每一个有理数, 必存在重排级数的部分和数列 $\{\widetilde{s}_k\}$ 中的某一项 $\widetilde{s}_{k_m}$, 使得

$$|\widetilde{s}_{k_m} - r_m| < \frac{1}{2m}, \qquad \forall\, m \in \mathbb{N}.$$

此外注意, 从上一段的构造性证明中可知, 所构造的重排级数的部分和是左、右“无限摇摆”的. 因此, 上面所取到的该重排级数部分和之下标 k_m 是可以递增的 (当 m 增加时), 此即

$$k_1 < k_2 < \cdots < k_m < \cdots.$$

于是, 从上两不等式即可导出

$$|\widetilde{s}_{k_m} - s| \leqslant |\widetilde{s}_{k_m} - r_m| + |r_m - s| < \frac{1}{m}, \qquad \forall\, m \in \mathbb{N}.$$

由此得到重排级数部分和数列的一个子列 $\{\widetilde{s}_{k_m}\}$ 满足 $\lim\limits_{m\to\infty} \widetilde{s}_{k_m} = s$. 由此本推理得证.

(证法二): 先回忆一下前面 2.5 节的一个的结论之特殊情形: 如果数列 $\{\widetilde{s}_k\}$ 满足条件:

1° $\overline{\lim\limits_{k\to\infty}}\, \widetilde{s}_k = +\infty$, 及 $\underline{\lim\limits_{k\to\infty}}\, \widetilde{s}_k = -\infty$,

2° $\lim\limits_{k\to\infty} (\widetilde{s}_k - \widetilde{s}_{k-1}) = 0$,

那么, 数列 $\{\widetilde{s}_k\}$ 必在 $(-\infty, +\infty)$ 内稠密.

于是, 将原级数 $\sum\limits_k u_k$ 作重排级数时, 只要使其重排级数 $\sum\limits_k \widetilde{u}_k$ 的部分和数列 $\{\widetilde{s}_j\}$ 有两个子列, 一个趋于 $+\infty$, 一个趋于 $-\infty$ 就可以了. 因为此时, 当再注意到重排级数的通项 $\widetilde{u}_k = \widetilde{s}_k - \widetilde{s}_{k-1}$ 即为原级数中的某一项 ($\forall\, k \in \mathbb{N}$), 因而必有 $\lim\limits_{k\to\infty} \widetilde{u}_k = 0$. 由此, 就可利用上面的命题直接导出这里推理的结论.

要作出满足上面性质的重排级数是容易的. 只要以 $\pm n$ 为前面构造法的“摇摆转折点”, 此即先依序取原级数的正项 $\{u_{i_k}\}$, 当其总和“刚刚大于” $+1$ 时, 就依序取其负项 $\{u_{j_k}\}$“回头”, 当总和“刚刚小于” -2 时, 就又依序取原级数的正项“回头”, 一直到“刚刚大于” $+2$ 时, 又取其负项, $\cdots\cdots$ 如此做下去, 必可得到所要的重排级数, 从而本推理得证. □

注 4　上面推理 2 的两个证明方法中, 第一个证明方法虽然叙述起来较为冗长, 但当将上面 Riemann 定理 (含引理) 的证明技巧掌握后, 它却是思路清晰的. 而第二个证明方法的技巧则多了一个命题, 当然这个命题的结果是漂亮的 (也是不易想到, 不易发现的), 但是其证明思路却是不难的. 事实上, 可以想到: 为了使 $\overline{\lim\limits_{k\to\infty}}\, \widetilde{s}_k = +\infty$ 及 $\underline{\lim\limits_{k\to\infty}}\, \widetilde{s}_k = -\infty$, 数列 $\{\widetilde{s}_k\}$ 就必须有无穷多项趋于数轴的右端, 同

时也有无穷多项趋于数轴的左端. 这样一来, 对于数轴上任何一个数 s, 无论包含 s 的开区间 (α, β) 有多么小, (反之) 其如果不包含 $\{\widetilde{s}_k\}$ 中的点的话, 一旦此区间被给定后, 可设 $\delta_0 = |(\alpha, \beta)| = \beta - \alpha (> 0)$. 由此并注意到 $\lim\limits_{k\to\infty} (\widetilde{s}_k - \widetilde{s}_{k-1}) = 0$, 故必存在 $k_0 \in \mathbb{N}$, 使得均有

$$\widetilde{s}_k - \widetilde{s}_{k-1} < \delta_0, \qquad \forall\, k \geqslant k_0.$$

此即“沟长”δ_0 大于 $\{\widetilde{s}_k\}$ 变化的“步长”$|\widetilde{s}_k - \widetilde{s}_{k-1}|$(当 $k \geqslant k_0$ 时).

这样一来, 当 $k \geqslant k_0$ 后, 此“沟”(α, β) 的一侧之 $\{\widetilde{s}_k\}$ 中的点就无法跨越到另一侧! 由此可知, 此与 $\{\widetilde{s}_k\}$ 分别以 $\pm\infty$ 为上、下极限的假设矛盾. 因此, 对任意实数 s, 任意一个包含 s 的开区间内必均含有重排级数部分和数列 $\{\widetilde{s}_k\}$ 中的点, 也即, 必有 $\{\widetilde{s}_k\}$ 的一个子列使其以 s 为极限.

3.5　级数的乘法

本节先来讨论两个级数的乘法及其敛散性问题.

我们知道, 两个有限和

$$A_n = \sum_{k=1}^{n} a_k \quad 及 \quad B_n = \sum_{k=1}^{n} b_k$$

相乘, 其结果就是将所有的项之乘积 $a_i b_j$ $(i, j = 1, 2, \cdots, n)$ 相加而得的总和.

然而, 对两个无穷级数 $\sum\limits_{k=1}^{\infty} a_k$ 和 $\sum\limits_{k=1}^{\infty} b_k$ 而言, 它们的乘积则在它们各自所有项之乘积后, 如何“排序”相加就有许多不同的形式. 其中, 下面两种是最常见的.

例如, 可以按“正方形”的格式排列而相加 (如图 1):

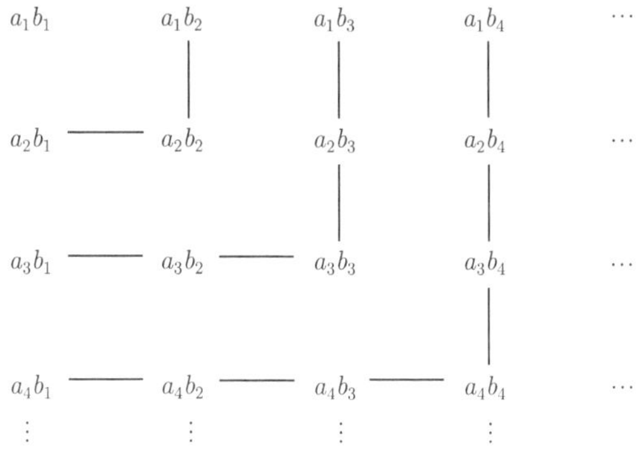

图 1

此即, 上两级数 $\sum\limits_k a_k$ 和 $\sum\limits_k b_k$ 相乘后的新级数为

$$a_1b_1 + (a_1b_2 + a_2b_2 + a_2b_1) + (a_1b_3 + a_2b_3 + a_3b_3a_3b_2 + a_3b_1) + \cdots.$$

又如, 也可以按“对角线”形式排列相加 (如图 2):

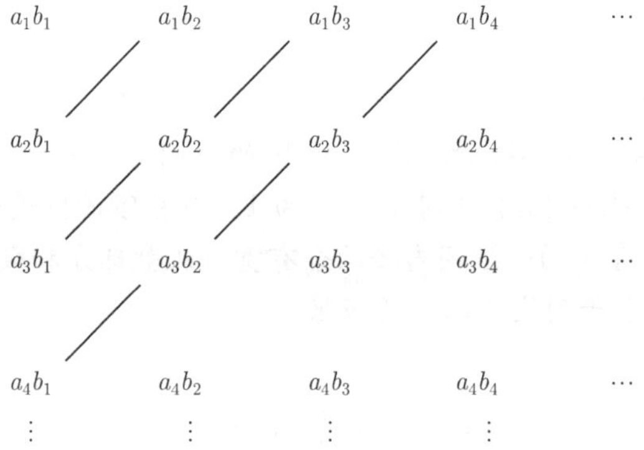

图 2

此即, 上两级数 $\sum\limits_k a_k$ 和 $\sum\limits_k b_k$ 相乘后的新级数为

$$a_1b_1 + (a_1b_2 + a_2b_1) + (a_1b_3 + a_2b_2 + a_3b_1) + \cdots.$$

在关于两个级数乘积的上面两种形式的排序中, 后一种是最常用的. 有下面的定义.

定义 1　设 $\sum\limits_{k=0}^{\infty} a_k$ 和 $\sum\limits_{k=0}^{\infty} b_k$ 是两个级数, 则当令

$$c_k = \sum_{i+j=k} a_ib_j, \qquad \forall\, k \in \mathbb{N} \cup \{0\}$$

时, 级数 $\sum\limits_{k=0}^{\infty} c_k$ 称为级数 $\sum\limits_{k=0}^{\infty} a_k$ 和 $\sum\limits_{k=0}^{\infty} b_k$ 的**Cauchy 乘积**.

注 1　上面 Cauchy 乘积的每一项 c_k $(\forall\, k \in \mathbb{N} \cup \{0\})$ 亦可表为

$$c_k = \sum_{i=0}^{k} a_ib_{k-i}, \qquad \forall\, k \in \mathbb{N} \cup \{0\}.$$

此亦称为向量 $\vec{a} = (a_0,\ a_1,\ \cdots,\ a_k)$ 与 $\vec{b} = (b_0,\ b_1,\ \cdots,\ b_k)$ 的**卷积**. 类似地, 在以后讲述积分学时, 我们会知道, 两个在 $[a,b]$ 上可积的函数 $f(x)$ 和 $g(x)$, 它们的“卷积”则为 $\int_a^b f(x-t)g(t)dt$, 记为 $(f*g)(x)$.

注 2 如果级数 $\sum\limits_{k=0}^{\infty} a_k$ 和 $\sum\limits_{k=0}^{\infty} b_k$ 均收敛, 并有 $\sum\limits_{k=0}^{\infty} a_k = A$ 和 $\sum\limits_{k=0}^{\infty} b_k = B$, 此时, 未必有 $\sum\limits_{k=0}^{\infty} c_k = A \cdot B$, 甚至 $\sum\limits_{k=0}^{\infty} c_k$ 还可能发散. 可见下面反例:

反例 设 $a_n = b_n = \dfrac{(-1)^{n+1}}{\sqrt{n}}$ $(\forall\, n \in \mathbb{N})$, 则 $\sum\limits_{n=1}^{\infty} a_n$ 和 $\sum\limits_{n=1}^{\infty} b_n$ 均收敛, 但

$$|c_n| = \sum_{i+j=n} \frac{1}{\sqrt{ij}} \geqslant \sum_{i+j=n} \frac{2}{i+j} = \frac{2(n-1)}{n} \geqslant 1, \qquad \forall\, n \in \mathbb{N}.$$

故知 Cauchy 乘积 $\sum\limits_{n=1}^{\infty} c_n$ 的通项不趋于 0, 因此发散.

下面的定理表明, 对于两个绝对收敛的级数, 上面注 2 的情况是不会发生的. 特别地, 我们有下面更强的结论.

定理 1 (Cauchy) 设级数 $\sum\limits_{k} a_k$ 和 $\sum\limits_{k} b_k$ 均是绝对收敛的, 且其和分别是 A 和 B. 那么, 上两级数各项的乘积 $a_i b_j$ $(\forall\, i, j \in \mathbb{N})$ 无论以何种形式相加, 其所得的级数都仍是绝对收敛的, 且其和就等于 AB.

证明 设 $\{a_{i_k} b_{j_k}\}_{k\in\mathbb{N}}$ 为 $\{a_i b_j\}_{i,j\in\mathbb{N}}$ 的任意一种排列. 对于任意的 $n \in \mathbb{N}$, 令

$$m = \max(i_k,\ j_k : 1 \leqslant k \leqslant n).$$

那么, 注意到定理的假设, 从下面不等式

$$\sum_{k=1}^{n} |a_{i_k} b_{j_k}| \leqslant \left(\sum_{i=1}^{m} |a_i|\right) \cdot \left(\sum_{j=1}^{m} |b_j|\right) \leqslant \left(\sum_{i=1}^{\infty} |a_i|\right) \cdot \left(\sum_{j=1}^{\infty} |b_j|\right) < +\infty,$$

即可导出 $\sum\limits_{k} a_{i_k} b_{j_k}$ 是绝对收敛的 (利用 Cantor 单调有界收敛定理).

此外, 回忆到前面 3.4 节的定理 1, 一个绝对收敛的级数是满足交换律的. 因此, 我们特别将级数 $\sum\limits_{k} a_{i_k} b_{j_k}$ 各项 (也即 $\{a_i b_j\}_{i,j\in\mathbb{N}}$ 各项) 按"正方形"的格式重新排列后相加, 则其和数也是不变的, 由此即可导出

$$\sum_{k} a_{i_k} b_{j_k} = \lim_{m\to\infty} \left(\sum_{i=1}^{m} a_i\right) \left(\sum_{j=1}^{m} b_j\right) = \left(\sum_{i=1}^{\infty} a_i\right) \left(\sum_{j=1}^{\infty} b_j\right) = AB. \qquad \square$$

下面, 如果考虑级数的"Cauchy 乘积"(也即"卷积"), 那么上面定理 1 的假设条件就可以减弱一些. 此一创新发展性的定理是由德国数学家 F.C.J.Mertens(梅尔滕斯) 得到的.

定理 2 (Mertens) 设级数 $\sum_k a_k$ 和 $\sum_k b_k$ 分别收敛于 A 和 B, 并且有一个是绝对收敛的. 那么, 此两级数的 Cauchy 乘积必收敛于 AB.

证明 不妨设 $\sum_k |a_k|$ 收敛, 并且 $a_0 = b_0 = 0$ 以及

$$A_n = \sum_{k=0}^{n} a_k \quad 和 \quad B_n = \sum_{k=0}^{n} b_k, \qquad \forall\, n \in \mathbb{N} \cup \{0\}.$$

那么, 由定义可知级数 $\sum_{k=0}^{\infty} a_k$ 和 $\sum_{k=0}^{\infty} b_k$ 的 Cauchy 乘积为 $\sum_{k=0}^{\infty} c_k$, 且此乘积级数的前 n 项部分和为

$$C_n = a_0b_0 + (a_0b_1 + a_1b_0) + \cdots + (a_0b_n + a_1b_{n-1} + \cdots + a_{n-1}b_1 + a_nb_0),\ \forall\, n \in \mathbb{N} \cup \{0\}.$$

注意到 3.3 节中 Abel 求和公式的方法, 类似地可将每项 C_n 改写为

$$\begin{aligned} C_n &= a_0(b_0 + b_1 + \cdots + b_n) + a_1(b_0 + b_1 + \cdots + b_{n-1}) + \cdots + a_nb_0 \\ &= a_0B_n + a_1B_{n-1} + \cdots + a_nB_0 \\ &= \sum_{k=0}^{n} a_kB_{n-k}, \qquad \forall\, n \in \mathbb{N} \cup \{0\}. \end{aligned} \tag{1}$$

注意到定理的假设: $\sum_k b_k = B$, 也即 $\lim_{n\to\infty} B_n = B$, 可假设

$$B_n = B - \beta_n\ (\forall\, n \in \mathbb{N} \cup \{0\}) \quad 及 \quad \lim_{n\to\infty} \beta_n = 0.$$

这样, 将此 B_n 的表达式代入上面 (1) 式中, 就可得到

$$\begin{aligned} C_n &= \sum_{k=0}^{n} a_k(B - \beta_{n-k}) = \sum_{k=0}^{n} a_kB - \sum_{k=0}^{n} a_k\beta_{n-k} \\ &= A_nB - \sum_{k=0}^{n} a_k\beta_{n-k}, \qquad \forall\, n \in \mathbb{N} \cup \{0\}. \end{aligned}$$

令 $\gamma_n = \sum_{k=0}^{n} a_k\beta_{n-k}$, 从上则可导出

$$|C_n - A_nB| = |\gamma_n|, \qquad \forall\, n \in \mathbb{N} \cup \{0\}. \tag{2}$$

注意到定理的假设: $\lim_{n\to\infty} A_n = A$. 因此, 为了得到本定理的结论, 仅需证明 $\lim_{n\to\infty} \gamma_n = 0$ 即可. 下面就来利用 $\sum_k a_k$ 绝对收敛性的假设导出所需的极限关系式.

事实上, 注意到上面取法, 一方面有 $\lim\limits_{n\to\infty}\beta_n=0$; 而由定理假设, 又有 $\sum\limits_k|a_k|$ 收敛. 因此, 从上面第一个极限关系式可以得到: 对于任意的 $\varepsilon>0$, 必存在 $n_0\in\mathbb{N}$, 使得

$$|\beta_n|<\varepsilon,\qquad \forall\, n\geqslant n_0. \tag{3}$$

于是, 对任何 $n\in\mathbb{N}$, 当 $n>n_0$ 时, 从前面 γ_n 的定义则有

$$\gamma_n=\sum_{k=0}^{n}a_k\beta_{n-k}=\sum_{k=0}^{n-n_0}a_k\beta_{n-k}+\sum_{k=n-n_0+1}^{n}a_k\beta_{n-k},$$

也即

$$|\gamma_n|\leqslant\left|\sum_{k=0}^{n-n_0}a_k\beta_{n-k}\right|+\left|\sum_{k=n-n_0+1}^{n}a_k\beta_{n-k}\right|.$$

注意到上面的 (3) 式, 可以导出

$$|\gamma_n|\leqslant\left(\sum_{k=0}^{n-n_0}|a_k|\right)\cdot\varepsilon+(\beta_0a_n+\beta_1a_{n-1}+\cdots+\beta_{n_0-1}a_{n-(n_0-1)}),\quad \forall\, n\geqslant n_0.$$

注意到上式后端的括号内仅有“有限项”(即 n_0 项), 而由级数 $\sum\limits_n a_n$ 的收敛性假设知 $a_n\to 0$(当 $n\to\infty$ 时), 因此, 当 $n\to\infty$ 时, 此括号内其实为有限个无穷小量之和. 这样, 对上式取“上极限”(注意, 我们并不知道 $\{\gamma_n\}$ 是否有极限存在, 故此处不能直接取极限), 可得

$$(0\leqslant)\ \overline{\lim_{n\to\infty}}\,|\gamma_n|\leqslant\left(\sum_{k=0}^{\infty}|a_k|\right)\cdot\varepsilon.$$

而从上述 ε 的任意性, 又可得

$$\overline{\lim_{n\to\infty}}\,|\gamma_n|=0.$$

最后, 注意到 $\underline{\lim\limits_{n\to\infty}}\,|\gamma_n|=0$, 总上则可导出 $\lim\limits_{n\to\infty}\gamma_n=0$.

因此, 由前面的 (2) 式, 即可得到

$$\sum_{k=0}^{\infty}c_k=\lim_{n\to\infty}C_n=\left(\lim_{n\to\infty}A_n\right)\cdot B=AB.$$

从而本定理证毕. □

注 3 上面定理 2 的证明是十分有技巧又是十分典型的. 其典型性是: 一方面, 其在验证某极限关系时, 将“ε-N”方法与“极限 (含上、下极限) 运算”方法

结合起来使用; 另一方面, 对两个数列乘积的和数, 将它分为两段, 然后各段利用不同的无穷小量与有界变量的关系分别使上述总和趋于 0. 这种证法曾在前面 2.3 节对 Stolz 定理的证明类似用过. 而此两数列乘积的和数的"转换技巧"则与前面 3.3 节中 Abel 求和公式有类似之处. 这些都是值得我们好好学习和掌握的数学技巧方法.

注 4*　在本节前面的注 2 中, 曾经举过反例说明, 当 $\sum\limits_k a_k$ 和 $\sum\limits_k b_k$ 均为条件收敛时, 上面定理 2 的结论未必成立. 然而, 此时如果再加一个条件上面两级数的 Cauchy 乘积 $\sum\limits_k c_k$ 也是收敛的, 那么, 则仍有定理结论:

$$\sum_k c_k = \left(\sum_k a_k\right)\cdot\left(\sum_k b_k\right) = AB.$$

由于此结论的证明需用到有关"幂级数" $\sum\limits_{k=0}^{\infty} a_k x^k$, $\sum\limits_{k=0}^{\infty} b_k x^k$ 及 $\sum\limits_{k=0}^{\infty} c_k x^k$ 的一些性质, 因此, 只能在以后讲到此内容时才能给出证明.

注 5　同样值得注意的是, 上面定理 1 和定理 2 中的条件均不是"必要条件", 也即当两个级数的 Cauchy 乘积收敛, 甚至绝对收敛时, 也不能断言这两个级数一定收敛. 关于这一事实, 可以从下面反例看出.

反例　设 $a_0 = b_0 = 1$,

$$a_n = -\left(\frac{3}{2}\right)^n \quad 及 \quad b_n = \left(\frac{3}{2}\right)^{n-1}\left(2^n + \frac{1}{2^{n+1}}\right), \qquad \forall\, n \in \mathbb{N}.$$

不难得到此两级数 $\sum\limits_{n=0}^{\infty} a_n$ 和 $\sum\limits_{n=0}^{\infty} b_n$ 的 Cauchy 乘积为级数 (请读者验证之):

$$\sum_{n=0}^{\infty} c_n = \sum_{n=0}^{\infty}\left(\sum_{k=0}^{n} a_k b_{n-k}\right) = \sum_{n=0}^{\infty}\left(\frac{3}{4}\right)^n.$$

由此, 可以看出: 虽然两级数 $\sum\limits_{n=0}^{\infty} a_n$ 和 $\sum\limits_{n=0}^{\infty} b_n$ 的 Cauchy 乘积是 (绝对) 收敛的, 但是上两级数却均是发散的.

下面利用定理 2(或定理 1) 来再次验证指数函数的"乘法定理"(即以后我们将会看到, 著名的指数函数 e^x 必可写成一个级数 $e^x = \sum\limits_{n=0}^{\infty} \dfrac{x^n}{n!}$ 形式 (对任意实数 x), 这里将从级数的 Cauchy 乘积的有关结论导出熟悉的公式: $e^x \cdot e^y = e^{x+y}$, $\forall\, x, y \in \mathbb{R}$).

例 对任意的实数 x, 从熟知的正项级数的 D'Alembert 判别法 (比值判别法) 可以导出级数 $\sum_{n=0}^{\infty}\frac{x^n}{n!}$ 必是绝对收敛的. 由此, 我们定义其级数和为 $E(x)$, 即

$$E(x)=\sum_{n=0}^{\infty}\frac{x^n}{n!},\qquad \forall\, x\in\mathbb{R}.$$

这样, 对于任意两个实数 x 和 y, 级数 $\sum_{n=0}^{\infty}a_n\triangleq\sum_{n=0}^{\infty}\frac{x^n}{n!}$ 和级数 $\sum_{n=0}^{\infty}b_n\triangleq\sum_{n=0}^{\infty}\frac{y^n}{n!}$ 的 Cauchy 乘积则为 $\sum_{n=0}^{\infty}c_n$, 其中

$$\begin{aligned}c_n&=\sum_{k=0}^{n}a_kb_{n-k}=\sum_{k=0}^{n}\frac{x^k}{k!}\cdot\frac{y^{n-k}}{(n-k)!}\\&=\sum_{k=0}^{n}\frac{1}{k!(n-k)!}x^ky^{n-k}=\frac{1}{n!}\sum_{k=0}^{n}\binom{n}{k}x^ky^{n-k}\\&=\frac{(x+y)^n}{n!},\qquad \forall\, n\in\mathbb{N}\cup\{0\}.\end{aligned}$$

于是, 由定理 2(或者定理 1) 可得

$$\sum_{n=0}^{\infty}\frac{(x+y)^n}{n!}=\sum_{n=0}^{\infty}c_n=\left(\sum_{n=0}^{\infty}a_n\right)\cdot\left(\sum_{n=0}^{\infty}b_n\right)=\left(\sum_{n=0}^{\infty}\frac{x^n}{n!}\right)\cdot\left(\sum_{n=0}^{\infty}\frac{y^n}{n!}\right).$$

再注意到前面 $E(x)$ 的定义, 由此也即导出了指数函数的乘法定理结论: $E(x+y)=E(x)\cdot E(y)$ $(\forall\, x,y\in\mathbb{R})$.

3.6 累次级数与二重级数

在上节有关级数 Cauchy 乘积的定义中, 其实已经涉及了有关累次级数的概念 (例如上节注 5 反例中 $\sum_{n=0}^{\infty}c_n=\sum_{n=0}^{\infty}\left(\sum_{k=0}^{n}a_kb_{n-k}\right)$ 的表达式), 只是那里的 k 仅取有限项. 因此, 不难得到下面有关累次级数的一般定义.

定义 1 对于依赖于两个序号 $(n,m)\in\mathbb{N}^2$ 的数列 $\{a_{nm}\}$, 如将它们先按一个序号累加起来, 然后再按另一序号累加起来的级数, 则称为**累次级数**. 由此, 如对每一个 $n\in\mathbb{N}$, 当级数 $\sum_{m=1}^{\infty}a_{nm}$ 均收敛 (记为 s_n), 并且级数 $\sum_{n=1}^{\infty}s_n$ 亦收敛时, 我们则称累次级数 $\sum_{n=1}^{\infty}\sum_{m=1}^{\infty}a_{nm}$ 是收敛的. (类似地, 也可定义累次级数 $\sum_{m=1}^{\infty}\sum_{n=1}^{\infty}a_{nm}$ 的收敛性.)

注 1　如果将上述数列 $\{a_{nm}\}$ 排成如下之无穷矩阵:

$$\begin{pmatrix} a_{11} & a_{12} & a_{13} & \cdots & a_{1m} & \cdots \\ a_{21} & a_{22} & a_{23} & \cdots & a_{2m} & \cdots \\ a_{31} & a_{32} & a_{33} & \cdots & a_{3m} & \cdots \\ \vdots & \vdots & \vdots & & \vdots & \\ a_{n1} & a_{n2} & a_{n3} & \cdots & a_{nm} & \cdots \\ \vdots & \vdots & \vdots & & \vdots & \end{pmatrix},$$

那么, 上面定义中的第一个累次级数即是: 先按每一"行"(级数) 加起来, 然后再将上述"和数"按"列"加起来而得; 而第二个累次级数类似地是按"先列后行"的形式相加而得. 值得注意的是以下两点:

1) 即使上述两个累次级数均收敛, 它们的"和"未必相等. 可举反例如下:

反例　设 $\{a_{nm}\}$ 按如下无穷矩阵形式排列:

$$\begin{pmatrix} 1 & 0 & 0 & 0 & 0 & 0 & \cdots \\ -1 & 1 & 0 & 0 & 0 & 0 & \cdots \\ 0 & -1 & 1 & 0 & 0 & 0 & \cdots \\ 0 & 0 & -1 & 1 & 0 & 0 & \cdots \\ 0 & 0 & 0 & -1 & 1 & 0 & \cdots \\ \vdots & \vdots & \vdots & \vdots & \vdots & \vdots & \end{pmatrix},$$

也即

$$a_{nm} = \begin{cases} 1, & \text{当}n = m\text{时}, \\ -1, & \text{当}n = m+1\text{时}, \\ 0, & \text{当}n, m\text{为其他情况时}, \end{cases} \qquad \forall\, n, m \in \mathbb{N}.$$

容易验证: 两个累次级数之和分别为

$$\sum_{n=1}^{\infty}\sum_{m=1}^{\infty} a_{nm} = 1, \qquad (\text{“先行后列”})$$

及

$$\sum_{m=1}^{\infty}\sum_{n=1}^{\infty} a_{nm} = 0. \qquad (\text{“先列后行”}).$$

2) 即使有关系式 $\sum\limits_{n=1}^{\infty}\sum\limits_{m=1}^{\infty} a_{nm} = \sum\limits_{m=1}^{\infty}\sum\limits_{n=1}^{\infty} a_{nm}$ (均收敛), 此时也未必能导出"可以随意地将 $\{a_{nm}\}$ 相加, 所得的级数亦收敛"的结论. 为了得出这样的反例, 只需

将上反例修改一下就可以了. 例如, 类似上反例, 只要将 $\{a_{nm}\}$ 排列成下面的无穷矩阵:

$$\begin{pmatrix} 1 & -1 & 0 & 0 & 0 & 0 & 0 & \cdots \\ -1 & 1 & 0 & 0 & 0 & 0 & 0 & \cdots \\ 0 & 0 & 1 & -1 & 0 & 0 & 0 & \cdots \\ 0 & 0 & -1 & 1 & 0 & 0 & 0 & \cdots \\ 0 & 0 & 0 & 0 & 1 & -1 & 0 & \cdots \\ 0 & 0 & 0 & 0 & -1 & 1 & 0 & \cdots \\ \vdots & \vdots & \vdots & \vdots & \vdots & \vdots & \vdots & \end{pmatrix},$$

那么, 显然可见

$$\sum_{n=1}^{\infty}\sum_{m=1}^{\infty} a_{nm} = \sum_{m=1}^{\infty}\sum_{n=1}^{\infty} a_{nm} = 0.$$

但是, 如果以"正方形"格式相加 (参见 3.5 节图 1), 则可得到其"部分和数列"为

$$s_1 = 1, \quad s_2 = 0, \quad s_3 = 1, \quad s_4 = 0, \quad \cdots,$$

因此这样的级数和 $\sum\limits_{k=1}^{\infty} s_k$ 是发散的.

由上面注 1 最后叙述的启发, 可导出有关二重级数的定义. 为此, 首先要给出"二重极限"的定义.

定义 2 设 $\{s_{nm}\}$ 为一个二重数列, 称 $\{s_{nm}\}$ 当 n 和 m(独立地) 趋于无穷时, 其**极限**为 s, 是指: 对任意的 $\varepsilon > 0$, 必存在 $n_\varepsilon \in \mathbb{N}$ 及 $m_\varepsilon \in \mathbb{N}$, 使得均有下面关系式成立:

$$|s_{nm} - s| < \varepsilon, \qquad \forall\, n \geqslant n_\varepsilon,\ m \geqslant m_\varepsilon.$$

此时, 亦称数列 $\{s_{nm}\}$(当 n 和 m 趋于无穷时) 的**二重极限**为 s, 并记为 $\lim\limits_{n,m\to\infty} s_{nm} = s$.

定义 3 对于二重数列 $\{a_{ij}\}$, 其"和数" $\sum\limits_{i,j=1}^{\infty} a_{ij}$ 称为**二重级数**. 称此二重级数是**收敛的**, 是指其"部分和"的二重数列 $\{s_{nm}\}$ 以某一实数 s 为其二重极限 (这里, $s_{nm} = \sum\limits_{i=1}^{n}\sum\limits_{j=1}^{m} a_{ij}$, $\forall\, n, m \in \mathbb{N}$). 而当 $\lim\limits_{n,m\to\infty} s_{nm}$ 不存在时, 则称此二重级数是**发散的**.

与一般的数项级数类似, 从上面定义不难导出下面有关二重极限的一般性质 (请读者自证之):

性质 1 如果二重级数 $\sum\limits_{i,j=1}^{\infty} a_{ij}$ 收敛, 则有 $\lim\limits_{i,j\to\infty} a_{ij} = 0$. 反之未必.

性质 2　全体收敛的二重级数构成一个线性空间 (也即它们对于“加法”和“数乘”的运算是“封闭的”, 且满足分配律).

性质 3 (Cauchy 收敛原理)　二重级数 $\sum\limits_{i,j=1}^{\infty} a_{ij}$ 收敛的充分必要条件是: 对于任意的 $\varepsilon > 0$, 必存在 n_ε, $m_\varepsilon \in \mathbb{N}$, 使得均有下面关系式成立:

$$|s_{n_2m_2} - s_{n_1m_1}| < \varepsilon, \qquad \forall\, n_2 > n_1 \geqslant n_\varepsilon,\ m_2 > m_1 \geqslant m_\varepsilon.$$

(这里, $s_{nm} = \sum\limits_{i=1}^{n}\sum\limits_{j=1}^{m} a_{ij}$, $\forall\, n, m \in \mathbb{N}$.)

性质 4　如果二重级数绝对收敛 (即 $\sum\limits_{i,j=1}^{\infty} |a_{ij}|$ 收敛), 则其必收敛. 反之未必.

性质 5　二重级数 $\sum\limits_{i,j=1}^{\infty} |a_{ij}|$ 收敛的充分必要条件是: 其“部分和数列” $\left\{ s_{nm} \triangleq \sum\limits_{i=1}^{n}\sum\limits_{j=1}^{m} |a_{ij}| \right\}$ 有界.

下面来介绍二重级数的收敛性与其各累次级数的收敛性之间的关系. 显然, 从前面注 1 的 2) 已知: 即使当一个二重级数的两个累次级数均存在且相等时, 也未必可以导出此二重级数的收敛性. 然而, 反过来, 则有下面肯定的结论.

定理 1　如果二重级数 $\sum\limits_{i,j=1}^{\infty} a_{ij}$ 收敛, 并且对任意的 $i \in \mathbb{N}$, $\sum\limits_{j=1}^{\infty} a_{ij}$ 均收敛, 那么累次级数 $\sum\limits_{i=1}^{\infty}\sum\limits_{j=1}^{\infty} a_{ij}$ 亦收敛, 且有

$$\sum_{i=1}^{\infty}\sum_{j=1}^{\infty} a_{ij} = \sum_{i,j=1}^{\infty} a_{ij}.$$

类似地, 如果 $\sum\limits_{i,j=1}^{\infty} a_{ij}$ 收敛, 且 $\sum\limits_{i=1}^{\infty} a_{ij}$ $(\forall\, j \in \mathbb{N})$ 均收敛, 那么累次级数 $\sum\limits_{j=1}^{\infty}\sum\limits_{i=1}^{\infty} a_{ij}$ 亦收敛, 且有

$$\sum_{j=1}^{\infty}\sum_{i=1}^{\infty} a_{ij} = \sum_{i,j=1}^{\infty} a_{ij}.$$

证明　我们仅证明第一个结论 (余下者请读者自证之).

由二重级数 $\sum\limits_{i,j=1}^{\infty} a_{ij}$ 收敛, 故可设此“和数”为 s, 且由定义可知: 对任何数 $\varepsilon > 0$, 必存在 $n_\varepsilon \in \mathbb{N}$ 及 $m_\varepsilon \in \mathbb{N}$, 使得均有以下不等式成立:

$$|s_{nm} - s| < \varepsilon, \qquad \forall\, n \geqslant n_\varepsilon,\ m \geqslant m_\varepsilon.$$

(这里, $s_{nm}=\sum_{i=1}^{n}\sum_{j=1}^{m}a_{ij}$ 是二重级数 $\sum_{i,j=1}^{\infty}a_{ij}$ 的部分和, $\forall\, n,m\in\mathbb{N}$.)

由此, 再注意到 $\sum_{j=1}^{\infty}a_{ij}$ ($\forall\, i\in\mathbb{N}$) 均收敛的假设, 从上式则知: 对任意的 $n\in\mathbb{N}$, 只要 $n\geqslant n_\varepsilon$, 就有

$$\lim_{m\to\infty}\left|\sum_{i=1}^{n}\sum_{j=1}^{m}a_{ij}-s\right|=\lim_{m\to\infty}|s_{nm}-s|\leqslant\varepsilon.$$

由此得到

$$\left|\sum_{i=1}^{n}\left(\lim_{m\to\infty}\sum_{j=1}^{m}a_{ij}\right)-s\right|\leqslant\varepsilon,$$

也即导出

$$\left|\sum_{i=1}^{n}\sum_{j=1}^{\infty}a_{ij}-s\right|\leqslant\varepsilon,\qquad\forall\, n\geqslant n_\varepsilon.$$

最后, 在上面不等式两边取极限 $n\to\infty$, 然后注意到正数 ε 的任意性, 可得

$$\sum_{i=1}^{\infty}\sum_{j=1}^{\infty}a_{ij}=\sum_{i,j=1}^{\infty}a_{ij}.$$

也即导出了本定理的结论. □

定理 2 二重级数 $\sum_{i,j=1}^{\infty}a_{ij}$ 绝对收敛的充分必要条件是: 二重数列 $\{a_{ij}\}$ 可以重排为一个 (一重) 数列 (记为 $\{\widetilde{a}_k\}$), 使得所产生的"重排 (一重) 级数" $\sum_{\widetilde{k}=1}^{\infty}\widetilde{a}_k$ 是绝对收敛的. 此外, 在上述绝对收敛的结果下, 还可得到关系式

$$\sum_{i,j=1}^{\infty}a_{ij}=\sum_{k=1}^{\infty}\widetilde{a}_k.$$

证明 下面分三段来证明定理结论:

1) 充分性:

由设二重数列 $\{a_{ij}\}$ 已被重排为 (一重) 数列 $\{\widetilde{a}_k\}$, 并且 (一重) 级数 $\sum_{k=1}^{\infty}|\widetilde{a}_k|$ 收敛于某实数 $\widetilde{s}$, 于是, 对任意的 $n,m\in\mathbb{N}$, 不难从"重排 (一重) 级数"中找到一个项数 $k_{(nm)}\in\mathbb{N}$, 使得原二重级数"前面 n 排、m 列的项所对应的数" $\{a_{ij}:1\leqslant i\leqslant$

$n,\ 1 \leqslant j \leqslant m\}$ 均在 (一重) 级数之前 $k_{(mn)}$ 项 $\{\widetilde{a}_k : 1 \leqslant k \leqslant k_{(nm)}\}$ 之中. 因此

$$\sum_{i=1}^{n}\sum_{j=1}^{m}|a_{ij}| \leqslant \sum_{k=1}^{k_{(nm)}}|\widetilde{a}_k| \leqslant \widetilde{s}, \qquad \forall\ n, m \in \mathbb{N}.$$

从而得知相应的二重级数 $\sum\limits_{i,j=1}^{\infty}|a_{ij}|$ 的部分和数列是有上界的, 故由前面性质 5, 即可导出二重级数 $\sum\limits_{i,j=1}^{\infty}a_{ij}$ 是绝对收敛的.

2) 必要性:

由设二重级数 $\sum\limits_{i,j=1}^{\infty}a_{ij}$ 绝对收敛, 可令

$$\sum_{i,j=1}^{\infty}|a_{ij}| = s_{(a)}.$$

这样, 对于二重数列 $\{a_{ij}\}$ 的任何“重排”的一个 (一重) 数列 $\{\widetilde{a}_k\}$, 无论取其任意 k_0 项, 总可以找出原二重级数相应的 (行数)n_0 和 (列数)m_0, 使得

$$\{\widetilde{a}_k : 1 \leqslant k \leqslant k_0\} \subset \{a_{ij} : 1 \leqslant i \leqslant n_0,\ 1 \leqslant j \leqslant m_0\}.$$

于是, 我们立即得到关系式

$$\sum_{k=1}^{k_0}|\widetilde{a}_k| \leqslant \sum_{i=1}^{n_0}\sum_{j=1}^{m_0}|a_{ij}| \leqslant s_{(a)}, \qquad \forall\ k_0 \in \mathbb{N}.$$

由此, 可导出“重排 (一重) 级数”$\sum\limits_{k=1}^{\infty}\widetilde{a}_k$ 是绝对收敛的.

3) (对命题中两级数其“和”相等的证明)

设二重级数的和为 s, 注意到“重排 (一重) 级数”$\sum\limits_{k=1}^{\infty}\widetilde{a}_k$ 是绝对收敛的, 故由前面 3.4 节定理 1 可知, 对此级数的任意再重排, 所得的新级数仍收敛且其和不变. 这样, 从原二重级数 $\sum\limits_{i,j=1}^{\infty}a_{ij}$ 各项的无穷矩阵排列中, 以“正方形”格式重排, 则所得新二重级数的和即为

$$\lim_{n\to\infty}\sum_{i=1}^{n}\sum_{j=1}^{n}a_{ij}.$$

再注意到二重级数 (绝对) 收敛的假设: $\lim\limits_{n,m\to\infty}\sum\limits_{i=1}^{n}\sum\limits_{j=1}^{m}a_{ij} = s$, 故从以上两结果即可导出

$$\sum_{k=1}^{\infty}\widetilde{a}_k=\lim_{n\to\infty}\sum_{i=1}^{n}\sum_{j=1}^{n}a_{ij}=s.$$

总上 1), 2) 和 3), 本定理结论得证. □

注 2 从上定理的必要性证明或者从前面 3.4 节的定理 1, 均可看出: 当二重级数 $\sum\limits_{i,j=1}^{\infty}a_{ij}$ 绝对收敛时, 其实对 $\{a_{ij}\}$ 的任意一种重排而得的 (一重) 级数 $\sum\limits_{k=1}^{\infty}\widetilde{a}_k$ 必均是绝对收敛的, 且均有

$$\sum_{k=1}^{\infty}\widetilde{a}_k=\sum_{i,j=1}^{\infty}a_{ij}.$$

结合上面定理 2 和定理 1, 在加强的条件下, 我们得到了定理 1 的一个加强结论如下:

定理 3 对于一个二重级数 $\sum\limits_{i,j=1}^{\infty}a_{ij}$, 如果存在一个"重排", 使其所产生的"重排 (一重) 级数"$\sum\limits_{k=1}^{\infty}\widetilde{a}_k$ 是绝对收敛的, 那么其相应的两个累次级数亦绝对收敛, 且有

$$\sum_{i=1}^{\infty}\sum_{j=1}^{\infty}a_{ij}=\sum_{j=1}^{\infty}\sum_{i=1}^{\infty}a_{ij}=\sum_{k=1}^{\infty}\widetilde{a}_k.$$

证明 由设, 存在实数 $\widetilde{s}_{(a)}$, 使得二重级数的一个"重排 (一重) 级数"$\sum\limits_{\widetilde{k}=1}^{\infty}\widetilde{a}_k$ 绝对收敛, 且有

$$\sum_{\widetilde{k}=1}^{\infty}|\widetilde{a}_k|=\widetilde{s}_{(a)}.$$

这样一来, 对于任意的 $n,m\in\mathbb{N}$, 均有下式成立

$$\sum_{i=1}^{n}\sum_{j=1}^{m}|a_{ij}|\leqslant\widetilde{s}_{(a)},$$

由此即可导出: 对于任意的 $i\in\mathbb{N}$, 级数 $\sum\limits_{j=1}^{\infty}|a_{ij}|$ 均收敛 (进而 $\sum\limits_{i=1}^{\infty}\sum\limits_{j=1}^{\infty}|a_{ij}|$ 也收敛).

通过类似的做法 (考虑 $\sum\limits_{j=1}^{m}\sum\limits_{i=1}^{n}|a_{ij}|$), 亦可得知: 对于任意的 $j\in\mathbb{N}$, $\sum\limits_{i=1}^{\infty}|a_{ij}|$ 均收敛 (进而 $\sum\limits_{j=1}^{\infty}\sum\limits_{i=1}^{\infty}|a_{ij}|$ 也是收敛的).

最后，注意到定理 2(从假设可推得二重级数 $\sum\limits_{i,j} a_{ij}$ 绝对收敛) 以及定理 1，从上面两结果则可得到关系式

$$\sum_{i=1}^{\infty}\sum_{j=1}^{\infty} a_{ij} = \sum_{k=1}^{\infty} \widetilde{a}_k,$$

以及

$$\sum_{j=1}^{\infty}\sum_{i=1}^{\infty} a_{ij} = \sum_{k=1}^{\infty} \widetilde{a}_k.$$

综上则知本定理证毕. □

作为本节的结束，只要注意到上面的定理 2 和定理 3，还可以直接导出定理 3 的一个十分实用的推理：

推理 如果二重级数 $\sum\limits_{i,j=1}^{\infty} a_{ij}$ 是绝对收敛的，那么其相应的两个累次级数也均是绝对收敛的，且有

$$\sum_{i=1}^{\infty}\sum_{j=1}^{\infty} a_{ij} = \sum_{j=1}^{\infty}\sum_{i=1}^{\infty} a_{ij} = \sum_{i,j=1}^{\infty} a_{ij}.$$

3.7 无穷乘积

与 (无穷) 级数紧密相关联的另一种变了形的“级数”就是“无穷乘积”. 首先，我们给出它的定义.

定义 1 设 $\{p_k\}$ 是一列实数，将它们的依序连乘

$$p_1 \cdot p_2 \cdots p_n \cdots,$$

称为一个**无穷乘积**，并记为 $\prod\limits_{k=1}^{\infty} p_k$. (与级数类似) 将上述前 n 个项的乘积 $\prod\limits_{k=1}^{n} p_k$ 称为上述无穷乘积的**第 n 个部分乘积**，并记为 P_n ($\forall\ n \in \mathbb{N}$); 并且，当部分乘积的数列 $\{P_n\}$ 满足 $\lim\limits_{n\to\infty} P_n$ 存在且不为 0 时，称上面的无穷乘积是**收敛的**，并将上述极限值 $P \neq 0$ 称为此无穷乘积的**积**，且记为

$$\prod_{k=1}^{\infty} p_k = \lim_{n\to\infty} P_n = P(\neq 0);$$

否则，也即当上述 $\{P_n\}$ 发散或收敛于 0 时，称无穷乘积 $\prod\limits_{k=1}^{\infty} p_k$ 是**发散的**.

注 1 必须注意的是, 当无穷乘积 $\prod_{k=1}^{\infty} p_k$ 的部分乘积数列 $\{P_n\}$ 满足关系式: $P_n \to 0\ (n \to \infty)$ 时, 该无穷乘积仍定义为**发散的**! 这样规定的背景是由于我们要将“无穷乘积”的研究与“无穷级数”的性质相关联, 也即试图通过“已知的”级数的性质来导出某些“未知的”无穷乘积的特性. 为此, 最简单的方法莫过于利用初等数学中“对数函数”的基本性质 (这里, 假设 $\{p_k\}$ 为一个“正”数列):

$$\ln P_n = \ln\left(\prod_{k=1}^{n} p_k\right) = \sum_{k=1}^{n} \ln p_k, \qquad \forall\ n \in \mathbb{N}.$$

然而, 从上式可知, 如果无穷乘积 $\prod_{k=1}^{\infty} p_k$ 中有一项为 0, 则上面的式子 (对于相应的项数 k) 就是无意义的. 此外, 即使上面每一项 $p_k > 0\ (\forall\ k \in \mathbb{N})$, 但有 $\lim_{n\to\infty} P_n = 0$ 时, 例如 $\{p_k\} = \{e^{-k}\}$, 显然此时有

$$\ln P_n = \sum_{k=1}^{n} \ln p_k = \sum_{k=1}^{n}(-k) \to -\infty, \qquad \text{当}n \to \infty\text{时},$$

也即相应的级数 $\sum_{k=1}^{\infty} \ln p_k$ 显然是发散的. 而此时相应的无穷乘积满足

$$0 \leqslant \prod_{k=1}^{\infty} p_k = \prod_{k=1}^{\infty} e^{-k} = \lim_{n\to\infty} \prod_{k=1}^{n} e^{-k} \leqslant \lim_{n\to\infty} e^{-n} = 0,$$

也即有 $\prod_{k=1}^{\infty} p_k = 0$. 由此可见, 当无穷乘积 $\prod_{k=1}^{\infty} p_k = 0$ 时, 必有相应的级数 $\sum_{k=1}^{\infty} \ln |p_k|$ 发散. 因此, 可以定义此时该无穷乘积就是发散的.

下面先举几个由部分乘积数列 $\{P_n\}$ 求无穷乘积值的例子:

例 1 求 $\prod_{k=2}^{\infty}\left(1 - \dfrac{1}{k^2}\right)$ 的值.

解 不妨记 $p_1 = 1, p_k = 1 - \dfrac{1}{k^2}\ (\forall\ k \geqslant 2)$, 那么, 无穷乘积 $\prod_{k=1}^{\infty} p_k$ 的部分乘积数列 $\{P_n\}$ 有如下关系式:

$$\begin{aligned} P_n &= \prod_{k=1}^{n} p_k = \prod_{k=2}^{n}\left(1 - \frac{1}{k^2}\right) \\ &= \prod_{k=2}^{n}\left(1 - \frac{1}{k}\right)\left(1 + \frac{1}{k}\right) \\ &= \prod_{k=2}^{n}\left(\frac{k-1}{k}\right)\prod_{k=2}^{n}\left(\frac{k+1}{k}\right) \end{aligned}$$

$$
\begin{aligned}
&= \left(\frac{1}{2} \cdot \frac{2}{3} \cdot \frac{3}{4} \cdots \frac{n-1}{n}\right) \cdot \left(\frac{3}{2} \cdot \frac{4}{3} \cdot \frac{5}{4} \cdots \frac{n+1}{n}\right) \\
&= \frac{n+1}{2n} \to \frac{1}{2}, \qquad \text{当} n \to \infty \text{时}.
\end{aligned}
$$

由此可知 $\prod_{k=2}^{\infty}\left(1-\frac{1}{k^2}\right)=\frac{1}{2}$. □

例 2　讨论 $\prod_{k=1}^{\infty}\left(1+\frac{(-1)^{k+1}}{k+1}\right)$ 的敛散性.

解　注意到上无穷乘积的通项 p_m ($\forall\ m \in \mathbb{N}$) 有下表达式:

$$
p_m = \begin{cases} 1+\dfrac{1}{m+1}=\dfrac{m+2}{m+1}=\dfrac{2k+1}{2k}, & \text{当 } m=2k-1 \text{ 时}, \\[2mm] 1-\dfrac{1}{m+1}=\dfrac{m}{m+1}=\dfrac{2k}{2k+1}, & \text{当 } m=2k \text{ 时}, \end{cases} \qquad \forall\ k \in \mathbb{N}.
$$

由此可知: $p_{2k-1}p_{2k}=1$ ($\forall\ k\in\mathbb{N}$). 因而, 其相应的部分乘积有以下关系式:

$$
P_{2n} = \prod_{k=1}^{2n} p_k \equiv 1, \qquad \forall\ n \in \mathbb{N};
$$

$$
P_{2n+1} = \prod_{k=1}^{2n+1} p_k \equiv P_{2n}\cdot p_{2n+1} = P_{2n}\cdot p_{2(n+1)-1} = \frac{2(n+1)+1}{2(n+1)} \longrightarrow 1,
$$

当 $n\to\infty$ 时.

故

$$
\prod_{k=1}^{\infty}\left(1+\frac{(-1)^{k+1}}{k+1}\right) = \lim_{n\to\infty} P_n = 1. \qquad \square
$$

例 3　证明: 对任意的实数 x, 当 $|x|<1$ 时, 有

$$
\prod_{k=1}^{\infty}\left(1+x^{2^{k-1}}\right) = \frac{1}{1-x}.
$$

证明　注意到以下关系式:

$$
\begin{aligned}
(1-x)P_n &= (1-x)\{(1+x)(1+x^2)(1+x^4)\cdots(1+x^{2^{n-1}})\} \\
&= 1-x^{2^n}, \qquad \forall\ |x|<1.
\end{aligned}
$$

因而即可导出

$$
\prod_{k=1}^{\infty}\left(1+x^{2^{k-1}}\right) = \lim_{n\to\infty} P_n = \lim_{n\to\infty}\frac{1-x^{2^n}}{1-x} = \frac{1}{1-x},
$$

从而可得所需结论. □

例 4* 证明: 当 $x \neq m\pi$ $(\forall\ m \in \mathbb{Z})$ 时, 必有 $\prod_{k=1}^{\infty} \cos\left(\frac{x}{2^k}\right) = \frac{\sin x}{x}$(注意, 从形式上看, 上结论当 $x = m\pi$ 且 $m \neq 0$ 时亦是成立的, 但此时该无穷乘积发散于 0; 而当 $m = 0$ 时, 上无穷乘积显然收敛于 1).

证明 由上设 $x \neq m\pi$ $(\forall\ m \in \mathbb{Z})$, 故知 $\sin\frac{x}{2^k} \neq 0$ $(\forall\ k \in \mathbb{N} \cup \{0\})$. 这样一来, 从三角公式不难得到 (注意前面 3.3 节中例 6 的解法), 上无穷乘积的部分乘积有以下关系式:

$$\begin{aligned} P_n &= \prod_{k=1}^{n} \cos\left(\frac{x}{2^k}\right) = \frac{1}{\sin\left(\frac{x}{2^n}\right)} \cdot \prod_{k=1}^{n} \cos\left(\frac{x}{2^k}\right) \cdot \sin\left(\frac{x}{2^n}\right) \\ &= \frac{1}{\sin\left(\frac{x}{2^n}\right)} \cdot \prod_{k=1}^{n-1} \cos\left(\frac{x}{2^k}\right) \cdot \frac{1}{2} \sin\left(\frac{x}{2^{n-1}}\right) \\ &= \frac{1}{\sin\left(\frac{x}{2^n}\right)} \cdot \prod_{k=1}^{n-2} \cos\left(\frac{x}{2^k}\right) \cdot \frac{1}{2^2} \sin\left(\frac{x}{2^{n-2}}\right) \\ &= \frac{1}{\sin\left(\frac{x}{2^n}\right)} \cdot \frac{1}{2^n} \sin x, \qquad \forall\ n \in \mathbb{N}. \end{aligned} \tag{1}$$

同样地, 注意到 3.3 节中例 2 的解法中的一个关系式: 对任意的 $\alpha > 0$, 均有

$$\lim_{n\to\infty} \frac{\frac{\alpha}{n}}{\sin\left(\frac{\alpha}{n}\right)} = 1,$$

(值得注意的是, 从 $\sin x$ 的特性我们还知, 上面的结论对 $\alpha < 0$ 亦是成立的.) 由此, 可得

$$\lim_{n\to\infty} \frac{\frac{x}{2^n}}{\sin\left(\frac{x}{2^n}\right)} = 1, \qquad \forall\ x \neq k\pi,\ k \in \mathbb{N}. \tag{2}$$

这样, 由 (1) 和 (2) 式即可导出

$$\lim_{n\to\infty} P_n = \frac{\sin x}{x} \cdot \lim_{n\to\infty} \frac{\frac{x}{2^n}}{\sin\left(\frac{x}{2^n}\right)} = \frac{\sin x}{x}.$$

从而此例结果得证. □

注 2 在上面例 4 中, 如令 $x = \frac{\pi}{2}$, 则上面结论为

$$\frac{2}{\pi} = \prod_{k=1}^{\infty} \cos\left(\frac{\pi}{2^{k+1}}\right). \tag{3}$$

而从三角公式 $\cos^2\left(\frac{x}{2}\right)=\frac{1}{2}(1+\cos x)$ 又可得到

$$\cos\frac{x}{2}=\sqrt{\frac{1}{2}+\frac{1}{2}\cos x},\qquad \forall\, x\in[0,\pi]. \tag{4}$$

故利用归纳法, 从以上 (3) 和 (4) 两式, 不难导出以法国数学家 F.Vieta(韦达) 命名的一个有用的公式

$$\begin{aligned}\frac{2}{\pi}&=\lim_{n\to\infty}P_n=\lim_{n\to\infty}\prod_{k=1}^{n}\cos\left(\frac{\pi}{2^{k+1}}\right)\\&=\sqrt{\frac{1}{2}}\cdot\sqrt{\frac{1}{2}+\frac{1}{2}\sqrt{\frac{1}{2}}}\cdot\sqrt{\frac{1}{2}+\frac{1}{2}\sqrt{\frac{1}{2}+\frac{1}{2}\sqrt{\frac{1}{2}}}}\cdots.\end{aligned}$$

——(Vieta 公式)

注 3* 在数学分析史上较早出现的有关无穷乘积的有趣结果, 除了上面的 Vieta 公式外, 还有一个就是由英国数学家 J.Wallis(沃利斯) 得到的下面公式:

$$\frac{\pi}{2}=\prod_{k=1}^{\infty}\frac{(2k)^2}{(2k-1)(2k+1)}.$$

——(Wallis 公式)

由于上面公式的导出需要用到以后积分论的知识:

$$\int_0^{\frac{\pi}{2}}\sin^{2n}x\mathrm{d}x=\frac{(2n-1)!!}{(2n)!!}\frac{\pi}{2},$$

及

$$\int_0^{\frac{\pi}{2}}\sin^{2n+1}x\mathrm{d}x=\frac{(2n)!!}{(2n+1)!!},\qquad \forall\, n\in\mathbb{N},$$

因此, 这里就不予验证了.

此外, 无穷乘积还有一些有趣的且在计算上 (用于逼近地求近似值) 有用的结果, 例如:

$$\sum_{n=1}^{\infty}\frac{1}{n^x}=\prod_{k=1}^{\infty}\frac{1}{1-\left(\frac{1}{p_k}\right)^x},\qquad \forall\, x>1,$$

其中 p_k 表示第 k 个素数, $\forall\, k\in\mathbb{N}$.

$$\left.\begin{aligned}\sin x&=x\cdot\prod_{k=1}^{\infty}\left(1-\left(\frac{x}{k\pi}\right)^2\right),\\ \cos x&=\prod_{k=1}^{\infty}\left(1-\left(\frac{2x}{(2k-1)\pi}\right)^2\right),\end{aligned}\right\}\quad \forall\, x\in\mathbb{R},$$

等等.

下面给出几个判定无穷乘积敛散性的命题.

首先, 与级数类似, 我们给出无穷乘积收敛的必要条件如下:

定理 1 如果无穷乘积 $\prod\limits_{k=1}^{\infty} p_k$ 收敛, 那么,

1° $p_k \neq 0, \forall\, k \in \mathbb{N}$;

2° $\lim\limits_{k\to\infty} p_k = 1$;

3° $\prod\limits_{k=n+1}^{\infty} p_k \to 1$(当 $n \to \infty$ 时).

证明 上面的 1° 是明显的. 因为从定义可知:

$$\prod_{k=1}^{\infty} p_k \text{收敛} \Longrightarrow \lim_{n\to\infty} P_n \triangleq \lim_{n\to\infty} \prod_{k=1}^{n} p_k \neq 0.$$

其次, 当上面的无穷乘积收敛时, 可以导出

$$p_n = \frac{P_n}{P_{n-1}} \longrightarrow \frac{P}{P} = 1, \qquad \text{当 } n \to \infty \text{ 时}.$$

由此便得到所需结论 2°.

最后, 所需结论 3° 可由下面关系式直接得到

$$\begin{aligned}
\lim_{n\to\infty} \prod_{k=n+1}^{\infty} p_k &= \lim_{n\to\infty} \lim_{m\to\infty} \prod_{k=n+1}^{n+m} p_k = \lim_{n\to\infty} \lim_{m\to\infty} \left(\prod_{k=1}^{n+m} p_k \Bigg/ \prod_{k=1}^{n} p_k \right) \\
&= \lim_{n\to\infty} \left(P \Bigg/ \prod_{k=1}^{n} p_k \right) = P \Bigg/ \lim_{n\to\infty} \prod_{k=1}^{n} p_k \\
&= \frac{P}{P} = 1.
\end{aligned}$$

总上, 本定理得证. □

注 4 在上面定理中, 如果不假设"当 $P = \prod\limits_{k=1}^{\infty} p_k = 0$ 时, $\prod\limits_{k=1}^{\infty} p_k$ 发散", 则其相应结论未必是正确的. 由此再次看出, 只有假设"当 $P = \prod\limits_{k=1}^{\infty} p_k \neq 0$ 时, $\prod\limits_{k=1}^{\infty} p_k$ 收敛", 才能保证无穷乘积具有许多类似于无穷级数的性质.

注 5 从上面定理可知, 对于"收敛"的无穷乘积而言, 其通项必有性质: $p_k \to 1$ (当 $k \to \infty$ 时). 由此不难导出: 必存在 $k_0 \in \mathbb{N}$, 使得均有 $p_k > 0$ $(\forall\, k \geqslant k_0)$. 此外, 注意到一个无穷乘积其敛散性与其前面有限项是无关的 (当然, 在首先已排除有"等于 0"的项之前提下), 因而今后不妨仅考虑"正项"的无穷乘积的情况.

基于上面的注 5, 在下面的讨论中, 均可约定无穷乘积 $\prod_{k=1}^{\infty} p_k$ 中的每一项均满足下面关系式:

$$p_k = 1 + u_k, \qquad \text{其中}, -1 < u_k < +\infty, \quad \forall\, k \in \mathbb{N}.$$

由此, 从定理 1 则知: 无穷乘积 $\prod_{k=1}^{\infty} p_k$ 收敛的必要条件是 $u_k \to 0$(当 $k \to \infty$ 时).

下面来建立有关无穷乘积与某些相应级数之敛散性的关系. 首先, 容易得到下面的结论:

定理 2　*无穷乘积 $\prod_{k=1}^{\infty} p_k$ 收敛的充要条件是: 相应的级数 $\sum_{k=1}^{\infty} \ln p_k$ 收敛 (注意, 我们已经约定: $p_k > 0, \forall\, k \in \mathbb{N}$), 并且, 当它们收敛时, 有*

$$\sum_{k=1}^{\infty} \ln p_k = \ln\left(\prod_{k=1}^{\infty} p_k\right).$$

证明　只要注意到: 对于任意的 $n \in \mathbb{N}$, 均有关系式

$$\sum_{k=1}^{n} \ln p_k = \ln\left(\prod_{k=1}^{n} p_k\right).$$

因此, 上式两边只要有一个"当 n 趋于 ∞ 时有极限", 则可将上式两边取 $n \to \infty$ 时之极限, 即可得到本定理结论. □

然后, 给出无穷乘积 $\prod_{k=1}^{\infty}(1 + u_k)$ 与无穷级数 $\sum_{k=1}^{\infty} u_k$ 之间 (这里, 我们记住前面的约定: $-1 < u_k < +\infty, \forall\, k \in \mathbb{N}$) 敛散性关系的如下命题:

定理 3　*如果存在 $k_0 \in \mathbb{N}$, 使得均有*

$$u_k > 0\ (\text{或相应地}\ u_k < 0), \qquad \forall\, k \geqslant k_0,$$

那么, 无穷乘积 $\prod_{k=1}^{\infty}(1 + u_k)$ 与级数 $\sum_{k=1}^{\infty} u_k$ 同敛散.

证明　先设 $u_k > 0(\forall\, k \geqslant (\text{某})k_0)$. 那么, 当 $u_k \nrightarrow 0$ 时 (当 $k \to \infty$ 时), 则从无穷级数和无穷乘积收敛的必要条件可知: $\prod_{k=1}^{\infty}(1 + u_k)$ 与 $\sum_{k=1}^{\infty} u_k$ 同发散.

因此, 不妨假设 $u_k \to 0$(当 $k \to \infty$ 时). 注意, 数列极限与前有限项无关, 可以得到

$$\lim_{k\to\infty} (1 + u_k)^{\frac{1}{u_k}} = \lim_{k\to\infty} \left(1 + \frac{1}{u_k^{-1}}\right)^{u_k^{-1}} = e.$$

于是,

$$\lim_{k\to\infty}\ln(1+u_k)^{\frac{1}{u_k}}=\ln e=1,$$

也即

$$\lim_{k\to\infty}\frac{\ln(1+u_k)}{u_k}=1. \tag{$*$}$$

注意到此时$\sum\limits_{k=1}^{\infty}\ln(1+u_k)$ 与 $\sum\limits_{k=1}^{\infty}u_k$ 均为正项级数, 从上面 $(*)$ 式, 并利用 (同号项级数敛散性的) 比较传递法 (参见前面 3.1 节定理 8 的推理), 即可导出: 上两级数的敛散性是相同的, 而由上面定理 2, 也即得到无穷乘积 $\prod\limits_{k=1}^{\infty}(1+u_k)$ 与级数 $\sum\limits_{k=1}^{\infty}u_k$ 的敛散性是相同的结论.

而当 $u_k<0(\forall\ k\geqslant(\text{某})k_0)$ 时, 注意到此时上面相应的级数 $\sum\limits_{k=1}^{\infty}\ln(1+u_k)$ 与 $\sum\limits_{k=1}^{\infty}u_k$ 亦是同号项级数 (同为负项级数), 因此上段的讨论仍是成立的.

总上则知本定理得证. □

当我们并不知道级数 $\sum\limits_{k=1}^{\infty}u_k$ 是否为同号项级数时, 有下面的定理:

定理 4 *如果级数*$\sum\limits_{k=1}^{\infty}u_k^2$ *收敛, 那么, 无穷乘积* $\prod\limits_{k=1}^{\infty}(1+u_k)$ *与级数* $\sum\limits_{k=1}^{\infty}u_k$ *同敛散.*

证明 首先, 由级数 $\sum\limits_{k=1}^{\infty}u_k^2$ 收敛, 我们立即得知 $u_k\to 0$(当 $n\to\infty$ 时). 然后, 我们先承认下面一个 $\dfrac{0}{0}$ 型的极限关系式 **:

$$\lim_{k\to\infty}\frac{u_k-\ln(1+u_k)}{u_k^2}=\frac{1}{2}, \tag{$**$}$$

(上面的关系式在将来学习了微分学后, 可十分容易地由相应的函数极限及 “L'Hospital(罗必达) 法则” 导出, 这一方法是由法国数学家 G.F.L'Hospital 得出的.) 类似地, 从同号项级数的比较传递法 (注意, 由极限的保序性 (参见 1.4 节), 从上面 $(**)$ 式即可看出, 当 $k\geqslant(\text{某})k_0$ 时, 级数 $\sum\limits_{k=1}^{\infty}(u_k-\ln(1+u_k))$ 亦必为正项级数), 便可得到级数 $\sum\limits_{k=1}^{\infty}(u_k-\ln(1+u_k))$ 的收敛性. 注意到收敛的级数对 “和” 及

"数乘"的封闭性, 即可导出: 级数 $\sum_{k=1}^{\infty} u_k$ 与 $\sum_{k=1}^{\infty} \ln(1+u_k)$ 是同敛散的; 而由定理 2, 此也即得到级数 $\sum_{k=1}^{\infty} u_k$ 与无穷乘积 $\prod_{k=1}^{\infty}(1+u_k)$ 是同敛散的. □

注 6　值得注意的是, 当 $\sum_{k=1}^{\infty} u_k^2$ 发散时, 上定理 4 未必成立, 也即当级数 $\sum_{k=1}^{\infty} u_k$ 与 $\sum_{k=1}^{\infty} u_k^2$ 均发散时, 无穷乘积 $\prod_{k=1}^{\infty}(1+u_k)$ 亦可能是收敛的, 反例如下:

反例　设

$$u_k = \begin{cases} -\dfrac{1}{\sqrt{i}}, & \text{当 } k = 2i-1 \text{ 时}, \\ \dfrac{1}{\sqrt{i}} + \dfrac{1}{i} + \dfrac{1}{i\sqrt{i}}, & \text{当 } k = 2i \text{ 时}, \end{cases} \qquad \forall\, i \in \mathbb{N},$$

那么, 级数 $\sum_{k=1}^{\infty} u_k^2$ 发散; 并且此时亦知级数 $\sum_{k=1}^{\infty} u_k$ 发散, 但无穷乘积 $\prod_{k=1}^{\infty}(1+u_k)$ 收敛 (请读者自己验证之. 这里, 在验明相应的无穷乘积 $\prod_{k=1}^{\infty}(1+u_k)$ 收敛时, 需要注意下面的处理技巧: 由于此时的部分乘积

$$P_{2n} = \prod_{k=1}^{2n}(1+u_k) = \prod_{k=1}^{n}(1+u_{2k-1})(1+u_{2k}), \qquad \forall\, n \in \mathbb{N},$$

故可先证此"偶数个"项的部分乘积数列 $\{P_{2n}\}$ 有极限存在 (当 $n\to\infty$ 时). 然后, 再验证"奇数个"项的部分乘积数列 $\{P_{2n-1}\}$ 亦有与上面极限值相同的极限).

定理 5　如果 $-1 \leqslant u_k < 0$ $(\forall\, k \in \mathbb{N})$, 并且 (负项) 级数 $\sum_{k=1}^{\infty} u_k$ 发散, 那么, 无穷乘积 $\prod_{k=1}^{\infty}(1+u_k)$ 必发散到 0.

证明　(注意, 此时由前面的定理 3 的结论, 我们仅知当 $-1 < u_k$ $(\forall\, k \in \mathbb{N})$ 时相应的无穷乘积发散).

首先, 如果存在某 $u_{k_0} = -1$, 则显然本定理结论成立.

因而, 不妨假设均有不等式 $-1 < u_k < 0$ $(\forall\, k \in \mathbb{N})$ 成立. 由此可得

$$0 < 1 + u_k < 1, \qquad \forall\, k \in \mathbb{N}.$$

于是, 部分乘积数列 $\{P_n\}$ 是严格单调下降且以 0 为下界的, 故从 Cantor 单调有界收敛定理可导出: $\lim\limits_{n\to\infty} P_n$ 必存在. 由此, 可以得到 $\lim\limits_{n\to\infty} P_n = 0$. 因为, 否则若有

$\lim\limits_{n\to\infty} P_n > 0$, 也即无穷乘积 $\prod\limits_{k=1}^{\infty}(1+u_k)$ 收敛, 而这显然与前面定理 3 的结论矛盾, 由此归谬证得本定理结论. □

定理 6 如果级数 $\sum\limits_{k=1}^{\infty} u_k^2$ 发散, 但级数 $\sum\limits_{k=1}^{\infty} u_k$ 收敛, 那么无穷乘积 $\prod\limits_{k=1}^{\infty}(1+u_k)$ 必发散到 0.

证明 这里, 只要注意到前面定理 4 证明中的关系式 (∗∗), 从现在假设正项级数 $\sum\limits_{k=1}^{\infty} u_k^2$ 发散, 故由同号项级数的比较传递法即可导出级数 $\sum\limits_{k=1}^{\infty}(u_k - \ln(1+u_k))$ 亦是发散的. 此外, 由于当 k 充分大时此级数亦是正项级数 (从 (∗∗) 式亦可看出), 故知必有 $\sum\limits_{k=1}^{\infty}(u_k - \ln(1+u_k)) = +\infty$.

最后, 再注意到假设"级数 $\sum\limits_{k=1}^{\infty} u_k$ 是收敛的", 故从上面结果即可导出 $\sum\limits_{k=1}^{\infty} \ln(1+u_k) = -\infty$, 也即得到 $\prod\limits_{k=1}^{\infty}(1+u_k) = 0$. □

接下来讨论, 对于一个收敛的无穷乘积, 在什么条件下可以任意改变其因子的次序而使其收敛性及乘积的值保持不变? 为此, 回忆到在讲级数理论时此一问题的答案, 自然联想到应有相应的无穷乘积绝对收敛的概念. 为此, 我们给出下面的定义:

定义 2 对于一个无穷乘积 $\prod\limits_{k=1}^{\infty}(1+u_k)$, 如果其对应的无穷乘积 $\prod\limits_{k=1}^{\infty}(1+|u_k|)$ 收敛, 则称该无穷乘积是**绝对收敛**的. 类似地, 收敛但不绝对收敛的无穷乘积称为是**条件收敛的**.

与级数的情况类似, 有下面一个命题:

定理 7 绝对收敛的无穷乘积必是收敛的.

证明 假设无穷乘积 $\prod\limits_{k=1}^{\infty}(1+|u_k|)$ 收敛. 那么, 由前面的定理 3 可知, 对应的级数 $\sum\limits_{k=1}^{\infty} |u_k|$ 也收敛 (由此当然可知 $\sum\limits_{k=1}^{\infty} u_k$ 收敛), 而注意到同号项级数的比较传递法, 可得到级数 $\sum\limits_{k=1}^{\infty} u_k^2$ 亦收敛. 这样一来, 从定理 4 即可导出本定理所需结论: 无穷乘积 $\prod\limits_{k=1}^{\infty}(1+u_k)$ 是收敛的. □

可导出所需的类似于绝对收敛级数之结果:

定理 8 如果无穷乘积 $\prod\limits_{k=1}^{\infty}(1+u_k)$ 是绝对收敛的, 那么任意重新排列此无穷乘积的因子顺序, 其所得的新的重排无穷乘积亦是绝对收敛的, 并且其积的值不变.

证明　假设无穷乘积 $\prod_{k=1}^{\infty}(1+u_k)$ 的重排无穷乘积为 $\prod_{k=1}^{\infty}(1+\widetilde{u}_k)$. 那么, 从上面定理 3 我们可以看出, 由原无穷乘积绝对收敛 (即 $\prod_{k=1}^{\infty}(1+|u_k|)$ 收敛), 则知其对应的级数 $\sum_{k=1}^{\infty}u_k$ 也绝对收敛 (即 $\sum_{k=1}^{\infty}|u_k|$ 收敛). 因此由前面 3.4 节定理 1 可知, 此级数的重排级数 $\sum_{k=1}^{\infty}\widetilde{u}_k$ 也是绝对收敛的. 于是再次利用上面的定理 3, 用 $\{|\widetilde{u}_k|\}$ 代替那里的 $\{u_k\}$ 可知: 无穷乘积 $\prod_{k=1}^{\infty}(1+|\widetilde{u}_k|)$ 也是收敛的, 也即重排无穷乘积 $\prod_{k=1}^{\infty}(1+\widetilde{u}_k)$ 亦绝对收敛.

此外, 由定理假设正项级数 $\sum_{k=1}^{\infty}\ln(1+|u_k|)$ 是收敛的, 因此必有 $\ln(1+|u_k|)\to 0$(当 $k\to\infty$ 时), 也即有 $u_k\to 0$(当 $k\to\infty$ 时). 那么, 当再次利用定理 3 证明中的关系式 $(*)$, 由于

$$\lim_{k\to\infty}\frac{\ln(1+|u_k|)}{|u_k|}=1,$$

及

$$\lim_{k\to\infty}\frac{|\ln(1+u_k)|}{|u_k|}=1,$$

故

$$\lim_{k\to\infty}\frac{\ln(1+|u_k|)}{|\ln(1+u_k)|}=1.$$

这样, 利用同号项级数的比较传递法, 即可导出: 正号项级数 $\sum_{k=1}^{\infty}|\ln(1+u_k)|$ 也收敛, 也即级数 $\sum_{k=1}^{\infty}\ln(1+u_k)$ 是绝对收敛的. 于是, 从前面 3.4 节的定理 1 即可导出: 此级数的重排级数 $\sum_{k=1}^{\infty}\ln(1+\widetilde{u}_k)$ 与其“和数”相同. 因此, 再次用到前面的定理 2, 可得上两个无穷乘积的“积”有下面关系式:

$$\prod_{k=1}^{\infty}(1+\widetilde{u}_k)=\prod_{k=1}^{\infty}(1+u_k).$$

总上, 本定理所需结论得证. □

在本节最后, 来考察下面一些无穷乘积的敛散性:

例 5 设 $p_k \equiv \frac{4}{5}\ (\forall\ k \in \mathbb{N})$, 则无穷乘积 $\prod_{k=1}^{\infty} p_k$ 是发散的. 因为其不满足无穷乘积收敛的必要条件: 通项趋于 1(当 $k \to \infty$ 时).

例 6 讨论无穷乘积 $\prod_{k=1}^{\infty}\left(1+\frac{1}{k^p}\right)$ 的敛散性 (其中, p 为任意实数).

解 下面分三种情况讨论:

1) 当 $p \leqslant 0$ 时, 由于上无穷乘积的通项 $1+\frac{1}{k^p}$ 不趋于 1(当 $k \to \infty$ 时), 故其发散.

2) 当 $p > 1$ 时, 由于相应的级数 $\sum_{k=1}^{\infty} \frac{1}{k^p}$ 收敛, 故由前面定理 3 可知, 无穷乘积 $\prod_{k=1}^{\infty}\left(1+\frac{1}{k^p}\right)$ 收敛.

3) 当 $0 < p \leqslant 1$ 时, 类似于 2) 可知, 由定理 3 导出上无穷乘积发散. □

例 7 讨论无穷乘积 $\prod_{k=1}^{\infty}\left(1+\frac{(-1)^{k+1}}{k^p}\right)$ 的敛散性 (其中, p 为任意实数).

解 1) 首先, 当 $p \leqslant 0$ 时, 上无穷乘积是发散的 (因其通项不趋于 1).

然后, 记 $u_k = \frac{(-1)^{k+1}}{k^p}\ (\forall\ k \in \mathbb{N})$. 那么, 由 3.3 节中的 Leibniz 判别法显然可知相应的级数 $\sum_{k=1}^{\infty} u_k$ 是收敛的 (变号级数).

2) 当 $p > \frac{1}{2}$ 时, 由于级数 $\sum_{k=1}^{\infty} u_k^2 = \sum_{k=1}^{\infty} \frac{1}{k^{2p}}$ 亦收敛, 故由前面定理 4 则知原无穷乘积收敛.

3) 当 $0 < p \leqslant \frac{1}{2}$ 时, 由于级数 $\sum_{k=1}^{\infty} u_k^2$ 发散, 故由前面定理 6 即可导出无穷乘积 $\prod_{k=1}^{\infty}(1+u_k) = 0$, 也即原无穷乘积发散到 0. □

例 8 设 $\lambda > -1$, 证明 $\lim_{n\to\infty}\binom{\lambda}{n} = 0$ (再次注意, 这里的定义: $\binom{\lambda}{0} = 1$, 及 $\binom{\lambda}{n} = \frac{\lambda(\lambda-1)\cdots(\lambda-n+1)}{n!},\ \forall\ n \in \mathbb{N}$).

证明 注意到下面的变形关系式:

$$
\begin{aligned}
(-1)^n\binom{\lambda}{n} &= (-1)^n\frac{\lambda(\lambda-1)\cdots(\lambda-n+1)}{n!} \\
&= \left(1-\frac{\lambda+1}{1}\right)\left(1-\frac{\lambda+1}{2}\right)\cdots\left(1-\frac{\lambda+1}{n}\right) \\
&= \prod_{k=1}^{n}\left(1-\frac{\lambda+1}{k}\right), \qquad \forall\ n \in \mathbb{N}.
\end{aligned}
$$

可以看出, 相应级数 $\sum_{k=1}^{\infty} u_k \triangleq \sum_{k=1}^{\infty}\left(-\frac{\lambda+1}{k}\right)$ 是发散的 (注意由假设可知 $\lambda+1\neq 0$). 此外, 从 λ 的假设还知, 对于足够大的 k_0, 均有 $-1 < u_k = \left(-\frac{\lambda+1}{k}\right) < 0$. 因而可以运用前面的定理 5 导出, 无穷乘积必发散到 0 此即证得

$$\lim_{n\to\infty}\binom{\lambda}{n}=\prod_{k=1}^{n}\left(1-\frac{\lambda+1}{k}\right)=0. \qquad \square$$

第 4 章　函数的连续性

在前面第 2 章讲述数列的极限时, 我们就已经感受到了量的变化, 也即有了变量的概念. 由于世界上的所有事物不仅在不断地变化 (运动), 而且某些变量之间还有相互影响和相互制约的关系, 例如: 太阳的变化影响一天早晚与中午的温度; 又如, 邮寄物品的轻重及寄往的地域的不同则影响邮费的不同; 等等. 而此种变量间的相互约束关系正是数学中“函数”的抽象概念的形和基础. 函数是数学分析最重要的研究对象, 在数学分析中, 数学工作者们正是利用各种各样的知识与技巧去探讨各种各样函数的变化规律和趋势, 从而发掘其相应函数所对应事物的特征和变化规律.

4.1　集的映射与函数 (泛函)

我们在第 1 章曾经了解过有关集合的概念以及一些最基本的知识与符号 (例如: 集合的“交”“并”“和”“差”及“余”(或“补”) 等); 也学习过有关“可数集”的概念和某些基本性质. 下面介绍比可数集定义更广泛的有关“映射”的概念, 并介绍一些相应映射的定义.

定义 1　设 A, B 是两个集合. 如果 φ 是一种规律, 其使 A 中每一个元 a 必对应着 B 中唯一的元 b, 则称 φ 为 A 到 B 的**映射**(或**映像**), 记为 $\varphi: A \to B$, 或者

$$b = \varphi(a), \qquad \forall\, a \in A,$$

有时也记作

$$\varphi: a \longmapsto b, \qquad \forall\, a \in A.$$

并且, 集 A 称为映射 φ 的**定义域**, $\varphi(a) \in B$ 称为元 a 在映射 φ 作用下的**像**(或**值**), 通常记 $\varphi(A) \triangleq \{\varphi(a): a \in A\}$.

注 1　从上面定义 1 可以看出: 作为一个映射, 其最重要的内涵有两点: 一是定义域, 二是对应的规律.

定义 2　设 $\varphi: A \to B$. 如果 $\varphi(A) = B$, 则称 φ 为由 A 到 B“上”的一个**满射**; 如果对于任意两元 $a_1, a_2 \in A$, 只要 $a_1 \neq a_2$, 就必有 $\varphi(a_1) \neq \varphi(a_2)$, 则称 φ 为一个**单射**; 如果上述的 φ 既是满射又是单射, 则称 φ 为由 A 到 B 上的一个**双射** (此时 φ 在集 A 和集 B 之间建立了一个“一一对应”关系).

定义 3 如果 $\varphi: A \to B$, $B_0 \subset B$, 那么, A 的子集

$$\{a \in A : \varphi(a) \in B_0\}$$

称为集 B_0 的**逆像**(或**原像**), 并记为 $\varphi^{-1}(B_0)$.

注 2 在定义 3 中值得指出的是, 首先, 在一般情况下, 集合的逆像中的符号 "φ^{-1}" **不能**当作一个 "映射" 来解释! 因为此时, 对于任意元 $b_0 \in B_0$, b_0 既可以是 A 中两个或多个元在 φ 作用下的像, 也可能不在 φ 的值域 $\varphi(A)$ 中, 因此, 在第一种情形时, $\varphi^{-1}(\{b_0\})$ 由多个元素组成, 而在第二种情形时, $\varphi^{-1}(\{b_0\}) = \varnothing$, 故此时不能将 φ^{-1} 当作是一个映射. 从而 $\varphi^{-1}(B_0)$ 应当被看作是一个整体, 而**不是** B_0 在 φ^{-1} 下的像. 其次, 从上可知, 特别地, 当定义 3 中的集合 $B_0 \subset B$ 与映射 φ 的像 $\varphi(A)$ 不交 (即 $\varphi(A) \cap B_0 = \varnothing$) 时, 则有 $\varphi^{-1}(B_0) = \varnothing$.

定义 4 若 $\varphi: A \to B$ 是一个双射, 则对任意的 $b \in B$, $\varphi^{-1}(\{b\})$ 均仅含有 A 中唯一的元, 设为 a_b. 故此时可建立映射

$$b \longmapsto a_b, \qquad \forall\, b \in B,$$

称这一映射为 φ 的**逆映射**, 记为 φ^{-1}.

定义 5 设映射 $\varphi_1 : A \to B_1$, $\varphi_2 : B_2 \to C$, 其中 $B_2 \subset B_1$. 那么, 对任意的 $a \in A$, 当 $a \in \varphi_1^{-1}(B_2)$(也即 $\varphi_1(a) \in B_2$) 时, 称映射

$$a \longmapsto \varphi_2(\varphi_1(a)), \qquad \forall\, a \in A \cap \varphi_1^{-1}(B_2)$$

为 φ_1 与 φ_2 的**复合映射**, 并记为 $\varphi_2 \circ \varphi_1$.

注 3 值得注意的是:

1) 当 φ 是 A 到 B 的 "满射" 时, 则对任意的子集 $B_0 \subset B$, 均有

$$\varphi(\varphi^{-1}(B_0)) = B_0.$$

但是, 如果 φ 不是满射, 上面关系式未必正确 (此时, 只要取 $B_0 = B$ 即可).

2) 当 $\varphi: A \to B$ 是 "单射" 时, 则对任意的子集 $A_0 \subset A$, 均有

$$\varphi^{-1}(\varphi(A_0)) = A_0.$$

但是, 如果 φ 不是单射, 上关系式未必正确 (事实上, 由于此时必存在两元 $a_1, a_2 \in A$, 使得 $a_1 \neq a_2$, 但有 $\varphi(a_1) = \varphi(a_2)$. 由此可取 A 的子集为 $A_0 \triangleq A \setminus \{a_1\}$. 于是, 由于 $\varphi(A_0) = \varphi(A)$, 因而导出 $\varphi^{-1}(\varphi(A_0)) = \varphi^{-1}(\varphi(A)) = A \neq A_0$).

3) 从 1) 和 2) 的结果, 显然可以得到下面的结论: 当 φ 是 A 到 B 的 "双射" 时, 必有 $\varphi \circ \varphi^{-1} = \varphi^{-1} \circ \varphi = I$(恒等变换), 也即

$$\varphi(\varphi^{-1}(B_0)) = B_0\ (\forall\ B_0 \subset B) \quad 及 \quad \varphi^{-1}(\varphi(A_0)) = A_0\ (\forall\ A_0 \subset A).$$

定义 6 设 $B=\mathbb{R}$, 则映射 $f:A\to\mathbb{R}$ 称为**实值函数**. 特别地, 如果还有 $A\subset\mathbb{R}$, 则称 f 为**一元实变实值函数**, (在数学分析中) 简称为**一元函数**, 常记为 $y=f(x)$ $(\forall\, x\in A\subset\mathbb{R})$.

定义 7 当 $A\subset\mathbb{R}^2(\triangleq\mathbb{R}\times\mathbb{R})$ 时, 映射 $f:A\to\mathbb{R}$(在数学分析中) 简称为**二元函数**, 常记为 $y=f(x_1,x_2)$. 更一般地, 当 $A\subset\mathbb{R}^n$(n 维 Euclid 空间) 时, 映射 $f:A-\mathbb{R}$ 称为 n 元函数($\forall n\in\mathbb{N}$), 记为 $y=f(x_1,x_2,\cdots,x_n)$ (这里, $(x_1,x_2,\cdots,x_n)\in A$, $x_i\in\mathbb{R}$, $1\leqslant i\leqslant n$); 或简记为 $y=f(\boldsymbol{x})(\forall\,\boldsymbol{x}\in A\subset\mathbb{R}^2$, 或 $\mathbb{R}^n$, $\forall\, n\in\mathbb{N})$.

定义 8 当 A 为任何一个非 $\mathbb{R}$ 的距离空间 (包括 $\mathbb{R}^n$, $\forall\, n\in\mathbb{N}$) 时, 也可将映射 $f:A\to\mathbb{R}$ 称为**泛函**(意即“更广泛的函数”), 简记为 $y=f(\boldsymbol{x})$ $(\forall\,\boldsymbol{x}\in A)$. 反过来, 当 $A\subset\mathbb{R}$ 而 B 为任何一个非 $\mathbb{R}$ 的距离空间时, 称 $f:A\to B$ 为**抽象函数**(或**向量值函数**).

注 4 注意, n 维 Euclid 空间 $\mathbb{R}^n$ 中距离的定义是这样的: 对于任意两个元 (向量) $\boldsymbol{x}=(x_1,x_2,\cdots,x_n)$ 和 $\boldsymbol{y}=(y_1,y_2,\cdots,y_n)$, 它们的距离为

$$d(\boldsymbol{x},\boldsymbol{y})\triangleq\sqrt{(x_1-y_1)^2+(x_2-y_2)^2+\cdots+(x_n-y_n)^2}=\left(\sum_{k=1}^{n}(x_k-y_k)^2\right)^{\frac{1}{2}}.$$

回忆实数域中的两个实数 x, y 的距离 $d(x,y)=|x-y|$, 显然可以类似地在 $\mathbb{R}^n$ 中定义一个类似 $\mathbb{R}$ 中的绝对值“$|\cdot|$”的符号“$\|\cdot\|$”如下:

$$d(\boldsymbol{x},\boldsymbol{y})=\|\boldsymbol{x}-\boldsymbol{y}\|\triangleq\left(\sum_{k=1}^{n}(x_k-y_k)^2\right)^{\frac{1}{2}},$$
$$\forall\boldsymbol{x}=(x_1,x_2,\cdots,x_n),\quad \boldsymbol{y}=(y_1,y_2,\cdots,y_n)\in\mathbb{R}^n.$$

称此非负函数 $\|\cdot\|$ 为相应 $\mathbb{R}^n$ 中元的**范数**, 也即

$$\|\boldsymbol{z}\|=\left(\sum_{k=1}^{n}z_k^2\right)^{\frac{1}{2}},\qquad \forall\,\boldsymbol{z}=(z_1,z_2,\cdots,z_n)\in\mathbb{R}^n.$$

不难验证, 上面 $\mathbb{R}^n$ 中元的“范数”必有以下三个性质 (类似于 $\mathbb{R}$ 中“绝对值”的特性):

1° $\|\boldsymbol{x}\|\geqslant 0$, 且 $\|\boldsymbol{x}\|=0\Longleftrightarrow\boldsymbol{x}=\boldsymbol{0}$ (即 $\underbrace{(0,0,\cdots,0)}_{n\text{个}}$),

2° $\|\boldsymbol{x}+\boldsymbol{y}\|\leqslant\|\boldsymbol{x}\|+\|\boldsymbol{y}\|$,

3° $\|\lambda\boldsymbol{x}\|=|\lambda|\cdot\|\boldsymbol{x}\|$, $\qquad\forall\,\boldsymbol{x},\boldsymbol{y}\in\mathbb{R}^n,\lambda\in\mathbb{R}$.

(这正是“泛函分析”中一般抽象实线性空间中范数的定义.)

注 5* 在前面 1.4 节的定理 5 中, 我们已经看到有极限的数列 $\{x_n\}$ 的全体构成了一个线性空间 (即此集合对“加法”和“数乘”是封闭的, 并且对加法构成一

个"加法群", 对数乘构成一个"半群", 并且两运算之间满足两种分配律). 一般将这一线性空间记为 (c), 这里的"c"取意于英文 convergent(收敛的) 的第一个字母. 在此线性空间 (c) 中, 对其每一个元就可以定义"范数"如下:

$$\|\boldsymbol{x}\| = \sup_{k\in\mathbb{N}} |x(k)|, \qquad \forall\ \boldsymbol{x} \triangleq \{x(k)\} \in (c).$$

(不难验证, 该定义的确满足范数定义的三条性质). 由此, (c) 就构成了一个"赋范空间"(即赋予了"范数"的线性空间), 当然其必亦是一个距离空间, 因为同样 (类似注 4) 可以定义此空间任意两元 $\boldsymbol{x}, \boldsymbol{y}$ 之间的距离为

$$d(\boldsymbol{x}, \boldsymbol{y}) \triangleq \|\boldsymbol{x} - \boldsymbol{y}\|, \qquad \forall\ \boldsymbol{x} = \{x(k)\},\ \boldsymbol{y} = \{y(k)\} \in (c).$$

还可以看到, 空间 (c) 还是一个无穷维的线性空间, 实因对于此空间中的一个无穷点列 $\{\boldsymbol{e}_n\}$ (其中, $\boldsymbol{e}_n \triangleq \{0,\ \cdots,\ \underset{(\text{第 } n \text{ 项})}{0,\ 1,\ 0}, \cdots\} \in (c), \forall\ n \in \mathbb{N}$), 取其任意有限个, 它们均是线性无关的 (注意线性代数中的一个基本性质: 在 n 维线性空间中, 任何 $n+1$ 个元素必是线性相关的). 此外, 由 $\|\boldsymbol{e}_n\| = 1\ (\forall\ n \in \mathbb{N})$ 可知, 元列 $\{\boldsymbol{e}_n\}$ 还是"有界集", 它们均在距离空间 (c) 的单位原心闭球 $B(\boldsymbol{\theta}, 1)$ 之内 (这里, 用 $\boldsymbol{\theta}$ 代表空间的"零元", 以区别于数"0"). 但是, 值得注意的是, 该元列**不是列紧集**! 因为此元列中任意两元 $\boldsymbol{e}_n, \boldsymbol{e}_m\ (\boldsymbol{e}_n \neq \boldsymbol{e}_m)$ 之间的距离均满足:

$$d(\boldsymbol{e}_n, \boldsymbol{e}_m) = \|\boldsymbol{e}_n - \boldsymbol{e}_m\| = \sup_{k\in\mathbb{N}} |\boldsymbol{e}_n(k) - \boldsymbol{e}_m(k)| = 1,$$

故 $\{\boldsymbol{e}_n\}$ 的任意子列均不可能有极限存在. 类似地, 从上面距离的关系式亦可导出, 对于上述点集 $\boldsymbol{e}_n$ 的开覆盖

$$\left\{O\left(\boldsymbol{e}_n, \frac{1}{3}\right) : n \in \mathbb{N}\right\},$$

(这里, 与前面 1.6 节类似, 定义集

$$O(x_0, r) \triangleq \{x \in X : d(x, x_0) < r\}$$

为距离空间 (X, d) 中的以 x_0 为中心, 以 r 为半径的**开球**) 是找不到其任何子覆盖, 使得它可以覆盖 $\boldsymbol{e}_n$ 的.

最后, 容易看到 $\boldsymbol{e}_n$ 是一个"完备集"(因为此集中根本就不存在 Cauchy "点"列). 由此, 再一次强调并验明了前面 1.7 节中最后的注 10*, 即"在无穷维空间中有界完备集未必是紧集或自列紧集".

注 6** 这里, 不难证明上面的空间 (c) 是完备的. 事实上, 对于空间 (c) 中的任何一个 Cauchy 列 $\{\boldsymbol{x}_m\}$, 当设 $\boldsymbol{x}_m = \{\boldsymbol{x}_m(k) : k \in \mathbb{N}\}$ 时 $(\forall\ m \in \mathbb{N})$, 由关系式

$$|\boldsymbol{x}_n(k) - \boldsymbol{x}_m(k)| \leqslant \sup_{k} |\boldsymbol{x}_n(k) - \boldsymbol{x}_m(k)| = \|\boldsymbol{x}_n - \boldsymbol{x}_m\|, \qquad \forall\ n, m \in \mathbb{N}, \tag{1}$$

可从数列的 Cauchy 基本列收敛定理得到上面元列 $\{\boldsymbol{x}_m\}$ 的各"项" $\{\boldsymbol{x}_m(k)\}$ 均收敛. 现记 $\boldsymbol{x}_0(k) \triangleq \lim\limits_{m\to\infty} \boldsymbol{x}_m(k)$, 又令 $\boldsymbol{x}_0 \triangleq \{\boldsymbol{x}_0(k)\}$. 于是, 从 (1) 式和下面关系式: 对任意的 $n \in \mathbb{N}$, 均有

$$|\boldsymbol{x}_0(k_2) - \boldsymbol{x}_0(k_1)| \leqslant |\boldsymbol{x}_0(k_2) - \boldsymbol{x}_n(k_2)| + |\boldsymbol{x}_n(k_2) - \boldsymbol{x}_n(k_1)| + |\boldsymbol{x}_n(k_1) - \boldsymbol{x}_0(k_1)|,$$

因而可知 $\{\boldsymbol{x}_0(k)\}$ 亦为 Cauchy 列, 故有 $\boldsymbol{x}_0 \in (c)$. 最后, 在 (1) 式中令 $m \to \infty$, 不难导出 $\|\boldsymbol{x}_n - \boldsymbol{x}_0\| \to 0$(当 $n \to \infty$ 时), 也即 $\boldsymbol{x}_0 \to \boldsymbol{x}_0$(当 $n \to \infty$ 时), 从而知空间 (c) 是完备的.

若一个赋范空间 E 是完备空间 (此时, 称其为 **Banach(巴拿赫) 空间**), 从极限性质不难导出 E 中的单位原心闭球 $B(\theta, 1)$ 和单位原心球面 $S(\theta, 1)$ 必为完备集. 当然, 它们也均是有界集. 因而从上面注 5 中的叙述可知它们也均不是自列紧集 (或紧集).

前面已经说过, 一个实变量的实函数简称为"一元函数". 对于此类函数, 我们在中学阶段就曾经学过不少与之相关的初等内容. 在这里, 再次强调一下, 即使对一元函数, 亦有两种表示法: 公式法和图示法 (含列表法). 其中, 公式法 (即用"自变量" x 的数学表达式表示"因变量" y) 当然是十分方便的. 然而, 值得注意的是: 在这里, 公式法中的数学表达式是可以在函数**定义域中之不同的集合上具有不同的表示形式**的. 例如, 下面是常见的两个"分段"定义的函数:

例 1 对于任何实数 x, 其**符号函数**(即代表其正负号的函数) 定义为

$$\operatorname{sgn}(x) \triangleq \begin{cases} 1, & \text{当 } x > 0 \text{ 时}; \\ 0, & \text{当 } x = 0 \text{ 时}; \\ -1, & \text{当 } x < 0 \text{ 时}. \end{cases}$$

例 2 对于任何一个"抽象空间" S(即由任何元素组成的一个集合), S 的任意一个子集 S_0, 其**特征函数**定义为

$$\chi_{S_0}(x) \triangleq \begin{cases} 1, & \text{当 } x \in S_0 \text{ 时}; \\ 0, & \text{当 } x \notin S_0 \text{ 时}. \end{cases}$$

例 3 作为上面空间 S 中子集 S_0 的特征函数的特例, 在实数空间 $\mathbb{R}$ 中, 其内有理数全体构成的子集 $\mathbb{Q}$ 的特征函数 $\chi_{\mathbb{Q}}(x)$ 则是著名的**Dirichlet 函数**:

$$D(x) \triangleq \chi_{\mathbb{Q}}(x) = \begin{cases} 1, & \text{当 } x \in \mathbb{Q} \text{ 时}; \\ 0, & \text{当 } x \in \mathbb{R} \setminus \mathbb{Q} \text{ 时}. \end{cases}$$

至于图示法, 则是由许多自动仪器记录的曲线, 由于我们考虑的是一元函数, 因此所得**图像**是一个平面点集. 一般记为

$$\operatorname{Gr}(f) \triangleq \{(x, f(x)) : x \in A\},$$

其中, A 为 f 的定义域.

图示法的优点是将其一个未知的函数与曲线联系起来, 从而将分析与几何联系起来, 因此较直观且清晰. 但其不足之处是不精确. 因此, 为了深入地研究一个函数, 还必须将其表达式寻找出来, 即使是近似地表达出来. 而这就是计算数学中一个重要的研究课题.

下面, 再来介绍几类特殊的函数的定义:

定义 9　设 $f: A \to \mathbb{R}$ 是一个函数 (泛函), A 关于原点对称, 称它是**奇**的, 是指其满足 $f(-x) = -f(x)$ $(\forall\ x, -x \in A)$; 称它是**偶**的, 是指其满足 $f(-x) = f(x)$ $(\forall\ x, -x \in A)$.

注 7　知道了函数 (泛函) 的奇偶性以后, 只要研究此函数的 “半个” 定义域上的状况就可得出其另外 “半个” 定义域的情况. 当然, 如果一个函数 (泛函) 既非奇函数又非偶函数, 则只得全面研究了. 此外, 从初等数学知识可以看出, $\sin x$ 是奇函数, $\cos x$ 是偶函数; 而从上面例 3 的定义易知 Dirichlet 函数也是一个偶函数.

定义 10　一个函数 (泛函)f, 当其值域是有界集时, 则称其为**有界**的. 此即, 当 f 的定义域是 A 时, 必存在数 $\rho > 0$, 使得均有

$$|f(x)| \leqslant \rho, \qquad \forall\ x \in A.$$

类似于数列 (或见 1.5 节定义 1 和 2), 同样可以定义 f 在 A 上的**上确界**, 即 f 在 A 上的值的上界中之最小者, 记为 $\sup f(A)$ 或者 $\sup\{f(x) : x \in A\}$. 类似地, 可以定义 f 在 A 上的**下确界** $\inf f(A)$、**最大值** $\max f(A)$ 及**最小值** $\min f(A)$ 等.

定义 11　函数 $f: A \to \mathbb{R}$, $A \subset \mathbb{R}$. 称它在 A 上是**单调递增**的 (相应, **单调递减**的), 是指

$$f(x_1) \leqslant f(x_2)\ (\text{对应地},\ f(x_1) \geqslant f(x_2)), \quad \text{当 } x_1 < x_2 \text{ 时 } (\forall x_1, x_2 \in A).$$

而当上面的不等号 “$\leqslant$” (相应地, “$\geqslant$”) 换为 “$<$” (相应地, “$>$”) 时, 则称 f 是**严格单调递增**的 (对应地, **严格单调递减**的).

由上面单调函数的定义, 不难得到一个有关其 “反函数” 的定理 (对于一元函数 f 而言, 当其是一个双射时, 通常将其 “逆映射” f^{-1} 称为其**反函数**).

定理 1　设一元函数 f 的定义域是 X, 并且其在 X 上是 “严格单调递增” (或者 “严格单调递减”) 的. 那么, f 的反函数 f^{-1} 必然存在, 其定义域为 f 的值域 $f(X)$, 并且, f^{-1} 在其定义域上也是严格单调递增 (相应地, 严格单调递减) 的.

证明　令 $Y = f(X)$. 首先, 注意到, 如有 $x_1, x_2 \in X$, 使得 $f(x_1) = f(x_2)$, 则由假设 f 的严格单调性, 故必导出 $x_1 = x_2$. 此即表明映射 $f: X \to Y$ 是一个双射 (即 “一一对应” 的满映射), 因而其反函数 $f^{-1}: Y \to X$ 是存在的.

此外, 如果 f 是严格单增的, 那么, 可断言: 其反函数 f^{-1} 也是严格单增的. 事实上, 反之, 如果 f^{-1} 在 Y 上不是严格单增的, 那么, 必定存在两个元 $y_1, y_2 \in Y$, 使得 $y_1 < y_2$, 但 $f^{-1}(y_1) \not< f^{-1}(y_2)$, 也即有 $f^{-1}(y_1) \geqslant f^{-1}(y_2)$. 注意到 $f^{-1}(y_1)$ 和 $f^{-1}(y_2)$ 均为 X 中的点, 因此, 由上面假设 f 的严格单调性, 即可导出

$$f(f^{-1}(y_1)) \geqslant f(f^{-1}(y_2)).$$

这样, 由前面注 3 得 $y_1 \geqslant y_2$, 而此显然与上面 y_1, y_2 的约定矛盾. 于是, 我们用归谬法证得了 f^{-1} 的严格单调性.

至于当 f 是严格单调递减时, 完全可以类似上面的推导来证得所需结论. □

注 8 在上面图示法的叙述中我们曾经讲过: 一个一元函数 f 的图像即是平面中的点集

$$\mathrm{Gr}(f) \triangleq \{(x, f(x)) : x \in X\}.$$

而当 f 的反函数存在时, 其图像必为平面中的如下点集:

$$\mathrm{Gr}(f^{-1}) \triangleq \{(y, f^{-1}(y)) : y \in Y\} = \{(f(x), x) : x \in X\}.$$

而当注意到在平面 $\mathbb{R}^2$ 中, 对于任意的两个实数 a 和 b, 平面上的点 (a,b) 和点 (b,a) 对于直线 $y = x$ 是"镜像对称"的 (两点). 因此, 图 $\mathrm{Gr}(f)$ 与图 $\mathrm{Gr}(f^{-1})$ 关于坐标系第一与第三象限的"分角线"是镜像对称的. 利用这一点, 就可以很容易地由 f 的图像 $\mathrm{Gr}(f)$ 得到其反函数 f^{-1} 的图像 $\mathrm{Gr}(f^{-1})$(参见图 1).

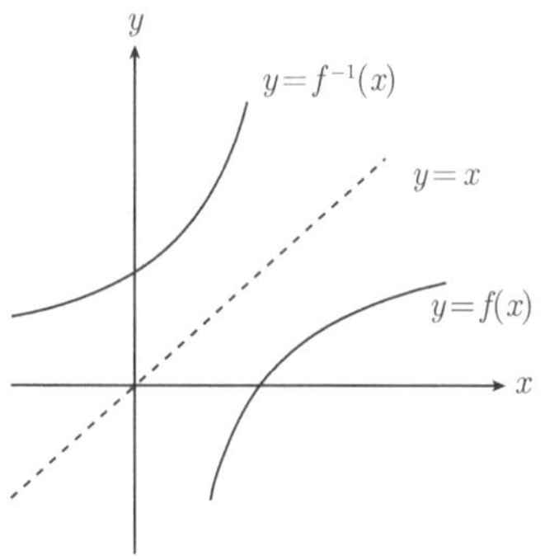

图 1

而在日常生活中, 我们常见到的食堂的售货牌 (其标示出各种待售的食品及其价格), 超市中的各种卖物的广告, 等等, 则均是由表格来表示的"函数"(显然这里没有任何"公式"). 也即, 当我们将待售的物品以数码 1, 2, 3, $\cdots$, n 编号时, 这些有限的自然数 1, 2, 3, $\cdots$, n 即为函数的"定义域", 而其各对应的价格则是"因变量". 因此, 每一个相应的表格就代表一个函数 (特别地, 如果不将各种待售品编号, 则它们就构成了一个"抽象空间", 相应的每一个表格则可视为一个"泛函").

4.2 函数的极限及其存在性判别法 (含: 函数的上、下极限)

本节首先将极限的概念从前面曾经讲过的数列推广到一元函数中去. 然后, 与数列的极限类似, 再来介绍函数极限的存在性的两个基本判定定理.

(一)

在前面的 1.4 节以及第 2 章中, 我们讲述了不少有关数列 $\{x_n\}$ 的极限 (以及上极限与下极限) 的性质. 如果从函数的观点来看, 任何一个数列 $\{x_n\}$ 其实就是一个定义在自然数集 $\mathbb{N}$ 上的函数, 也即每一个数列亦可视为 $\mathbb{N}$ 上的函数 x , 其表达式为

$$x(n) = x_n, \qquad \forall\, n \in \mathbb{N}.$$

由此不难看出, 由于 $\mathbb{N} \subset \mathbb{R}$, 并且它作为数列的定义域是一个“离散”集合 (即“孤立点”集合, 此即每一点必存在一个邻域, 使得在其内再无集合中其他的点), 因而自变量是一点一点“跳跃式”变化的. 因此, 当然可以推广地考虑定义在 $\mathbb{R}$ 中任何一个“非离散”的集合 X(例如: $X = (a,b)$, 或 $X = (a,+\infty)$, $X = (-\infty,b)$, $X = \mathbb{R} = (-\infty,+\infty)$, $\cdots$) 上的函数之极限问题.

值得注意的是, 对于数列的极限, 由于其定义域是自然数集 $\mathbb{N}$, 因此自变量的变化仅只有一种状态, 即 $n \to \infty$. 然而, 对于上述非离散定义域上的一元函数而言, 其自变量的变化状态就复杂了许多, 它们有: $x \to +\infty$, $x \to -\infty$, $x \to \infty$, 以及 $x \to x_0$, $x \to {x_0}^+$(即自变量 x 仅从 x_0 的“右侧”趋向于 x_0), $x \to {x_0}^-$(即自变量 x 仅从 x_0 的“左侧”趋向于 x_0) 共六种情况.

注 1 当讨论一元函数的极限时, 为了区别于数列的情况, 约定其定义域是“非离散”的, 实因“在 $\mathbb{R}$ 上任何一个离散的集合必定是可列的 (注意, 从有理数集 $\mathbb{Q}$ 的可数性则易导出此结论)”, 因而该函数的研究就变成了数列的研究. 然而, 非离散的定义域显然不仅限于前面所列的有限或无穷的“区间”, 例如, 它可以是 $\mathbb{R}$ 上某些有限区间所组成等.

下面, 先逐一给出上面六种极限的定义. 首先, 讲述当 $x \to +\infty$ 时, 相应函数 $f(x)$ 的极限定义, 因为此与当 $n \to \infty$ 时, 数列 $\{x_n\}$ 的极限在形式上是完全类似的, 可见如下:

定义 1 设 X 是 $\mathbb{R}$ 的一个无上界的子集, 函数 $f: X \to \mathbb{R}$, 我们称**函数 $f(x)$ 当 $x \to +\infty$ 时的极限**是 $a(a \in \mathbb{R})$, 是指: 对任意 (小的) 数 $\varepsilon > 0$, 必存在正数 ρ, 使得均有下面关系式成立:

$$|f(x) - a| < \varepsilon, \qquad \forall\, x \geqslant \rho \ (\text{且 } x \in X),$$

并记为

$$\lim_{x\to+\infty} f(x) = a \quad \text{或} \quad f(x) \to a \ (\text{当 } x \to +\infty \text{ 时}).$$

定义 2 设 X 是 $\mathbb{R}$ 的一个无下界的子集, 函数 $f: X \to \mathbb{R}$, 称**函数** $f(x)$ **当** $x \to -\infty$ **时的极限**是 $a (a \in \mathbb{R})$, 是指: 对任意 (小的) 数 $\varepsilon > 0$, 必存在正数 ρ, 使得均有下面关系式成立:

$$|f(x) - a| < \varepsilon, \qquad \forall\, x \leqslant -\rho \ (\text{且 } x \in X),$$

并记为

$$\lim_{x \to -\infty} f(x) = a \quad \text{或} \quad f(x) \to a \ (\text{当 } x \to -\infty \text{ 时}).$$

定义 3 设 X 是 $\mathbb{R}$ 的一个无界子集, 函数 $f: X \to \mathbb{R}$, 称**函数** $f(x)$ **当** $x \to \infty$ **时的极限**是 $a (a \in \mathbb{R})$, 是指: 对任意 (小的) 数 $\varepsilon > 0$, 必存在正数 ρ, 使得均有下列关系式成立:

$$|f(x) - a| < \varepsilon, \qquad \forall\, |x| \geqslant \rho \ (\text{且 } x \in X),$$

并记为

$$\lim_{x \to \infty} f(x) = a \quad \text{或} \quad f(x) \to a \ (\text{当 } x \to \infty \text{ 时}).$$

注 2 上述三种极限均可称为函数在“无穷远处的极限”. 当然, 此三种极限其自变量变化是不一样的, 前面两个是“定向”地无限增大, 而后一个是“非定向”地无限增大. 它们的极限存在, 说明相应函数当上述自变量无限增大时, 在无穷远处它处于一个“稳定”状态. 从几何图形上, 可以较直观地看到 (以定义 1 为例): 当 $\lim\limits_{x \to +\infty} f(x) = a$ 时, 对于任意 (小的) 正数 ε, 无论由直线 $y = a - \varepsilon$ 和 $y = a + \varepsilon$ 所夹的 (以 $y = a$ 为中心线) 带形区域多么窄小, 总可以在曲线上找到一个点 $(\rho, f(\rho))$ (其中 $\rho > 0$), 使得曲线 $y = f(x)$ $(\forall\, x \in X)$ 位于此点的“右边部分”全部含于上述带形区域内 (参看图 1).

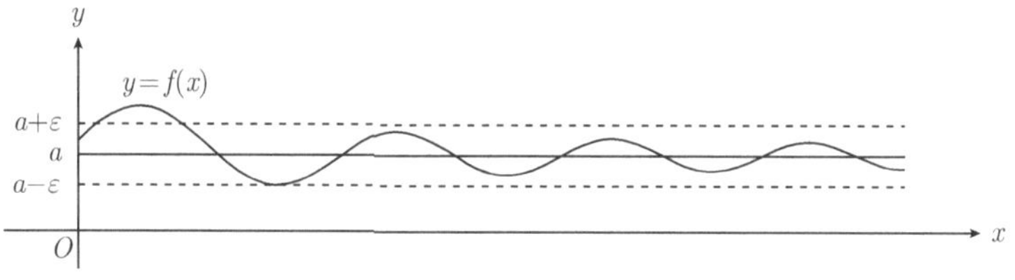

图 1

下面转到函数在一给定点 x_0 处的三种极限的定义. 但与上述无穷远处极限不同的是, 首先, 研讨一下此点 x_0 与函数 $f(x)$ 的定义域 A 之间的关系. 注意到, 从数列 $\{x(n)\}$ 的极限 (当 $n \to \infty$ 时) 以及上面函数 $f(x)$ 的极限 (当 $x \to +\infty, -\infty$ 或 ∞ 时), 不难得到一个启示: 当自变量 $x \to {x_0}^+$ (或 x_0^-, 或 x_0) 时, 即 x 右 (或左,或两侧) 趋向于 x_0 时, $f(x)$ 的变化趋势与函数在 x_0 是否有定义 (也即 x_0 是否属于函数 $f(x)$ 的定义域) 是没有关系的. 同样地, 即使当 x_0 属于 $f(x)$ 的定义域时, 函数 $f(x)$ 的变化趋势与在点 x_0 的“值 $f(x_0)$”也是没有关系的! 此外, 要研讨当自变量 $x \to {x_0}^+$ (或者 x_0^-) 时函数 $f(x)$ 的极限状况, 必须要求函数 $f(x)$ 在点 x_0 的某一个“去心邻域”(回忆 1.7 节的注 1) 的“右边”(相应地, “左边”) 有定义, 至于这个邻域的相应部分 $(x_0, x_0+\delta)$ (对应地, $(x_0-\delta, x_0)$)“无论多么小”却是不重要的. 类似地, 要考虑自变量 $x \to x_0$ 时 $f(x)$ 的变化趋势, 必须要求函数 $f(x)$ 在点 x_0 的某一个“去心 δ-邻域” $(x_0-\delta, x_0+\delta)\setminus\{x_0\} = (x_0-\delta, x_0)\cup(x_0, x_0+\delta)$ 内有定义, 同样地, 至于正数 δ“多么得小”却是不重要的. 简而言之, 该点 x_0 必须为 $f(x)$ 定义域之集合的一个“聚点”.

有了上面的论述, 就可以定义有关函数在一个给定点的极限之定义如下:

定义 4　设函数 $f: X \to \mathbb{R}$, X 是 $\mathbb{R}$ 中以 x_0 为聚点的一个集合, **称函数** $f(x)$ **当** $x \to x_0$ **时的极限是** a, 是指: 对任意 (小的) 数 $\varepsilon > 0$, 必存在正数 δ, 使得对于任意的 $x \in X$, 当 $0 < |x - x_0| < \delta$ 时, 有

$$|f(x) - a| < \varepsilon.$$

类似地, 亦可得到有关函数在一个定点的单侧极限 (右极限和左极限) 用“ε-δ”语言来描述的定义如下:

定义 5　设函数 $f: X \to \mathbb{R}$, X 是 $\mathbb{R}$ 中的一个集合, 对于点 x_0, 存在正数 δ, 使得 x_0 是集合 $(x_0, x_0+\delta)\cap X$ 的聚点 (相应地, x_0 是集合 $(x_0-\delta, x_0)\cap X$ 的聚点). **称函数** $f(x)$ **当** $x \to {x_0}^+$ **时的右极限是** a(对应地, **函数** $f(x)$ **当** $x \to {x_0}^-$ **时的左极限是** a), 是指: 对任意 (小的) 数 $\varepsilon > 0$, 必存在正数 δ, 使得对于任意的 $x \in X$, 当 $x_0 < x < x_0 + \delta$ 时 (对应地, 当 $x_0 - \delta < x < x_0$ 时), 有

$$|f(x) - a| < \varepsilon.$$

通常将上面右极限的值记为 $f(x_0+)$(相应地, 将上面左极限的值记为 $f(x_0-)$).

注 3　与 2.1 节中的注 2 和注 3 类似, 亦有下面的“记号”:

$$\lim_{x\to+\infty} f(x) = +\infty \text{ 或 } -\infty, \text{ 或 } \infty,$$

$$\lim_{x\to-\infty} f(x) = +\infty \text{ 或 } -\infty, \text{ 或 } \infty,$$

$$\lim_{x\to\infty} f(x) = +\infty \text{ 或 } -\infty, \text{ 或 } \infty;$$

以及

$$\lim_{x\to x_0} f(x) = +\infty \text{ 或 } -\infty, \text{ 或 } \infty,$$

$$\lim_{x\to x_0^+} f(x) = +\infty \text{ 或 } -\infty, \text{ 或 } \infty,$$

$$\lim_{x\to x_0^-} f(x) = +\infty \text{ 或 } -\infty, \text{ 或 } \infty.$$

值得再次指出的是: 这里的极限符号“lim”仅仅是“借用”而已! 至于它们的数学描述 (即定义) 请读者自己写出.

下面, 我们来看几个简单的例题.

例 1 证明：$\lim\limits_{x\to 0} x^{\frac{1}{3}}\cos\left(\dfrac{1}{x}\right) = 0$.

证明 注意上述函数除 $x_0 = 0$ 点外, 在 $\mathbb{R}$ 上均有定义, 也即 $X = \mathbb{R}\setminus\{0\}$ 为其定义域, 并且, 显然 x_0 是 X 的一个聚点 (因此, 上述极限的讨论是有意义的).

对于任意的 $\varepsilon > 0$, 可取正数 $\delta = \varepsilon^3$, 那么, 只要实数 x 满足 $0 < |x| < \delta$, 就有

$$\left|x^{\frac{1}{3}}\cos\left(\frac{1}{x}\right)\right| \leqslant |x|^{\frac{1}{3}} \leqslant \delta^{\frac{1}{3}} = \varepsilon.$$

因此证得 $\lim\limits_{x\to 0} x^{\frac{1}{3}}\cos\left(\dfrac{1}{x}\right) = 0$. □

例 2 求极限：$\lim\limits_{x\to 1}(x^2 - 4x + 5)$.

解 显然上述函数的定义域为 $\mathbb{R}$, 而每一个实数均为 $\mathbb{R}$ 的聚点, 故上述极限的讨论是有意义的. 下面, 先将上面函数“按自变量趋向”1, 写成有关 $(x-1)$ 形式的多项式, 则可得到

$$x^2 - 4x + 5 = (x-1)^2 - 2(x-1) + 2.$$

直观上我们已经观察到, 当 $x \to 1$ 时, 上述函数是趋于 2 的. 下面, 按极限的定义之“ε-δ”数学语言来验证之.

对于任意 $\varepsilon > 0$, 先令 $\delta_0 = 1$, 那么, 当 $0 < |x-1| < \delta_0$ 时, 可以得到 (注意上面恒等式)

$$\begin{aligned} |(x^2 - 4x + 5) - 2| &= |(x-1)^2 - 2(x-1)| \leqslant |x-1|^2 + 2|x-1| \\ &= |x-1|(|x-1| + 2) < 3|x-1|. \end{aligned}$$

由此可知, 当取 $\delta = \min\left(\dfrac{\varepsilon}{3}, 1\right)$ 时, 只要实数 x 满足 $0 < |x-1| < \delta$, 从上式则可直接导出

$$|(x^2 - 4x + 5) - 2| < 3\delta \leqslant \varepsilon.$$

此即得出 $\lim\limits_{x\to 1}(x^2 - 4x + 5) = 2$. □

例 3 证明：$\lim\limits_{x\to 1}\dfrac{x+1}{2-x} = 2$.

证明 注意到

$$\left|\frac{x+1}{2-x}-2\right|=\left|\frac{3(x-1)}{2-x}\right|=\left|\frac{3}{2-x}\right|\cdot|x-1|.$$

由此可以看出, 当 $x\to 1$ 时, 为使上式为无穷小, 就必须让 $|x-1|$ 前面的乘积项有界. 为此, 用上题的方法, 先设 $\delta_0=\frac{1}{2}$(注意此时不能再如上题一样取 $\delta_0=1$ 了, 否则 $\left|\frac{3}{2-x}\right|$ 这一项当 $|x-1|<1$ 时必“无界”!), 那么, 只要 x 与 1 充分接近, 满足 $0<|x-1|<\delta_0$, 就有

$$\left|\frac{3}{2-x}\right|\leqslant\frac{3}{1-|x-1|}\leqslant\frac{3}{1-\frac{1}{2}}=6.$$

由此可知, 当取 $\delta=\min\left(\frac{\varepsilon}{6},\frac{1}{2}\right)$ 时, 只要实数 x 满足 $0<|x-1|<\delta$, 从上面两式则可直接导出

$$\left|\frac{x+1}{2-x}-2\right|\leqslant 6|x-1|\leqslant\varepsilon,$$

此即证得 $\lim\limits_{x\to 1}\frac{x+1}{2-x}=2$. □

下面的例子是较难而又著名的, 以此作为本段的结束.

例 4 对于下面的 Riemann 函数:

$$R(x)\triangleq\begin{cases}0, & \text{当 } x \text{ 为无理数时},\\ 1, & \text{当 } x=0 \text{ 时},\\ \frac{1}{q}, & \text{当 } x=\frac{p}{q} \text{ 时 (这里, } p \text{ 与 } q \text{ 为互素的整数, 且 } q>0).\end{cases}$$

证明: 对于任意实数 x_0, 均有 $\lim\limits_{x\to x_0}R(x)=0$.

证明 对于任意的 $\varepsilon>0$, 在 x_0 任意固定的一个邻域 $(x_0-\delta,x_0+\delta)$ 中, 不难看出: 对于任意元 $x\in(x_0-\delta,x_0+\delta)$, 如果 x 是无理数时, 显然其满足下面关系式:

$$|R(x)-0|=0=0<\varepsilon;$$

而当 $x\in(x_0-\delta,x_0+\delta)$ 是有理数时, 则其当然可写为 $\frac{p}{q}$ 的形式 (这里, p 与 q 为互素的整数, 且 $q>0$). 于是, 如果此点的函数值 $R(x)$ 不满足上面的不等式, 即有

$$|R(x)-0|=\frac{1}{q}\geqslant\varepsilon,$$

那么, 由于 $q\in\mathbb{N}$, 因此, 满足上式的 q 则只能是“有限”的! 注意到上述自变量 $x=\frac{p}{q}\in(x_0-\delta,x_0+\delta)$, 所以位于有界区间 $(x_0-\delta,x_0+\delta)$ 中这样的有理点也只能

是“有限”的. 这样一来, 在 x_0 的“去心 δ-邻域” $(x_0-\delta, x_0)\cup(x_0, x_0+\delta)$ 中必可找到与 x_0“最近”的且满足上面不等式的点, 如果设其为 $\frac{p_0}{q_0}$, 那么, 只要令

$$\delta_0 \triangleq \left|\frac{p_0}{q_0}-x_0\right| (>0),$$

总上所述, 对于任意实数 x, 只要其满足 $0<|x-x_0|<\delta_0$, 则必有

$$|R(x)|<\varepsilon,$$

也即 $\lim\limits_{x\to x_0} R(x)=0$. □

(二)

与前面 2.1 节类似, 通过 Cantor 单调有界收敛定理和 Cauchy 准则 (即 Cauchy 基本列收敛定理), 不难得到与数列极限存在类似的判别定理 (同样地, 一个是“充分条件”, 另一个则是“充分必要条件”) 如下:

定理 1 (Cantor) 对于自变量的“定向”变化 (如 $x\to+\infty, -\infty$ 或者 $x\to {x_0}^+$, x_0^- 等四种情况), 如果函数沿自变量变化方向“单调且有界”, 那么, 相应的函数极限存在; 并且

1° 当 $f(x)$ 在上述某定义域 X 中“单调递增且有上界”时, 则有

$$\lim_{x\in X} f(x)=\sup_{x\in X} f(x);$$

2° 当 $f(x)$ 在上述某定义域 X 中“单调递减且有下界”时, 则有

$$\lim_{x\in X} f(x)=\inf_{x\in X} f(x).$$

(这里, $\lim\limits_{x\in X} f(x)$ 即代表上述四种情况下的极限.)

证明 上面的结论是明显的. 仅举下面一种情况证明之: 设 $f(x)$ 在 $x>x_0$(且 $x\in X$) 时单调且有上界, 那么, 从前面 1.5 节的 Cantor 确界存在定理可知, 上确界 $\sup\{f(x): x>x_0, x\in X\}\triangleq\beta$ 存在. 故由该节的定义 1 可知: 对于任意的 $x\in X$, 必有

$$f(x)\leqslant\beta, \qquad \forall\, x>x_0, \tag{1}$$

及对任意 $\varepsilon>0$, 必存在元 $x_1\in X$, 满足 $x_1>x_0$, 使得

$$f(x_1)>\beta-\varepsilon. \tag{2}$$

这样一来, 注意到 $f(x)$ 当 $x>x_0$(且 $x\in X$) 时是单调的假设, 从式 (2) 则可得到

$$f(x)\geqslant f(x_1)>\beta-\varepsilon,\qquad \forall\, x>x_1(\text{且 } x\in X). \tag{3}$$

于是, 从上 (1) 和 (3) 两式, 即可导出

$$\beta-\varepsilon<f(x)\leqslant\beta<\beta+\varepsilon,\qquad \forall\, x>x_1(\text{且 } x\in X).$$

此即证得 $\lim\limits_{x\in X}f(x)=\beta$. □

例 5 证明极限 $\lim\limits_{x\to+\infty}\dfrac{x}{x+a^2}(a\neq 0)$ 存在.

证明 只要注意到: 当 $x>0$ 时, $\dfrac{x}{x+a^2}<1$ 以及

$$\frac{x_2}{x_2+a^2}>\frac{x_1}{x_1+a^2},\qquad \forall\, x_2\geqslant x_1\ (>0).$$

由此直接由定理 1 导出所需结论. □

例 6 证明极限 $\lim\limits_{x\to+\infty}a^{\frac{1}{x}}$ 存在 (这里, a 为任一正实数).

证明 下面分两种情况验证之:

1) 当 $a\geqslant 1$ 时: 注意到当 $x_2>x_1>0$ 时, 有关系式

$$\frac{a^{\frac{1}{x_1}}}{a^{\frac{1}{x_2}}}=a^{\frac{1}{x_1}-\frac{1}{x_2}}=a^{\frac{x_2-x_1}{x_1x_2}}\geqslant 1,$$

故知当 $x\to+\infty$ 时, 函数 $f(x)=a^{\frac{1}{x}}$ 是“单调递减”的. 此外, 显然可以看出

$$a^{\frac{1}{x}}>0,\qquad \forall\, x>0.$$

由此可知, 当 $x\to+\infty$ 时, $f(x)$ 也是“有下界”的. 于是, 从定理 1 可知极限 $\lim\limits_{x\to+\infty}a^{\frac{1}{x}}$ 存在.

2) 当 $0<a<1$ 时: 注意到当 $x_2>x_1>0$ 时, 有关系式

$$a^{\frac{1}{x_2}}>a^{\frac{1}{x_1}},$$

故知当 $x\to+\infty$ 时, 函数 $f(x)=a^{\frac{1}{x}}$ 是“单调递增”的. 此外, 显然可以看出

$$a^{\frac{1}{x}}<1,\qquad \forall\, x>0.$$

由此可知, 当 $x\to+\infty$ 时, $f(x)$ 也是“有上界”的. 于是, 同样从定理 1 我们立即得知: 极限 $\lim\limits_{x\to+\infty}a^{\frac{1}{x}}$ 存在. □

定理 2 (Cauchy 准则) 设一元函数 $f:X\to\mathbb{R}$.

1° 若 x_0 为 X 的一个聚点, 那么, f 在 x_0 处有极限的充分必要条件是: 对任意 $\varepsilon>0$, 必存在正数 δ, 使得对 X 中任意的两点 x 及 $\widetilde{x}$, 只要 $0<|x-x_0|<\delta$ 及 $0<|\widetilde{x}-x_0|<\delta$, 就有 $|f(x)-f(\widetilde{x})|<\varepsilon$(也即, 此时对于"去心 δ- 邻域"$(x_0-\delta,x_0+\delta)\setminus\{x_0\}$ 中 X 的任意两点, 其函数值之差必小于 ε).

2° 当 X 是 $\mathbb{R}$ 中无界点集时, $\lim\limits_{x\to\infty}f(x)$ 存在的充分必要条件是: 对任意的 $\varepsilon>0$, 必存在正数 ρ, 使得对 X 中任意的两点 x 及 $\widetilde{x}$, 只要 $|x|\geqslant\rho$ 及 $|\widetilde{x}|\geqslant\rho$, 就有 $|f(x)-f(\widetilde{x})|<\varepsilon$.

证明 下面仅就 1° 来验证, 至于 2° 的结论请读者自行证之.

1) **必要性**: 由设 $\lim\limits_{x\to x_0}f(x)\triangleq a$ 存在, 因此, 对任意的 $\varepsilon>0$, 必存在正数 δ, 使得对 X 中任意的点 x, 只要 $x\in(x_0-\delta,x_0+\delta)\setminus\{x_0\}$, 就有 $|f(x)-a|<\dfrac{\varepsilon}{2}$. 这样, 对 X 中任意的两点 x_1 及 x_2, 当 $0<|x_i-a|<\delta\ (i=1,2)$ 时, 从上关系式可以导出

$$|f(x_1)-f(x_2)|\leqslant|f(x_1)-a|+|f(x_2)-a|<\frac{\varepsilon}{2}+\frac{\varepsilon}{2}=\varepsilon.$$

2) **充分性**: (下面的证明方法是很有技巧的, 对于此中所取的"辅助函数", 在以后讲述积分理论时, 将又会看到相似于它的函数.) 我们分两步来验证所需结论.

(i) 首先, 由定理假设可知: 对给定的一个数 $\varepsilon_0>0$, 必存在正数 δ_0, 使得对 X 中的某点 x_1 及任意点 x, 只要满足 $0<|x_1-x_0|,|x-x_0|<\delta_0$, 就有

$$|f(x)-f(x_1)|<\varepsilon_0,$$

也即

$$|f(x)|<|f(x_1)|+\varepsilon_0,\qquad\forall\,x\in(x_0-\delta_0,x_0+\delta_0)\setminus\{x_0\}.$$

由此可知函数 $f(x)$ 在"去心 δ_0-邻域"$\{x\in X:0<|x-x_0|<\delta_0\}$ 内是有界的. 于是, 由 Cantor 确界定理可知, 数集 $\{f(x):x\in X,0<|x-x_0|<\delta_0\}$ 必有上、下确界.

今作一辅助函数 $\widetilde{f}:(0,\delta_0)\cap X\to\mathbb{R}$ 如下:

$$\widetilde{f}(\delta)\triangleq\inf\{f(x):x\in X,0<|x-x_0|<\delta\}$$

(如果这里换为取相应的"上确界"作为辅助函数, 那么, 类似下面的证明亦是可行的). 于是, 从上段结果可知函数 $\widetilde{f}(\delta)$ 在 $(0,\delta_0)$ 上是有定义的, 且是"有界"函数. 另外, 由下确界定义还知, 当自变量沿 $\delta\to0^+$ 变化时, $\tilde{f}(\delta)$ 还是"单调递增"的. 因此, 从定理 1 得到

$$\lim_{\delta\to0^+}\widetilde{f}(\delta)\triangleq a\ (\text{存在}).$$

(ii) 对任意的 $\varepsilon > 0$, 从 (i) 的结果必可找到正数 $\delta_1 < \delta_0$, 使得均有

$$|\widetilde{f}(\delta) - a| < \frac{\varepsilon}{3}, \qquad \forall\ \delta \in (0, \delta_1). \tag{4}$$

注意到函数 $\widetilde{f}(\delta)$ 的取法, 从下确界的定义 (1.5 节定义 2), 又有以下结果: 对于任意正数 $\delta < \delta_1$ 以及上面的正数 ε, 均可找到点 $x_\delta \in X$, 使得 $0 < |x_\delta - x_0| < \delta_1$, 且有

$$\widetilde{f}(\delta) \leqslant f(x_\delta) < \widetilde{f}(\delta) + \frac{\varepsilon}{3}. \tag{5}$$

最后, 再次注意到定理的假设, 对上面的 $\varepsilon > 0$, 必可找到正数 δ_2, 使得对于 X 中的任意两点 x' 及 x'', 只要它们满足条件 $x', x'' \in (x_0 - \delta_2, x_0 + \delta_2) \setminus \{x_0\}$, 就有

$$|f(x') - f(x'')| < \frac{\varepsilon}{3}. \tag{6}$$

令 $\delta = \min(\delta_1, \delta_2)$, 从上面 (4), (5), (6) 三个关系式则可得到 (这里, 将 (6) 式中的两点换为 x 及 x_δ): 对于集 X 中任意点 x, 只要有 $0 < |x - x_0| < \delta$, 就有

$$\begin{aligned} |f(x) - a| &\leqslant |f(x) - f(x_\delta)| + |f(x_\delta) - \widetilde{f}(\delta)| + |\widetilde{f}(\delta) - a| \\ &< \frac{\varepsilon}{3} + \frac{\varepsilon}{3} + \frac{\varepsilon}{3} = \varepsilon, \end{aligned}$$

此即证得 $\lim\limits_{x \to x_0} f(x) = a$(存在). □

注 4 上面定理中之充分性的证明有一个简单的方法, 其前提是先承认下面由德国数学家 H.E.Heine(此人我们曾在 1.7 节提到过) 给出的一个命题 (此为下一节将要叙述的定理 8): 定义在实数集 X 中的函数 f, $\lim\limits_{x \to x_0} f(x) = a$ 存在的充分必要条件是: 对于任意的点列 $\{x_n\} \subset X$, 只要有 $x_n \to x_0$(当 $n \to \infty$ 时) 且 $x_n \neq x_0$ $(\forall\ n \in \mathbb{N})$, 那么, 就有 $\lim\limits_{n \to \infty} f(x_n) = a$.

Cauchy 准则充分性的另一证法 设 $\{x_n\}$ 为 X 中任意一个趋向于 x_0 的点列, 且有 $x_n \neq x_0$ $(\forall\ n \in \mathbb{N})$.

首先, 注意到本定理的充分性假设, 有以下结果: 对任意的 $\varepsilon > 0$, 必存在正数 δ, 使得对于 X 中任意两点 x 及 $\widetilde{x}$, 只要 $0 < |x - x_0|, |\widetilde{x} - x_0| < \delta$, 就有

$$|f(x) - f(\widetilde{x})| < \varepsilon. \tag{7}$$

于是, 从开首的假设 $\lim\limits_{n \to \infty} x_n = x_0(\{x_n\} \subset X$, 且 $x_n \neq x_0, \forall\ n \in \mathbb{N})$ 可得: 对于上述 $\delta > 0$, 必存在 $n_0 \in \mathbb{N}$, 使得

$$0 < |x_m - x_0| < \delta \quad \text{及} \quad 0 < |x_n - x_0| < \delta, \qquad \forall\ m, n \geqslant n_0. \tag{8}$$

这样, 从 (7) 和 (8) 两式, 便可导出

$$|f(x_n) - f(x_m)| < \varepsilon, \qquad \forall\ m, n \geqslant n_0.$$

因此, 应用数列的 Cauchy 定理, 可知数列 $\{f(x_n)\}$ 是有极限的 (当 $n \to \infty$ 时). 于是, 令

$$\lim_{n\to\infty} f(x_n) = a.$$

下面证明: 对于任何 X 中的点列 $\{\widetilde{x}_n\}$, 只要有 $\widetilde{x}_n \to x_0$(当 $n \to \infty$ 时) 且 $\widetilde{x}_n \neq x_0$ $(\forall\ n \in \mathbb{N})$, 就必有 $\lim\limits_{n\to\infty} f(\widetilde{x}_n) = a$.

事实上, 完全重复上段的证明, 同样也可导出数列 $\{f(\widetilde{x}_n)\}$ 是有极限的, 因此可设 $\lim\limits_{n\to\infty} f(\widetilde{x}_n) = \widetilde{a}$. 于是, 考虑下面一个数列:

$$x_1, \widetilde{x}_1, x_2, \widetilde{x}_2, \cdots, x_n, \widetilde{x}_n, \cdots,$$

也即, 由上述数列 $\{x_n\}$ 和 $\{\widetilde{x}_n\}$ 交错依序排列所成的新数列, 并且记其为 $\{\widehat{x}_n\}$. 显然可知: $\{\widehat{x}_n\} \subset X$, 且有 $\widehat{x}_n \neq x_0$ $(\forall\ n \in \mathbb{N})$. 此外, 容易验证亦有 $\widehat{x}_n \to x_0$(当 $n \to \infty$ 时). 于是, 与上一段推导相同, 可导出数列 $\{f(\widehat{x}_n)\}$ 当 $n \to \infty$ 时亦存在极限 $\lim\limits_{n\to\infty} f(\widehat{x}_n)$. 这样, 应用 2.2 节的定理 2, 注意到上述 $\{f(x_n)\}$ 及 $\{f(\widetilde{x}_n)\}$ 均为数列 $\{f(\widehat{x}_n)\}$ 的子列, 故必有

$$a = \lim_{n\to\infty} f(x_n) = \lim_{n\to\infty} f(\widehat{x}_n) = \lim_{n\to\infty} f(\widetilde{x}_n) = \widetilde{a}.$$

最后, 利用上面的 Heine 定理可得: 函数极限 $\lim\limits_{x\to x_0} f(x)$ 是存在的. 从而此充分性得证. □

注 5 上述 Cauchy 准则的几何意义表明: 当极限 $\lim\limits_{x\to x_0} f(x)$ 存在时, 函数 f 在 x_0 附近 (x_0 点不需考虑) 的图像变化只会越来越小, 也即变量 x 使相应的函数值 $f(x)$ 的波动, 当 x 越接近 x_0 点 (而不取到 x_0 点) 时, 波动越小. 否则, 极限 $\lim\limits_{x\to x_0} f(x)$ 就不存在. 下面的例子就是一个很好的样本.

例 7 证明: 极限 $\lim\limits_{x\to 0} \sin\dfrac{1}{x}$ 不存在.

证明 从下图 2 直观上可以观察到, 函数 $f(x) \triangleq \sin\dfrac{1}{x}$ 当 x 趋于 0 时, 是在 -1 和 $+1$ 之间越来越频繁地波动的. 因此, 不可能有极限存在.

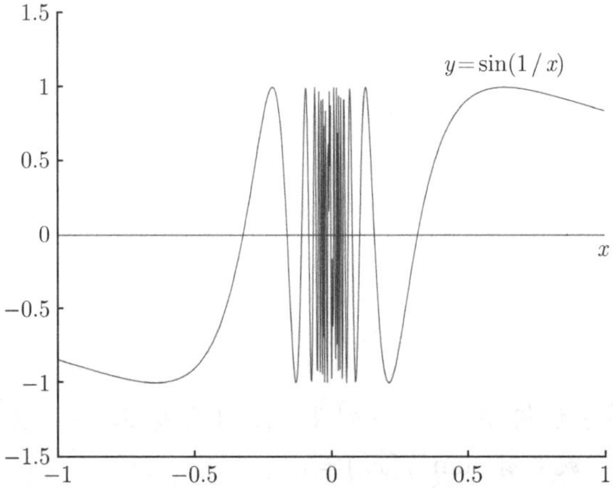

图 2

要从数学上严格证明, 可以利用上面的 Cauchy 准则 (即定理 2 之 1°). 事实上, 由于当取 $\varepsilon_0 = \dfrac{1}{2}$ 时, 对于任意的正数 δ, 可取

$$x_n = \frac{1}{2n\pi + \dfrac{\pi}{2}}, \quad \widetilde{x}_n = \frac{1}{2n\pi}, \qquad \forall\, n \in \mathbb{N}.$$

那么, 由于

$$\lim_{n\to\infty} x_n = \lim_{n\to\infty} \tilde{x}_n = 0$$

及

$$|x_n - \widetilde{x}_n| = \frac{\dfrac{\pi}{2}}{2n\pi(2n\pi + \dfrac{\pi}{2})} \longrightarrow 0, \qquad \text{当 } n \to \infty \text{ 时},$$

故必存在 $n_0 \in \mathbb{N}$, 使得均有

$$0 < |x_n|, |\tilde{x}_n| < \delta \text{ 及 } |x_n - \widetilde{x}_n| < \delta, \qquad \forall\, n \geqslant n_0.$$

但是, 相应地

$$|f(x_n) - f(\widetilde{x}_n)| = \left|\sin\left(2n\pi + \frac{\pi}{2}\right) - \sin(2n\pi)\right| \equiv 1, \qquad \forall\, n \geqslant n_0.$$

(注意到上面 Cauchy 准则否定命题的表述) 此即表明上述函数$f(x) = \sin\dfrac{1}{x}$ 当 x 趋于 0 时不满足 Cauchy 准则, 从而可知极限 $\lim\limits_{x\to 0} \sin\dfrac{1}{x}$ 是不存在的. □

类似地, 亦有另一形式的 Cauchy 准则应用之例子:

例 8　证明: 极限 $\lim\limits_{x\to+\infty} \cos x$ 不存在.

证明 类似地, 利用 Cauchy 准则 (即定理 2 之 2°) 来验明此结论.

事实上, 类似例 7, 对于任意的 $n \in \mathbb{N}$, 特取自变量的两个数列 $\{x_n\}$ 及 $\{\widetilde{x}_n\}$ 如下:

$$x_n = 2n\pi + \frac{\pi}{2}, \quad \widetilde{x}_n = 2n\pi, \qquad \forall\, n \in \mathbb{N}.$$

那么, 当取 $\varepsilon_0 = \dfrac{1}{2}$ 时, 对任意正数 ρ, 必存在 $n_0 \in \mathbb{N}$, 使得

$$x_n \geqslant \rho, \quad \widetilde{x}_n \geqslant \rho, \qquad \forall\, n \geqslant n_0.$$

但是此函数 $g(x) \triangleq \cos x$ 却有下面关系式:

$$|g(x_n) - g(\widetilde{x}_n)| = \left|\cos\left(2n\pi + \frac{\pi}{2}\right) - \cos(2n\pi)\right| \equiv 1, \qquad \forall\, n \geqslant n_0.$$

因此, 函数 $g(x) = \cos x$ 当 $x \to +\infty$ 时不满足 Cauchy 准则, 从而极限 $\lim\limits_{x\to+\infty} \cos x$ 不存在. □

注 6 上述 Cauchy 准则大都在论证题以及否定极限存在时使用.

(三)

为了介绍有关上面定理 2—— 有关函数极限存在性的 Cauchy 准则 —— 充分性的又一种直接证明方法, 需要介绍函数的上、下极限的概念.

与前面 2.5 节类似, 在 X 中定义的函数 $f(x)$, 其当 $x \to x_0$ 时的"上极限"与"下极限"实际上就是当 $x \to x_0$ 时, 实数 $f(x)$ $(x \in X)$ 在此过程中的最大极限点与最小极限点. 因此, 只要将数列 $\{x_n\}$ 的自变量"$n \to \infty$"变化形式转换为函数 $f(x)$ 的自变量"$x \to x_0$"的变化形式, 就不难得到下面的相应定义:

定义 6 设 $f: X \to \mathbb{R}$, x_0 为 X 的一个聚点. 如果存在一个数 b, 满足对于任意的 $\varepsilon > 0$,

1° 必存在正数 δ_ε, 使得对于 X 中的任意点 x, 只要 $0 < |x - x_0| < \delta_\varepsilon$, 就有

$$f(x) < b + \varepsilon;$$

2° 对于任意的正数 δ, 均存在 X 中的点 x_δ, 使得 $0 < |x_\delta - x_0| < \delta$, 且有

$$f(x_\delta) > b - \varepsilon,$$

那么, 就称 b 为函数 $f(x)$ 当 $x \to x_0$ 时的**上极限**, 并记为 $\overline{\lim\limits_{x\to x_0}} f(x) = b$.

类似地, 亦有

定义 7 设 $f: X \to \mathbb{R}$, x_0 为 X 的一个聚点. 如果存在一个数 a, 满足对于任意的 $\varepsilon > 0$,

1° 必存在正数 δ_ε, 使得对于中 X 的任意点 x, 只要 $0<|x-x_0|<\delta_\varepsilon$, 就有

$$f(x)>a-\varepsilon;$$

2° 对于任意的正数 δ, 均存在 X 中的点 x_δ, 使得 $0<|x_\delta-x_0|<\delta$, 且有

$$f(x_\delta)<a+\varepsilon,$$

那么, 就称 a 为函数 $f(x)$ 当 $x\to x_0$ 时的**下极限**, 并记为 $\varliminf\limits_{x\to x_0} f(x)=a$.

从上面定义显然容易证明下面定理:

定理 3 极限 $\lim\limits_{x\to x_0} f(x)=a$ 存在的充分必要条件是

$$\varlimsup_{x\to x_0} f(x)=\varliminf_{x\to x_0} f(x)=a.$$

有了上面的定理 3, 就可以得到下面的结果:

Cauchy 准则充分性的第三种证法 首先, 注意到在原定理 2 的充分性证明中, 我们作了一个辅助函数 $\widetilde{f}:(0,\delta_0)\to\mathbb{R}$ 如下:

$$\widetilde{f}(\delta)\triangleq\inf\{f(x):x\in X,0<|x-x_0|<\delta\},$$

并由 Cantor 单调有界收敛定理 (定理 1), 知 $\lim\limits_{\delta\to 0^+}\widetilde{f}(\delta)=a$(存在).

类似地, 再做一个辅助函数 $\widehat{f}:(0,\delta_0)\to\mathbb{R}$ 如下:

$$\widehat{f}(\delta)\triangleq\sup\{f(x):x\in X,0<|x-x_0|<\delta\}.$$

同样地, 由于 $\widehat{f}(\delta)$ 单调递减且有下界, 故从 Cantor 定理又知 $\lim\limits_{\delta\to 0^+}\widehat{f}(\delta)=b$(存在).

其次, 来证明 $a=b$. 事实上, 由 Cauchy 准则的充分性条件可知: 对于任意的 $\varepsilon>0$, 必存在正数 δ_ε, 使得对任意正数 $\delta\leqslant\delta_\varepsilon$, 只要 X 中任意的两点 x 与 $\widetilde{x}$ 满足 $0<|x-x_0|<\delta$ 及 $0<|\widetilde{x}-x_0|<\delta$, 就有

$$|f(x)-f(\widetilde{x})|<\varepsilon,$$

此即对任意的正数 $\delta\leqslant\delta_\varepsilon$, 均有

$$f(\widetilde{x})-\varepsilon<f(x)<f(\widetilde{x})+\varepsilon,\qquad \forall\, x,\widetilde{x}\in X\cap(x_0-\delta,x_0+\delta)\backslash\{x_0\}.$$

注意到上确界的定义 (即为“最小的上界”), 故在上面关系式中对 x 取上确界, 可得对于任意的正数 $\delta\leqslant\delta_\varepsilon$ 及 $\widetilde{x}\in X\cap(x_0-\delta,x_0+\delta)\backslash\{x_0\}$, 均有

$$f(\widetilde{x})-\varepsilon\leqslant\sup\{f(x):x\in X\cap(x_0-\delta,x_0+\delta)\backslash\{x_0\}\}\leqslant f(\widetilde{x})+\varepsilon.$$

类似地, 将上关系式对 $\widetilde{x}$ 取下确界, 可得对任意正数 $\delta \leqslant \delta_\varepsilon$, 有

$$\begin{aligned}&\inf\{f(\widetilde{x}) : \widetilde{x} \in X \cap (x_0 - \delta, x_0 + \delta)\backslash\{x_0\}\} - \varepsilon \\ \leqslant &\widehat{f}(\delta) \leqslant \inf\{f(\widetilde{x}) : \widetilde{x} \in X \cap (x_0 - \delta, x_0 + \delta)\backslash\{x_0\}\} + \varepsilon,\end{aligned}$$

也即

$$\widetilde{f}(\delta) - \varepsilon \leqslant \widehat{f}(\delta) \leqslant \widetilde{f}(\delta) + \varepsilon.$$

于是, 将上关系式令 $\delta \to 0^+$ 取极限, 可得

$$a - \varepsilon \leqslant b \leqslant a + \varepsilon.$$

然后, 注意到上述正数 ε 的任意性, 即可导出所需结果 $a = b$.

最后, 再一次注意辅助函数 $\widetilde{f}(\delta)$ 与 $\widehat{f}(\delta)$ 的定义, 显然，对任何正数 $\delta \leqslant \delta_\varepsilon$, 均有

$$\widetilde{f}(\delta) \leqslant f(x) \leqslant \widehat{f}(\delta), \quad \forall x \in X \cap (x_0 - \delta, x_0 + \delta)\backslash\{x_0\}.$$

于是, 从上下极限的定义可导出

$$\widetilde{f}(\delta) \leqslant \varliminf_{x \to x_0} f(x), \varlimsup_{x \to x_0} f(x) \leqslant \widehat{f}(\delta), \quad \forall 0 < \delta \leqslant \delta_\varepsilon.$$

故将上式令 $\delta \to 0^+$ 取极限, 可得到本题结论

$$\varliminf_{x \to x_0} f(x) = \varlimsup_{x \to x_0} f(x) = a \ \ (= b). \qquad \square$$

4.3 函数极限的基本性质及其存在性的传递

与数列情况类似 (回忆前面的 1.4 节和 2.2 节), 本节介绍有关函数极限存在时的一些基本特性. 此外, 本节还将给出有关函数极限的一些传递性质, 即从某些函数极限存在性导出另一些相关函数的极限存在性, 以及一个函数当自变量 $x \to x_0$(或 $+\infty$, $-\infty$ 及 ∞) 时极限的存在与其自变量以“特殊方式”趋向于 x_0 时 (例如“单侧”趋向; 又如“离散”趋向, 即有点列 $x_n \to x_0$(当 $n \to \infty$ 时) 等) 极限存在性之间的关系.

在本节中, 对于自变量的不同变化相应函数的极限性质的类似性, 我们仅仅只对自变量变化“$x \to x_0$”的情况来讨论函数极限“$\lim\limits_{x \to x_0} f(x) = a$”的相应性质 (这里 x_0 及 a 均为任意实数). 至于自变量的其他变化形式及相应的函数极限 (包括函数值趋于 $+\infty$ 及 $-\infty$ 及 ∞ 的情况) 之对应相关性质则请读者自己来表述.

(一)

首先, 来介绍上述形式的函数极限的一些基本性质 (读者可与前面 1.4 节有关数列极限的相应结论对应地来阅读).

完全与 1.4 节有关数列的极限性质类似, 相应地可以得到有关函数极限的基本性质如下:

定理 1 (函数极限的唯一性)　如果 $\lim\limits_{x\to x_0} f(x)$ 存在, 则此极限值必是唯一的.

定理 2 (有极限的函数之局部有界性)　如果 $\lim\limits_{x\to x_0} f(x)$ 存在, 那么必存在正数 ρ 及正数 δ_ρ, 使得对于任意的点 $x\in X(f(x)$ 的定义域), 只要其满足 $0<|x-x_0|<\delta_\rho$, 就有

$$|f(x)|\leqslant \rho.$$

定理 3 (函数极限的局部保序性)　如果 $\lim\limits_{x\to x_0} f(x)=a,\ \lim\limits_{x\to x_0} g(x)=b$, 那么

1° 若 $b>a$, 则存在正数 δ_0 使得对于任意的点 $x\in X(f(x)$ 和 $g(x)$ 共同的定义域), 只要 $0<|x-x_0|<\delta_0$, 就有 $g(x)>f(x)$;

2° 若存在正数 $\widetilde{\delta}_0$, 使得对于任意的点 $x\in X$, 当 $0<|x-x_0|<\widetilde{\delta}_0$ 时, 均有 $g(x)\geqslant f(x)$, 那么 $b\geqslant a$.

注 1　与数列极限的保序性相同, 在上定理 3 的 2° 中, 即使那里的不等式变为"严格不等式"$g(x)>f(x)$, 一般也不能保证他们相应的极限有严格不等式 $b>a$, 而仅能保证有不等式 $b\geqslant a$ 成立.

上面定理的证明与数列极限的情况 (见 1.4 节) 是完全类似的. 下面就仅将定理 3 的部分证明写出, 余下均请读者自证之.

定理 3 的证明　取 $\varepsilon_0=\dfrac{b-a}{2}$, 则由两个极限存在的假设可知: 必存在正数 δ_1 及 δ_2, 使得对应地有下面两个关系式:

$$|f(x)-a|<\varepsilon_0,\qquad \forall\, x\in(x_0-\delta_1,x_0+\delta_1)\setminus\{x_0\}\ (\text{且}\ x\in X),$$

及

$$|g(x)-b|<\varepsilon_0,\qquad \forall\, x\in(x_0-\delta_2,x_0+\delta_2)\setminus\{x_0\}\ (\text{且}\ x\in X).$$

这样, 若令 $\delta=\min(\delta_1,\delta_2)$, 则对任意的 $x\in X$, 只要 $0<|x-x_0|<\delta_0$, 就有以上两式成立. 于是, 不难导出

$$g(x)>b-\varepsilon_0=b-\frac{b-a}{2}=\frac{a+b}{2}=a+\varepsilon_0>f(x),$$

$$\forall\, x\in(x_0-\delta,x_0+\delta)\setminus\{x_0\}\ (\text{且}\ x\in X).$$

从而定理的 1° 之结论得证.

类似地, 容易由反证法证得定理的 2° 之结论. □

(二)

同样地, 与数列的极限相似, 可以列出对应于 2.2 节有关函数极限存在之传递性的两个定理.

定理 4 (函数极限的夹逼定理) 对于三个一元函数 $f(x)$, $g(x)$ 和 $h(x)$, 如果它们含有一个以 x_0 为聚点的公共定义域 X, 并且存在 $\delta_0 > 0$, 使得对于任意的点 $x \in X$, 只要 $0 < |x - x_0| < \delta_0$, $f(x)$ 就均在 $g(x)$ 与 $h(x)$ 之间, 那么, 当极限 $\lim\limits_{x\to x_0} g(x)$ 与 $\lim\limits_{x\to x_0} h(x)$ 均存在且相等时, 必有

$$\lim_{x\to x_0} f(x) = \lim_{x\to x_0} g(x) = \lim_{x\to x_0} h(x).$$

定理 5 (函数极限的四则运算) 对于两个一元函数 $f(x)$ 和 $g(x)$, 如果他们含有一个以 x_0 为聚点的公共定义域, 那么, 当极限 $\lim\limits_{x\to x_0} f(x)$ 和 $\lim\limits_{x\to x_0} g(x)$ 均存在时, 有以下关系式成立 (这里, λ 为任意实数):

1° $\lim\limits_{x\to x_0} (f \pm g)(x) = \lim\limits_{x\to x_0} f(x) \pm \lim\limits_{x\to x_0} g(x)$, $\lim\limits_{x\to x_0} (\lambda f)(x) = \lambda \cdot \lim\limits_{x\to x_0} f(x)$;

2° $\lim\limits_{x\to x_0} (f \cdot g)(x) = \lim\limits_{x\to x_0} f(x) \cdot \lim\limits_{x\to x_0} g(x)$;

3° 当 $\lim\limits_{x\to x_0} g(x) \neq 0$ 时, $\lim\limits_{x\to x_0} \left(\dfrac{f}{g}\right)(x) = \dfrac{\lim\limits_{x\to x_0} f(x)}{\lim\limits_{x\to x_0} g(x)}$.

上面定理 5 的证明与 1.4 节和 2.2 节中有关数列极限的相应定理之证明是完全类似的. 此中在证明 2° 时, 须用到定理 2, 而在 3° 的证明中, 虽然亦须用到前面的定理 2, 但却繁杂一些, 请读者自证之.

下面, 仅给出定理 4 的证明, 因为它较之 1.4 节的数列夹逼定理有一点点推广.

定理 4 的证明 由上述两函数在 x_0 均有相同极限的假设, 可令数 a 为它们的公共极限, 那么, 运用"ε-δ"语言描述: 对任意的 $\varepsilon > 0$, 必存在一个公共的正数 $\delta < \delta_0$, 使得对于任意的点 $x \in X$, 均有

$$|g(x) - a| < \varepsilon, \qquad \forall\, x \in (x_0 - \delta, x_0 + \delta) \setminus \{x_0\},$$

及

$$|h(x) - a| < \varepsilon, \qquad \forall\, x \in (x_0 - \delta, x_0 + \delta) \setminus \{x_0\},$$

此即有

$$a - \varepsilon < g(x), h(x) < a + \varepsilon, \qquad \forall\, x \in (x_0 - \delta, x_0 + \delta) \setminus \{x_0\}.$$

注意到假设：只要 $x \in (x_0-\delta_0, x_0+\delta_0) \setminus x_0$, $f(x)$ 均在 $g(x)$ 与 $h(x)$ 之间, 以及我们取的正数 $\delta_0 < \delta$. 因此, 从上关系式, 即可导出：对于任意 $x \in X$, 必有

$$a-\varepsilon < f(x) < a+\varepsilon, \qquad \forall\, x \in (x_0-\delta, x_0+\delta) \setminus \{x_0\},$$

也即 $\lim\limits_{x\to x_0} f(x) = a$. □

以下两个有关函数极限存在的传递性定理是数列极限所没有的.

定理 6　*设函数 $f: X \to \mathbb{R}$, X 是 $\mathbb{R}$ 的一个子集, x_0 是 X 的“双侧聚点”(或“左、右聚点”, 即对 x_0 的任意邻域, 在 x_0 点的“左边”和“右边”均有无穷多个 X 中的点). 那么, $f(x)$ 在 x_0 处极限存在的充分必要条件是: $f(x)$ 在 x_0 点的左、右极限均存在且相等, 并当极限存在时, 还有关系式*

$$\lim_{x\to x_0} f(x) = \lim_{x\to x_0^-} f(x) = \lim_{x\to x_0^+} f(x),$$

也即

$$\lim_{x\to x_0} f(x) = f(x_0-) = f(x_0+).$$

*这里及以后, 均以 $f(x_0-)$ 和 $f(x_0+)$ 分别代表 $f(x)$ 在 x_0 点的***左极限**与**右极限**.

证明　只要注意到上面三个极限的定义, 则不难得出上面的结论 (请读者自证). □

定理 7 (复合函数的极限)　*设 $f: X \to Y$, $g: Y \to \mathbb{R}$, 其中 X, Y 均为 $\mathbb{R}$ 的子集. 又设 x_0 为 X 的一个聚点. 那么, 如果 $\lim\limits_{x\to x_0} f(x) = \widehat{y}_0$ 及 $\lim\limits_{y\to \widehat{y}_0} g(y) = a$, 并且在 x_0 点位于 X 中之某充分小的“去心”邻域内均有 $f(x) \neq \widehat{y}_0$, 则*

$$\lim_{x\to x_0} (g\circ f)(x) \triangleq \lim_{x\to x_0} g(f(x)) = a.$$

(注意, 在上面的定理中, 用记号 $\widehat{y}_0$ 是为了提醒读者 $\widehat{y}_0$ 可以不属于集 Y; 此外由假设可知, $\widehat{y}_0$ 当然是 Y 的一个聚点.)

证明　对于任意的 $\varepsilon > 0$, 由假设 $\lim\limits_{y\to \widehat{y}_0} g(y) = a$ 知, 必存在正数 δ_0, 使得对于 Y 中的任意点 y, 只要有 $0 < |y-\widehat{y}_0| < \delta_0$, 就有

$$|g(y)-a| < \varepsilon. \tag{1}$$

又注意到假设 $\lim\limits_{x\to x_0} f(x) = \widehat{y}_0$, 故知对于上面的 $\delta_0 > 0$, 必存在正数 δ_1, 使得对于 X 中的任何点 x, 只要有 $0 < |x-x_0| < \delta_1$, 就有

$$|f(x)-\widehat{y}_0| < \delta_0. \tag{2}$$

此外, 再注意到 f 的假设, 可知 $f(x) \in Y\ (\forall\ x \in X)$, 并且还存在正数 δ_2, 使得对于 X 中任意的点 x, 只要有 $0 < |x - x_0| < \delta_2$, 就有

$$f(x) \neq \widehat{y}_0. \tag{3}$$

这样, 从上面 (1), (2) 和 (3) 三个不等式, 可导出: 当令正数 $\delta_\varepsilon = \min(\delta_1, \delta_2)$ 时, 对于 X 中的任意点 x, 只要其满足 $0 < |x - x_0| < \delta_\varepsilon$, 就有

$$|(g \circ f)(x) - a| = |g(f(x)) - a| < \varepsilon.$$

此即证得本定理. □

注 2 从定理 7 我们看到: 在求函数极限时, 变量替换 (或称"换元") 给我们提供了一个新方法. 从定理中我们看到, 如果 (那里的) 相应条件均满足, 在求一个形如 $\lim\limits_{x \to x_0} g(f(x))$ 的极限时, 可以令"变换" $y = f(x)$. 若 $\lim\limits_{x \to x_0} f(x) = \widehat{y}_0$, 并且当 x 足够接近 x_0 之后, 均有"当 $x \neq x_0$ 时, $y \neq \widehat{y}_0$", 则所求极限有关系式 $\lim\limits_{x \to x_0} g(f(x)) = \lim\limits_{y \to \widehat{y}_0} g(y)$.

注 3 在上定理 7 中, 那里的条件"在 x_0 点位于 X 中之某充分小的去心邻域内均有 $f(x) \neq \widehat{y}_0$"是不可去掉的. 因为有了它, 才有 (3) 式, 而有了 (2) 和 (3) 式, 此点 $y = f(x)$ 才满足式 (1). 而且, 有下面的反例, 说明当上条件不满足时, 上定理结论不再成立.

反例 1 设 $f(x) = x \sin \dfrac{1}{x}\ (\forall\ x \neq 0)$, $g(y) = \begin{cases} 0, & \text{当 } y = 0 \text{ 时}, \\ a\ (\neq 0), & \text{当 } y \neq 0 \text{ 时}. \end{cases}$ 那么, 对于点 $x_0 = 0$, 容易看到

$$\lim_{x \to x_0} f(x) = 0 \quad \text{及} \quad \lim_{y \to 0} g(y) = a\ (\neq 0).$$

但是由于

$$g(f(x)) = \begin{cases} 0, & \text{当 } x = \dfrac{1}{n\pi} \text{ 时}, \\ a\ (\neq 0), & \text{当 } x \neq \dfrac{1}{n\pi} \text{ 时}, \end{cases} \qquad \forall\ n \in \mathbb{Z},\ n \neq 0,$$

故由 Heine 定理 (下面的定理 8), 可知此复合函数的极限 $\lim\limits_{x \to 0} g(f(x))$ 显然是不存在的.

反例 2 设

$$f(x) = x \cdot D(x) = \begin{cases} x, & \text{当 } x \text{ 为有理数时}, \\ 0, & \text{当 } x \text{ 为无理数时}, \end{cases}$$

$g(y)$ 同反例 1. 那么, 对于点 $x_0=0$, 类似地有

$$\lim_{x\to x_0} f(x)=0 \quad 及 \quad \lim_{y\to 0} g(y)=a\ (\neq 0),$$

故同样可知 $\lim\limits_{x\to 0} g(f(x))$ 不存在.

反例 3　设 $f(x)\equiv 0$, $g(y)$ 同上. 那么, 对于点 $x_0=0$, 不难看出

$$\lim_{x\to x_0} f(x)=0 \quad 及 \quad \lim_{y\to 0} g(y)=a\ (\neq 0),$$

但是 $\lim\limits_{x\to 0} g(f(x))=0\neq a\ (=\lim\limits_{y\to 0} g(y))$.

注 4　在定理 7 中, 如果 (加强) 假设"$\lim\limits_{y\to \widehat{y}_0} g(y)=g(\widehat{y}_0)$"(从后面 4.5 节可知, 此即为函数 $g(x)$ 在 $y=\widehat{y}_0$ 点连续), 那么, 原定理的条件"在 x_0 点位于 X 中之某充分小的去心邻域内均有 $f(x)\neq \widehat{y}_0$"则可取消 (请读者自证之).

(三)

与数列情况类似, 下面的命题是与前面 2.2 节的定理 2 相对应的 (然而却更强), 它涉及函数 $f(x)$ 当自变量"连续"变化时 (即 $x\to x_0$) 极限的存在性, 以及当自变量"离散"变化时 (即 $x_n\to x_0$) 相应的 (数列) 极限的存在性, 此两者间关系的命题 (与 2.2 节有关数列的极限情况不同的是, 那里无论是原数列, 或是其子数列, 均是"离散"的 (依自然数次序) 变化的). 这就是下面著名的 Heine(海涅) 定理:

定理 8 (Heine)　设 $f: X\to \mathbb{R}$, X 是 $\mathbb{R}$ 的一个子集, x_0 是 X 的一个聚点, 那么 $\lim\limits_{x\to x_0} f(x)=a$ 成立的充要条件是: 对于 X 中任意趋向于 x_0 且非 x_0 的点列 $\{x_n\}$, 均有 $\lim\limits_{n\to\infty} f(x_n)=a$.

证明　**必要性**: 由 $\lim\limits_{x\to x_0} f(x)=a$, 故从定义可知: 对任意的 $\varepsilon>0$ 必存在正数 δ, 使得对于 X 中任何点 x, 只要有 $0<|x-x_0|<\delta$, 就有

$$|f(x)-a|<\varepsilon. \tag{4}$$

于是, 对于任何点列 $\{x_n\}\subset X\setminus\{x_0\}$, 只要有 $x_n\to x_0$(当 $n\to\infty$ 时), 由数列极限定义则可得知: 对上面的 $\delta>0$, 必存在 $n_0\in\mathbb{N}$, 使得

$$(0<)\ |x_n-x_0|<\delta, \qquad \forall\, n\geqslant n_0. \tag{5}$$

这样, 从以上 (4) 和 (5) 两个关系式, 可导出

$$|f(x_n)-a|<\varepsilon, \qquad \forall\, n\geqslant n_0.$$

此即得到 $\lim\limits_{n\to\infty} f(x_n)=a$.

充分性: 用归谬法来证明. 如在定理的必要假设条件下有 $f(x)$ 当 $x \to x_0$ 时不趋于 a, 那么, 从定义可知: 存在 $\varepsilon_0 > 0$, 对于任意的 $k \in \mathbb{N}$, 及相对应的正数 $\dfrac{1}{k}$, 必存在着 X 中的一点 x_k, 使得

$$0 < |x_k - x_0| < \frac{1}{k} \quad 及 \quad |f(x_k) - a| \geqslant \varepsilon_0.$$

这样, 从上两关系式, 得到了 X 中的一个不含 x_0 的点列 $\{x_k\}$, 其满足以下性质:

$$\lim_{k\to\infty} x_k = x_0 \quad 及 \quad \lim_{k\to\infty} f(x_k) \neq a.$$

而此显然与定理的必要性假设矛盾.

总上两部分结果, 本定理得证. □

注 5 对于数列而言, 上面 Heine 定理的相应结论显然是成立的 (且“平凡”的). 因为从 2.2 节定理 2 已知, 一个数列 $\{x_n\}$ 有极限 a, 则其任何子列 $\{x_{n_k}\} \subset \{x_n\}$ 必有极限 a. 反过来, 如果 $\{x_n\}$ 的一个子列, 其“仅不取” $\{x_n\}$ 的“有限项”, 则当它有极限时, 原数列必亦有此同一极限. 此外, 更一般地, 即使 $\{x_n\}$ 的某子列 $\{x_{n_k}\}$ 不是上述形式, 考虑原数列除掉此子列后剩余的“余子数列” $\{x_{m_k}\}$ (即成员为 $\{x_n\} \setminus \{x_{n_k}\}$ 中的元), 当此两子列均以某数 a 为极限时, 由定义, 对于任意的 $\varepsilon > 0$, 从上两子列中, 必可找到一“公共项数” $n_0 \in \mathbb{N}$, 使得原数列当 $n > n_0$ 时, 必满足 $|x_n - a| < \varepsilon$. 由此也即得到 $\lim\limits_{n\to\infty} x_n = a$.

有了上面有关函数极限存在性之传递关系的命题, 不难解决以下例题.

例 1 用极限性质证明 $\lim\limits_{x\to 0} \sin\dfrac{1}{x}$ 不存在.

证明 与上节的例 7 用 Cauchy 准则验证时类似, 取

$$x_n = \left(\left(2n + \frac{1}{2}\right)\pi\right)^{-1} \quad 及 \quad \widetilde{x}_n = (2n\pi)^{-1}, \qquad \forall\, n \in \mathbb{N}.$$

显然

$$\lim_{n\to\infty} f(x_n) = 1 \quad 及 \quad \lim_{n\to\infty} f(\widetilde{x}_n) = 0.$$

因此, 从定理 1 可知 $\lim\limits_{x\to 0} \sin\dfrac{1}{x}$ 没有极限. □

例 2 证明下面的 Dirichlet 函数:

$$D(x) = \begin{cases} 1, & 当\ x \in \mathbb{Q}\ 时 \\ 0, & 当\ x \in \mathbb{R} \setminus \mathbb{Q}\ 时 \end{cases}$$

在 $\mathbb{R}$ 中任意一点处均不存在极限.

证明 此不难类似用极限的唯一性定理验明 (请读者自验之). □

下面的一个例子是十分有用的, 必须牢牢熟记.

例 3　证明: $\lim\limits_{x\to 0}\dfrac{\sin x}{x}=1$.

证明　回忆在前面 3.3 节中的例 2, 那里, 曾经用几何的方法, 通过相关图形面积的比较得到了一个非常有用的关系式

$$\sin x<x<\tan x, \qquad \forall\, x\in\left(0,\frac{\pi}{2}\right). \tag{6}$$

于是, 对于任意的数 $x\in\left(0,\dfrac{\pi}{2}\right)$ 有下面不等式:

$$\cos x<\frac{\sin x}{x}<1,$$

也即得到

$$0<1-\frac{\sin x}{x}<1-\cos x. \tag{7}$$

注意到三角公式及上面 (6) 式, 又有

$$1-\cos x=2\sin^2\left(\frac{x}{2}\right)<\frac{x^2}{2}<\frac{\pi}{4}x. \tag{8}$$

于是从定义 (当然, 亦可以视作特殊的夹进定理), 以及 (7) 和 (8) 两式, 可导出 $\lim\limits_{x\to 0}\dfrac{\sin x}{x}=1$. □

例 4　求极限 $\lim\limits_{x\to\infty}x\sin\dfrac{1}{x}=1$.

解　用变量代换, 设 $y=\dfrac{1}{x}$. 不难由定义得到: $x\to\infty$ 等价于 $y\to 0$. 这样, 由定理 7 及上例 3, 即可导出

$$\lim_{x\to\infty}x\sin\frac{1}{x}=\lim_{y\to 0}\frac{\sin y}{y}=1. \qquad \square$$

例 5　求极限 $\lim\limits_{x\to 0}\dfrac{1-\cos x}{3x^2}$.

解　首先注意到所给函数的变形式子:

$$\frac{1-\cos x}{3x^2}=\frac{2\sin^2\left(\dfrac{x}{2}\right)}{12\left(\dfrac{x}{2}\right)^2}=\frac{1}{6}\left(\frac{\sin\dfrac{x}{2}}{\dfrac{x}{2}}\right)^2.$$

用换元法, 令 $y=\dfrac{x}{2}$, 易见 $x\to 0$ 等价于 $y\to 0$. 因此, 从定理 7 及例 3 直接导出

$$\lim_{x\to 0}\frac{1-\cos x}{3x^2}=\frac{1}{6}\lim_{y\to 0}\left(\frac{\sin y}{y}\right)^2=\frac{1}{6}. \qquad \square$$

例 6 求极限 $\lim\limits_{n\to\infty}\sqrt{n}\sin\dfrac{\pi}{n}$.

解 注意到上面例 4, 先来计算相应的函数极限 (即连续自变量时的极限) $\lim\limits_{x\to+\infty}\sqrt{x}\sin\dfrac{\pi}{x}$. 于是类似例 4 的解中之论述, 从极限的运算可得

$$\lim_{x\to+\infty}\sqrt{x}\sin\frac{\pi}{x}=\lim_{x\to+\infty}\frac{\pi}{\sqrt{x}}\cdot\frac{\sin\dfrac{\pi}{x}}{\dfrac{\pi}{x}}=\lim_{x\to+\infty}\frac{\pi}{\sqrt{x}}\cdot\lim_{x\to+\infty}\frac{\sin\dfrac{\pi}{x}}{\dfrac{\pi}{x}}=0\cdot 1=0.$$

最后, 利用 Heine 定理, 即可导出 $\lim\limits_{n\to\infty}\sqrt{n}\sin\dfrac{\pi}{n}=0$. □

例 7 证明: $\lim\limits_{x\to+\infty}\left(1+\dfrac{1}{x}\right)^{x}=e$.

证明 对于任意趋于 $+\infty$ 的正数列 $\{x_n\}$, 令其整数部分 $[x_k]\triangleq n_k$ $(\forall\ k\in\mathbb{N})$. 那么, 显然有下面关系式:

$$\left(1+\frac{1}{n_k+1}\right)^{n_k}<\left(1+\frac{1}{x_k}\right)^{x_k}<\left(1+\frac{1}{n_k}\right)^{n_k+1},\qquad\forall\ k\in\mathbb{N},$$

并且, 不难得到以下等式:

$$\lim_{k\to\infty}\left(1+\frac{1}{n_k+1}\right)^{n_k}=\lim_{k\to\infty}\left(1+\frac{1}{n_k}\right)^{n_k+1}=e.$$

(注意到数列极限的运算法则、收敛数列之子列的性质, 以及著名的极限关系式 $\lim\limits_{n\to\infty}\left(1+\dfrac{1}{n}\right)^{n}=e$.)

因此, 由数列的夹逬定理, 从上两个关系式可得对任意趋于 $+\infty$ 的数列 $\{x_k\}$, 均有

$$\lim_{n\to\infty}\left(1+\frac{1}{x_k}\right)^{x_k}=e.$$

最后, 利用 Heine 定理即可导出: 相应的函数极限关系 $\lim\limits_{x\to\infty}\left(1+\dfrac{1}{x}\right)^{x}=e$. □

例 7′ 从例 7 的结果, 由变量替换 ($y=-x$ 以及 $y=\dfrac{1}{x}$), 可以得到下面两个极限关系式:

$$\lim_{x\to-\infty}\left(1+\frac{1}{x}\right)^{x}=e\quad 及\quad\lim_{x\to0}(1+x)^{\frac{1}{x}}=e.$$

(请读者自证.)

例 8 证明: $\lim\limits_{x\to0+}\dfrac{\log_a(1+x)}{x}=\dfrac{1}{\ln a}$.

证明 注意关系式 (恒等式)

$$\frac{\log_a(1+x)}{x}=\frac{1}{\ln a}\cdot\frac{\ln(1+x)}{x},\tag{9}$$

以及 2.2 节中注 1 的一个不等式

$$\frac{1}{n+1}<\ln\left(1+\frac{1}{n}\right)<\frac{1}{n},\qquad \forall\, n\in\mathbb{N}.$$

可得对于任意的 $x\in(0,1)$, 有

$$\frac{1}{[1/x]+1}<\ln\left(1+\frac{1}{[1/x]}\right)<\frac{1}{[1/x]},$$

这里, $[1/x]$ 代表不超过数 $1/x$ 的最大整数. 由此, 将上不等式均乘以 $[1/x]$, 则可得到

$$\frac{[1/x]}{[1/x]+1}<\left[\frac{1}{x}\right]\cdot\ln\left(1+\frac{1}{[1/x]}\right)<1,\qquad \forall\, x\in(0,1).$$

注意到

$$\lim_{x\to0^+}\frac{[1/x]}{[1/x]+1}=1,$$

故由夹进定理, 从前式可得到

$$\lim_{x\to0^+}\left[\frac{1}{x}\right]\cdot\ln\left(1+\frac{1}{[1/x]}\right)=1. \tag{10}$$

这样一来, 对于任意的正数列 $\{x_n\}\subset(0,1)$, 只要 $x_n\to0$(当 $n\to\infty$ 时), 从下面不等式 (注意函数 $\ln x$ 的严格单调递增性):

$$\left[\frac{1}{x_n}\right]\cdot\ln\left(1+\frac{1}{[1/x_n]+1}\right)<\frac{\ln(1+x_n)}{x_n}<\left(\left[\frac{1}{x_n}\right]+1\right)\cdot\ln\left(1+\frac{1}{[1/x_n]}\right),$$
$$\forall\, n\in\mathbb{N}.$$

由 (10) 式及夹进定理类似可以导出: 对于任意正数列 $x_n\to0$(当 $n\to\infty$ 时) 均有

$$\lim_{n\to\infty}\frac{\ln(1+x_n)}{x_n}=1.$$

因此, 从 Heine 定理, 可得

$$\lim_{x\to0^+}\frac{\ln(1+x)}{x}=1,$$

故由式 (9) 立即导出 $\lim\limits_{x\to0^+}\dfrac{\log_a(1+x)}{x}=\dfrac{1}{\ln a}$. □

注 6　当我们学习了函数的连续性质以后, 由于 $y=\ln x(x>0)$ 是连续函数, 因此 $\lim\limits_{x\to0^+}\ln(1+x)^{\frac{1}{x}}=\ln\left(\lim\limits_{x\to0^+}(1+x)^{\frac{1}{x}}\right)$, 这样上面的例 8 的结论可由例 8 的解中之式 (9) 以及例 7′ 的结果直接导出.

例 9　证明: $\lim\limits_{x\to0^+}\dfrac{a^x-1}{x}=\ln a$ (其中, $a>0$).

证明 作变量代换, 令 $y = a^x - 1$, 那么 $x = \log_a(1+y)$, 并且, $x \to 0^+$ 等价于 $y \to 0^+$.

这样一来, 由复合函数的极限传递法则 (定理 7)、极限的运算法则 (定理 5) 以及例 8 的结果, 即可导出

$$\lim_{x\to 0^+} \frac{a^x - 1}{x} = \lim_{y\to 0^+} \frac{y}{\log_a(1+y)} = \frac{1}{\lim\limits_{y\to 0^+} \dfrac{\log_a(1+y)}{y}} = \ln a. \qquad \square$$

(附: 特别地, 从上面例 9 可以得到前面 2.2 节中例 5 的推广结论: $\lim\limits_{x\to 0} a^x = 1$.)

4.4 无穷小量 (或无穷大量) 之间的比较

与数列的情况类似 (参看 1.4 节), 当 $\lim\limits_{x\to\square} f(x) = 0$ 时, 称 $f(x)$ 当 $x \to \square$ 时是一个**无穷小量**; 而当 $\lim\limits_{x\to\square} |f(x)| = +\infty$ 时, 称 $f(x)$ 当 $x \to \square$ 时是一个**无穷大量**. 这里以及本节以后的叙述中, 自变量“x 趋于 $\square$”(记作 $x \to \square$), 这个“$\square$”符号在定义和命题中, 可代表一个实数点 x_0, 或者代表 $+\infty$, $-\infty$ 以及 ∞. 有关相应的数学语言之表述可参看 4.2 节.

下面罗列的有关无穷小量和无穷大量的运算性质是十分明显的.

性质 1 当 $x \to \square$ 时, 如果 $f(x)$ 是一个无穷大量, 则 $\dfrac{1}{f(x)}$ 必为一个无穷小量; 如果 $f(x)$ 是一个无穷小量, 且当 x 充分接近“$\square$”时 $f(x)$ 均不为 0, 则 $\dfrac{1}{f(x)}$ 必为一个无穷大量.

性质 2 当 $x \to \square$ 时, 任何两个无穷小量的和、差、积必均仍为无穷小量; 而当 $\lim\limits_{x\to\square} f(x) = +\infty$(或者 $-\infty$), $\lim\limits_{x\to\square} g(x) = +\infty$(或者 $-\infty$) 时, 有

$$\lim_{x\to\square} (f(x) + g(x)) = +\infty \text{ (相应地, } -\infty).$$

注 1 注意, 当 $\lim\limits_{x\to\square} f(x) = \lim\limits_{x\to\square} g(x) = \infty$ 时, 无法断言 $\lim\limits_{x\to\square} (f(x)+g(x)) = \infty$. 这是因为 $f(x)$ 与 $g(x)$ 有可能取相反符号的值.

性质 3 当 $x \to \square$ 时, 如果 $f(x)$ 是一个无穷小量, 而 $g(x)$ 是一个有界变量, 那么 $f(x)\cdot g(x)$ 当 $x \to \square$ 时亦是一个无穷小量. 而当 $x \to \square$ 时, 如果 $f(x)$ 是一个无穷大量, 且 $|g(x)|$ 以一个正数 α_0 为下界, 那么, $f(x)\cdot g(x)$ 当 $x \to \square$ 时亦为一个无穷大量.

性质 4 当 $x \to \square$ 时, 如果 $f(x)$ 是一个无穷大量, 而 $g(x)$ 是一个有界变量, 那么 $f(x) + g(x)$ 亦是一个无穷大量.

同样地, 与数列相似, 对于上述的无穷小量 (或无穷大量), 为了考察他们的差别, 常常要比较它们趋于 0(相应地, 趋向于 $+\infty$, $-\infty$ 或 ∞) 的速度, 也即考虑任何两个无穷小量 (或无穷大量) 之"商"的变化趋势. 由此, 从该比式的情况 (是否仍为一个无穷小量、无穷大量, 或者一个有界变量), 便可得知它们之间的差异. 这样, 同样有下面的有关无穷小量 (或无穷大量) 之间"阶"的定义:

定义 1　假设当 $x \to \square$ 时, $f(x)$ 与 $g(x)$ 均为"无穷小量"(或均为"无穷大量"). 那么,

1° 当 $\lim\limits_{x \to \square} \dfrac{f(x)}{g(x)} = 0$ 时, 称 $f(x)$ 是比 $g(x)$ **高阶**的无穷小量(相应地, 称 $g(x)$ 是比 $f(x)$ **高阶**的无穷大量), 并记为 $f(x) = o(g(x))$(当 $x \to \square$ 时).

2° 当 $x \to \square$ 时, 如果 $\dfrac{f(x)}{g(x)}$ 是一个有界变量且不满足 1° 的条件, 称 $f(x)$ 与 $g(x)$ 是**同阶**的无穷小量(相应的, **同阶**的无穷大量), 并记为 $f(x) = O(g(x))$(当 $x \to \square$ 时).

3° 特别地, 在 2° 的情况下, 当 $\lim\limits_{x \to \square} \dfrac{f(x)}{g(x)} = 1$ 时, 称 $f(x)$ 与 $g(x)$ 为**等价**的 (即"近似相等"的) 无穷小量 (或无穷大量), 并记为 $f(x) \sim g(x)$(当 $x \to \square$ 时).

注 2　上面的记号 o, O 以及 $\sim$ 最先是由德国数学家 E.G.Landau(兰道) 引入并采用的, 它们**不必仅对**无穷小量或无穷大量, 而是对任何变量均可以使用. 我们用记号"$f(x) = o(1)$(当 $x \to \square$ 时)"表示"当 $x \to \square$ 时, $f(x)$ 是一个无穷小量"或者"$\lim\limits_{x \to \square} f(x) = 0$". 类似地, 用记号 $f(x) = O(1)$(当 $x \to \square$ 时) 表示"当 $x \to \square$ 时, $f(x)$ 是一个有界变量". 不难看出, 上述两个记号的引入是十分方便的. 因为在某些情况下, 并不需要某个变量的具体表达式 (特别是当此表达式十分繁杂时), 而只需要了解此变量的变化状态. 因此, 用上面两个记号就是最恰当不过的了.

利用上面的定义中的两个符号, 不难导出以下简洁的关系式:

1° $o(g(x)) + o(g(x)) = o(g(x))$(当 $x \to \square$ 时). 此即表示当

$$\lim_{x \to \square} \frac{f_1(x)}{g(x)} = \lim_{x \to \square} \frac{f_2(x)}{g(x)} = 0$$

时, 必有

$$\lim_{x \to \square} \frac{f_1(x) + f_2(x)}{g(x)} = 0,$$

也即当 $x \to \square$ 时, "相对于"$g(x)$ 的任何两个无穷小量之"和"亦为无穷小量.

2° $o(f(x)) \cdot O(g(x)) = o(f(x) \cdot g(x))$(当 $x \to \square$ 时). 此即表示当 $x \to \square$ 时, "相对于"$f(x)$ 的任一无穷小量与"相对于"$g(x)$ 的任一有界变量之"积"必为"相对于"$f(x) \cdot g(x)$ 的无穷小量.

3° $o(1)+O(1)=O(1)$(当 $x\to\square$ 时). 此即当 $x\to\square$ 时, 任何有界变量与无穷小量之和仍为有界变量.

4° 若 $|a_n|=O(|b_n|)$(当 $n\to\infty$ 时), 则级数 $\sum\limits_n|a_n|$ 与 $\sum\limits_n|b_n|$ 同敛散.

注 3 当 $f(x)$ 与 $g(x)$ 在自变量的某一变化趋势下是一对"等价"的无穷小或无穷大时, 那么, 在计算极限 $\lim\limits_{x\to\square}f(x)h(x)$ 时 (假设该极限存在), 可以相应地去计算极限 $\lim\limits_{x\to\square}g(x)h(x)$, 而所得的值是相同的. 这就是计算极限时常用的**等价无穷小(或无穷大) 替换法**. 例如, 在计算 $\lim\limits_{x\to0}\dfrac{\sin x}{\sqrt{x}}$ 时, 就可相应地计算 (可取同值的关系式) $\lim\limits_{x\to0}\dfrac{x}{\sqrt{x}}$ (因为此前我们已经知道 $x\sim\sin x$(当 $x\to0$ 时)).

注 4 **必须注意的是**, 注 3 中所提到的等价无穷小 (或无穷大) 替换只能发生在以因式形式出现的无穷小 (或无穷大) 上, 而**不能**出现在以加减形式出现的无穷小 (或无穷大) 上. 例如, 在计算极限

$$\lim_{x\to0}\frac{x-\sin x}{x^3}$$

时, 若错误地将 $\sin x$ 用 x 替换, 则得其极限为 0, 但将来我们会看到, 事实上该极限值应为 $\dfrac{1}{6}$.

定义 2 当 $x\to0$(或 $x\to+\infty$) 时, 如果以 x 为标准, 那么, 当 $f(x)$ 与 x^α"同阶"(其中, α 为正实数) 时, 称 $f(x)$ 为α **阶无穷小量**(相应地, α **阶无穷大量**).

下面来考察几个例子:

例 1 当 $x\to0$ 时, 1) $\sin x$ 为 1 阶 (等价的) 无穷小; 2) $2(1-\cos x)$ 为 2 阶 (等价的) 无穷小; 3) $\ln(1+x)$ 为 1 阶 (等价的) 无穷小; 4) e^x-1 为 1 阶 (等价的) 无穷小.

解 可参见 4.3 节的相应例子. □

例 2 验证: $(1+x)^p=1+px+o(x)$ $(\forall\, p\in\mathbb{R})$.

证明 首先, 从例 1 中 3) 可知 $\dfrac{\ln(1+x)}{x}\to1$(当 $x\to0$ 时), 故从极限的运算可得

$$\ln(1+x)\to0\ (\text{当 } x\to0 \text{ 时}). \tag{1}$$

注意到下面恒等式: 对于任意的 $x>-1$ 且 $x\neq0$, 有

$$\frac{(1+x)^p-1}{x}=\frac{e^{p\ln(1+x)}-1}{x}=\frac{e^{p\ln(1+x)}-1}{p\ln(1+x)}\cdot\frac{p\ln(1+x)}{x}. \tag{2}$$

并注意到上面例 1 中 4) 的结果: $\lim\limits_{x\to0}\dfrac{e^x-1}{x}=1$. 故从 4.3 节中复合函数极限性质以

及函数极限的运算性质, 由 (1) 和 (2) 两式, 可以导出 (注意变量替换: $y=p\ln(1+x)$)

$$\lim_{x\to0}\frac{(1+x)^p-1}{x}=\lim_{y\to0}\frac{e^y-1}{y}\cdot\lim_{x\to0}\frac{p\ln(1+x)}{x}=1\cdot p=p.$$

由此可得

$$\lim_{x\to0}\frac{(1+x)^p-(1+px)}{x}=0,$$

也即得到所需结论: $(1+x)^p=1+px+o(x)$(当 $x\to0$ 时). □

例 3　考察当 $x\to0$ 时, $f(x)=\tan x-\sin x$ 的无穷小量的阶.

证明　首先, 由于

$$f(x)=\frac{\sin x}{\cos x}-\sin x=\frac{\sin x(1-\cos x)}{\cos x},$$

因此, 从例 1 中 1) 和 2) 的结果, 可知

$$\begin{aligned}\lim_{x\to0}\frac{f(x)}{x^3}&=\lim_{x\to0}\frac{\sin x}{x}\cdot\frac{1-\cos x}{x^2}\cdot\frac{1}{\cos x}\\&=\frac{1}{2}\lim_{x\to0}\frac{\sin x}{x}\cdot\lim_{x\to0}\frac{2(1-\cos x)}{x^2}\cdot\lim_{x\to0}\frac{1}{\cos x}=\frac{1}{2}.\end{aligned}$$

由此可知 $\tan x-\sin x$ 当 $x\to0$ 时是 3 阶无穷小. □

例 4　假设当 $x\to0$ 时, $f(x)$ 是一个无穷小量, 并且其满足关系式

$$f(x)-f\left(\frac{x}{2}\right)=o(x)\ (当\ x\to0\ 时).$$

证明: 当 $x\to0$ 时, $f(x)$ 必为比 x 高阶的无穷小量.

证明　若令

$$\frac{f(x)-f\left(\frac{x}{2}\right)}{x}=\theta(x),$$

则由假设的关系式可知: 对于任意的 $\varepsilon>0$, 必存在正数 δ, 使得均有

$$|\theta(x)|<\frac{\varepsilon}{2},\qquad\forall\ x\in(-\delta,\delta)\setminus\{0\}.\tag{3}$$

于是, 利用

$$f(x)-f\left(\frac{x}{2}\right)=x\theta(x),$$

可得

$$f\left(\frac{x}{2^{n-1}}\right)-f\left(\frac{x}{2^n}\right)=\frac{x}{2^{n-1}}\cdot\theta\left(\frac{x}{2^{n-1}}\right),\qquad\forall\ n\in\mathbb{N}.$$

因此, 注意到 (3) 式, 对于任意的 $x\in(-\delta,\delta)\setminus\{0\}$, 从上式则有

$$\left|f\left(\frac{x}{2^{n-1}}\right)-f\left(\frac{x}{2^n}\right)\right|<\frac{|x|}{2^n}\varepsilon,\qquad \forall\, n\in\mathbb{N}. \tag{4}$$

这样, 由 (4) 式叠加, 可以得到对于任意的 $0<|x|<\delta$, 均有

$$\begin{aligned}\left|f(x)-f\left(\frac{x}{2^n}\right)\right| &\leqslant \left|f(x)-f\left(\frac{x}{2}\right)\right|+\left|f\left(\frac{x}{2}\right)-f\left(\frac{x}{2^2}\right)\right|+\cdots\\ &\quad+\left|f\left(\frac{x}{2^{n-1}}\right)-f\left(\frac{x}{2^n}\right)\right|\\ &<|x|\cdot\varepsilon,\qquad \forall\, n\in\mathbb{N},\end{aligned}$$

此即

$$\left|\frac{f(x)-f(x/2^n)}{x}\right|<\varepsilon,\qquad \forall\, x\in(-\delta,\delta)\setminus\{0\},\quad \forall\, n\in\mathbb{N}.$$

在上式中令 $n\to\infty$, 注意到题设 $\lim\limits_{n\to\infty}f\left(\dfrac{x}{2^n}\right)=0$, 从而可导出

$$\left|\frac{f(x)}{x}\right|<\varepsilon,\qquad \forall\, x\in(-\delta,\delta)\setminus\{0\},$$

此即证得 $\lim\limits_{x\to 0}\dfrac{f(x)}{x}=0$, 也即 $f(x)=o(x)$. □

注 5 本节均用 $x\to\square$ 来代表 $x\to x_0$, $x\to+\infty$, $x\to-\infty$ 或者 $x\to\infty$. 其实, 回忆前面 1.1 节中定义 1 中有关"有序集"的定义, 不难把上面的自变量变化形式统一起来. 为此先重述一下有关序集的概念, 并将"定向集"定义给出如下:

定义 3 设 S 是一个无限集, 称其为**有序集**是指: 在 S 中定义了"序关系" $\prec$, 即对任意的 $x,y,z\in S$, 满足

1°(自反性) $x\prec x$;

2°(反对称性) 如果 $x\prec y$ 且 $y\prec x$, 则有 $x=y$;

3°(传递性) 如果 $x\prec y$ 且 $y\prec z$, 则有 $x\prec z$.

称 S 是一个**拟序集**, 是指关系"$\prec$"仅满足"传递性".

称 S 是一个**定向集**(或**定向拟序集**), 是指它为一个"自反"的"拟序集"(也即, 不满足"反对称"的序集), 并且满足

4°(公共后继性) 对于任意的 $x,y\in S$, 必存在 $z\in S$, 使得

$$x\prec z\quad 且\quad y\prec z.$$

有了上面"定向集"(或"定向拟序集") 的概念, 不难将本节中自变量的各种变化形式均利用定向集来统一表达.

例 5 设 $X\subset\mathbb{R}$, x_0 为 X 的一个聚点. 在 X 中定义关系"$\prec$"如下: 对于任意的两点 $x_1,x_2\in X$,

$$x_1\prec x_2\Longleftrightarrow|x_2-x_0|\leqslant|x_1-x_0|.$$

那么, $(X,\prec)$ 是一个定向集, 记为 $\{x\to x_0\}$.

解　下面分三步来验证:

1) 传递性. 假设 $x_1\prec x_2$ 且 $x_2\prec x_3$ $(x_k\in X,\ k=1,2,3)$. 那么, 由上面“$\prec$”的定义有

$$|x_2-x_0|\leqslant|x_1-x_0|\quad 及\quad |x_3-x_0|\leqslant|x_2-x_0|.$$

于是, 从上两式显然有 $|x_3-x_0|\leqslant|x_1-x_0|$, 此即 $x_1\prec x_3$.

2) 自反性. 显然!

(从上可知 $\prec$ 为一个自反的拟序.)

3) 公共后继性. 对于任何两元 $x_1,x_2\in X$, 从两正数 $|x_1-x_0|,|x_2-x_0|$, 显然不难找到元 $x_3\in X$(注意 x_0 为 X 的聚点), 使得

$$0<|x_3-x_0|\leqslant|x_1-x_0|,|x_2-x_0|.$$

由此也即得到 $x_1\prec x_2$ 及 $x_2\prec x_3$.

综上, 也即证得 $(X,\prec)$ 是一个有向集. □

例 6　对于 $\mathbb{R}$ 中无上界的子集 X, 在 X 中定义关系“$\prec$”如下: 对于任意的两点 $x_1,x_2\in X$,

$$x_1\prec x_2\Longleftrightarrow x_1\leqslant x_2.$$

那么, $(X,\prec)$ 是一个定向集, 记为 $\{x\to+\infty\}$.

例 7　对于 $\mathbb{R}$ 中无下界的子集 X, 在 X 中定义关系“$\prec$”如下: 对于任意的两点 $x_1,x_2\in X$,

$$x_1\prec x_2\Longleftrightarrow x_2\leqslant x_1.$$

那么, $(X,\prec)$ 是一个定向集, 记为 $\{x\to-\infty\}$.

例 8　对于 $\mathbb{R}$ 的无界子集 X, 在 X 中定义关系“$\prec$”如下: 对于任意的两点 $x_1,x_2\in X$,

$$x_1\prec x_2\Longleftrightarrow|x_1|\leqslant|x_2|.$$

那么, $(X,\prec)$ 是一个定向集, 记为 $\{x\to\infty\}$.

以上三例请读者自证之.

注 6　必须注意的是, 在上面“定向集”的定义中, “$\prec$”不是一个“序”而仅是一个“拟序”, 即其不满足“反对称性”. 这样的定义是合乎实际的, 因为描述一个变量的趋势, 常常离不了“大小顺序”, 而此又离不开“距离”. 然而, 对于同一固定点而言, 与之有相同距离点却未必相同! 例如, 在直线上与一固定点 x_0 有相同距离者就有 (左右) 两个, 而在平面上与 x_0 点具有相同距离的点则有无穷多个, 它们构成一个圆周. 因此, 若定义“$\prec$”为

$$x_1\prec x_2\Longleftrightarrow d(x_1,x_0)\leqslant d(x_2,x_0),\qquad\forall\ x_1,x_2\in X,$$

(这里, $d(x_1, x_0)$, $d(x_2, x_0)$ 分别代表点 x_1 与 x_2 到点 x_0 的距离.) 那么, 显然“$\prec$”仅为一个满足“自反性”的“拟序”, 而不能构成“序”, 因为我们容易看出: 当 $x_1 \prec x_2$ 且 $x_2 \prec x_1$ 时是推不出必有 $x_1 = x_2$ 的, 也即“$\prec$”不满足“反对称性”(当然上面的“$\prec$”亦满足“公共后继性”, 故此时 $(X, \prec)$ 是一个“定向集”).

定义 4 对于一个定向集 $(\Lambda, \prec)$, 函数 $f : \Lambda \to \mathbb{R}$ 称为**有向函数**, 其相应的**极限**记为 $\lim\limits_{\lambda \in \Lambda} f(\lambda)$, 或简记为 $\lim\limits_{\lambda} f(\lambda)$.

注 7 从上定义及前面的例 5 至例 8 可知, 在本节中, 记号“$\lim\limits_{x \to \square} f(x)$”均亦可表示为“$\lim\limits_{\lambda} f(\lambda)$”, 其中 $(\lambda, \prec)$ 可为 $(X, x \to x_0)$, $(X, x \to +\infty)$, $(X, x \to -\infty)$ 或者 $(X, x \to \infty)$.

注 8 之所以在这里要介绍“有向集”上的函数的极限, 一方面是为了让读者看到从数列的自变量变化“$n \to \infty$”到函数的自变量变化“$x \to x_0$”“$x \to +\infty$”, “$x \to -\infty$”及“$x \to \infty$”, 以“空间拟序集”的观点来看, 本质上是一致的. 此外更重要的是为以后“积分学”讲到定积分的定义时, 可以看到那里的“极限”(它是有别于我们讲述的上述数列极限与函数极限的) 之实质.

4.5 函数在一点的连续性及相关性质

作为函数在一点的极限之存在性的特例就是函数在该点的“连续”性, 也即, 此时不但要有极限 $\lim\limits_{x \to x_0} f(x)$ 存在, 而且还要有

$$\lim_{x \to x_0} f(x) = f(x_0).$$

因此, 为了给出函数 $f(x)$ 在 x_0 点连续的定义, 首先, (与极限情况不一样的是) 必须假设 $f(x)$ 在 x_0 点有定义, 也即, x_0 必须属于 f 的定义域. 下面, 给出该定义.

定义 1 设一元函数 $f : X \to \mathbb{R}$, 且有 $x_0 \in X$ $(\subset \mathbb{R})$. 如果对于任意的 $\varepsilon > 0$, 均存在正数 δ, 使得对于任意的 $x \in X$, 只要 $|x - x_0| < \delta$ 就有 $|f(x) - f(x_0)| < \varepsilon$, 那么, 称 $f(x)$ **在 x_0 点连续**. 而当 $f(x)$ 在 X 中的每一点处均连续时, 则称 $f(x)$ **在 X 上连续**.

注 1 上面的定义与 $f(x)$ 在 $x \to x_0$ 时的极限定义有以下两点不同:

1) 由于函数 $f(x)$ 在 x_0 处是否连续研究的是函数在“x_0 点”的性态, 因此, $f(x)$ 在 x_0 处必须有定义; 并且, 此时不仅要考察函数 $f(x)$ 在 $x \to x_0$ 时的趋势, 亦要知道 $f(x)$ 在 x_0 点的状态. 因此, 自变量要求“$|x - x_0| < \delta$”而不是“$0 < |x - x_0| < \delta$”.

2) 从上述定义中可见, 当 x_0 不是 $f(x)$ 的定义域 X 的聚点时, 也即 x_0 为 X 的“孤立点”时 (此即, 存在某 $\delta_0 > 0$, 使得 x_0 的“δ_0- 邻域”$(x_0 - \delta_0, x_0 + \delta)$ 内除

x_0 外再无 X 中的点 —— 参看前面 1.7 节注 1), 其当然满足上述定义 1. 因此, 约定: 任何一个函数 $f(x)$ 在其定义域中的每一个孤立点处均是连续的.

(一)

既然函数在其任意一点连续等价于"其在此点极限存在且等于函数在该点的值"(暂不考虑该点为函数定义域中的孤立点的情形), 那么, 不难将 4.3 节中关于函数极限的性质直接翻版而得到有关函数在一点的连续性之特性如下:

定理 1 (局部有限性)　如果函数 $f(x)$ 在 x_0 点连续, 则其必在 x_0 点的某一"δ-邻域"内有界.

定理 2 (局部保序性)　如果两函数 $f(x)$ 和 $g(x)$ 均在 x_0 点连续, 并且有 $f(x_0) < g(x_0)$, 那么必存在 x_0 点的某 δ-邻域, 使在其内均有 $f(x) < g(x)$. 特别地, 如果 $f(x_0) \neq 0$, 那么必存在 x_0 点的某一 δ-邻域, 使得在这一邻域内 $f(x)$ 均同号, 且有 $|f(x)| > \alpha$(某正数).

类似地, 亦有以下有关函数在一点连续性的几个传递性定理:

定理 3 (四则运算的传递性)　如果函数 $f(x)$ 和 $g(x)$ 均在 x_0 点连续, 那么 $f(x) \pm g(x)$, $\lambda f(x)$(λ 为任意实数), $f(x) \cdot g(x)$ 亦在 x_0 点连续; 并且, 当 $g(x)$ 在 x_0 点的值 $g(x_0) \neq 0$ 时, 函数 $\dfrac{f(x)}{g(x)}$ 亦在 x_0 点连续.

定理 4 (复合函数的传递性)　如果一元函数 $f : X(\subset \mathbb{R}) \to \mathbb{R}$ 在 x_0 点连续, 并且值域 $f(X) \subset Y(\subset \mathbb{R})$, 而函数 $g(x) : Y \to \mathbb{R}$ 在 $y_0 \triangleq f(x_0)$ 点连续, 那么复合函数 $g(f(x)) : X \to \mathbb{R}$ 必在 x_0 点连续.

注 2　上面的定理除定理 4 外, 完全可以由函数极限的有关性质直接导出. 至于定理 4, 由于在相应的函数极限关系中, 曾须约定: 当 $x \to x_0$ 时, 均有 $f(x) \neq \widehat{y}_0$, 因而不能直接套用. 但是, 由于 $f(x)$ 在 x_0 点连续性的假设, 可知该极限定理 (4.3 节定理 7) 中的 $\widehat{y}_0$ 必为 $f(x_0)$; 而当 $f(x) = f(x_0)$ 时, 连续性的相关不等式显然是成立的, 因此定理 4 显然成立. 此外, 当 $x = x_0$ 是 $f(x)$ 的定义域中的"孤立点"时, 上述相应的结论亦是 (更) 容易验证的, 故上述定理对于函数在一点的连续性的任何情况均是成立的.

下面的定理是函数极限中没有的.

定理 5 (反函数的传递性)　设 $f : X \to \mathbb{R}$, $x_0 \in X(\subset \mathbb{R})$. 如果函数 $y = f(x)$ 在 X 上是严格单调的, 并在 x_0 点连续, 那么, 其反函数 $x = f^{-1}(y)$ 必亦在 $f(X)$ 上严格单调, 且亦在 $y_0 \triangleq f(x_0)$ 点连续.

证明　首先, 从定理 4.1 节中定理可知, 在本定理中 f 的假设条件下, 其反函数 f^{-1} 是存在的, 它的定义域为 $f(X)$, 并且 f^{-1} 在其定义域上也是 (与 f 同性质之) 严格单调的.

下面, 分三种情况来验明本定理结论.

1) 当 x_0 为 f 的定义域 X 的"双侧聚点"时, 此即对 x_0 的任意 ε-邻域 $I(x_0,\varepsilon)\triangleq(x_0-\varepsilon,x_0+\varepsilon)$, 在 $I(x_0,\varepsilon)$ 中 x_0 点的每一侧均包含有 X 的无穷多个点 (参阅并对比前面 1.7 节的注 1).

于是, 对于任意的 $\varepsilon>0$, 必可找到 X 中的两点 x_1 和 x_2, 使得有下面两关系式成立:

$$x_1<x_0<x_2 \quad 及 \quad x_2-x_1<\varepsilon. \tag{1}$$

然后, 令 $y_1=f(x_1)$ 和 $y_2=(x_2)$. 那么, 由 f 严格单调性的假设, 以及 (1) 的第一式必可导出: 或者有

$$y_1=f(x_1)<f(x_0)\ (=y_0)<f(x_2)=y_2 \quad (f\ 严格单调递增时), \tag{2}$$

或者有

$$y_1=f(x_1)>f(x_0)\ (=y_0)>f(x_2)=y_2 \quad (f\ 严格单调递减时). \tag{2'}$$

这样, 当令 $\delta=\min\{|y_0-y_1|,|y_2-y_0|\}$ 时, 只要点 $y\in f(X)$ 满足 $|y-y_0|<\delta$, 则从上面 (2) 及 (2′) 式便可分别得出

$$y_1=y_0-(y_0-y_1)\leqslant y_0-\delta<y<y_0+\delta\leqslant y_0+(y_2-y_0)=y_2 \tag{3}$$

及

$$y_2=y_0-(y_0-y_2)\leqslant y_0-\delta<y<y_0+\delta\leqslant y_0+(y_1-y_0)=y_1. \tag{3'}$$

而注意到开首已导出了 f^{-1} 在 $f(X)$ 上亦为与 f 同性质之严格单调函数, 因此, 从以上两式 (3)(对应于 f 严格单调递增) 和 (3′)(对应于 f 严格单调递减) 我们立即得到: 对任意的 $y\in f(X)$, 只要 $|y-y_0|<\delta$, 就有

$$f^{-1}(y_1)<f^{-1}(y)<f^{-1}(y_2),$$

也即导出

$$x_1<x<x_2. \tag{4}$$

于是, 从上面 (1) 和 (4) 式, 便可得到: 对于任意的点 $y\in f(X)$, 只要 $|y-y_0|<\delta$, 就有

$$|f^{-1}(y)-f^{-1}(y_0)|=|x-x_0|<|x_2-x_1|<\varepsilon.$$

因此, 反函数 $x=f^{-1}(y)$ 在 y_0 点的连续性.

2) 当 x_0 为 f 的定义域 X 的"单侧聚点"时, 此即对于 x_0 的任意"ε-邻域"$I(x_0,\varepsilon) \triangleq (x_0-\varepsilon, x_0+\varepsilon)$, 仅在 $I(x_0,\varepsilon)$ 中 x_0 的一侧包含有 X 的无穷多个点.

于是, 从上面 1) 的证明不难看出, 当 ε 足够小时, 在 x_0 的"去心"ε-邻域内必有一侧根本没有 f 的定义域 X 中的点. 因此, 只要找到 (1) 式中的一个点 $x_{i_0} \in X$, 使得有 $|x_{i_0}-x_0| < \varepsilon(i_0=1$ 或者 $2)$. 同样令 $\delta = |y_{i_0}-y_0|$, 由于相应的 $y=f(x)$ 此时在上述 x_0 的"去心"ε- 邻域的某一侧上无值可取 (即为"空集"), 因此, 同样不难导出: 对于任意的 $y \in f(X)$, 只要 $|y-y_0|<\delta$, 就有

$$|f^{-1}(y)-f^{-1}(y_0)| = |x-x_0| < \varepsilon.$$

3) 当 x_0 为 f 的定义域 X 中的孤立点时, 此时, 可以看出, $f(x_0)$ 亦为 $f(X)$ 集合中的孤立点. 由此, 从前面的注 1, 可知 f 的反函数 f^{-1} 亦在 $y_0=f(x_0)$ 点连续.

总上, 本定理结论得证. □

(二)

下面, 利用 (一) 中有关函数在一点的连续性的传递性质, 不难导出大家熟悉的有关初等函数的连续性质.

4.5.1　多项式函数的连续性

显而易见, 多项式函数 (特别地, 常值函数) 是 $\mathbb{R}$ 上的连续函数.

4.5.2　三角函数和反三角函数的连续性

首先, 回忆前面 2.5 节的例 6, 曾经给出过一个不等式

$$|\sin x| \leqslant x, \qquad \forall\, x \in \mathbb{R}.$$

由此, 对任意的点 $x_0 \in \mathbb{R}$, 从三角函数公式和上式, 可得

$$|\sin x - \sin x_0| = \left|2\cos\frac{x+x_0}{2}\cdot\sin\frac{x-x_0}{2}\right| \leqslant 2\left|\sin\frac{x-x_0}{2}\right| \leqslant |x-x_0|$$

及

$$|\cos x - \cos x_0| = \left|-2\sin\frac{x+x_0}{2}\cdot\sin\frac{x-x_0}{2}\right| \leqslant |x-x_0|, \quad \forall\, x \in \mathbb{R}.$$

因而, 即可导出: $\sin x$ 和 $\cos x$ 在整个实数域 $\mathbb{R}$ 上均是连续的 (这里, 由于 $\cos x = \sin\left(\dfrac{\pi}{2}-x\right)$, 当然也可由复合函数的连续性传递导出其连续性, 但是这却"多用"了一个定理 4).

从上结果, 由连续性的四则运算传递 (定理 3), 可以直接得到 $\tan x = \dfrac{\sin x}{\cos x}$ 在满足 $\cos x \neq 0$ 的所有点 x 处均是连续的.

完全类似地, 同理可知 $\cot x$, $\sec x$ 和 $\csc x$ 亦均在各自的定义域内连续.

最后, 通过反函数连续性传递 (定理 5), 不难证明, 反函数 $\arctan x$ 在其定义域中的任何一点 x_0, 均可找到 x_0 的一个小邻域, 使得在此邻域中, 相应的函数 $x=\tan y$ 在相应的点 $y_0 \triangleq \arctan x_0$ 的某个小邻域内亦为严格单调且连续的. 因而由定理 5 可直接导出 $\arctan x$ 在 x_0 点也是连续的. 由此可知反函数 $\arctan x$ 在其定义域内均是连续的. 完全类似地, 可以导出: 所有的三角函数的反函数在其定义域内亦均是连续的.

4.5.3 对数函数和指数函数的连续性

(1) 首先, 不难证明: 指数函数 $f(x)=a^x$(这里, 数 $a>0$) 在 $\mathbb{R}$ 上是连续的.

只要对 $a>1$ 来证明即可 (因当 $0<a<1$ 时, 则可由连续函数的除法运算导出). 事实上, 对于任意一点 $x_0 \in \mathbb{R}$, 注意到

$$|a^x-a^{x_0}|=a^{x_0}\cdot|a^{x-x_0}-1|,$$

因此, 有下面的关系式:

$$a^x \text{ 在 } x_0 \text{ 点连续} \Longleftrightarrow \lim_{x\to x_0}(a^x-a^{x_0})=0 \Longleftrightarrow \lim_{x\to x_0}(a^{x-x_0}-1)=0.$$

故下面只需证明 $\lim\limits_{x\to x_0}(a^{x-x_0}-1)=0$.

对于任给 (足够小) 的 $\varepsilon>0$, 不妨令 $\varepsilon<1$. 当取正数

$$\delta=\min\left(\frac{\ln(1+\varepsilon)}{\ln a},-\frac{\ln(1-\varepsilon)}{\ln a}\right)$$

时, 只要 $|x-x_0|<\delta$, 就有

$$\frac{\ln(1-\varepsilon)}{\ln a}\leqslant-\delta<x-x_0<\delta\leqslant\frac{\ln(1+\varepsilon)}{\ln a},$$

此即得到

$$\ln(1-\varepsilon)<(x-x_0)\ln a<\ln(1+\varepsilon).$$

最后, 注意到指数函数 a^x 当 $a>1$ 时是严格单调递增的, 故从上关系式立即导出

$$1-\varepsilon<a^{x-x_0}<1+\varepsilon, \qquad \forall\, x\in(x_0-\delta,x_0+\delta),$$

也即

$$|a^{x-x_0}-1|<\varepsilon, \qquad \forall\, x\in(x_0-\delta,x_0+\delta).$$

因而证得 $\lim\limits_{x\to x_0}(a^{x-x_0}-1)=0$. 由此证毕指数函数在 $\mathbb{R}$ 上的连续性.

(2) 注意到对数函数 $\log_a x$ 乃是指数函数的反函数, 因此类似于上面对反三角函数的做法, 不难导出 $\log_a x$ 在其定义域 $(0,+\infty)$ 内亦是连续的.

注 3 当然, 如果直接利用前面 4.3 节中的例 8 和例 9, 就可导出对数函数和指数函数的连续性. 但是, 也应注意到那里的例 8(由它则易得例 9) 得来是十分不易的!

事实上, 首先, 只要注意到 4.3 节中的例 8, 不难得到: 对于任意给定的"正数" $x_0 \in \mathbb{R}$, 均有

$$\lim_{x\to x_0}\frac{\log_a\left(1+\dfrac{x-x_0}{x_0}\right)}{\dfrac{x-x_0}{x_0}}=\frac{1}{\ln a},$$

故利用极限的四则运算的传递性, 可得

$$\lim_{x\to x_0}(\log_a x-\log_a x_0)=\lim_{x\to x_0}\log_a\left(\frac{x}{x_0}\right)=\lim_{x\to x_0}\log_a\left(1+\frac{x-x_0}{x_0}\right)=0.$$

此即导出: 对数函数 $\log_a x$ 在其定义域 $(0,+\infty)$ 内是连续的.

然后, 通过反函数连续性传递 (定理 5), 即可导出: 作为对数函数的反函数, 指数函数 $a^x(a>0$ 且 $a\neq 1)$ 在其定义域内均连续 (当然, 指数函数在其定义域内的连续性也可由 4.3 节中例 9 直接得到).

4.5.4 幂函数的连续性

注意到, 对于任意实数 $\alpha\neq 0$, 函数 x^α 有等价的关系式

$$x^\alpha=e^{\alpha\ln x},\qquad \forall\, x>0.$$

这样, 由上面提到的对数函数和指数函数的连续性, 并利用复合函数连续性的传递 (定理 4) 可以导出任意幂函数在 $(0,+\infty)$ 内均是连续的. 此外, 注意到, 当 $\alpha>0$ 时, 由关系式

$$\lim_{x\to 0^+}x^\alpha=0=0^\alpha,$$

可知函数 x^α 在 $[0,+\infty)$ 上均连续.

注 4 多项式函数、幂函数、指数函数、对数函数、三角函数和反三角函数, 以及由这些函数经过"有限次"四则运算与复合运算后所得到的函数, 统称为**初等函数**(而上面的结论即告诉我们: 任何初等函数均在其定义域内是连续的).

(三)

本段首先给出有关函数在一点的连续性之等价命题 (此命题在以后刻画函数的可积性特征时是有用的).

回忆在 4.2 节定理 2(有关函数在一点极限存在的 Cauchy 准则) 的证明中, 曾经引入过一个辅助函数 $\tilde{f}:(0,\delta_0)\to\mathbb{R}$ 如下:

$$\tilde{f}(\delta)\triangleq\inf\{f(x):x\in X,0<|x-x_0|<\delta\},$$

那里, 我们指出过: 将上面函数定义中之"inf"换为"sup"时, 其相应的证明亦是可行的. 由此, 不难从上想法导出了有关描述"函数在一点邻域变化"的定义如下:

定义 2 设一元函数 $f:X\to\mathbb{R}$, $x_0\in X$. 那么, 称

$$\begin{aligned}\omega(f,I(x_0,\delta))\triangleq&\sup\{f(x):x\in X,|x-x_0|<\delta\}\\&-\inf\{f(x):x\in X,|x-x_0|<\delta\}\end{aligned}$$

为函数 f **在** x_0 **的邻域** $I(x_0,\delta)$ **上的振幅**; 而称

$$\omega(f,x_0)\triangleq\inf_{\delta>0}\omega(f,I(x_0,\delta))=\lim_{\delta\to0^+}\omega(f,I(x_0,\delta))$$

为函数 f **在** x_0 **点处的振幅**.

注 5 上面定义中的 $\omega(f,I(x_0,\delta))$ 类似于在 4.2 节关于 Cauchy 准则充分性的第三种证法中的记号 $\widehat{f}(\delta)-\widetilde{f}(\delta)$, 两者的差别在于: $\omega(f,I(x_0,\delta))$ 为 $f(x)$ 在 x_0 的"δ-邻域"上的函数值之上、下确界之差, 而 $\widehat{f}(\delta)-\widetilde{f}(\delta)$ 是 $f(x)$ 在 x_0 的"**去心**δ-邻域"上的函数值之上、下确界之差.

由此可以得到函数在一点连续的等价命题如下:

定理 6 设函数 $f:X\to\mathbb{R}$, $x_0\in X$. 那么, f 在 x_0 点连续的充分必要条件是 $\omega(f,x_0)=0$.

证明 **充分性**: 由 $\omega(f,x_0)=0$, 故从定义可知: 对任意的 $\varepsilon>0$, 必存在正数 δ_0, 使得当 $0<\delta<\delta_0$ 时, 有 $\omega(f,I(x_0,\delta))<\varepsilon$, 此即

$$\sup\{f(x):x\in X,|x-x_0|<\delta\}-\inf\{f(x):x\in X,|x-x_0|<\delta\}<\varepsilon.$$

这样一来, 对于任意的 $x\in X$, 只要 $|x-x_0|<\delta$, 从上不等式则可导出

$$\begin{aligned}|f(x)-f(x_0)|\leqslant&\sup\{f(x):x\in X\cap(x_0-\delta,x_0+\delta)\}\\&-\inf\{f(x):x\in X\cap(x_0-\delta,x_0+\delta)\}\\<&\varepsilon,\end{aligned}$$

故 $f(x)$ 在 x_0 点连续.

必要性: 由 $f(x)$ 在 x_0 点连续, 从定义可知: 对于任意的 $\varepsilon>0$, 必存在正数 δ, 使得当 $x\in X$ 且 $|x-x_0|<\delta$ 时, 有 $|f(x)-f(x_0)|<\dfrac{\varepsilon}{2}$, 此即

$$f(x_0)-\frac{\varepsilon}{2}<f(x)<f(x_0)+\frac{\varepsilon}{2},\qquad\forall\,x\in X\cap(x_0-\delta,x_0+\delta).$$

由此导出

$$\inf\{f(x): x \in X \cap (x_0-\delta, x_0+\delta)\} \geqslant f(x_0) - \frac{\varepsilon}{2};$$

$$\sup\{f(x): x \in X \cap (x_0-\delta, x_0+\delta)\} \leqslant f(x_0) + \frac{\varepsilon}{2}.$$

从而得到

$$\begin{aligned}\omega(f, I(x_0,\delta)) &= \sup\{f(x): x \in X, |x-x_0|<\delta\} \\ &\quad - \inf\{f(x): x \in X \cap (x_0-\delta, x_0+\delta)\} \\ &\leqslant \left(f(x_0)+\frac{\varepsilon}{2}\right) - \left(f(x_0)-\frac{\varepsilon}{2}\right) = \varepsilon.\end{aligned}$$

这样, 从上式推出

$$0 \leqslant \omega(f, x_0) \leqslant \varepsilon.$$

最后, 注意到正数 ε 的任意性, 从上关系式可直接导出所需结论 $\omega(f,x_0)=0$.

总上可知, 定理得证. □

从定理 6 容易看到, 当 $f(x)$ 在 x_0 处不连续时 (即**间断**时), 必有 (也仅有)$\omega(f, I(x_0,\delta)) \neq 0$, 也即 f 在 x_0 处的振幅不为 0. 另一方面, 从本节开首我们得知: $f(x)$ 在 x_0 点连续 $\Longleftrightarrow \lim\limits_{x\to x_0} f(x) = f(x_0) \Longleftrightarrow \lim\limits_{x\to x_0^+} f(x) = \lim\limits_{x\to x_0^-} f(x) = f(x_0)$(即 $f(x_0+)=f(x_0-)=f(x_0)$).

因此, 从上面两种关于 $f(x)$“在 x_0 点间断”的叙述, 均可以将 $f(x)$ 的间断点 x_0 予以下面的分类:

定义 3　设 x_0 为函数的一个间断点, 那么

1° 当 $f(x_0+)$ 与 $f(x_0-)$ 均存在 (即为有限值) 且有

$$f(x_0+) = f(x_0-) \neq f(x_0)$$

时, 称 x_0 是 f 的**可去间断点** (即, 只要修改 $f(x)$ 在 x_0 点的值后, x_0 就可成为所得新函数的连续点);

2° 当 $f(x_0+)$ 与 $f(x_0-)$ 均存在且有 $f(x_0+) \neq f(x_0-)$ 时, 称 x_0 为 f 的**跳跃点**, 而差 $|f(x_0+)-f(x_0-)|$ 称为函数 $f(x)$ 在 x_0 点的**跃度**.

(以上情况 1° 和 2°, 均称 x_0 为 f 的**第一类间断点**.)

3° 如果 $f(x_0+)$ 与 $f(x_0-)$ 中至少有一个不存在 (含为非实数) 时, 则称 x_0 为 f 的**第二类间断点**.

下面, 从几何角度不难看到上述间断点对应的图像 (其中, 图 1 为可去间断点, 图 2 和图 3 为跳跃点, 图 4 为第二类间断点):

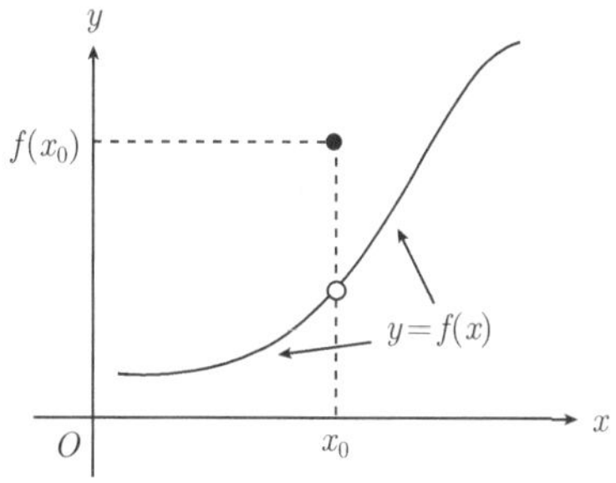

图 1

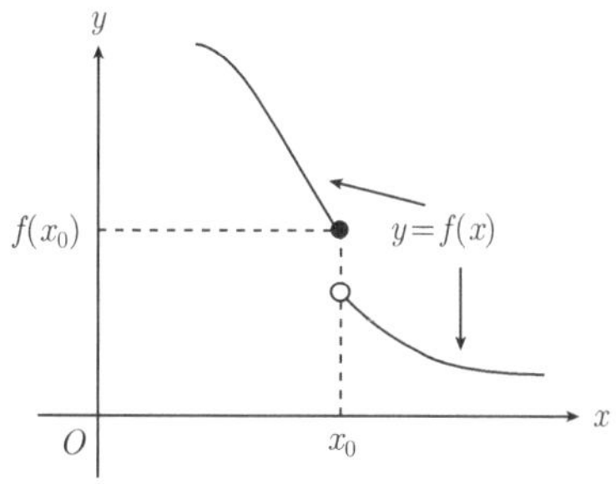

图 2

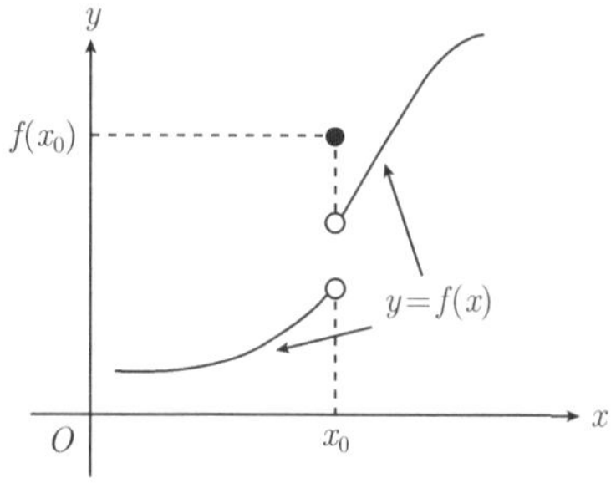

图 3

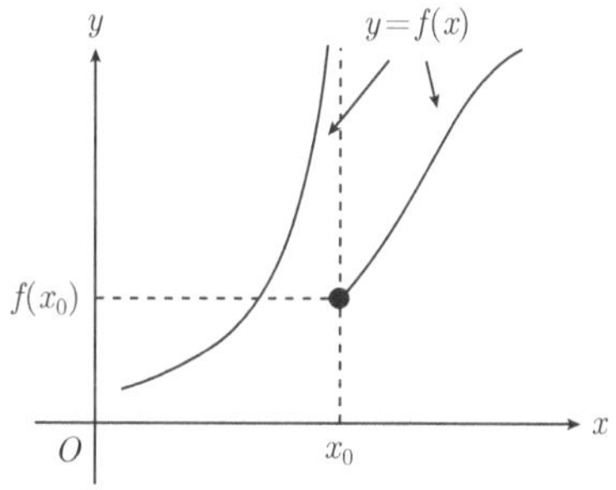

图 4

下面的例子则从分析角度来讨论函数间断点的状况.

例 1 在任何区间 (a,b) 上定义的单调函数只可能有跳跃点 (第一间断点). 此外, 这些跳跃点至多是“可列集”(即, 可与 $\mathbb{N}$ 的一个子集“一一对应”).

解 不妨假设 $f(x)$ 在 (a,b) 上是单调递减的 (否则, 考虑 $-f(x)$).

1) 对任意点 $x_0 \in (a,b)$, 考虑数集 $\{f(x): x < x_0, x \in (a,b)\}$ 和数集 $\{f(x): x > x_0, x \in (a,b)\}$. 那么, 从 f 单调递减的假设显然可知, 上述第一个集合以 $f(x_0)$ 为下界, 第二个集合以 $f(x_0)$ 为上界 (例如, 参看图 2). 因而, 由 Cantor 确界存在定理, 可知它们分别存在下确界 α 与上确界 β. 下面来证明 $f(x_0-) = \alpha$ 及 $f(x_0+) = \beta$.

先证明 $f(x_0-) = \alpha$. 事实上, 由下确界的定义 (即最大的下界) 可知: 对于任意的 $\varepsilon > 0$, 必存在正数 δ, 使得点 $x_0 - \delta \in (a,b)$, 且该点的函数值有关系式

$$f(x_0 - \delta) < \alpha + \varepsilon. \tag{5}$$

注意到 f 在 (a,b) 上是单调递减的假设以及前面 α 的定义, 可知对任意的点 $x \in (x_0 - \delta, x_0)$, 均有

$$\alpha \leqslant f(x) \leqslant f(x_0 - \delta). \tag{6}$$

这样, 从上面 (5) 和 (6) 式可得

$$\alpha \leqslant f(x) < \alpha + \varepsilon, \qquad \forall\, x \in (x_0 - \delta, x_0).$$

故由定义此即导出 $f(x_0-)=\lim\limits_{x\to x_0^-}f(x)=\alpha$.

类似可以证得 $f(x_0+)=\lim\limits_{x\to x_0+}f(x)=\beta$.

总上可知, 如果 $f(x)$ 在 x_0 点间断, 则 x_0 必为 $f(x)$ 的跳跃点 (因当 $f(x_0-)=f(x_0+)$ 时, 由 f 单调, 可知其在 x_0 必连续).

2) 假设 D 为上面单调函数 $f(x)$ 在 (a,b) 上的间断点 (即跳跃点) 之全体所成的集合. 那么, 对于任意点 $x\in D$, 由 1) 知必有 $f(x-)\neq f(x+)$. 于是, 从第 1 章已知有理数在实数集内的稠密性可知, 在以 $f(x-)$ 和 $f(x+)$ 为端点的开区间内必可取出一个有理数, 记为 r_x. 由此可知: 上面的集合 D 可以对应到有理数的一个子集 $\{r_x:x\in D\}$. 此外, 再次注意到 f 的单调递减性, 故对 f 的任意两个跳跃点 $x_1,x_2\in D$, 如有 $x_1<x_2$, 则必有 $f(x_1+)\geqslant f(x_2-)$. 由此可知上面的 D 与 $\{r_x:x\in D\}$ 还是"一一对应"的 (也即集合 $\{r_x:x\in D\}$ 均由不同的有理数组成), 因而集合 $\{r_x:x\in D\}$ 作为有理数集 $\mathbb{Q}$ 的一个子集, 其最多也只能是可列的. 由此证得上述集 D 亦是一个至多可列集. □

下面的一些例子则是明显的 (请读者自证之):

例 2 函数

$$f(x)=\begin{cases}x\sin\dfrac{1}{x}, & x\neq 0\\ a\ (\neq 0), & x=0\end{cases}\qquad 与\qquad f(x)=\begin{cases}\dfrac{\sin x}{x}, & x\neq 0\\ b\ (\neq 1), & x=0\end{cases}$$

均以 $x_0=0$ 为可去间断点.

例 3 $x_0=0$ 是函数 $f(x)=\sin\dfrac{1}{x}$ 的第二类间断点.

例 4 $x_0=0$ 是符号函数 $f(x)=\operatorname{sgn}(x)$ 的第一类间断点.

例 5 函数 $f(x)=x\cdot[x]$(这里, $[x]$ 代表不超过 x 的最大整数) 在 $x_0=0$ 处是连续的; 而点 $x=n\ (\in\mathbb{Z}\setminus\{0\})$ 则是 $f(x)$ 的第一类间断点.

4.6 距离空间中的泛函 (函数) 之极限性质 (含: 方向极限、累次极限与重极限)

(一)

在前面 1.6 节中, 我们曾经在一般的"抽象距离空间"(即定义了"距离"的任何集合) 中介绍过在其内之点列极限的概念. 此即, 对于任意距离空间 (X,d)(这里, 空间 X 上定义的"距离"用英文 distance 的第一个字母"d"来表示) 中的点列

$\{\boldsymbol{x}_n\}$, 称其以点 $\boldsymbol{x}_0 \in X$ 为**极限**, 是指: 对任意的数 $\varepsilon > 0$, 必存在 $n_\varepsilon \in \mathbb{N}$, 使得

$$d(\boldsymbol{x}_n, \boldsymbol{x}_0) < \varepsilon, \qquad \forall\, n \geqslant n_\varepsilon.$$

此外, 在 1.6 节中也曾定义过距离空间 (X, d) 中"以 $\boldsymbol{x}_0$ 为中心, 以正数 r 为半径"的**闭球**

$$B(\boldsymbol{x}_0, r) \triangleq \{\boldsymbol{x} \in X : d(\boldsymbol{x}, \boldsymbol{x}_0) \leqslant r\}.$$

类似地, 在 4.1 节中, 我们定义过该空间的**开球**为

$$O(\boldsymbol{x}_0, r) \triangleq \{\boldsymbol{x} \in X : d(\boldsymbol{x}, \boldsymbol{x}_0) < r\},$$

以及相应的该球的**球面**为

$$S(\boldsymbol{x}_0, r) \triangleq \{\boldsymbol{x} \in X : d(\boldsymbol{x}, \boldsymbol{x}_0) = r\}.$$

注 1 这里, 与"闭球"用的是英文 Ball 的第一个字母类似, "开球"取意为英文 Open 的第一个字母, 以及"球面"用英文 Sphere 的第一个字母来表示. 此外, 从上面的定义不难看出: $\boldsymbol{x}_0 \in O(\boldsymbol{x}_0, r) \subset B(\boldsymbol{x}_0, r)$ ($\forall\, r > 0$). 而值得注意的是, 对于一般的"距离空间"而言, 球面 $S(\boldsymbol{x}_0, r)$ 却可以是空集 $\varnothing$.

同样地, 注意到前面 1.7 节的注 1, 那里, 曾给出过有关数集 S 的"聚点"的定义. 类似地, 下面给出 (在任何抽象距离空间)(X, d) 中一个集合的聚点的定义:

定义 1 设 S 为距离空间 (X, d) 的一个子集, $\boldsymbol{x}_0 \in X$. 称 $\boldsymbol{x}_0$ 为集 S 的一个**聚点**, 是指: 对于任意的 $\delta > 0$, 均有

$$S \cap \check{O}(\boldsymbol{x}_0, \delta) \neq \varnothing.$$

(这里, 用 $\check{O}(\boldsymbol{x}_0, \delta)$ 代表在空间 X 中的以 $\boldsymbol{x}_0$ 为中心, 以 δ 为半径的**去心开球**, 也即

$$\check{O}(\boldsymbol{x}_0, \delta) \triangleq O(\boldsymbol{x}_0, \delta) \setminus \{\boldsymbol{x}_0\}\ .$$

注 2 与 1.7 节的注 1 类似, $\boldsymbol{x}_0$ 为 S 的聚点也即等价于"任何以 $\boldsymbol{x}_0$ 为心的"去心开球"中必含有 S 中的点"; 或者, "任何以 $\boldsymbol{x}_0$ 为心的开球中必含有 S 中无穷多个点".

与前面讲述之有关数列与函数的极限类似, 不难完全类似地导出在抽象距离空间 (X, d) 中有关其上的"点列"和"泛函 (函数)"的一些相应性质.

首先, 我们直接列出距离空间 (X, d) 中有关收敛"点列"的相关性质, 这与前面 1.4 节及 2.1 节中讲述的关于收敛数列的一些结论是相同的, 而其证明方法也是类似的, 只要将那里有关任何两个数 x_1 和 x_2 之间用"绝对值"$|x_1 - x_2|$ 代表的距

离换为这里的距离 $d(\boldsymbol{x_1},\boldsymbol{x_2})$ 就可以了. 至于一般距离空间中点列 $\{\boldsymbol{x_n}\}$ 收敛的定义则早已在前面 1.6 节定义 2 中介绍过.

命题 设 (X,d) 是一个距离空间, $\{\boldsymbol{x_n}\}$ 是 X 中的一个收敛元列, 那么,

1° $\{\boldsymbol{x_n}\}$ 的极限必是唯一的;

2° $\{\boldsymbol{x_n}\}$ 必是有界的;

3° $\{\boldsymbol{x_n}\}$ 的任意子列 $\{\boldsymbol{x_{n_k}}\}$ 亦是收敛的, 并且有

$$\lim_{k\to\infty}\boldsymbol{x_{n_k}}=\lim_{n\to\infty}\boldsymbol{x_n};$$

4° 若 X 是赋范空间, 且 $\{\widetilde{\boldsymbol{x}}_{\boldsymbol{n}}\}$ 亦为 X 中的收敛元列, 那么, 对任意的数 $\alpha,\beta\in\mathbb{R}$, 均有

$$\lim_{n\to\infty}(\alpha\boldsymbol{x_n}+\beta\widetilde{\boldsymbol{x}}_{\boldsymbol{n}})=\alpha\lim_{n\to\infty}\boldsymbol{x_n}+\beta\lim_{n\to\infty}\widetilde{\boldsymbol{x}}_{\boldsymbol{n}}.$$

下面, 再来讨论距离空间 (X,d) 内定义的泛函 (函数) 极限的基本性质. 为此, 先给出有关距离空间 X 上泛函 (函数) 极限的定义:

定义 2 设 S 为距离空间 (X,d) 的一个子集, $f:S\to\mathbb{R}$ 是一个泛函, 并设 $\boldsymbol{x}_0\in X$ 是 S 的一个聚点. 称泛函 f 在 S 上当 $\boldsymbol{x}\to\boldsymbol{x}_0$ 时的**极限**是 $a\in\mathbb{R}$, 是指: 对任意的 $\varepsilon>0$, 必存在正数 δ, 使得

$$|f(\boldsymbol{x})-a|<\varepsilon,\qquad\forall\,\boldsymbol{x}\in\check{O}(\boldsymbol{x}_0,\delta)\cap S,$$

并记为 $\lim\limits_{\boldsymbol{x}\to\boldsymbol{x}_0}f(\boldsymbol{x})=a$.

注 3 同样地, 不难在距离空间中定义 $\lim\limits_{\boldsymbol{x}\to\boldsymbol{x}_0}f(x)=+\infty(-\infty$ 或者 $\infty)$. 类似地, 在"无界"的距离空间 (X,d) 中 (此即, 该距离空间有以下性质: 对任意的数 $\rho>0$, 均存在元 $\boldsymbol{x}_\rho\in X$, 使得 $d(\boldsymbol{x}_\rho,\boldsymbol{x}_0)>\rho$ 对 X 中任意给定的元 $\boldsymbol{x}_0$ 均成立), 也可定义极限 $\lim\limits_{\boldsymbol{x}\to\infty}f(\boldsymbol{x})=a$ 如下:

定义 2′ 设 (X,d) 为一个"无界"的距离空间, $f:X\to\mathbb{R}$ 是一个泛函, 且任取定 $\boldsymbol{x}_0\in X$. 如果对于任意的 $\varepsilon>0$, 必存在正数 ρ, 使得

$$|f(\boldsymbol{x})-a|<\varepsilon,\qquad\forall\,d(\boldsymbol{x},\boldsymbol{x}_0)>\rho,$$

那么, 称泛函 $f(\boldsymbol{x})$ 当 $\boldsymbol{x}\to\infty$ 时的**极限**是 a, 并记为 $\lim\limits_{\boldsymbol{x}\to\infty}f(\boldsymbol{x})=a$.

由于距离空间中收敛点列与其上定义的泛函之极限性质的类似性, 下面, 我们仅仅列出有关此空间中极限"$\lim\limits_{\boldsymbol{x}\to\boldsymbol{x}_0}f(\boldsymbol{x})=a$"的一些性质. 至于它们的证明, 则与前面有关数列极限以及一元函数的极限之相应结论的证明是完全类似的 (请读者自行验证).

定理 1 (Cauchy 准则) 设 S 为距离空间 (X,d) 的一个子集, f 为 S 上的一个泛函, $\boldsymbol{x}_0\in X$ 是 S 的一个聚点. 那么, f 在 $\boldsymbol{x}_0$ 点有极限的充分必要条件是: 对任意的 $\varepsilon>0$, 必存在正数 δ, 使得 S 中任意两元 $\boldsymbol{x}$ 和 $\widetilde{\boldsymbol{x}}$, 只要有

$$0 < d(\boldsymbol{x}, \boldsymbol{x}_0) < \delta \quad 及 \quad 0 < d(\widetilde{\boldsymbol{x}}, \boldsymbol{x}_0) < \delta,$$

就有 $|f(\boldsymbol{x}) - f(\widetilde{\boldsymbol{x}})| < \varepsilon$.

定理 2 在上面定理 1 的假设条件下, 在距离空间 (X, d) 的子集 S 上定义的泛函 f, 如果其极限 $\lim\limits_{\boldsymbol{x} \to \boldsymbol{x}_0} f(\boldsymbol{x})$ 存在 (当然 $\boldsymbol{x}_0 \in X$, 其为集 S 的聚点), 那么,

1° 此极限必是唯一的;

2° 泛函 $f(\boldsymbol{x})$ 在 $\boldsymbol{x}_0$ 点得某去心开球内必是局部有界的;

3° 当还有 $\lim\limits_{\boldsymbol{x} \to \boldsymbol{x}_0} g(\boldsymbol{x})$ 存在时, 泛函 $f(\boldsymbol{x})$ 与 $g(\boldsymbol{x})$ 在 $\boldsymbol{x}_0$ 点必有两种局部保序性 (即两个极限的序性与两个泛函数值在 $\boldsymbol{x}_0$ 点的某去心开球上之局部序性的相互传递性).

定理 3 在定理 1 的假设条件下, 在距离空间 (X, d) 中定义的两个泛函 $f(\boldsymbol{x})$ 与 $g(\boldsymbol{x})$, 如果其相应极限 $\lim\limits_{\boldsymbol{x} \to \boldsymbol{x}_0} f(\boldsymbol{x})$ 与 $\lim\limits_{\boldsymbol{x} \to \boldsymbol{x}_0} g(\boldsymbol{x})$ 都存在, 那么

1° 上面两个泛函的"和""差""数乘"以及"积"的运算与极限"$\lim\limits_{\boldsymbol{x} \to \boldsymbol{x}_0}$"之运算两者间均可交换. 此外, 当 $\lim\limits_{\boldsymbol{x} \to \boldsymbol{x}_0} g(\boldsymbol{x}) \neq 0$ 时, "商"$\dfrac{f}{g}$ 的运算与极限"$\lim\limits_{\boldsymbol{x} \to \boldsymbol{x}_0}$"的运算亦可交换;

2° 如果有 $\lim\limits_{\boldsymbol{x} \to \boldsymbol{x}_0} f(\boldsymbol{x}) = \lim\limits_{\boldsymbol{x} \to \boldsymbol{x}_0} g(\boldsymbol{x})$, 并且在以 $\boldsymbol{x}_0$ 为心的一个开球内, S 上的泛函 $h(\boldsymbol{x})$ 其值均在 $f(\boldsymbol{x})$ 与 $g(\boldsymbol{x})$ 之间, 那么极限 $\lim\limits_{\boldsymbol{x} \to \boldsymbol{x}_0} h(\boldsymbol{x})$ 也必存在, 并且与上极限值相同.

与前面 4.3 节的定理 7 类似, 在一般抽象的距离空间 (X, d) 中同样有下面有关复合函数的极限传递性的定理:

定理 4 设 S 为距离空间 (X, d) 中的某一子集, $\boldsymbol{x}_0 \in X$ 为 S 的一个聚点, f 为定义在 S 中上面元 $\boldsymbol{x}_0$ 的某一"去心开球"$\check{O}(\boldsymbol{x}_0, \delta_0)$ 上的泛函. 如果存在极限

$$\lim_{\boldsymbol{x} \to \boldsymbol{x}_0} f(\boldsymbol{x}) = t_0,$$

且有

$$f(\boldsymbol{x}) \neq t_0, \qquad \forall\, \boldsymbol{x} \in \check{O}(\boldsymbol{x}_0, \delta_0) \cap S,$$

那么, 对于定义在 $\mathbb{R}$ 中点 t_0 的某一"去心 r_0- 邻域"$\check{I}(t_0, r_0)$ (即 $(t_0 - r_0, t_0 + r_0) \setminus \{t_0\}$) 上的一元函数 $\varphi(t)$, 只要其存在极限

$$\lim_{t \to t_0} \varphi(t) = a,$$

则有

$$\lim_{\boldsymbol{x} \to \boldsymbol{x}_0} (\varphi \circ f)(\boldsymbol{x}) \triangleq \lim_{\boldsymbol{x} \to \boldsymbol{x}_0} \varphi(f(\boldsymbol{x})) = a.$$

证明 只需将 4.3 节定理 7 中的证明步骤在这里重复一遍, 其中, 仅注意在表述 $\boldsymbol{x} \to \boldsymbol{x}_0$ 时, 用“$d(\boldsymbol{x}, \boldsymbol{x}_0)$”来代替那里相应的“$|x - x_0|$”即可. 推导是十分清楚的 (请读者详验之). □

最后, 在一般的抽象距离空间中, 亦有关于“连续变量与离散变量间相应泛函极限的关系”之命题如下:

定理 5 (Heine) 在距离空间 (X, d) 中, 上述极限 $\lim\limits_{\boldsymbol{x} \to \boldsymbol{x}_0} f(\boldsymbol{x}) = a$ 存在的充要条件是: 对于任意的元列 $\{\boldsymbol{x}_n\} \subset S \subset X$, 如果 $\boldsymbol{x}_n \to \boldsymbol{x}_0$, 则有 $f(\boldsymbol{x}_n) \to a$(当 $n \to \infty$ 时).

注 4 特别地, 当上面的距离空间 X 由“可列”集 $\{\boldsymbol{x}_n\}$ 组成时, 定义在 X 上的每一个泛函 f 则变为一个数列 $\{f(\boldsymbol{x}_n)\}$, 而上面的定理则与前面对于 $\mathbb{R}$ 上定义的数列在 1.4 节中得到的所有定理以及 2.2 节的定理 1 具有完全类似的描述.

注 5 同样地, 当上面定理中所讨论的泛函在 $\boldsymbol{x}_0$ 点“连续”时, 上面的定理 1~ 定理 4 则与 4.5 节中有关一元函数的定理 1~ 定理 4 具有完全类似的描述.

注 6 值得注意的是, 当将上面的泛函 f 换为两个距离空间 (X, d) 到 (Y, d_1) 内的映射 (算子)A 时 (不难定义 $\lim\limits_{\boldsymbol{x} \to \boldsymbol{x}_0} A(\boldsymbol{x}) = \boldsymbol{y}_0$ 即为: 对于任意的 $\varepsilon > 0$, 必存在正数 δ, 使得当 $0 < d(\boldsymbol{x}, \boldsymbol{x}_0) < \delta$ 时, 均有 $d_1(A(\boldsymbol{x}), \boldsymbol{y}_0) < \varepsilon$), 对于相应的算子极限性质, 连续映射 (算子) 的定义及其相应的性质 (注意, 一般而言, 此时没有关于“序”的相应性质) 均是类似的 (请读者自验之).

(二)

首先, 回忆 4.3 节中的定理 6, 该定理指出: 一元函数 $f(x)$ 在某点 x_0 有极限, 其充分必要条件是: 在该点函数的左、右极限均存在且相等 (即 $f(x_0-) = f(x_0+) \in \mathbb{R}$). 然而, 在任意定义了距离的线性空间 (E, d) 中, 若此线性空间的维数大于 2, 则对于定义在某一开球 $O(\boldsymbol{x}_0, \delta_0)$ 上的任一泛函而言, 当自变量 $\boldsymbol{x}$ 趋于 $\boldsymbol{x}_0$ 时, 也即当 $d(\boldsymbol{x}, \boldsymbol{x}_0) \to 0$ 时, 点 $\boldsymbol{x}$ 趋向点 $\boldsymbol{x}_0$ 可能有“无穷多”个方向; 此外还可以有“无穷多”种路径. 就以较简单的二维 Euclid 空间 $\mathbb{R}^2$ 为例, 点 $\boldsymbol{p}$ 趋于点 $\boldsymbol{p}_0$ 既可以沿直线趋近 (其有无穷多个方向), 也可以沿任何曲线方式趋近 (亦有无穷多种形式). 因此, 下面就先从最简单的“直线方式趋近”来说明, 此时泛函 (函数) 的极限存在性与一维空间 $\mathbb{R}$ 时的情况是完全不同的. 为此, 我们先来介绍一个 (更广泛的) 有关方向极限的定义如下:

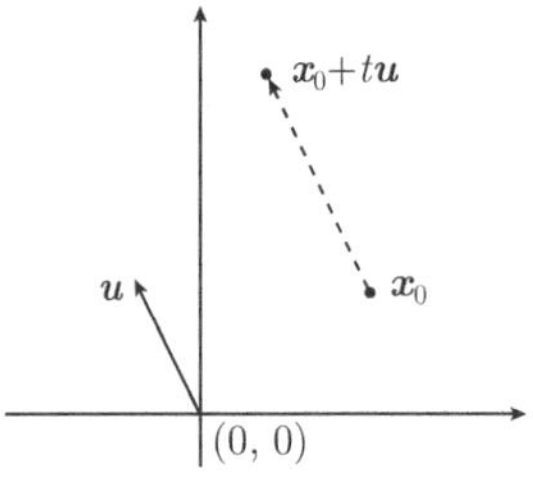

图 1

定义 3 假设 E 为任一 (维数大于 1 的) 赋范空间, $\boldsymbol{x}_0$ 为 E 中任意一点, f 为定义在 $\boldsymbol{x}_0$ 的某一"去心开球" $\check{O}(\boldsymbol{x}_0,\delta_0)$ 上的泛函, 那么, 对于空间 E 中任意一点 $\boldsymbol{u}\neq\boldsymbol{\theta}$, 如果 ($t$ 的一元函数之) 极限

$$\lim_{t\to 0^+} f(\boldsymbol{x}_0+t\boldsymbol{u})$$

存在, 就称其为 f 在 $\boldsymbol{x}_0$ 点**沿方向 $\boldsymbol{u}$ 的极限**, 简称为**方向极限**(如图 1).

注 7 注意到前面 4.1 节中的注 4 和注 5, 显然可以看到: 赋范空间当然是一个线性空间和距离空间, 在那里的距离为

$$d(\boldsymbol{x},\boldsymbol{y})\triangleq\|\boldsymbol{x}-\boldsymbol{y}\|.$$

因此, 相应的开球 $O(\boldsymbol{x}_0,\delta)$、闭球 $B(\boldsymbol{x}_0,\delta)$ 及球面 $S(\boldsymbol{x}_0,\delta)$ 即为

$$O(\boldsymbol{x}_0,\delta)\triangleq\{\boldsymbol{x}\in E:\|\boldsymbol{x}-\boldsymbol{x}_0\|<\delta\},$$

$$B(\boldsymbol{x}_0,\delta)\triangleq\{\boldsymbol{x}\in E:\|\boldsymbol{x}-\boldsymbol{x}_0\|\leqslant\delta\},$$

及

$$S(\boldsymbol{x}_0,\delta)\triangleq\{\boldsymbol{x}\in E:\|\boldsymbol{x}-\boldsymbol{x}_0\|=\delta\}.$$

(并且, 与一般的距离空间不同, 此时球面永远不会是空集). 之所以不在一般的距离空间 (X,d) 中讨论, 乃是因为在这样的空间中, 对于空间中任一固定点 $\boldsymbol{x}_0$ 未必能保证其他的点均能够"以射线"方式趋近于它. 因为从极限的定义可以知道, 为使上面过程成立, 就必须使得 $\boldsymbol{x}_0$ 沿任何射线方向均为 X 的聚点. 然而, 对于一般的抽象距离空间 X, 由定义, X 只要求是任意的集合, 因此是不能保证 $\boldsymbol{x}_0$ 的各方向极限的定义均有意义.

下面的定理指出了泛函 f 在点 $\boldsymbol{x}_0$ 的极限存在性与其各方向极限的存在性之间的关系.

定理 6 设 E 为赋范空间, f 为定义在 E 中的一点 $\boldsymbol{x}_0$ 之某一"去心开球" $\check{O}(\boldsymbol{x}_0,\delta_0)$ 上的泛函. 那么, 只要有 $\lim\limits_{\boldsymbol{x}\to\boldsymbol{x}_0} f(\boldsymbol{x})=a$, 则 f 在点 $\boldsymbol{x}_0$ 处沿任何方向的方向极限均存在并且相等.

证明 由假设极限 $\lim\limits_{\boldsymbol{x}\to\boldsymbol{x}_0} f(\boldsymbol{x})=a$ 存在. 从赋范空间 (诱导出的距离空间) 的极限定义可知: 对任意的 $\varepsilon>0$, 必存在正数 $\delta\leqslant\delta_0$, 使得对于 E 中任意的点 $\boldsymbol{x}$, 只要有 $0<\|\boldsymbol{x}-\boldsymbol{x}_0\|<\delta$, 就有

$$|f(\boldsymbol{x}_0)-a|<\varepsilon. \tag{1}$$

于是, 对于赋范空间中任意一非零元 $\boldsymbol{u}$, 以及上面的 $\delta>0$, 当令正数 $t_{\boldsymbol{u}} \triangleq \dfrac{\delta}{\|\boldsymbol{u}\|}$ 时, 只要任意的正数 t 满足 $0<t<t_{\boldsymbol{u}}$, 就有

$$0<\|(\boldsymbol{x}_0+t\boldsymbol{u})-\boldsymbol{x}_0\|=\|t\boldsymbol{u}\|=t\|\boldsymbol{u}\|<t_{\boldsymbol{u}}\|\boldsymbol{u}\|=\delta.$$

因此上式也即表明 E 中的元 $\boldsymbol{x}_{\boldsymbol{u}} \triangleq \boldsymbol{x}_0+t\boldsymbol{u}$ 满足以下两关系式:

$$\boldsymbol{x}_{\boldsymbol{u}} \in \check{O}(\boldsymbol{x}_0,\delta_0) \quad \text{及} \quad 0<\|\boldsymbol{x}_{\boldsymbol{u}}-\boldsymbol{x}_0\|<\delta. \tag{2}$$

这样, 从上面的 (1) 和 (2) 两式即可导出

$$|f(\boldsymbol{x}_{\boldsymbol{u}})-a|<\varepsilon,$$

也即

$$|f(\boldsymbol{x}_0+t\boldsymbol{u})-a|<\varepsilon, \qquad \forall\, 0<t<t_{\boldsymbol{u}}.$$

由此我们证得方向极限 $\lim\limits_{t\to 0^+} f(\boldsymbol{x}_0+t\boldsymbol{u})=a$. □

注 8 值得注意的是, 上面定理 6 的逆命题是不正确的, 也即泛函 f 即使在 $\boldsymbol{x}_0$ 点的各方向极限均存在并且它们的值相同, 也并不能保证 $f(\boldsymbol{x})$ 当 $\boldsymbol{x}\to\boldsymbol{x}_0$ 时的极限存在. 我们可以观察在 $E=\mathbb{R}^2$ 空间中的下述反例:

反例 1 研讨 $\mathbb{R}^2$ 中的泛函 (即**二元函数**):

$$f(\boldsymbol{p}) \triangleq f(x,y)=\frac{xy^2}{x^2+y^4}, \qquad \forall\, \boldsymbol{0}\neq\boldsymbol{p}=(x,y)\in\mathbb{R}^2$$

在点 $\boldsymbol{p}\to\boldsymbol{0}\triangleq(0,0)$ 时的方向极限与极限的存在性.

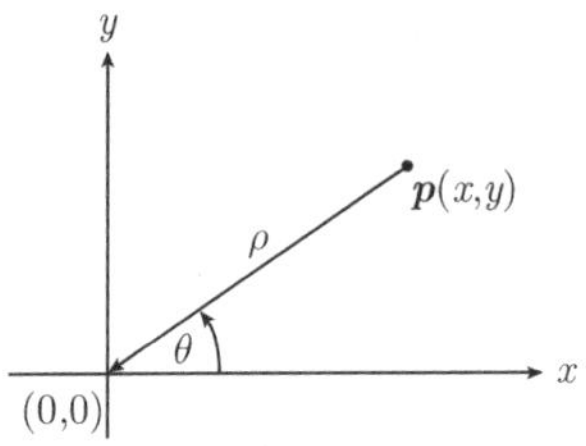

图 2

解 1) **求方向极限**: 当点 $\boldsymbol{p}$ 沿射线趋于原点 $\boldsymbol{0}$ 时, 有两种方法可以表达: 其一, 此时可以特取 $y=\lambda x(\lambda\neq 0)$ 以及 $y=0$ 和 $x=0$; 其二, 可以用三角函数关系, 当此射线的“反方向”与 x 轴的正向夹角为 θ, 其上的点 $\boldsymbol{p}(x,y)$ 到原点距离为 ρ 时 (如图 2), 可得到此射线上动点 $\boldsymbol{p}(x,y)$ 的坐标关系式:

$$\begin{cases} x=\rho\cos\theta, \\ y=\rho\sin\theta; \end{cases} \qquad 0\leqslant\theta<2\pi, \rho>0.$$

下面就用此两种方向的表达式来导出上述泛函的各方向极限.

方法一: 当点沿 x 轴的两个方向趋于原点时, 有 $y=0$, 故知 $f(x,y)\equiv 0$. 同样地, 当点沿 y 轴的两个方向趋于原点时, 有 $x=0$, 故亦有 $f(x,y)\equiv 0$. 因此, 泛函 f 对此四个方向的方向极限均为 0.

而当点沿直线 $y=\lambda x(\lambda\neq 0$ 为某给定实数) 趋于原点时, 有

$$f(x,\lambda x)=\frac{\lambda^2x^3}{x^2+\lambda^4x^4},$$

故可导出

$$\lim_{x\to 0^+}\frac{\lambda^2x^3}{x^2+\lambda^4x^4}=\lim_{x\to 0^+}\frac{\lambda^2x}{1+\lambda^4x^2}=0.$$

总上可知泛函 $f(\boldsymbol{p})$ 在原点的各方向极限均存在且其值均为 0.

方法二: 由上面的"极坐标"可知, 当点 $\boldsymbol{p}(x,y)$ 沿与 x 轴正向辐角为 θ 的射线趋于原点时, 动点的坐标 (x,y) 有关系式

$$\begin{cases} x=\rho\cos\theta, \\ y=\rho\sin\theta; \end{cases}\qquad \forall\ \rho>0.$$

而相应的方向极限即为

$$\lim_{\rho\to 0^+}\frac{(\rho\cos\theta)(\rho\sin\theta)^2}{(\rho\cos\theta)^2+(\rho\sin\theta)^4}=\lim_{\rho\to 0^+}\frac{\rho\cos\theta\sin^2\theta}{\cos^2\theta+\rho^2\sin^4\theta}.$$

由此可知: 当 $\theta=\dfrac{\pi}{2}$ 或 $\dfrac{3\pi}{2}$ 时,

$$\text{上式}=\lim_{\rho\to 0^+}\frac{0}{\rho^2}=0;$$

而当 $\theta\neq\dfrac{\pi}{2}$ 及 $\dfrac{3\pi}{2}$ 时,

$$\text{上式}=\lim_{\rho\to 0^+}\frac{\rho\cos\theta\sin^2\theta}{\cos^2\theta+\rho^2\sin^4\theta}=\frac{\lim\limits_{\rho\to 0^+}(\rho\cos\theta\sin^2\theta)}{\lim\limits_{\rho\to 0^+}(\cos^2\theta+\rho^2\sin^4\theta)}=0.$$

总上可知上述泛函 $f(\boldsymbol{p})$ 在原点 $\mathbf{0}$ 的各方向极限均为 0.

2) **求极限:**

(i) 注意到, 特别地, 当点 $\boldsymbol{p}$ 在第一象限内沿曲线 (抛物线)$y=\sqrt{x}$ 趋于原点 $\mathbf{0}$

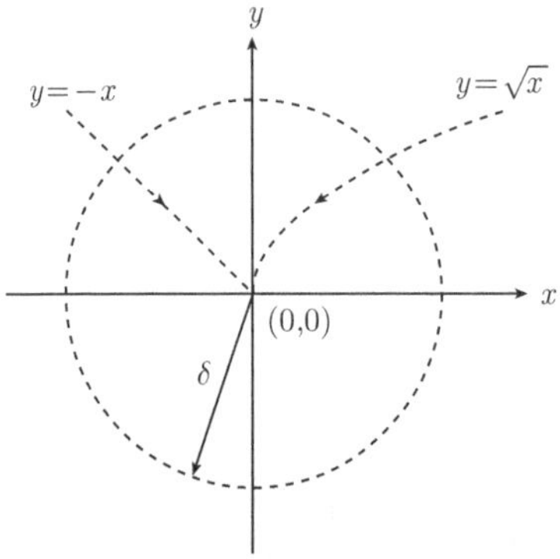

图 3

时 (如图 3), 有

$$\lim_{\substack{\boldsymbol{p}\to\boldsymbol{0}\\ x=y^2}} f(x,y)=\lim_{x\to 0^+}\frac{x^2}{x^2+x^2}=\frac{1}{2}.$$

(ii) 从 (i) 结合上面 1) 的结果, 不难看出: 由于点 $\boldsymbol{p}$ 沿上两种途径趋于原点时, 无论在原点的多么小之开球内, 相应的泛函 f 的值是没有一个稳定趋势的(因它们中既有趋于数 0 的值, 也有趋于数 $\frac{1}{2}$ 的值), 也即极限 $\lim\limits_{(x,y)\to(0,0)} f(x,y)$ 不存在.

3) 综合上面 1) 和 2) 我们印证了注 5 中的结论. □

注 9　从上面注 5 可以看到多元函数的极限之复杂性. 而更有甚者, 多元函数求极限之复杂性不仅在于多元函数 (泛函) 的表达式, 还在于其"定义域"的多变性. 就以上面的反例作样本, 在那里, 我们知道极限 $\lim\limits_{\boldsymbol{p}\to\boldsymbol{0}} f(\boldsymbol{p})$ 是不存在的. 但是, 如果适当改变其定义域, 那么其在原点却是可以有极限的 (不少读者可能会不理解: 对于同样一个表达式的函数, 怎么会当定义域改变后, 原本没有极限的却变成有极限的了? 其实, 只要类比生活中的事物就容易体会了. 例如, 对于同一个人, 其高考成绩在全省并不突出, 但是如果只局限于他所就读的学校, 他的成绩却是该校学生中最好的). 下面, 观察一个例子:

例　在上面的反例中, 改令 $f(\boldsymbol{p})$ 的定义域 $E_0\subset\mathbb{R}^2$ 为

$$E_0\triangleq\{(x,y):\alpha|x|\leqslant y\leqslant\beta|x|, x\in\mathbb{R}\},$$

这里, α, β 为任意两个正数, 那么, 由于当 $x\to 0$ 时 $y=O(x)$ (即当 $x\to 0$ 时 $\frac{y}{x}$ 是一个非无穷小量的有界变量), 故若记此"新"泛函为 $\widetilde{f}$(注意, 由于定义域不同, 因此我们应视为一个新泛函), 则其有下面关系式:

$$|\widetilde{f}(\boldsymbol{p})|\triangleq|\widetilde{f}(x,y)|=\frac{|x|y^2}{x^2+y^4}\leqslant\frac{\beta^2|x|^3}{x^2+\alpha^4x^4},\qquad\forall\, x\neq 0.$$

从而, 再注意到此时泛函的定义域仍以原点 $\boldsymbol{0}$ 为聚点, 仍可研讨 $\widetilde{f}(\boldsymbol{p})$ 当 $\boldsymbol{p}\to\boldsymbol{0}$ 时的极限. 注意到对于 E_0 中任意的点 $\boldsymbol{p}\neq\boldsymbol{0}$, 从上式可得

$$0\leqslant|\widetilde{f}(\boldsymbol{p})|\leqslant\frac{\beta^2|x|^3}{x^2+\alpha^2x^4}=\frac{\beta^2|x|}{1+\alpha^2x^2}.$$

因此由定理 3 之 2°(夹逼定理) 或者直接由极限定义便可导出极限 $\lim\limits_{\boldsymbol{p}\to\boldsymbol{0}}\widetilde{f}(\boldsymbol{p})=0$.

在上面反例 1 的启发下, 容易构造出以下更加明显且简洁的几个反例, 它们均表明一个二元函数 $f(x,y)$ 在原点 $(0,0)$ 处没有极限, 然而却均存在各方向极限的例子.

反例 2 在 Oxy 的上半平面上作一个与 x 轴在原点 $(0,0)$ 处"相切"的圆, 例如 $x^2+(y-1)^2=1$. 然后, 作一个二元函数 $\widetilde{f}(x,y)$, 使其在此圆的"下半圆周"上恒取值为 1, 而在全平面"其他点"恒取值为 0(参见图 4), 也即有

$$\widetilde{f}(x,y)=\begin{cases}1, & \text{当 } (x,y)\in\left\{\left(x,1-\sqrt{1-x^2}\right):x\in[-1,1]\right\} \text{ 时},\\ 0, & \text{当 } (x,y) \text{ 为 } \mathbb{R}^2 \text{ 中其他点时}.\end{cases}$$

那么, 注意到 x 轴为圆的切线, 容易看出: $\widetilde{f}(x,y)$ 在原点 $(0,0)$ 处的各方向极限均存在且为 0, 但 (由 Cauchy 准则可知) $\lim\limits_{(x,y)\to(0,0)}\widetilde{f}(x,y)$ 不存在. □

反例 3 类似地, 我们介绍在 $\mathbb{R}^2$ 中一个较"对称"且在"拓扑线性空间"中很有用的一个集合来构造反例如下:

先作 $\mathbb{R}^2$ 中集合 A(**Schatz 的苹果**): 其分别为以点 $(1,0)$ 和点 $(-1,0)$ 为圆心的两个单位闭圆, 以及 y 轴上位于 $(0,1)$ 和 $(0,-1)$ 之间的线段所组成 (参见图 5).

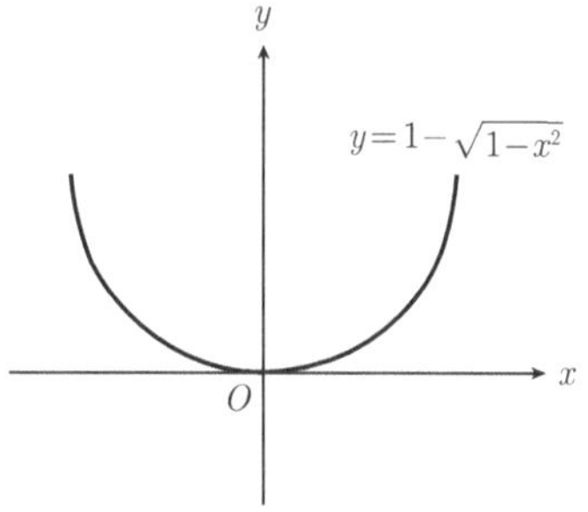

图 4

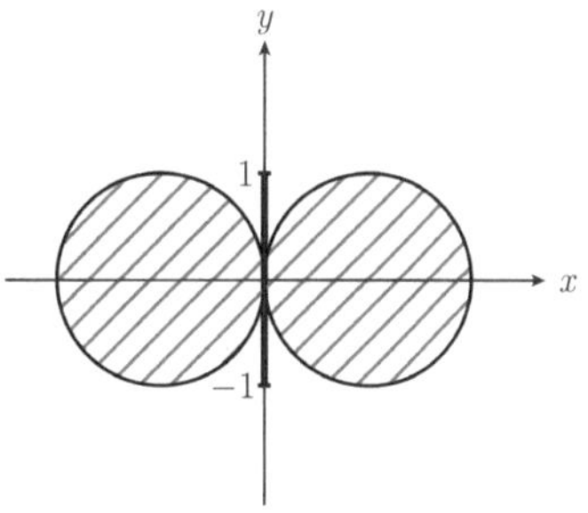

图 5

然后, 在 $\mathbb{R}^2$ 上定义二元函数

$$\widehat{f}(x,y)=\begin{cases}1, & \text{当 } (x,y)\in A \text{ 时},\\ 0, & \text{当 } (x,y)\in\mathbb{R}^2\setminus A \text{ 时}.\end{cases}$$

同样容易看出: 此二元函数 $\widehat{f}(x,y)$ 在原点 $(0,0)$ 处的各方向极限均存在且为 1, 但是 $\lim\limits_{(x,y)\to(0,0)}\widehat{f}(x,y)$ 不存在. □

下面, 再给出几个在最简单的多维赋范空间, 即 (实)$\mathbb{R}^2$ 空间中求函数极限的例子.

例 1　对于如下二元函数 $f:\mathbb{R}^2\to\mathbb{R}$,

$$f(\boldsymbol{p})\triangleq f(x,y)=\begin{cases}(x-y)\sin\dfrac{1}{x}\sin\dfrac{1}{y}, & \text{当 } xy\neq 0 \text{ 时},\\ 0, & \text{当 } xy=0 \text{ 时}.\end{cases}$$

求极限 $\lim\limits_{\boldsymbol{p}\to\boldsymbol{0}} f(x,y)$.

解　对于任意点 $(x,y)\neq(0,0)$, 当 $xy=0$ 时, 恒有 $f(x,y)=0$.

当 $xy\neq 0$ 时, 有

$$|f(x,y)|\leqslant|x-y|\leqslant|x|+|y|\leqslant 2\sqrt{x^2+y^2}.$$

因此, 对于任意的 $\varepsilon>0$, 当取 $\delta=\dfrac{\varepsilon}{2}$ 时, 不难看出: 对于任意的点 $\boldsymbol{p}\triangleq(x,y)\in\mathbb{R}^2$, 只要 $0<d(\boldsymbol{p},\boldsymbol{0})\triangleq\|\boldsymbol{p}\|=\sqrt{x^2+y^2}<\delta$, 从上两式则可导出

$$|f(\boldsymbol{p})-0|=|f(x,y)|<2\delta=\varepsilon,$$

此即 $\lim\limits_{\boldsymbol{p}\to\boldsymbol{0}} f(x,y)=0$. □

例 2　设 $f(\boldsymbol{p})\triangleq f(x,y)=\begin{cases}\dfrac{x^3y^3}{x^2+y^2}, & \text{当 } \boldsymbol{p}=(x,y)\neq(0,0) \text{ 时},\\ 0, & \text{当 } \boldsymbol{p}=(x,y)=(0,0) \text{ 时}.\end{cases}$ 求极限 $\lim\limits_{\boldsymbol{p}\to\boldsymbol{0}} f(\boldsymbol{p})$.

解　注意到 $xy\leqslant x^2+y^2$, 故知

$$\frac{x^3y^3}{x^2+y^2}\leqslant\frac{(x^2+y^2)^3}{x^2+y^2}=(x^2+y^2)^2,\qquad\forall\,(x,y)\neq(0,0),$$

此即

$$|f(\boldsymbol{p})|\leqslant\|\boldsymbol{p}\|^4,$$

由此从定义可知 $\lim\limits_{\boldsymbol{p}\to\boldsymbol{0}} f(\boldsymbol{p})=0$. □

例 3　设 $f(\boldsymbol{p})\triangleq f(x,y)=\begin{cases}\dfrac{x^2y}{x^2+y^2}, & \text{当 } \boldsymbol{p}=(x,y)\neq(0,0) \text{ 时},\\ 0, & \text{当 } \boldsymbol{p}=(x,y)=(0,0) \text{ 时}.\end{cases}$ 求极限 $\lim\limits_{\boldsymbol{p}\to\boldsymbol{0}} f(\boldsymbol{p})$.

解　注意到

$$\left|\frac{x^2y}{x^2+y^2}\right|\leqslant|y|\leqslant\sqrt{x^2+y^2},\qquad\forall\,(x,y)\neq(0,0),$$

故知

$$|f(\boldsymbol{p})| \leqslant \|\boldsymbol{p}\|, \qquad \forall\ \boldsymbol{p} \neq \mathbf{0}.$$

由此从定义显然知 $\lim\limits_{\boldsymbol{p}\to\mathbf{0}} f(\boldsymbol{p}) = 0$. □

例 4 设 $f(\boldsymbol{p}) \triangleq f(x,y) = \begin{cases} \dfrac{xy}{x^2+y^2}, & \text{当 } \boldsymbol{p}=(x,y)\neq(0,0) \text{ 时}, \\ 0, & \text{当 } \boldsymbol{p}=(x,y)=(0,0) \text{ 时}. \end{cases}$ 讨论极限 $\lim\limits_{\boldsymbol{p}\to\mathbf{0}} f(\boldsymbol{p})$ 的存在性.

解 注意到当 $x=0$ 时 (即点 $\boldsymbol{p}$ 沿 y 轴的两个方向趋于原点 $\mathbf{0}$ 时), 恒有

$$f(\boldsymbol{p}) = 0,$$

因而,

$$\lim_{\substack{(x,y)\to(0,0)\\ x=0}} f(x,y) = 0.$$

但当点 $\boldsymbol{p}$ 沿 $x=y$(即沿一、三象限的分角线的两个方向) 趋于原点 $\mathbf{0}$ 时, 恒有

$$f(\boldsymbol{p}) = \frac{1}{2},$$

因而,

$$\lim_{\substack{(x,y)\to(0,0)\\ x=y}} f(x,y) = \frac{1}{2}.$$

这样, 从定理 6 的逆否命题可知: 极限 $\lim\limits_{\boldsymbol{p}\to\mathbf{0}} f(\boldsymbol{p})$ 不存在. □

注 10 注意到关系式

$$|x|, |y| \leqslant \sqrt{x^2+y^2} \leqslant |x|+|y|, \qquad \forall\ (x,y)\in\mathbb{R}^2,$$

不难从极限的定义导出: 在 $\mathbb{R}^2$ 中, 由于

$$d(\boldsymbol{p},\mathbf{0}) = \|\boldsymbol{p}\| \to 0 \Longleftrightarrow x\to 0 \text{ 且 } y\to 0,$$

因此,

1) $\lim\limits_{\boldsymbol{p}\to\mathbf{0}} f(\boldsymbol{p})$ 存在, 也即 $\lim\limits_{\substack{x\to 0\\ y\to 0}} f(x,y)$ 存在 (这里, $x\to 0$ 与 $y\to 0$ 是各自独立趋于 0 的).

2) 当 $f(x,y) = f_1(x)\cdot f_2(y)$(即可以按变量 x 和 y"分离") 时, 从上面自变量关系式可知, 只要 $f_1(x)$ 和 $f_2(y)$ 分别当 $x\to 0$ 与 $y\to 0$ 时有极限, 那么, $f(\boldsymbol{p}) \triangleq f(x,y)$ 当 $\boldsymbol{p}\to\mathbf{0}$ 时也有极限, 并且 $\lim\limits_{\boldsymbol{p}\to\mathbf{0}} f(\boldsymbol{p}) = \lim\limits_{x\to 0} f_1(x)\cdot \lim\limits_{y\to 0} f_2(y)$. 由此, 可直接导出如 $\lim\limits_{(x,y)\to(0,0)} xy\sin\dfrac{1}{x}\sin\dfrac{1}{y} = 0$ 的结论.

(三)

与前面 3.6 节类似, 在连续变量的情况下, 同样可以考虑 (重) 极限与累次极限的问题. 下面, 仅就二元函数的情形来讨论.

定义 4 设定义在 $\mathbb{R}^2$ 中点 $\boldsymbol{p}_0 \triangleq (x_0, y_0)$ 之"去心开球" $\check{O}(\boldsymbol{p}_0, \delta_0)$ 上的二元函数 $f(x,y)$ 满足条件: 对于任一固定的 $y \neq y_0$, 均存在极限

$$\lim_{x\to x_0} f(x,y) = \psi(y), \qquad \forall\ (x,y) \in \check{O}(\boldsymbol{p}_0, \delta_0),$$

并且, 一元函数极限 $\lim\limits_{y\to y_0} \psi(y) \triangleq a$ 亦存在, 那么, 称 a 为函数 $f(x,y)$ 先取 $x \to x_0$, 后取 $y \to y_0$ 的**累次极限**, 并且记为

$$\lim_{y\to y_0} \lim_{x\to x_0} f(x,y) = \lim_{y\to y_0} \psi(y) = a.$$

类似地, 亦可同样地定义先取 $y \to y_0$, 后取 $x \to x_0$ 的**累次极限**

$$\lim_{x\to x_0} \lim_{y\to y_0} f(x,y) = \lim_{x\to x_0} \varphi(x) \triangleq b,$$

这里, $\varphi(x) \triangleq \lim\limits_{y\to y_0} f(x,y)$ 对任意 $(x,y) \in \check{O}(\boldsymbol{p}_0, \delta_0)$ 均存在.

相对而言, 称原来定义的极限 $\lim\limits_{\boldsymbol{p}\to\boldsymbol{p}_0} f(\boldsymbol{p}) \triangleq \lim\limits_{\substack{x\to x_0\\ y\to y_0}} f(x,y)$ 为**二重极限**.

类似地有 (如 3.6 节中的定理 1 的) 下面结论:

定理 7 设定义在 $\mathbb{R}^2$ 中点 $\boldsymbol{p}_0 \triangleq (x_0, y_0)$ 之"去心开球" $\check{O}(\boldsymbol{p}_0, \delta_0)$ 上的二元函数 $f(\boldsymbol{p}) \triangleq f(x,y)$ 在点 $\boldsymbol{p}_0$ 处有 (二重) 极限存在, 并设

$$\lim_{\boldsymbol{p}\to\boldsymbol{p}_0} f(\boldsymbol{p}) \triangleq \lim_{\substack{x\to x_0\\ y\to y_0}} f(x,y) = a.$$

那么, 如果对于任意 $y \neq y_0$, 均存在极限

$$\lim_{x\to x_0} f(x,y) = \psi(y), \qquad \forall\ (x,y) \in \check{O}(\boldsymbol{p}_0, \delta_0),$$

则必有

$$\lim_{y\to y_0} \psi(y)\ \text{存在, 且等于}\ a,$$

也即有累次极限的关系式

$$\lim_{y\to y_0} \lim_{x\to x_0} f(x,y) = a.$$

类似地, 如果对于任意的 $x \neq x_0$, 均存在极限

$$\lim_{y\to y_0} f(x,y) = \varphi(x), \qquad \forall\ (x,y) \in \check{O}(\boldsymbol{p}_0, \delta_0),$$

则必有

$$\lim_{x\to x_0}\varphi(x) \text{ 存在, 且等于 } a,$$

也即有累次极限的关系式

$$\lim_{x\to x_0}\lim_{y\to y_0}f(x,y)=a.$$

证明 由假设 $\lim\limits_{\substack{x\to x_0\\y\to y_0}}f(x,y)=a$, 故从定义可知: 对于任意的 $\varepsilon>0$, 必存在正数 $\delta(\leqslant\delta_0)$, 使得只要 $0<|x-x_0|,|y-y_0|<\delta$, 就有

$$|f(x,y)-a|<\varepsilon.$$

于是, 在上式中, 对任意给定的 $y\neq y_0$, 将上式视为 x 的一元函数, 而令 $x\to x_0$, 则从极限的保序性得到: 对任意的 y, 只要其满足 $0<|y-y_0|<\delta$, 就有

$$\left|\lim_{x\to x_0}f(x,y)-a\right|\leqslant\varepsilon.$$

再注意到本定理假设, 上式即为: 对于任意的 $\varepsilon>0$, 必存在正数 δ, 使得

$$|\psi(y)-a|\leqslant\varepsilon,\qquad\forall\ y\in\check{I}(y_0,\delta),$$

此即导出 $\lim\limits_{y\to y_0}\psi(y)=a$, 也即得到 $\lim\limits_{y\to y_0}\lim\limits_{x\to x_0}f(x,y)=a$.

类似地, 可以证明 $\lim\limits_{x\to x_0}\varphi(x)=a$, 此即 $\lim\limits_{x\to x_0}\lim\limits_{y\to y_0}f(x,y)=a$.

总上, 定理得证. □

从上定理可以直接得到下面的推论:

推理 1 只要二重极限 $\lim\limits_{\substack{x\to x_0\\y\to y_0}}f(x,y)$ 存在, 并且, 对于任意的 $y\neq y_0$, 极限 $\lim\limits_{x\to x_0}f(x,y)$ 均存在, 以及对任意的 $x\neq x_0$, 极限 $\lim\limits_{y\to y_0}f(x,y)$ 亦均存在, 那么相应的两个累次极限均存在, 并有

$$\lim_{y\to y_0}\lim_{x\to x_0}f(x,y)=\lim_{x\to x_0}\lim_{y\to y_0}f(x,y)=\lim_{\substack{x\to x_0\\y\to y_0}}f(x,y).$$

作为上面定理的"离散"情况, 还可得到下面一个十分有用的有关二重数列极限的推理.

推理 2 对于二重数列 $\{s_{nm}\}$, 只要二重极限 $\lim\limits_{n,m\to\infty}s_{nm}$ 存在, 并且, 对于任意的 $m\in\mathbb{N}$, 极限 $\lim\limits_{n\to\infty}s_{nm}$ 均存在, 以及对任意的 $n\in\mathbb{N}$, 极限 $\lim\limits_{m\to\infty}s_{nm}$ 亦均存在, 那么, 相应的两个累次极限均存在, 并有

$$\lim_{m\to\infty}\lim_{n\to\infty}s_{nm}=\lim_{n\to\infty}\lim_{m\to\infty}s_{nm}=\lim_{n,m\to\infty}s_{nm}.$$

证明　注意到数列二重极限的含义 (见前面 3.6 节的定义 2), 并将数列极限的 "ε-N" 语言代替上定理证明中的 "ε-δ" 语言, 那么不难从上定理 7 的证法将这里的结论导出来. □

作为本节的最后, 值得指出的是: 如果上面定理 7 的条件不满足, 那么, 从某一累次极限的存在, 并不能保证另一个累次极限的存在; 并且, 即使两个累次极限均存在, 也并不能保证它们相等; 此外, 即使两个累次极限均存在且相等, 同样也不能保证二重极限的存在. 反过来, 当两个累次极限均不存在时, 二重极限却是可能存在的. 下面, 来看几个反例:

反例 1　$\lim\limits_{y\to 0}\lim\limits_{x\to 0}\dfrac{x}{y}=0$, 但是 $\lim\limits_{x\to 0}\lim\limits_{y\to 0}\dfrac{x}{y}$ 不存在.

反例 2　$\lim\limits_{y\to 0}\lim\limits_{x\to 0}\dfrac{x-y}{x+y}=-1$, 但是 $\lim\limits_{x\to 0}\lim\limits_{y\to 0}\dfrac{x-y}{x+y}=1$ (互不相等).

反例 3　$\lim\limits_{y\to 0}\lim\limits_{x\to 0}\dfrac{xy}{x^2+y^2}=\lim\limits_{x\to 0}\lim\limits_{y\to 0}\dfrac{xy}{x^2+y^2}=0$. 但是, 当我们利用极坐标变换后可知: 当点沿辐角 θ 方向以射线趋于原点时, 则有

$$\lim_{\rho\to 0}\frac{(\rho\cos\theta)(\rho\sin\theta)}{\rho^2}=\cos\theta\sin\theta.$$

由此可知, 函数的各方向极限不全相同, 因此, $\lim\limits_{\substack{x\to 0\\ y\to 0}}f(x,y)$ 不存在.

反例 4　令函数

$$f(x,y)=\begin{cases}(x+y)\sin\dfrac{1}{x}\sin\dfrac{1}{y}, & \text{当 } xy\neq 0 \text{ 时},\\ 0, & \text{其他情形}.\end{cases}$$

那么, 从 $|f(x,y)|\leqslant|x+y|\leqslant|x|+|y|$, 可以看出, 二重极限 $\lim\limits_{\substack{x\to 0\\ y\to 0}}f(x,y)=0$. 但是, $\lim\limits_{y\to 0}\lim\limits_{x\to 0}f(x,y)$ 与 $\lim\limits_{x\to 0}\lim\limits_{y\to 0}f(x,y)$ 两个累次极限均不存在.

反例 5　事实上, 较明显易见的反例亦可见上面 (二) 中的有关方向极限与极限关系的反例 2 和反例 3. 在反例 2 中, 函数 $\widetilde{f}$ 在 $(0,0)$ 点的两个累次极限均存在:

$$\lim_{y\to 0}\lim_{x\to 0}\widetilde{f}(x,y)=\lim_{x\to 0}\lim_{y\to 0}\widetilde{f}(x,y)=0;$$

而在反例 3 中, 两个累次极限亦均存在:

$$\lim_{y\to 0}\lim_{x\to 0}\widehat{f}(x,y)=0,\quad \lim_{x\to 0}\lim_{y\to 0}\widehat{f}(x,y)=1.$$

但二重极限 $\lim\limits_{\substack{x\to0\\y\to0}}\widetilde{f}(x,y)$ 与 $\lim\limits_{\substack{x\to0\\y\to0}}\widehat{f}(x,y)$ 均不存在.

反例 6 其实, 最明显的反例来自于现实生活中所能见到的类似于"十字形天桥"的图形:

$$f(x,y)=\begin{cases}1, & \text{当 } x=0 \text{ 或者 } y=0 \text{ 时},\\ 0, & \text{其他的 } (x,y)\in\mathbb{R}^2.\end{cases}$$

那么, 显而易见 $\lim\limits_{y\to0}\lim\limits_{x\to0}f(x,y)=\lim\limits_{x\to0}\lim\limits_{y\to0}f(x,y)=0$, 但是 $\lim\limits_{\substack{x\to0\\y\to0}}f(x,y)$ 不存在.

4.7 距离空间的初等拓扑性质 (含: 上、下半连续泛函)

(一)

为了介绍在一个集合上定义的连续函数的"整体"性质 (而不是某点附近的"局部"性质), 需要了解一些距离空间的初等拓扑知识. 对于, "拓扑"一词, 我们并不陌生, 在 1.1 节中, 曾介绍过有理数集的有关拓扑性质: 可"距离"化以及由此而得的"稠密"性. 那么, 究竟什么称作"拓扑"呢? 拓扑一词乃是英文"Topology"的音译, 其定义如下:

定义 1 设 X 为非空集合, $\mathscr{T}$ 为 X 的一个子集族. 如果其满足下列三条性质:

1° $X,\varnothing\in\mathscr{T}$;

2° 若 $G_1,G_2\in\mathscr{T}$, 则 $G_1\cap G_2\in\mathscr{T}$;

3° 若 $\{G_\lambda:\lambda\in\Lambda\}\subset\mathscr{T}$, 则 $\bigcup\limits_{\lambda\in\Lambda}G_\lambda\in\mathscr{T}$(这里 Λ 为任意指标集),

那么, $\mathscr{T}$ 就称为 X 的一个**拓扑**.

此外, 具有拓扑 $\mathscr{T}$ 的集合 X 称为**拓扑空间**, 通常记为 $(X,\mathscr{T})$, 而集族 $\mathscr{T}$ 中的每一元素则称为该拓扑空间中的**开集**.

注 1 从上定义知: 集 (空间)X 中的"拓扑"$\mathscr{T}$ 也就是 X 中所有的"开集"全体, 而 X 中的"开集", 也就是 X 中的子集, 其满足以上 1°, 2° 和 3° 三条公理 (此即全空间和空集必在其中, 其任意"有限个"元素之"交"必在其中, 以及其"任意"多个元素之"并"必在其中).

问: 为什么在 1.1 节中, 当在有理数集 $\mathbb{Q}$ 中定义了"距离"之后, 我们就认为其具有拓扑性质呢? 事实上, 这是因为有了距离, 我们就容易由此导出一个 (距离) 拓扑, 也即容易得到 (距离) 开集的定义如下:

定义 1′ 对于距离空间 (X, d) 中的集 S, 称点 $\boldsymbol{a} \in S$ 是 S 的**一个内点**, 是指: 存在正数 δ, 使得开球 $O(\boldsymbol{a}, \delta) \subset S$. 此外, 记集合 S 中所有内点的全体为 S°, 并称为 S 的**内部**(或**内核**); 当 $S = S^\circ$ 时, 称 S 为**开集**(也即 S 中的每一个点均为其内点).

注 2 由上面的定义不难看出, 前面定义的开球 $O(\boldsymbol{x}_0, r) \triangleq \{\boldsymbol{x} \in X : d(\boldsymbol{x}, \boldsymbol{x}_0) < r\}$ 的确如其名一样是一个开集. 事实上, 对于任意点 $\boldsymbol{x} \in O(\boldsymbol{x}_0, r)$, 由定义则有 $d(\boldsymbol{x}, \boldsymbol{x}_0) < r$. 于是, 只要令正数 $\delta = r - d(\boldsymbol{x}, \boldsymbol{x}_0)$, 不难验证有下面的包含关系:

$$O(\boldsymbol{x}, \delta) \subset O(\boldsymbol{x}_0, r).$$

(因对任意元 $\widetilde{\boldsymbol{x}} \in O(\boldsymbol{x}, \delta)$, 有 $d(\widetilde{\boldsymbol{x}}, \boldsymbol{x}) < \delta$. 由此从“距离”定义的三角不等式关系, 可导出

$$\begin{aligned} d(\widetilde{\boldsymbol{x}}, \boldsymbol{x}_0) &\leqslant d(\widetilde{\boldsymbol{x}}, \boldsymbol{x}) + d(\boldsymbol{x}, \boldsymbol{x}_0) < \delta + d(\boldsymbol{x}, \boldsymbol{x}_0) \\ &= (r - d(\boldsymbol{x}, \boldsymbol{x}_0)) + d(\boldsymbol{x}, \boldsymbol{x}_0) = r, \end{aligned}$$

也即得到 $\widetilde{\boldsymbol{x}} \in O(\boldsymbol{x}_0, r)$.)

注 3 从注 2 我们导出: 实数空间 $\mathbb{R}$ 中的任何开区间 (α, β) 均为 $\mathbb{R}$ 中的开集. 事实上, 由于在 $\mathbb{R}$ 中, 我们知道任何两点 x_1 与 x_2, 它们的距离 d 的定义是 $d(x_1, x_2) \triangleq |x_1 - x_2|$. 因此, 上述开区间 (α, β) 即为此空间的开球 $O\left(\dfrac{\beta+\alpha}{2}, \dfrac{\beta-\alpha}{2}\right)$, 也即以 $\dfrac{\beta+\alpha}{2}$ 为“中心”, 以 $\dfrac{\beta-\alpha}{2}$ 为“半径”的开球. 对于此时这种一维空间子集的情况, 人们也常记其上“开球”为 $I\left(\dfrac{\beta+\alpha}{2}, \dfrac{\beta-\alpha}{2}\right)$, 这里的“$I$”源于英文 Interval(区间) 的第一个字母.

下面还可举出另一些例子:

例 1 在距离空间 (X, d) 中, 设 $\boldsymbol{x}_0 \in X$, 则单点集 $\{\boldsymbol{x}_0\}$ 的“余集” $\{\boldsymbol{x}_0\}^c \triangleq X \setminus \{\boldsymbol{x}_0\}$ 必为开集.

解 对任意的点 $\boldsymbol{x} \in \{\boldsymbol{x}_0\}^c$, 由于 $\boldsymbol{x} \neq \boldsymbol{x}_0$, 故从“距离”定义可知有 $d(\boldsymbol{x}, \boldsymbol{x}_0) > 0$. 由此我们不难直接导出: 当取正数 $\delta = \dfrac{d(\boldsymbol{x}, \boldsymbol{x}_0)}{2}$ 时, 开球 $O(\boldsymbol{x}, \delta)$ 必与 $\{\boldsymbol{x}_0\}$ 不交, 此即有 $O(\boldsymbol{x}, \delta) \subset \{\boldsymbol{x}_0\}^c$. 因此, 从上可知, 集 $\{\boldsymbol{x}_0\}^c$ 中的每一点均为该集的内点, 从而该集为开集. □

例 2 在距离空间 X 中, X 自身必为开集, 空集 $\varnothing$ 也必为开集.

解 首先, 容易看到空间 X 中的任何一个点必为空间的“内点”, 因为从此点开球的定义我们已经知道必有 $O(\boldsymbol{x}, r) \subset X$ $(\forall\, \boldsymbol{x} \in X, r > 0)$. 因此, 全空间必为一个开集.

其次, 对于空集 $\varnothing$ 而言, 由于"空集的内点所成之集"必然亦是一个空集, 此即有 $\varnothing^\circ=\varnothing$. 因而由定义, 知 $\varnothing$ 亦为开集. □

下面, 我们给出一个有关集合"内部"(内核) 的定理:

定理 1 *在距离空间 X 中, 其任何一个子集 S 的内部 S° 必为一个开集, 并且, 其为含于 S 内的"最大"开集.*

证明 首先, 如果 $S^\circ=\varnothing$, 则从例 2 知其必为开集.

其次, 当 $S^\circ\neq\varnothing$ 时, 对于任意的点 $\boldsymbol{x}\in S^\circ$, 由 S° 的定义可知, 必存在 $\boldsymbol{x}$ 的一个开球 $O(\boldsymbol{x},\delta)\subset S$. 因此, 注意到上面注 2, 我们得知开球 $O(\boldsymbol{x},\delta)$ 是空间 X 的一个开集, 从而由包含关系 $O(\boldsymbol{x},\delta)\subset S$ 不难导出 $O(\boldsymbol{x},\delta)^\circ\subset S^\circ$, 也即得到 $O(\boldsymbol{x},\delta)\subset S^\circ$. 因此, 从定义得到: 上述点 $\boldsymbol{x}$ 为集 S° 的一个内点. 最后, 由于 $\boldsymbol{x}$ 在集 S° 中的任意性, 也即证得 S° 必为开集.

最后, 来证明在集合 S 内, S° 必为含于 S 的最大开集. 事实上, 对于任意一个含于 S 内的 (空间 X 的) 开子集 G, 有 $G\subset S$, 由此容易导出 $G^\circ\subset S^\circ$. 注意到 G 为开集, 因而 $G=G^\circ\subset S^\circ$. 因此定理得证. □

在定义 1′ 中, 我们定义了距离空间 (X,d) 内的开集, 而在本段开首, 我们又曾就一般空间中给出过开集的定义 (见定义 1). 下面的定理说明, 其实, 在距离空间中定义的开集, 也即是定义 1 中的开集.

定理 2 (开集的特征性定理) *在距离空间 (X,d) 中定义的开集之全体 $\mathscr{T}$, 其必满足以下三条性质:*

1° $X,\varnothing\in\mathscr{T}$;

2° *若* $G_1,G_2\in\mathscr{T}$, *则* $G_1\cap G_2\in\mathscr{T}$;

3° *若* $\{G_\lambda:\lambda\in\Lambda\}\subset\mathscr{T}$, *则* $\bigcup\limits_{\lambda\in\Lambda}G_\lambda\in\mathscr{T}$.

证明 1) 从上面例 2 已导出 1° 的结论.

2) 为证 2°, 从定义可知, 只要证明集 $G_1\cap G_2$ 均由其"内点"组成即可. 事实上, 对于任意一点 $\boldsymbol{x}\in G_1\cap G_2$, 由 $\boldsymbol{x}\in G_1$ 且 $\boldsymbol{x}\in G_2$, 以及 G_1 与 G_2 均为距离空间 (X,d) 的开集的假设, 从开集的定义则知: 必有开球 $O(\boldsymbol{x},\delta_1)$ 及 $O(\boldsymbol{x},\delta_2)$ 存在, 使得下面两关系式成立:

$$O(\boldsymbol{x},\delta_1)\subset G_1\quad 及\quad O(\boldsymbol{x},\delta_2)\subset G_2.$$

这样, 令 $\delta=\min(\delta_1,\delta_2)$, 从上显然得到

$$O(\boldsymbol{x},\delta)\subset G_1\cap G_2,$$

此即表明 $\boldsymbol{x}$ 为集 $G_1\cap G_2$ 的内点. 最后, 由于 $\boldsymbol{x}$ 在集 $G_1\cap G_2$ 内的任意性, 导出 $G_1\cap G_2$ 亦为开集, 此即得到 2° 的结论.

3) 对于任意一点 $\boldsymbol{x} \in \bigcup_{\lambda \in \Lambda} G_\lambda$, 必可找到 $\lambda_{(\boldsymbol{x})} \in \Lambda$, 使得 $\boldsymbol{x} \in G_{\lambda_{(\boldsymbol{x})}}$, 故由 $G_{\lambda_{(\boldsymbol{x})}}$ 是开集的假设, 知 $\boldsymbol{x}$ 必为集 $G_{\lambda_{(\boldsymbol{x})}}$ 的一个内点, 从而必存在开球 $O(\boldsymbol{x}, \delta)$, 使得 $O(\boldsymbol{x}, \delta) \subset G_{\lambda_{(\boldsymbol{x})}}$. 这样, 即可导出

$$O(\boldsymbol{x}, \delta) \subset G_{\lambda_{(\boldsymbol{x})}} \subset \bigcup_{\lambda \in \Lambda} G_\lambda,$$

也即表明 $\boldsymbol{x}$ 为集 $\bigcup_{\lambda \in \Lambda} G_\lambda$ 的内点, 由此得知 $\bigcup_{\lambda \in \Lambda} G_\lambda$ 亦为开集, 即得到 3° 的结论.

总上三条, 本定理得证. □

注 4　从数学归纳法可知, 上面的 2° 不难推广到“任意有限个开集之交仍为开集”的结论. 但同时值得注意的是, 此结论与 3° 不同, 对于“无穷多个”开集, 其交集未必仍是开集. 这样的反例是容易举出的. 例如, 我们从注 2 已经知道, 距离空间中 $\boldsymbol{x}_0$ 点的任何开球 $O\left(\boldsymbol{x}_0, \dfrac{1}{n}\right)$ 均是开集 ($\forall\, n \in \mathbb{N}$), 但是由于

$$\bigcap_{n=1}^{\infty} O\left(\boldsymbol{x}_0, \frac{1}{n}\right) = \{\boldsymbol{x}_0\},$$

并且我们知道“单点集”当其不是 X 中的“孤立点”时, 其必不是一个开集 (而是空间的闭集).

(二)

下面, 我们给出距离空间中“闭集”的定义. 前面注 5 讲到, 一个开球 $O(\boldsymbol{x}_0, r)$ 的确 (名副其实的) 是一个开集. 类似地, 我们当然也希望一个闭球 $B(\boldsymbol{x}_0, r)$ 也应当是我们将要定义的“闭集”中的成员. 为此, 我们先给出闭集的定义如下:

定义 2　对于距离空间 (X, d) 中的集 S, 我们称 S 的所有“聚点”之全体为其**导集**, 并记为 S'; 而当 $S' \subset S$(也即 S 的所有聚点均在 S 内) 时, 我们称 S 为一个**闭集**; 并且集 $S \cup S'$(也即 E 及其所有聚点之总和) 称为 S 的**闭包**, 记为 $\overline{S}$.

注 5　任何集 S 的闭包 $\overline{S}$ 必为闭集. 事实上, 由聚点的定义不难看出: 当点 $\boldsymbol{x}$ 为 S'(S 的导集) 的聚点时, 其亦必为 S 的聚点, 因此,

$$\left(\overline{S}\right)' = \left(S \cup S'\right)' = S' \subset \overline{S},$$

故 $\overline{S}$ 为闭集.

注 6　在上面定义下, 可以看出: 对于空间 (X, d) 中的任何闭球 $B(\boldsymbol{x}_0, r)$, 其必为一个闭集. 事实上, 对任何元列 $\{\boldsymbol{a}_n\} \subset B(\boldsymbol{x}_0, r)$, 如果有 $\lim\limits_{n \to \infty} \boldsymbol{a}_n = \boldsymbol{a}_0 \in X$, 那

么由极限的定义可知: 对任意的 $\varepsilon > 0$, 必存在 $n_\varepsilon \in \mathbb{N}$, 使得

$$d(\boldsymbol{a}_n, \boldsymbol{a}_0) < \varepsilon, \qquad \forall\, n \geqslant n_\varepsilon.$$

由此, 从距离的定义及 $\{\boldsymbol{a}_n\}$ 的取法, 有

$$d(\boldsymbol{a}_0, \boldsymbol{x}_0) \leqslant d(\boldsymbol{a}_0, \boldsymbol{a}_n) + d(\boldsymbol{a}_n, \boldsymbol{x}_0) < \varepsilon + r.$$

最后, 注意到 ε 的任意性, 从上式立即得到 $d(\boldsymbol{a}_0, \boldsymbol{x}_0) \leqslant r$, 也即导出 $\boldsymbol{a}_0 \in B(\boldsymbol{x}_0, r)$. 因此, 从定义 2 即知 $B(\boldsymbol{x}_0, r)$ 是一个闭集.

与上面 (一) 中例 1 对应, 我们有下面的例子:

例 3 在 (X, d) 中, 如果 $\boldsymbol{x}_0 \in X$, 则"单点集" $\{\boldsymbol{x}_0\}$ 必为闭集.

证明 由于对于单点集 $S_0 \triangleq \{\boldsymbol{x}_0\}$ 而言, 其根本不存在聚点, 也即有 $S_0' = \varnothing$, 因此, 当然有 $S_0' \subset S_0$. 从而由定义可知 $\{\boldsymbol{x}_0\}$ 是闭集. □

例 3′ 在距离空间 X 中, 离散的有限点集 (即"孤立点"组成的集合) 必为闭集.

证明 与例 3 一样, 由于此时该集的聚点不存在, 因此, 其必为闭集. □

例 3″ 如果距离空间 X 为"离散集", 那么其任何子集均既是开集又是闭集.

证明 首先, 由 X 的构成可知: 对于任意一点 $\boldsymbol{x} \in X$, 其必为 X 的"孤立点", 因此, 必存在一个以 $\boldsymbol{x}$ 为心的开球 $O(\boldsymbol{x}, \delta_{\boldsymbol{x}})$, 使得此球内仅有 $\boldsymbol{x}$ 一个点. 由此可知在这样的"离散空间"中, 每一个"点"所成之集均为开集! 其次, 从开集的性质 (定理 2) 则知空间 X 中的任何子集均为开集. 最后, 再由开、闭关系的定理 4, 以及前面的结论直接导出 X 中的任何子集亦均为闭集.

注 7 从这里的例 3 和例 3′ 的验证, 以及上面例 2 中有关"空集"是开集的论述, 并且回忆前面 4.1 节注 5 中有关"距离空间中两两距离均大于某一正常数的点集必为完备集"的结论, 可以看到, 我们均用了一个论证逻辑, 即"当在条件 A 发生时必有结论 B 成立, 我们则有断言 P ". 但是"当条件 A 不会发生时", 我们仍认为"断言 P 是成立的". 关于这个论证逻辑, 往往会令有些读者迷惑不解. 其实, 只要与我们生活中的某些事情相联系, 就不难理解了. 例如, 当我们介绍某一 (个人或者) 集体是很优秀的时候, 我们往往会说:"这个 (个人或者) 集体, 每年学校只要颁奖, (他或者) 他们必定拿到第一名". 然后我们又说"不过今年由于某种原因, 至今还没颁奖, ……". 那么, 人们绝不会因为今年还没有颁奖, 而不认同此 (人或者) 集体确实是最优秀的.

与上面 (一) 中的例 2 相对应, 我们有下面的例子:

例 4 在距离空间 X 中, 空集 $\varnothing$ 必为闭集, X 也必为闭集.

证明 首先, 不难看到空集 $\varnothing$ 是没有聚点的, 从而其导集 $\varnothing' = \varnothing \subset \varnothing$, 故知 $\varnothing$ 是闭集. 而对于全空间 X 而言, 显然由于其内任何点集均为 X 的子集, 因此, X

的所有聚点所成的集 X' 当然也必为 X 的子集, 此即有 $X' \subset X$, 故从定义可知 X 亦为闭集. □

与上面 (一) 中定理 1 相对应, 我们有下面关于一个集合“闭包”的定理.

定理 3　*在距离空间 X 中, 其任何一个子集 S 的闭包 $\overline{S}$ 必为包含 S 的“最小”闭集.*

证明　对 X 中的任何一集 S, 首先, 从前面注 5 可知 $\overline{S}$ 为包含 S 的闭集. 其次, 当 F 为包含 S 的任何一个闭集时, 显然有 $S' \subset F'$. 因此从定义便有 $\overline{S} \subset \overline{F}$. 最后, 注意到 F 为闭集, 故 $F = \overline{F}$. 从上可得到定理所需结果 $\overline{S} \subset F$. □

下面, 我们给出开集与闭集两个特性之间关系的命题.

定理 4　*设 G 为一个开集, 则其余集 G^c 必为一个闭集; 设 F 为一个闭集, 则其余集 F^c 必为一个开集.*

证明　1) 由设 G 为开集, 因此, 对于其余集 G^c 的任何一个聚点 $\boldsymbol{y}$, 必有 $\boldsymbol{y} \notin G$(这是因为, 如果有 $\boldsymbol{y} \in G$, 则由定义可知 $\boldsymbol{y}$ 为 G 的内点, 因而必存在某一开球 $O(\boldsymbol{y}, \delta) \subset G$. 这样一来, 则有

$$O(\boldsymbol{y}, \delta) \cap G^c = \varnothing,$$

这与 $\boldsymbol{y}$ 为集 G^c 的聚点矛盾). 于是,

$$\boldsymbol{y} \in (G^c)' \Longrightarrow \boldsymbol{y} \in G^c,$$

从而有 $(G^c)' \subset G^c$, 此即导出集 G^c 是一个闭集.

2) 对于任何一个点 $\boldsymbol{x} \in F^c$, 由于 $\boldsymbol{x} \notin F$, 故从 F 是闭集的假设可知, $\boldsymbol{x}$ 也不能为此集的聚点. 因此, 必存在 $\boldsymbol{x}$ 点的某一开球 $O(\boldsymbol{x}, \delta)$, 使其满足

$$O(\boldsymbol{x}, \delta) \cap F = \varnothing,$$

也即有 $O(\boldsymbol{x}, \delta) \subset F^c$. 从而证得此时 F^c 必为开集. □

有了上面的定理 4, 并结合前面有关开集的特征性定理 (定理 2), 我们借助于由英国数学家 A. De Morgan(德 · 摩根) 发现的有关集合“交”“并”运算与其“余”运算之间的转换关系, 即

$$(F_1 \cup F_2)^c = F_1^c \cap F_2^c, \qquad \left(\bigcup_{\lambda \in \Lambda} F_\lambda\right)^c = \bigcap_{\lambda \in \Lambda} F_\lambda^c;$$

$$(F_1 \cap F_2)^c = F_1^c \cup F_2^c, \qquad \left(\bigcap_{\lambda \in \Lambda} F_\lambda\right)^c = \bigcup_{\lambda \in \Lambda} F_\lambda^c.$$

这里, Λ 为任意指标集. 我们便可立即得到有关闭集的特征性定理.

定理 5(闭集的特征性定理) 在距离空间 (X,d) 中定义的闭集之全体 $\mathscr{F}$, 其必满足以下三条性质:

1° $X, \varnothing \in \mathscr{F}$;

2° 若 $F_1, F_2 \in \mathscr{F}$, 则 $F_1 \cup F_2 \in \mathscr{F}$;

3° 若 $\{F_\lambda : \lambda \in \Lambda\} \subset \mathscr{F}$, 则 $\bigcap\limits_{\lambda\in\Lambda} F_\lambda \in \mathscr{F}$(这里, Λ 为任意指标集).

(请读者自证之.)

注 8 在一般的点集拓扑学中, 人们通常直接定义**"开集的余集"为"闭集"**. 不难证明, 此定义与定义 2 中有关闭集的定义是等价的. 另一方面, 从上面的定理 4, 我们已经得知定义 2 可以导出这里的定义, 读者同样不难验证, 这里有关闭集的定义也可导出上面的定义 2. 此外, 还需注意, "开"与"闭"并不是"非此即彼"的两个性质. 事实上, 即使在 $\mathbb{R}$ 中, 也不难将"不开不闭"和"又开又闭"的集合找出来.

注 9* 特别值得指出的是: 在一般的距离空间中, 开球 $O(\boldsymbol{x}_0, r_0)$ 的闭包**未必是**闭球 $B(\boldsymbol{x}_0, r_0)$! 这就是我们为什么不采用一些书上的记法: 将开球记为 $B(\boldsymbol{x}_0, r_0)$, 而闭球记为 $\overline{B(\boldsymbol{x}_0, r_0)}$ 的原因 (何况"球"的记号来自于英语"Ball", "无皮"的"球"是不应该称为"Ball"的). 当然, 最容易举的反例可以在"离散"的距离空间中得到:

反例 1 设 X 由三个元 $\boldsymbol{a}$, $\boldsymbol{b}$, $\boldsymbol{c}$ 组成, 我们将 X 中任何两相异元的距离均定义为 1, 不难验证这是一个距离空间. 注意到 X 是由有限个孤立点组成, 因此每个"单点集"均是开集 (当然亦为闭集). 这样, 从定义可知

$$O(\boldsymbol{a}, 1) = \{\boldsymbol{a}\} \quad 及 \quad B(\boldsymbol{a}, 1) = \{\boldsymbol{a}, \boldsymbol{b}, \boldsymbol{c}\} = X.$$

但是 $\overline{O(\boldsymbol{a}, 1)} = \{\boldsymbol{a}\} \neq B(\boldsymbol{a}, 1)$.

对于有距离的线性空间, 相应反例的构造则困难得多, 参看下面的反例 2(摘自定光桂的《泛函分析新讲》(科学出版社, 2009 年) 第 18 页性质 2):

反例 2 在 $\mathbb{R}$ 中重新定义"距离" d 如下:

$$d(x_1, x_2) = \begin{cases} |x_1 - x_2|, & 当\ |x_1 - x_2| \leqslant 1\ 时, \\ 1, & 当\ |x_1 - x_2| > 1\ 时. \end{cases}$$

由于上面 d 的"非负性"和"对称性"是明显的, 因此, 为验证 d 为"距离", 仅需验证其满足"三角不等式". 下面, 我们分两种情况验证之: 对于任意的 $x_1, x_2, x_3 \in \mathbb{R}$(首先注意到上面定义的距离有两个特性: $d(x_1, x_2) \leqslant |x_1 - x_2|$ 及 $d(x_1, x_2) \leqslant 1$),

1) 当 $|x_1 - x_3|, |x_3 - x_2| \leqslant 1$ 时, 从上面定义可知

$$d(x_1, x_2) \leqslant |x_1 - x_2| \leqslant |x_1 - x_3| + |x_3 - x_2| \triangleq d(x_1, x_3) + d(x_3, x_2);$$

2) 当 $\max(|x_1-x_3|,|x_3-x_2|)>1$ 时, 不妨设 $|x_1-x_3|>1$, 于是同样从定义有

$$d(x_1,x_2)\leqslant 1=d(x_1,x_3)\leqslant d(x_1,x_3)+d(x_3,x_2).$$

因而 $(\mathbb{R},d)$ 为 $\mathbb{R}$ 上"另一个"距离空间.

此外, 从定义我们显然看出, 距离空间 $(\mathbb{R},d)$ 上的单位原心闭球

$$B(0,1)=(-\infty,+\infty)\ (\text{全空间}).$$

但是其单位原心开球 $O(0,1)=(-1,1)$, 故从上面距离的定义得知, 此集的聚点所成之集为 $[-1,1]$, 因此, 其闭包

$$\overline{O(0,1)}=[-1,1].$$

由此可知

$$\overline{O(0,1)}\neq B(0,1).$$

为了后面 4.8 节第 (二) 部分的需要, 我们再来给出一个有关开、闭集的例子. 为此, 我们先引入一个定义.

定义 3 距离空间 (X,d) 上定义的泛函 f 称为在 $\boldsymbol{x}_0$ 点是**上半连续**的, 是指: 对于任意的 $\varepsilon>0$, 必存在正数 δ, 使得

$$f(\boldsymbol{x})\leqslant f(\boldsymbol{x}_0)+\varepsilon,\qquad \forall\ \boldsymbol{x}\in O(\boldsymbol{x}_0,\delta).$$

相应地, f 称为在 $\boldsymbol{x}_0$ 点是**下半连续**的, 是指:

$$f(\boldsymbol{x}_0)-\varepsilon\leqslant f(\boldsymbol{x}),\qquad \forall\ \boldsymbol{x}\in O(\boldsymbol{x}_0,\delta).$$

注 10 回忆到前面 1.6 节的定义 7, 不难看出: 在 $\boldsymbol{x}_0$ 点, 当 $f(\boldsymbol{x})$ 是"上半连续"时, 其在 $\boldsymbol{x}_0$ 处必为"局部有上界"的; 当 $f(\boldsymbol{x})$ 是"下半连续"时, 对任意的 $\varepsilon>0$, 其均为"ε(几乎) 局部极小值"的. 此外, 容易验证: 当 f 是上 (或下) 半连续泛函时, $-f$ 必为下 (对应地, 上) 半连续泛函.

此外, 必须注意的是, 与一元函数的左 (右) 连续与其左 (右) 极限的关系不一样的是: 从定义可知 (注意前面 4.2 节中函数上、下极限的定义), 对于任意距离空间 (X,d) 上定义的泛函 f, 其在 $\boldsymbol{x}_0$ 点"上半连续", 并不要求有 $\overline{\lim\limits_{\boldsymbol{x}\to\boldsymbol{x}_0}}f(\boldsymbol{x})=f(\boldsymbol{x}_0)$, 而仅要求成立下面关系式:

$$\overline{\lim_{\boldsymbol{x}\to\boldsymbol{x}_0}}f(\boldsymbol{x})\leqslant f(\boldsymbol{x}_0)$$

就可以了. 类似地, 泛函 f 在 $\boldsymbol{x}_0$ 点"下半连续", 也不要求有 $\underline{\lim\limits_{\boldsymbol{x}\to\boldsymbol{x}_0}}f(\boldsymbol{x})=f(\boldsymbol{x}_0)$, 而仅要求成立关系式

$$\underline{\lim_{\boldsymbol{x}\to\boldsymbol{x}_0}}f(\boldsymbol{x})\geqslant f(\boldsymbol{x}_0)$$

就可以了.

例 5 在距离空间 (X,d) 上定义的 $f(\boldsymbol{x})$, 当其在 X 内是"上半连续"的泛函时, 对于任意的数 β, 集 $\{\boldsymbol{x}\in X: f(\boldsymbol{x})<\beta\}$ 均为开集; 而当其在 X 内是"下半连续"的泛函时, 集 $\{\boldsymbol{x}\in X: f(\boldsymbol{x})\leqslant\beta\}$ 均为闭集.

证明 1) 当 f 在 X 内是"上半连续"的泛函时, 对于任意的数 β, 以及对于任意一点 $\widetilde{\boldsymbol{x}}\in\{\boldsymbol{x}\in X: f(\boldsymbol{x})<\beta\}$, 由于 $f(\widetilde{\boldsymbol{x}})<\beta$, 以及 f 在 $\widetilde{\boldsymbol{x}}$ 点的上半连续性, 可导出: 对于 $\widetilde{\varepsilon}\triangleq\dfrac{\beta-f(\widetilde{\boldsymbol{x}})}{2}>0$, 必存在正数 $\widetilde{\delta}$, 使得

$$f(\boldsymbol{x})\leqslant f(\widetilde{\boldsymbol{x}})+\widetilde{\varepsilon}=f(\widetilde{\boldsymbol{x}})+\frac{\beta-f(\widetilde{\boldsymbol{x}})}{2}=\frac{\beta+f(\widetilde{\boldsymbol{x}})}{2}<\beta,\qquad\forall\,\boldsymbol{x}\in O(\widetilde{\boldsymbol{x}},\widetilde{\delta}).$$

由此可知

$$O(\widetilde{\boldsymbol{x}},\widetilde{\delta})\subset\{\boldsymbol{x}\in X: f(\boldsymbol{x})<\beta\},$$

也即 $\widetilde{\boldsymbol{x}}$ 为集 $\{\boldsymbol{x}\in X: f(\boldsymbol{x})<\beta\}$ 的内点. 最后, 注意到 $\widetilde{\boldsymbol{x}}$ 的任意性, 即导出: 对于任意的数 β, 集 $\{\boldsymbol{x}\in X: f(\boldsymbol{x})<\beta\}$ 均为 X 中的开集.

2) 当 f 在 X 内是"下半连续"时, 从上面注 10 可知, 此时 $-f$ 则为 X 内的"上半连续"泛函. 因而从 1) 的结果可知, 对于任意的数 β, 集 $\{\boldsymbol{x}\in X: -f(\boldsymbol{x})<-\beta\}$ 均为开集. 注意到前面定理 4, 则知其余集

$$\{\boldsymbol{x}\in X: -f(\boldsymbol{x})<-\beta\}^c=\{\boldsymbol{x}\in X: -f(\boldsymbol{x})\geqslant-\beta\}$$

必为闭集. 此即导出 $\{\boldsymbol{x}\in X: f(\boldsymbol{x})\leqslant\beta\}$ 均为闭集. □

作为本段的结束, 下面我们再介绍一个以后需要用到的定义.

定义 4 对于距离空间 (X,d) 中的集 S, 我们称集 $(S^c)^\circ$ 为 S 的**外部**(此集内的点称为 S 的**外点**); 而对空间 X 中既非 S 的"内点"又非的"外点"的点, 则称为 S 的**边界点**. 我们将边界点的全体所成之集记为 ∂S, 并称之为 S 的**边界**.

注 11 从定义显然可知: 当点 $\boldsymbol{y}\in\partial S$ 时, 对 $\boldsymbol{y}$ 的任何一个开球 $O(\boldsymbol{y},\delta)$, 其均必既含 S 中的点, 也含 S^c 中的点. 反之亦然.

我们来看以下几个例子.

例 6 对于赋范空间 E 中的任意闭球 $B(\boldsymbol{x}_0,r_0)\triangleq\{\boldsymbol{x}\in X:\|\boldsymbol{x}-\boldsymbol{x}_0\|\leqslant r_0\}$, 显然有 $\partial B=S(\boldsymbol{x}_0,r_0)\triangleq\{\boldsymbol{x}\in X:\|\boldsymbol{x}-\boldsymbol{x}_0\|=r_0\}$, 也即球的边界即为其球面.

例 7 假设 $\boldsymbol{x}$ 为赋范空间 E 中的任意一点, 对于单点集 $\{\boldsymbol{x}\}$ 而言, 有

$$(\{\boldsymbol{x}\}^c)^\circ=\{\boldsymbol{x}\}^c\quad\text{及}\quad\partial\{\boldsymbol{x}\}=\{\boldsymbol{x}\}.$$

例 8 设集 $S=\ell$ 为平面 $\mathbb{R}^2$ 上任何一条直线, 显然有

$$(S^c)^\circ=S^c\quad\text{及}\quad\partial S=S.$$

对于任何集 E 的边界 ∂E, 有下面的定理.

定理 6　对于距离空间 (X,d) 中的任意集 S, 其边界 ∂S 必为闭集.

证明　这个定理的结论是明显而且简单的. 事实上, 注意到上面有关距离空间 X 中集合 S 的边界集之定义, 可以导出

$$\partial S = X \setminus \big(S^\circ \cup (S^c)^\circ\big) = \big(S^\circ \cup (S^c)^\circ\big)^c.$$

再注意到开集的特性 (定理 2) 以及开集与闭集的关系 (定理 4), 从上关系式可知: 作为一个开集 $S^\circ \cup (S^c)^\circ$ 之余集, 边界集 ∂S 一定是空间 X 中的一个闭集, 从而定理得证. □

(三)

与 1.7 节完全一样 (参看那里的定义 4 和定义 3), 在一般的距离空间中同样也可定义“(自) 列紧集”和“紧集”如下:

定义 5　距离空间 X 中的子集 K 称为是**列紧集**, 是指: K 中的任意元列 $\{\boldsymbol{x}_n\}$ 均有收敛子列. 特别地, 如果该子列的极限均属于 K, 则称 K 为**自列紧集**.

定义 6　距离空间 X 中的子集 K 称为是**紧集**, 是指: 对于任意覆盖 K 的一族开集, 均可从中选出其“有限个”开集仍将集 K 覆盖 (亦可简称为: K 的每一个开覆盖均有“有限”子覆盖).

注 12　利用 De Morgan 法则, 不难导出有关紧集的等价定义之命题如下:

命题　距离空间 X 中的子集 K 称为是“紧集”的充分必要条件是: 对于 K 中的任何一族闭集 $\{F_\lambda\}_{\lambda\in\Lambda}$, 如果其任意“有限个”之交均非“空集”, 则必有 $\bigcap\limits_{\lambda\in\Lambda} F_\lambda \neq \varnothing$ (亦可简称为: K 内任一闭集族, 只要其满足“有限交非空”性质, 则此集族之交必非空).

在 Euclid 空间 $\mathbb{R}^n$ 中, 不难将此空间中的自列紧集和紧集的特征性命题导出来 (类似于 1.7 节中定理 9 前的引理以及定理 7 后的推理等). 为此, 我们先给出两个引理.

引理 1　如果距离空间 (X,d) 是完备的, 那么, 其任何一个子集 S 必有关系:

$$S \text{ 是完备集} \iff S \text{ 是闭集}.$$

证明　这个引理结论是十分明显的.

1) 如果 S 是一个完备集, 并且 $\boldsymbol{y}$ 为 S 的任意一个聚点 (注意, 没有聚点的集必为闭集), 那么, 则存在点列 $\{\boldsymbol{x}_n\} \in S$, 使得 $\boldsymbol{x}_n \to \boldsymbol{y}$(当 $n \to \infty$ 时). 这样, $\{\boldsymbol{x}_n\}$ 即为 S 中的一个 Cauchy 列. 因此, 由 S 的完备性假设立即导出 $\boldsymbol{y} \in S$, 从而 S 为一个闭集.

2) 当 S 是一个闭集, 并且 $\{\boldsymbol{x}_n\}$ 为 S 内任意一个 Cauchy 列 (注意, 如果 S 不存在 Cauchy 列, 当然 S 就是完备集) 时, 由假设全空间 X 是完备的. 因此, 在 X 中必存在一元 $\boldsymbol{y}$, 使得 $\boldsymbol{x}_n \to \boldsymbol{y}$(当 $n\to\infty$ 时). 这样, 由闭集的定义, 得到 $\boldsymbol{y}\in S$, 也即 S 为一个完备集.

总上 1) 和 2), 本引理得证. □

引理 2 空间 $\mathbb{R}^n$ 是完备的 (距离空间).

证明 首先, 注意到 Euclid 空间 $\mathbb{R}^n$ 中距离的定义: 对于任意的 $\boldsymbol{x}=(x(1), x(2),\cdots,x(n))$, $\boldsymbol{y}=(y(1),y(2),\cdots,y(n))\in\mathbb{R}^n$,

$$d(\boldsymbol{x},\boldsymbol{y})\triangleq\|\boldsymbol{x}-\boldsymbol{y}\|_{\mathbb{R}^n}\triangleq\left(\sum_{k=1}^{n}|x(k)-y(k)|^2\right)^{1/2}.$$

因此,

$$\max_{1\leqslant k\leqslant n}|x(k)-y(k)|\leqslant\|\boldsymbol{x}-\boldsymbol{y}\|_{\mathbb{R}^n}\leqslant n\cdot\max_{1\leqslant k\leqslant n}|x(k)-y(k)|,\quad\forall\,\boldsymbol{x},\boldsymbol{y}\in\mathbb{R}^n.\tag{1}$$

那么, 对于 $\mathbb{R}^n$ 中任何一个 Cauchy 元列 $\{\boldsymbol{x}_m\}$, 从定义可知: 对于任意的 $\varepsilon>0$, 必存在 $m_\varepsilon\in\mathbb{N}$, 使得

$$\|\boldsymbol{x}_{m_2}-\boldsymbol{x}_{m_1}\|_{\mathbb{R}^n}<\varepsilon,\qquad\forall\,m_2,m_1\geqslant m_\varepsilon.\tag{2}$$

于是, 从上面 (1) 和 (2) 两个不等式, 可导出对于任意的 k $(k=1,2,\cdots,n)$, 均有

$$|x_{m_2}(k)-x_{m_1}(k)|\leqslant\|\boldsymbol{x}_{m_2}-\boldsymbol{x}_{m_1}\|_{\mathbb{R}^n}<\varepsilon,\qquad\forall\,m_2,m_1\geqslant m_\varepsilon,$$

此即对于每一个 k $(k=1,2,\cdots,n)$, (坐标) 数列 $\{x_m(k)\}_m$ 均为 Cauchy 列. 于是由 Cauchy 基本列收敛定理, 可以得到相应的数 $x_0(k)$ $(k=1,2,\cdots,n)$, 使得均有关系式

$$\lim_{m\to\infty}x_m(k)=x_0(k),\qquad\forall\,k=1,2,\cdots,n.\tag{3}$$

这样, 令 $\boldsymbol{x}_0=(x_0(1),x_0(2),\cdots,x_0(n))$, 显然有 $\boldsymbol{x}_0\in\mathbb{R}^n$. 并且由前面的式 (1) 及式 (3), 我们立即得到

$$0\leqslant\|\boldsymbol{x}_m-\boldsymbol{x}_0\|_{\mathbb{R}^n}\leqslant n\max_{1\leqslant k\leqslant n}|x_m(k)-x_0(k)|\to 0\ (\text{当 } m\to\infty \text{ 时}),$$

也即导出 $\boldsymbol{x}_m\to\boldsymbol{x}_0$(当 $m\to\infty$ 时), 从而得知空间 $\mathbb{R}^n$ 是完备的. □

注 13 回忆 1.6 节定理 1, 从上面引理 2 我们便可直接导出以下结论: **在 Euclid 空间 $\mathbb{R}^n$ 中, 闭球套定理成立.**

下面, 与 1.7 节类似, 我们将导出在 $\mathbb{R}^n$ 空间中的自列紧集和紧集的特征性命题.

定理 7 对于空间 $\mathbb{R}^n$ 中的集 K, 必有下面关系:

$$K \text{ 是自列紧集} \Longleftrightarrow K \text{ 是有界的闭集 (完备集)}.$$

证明 "$\Longrightarrow$": 反之, 如果 K 是无界集, 那么, 必存在点列 $\{\boldsymbol{x}_m\} \subset K$, 使得 $\|\boldsymbol{x}_m\| > m$ ($\forall\ m \in \mathbb{N}$). 由此可知 $\{\boldsymbol{x}_m\}$ 的任意子列均不可能是收敛的 (因为从 4.6 节定义 1 后面的命题可知: 在距离空间中, 凡收敛元列必为有界列). 此外, 反之, 又设 K 不是一个闭集, 那么, 从定义可知: 存在元列 $\{\boldsymbol{x}_m\} \subset K$, 使得 $\boldsymbol{x}_m \to \boldsymbol{y}$(当 $m \to \infty$ 时), 但却有 $\boldsymbol{y} \notin K$. 这样, 由距离空间中收敛元列的特性, 便可导出: $\{\boldsymbol{x}_m\}$ 的任何子列均亦收敛于 $\boldsymbol{y} \notin K$, 但此显然与 K 的自列紧性矛盾.

"$\Longleftarrow$": 由 K 是 $\mathbb{R}^n$ 中的有界集, 因此, K 中的任一元列 $\{\boldsymbol{x}_m\}$ 也必为有界集. 于是, 回顾引理 2 中的式 (1), 不难导出, 对于每一个 k ($k = 1, 2, \cdots, n$), 上面元列相应的"坐标"数列 $\{x_m(k)\}_m$ 也均是有界的. 这样, 从数列的极限点原理 (Bolzano-Weierstrass 定理) 便可得知: 从数列 $\{x_m(1)\}$ 中必可选出收敛的子数列 $\{x_{1,m}(1)\}$, 并设收敛于数 $x_0(1)$. 然后, 对数列 $\{x_{1,m}(2)\}$(注意, $\{x_{1,m}(2)\}$ 为 $\{x_m(2)\}$ 的一个子数列) 又可从中选出一个收敛的子数列 $\{x_{2,m}(2)\}$, 并设收敛于数 $x_0(2)$. $\cdots\cdots$ 如此做下去, 我们对数列 $\{x_{n-1,m}(n)\}_m$ 亦可选出一个收敛子列 $\{x_{n,m}(n)\}_m$, 并设其收敛于 $x_0(n)$.

最后, 再注意到, 收敛数列的任何子数列亦是收敛于同一值的收敛数列. 因此, 从上做法不难看出: 上面从元列 $\{\boldsymbol{x}_m\}$ 中选出来的子列 $\{\boldsymbol{x}_{n,m}\}_m$, 其相应的各"坐标"均是收敛的, 且有

$$\lim_{m\to\infty} x_{n,m}(k) = x_0(k), \qquad \forall\ k = 1, 2, \cdots, n.$$

这样, 由前面引理 2 证明中的式 (1), 从上式便可导出: 当令 $\boldsymbol{x}_0 = (x_0(1), x_0(2), \cdots, x_0(n))$ 时, 显然有 $\boldsymbol{x}_0 \in \mathbb{R}^n$, 且有 $\boldsymbol{x}_{n,m} \to \boldsymbol{x}_0$(当 $m \to \infty$ 时), 也即元列 $\{\boldsymbol{x}_m\}$ 的子列 $\{\boldsymbol{x}_{n,m}\}$ 收敛于 $\boldsymbol{x}_0 \in \mathbb{R}^n$. 再注意到 K 是闭集, 故必有 $\boldsymbol{x}_0 \in K$. 这样我们就证明了 K 是一个自列紧集.

至于上定理中与"闭集"等价的括号内之"完备集"的相应证明, 即由前面引理 1 则可明显得出. □

由前面 (二) 中的注 6 及例 5, 我们从上定理便可直接得到下面的推理.

推理 在空间 $\mathbb{R}^n$ 中, 任何闭球以及任何球面均是自列紧集.

注 14 用与定理 7 的类似证明方法, 亦可得到下面命题:

定理 7′ 对于 $\mathbb{R}^n$ 中的集 K,

$$K \text{ 是紧集} \Longleftrightarrow K \text{ 是有界的闭集 (完备集)}.$$

但为了更广泛应用的需要, 下面将用附录形式来介绍一个更一般的好结果, 即在任意距离空间中, "紧性"与"自列紧性"是等价的.

附* 距离空间中紧性与自列紧性等价

定理 8 设 (X,d) 为一距离空间, $K\subset X$, 那么

$$K \text{ 是紧集} \Longleftrightarrow K \text{ 是自列紧集}.$$

证明 "$\Longrightarrow$": 反之, 如其不是自列紧的, 那么, 必存在无穷点列 $\{\boldsymbol{x}_n\}\subset K$, 使其没有收敛于 K 中的子列. 于是, 对于任意的点 $\boldsymbol{x}\in K$, 均存在数 $\delta_{\boldsymbol{x}}>0$, 使得开球 $O(\boldsymbol{x},\delta_{\boldsymbol{x}})$ 内除去点 $\boldsymbol{x}$ 外, 均无元列 $\{\boldsymbol{x}_n\}$ 中的点. 这样, 由 K 的紧性假设, 对于覆盖它的开覆盖 $\{O(\boldsymbol{x},\delta_{\boldsymbol{x}}):\boldsymbol{x}\in K\}$, 必可选出有限子覆盖, 设为 $\{O(\boldsymbol{x}_k,\delta_{\boldsymbol{x}_k}):1\leqslant k\leqslant k_0\}$. 那么, 则有关系式

$$\{\boldsymbol{x}_n\}\subset K\subset\bigcup_{k=1}^{k_0}O(\boldsymbol{x}_k,\delta_{\boldsymbol{x}_k}).$$

但注意到前面开球的取法, 上式显然与 $\{\boldsymbol{x}_n\}$ 是"无穷"的点列之假设矛盾.

"$\Longleftarrow$": 下面分四步来验证所需结果.

1) 当 K 是列紧集时, 对任意 $n\in\mathbb{N}$, 其必存在由 K 中"有限"元组成的"$\dfrac{1}{n}$-网" M_n(也即, 集 M_n 满足条件: 对于任意的元 $\boldsymbol{x}\in K$, 均存在元 $\boldsymbol{y}\in M_n$, 使得 $d(\boldsymbol{x},\boldsymbol{y})<\dfrac{1}{n}$).

事实上, 反之, 如果上结论不成立, 则必存在 $n_0\in\mathbb{N}$, 使得 K 中由"一个元"组成的集 $\{\boldsymbol{x}_1\}$(它不能构成"$\dfrac{1}{n_0}$-网"), 必存在元 $\boldsymbol{x}_2\in K$, 使其满足 $d(\boldsymbol{x}_2,\boldsymbol{x}_1)\geqslant\dfrac{1}{n_0}$. 同样对 K 中由此两个元 $\boldsymbol{x}_1$, $\boldsymbol{x}_2$ 所成的集 (它也不能构成"$\dfrac{1}{n_0}$-网"), 必存在元 $\boldsymbol{x}_3\in K$, 使其满足

$$d(\boldsymbol{x}_3,\boldsymbol{x}_1)\geqslant\frac{1}{n_0}\quad 及\quad d(\boldsymbol{x}_3,\boldsymbol{x}_2)\geqslant\frac{1}{n_0}.$$

$\cdots\cdots$ 如此做下去, 一般地, 当已选出 $\{\boldsymbol{x}_1,\boldsymbol{x}_2,\cdots,\boldsymbol{x}_k\}\subset K$ 以后, 因为对 K 中由此有限元所组成的集亦不能构成"$\dfrac{1}{n_0}$-网", 故必存在元 $\boldsymbol{x}_{k+1}\in K$, 使其满足

$$d(\boldsymbol{x}_{k+1},\boldsymbol{x}_i)\geqslant\frac{1}{n_0},\qquad\forall\, i=1,2,\cdots,k.$$

这样, 在 K 中则可选出一无穷元列 $\{\boldsymbol{x}_k\}$, 它们之间两两均有"$\geqslant\dfrac{1}{n_0}$"的距离. 而此显然与 K 的列紧性假设矛盾!

2) 从上面 1) 中所得的集列 $\{M_n\}\subset K$, 我们令集

$$M\triangleq\bigcup_{n=1}^{\infty}M_n.$$

那么, 显然 M 为 K 的"可数"子集, 并且 M 是"稠密"于 K 的 (注意 M_n 是"有限的 $\frac{1}{n}$-网"的定义).

3) 由上面 2) 我们已知 M 为可数集, 故可令 $M \triangleq \{\boldsymbol{y}_k\} \subset K$. 对于自列紧集 K 的任意开覆盖 $\{G_\lambda : \lambda \in \Lambda\}$ 以及 M 内的每一点 $\boldsymbol{y}_k$, 我们取一个以有理数 δ_k 为半径的开球 $O(\boldsymbol{y}_k, \delta_k)$, 使得其"含于"上面的开覆盖中的某一开集 G_{λ_k} ($\forall\, k \in \mathbb{N}$). 再次注意到上面 2) 的结果: M 是稠密于 K 的. 因此, 我们由这里的做法立即导出: 可数个子覆盖 $\{G_{\lambda_k} : k \in \mathbb{N}\}$ 仍能够将集 K 覆盖.

4) 下面, 我们断言: 对于上面 3) 中集 K 的可数子覆盖 $\{G_{\lambda_k} : k \in \mathbb{N}\}$, 必可取出其有限子覆盖 (由此, 原给的对于 K 的开覆盖 $\{G_\lambda : \lambda \in \Lambda\}$ 自然也就可以找到其有限的子覆盖了).

事实上, 反之, 如果上述任意有限个 $\{G_{\lambda_k} : k \in \mathbb{N}\}$ 均不能覆盖住集合 K, 那么, 对于任意的 $n \in \mathbb{N}$, 必均可找到 K 中的一点 $\boldsymbol{x}_n$, 使得

$$\boldsymbol{x}_n \notin \bigcup_{k=1}^{n} G_{\lambda_k}. \tag{1}$$

于是, 由 K 自列紧的假设可知, K 中的无穷点列 $\{\boldsymbol{x}_n\}$, 必存在子列 $\{\boldsymbol{x}_{n_i}\}_i$ 及一点 $\boldsymbol{x}_0 \in K$, 使得

$$\boldsymbol{x}_{n_i} \to \boldsymbol{x}_0, \qquad \text{当 } n \to \infty \text{ 时}. \tag{2}$$

最后, 注意上面 3) 的结果, 则知, 对于 K 中的元 $\boldsymbol{x}_0$, 必存在 $G_{\lambda_{k_0}} \in \{G_{\lambda_k} : k \in \mathbb{N}\}$, 使得 $\boldsymbol{x}_0 \in G_{\lambda_{k_0}}$. 注意到 $G_{\lambda_{k_0}}$ 是开集, 故从上面关系式 (2) 便可导出: 必存在 $i_0 \in \mathbb{N}$, 使得均有

$$\boldsymbol{x}_{n_i} \in G_{\lambda_{k_0}}, \qquad \forall\, i \geqslant i_0. \tag{3}$$

但另一方面, 从前面关系式 (1) 却应有, 当 $n_i \geqslant k_0$ 时, 由 $\boldsymbol{x}_{n_i} \notin \bigcup_{k=1}^{n_i} G_{\lambda_k}$, 则有

$$\boldsymbol{x}_{n_i} \notin G_{\lambda_{k_0}}.$$

但此显然与上关系式 (3) 矛盾. 由此定理得证. □

4.8 紧集上连续泛函 (函数) 的整体性质

(一)

首先, 我们讨论在距离空间中的一个紧集 (自列紧集) K 上定义的连续泛函 (函数) 的"整体性质" (这里, 相对于前面 4.5 节的函数在一点连续所导出的函数"局

部性质”, 我们称非仅一点邻域内所具有的性质为“整体性质”). 至于“自列紧集”“紧集”的概念, 我们当然也不会陌生, 在 1.7 节中我们就曾讲过: $\mathbb{R}$ 中的紧集 (也即自列紧集) 必等价地是 $\mathbb{R}$ 中任意“有界完备集”; 而从 4.7 节 (二) 中, 我们又知: 其也等价地是 $\mathbb{R}$ 中的任意“有界闭集”. 更一般地, 在 4.7 节 (三) 中, 从定理 7′(或用定理 7 及后面的附录) 我们还知, 对于任意的 n 维 Euclid 空间 $\mathbb{R}^n$, 上面关于自列紧集、紧集的特征性命题也是正确的.

定理 1 (有界性) 设 K 为距离空间 (X,d) 内的一个紧集 (自列紧集), f 是定义在 K 上的连续泛函 (函数), 那么, f 必在 K 上有界.

证明 我们分别对 K 为紧集及自列紧集证明之.

证法一: 首先, 由 f 在 K 上连续的假设可知: 对于某数 $\varepsilon_0>0$ 及任意点 $\widetilde{\boldsymbol{x}}\in K$, 必存在正数 $\delta_{\widetilde{\boldsymbol{x}}}$, 使得对于任意的 $\boldsymbol{x}\in K$, 只要 $d(\boldsymbol{x},\widetilde{\boldsymbol{x}})<\delta_{\widetilde{\boldsymbol{x}}}$, 就有

$$|f(\boldsymbol{x})-f(\widetilde{\boldsymbol{x}})|<\varepsilon_0. \tag{1}$$

于是, 空间的开球族 $\{O(\widetilde{x},\delta_{\widetilde{x}}):\widetilde{x}\in K\}$ 显然就构成了紧集 K 的一个开覆盖. 这样, 由紧集的定义则知, 从上面开集族中必可取出 K 的一个有限开覆盖 $\{O(\widetilde{\boldsymbol{x}}_k,\delta_{\widetilde{\boldsymbol{x}}_k}):1\leqslant k\leqslant k_1\}$. 因此, 对于任意的点 $\boldsymbol{x}\in K$, 当设 $\boldsymbol{x}\in O(\widetilde{\boldsymbol{x}}_{k_0},\delta_{\widetilde{\boldsymbol{x}}_{k_0}})$ 时 (这里 $1\leqslant k_0\leqslant k_1$), 由上面 (1) 式我们便可导出

$$|f(\boldsymbol{x})|<|f(\widetilde{\boldsymbol{x}}_{k_0})|+\varepsilon_0\leqslant\max_{1\leqslant k\leqslant k_1}|f(\widetilde{\boldsymbol{x}}_k)|+\varepsilon_0.$$

由此得知 $f(\boldsymbol{x})$ 在 K 上是有界的.

证法二: 设 f 是自列紧集 K 上的连续函数. 反之, 如果 f 在 K 上是无界的, 那么, 对于任意的 $n\in\mathbb{N}$, 必均存在元 $\boldsymbol{x}_n\in K$, 使得 $|f(\boldsymbol{x}_n)|>n$.

注意到 $\{\boldsymbol{x}_n\}\subset K$, 且 K 是自列紧的, 因此, 必有收敛子列 $\{\boldsymbol{x}_{n_k}\}$, 使得有关系式: $\boldsymbol{x}_{n_k}\to\boldsymbol{x}_0\in K$(当 $k\to\infty$ 时).

这样一来, 由 f 在 $\boldsymbol{x}_0$ 点的连续性, 我们从上立即便可得到

$$f(\boldsymbol{x}_{n_k})\to f(\boldsymbol{x}_0),\qquad \text{当 } k\to\infty \text{ 时}.$$

回忆前面 4.6 节 (一) 中定理 2 及注 4(在任意距离空间上定义的收敛之泛函数列必有界), 可导出: 必存在正数 ρ_0, 使得

$$|f(\boldsymbol{x}_{n_k})|\leqslant\rho_0,\qquad \forall\, k\in\mathbb{N}.$$

而此显然与开首元列 $\{\boldsymbol{x}_n\}$ 的取法矛盾, 因而归谬证得本定理结论. □

定理 2 (最大及最小值性) 在定理 1 的假设条件下, f 必在 K 上有最大及最小值.

证明　下面仅来证最大值的结论 (因为当此证出后, 我们可将连续泛函 f 换成 $-f$, 那么则可直接导出有关最小值的结论).

首先, 从定理 1 可知: 泛函在集 K 上是有界的, 因此, 由 Cantor 确界定理可知, 其必存在上确界. 今设

$$\beta \triangleq \sup_{\boldsymbol{x}\in K} f(\boldsymbol{x}).$$

反之, 如果 $f(\boldsymbol{x})$ 在集 K 上不能取到此上确界 (也即在 K 上无最大值), 那么, 从关系式

$$\beta - f(\boldsymbol{x}) > 0, \qquad \forall\, \boldsymbol{x} \in K,$$

可知泛函 $g(\boldsymbol{x}) \triangleq \dfrac{1}{\beta - f(\boldsymbol{x})}$ 在 K 上亦为一个连续泛函 (参见 4.6 节中定理 3 中的 1° 及注 5). 因此, 对泛函 $g(\boldsymbol{x})$ 应用定理 1 便可得到: 存在正数 ρ_1, 使得

$$|g(\boldsymbol{x})| = \left|\frac{1}{\beta - f(\boldsymbol{x})}\right| < \rho_1, \qquad \forall\, \boldsymbol{x} \in K.$$

由此则可导出

$$\beta - f(\boldsymbol{x}) > \frac{1}{\rho_1},$$

也即

$$f(\boldsymbol{x}) < \beta - \frac{1}{\rho_1}, \qquad \forall\, \boldsymbol{x} \in K.$$

而此显然与 β 是 $f(\boldsymbol{x})$ 在 K 上的上确界假设矛盾 (注意: 上确界是“最小上界”). 从而归谬得证本定理结论. □

为了介绍紧集 (自列紧集) 上定义的连续泛函的下一个特性, 我们必须引入下面一个定义:

定义 1　设 (X,d) 为任意一个距离空间, f 为定义在 X 上的一个泛函. 如果对于任意的 $\varepsilon > 0$, 必存在正数 δ, 使得对于 X 中的任意两点 $\boldsymbol{x}$ 与 $\widetilde{\boldsymbol{x}}$, 均有关系式

$$d(\boldsymbol{x}, \widetilde{\boldsymbol{x}}) < \delta \Longrightarrow |f(\boldsymbol{x}) - f(\widetilde{\boldsymbol{x}})| < \varepsilon$$

成立, 那么, 我们称泛函 f 在 X 上是**一致连续**的.

注 1　从上定义显而易见: f 在 X 上一致连续, 则其必在 X 上逐点连续. 但

是, 反过来的结论则未必正确. 事实上, 我们可在 $\mathbb{R}$ 中举出下面的反例:

反例 设一元函数 $y(x)=\dfrac{1}{x}(\forall\ x\in(0,1])$. 那么, 不难验证 (或用函数连续性的传递定理)$y(x)$ 在 $(0,1]$ 中每一点均是连续的, 从图 1(该图中 $y_i\triangleq y(x_i),\ i=1,2$) 我们也不难看到: 对同一个正数 ε, 以及 $(0,1]$ 上不同的点 x, 所存在的 (满足连续性定义的)δ 是不同的, 也即此时 δ 既依赖于 ε 的取法, 也依赖于自变量 x 的取法.

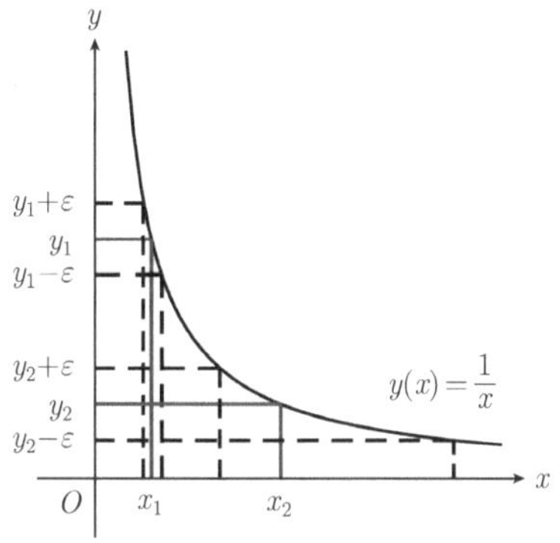

图 1

如果我们再深入地分析, 当用定义来验证上面函数 $y(x)=\dfrac{1}{x}$ 在任何一点 $\widetilde{x}\in(0,1]$ 的连续性时, 对于任意的 $\varepsilon>0$(不妨取 $\varepsilon<\dfrac{1}{\widetilde{x}}$), 需有 $\widetilde{x}$ 的一个 δ-邻域, 使其内的任何点 x, 均有

$$|y(x)-y(\widetilde{x})|=\left|\frac{x-\widetilde{x}}{x\widetilde{x}}\right|<\varepsilon.$$

为了要找到满足上关系式的 $\widetilde{x}$ 之 δ-邻域, 我们先让自变量 x 进入 $\widetilde{x}$ 的“$\dfrac{\widetilde{x}}{3}$-邻域”(注意函数 $y(x)$ 的定义域是 $(0,1]$), 即先让变量 x 满足 $|x-\widetilde{x}|<\dfrac{\widetilde{x}}{3}$, 也即

$$(0<)\frac{2}{3}\widetilde{x}=\widetilde{x}-\frac{\widetilde{x}}{3}<x<\widetilde{x}+\frac{\widetilde{x}}{3}\ \left(=\frac{4}{3}\widetilde{x}\right), \tag{2}$$

这样, 从 (2) 式可导出下面关系式:

$$\left|\frac{x-\widetilde{x}}{x\widetilde{x}}\right|<\frac{3|x-\widetilde{x}|}{2\widetilde{x}^2}. \tag{3}$$

由此当注意到 (2) 式成立的条件, 从 (2) 和 (3) 式我们立即得知: 对于任意一点 $\widetilde{x}\in(0,1]$, 只要取 $\delta=\min\left\{\dfrac{\widetilde{x}}{3},\dfrac{2}{3}\widetilde{x}^2\varepsilon\right\}$, 那么, 对任何变量 $x\in(0,1]$, 当 $|x-\widetilde{x}|<\delta$ 时, 必有

$$|y(x)-y(\widetilde{x})|=\left|\frac{1}{x}-\frac{1}{\widetilde{x}}\right|=\left|\frac{x-\widetilde{x}}{x\widetilde{x}}\right|<\varepsilon.$$

由此我们导出两个结果:

1) 函数 $y(x)=\dfrac{1}{x}$ 在 $(0,1]$ 中每一点 $\widetilde{x}$ 均是连续的.

2) 对于一个固定的 $\varepsilon>0$, 当 $\widetilde{x}\to 0$ 时, 必有 $\delta\to 0$, 此即说明：对于同一个 $\varepsilon>0$, 为验证函数 $\dfrac{1}{x}$ 在定义域中每一点连续所取的 δ 是随该点而变化的, 并不能取到一个“公共”的值.

3) 下面我们来严格验证 $y(x)=\dfrac{1}{x}$ 在 $(0,1]$ 上不是一致连续的.

事实上, 对于 $\varepsilon_0=1$ 而言, 我们可以选取两个点列 $\{x_n\}$ 和 $\{\widetilde{x}_n\}$:

$$x_n=\frac{1}{n}\quad 及\quad \widetilde{x}_n=\frac{1}{2n},\qquad \forall\, n\in\mathbb{N}.$$

那么, 显然可以看出

$$|x_n-\widetilde{x}_n|=\left|\frac{1}{n}-\frac{1}{2n}\right|\to 0,\qquad 当\ n\to\infty\ 时;$$

但却有

$$|y(x_n)-y(\widetilde{x}_n)|=|n-2n|\geqslant 1=\varepsilon_0,\qquad \forall\, n\in\mathbb{N}.$$

因此, $y(x)=\dfrac{1}{x}$ 在 $(0,1]$ 上不一致连续.

注 2　直观地说, 一条曲线是“一致连续”的, 此即对以任意正数 ε 为直径的圆管, 必可截出 δ 长的一段, 使得其可以水平地 (上下移动) 通过此条曲线.

在数学上这样的曲线也是不少的, 就以上注 1 的函数表达式 $\dfrac{1}{x}$ 为例, 如果当限制其定义域为 $(x_0,+\infty)$(其中 $x_0>0$) 时, 那么此“新函数”就是一致连续的. 事实上, 注意到下面不等式:

$$\left|\frac{1}{x}-\frac{1}{\widetilde{x}}\right|=\frac{|x-\widetilde{x}|}{|x\widetilde{x}|}<\frac{|x-\widetilde{x}|}{x_0^2},\qquad \forall\, x,\widetilde{x}\in(x_0,+\infty),$$

不难得出上述结论.

同样地, 回忆前面 1.6 节中定义 6 所说的两距离空间中的“压缩映像”(即“α-Lipshitz 映像”)A, 这里, α 为一正常数, 映像 A 满足条件

$$d(A\boldsymbol{x}_1,A\boldsymbol{x}_2)\leqslant \alpha d(\boldsymbol{x}_1,\boldsymbol{x}_2),\qquad \forall\, \boldsymbol{x}_1,\boldsymbol{x}_2\in X.$$

其显然也是一个“一致连续”映像. 对于距离空间 $\mathbb{R}$ 上与此相应的一致连续函数可参看 2.1 节的例 4、例 5; 而对一般的距离空间中与此相应的泛函, 则可见下面的例子.

例 1　在任意赋范空间 $(E,\|\cdot\|)$ 中, 如果泛函

$$f(\boldsymbol{x})=\sin\|\boldsymbol{x}\|,\qquad \forall\, \boldsymbol{x}\in E,$$

那么, f 就是一个“1-Lipschitz 泛函”, 因此是一致连续泛函.

解 事实上, 只要注意到三角函数关系式, 则可得到

$$|f(\boldsymbol{x})-f(\boldsymbol{y})|=\left|\sin\|\boldsymbol{x}\|-\sin\|\boldsymbol{y}\|\right|=\left|2\sin\left(\frac{\|\boldsymbol{x}\|-\|\boldsymbol{y}\|}{2}\right)\cos\left(\frac{\|\boldsymbol{x}\|+\|\boldsymbol{y}\|}{2}\right)\right|$$
$$\leqslant 2\left|\sin\left(\frac{\|\boldsymbol{x}\|-\|\boldsymbol{y}\|}{2}\right)\right|\leqslant\left|\|\boldsymbol{x}\|-\|\boldsymbol{y}\|\right|\leqslant\|\boldsymbol{x}-\boldsymbol{y}\|,\quad \forall\,\boldsymbol{x},\boldsymbol{y}\in E.$$

最后, 注意到在赋范空间 E 中, 距离 $d(\boldsymbol{x},\boldsymbol{y})=\|\boldsymbol{x}-\boldsymbol{y}\|$ $(\forall\,\boldsymbol{x},\boldsymbol{y}\in E)$, 因此从上关系式即可得所需结论. □

例 2 在区间 $(0,1)$ 上讨论函数 $f(x)=\sin\dfrac{1}{x}$ 的一致连续性.

解 (类比前面 4.3 节中的例 1) 考虑区间 $(0,1)$ 内的两个数列 $\{x_n'\}$ 及 $\{x_n''\}$, 其中

$$x_n'=(2n\pi)^{-1}\quad 及\quad x_n''=\left(\left(2n+\frac{1}{2}\right)\pi\right)^{-1},\qquad \forall\, n\in\mathbb{N}.$$

容易看出

$$|x_n'-x_n''|<\frac{1}{2n\pi}<\frac{1}{n},$$

但

$$|f(x_n')-f(x_n'')|=1,\qquad \forall\, n\in\mathbb{N}.$$

于是由定义 1 知, $f(x)$ 在 $(0,1)$ 上不一致连续. □

例 3 证明: 函数 $f(x)=x\sin x$ 在区间 $[0,+\infty)$ 上不一致连续.

证明 考虑两个数列 $\{x_n'\}$ 和 $\{x_n''\}$, 其中

$$x_n'=2n\pi\quad 及\quad x_n''=2n\pi+\frac{1}{2n\pi},\qquad \forall\, n\in\mathbb{N},$$

则 $|x_n'-x_n''|=\dfrac{1}{2n\pi}\to 0$(当 $n\to\infty$ 时), 但是 (注意到前面 4.3 节的例 3),

$$|f(x_n')-f(x_n'')|=\left(2n\pi+\frac{1}{2n\pi}\right)\sin\frac{1}{2n\pi}\to 1,\qquad 当\ n\to\infty\ 时.$$

因此, 由一致连续的定义可知 $f(x)=x\sin x$ 在区间 $[0,+\infty)$ 上不一致连续.

注 3 以下两点值得注意: (i) 两个一致连续函数的“乘积”不一定仍一致连续, 例如: 令 $f(x)=x$, $g(x)=\sin x$, 则 f 和 g 均在 $[0,+\infty)$ 上一致连续, 但由上面例 3 可知, 它们的乘积 $f(x)g(x)=x\sin x$ 在 $[0,+\infty)$ 上是不一致连续的. (ii) 一致连续函数的“反函数”(如果其反函数存在的话) 未必一致连续, 例如: $f(x)=\sqrt{x}$ 在 $[1,+\infty)$ 上一致连续, 但其反函数 $f^{-1}(x)=x^2$ 在 $[1,+\infty)$ 上不一致连续. 又如: $f(x)=\ln x$ 在 $(a,+\infty)$ $(a>0)$ 上一致连续, 但其反函数 $f^{-1}(x)=e^x$ 在 $[\ln a,+\infty)$ 上不一致连续.

下面, 再来介绍紧集 (自列紧集) 上连续泛函的另一重要性质.

定理 3 (Cantor)　*在定理 1 的假设条件下, f 必在 K 上一致连续.*

证明　同样地分别就 K 为紧集及自列紧集来验明本定理结论.

证法一: 首先, 类似定理 1 的证法一, 从 f 在 K 上的连续性假设可知: 对于任意的 $\varepsilon > 0$, 以及任一点 $\widetilde{\boldsymbol{x}} \in K$, 必存在正数 $\delta_{\widetilde{\boldsymbol{x}}}$, 使得对于 K 中任意点 $\boldsymbol{x}$, 只要其满足条件 $d(\boldsymbol{x}, \widetilde{\boldsymbol{x}}) < \delta_{\widetilde{\boldsymbol{x}}}$, 就有

$$|f(\boldsymbol{x}) - f(\widetilde{\boldsymbol{x}})| < \frac{\varepsilon}{2}. \tag{4}$$

于是, 当我们对每个 $\widetilde{\boldsymbol{x}} \in K$ 取 (半径缩减一半的) 开球 $O\left(\widetilde{\boldsymbol{x}}, \frac{1}{2}\delta_{\widetilde{\boldsymbol{x}}}\right)$ 时, 球族 $\left\{O\left(\widetilde{\boldsymbol{x}}, \frac{1}{2}\delta_{\widetilde{\boldsymbol{x}}}\right) : \widetilde{\boldsymbol{x}} \in K\right\}$ 同样地也构成了紧集 K 的一个开覆盖. 因此, 由紧集的定义可知, 从此集族内可取出 K 的一个有限开覆盖 $\left\{O\left(\widetilde{\boldsymbol{x}}_n, \frac{1}{2}\delta_{\widetilde{\boldsymbol{x}}_n}\right) : 1 \leqslant n \leqslant n_1\right\}$. 现令

$$\delta = \frac{1}{2} \min_{1 \leqslant n \leqslant n_1} \delta_{\widetilde{\boldsymbol{x}}_n}.$$

那么, 对于 K 中任意两点 $\boldsymbol{x}'$ 与 $\boldsymbol{x}''$, 只要它们满足条件 $d(\boldsymbol{x}', \boldsymbol{x}'') < \delta$, 因

$$\boldsymbol{x}' \in K \subset \bigcup_{n=1}^{n_1} O\left(\widetilde{\boldsymbol{x}}_n, \frac{1}{2}\delta_{\widetilde{\boldsymbol{x}}_n}\right),$$

故可设 $\boldsymbol{x}' \in O\left(\widetilde{\boldsymbol{x}}_{n_0}, \frac{1}{2}\delta_{\widetilde{\boldsymbol{x}}_{n_0}}\right)$ (这里 $1 \leqslant n_0 \leqslant n_1$), 因此

$$d(\boldsymbol{x}', \widetilde{\boldsymbol{x}}_{n_0}) < \frac{1}{2}\delta_{\widetilde{\boldsymbol{x}}_{n_0}}, \tag{5}$$

故由上面 $\boldsymbol{x}''$ 的取法, 从 (5) 式则又有

$$d(\boldsymbol{x}'', \widetilde{\boldsymbol{x}}_{n_0}) \leqslant d(\boldsymbol{x}'', \boldsymbol{x}') + d(\boldsymbol{x}', \widetilde{\boldsymbol{x}}_{n_0}) < \delta + \frac{1}{2}\delta_{\widetilde{\boldsymbol{x}}_{n_0}} \leqslant \frac{1}{2}\delta_{\widetilde{\boldsymbol{x}}_{n_0}} + \frac{1}{2}\delta_{\widetilde{\boldsymbol{x}}_{n_0}} = \delta_{\widetilde{\boldsymbol{x}}_{n_0}}. \tag{6}$$

于是, 由前面 (4)~(6) 式立即就可得到

$$\begin{aligned} |f(\boldsymbol{x}') - f(\boldsymbol{x}'')| &\leqslant |f(\boldsymbol{x}') - f(\widetilde{\boldsymbol{x}}_{n_0})| + |f(\boldsymbol{x}'') - f(\widetilde{\boldsymbol{x}}_{n_0})| \\ &< \frac{\varepsilon}{2} + \frac{\varepsilon}{2} = \varepsilon. \end{aligned}$$

从而证得 f 在 K 上是一致连续的.

证法二: 用反证法. 如果 f 在 K 上不是一致连续的, 那么, 从定义可知: 存在 $\varepsilon_0 > 0$, 对于任意的正数 $\delta_n = \frac{1}{n}$, 必均存在 K 中的两点 $\boldsymbol{x}'_n$ 和 $\boldsymbol{x}''_n$, 使其满足

$$d(\boldsymbol{x}'_n, \boldsymbol{x}''_n) < \frac{1}{n} \quad 及 \quad |f(\boldsymbol{x}'_n) - f(\boldsymbol{x}''_n)| \geqslant \varepsilon_0, \qquad \forall\, n \in \mathbb{N}. \tag{7}$$

于是, 注意到 K 是自列紧的, 因而 K 中的无穷序列 $\{\boldsymbol{x}'_n\}$ 必存在收敛子列 $\{\boldsymbol{x}'_{n_k}\}$, 且有

$$\lim_{k\to\infty}\boldsymbol{x}'_{n_k}=\boldsymbol{x}_0\in K. \tag{8}$$

这样, 注意到 (7) 式中第一关系式, 我们由式 (8) 就可导出

$$d(\boldsymbol{x}''_{n_k},\boldsymbol{x}_0)\leqslant d(\boldsymbol{x}''_{n_k},\boldsymbol{x}'_{n_k})+d(\boldsymbol{x}'_{n_k},\boldsymbol{x}_0)\to 0,\qquad \text{当 } k\to\infty \text{ 时}.$$

从而亦有 $\lim\limits_{k\to\infty}\boldsymbol{x}''_{n_k}=\boldsymbol{x}_0$. 因此, 由式 (8), 以及泛函 f 的连续性假设, 便可得到关系式

$$|f(\boldsymbol{x}'_{n_k})-f(\boldsymbol{x}''_{n_k})|\leqslant|f(\boldsymbol{x}'_{n_k})-f(\boldsymbol{x}_0)|+|f(\boldsymbol{x}_0)-f(\boldsymbol{x}''_{n_k})|\to 0,\quad \text{当 } k\to\infty \text{ 时}.$$

这显然与上面 (7) 式中的第二关系式矛盾! 于是我们归谬证得定理所需结果. □

注 4 对于上面的定理, 我们之所以就 K 为紧集及自列紧集来分别证明, 是因为虽然**在距离空间中紧性与自列紧性是等价的**, 但其证明是不容易的 (回忆前面 4.7 节后面的“附”), 并且, 从思维上, 我们也希望引导读者多开阔、活跃一些地去探索对未知问题的解决思路. 此外, 以后当我们学了拓扑空间的知识以后, 便可看到, 上面的两种证法 (在换为拓扑空间中的收敛定义后) 对于该空间上的紧集与自列紧集也均是成立的. 而这里值得特别指出的是: 对于一般的“拓扑空间”而言 (如没有“可距离化”的条件下), “紧”与“自列紧”则是无“强弱”之分的两种性质!

由上面三个定理, 可以直接得到下面两个推理.

推理 1 设 $y(x)$ 为定义在闭区间 $[a,b]$ 上的连续 (一元) 函数. 那么, $y(x)$ 必在 $[a,b]$ 上有界, 且有最大值和最小值. 此外, 它在 $[a,b]$ 上还是一致连续的.

证明 事实上, 回忆前面 1.7 节的结果, 闭区间 $[a,b]$ 作为 $\mathbb{R}$ 中的“有界完备”集, 必是一个紧集 (自列紧集). 因此, 本推理结论显然是上面三个定理的特例.

□

推理 2 设 $f(\boldsymbol{x})$ 是 $\mathbb{R}^n$ 内任意“有界闭集” K 上的连续函数. 那么, $f(\boldsymbol{x})$ 必在 K 上有界, 且有最大值和最小值. 此外, 它在 K 上还是一致连续的.

证明 事实上, 从前面 4.7 节的 (三) 中之定理 7 和定理 $7'$, 我们同样知道在 Euclid 空间 $\mathbb{R}^n$ 中任意的有界闭集必为紧集 (自列紧集). 因此, 本推理结论显然是上面三个定理的特例. □

注 5 值得注意的是, 上面的命题对于非紧 (或非自列紧) 集上定义的连续泛函则未必是正确的. 这样的反例是不难看到的, 例如, 在 $\mathbb{R}$ 中一个半开的区间 $(0,1]$ 上定义的连续函数 $y(x)=\dfrac{1}{x}$, 其显然在定义域上是无界的, 并且也是没有最大值的.

为了熟悉上面定理 1 和定理 3 的证明方法, 我们下面再给出一个有关“不动点理论”的定理:

定理 4　设 E 是赋范空间, K 是 E 中的一个紧集 (自列紧集), f 为定义在 K 中的一个连续泛函. 那么, 如果有关系式

$$|f(\boldsymbol{x})| < \|\boldsymbol{x}\|, \qquad \forall\, \boldsymbol{x} \in K, \tag{$*$}$$

则必存在一个正数 $\alpha < 1$, 使得均有关系式

$$|f(\boldsymbol{x})| < \alpha\|\boldsymbol{x}\|, \qquad \forall\, \boldsymbol{x} \in K.$$

证明　我们仍分别就 K 为紧集或自列紧集来验明本定理结论.

证法一: 首先, 由 $(*)$ 式可知 (零元)$\boldsymbol{\theta} \notin K$, 因此我们可以将 $(*)$ 式改写为

$$\frac{|f(\boldsymbol{x})|}{\|\boldsymbol{x}\|} < 1, \qquad \forall\, \boldsymbol{x} \in K.$$

于是, 对任意一点 $\widetilde{\boldsymbol{x}} \in K$, 由上式可知必有

$$\frac{|f(\widetilde{\boldsymbol{x}})|}{\|\widetilde{\boldsymbol{x}}\|} < 1 - \varepsilon_{\widetilde{\boldsymbol{x}}} < 1,$$

这里, $\varepsilon_{\widetilde{\boldsymbol{x}}}$ 是某一正数. 故从 f 在点 $\widetilde{\boldsymbol{x}}$ 的连续性所导出之 f 在点 $\widetilde{\boldsymbol{x}}$ 的“局部保序性”(参见前面 4.6 节 (一) 中的定理 2 之 3°, 以及相应的注 5), 我们导出: 必存在正数 $\delta_{\widetilde{\boldsymbol{x}}}$, 使得均有

$$\frac{|f(\boldsymbol{x})|}{\|\boldsymbol{x}\|} < 1 - \varepsilon_{\widetilde{\boldsymbol{x}}}, \qquad \forall\, \boldsymbol{x} \in O(\widetilde{\boldsymbol{x}}, \delta_{\widetilde{\boldsymbol{x}}}) \cap K. \tag{9}$$

由此, 空间 E 中的开集族 $\{O(\widetilde{\boldsymbol{x}}, \delta_{\widetilde{\boldsymbol{x}}}) : \widetilde{\boldsymbol{x}} \in K\}$ 构成了 K 的一个开覆盖, 因而从 K 的紧性可知可从其中选出一有限子覆盖 $\{O(\widetilde{\boldsymbol{x}}_m, \delta_{\widetilde{\boldsymbol{x}}_m}) : 1 \leqslant m \leqslant m_1\}$.

令

$$\alpha = \max_{1\leqslant m\leqslant m_1} (1 - \varepsilon_{\widetilde{\boldsymbol{x}}_m}).$$

显然 $0 < \alpha < 1$, 并且从上面式 (9) 式不难得出本定理所需结论.

证法二: 利用反证法. 如果定理结论不成立, 那么, 对于任意小于 1 的正数 $1 - \dfrac{1}{n}$, 必存在元 $\boldsymbol{x}_n \in K$, 使得有下面关系式成立:

$$|f(\boldsymbol{x}_n)| \geqslant \left(1 - \frac{1}{n}\right) \|\boldsymbol{x}_n\|, \qquad \forall\, n \geqslant 2. \tag{10}$$

于是, 由 K 是自列紧集, $\{\boldsymbol{x}_n\} \subset K$, 因而必存在收敛子列 $\{\boldsymbol{x}_{n_k}\}$, 使得

$$\boldsymbol{x}_{n_k} \to \boldsymbol{x}_0 \in K, \qquad \text{当 } k \to \infty \text{ 时}. \tag{11}$$

注意到 f 在 $\boldsymbol{x}_0$ 的连续性, 从 (10) 和 (11) 两式, 即可导出

$$|f(\boldsymbol{x}_0)| = \lim_{k\to\infty} |f(\boldsymbol{x}_{n_k})| \geqslant \lim_{k\to\infty} \left(1 - \frac{1}{n_k}\right) \|\boldsymbol{x}_{n_k}\| = \|\boldsymbol{x}_0\|,$$

而此关系式显然与本定理假设矛盾. 因而归谬证得本定理结论.

总上, 本定理得证. □

注 6 从上面定理 1、定理 3 和定理 4 的证明中, 不难看出以下两点: (i) 在定理证明中, "紧集" 的关键作用是将 "无限" 变为 "有限" 来考虑, 因此对于一组 "数" 而言, 在有限时, 则既可找到其最小者也可找到其最大者, 从而得到相应的所需结果. (ii) 在定理的证明中, 如果目的是要使用 "自列紧性", 则通常用反证法, 从而得以获取此自列紧集中的一个 "点列", 然后将论证继续下去. 这些证明技巧均是值得仔细回味的, 从而使得将来我们能灵活自如地运用之.

(二)

作为上面的推理 2 的应用, 这里, 我们可以得到逼近论中有关 "最佳逼近元" 的存在 (唯一) 性的两个命题. 为此, 我们先给出线性空间中 "凸集" 的概念.

定义 2 线性空间中的一个集 V 称为是**凸的**, 是指: 对于任意两元 $\boldsymbol{x}, \boldsymbol{y} \in V$, 以及任意的数 $\lambda \in [0.1]$, 均有

$$\lambda \boldsymbol{x} + (1-\lambda)\boldsymbol{y} \in V.$$

有了凸集的定义, 我们就可以介绍下面的命题了.

命题 1* 设 $\boldsymbol{x}_0 \in \mathbb{R}^n$($n$ 为某一正整数), 则对 $\mathbb{R}^n$ 中任何一个闭凸集 F, 必存在唯一的元 $\boldsymbol{y}_0 \in F$, 使得 $\boldsymbol{y}_0$ 为集 F 对于 $\boldsymbol{x}_0$ 的 "最佳逼近元", 即有

$$\|\boldsymbol{x}_0 - \boldsymbol{y}_0\| = \inf_{\boldsymbol{y}\in F} \|\boldsymbol{x}_0 - \boldsymbol{y}\|.$$

证明 首先, 不难看出, 当 $\boldsymbol{x}_0 \in F$ 时, 有 $\inf\limits_{\boldsymbol{y}\in F} \|\boldsymbol{x}_0 - \boldsymbol{y}\| = 0$. 因此当取 $\boldsymbol{y}_0 = \boldsymbol{x}_0$ 时, 本命题结论成立.

其次, 当 $\boldsymbol{x}_0 \notin F$ 时, 可作集 F 上的一个泛函 f 如下:

$$f(\boldsymbol{y}) = \|\boldsymbol{x}_0 - \boldsymbol{y}\|, \qquad \forall\, \boldsymbol{y} \in F \ (\subset \mathbb{R}^n). \tag{12}$$

那么, 从范数定义, 容易看出

$$\begin{aligned}|f(\widetilde{\boldsymbol{y}})-f(\boldsymbol{y})| &= \Big|\|\boldsymbol{x}_0-\widetilde{\boldsymbol{y}}\|-\|\boldsymbol{x}_0-\boldsymbol{y}\|\Big| \\ &\leqslant \|(\boldsymbol{x}_0-\widetilde{\boldsymbol{y}})-(\boldsymbol{x}_0-\boldsymbol{y})\| \\ &= \|\widetilde{\boldsymbol{y}}-\boldsymbol{y}\|, \qquad \forall\, \widetilde{\boldsymbol{y}},\boldsymbol{y}\in F,\end{aligned}$$

故泛函 $f(\boldsymbol{y})$ 在集 F 上是 (一致) 连续的.

下面, 分两种情况来验明本命题:

1) F 为有界集. 直接从上面推理 2, 即可导出: 在集 F 的某一点 $\boldsymbol{y}_0$, 上述泛函 $f(\boldsymbol{y})$ 取到最小值. 从而此 $\boldsymbol{y}_0$ 即为命题所求之元.

2) F 为无界集. 从范数的“三角不等式”, 有不等式

$$f(\boldsymbol{y})\geqslant \|\boldsymbol{y}\|-\|\boldsymbol{x}_0\|, \qquad \forall\, \boldsymbol{y}\in F.$$

由此, 注意到 F 是一个无界集, 从上式我们显然可知

$$\lim_{\substack{\|\boldsymbol{y}\|\to+\infty\\ \boldsymbol{y}\in F}} f(\boldsymbol{y})=+\infty.$$

因而从上两关系式以及开首的假设我们得知: 当取定一个元 $\boldsymbol{y}_1\in F$ 时, 对于数 $f(\boldsymbol{y}_1)=\|\boldsymbol{x}_0-\boldsymbol{y}_1\|>0$, 必存在正数 ρ_0, 使得均有下面关系式成立:

$$f(\boldsymbol{y})>f(\boldsymbol{y}_1)\ \big(=\|\boldsymbol{x}_0-\boldsymbol{y}_1\|\big), \qquad \forall\, \|\boldsymbol{y}\|>\rho_0,\ \boldsymbol{y}\in F. \tag{13}$$

下面, 我们在 $\mathbb{R}^n$ 空间闭原心球 $B(\boldsymbol{\theta},\rho_0)$ 内的集 $F\cap B(\boldsymbol{\theta},\rho_0)$ 上来研讨上面的泛函 $f(\boldsymbol{y})$. 注意到闭集的特性, 容易看到: $F\cap B(\boldsymbol{\theta},\rho_0)$ 亦为空间的闭集, 并且还是有界的. 于是与上面 1) 的推导一样, 由上面推理 2 即可导出: 上述泛函 $f(\boldsymbol{y})$ 在集 $F\cap B(\boldsymbol{\theta},\rho_0)$ 上必有最小值. 此即, 必存在一个元 $\boldsymbol{y}_0\in F\cap B(\boldsymbol{\theta},\rho_0)$, 使得

$$\|\boldsymbol{x}_0-\boldsymbol{y}_0\|=\inf\{f(\boldsymbol{y}):\boldsymbol{y}\in F\cap B(\boldsymbol{\theta},\rho_0)\}. \tag{14}$$

由此显然得到

$$\|\boldsymbol{x}_0-\boldsymbol{y}_0\|\leqslant f(\boldsymbol{y}_1). \tag{15}$$

这样, 从 (13)~(15) 式, 我们立即得出

$$\|\boldsymbol{x}_0-\boldsymbol{y}_0\|=\inf\{f(\boldsymbol{y}):\boldsymbol{y}\in F\},$$

也即得知 $\boldsymbol{y}_0\in F$ 是集 F 对 $\boldsymbol{x}_0$ 的“最佳逼近元”.

最后, 我们来验明上述最佳逼近元 $\boldsymbol{y}_0 \in F$ 是唯一的. 事实上, 反之, 如果还有一个元 $\widetilde{\boldsymbol{y}}_0 \in F$ 亦满足关系式

$$\|\boldsymbol{x}_0 - \widetilde{\boldsymbol{y}}_0\| = \|\boldsymbol{x}_0 - \boldsymbol{y}_0\| \triangleq r_0, \tag{16}$$

那么, 注意到 $\boldsymbol{y}_0, \widetilde{\boldsymbol{y}}_0 \in F$, 均为最佳逼近元的性质, 以及 F 是空间的一个凸集之假设; 从前面 1.6 节的定义 5(点与集"距离"的定义) 和 (16) 式, 我们便可立即得到

$$\begin{aligned} r_0 &= \inf\{f(\boldsymbol{y}) : \boldsymbol{y} \in F\} \triangleq \inf\{\|\boldsymbol{x}_0 - \boldsymbol{y}\| : \boldsymbol{y} \in F\} \\ &\leqslant \left\|\boldsymbol{x}_0 - \frac{\boldsymbol{y}_0 + \widetilde{\boldsymbol{y}}_0}{2}\right\| = \frac{1}{2}\|2\boldsymbol{x}_0 - (\boldsymbol{y}_0 + \widetilde{\boldsymbol{y}}_0)\| \\ &\leqslant \frac{1}{2}\left(\|\boldsymbol{x}_0 - \boldsymbol{y}_0\| + \|\boldsymbol{x}_0 - \widetilde{\boldsymbol{y}}_0\|\right) = r_0. \end{aligned}$$

由此则有

$$\left\|\boldsymbol{x}_0 - \frac{\boldsymbol{y}_0 + \widetilde{\boldsymbol{y}}_0}{2}\right\| = r_0. \tag{17}$$

于是, 注意到 Euclid 空间 $\mathbb{R}^m$ 的下面特征 (此即: $\mathbb{R}^m$ 内的任意球均是所谓"严格凸的"): 设 $\boldsymbol{x}_0 - \boldsymbol{y}_0 = (\xi_1, \xi_2, \cdots, \xi_m)$, $\boldsymbol{x}_0 - \widetilde{\boldsymbol{y}}_0 = (\widetilde{\xi}_1, \widetilde{\xi}_2, \cdots, \widetilde{\xi}_m)$ (这里, $\xi_k, \widetilde{\xi}_k \in \mathbb{R}$, $1 \leqslant k \leqslant m$). 那么, 当 $r_0 \neq 0$ 时 (即

$$\left(\sqrt{\sum_{k=1}^{m} \xi_k^2} \triangleq\right) \|\boldsymbol{x}_0 - \boldsymbol{y}_0\| = \|\boldsymbol{x}_0 - \widetilde{\boldsymbol{y}}_0\| = \left(\sqrt{\sum_{k=1}^{m} \widetilde{\xi}_k^2}\right) = r_0 \neq 0$$

时), 必有

$$\left\|\frac{(\boldsymbol{x}_0 - \boldsymbol{y}_0) + (\boldsymbol{x}_0 - \widetilde{\boldsymbol{y}}_0)}{2}\right\| \left(\triangleq \frac{1}{2}\sqrt{\sum_{k=1}^{m} (\xi_k + \widetilde{\xi}_k)^2}\right) < r_0. \tag{18}$$

因而 (17) 式与 (18) 式矛盾! 由此导出 $\boldsymbol{y}_0 = \widetilde{\boldsymbol{y}}_0$.

而当 $r_0 = 0$ 时, 则从范数定义, 以及上面 (14) 式和 (16) 式, 同样得到 $\boldsymbol{y}_0 = \widetilde{\boldsymbol{y}}_0 = \boldsymbol{x}_0$. 因此本命题得证. □

注 7 从上面命题的证明中容易看出, 当命题中的 F 仅假设为闭集时, 那里的"最佳逼近元"仍是存在的. 但是却不能保证此元的唯一性. 这样的反例是十分易见的. 例如, 在空间 $\mathbb{R}^2$ 中, 令闭集 $F \triangleq \{(1,0),(0,1)\}$, 那么, F 中的两点 $(1,0)$ 和 $(0,1)$ 均为此集 F 对于 $\mathbb{R}^2$ 中点 $\boldsymbol{\theta} = (0,0)$ 的最佳逼近元.

作为命题 1 的特例, 我们再给出下面的命题:

命题 2 设 $\boldsymbol{x}_0 \in \mathbb{R}^n$($n$ 为某一正整数), 则对 $\mathbb{R}^n$ 中任何一个"平面"

$$M \triangleq \{(x_1, x_2, \cdots, x_n) \in \mathbb{R}^n : \alpha_1 x_1 + \alpha_2 x_2 + \cdots + \alpha_n x_n = \xi_0\},$$

(这里, α_k $(1 \leqslant k \leqslant n)$ 和 ξ_0 均为固定的实数, 且有 $\sum_{k=1}^{\infty} \alpha_k^2 \neq 0$.) 必存在唯一的元 $\boldsymbol{y}_0 \in M$, 使得 $\boldsymbol{y}_0$ 为平面 M 对于 $\boldsymbol{x}_0$ 的 "最佳逼近元".

证明 从 M 的取法容易验证: M 必为一个凸集 (即有对于任意两个元 $\boldsymbol{y}_1, \boldsymbol{y}_2 \in M$, 必有线段 $[\boldsymbol{y}_1, \boldsymbol{y}_2] \subset M$). 下面还须验证 M 为一闭集.

事实上, 对于任意元列 $\{\boldsymbol{y}_m\} \subset M$ $(\subset \mathbb{R}^n)$, 如果 $\boldsymbol{y}_m \to \boldsymbol{y}_0$(当 $m \to \infty$ 时), 那么, 由于 $\mathbb{R}^n$ 完备 (见前面 4.7 节定理 7 前的引理 2), 则有 $\boldsymbol{y}_0 \in \mathbb{R}^n$. 而注意到 4.7 节引理 2 证明中的关系式 (1), 由于

$$\max_{1 \leqslant k \leqslant n} |y_m(k) - y_0(k)| \leqslant \|\boldsymbol{y}_m - \boldsymbol{y}_0\|, \qquad \forall\, m \in \mathbb{N},$$

(这里 $\boldsymbol{y}_m = (y_m(1), y_m(2), \cdots, y_m(n))$, $\forall\, m \in \mathbb{N} \cup \{0\}$.) 因此, 从 $\{\boldsymbol{y}_m\}$ 的取法, 以及上不等式即可导出

$$y_m(k) \to y_0(k)(\text{当 } m \to \infty \text{ 时}), \qquad \forall\, 1 \leqslant k \leqslant n.$$

这样, 由假设 $\{\boldsymbol{y}_m\} \subset M$, 则知

$$\alpha_1 y_m(1) + \alpha_2 y_m(2) + \cdots + \alpha_n y_m(n) = \xi_0, \qquad \forall\, m \in \mathbb{N}.$$

于是, 从上面的极限关系式, 我们立即得到

$$\begin{aligned}
\alpha_1 y_0(1) + \alpha_2 y_0(2) + \cdots + \alpha_n y_0(n) &= \sum_{k=1}^{n} \alpha_k \lim_{m \to \infty} y_m(k) \\
&= \lim_{m \to \infty} \left(\sum_{k=1}^{n} \alpha_k y_m(k) \right) = \xi_0,
\end{aligned}$$

此即证得 $\boldsymbol{y}_0 \in M$. 因此验得上述集 M 是 $\mathbb{R}^n$ 中的闭集.

总上, 由 M 是闭凸集, 故直接应用上面命题 1, 可得到本命题结论. □

(三)

作为本节的结束, 我们再来介绍定义在紧集 (自列紧集) 上连续泛函的另一个特性, 这一特性在以后的某些数学课程中是要用到的. 此就是用开集的概念来表述泛函连续性特征之命题. 为此, 先引入下面一个引理:

引理 设 (X, d) 为一个距离空间, f 为定义在 X 上的一个泛函. 那么,

$$f \text{ 在 } X \text{ 上连续} \iff \text{对于 } \mathbb{R} \text{ 中任一开集 } G, f \text{ 的原像 } f^{-1}(G) \text{ 亦是开集}.$$

证明 “$\Longrightarrow$”: 如果 $f^{-1}(G)$ 为一空集, 则由其为开集, 故不必证之. 而当 $f^{-1}(G) \neq \varnothing$ 时, 对于任意一个点 $\widetilde{\boldsymbol{x}} \in f^{-1}(G)$ $(\subset X)$, 必有 $f(\widetilde{\boldsymbol{x}}) \in G$ $(\subset \mathbb{R})$. 由于已知 G 是 $\mathbb{R}$ 中的开集, 因此由定义可知, $f(\widetilde{\boldsymbol{x}})$ 当然是 G 的内点, 故必存在数 $\varepsilon > 0$, 使得 ($\mathbb{R}$ 中的“开球”)$(f(\widetilde{\boldsymbol{x}})-\varepsilon, f(\widetilde{\boldsymbol{x}})+\varepsilon) \subset G$. 于是, 由假设 f 在 X 上连续, 故对于上述点 $\widetilde{\boldsymbol{x}} \in X$, 和 $\varepsilon > 0$, 必存在正数 δ, 使得只要 X 中的点 $\boldsymbol{x}$ 满足 $d(\boldsymbol{x}, \widetilde{\boldsymbol{x}}) < \delta$, 就有 $|f(\boldsymbol{x}) - f(\widetilde{\boldsymbol{x}})| < \varepsilon$. 由此可导出

$$f(O(\widetilde{\boldsymbol{x}}, \delta)) \subset (f(\widetilde{\boldsymbol{x}})-\varepsilon, f(\widetilde{\boldsymbol{x}})+\varepsilon) \subset G,$$

从而

$$O(\widetilde{\boldsymbol{x}}, \delta) \subset f^{-1}(f(O(\widetilde{\boldsymbol{x}}, \delta))) \subset f^{-1}(G),$$

也即点 $\widetilde{\boldsymbol{x}}$ 必为 $f^{-1}(G)$ 的内点. 注意到集 $f^{-1}(G)$ 中点 $\widetilde{\boldsymbol{x}}$ 的任意性, 由此也即证得: $\mathbb{R}$ 中任意的开集 G 的原像 $f^{-1}(G)$ 必为空间 X 中的开集.

“$\Longleftarrow$”: 对于任意一点 $\widetilde{\boldsymbol{x}} \in X$, 以及任意的数 $\varepsilon > 0$, 由于开区间 $I(f(\widetilde{\boldsymbol{x}}), \varepsilon) \triangleq (f(\widetilde{\boldsymbol{x}})-\varepsilon, f(\widetilde{\boldsymbol{x}})+\varepsilon)$ 是 $\mathbb{R}$ 中的开集, 因此, 从假设可知 $f^{-1}(I(f(\widetilde{\boldsymbol{x}}), \varepsilon))$ 也必为空间 X 中的开集. 特别地, 点 $\widetilde{\boldsymbol{x}} \in f^{-1}(I(f(\widetilde{\boldsymbol{x}}), \varepsilon))$ 必为集 $f^{-1}(I(f(\widetilde{\boldsymbol{x}}), \varepsilon))$ 的内点. 这样, 从定义即可导出: 存在 X 中以 $\widetilde{\boldsymbol{x}}$ 为心的开球 $O(\widetilde{\boldsymbol{x}}, \delta)$($\delta$ 为某一正数), 使得 $O(\widetilde{\boldsymbol{x}}, \delta) \subset f^{-1}(I(f(\widetilde{\boldsymbol{x}}), \varepsilon))$. 从而我们得到

$$f(O(\widetilde{\boldsymbol{x}}, \delta)) \subset f(f^{-1}(I(f(\widetilde{\boldsymbol{x}}), \varepsilon))) \subset I(f(\widetilde{\boldsymbol{x}}), \varepsilon),$$

也即, 对于 X 中任意点 $\widetilde{\boldsymbol{x}}$, 以及任意的 $\varepsilon > 0$, 必存在正数 δ, 使得当 $d(\boldsymbol{x}, \widetilde{\boldsymbol{x}}) < \delta$ 时, 有 $|f(\boldsymbol{x}) - f(\widetilde{\boldsymbol{x}})| < \varepsilon$. 因此, 我们便得到了泛函 f 在 $\widetilde{\boldsymbol{x}}$ 点的连续性. 最后从上述 $\widetilde{\boldsymbol{x}}$ 的任意性, 也即 f 在 X 上是连续的.

总上, 本引理得证. □

注 8 *完全用上面的证法, 不难导出, 上面的引理当换“泛函” f 为 (从距离空间 X 映到距离空间 Y 的) 映射 A 时, 仍旧是成立的 (更一般地, 在后继的点集拓扑课程中, 事实上, 上面的引理对于任意的“拓扑空间”之间的映射 (算子) 也均是成立的, 并且, 其证明方法也几乎完全不变).*

有了上面的引理, 直接从紧集及自列紧集的定义, 不难导出下面有关连续泛函的又一个命题:

定理 5 *设 (X, d) 是一个距离空间, f 为 X 上的一个连续泛函, 那么, f 必将 X 中的任何紧集 (自列紧集)K 映射为 $\mathbb{R}$ 中的紧集 (自列紧集)$f(K)$.*

证明 我们仍然分别就 K 为紧集与自列紧集来验证本定理结论.

证法一: 设 K 为 X 中的一个紧集, 且 $\{G_\lambda : \lambda \in \Lambda\}$ 为 $\mathbb{R}$ 中集 $f(K)$ 的任何一个

开覆盖. 那么, 由 f 连续性的假设以及上面引理可知, 其每个原像 $f^{-1}(G_\lambda)$ 必亦为 X 中的开集 ($\forall\ \lambda \in \Lambda$); 并且, 我们显然也可以看出, 集族 $\{f^{-1}(G_\lambda) : \lambda \in \Lambda\}$ 必然也构成了 X 中的紧集 K 的一个开覆盖. 于是, 从紧集的定义, 可知其必存在有限子覆盖 $\{f^{-1}(G_k) : 1 \leqslant k \leqslant k_1\}$, 也即有

$$K \subset \bigcup_{k=1}^{k_1} f^{-1}(G_k).$$

因此, 不难导出

$$f(K) \subset f\left(\bigcup_{k=1}^{k_1} f^{-1}(G_k)\right) = \bigcup_{k=1}^{k_1} f(f^{-1}(G_k)) \subset \bigcup_{k=1}^{k_1} G_k.$$

从而由定义我们得知 $f(K)$ 必为 $\mathbb{R}$ 中的紧集.

证法二: 设 K 为 X 中一个自列紧集, 且 $\{\xi_n\}$ 为 $f(K)$ 内的任意一个无穷数列. 首先, 我们可以找到相应空间 X 中的点列 $\{\boldsymbol{x}_n\} \subset K$, 使得 $f(\boldsymbol{x}_n) = \xi_n$ ($\forall\ n \in \mathbb{N}$). 这样一来, 从 K 的自列紧的假设, 我们便知: 必存在子列 $\{\boldsymbol{x}_{n_k}\} \subset \{\boldsymbol{x}_n\} \subset K$, 使得

$$\lim_{k\to\infty} \boldsymbol{x}_{n_k} = \boldsymbol{x}_0 \in K.$$

由此, 注意到 f 在 K 上的连续性假设, 可导出

$$\lim_{k\to\infty} \xi_{n_k} = \lim_{k\to\infty} f(\boldsymbol{x}_{n_k}) = f(\boldsymbol{x}_0) \in f(K),$$

此即证得数集 $f(K)$ 亦是一个自列紧集.

总上我们证得本定理结论. □

注 9　与上面注 8 一样, 上述定理 5, 当将泛函 f 换为距离空间 X 到距离空间 Y 的连续映射时, 上面的结论及相应的证明方法完全是正确的 (更一般地, 当上两空间变为一般的"拓扑空间"时, 上结论也是正确的, 并且相应证法也几乎完全不变).

4.9　连通集上连续函数的性质

为了介绍在连通集上连续泛函的特性, 我们先介绍在 $\mathbb{R}$ 中一元连续函数的"(中) 介值定理". 为此, 我们先从一个常识说起, 这是生活中常见的事实. 例

如图 1, 一条从北向南的连续流淌的小河流经 A 和 B 两地, 而在 A, B 之间的第三地 C 的人们欲从东向西而去 (如图 1). 那么, 只要这些人按此方向直行, 其必然要被此河所阻挡. 而这正是我们下面所讲的有关连续函数的介值定理.

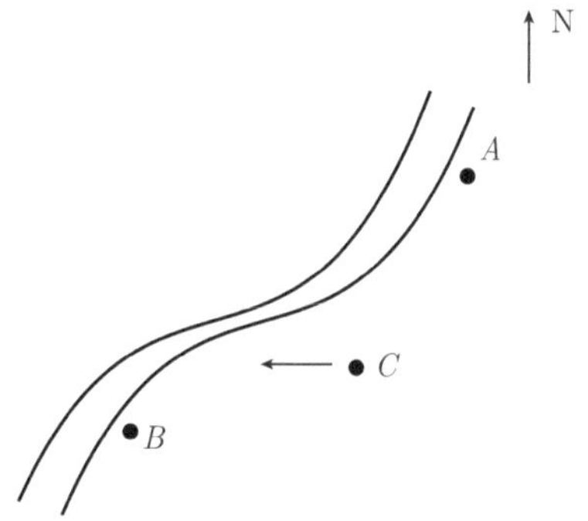

图 1

定理 1 (介值定理) 设一元函数 $f(x)$ 在 (a,b) 内连续, 那么, 对于任意两个不同的函数值 $f(x_1)$ 和 $f(x_2)$(其中: x_1, x_2 为 (a,b) 内两点), 只要数 c 在 $f(x_1)$ 与 $f(x_2)$ 之间, 则必存在 x_1 与 x_2 间的一点 x_c, 使得 $f(x_c)=c$.

证明 我们用两种方法来验明定理结论.

证法一: 首先, 不妨设 $x_1<x_2$ 及 $f(x_1)<f(x_2)$, 那么, $f(x_1)<c<f(x_2)$. 然后, 将闭区间 $\Delta_0 \triangleq [x_1,x_2]$ 二等分, 则当分点的值 $f\left(\dfrac{x_1+x_2}{2}\right)>c$ 时, 令 $x_2^{(1)}=\dfrac{x_1+x_2}{2}$ 及 $x_1^{(1)}=x_1$(不变); 而当 $f\left(\dfrac{x_1+x_2}{2}\right)<c$ 时, 令 $x_1^{(1)}=\dfrac{x_1+x_2}{2}$ 及 $x_2^{(1)}=x_2$(不变). 接着, 再将闭区间 $\Delta_1 \triangleq [x_1^{(1)},x_2^{(1)}]$ 二等分, 类似地, 当分点的函数值 $>c$ 时, 令 $x_2^{(2)}=\dfrac{x_1^{(1)}+x_2^{(1)}}{2}$ 及 $x_1^{(2)}=x_1^{(1)}$; 而当分点的函数值 $<c$ 时, 令 $x_1^{(2)}=\dfrac{x_1^{(1)}+x_2^{(1)}}{2}$ 及 $x_2^{(2)}=x_2^{(1)}$ (注意, 这样的证法我们曾在前面 1.5 节定理 2 时类似使用过. 此外, 还需注意, 在上面做法中, 如果在某一区间的中点处函数值已取到 c, 则本定理结论已经得证. 因此, 上面以及以后的做法中, 我们均假定各二等分点处的函数值均取不到 c), ⋯⋯ 如此做下去, 得到一个"闭区间套"$\{\Delta_n\}$(且有 $|\Delta_n|\to 0$, 当 $n\to\infty$ 时). 由此, 从闭区间套定理可知: 存在一点 x_c, 使得 $\bigcap\limits_{n=1}^{\infty}\Delta_n=\{x_c\}$.

最后, 注意到, 区间 $\Delta_n=[x_1^{(n)},x_2^{(n)}]$ ($\forall\, n\in\mathbb{N}$) 有性质:

$$\lim_{n\to\infty}x_1^{(n)}=\lim_{n\to\infty}x_2^{(n)}=x_c. \tag{1}$$

另外, 从上面取法, 有

$$f(x_1^{(n)})<c \quad 及 \quad f(x_2^{(n)})>c, \qquad \forall\, n\in\mathbb{N}. \tag{2}$$

故由函数 f 的连续性以及极限的保序性, 从上面 (1) 和 (2) 两式则可导出

$$f(x_c)=\lim_{n\to\infty}f(x_1^{(n)})\leqslant c \quad 及 \quad f(x_c)=\lim_{n\to\infty}f(x_2^{(n)})\geqslant c.$$

由此, 得到 $f(x_c) = c$, 且从 x_c 的取法显然可知 $x_c \in [x_1, x_2]$, 从而本定理得证.

证法二: 同样地, 不妨设 $x_1 < x_2$ 及 $f(x_1) < f(x_2)$. 然后, 令集

$$M \triangleq \{x \in [x_1, x_2] : f(x) < c\}.$$

那么, 由假设 $f(x_1) < c$ 可知 $M \neq \varnothing$; 而由假设 $f(x_2) > c$ 还知 M 是有上界的数集. 于是, 从 Cantor 确界定理可导出: M 的上确界

$$x_c \triangleq \sup M \text{ 存在,} \quad \text{且有 } x_c \in [x_1, x_2].$$

下面, 我们来证明此数 x_c 即为定理所求.

事实上, 从 4.7 节 (二) 中的例 5, 不难知道: 上面集 M 必是区间 $[x_1, x_2]$ 中的一个"相对开集"(也即为全空间的某一开集与区间 $[x_1, x_2]$ 之"交"), 由此可知 $x_c \notin M$ (否则, 从其为 $[x_1, x_2]$ 的内点将导出 x_c 就不可能为集 M 的一个"上界"了). 此外, x_c 同样也不能为 M 在 $[x_1, x_2]$ 上的余集 $M^c \triangleq \{x \in [x_1, x_2] : f(x) \geqslant c\}$ 的"相对内点"(否则, 同样从其为 $[x_1, x_2]$ 的内点将导出 x_c 就不可能为集 M 的一个"最小"上界了).

总上则知, x_c 必属于集 M 的"边界集" ∂M. 这样, 由 4.7 节 (二) 中"边界点"的定义, 可得在 x_c 的任一"相对开邻域"中, 必均既有 M 的点又有余集 M^c 的点. 因而必存在点列 $\{x_n\} \subset M$ 及 $\{\check{x}_n\} \subset M^c$, 使得

$$\lim_{n\to\infty} x_n = x_c \quad \text{及} \quad \lim_{n\to\infty} \check{x}_n = x_c.$$

最后, 从 f 的连续性假设和上面集 M 及余集 M^c 的定义, 再由上两关系式可导出

$$f(x_c) = \lim_{n\to\infty} f(x_n) \leqslant c \quad \text{及} \quad f(x_c) = \lim_{n\to\infty} f(\check{x}_n) \geqslant c,$$

也即得到 $f(x_c) = c$. 从而证得定理. □

为了将上面有关一元函数的 (中) 介值定理推广到在任意距离空间中定义的连续泛函中去, 我们将要看到, 其实质是泛函的定义域必须要满足所谓"连通性"的假设. 为此, 我们先给出这一定义如下:

定义 在距离空间 (X, d) 中, 非空集合 D 的任意一个"分割"(即有: $A \neq \varnothing$, $B \neq \varnothing$, 使得 $D = A \cup B$ 且 $A \cap B = \varnothing$) 如果均有以下性质:

$$\text{或 } A \cap B' \neq \varnothing, \quad \text{或 } A' \cap B \neq \varnothing,$$

即至少有一"分量"含有另一"分量"的聚点, 那么, 我们就称集 D 是空间的一个**连通集** (此外, 连通的开集, 我们称为**区域**, 而区域的闭包则称为**闭区域**. 这两个概念我们在以后将会用到).

注 1 再次注意到前面 4.6 节中注 6 所讲过的论证逻辑, 从上定义显然可知: 单点集必是连通集. 此一结论在后面的引理 3 的证明中是必须的.

注 2 上面连通集的概念是抽象了一些. 人们熟悉的“连通”概念就如同电网的连通一样, 这在数学上则称之为“道路连通”. 而数学上常用上述的“连通”集定义, 则是因为它更广泛且对数学的研究更适用 (事实上, 凡“道路连通”集必为“连通”集). 当然, 比之“道路连通”, “连通”集的概念是不易直观理解和记忆的. 这里, 我们提供一个记忆的方法, 仅供参考, 那就是记住中国的一句俗语:“打断骨头连着筋”, 也即对于 D, 虽然“一刀”将其分割为了两块, 但是它们却由于“聚点”而仍然连接着 (不是这一部分的“聚点”就是另一部分的“聚点”使此两部分仍“连接”着).

首先, 我们给出一个与人们想象很一致的有关连通开集的命题 (因为任何一个开集的“分割”, 则将其“分割点”无论给予其任何一个“分量”则此“分量”就不可能为开集). 此引理不但在本节必须使用, 并且在以后的 6.3 节定理 7 的证明中还需要使用.

引理 1 (连通开集之特征) 空间 (X,d) 内的一个“开集”G, 其必有以下特性:

$$G \text{ 为连通集} \Longleftrightarrow G \text{ 不能“分割”为两个开集.}$$

证明 “$\Longrightarrow$”: 反之, 如果存在两个非空、不交的开集 G_1 和 G_2, 使得 $G = G_1 \cup G_2$, 那么, 直接从开集的定义便可得知: G_1 不可能含有 G_2 的聚点, G_2 也不可能含有 G_1 的聚点. 因此, 与 G 的连通性假设矛盾!

“$\Longleftarrow$”: (下面, 我们用“逆否”形式来验明所需结果) 反之, 如果 G 不是连通集, 那么由定义则知: 存在两个非空、不交的集 A 和 B, 使得 $G = A \cup B$, 且有

$$A \cap B' = A' \cap B = \varnothing. \tag{3}$$

这样, 对于任意元 $\boldsymbol{a} \in A \subset G$, 从 G 是开集的假设, 则有 $\boldsymbol{a}$ 的一个开球 $O(\boldsymbol{a},\delta) \subset G$; 而从 (3) 式, 又有 $\boldsymbol{a} \notin B'$, 故 (注意从 $\boldsymbol{a}$ 的取法显然可知 $\boldsymbol{a} \notin B$) 又存在 $\boldsymbol{a}$ 的一个开球 $O(\boldsymbol{a},\widetilde{\delta})$, 使得 $O(\boldsymbol{a},\widetilde{\delta}) \cap B = \varnothing$.

于是, 从上两球的取法, 以及 G 的分割为 A 及 B, 可以导出: 当令 $\delta_0 = \min(\delta,\widetilde{\delta})$ 时, 必有 $O(\boldsymbol{a},\delta_0) \subset A$, 由此得知 A 必为开集.

完全用上面类似的方法, 同样可以得知 B 也必为开集.

总上即得: 只要 G 不是连通集, 则必可分割为两个开集的并. 因而, 从此逆否命题便可导出本引理结论. □

引理 1′ 距离空间 (X,d) 中的任何一个连通集 D, 其必不能“分割”为 D 的两个“相对开集”之并.

证明 首先, 回忆到在前面定理 1 的 (证法二) 中我们曾经说过: 一个集的"相对开集"即为此集与空间某一开集之"交". 因此, 若 D 可以"分割"为其两个"相对开集"之并, 则必存在空间 X 的两个不交的开集 G_1 与 G_2, 使得

$$D = O_1 \cup O_2, \text{ 且 } O_i = D \cap G_i \ (i = 1, 2).$$

这样, 我们**换在距离空间** (D, d) **中来观察**, 那么, 从前面 4.7 节的 (一), 显然可知, "全空间" D 必为开集, 并且不难验证 D 内的两个集 $O_i = D \cap G_i \ (i = 1, 2)$ 也必为空间 D 内的两个不交的开集. 这样一来, 从上面引理 1 便可直接导出本引理结论. □

为导出我们所需的定理, 我们还需要下面的两个引理:

引理 2 在 $\mathbb{R}$ 中, 任何一个非单点的集 E 是连通集的充分必要条件是: E 为"区间"(包括有限、无限、开、闭、半开半闭等区间).

证明 **必要性**: 反之, 如果 $\mathbb{R}$ 中有一连通集 E 其不是区间, 那么, 必存在两点 $x_1, x_2 \in E$, 使得有点 $\widetilde{x} \in [x_1, x_2]$ 但 $\widetilde{x} \notin E$. 这样一来, 我们定义 E 中的两个子集:

$$A \triangleq \{x \in E : x < \widetilde{x}\} \quad \text{及} \quad B \triangleq \{x \in E : x > \widetilde{x}\},$$

则显然有关系式

$$A \neq \varnothing, \quad B \neq \varnothing, \quad \text{以及 } E = A \cup B,$$

也即 A, B 为 E 的一个"分割". 此外, 如果 $A' \neq \varnothing$, 那么, 对于任一点 $c \in A'$, (从集 A 的定义) 必有 $c \leqslant \widetilde{x}$, 由此 (从 B 的定义) 可知 $c \notin B$, 也即导出 $A' \cap B = \varnothing$. 类似地, 如果 $B' \neq \varnothing$, 那么相应地也可导出 $B' \cap A = \varnothing$.

总上, 从定义则知 E 不是连通集, 矛盾! 从而归谬证得此必要性结论.

充分性: 设 E 为 $\mathbb{R}$ 中一个区间, 且 $E = A \cup B$ 为 E 的任意一个分割. 由于 $A \neq \varnothing$, $B \neq \varnothing$, 故必存在数 $a \in A$ 和 $b \in B$, 不妨设 $a < b$.

从 E 是区间的假定, 由上则知 $[a, b] \subset E$. 今取 a, b 的中点 $\dfrac{a+b}{2}$, 注意到 A 和 B 是 E 的一个分割, 则当 $\dfrac{a+b}{2} \in A$ 时, 令 $a_1 = \dfrac{a+b}{2}$, $b_1 = b$; 而当 $\dfrac{a+b}{2} \in B$ 时, 令 $a_1 = a$, $b_1 = \dfrac{a+b}{2}$. 然后, 将闭区间 $[a_1, b_1]$ 又二等分, 并类似上面处理而得到其子区间 $[a_2, b_2]$ (注意, 此方法在上面定理 1 中已曾再次用过), ⋯⋯ 如此做下去, 我们则得到一个"闭区间套" $\{[a_n, b_n] : a_n \in A, \ b_n \in B, \ n \in \mathbb{N}\}$, 并且显然有关系 $|[a_n, b_n]| \to 0$(当 $n \to \infty$ 时). 由此, 从闭区间套定理可知: 存在一点 c, 使得 $\bigcap\limits_{n=1}^{\infty} [a_n, b_n] = \{c\}$. 因而, 我们便可得到关系式

$$\lim_{n \to \infty} a_n = \lim_{n \to \infty} b_n = c.$$

最后, 注意到 $c \in E$, 故从分割的定义以及上式立即导出: 当 $c \in A$ 时, 必有 $c \in B'$, 此即得到 $A \cap B' \neq \varnothing$; 当 $c \in B$ 时, 必有 $c \in A'$, 此则得到 $A' \cap B \neq \varnothing$. 由此我们证得区间 E 必是一个连通集.

总上, 本引理得证. □

引理 3 *设 (X, d) 为一距离空间, f 为 X 上的一个连续泛函, 那么, f 必将 X 中的任何连通集 D 映射为 $\mathbb{R}$ 中的连通集.*

证明 设 D 为空间 X 的一个连通集. 首先, 如果泛函 f 在 D 上恒取一个常数, 那么, f 则将集 D 映为 $\mathbb{R}$ 中的一个"单点集". 于是, 从前面注 1 即可导出, 此时本引理的结论是成立的.

下面, 设泛函 f 在 D 上不恒取常数, 并设 $\mathbb{R}$ 中的集 $f(D)$ 有任一"分割" $f(D) = A \cup B$. 那么, 从"分割"的定义 (即 $A, B \neq \varnothing$ 且 $A \cap B = \varnothing$) 可知 $D \subset f^{-1}(A) \cup f^{-1}(B)$. 因此, 注意到 A 和 B 是 $f(D)$ 的一个"分割", 容易看到 $D = \left(f^{-1}(A) \cap D\right) \cup \left(f^{-1}(B) \cap D\right)$ 亦为 D 的一个分割 (再次注意前面 4.1 节的注 3) . 而注意到 D 是连通集的假设, 故不妨假设集 $f^{-1}(A) \cap D$ 含有集 $f^{-1}(B) \cap D$ 的聚点, 则有 D 中的元列 $\{\widetilde{\boldsymbol{y}}_n\} \subset f^{-1}(B)$ 及 D 中的元 $\boldsymbol{y}_0 \in f^{-1}(A)$, 使得成立关系式

$$\widetilde{\boldsymbol{y}}_n \to \boldsymbol{y}_0, \qquad \text{当 } n \to \infty \text{ 时}.$$

这样, 由 f 的连续性假设, 可导出

$$f(\widetilde{\boldsymbol{y}}_n) \to f(\boldsymbol{y}_0), \qquad \text{当 } n \to \infty \text{ 时}.$$

注意到上面的取法, 由于数列 $\{f(\widetilde{\boldsymbol{y}}_n)\} \subset B$, 数 $f(\boldsymbol{y}_0) \in A$. 从上关系式, 我们立即得到 $B' \cap A \neq \varnothing$. 从而得知 $f(D)$ 是 $\mathbb{R}$ 中的一个连通集. □

注 3 *上面的引理 3, 当将那里的连续泛函换为从距离空间 (X, d) 到距离空间 (Y, d_1) 内的连续映像时, 其结论仍是正确的; 并且, 其证明方法与步骤也是与上面完全类似的.*

有了上面三个引理, 不难将区间上定义的一元连续函数的介值定理推广到任意距离空间之连通集上的连续泛函中去, 我们有下面的定理.

定理 2 (一般的介值定理) *设 (X, d) 为一距离空间, $D \subset X$ 为一连通集, f 为 D 上定义的连续泛函, 那么, 对于 D 内任意两元 $\boldsymbol{a}$ 和 $\boldsymbol{b}$, 以及数 $\xi \in (f(\boldsymbol{a}), f(\boldsymbol{b}))$, 必存在元 $\boldsymbol{c} \in D$, 使得 $f(\boldsymbol{c}) = \xi$.*

证明 下面用两种证法来验明定理: 一个是利用前面两个引理以及像与原像之间的关系, 另一个则直接利用连续泛函的原像性质和引理 $1'$ 来导出.

证法一: 首先, 利用上面引理 3 可知, 由于 D 是 X 中的连通集, 故在连续泛函 f 的作用下, $f(D)$ 亦为 $\mathbb{R}$ 中的连通集. 然后, 利用引理 2, 则知 $f(D)$ 必为 $\mathbb{R}$ 中的

一个区间. 这样一来, 从假设 $\boldsymbol{a}, \boldsymbol{b} \in D$, 故知区间 $[f(\boldsymbol{a}), f(\boldsymbol{b})] \subset f(D)$. 因此, 再由假设 $f(\boldsymbol{a}) < \xi < f(\boldsymbol{b})$, 我们立即从前面闭区间被包含的集合间之关系式导出: 存在元 $\boldsymbol{c} \in D$, 使得 $f(\boldsymbol{c}) = \xi$, 从而定理得证.

证法二: 用归谬法. 反之, 如有 $f(\boldsymbol{x}) \neq \xi$ ($\forall\ \boldsymbol{x} \in D$), 我们可以 (类似前面引理 1 的证法) 令

$$A \triangleq \{\boldsymbol{x} \in D : f(\boldsymbol{x}) < \xi\}$$

和

$$B \triangleq \{\boldsymbol{x} \in D : f(\boldsymbol{x}) > \xi\}.$$

则 A, B 显然为空间 X 中的两个"非空"集; 并且如同上面定理 1 的 (证法二) 中所叙述, 由上节 (二) 中的例 6 (类似不难得知关于集 B 的相应结论), 还可得知 D 的子集 A 和 B 均是 D 内的"(相对) 开集"(也即其必为 D 与全空间的某一开集之"交"). 这样, 从前面引理 $1'$ 的逆否命题, 可以导出 D 不是一个连通集, 而此显然与定理的假设矛盾! 因此, 我们归谬证得本定理. □

注 4 上面定理当连续函数或泛函的定义域不是连通集, 其结论显然未必成立. 我们可以观察下面的两个反例.

反例 1 设一元函数 $f(x) = x$ 在 $\mathbb{R}$ 中的集 $(0,1) \cup (2,3)$ 上定义, 那么, 显然对于任意的数 $\xi \in (1,2)$, 虽然有关系 $f\left(\dfrac{1}{2}\right) < \xi < f\left(\dfrac{5}{2}\right)$, 但是函数 $f(x)$ 在其定义域内均不可能取到 ξ.

反例 2 在任意距离空间 (X,d) 中, 设 $G = G_1 \cup G_2$(这里, G_1 和 G_2 均为 X 中的开集). 那么, 从引理 1 可知: G 不是连通集, 而对于 G 上定义的连续函数 f:

$$f(\boldsymbol{x}) = \begin{cases} 1, & \text{当 } \boldsymbol{x} \in G_1 \text{ 时}, \\ 0, & \text{当 } \boldsymbol{x} \in G_2 \text{ 时}, \end{cases}$$

显然在 G 上不满足介值定理.

下面, 我们再给出定理 2 的几个推理. 首先, 有下面四个推理.

推理 1(根的存在定理) 设 (X,d) 为一距离空间, $D \subset X$ 为一连通集, f 为 D 上定义的连续泛函. 那么, 对于 D 内两元 $\boldsymbol{a}$ 和 $\boldsymbol{b}$, 如果有 $f(\boldsymbol{a}) \cdot f(\boldsymbol{b}) < 0$, 则必存在元 $\boldsymbol{c} \in D$, 使得 $f(\boldsymbol{c}) = 0$.

从推理 1, 我们不难归谬地推得下面结论 (请读者自证之):

推理 2 在推理 1 的假设下, 如果泛函 f 在 D 内均有 $f(\boldsymbol{x}) \neq 0$ ($\forall\ \boldsymbol{x} \in D$), 那么, 必均有

$$f(\boldsymbol{x}) > 0 \text{ (或者 } f(\boldsymbol{x}) < 0 \text{)}, \qquad \forall\ \boldsymbol{x} \in D.$$

推理 3 在推理 1 中, 如果令 $X = \mathbb{R}$, $D = [a,b]$, 那么, 在 $[a,b]$ 上定义的函数 $f(x)$ 是"1-1"对应的充分必要条件是 $f(x)$ 是严格单调的.

推理 4 在 $\mathbb{R}$ 上定义的任何奇次多项式方程必有实根.

证明 设方程为

$$y(x) = \lambda_0 x^{2n+1} + \lambda_1 x^{2n} + \cdots + \lambda_{2n} x + \lambda_{2n+1},$$

这里, $\lambda_k \in \mathbb{R}$, $k = 0, 1, \cdots, 2n+1$, 且 $\lambda_0 \neq 0$, 不失一般性, 可假定 $\lambda_0 > 0$. 那么, 由于当 $x \neq 0$ 时, 恒等式

$$y(x) = x^{2n+1}\left(\lambda_0 + \frac{\lambda_1}{x} + \frac{\lambda_2}{x^2} + \cdots + \frac{\lambda_{2n}}{x^{2n}} + \frac{\lambda_{2n+1}}{x^{2n+1}}\right),$$

故

$$\lim_{x\to+\infty} y(x) = +\infty \quad 及 \quad \lim_{x\to-\infty} y(x) = -\infty.$$

这样, 从上面两极限式的定义, 我们显然可以取到一个正实数 x_0, 使得

$$y(x_0) > 0 \quad 及 \quad y(-x_0) < 0.$$

于是, 从上面多项式函数 $y(x)$ 在 $[-x_0, x_0]$ 上连续, 以及推理 1, 便可得到本推理的结果. □

此外, 结合着上节的定理 2, 我们还有下面两个推理:

推理 5(泛函的值域特性) 设 (X, d) 为一距离空间, $K \subset X$ 为 X 内连通的紧集, f 为 K 上定义的连续泛函, 那么, 泛函值域 $f(K) = [\alpha, \beta]$ (这里 $\alpha = \min\limits_{\boldsymbol{x}\in K} f(\boldsymbol{x})$, $\beta = \max\limits_{\boldsymbol{x}\in K} f(\boldsymbol{x})$).

推理 6 设一元函数 $y(x)$ 在半开区间 $[\alpha_0, \beta_0)$ 上连续且无最大值, 并且, 对于其内的任意开区间 $(\alpha, \beta) \subset [\alpha_0, \beta_0)$, $y(x)$ 均在 (α, β) 内无最小值, 那么, $y(x)$ 在 $[\alpha_0, \beta_0)$ 上必是严格单调递增的.

证明 我们用归谬法来验证本命题结论. 反之, 如有两点 $x_1, x_2 \in [\alpha_0, \beta_0)$, 使得 $x_1 < x_2$, 但却有 $y(x_1) \geqslant y(x_2)$, 那么, 我们分以下两种情况来分别讨论:

1) 当 $y(x_1) > y(x_2)$ 时, 首先, 由函数 $y(x)$ 连续性的假设可知 $y(x)$ 在闭区间 $[\alpha_0, x_2]$ $(\subset [\alpha_0, \beta_0))$ 上有最大值 (参见上节的定理 1); 而从本推理开首的假设, 由此则可导出: 函数在开区间 (x_2, β_0) 上必无最大值. 因此, 必存在点 $x_3 \in (x_2, \beta_0)$, 使有 $y(x_3) \geqslant y(x_1)$. 于是, 注意到在闭区间 $[x_1, x_3]$ 上的连续函数 $y(x)$ 必有最小值 (参见上节的定理 2), 但是此最小值不可能在上述区间两个端点取到 (实因, 对于其内的点 $x_2 \in (x_1, x_3)$, 从本段开始的约定已知 $y(x_1) > y(x_2)$, 而从上面的推导又知 $y(x_3) > y(x_2)$. 因此, $y(x_2)$ 比函数在两端点所取之值均小). 此即导出函数 $y(x)$ 在开区间 (x_1, x_3) 内可以有最小值, 而此显然与推理的假设矛盾!

2) 当 $y(x_1) = y(x_2)$ 时, 若存在点 $\widetilde{x}_1 \in (x_1, x_2)$, 使得

$$y(\widetilde{x}_1) > y(x_2)\ (= y(x_1)),$$

我们将此处的 $\widetilde{x}_1$ 代替上段 1) 中的 x_1 来讨论, 那么, 同样可以导出矛盾的结果. 而当均有

$$y(x) \leqslant y(x_1) = y(x_2)$$

时, 由连续函数 $y(x)$ 在闭区间 $[x_1, x_2]$ 上必有最小值, 以及上式则知 $y(x)$ 在相应的开区间 (x_1, x_2) 内亦有最小值. 因而显然与推理的假设矛盾!

总上, 我们归谬地证得了本推理结论. □

直接利用上面推理 6 的结果, 容易得到下面一个"变形"的且十分有用的推理.

推理 6′ 设函数 $y(x)$ 在闭区间 $[\alpha_0, \beta_0]$(或者开区间 (α_0, β_0)) 上连续, 并且对于其内的任意开区间

$$(\alpha, \beta) \subset [\alpha_0, \beta_0] \text{ (对应地, } (\alpha, \beta) \subset (\alpha_0, \beta_0)),$$

$y(x)$ 在 (α, β) 上均无最大和最小值, 那么, $y(x)$ 必在 $[\alpha_0, \beta_0]$(相应地, (α_0, β_0)) 上是严格单调的.

下面, 作为本节的结束, 我们再给出一个类似于上节命题 1*, 但却更一般性的命题.

推理 7 设 E 为任一实赋范空间, $E_0 \subset E$ 为其某一赋范子空间 (即 E_0 为 E 的一个线性子空间, 并且具有同样的范数), 那么, 对于任意的元 $\boldsymbol{x}_1 \in E$, 实泛函

$$f(\boldsymbol{y}) \triangleq \|\boldsymbol{x}_1 - \boldsymbol{y}\|, \qquad \forall\, \boldsymbol{y} \in E_0$$

必可取到 $[\|\boldsymbol{x}_1\|, +\infty)$ 内任意数值.

证明 首先, 类似上节的推理 3*, 从范数定义即可导出

$$|f(\boldsymbol{y}_1) - f(\boldsymbol{y}_2)| \leqslant \|\boldsymbol{y}_1 - \boldsymbol{y}_2\|, \qquad \forall\, \boldsymbol{y}_1, \boldsymbol{y}_2 \in E_0.$$

因此可知 $f(\boldsymbol{y})$ 为定义在赋范空间 E_0 上的 (一致) 连续泛函. 此外, 显然有

$$f(\boldsymbol{\theta}) = \|\boldsymbol{x}_1\|, \tag{4}$$

以及关系式

$$f(\boldsymbol{y}) = \|\boldsymbol{x}_1 - \boldsymbol{y}\| \geqslant \|\boldsymbol{y}\| - \|\boldsymbol{x}_1\|, \qquad \forall\, \boldsymbol{y} \in E_0. \tag{5}$$

故从上面 (5) 式, 我们又有

$$\lim_{\|\boldsymbol{y}\| \to +\infty} f(\boldsymbol{y}) = +\infty. \tag{6}$$

这样, 对于任意的数 $\xi \in [\|\boldsymbol{x}_1\|, +\infty)$, 从上面 (6) 式可知, 必存在 $\boldsymbol{y}_0 \in E_0$, 使得 $f(\boldsymbol{y}_0) > \xi$. 由此, 结合上面 (4) 式, 我们立即得到关系式

$$f(\boldsymbol{y}_0) > \xi > f(\boldsymbol{\theta}).$$

于是, 由连通集上连续泛函的特性 (定理 2), 必存在元 $\boldsymbol{y}_\xi \in E_0$, 使得 $f(\boldsymbol{y}_\xi) = \xi$.

最后, 从上述 ξ 在区间 $[\|\boldsymbol{x}_1\|, +\infty)$ 内的任意性, 也即证得本推理结论. □

注 5 注意, 在推理 7 中, 泛函 f 在赋范子空间 E_0 中未必能取到其下确界 (也即, $f(\boldsymbol{y})$ 在 E_0 中未必有最小值), 因此, 虽然连续泛函 $f(\boldsymbol{y})$ 也"可能"取到"小于 $\|\boldsymbol{x}_1\|$"的值, 但我们就不作讨论了.

4.10 有限维赋范空间中的线性泛函与凸泛函

在本节, 我们将要介绍两种常用的泛函, 即在一般的赋范空间中定义的线性泛函与凸泛函. 我们将要特别指出的是, 此两种常用的泛函, 当其定义域在有限维赋范空间时 (特别地, 在任意 Euclid 空间 $\mathbb{R}^n$ 时), 必然均是连续的 (这里, 有关赋范空间的概念可以参阅 4.1 节中的注 4 和注 5*).

(一)

首先, 我们给出在一般的线性空间中有关"可加""齐性"(和"正齐性""绝对齐性")"线性"映射 (算子) 及泛函的定义:

定义 1 设 X 和 Y 是两个线性空间, T 是从 X 到 Y 内的一个映像 (算子). 我们称 T 是**可加的**, 是指

$$T(\boldsymbol{x}_1 + \boldsymbol{x}_2) = T(\boldsymbol{x}_1) + T(\boldsymbol{x}_2), \qquad \forall\, \boldsymbol{x}_1, \boldsymbol{x}_2 \in X;$$

称 T 为**齐性的**, 是指

$$T(\alpha \boldsymbol{x}) = \alpha T(\boldsymbol{x}), \qquad \forall\, \alpha \in \mathbb{R},\ \boldsymbol{x} \in X;$$

称 T 为**正齐性的**, 是指上式仅对 $\alpha \geqslant 0$ 成立; 而当上式变为

$$T(\alpha \boldsymbol{x}) = |\alpha| T(\boldsymbol{x}), \qquad \forall\, \alpha \in \mathbb{R},\ \boldsymbol{x} \in X$$

时, 我们则称 T 为**绝对齐性的**. 特别地, 如有

$$T(\alpha_1 \boldsymbol{x}_1 + \alpha_2 \boldsymbol{x}_2) = \alpha_1 T(\boldsymbol{x}_1) + \alpha_2 T(\boldsymbol{x}_2), \qquad \forall\, \alpha_1, \alpha_2 \in \mathbb{R},\ \boldsymbol{x}_1, \boldsymbol{x}_2 \in X,$$

我们就称 T 为**线性算子**.

定义 1′ 在上定义 1 中, 当映像 T 的值域 $Y = \mathbb{R}$(数域) 时, 我们则称上述相应的"算子"为**泛函**(也即, 我们就可得到相应的**可加泛函**、**(正、绝对) 齐性泛函**, 以及**线性泛函**的定义).

下面我们来介绍有关“可加”算子的连续性的几个定理. 首先, 我们介绍两个引理:

引理 1　设 T 为赋范空间 E 到 E_1 内的“可加”算子, 那么

$$T \text{ 在某一点 } \boldsymbol{x}_0 \in E \text{ 连续} \Longrightarrow T \text{ 在全空间 } E \text{ 上均连续}.$$

证明　对于任意的点 $\boldsymbol{x}_1 \in E$, 当 E 中的点 $\boldsymbol{x} \to \boldsymbol{x}_1$ 时, 则有

$$\|(\boldsymbol{x} - \boldsymbol{x}_1 + \boldsymbol{x}_0) - \boldsymbol{x}_0\| = \|\boldsymbol{x} - \boldsymbol{x}_1\| \to 0,$$

也即有 $(\boldsymbol{x} - \boldsymbol{x}_1 + \boldsymbol{x}_0) \to \boldsymbol{x}_0$. 这样一来, 由 T 的可加性, 以及 T 在 $\boldsymbol{x}_0$ 点的连续性的假设, 就可得到 (注意, 这里及以后, 如无需要, 我们将记 E 及 E_1 的范数均为“$\|\cdot\|$”而不予区别之):

$$\|T(\boldsymbol{x}) - T(\boldsymbol{x}_1)\| = \|T(\boldsymbol{x} - \boldsymbol{x}_1)\| = \|T(\boldsymbol{x} - \boldsymbol{x}_1 + \boldsymbol{x}_0) - T(\boldsymbol{x}_0)\| \to 0,$$

此即导出 T 在 $\boldsymbol{x}_1$ 点连续. 而由 $\boldsymbol{x}_1$ 的任意性, 也即本引理得证. □

作为前面 4.5 节的推广, 我们有下面的命题.

引理 2　设 T 为赋范空间 E 到 E_1 内的“可加”算子, 那么,

$$T \text{ 在一点连续} \Longrightarrow T \text{ 是“线性”算子}.$$

证明　由设, 我们仅需证明 T 是“齐性”的.

事实上, 对于任意一点 $\boldsymbol{x} \in E$, 从 T 的可加性及归纳法, 可以得到

$$T(n\boldsymbol{x}) = nT(\boldsymbol{x}), \qquad \forall\, n \in \mathbb{N}.$$

而由代换法, 从上则有

$$T\left(\frac{1}{m}\boldsymbol{x}\right) = \frac{1}{m}T(\boldsymbol{x}), \qquad \forall\, m \in \mathbb{N}.$$

故从上两式结合, 可得

$$T(r^+\boldsymbol{x}) = r^+T(\boldsymbol{x}), \qquad \forall\, r^+ \in \mathbb{Q}^+(\text{正有理数全体}). \tag{1}$$

此外, 从 T 的可加性, 又有

$$T(\boldsymbol{\theta}) = T(\boldsymbol{\theta} + \boldsymbol{\theta}) = T(\boldsymbol{\theta}) + T(\boldsymbol{\theta}),$$

这里, $\boldsymbol{\theta}$ 为赋范线性空间的“零元”, 由此则有

$$\boldsymbol{\theta} = T(\boldsymbol{\theta}) = T(\boldsymbol{x} - \boldsymbol{x}) = T(\boldsymbol{x}) + T(-\boldsymbol{x}),$$

故可得 $T(-\boldsymbol{x}) = -T(\boldsymbol{x})$. 而注意到 (1) 式, 则可导出

$$T(r\boldsymbol{x}) = rT(\boldsymbol{x}), \qquad \forall\, r \in \mathbb{Q}. \tag{2}$$

注意到有理数集 $\mathbb{Q}$ 是稠密于实数集 $\mathbb{R}$ 的, 故对任意的数 $\lambda \in \mathbb{R}$, 必存在 $\{r_n\} \subset \mathbb{Q}$, 使得 $r_n \to \lambda$(当 $n \to \infty$ 时). 于是, 有

$$r_n\boldsymbol{x} \to \lambda\boldsymbol{x} \quad \text{及} \quad r_nT(\boldsymbol{x}) \to \lambda T(\boldsymbol{x}), \qquad \text{当 } n \to \infty \text{ 时}. \tag{3}$$

此外, 从本定理假设以及上面引理 1, 我们还知, 可加算子 T 在全空间 E 上均是连续的, 由此, 从式 (3) 的第一个极限式, 便可得到

$$T(r_n\boldsymbol{x}) \to T(\lambda\boldsymbol{x}). \tag{4}$$

而由式 (2) 及式 (3) 的第二个极限式, 又可得到

$$T(r_n\boldsymbol{x}) = r_nT(\boldsymbol{x}) \to \lambda T(\boldsymbol{x}). \tag{5}$$

这样, 注意到前面 4.6 节中 (一) 最后的注 6, 从距离空间中算子极限的唯一性, 以及上面最后两式 (4) 和 (5) 即可导出 $T(\lambda\boldsymbol{x}) = \lambda T(\boldsymbol{x})$. 而注意到这里的元 $\boldsymbol{x} \in E$ 及数 $\lambda \in \mathbb{R}$ 之任意性, 我们也即得知 T 为一“齐性”算子, 而从假设 T“可加”, 从而得到 T 是 E 上的一个线性算子. □

类比前面引理 1, 有下面的定理 (注意前面 1.6 节定义 7 中有关“局部有上界”的定义):

定理 1 假设 $f(\boldsymbol{x})$ 为任意赋范空间 E 上定义的“线性”泛函. 那么,

$$f \text{ 在某点 } \boldsymbol{x}_0 \in E \text{ 处是“局部有上界”的} \Longrightarrow f \text{ 在全空间 } E \text{ 上均连续}.$$

证明 由泛函 f 在空间 E 内的点 $\boldsymbol{x}_0$ 处是局部有上界的. 因此, 从定义可知: 存在数 $\delta_0 > 0$, 使得 f 在闭球 $B(\boldsymbol{x}_0, \delta_0)$ 上有上界, 由此, 可设 $\rho_0 > 0$ 为相应的一个上界. 那么, 对于空间 E 中任一元 $\boldsymbol{x} \neq \boldsymbol{\theta}$(由此知 $\|\boldsymbol{x}\| \neq 0$), 由于元 $\boldsymbol{x}_0 \pm \delta_0 \dfrac{\boldsymbol{x}}{\|\boldsymbol{x}\|} \in B(\boldsymbol{x}_0, \delta_0)$, 故有

$$f\left(\boldsymbol{x}_0 \pm \delta_0 \frac{\boldsymbol{x}}{\|\boldsymbol{x}\|}\right) \leqslant \rho_0.$$

因此, 从 f 的线性假设, 可得

$$\pm \frac{\delta_0}{\|\boldsymbol{x}\|} f(\boldsymbol{x}) \leqslant \rho_0 - f(\boldsymbol{x}_0),$$

也即有

$$|f(\boldsymbol{x})| \leqslant \frac{\rho_0 - f(\boldsymbol{x}_0)}{\delta_0}\|\boldsymbol{x}\|, \qquad \forall\, \boldsymbol{x} \in X.$$

(注意: 由 f 的可加性导出 $f(\boldsymbol{\theta}) = 0$, 故上式对 $\boldsymbol{x} = \boldsymbol{\theta}$ 也是成立的.) 由此即可导出

$$|f(\boldsymbol{x}_1) - f(\boldsymbol{x}_2)| = |f(\boldsymbol{x}_1 - \boldsymbol{x}_2)| \leqslant \frac{\rho_0 - f(\boldsymbol{x}_0)}{\delta_0} \cdot \|\boldsymbol{x}_1 - \boldsymbol{x}_2\|, \qquad \forall\, \boldsymbol{x}_1, \boldsymbol{x}_2 \in X.$$

而注意到上式右端的 $\dfrac{\rho_0 - f(\boldsymbol{x}_0)}{\delta_0}$ 是一个与变量 $\boldsymbol{x}$ 无关的实数, 因此从上式我们立即看出泛函 f 在全空间 E 上是 (一致) 连续的. □

更深一步地观察, 我们其实可以得到引理 1 的推广结论 (当然亦为定理 1 的推广) 如下:

定理 2　*在定理 1 中, 当换线性泛函 f 为"可加"泛函时, 其结论仍成立; 并且 f 必为 E 上的连续"线性"泛函.*

证明　首先, 从前面引理 2 的证明可知, 当 f 为"可加"泛函时, 均有

$$f(r\boldsymbol{x}) = rf(\boldsymbol{x}), \qquad \forall\, r \in \mathbb{Q},\ \boldsymbol{x} \in E, \tag{6}$$

即 f 对"有理数"是"齐性"的.

其次, 由设 f 在点 $\boldsymbol{x}_0$ 处是"局部有上界"的, 因而存在正数 δ_0 以及数 $\rho_0 > 0$, 使得均有

$$f(\boldsymbol{x}) \leqslant \rho_0, \qquad \forall\, \boldsymbol{x} \in B(\boldsymbol{x}_0, \delta_0). \tag{7}$$

另外, 对于 E 中任意的元 $\boldsymbol{x} \neq \boldsymbol{\theta}$, 由于 $\|\boldsymbol{x}\| \neq 0$, 故从有理数集 $\mathbb{Q}$ 在实数集 $\mathbb{R}$ 中的稠密性可知: 存在 $r_{\boldsymbol{x}} \in \mathbb{Q}$, 使得 $\|\boldsymbol{x}\| < r_{\boldsymbol{x}} < 2\|\boldsymbol{x}\|$. 此外, 也有自然数 $n_0 \in \mathbb{N}$, 使得 $\dfrac{1}{n_0} < \delta_0$.

这样, 对于上述的任意非零元 $\boldsymbol{x}$, 注意到有理数 $r_{\boldsymbol{x}}$ 的取法, 则应有相应的两元 $\boldsymbol{x}_0 \pm \dfrac{\boldsymbol{x}}{n_0 r_{\boldsymbol{x}}} \in B(\boldsymbol{x}_0, \delta_0)$ (因 $\left\|\left(\boldsymbol{x}_0 \pm \dfrac{\boldsymbol{x}}{n_0 r_{\boldsymbol{x}}}\right) - \boldsymbol{x}_0\right\| = \left\|\dfrac{\boldsymbol{x}}{n_0 r_{\boldsymbol{x}}}\right\| = \dfrac{1}{n_0}\dfrac{\|\boldsymbol{x}\|}{r_{\boldsymbol{x}}} < \dfrac{1}{n_0} < \delta_0$), 使得

$$f\left(\boldsymbol{x}_0 \pm \frac{1}{n_0}\frac{\boldsymbol{x}}{r_{\boldsymbol{x}}}\right) \leqslant \rho_0.$$

因此, 从 f 可加性的假设, 再次注意到有理数 $r_{\boldsymbol{x}}$ 的取法, 从上式并注意到 (6) 式, 我们立即得到

$$|f(\boldsymbol{x})| \leqslant (\rho_0 - f(\boldsymbol{x}_0))n_0 r_{\boldsymbol{x}} \leqslant 2n_0(\rho_0 - f(\boldsymbol{x}_0))\|\boldsymbol{x}\|, \qquad \forall\, \boldsymbol{x} \in E.$$

(同样地, 虽然上式原来仅对任意非零元 $\boldsymbol{x}$ 成立, 但对于 $\boldsymbol{x} = \boldsymbol{\theta}$, 由 f 可加性必有 $f(\boldsymbol{\theta}) = 0$, 故可知上式仍然成立). 于是, f 是在 E 上的 (一致) 连续泛函. 最后, 再注意到前面引理 2, 知 f 还是线性的. 因而本定理得证. □

从定理 2, 即可得到下面的推理.

推理 1 假设 f 为赋范空间 E 上的"可加"泛函, 那么, 只要泛函 f 在某一点处是"局部有下界"的, 则 f 必为全空间上的连续线性泛函.

证明 注意到, 当泛函 f 在某点是"局部有下界"时, 泛函 $-f$ 必在该点是"局部有上界"的. 因而, 直接利用定理 2 的结论不难导出本推理结论. □

推理 2 假设 f 为赋范空间 E 上的"可加"泛函. 那么, 只要泛函 f 在某一点是"上半连续"的, 或者是"下半连续"的, 则 f 必为全空间上的连续线性泛函.

证明 从定义可知: 任何泛函若在一点"上 (或下) 半连续", 其在此点必为"局部有上 (相应地, 下) 界"的. 由此我们则可直接从上面定理 2 的推理 1 导出本推理结论. □

下面, 为了导出**"在任何有限维的赋范空间上定义的线性泛函均为连续的"**此一重要命题, 先给出一个引理.

引理 3 任意 n 维赋范空间 $E_{(n)}$ $(n \in \mathbb{N})$ 中的元列 $\{\boldsymbol{x}_m : m \in \mathbb{N}\}$ 必有如下特性:

$$\|\boldsymbol{x}_m - \boldsymbol{x}_0\| \to 0 \Longleftrightarrow |x_m(k) - x_0(k)| \to 0(\text{当 } m \to \infty \text{ 时}), \qquad 1 \leqslant k \leqslant n.$$

(这里, $x(k)$ 为元 $\boldsymbol{x} \in E_{(n)}$ 对应于空间 $E_{(n)}$ 的一组基 $\{\boldsymbol{e}_k : 1 \leqslant k \leqslant n\}$ 中元 $\boldsymbol{e}_k$ 的"坐标". 也即, 由于 $E_{(n)}$ 必为一个"n 维线性空间", 因此, 其必存在一组"基"(也即极大线性无关集)$\{\boldsymbol{e}_k : 1 \leqslant k \leqslant n\} \subset E_{(n)}$, 使得 $E_{(n)}$ 中任何一元 $\boldsymbol{x}$ 必均有唯一表达式 $\boldsymbol{x} = \sum\limits_{k=1}^{n} x(k)\boldsymbol{e}_k$, 其中 $\{x(k) : 1 \leqslant k \leqslant n\} \subset \mathbb{R}$.)

证明 "$\Longleftarrow$": 由设 $\{\boldsymbol{e}_k : 1 \leqslant k \leqslant n\}$ 为空间 $E_{(n)}$ 的一组基, 故有

$$\boldsymbol{x}_m = \sum_{k=1}^{n} x_m(k)\boldsymbol{e}_k \quad \text{及} \quad \boldsymbol{x}_0 = \sum_{k=1}^{n} x_0(k)\boldsymbol{e}_k.$$

这样, 注意到下面不等式:

$$\begin{aligned}\|\boldsymbol{x}_m - \boldsymbol{x}_0\| &= \left\|\sum_{k=1}^{n} x_m(k)\boldsymbol{e}_k - \sum_{k=1}^{n} x_0(k)\boldsymbol{e}_k\right\| \\ &= \left\|\sum_{k=1}^{n}(x_m(k) - x_0(k))\boldsymbol{e}_k\right\| \\ &\leqslant \sum_{k=1}^{n} |x_m(k) - x_0(k)| \cdot \|\boldsymbol{e}_k\|,\end{aligned}$$

则由引理的假设条件

$$|x_m(k) - x_0(k)| \to 0(\text{当 } m \to \infty \text{ 时}), \qquad 1 \leqslant k \leqslant n,$$

即可导出：$\boldsymbol{x}_m \to \boldsymbol{x}_0$(当 $m \to \infty$ 时).

"$\Longrightarrow$"：首先, 在 Euclid 空间 $\mathbb{R}^n$ 上作一辅助的 n 元函数 (泛函)φ 如下：

$$\varphi(\xi_1, \xi_2, \cdots, \xi_n) \triangleq \|\xi_1 \boldsymbol{e}_1 + \xi_2 \boldsymbol{e}_2 + \cdots + \xi_n \boldsymbol{e}_n\|, \qquad \forall\ (\xi_1, \xi_2, \cdots, \xi_n) \in \mathbb{R}^n.$$

那么, 由于"范数"是"元"的连续函数 (注意范数的"三角不等式"定义), 故容易验证 φ 必为 $\mathbb{R}^n$ 上定义的连续泛函 (事实上, 从上段必要性之证明中的不等式亦可得知此结论).

回忆前面 4.7 节 (二) 中的例 5 及定理 6, 我们得知：在 $\mathbb{R}^n$ 空间中, 任何球面 $S(\boldsymbol{x}_0, r_0)$ 均为"闭集", 此外其为"有界集"则是显然的. 故从该节 (三) 中的定理 7 或者定理 7′, 可知 $\mathbb{R}^n$ 中的任何球面 $S(\boldsymbol{x}_0, r_0)$ 均为"紧集"(或"自列紧集"). 而再当注意到前面 4.8 节的定理 2, 可导出：上面 $\mathbb{R}^n$ 上的连续泛函 φ 在单位圆心球面 $S(\boldsymbol{\theta}, 1)$ 上必有最小值. 此即必存在一点

$$(\xi_1^0, \xi_2^0, \cdots, \xi_n^0) \in S(\boldsymbol{\theta}, 1) \triangleq \left\{(\xi_1, \xi_2, \cdots, \xi_n) \in \mathbb{R}^n : \left(\sum_{k=1}^n \xi_k^2\right)^{\frac{1}{2}} = 1\right\},$$

使得

$$\min\left\{\left\|\sum_{k=1}^n \xi_k \boldsymbol{e}_k\right\| : \left(\sum_{k=1}^n \xi_k^2\right)^{\frac{1}{2}} = 1\right\} = \left\|\sum_{k=1}^n \xi_k^0 \boldsymbol{e}_k\right\| \triangleq \delta_0. \tag{8}$$

注意到 $\mathbb{R}^n$ 中的基 $\{\boldsymbol{e}_k : 1 \leqslant k \leqslant n\}$ 是线性无关的, 由此可知

$$\sum_{k=1}^n \xi_k^0 \boldsymbol{e}_k \neq \boldsymbol{\theta} \Longleftrightarrow \left\|\sum_{k=1}^n \xi_k^0 \boldsymbol{e}_k\right\| \neq 0. \tag{9}$$

于是, 从 (8) , (9) 两式即可导出下面关系式：

$$\left\|\sum_{k=1}^n \frac{\xi_k}{\left(\sum\limits_{k=1}^n \xi_k^2\right)^{1/2}} \boldsymbol{e}_k\right\| \geqslant \delta_0 > 0, \qquad \forall\ (\xi_1, \xi_2, \cdots, \xi_n)\ (\neq \boldsymbol{\theta}) \in \mathbb{R}^n, \tag{10}$$

也即

$$\left\|\sum_{k=1}^n \xi_k^0 \boldsymbol{e}_k\right\| \geqslant \delta_0 \left(\sum_{k=1}^n \xi_k^2\right)^{\frac{1}{2}}, \qquad \forall\ (\xi_1, \xi_2, \cdots, \xi_n) \in \mathbb{R}^n. \tag{10′}$$

(同样注意到, 由于当 $(\xi_1, \xi_2, \cdots, \xi_n) = \boldsymbol{\theta} = (\underbrace{0, 0, \cdots, 0}_{n个}) \in \mathbb{R}^n$ 时, 上式依然成立, 因此在 (10) 式变为 (10′) 式时, 我们去掉了 $\boldsymbol{x} \neq \boldsymbol{\theta}$ 的限制).

最后, 从 (10′) 式可以得到: 对于上面的元列 $\{\boldsymbol{x}_m\}$ 必有

$$\boldsymbol{x}_m \to \boldsymbol{\theta} \Longrightarrow x_m(k) \to 0, \qquad 1 \leqslant k \leqslant n.$$

由此便可导出

$$\|\boldsymbol{x}_m - \boldsymbol{x}_0\| \to 0 \Longrightarrow |x_m(k) - x_0(k)| \to 0(\text{当 } m \to \infty \text{ 时}), \quad 1 \leqslant k \leqslant n.$$

总上, 本引理得证. □

有了上面的引理 3, 不难得到本段的主要定理如下:

定理 3 设 $E_{(n)}$ 为一个 n 维赋范空间 ($\forall\, n \in \mathbb{N}$), 则其上定义的任意线性泛函 f 均是连续的.

证明 在 $E_{(n)}$ 中取一组基 $\{\boldsymbol{e}_k : 1 \leqslant k \leqslant n\}$. 对任意一点 $\boldsymbol{x}_0 \in E_{(n)}$ 及任意元列 $\{\boldsymbol{x}_m\} \subset E_{(n)}$, 如有关系式

$$\boldsymbol{x}_m \to \boldsymbol{x}_0, \qquad \text{当 } m \to \infty \text{ 时}, \tag{11}$$

则当令

$$\boldsymbol{x}_m = \sum_{k=1}^{n} \xi_k^{(m)} \boldsymbol{e}_k \quad \text{及} \quad \boldsymbol{x}_0 = \sum_{k=1}^{n} \xi_k^{(0)} \boldsymbol{e}_k$$

时, 从上面引理 3, 由 (11) 式立即导出其相应坐标必有如下关系式成立:

$$\xi_k^m \to \xi_k^0(\text{当 } m \to \infty \text{ 时}), \qquad 1 \leqslant k \leqslant n. \tag{12}$$

从 f 是线性泛函的假设, 以及 (12) 式我们就可得到

$$\begin{aligned} f(\boldsymbol{x}_m) &= f\left(\sum_{k=1}^{n} \xi_k^{(m)} \boldsymbol{e}_k\right) = \sum_{k=1}^{n} \xi_k^{(m)} f(\boldsymbol{e}_k) \\ &\to \sum_{k=1}^{n} \xi_k^{(0)} f(\boldsymbol{e}_k) = f\left(\sum_{k=1}^{n} \xi_k^{(0)} \boldsymbol{e}_k\right) = f(\boldsymbol{x}_0), \quad \text{当 } m \to \infty \text{ 时}. \end{aligned} \tag{13}$$

于是, 注意到 4.6 节 (一) 中的 Heine 定理 (定理 5), 从 (11) 和 (13) 两式, 我们立即得到泛函 f 在 $E_{(n)}$ 上是连续的. □

为了推广前面 4.8 节中的命题 1*, 即有关 Euclid 空间 $\mathbb{R}^n$ 中一个元到空间某一闭凸集的"最佳逼近元"的存在命题, 对于一般的有限维赋范空间 $E_{(n)}$, 还需引出下面一个引理 (此为前面 4.7 节 (三) 中定理 7 及 7′ 的推广):

引理 4 设 $E_{(n)}$ 为一个 n 维赋范空间 (这里, n 为任一给定的正整数), 那么, 空间中的任意子集 K 有以下关系:

$$K \text{ 是"自列紧"集 ("紧"集)} \Longleftrightarrow K \text{ 是有界的闭集}.$$

证明　“$\Longrightarrow$”: 与 4.7 节定理 7 的相应证明相同.

“$\Longleftarrow$”: 由设 K 是空间 $E_{(n)}$ 中的有界集, 因此, 对于任意元列 $\{\boldsymbol{x}_m\}\subset K$, 显然 $\{\boldsymbol{x}_m\}$ 也必是有界的 (不妨设 ρ_0 为其某一上界). 于是, 从上面引理 3 证明中的关系式 (10′), 即可导出: 当设 $\{\boldsymbol{e}_k: 1\leqslant k\leqslant n\}$ 为赋范空间 $E_{(n)}$ 的一组基, 而元列 $\{\boldsymbol{x}_m\}$ 之各元的唯一表出为 $\boldsymbol{x}_m=\sum\limits_{k=1}^{n}\xi_k^{(m)}\boldsymbol{e}_k(\forall\ m\in\mathbb{N})$ 时, 必有下面不等式

$$\rho_0\geqslant\|\boldsymbol{x}_m\|\triangleq\left\|\sum_{k=1}^{n}\xi_k^{(m)}\boldsymbol{e}_k\right\|\geqslant\delta_0\left(\sum_{k=1}^{n}|\xi_k^{(m)}|^2\right)^{\frac{1}{2}},\qquad\forall\ m\in\mathbb{N},\tag{14}$$

这里, $\delta_0>0$ 为某一常数.

这样一来, 从 (14) 式我们又可回到 4.7 节定理 7 的相应证法: 由实数域中的 Bolzano-Weierstrass 定理 (极限点原理), 以及注意到任意收敛数列的子数列亦是收敛 (且收敛于同一极限值) 的, 从上不等式则可立即导出: 从 $\{\boldsymbol{x}_m\}$ 中必可选出子列 $\{\boldsymbol{x}_{m_j}\}$, 使得其对应的坐标有以下关系式:

$$\xi_k^{(m_j)}\to\xi_k^{(0)}(\text{当 } j\to\infty \text{ 时}),\qquad 1\leqslant k\leqslant n,\tag{15}$$

这里, $\xi_k^{(m_j)}$ 为元 $\boldsymbol{x}_{m_j}$ 相应于 $\boldsymbol{e}_k$ 的“坐标”, ξ_k^0 为某一实数, $1\leqslant k\leqslant n$.

最后, 由 (15) 式, 再次利用前面引理 3, 可得 $\{\boldsymbol{x}_m\}$ 的子列 $\{\boldsymbol{x}_{m_j}\}$ 满足

$$\boldsymbol{x}_{m_j}\to\boldsymbol{x}_0\in X_{(n)},$$

这里, $\boldsymbol{x}_0\triangleq\sum\limits_{k=1}^{n}\xi_k^{(0)}\boldsymbol{e}_k$, 故知集 K 是自列紧的.

总上, 本引理得证. □

推理　*设 E 为赋范空间, $E_{(n)}\subset E$ 为一个 n 维赋范子空间 $(\forall\ n\in\mathbb{N})$, $\boldsymbol{x}_0$ 为 E 中任一给定元. 那么, 必存在元 $\boldsymbol{y}_0\in E_{(n)}$, 使得 $\boldsymbol{y}_0$ 为有限维子空间 $E_{(n)}$ 中对于 $\boldsymbol{x}_0$ 的“最佳逼近元”, 也即*

$$\|\boldsymbol{x}_0-\boldsymbol{y}_0\|=\inf_{\boldsymbol{y}\in E_{(n)}}\|\boldsymbol{x}_0-\boldsymbol{y}\|.$$

证明　首先, 不难看出: 当 $\boldsymbol{x}_0=\boldsymbol{\theta}$(零元) 时, 由于 $E_{(n)}$ 亦为一线性空间, 故必有 $\boldsymbol{\theta}\in E_{(n)}$. 因此本推理的结论是显然的.

其次, 完全与前面 4.9 节的推理 7(也即与 4.8 节命题 1*) 一样, 容易从下面关系式:

$$\|\boldsymbol{x}_0-\boldsymbol{y}\|\geqslant\|\boldsymbol{y}\|-\|\boldsymbol{x}_0\|\quad\text{及}\quad\lim_{\|\boldsymbol{y}\|\to\infty}\left(\|\boldsymbol{y}\|-\|\boldsymbol{x}_0\|\right)=+\infty,$$

得知存在正数 r_0, 使得

$$\|\boldsymbol{x}_0-\boldsymbol{y}\|>\|\boldsymbol{x}_0\|,\qquad \forall\ \|\boldsymbol{y}\|>r_0,\ \boldsymbol{y}\in E_{(n)}. \tag{16}$$

这样, 注意到泛函

$$\varphi(\boldsymbol{y})\triangleq\|\boldsymbol{x}_0-\boldsymbol{y}\|,\qquad \forall\ \boldsymbol{y}\in E_{(n)}$$

在赋范空间 $E_{(n)}$ 上是连续的; 并且从上面引理 4 可知, $E_{(n)}$ 中的闭圆心球 $B^{(n)}(\boldsymbol{\theta}, r_0)$ 必是空间 $E_{(n)}$ 的"自列紧"集. 于是, 由 4.8 节的定理 2, 可导出 $\varphi(\boldsymbol{y})$ 在 $E_{(n)}$ 空间的闭球 $B^{(n)}(\boldsymbol{\theta},r_0)$ 上必有最小值. 此即, 必存在一元 $\boldsymbol{y}_0\in B^{(n)}(\boldsymbol{\theta},r_0)\subset E_{(n)}$, 使得

$$\|\boldsymbol{x}_0-\boldsymbol{y}_0\|\triangleq\varphi(\boldsymbol{y}_0)\leqslant\varphi(\boldsymbol{y})\triangleq\|\boldsymbol{x}_0-\boldsymbol{y}\|,\qquad \forall\ \boldsymbol{y}\in B^{(n)}(\boldsymbol{\theta},r_0). \tag{17}$$

特别地, 从上则有

$$\|\boldsymbol{x}_0-\boldsymbol{y}_0\|\leqslant\varphi(\boldsymbol{\theta})=\|\boldsymbol{x}_0\|. \tag{18}$$

因而, 从上面的 (16)~(18) 式, 我们便可直接得到

$$\|\boldsymbol{x}_0-\boldsymbol{y}_0\|\leqslant\|\boldsymbol{x}_0-\boldsymbol{y}\|,\qquad \forall\ \boldsymbol{y}\in E_{(n)}.$$

此即证得本推理. □

注 1 注意, 与 $\mathbb{R}^n$ 空间不同, 对于一般的 n 维赋范空间 $E_{(n)}$, 其对空间中点 $\boldsymbol{x}_0$ 的"最佳逼近元"一般仅能保证"存在", 但不能保证其"唯一性".

注 2 在上推理中, 如果 E 为一个"无穷维"的赋范空间 (则与 4.8 节 (二) 中的命题 1* 不同), 当将 $E_{(n)}$ 换为任意一个闭子集 F 时, 上述推理的相应结论是未必成立的. 反例: 在"所有收敛数列"所组成的赋范空间 (c) 中 (参看前面 4.1 节中注 5), 令其内的闭集 F 为

$$F\triangleq\left\{\left(1+\frac{1}{n}\right)\boldsymbol{e}_n: n\in\mathbb{N}\right\},$$

这里, $\boldsymbol{e}_n\triangleq\{0,\ \cdots,\ \underset{(第\ n\ 项)}{0,\ 1,\ 0},\ \cdots\}$, $\forall\ n\in\mathbb{N}$. 那么, 由于

$$\begin{aligned}
&d\left(\left(1+\frac{1}{n}\right)\boldsymbol{e}_n,\ \left(1+\frac{1}{m}\boldsymbol{e}_m\right)\right)=\left\|\left(1+\frac{1}{n}\right)\boldsymbol{e}_n-\left(1+\frac{1}{m}\right)\boldsymbol{e}_n\right\|\\
=&\left\|\left\{0,\ \cdots,\ 0,\ \underset{(第\ n\ 项)}{1+\frac{1}{n}},\ 0,\ \cdots,\ 0,\ \underset{(第\ m\ 项)}{1+\frac{1}{m}},\ 0,\ \cdots\right\}\right\|\\
=&1+\frac{1}{n},\qquad \forall\ m>n,\quad n,m\in\mathbb{N},
\end{aligned}$$

故知 F 在 (c) 中没有聚点, 因此其必为 (c) 中的一个闭集.

但是对于赋范空间 (c) 中的元 $\boldsymbol{x}_0=\boldsymbol{\theta}$(零元), 由于

$$d(\boldsymbol{x}_0,F)\triangleq d(\boldsymbol{\theta},F)=\inf_{n\in\mathbb{N}} d\left(\boldsymbol{\theta},\left(1+\frac{1}{n}\right)\boldsymbol{e}_n\right)=1.$$

因此不难看出 $\boldsymbol{x}_0$ 在闭集 F 中不存在“最佳逼近元”.

注 3　前面的引理 3 是十分重要的, 通过它我们可以引申出许多非常有用的命题. 下面, 我们就罗列几个 (其详细验证请读者试做之):

命题 1　任意“有限维”的赋范空间必是“完备”的 (在“泛函分析”中, 完备的赋范空间则以此空间理论的奠基人 —— 波兰著名数学家 S.Banach 的姓来命名, 称为 Banach 空间 (巴拿赫空间)).

(提示, 此命题可由上面引理 4 直接得到, 或者利用引理 3 导出.)

命题 2　在一个“有限维”线性空间中, 如果定义有两个不同形式的“范数” $\|\cdot\|_1$ 和 $\|\cdot\|_2$, 那么, 此两个范数所导出的“收敛性”必是“相同”的, 也即对于此空间中任意元列 $\{\boldsymbol{x}_m\}$ 及元 $\boldsymbol{x}_0$, 必有

$$\boldsymbol{x}_m\xrightarrow{\|\cdot\|_1}\boldsymbol{x}_0\Longleftrightarrow\boldsymbol{x}_m\xrightarrow{\|\cdot\|_2}\boldsymbol{x}_0,\qquad \text{当 } m\to\infty \text{ 时}.$$

特别地, 必存在正数 α 和 β, 使得

$$\alpha\|\boldsymbol{x}\|_1\leqslant\|\boldsymbol{x}\|_2\leqslant\beta\|\boldsymbol{x}\|_1,\qquad\forall\,\boldsymbol{x}\in E_{(n)}.$$

(提示, 此命题之第一部分可直接由引理 3 导出, 而第二部分则还须用到上面定理 1 证明中的技巧.)

命题 3　如果 $E_{(n)}$ 和 $F_{(n)}$ 为两个不同的 n 维赋范空间 (这里, n 为任一给定的正整数), 那么, 必存在一个“线性”且“一一”的映射 (算子)T, 使得对于任意的元列 $\{\boldsymbol{x}_m\}\subset E_{(n)}$, 均有下面关系式:

$$\|\boldsymbol{x}_m\|_E\to 0\Longleftrightarrow\|T(\boldsymbol{x}_m)\|_F\to 0,\qquad\text{当 } m\to\infty \text{ 时},$$

这里, $\|\cdot\|_E$ 与 $\|\cdot\|_F$ 分别为空间 $E_{(n)}$ 与 $F_{(n)}$ 的范数.

(提示, 当在 $E_{(n)}$ 中选定一组基 $\{\boldsymbol{e}_k:1\leqslant k\leqslant n\}$, 在 $F_{(n)}$ 中选定一组基 $\{\boldsymbol{d}_k:1\leqslant k\leqslant n\}$ 后, 可定义 T 为: $T\left(\sum\limits_{k=1}^{n}\xi_k\boldsymbol{e}_k\right)\triangleq\sum\limits_{k=1}^{n}\xi_k\boldsymbol{d}_k$, 则不难验证之. 在“点集拓扑”中, 当在 $E_{(n)}$ 和 $F_{(n)}$ 之间存在一个“线性”, “一一”的“双方连续”(即, “其”与“其逆”均连续) 映射时, 人们则称空间 $E_{(n)}$ 与 $F_{(n)}$ 是**线性同胚**的.)

命题 4 如果 E 为一个赋范空间, 那么, 其内任意的“有限维”线性子空间必是空间 E 的一个“闭集”.

(提示, 用归谬法. 设 $E_{(n)}$ 为 E 的一个 n 维子空间, 当有 $\{\boldsymbol{x}_m\} \subset E_{(n)}$ 且 $\boldsymbol{x}_m \to \boldsymbol{x}_0 \notin E_{(n)}$ 时, 则在 $n+1$ 维空间 $L(E_{(n)}, \boldsymbol{x}_0)$, 此即集 $E_{(n)}$ 与点 $\boldsymbol{x}_0$ 的“线性组合之全体”, 运用上面引理 3 则可导出矛盾.)

注 4* 值得注意的是, 从上面定理 3 我们得知: 在任何有限维赋范空间上定义的线性泛函必为连续泛函. 但是, 此结论对于无穷维的赋范空间却未必成立. 下面, 我们可以举出一个反例:

反例 设赋范空间

$$(c_{00}) \triangleq \big\{\{x(k)\} : \{x(k)\}\ \text{中仅有有限个项非 } 0\big\},$$

其中的范数

$$\|\boldsymbol{x}\| \triangleq \sup_{k\in\mathbb{N}} |x(k)|, \qquad \forall\ \boldsymbol{x} = \{x(k)\} \in (c_{00}).$$

(注意, 由上定义我们显然看出: (c_{00}) 是 4.1 节注 5 中之空间 (c) 的赋范子空间.)

那么, 设 (c_{00}) 中的线性泛函 f_0 如下定义:

$$f_0(\boldsymbol{e}_k) \equiv 1, \qquad \forall\ \boldsymbol{e}_k \triangleq \{0,\ \cdots,\ 0,\ \underset{(\text{第 } k \text{ 项})}{1},\ 0,\ \cdots\} \in (c_{00}),\ \forall\ k \in \mathbb{N}.$$

对 (c_{00}) 中任意一元 $\boldsymbol{x}$, 当设 $\boldsymbol{x} = \sum\limits_{k=1}^{k_0} x(k)\boldsymbol{e}_k$ 时, 有

$$f_0(\boldsymbol{x}) = \sum_{k=1}^{k_0} x(k).$$

这样, 如果我们考虑元列 $\{\boldsymbol{x}_m\}$, 其中

$$\begin{aligned}\boldsymbol{x}_m &\triangleq \frac{1}{m}(\boldsymbol{e}_1 + \boldsymbol{e}_2 + \cdots + \boldsymbol{e}_m)\\ &= \Big\{\frac{1}{m},\ \frac{1}{m},\ \cdots,\ \frac{1}{m},\ \underset{(\text{第 } m \text{ 项})}{\frac{1}{m}},\ 0,\ \cdots\Big\} \in (c_{00}), \qquad \forall\ m \in \mathbb{N},\end{aligned}$$

那么, 从范数的定义我们立即得知

$$d(\boldsymbol{x}_m, \boldsymbol{\theta}) = \|\boldsymbol{x}_m\| = \frac{1}{m} \to 0, \qquad \text{当 } m \to \infty \text{ 时}.$$

但是

$$|f_0(\boldsymbol{x}_m) - f_0(\theta)| = |f_0(\boldsymbol{x}_m)| = m \cdot \frac{1}{m} \equiv 1, \qquad \forall\ m \in \mathbb{N}.$$

因此, 从上两式我们导出 $f_0(\boldsymbol{x})$ 在空间的"原点" $\boldsymbol{\theta}$ 处是不连续的, 从而其为赋范空间 (c_{00}) 上的线性而不连续的泛函. □

特别地, 当我们利用 (有限维) 线性空间"基"的推广 —— 所谓"Hamel(哈梅尔) 基"时, 那么, 不难得到下面的一个命题: 任何一个无穷维的赋范空间均存在着线性而不连续的泛函! (可参见: 定光桂的《泛函分析新讲》中 2.2 之定理 2, 科学出版社, 2009).

(二)

在本段我们转到"凸泛函"连续性的讨论. 首先, 在一般线性空间中定义凸集与凸泛函如下:

定义 2　设 X 为线性空间, 其内的集 D 称为是**凸的**, 是指: 对于任意的两元 $\boldsymbol{x}_1, \boldsymbol{x}_2 \in D$, 均有

$$\{\lambda \boldsymbol{x}_1 + (1-\lambda)\boldsymbol{x}_2 : 0 \leqslant \lambda \leqslant 1\} \subset D.$$

上述子集 $\{\lambda \boldsymbol{x}_1 + (1-\lambda)\boldsymbol{x}_2 : 0 \leqslant \lambda \leqslant 1\}$ 称为以元 $\boldsymbol{x}_1$ 和 $\boldsymbol{x}_2$ 为端点的**闭线段**, 记为 $[\boldsymbol{x}_1, \boldsymbol{x}_2]$. 类似地, 不难定义相应的**开线段** $(\boldsymbol{x}_1, \boldsymbol{x}_2)$ 以及两个**半开线段** $[\boldsymbol{x}_1, \boldsymbol{x}_2)$ 和 $(\boldsymbol{x}_1, \boldsymbol{x}_2]$.

定义 3　设 D 为线性空间 X 内的一个凸集, p 为定义在 D 上的一个泛函. 我们称 p 是 D 上的**凸泛函**, 是指: 对于任意的两元 $\boldsymbol{x}_1, \boldsymbol{x}_2 \in D$ 以及数 $\lambda \in [0,1]$, 均有

$$p(\lambda \boldsymbol{x}_1 + (1-\lambda)\boldsymbol{x}_2) \leqslant \lambda p(\boldsymbol{x}_1) + (1-\lambda) p(\boldsymbol{x}_2).$$

特别地, 不难定义全线性空间 (或者其任意线性子空间) 上的凸泛函.

注 5　凸集 D 的更一般的等价定义是: 对于任意有限个元 $\{\boldsymbol{x}_k : 1 \leqslant k \leqslant m\} \subset D$, 以及 m 个非负数 $\{\lambda_k : 1 \leqslant k \leqslant m\}$, 只要 $\sum\limits_{k=1}^{m} \lambda_k = 1$, 就有 $\sum\limits_{k=1}^{m} \lambda_k \boldsymbol{x}_k \in D$. 事实上, 从分析角度, 注意到当 $m=3$ 时, 如果 λ_1, λ_2 和 λ_3 均为正数, 且有 $\sum\limits_{k=1}^{3} \lambda_k = 1$, 那么, 由关系式

$$\sum_{k=1}^{3} \lambda_k \boldsymbol{x}_k = (\lambda_1 + \lambda_2)\left(\frac{\lambda_1}{\lambda_1+\lambda_2}\boldsymbol{x}_1 + \frac{\lambda_2}{\lambda_1+\lambda_2}\boldsymbol{x}_2\right) + \lambda_3 \boldsymbol{x}_3,$$

就可以两次运用凸集的定义导出 $\sum\limits_{k=1}^{3} \lambda_k \boldsymbol{x}_k \in D$. 由此, 从归纳法则可得到所需结论. 另一方面, 从几何角度, 在平面上对于一个具有 m 个顶点的多边形 (例如图 1 中之四边形), 此内的点的表出即为所求之表达式. 因此, 相应的凸泛函的一般表达式

则为

$$p\left(\sum_{k=1}^{m}\lambda_k \boldsymbol{x}_k\right)\leqslant\sum_{k=1}^{m}\lambda_k p(\boldsymbol{x}_k),\quad \forall\ \boldsymbol{x}_k\in D,\ \lambda_k\geqslant 0\ (1\leqslant k\leqslant m),\ \sum_{k=1}^{m}\lambda_k=1.$$

(此不等式亦以法国数学家 J.L.W.Jensen(詹生) 的姓命名为 Jensen 不等式.)

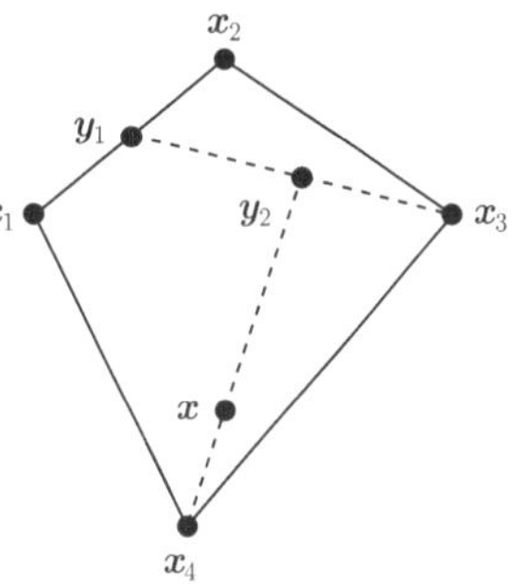

图 1

注: $\boldsymbol{y}_1\triangleq\dfrac{\lambda_1}{\lambda_1+\lambda_2}\boldsymbol{x}_1+\dfrac{\lambda_2}{\lambda_1+\lambda_2}\boldsymbol{x}_2$,

$\boldsymbol{y}_2\triangleq\dfrac{\lambda_1+\lambda_2}{\lambda_1+\lambda_2+\lambda_3}\boldsymbol{y}_1+\dfrac{\lambda_3}{\lambda_1+\lambda_2+\lambda_3}\boldsymbol{x}_3$,

$\boldsymbol{x}\triangleq(\lambda_1+\lambda_2+\lambda_3)\boldsymbol{y}_2+\lambda_4\boldsymbol{x}_4=\sum\limits_{k=1}^{4}\lambda_k\boldsymbol{x}_k$.

下面, 我们先来给出在一般的赋范空间上定义的凸泛函的某些特性:

引理 5 设 p 为赋范空间 E 上的凸泛函. 那么, 泛函 p 只要在某一点"局部有上界", 则其必在全空间处处局部有上界.

证明 设凸泛函 p 在某点 $\boldsymbol{x}_0\in E$ 是局部有上界的, 那么, 必存在正数 δ_0 及数 $\rho_0>0$, 使得

$$p(\widetilde{\boldsymbol{x}})<\rho_0,\qquad \forall\ \widetilde{\boldsymbol{x}}\in B(\boldsymbol{x}_0,\delta_0).\tag{19}$$

于是, 对于任意元 $\boldsymbol{x}\in E$, 当 $\boldsymbol{x}\neq\boldsymbol{x}_0$ 时, 可取 $\widehat{\boldsymbol{x}}=\boldsymbol{x}+(\boldsymbol{x}-\boldsymbol{x}_0)=2\boldsymbol{x}-\boldsymbol{x}_0$ (此即, 从 $\boldsymbol{x}$ 出发, 沿 $\overrightarrow{\boldsymbol{x}_0\boldsymbol{x}}$ 方向, 取与 $\overrightarrow{\boldsymbol{x}_0\boldsymbol{x}}$ 相等长度之点). 那么, 从 $\boldsymbol{x}=\dfrac{1}{2}(\boldsymbol{x}_0+\widehat{\boldsymbol{x}})$, 可断言: 以 $\boldsymbol{x}$ 为心的球 $B\left(\boldsymbol{x},\dfrac{\delta_0}{2}\right)$ 必定包含于点 $\widehat{\boldsymbol{x}}$ 与球 $B(\boldsymbol{x},\delta_0)$ 的联结线段之集合中, 也即由它们所构成的"凸包" $\operatorname{cov}(\widehat{\boldsymbol{x}},B(\boldsymbol{x}_0,\delta_0))$ 中必含有以 $\boldsymbol{x}$ 为心的一个闭球 $B\left(\boldsymbol{x},\dfrac{\delta_0}{2}\right)$(参看图 2). 这里, 称由集 A 与集 B 的所有联结之"线段"的全体所成之集为 A 与 B 的**凸包**, 并记为 $\operatorname{cov}(A,B)$.

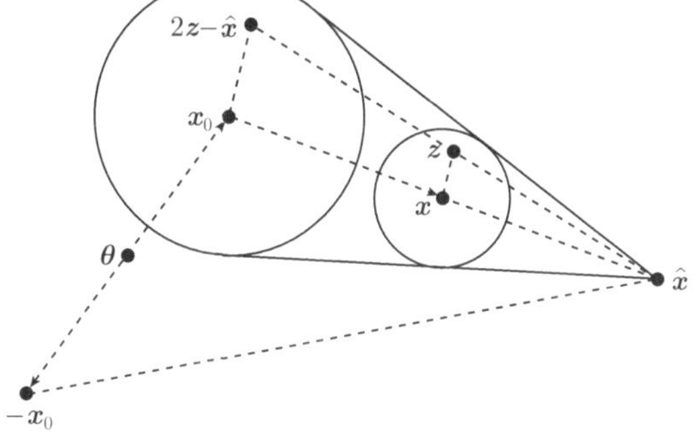

图 2

事实上, 对于任意元 $\boldsymbol{z} \in B\left(\boldsymbol{x}, \dfrac{\delta_0}{2}\right)$, 显然有

$$\boldsymbol{z} = \frac{1}{2}(2\boldsymbol{z} - \widehat{\boldsymbol{x}}) + \frac{1}{2}\widehat{\boldsymbol{x}} \in [2\boldsymbol{z} - \widehat{\boldsymbol{x}}, \widehat{\boldsymbol{x}}]. \tag{20}$$

并且, 注意到开首 $\widehat{\boldsymbol{x}}$ 的取法, 我们则知

$$\|(2\boldsymbol{z} - \widehat{\boldsymbol{x}}) - \boldsymbol{x}_0\| \triangleq \|(2\boldsymbol{z} - \widehat{\boldsymbol{x}}) - (2\boldsymbol{x} - \widehat{\boldsymbol{x}})\| = \|2\boldsymbol{z} - 2\boldsymbol{x}\| = 2\|\boldsymbol{z} - \boldsymbol{x}\|.$$

再由前面 $\boldsymbol{z}$ 的取法, 可得

$$\|(2\boldsymbol{z} - \widehat{\boldsymbol{x}}) - \boldsymbol{x}_0\| \leqslant 2 \cdot \frac{\delta_0}{2} = \delta_0, \tag{21}$$

也即元 $(2\boldsymbol{z} - \widehat{\boldsymbol{x}}) \in B(\boldsymbol{x}_0, \delta_0)$. 因此, 结合关系式 (20) 并注意到元 z 的任意性, 可导出所需断言的结果:

$$B\left(\boldsymbol{x}, \frac{\delta_0}{2}\right) \subset \operatorname{cov}\big(\widehat{\boldsymbol{x}}, B(\boldsymbol{x}_0, \delta_0)\big).$$

这样, 注意到 p 是凸泛函的假设, 从 (19) 和 (21) 两式, 以及开首对 $\widehat{\boldsymbol{x}}$ 的约定, 可以得到

$$\begin{aligned} p(\boldsymbol{z}) &= p\left(\frac{1}{2}(2\boldsymbol{z} - \widehat{\boldsymbol{x}}) + \frac{1}{2}\widehat{\boldsymbol{x}}\right) \leqslant \frac{1}{2}p(2\boldsymbol{z} - \widehat{\boldsymbol{x}}) + \frac{1}{2}p(\widehat{\boldsymbol{x}}) \\ &< \frac{1}{2}\rho_0 + \frac{1}{2}p(2\boldsymbol{x} - \boldsymbol{x}_0), \qquad \forall\, \boldsymbol{z} \in B\left(\boldsymbol{x}, \frac{\delta_0}{2}\right). \end{aligned}$$

最后, 注意到上式右端是一个与元 $\boldsymbol{z}$ 在球 $B\left(\boldsymbol{x}, \dfrac{\delta_0}{2}\right)$ 内变动无关的常数, 因此可知凸泛函在 $\boldsymbol{x}$ 点亦是局部有上界的; 而当再注意到上述点 $\boldsymbol{x}$ 在空间 E 的任意性, 我们从上则知, 本引理结论得证. □

注 6　在上面引理 5 的证明中, 可以看出, 那里的“几何直观图形”的启发是十分重要和起关键性作用的. 特请读者注意, 虽然在一个抽象空间 (尤其是在高于三维的线性空间) 中我们其实是画不出它们相应准确图形的, 但是, 即使这样, 在平面或我们能见的三维空间中, 依“意”将研讨的图形“大致”描画出来, 事实上对我们的思维拓展仍是十分有用的! 就以上引理的证明为例, 其实我们仅在平面上 (二维空间中) 将已知的有假设条件的“球”(这里是“圆形”) 画出, 然后将此“球心”点 $\boldsymbol{x}_0$ 和“空间”任一点 $\boldsymbol{x}$ 联结并延长两倍得点 $\widehat{\boldsymbol{x}}$. 接着我们再将此新的“点”$\widehat{\boldsymbol{x}}$ 与上“球”作“凸包”(也即取两集的点, 然后线段相连而得之新的集合), 不难立即看出: 在此凸包内的点 $\boldsymbol{x}$, 必有以其为“心”的一个小“球”仍含于此凸包内. 而此正是本引理证明的关键技巧所在.

为导出所需结果, 我们还得给出下面两个引理.

引理 6 *设 p 为赋范空间 E 上的凸泛函. 那么, 泛函 p 只要在某一点"局部有上界", 则其必在此点"局部有下界".*

证明 设凸泛函 p 在某点 $\boldsymbol{x}_0 \in E$ 是局部有上界的, 那么, 则有

$$p(\widetilde{\boldsymbol{x}}) < \rho_0, \qquad \forall\, \widetilde{\boldsymbol{x}} \in B(\boldsymbol{x}_0, \delta_0), \tag{22}$$

这里, δ_0 与 ρ_0 均为某固定正数. 下面, 我们来证明: 泛函 p 必在球 $B(\boldsymbol{x}_0, \delta_0)$ 上是"下有界"的.

首先, 对于任意点 $\boldsymbol{x} \in B(\boldsymbol{x}_0, \delta_0)$(如图 3), 当 $\boldsymbol{x} \neq \boldsymbol{x}_0$ 时, 我们从 $\boldsymbol{x}$ 出发, 连结点 $\boldsymbol{x}$ 至球心 $\boldsymbol{x}_0$, 然后再延至与 $\boldsymbol{x}_0$ 有相同距离 $|\overrightarrow{\boldsymbol{x}\boldsymbol{x}_0}|$ 的点 $\widetilde{\boldsymbol{x}} = \boldsymbol{x} + 2(\boldsymbol{x}_0 - \boldsymbol{x}) = 2\boldsymbol{x}_0 - \boldsymbol{x}$ (也即常称之为 $\boldsymbol{x}$ 相对于 $\boldsymbol{x}_0$ 的**对径点**). 那么, $\boldsymbol{x}_0$ 必为 $\boldsymbol{x}$ 与 $\widetilde{\boldsymbol{x}}$ 的中点, 也即有 $\boldsymbol{x}_0 = \dfrac{1}{2}\boldsymbol{x} + \dfrac{1}{2}\widetilde{\boldsymbol{x}}$. 故从 p 是凸泛函的假设, 即可导出

$$p(\boldsymbol{x}_0) \leqslant \frac{1}{2}p(\boldsymbol{x}) + \frac{1}{2}p(\widetilde{\boldsymbol{x}}).$$

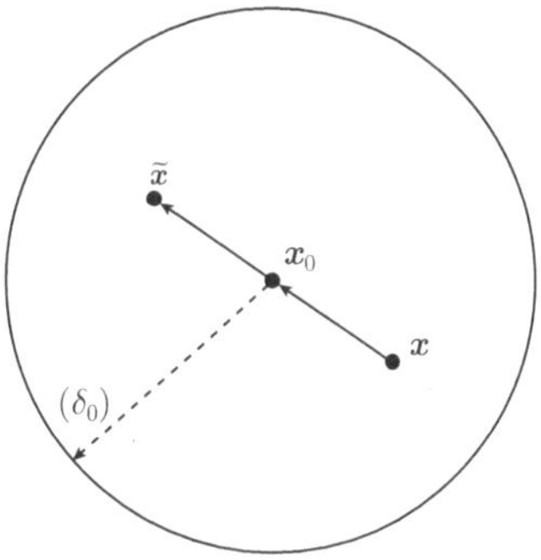

图 3

由此则可得到

$$p(\boldsymbol{x}) \geqslant 2p(\boldsymbol{x}_0) - p(\widetilde{\boldsymbol{x}}), \qquad \forall\, \boldsymbol{x} \in B(\boldsymbol{x}_0, \delta_0) \setminus \{\boldsymbol{x}_0\}.$$

再注意到点 $\widetilde{\boldsymbol{x}}$ 的取法, 显然有

$$\|\widetilde{\boldsymbol{x}} - \boldsymbol{x}_0\| = \|(2\boldsymbol{x}_0 - \boldsymbol{x}) - \boldsymbol{x}_0\| = \|\boldsymbol{x} - \boldsymbol{x}_0\| \leqslant \delta_0,$$

也即 $\widetilde{\boldsymbol{x}} \in B(\boldsymbol{x}_0, \delta_0)$, 故由假设则知 $p(\widetilde{\boldsymbol{x}}) \leqslant \rho_0$. 这样, 上面不等式则变为

$$p(\boldsymbol{x}) \geqslant 2p(\boldsymbol{x}_0) - \rho_0, \qquad \forall\, \boldsymbol{x} \in B(\boldsymbol{x}_0, \delta_0) \setminus \{\boldsymbol{x}_0\}.$$

因此, $p(\boldsymbol{x})$ 必在球 $B(\boldsymbol{x}_0, \delta_0)$ 上有下界. 从而本引理得证. □

引理 7 *设 p 为赋范空间 E 上的凸泛函. 那么, 泛函 p 只要在某点 $\boldsymbol{x}_0$ 是"局部有界"的, 则 p 在此点必为"局部 Lipschitz"泛函 (也即, 存在此点的某一球 $B(\boldsymbol{x}_0, \delta_1)$, 使得泛函满足条件: 存在正数 α, 使得 $|p(\boldsymbol{x}_1) - p(\boldsymbol{x}_2)| \leqslant \alpha\|\boldsymbol{x}_1 - \boldsymbol{x}_2\|$, $\forall\, \boldsymbol{x}_1, \boldsymbol{x}_2 \in B(\boldsymbol{x}_0, \delta_1)$). 从而泛函 p 必在相应球上是"一致连续"的.*

证明 设凸泛函在点 $\boldsymbol{x}_0$ 是"局部有界"的, 也即存在正数 δ_0 和 $\rho_0 > 0$, 使得

$$|p(\boldsymbol{x})| \leqslant \rho_0, \qquad \forall\, \boldsymbol{x} \in B(\boldsymbol{x}_0, \delta_0). \tag{23}$$

下面, 我们来证明: p 在 (比原球“小”一点的) 球 $B\left(\boldsymbol{x}_0, \dfrac{\delta_0}{2}\right)$ 上是“局部 Lipschitz”泛函.

事实上, 对于任意两不同的元 $\boldsymbol{x}_1, \boldsymbol{x}_2 \in B\left(\boldsymbol{x}_0, \dfrac{\delta_0}{2}\right)$, 首先, 我们从点 $\boldsymbol{x}_1$ 出发, 连结 $\boldsymbol{x}_1$ 至点 $\boldsymbol{x}_2$, 然后再延长至 (原来大的) 球面的点 $\boldsymbol{y}_{\boldsymbol{x}} \in S(\boldsymbol{x}_0, \delta_0)$(如图 4), 也即, 此点满足条件

$$\boldsymbol{y}_{\boldsymbol{x}} = \boldsymbol{x}_1 + \lambda_{\boldsymbol{x}}(\boldsymbol{x}_2 - \boldsymbol{x}_1) \quad 及 \quad \boldsymbol{y}_{\boldsymbol{x}} \in S(\boldsymbol{x}_0, \delta_0), \tag{24}$$

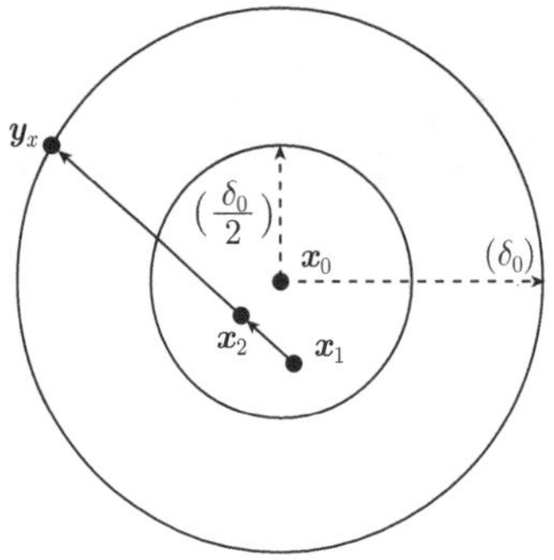

图 4

这里数 $\lambda_{\boldsymbol{x}} > 1$.

值得注意的是: 对于任意的抽象赋范空间, 上面相应于 (大) 球面上的点 $\boldsymbol{y}_{\boldsymbol{x}}$ 是一定存在的! 事实上, 类似“解析几何”的方法, 我们可以做一条由点 $\boldsymbol{x}_1$ 出发经过点 $\boldsymbol{x}_2$ 的射线 (或称为“向量值函数”——参见 4.1 的定义 8)

$$\boldsymbol{y}(\lambda) = \boldsymbol{x}_1 + \lambda(\boldsymbol{x}_2 - \boldsymbol{x}_1), \qquad \forall\ \lambda \geqslant 0.$$

那么, 显然当 $\lambda = 1$ 时, 有 $\boldsymbol{y}(1) = \boldsymbol{x}_2$. 下面, 我们考察 $[0, +\infty)$ 上的一元函数 φ:

$$\begin{aligned}\varphi(\lambda) &\triangleq \|\boldsymbol{y}(\lambda) - \boldsymbol{x}_0\| \\ &= \|(\boldsymbol{x}_1 + \lambda(\boldsymbol{x}_2 - \boldsymbol{x}_1)) - \boldsymbol{x}_0\| \geqslant \lambda \cdot \|\boldsymbol{x}_2 - \boldsymbol{x}_1\| - \|\boldsymbol{x}_1 - \boldsymbol{x}_0\|, \qquad \forall\ \lambda \geqslant 0.\end{aligned}$$

那么, 显然 φ 是 λ 的一个连续函数, 且有

$$\varphi(1) = \|\boldsymbol{y}(1) - \boldsymbol{x}_0\| = \|\boldsymbol{x}_2 - \boldsymbol{x}_0\| \leqslant \frac{\delta_0}{2}.$$

从前面不等式又有

$$\lim_{\lambda \to +\infty} \varphi(\lambda) = +\infty.$$

由此, 从连续函数的介值定理 (见 4.9 节定理 1), 可知存在数 $\lambda_{\boldsymbol{x}} \in (1, +\infty)$, 使得

$$\varphi(\lambda_{\boldsymbol{x}}) = \delta_0,$$

此即存在元 $\boldsymbol{y}_{\boldsymbol{x}} \in E$, 使得 $\|\boldsymbol{y}_{\boldsymbol{x}} - \boldsymbol{x}_0\| = \delta_0$, 也即

$$\boldsymbol{y}_{\boldsymbol{x}} \triangleq \boldsymbol{y}(\lambda_{\boldsymbol{x}}) = \boldsymbol{x}_1 + \lambda_{\boldsymbol{x}}(\boldsymbol{x}_2 - \boldsymbol{x}_1) \quad 且有 \quad \boldsymbol{y}_{\boldsymbol{x}} \in S(\boldsymbol{x}_0, \delta_0),$$

这里数 $\lambda_{\boldsymbol{x}} > 1$.

由此, 一方面从上面 (24) 式可以得到下面凸组合的表达式 (相应引理 6 证明的式 (3)):

$$\boldsymbol{x}_2 = \frac{1}{\lambda_{\boldsymbol{x}}}\boldsymbol{y}_{\boldsymbol{x}} + \left(1 - \frac{1}{\lambda_{\boldsymbol{x}}}\right)\boldsymbol{x}_1, \tag{25}$$

并由 p 的凸泛函假设, 从 (24) 式则有

$$p(\boldsymbol{x}_2) \leqslant \frac{1}{\lambda_{\boldsymbol{x}}}p(\boldsymbol{y}_{\boldsymbol{x}}) + \left(1 - \frac{1}{\lambda_{\boldsymbol{x}}}\right)p(\boldsymbol{x}_1).$$

再注意到前面的式 (23) 以及上式便可得到

$$p(\boldsymbol{x}_2) - p(\boldsymbol{x}_1) \leqslant \frac{1}{\lambda_{\boldsymbol{x}}}\big(p(\boldsymbol{y}_{\boldsymbol{x}}) - p(\boldsymbol{x}_1)\big) \leqslant \frac{1}{\lambda_{\boldsymbol{x}}}\big(|p(\boldsymbol{y}_{\boldsymbol{x}})| + |p(\boldsymbol{x}_1)|\big) \leqslant \frac{2}{\lambda_{\boldsymbol{x}}}\rho_0. \tag{26}$$

而另一方面, 从前面 (24) 式及 $\boldsymbol{x}_1$ 点的取法, 又有关系式

$$\begin{aligned}\lambda_{\boldsymbol{x}}\|\boldsymbol{x}_2 - \boldsymbol{x}_1\| &= \|\boldsymbol{y}_{\boldsymbol{x}} - \boldsymbol{x}_1\| = \|(\boldsymbol{y}_{\boldsymbol{x}} - \boldsymbol{x}_0) - (\boldsymbol{x}_1 - \boldsymbol{x}_0)\| \\ &\geqslant \|\boldsymbol{y}_{\boldsymbol{x}} - \boldsymbol{x}_0\| - \|\boldsymbol{x}_1 - \boldsymbol{x}_0\| = \delta_0 - \|\boldsymbol{x}_1 - \boldsymbol{x}_0\| \geqslant \delta_0 - \frac{\delta_0}{2} = \frac{\delta_0}{2},\end{aligned}$$

也即得到

$$\frac{1}{\lambda_{\boldsymbol{x}}} \leqslant \frac{2}{\delta_0}\|\boldsymbol{x}_2 - \boldsymbol{x}_1\|. \tag{27}$$

这样, 从上面 (26) 和 (27) 两个关系式, 便可导出

$$p(\boldsymbol{x}_2) - p(\boldsymbol{x}_1) \leqslant \frac{4\rho_0}{\delta_0}\|\boldsymbol{x}_2 - \boldsymbol{x}_1\|, \qquad \forall\, \boldsymbol{x}_1, \boldsymbol{x}_2 \in B\left(\boldsymbol{x}_0, \frac{\delta_0}{2}\right). \tag{28}$$

最后, 注意到上述两点 $\boldsymbol{x}_1$ 和 $\boldsymbol{x}_2$ 的对称关系, 因此, 在上面推导中, 当我们将点 $\boldsymbol{x}_1$ 与 $\boldsymbol{x}_2$ 互换时, 相应的一切推导仍是成立的. 从而完全类似地, 还可导出关系式

$$p(\boldsymbol{x}_1) - p(\boldsymbol{x}_2) \leqslant \frac{4\rho_0}{\delta_0}\|\boldsymbol{x}_2 - \boldsymbol{x}_1\|, \qquad \forall\, \boldsymbol{x}_1, \boldsymbol{x}_2 \in B\left(\boldsymbol{x}_0, \frac{\delta_0}{2}\right). \tag{28$'$}$$

总上 (28) 和 (28$'$) 两个式子, 可得

$$|p(\boldsymbol{x}_1) - p(\boldsymbol{x}_2)| \leqslant \frac{4\rho_0}{\delta_0}\|\boldsymbol{x}_2 - \boldsymbol{x}_1\|, \qquad \forall\, \boldsymbol{x}_1, \boldsymbol{x}_2 \in B\left(\boldsymbol{x}_0, \frac{\delta_0}{2}\right),$$

此即证得泛函 p 在 $\boldsymbol{x}_0$ 的某球 $B\left(\boldsymbol{x}_0, \dfrac{\delta_0}{2}\right)$ 上是“$\dfrac{4\rho_0}{\delta_0}$-Lipschitz”泛函, 从而泛函 p 在相应的球上是“一致连续”的. 由此引理得证. □

有了上面引理 5~引理 7, 我们就可以很容易地得到有关凸泛函连续性的定理:

定理 4 假设 $p(\boldsymbol{x})$ 为任意赋范空间 E 上定义的“凸”泛函. 那么,

$$p \text{ 在某点 } \boldsymbol{x}_0 \in E \text{ 是“局部有上界”的} \Longrightarrow p \text{ 在全空间 } E \text{ 上均是连续的}.$$

证明 首先, 由前面引理 5, 从定理假设则知: 凸泛函 p 此时必在全空间 E 上的每一点均是“局部有上界”的. 再利用引理 6 则可得知: 凸泛函 p 此时亦在全空间上的每一点均是“局部有界”的. 最后, 注意到引理 7, 即可导出: 上述 p 在全空间每一点均是“局部 Lipschitz”泛函. 由此, 也即得到本定理所需结论: 凸泛函 p 在全空间 E 的每一点均是连续的. □

从上面定理, 以及定义可以直接得到下面的一个推理:

推理 假设 $p(\boldsymbol{x})$ 为任意赋范空间 E 上定义的“凸”泛函. 那么

$$p \text{ 在某点 } \boldsymbol{x}_0 \in E \text{ 是“上半连续”的} \Longrightarrow p \text{ 在全空间 } E \text{ 上均是连续的}.$$

与前面 (一) 中有关“线性”泛函连续性的定理 3 相对应, 我们从这里的定理 4 同样可以导出有关“凸”泛函连续性的以下类似定理:

定理 5 设 $E_{(n)}$ 为一个 n 维赋范空间 (这里, n 是一个给定的正整数), 则其上定义的任意凸泛函 p 均是连续的.

证明 从上面定理 4 的结果, 我们只要来验明: 对于上述给定的 n 维赋范空间 $E_{(n)}$, 其上定义的凸泛函 $p(\boldsymbol{x})$ 必在“原点” $\boldsymbol{\theta}$ 处“局部有上界”, 那么, 本定理就得证了. 下面, 我们就来验证此一结论.

事实上, 注意到前面的引理 3(本节最重要的一个命题!), 从其证明中的关系式 (10′) 我们已经得知

$$\|\boldsymbol{x}\| \triangleq \left\|\sum_{k=1}^{n} \xi_k \boldsymbol{e}_k\right\| \geqslant \delta_0 \left(\sum_{k=1}^{n} \xi_k^2\right)^{\frac{1}{2}}, \qquad \forall\, \boldsymbol{x} = \sum_{k=1}^{n} \xi_k \boldsymbol{e}_k \in E_{(n)},$$

其中, $\{\boldsymbol{e}_k : 1 \leqslant k \leqslant n\}$ 为赋范空间 $E_{(n)}$ 的一组“基”, δ_0 为一正的常数.

由此, 我们亦可得到

$$\|\boldsymbol{x}\| \triangleq \left\|\sum_{k=1}^{n} \xi_k \boldsymbol{e}_k\right\| \geqslant \delta_0 \max_{1 \leqslant k \leqslant n} |\xi_k|, \qquad \forall\, \boldsymbol{x} = \sum_{k=1}^{n} \xi_k \boldsymbol{e}_k \in E_{(n)}.$$

这样, 由上式便可导出下面的关系式:

$$\|\boldsymbol{x}\| \leqslant \delta_0 \Longrightarrow \max_{1 \leqslant k \leqslant n} |\xi_k| \leqslant 1,$$

也即得到原心球的包含关系式:

$$B(\boldsymbol{\theta}, \delta_0) \subset \left\{\sum_{k=1}^{n} \xi_k \boldsymbol{e}_k : \max_{1 \leqslant k \leqslant n} |\xi_k| \leqslant 1\right\}. \tag{29}$$

于是, 注意到上面包含着原心球 $B(\boldsymbol{\theta},\delta_0)$ 的集合

$$V \triangleq \left\{\sum_{k=1}^{n}\xi_k\boldsymbol{e}_k : \max_{1\leqslant k\leqslant n}|\xi_k|\leqslant 1\right\}$$

是以 $\{\pm\boldsymbol{e}_k : 1\leqslant k\leqslant n\}$ 为"顶点"("端点") 的 2^n 个顶点的"多面体". 特别地, 当 $E_{(n)}=\mathbb{R}^n$ 并且取"基"中的各元 $\boldsymbol{e}_k=(0,\cdots,0,\underset{(k)}{1},0,\cdots)$ $(1\leqslant k\leqslant n)$ 时, 上集合 V 对应的就是" n 维正方体". 特别地, 当 $n=2$(维) 时, V 的形状可见图 5.

于是, 注意到泛函 p 的凸性假设, 由关系式

$$\begin{aligned}p(\lambda\boldsymbol{x}_1+(1-\lambda)\boldsymbol{x}_2)&\leqslant\lambda p(\boldsymbol{x}_1)+(1-\lambda)p(\boldsymbol{x}_2)\\&\leqslant\max(p(\boldsymbol{x}_1),p(\boldsymbol{x}_2)),\qquad\forall\boldsymbol{x}_1,\boldsymbol{x}_2\in V,\end{aligned}$$

不难看出凸泛函 p 在任一"线段" $[\boldsymbol{x}_1,\boldsymbol{x}_2]\triangleq\{\lambda\boldsymbol{x}_1+(1-\lambda)\boldsymbol{x}_2 : \lambda\in[0,1]\}$ 上所取的值均"不超过"其在此线段两个"端点"取值之较大者.

这样, 上面的集 V 乃是一个多面体, 因此, 凸泛函 p 在 V 上的取值"不会超过"其在 V 的所有的"面"所组成之集合

$$S_{(V)}\triangleq\left\{\sum_{k=1}^{n}\xi_k\boldsymbol{e}_k : \max_{1\leqslant k\leqslant n}|\xi_k|=1\right\}$$

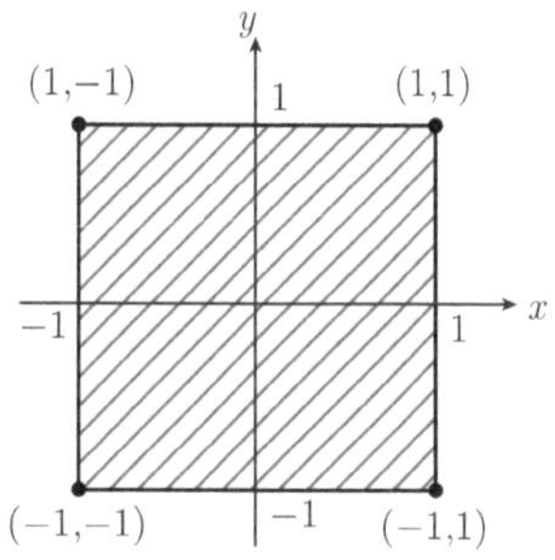

图 5

上取值之最大者; 而 p 在上述所有的"面"所组成之集合 $S_{(V)}$ 上的取值又"不会超过"其在此多面体的所有的"顶点"("端点") 所组成之集合

$$E_{(S)}\triangleq\left\{\sum_{k=1}^{n}\theta_k\boldsymbol{e}_k : \theta=\pm1,\ 1\leqslant k\leqslant n\right\}$$

上取值之最大者. 最后, 注意到上述 n 维赋范空间中的多面体 V 的顶点集 $E_{(S)}$ 必是一个有限点集, 其仅仅是由 2^n 个点所组成. 因此

$$\rho_0\triangleq\max\left\{p\left(\sum_{k=1}^{n}\theta_k\boldsymbol{e}_k\right) : \theta=\pm1,\ 1\leqslant k\leqslant n\right\}<+\infty. \tag{30}$$

从而, 我们从 (29) 和 (30) 式立即导出

$$\begin{aligned}\sup\{p(\boldsymbol{x}) : \boldsymbol{x}\in B(\boldsymbol{\theta},\delta_0)\}&\leqslant\sup\{p(\boldsymbol{x}) : \boldsymbol{x}\in V\}\\&\leqslant\sup\{p(\boldsymbol{x}) : \boldsymbol{x}\in E_{(S)}\}=\rho_0\ (<+\infty),\end{aligned}$$

也即证得凸泛函 p 在原点 $\boldsymbol{\theta}$ 处是“局部有上界”的. 从而本定理得证. □

作为本段 (本节) 的最后, 回到前面 (二) 中的定理 4 及其推理. 我们自然会产生如此联想: 这两个命题, 当将那里的“上”字换为“下”字时, 其是否仍是正确的呢? 也即对于凸泛函而言, 有没有类似线性泛函一样的定理 2 后面的推理 1 和推理 2 呢? (我们必须十分注意这种“联想”, 正是这种联想思维往往引导我们能去创造一些新的结果!) 但是, 遗憾的是, 即使在假设凸泛函在全空间均“有下界”且在某点“下半连续”的情况下, 其也未必是连续的. 此可见下面的注:

注 7* 由前面注 3* 可知: 对于任何无穷维的赋范空间中均存在着线性而不连续的泛函, 那么, 我们可取此泛函为 $f_0(\boldsymbol{x})$, 再注意到: 对于可加泛函 f 而言, $|f(\boldsymbol{x})|$ 与 $f(\boldsymbol{x})$ 具有相同的连续性 (注意前面 (一) 中的引理 1, 并在原点 $\boldsymbol{\theta}$ 处关联着泛函 f 与 $|f|$), 我们立即看到凸泛函 $|f_0(\boldsymbol{x})|$ (注意: 凡“次加”且“正齐性”泛函必为“凸”泛函) 在全空间均是“有下界”的, 并且从定义可知 (参看前面 4.7(二) 中的定义 3) 泛函 $|f_0(\boldsymbol{x})|$ 在 $\boldsymbol{x}=\boldsymbol{\theta}$ 处的值为 0, 因此也必是“下半连续”的. 然而其在空间的每点均是不连续的!

但是, 假设凸泛函不是在“一点”, 而是在赋范空间某一球内**均是**“下半连续”的, 并且再设此赋范空间是“完备”(即 Banach 空间) 的, 那么, 可导出: 此时凸泛函必是连续的. 而此结果的直接证明则是要用到从空间完备性引出的所谓“纲推理”的方法. 然而, 回忆到 1.6 节中我们已介绍过的定理 3, 借助于它, 就可以非常容易地将上述我们所需的结果导出来.

定理 6 在一个完备的赋范空间 (Banach 空间)E 上定义的凸泛函 $p(\boldsymbol{x})$, 其必有以下性质:

凸泛函 $p(\boldsymbol{x})$ 在某一球 $B(\boldsymbol{x}_0,\delta_0)$ 内均“下半连续”

$\Longrightarrow p(\boldsymbol{x})$ 在 $B(\boldsymbol{x}_0,\delta_0)$ 上某一点是“局部有上界”的

$\Longrightarrow p(\boldsymbol{x})$ 在全空间 E 上均是“局部有界”的

$\Longrightarrow p(\boldsymbol{x})$ 在 E 上均是“局部 Lipschitz”泛函

$\Longrightarrow p(\boldsymbol{x})$ 是 E 上的连续泛函.

证明 首先, 从定义可知: 当泛函 p 在一点 $\widetilde{\boldsymbol{x}}$ 处“下半连续”时, p 有性质: 对于某固定的 $\varepsilon_0>0$, 必存在正数 $\delta_{\widetilde{\boldsymbol{x}}}$, 使得

$$p(\boldsymbol{x})\geqslant p(\widetilde{\boldsymbol{x}})-\varepsilon_0,\qquad \forall\, \boldsymbol{x}\in B(\widetilde{\boldsymbol{x}},\delta_{\widetilde{\boldsymbol{x}}}),$$

(从而在此点必“局部有下界”) 也即有

$$p(\widetilde{\boldsymbol{x}})\leqslant p(\boldsymbol{x})+\varepsilon_0,\qquad \forall\, \boldsymbol{x}\in B(\widetilde{\boldsymbol{x}},\delta_{\widetilde{\boldsymbol{x}}}).$$

由此可知, 当我们取距离空间 $(E_0, d) \triangleq (B(\boldsymbol{x}_0, \delta_0), d_{\|\cdot\|})$ 时, 也即在子集 $B(\boldsymbol{x}_0, \delta_0)$ 中仍以原范数导出的距离为此子空间的距离. 那么由于 $B(\boldsymbol{x}_0, \delta_0)$ 是完备空间 E 中的闭集, 故从前面 4.7 节可知此距离空间 (E_0, d) 是完备的, 并从本定理泛函 p 在 $B(\boldsymbol{x}_0, \delta_0)$ 上均"下半连续"的假设, 以及上面第二个不等式可知 p 在空间 E_0 上是" ε_0- 局部极小值"泛函 (参看 1.6 节的定义 7). 因此, 利用 1.6 节的定理 3, 即可导出: 凸泛函 p 在 E_0 上 (也即球 $B(\boldsymbol{x}_0, \delta_0)$ 上) 某一点是"局部有上界"的.

这样一来, 由前面引理 6、引理 7 以及定理 4 便可依次将本定理的三个推导符号" $\Longrightarrow$ "得到. 从而本定理得证. □

注 8 首先, 再次指出, 上定理 6 的证明的技巧在于利用距离空间的完备性所引导出来的"纲推理"方法. 此是今后学习"点集拓扑"和"泛函分析"等后继学科中很有用、很有技巧的方法, 必须要好好掌握. 因此建议读者, 为此再去重新回味一下前面 1.6 节中定理 3 的证明方法, 并去重温一下该定理后面的注 6, 那将是很有益处的. 其次, 这里的一些作图启示证明方法在"凸分析"等专题研究中也是十分有效的, 同样值得读者仔细品味.

第 5 章　一元函数的微分学

"微分学"是数学分析中的一个重要组成部分, 此课题的基础是极限理论. 顾名思义, "微分学"就是将事物的微小部份的局部特征予以分析研究, 从而导出和认识事物的整体全部的性质的一门学科. 从认识论的观点来看, 也就是从研究局部导出对整体的认识. 下面, 我们举几个例子来表明:

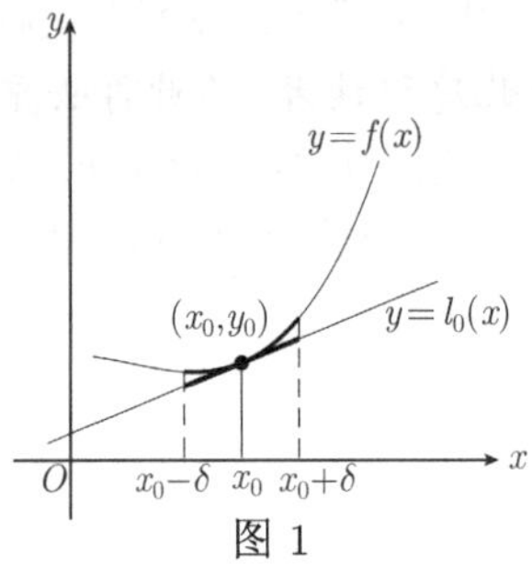

图 1

例 1　图 1 为一元函数 $y = f(x)$ 的图像, 那么, 对于此曲线上任意一点 $\boldsymbol{p}_0(x_0, y_0)$ (显然有 $y_0 = f(x_0)$), 在此点的一个很小的邻域内, 直观上看, 此"曲线段"显然与曲线在 $\boldsymbol{p}_0$ 点的一条所谓的"切线" $y = l_0(x)$ 在 $\boldsymbol{p}_0$ 的相应"直线段"很接近, 且容易认识 (这里, 作为一元函数 $y = f(x)$ 所确定的曲线, 其在任意一点 $\boldsymbol{p}_0$ 的"切线"我们将在下面例 4 给出).

因此, 我们将上曲线段分为所需的几个曲线段, 在每一段均用相应的切线段来代替. 那么, 我们"以直代曲", 通过这几个直线段所组成的一条"折线"来代替研究原曲线 (也即以 $\mathbb{R}$ 中的几个"线性函数"来综合研究原来的函数), 显然就"化难为易"了 (当然, 此时的前提是上面的曲线必须在各点均存在"切线".)

例 2　在防汛期间, 当河水不断上涨时, 我们不但会关心每天河水上涨的情况, 当然也会关心在一天内"何时"上涨的最迅速? 这样我们才能够合理地调配防汛人力, 更加予以有效且有力的防范. 当然, 对于河水的上涨速度, 现在人们大都是用一种"近似的"测量法. 例如: 将一小时之间水位标尺的差作为"此时"(或一小时前"之时") 的洪水"涨量"("涨速"). 其实, 对于已学过极限知识的人们, 显然可知: 当假设水位标尺的高度用 $h(t)$ 代表时, 两个量之"差"的"商" $\dfrac{h(t) - h(t_0)}{t - t_0}$ 仅仅代表的是从时刻 t_0 到 t 此一时段水位涨落变化的"平均值", 而真正代表 t_0 时水位"涨落速度"的则应是以下的一个极限:

$$\lim_{t \to t_0} \frac{h(t) - h(t_0)}{t - t_0},$$

这里, t 可以大于或小于 t_0.

例 3　对于任何一个非匀速直线运动的物体, 如果已知其所走过的路程与时间的关系可以有一分析表达式 $s = s(t)$, 那么, 从“局部”范围当仅考虑在 $t = t_0$ 此一时刻运动的状态时, 我们显然可以看出, 对于 t_0 时刻的任何一点时间的“改变量”Δt (这里, Δt 可以为“正”或为“负”值), 在 t_0 与 $t_0+\Delta t$ 间物体走过的路程为

$$\Delta s \triangleq s(t_0+\Delta t) - s(t_0),$$

Δs 亦可为正或负. 因此, 在此一小段时间内的“平均速度”则为

$$\frac{\Delta s}{\Delta t} = \frac{s(t_0+\Delta t) - s(t_0)}{\Delta t}.$$

但是, 同样也可以看到: 无论上述时间的改变量多么小, 上面的关系式 $\dfrac{\Delta s}{\Delta t}$ 也仅仅只是物体在 t_0 点速度的一个**近似值**! 而真正能表达物体在 t_0 点的“瞬时速度”则当然应为上述“差商”当 $\Delta t \to 0$ 时的极限值, 也即

$$v(t_0) = \lim_{\Delta t\to 0}\frac{\Delta s}{\Delta t} = \lim_{\Delta t\to 0}\frac{s(t_0+\Delta t) - s(t_0)}{\Delta t}.$$

例 4　“显式”函数 $y = f(x)$ 所代表的曲线 $\Gamma = \{(x, f(x)) : x \in (a, b)\} \subset \mathbb{R}^2$ 在其某点 $\boldsymbol{p}_0(x_0, f(x_0))$ 上“切线”的定义.

在上面例 1 中, 为讲述微分学的核心思想, 即从“局部”的 (微小部分) 特性的研究, 从而获得“整体”的研究成果. 我们已经用了曲线上一点 $\boldsymbol{p}_0$ 的“切线”的概念. 那么, 如何来严格定义任意曲线上点的切线呢? 虽然我们在“初等几何”中曾经定义过平面中圆周上一点的切线 (即过此“点”与“半径”垂直的直线), 但这对一般的曲线显然是不适用的. 下面, 我们应用极限的方法来定义曲线 $y = f(x)$ 在 $\boldsymbol{p}_0(x_0, f(x_0))$ 点的切线方程.

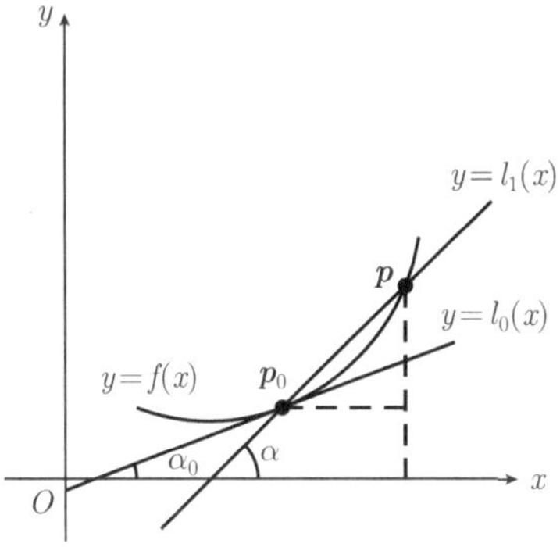

图 2

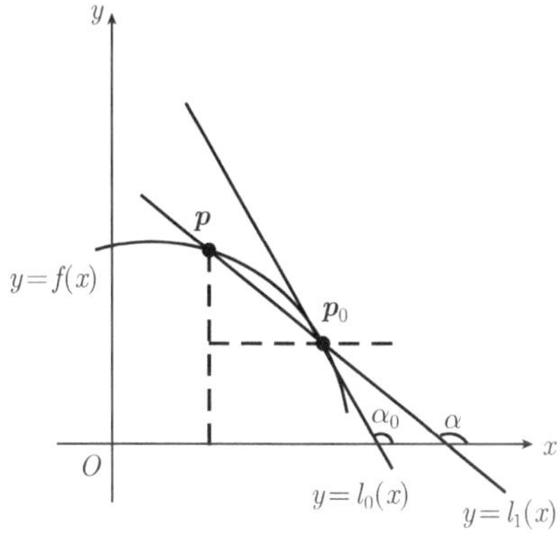

图 3

首先, 我们在曲线 Γ 上一给定点 $\boldsymbol{p}_0$ 的邻近任取一点 $\boldsymbol{p}(x, f(x))$, 然后, 作过 $\boldsymbol{p}_0$ 与 $\boldsymbol{p}$ 两点的直线 $l(x)$(见上图 2、图 3). 那么, 显然此直线的斜率为

$$\tan\alpha = \frac{\boldsymbol{p}_0 \text{ 到 } \boldsymbol{p} \text{ 点 } y \text{ 值的改变量}}{\boldsymbol{p}_0 \text{ 到 } \boldsymbol{p} \text{ 点 } x \text{ 值的改变量}},$$

这里, α 为从 x 轴正向到上述直线以 $\overrightarrow{\boldsymbol{p}_0\boldsymbol{p}}$ 为正向的夹角. 故将点的坐标代入, 从以上 $\boldsymbol{p}_0, \boldsymbol{p}$ 两点的取法, 则知

$$\tan\alpha = \frac{f(x) - f(x_0)}{x - x_0}.$$

(从图 2、图 3, 我们不难看出, 上面的取值可正可负, 因而可得 $\overrightarrow{\boldsymbol{p}_0\boldsymbol{p}}$ 的指向.)

这样一来, 当点 $\boldsymbol{p}$ 沿曲线 Γ 而向点 $\boldsymbol{p}_0$ 趋近时, 上述直线必然绕着点 $\boldsymbol{p}_0$ 而转动, 从而上述角 α 也随之变化. 特别地, 如果当上述两点的横坐标 x 趋于 x_0 时, 上述直线斜率 $\tan\alpha$ 则有极限值 τ 存在, 也即

$$\lim_{x \to x_0} \frac{f(x) - f(x_0)}{x - x_0} = \tau,$$

那么, 我们就将此“过 $\boldsymbol{p}_0$ 点以 τ 为斜率的直线”定义为上述曲线 Γ 在 $\boldsymbol{p}_0$ 点的**切线**.

由此可知, 上述切线方程之“点斜式”即为

$$\frac{y - y_0}{x - x_0} = \tau.$$

从而不难得到此切线 $l_0(x)$ 的方程即为

$$l_0(x) = f(x_0) + \tau(x - x_0),$$

其中 $\tau = \lim\limits_{x \to x_0} \dfrac{f(x) - f(x_0)}{x - x_0}$.

上述类似的例子还有很多. 例如: 接近于直线的细长物体的“密度”的测量, 放射性元素衰减的“速度”, 口服药品在胃肠的吸收“速度”等. 但从数学的抽象归纳, 不难看出, 它们首先均与一个函数的极限相关联, 这就是“差商”的极限, 也即“函数”的改变量 (“差”: $f(x) - f(x_0)$) 与“自变量”的改变量 (“差”: $x - x_0$), 此两者“商” $\dfrac{f(x) - f(x_0)}{x - x_0}$ 当 $x \to x_0$ 时的极限. 而这正是相应函数 $f(x)$(或其对应之实际问题之各种“量”) 在 x_0 点处的**变化率**.

下面, 我们就从上述差商的极限开始来进行有关一元函数微分学专题的介绍.

5.1 导数及其求法

(一)

定义 1 设一元函数 f 在 x_0 点的一个 (开) 邻域 $(x_0-\delta_0, x_0+\delta_0)$ 有定义 (δ_0 是某一正数), 那么, 当"差商"的极限

$$\lim_{x\to x_0}\frac{f(x)-f(x_0)}{x-x_0}$$

存在时, 便称函数 $f(x)$ **在点** x_0 **处可导**, 此极限值则称为 $f(x)$ 在 x_0 点处的**导数**, 并记做 $f'(x_0)$.

注 1 当我们记上述函数为 $y=f(x)$, 函数的改变量 $f(x)-f(x_0)$ 为 Δy, 自变量的改变量 $x-x_0$ 为 Δx 时, 上面差商的极限 (导数), 也可记为

$$f'(x_0)=\lim_{\Delta x\to 0}\frac{f(x_0+\Delta x)-f(x_0)}{\Delta x}=\lim_{\Delta x\to 0}\left.\frac{\Delta y}{\Delta x}\right|_{x_0},$$

由此, 人们常常也将上导数记为 $\left.\frac{\mathrm{d}y}{\mathrm{d}x}\right|_{x_0}$ 或者 $\left.\frac{\mathrm{d}f}{\mathrm{d}x}\right|_{x_0}$.

定义 1′ 如果函数 $y=f(x)$ 在某开集 $G\subset\mathbb{R}$ 内的每一点均可导, 则称 f **在** G **上可导**, 并称相应的 $f'(x)(\forall\, x\in G)$ 为 f 的**导函数**, 也可记为 $\frac{\mathrm{d}y}{\mathrm{d}x}$ 或 $\frac{\mathrm{d}f}{\mathrm{d}x}$.

注 2 从上面定义可知, 由于 $\left.\frac{\Delta y}{\Delta x}\right|_{x_0}\triangleq\frac{f(x)-f(x_0)}{x-x_0}$ 代表着函数 $f(x)$ 从 x_0 开始到某自变量 x 间的平均值, 也即"平均变化率", 故其极限 (也即其在 x_0 点的导数) 可认为是函数 f 在 x_0 点的"瞬时变化率". 而当将此应用于各种问题时, 从本章开始的例子可以看出, 当 $f(x)$ 代表"路程对时间"的函数时, 显然其在任何一点的导数 $f'(x)$ 即为物体在 x 点的"瞬时速度", 而当 $f(x)$ 代表一条平面曲线时, 其在 x 点的导数 $f'(x)$ 则代表着它在 $\boldsymbol{p}(x,f(x))$ 点曲线"切线"的"斜率"等.

既然函数的极限有"右极限"和"左极限"(见前面 4.2 节的定义 5), 那么, 相应于上面的定义 1, 类似地有"右导数"和"左导数"的定义如下:

定义 2 设函数 f 在 x_0 点右边"半邻域"$[x_0, x_0+\delta_0)$ 内有定义 (δ_0 是某一正数). 那么, 当"差商"的右极限

$$\lim_{x\to x_0^+}\frac{f(x)-f(x_0)}{x-x_0}$$

存在时, 我们便称函数 $f(x)$ **在点** x_0 **处右可导**. 此极限值则称为 $f(x)$ 在 x_0 点处的**右导数**, 并记做 $f'_+(x_0)$. 类似地, 可以定义 $f(x)$ 在 x_0 点处的**左导数** $f'_-(x_0)$.

同样地, 既然导数是一种类型 (“差商”型) 的函数之极限, 因此有关 4.3 节函数极限的所有基本性质 (如“唯一性”“局部有界性”“局部保序性”及“夹进定理”等) 均应是正确的. 而相应函数极限存在性的传递性质, 则对于上述“差商”类型的函数, 当然仍有相应于 4.3 节的定理 6 的结论, 即有下面的命题:

命题 1 导数 $f'(x_0)$ 存在的充分必要条件是: 右导数 $f'_+(x_0)$ 与左导数 $f'_-(x_0)$ 均存在且相等, 并且, 这时还有

$$f'(x_0)=f'_+(x_0)=f'_-(x_0).$$

此外, 当然亦有相应于 4.3 节的定理 8(Heine 定理) 的结论.

但是对于 4.3 节 (有关函数极限的四则运算) 的定理 5 这种极限存在的传递性质, 如仍用上述“差商”型函数来表达则就不太方便和清晰了. 因此, 下面我们回到函数自身的表达式 (而非其“差商”型的函数表达式), 并来导出其导数存在性之传递的“导数四则运算”定理. 为此, 我们首先给出一个引理如下:

引理 如果函数 f 在 x_0 点“可导”, 则其必在 x_0 点“连续”.

证明 上面我们已经讲过, 此时“差商” $\dfrac{f(x)-f(x_0)}{x-x_0}$ 在 x_0 点有“局部有界性”. 因此, 必存在正数 δ_1 及数 $\rho_1>0$, 使得 $f(x)$ 在 x_0 点邻域 $(x_0-\delta_1,x_0+\delta_1)$ 有定义, 并且有关系式

$$\left|\frac{f(x)-f(x_0)}{x-x_0}\right|\leqslant\rho_1,\qquad\forall\, x\in(x_0-\delta_1,x_0+\delta_1)\setminus\{x_0\}.$$

这样, 我们便可得到

$$|f(x)-f(x_0)|\leqslant\rho_1|x-x_0|,\qquad\forall\, x\in(x_0-\delta_1,x_0+\delta_1).$$

(注意, 由于当 $x=x_0$ 时, 上式仍然成立, 因此在上式中不必除去点 x_0.) 因此函数 $f(x)$ 显然在 x_0 处连续. □

注 3 用上述完全类似的证法, 从函数 f 在右、左导数的定义我们同样容易得到下面结论:

命题 2 如果函数 f 在 x_0 点“右 (或左) 可导”, 则其必在 x_0 点“右 (相应地, 左) 连续”.

定理 1 (求导的四则运算) 假设函数 f 和 g 均在某一点 x_0 可导, 那么, 函数 $f\pm g$, λf(λ 为任一常数) 以及 $f\cdot g$ 也必在 x_0 点可导; 而当 $g(x_0)\neq 0$ 时, 函数 $\dfrac{f}{g}$ 则亦在 x_0 可导. 此外, 上述导数有下面关系式:

1° $(f\pm g)'(x_0)=f'(x_0)\pm g'(x_0)$;

2° $(\lambda f)'(x_0)=\lambda f'(x_0)$;

3° $(f\cdot g)'(x_0)=f'(x_0)g(x_0)+f(x_0)g'(x_0)$;

4° $\left(\dfrac{f}{g}\right)'(x_0)=\dfrac{f'(x_0)g(x_0)-f(x_0)g'(x_0)}{g^2(x_0)}$.

证明 上面的 1° 和 2° 是简单易得的, 下面我们仅来验证 3° 和 4°.

1) 对于乘积函数 $(f\cdot g)$, 其在 x_0 点的"差商"有下面恒等关系式:

$$\begin{aligned}&\frac{(fg)(x_0+\Delta x)-(fg)(x_0)}{\Delta x}\\=&\frac{(fg)(x_0+\Delta x)-f(x_0)g(x_0+\Delta x)+f(x_0)g(x_0+\Delta x)-(fg)(x_0)}{\Delta x}\\=&\frac{f(x_0+\Delta x)-f(x_0)}{\Delta x}g(x_0+\Delta x)+f(x_0)\frac{g(x_0+\Delta x)-g(x_0)}{\Delta x}.\end{aligned}$$

这样, 由假设导数 $f'(x_0)$ 和 $g'(x_0)$ 均存在, 以及从上面引理可知 $g(x)$ 在 x_0 点连续. 因此, 从导数定义, 以及上式可导出

$$(fg)'(x_0)=\lim_{\Delta x\to 0}\frac{(fg)(x_0+\Delta x)-(fg)(x_0)}{\Delta x}=f'(x_0)g(x_0)+f(x_0)g'(x_0),$$

故 3° 得证.

2) 类似地, 注意到商函数 $\dfrac{f}{g}$ 在 x_0 点"差商"的恒等式:

$$\begin{aligned}&\frac{(f/g)(x_0+\Delta x)-(f/g)(x_0)}{\Delta x}\\=&\frac{1}{\Delta x}\cdot\frac{f(x_0+\Delta x)\cdot g(x_0)-f(x_0)\cdot g(x_0+\Delta x)}{g(x_0+\Delta x)\cdot g(x_0)}\\=&\frac{1}{\Delta x}\cdot\frac{f(x_0+\Delta x)g(x_0)-f(x_0)g(x_0)+f(x_0)g(x_0)-f(x_0)g(x_0+\Delta x)}{g(x_0+\Delta x)\cdot g(x_0)}\\=&\frac{1}{g(x_0+\Delta x)g(x_0)}\left(\frac{f(x_0+\Delta x)-f(x_0)}{\Delta x}g(x_0)-f(x_0)\frac{g(x_0+\Delta x)-g(x_0)}{\Delta x}\right).\end{aligned}$$

这样, 从定理假设及上面引理, 类似于 1) 同样立即导出 4° 的结论.

总上, 本定理得证. □

作为导数存在性的另外两种传递, 下面我们来介绍复合函数以及反函数的求导法则.

定理 2 (复合函数求导的"链式"法则) 假设函数 $\varphi(t)$ 在 t_0 点可导, 而函数 $f(x)$ 在 $x_0\triangleq\varphi(t_0)$ 也可导, 那么, 复合函数 $(f\circ\varphi)(t)\triangleq f(\varphi(t))$ 必在 t_0 点可导, 此外, 其导数有以下关系式:

$$(f\circ\varphi)'(t_0)=f'(\varphi(t_0))\varphi'(t_0).$$

上式还有一个常用的描述法,

$$\left.\frac{\mathrm{d}f}{\mathrm{d}t}\right|_{t=t_0}=\left.\frac{\mathrm{d}f}{\mathrm{d}x}\right|_{x=x_0}\cdot\left.\frac{\mathrm{d}x}{\mathrm{d}t}\right|_{t=t_0}$$

如果上面的关系式对相应开区域内的点均成立, 则此关系式就真如一条"链":

$$\frac{\mathrm{d}f}{\mathrm{d}t}=\frac{\mathrm{d}f}{\mathrm{d}x}\cdot\frac{\mathrm{d}x}{\mathrm{d}t}.$$

证明 类似地, 同样要先从"差商"关系式入手.

对于任意的一个点列 $\{t_n\}$, 设有 $t_n\to t_0$(当 $n\to\infty$ 时). 我们将 $\{t_n\}$"分割"为两个子列: $\{t_n^{(1)}\}$ 与 $\{t_n^{(2)}\}$, 其中

$$\{t_n^{(1)}\}\triangleq\{t_n:\varphi(t_n)=\varphi(t_0)\}\quad 及\quad \{t_n^{(2)}\}\triangleq\{t_n:\varphi(t_n)\neq\varphi(t_0)\}.$$

现在, 我们对 $\{t_n^{(1)}\}$ 和 $\{t_n^{(2)}\}$ 分别进行讨论 (这里, 不妨假设这两个子列中均有无穷多项. 这是因为, 如果 $\{t_n^{(2)}\}$ 只有有限多项, 则只需进行下面 1) 中的讨论即可; 相应地, 如果 $\{t_n^{(1)}\}$ 只有有限多项, 则只需进行下面 2) 中的讨论即可):

1) 对于 $\{t_n^{(1)}\}$ 而言, 由于 $\varphi(t_n^{(1)})=\varphi(t_0)$ $(\forall\, n\in\mathbb{N})$, 故此时"差商"(的数列形式):

$$\frac{(f\circ\varphi)(t_n^{(1)})-(f\circ\varphi)(t_0)}{t_n^{(1)}-t_0}=\frac{f(\varphi(t_n^{(1)}))-f(\varphi(t_0))}{t_n^{(1)}-t_0}\equiv 0,\quad \forall\, n\in\mathbb{N},$$

从而

$$\lim_{n\to\infty}\frac{(f\circ\varphi)(t_n^{(1)})-(f\circ\varphi)(t_0)}{t_n^{(1)}-t_0}=0. \tag{1}$$

另一方面, 从关于 $\{t_n^{(1)}\}$ 的假设, 显然有

$$\lim_{n\to\infty}\frac{\varphi(t_n^{(1)})-\varphi(t_0)}{t_n^{(1)}-t_0}=0. \tag{2}$$

总上 (1) 和 (2) 两式, 可得 (注意定理假设 $f'(\varphi(t_0))$ 存在)

$$\lim_{n\to\infty}\frac{(f\circ\varphi)(t_n^{(1)})-(f\circ\varphi)(t_0)}{t_n^{(1)}-t_0}=f'(\varphi(t_0))\cdot\lim_{n\to\infty}\frac{\varphi(t_n^{(1)})-\varphi(t_0)}{t_n^{(1)}-t_0}.$$

再注意到定理假设, $\varphi'(t_0)$ 也存在, 故由函数极限中 (有关连续变量与相应离散变量) 的 Heine 定理, 从上式我们得到

$$\lim_{n\to\infty}\frac{(f\circ\varphi)(t_n^{(1)})-(f\circ\varphi)(t_0)}{t_n^{(1)}-t_0}=f'(\varphi(t_0))\cdot\varphi'(t_0). \tag{3}$$

2) 对于 $\{t_n^{(2)}\}$ 而言, 由于 $\varphi(t_n^{(2)})\neq\varphi(t_0)$ $(\forall\, n\in\mathbb{N})$, 故从下面"差商"(的相应数列形式) 的关系式:

$$\begin{aligned}\frac{(f\circ\varphi)(t_n^{(2)})-(f\circ\varphi)(t_0)}{t_n^{(2)}-t_0}&\triangleq\frac{f(\varphi(t_n^{(2)}))-f(\varphi(t_0))}{t_n^{(2)}-t_0}\\&=\frac{f(\varphi(t_n^{(2)}))-f(\varphi(t_0))}{\varphi(t_n^{(2)})-\varphi(t_0)}\cdot\frac{\varphi(t_n^{(2)})-\varphi(t_0)}{t_n-t_0}.\end{aligned} \tag{4}$$

于是, 同样注意到定理假设 (及导数的定义) 以及 Heine 定理, 从上面式 (4), 当令 $n\to\infty$ 时, 我们亦可得到

$$\lim_{n\to\infty}\frac{(f\circ\varphi)\big(t_n^{(2)}\big)-(f\circ\varphi)(t_0)}{t_n^{(2)}-t_0}=f'\big(\varphi(t_0)\big)\cdot\varphi'(t_0). \tag{5}$$

总上 1) 和 2), 利用 2.2 节定理 3, 也即 (从 (3) 及 (5) 式) 导出: 对于任意的一个点列 $\{t_n\}(t_n\to t_0$, 当 $n\to\infty$ 时), 必有

$$\lim_{n\to\infty}\frac{(f\circ\varphi)(t_n)-(f\circ\varphi)(t_0)}{t_n-t_0}=f'\big(\varphi(t_0)\big)\cdot\varphi'(t_0).$$

这样, 再次利用有关函数极限的 Heine 定理, 从导数的定义及上关系式, 立即便可得到本定理结论. □

注 4 在上面求导数之"链式法则"的证明中, 特别值得注意的是: 在证明 2) 的恒等式的关系中, 当对原差商"乘以并除以"因子"$\varphi(t_n)-\varphi(t_0)$"时, 其前提必须是此因子的值不能为 0! 正是为此, 我们才将上定理的证明分为两种情况并利用 Heine 定理来验明之. 而在所见过的其他教材中, 或用直接"规定"(约定) 的方法让上面"不合理"的恒等式视为合理; 或者用类似"微分"的作法, 先引进一个函数改变量 Δy 与自变量改变量 Δx 的关系式: $\Delta y=y'(x_0)\Delta x+\alpha(\Delta x)$, 其中 $\lim\limits_{\Delta x\to0}\alpha(\Delta x)=0$, 且"规定" $\alpha(0)=0$. 正是此后面的规定其同样与"极限"的原假设不吻合, 因为我们在极限定义中, 一直是规定当 $\Delta x\to0$ 时不能有 $\Delta x=0$ 的. 基于以上, 这里才另用了一个数学方法予以其严格的证明.

定理 3 (反函数的求导法则) 假设 $y=f(x)$ 在 x_0 的某一邻域 $I\triangleq(x_0-\delta_0,x_0+\delta_0)$ 内严格单调. 如果 f 在 x_0 点可导并有 $f'(x_0)\neq0$, 那么, f 的反函数 $x=f^{-1}(y)$ 也必在点 $y_0\triangleq f(x_0)$ 处可导, 且有

$$(f^{-1})'(y_0)=\frac{1}{f'(x_0)},$$

也即 $\left.\dfrac{\mathrm{d}x}{\mathrm{d}y}\right|_{y_0}=\left(\left.\dfrac{\mathrm{d}y}{\mathrm{d}x}\right|_{x_0}\right)^{-1}$.

证明 首先, 由 4.5 节的定理 5 可知: 在定理的假设下 (注意此时 f 在 x_0 必连续, 这是因为 $f'(x_0)$ 存在), $y=f(x)$ 的反函数 $x=f^{-1}(y)$ 在 $f(I)$ 上亦是存在且严格单调的; 此外, $f^{-1}(y)$ 亦在 $y_0\triangleq f(x_0)$ 点连续, 而此 $x=f^{-1}(y)$ 的定义域 $f(I)$ 显然亦构成了 y_0 的一个邻域.

于是, 类似地考察反函数 $x=f^{-1}(y)$ 在 y_0 点的"差商"之下述关系:

$$\frac{f^{-1}(y)-f^{-1}(y_0)}{y-y_0}=\frac{x-x_0}{f(x)-f(x_0)}$$

$$= \left(\frac{f(x) - f(x_0)}{x - x_0} \right)^{-1}, \qquad \forall\, x \in \check{I} = (x_0 - \delta_0, x_0 + \delta_0) \setminus \{x_0\}. \tag{6}$$

另一方面, 注意到 $y = f(x)$ 在 x_0 点的连续性假设以及上面已经讲过的反函数 $x = f^{-1}(y)$ 在 y_0 点的连续性, 故

$$y \to y_0 \Longleftrightarrow x \to x_0, \qquad \forall\, x \in \check{I} = (x_0 - \delta_0, x_0 + \delta_0) \setminus \{x_0\}. \tag{7}$$

这样, 从 (6), (7) 两式, 可以导出

$$\lim_{y \to y_0} \frac{f^{-1}(y) - f^{-1}(y_0)}{y - y_0} = \left(\lim_{x \to x_0} \frac{f(x) - f(x_0)}{x - x_0} \right)^{-1},$$

也即得到本定理所需结论. □

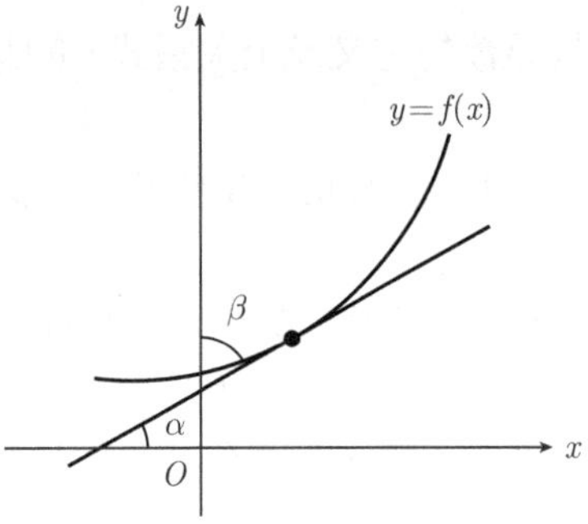

图 1

注 5　上面有关反函数的求导法则 (定理 3), 其实从几何上观察也是十分清晰的. 例如, 假设 $y = f(x)$ 及其反函数 $x = f^{-1}(y)$ 如图 1 曲线 (注意, $y = f(x)$ 与 $x = f^{-1}(y)$ 代表同一曲线). 那么, 从本章开头的例 4, 我们则知: 对于此曲线在点 $(x_0, f(x_0))$ 处的切线, 其与 x 轴正向的夹角 α, 以及与 y 轴正向的夹角 β, 有以下关系式:

$$f'(x_0) = \tan\alpha \quad 及 \quad (f^{-1})'(y_0) = \tan\beta.$$

而从平面几何初等知识, 可以导出 $\alpha + \beta = \dfrac{\pi}{2}$, 由此则可得到定理 3 所需结果:

$$(f^{-1})'(y_0) = \tan\beta = \frac{1}{\tan\alpha} = \frac{1}{f'(x_0)}.$$

(二)

下面, 给出函数求导的一些例子, 以及人们熟知的一些函数的导数公式.

例 1　设 $f(x) = |x|$, 讨论 $f(x)$ 在 $\mathbb{R}$ 上的可导性.

解　我们分三种情况来讨论 (如图 2):

1) 当 $x = 0$ 时, 由于

$$f'_+(0) = \lim_{x \to 0^+} \frac{f(x) - f(0)}{x - 0} = \lim_{x \to 0^+} \frac{x}{x} = 1,$$

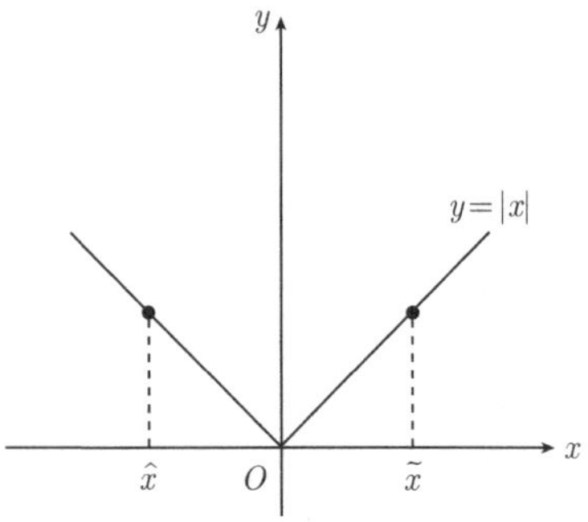

图 2

以及

$$f'_-(0) = \lim_{x\to 0^-} \frac{f(x)-f(0)}{x-0} = \lim_{x\to 0^-} \frac{-x}{x} = -1,$$

故 f 在 $x=0$ 点的右、左导数虽均存在, 但不相等. 由此可知 $f'(0)$ 不存在.

2) 对任意的 $\widetilde{x}>0$, 容易得到: 当 x 的改变量 Δx 满足 $|\Delta x| < \dfrac{\widetilde{x}}{2}$ 时, 显然均有 $\widetilde{x}+\Delta x>0$, 由此可导出

$$\begin{aligned} f'(\widetilde{x}) &= \lim_{\Delta x\to 0} \frac{f(\widetilde{x}+\Delta x)-f(\widetilde{x})}{\Delta x} \\ &= \lim_{\Delta x\to 0} \frac{(\widetilde{x}+\Delta x)-\widetilde{x}}{\Delta x} = 1. \end{aligned}$$

3) 类似地, 对任意的 $\widehat{x}<0$, 按上面 2) 的同样步骤, 亦可导出

$$\begin{aligned} f'(\widehat{x}) &= \lim_{\Delta x\to 0} \frac{f(\widehat{x}+\Delta x)-f(\widehat{x})}{\Delta x} = \lim_{\Delta x\to 0} \frac{|\widehat{x}+\Delta x|-|\widehat{x}|}{\Delta x} \\ &= \lim_{\Delta x\to 0} \frac{-(\widehat{x}+\Delta x)-(-\widehat{x})}{\Delta x} = -1. \end{aligned}$$

总上可知: 函数 $f(x)=|x|$ 在整个实轴上均是连续的, 但在 $x=0$ 却是不可导的. 而当 $x\neq 0$ 时, 则有: (i) 如果 $x>0$, 那么, $f'(x)=(x)'=1$; (ii) 如果 $x<0$, 那么, $f'(x)=(-x)'=-1$. □

注 6 从前面引理我们已知: 函数 $f(x)$ 如在区间 (a,b) 内均可导, 则其必在 (a,b) 内均连续. 而从上例 1 我们又知: (a,b) 上的连续函数 $f(x)$, 未必在 (a,b) 内均可导. 且上面的例子还指出了"一个"不可导的点. 显然, 举一反三, 类似可以得到在 (a,b) 内连续且有任意"n_0 个"不可导点的函数, 也即, 我们可以在区间 (a,b) 上作图 3 的有 n_0 个"折点"之连续折线. 再进一步, 我们也不难作出在 $\mathbb{R}$ 上有"可列无穷"个不可导点的连续函数 (也即可将自然数均作如图 3 的"折点"的折线). 类似地, 当然也不难在有限区间 (a,b) 上作出相应的函数 (将区间中一"可列无穷"的孤立点均作为"折点"的连续折线).

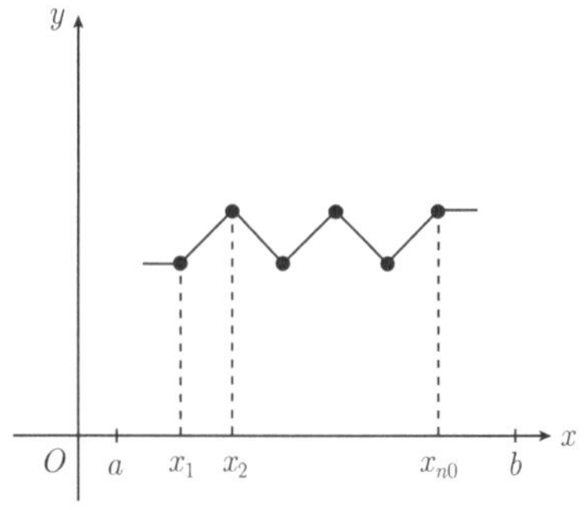

图 3

由此, 人们当然会产生这样的疑问: 在任何区间 (a,b) 上是否存在一个"处处连续"但"处处均不可导"的函数呢? 从几何的角度观察, 这几乎是难以置信的, 因如有这样的函数, 那就意味着: 存在如此的连续曲线段, 其上每一点均是没有切线的. 因此, 在过去很长的一段时间里, 上述问题一直没有被解决. 特别地, 人们当时很难想象出: 如果这样的函数存在, 它的"函数"分析 (显) 式将会如何表达呢? 一

直到 1875 年, 著名的德国数学家 K.Weierstrass(魏尔斯特拉斯) 在他 60 岁的时候, 才用“函数项级数”的形式第一次构造出了这样的“奇怪”函数. 而又经过了 55 年以后, 著名的荷兰数学家 van der Waerden(范德瓦尔登) 在上述例子的启发下, 又构造出了一个更直观且清晰的“改进的”例子, 而这一例子则被现在数学书中常常引用. 对于这个十分有趣且十分“有份量”的例子, 只能在学完微分、积分及函数项级数之后, 才能讲述.

例 2　设函数 (下面的 λ 为大于 1 的任意给定实数)

$$f(x)=\begin{cases} x^{\lambda}\sin\dfrac{1}{x}, & \text{当 } x>0 \text{ 时},\\ 0, & \text{当 } x=0 \text{ 时}. \end{cases}$$

试讨论 $f(x)$ 在 $x=0$ 处右导数的存在性.

解　由定义可知

$$f'_+(0)=\lim_{x\to 0^+}\frac{f(x)-f(0)}{x-0}.$$

当注意到此时

$$\frac{f(x)-f(0)}{x-0}=\frac{x^{\lambda}\sin\dfrac{1}{x}}{x}=x^{\lambda-1}\sin\frac{1}{x},$$

故知上式当 $\lambda>1$ 时, 有极限

$$\lim_{x\to 0^+}x^{\lambda-1}\sin\frac{1}{x}=0$$

存在. 因此, 函数 $f(x)$ 仅当 $\lambda>1$ 时, 其在 $x=0$ 点均有右极限存在, 且值为 0. □

例 3　对于常见的初等函数, 有下面的导数公式:

1° $(c)'=0$(其中, c 为常数);

2° $(x^{\lambda})'=\lambda x^{\lambda-1}\ (x>0)$;

3° $(a^x)'=a^x\ln a\ (a>0)$;

4° $(\log_a x)'=\dfrac{1}{x\ln a}\ (a>0,\ x>0)$;

5° $(\sin x)'=\cos x$;

6° $(\cos x)'=-\sin x$;

7° $(\tan x)'=\sec^2 x\ \left(x\neq n\pi+\dfrac{\pi}{2},\ n\in\mathbb{Z}\right)$;

8° $(\cot x)'=-\csc^2 x\ (x\neq n\pi,\ n\in\mathbb{Z})$;

9° $(\sec x)'=\tan x\sec x\ \left(x\neq n\pi+\dfrac{\pi}{2},\ n\in\mathbb{Z}\right)$;

10° $(\csc x)'=-\cot x\csc x\ (x\neq n\pi,\ n\in\mathbb{Z})$;

11° $(\arcsin x)' = \dfrac{1}{\sqrt{1-x^2}}\ (|x|<1)$;

12° $(\arccos x)' = -\dfrac{1}{\sqrt{1-x^2}}\ (|x|<1)$;

13° $(\arctan x)' = \dfrac{1}{1+x^2}$;

14° $(\operatorname{arccot}\ x)' = -\dfrac{1}{1+x^2}$.

证明 1) 由定义可知, 1° 的结论是明显的.

2) 上面 2° 的验证并不容易! 当然, 当 $\lambda = n\ (\in \mathbb{N})$ 时的情况不难从下面的"差商"关系式导出:

$$\begin{aligned}\frac{f(x+\Delta x)-f(x)}{\Delta x} &= \frac{1}{\Delta x}\big((x+\Delta x)^n - x^n\big)\\ &= \frac{1}{\Delta x}\Big(nx^{n-1}\Delta x + \frac{n(n-1)}{2}x^{n-2}\Delta x^2 + \cdots + \Delta x^n\Big).\end{aligned}$$

因此, 我们将在后面证明此结论.

3) 验证 3° 与 4°.

因为这两个函数互为函数与反函数的关系, 因此有两种证法 (为了熟悉下面有关两个著名且有用的极限式, 我们将此两个证法均予写出).

(i) **先证** 4° 从"差商"的下面关系式:

$$\begin{aligned}\frac{f(x+\Delta x)-f(x)}{\Delta x} &= \frac{\log_a(x+\Delta x)-\log_a x}{\Delta x}\\ &= \frac{1}{\Delta x}\log_a\left(1+\frac{\Delta x}{x}\right)\\ &= \frac{1}{x}\log_a\left(1+\frac{1}{x/\Delta x}\right)^{x/\Delta x},\end{aligned} \tag{8}$$

注意到在 4.5 节 (二) 中已知: $\log_a u$ 为 u 的连续函数 (在函数的定义域内), 并且从 4.3 节的例 7 和例 7′, 又有下面的极限关系式:

$$\lim_{\Delta x\to 0}\left(1+\frac{1}{x/\Delta x}\right)^{x/\Delta x} = e, \qquad \forall\, x\in(0,+\infty). \tag{9}$$

因此, 从上面 (8) 和 (9) 式可得

$$(\log_a x)' = \lim_{\Delta x\to 0}\frac{1}{x}\log_a\left(1+\frac{1}{x/\Delta x}\right)^{x/\Delta x} = \frac{1}{x}\log_a e = \frac{1}{x\ln a}.$$

从 4° 来证 3°　注意到 $y=a^x$ 的反函数是 $x=\log_a y$, 故由上面定理 3 以及 4° 的结果, 可以得到其导数

$$(a^x)'_x \triangleq y'(x)=\frac{1}{x'(y)}=\frac{1}{(\log_a y)'_y}=y\ln a=a^x\ln a.$$

(ii) **先证** 3°　从"差商"的下面关系式:

$$\frac{f(x+\Delta x)-f(x)}{\Delta x}=\frac{a^{x+\Delta x}-a^x}{\Delta x}=a^x\left(\frac{a^{\Delta x}-1}{\Delta x}\right), \tag{10}$$

注意到前面 4.3 节最后的例 9, 又有下面的极限关系:

$$\lim_{\Delta x\to 0}\frac{a^{\Delta x}-1}{\Delta x}=\ln a. \tag{11}$$

因此, 从上面 (10) 和 (11) 式可得

$$(a^x)'=\lim_{\Delta x\to 0}a^x\left(\frac{a^{\Delta x}-1}{\Delta x}\right)=a^x\ln a.$$

从 3° 来证 4°　注意到 $y=\log_a x$ 的反函数是 $x=a^y$, 故由上面定理 3 以及 3° 的结果, 便可导出

$$(\log_a x)'_x \triangleq y'(x)=\frac{1}{x'(y)}=\frac{1}{(a^y)'_y}=\frac{1}{a^y\ln a}=\frac{1}{x\ln a}.$$

4) 验证 5° 与 11°.

先证 5°　容易从定义直接导出如下:

$$(\sin x)'=\lim_{\Delta x\to 0}\frac{\sin(x+\Delta x)-\sin x}{\Delta x}=\lim_{\Delta x\to 0}\frac{2\cos\left(x+\dfrac{\Delta x}{2}\right)\sin\left(\dfrac{\Delta x}{2}\right)}{\Delta x},$$

故当注意 4.3 节中例 3 的结果, 从上我们立即得到

$$(\sin x)'=\lim_{\Delta x\to 0}\cos\left(x+\frac{\Delta x}{2}\right)\cdot\lim_{\Delta x\to 0}\frac{\sin\dfrac{\Delta x}{2}}{\dfrac{\Delta x}{2}}=\cos x.$$

从 5° 来证 11°　同样地, 由定理 3 可知, 由于 $y=\arcsin x$ 的反函数是 $x=\sin y$, 故从 5° 的结果, 可以得到

$$(\arcsin x)'_x \triangleq y'(x)=\frac{1}{x'(y)}=\frac{1}{\cos y}=\frac{1}{\sqrt{1-\sin^2 y}}=\frac{1}{\sqrt{1-x^2}}.$$

5) 验证 6° 与 12°.

其证明完全类似于上面 4)的做法 (当然在验证 6° 时, 亦可以利用 $\cos x = \sin\left(\frac{\pi}{2} - x\right)$, 然后由定理 2, 直接从 5° 的结果得到). 请读者自验证之.

6) 验证 7° 与 13°.

先证 7° 注意到商函数的求导法则 (定理 1) 以及上面 5° 和 6°, 可以导出: 当 $x \neq n\pi + \frac{\pi}{2}$ $(n = 0, \pm 1, \pm 2, \cdots)$ 时, 有 $\cos x \neq 0$, 故可得到

$$(\tan x)' = \left(\frac{\sin x}{\cos x}\right)' = \frac{(\sin x)' \cos x - \sin x (\cos x)'}{\cos^2 x} = \sec^2 x.$$

从 7° **来证** 13° 类似地, 由定理 3 以及上面 7° 的结果, 即可导出

$$(\arctan x)'_x = \frac{1}{(\tan y)'_y} = \frac{1}{\sec^2 y} = \frac{1}{1 + \tan^2 y} = \frac{1}{1 + x^2}.$$

7) 验证 9° 与 10°.

其证明直接由上面 6° 与 5° 的结果, 并由求导运算 (定理 1 中的 4°) 得出.

8) 验证 8° 与 14°.

其证明完全类似于上面 6) 的做法 (同样地, 在验证 8° 时, 可以利用三角公式, 由定理 2 及 7° 的结果直接得到). 亦请读者自验证之.

9) 最后, 我们来完成 2° 的验证.

首先改写 $f(x) = x^\lambda$ 为

$$f(x) = e^{\lambda \ln x}, \qquad \forall\, x > 0.$$

(由于当 $\lambda = 0$ 时, 由 1° 可知, 此时 2° 的结果显然成立. 因此以下我们均假定 $\lambda \neq 0$) 这样, 我们可将上述 $f(x)$ 视为 $f(u) = e^u$ 与 $u = \lambda \ln x$ 的复合函数. 于是, 由复合函数的求导法则 (定理 2), 便可得到

$$f'(x) = f'(u) \cdot u'(x) = e^u \cdot \frac{\lambda}{x} = e^{\lambda \ln x} \cdot \frac{\lambda}{x} = x^\lambda \cdot \frac{\lambda}{x} = \lambda x^{\lambda - 1}.$$

总上九段, 我们即将本例题, 也即“基本初等函数的求导公式”全部验证完毕.

□

注 7 上例中最后一段 9) 的求导法, 即变形为指数函数型的复合函数法, 是一种很有用的求导法. 除了上面在对任意幂函数求导时用过它以外, 对于形如

$$y(x) \triangleq f(x) = u(x)^{v(x)} \quad (\text{幂指函数})$$

的函数 (这里当然要先约定 $u(x) > 0$ 以及 $u(x)$ 和 $v(x)$ 均可导) 求导时均要用到.

注 8 当然, 对注 7 中所谓幂指函数也可用下述的“对数求导法”, 也即: 首先, 将上面的幂指函数两边取对数, 则有

$$\ln y = v(x)\ln u(x).$$

然后, 两边均对 x 求导 (注意到 y 为 x 的函数以及“复合函数求导法则”!) 我们得到

$$\frac{y'(x)}{y(x)} = v'(x)\ln u(x) + v(x)(\ln u(x))' = v'(x)\ln u(x) + v(x)\cdot\frac{u'(x)}{u(x)},$$

最后, 从上则可将 $y'(x)$ 求出来.

例如　当令 $y(x) = (1+x)^{\frac{1}{x}}$ 时, 由于 $u(x) = 1+x$, $v(x) = \dfrac{1}{x}$, 从上式则有

$$\begin{aligned}\frac{y'(x)}{y(x)} &= \left(\frac{1}{x}\right)'\ln(1+x) + \frac{1}{x}\cdot\frac{(1+x)'}{1+x}\\ &= -\frac{1}{x^2}\ln(1+x) + \frac{1}{x(1+x)}\\ &= -\frac{(1+x)\ln(1+x) - x}{x^2(1+x)},\end{aligned}$$

故知 $y'(x) = -(1+x)^{\frac{1}{x}}\cdot\dfrac{(1+x)\ln(1+x)-x}{x^2(1+x)}$(注意, 此结果在后面 5.4 节的注 10 中会用到).

值得指出的是, 上面注 8 的“对数求导法”显然不仅适用于上述的幂指函数求导, 而且有很大的应用空间. 特别对于一些直接用四则运算求导显得繁杂的函数, 例如: $f(x) = x\sqrt{\dfrac{1-x}{1+x^2}}$ 等函数, 用“对数求导法”来求导常常会更容易一些 (请读者验证之), 我们就不仔细叙述了.

5.2　高 阶 导 数

(一)

定义 1　假设函数 $y = f(x)$ 在 x_0 点的某一邻域 $I(x_0,\delta_0) \triangleq (x_0-\delta_0, x_0+\delta_0)$ 内均可导, 则此函数 $f'(x)$ $(\forall\ x\in I(x_0,\delta_0))$ 称为 f 在 $I(x_0,\delta_0)$ 上的**导函数**. 而当此导函数 $f'(x)$ 在 $x = x_0$ 点仍可导时, 则称此导数值为 $f(x)$ 在 $x = x_0$ 点的**二阶导数**, 并记为 $f''(x_0)$. 特别地, 如果上述导函数 $f'(x)$ 在开区间 $I(x_0,\delta_0)$ 内的每一点均有导数存在, 则称 $f''(x)$ $(\forall\ x\in I(x_0,\delta_0))$ 为 $f(x)$ 在 $I(x_0,\delta_0)$ 上的**二阶导函数**. 一般地, 不难定义出 $f(x)$ 在 $x = x_0$ 点的 n **阶导数**$(\forall\ n\in\mathbb{N})$, 记为 $f^{(n)}(x_0)$, 以及 $f(x)$ 在 $I(x_0,\delta_0)$ 区间上的 n **阶导函数** $f^{(n)}(x)$ $(\forall\ x\in I(x_0,\delta_0))$. 此外, 为讨论方便, 有时我们将原来的函数 $f(x)$ 称为 **0 阶导函数**, 亦可记为 $f^{(0)}(x)$.

注 1 上述二阶导函数亦可记为 $\dfrac{\mathrm{d}^2 y}{\mathrm{d}x^2}$ 或 $\dfrac{\mathrm{d}^2 f}{\mathrm{d}x^2}$. 类似地, n 阶导函数则可记为 $\dfrac{\mathrm{d}^n y}{\mathrm{d}x^n}$ 或者 $\dfrac{\mathrm{d}^n f}{\mathrm{d}x^n}$. 并从导数定义, 显然有

$$f''(x_0) = \lim_{x \to x_0} \frac{f'(x) - f'(x_0)}{x - x_0}.$$

一般地, 有

$$f^{(n)}(x_0) = \lim_{x \to x_0} \frac{f^{(n-1)}(x) - f^{(n-1)}(x_0)}{x - x_0}, \qquad \forall\, n \in \mathbb{N}$$

(如果上述极限均存在).

注 2 用物理运动学的观点, 我们不难从导数和二阶导数的定义看出: 当用 $s = s(t)$ 代表一个物体非匀速直线运动之路程对时间的函数时, 那么, $s'(t)$ 就是此物体在 t 时刻的"瞬时速度", 而 $s''(t)$ 就是其在 t 时刻的"瞬时加速度".

下面, 我们给出几个常用的例子, 它们很容易从 5.1 节有关初等函数的求导公式, 由数学归纳法导出 (请读者自验证之).

例 1 (以下的 n 和 m 均为正整数) 对于任意的实数 $x > 0$, 均有

$$(x^\lambda)^{(n)} = \lambda(\lambda - 1)\cdots(\lambda - n + 1)x^{\lambda - n}, \qquad \forall\, \lambda \in \mathbb{R}.$$

特别地,

$$(x^n)^{(n)} = n!, \quad (\text{故当 } m > n \text{ 时}, (x^n)^{(m)} = 0.)$$

$$\left(\frac{1}{x}\right)^{(n)} = \frac{(-1)^n n!}{x^{n+1}}. \quad \left(\text{故 } (\ln x)^{(n)} = \left(\frac{1}{x}\right)^{(n-1)} = \frac{(-1)^{n-1}(n-1)!}{x^n}.\right) \qquad \square$$

例 2 对任意的 $x \in \mathbb{R}$ 及 $m, n \in \mathbb{N}$, 均有

$$(e^x)^{(n)} = e^x;$$

$$(\sin x)^{(n)} = \sin\left(x + \frac{n\pi}{2}\right), \qquad (\cos x)^{(n)} = \cos\left(x + \frac{n\pi}{2}\right).$$

由此, 特别地有

$$\begin{cases} (\sin x)^{(4m)} = \sin x, \\ (\sin x)^{(4m+1)} = \cos x, \\ (\sin x)^{(4m+2)} = -\sin x, \\ (\sin x)^{(4m+3)} = -\cos x, \end{cases} \quad \text{及} \quad \begin{cases} (\cos x)^{(4m)} = \cos x, \\ (\cos x)^{(4m+1)} = -\sin x, \\ (\cos x)^{(4m+2)} = -\cos x, \\ (\cos x)^{(4m+3)} = \sin x. \end{cases} \qquad \square$$

例 3 设 $f(x) = e^{ax}\sin bx$(其中, a 和 b 均为非 0 的实数), 求 $f^{(n)}(x)$ $(\forall\, n \in \mathbb{N})$.

解

$$f'(x) = (ae^{ax})\sin bx + e^{ax}(b\cos bx) = ae^{ax}\sin bx + be^{ax}\cos bx. \tag{1}$$

为了利用一阶导数关系式所显示的结果, 我们将上面所得到的关系式"变形": 我们取一个 (最小) 正弧度 θ_0, 使得

$$\sin\theta_0 = \frac{b}{\sqrt{a^2+b^2}},$$

那么,

$$\cos\theta_0 = \frac{a}{\sqrt{a^2+b^2}}.$$

于是, 上面 $f(x)$ 的一阶导数则变形为

$$\begin{aligned} f'(x) &= \sqrt{a^2+b^2}e^{ax}(\sin bx\cos\theta_0 + \cos bx\sin\theta_0) \\ &= \sqrt{a^2+b^2}e^{ax}\sin(bx+\theta_0). \end{aligned} \tag{2}$$

这样, 类似上面一次求导的相应关系式 (1), 从现在的 (2) 式, 我们类比地即可得到 f 的二阶导数:

$$\begin{aligned} f''(x) &= \big(f'(x)\big)' = \big(\sqrt{a^2+b^2}e^{ax}\sin(bx+\theta_0)\big)' \\ &= \sqrt{a^2+b^2}(a\sin(bx+\theta_0) + b\cos(bx+\theta_0))e^{ax} \\ &= (\sqrt{a^2+b^2})^2 e^{ax}\sin(bx+2\theta_0). \end{aligned} \tag{3}$$

最后, 由数学归纳法, 不难得到 f 的 n 阶 ($\forall\ n \in \mathbb{N}$) 导数为

$$f^{(n)}(x) = (\sqrt{a^2+b^2})^n e^{ax}\sin(bx+n\theta_0). \qquad \square$$

例 4 设函数

$$f(x) = \begin{cases} x^m \sin\dfrac{1}{x}, & \text{当 } x \neq 0 \text{ 时}, \\ 0, & \text{当 } x = 0 \text{ 时}. \end{cases}$$

(m 为某一正整数.) 研讨 $f(x)$ 在 $x=0$ 点的一阶、二阶和三阶导数.

解 1) 先求 f 在 $x=0$ 点的一阶导数. 直接由定义可以得

$$f'(0) = \lim_{x\to 0}\frac{f(x)-f(0)}{x-0} = \lim_{x\to 0}\frac{x^m\sin\dfrac{1}{x}}{x} = \lim_{x\to 0}x^{m-1}\sin\frac{1}{x},$$

故知: (i) 当 $m=1$ 时, $f'(0)$ 不存在; (ii) 当 $m>1$ 时, $f'(0)=0$.

2) 求 f 在 $x=0$ 点的二阶导数 (从 1) 的结果可知, 此时仅需对 $m>1$ 来讨论).

为此, 首先要求出 f 的一阶导函数. 从上 1) 已知 $f'(0)=0$. 下面对于 $x\neq 0$ 时求 $f'(x)$. 通过前面 5.1 节中求导的运算法则及初等函数的求导公式, 不难立即得到

$$\begin{aligned}f'(x)&=(mx^{m-1})\sin\frac{1}{x}+x^m\left(-\frac{1}{x^2}\cos\frac{1}{x}\right)\\&=mx^{m-1}\sin\frac{1}{x}-x^{m-2}\cos\frac{1}{x},\qquad\forall\, x\neq 0,\end{aligned}$$

故知: (i) 当 $m=2$ 时, 由上容易看出 $\lim\limits_{x\to 0}f'(x)$ 不存在, 从而 f 的导函数 $f'(x)$ 在 $x=0$ 点不连续, 因此, 从上节引理推得 $f''(0)$ 不存在; (ii) 当 $m>2$ 时, 从下面关系式

$$\frac{f'(x)-f'(0)}{x-0}=mx^{m-2}\sin\frac{1}{x}-x^{m-3}\cos\frac{1}{x},\qquad\forall\, x\neq 0,$$

即可导出: (a) 当 $m=3$ 时, $f''(0)$ 不存在; (b) 当 $m>3$ 时, $f''(0)=0$.

3) 求 f 在 $x=0$ 的三阶导数 (从上面 1) 和 2) 的结果可知, 此时仅需对 $m>3$ 来讨论).

为此, 当 $x\neq 0$ 时, 我们先求出 f 的二阶导数 $f''(x)$ 如下 (注意从上面 2) 已知 $f''(0)=0$):

$$\begin{aligned}f''(x)=&\left(m(m-1)x^{m-2}\sin\frac{1}{x}-mx^{m-3}\cos\frac{1}{x}\right)\\&-\left((m-2)x^{m-3}\cos\frac{1}{x}+x^{m-4}\sin\frac{1}{x}\right)\\=&\,(m(m-1)x^{m-2}-x^{m-4})\sin\frac{1}{x}-(2m-2)x^{m-3}\cos\frac{1}{x},\qquad\forall\, x\neq 0.\end{aligned}$$

由此, 可以看出: (i) 当 $m=4$ 时, $\lim\limits_{x\to 0}f''(x)$ 不存在, 故 $f''(x)$ 在 $x=0$ 点不连续, 从而 $f^{(3)}(0)$ 不存在. (ii) 而当 $m>4$ 时, 从定义不难看出: (a) 当 $m=5$ 时, f 在 $x=0$ 的三阶导数 $f^{(3)}(0)$ 不存在; (b) 当 $m>5$ 时, $f^{(3)}(0)=0$.

4) 从上面 1)~3) 的结论, 我们可以总结所得到的结果如下:

(i) 当 $m>1$ 时, 均有 $f'(0)=0$; $m=1$ 时, $f'(0)$ 不存在.

(ii) 当 $m>3$ 时, 均有 $f''(0)=0$; $m\leqslant 3$ 时, $f''(0)$ 不存在.

(iii) 当 $m>5$ 时, 均有 $f^{(3)}(0)=0$; $m\leqslant 5$ 时, $f^{(3)}(0)$ 不存在. □

注 3 从上例可见: 如果 $f'(x)$ 在 $\mathbb{R}$ 上均存在, 并不能保证 $f'(x)$ 必连续. 在上例中, 当 $m=2$ 时即为此一例子, 此时, $f'(x)$ 在 $\mathbb{R}$ 上均存在, 但是在 $x=0$ 点是不连续的 (那时, $\lim\limits_{x\to 0}f'(x)$ 不存在).

下面, 我们再来给出有关两个函数算术运算以后, 相应的高阶导数的计算法则 (有关函数"乘积"后的求导公式是由著名的德国数学家 G.W.Leibniz(莱布尼茨) 发现的).

定理 1 设函数 $f(x)$ 和 $g(x)$ 均在某一开区间 (a,b) 内有直到 n 阶的导数 (这里, $n\in\mathbb{N}$), 那么,

1° $\big(\lambda f(x)+\mu g(x)\big)^{(n)}=\lambda f^{(n)}(x)+\mu g^{(n)}(x)$, $\forall\lambda,\mu\in\mathbb{R}$, $\forall\, x\in(a,b)$.

2° **Leibniz 公式**:

$$\big(f(x)\cdot g(x)\big)^{(n)}=\sum_{k=0}^{n}\binom{n}{k}f^{(n-k)}(x)g^{(k)}(x),\qquad \forall\, x\in(a,b).$$

证明 上面的关系式 1°(即"导数运算"与"线性运算"可以交换, 也即任意 n 次可导函数之全体构成一个线性空间) 是十分显然的, 其可由定义直接导出. 故下面我们仅对关系式 2° 来验证之.

我们用归纳法. 首先, 当 $n=1$ 时, 此显然已由 5.1 节导出. 其次, 当假设 $n=m$ 时上关系式 2° 成立, 此即有 (为推导起来简洁, 下面我们将不写出自变量 x):

$$(f\cdot g)^{(m)}=\sum_{k=0}^{m}\binom{m}{k}f^{(m-k)}g^{(k)}.$$

这样一来, 将上式两边再求导, 并利用上面关系式 1° 以及 $n=1$ 的结果, 便可导出

$$\begin{aligned}(f\cdot g)^{(m+1)}&=\sum_{k=0}^{m}\binom{m}{k}(f^{(m-k+1)}g^{(k)}+f^{(m-k)}g^{(k+1)})\\&=\sum_{k=0}^{m}\binom{m}{k}f^{(m-k+1)}g^{(k)}+\sum_{k=0}^{m}\binom{m}{k}f^{(m-k)}g^{(k+1)}\\&=\sum_{k=0}^{m}\binom{m}{k}f^{(m+1-k)}g^{(k)}+\sum_{k=1}^{m+1}\binom{m}{k-1}f^{(m+1-k)}g^{(k)}\\&=f^{(m+1)}g^{(0)}+\sum_{k=1}^{m}\left(\binom{m}{k}+\binom{m}{k-1}\right)f^{(m+1-k)}g^{(k)}+f^{(0)}g^{(m+1)}\\&=\sum_{k=0}^{m+1}\binom{m+1}{k}f^{(m+1-k)}g^{(k)},\end{aligned}$$

即, 上述 Leibniz 公式对于 $n=m+1$ 亦成立. 由此, 即归纳地得到了上述有关两函数乘积求导的所需公式. □

下面, 我们再给出几个求高阶导数的例子:

例 5 设 $f(x)=(x^2-1)^n$, 求 f 的 n 阶导数 (这里, n 为某一正整数).

解 由于 $f(x)=(x-1)^n(x+1)^n$, 故从 Leibniz 公式, 立即可得

$$\begin{aligned}f^{(n)}(x)&=\sum_{k=0}^{n}\binom{n}{k}\big[(x-1)^n\big]^{(n-k)}\cdot\big[(x+1)^n\big]^{(k)}\\&=\sum_{k=0}^{n}\binom{n}{k}\big[n(n-1)\cdots(k+1)(x-1)^k\big]\\&\quad\times\big[n(n-1)\cdots(n-k+1)(x+1)^{n-k}\big]\\&=\sum_{k=0}^{n}\binom{n}{k}^2 n!(x+1)^{n-k}(x-1)^k.\qquad\square\end{aligned}$$

例 6 设函数 $f(x)=\arctan x$, 求 f 在 $x=0$ 点的 n 阶导数 ($\forall\, n\in\mathbb{N}$).

解 从前面 5.1 节, 我们已知

$$f'(x)=\frac{1}{1+x^2},\qquad \forall\, x\in(-\infty,\infty).$$

由此可得关系式

$$f'(x)(1+x^2)=1,\qquad \forall\, x\in(-\infty,\infty).$$

对于任意自然数 $n\geqslant 2$, 由于上面已有了 $f'(x)$, 故我们在上面恒等式两边取 $(n-1)$ 阶的导数. 于是, 按照 Leibniz 公式的求导法则, 从上则可导出

$$f^{(n)}(x)(1+x^2)+(n-1)f^{(n-1)}(x)(1+x^2)'+\frac{(n-1)(n-2)}{2}f^{(n-2)}(x)(1+x^2)''=0,$$

也即对任意的 $x\in(-\infty,\infty)$, 均有

$$(1+x^2)f^{(n)}(x)+2(n-1)xf^{(n-1)}(x)+(n-1)(n-2)f^{(n-2)}(x)=0.$$

这样, 当我们在上式中令 $x=0$ 时, 就可得到

$$f^{(n)}(0)+(n-1)(n-2)f^{(n-2)}(0)=0,\qquad \forall\, n\geqslant 2,$$

也即有

$$f^{(n)}(0)=-(n-1)(n-2)f^{(n-2)}(0),\qquad \forall\, n\geqslant 2.$$

最后, 当我们计算出 $f(0)=0$, $f'(0)=1$ 之后, 从上面递推关系式, 可以导出所需结果为

$$f^{(n)}(0)=\begin{cases}0, & \text{当 } n \text{ 为偶数时},\\ (-1)^{\frac{n-1}{2}}(n-1)!, & \text{当 } n \text{ 为奇数时},\end{cases}\qquad \forall\, n\in\mathbb{N}.\qquad\square$$

例 7 证明: 对于任意的 $x>0$, 均有 $(x^{n-1}\ln x)^{(n)}=\dfrac{(n-1)!}{x}$($n$ 为某一正整数).

证明 注意到

$$\begin{aligned}(x^{n-1}\ln x)^{(n)}&=\left[(x^{n-1}\ln x)'\right]^{(n-1)}\\&=\left[(n-1)x^{n-2}\ln x+x^{n-2}\right]^{(n-1)}\\&=(n-1)(x^{n-2}\ln x)^{(n-1)},\qquad\forall\, x>0.\end{aligned}$$

因此, 当我们令

$$I_n(x)=(x^{n-1}\ln x)^{(n)}$$

时, 上面关系式则变为

$$I_n(x)=(n-1)I_{n-1}(x),\qquad\forall\, x>0.$$

因此, 当我们计算出 $I_1(x)=(\ln x)'=\dfrac{1}{x}$ 之后, 从上面递推关系式, 可以导出所需的结果为

$$\begin{aligned}I_n(x)&=(n-1)I_{n-1}(x)=(n-1)(n-2)I_{n-2}(x)\\&=(n-1)!\cdot I_1(x)=\frac{(n-1)!}{x},\qquad\forall\, x>0.\qquad\square\end{aligned}$$

(二)

在上面的例 6 中, 当我们求导的时候, 其实并没有去直接计算 $f(x)$ 的 n 阶导数 $(n\geqslant 2)$ 的"明显表达式", 而仅把 $f(x)$ 的各阶导数视为 x 的一个函数, 并且当其已满足可导条件后, 我们便继续对等式 $f'(x)(1+x^2)=1$ 运用导数的法则来进行运算. 类似地, 对于任何一个"相当于"由方程式 $F(x,y)=0$ 所确定的"隐函数"$y=y(x)$ 而言, 如果已经知道它是任意阶可导时, 那么, 我们仍然可以运用有关求导法则来对"$F(x,y)=0$"作运算. 此中, 必须注意的是: 当作求导运算时, 必须要将 y 视为 x 的函数 $y(x)$; 同样地, 也必须将导函数 $y'(x)$, $y''(x)$, $\cdots$, $y^{(n)}(x)$"仍需"视为 x 的函数或者 x 的"复合函数"(因为, 当 $y(x)$ 不能或不易写出明显的分析表达式 (显函数) 时, $y'(x)$ 亦可能为"x 和 $y(x)$"的"隐函数"; $y''(x)$ 则可能为"x, $y(x)$ 和 $y'(x)$"的"隐函数"; $\cdots\cdots$). 至于在理论上, 隐函数的存在性及可导性等, 将在以后讲述多元函数时再严格讨论. 下面, 再来考察一个例子.

例 8 求由方程

$$x^2+\frac{1}{2}y^4-2xy=8$$

所确定的隐函数 $y=y(x)$ 的二阶导数.

解 注意 y 是 x 的函数, 将上面关于 x 的关系式两边求导, 从导数的运算法则 (特别注意复合函数的求导法), 可以得到

$$x+y^3y'-(y+xy')=0. \tag{4}$$

在上式中继续对 x 求导, 又可得到

$$1+(3y^2y'+y^3y'')-(y'+(y'+xy''))=0,$$

即有

$$1+(3y^2-2)y'+(y^3-x)y''=0. \tag{5}$$

这样, 从上面 (4) 式中, 我们解出

$$y'=\frac{y-x}{y^3-x}.$$

然后, 代入 (5) 式, 即可导出

$$\begin{aligned} y'' &= \frac{(2-3y^2)y'-1}{y^3-x} \\ &= \frac{2-3y^2}{y^3-x}\left(\frac{y-x}{y^3-x}\right)-\frac{1}{y^3-x} \\ &= \frac{(3x-4y)y^2+2y-x}{(y^3-x)^2}. \qquad \square \end{aligned}$$

注意: 在隐函数的导数表达式中是完全可能出现 y 的因子的. 因为既然 y 没有明显的分析表达式而是“隐”型出现的, 所以其导数当然也不能保证有明显的仅关于 x 的分析表达式.

作为本节的最后, 我们再给出有关由参数表达的函数之求导法. 在 4.6 节注 5 的反例 1 中我们曾经介绍过, 在 $\mathbb{R}^2$ 中, 除了直角坐标系 Oxy 以外, 还可以引入“极坐标”

$$\begin{cases} x=\rho\cos\theta, \\ y=\rho\sin\theta, \end{cases} \qquad 0\leqslant\theta<2\pi,\ \rho\geqslant 0.$$

这里, θ 为过平面一点 $\boldsymbol{p}(x,y)$ 的射线 $\overrightarrow{O\boldsymbol{p}}$ 与 x 轴正向的幅角, ρ 则为点 $\boldsymbol{p}(x,y)$ 到原点 $O(0,0)$ 的长度.

这样一来, 平面上半径为 r_0 的圆 (曲线) 则可由下面的**参数方程**

$$\begin{cases} x=r_0\cos\theta, \\ y=r_0\sin\theta, \end{cases} \qquad \theta\in[0,2\pi)$$

所给出, 而上述的变量 θ 则称为**参数**.

一般而言, 对于 $\mathbb{R}^2$ 中的任何一个曲线段, 当假设其由参数 t 所表出的方程为

$$\begin{cases} x = x(t), \\ y = y(t), \end{cases} \quad t \in (t_1, t_2),$$

并且我们没有 (或者很难, 甚至无法) 导出 $y = y(x)$ 的明显分析表达式时, 那么, 我们如何来求 $y = y(x)$ 的各阶导数呢? 其实, 从我们已经讲过的知识, 并不难得到下面的求导法则:

定理 2 (参数方程的求导法则) 假设平面曲线段由下面参数方程给出:

$$\begin{cases} x = x(t), \\ y = y(t), \end{cases} \quad t \in (t_1, t_2).$$

如果对于任意一点 $t_0 \in (t_1, t_2)$, $x'(t_0)$ 和 $y'(t_0)$ 均存在, 并且 $x'(t_0) \neq 0$, 此外, 在 t_0 的某一邻域内, $x(t)$ 还是严格单调的, 那么, 当令 $x(t_0) = x_0$ 时, 有下面关系式:

$$y'(x_0) = \left.\frac{y'(t)}{x'(t)}\right|_{t_0} = \frac{y'(t_0)}{x'(t_0)},$$

也即有 $\left.\dfrac{\mathrm{d}y}{\mathrm{d}x}\right|_{x_0} = \left.\dfrac{\mathrm{d}y}{\mathrm{d}t}\right|_{t_0} \Bigg/ \left.\dfrac{\mathrm{d}x}{\mathrm{d}t}\right|_{t_0}$.

证明 首先, 由设 $x'(t_0) \neq 0$, 以及假设在 t_0 的某一邻域 $I(t_0, \delta_0)$ 内, $x(t)$ 严格单调, 再注意到 5.1 节的定理 3, 可得 $x = x(t)$ 在 t_0 点邻域 $I(t_0, \delta_0)$ 内有反函数 $t = t(x)$ 存在, 并且此反函数在 $x_0 \triangleq x(t_0)$ 点亦可导; 此外, 还有关系式

$$\left.\frac{\mathrm{d}t}{\mathrm{d}x}\right|_{x(t_0)} = 1 \Bigg/ \left.\frac{\mathrm{d}x}{\mathrm{d}t}\right|_{t_0}.$$

最后, 再次利用 5.1 节的定理 2, 由复合函数的求导法则以及上面关系式, 便可导出

$$\left.\frac{\mathrm{d}y}{\mathrm{d}x}\right|_{x(t_0)} = \left.\frac{\mathrm{d}y}{\mathrm{d}t}\right|_{t_0} \cdot \left.\frac{\mathrm{d}t}{\mathrm{d}x}\right|_{x(t_0)} = \left.\frac{\mathrm{d}y}{\mathrm{d}t}\right|_{t_0} \Bigg/ \left.\frac{\mathrm{d}x}{\mathrm{d}t}\right|_{t_0} = \frac{y'(t_0)}{x'(t_0)}.$$

此即证得本定理结论. □

推理 在上面定理 2 的类似假设条件下 (这里我们还需要在 t 的某一邻域内假设 $y'(x) = \dfrac{y'(t)}{x'(t)}$ 均存在), 如果 $x(t)$ 和 $y(t)$ 在 $t = t_0$ 点的二次导数均存在, 则有下面二次导数的关系式:

$$y''(x_0) = \left.\frac{\mathrm{d}^2 y}{\mathrm{d}x^2}\right|_{x=x(t_0)} = \frac{y''(t_0)x'(t_0) - y'(t_0)x''(t_0)}{(x'(t_0))^3}.$$

证明 从定理 2 中我们已经得到了两个参数方程: $x = x(t)$ 和 $y'(x) = \dfrac{y'(t)}{x'(t)}$(当 $t \in I(t_0, \delta)$ 时). 于是, 注意到类似的求导法则, 便可立即导出

$$\begin{aligned}
y''(x_0) &= \left.\frac{\mathrm{d}y'(x)}{\mathrm{d}x}\right|_{x_0} = \left.\frac{\mathrm{d}\frac{(y'(t))}{x'(t)}}{\mathrm{d}t}\right|_{t_0} \cdot \left.\frac{\mathrm{d}t}{\mathrm{d}x}\right|_{x(t_0)} = \left(\frac{y'(t)}{x'(t)}\right)'\bigg|_{t_0} \bigg/ x'(t_0) \\
&= \frac{y''(t_0)x'(t_0) - y'(t_0)x''(t_0)}{(x'(t_0))^2} \cdot \frac{1}{x'(t_0)} \\
&= \frac{y''(t_0)x'(t_0) - y'(t_0)x''(t_0)}{(x'(t_0))^3}.
\end{aligned}$$

由此本推理得证. □

作为本节的最后, 我们以平面上常用的极坐标方程给出下面的例子:

例 9 设平面上一个曲线段的极坐标方程为

$$\begin{cases} x = \rho(\theta)\cos\theta, \\ y = \rho(\theta)\sin\theta, \end{cases} \qquad \theta \in (\theta_1, \theta_2).$$

求 $\dfrac{\mathrm{d}y}{\mathrm{d}x}$ 和 $\dfrac{\mathrm{d}^2y}{\mathrm{d}x^2}$.

解 直接利用上面定理 2 及其推理的结果, 不难导出

$$y'(x) = \frac{y'(\theta)}{x'(\theta)} = \frac{(\rho(\theta)\sin\theta)'_\theta}{(\rho(\theta)\cos\theta)'_\theta} = \frac{\rho'(\theta)\sin\theta + \rho(\theta)\cos\theta}{\rho'(\theta)\cos\theta - \rho(\theta)\sin\theta},$$

及

$$\begin{aligned}
y''(x) =& \frac{y''(\theta)x'(\theta) - y'(\theta)x''(\theta)}{(x'(\theta))^3} \\
=& \frac{1}{(\rho'(\theta)\cos\theta - \rho(\theta)\sin\theta)^3} \\
& \times \big[(\rho''(\theta)\sin\theta + 2\rho'(\theta)\cos\theta - \rho(\theta)\sin\theta)(\rho'(\theta)\cos\theta - \rho(\theta)\sin\theta) \\
& - (\rho'(\theta)\sin\theta + \rho(\theta)\cos\theta)(\rho''(\theta)\cos\theta - 2\rho'(\theta)\sin\theta - \rho(\theta)\cos\theta)\big] \\
=& \frac{\rho^2(\theta) + 2(\rho'(\theta))^2 - \rho''(\theta)\rho(\theta)}{(\rho'(\theta)\cos\theta - \rho(\theta)\sin\theta)^3}. \qquad \square
\end{aligned}$$

注 4 同样类似上面的运算, 也可以得到用极坐标表出的 $x''(y)$:

$$x''(y) = -\frac{\rho^2(\theta) + 2(\rho'(\theta))^2 - \rho''(\theta)\rho(\theta)}{(\rho'(\theta)\sin\theta + \rho(\theta)\cos\theta)^3}.$$

5.3　函数的单调性、局部极值性、凸凹性及作图

我们知道, "研究函数" 最重要一点就是研究函数的变化规律和趋势. 而引入导数, 正是人们企图从事物变化之微小的局部特性以达到对事物整体的认识. 从本节开始, 我们将逐步来介绍.

在本节, 我们将要利用函数导数的正负符号来给出函数的一些特性, 并且侧重从导数的定义出发来显示函数的某些性质.

(一)

首先, 从 5.2 节中有关参数方程求导定理 (定理 2) 中, 就已经涉及了一个值得思考的问题: 由函数在某点导数 "大于 0" (或者 "小于 0") 是否可以决定函数在该点的局部 (严格) 单调递增性(相应地, 单调递减性) 呢? 因为如果这个问题的回答是肯定的, 那么, 在上节的定理 2 中有关函数在该点某一邻域内 "严格单调" 的假设就可以取消了. 然而, 事实上, 上面问题的答案其实是否定的 (可看下面的注 1 和注 2). 因为, 从导数的极限定义我们知道: 如果假设 $f'(x_0) > 0$, 那么, 从极限的局部保序性 (参看 4.3 节的定理 3), 即可导出: 存在 x_0 的某一邻域 $I(x_0, \delta_0) \triangleq (x_0 - \delta_0, x_0 + \delta_0)$, 使得

$$\frac{f(x) - f(x_0)}{x - x_0} > 0, \qquad \forall\, x \in I(x_0, \delta_0).$$

由此式即可得到

$$\begin{aligned} x > x_0 \Longrightarrow f(x) > f(x_0), \\ x < x_0 \Longrightarrow f(x) < f(x_0), \end{aligned} \qquad \forall\, x \in I(x_0, \delta_0). \tag{$*$}$$

因此, 当 $f'(x_0) > 0$ 时, 虽然不能保证函数 $f(x)$ 在 x_0 点的 "局部严格单调递增" 性, 但却能导出 $f(x)$ 在 x_0 点的 "隔点" 严格单调递增性. 此即, 对于任意两点 $x_0^{(l)}$, $x_0^{(r)} \in I(x_0, \delta_0)$, 只要有 $x_0^{(l)} < x_0 < x_0^{(r)}$, 就有 $f(x_0^{(l)}) < f(x_0) < f(x_0^{(r)})$(这里, 我们用 $x_0^{(l)}$ 和 $x_0^{(r)}$ 分别表示位于 x_0 "左边" 和 "右边" 的点).

从上面的论述, 我们也即得到了下述一个命题 (此命题除了本节需要之外, 在以后的 6.4 节的隐函数定理证明中还需用到):

命题　*设 (a, b) 上定义的函数 $f(x)$ 在点 $x_0 \in (a, b)$ 可导, 且有 $f'(x_0) \neq 0$, 那么, $f(x)$ 必在 x_0 点是局部 "隔点" 严格单调的, 也即, 当 $f'(x_0) > 0$(或者 $f'(x_0) < 0$) 时, 必存在 x_0 的某一邻域 $I(x_0, \delta_0)$, 使得有以下关系式:*

$$\begin{aligned} x_0^{(l)} < x_0 < x_0^{(r)} \Longrightarrow f(x_0^{(l)}) < f(x_0) < f(x_0^{(r)}), \\ (\text{相应地,} \Longrightarrow f(x_0^{(r)}) < f(x_0) < f(x_0^{(l)})), \end{aligned} \qquad \forall\, x_0^{(l)}, x_0^{(r)} \in I(x_0, \delta_0).$$

注 1 必须注意的是, 在上面命题的假设中, 导数 $f'(x_0)\neq 0$ 是**不能"代替"(或者说"导出")"函数在 x_0 的某邻域 $I(x_0,\delta_1)$ 内是严格单调"**的. 事实上, 不妨假设 $f'(x_0)>0$, 虽然从导数的定义以及函数极限的"局部保序性", 可以得到: 在 x_0 的某邻域 $(x_0-\delta_1,x_0+\delta_1)$ 内, 必有 $\dfrac{f(x)-f(x_0)}{x-x_0}>0$。但这**仅能**表明: 对于任意的 $x_1\in(x_0-\delta_1,x_0)$ 及 $x_2\in(x_0,x_0+\delta_1)$, 必均有 $f(x_1)<f(x_0)<f(x_2)$ 而已, 而此并不能表明 $f(x)$ 在上邻域内的严格单调性 (因为当 x_1 和 x_2 在 x_0 的"同一侧"时, 我们则无法导出任何关系式!)

注 2 更深一步地研讨, 我们其实可以得知: 存在一个函数, 它在某一点导数不为 0, 但它在此点的**任意邻域内**均不是单调的! 例如: 当令函数

$$f(x)=\begin{cases}\dfrac{x}{3}-x^2\sin\dfrac{1}{x}, & \text{当 } x\neq 0 \text{ 时},\\[2mm] 0, & \text{当 } x=0 \text{ 时},\end{cases}$$

那么, 显然可知

$$f'(x)=\begin{cases}\dfrac{1}{3}-2x\sin\dfrac{1}{x}+\cos\dfrac{1}{x}, & \text{当 } x\neq 0 \text{ 时},\\[2mm] \dfrac{1}{3}, & \text{当 } x=0 \text{ 时}.\end{cases}$$

由此可知 $f'(0)>0$ 以及

$$f'\left(\frac{1}{n\pi}\right)=\frac{1}{3}+\cos(n\pi)=\frac{1}{3}+(-1)^n,\quad \forall\, n\in\mathbb{N}.$$

因而, 注意到 $\dfrac{1}{n\pi}\to 0$(当 $n\to\infty$ 时), 以及当 $n\in\mathbb{N}$ 变化时, 上面的 $f'\left(\dfrac{1}{n\pi}\right)$ 是正、负不断交错地变化的, 于是从下面定理 1 中的 1° 即可得本注开始的结论.

虽然从上面注 1 中我们已知: 函数在"一点"的导数"大于 0"(或者, "小于 0") 并不能保证其在此点的局部严格单调性. 但是, 当函数在某一邻域内"各点"的导数均大于 0(或小于 0) 时, "量变"引起了"质变", 此时, 我们将可以看到, 上述导数之"正"(或"负") 的性质与函数的严格单调递增 (相应地, 严格单调递减) 的性质却是有关联的. 我们只要依循着上面命题那里的证明方法, 由"有限覆盖定理"不难立即得到下面有关函数单调性的定理:

定理 1 假设函数 $f(x)$ 在闭区间 $[a,b]$ 上连续, 在开区间 (a,b) 上可导. 那么,

1° $f(x)$ 在 $[a,b]$ 上 (严格) 单调递增 (或者, (严格) 单调递减) $\Longrightarrow$ 在 (a,b) 内均有 $f'(x)\geqslant 0$ (相应地, $f'(x)\leqslant 0$).

2° (i) $f(x)$ 在 (a,b) 内均有 $f'(x)>0$(或, $f'(x)<0$) $\Longrightarrow$ $f(x)$ 在 $[a,b]$ 上严格单调递增 (相应地, 严格单调递减).

(ii) $f(x)$ 在 (a,b) 内均有 $f'(x) \geqslant 0$(或者, $f'(x) \leqslant 0$)$\Longrightarrow$ $f(x)$ 在 $[a,b]$ 上单调递增 (相应地, 单调递减).

证明　1) 设 $f(x)$ 在 $[a,b]$ 上单调递增, 那么, 对于任意一点 $x \in (a,b)$, "差商"必有以下关系:

$$\frac{f(\widetilde{x})-f(x)}{\widetilde{x}-x} \geqslant 0, \qquad \forall\ \widetilde{x} \in (a,b).$$

于是, 由导数存在性的假设以及函数极限的局部保序性 (4.3 节定理 3), 可得

$$f'(x) \triangleq \lim_{\widetilde{x}\to x} \frac{f(\widetilde{x})-f(x)}{\widetilde{x}-x} \geqslant 0.$$

2) (i) 首先, 我们仅就 $f'(x) > 0(\forall\ x \in (a,b))$ 的情况来证明本定理结论.

对于任意两个不同的点 $a_0, b_0 \in (a,b)$, 不妨假设 $a_0 < b_0$, 取中点 $x_0 = \dfrac{a_0+b_0}{2}$, 那么, 由定理假设则有 $f'(x_0) > 0$. 于是, 从上面的命题我们导出: 对于 $I(x_0,\delta_0)$ 中位于 x_0 左边的任意点 $x_0^{(l)}$, 以及 x_0 右边的任意点 $x_0^{(r)}$, 均有下面的不等式:

$$f\big(x_0^{(l)}\big) < f(x_0) < f\big(x_0^{(r)}\big).$$

因此, 当上述点 $a_0 \in (x_0-\delta_0, x_0)$ 和 $b_0 \in (x_0, x_0+\delta_0)$ 时, 从上不等式, 可直接得到定理结果.

而当上述两点 a_0 和 b_0 不全在邻域 $I(x_0,\delta_0)$ 之内时, 可以利用"有限覆盖定理": 对于闭区间 $[a_0,b_0]$ 中的每一点 x, 均有满足上面不等式的开区间 $I(x,\delta_x)$ 存在, 由此我们从中则可找到有限个开区间 $\{I(x_k,\delta_k) : 1 \leqslant k \leqslant k_0\}$, 其中,

$$a_0 = x_1 < x_2 < \cdots < x_{k_0} = b_0,$$

使得其仍将 $[a_0,b_0]$ 盖住 (参考下面的图 1). 于是, 通过上述各区间的中点 x_k $(1 \leqslant k \leqslant k_0)$ 以及相邻开区间之"交集"中任一"公共点", 从上面不等式关系, 不难"传递"地导出:

$$f(a_0) = f(x_1) < \cdots < f(x_{k_0}) = f(b_0).$$

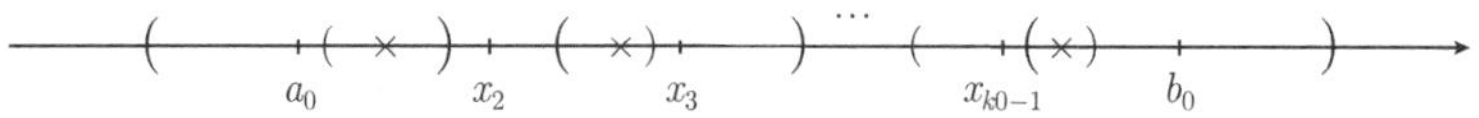

图 1

(ii) 其次, 对于任意 $x \in (a,b)$, 存在一个固定的 $n_0 \in \mathbb{N}$, 使得 $a + \dfrac{1}{n_0} < x$. 于是, 从上段结果便可得知

$$f\left(a+\frac{1}{n}\right) < f\left(a+\frac{1}{n_0}\right) < f(x), \qquad \forall\ n \geqslant n_0.$$

于是, 由极限的保序性, 以及 f 在 $[a,b]$ 上连续 (故亦在 a 点"右连续") 的假设, 得

$$f(a)=f(a+)=\lim_{n\to\infty}f\left(a+\frac{1}{n}\right)\leqslant f\left(a+\frac{1}{n_0}\right)<f(x).$$

类似地, 也可证得 $f(x)<f(b)$.

总上则知: $f(x)$ 必在 $[a,b]$ 上是严格单调递增的.

(iii) 最后, 当 $f'(x)\geqslant 0$ 时 ($\forall\ x\in(a,b)$), 可以作一辅助函数 $\widetilde{f}_\delta(x)$:

$$\widetilde{f}_\delta(x)\triangleq f(x)+\delta x,\qquad \forall\ x\in(a,b),$$

其中, δ 为任一给定的正数. 那么, 从上面 1) 的结论, 我们则知: 由于 $\widetilde{f}'_\delta(x)>0$ ($\forall\ x\in(a,b)$), 故 $\widetilde{f}_\delta(x)$ 在 $[a,b]$ 上严格单调递增, 也即对任意的 $x_1,x_2\in[a,b]$, 如果 $x_1<x_2$, 则均有

$$\widetilde{f}_\delta(x_1)<\widetilde{f}_\delta(x_2),$$

也即有

$$f(x_1)+\delta x_1<f(x_2)+\delta x_2.$$

最后, 从上面正数 δ 的任意性, 当令 $\delta\to 0^+$ 时, 可立即导出定理所需结论: 对于任意的 $x_1,x_2\in[a,b]$, 当 $x_1<x_2$ 时, 均有

$$f(x_1)\leqslant f(x_2).$$

(完全类似上面的证法, 或者我们相应考虑"$-f(x)$"而利用上面的结论, 则也可对 $f(x)$ 的"单调递减"与"$f'(x)\leqslant 0$"的等价性质予以验证.)

因此, 总上 1) 和 2) 以及括号内的说明, 我们可见定理已得证. □

附: 上面 2) 中 (i) 结论的另一证法 我们同样仅从导数的定义 (并利用连续函数的性质) 来证明: 当 $f'(x)>0$ ($\forall\ x\in(a,b)$) 时, 则 $f(x)$ 必在 (a,b) 内严格单调递增.

证明 我们用归谬法. 反之, 如有两点 $x_1,x_2\in(a,b)$, 使得 $x_1<x_2$, 且 $f(x_1)\geqslant f(x_2)$, 那么,

1) 如有 $f(x_1)>f(x_2)$, 从连续函数的介值定理可知: 对于数 $\xi\in\big(f(x_1),f(x_2)\big)$, 必有点 $c\in(x_1,x_2)$, 使得 $f(c)=\xi$. 我们将这样的点集记为 S_c, 并取此集的下确界, 令其为

$$x_c\triangleq\inf S_c\triangleq\inf\{c\in(x_1,x_2):f(c)=\xi\}.$$

于是, 可以断言: $x_c>x_1$. 事实上, 如果 S_c 是有限点集, 上结论是显然的. 反之当 S_c 是一个无限点集时, 如有 $x_c=x_1$, 那么, 从函数 f 在点 x_1 连续, 故当取 $\{c_n\}\subset S_c$ 使得 $c_n\to x_c$ $(n\to\infty)$ 时, 则应得到

$$f(x_1)=f(x_c)=\lim_{n\to\infty}f(c_n)=\xi,$$

而由前面已设 $f(x_1) > \xi$, 故知上式是不可能成立的. 由此归谬验得上面论断.

这样, 从上面结论我们看到

$$f(x) > \xi = f(x_c), \qquad \forall\, x \in [x_1, x_c),$$

于是,

$$\frac{f(x)-f(x_c)}{x-x_c}\ \left(\frac{(+)}{(-)}\right) < 0, \qquad \forall\, x \in [x_1, x_c).$$

因而, 由定义导出

$$f'(x_c) = f'_-(x_c) \leqslant 0.$$

显然与开始的假设矛盾! 从而归谬导出所需结论.

2) 如有 $f(x_1) = f(x_2)$, 则当

$$f(x) \equiv f(x_1)\ (= f(x_2)), \qquad \forall\, x \in (x_1, x_2)$$

时, 由 $f'(x) \equiv 0$ ($\forall\, x \in (x_1, x_2)$), 故显然与开始的假设矛盾. 由此可知: 必有点 $x_0 \in (x_1, x_2)$, 使得 $f(x_0) \neq f(x_1)$ $(= f(x_2))$. 这样, 当 $f(x_0) < f(x_1)$ 时, 我们在区间 $[x_1, x_0]$ 上如上段 1) 一样讨论; 而当 $f(x_0) > f(x_2)$ 时, 我们类似在区间 $[x_0, x_2]$ 上如上段 1) 一样讨论. 那么, 我们同样可得到所需结论.

总上 1) 和 2), 所需论述得证. □

注 3　上定理 2° 中之 (i) 的关系式, 反过来则未必正确. 我们可以考察下面的反例: $y = x^3$. 容易看出: 此函数在 $\mathbb{R}$ 上均是严格单调递增的, 但却有 $y'(0) = 0$.

从上面注 3 中的反例, 联系到上面定理 1 的结论以及其证明中有关函数单调性的传递方法, 不难得到比定理 1 中 2° 之 (i) 更“强”一些 (好一些) 的下述推理:

推理 1　在定理 1 的假设条件下, 有下面关系式:

$$\begin{aligned}&\text{在 } [a,b] \text{ 内除“有限”个点之外, 均有 } f'(x) > 0 (\text{或者 } f'(x) < 0)\\ \Longrightarrow\ & f(x) \text{ 在 } [a,b] \text{ 上“严格单调递增”(相应地,“严格单调递减”)}.\end{aligned}$$

为了导出有关“严格”单调类似于定理 1 的等价性命题, 从推理 1 的启发, 我们可以得到下面的定理.

定理 2　在定理 1 的假设下, 函数 $f(x)$ 在 $[a, b]$ 上“严格单调递增”(或者“严格单调递减”) 的充分必要条件是: 其必满足下面两条性质:

1° $f'(x) \geqslant 0$(相应地, $f'(x) \leqslant 0$), $\forall\, x \in (a, b)$;

2° 对于任意子区间 $I \subset (a, b)$, 均存在 $x_I \in I$, 使得 $f'(x_I) \neq 0$(也即, $f(x)$ 导数不为 0 的点在 (a, b) 内是“稠密”的).

证明 **必要性**: 首先, 从定理 1 可知: 当 $f(x)$ 在 $[a,b]$ 上单调时, 上条件 1° 显然成立. 此外, 反之, 如上条件 2° 不成立时, 则必存在一个开区间 $I_0 \subset (a,b)$, 使得均有 $f'(x) \equiv 0\ (\forall\ x \in I_0)$. 于是, 利用上面定理 1 证明中 2) 的 (iii) 之技巧, 设 δ 为任一正数, 函数

$$\widetilde{f}_{\pm\delta}(x) \triangleq f(x) \pm \delta x, \qquad \forall\ x \in I_0.$$

由于此时 $\widetilde{f}'_{\pm\delta}(x) = \pm\delta$, 故从定理 1 的 2° 可知: 对于任意两点 $x_1, x_2 \in I_0$, 如有 $x_1 < x_2$, 则有

$$f(x_1) + \delta x_1 \triangleq \widetilde{f}_{+\delta}(x_1) < \widetilde{f}_{+\delta}(x_2) \triangleq f(x_2) + \delta x_2,$$

及

$$f(x_1) - \delta x_1 \triangleq \widetilde{f}_{-\delta}(x_1) > \widetilde{f}_{-\delta}(x_2) \triangleq f(x_2) - \delta x_2.$$

这样, 当 $\delta \to 0^+$ 时, 从上面两式即可导出: $f(x_1) = f(x_2)$. 此即, 我们从 $f'(x) \equiv 0\ (\forall\ x \in I_0)$ 推出了函数 $f(x)$ 在 I_0 上恒为一"常数", 而此显然与 f 的严格单调性之假设矛盾! 由此定理的必要性得证 (当然, 从导数的意义, 由于 $f'(x) \equiv 0\ (\forall\ x \in I_0)$, 也即函数在 I_0 的各点之"变化率"均为 0, 我们也可以想象到 $f(x)$ 的值是不变的, 从而必是常数, 此严格的论证亦可见下一节的 Lagrange(拉格朗日) 中值公式).

充分性: 类似地, 首先由 1° 的假设 $f'(x) \geqslant 0\ (\forall\ x \in (a,b))$, 从定理 1 可知: $f(x)$ 在 $[a,b]$ 上是单调递增的. 反之, 当 $f(x)$ 在 $[a,b]$ 上不是"严格"单调递增时, 则必存在两点 $x_1, x_2 \in (a,b)$, 使得 $x_1 < x_2$, 但却有 $f(x_1) = f(x_2)$. 这样, 注意到前面已知 $f(x)$ 的单调递增性, 便可导出 $f(x)$ 在此子区间 $[x_1, x_2]$ 内恒必为一个常数. 由此, 从导数性质则知: 在 $[x_1, x_2]$ 的任意开子区间 I 内, 必恒有 $f'(x) \equiv 0$. 而此结果显然与定理给出的条件 2° 之假设矛盾! 于是充分性得证.

总上, 本定理得证. □

借助于上面有关函数单调性的判别法, 不难证明一些有用的不等式. 下面, 我们来观察一些例子.

例 1 证明: 对于任意的数 x, 只要其满足 $0 < x < \dfrac{\pi}{2}$, 就有下面关系式成立:

$$\frac{2}{\pi} < \frac{\sin x}{x} < 1.$$

证明 首先, 从 2.5 节例 6* 中的 1), 显然可知

$$0 < \sin x < x, \qquad \forall\ x \in \left(0, \frac{\pi}{2}\right).$$

其次, 在 $\left[0,\dfrac{\pi}{2}\right]$ 上作一函数:

$$f(x)\triangleq\begin{cases}\dfrac{\sin x}{x}, & \text{当 } 0<x\leqslant\dfrac{\pi}{2} \text{ 时},\\ 1, & \text{当 } x=0 \text{ 时}.\end{cases}$$

那么, 从 4.3 节例 3 已得 $\lim\limits_{x\to0}\dfrac{\sin x}{x}=1$, 故知上面的函数 $f(x)$ 在 $\left[0,\dfrac{\pi}{2}\right]$ 上是连续的, 且在 $\left(0,\dfrac{\pi}{2}\right)$ 内是可导的.

下面, 注意到 $f(x)$ 在 $\left(0,\dfrac{\pi}{2}\right)$ 的导函数

$$f'(x)=\frac{x\cos x-\sin x}{x^2}=\frac{\cos x}{x^2}(x-\tan x).$$

而从 3.3 节例 2 中的 2), 我们又已得到过下面的不等式:

$$x<\tan x,\qquad \forall\, x\in\left(0,\frac{\pi}{2}\right).$$

由此,

$$f'(x)<0,\qquad \forall\, x\in\left(0,\frac{\pi}{2}\right).$$

于是, 直接利用上面的定理 1, 便可立即得知 $f(x)$ 在 $\left[0,\dfrac{\pi}{2}\right]$ 是"严格单调递减"的. 因而,

$$\frac{\sin x}{x}=f(x)>f\left(\frac{\pi}{2}\right)=\frac{2}{\pi},\qquad \forall\, x\in\left(0,\frac{\pi}{2}\right).$$

此即验明本例题结论. □

例 2 (Bernoulli(伯努利) 不等式) 证明: 对于任意的数 $x>-1$, 均有

1° $(1+x)^p\geqslant 1+px,\quad \forall\, p\leqslant 0$ 或 $p\geqslant 1$;

2° $(1+x)^p\leqslant 1+px,\quad \forall\, 0\leqslant p\leqslant 1$.

此外, 上面等号**当且仅当** $p=0, p=1$ 或 $x=0$ 时成立 (注意, 我们在前面验证级数的 Raabe 判别法 (3.2 节的定理 3) 中曾经直接应用过上面的不等式 1°).

证明 我们仅就 1° 来证明, 2° 的证明是类似的 (留给读者).

首先, 容易看到, 当 $p=0, p=1$ 或者 $x=0$ 时, 上面 1° 和 2° 两式的等号均是显然成立的.

下面, 我们仅就 $p<0$ 和 $p>1$ 的情况, 在 $x\in(-1,+\infty)$ 时, 来研讨下面函数

$$f(x)\triangleq(1+x)^p-(1+px)$$

的增减状态. 为此, 我们对上函数求导, 容易得到

$$f'(x)=p(1+x)^{p-1}-p=p\cdot\left[(1+x)^{p-1}-1\right],\qquad \forall\, x\in(-1,+\infty).$$

而由此式, 不难看出

(i) 当 $p>1$ 时: (a) 如果 $x\in(-1,0)$, 则有 $f'(x)<0$; (b) 如果 $x>0$, 则有 $f'(x)>0$.

(ii) 当 $p<0$ 时: (a) 如果 $x\in(-1,0)$, 亦有 $f'(x)<0$; (b) 如果 $x>0$, 亦有 $f'(x)>0$.

总上即得下述结果: 对于任意的数 $p<0$ 或者 $p>1$, 上面的函数 $f(x)$ 在开区间 $(-1,0)$ 内则均有 $f'(x)<0$; 而在开区间 $(0,+\infty)$ 内均有 $f'(x)>0$. 再注意到上述函数 $f(x)$ 显然在任意闭区间 $[-1+\delta,0]$(其中, δ 为任一小于 1 的正数) 以及任意闭区间 $[0,A]$(其中, A 为任一正数) 上均为连续函数。由此, 类似利用上面的定理 1, 得到以下两结论 (注意, 为利用定理 1, 我们不能直接在 $(-1,+\infty)$, 而只能先在此内的两个闭区间 $[-1+\delta,0]$ 和 $[0,A]$ 上讨论; 然后再利用正数 δ 和 A 的任意性最终导出下面的结果):

(i) $f(x)$ 在 $(-1,0]$ 上均是严格单调递减的 (注意区间的变化!);

(ii) $f(x)$ 在 $[0,+\infty)$ 上均是严格单调递增的 (注意区间的变化!).

这样, 由 (i) 可导出关系式

$$f(x)>f(0),\qquad \forall\, x\in(-1,0);$$

而由 (ii) 又可导出关系式

$$f(x)>f(0),\qquad \forall\, x\in(0,+\infty).$$

总上, 得到所需的不等式

$$(1+x)^p-(1+px)>0,$$

也即

$$(1+x)^p>1+px,\qquad \forall\, x\in(-1,+\infty)\setminus\{0\}.$$

此外, 由上面不等式, 我们显然也可看出: 当 $x\neq 0$ 及 $p\neq 0,1$ 时, 该不等式的“等号”是不会成立的. 从而本例得证. □

例 3 证明: 下面的方程

$$\frac{(1+x)^{p+1}}{p+1}-\frac{p}{2}x^2=x,\qquad \forall\, x\in[-1,+\infty),$$

当 $p>2$ 时, 仅存在一个 (实) 根.

证明 首先, 由于上面所确定的函数

$$f(x)=\frac{(1+x)^{p+1}}{p+1}-\frac{p}{2}x^2-x,\qquad \forall\, x\in[-1,+\infty).$$

它在其定义域上显然是连续的, 而其定义域又显然是一个连通集.

其次, 由于假设 $p>2$, 故有

$$f(-1)=-\frac{p}{2}+1<0,$$

以及

$$\lim_{x\to+\infty}f(x)=+\infty.$$

因此, 从连通集上连续函数的介值定理, 我们得知 $f(x)=0$ 的根必定存在.

最后, 由于 $f(x)$ 的导函数为

$$f'(x)=(1+x)^p-px-1=(1+x)^p-(1+px),\qquad \forall\, x\in(-1,+\infty).$$

故从上面例 2 已知: 当 $x\neq 0$ 时, 必有 $f'(x)>0$. 由此, 从前面定理 1 后面的推理 1 即可导出: 上述函数 $f(x)$ 在 $[-1,+\infty)$ 上是“严格单调递增”的.

总上两段结果, 我们则得到了本例所需的结论. □

(二)

与上面 (一) 一样, 在本段中, 我们仍对于在闭区间 $[a,b]$ 上连续、在开区间 (a,b) 内可导的函数 $f(x)$ 来研讨其某些特性, 即利用函数的导数来判断其“局部极大值”和“局部极小值”的方法. 为此, 我们先给出下面的定义:

定义 1 如果函数 $f(x)$ 在其定义域中的某一点 x_0 处, 存在一个开邻域 $I(x_0,\delta_0)\triangleq(x_0-\delta_0,x_0+\delta_0)$, 使得

$$f(x_0)\leqslant f(x)(\text{或者}, f(x_0)\geqslant f(x)),\qquad \forall\, x\in I(x_0,\delta_0),$$

那么, 我们则称 $f(x_0)$ 为 $f(x)$ 的一个**局部极小值**, 简称**极小值**(相应地, **局部极大值**或**极大值**), 而称 x_0 为 $f(x)$ 的一个**(局部) 极小值点**(相应地, **(局部) 极大值点**). 对应地, 上亦可分别统称为**(局部) 极值**和**(局部) 极值点**.

注 4 从上定义可知**“极值点”只能在函数 $f(x)$ 定义域的“内点”处才可以定义**; 此外, “极值”仅是一个“局部”的特性, 也即, 仅在此相应极值点的某一开邻域内, 其为 f “在此局部区域”内的极小或极大值. 因此, 函数 f 如果在某点 x_1 取到极小值, 而在某点 x_2 取到极大值, 则完全可能有 $f(x_1)>f(x_2)$ 的状况出现 (可参见图 2).

由于 $[a,b]$ 上的连续函数必有最大和最小值, 因此从上可知: 连续函数 f 在区间 $[a,b]$ 上的"最大值"(或者"最小值") 应为 f 的所有"极值"及"端点值"中之最大者 (相应地, 最小者).

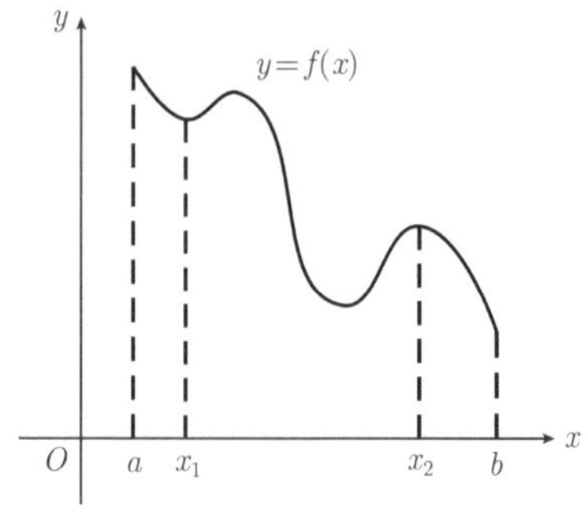

图 2

为了求出一个函数的极值点, 我们首先要观察函数在此点有何特性. 而下面, 由法国著名数学家 P. de Fermat(费马) 给出的定理则是十分实用的.

定理 3 (Fermat) 如果函数 $f(x)$ 在其极值点 $x_0 \in (a,b)$ 是可导的, 则必有 $f'(x_0) = 0$.

证明 不妨仅就点 x_0 为 $f(x)$ 的一个"极小值"点来证明 (对于"极大值"点的情况可完全如下类似导出, 或者对 $-f(x)$ 来应用此已证结果亦可直接导得). 事实上, 从 x_0 是极小值点的定义, 以及 $f(x)$ 在 x_0 点有左、右导数 (因设 $f'(x_0)$ 存在) 可以导出

$$f'_-(x_0) = \lim_{x\to x_0^-} \frac{f(x)-f(x_0)}{x-x_0} \quad \left(\frac{(+)}{(-)}\right) \leqslant 0,$$

及

$$f'_+(x_0) = \lim_{x\to x_0^+} \frac{f(x)-f(x_0)}{x-x_0} \quad \left(\frac{(+)}{(+)}\right) \geqslant 0.$$

故注意到

$$f'_-(x_0) = f'_+(x_0) = f'(x_0),$$

从上面关系式, 我们立即得到所需结论: $f'(x_0) = 0$. 因而定理得证. □

注 5 上定理的逆命题未必成立. 从前面注 1 我们已知函数 $y = x^3$ 虽然有 $y'(0) = 0$, 但由于此函数在 $\mathbb{R}$ 上是"严格单增"的, 因而不存在任何极值点. 此外, 函数在其极值点可以是"不可导"的, 例如, 对于函数 $f(x) = |x|$ $(\forall\ x \in \mathbb{R})$, 那么, $x = 0$ 的点不但是函数的极小值点, 而且还是其最小值点, 但是在 5.1 节我们曾经讲过, 此函数在 $x = 0$ 点的左、右导数不相等, 因此导数 $f'(0)$ 并不存在.

从上面的定理 3 和注 5, 可知对于一个在 $[a,b]$ 上连续的函数, 为了求出 f 在 (a,b) 上的极值点, 只要来考察 (a,b) 内所有使导函数 $f'(x) = 0$ 的点 (人们常称之为函数的**临界点**或**驻点**), 以及所有 $f(x)$"不可导"的点.

此外, 注 5 中 $f(x) = |x|$ 的例子, 以及前面的例 2, 还给出了一个由 $x = x_0$ 的某一"去心邻域"内函数 f 的"一阶导数"的状况来判定此点是否为函数的极值点 (从而判断函数 f 的极值) 的命题 (值得注意的是, 此时导数 $f'(x_0)$ 是否存在是并不重要的) 如下:

定理 4 (函数极值的一阶导数判别法)　设函数 $f(x)$ 在 x_0 点的某一邻域 $I(x_0, \delta_0)$ 内连续, 并且在其去心邻域 $\check{I}(x_0,\delta_0)$ 内均可导. 那么,

1° 如果在 $(x_0-\delta_0, x_0)$ 内均有 $f'(x)>0$, 而在 $(x_0, x_0+\delta_0)$ 内均有 $f'(x)<0$, 则 $f(x_0)$ 为 f 的一个"严格极大值";

2° 相应于上面的两个开区间, 当 $f'(x)$ 在 $(x_0-\delta_0, x_0)$ 内均"<0", 而在 $(x_0, x_0+\delta_0)$ 内均">0"时, 则 $f(x_0)$ 为 f 的一个"严格极小值".

(类似地, 当上面任何一个"严格不等式"换为"不严格不等式"时, 则相应的 $f(x_0)$ 必为"极值").

证明　此定理验证是明显的. 下面, 我们仅就 1° 来叙述.

注意到前面定理 1, 我们有下面关系式: 存在正数 $\delta_1<\delta_0$(注意函数 f 亦必在 $[x_0-\delta_1, x_0+\delta_1]$ 上连续), 使得

$$f'(x)>0\ (\forall\ x\in(x_0-\delta_1,x_0))\Rightarrow f(x)\text{在 }[x_0-\delta_1,x_0]\text{ 上严格单调递增}$$
$$\Rightarrow f(x)<f(x_0)\ (\forall\ x\in(x_0-\delta_1,x_0)),$$

及

$$f'(x)<0\ (\forall\ x\in(x_0,x_0+\delta_1))\Rightarrow f(x)\text{在 }[x_0,x_0+\delta_1]\text{ 上严格单调递减}$$
$$\Rightarrow f(x)<f(x_0)\ (\forall\ x\in(x_0,x_0+\delta_1)).$$

总上两式我们立即得到

$$f(x_0)>f(x),\qquad \forall\ x\in\check{I}(x_0,\delta_1),$$

也即 $f(x_0)$ 是 f 的一个严格极大值. 因此, 本定理得证. □

为了加强上面所得到的定理 4 的结果, 我们给出下面的一个引理, 此命题是由著名的法国数学家 J.G.Darboux(达布) 给出的.

引理 (Darboux)　设 $f(x)$ 在 $[a,b]$ 上可导 (这意味着 $f(x)$ 在 a 点"右可导", 在 b 点"左可导"), 则导函数 $f'(x)$ 在 $[a,b]$ 上满足介值定理. (注意, 这里 $f'(x)$ 未必是连续的！)

证明　任取两点 $a_0, b_0\in[a,b]$, 不妨假设 $a_0<b_0$, 那么, 对于 $f'_+(a_0)$ 与 $f'_-(b_0)$ 之间任何的数 ξ, 我们先假设

$$f'_+(a_0)<\xi<f'_-(b_0). \tag{1}$$

另设一新函数 $g(x)$ 如下:

$$g(x)\triangleq f(x)-\xi x,\qquad \forall\ x\in[a_0,b_0]. \tag{2}$$

由引理假设我们显然看出函数 $g(x)$ 亦是在 $[a_0,b_0]$ 上连续且可导的. 于是, 从连续函数的整体性质可知: 必存在点 $c\in[a_0,b_0]$ 和 $\check{c}\in[a_0,b_0]$, 使得

$$g(c)=\min_{x\in[a_0,b_0]} g(x),\quad g(\check{c})=\max_{x\in[a_0,b_0]} g(x). \tag{3}$$

注意到前面的 Fermat 定理 (定理 3), 只要上述两点 c 和 $\check{c}$ 中有一个在区间 $[a_0,b_0]$ 的内部, 则 g 相应该点的导数必为 0. 由此从 $g(x)$ 的取法, 便可得到本引理的结果. 下面, 就来验明上面的情况是成立的.

事实上, 由函数 g 的取法, 首先从 (1) 和 (2) 式便可得到

$$g'_+(a_0)=f'_+(a_0)-\xi<0, \tag{4}$$

及

$$g'_-(b_0)=f'_-(b_0)-\xi>0. \tag{4'}$$

注意到本节开首的命题, 从 (4) 和 (4′) 二式, 可知存在 (公共的) 正数 δ, 使得

$$g(a_0)>g(x),\qquad \forall\, x\in(a_0,a_0+\delta)\ (\subset(a_0,b_0)), \tag{5}$$

及

$$g(b_0)>g(x),\qquad \forall\, x\in(b_0-\delta,b_0)\ (\subset(a_0,b_0)). \tag{5'}$$

因此, $g(a_0)$ 和 $g(b_0)$ 均不可能为函数 $g(x)$ 在 $[a_0,b_0]$ 上的最小值. 这样一来, 我们导出 (3) 式中的函数最小值点 c 位于区间 $[a_0,b_0]$ 的内部, 故为函数 g 的一个极值点. 由此, 可得本引理结论.

其次, 当 (1) 式变为

$$f'_+(a_0)>\xi>f'_-(b_0) \tag{1'}$$

时, 我们只要将上面推导中的 (4) 和 (4′) 以及 (5) 和 (5′) 式中的不等号“反向”, 即可类似证得 (3) 式中的函数最大值点 $\check{c}$ 必位于区间 $[a_0,b_0]$ 的内部, 因此, 同样可以得到本引理结论.

总上, 本引理得证. □

注 6 上面 Darboux 引理的证明方法是很技巧的. 我们可以作以下的总结: (1) 为了证明那里 (a_0,b_0) 内存在一个点 c, 使得有 $f'(c)=\xi$(ξ 在 $f'_+(a_0)$ 与 $f'_-(b_0)$ 之间), 于是应该有 $f'(c)-\xi=0$. (2) 为了应用 Fermat 定理, 我们自然就期望新函数 $g(x)\triangleq f(x)-\xi x$ 在点 c 取到一个“极值”. (3) 为使 $g(c)$ 是函数 g 的一个极值, 最简单的就是让 $g(c)$ 为函数 g 在 $[a_0,b_0]$ 上的最小值或者最大值, 并且 c 点不是端点 a_0 或 b_0. (4) 最后, 究竟让 $g(c)=\xi$ 为最小值还是最大值呢? 这显然决定于 $f'_+(a_0)$ 和 $f'_-(b_0)$ 的大小比较! 因为 (i) 当 $f'_+(a_0)<\xi<f'_-(b_0)$ 时, 从 $g'_+(x)=f'_+(x)-\xi$, 故知 $g'_+(a_0)<0$. 而从本节开首的命题, 我们则知此时必存在某正数 δ, 使得均有 $g(a_0)>g(x)$(当 $a_0<x<a_0+\delta$ 时). 因此, 为使 $g(a_0)\neq\xi$, 故 ξ 必设为最小值 $\min\limits_{x\in[a_0,b_0]} g(x)$. 类似地, 当 $g'_+(b_0)>0$ 时, 相应有某正数 $\widetilde{\delta}$, 使得均有 $g(b_0)>g(x)$(当 $b_0-\widetilde{\delta}<x<b_0$ 时). 因此, 同样可得上述 ξ 取相应最小值的结论.

(ii) 而当 $f'_+(a_0) > \xi > f'_-(b_0)$ 时. 类似上面 (i) 的讨论, 不难发现, 此时, $g(x)$ 的极值 ξ 取最大值 $\max\limits_{x\in[a_0,b_0]} g(x)$ 时最恰当.

注 7　注意到在 5.2 节中, 我们在例 4 后的注 5 已经讲过, 函数 $f(x)$ 的导函数 $f'(x)$ 是未必连续的. 但即使是这样, 上面的 Darboux 引理则表明, 所有的导函数 $f'(x)$(即使其不是连续的) 均满足“介值定理”. 可见介值定理绝不是连通集上定义的“连续”函数所“独有”的特性! 再例如, 对于 $[-1,1]$ 上的不连续函数 $f(x)$:

$$f(x) = \begin{cases} \sin\dfrac{1}{x}, & \text{当 } x \neq 0 \text{ 时}, \\ 0, & \text{当 } x = 0 \text{ 时}, \end{cases}$$

其亦满足介值定理.

注 8　上面的 Darboux 引理, 当 $f(x)$ 在 $[a_0, b_0]$ 上“可导”包含着“具有有限或无穷导数”时 (此即将 $\lim\limits_{x\to x_0} \dfrac{f(x)-f(x_0)}{x-x_0} = +\infty$(或 $-\infty$), 也即 $f'(x_0) = +\infty$(或 $-\infty$), 以及相应地 $f'_+(a_0)$, $f'_-(b_0)$ 亦可取 $\pm\infty$ 等均包含于内), 相应的结论仍然正确. 其证明方法则是完全类似地 (请读者自证之).

有了上面的引理, 不难得到下面的推理.

推理 2　如果 $[a,b]$ 上的连续函数 $f(x)$ 在 (a,b) 内“不可导”的点以及“驻点”只有“有限”多个, 那么, 函数 $f(x)$ 则必可由上述点分割为“严格单调”的子区间, 由此, 我们就不难确定上述各点是极小值点、极大值点或者非极值点.

证明　当假设 $f(x)$ 在 (a,b) 内“不可导”的点及“驻点”(导数为 0 的点) 仅为 $\{x_k : 1 \leqslant k \leqslant k_0\}$, 并且这些点满足条件

$$a < x_1 < x_2 < \cdots < x_{k_0} < b$$

时, 在各子区间 $(a, x_1), (x_1, x_2), \cdots, (x_{k_0}, b)$ 内, $f(x)$ 的导函数 $f'(x)$ 必均不取 0 值. 这样一来, 由上面引理, 即可导出: $f'(x)$ 在以上各子区间上必恒取正值或者恒取负值. 从而函数 $f(x)$ 在上述各子区间上就必为严格单调递增或者为严格单调递减. 因此, 函数 $f(x)$ 仅在上述有限个点 $\{x_k : 1 \leqslant k \leqslant k_0\}$ 上取极大值、极小值 (当然, 上述点中亦可能有非极值点). 从而, 推理得证. □

注 9　从推理 2, 对于仅有“有限”个“不可导”点及“驻点”的函数 $f(x)$, 我们可以用表格来将函数的严格增、减状况, 从而在上述点是否为极大值或极小值点的状况一目了然地表示出来. 下面, 我们来做一表格为例: 当设 $[a,b]$ 上的连续函数 $f(x)$ 的不可导点及驻点仅有 4 个时, 设其为 $a < x_1 < x_2 < x_3 < x_4 < b$, 那么, 其状况可参见下表:

x 值	x_1	x_2	x_3	x_4	
区间	(a, x_1)	(x_1, x_2)	(x_2, x_3)	(x_3, x_4)	(x_4, b)
f' 符号	+	+	−	−	+
f 的状况	严格递增	严格递增	严格递减	严格递减	严格递增
点特性	(无)	(极大)	(无)	(极小)	

如果函数在驻点处具有二次导数, 则以下之极值点或函数极值的判别法就显得简洁得多.

定理 5 (函数极值的二阶导数判别法) 设函数 $f(x)$ 在 x_0 点的某一邻域 $I(x_0, \delta_0)$ 内连续, 并且 $f'(x_0)=0$ 及 $f''(x_0)$ 存在. 那么,

1° 如果 $f''(x_0)<0$, 则 $f(x_0)$ 为 f 的一个"严格极大值";

2° 如果 $f''(x_0)>0$, 则 $f(x_0)$ 为 f 的一个"严格极小值".

证明 我们仅对上面的 1° 来验明结论.

首先, 由定理假设 $f'(x_0)=0$ 及 $f''(x_0)<0$, 有

$$\lim_{x\to x_0}\frac{f'(x)}{x-x_0}\left(=\lim_{x\to x_0}\frac{f'(x)-f'(x_0)}{x-x_0}=f''(x_0)\right)<0.$$

由此可知: 必存在正数 δ, 使得当 $x\in(x_0-\delta, x_0+\delta)\subset I(x_0,\delta_0)$ 时, 就有

$$\frac{f'(x)}{x-x_0}<0.$$

故从此式即可导出:

1) 当 $x\in(x_0-\delta, x_0)$ 时, 均有 $f'(x)>0$;

2) 当 $x\in(x_0, x_0+\delta)$ 时, 均有 $f'(x)<0$.

这样一来, 由前面定理 4 的 1°, 可得 $f(x_0)$ 是 f 的一个"严格极大值". 从而定理得证. □

注 10 当 $f''(x_0)=0$ 时, 函数在 x_0 点的极值状况是不确定的. 例如, 前面注 1 曾举过的函数 $y_1(x)=x^3$ 的例子, 我们知道 $y_1''(0)=0$, 而 $x=0$ 不是 $y_1(x)$ 的极值点; 而对于函数 $y_2(x)=x^{2n}$ $(n\geqslant 2)$, 我们容易看到 $y_2''(0)=0$, 而 $x=0$ 是 $y_2(x)$ 的严格极小点; 但对于相应的函数 $y_3(x)=-x^{2n}$ $(n\geqslant 2)$, 同样有 $y_3''(0)=0$, 而 $x=0$ 是 $y_3(x)$ 的严格极大点.

下面, 我们再给出有关极值、最大 (小) 值问题的几个例子:

例 4 设函数 $f(x)=6x^5-15x^4-10x^3+30x^2+10$, 试分别用"一次导数判别法"和"二次导数判别法"来确定 $f(x)$ 的极小值和极大值点.

解　首先, 我们来找出上述函数的驻点 (临界点), $f(x)$ 的导函数为

$$\begin{aligned}f'(x) &= 30x^4 - 60x^3 - 30x^2 + 60x\\ &= 30(x^4 - 2x^3 - x^2 + 2x)\\ &= 30(x+1)x(x-1)(x-2),\end{aligned}$$

则当 $f'(x) = 0$ 时, 从上式可得到 $f(x)$ 的"驻点"为

$$x = -1,\ 0,\ 1,\ 2.$$

注意到 $f(x)$ 在 $\mathbb{R}$ 上均是可导的, 因此没有"不可导"的点. 这样一来, 我们就可以得到下面的判别法.

1) 一次导数判别法

从下面图表则可直接看到结果:

x 值		-1		0		1		2	
区间	$(-\infty, -1)$		$(-1, 0)$		$(0, 1)$		$(1, 2)$		$(2, +\infty)$
f' 符号	+ (严增)		− (严减)		+ (严增)		− (严减)		+ (严增)
极值点		极大值点		极小值点		极大值点		极小值点	

2) 二次导数判别法

$f(x)$ 的二次导函数为

$$f''(x) = 30(4x^3 - 6x^2 - 2x + 2) = 60(2x^3 - 3x^2 - x + 1).$$

因此, 对于上面 f 的驻点, 它们有下面相应的值:

$$f''(-1) = 60 \times (-3) < 0, \qquad f''(0) = 60 > 0,$$

及

$$f''(1) = 60 \times (-1) < 0, \qquad f''(2) = 60 \times 3 > 0.$$

于是从函数极值的二阶导数判别法, 即可导出 $x = -1$ 和 1 为函数 f 的极大值点, 而 $x = 0$ 和 2 则为函数 f 的极小值点. □

利用导数的方法, 我们还可以十分容易地得到下面在初等数学中已知的一个应用例子:

例 5　用一定量的材料围成一个矩形地块, 为使所围地块面积最大, 求此矩形应如何取两边.

解　设所围成的矩形长为 x, 宽为 y, 则从题设应该有下面的关系式: 当

$$2x + 2y = c(\text{常数})$$

时, 求函数

$$s = xy$$

之最大值. 由此, 可变换为一元函数的极大值问题如下：求函数

$$s(x) = x\left(\frac{c}{2} - x\right)$$

在 $\left[0, \frac{c}{2}\right]$ 上的最大值. 下面, 我们用函数极值的一阶导数判别法来导出所需结果.

首先, $s(x)$ 的导函数

$$s'(x) = -2x + \frac{c}{2} = -2\left(x - \frac{c}{4}\right),$$

由此可知 $s(x)$ 仅有一个驻点 $x = \frac{c}{4}$, 并且易见:

1) 当 $x < \frac{c}{4}$ 时, $s'(x) > 0$, 即 $s(x)$ 在 $\left[0, \frac{c}{4}\right]$ 上严格单增;

2) 当 $x > \frac{c}{4}$ 时, $s'(x) < 0$, 即 $s(x)$ 在 $\left[\frac{c}{4}, \frac{c}{2}\right]$ 上严格单减.

因而, 从上可知, 当 $x = \frac{c}{4}$ 时, 也即矩形地块为正方形地块时, 定量的材料围成的面积最大. □

例 6　计划修建一条水渠, 要求：其截面均为同一等腰梯形 (见图 3), 并且此梯形底边为 a, 在通常水流状况下, 侧边长为 b. 试问：为使此截面面积最大 (从而水的流量最大), 应挖怎样的坡度 (也即如何确定图中侧边与地平面的夹角 θ)?

解　首先, 设等腰梯形的截面之侧边与地面夹角为 θ. 从图 3, 显然可以看出：此时, 该梯形的“高” $= b\sin\theta$, 其“上底” $= a + 2b\cos\theta$, 因而, 所求梯形的截面积 s 应为

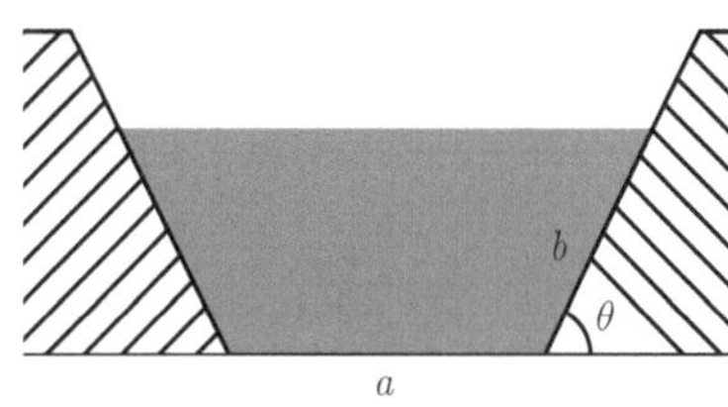

图 3

$$s(\theta) = \frac{1}{2}\big[a + (a + 2b\cos\theta)\big] \cdot b\sin\theta$$
$$= ab\sin\theta + b^2\sin\theta\cos\theta, \quad 0 < \theta < \pi.$$

由此, 导函数

$$s'(\theta) = ab\cos\theta + b^2(\cos^2\theta - \sin^2\theta).$$

令

$$ab\cos\theta + b^2(\cos^2\theta - \sin^2\theta) = 0,$$

则得方程

$$a\cos\theta = b(1 - 2\cos^2\theta),$$

也即有

$$2b\cos^2\theta + a\cos\theta - b = 0. \tag{6}$$

从上面的二次方程, 可解得两个根 (也即上述函数 $s(\theta)$ 的“驻点”应满足的关系式)

$$\cos\theta = \frac{-a \pm \sqrt{a^2+8b^2}}{4b}. \tag{7}$$

由此, 从初等数学知识即可导出, 由上述 (7) 式中所得的一元二次方程的两个根所分割的区间内, 上面 (6) 式左边的符号有以下特性 (注意上面我们已有 θ 的定义域 $(0,\pi)$ 的假设)

1) 当 $\cos\theta$ 的值在开区间 $\left(\dfrac{-a+\sqrt{a^2+8b^2}}{4b},\ 1\right)$ 上变化时, 此即当 $\theta \in \left(0, \arccos\dfrac{-a+\sqrt{a^2+8b^2}}{4b}\right)$ 时 (这里, 我们注意到 $\cos\theta$ 在 $(0,\pi)$ 是“单调下降”的), 有关系式

$$2b\cos^2\theta + a\cos\theta - b > 0 \Longrightarrow s'(\theta) > 0.$$

2) 当 $\cos\theta$ 的值在区间 $\left(\dfrac{-a-\sqrt{a^2+8b^2}}{4b},\ \dfrac{-a+\sqrt{a^2+8b^2}}{4b}\right)$ 变化时, 此即当 $\theta \in \left(\arccos\dfrac{-a+\sqrt{a^2+8b^2}}{4b},\ \arccos\dfrac{-a-\sqrt{a^2+8b^2}}{4b}\right)$ 时, 有关系式

$$2b\cos^2\theta + a\cos\theta - b < 0 \Longrightarrow s'(\theta) < 0.$$

3) 当 $\cos\theta$ 的值在区间 $\left(-1,\ \dfrac{-a-\sqrt{a^2+8b^2}}{4b}\right)$ 变化时, 此即 $\theta \in \left(\arccos\dfrac{-a-\sqrt{a^2+8b^2}}{4b},\ \pi\right)$ 时, 有关系式

$$2b\cos^2\theta + a\cos\theta - b > 0 \Longrightarrow s'(\theta) > 0.$$

这样, 从“一阶导数判别法”以及上面的三个结果可以导出：当

$$\theta = \arccos\frac{\sqrt{a^2+8b^2}-a}{4b} \tag{8}$$

时, 上述截面积取到最大值. 特别地, 如果在前面设计中, 令 $a=b$, 那么, 从上结论我们立即由 (8) 式得到：当

$$\theta = \arccos\frac{\sqrt{9b^2}-b}{4b} = \arccos\frac{1}{2} = \frac{\pi}{3}\ (=60^\circ) \tag{8'}$$

时, 也即当上述图中我们挖的水渠之“坡度”为 $180^\circ - 60^\circ = 120^\circ$ 时, 所得到的截面面积最大. □

注 11 从上述两个应用题不难看出, 在应用问题中, 如果所列的方程在定义域内均可导, 并且只有“一个”驻点时, 则此点必为所求的最大 (或最小) 值点.

注 12 在求极值点的“二阶导数判别法”中, 人们常常容易将在驻点 x_0 时 $f''(x_0)>0$(或者 $f''(x_0)<0$) 与极小值点 (相应地, 极大值点) 的关系混淆. 这里, 我们提供给读者一个容易判定的通俗方法: 只要将 f 视为一个容器, 例如, 一只碗, 当 $f''(x_0)>0$ 时, 则表明这个碗可以盛水, 因此, 其形状如“ $\cup$ ”, 由此知 x_0 是“极小值点”; 反之, 其形状如“ $\cap$ ”, x_0 就是“极大值点”. 这一通俗判断方法在下节判断 $f(x)$ 曲线的“(向) 下凸性”与“(向) 下凹性”时仍可运用.

(三)

下面指出: 一个函数 $f(x)$ 在区间 (a,b) 内导函数的“单调递增性”也即为此函数在 $[a,b]$ 上是“凸函数”的特性. 同时, 我们也将借助此导函数的增 (减) 性来判断一个函数 $y=f(x)$ $(\forall x\in(a,b))$ 所确定的曲线段的弯曲方向, 即来确定此曲线段在任何一点 $x_0\in(a,b)$ 的某一邻域内的 (向下) 凸 (和凹) 的性质.

关于凸函数的概念, 在 4.10 节的 (二) 中曾经介绍过. 那么, 回到一元函数的情况, 一个凸函数 $y=f(x)$(从几何的观点) 其函数图象有何特性呢? 下面就从图中来研讨此问题.

设 $y=f(x)(\forall\ x\in I(\text{区间}))$ 是一个由“凸函数”所确定的曲线段 (如图 4), 从“分析”的角度观察, 由函数的凸性可知: 对于任意闭区间 $[a,b]\subset I$ 以及 $[a,b]$ 间任意的点 x_λ:

$$x_\lambda \triangleq \lambda a+(1-\lambda)b, \qquad (\text{这里}\lambda\in[0,1])$$

必成立下面关系式

$$f(x_\lambda)\leqslant \lambda f(a)+(1-\lambda)f(b). \tag{Δ_1}$$

由此可知, 从“几何”图像来看, 此即 (a,b) 内任意点 $C(x_\lambda,f(x_\lambda))$ $(0\leqslant\lambda\leqslant 1)$ 均在弦 $\overline{AB}$ 之下方, 也即曲线段 $\overset{\frown}{AB}$ 必在弦 $\overline{AB}$ 的下方. 值得指出的是: 此一对 AB 而言“整体”性质与函数 f 在 $[a,b]$ 区间上“凸”是等价的! 而从上定义可知, 如 $f(x)$ 在 $[a,b]$ 上凸, 则必须对 $[a,b]$ 内任何子区间 $[a',b']$ 其相对应的弦 $\overline{A'B'}$ 与曲线段 $\overset{\frown}{A'B'}$ 亦均有上述几何性质.

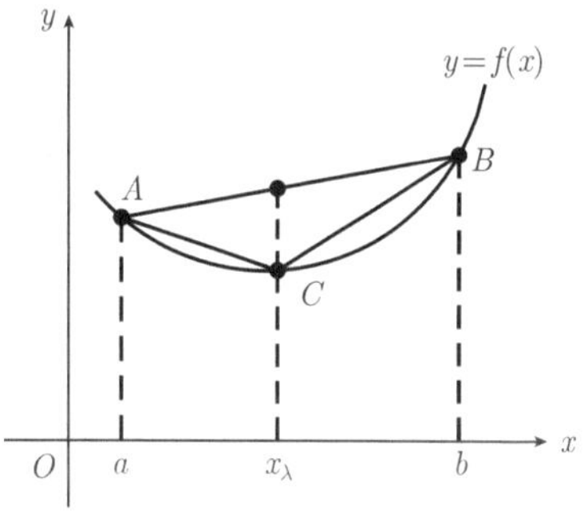

图 4

更深入一步地表述, 注意到 $\overline{AB}$ 弦的方程 (即为一直线段的方程) 可表述如下:

$$l(x) = f(a) + \frac{f(b)-f(a)}{b-a}(x-a), \qquad \forall\, x \in [a,b].$$

因而, 从上我们又可得到: 当 $f(x)$ ($\forall\, x \in [a,b]$) 为凸函数时, 必应有下面关系式:

$$f(x) \leqslant f(a) + \frac{f(b)-f(a)}{b-a}(x-a), \qquad \forall\, x \in [a,b]. \qquad (\Delta_2)$$

(为了下面定理证明的需要, 我们再将上面的弦 $\overline{AB}$ "以 $B(b, f(b))$ 点出发" 的直线段方程表示如下:

$$\frac{l(x)-f(b)}{x-b} = \frac{f(a)-f(b)}{a-b},$$

故

$$l(x) = f(b) + \frac{f(a)-f(b)}{a-b}(x-b), \qquad \forall\, x \in [a,b].$$

因而当曲线段 $f(x)$ ($a \leqslant x \leqslant b$) 是 "(下) 凸" 曲线时, 则应有下面关系式:

$$f(x) \leqslant f(b) + \frac{f(a)-f(b)}{a-b}(x-b), \qquad \forall\, x \in [a,b]. \qquad (\Delta_2')$$

这在形式上与上方程 (Δ_2) 是一致的).

定义 2　曲线段 $y = f(x)$ ($\forall\, x \in [a,b]$) 称为是**(下) 凸**的, 是指 $f(x)$ 在区间 $[a,b]$ 上是一个凸函数.

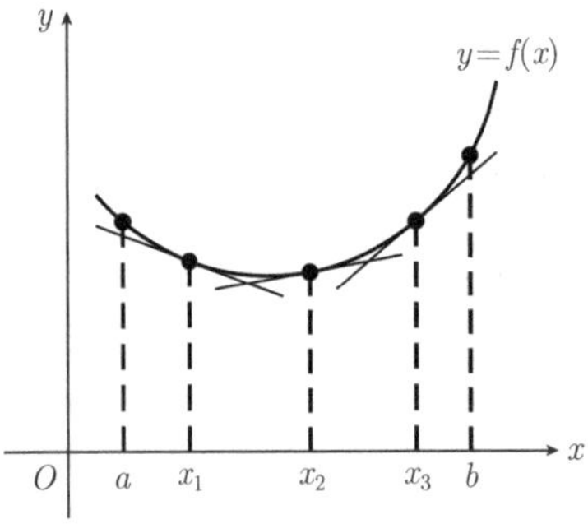

图 5

下面, 我们将指出: 如果函数 $f(x)$ 在 (a,b) 内可导, 那么, 判断 $f(x)$ 是否为一个凸函数 (也即, 相应曲线段是否为下凸的) 就变得容易得多. 因为, 这时对于 "下凸" 曲线段上的每一点均有切线存在, 而从图 5 不难看出, 在这些点处曲线之切线的 "斜率" 必是 (随自变量 x) "单调递增" 的; 而从本章开首的例 4 可知: (此即) 导函数 $f'(x)$ 在 (a,b) 内是单调递增的.

此外, 从图 5 我们还容易看到: 对于 "下凸" 曲线段, 其必在曲线每一点处的切线之 "上方". 再次回忆到上述 (本章开首的) 例 4 中的切线方程的表达式, 对于 (a,b) 内任意一点 $x_\lambda = \lambda a + (1-\lambda) b$(其中, $0 < \lambda < 1$), 上述曲线段在点 $(x_\lambda, f(x_\lambda))$ 处的切线方程应为

$$l_\lambda(x) = f(x_\lambda) + f'(x_\lambda)(x - x_\lambda), \qquad \forall\, x \in \mathbb{R}.$$

因而, 从此曲线是“下凸”的特性, 应有下面的关系式:

$$f(x) \geqslant f(x_\lambda) + f'(x_\lambda)(x - x_\lambda), \qquad \forall\, x \in [a, b]. \tag{Δ_3}$$

有了上面的直观感觉, 下面就来进行严格的论证. 由此可得到下面的定理:

定理 6 (凸函数的判别法) 假设函数 $f(x)$ 在某区间 I 上连续, 且在区间 I 的“内核” I° 均可导. 那么, 以下三个结论是等价的:

1° $f(x)$ 在 I 上为凸函数;

2° 对于任意两点 $\widetilde{x}, \widehat{x} \in I^\circ$, 均有

$$f(\widehat{x}) \geqslant f(\widetilde{x}) + f'(\widetilde{x})(\widehat{x} - \widetilde{x});$$

(此即上面 (Δ_3) 式成立, 也即曲线段必在其任意点的切线之上方.)

3° $f'(x)$ 在 I° 内是单调递增的.

证明 1) $1^\circ \Longrightarrow 2^\circ$: 对于任意两点 $\widetilde{x}, \widehat{x} \in I^\circ$, 不妨假设 $\widetilde{x} \neq \widehat{x}$.

(i) 当设 $\widetilde{x} < \widehat{x}$ 时, 由于 $f(x)$ 为 I 上的凸函数, 且有 $[\widetilde{x}, \widehat{x}] \subset I$, 故从上面关系式 (Δ_2), 有

$$f(x) \leqslant f(\widetilde{x}) + \frac{f(\widehat{x}) - f(\widetilde{x})}{\widehat{x} - \widetilde{x}}(x - \widetilde{x}), \qquad \forall\, x \in [\widetilde{x}, \widehat{x}],$$

此即有

$$\frac{f(x) - f(\widetilde{x})}{x - \widetilde{x}} \leqslant \frac{f(\widehat{x}) - f(\widetilde{x})}{\widehat{x} - \widetilde{x}}, \qquad \forall\, x \in (\widetilde{x}, \widehat{x}) \subset I.$$

于是, 注意到假设, $f(x)$ 在 $\widetilde{x}$ 点是可导的. 因此, 当上式两边对于 $x \to \widetilde{x}$ 取极限时, 可得

$$f'(\widetilde{x}) \leqslant \frac{f(\widehat{x}) - f(\widetilde{x})}{\widehat{x} - \widetilde{x}},$$

此即导出所需的结论 2°:

$$f(\widehat{x}) \geqslant f(\widetilde{x}) + f'(\widetilde{x})(\widehat{x} - \widetilde{x}).$$

(ii) 当设 $\widehat{x} < \widetilde{x}$ 时, 利用上面关系式 (Δ_2'), 同样地有上述第一个不等式:

$$f(x) \leqslant f(\widetilde{x}) + \frac{f(\widehat{x}) - f(\widetilde{x})}{\widehat{x} - \widetilde{x}}(x - \widetilde{x}), \qquad \forall\, x \in [\widehat{x}, \widetilde{x}].$$

因此, 同样可以导出所需的结论 2°.

2) $2^\circ \Longrightarrow 3^\circ$: 对于任意两点 $x_1, x_2 \in I^\circ$, 由 2° 的假设则有两个关系式:

$$f(x_2) \geqslant f(x_1) + f'(x_1)(x_2 - x_1), \tag{9}$$

及

$$f(x_1) \geqslant f(x_2) + f'(x_2)(x_1 - x_2). \tag{10}$$

故当 $x_2 > x_1$ 时, 从 (9) 式则有

$$\frac{f(x_2) - f(x_1)}{x_2 - x_1} \geqslant f'(x_1);$$

从 (10) 式则有

$$\frac{f(x_2) - f(x_1)}{x_2 - x_1} \leqslant f'(x_2).$$

因此, 立即得到 $f'(x_2) \geqslant f'(x_1)$. 从而得到所需结论 3°.

3) 3° $\Longrightarrow$ 1°: 对于任意闭区间 $[a,b] \subset I$, 我们作一辅助函数 g:

$$g(x) \triangleq f(x) - f(x_\lambda) - f'(x_\lambda)(x - x_\lambda), \qquad \forall\, x \in [a,b],$$

这里, $x_\lambda = \lambda a + (1-\lambda)b$, $\forall\, \lambda \in [0,1]$. 那么, 有

$$g'(x) = f'(x) - f'(x_\lambda), \qquad \forall\, x \in (a,b),$$

并且, 由定理假设, $g'(x)$ 亦在 (a,b) 内单调递增. 而再注意到 $g'(x_\lambda) = 0$, 从 $g'(x)$ 的单调递增性可知:

$$g'(x) \leqslant 0(\text{当 } x \in (a, x_\lambda) \text{ 时}) \quad \text{及} \quad g'(x) \geqslant 0(\text{当 } x \in (x_\lambda, b) \text{ 时}).$$

回忆到前面 (一) 中的定理 1, 从上面两式便可得到以下两串关系式:

$$\begin{aligned} g(x) \text{ 在 } [a, x_\lambda] \text{ 上“单调递减”} &\Longrightarrow g(a) \geqslant g(x_\lambda) \\ &\Longrightarrow f(a) - f(x_\lambda) - f'(x_\lambda)(a - x_\lambda) \geqslant 0, \end{aligned}$$

及

$$\begin{aligned} g(x) \text{ 在 } [x_\lambda, b] \text{ 上“单调递增”} &\Longrightarrow g(b) \geqslant g(x_\lambda) \\ &\Longrightarrow f(b) - f(x_\lambda) - f'(x_\lambda)(b - x_\lambda) \geqslant 0, \end{aligned}$$

此即,

$$f'(x_\lambda) \geqslant \frac{f(x_\lambda) - f(a)}{x_\lambda - a} \quad \text{及} \quad f'(x_\lambda) \leqslant \frac{f(b) - f(x_\lambda)}{b - x_\lambda}, \qquad \forall\, \lambda \in (0,1).$$

由此则可得

$$\frac{f(b) - f(x_\lambda)}{b - x_\lambda} \geqslant \frac{f(x_\lambda) - f(a)}{x_\lambda - a}, \qquad \forall\, \lambda \in (0,1).$$

整理后便可导出下面的不等式

$$
\begin{aligned}
(b-a)f(x_\lambda) &\leqslant (b-x_\lambda)f(a)+(x_\lambda-a)f(b)\\
&=\lambda(b-a)f(a)+(1-\lambda)(b-a)f(b).
\end{aligned}
$$

因而,

$$
f(x_\lambda)\triangleq f\big(\lambda a+(1-\lambda)b\big)\leqslant \lambda f(a)+(1-\lambda)f(b),\qquad \forall\ \lambda\in(0,1),
$$

此即 f 在 $[a,b]$ 上是一个凸函数. 最后, 注意到区间 $[a,b]$ 在 I 中的任意性, 因此导出了所需结果 1°.

总上, 本定理得证. □

注 13 上定理中 $3^\circ \Longrightarrow 1^\circ$, 也即"从导函数的单调递增性导出函数的凸性"的证明是很技巧的. 这里, 我们再回忆一下其证明的思路. 首先, 那里作的辅助函数

$$
g(x)\triangleq f(x)-f(x_\lambda)-f'(x_\lambda)(x-x_\lambda),\qquad \forall\ x\in[a,b],
$$

其实就是 $f(x)-l_\lambda(x)$(这里, $l_\lambda(x)$, 如图 6, 即是曲线段在点 $(x_\lambda,f(x_\lambda))$ 的切线). 其次, 从该证明最后可以看出: 只要 $g(a)\geqslant 0$ 和 $g(b)\geqslant 0$(也即此曲线在切线 $l_\lambda(x)$ 的"上方"), 那么, 将相应的两个不等式联立, 就可立即得到 f 为凸函数的结论. 最后, 为了使上面有关 $g(a)$ 和 $g(b)$ 的两个不等式成立, 只要将上面函数 $g(x)$ 取导数, 并利用 $f'(x)$ 的单调递增性假设便可导出.

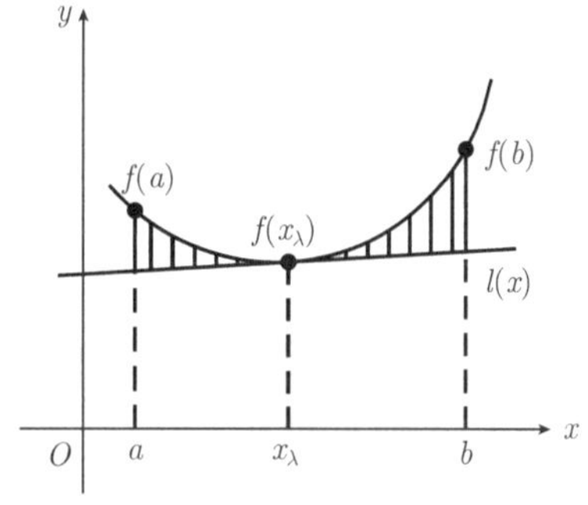

图 6

完全类似于上面定理 6 的证法, 我们容易得到下面的几个推理.

推理 3 (严格凸函数的判别法) 假设函数 $f(x)$ 在区间 I 上连续, 且在 I 的"内核" I° 上均可导. 那么, 以下三个结论是等价的:

1° $f(x)$ 在 I 上是"严格凸"函数, 也即, 对于任意闭区间 $[a,b]\subset I$, 均有

$$
f\big(\lambda a+(1-\lambda)b\big)<\lambda f(a)+(1-\lambda)f(b),\qquad \forall\ \lambda\in(0,1);
$$

2° 对于任意两点 $\widetilde{x},\widehat{x}\in I^\circ,\tilde{x}\neq\widehat{x}$, 均有

$$
f(\widehat{x})>f(\widetilde{x})+f'(\widetilde{x})(\widehat{x}-\widetilde{x});
$$

3° $f'(x)$ 在 I° 内是"严格"单调递增的.

证明　1) $1^\circ \Longrightarrow 2^\circ$：注意到此时从上面定理证明中的 1) 是不能直接“翻版”地导出本结论的. 因为从“严格凸”的定义, 虽然可以使得那里开始的几个不等号从“$\leqslant$”变为了“$<$”, 但是, 当求导数 (取极限) 后, 严格的不等号“$<$”也就变成了不严格的不等号“$\leqslant$”了. 因此, 这里我们需要作以下的修改.

(i) 当 $\widetilde{x} < \widehat{x}$ 时, 特取一点 $\widehat{x}_\lambda$ 如下：

$$\widehat{x}_\lambda \triangleq \widetilde{x} + \lambda(\widehat{x} - \widetilde{x}) \in (\widetilde{x}, \widehat{x}),$$

这里, λ 是 $(0,1)$ 中的任一数. 那么, 首先由上定理的结果：$1^\circ \Longrightarrow 2^\circ$(因为“严格凸”函数当然是“凸”函数), 我们对点 $\widetilde{x}$ 和 $\widehat{x}_\lambda$ 运用那里 2° 的关系式

$$f(\widehat{x}_\lambda) \geqslant f(\widetilde{x}) + f'(\widetilde{x})(\widehat{x}_\lambda - \widetilde{x}).$$

注意到 $\widehat{x}_\lambda$ 的取法, 以及 f 是严格凸的函数, 从上式可以导出

$$\begin{aligned}\lambda(\widehat{x} - \widetilde{x})f'(\widetilde{x}) &= (\widehat{x}_\lambda - \widetilde{x})f'(\widetilde{x}) \leqslant f(\widehat{x}_\lambda) - f(\widetilde{x}) \\ &= f\big(\widetilde{x} + \lambda(\widehat{x} - \widetilde{x})\big) - f(\widetilde{x}) = f\big(\lambda\widehat{x} + (1-\lambda)\widetilde{x}\big) - f(\widetilde{x}) \\ &< \big(\lambda f(\widehat{x}) + (1-\lambda)f(\widetilde{x})\big) - f(\widetilde{x}) = \lambda\big(f(\widehat{x}) - f(\widetilde{x})\big).\end{aligned}$$

此即得到这里所需要的结果 2°.

(ii) 当 $\widehat{x} < \widetilde{x}$ 时, 从上面 (i) 中, 将 $\widehat{x}$ 与 $\widetilde{x}$ 互换可同样得到 2° 的结果.

2) 至于 $2^\circ \Longrightarrow 3^\circ$ 和 $3^\circ \Longrightarrow 1^\circ$, 则只要在上面定理 6 相应的证明中, 将关系式“$\geqslant$”换为“$>$”, 以及将“$\leqslant$”换为“$<$”便可立即得到.

总上, 本推理得证. □

推理 4　*假设 $f(x)$ 在区间 I 上连续, 且在 I 的“内核”I° 上均“二次可导”. 那么,*

1° $f''(x) \geqslant 0$ $(\forall\ x \in I^\circ) \Longrightarrow f(x)$ 在 I 上是凸函数;

*2° $f''(x) \geqslant 0$ $(\forall\ x \in I^\circ)$ 且在任何子区间 $(\alpha, \beta) \subset I$ 内均***不恒有** *$f''(x) = 0 \Longrightarrow f(x)$ 在 I 上是严格凸函数;*

3° $f''(x) > 0$ $(\forall\ x \in I^\circ) \Longrightarrow f(x)$ 在 I 上是严格凸函数.

证明　1) 由前面 (一) 中的定理 1, 从 1° 的假设 $f''(x) \geqslant 0$ $(\forall\ x \in I^\circ)$ 可知：$f'(x)$ 在开区间 I° 内“单调递增”. 因此, 利用本段上面的定理 6 可得 1° 的结论.

2) 由前面 (一) 中的定理 2, 以及 2° 的假设可知：$f'(x)$ 在开区间 I° 内必“严格单调递增”. 同样地, 在 3° 的假设下, 由前面 (一) 中的定理 1, 我们亦有上述结果, 因此, 利用本段的推理 3, 就可立即得到 2° 和 3° 的结论.

总上, 本推理得证. □

与凸函数相对应的是凹函数, 其定义可以如下给出:

定义 3 假设 $f(x)$ 在区间 I 上连续, 如果对于其内任一闭区间 $[a,b]$, 只要区间 $[a,b]$ 内任一点 x_λ, 当记其为 $x_\lambda=\lambda a+(1-\lambda)b$(其中, $\lambda\in[0,1]$) 时, 就有关系式

$$f(x_\lambda)\triangleq f\big(\lambda a+(1-\lambda)b\big)\geqslant\lambda f(a)+(1-\lambda)f(b)$$

成立, 那么, 就称 f 为区间 I 上的**凹函数**. 类似地, 当上面的关系式中的不等号"$\geqslant$"变为严格不等号"$>$"时, 则称 $f(x)$ 为 I 上的**严格凹函数**.

有了上面的定义, 就可以完全类似地如本段开始时一样, 对于函数 $f(x)$ ($\forall\, x\in I$) 所确定的曲线段, 作几何图形进行讨论. 并由此不难类似地得到与那里对应的结果, 也即将那里所有结论中的"下方"换为"上方", "$\leqslant$"换为"$\geqslant$", "凸"换为"凹"等即可. 因此, 我们即可直接得到下面的推理:

推理 5 在上面定理 6 及推理 3 和推理 4 中, 只要将那里的"凸"(函数) 换为"凹"(函数), "$\geqslant$"和"$>$"与"$\leqslant$"和"$<$"互换, 那么, 就可直接得到判断 $f(x)$ 是一个凹 (或者严格凹) 函数的相应命题.

有了上面推理的准备, 下面我们来观察几个例子:

例 7 设函数 $f(x)=3x^4-4x^3-6x^2+8$, 试判断函数在 $\mathbb{R}$ 上的凸、凹性.

解 由于

$$f'(x)=12x^3-12x^2-12x,$$

及

$$f''(x)=12(3x^2-2x-1)=12(3x+1)(x-1),\qquad\forall\, x\in\mathbb{R},$$

所以,

1) 当 $x\in\left(-\infty,-\dfrac{1}{3}\right)$ 时, 有 $f''(x)>0$. 因此 $f(x)$ 在 $\left(-\infty,-\dfrac{1}{3}\right]$ 上是一个严格凸函数.

2) 当 $x\in\left(-\dfrac{1}{3},1\right)$ 时, 有 $f''(x)<0$. 因此 $f(x)$ 在 $\left[-\dfrac{1}{3},1\right]$ 上是一个严格凹函数.

3) 当 $x\in(1,+\infty)$ 时, 有 $f''(x)>0$. 因此 $f(x)$ 在 $[1,+\infty)$ 上亦是一个严格凸函数. □

函数的凸 (凹) 性不但可以研究函数曲线段的形态, 更重要的是, 它将给出一些不等式证明的简洁方法; 此外, 通过它, 我们还可以构造出一些十分有用的不等式. 下面, 我们给出几个例子. 首先, 我们给出一个在"泛函分析"中研究数列空间 (l^p) 和函数空间 $L^p[a,b](p\geqslant 1)$ 时经常用到的一个十分重要的不等式 (这里, 与 Euclid

空间 $\mathbb{R}^n$ 类似, n 维的数列空间 ($l^p_{(n)}$) 中范数定义是

$$\|\boldsymbol{x}\|_{(p)} = \|\big(x(1), x(2), \cdots, x(n)\big)\|_{(p)} \triangleq \left(\sum_{k=1}^{n} |x(k)|^p\right)^{\frac{1}{p}}).$$

例 8 证明: 对于任意的正数 $p > 1$, 均有

$$\big(|\xi| + |\eta|\big)^p \leqslant 2^{p-1}\big(|\xi|^p + |\eta|^p\big), \qquad \forall\, \xi, \eta \in \mathbb{R}.$$

此外, 当且仅当 $|\xi| = |\eta|$ 时才有上式"等号"成立.

解 我们只要考察下面的函数:

$$f(x) = x^p, \qquad \forall\, x \in [0, +\infty).$$

注意到 $p > 1$, 所以

$$f''(x) = p(p-1)x^{p-2} > 0, \qquad \forall\, x \in (0, +\infty).$$

由此, 从上面推理 4 可以导出: 函数 $f(x) = x^p$ 在 $[0, +\infty)$ 内是"严格凸"的. 因而, 对于任意两个不同的数 $|\xi|, |\eta| \in [0, +\infty)$, 必有下面关系式:

$$f\left(\frac{|\xi| + |\eta|}{2}\right) < \frac{1}{2}\big(f(|\xi|) + f(|\eta|)\big),$$

也即有

$$\left(\frac{|\xi| + |\eta|}{2}\right)^p < \frac{1}{2}\big(|\xi|^p + |\eta|^p\big).$$

由此, 我们立即得知: 对于任意的两个实数 $|\xi| \neq |\eta|$, 均有

$$(|\xi| + |\eta|)^p < 2^{p-1}(|\xi|^p + |\eta|^p), \qquad \forall\, \xi, \eta \in \mathbb{R}.$$

总上, 我们也即导出了本例所需结论. □

例 9 (算术平均–几何平均不等式) 试证:

$$\big(|x_1 x_2 \cdots x_n|\big)^{\frac{1}{n}} \leqslant \frac{1}{n}\big(|x_1| + |x_2| + \cdots + |x_n|\big), \qquad \forall\, \{x_k : 1 \leqslant k \leqslant n\} \subset \mathbb{R},$$

并且, 当且仅当 $\{|x_k| : 1 \leqslant k \leqslant n\}$ 互等时, 上等式才成立.

证明 (注意到上述不等式两边"取对数"后的形式给予我们的启发) 我们来考虑函数

$$f(x) = -\ln x, \qquad \forall\, x \in (0, +\infty).$$

从

$$f''(x) = \left(-\frac{1}{x}\right)' = \frac{1}{x^2} > 0, \qquad \forall\, x \in (0,+\infty),$$

显然 $f(x)$ 在 $(0,+\infty)$ 是一个“严格凸”的函数. 于是从严格凸函数定义所得的 Jensen 不等式 (参见 4.10 节 (二) 中定义 2 后的注 4), 我们立即得到下面关系式: 当 $\{|x_k| : 1 \leqslant k \leqslant n\}$ 中的 n 个正数不为同一个数时, 有

$$f\left(\frac{x_1}{n} + \frac{x_2}{n} + \cdots + \frac{x_n}{n}\right) < \frac{1}{n}f(|x_1|) + \frac{1}{n}f(|x_2|) + \cdots + \frac{1}{n}f(|x_n|),$$

(这是因为在 Jensen 不等式中, 只要其内的“元”$\{x_k : 1 \leqslant k \leqslant n\}$ 不全相同, 则必有严格不等号“$<$”成立!) 因而,

$$-\ln\left(\frac{1}{n}\left(|x_1| + |x_2| + \cdots + |x_n|\right)\right) < -\frac{1}{n}\ln\left(|x_1x_2\cdots x_n|\right),$$

也即有

$$\frac{1}{n}\ln\left(|x_1x_2\cdots x_n|\right) < \ln\left(\frac{1}{n}\left(|x_1| + |x_2| + \cdots + |x_n|\right)\right).$$

最后, 注意到 $\ln x$ 在 $(0,+\infty)$ 是“严格单调递增”的函数 (这是因为 $(\ln x)' = \dfrac{1}{x} > 0$, $\forall\, x \in (0,+\infty)$). 因此, 从上关系式我们便可立即得到本例所需之结果. □

从上面 (例 8 和例 9) 两例的证明方法, 又可以得到“泛函分析”中一个十分重要的不等式, 它是以德国数学家 D.L.Hölder(赫尔德) 的姓命名的.

例 10* (Hölder) 试证明: 对于任意的 $p > 1$, 当令 $\dfrac{1}{p} + \dfrac{1}{q} = 1$ 时, 必有关系式

$$\sum_{k=1}^{\infty} a_kb_k \leqslant \left(\sum_{k=1}^{\infty} a_k^p\right)^{\frac{1}{p}} \left(\sum_{k=1}^{\infty} b_k^q\right)^{\frac{1}{q}} (< +\infty), \qquad \forall\, a_k, b_k \in (0,+\infty),\ k \in \mathbb{N}.$$

(那里, 我们假设后两级数均是收敛的). 此外, 仅当存在一个正常数 ξ, 使得

$$a_k^p = \xi b_k^q, \qquad \forall\, k \in \mathbb{N}$$

时, 上面不等式中的等号才会成立.

证明 从上面例 8 中我们已知: 函数

$$f(x) = x^p (\text{当 } p > 1 \text{ 时}), \qquad \forall\, x \in (0,+\infty)$$

是“严格凸”的. 下面如例 9 中证明一样, 我们将要利用凸函数的 Jensen 不等式来导出所需结论.

首先, 来验证 (“有限项”时情况的) 以下不等式: 对于任意的 $n\in\mathbb{N}$, 必有

$$\sum_{k=1}^{n}a_kb_k\leqslant\left(\sum_{k=1}^{n}a_k^p\right)^{\frac{1}{p}}\left(\sum_{k=1}^{n}b_k^q\right)^{\frac{1}{q}},\qquad\forall\, a_k,b_k\in(0,+\infty),\ 1\leqslant k\leqslant n.\tag{$*$}$$

为了应用 Jensen 不等式, 我们必须作下面的代换, 令

$$\lambda_k=b_k^q,\quad x_k=a_kb_k^{1-q},\qquad\forall\,1\leqslant k\leqslant n.\tag{11}$$

从而有

$$\lambda_kx_k=a_kb_k,\qquad\forall\,1\leqslant k\leqslant n.\tag{12}$$

另外, 从 q 的假设可知 $(1-q)p=-q$, 故从上则有

$$\lambda_kx_k^p=b_k^q\cdot(a_kb_k^{1-q})^p=b_k^q\cdot a_k^p\cdot b_k^{-q}=a_k^p,\qquad\forall\,1\leqslant k\leqslant n.\tag{13}$$

这样一来, 从上述函数 $f(x)=x^p$ 是严格凸的, 故利用 Jensen 不等式, 有

$$f\left(\sum_{k=1}^{n}\frac{\lambda_k}{\sum\limits_{k=1}^{n}\lambda_k}x_k\right)\leqslant\sum_{k=1}^{n}\frac{\lambda_k}{\sum\limits_{k=1}^{n}\lambda_k}f(x_k),$$

此即,

$$\left(\sum_{k=1}^{n}\frac{\lambda_k}{\sum\limits_{k=1}^{n}\lambda_k}x_k\right)^p\leqslant\sum_{k=1}^{n}\frac{\lambda_k}{\sum\limits_{k=1}^{n}\lambda_k}x_k^p,$$

并且当 $\{x_k:1\leqslant k\leqslant n\}$ 不同为一个元时, 上不等式是严格的. 由此, 从上式我们得到

$$\left(\sum_{k=1}^{n}\lambda_kx_k\right)^p\leqslant\left(\sum_{k=1}^{n}\lambda_k\right)^{p-1}\sum_{k=1}^{n}\lambda_kx_k^p,\tag{14}$$

故将前面 (11)~(13) 式的假设和结果顺序代入 (14) 式, 即可导出 (并注意到 $\dfrac{p-1}{p}=\dfrac{1}{q}$)

$$\begin{aligned}\sum_{k=1}^{n}a_kb_k&\leqslant\left(\sum_{k=1}^{n}b_k^q\right)^{\frac{p-1}{p}}\left(\sum_{k=1}^{n}a_k^p\right)^{\frac{1}{p}}\\&=\left(\sum_{k=1}^{n}a_k^p\right)^{\frac{1}{p}}\left(\sum_{k=1}^{n}b_k^q\right)^{\frac{1}{q}},\qquad\forall\, a_k,b_k\in(0,+\infty).\end{aligned}$$

此外, 只要不存在一个正常数, 使得

$$x_k=\xi_0,\qquad\forall\,1\leqslant k\leqslant n,\tag{15}$$

那么, 上面不等式就是严格的.

而当我们注意到上面的式 (15), 从前面的假设关系式 (11) 可知, 其也等价于下面的关系式:

$$a_k^p b_k^{(1-q)p} = x_k^p = \xi_0^p,$$

也即有 (再次注意到 $p(q-1)=q$)

$$a_k^p = \xi_0^p \cdot b_k^{p(q-1)} = \xi_0^p \cdot b_k^q, \qquad \forall\, 1 \leqslant k \leqslant n. \tag{15'}$$

于是令 $\xi \triangleq \xi_0^p$, 则上面的 $(*)$ 式是正确的, 并且, 只有当 $a_k^p = \xi b_k^q$(ξ 为某一正常数, $\forall\, 1 \leqslant k \leqslant n$) 时, $(*)$ 中的等号才成立.

最后, 在 $(*)$ 式中, 我们先在右式中令 $n \to \infty$(注意假设 $\left(\sum\limits_{k=1}^{\infty} a_k^p\right)^{\frac{1}{p}}$ 与 $\left(\sum\limits_{k=1}^{\infty} b_k^q\right)^{\frac{1}{q}}$ 均是收敛的), 然后再在左式中令 $n \to \infty$, 就可得到本例中的不等式. 此外, 当类似地有正常数 ξ, 使得

$$a_k^p = \xi b_k^q, \qquad \forall\, k \in \mathbb{N}$$

时, 本例中的不等式之等号才能成立. □

作为上面例 11 的特例, 可以直接得到下面一个十分常用不等式, 它是以法国数学家 A.L.Cauchy 和 L.Schwartz(施瓦兹) 两者的姓命名的 (苏联和俄文的教材文献则常称之为Буняковский(布尼亚可夫斯基) 不等式):

例 10′ (Cauchy-Schwartz 不等式)

$$\left(\sum_{k=1}^{\infty} a_k b_k\right)^2 \leqslant \left(\sum_{k=1}^{\infty} a_k^2\right)\left(\sum_{k=1}^{\infty} b_k^2\right), \qquad \forall\, a_k, b_k \in \mathbb{R}.$$

此外, 当 $a_k b_k \neq 0$ 时, 上式中"等式"成立的充分必要条件是: 存在一个常数 λ, 使得 $a_k = \lambda b_k$ $(\forall\, k \in \mathbb{N})$.

证明 只要在例 10 中, 令 $p = q = 2$, 则可直接导出本例结果 (注意, 当这里的 $a_k b_k \leqslant 0$ 时, 显然亦有上面结论成立). □

注 14* 在上面的例 11 中, 数 q(其满足 $\dfrac{1}{p} + \dfrac{1}{q} = 1$, 这里 $p > 1$) 称为数 p 的**共轭数**. 其来源于例 8 前面所提及的赋范空间 (l^p):

$$l^p \triangleq \left\{\{x(k)\} : \sum_{k=1}^{\infty} |x(k)|^p < \infty\right\}$$

(即"p 幂绝对收敛"数列之全体), 其内"范数"定义为

$$\|\boldsymbol{x}\|_{(p)} \triangleq \left(\sum_{k=1}^{\infty} |x(k)|^p\right)^{\frac{1}{p}}, \qquad \forall\, \boldsymbol{x} = \{x(k)\} \in l^p.$$

当我们考虑此空间的“所有连续线性泛函之全体”(其显然构成一个线性空间), 并予以其内“元”均定义一个新范数

$$\|f\| \triangleq \inf\{\beta : |f(\boldsymbol{x})| \leqslant \beta\|\boldsymbol{x}\|, \forall\ \boldsymbol{x} \in l^p\}$$

时 (注意, 从 4.10 节 (一) 中的定理我们已知赋范空间中任意连续线性泛函必是 Lipschitz 泛函, 因此, 上面的数 β 是存在的), 其也构成了一个赋范空间, 称为 (l^p) 的“共轭空间”. 在今后学习到“泛函分析”后, 我们将会知道 (l^p) 的共轭空间不是别的, 正是 l^q 空间 (这里: $p>1$, $\dfrac{1}{p}+\dfrac{1}{q}=1$). 从上面连续线性泛函的范数定义, 即可导出 $|f(\boldsymbol{x})| \leqslant \|f\|\|\boldsymbol{x}\|$ ($\forall\ \boldsymbol{x} \in l^p$), 而上面的 Hölder 不等式正是此一不等式.

注 15* 为了验证上面定义的 $\|\boldsymbol{x}\|_{(p)}$ 是一个“范数”, 在验证其“三角不等式”时, 就必须要用到前面的 Hölder 不等式 (例 10) 的结果. 至于其证明方法除了我们在该例中用的是“凸函数方法”外, 还有“代数法”“微分法”(一元导数法)“积分法”等 (可参见定光桂的《泛函分析新讲》一书). 此不等式之重要性亦由此可见一斑.

(附: 从 Hölder 不等式验证上面的 $\|\boldsymbol{x}\|_{(p)} \triangleq \left(\displaystyle\sum_{k=1}^{\infty}|x(k)|^p\right)^{\frac{1}{p}}$ 满足范数定义的三角不等式是容易的, 我们只要由以下关系式:

$$\sum_{k=1}^{\infty}|x(k)+y(k)|^p \leqslant \sum_{k=1}^{\infty}|x(k)+y(k)|^{p-1}\cdot|x(k)| + \sum_{k=1}^{\infty}|x(k)+y(k)|^{p-1}\cdot|y(k)|,$$

对右面两项均利用上面的例 10, 并注意到 $(p-1)q=p$ 就可立即导出所需结果.)

(四)

有了前面有关函数图像单调性、(局部) 极值性和凸凹性的判断方法, 就不难将一个 (已有分析表达式的) 函数用图像表示出来. 因为从函数的图像, 人们可以很直观地了解此函数的形态与性态, 其醒目的特点使函数的一些变化状态 (如: 正、负、增、减、凸、凹等) 一览无遗. 因此, 即使它没有电子计算机 (带有作图软件) 那么精准, 但却对函数几何形态的了解具有很大的实用价值.

为了函数作图的需要, 首先, 我们还得介绍几个定义:

定义 4 设函数 $f(x)$ 在 x_0 的一个邻域 $I(x_0)$ 内连续. 如果

$$\lim_{x\to x_0}\frac{f(x)-f(x_0)}{x-x_0} = +\infty(\text{或者} -\infty),$$

(虽然上“差商”的极限不存在) 我们仍“记为” $f'(x_0)=+\infty$(相应地, $-\infty$). 类似地, 当上述差商的单侧极限有上面关系时, 我们亦“记为” $f'_+(x_0)=+\infty$ 或 $f'_-(x_0)=$

$+\infty$(相应地, $-\infty$). 特别地, 当在点 x_0, $f'_+(x_0)$ 与 $f'_-(x_0)$“分别”取不同的 $+\infty$ 和 $-\infty$ 时, 我们则称 x_0 为函数 (曲线) 的**尖点**.

注 16 首先, 与前面有关极限的论述一样, 不能将 $+\infty(-\infty)$ 视为极限, 因为 $\pm\infty$ 不是一个固定的数, 因此, 它不满足有关极限的定义. 在此种情况下, 我们只是为了方便起见, 才“借用”符号, 仅仅是“记为” $f'(x_0)=+\infty$(或 $-\infty$) 以及 $f'_+(x_0)$, $f'_-(x_0)=+\infty$(或 $-\infty$) 而已!

注 17 与导数的几何意义一样, 对于 $f'(x_0)$, $f'_+(x_0)$, $f'_-(x_0)=+\infty$(或 $-\infty$), 从图 7 中亦可看到其几何意义: 此时曲线在 x_0 有垂直于 x 轴的切线, 其与 x 轴正向的夹角是 $\dfrac{\pi}{2}$ 或者 $-\dfrac{\pi}{2}$. 例如, 在图 7 中, 我们显然可以看出

$$f'(x_1)=-\infty,\qquad f'(x_2)=+\infty,$$
$$f'_-(x_3)=-\infty,\qquad f'_+(x_3)=+\infty.$$

(这里, 上面正负号的取法是由其前面“差商”而确定的.) 由此, 不难看出 x_3 是函数 (曲线) 的一个“尖点”.

定义 5 设函数 $f(x)$ 在 x_0 点的一个邻域 $I(x_0)$ 内连续. 如果函数在 x_0 的一侧是严格凸的, 而在另一侧是严格凹的, 那么, 我们就称 x_0 是函数 (曲线) 的一个**拐点**.

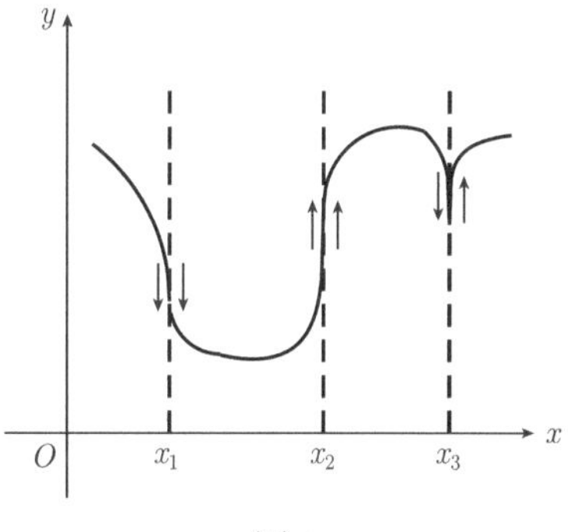

图 7

注 18 当 f 在 $I(x_0)$ 有二阶导数时, 则有 (注意前面 (二) 中的 Darboux 引理)

$$x_0 \text{ 是 } f(x) \text{ 的拐点} \Longrightarrow f''(x_0)=0.$$

但反之未必, 反例可见函数 $f(x)=x^4$, 在 $x=0$ 点, 虽然有 $f''(0)=0$, 但其不是函数 x^4 的拐点, 因为此时有 $f''(x)=12x^2>0$ $(\forall\, x\neq 0)$.

定义 6 1° 如果

$$\lim_{x\to x_0-} f(x)=+\infty(-\infty) \quad \text{或者} \quad \lim_{x\to x_0+} f(x)=+\infty(-\infty),$$

则称 $x=x_0$ 为函数 $y=f(x)$ 的一条**(竖直) 渐近线**.

2° 如果

$$\lim_{x\to+\infty} f(x)=\alpha \quad \text{或者} \quad \lim_{x\to-\infty} f(x)=\beta,$$

则称 $y=\alpha$ 或 $y=\beta$ 为函数 $y=f(x)$ 的一条**(水平) 渐近线**.

3° 如果存在数 α 和 β(其中 $\alpha\neq 0$), 使得

$$\lim_{x\to+\infty}\big(f(x)-(\alpha x+\beta)\big)=0 \quad \text{或者} \quad \lim_{x\to-\infty}\big(f(x)-(\alpha x+\beta)\big)=0,$$

则称 $l_0(x)=\alpha x+\beta$ **为函数** $y=f(x)$ **的一条(斜) 渐近线**.

上述三种情况从几何上可见图 8~图 11:

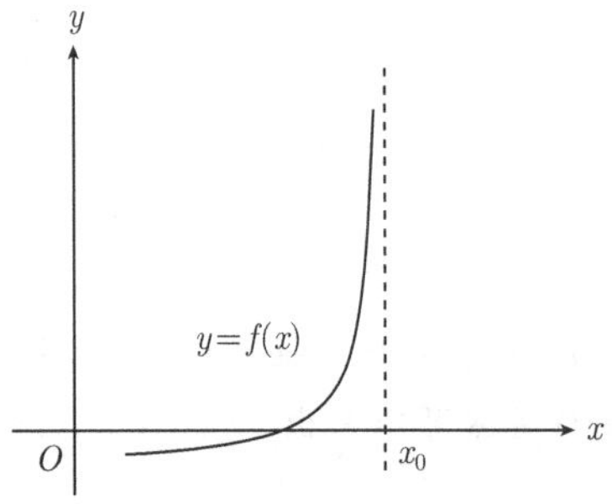

图 8

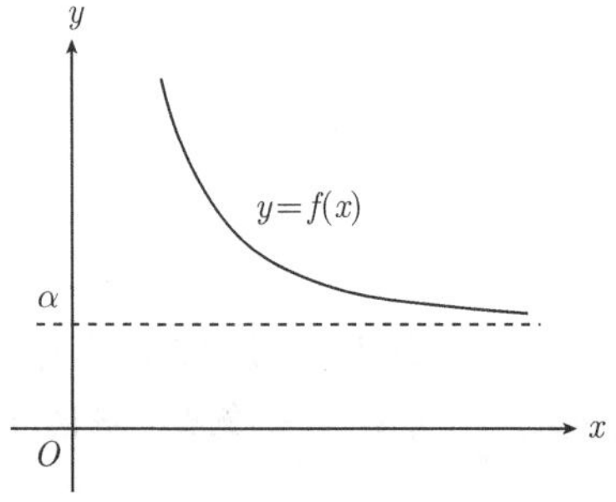

图 9

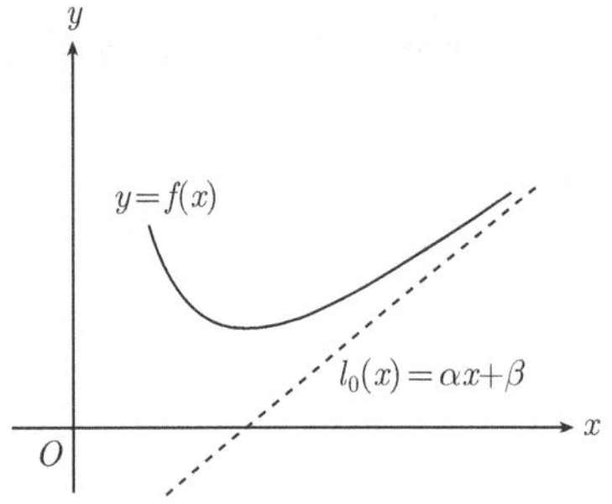

图 10

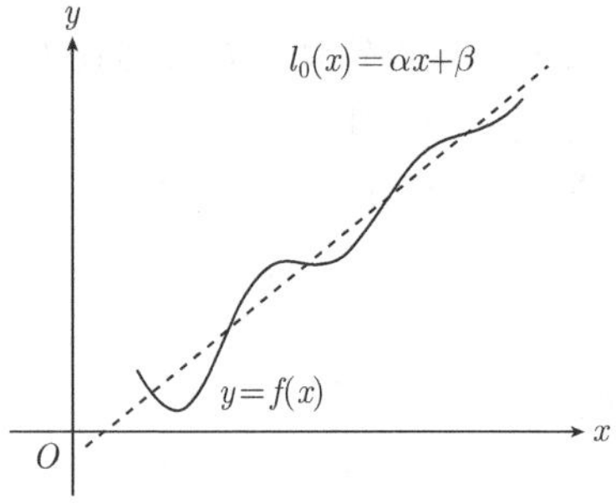

图 11

上面的竖直和水平的渐近线是容易得出的, 至于“斜渐近线”的求法, 也即此直线中数 $\alpha\neq 0$ 和 β 如何确定, 则有下面命题.

命题 设 $l(x)=\alpha x+\beta$ 是函数 $y=f(x)$ 当 $x\to+\infty$ 时的一条斜渐近线, 那么,

$$\alpha=\lim_{x\to+\infty}\frac{f(x)}{x}\quad 及\quad \beta=\lim_{x\to+\infty}\big(f(x)-\alpha x\big).$$

证明 由

$$\lim_{x\to+\infty}\big(f(x)-(\alpha x+\beta)\big)=0, \tag{16}$$

则

$$0=\lim_{x\to+\infty}\frac{f(x)-(\alpha x+\beta)}{x}=\lim_{x\to+\infty}\left(\frac{f(x)}{x}-\alpha\right)=\lim_{x\to+\infty}\frac{f(x)}{x}-\alpha,$$

也即得到

$$\alpha=\lim_{x\to+\infty}\frac{f(x)}{x}.$$

回到前面的关系式 (16), 可导出

$$\lim_{x\to+\infty}\big(f(x)-\alpha x\big)=\beta.$$

总上, 本命题得证. □

注 19 上面命题的逆也是成立的, 也即, 如果极限 $\lim\limits_{x\to+\infty}\dfrac{f(x)}{x}$ 存在 (我们记其值为 α), 且极限 $\lim\limits_{x\to+\infty}\big(f(x)-\alpha x\big)$ 亦存在 (我们记其值为 β), 那么, $l(x)=\alpha x+\beta$ 必是函数 $y=f(x)$ 当 $x\to+\infty$ 时的一条斜渐近线.

有了上面的准备, 并利用前面的 (一)、(二) 和 (三) 段的结果, 我们可列出函数作图的以下步骤:

1) 确定函数的定义域;

2) 观察函数是否有奇偶性, 其他对称性以及周期性;

3) 确定函数的间断点, 并确定函数在间断点以及定义域端点处的单侧极限;

4) 确定函数的增减区间及极值点;

5) 确定函数的凸凹区间及拐点;

6) 确定函数的渐近线 (如果有的话);

7) 确定函数的一些特殊点 (如果有的话), 例如与 x 轴和 y 轴的交点;

8) 最后, 描点作图.

下面, 我们举一例示之.

例 11 作函数 $f(x)=x+\dfrac{1}{x}+e^{-x}$ 的图形.

解 1) 显然, 上函数的定义域为 $(-\infty,0)\cup(0,+\infty)$.

2) 显然, 在端点 $x=0$ 处, 函数无左、右极限, 但有 $f(0-)=-\infty$ 和 $f(0+)=+\infty$, 此即函数以 $x=0$ 为竖直渐近线.

此外, 又由

$$\lim_{x\to-\infty}f(x)=+\infty \quad 及 \quad \lim_{x\to+\infty}f(x)=+\infty,$$

知此函数向左、右上方无限伸展.

3) 由于

$$f'(x)=1-\frac{1}{x^2}-e^{-x},\qquad \forall\, x\in(-\infty,0)\cup(0,+\infty),$$

故从 $f'(x)=0$ 得驻点 (唯一)$x\approx1.2$.

4) 又由

$$f''(x)=\frac{2}{x^3}+e^{-x},\qquad \forall\, x\in(-\infty,0)\cup(0,+\infty),$$

故从 $f''(x)=0$ 又可得到唯一根 $x\approx-0.92$.

总上 3), 4) 我们可作下图表:

x 值	-0.92	0	1.2	
区间	$(-\infty,-0.92)$	$(-0.92,0)$	$(0,1.2)$	$(1.2,+\infty)$
f' 符号	$-$ (严格递减)	$-$(严格递减)	$-$ (严格递减)	$+$ (严格递增)
极值			极小值 2.39	
f'' 符号	$+$ (严格凸)	$-$ (严格凹)	$+$ (严格凸)	$+$ (严格凸)
拐点	拐点 (函数值 0.5)			

5) 注意：由于

$$\lim_{x\to+\infty}\frac{f(x)}{x}=1 \quad 及 \quad \lim_{x\to+\infty}\big(f(x)-x\big)=0,$$

故知函数 $f(x)$ 有一条“斜渐近线”

$$l(x)=x, \qquad \forall\, x\in\mathbb{R}.$$

6) 此函数在一些特殊点的值

$$f(-1)=e-2, \qquad f(1)=2+e^{-1};$$

在对应的点的斜率

$$f'(-1)=-e, \qquad f'(1)=-e^{-1}.$$

从以上结果我们可作上函数 $f(x)=x+\dfrac{1}{x}+e^{-x}$ 的草图如图 12.

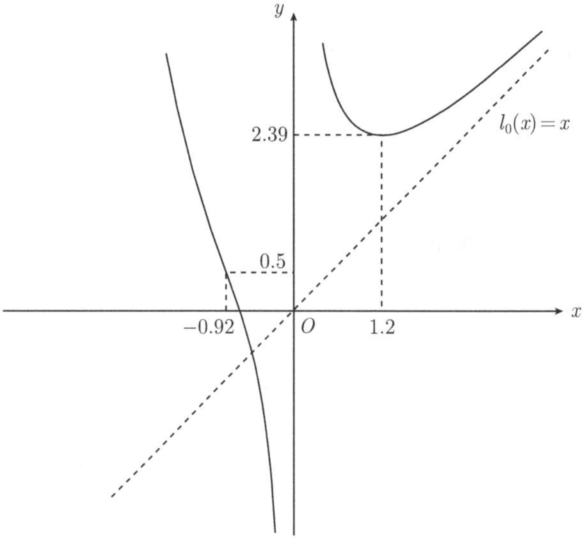

图 12

5.4 微分中值公式与求不定型极限的 L'Hospital 法则

(一)

为了进一步利用导数来研究函数的特性, 我们需要先来讨论由函数值来确定导数特性之几个所谓的"微分中值定理".

首先, 从 4.3 节的引理 (Fermat) 我们能够十分容易地得到下面一个以法国数学家 M.Rolle(罗尔) 的姓命名的定理:

定理 1 (Rolle) 假设函数 $f(x)$ 在 $[a,b]$ 上连续, 且在 (a,b) 内可导, 此外, 还有 $f(a)=f(b)$, 那么, 必存在一点 $c\in(a,b)$, 使得有 $f'(c)=0$.

证明 首先, 由闭区间上连续函数的特性我们知道 $f(x)$ 在 $[a,b]$ 上有最小值 $f(c_1)$ 和最大值 $f(c_2)$(这里, $c_1,c_2\in[a,b]$).

这样, 当 $f(c_1)=f(c_2)$ 时, $f(x)$ 在 $[a,b]$ 上恒取一常值. 于是, 在 (a,b) 内任取一点 c, 则必有 $f'(c)=0$. 而当 $f(c_1)<f(c_2)$ 时, 注意到定理假设 $f(x)$ 在区间两端点的值是相等的. 因此, 函数上述最大和最小值中, 必有一点 $c_i(i=1$ 或 $2)$ 在区间 (a,b)"内". 于是, 取此点为 c, 则知此点为函数 $f(x)$ 的"极值点". 故从上节的引理 (Fermat) 即可导出 $f'(c)=0$. 从而本定理得证. □

注 1 从几何的观点来看, 上面的 Rolle 定理显现出这样的性质, 任何一条有导数 (两端有单边导数) 的曲线段 (常称为"光滑"曲线段)$\overset{\frown}{AB}$, 当其两端互连的弦平行于 x 轴时, 其内必有一点其"切线"平行于此弦 $\overline{AB}$. 从运动学的观点来看, 当 $f(x)$ 视为路程 $s(t)$ 时, 上定理则表明, 如果一个物体从一点出发运动后不久又回到原出发地, 此中必有一点的"瞬时速度"为 0(当然, 与实际生活中不同之处, 在数学中, 当物体返回时视为"负速度").

从上面注 1 的启发, 不难想到, 从几何的角度看, 当上述曲线段所定之弦 $\overline{AB}$ 不平行于 x 轴时 (也即有一个"旋转"运动), 上述的结论应当仍然成立. 而从运动学的观点来看, 当运动距离函数 $s(t)$, 从时间 t_1 运动到 t_2 时间时, 则必在某一时刻 $t_0\in(t_1,t_2)$, 其"瞬时速度" $s'(t_0)$ 等于其在此时间段上的"平均速度" $\dfrac{s(t_2)-s(t_1)}{t_2-t_1}$. 而此正是下面以著名法国数学家 J.L.Lagrange(拉格朗日) 的姓命名的另一个中值定理, 而且也是 Rolle 定理的一个推广命题.

定理 2 (Lagrange) 假设函数 $f(x)$ 在 $[a,b]$ 上连续, 且在 (a,b) 内可导, 那么, 必存在一点 $c\in(a,b)$, 使得

$$\frac{f(b)-f(a)}{b-a}=f'(c).$$

证明　首先, 当 $f(a)=f(b)$ 时, 从上面的 Rolle 定理, 就可以直接得到本定理结论. 下面, 假设 $f(a)\neq f(b)$. 从上面注 1 的启发, 我们容易看出, 从几何的角度观察如图 1, 为了曲线段回到上面 Rolle 定理的状况, 我们则需要作一个"旋转变换". 为此, 作下面一个辅助函数:

$$\widetilde{f}(x)\triangleq f(x)-\frac{f(b)-f(a)}{b-a}(x-a),\qquad \forall\, x\in[a,b].$$

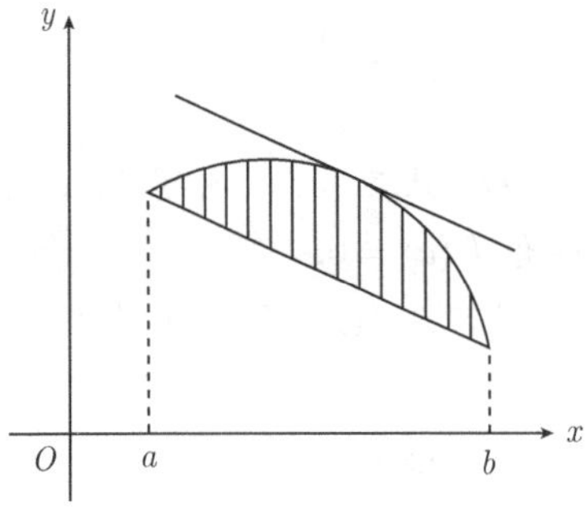

图 1

不难看出, 从"分析"的角度观察上辅助函数也即: 原来曲线段函数与其两端点的"弦"所定的直线函数两者之"差"(函数). (看到这一点很重要, 它将启发我们下面的创新 (推广)).

显然我们可以看出: 新函数 $\widetilde{f}(x)$ 亦是在 $[a,b]$ 上连续, 且在 (a,b) 内可导的; 此外, 容易验证其还满足以下条件:

$$\widetilde{f}(a)=f(a)=\widetilde{f}(b).$$

于是, 对此新函数 $\widetilde{f}(x)$, 可由 Rolle 定理得知: 必存在一点 $c\in(a,b)$, 使得 $\widetilde{f}'(c)=0$. 这样一来, 从 $\widetilde{f}(x)$ 的取法, 由导数运算法则即可导出

$$f'(c)=\frac{f(b)-f(a)}{b-a}.$$

由此定理得证. □

注 2　上面定理 2 的另一写法是

$$f(b)-f(a)=f'(c)(b-a),$$

其中, c 为区间 (a,b) 内的某一点. 此即表明: 在 (a,b) 内可导且在 $[a,b]$ 上连续的函数, 其函数的改变量 $f(b)-f(a)$, 必等于其自变量的改变量 $b-a$ 与函数 $f(x)$ 在 (a,b) 中某一点 c 的导数值之乘积. 因而, 此定理也常称为**Lagrange 中值公式 (定理)**. 亦有将其归结为"(函数) 改变量定理". 其理论意义就在于用函数 (在自变量变化时) 的某点导数之值得到其变化量之值. 由此, 从函数之初始值很"容易"获得其在任一时刻后的值. 当然, 实际上, 由于不知在"何点"取函数导数的值, 因此, 在实际应用中, 往往用于"近似计算", 也即从导函数性质, 估计出函数在任何时刻的近似值. Lagrange 中值定理还有一个写法为

$$f(x+\Delta x)-f(x)=f'(x+\theta\Delta x)\Delta x,$$

这里, $x, x+\theta\Delta x \in (a,b)$, θ 为 $(0,1)$ 中的某一数, 其依赖于 x 和 Δx.

从上面的 Lagrange 中值公式, 我们容易直接导出下面的推理.

推理 如果两个函数 $f(x)$ 和 $g(x)$ 均在 (a,b) 上可导, 且在 $[a,b]$ 上连续, 那么,

$$f'(x)\equiv 0\ (\forall\, x\in(a,b)) \Longleftrightarrow f(x)\equiv c(\text{常数}),\qquad \forall\, x\in[a,b].$$

更一般地, 有

$$f'(x)\equiv g'(x)\ (\forall\, x\in(a,b)) \Longleftrightarrow f(x)-g(x)\equiv c(\text{常数}),\qquad \forall\, x\in[a,b].$$

证明 1) 对于第一个关系式, “$\Longleftarrow$”是前面求导公式的结果; 而“$\Longrightarrow$”则可由: 对于任意两点 $x_1, x_2\in[a,b]$, 从函数改变量 $f(x_2)-f(x_1)$ 用中值公式直接导出.

2) 至于第二个关系式, 设函数 $h(x)\triangleq f(x)-g(x)$, 便可由上段 1) 直接得到.

总上, 本推理得证. □

注 3 如果我们直接使用 Lagrange 中值公式 (定理 2), 可得, 5.3 节 (一) 中定理 1 的重要结论: 在 (a,b) 上, 如果均有 $f'(x)>0$ 或者 $f'(x)<0$(相应地, $f'(x)\geqslant 0$ 或者 $f'(x)\leqslant 0$), 那么, 当 $f(x)$ 在 $[a,b]$ 上连续时, 其必在 $[a,b]$ 上严格单调递增或者严格单调递减 (对应地, 单调递增或者单调递减); 此外, 该节 (三) 中有关导函数的单调递增或单调递减性与函数图像的 (向下) 凸性或凹性之关系的定理 6 的证明也可简单一些 (请读者试验证之). 但是这里需要利用此 Lagrange 定理, 为此我们还得使用 Rolle 定理 (定理 1) 以及知晓上一节的 Fermat 引理. 但是, 在上一节定理 1 和定理 6 的证明中, 我们仅仅使用了导数之极限定义和闭区间的有限覆盖定理或者连续函数的介值定理. 由此我们再次看到数学中的一个规律: 一般而言, 凡是用的“工具”(命题) 多或者“高深”时, 往往其论证则应该会简洁一些 (或简洁很多). 此正如中国俗话所说的“用牛刀杀鸡”一样.

从上面 Lagrange 中值公式证明中之“分析”角度的启示, 我们当然会“举一反三”地类推和联想: 如果那里的函数 $f(x)$ 不变, 但将被减函数从那里 (由两端点的“弦”所决定的)“直线”函数换为任意一个 (仍满足在 $[a,b]$ 上连续, (a,b) 内可导的) 函数 $g(x)$, 那么, 情况将会如何呢? 当然, 为了类似可以使用 Rolle 定理, 我们首先就得使所作的辅助函数 (“差函数”) 在 a 和 b 两个端点上取相同的值! 为此, 我们作辅助函数时, 就不能直接用 $f(x)-g(x)$, 从“几何”观点看, 还需要将“支撑”曲线段 $((x,g(x)): a\leqslant x\leqslant b))$ 的、由两个端点 $(a,g(a))$ 和 $(b,g(b))$ 的“弦”作一个“旋转”! 为此, 经过简单的运算, 容易得知: 将函数 $g(x)$“旋转”为 $\dfrac{f(b)-f(a)}{g(b)-g(a)}g(x)$ 即可 (当然, 这里必须假设 $g(a)\neq g(b)$). 由此联想, 不难导出下面以著名法国数学家 A.L.Cauchy 的姓命名的一个十分有用的定理.

定理 3 (Cauchy 中值定理)　假设函数 $f(x)$ 和 $g(x)$ 均在 $[a,b]$ 上连续, 且在 (a,b) 内可导, 此外均有 $g'(x) \neq 0$ $(\forall\, x \in (a,b))$, 那么, 必存在一点 $c \in (a,b)$, 使得

$$\frac{f(b)-f(a)}{g(b)-g(a)} = \frac{f'(c)}{g'(c)}.$$

证明　首先做一个辅助函数

$$h(x) \triangleq f(x) - \lambda g(x), \qquad \forall\, x \in [a,b],$$

其中, 数 λ 待定. 然后, 我们在要求 $h(a)=h(b)$ 的条件下 (为利用 Rolle 定理) 定出常数 λ . 为此, 解下面的简单方程:

$$f(a) - \lambda g(a) = f(b) - \lambda g(b),$$

得

$$\lambda = \frac{f(b)-f(a)}{g(b)-g(a)}.$$

(这里, 从定理假设 $g'(x) \neq 0$ $(\forall\, x \in (a,b))$ 以及 Rolle 定理可知: 分母 $g(b)-g(a) \neq 0$.) 这样, 对此新函数

$$h(x) = f(x) - \frac{f(b)-f(a)}{g(b)-g(a)}g(x), \qquad \forall\, x \in [a,b]$$

直接运用 Rolle 定理, 就可得到一点 $c \in (a,b)$, 使得 $h'(c)=0$. 由此即可导出

$$f'(c) - \frac{f(b)-f(a)}{g(b)-g(a)}g'(c) = 0,$$

从而

$$\frac{f(b)-f(a)}{g(b)-g(a)} = \frac{f'(c)}{g'(c)},$$

故知本定理得证. □

注 4　值得留心的是, 上面定理 3 的结果是不能由 Lagrange 中值公式"直接"得出的. 事实上, 如将上述分子和分母分别运用该公式时, 我们仅能得到: 存在数 $c_1, c_2 \in (a,b)$, 使得 $\dfrac{f(b)-f(a)}{g(b)-g(a)} = \dfrac{f'(c_1)}{g'(c_2)}$, 而不能保证 $c_1 = c_2$. 当然, 倒过来, 我们容易看到: Lagrange 定理是 Cauchy 定理的特例 (当令 $g(x) \equiv x$ $(\forall\, x \in [a,b])$ 时), 而 Rolle 定理则是 Lagrange 公式的特例 (当 $f(a)=f(b)$ 时). 此三个著名且有用的定理统称为"微分学的中值定理 (公式)".

注 5　值得注意的是, 上述三个微分中值定理的假设条件中"$f(x)$ 在 $[a,b]$ 上连续"是不能由"$f(x)$ 在 (a,b) 内可导"来代替的. 反例: 在 $[0,1]$ 区间上, 令

$f(x)=x$(当 $0<x\leqslant 1$ 时), 以及 $f(0)=1$, 那么, 容易看出: 此"分段函数"是导不出 Rolle 定理的结果, 从而也导不出 Lagrange 中值定理之结果的.

下面, 我们再来对 Cauchy 中值公式予以更深入一步的探讨.

首先, 除了引出它之前的分析关系的联想之外 (此即从 Lagrange 中值公式证明中的辅助函数为 $f(x)$ 减去一个"由两端点决定的直线函数", 引申为 $f(x)$ 减去一个"旋转后的函数 $g(x)$", 然后同样运算 —— 也即从 Lagrange 定理的"证明方法"予以推广), 其实, 当直接利用 Lagrange 定理的"结论"之后, 还有一个分析关系的联想, 那就是"参数表示式的导数运算". 例如, 设参数方程: $x=x(t)$, $y=y(t)$ $(t_1\leqslant t\leqslant t_2)$, 且有 $x_i=x(t_i)$, $y_i=y(t_i)$ $(i=1,2)$, 如果该参数方程还满足 5.2 节中相应关系式 $\dfrac{\mathrm{d}y}{\mathrm{d}x}=\dfrac{\mathrm{d}y}{\mathrm{d}t}\Big/\dfrac{\mathrm{d}x}{\mathrm{d}t}$ 成立的条件, 那么, 从 Lagrange 中值公式, 可知

$$y(x_2)-y(x_1)\triangleq y(x(t_2))-y(x(t_1))=y'(x_c)(x_2-x_1),$$

其中, $x_c\in(x_1,x_2)$. 故从前面参数方程导数公式以及上中值公式, 可立即得到

$$y(t_2)-y(t_1)=\frac{y'(t_c)}{x'(t_c)}\big(x(t_2)-x(t_1)\big),$$

这里, $x(t_c)=x_c$ 且 $t_c\in(t_1,t_2)$. 而此, 也即同样地导出了 Cauchy 中值公式

$$\frac{y(t_2)-y(t_1)}{x(t_2)-x(t_1)}=\frac{y'(t_c)}{x'(t_c)},$$

这里, $t_c\in(t_1,t_2)$. 其次, 在上面的 Cauchy 中值公式 (定理 3) 中还有一点不足之处, 就是要求"$g'(x)\neq 0$ $(\forall\ x\in(a,b))$". 因为这样, 对于不满足"$g'(x)\neq 0$ 且 $f'(x)\neq 0$ $(\forall\ x\in(a,b))$"的相应函数 f 和 g, 就不能使用它了. 然而, 即使这样, 上面相应的结论却仍可能是成立的. 我们可以考察下面的例子:

例如, 在 $[a,b]\triangleq\left[-\dfrac{\pi}{6},\dfrac{\pi}{2}+\dfrac{\pi}{3}\right]$ 的区间上, 函数 $f(x)=\sin x$ 和 $g(x)=x^2$ 虽然不满足 Cauchy 中值公式的条件 (因为 $f'(x)$ 与 $g'(x)$ 均在 $[a,b]\triangleq\left[-\dfrac{\pi}{6},\dfrac{\pi}{2}+\dfrac{\pi}{3}\right]$ 内有"零点"), 然而, 由于

$$\frac{f(b)-f(a)}{g(b)-g(a)}=\frac{\sin\left(\dfrac{\pi}{2}+\dfrac{\pi}{3}\right)-\sin\left(-\dfrac{\pi}{6}\right)}{\left(\dfrac{\pi}{2}+\dfrac{\pi}{3}\right)^2-\left(-\dfrac{\pi}{6}\right)^2}=\frac{1}{\left[\left(\dfrac{5}{6}\right)^2-\dfrac{1}{36}\right]\pi^2}=\frac{3}{2\pi^2},$$

而

$$\frac{f'(x)}{g'(x)}=\frac{\cos x}{2x},$$

因此, 注意到函数 $\dfrac{\cos x}{2x}$ 在 $\left(0,\dfrac{\pi}{2}\right]$ 是连续的, 并且有

$$\lim_{x\to 0^+}\frac{\cos x}{2x}=+\infty,\qquad \frac{\cos\left(\frac{\pi}{2}\right)}{2\left(\frac{\pi}{2}\right)}=0,$$

因此, 由连续函数的介值定理, 可以看出：必存在一点 $c\in\left(0,\dfrac{\pi}{2}\right]\subset\left[-\dfrac{\pi}{6},\dfrac{\pi}{2}+\dfrac{\pi}{3}\right]$, 使得

$$\frac{\cos c}{2c}=\frac{3}{2\pi^2}.$$

由此可得

$$\frac{f(b)-f(a)}{g(b)-g(a)}=\frac{f'(c)}{g'(c)}.$$

从上面例子, 我们就可看到：在上面的 Cauchy 中值公式中, $g'(x)\neq 0$(当上面公式“倒过来”时) 及相应的 $f'(x)\neq 0$ ($\forall\ x\in(a,b)$) 可能是不必要的. 下面的定理证实了我们的猜想：

定理 4 (推广的 Cauchy 中值公式)　假设函数 $f(x)$ 和 $g(x)$ 均在 $[a,b]$ 上连续, 且在 (a,b) 内可导, 那么, 必存在一点 $c\in(a,b)$, 使得

$$[f(b)-f(a)]g'(c)=[g(b)-g(a)]f'(c).$$

证明　事实上, 从上所需结果不难看出, 为了使用 Rolle 定理, 我们只要构造一个新函数 $\widetilde{h}(x)$ 如下：

$$\widetilde{h}(x)\triangleq[f(b)-f(a)]g(x)-[g(b)-g(a)]f(x),\qquad \forall\ x\in[a,b].$$

于是, 直接利用 Rolle 定理, 便可导出：存在一点 $c\in(a,b)$, 有下面关系式

$$[f(b)-f(a)]g'(c)-[g(b)-g(a)]f'(c)=\widetilde{h}'(c)=0$$

成立, 而此也即得到了本定理结论. □

除了在下面本节 (二) 中将要讲到的有关曲线“凸凹性”的几何性质之外, Lagrange 中值公式的应用是很多的. 下面, 我们举出几个有关的例子：

例 1　设函数 $f(x)$ 在 $[a,b]$ 上连续, 在开区间 (a,b) 内可导, 且导函数有界. 证明：$f(x)$ 在闭区间 $[a,b]$ 上是 Lipschitz 函数, 从而是一致连续函数.

证明　由假设可知, 存在数 $\alpha>0$, 使得

$$|f'(x)|\leqslant\alpha,\qquad \forall\ x\in(a,b).$$

另外, 对于任意两点 $x_1, x_2 \in [a,b]$, 由 Lagrange 公式, 又可导出: 存在点 ξ 在 x_1 与 x_2 之间, 且有关系式

$$f(x_2) - f(x_1) = f'(\xi)(x_2 - x_1).$$

由此, 从上面两个关系式便可得到

$$|f(x_2) - f(x_1)| = |f'(\xi)| \cdot |x_2 - x_1| \leqslant \alpha |x_2 - x_1|,$$

也即 f 是 α-Lipschitz 函数, 从而更是一致连续函数. □

例 2 验证: 函数 $f(x) = \arctan x$ 在 $(-\infty, \infty)$ 上是 1-Lipschitz 的, 从而是一致连续的函数.

证明 注意到

$$|f'(x)| = \left|\frac{1}{1+x^2}\right| \leqslant 1, \qquad \forall\, x \in (-\infty, \infty).$$

因此, 对于任意两元 $x_1, x_2 \in (-\infty, \infty)$, 我们在 $[x_1, x_2]$ 区间上直接运用上面例 1 的结论, 容易证得本例之结果. □

注 6 值得注意的是, 上面的例子之反命题是未必成立的, 也即, 如果 $f(x)$ 在 (a,b) 内可导, 在 $[a,b]$ 内一致连续, 未必保证 $f'(x)$ 在 (a,b) 有界. 反例可见 $[0,1]$ 上的函数 $f(x) = \sqrt{x}$(请读者验证之).

使用 Lagrange 中值公式来验证不等式常常是十分有效和简洁的. 回忆到前面 2.2 节注 1 中, 我们通过数 e 与 $\lim\limits_{n\to\infty}\left(1+\dfrac{1}{n}\right)^n$ 及 $\lim\limits_{n\to\infty}\left(1+\dfrac{1}{n}\right)^{n+1}$ 的关系, 曾经得到过一个著名的数列不等式

$$\frac{1}{n+1} < \ln\left(1+\frac{1}{n}\right) < \frac{1}{n}, \qquad \forall\, n \in \mathbb{N}.$$

下面, 我们通过 Lagrange 公式则可以得到比上面更广泛的推广不等式:

例 3 试证明下面不等式:

$$\frac{x}{1+x} < \ln(1+x) < x, \qquad \forall\, x > 0.$$

证明 令

$$f(\widetilde{x}) = \ln \widetilde{x}, \qquad \forall\, \widetilde{x} \in (1, +\infty).$$

那么, 对于任意闭区间 $[1, 1+x]$ $(\forall\, x > 0)$, 将上函数 $f(\widetilde{x})$ 运用 Lagrange 中值公式, 可得到

$$f(1+x) - f(1) = f'(\xi)[(1+x) - 1] = \frac{x}{\xi},$$

也即有

$$\ln(1+x)=\frac{x}{\xi},$$

这里, $\xi\in(1,1+x)$. 最后, 注意到 ξ 的取法, 从上式即可导出所需结果:

$$\frac{x}{1+x}<\ln(1+x)<x,\qquad \forall\ x>0.\qquad \square$$

例 4　设函数 $f(x)$ 在闭区间 $[a,b]$ 上连续, 且在 (a,b) 内可导, 或者 $\lim\limits_{\Delta x\to 0}\dfrac{f(x+\Delta x)-f(x)}{\Delta x}=+\infty$(或 $-\infty$). 试证明:

1° $\lim\limits_{x\to a^+}f'(x)=\alpha$(有限或者 $\pm\infty$)$\Longrightarrow f'_+(a)=\alpha$;

2° $\lim\limits_{x\to b^-}f'(x)=\beta$(有限或者 $\pm\infty$)$\Longrightarrow f'_-(b)=\beta$.

(值得再次指出的是, 与在前面极限论中叙述一样, 当我们亦“借用”符号 $f'_\pm(x_0)=+\infty$(或 $-\infty$) 及 $f'(x_0)=+\infty$(或 $-\infty$) 时, 并“不认为”在该点“存在”着 (左、右) 导数! 此外, 当 α 是有限数时, 上面的结论即表明“此时”, 也即“导函数在端点的单侧极限存在时”, 导函数在“左端点”是“右连续”的, 而在“右端点”则是“左连续”的.)

证明　我们仅来验证 1°(因为 2° 的验证是完全类似的).

事实上, 直接利用 Lagrange 中值公式, 可得知: 对于任意的点 $x\in(a,b)$, 必存在一点 $\xi_x\in(a,x)$, 使得

$$\frac{f(x)-f(a)}{x-a}=f'(\xi_x).$$

注意到当 $x\to a^+$ 时, 必有 $\xi_x\to a^+$. 因此, 从上式以及例中假设 (并注意到: 有极限的函数当其取任何特殊 (部分) 自变量时之极限的特性), 可立即导出本例所需结果:

$$f'_+(a)=\lim_{x\to a^+}\frac{f(x)-f(a)}{x-a}=\lim_{\xi_x\to a^+}f'(\xi_x)=\alpha.\qquad \square$$

注 7　在上例 4 中, 如果 $\lim\limits_{x\to a^+}f'(x)$ 不存在 (亦不为 $\pm\infty$), 并不能断言 $f'_+(a)$ 不存在. 反例可见 5.2 节和 5.3 节中均举过的类似例子: $f(x)=x^2\sin\dfrac{1}{x}$(当 $x\neq 0$ 时), $f(x)=0$(当 $x=0$ 时), 那么, 在 $(0,1)$ 区间内, $\lim\limits_{x\to 0^+}f'(x)$ 不存在, 但是仍有 $f'_+(0)=0$.

从上面例 4, 我们则可直接得到下面的例子.

例 5　设 $f(x)$ 在 $[a,b]$ 上连续, 且在 (a,b) 内可导. 证明: 导函数 $f'(x)$ 在 (a,b) 内不可能有“无穷型”的“第二类间断点”(回顾 4.5 节 (三) 中的定义 3).

证明 反之, 如有 $x_0 \in (a,b)$ 为导函数 $f'(x)$ 的"无穷型"的第二类间断点, 那么,

$$\lim_{x\to x_0^+} f'(x) = +\infty(\text{或}\ -\infty),$$

或者

$$\lim_{x\to x_0-} f'(x) = +\infty(\text{或}\ -\infty).$$

这样, 从例 4 结果则应有 $f'_+(x_0) = +\infty$(或 $-\infty$) 或者 $f'_-(x_0) = +\infty$(或 $-\infty$), 但此显然与本例中 $f(x)$ 在 x_0 可导的假设矛盾! 由此, 归谬证得本例子的结论. □

(二)

上段中 Cauchy 中值公式的一个最重要的应用, 也是其最漂亮的推广, 就是由它导出了一个十分实用的, 计算 $\frac{0}{0}, \frac{\infty}{\infty}$ 等型极限的十分有效的方法, 此即为由法国数学家 G.F.L'Hospital(洛必达) 得到的以下法则:

定理 5 (L'Hospital 法则) 假设 $f(x)$ 和 $g(x)$ 均在点 x_0 的某一"去心邻域"$\check{I}(x_0,\delta_0)$ 内可导, 并且均有 $g(x)\neq 0$ 及 $g'(x)\neq 0$ $(\forall\ x\in \check{I}(x_0,\delta_0))$. 如有

$$\lim_{x\to x_0} \frac{f'(x)}{g'(x)} = l(\text{或者}\ \pm\infty,\infty), \tag{*}$$

那么,

1° 当 $\lim\limits_{x\to x_0} f(x) = \lim\limits_{x\to x_0} g(x) = 0$ 时,

或者

2° 当 $\lim\limits_{x\to x_0} g(x) = \infty$ 时,

则均有

$$\lim_{x\to x_0} \frac{f(x)}{g(x)} = \lim_{x\to x_0} \frac{f'(x)}{g'(x)}.$$

证明 1) 在定理中 1° 的假设下, 为了利用上面的定理 3(Cauchy 中值公式), 必须先来补充定义:

$$f(x_0) = g(x_0) = 0.$$

这样, 函数 $f(x)$ 和 $g(x)$ 在 x_0 的邻域 $I(x_0,\delta_0)$ 内就均是连续的了. 于是, 对于任意的变元 (点)$x \in I(x_0,\delta_0)$:

(i) 如果 $x > x_0$, 那么, 在区间 $[x_0, x]$ 上运用 Cauchy 中值公式, 有关系式

$$\frac{f(x)-f(x_0)}{g(x)-g(x_0)} = \frac{f'(\xi_x)}{g'(\xi_x)},$$

其中, 点 $\xi_x \in (x_0, x)$. 注意到上式中 ξ_x 点的取法, 我们显然看出：当 $x \to x_0$ 时, 必有 $\xi_x \to x_0$. 又注意到定理的假设条件 $(*)$, 以及 f, g 在 x_0 点值的假设, 从上关系式, 我们立即得到下面所需的关系式：

$$\lim_{x\to x_0^+}\frac{f(x)}{g(x)}=\lim_{x\to x_0^+}\frac{f'(\xi_x)}{g'(\xi_x)}=\lim_{\xi_x\to x_0^+}\frac{f'(\xi_x)}{g'(\xi_x)}=\lim_{x\to x_0^+}\frac{f'(x)}{g'(x)}.$$

(ii) 如果 $x < x_0$, 类似地在区间 $[x, x_0]$ 上作上面 (i) 的讨论, 那么, 同样地不难得到所需的关系式

$$\lim_{x\to x_0^-}\frac{f(x)}{g(x)}=\lim_{x\to x_0^-}\frac{f'(x)}{g'(x)}.$$

总上 (i) 和 (ii), 也即对 1° 的条件导出了定理结论.

2) 在定理中 2° 的假设下, 我们分两种情况验证所需结果：

(i) 先设 $\lim\limits_{x\to x_0}\dfrac{f'(x)}{g'(x)}=l\in\mathbb{R}$. 类似上面 1), 我们仅来证明此时亦有 $\lim\limits_{x\to x_0^-}\dfrac{f(x)}{g(x)}=l$ (至于 $\lim\limits_{x\to x_0^+}\dfrac{f(x)}{g(x)}=l$ 的结论, 则可完全类似地得到).

(事实上, 由定理假设 $g'(x)\neq 0$ $(\forall\ x\in \check{I}(x_0,\delta_0))$, 故由上节的 Darboux 引理可知 $g'(x)$ 必"保持同号". 因此, 从 2° 的假设, 应有 $g(x)$ 当 $x\to x_0$ 时是"严格单调递增 (或递减)"地趋于 $+\infty$ (或 $-\infty$) 的. 因此, 不妨设 $g(x)$ 在 $(x_0-\delta, x_0)$ 是一个"恒正"或"恒负"的函数.)

首先, 从本段开首导函数之商的极限假设, 便有 (注意, 这里我们仅讨论 $x\to x_0^-$ 时的状况)：对于任意的 $\varepsilon>0$, 必存在正数 δ $(<\delta_0)$, 使得

$$\left|\frac{f'(x)}{g'(x)}-l\right|<\varepsilon,\qquad \forall\ x\in(x_0-\delta, x_0),$$

此即有

$$l-\varepsilon<\frac{f'(x)}{g'(x)}<l+\varepsilon,\qquad \forall\ x\in(x_0-\delta,x_0).\tag{1}$$

这样, 对于任给的点 $x\in(x_0-\delta,x_0)$, 注意下面的"变形"恒等式：

$$\frac{f(x)}{g(x)}=\frac{f(x)-f(x_0-\delta)}{g(x)-g(x_0-\delta)}\cdot\frac{g(x)-g(x_0-\delta)}{g(x)}+\frac{f(x_0-\delta)}{g(x)},\tag{2}$$

然后, 从 Cauchy 中值公式, 以及上式右边的第一个差商可以得知：必存在数 $\xi_x\in(x,x_0)\subset(x_0-\delta,x_0)$, 其使上面 (2) 式转变为下面关系式：

$$\frac{f(x)}{g(x)}=\frac{f'(\xi_x)}{g'(\xi_x)}\cdot\frac{g(x)-g(x_0-\delta)}{g(x)}+\frac{f(x_0-\delta)}{g(x)}.\tag{3}$$

最后, 注意到以下几个关系式：

(a) 从 ξ_x 的取法以及上面式 (1) 可知

$$l-\varepsilon<\frac{f'(\xi_x)}{g'(\xi_x)}<l+\varepsilon; \tag{4}$$

(b) 从定理中 2° 的假设可知

$$\lim_{x\to x_0^-}\frac{g(x)-g(x_0-\delta)}{g(x)}=1 \quad 及 \quad \lim_{x\to x_0^-}\frac{f(x_0-\delta)}{g(x)}=0. \tag{5}$$

因此, 从 (3), (4) 和 (5) 三个关系式, 便可立即导出

$$\overline{\lim_{x\to x_0^-}}\frac{f(x)}{g(x)}=\overline{\lim_{x\to x_0^-}}\frac{f'(\xi_x)}{g'(\xi_x)}\leqslant l+\varepsilon,$$

及

$$\underline{\lim_{x\to x_0^-}}\frac{f(x)}{g(x)}=\underline{\lim_{x\to x_0^-}}\frac{f'(\xi_x)}{g'(\xi_x)}\geqslant l-\varepsilon.$$

(注意: 当"极限"存在时, 其必等于其"上极限和下极限"; 此外, 我们还必须注意"上极限"及"下极限"必分别是相应变量"最大的"及"最小的"极限点.) 这样, 由上面两式, 则有

$$l-\varepsilon\leqslant\underline{\lim_{x\to x_0^-}}\frac{f(x)}{g(x)}\leqslant\overline{\lim_{x\to x_0^-}}\frac{f(x)}{g(x)}\leqslant l+\varepsilon. \tag{6}$$

于是, 从 ε 的任意性及 (6) 式立即得到所需结论.

(ii) 当设 $\lim\limits_{x\to x_0}\dfrac{f'(x)}{g'(x)}=\pm\infty$(或 ∞) 时, 我们亦可类似上面 (i) 的证法来导出所需结论. 在那里, 我们仅需将该 (1) 式改为: 对任意的 $\rho>0$, 必存在正数 $\widetilde{\delta}$, 使得

$$\frac{f'(x)}{g'(x)}>\rho(或\ <-\rho), \quad 或者 \quad \left|\frac{f'(x)}{g'(x)}\right|>\rho, \qquad \forall\, x\in(x_0-\widetilde{\delta},x_0). \tag{1'}$$

然后, 相应将该 (4) 式中的 $\dfrac{f'(\xi_x)}{g'(\xi_x)}$ 类似上式 (1') 同样地修改, 就不难导出

$$\underline{\lim_{x\to x_0^-}}\frac{f(x)}{g(x)}\geqslant\rho \quad (或\ \overline{\lim_{x\to x_0^-}}\frac{f(x)}{g(x)}\leqslant-\rho),$$

或者

$$\underline{\lim_{x\to x_0^-}}\left|\frac{f(x)}{g(x)}\right|\geqslant\rho.$$

因此, 从正数 ρ 的任意性, 可直接得到所需各结论.

总上 1) 和 2) 可知, 本定理得证. □

注 8　从上面定理证明中可以看出: L'Hospital 法则对于单侧极限“$\lim\limits_{x\to x_0^-}\dfrac{f(x)}{g(x)}$”与“$\lim\limits_{x\to x_0^+}\dfrac{f(x)}{g(x)}$”亦是适用的.

定理 6 (变形的 L'Hospital 法则)　假设 $f(x)$ 和 $g(x)$ 均在 $|x|>a$(a 为某一正数) 时可导, 并且均有 $g(x)\neq 0$ 及 $g'(x)\neq 0$. 如有

$$\lim_{x\to\infty}\frac{f'(x)}{g'(x)}=l(\text{或者}\ \pm\infty,\infty), \tag{**}$$

那么,

1° 当 $\lim\limits_{x\to\infty}f(x)=\lim\limits_{x\to\infty}g(x)=0$ 时,

或者

2° 当 $\lim\limits_{x\to\infty}g(x)=\infty$ 时,

均有

$$\lim_{x\to\infty}\frac{f(x)}{g(x)}=\lim_{x\to\infty}\frac{f'(x)}{g'(x)}.$$

证明　事实上, 我们只要做一个变换 $x=\dfrac{1}{t}$, 并令相应的新函数为

$$(f(x)=)\ \widetilde{f}(t)\triangleq f\left(\frac{1}{t}\right)\quad\text{及}\quad(g(x)=)\ \widetilde{g}(t)\triangleq g\left(\frac{1}{t}\right),\qquad 0<|t|<\frac{1}{a}.$$

那么, 由本定理的假设 (并注意到复合函数的导数性质), 不难看出: 上述函数 $\widetilde{f}(t)$ 和 $\widetilde{g}(t)$ 是满足上面定理 4 的条件的. 这样一来, 从该定理结果即可导出

$$\lim_{x\to\infty}\frac{f(x)}{g(x)}\triangleq\lim_{t\to 0}\frac{\widetilde{f}(t)}{\widetilde{g}(t)}=\lim_{t\to 0}\frac{\left(f\left(\frac{1}{t}\right)\right)'}{\left(g\left(\frac{1}{t}\right)\right)'}=\lim_{t\to 0}\frac{f'\left(\frac{1}{t}\right)\left(-\frac{1}{t^2}\right)}{g'\left(\frac{1}{t}\right)\left(-\frac{1}{t^2}\right)}$$

$$=\lim_{t\to 0}\frac{f'\left(\frac{1}{t}\right)}{g'\left(\frac{1}{t}\right)}\triangleq\lim_{x\to\infty}\frac{f'(x)}{g'(x)}.$$

从而, 本定理得证. □

注 9　从上面注 8 可以得知: 上面“变形”的 L'Hospital 法则同样当换那里的“$x\to\infty$”为“$x\to+\infty$”(相当于本定理变量代换后“$t\to 0^+$”时的单侧极限) 或者“$x\to-\infty$”(相当于相应的“$t\to 0^-$”时的单侧极限) 时, 也是成立的.

注 10　注意到上面的 L'Hospital 法则, 表面上看, 只对“$\dfrac{0}{0}$ 型”及“$\dfrac{\infty}{\infty}$ 型”

的不定式求极限有作用, 其实它对于“$0\cdot\infty$ 型”(通过一个函数的“倒数”) 及“0^0, ∞^0 和 1^∞ 型”等 (通过取“对数”) 不定式的求极限均有作用. 此一法则是解决以上不定式 (即 4.4 节中的各类型函数)之极限问题的一个十分有用的方法. 然而, 必须注意的是: (i) 当 $\lim\limits_{x\to\square}\dfrac{f'(x)}{g'(x)}$ 不存在时 (这里“$x\to\square$”可以如上面定理及它们的注, 理解为自变量各种形式之变化趋近的情况), 并不能说明相应 $\lim\limits_{x\to\square}\dfrac{f(x)}{g(x)}$ 也不存在. 例如: $\lim\limits_{x\to\infty}\dfrac{\sin x}{x}=0$ 及 $\lim\limits_{x\to\infty}\dfrac{3x+\sin x}{x+\cos x}=3$, 虽然它们相应的分子与分母的导函数之“商”没有极限. (ii) 在使用 L'Hospital 法则之前, 必须认真检查相应式子是否满足该法则的使用条件 (包括上述 (i) 的问题, 特别地, 那里后面的第一个例子是不满足法则条件的, 而第二个例子则是不需用该法则就可得出极限值). 只有当假设条件符合时, 才能使用. 甚至可以“多次”使用, 直到得出所求之极限. (iii) 在使用 L'Hospital 法则之前或之后, 随时可用易于计算或易于求导的“等价”无穷小量予以代换. 例如: 4.3 节中已知的可将“$\sin x$”“$\ln(1+x)$”或“e^x-1”用“x”代替 (当 $x\to 0$ 时) 等. 此外, 如果在运算过程中有易知的非零极限因子, 则应随时“拉”出来, 否则再用此法则后将会使得表达式更加复杂.

例如 (下面, 第一个 L-法则可用 5.1 节注 8 的结果):

$$
\begin{aligned}
\lim_{x\to 0}\frac{e-(1+x)^{\frac{1}{x}}}{x}&\xlongequal{\text{(L-法则)}}\lim_{x\to 0}\frac{(1+x)^{\frac{1}{x}}[(1+x)\ln(1+x)-x]}{x^2(1+x)}\\
&=\lim_{x\to 0}(1+x)^{\frac{1}{x}}\cdot\lim_{x\to 0}\frac{1}{1+x}\cdot\lim_{x\to 0}\frac{(1+x)\ln(1+x)-x}{x^2}\\
&=e\cdot\lim_{x\to 0}\frac{(1+x)\ln(1+x)-x}{x^2}\\
&\xlongequal{\text{(L-法则)}}e\cdot\lim_{x\to 0}\frac{\ln(1+x)}{2x}\xlongequal{\text{(L-法则)}}e\cdot\frac{1}{2}=\frac{e}{2}.
\end{aligned}
$$

下面, 我们来举出几个使用 L'Hospital 法则求极限的例子:

例 6 首先, 用 L-法则, 可以将 4.3 节的两个著名的极限: 例 8(即 $\lim\limits_{x\to 0}\dfrac{\log_a(1+x)}{x}=\dfrac{1}{\ln a}$) 及例 9(即 $\lim\limits_{x\to 0}\dfrac{a^x-1}{x}=\ln a$) 非常容易地导出. 此外, 用 L-法则, 还容易证明: 对任意正数 λ, 均有

$$
\lim_{x\to+\infty}\frac{\ln x}{x^\lambda}=\lim_{x\to+\infty}\frac{x^\lambda}{e^x}=0,
$$

此即表明: 当 $x\to+\infty$ 时, 下述无穷大量 $\ln x$, x^λ 与 e^x, 后者均比前者“更高级”, 也即 $\ln x=o(x^\lambda)$, $x^\lambda=o(e^x)$(当 $x\to+\infty$ 时). 另外值得注意的是, 另一个亦很重要的关系: $e^x=o(x^x)$(当 $x\to+\infty$ 时), 可用取“对数”(不必用 L-法则) 直接得到.

例 7　验证 (3.7 节有关无穷乘积与相应的无穷级数之关系的定理 4 证明中关系式 (∗∗) 的函数形式):

$$\lim_{x\to 0}\frac{x-\ln(1+x)}{x^2}=\frac{1}{2}.$$

证明　容易看出所求极限是符合"L- 法则"的 (注意"分母" $\to 0$). 因此,

$$\lim_{x\to 0}\frac{x-\ln(1+x)}{x^2}\xlongequal{\text{(L-法则)}}\lim_{x\to 0}\frac{(x-\ln(1+x))'}{(x^2)'}=\lim_{x\to 0}\frac{1-\dfrac{1}{1+x}}{2x}$$

$$=\lim_{x\to 0}\frac{x}{2x(1+x)}=\lim_{x\to 0}\frac{1}{2(1+x)}=\frac{1}{2}.\qquad\square$$

例 8　求 $\lim\limits_{x\to 0}\dfrac{e^{\arctan x}-e^x}{\tan^3 x}$.

解

$$\text{原式}=\lim_{x\to 0}e^x\cdot\frac{e^{\arctan x-x}-1}{\tan^3 x}.$$

首先, 注意到从上例 6 已知 $\lim\limits_{x\to 0}\dfrac{e^x-1}{x}=1$, 以及 $\lim\limits_{x\to 0}\dfrac{\tan x}{x}=1$. 因此, 用这些"等价无穷小量"替换上式, 则可导出

$$\text{原式}=\lim_{x\to 0}\frac{\arctan x-x}{x^3}\xlongequal{\text{(L-法则)}}\lim_{x\to 0}\frac{\dfrac{1}{1+x^2}-1}{3x^2}=-\frac{1}{3}.\qquad\square$$

例 9　求 $\lim\limits_{x\to 0}\cot x\cdot\ln\left(\dfrac{1-x}{1+x}\right)$.

解　(上为"$\infty\cdot 0$ 型")

$$\text{原式}=\lim_{x\to 0}\frac{\ln\left(\dfrac{1-x}{1+x}\right)}{\tan x}\xlongequal{\text{(L-法则)}}\lim_{x\to 0}\frac{\dfrac{-1}{1-x}-\dfrac{1}{1+x}}{\sec^2 x}$$

$$=\lim_{x\to 0}\frac{\dfrac{-2}{1-x^2}}{\dfrac{1}{\cos^2 x}}=-2.\qquad\square$$

例 10　求 $\lim\limits_{x\to 0}\left(\dfrac{1}{\sin x}-\dfrac{1}{x}\right)$.

解　(上为"$\infty-\infty$ 型") 此极限可以由以下各关系式导出:

$$\lim_{x\to 0}\left(\frac{1}{\sin x}-\frac{1}{x}\right)=\lim_{x\to 0}\frac{x-\sin x}{x\sin x}\xlongequal{\text{(L-法则)}}\lim_{x\to 0}\frac{1-\cos x}{\sin x+x\cos x}$$

$$\xlongequal{\text{(L-法则)}}\lim_{x\to 0}\frac{\sin x}{2\cos x-x\sin x}=0.\qquad\square$$

例 11 求 $\lim\limits_{x\to 0^+} x^x$.

解 (上为"0^0 型") 此极限可由以下各关系式导出: 由于

$$\lim_{x\to 0^+} x^x = \lim_{x\to 0^+} e^{x\ln x},$$

而

$$\lim_{x\to 0+} x\ln x = \lim_{x\to 0^+} \frac{\ln x}{\dfrac{1}{x}} \xlongequal{\text{(L-法则)}} \lim_{x\to 0^+} \frac{\dfrac{1}{x}}{-\dfrac{1}{x^2}} = \lim_{x\to 0^+}(-x) = 0,$$

故知

$$\lim_{x\to 0^+} x^x = e^{\lim\limits_{x\to 0^+} x\ln x} = e^0 = 1. \qquad \square$$

作为本节的最后, 我们将会看到, 利用 L'Hospital 法则, 可以对某些没有明显表达式的"隐式"函数, 从它们的某些关联式中, 将此函数的相应极限求出来:

例 12 设函数 $f(x)$ 在 $x>\rho$ 时均可导 (或者有: $f'(x)=\pm\infty$ 或 ∞), 试证明以下关系式:

$$\lim_{x\to+\infty}[f(x)+f'(x)]=0 \Longrightarrow \lim_{x\to+\infty} f(x)=0.$$

证明 事实上, 从上面假设即可导出

$$\lim_{x\to+\infty} f(x) = \lim_{x\to+\infty}\frac{e^x f(x)}{e^x} \xlongequal{\text{(L-法则)}} \lim_{x\to+\infty}\frac{e^x f(x)+e^x f'(x)}{e^x}$$
$$= \lim_{x\to+\infty}[f(x)+f'(x)] = 0. \qquad \square$$

例 13 设 $f(x)$ 在 $x>\rho$ 时均可导 (或者有: $f'(x)=\pm\infty$ 或 ∞), 试证明以下关系式:

$$\lim_{x\to+\infty}(\lambda f(x)+xf'(x))=\mu \Longrightarrow \lim_{x\to+\infty} f(x)=\frac{\mu}{\lambda},$$

这里, λ 为某一正数.

证明 事实上, 从上面假设即可导出:

$$\lim_{x\to+\infty} f(x) = \lim_{x\to+\infty}\frac{x^\lambda f(x)}{x^\lambda} \xlongequal{\text{(L-法则)}} \lim_{x\to+\infty}\frac{\lambda x^{\lambda-1}f(x)+x^\lambda f'(x)}{\lambda x^{\lambda-1}}$$
$$= \lim_{x\to+\infty}\left[f(x)+\frac{x}{\lambda}f'(x)\right] = \frac{1}{\lambda}\lim_{x\to+\infty}[\lambda f(x)+xf'(x)] = \frac{\mu}{\lambda}. \qquad \square$$

注 11 从上面的例 12 和例 13, 可以看出: 有时候为了能够使用 L'Hospital 法则, 我们可以将需求极限的函数 $f(x)$ "同时乘、除"一个辅助函数 $g(x)$, 以使得"变形"后的极限式 $\lim\limits_{x\to\square}\dfrac{f(x)g(x)}{g(x)}$ 可以运用它. 这个技巧在求极限时常常用到, 故需要掌握之.

5.5 函数的微分

在本章的开首, 我们曾经介绍过在一个曲线 $y = f(x)$ 的某点 x_0, 当曲线在 x_0 有切线时 (也即 $f(x)$ 在 x_0 点导数 $f'(x_0)$ 存在时), 则在 x_0 点充分小的一个邻域 $I(x_0, \delta_0)$ 内, 就可以用该点的相应切线段来“近似地”代替对应的曲线段 (如图 1). 由于此时该切线方程 $l_0(x)$ 为

$$l_0(x) = f(x_0) + f'(x_0)(x - x_0), \qquad \forall\ x \in \mathbb{R}.$$

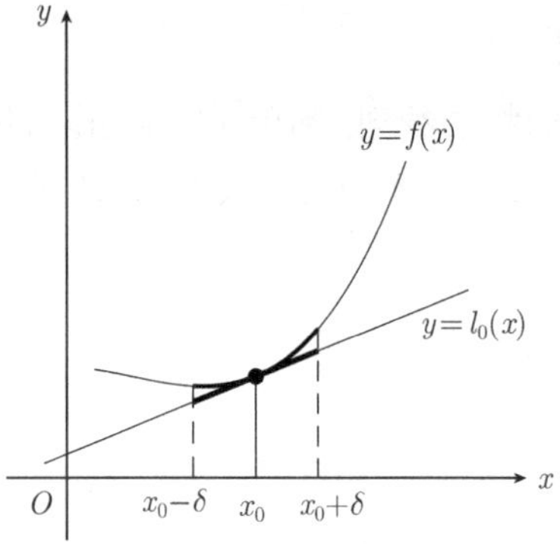

图 1

因此, 如果我们将上面的做法所产生的“误差”记为 $R(x)$, 则有

$$R(x) \triangleq f(x) - l_0(x), \qquad \forall\ x \in I(x_0, \delta_0).$$

这样, 便可得到

$$f(x) = l_0(x) + R(x) = f(x_0) + f'(x_0)(x - x_0) + R(x), \qquad \forall\ x \in I(x_0, \delta_0).$$

而由导数 $f'(x_0)$ 的定义, 我们还可以得到

$$\lim_{x \to x_0} \frac{R(x)}{x - x_0} = 0. \tag{$*$}$$

因此我们亦可以看出: 上面的关系式 $(*)$ 也是表明前面叙述的近似做法是否合理, 是否可能的必须条件. 将上 $(*)$ 式抽象出来, 则可以得到下面有关“微分”的定义:

定义 1 设函数 f 定义于开区间 (a, b), $x_0 \in (a, b)$. 如果存在一个“线性函数” $L(x)$ $(\forall\ x \in \mathbb{R})$, 使得

$$f(x) = f(x_0) + L(x - x_0) + R(x), \tag{$**$}$$

这里, $R(x)=o(x-x_0)$, 则称函数 $f(x)$ **在 x_0 点可微**, 并将 (此线性函数) $L(x-x_0)$ 称为 **$f(x)$ 在 x_0 点的微分**, 记为 $\mathrm{d}f(x_0)$. 如果 f 在 (a,b) 内的每一点均可微, 则称 f 在 (a,b) 内可微, 其微分记为 $\mathrm{d}f$ 或者 $\mathrm{d}f(x)$.

由上面定义, 显然有下面明显的命题 (此即表明: 对于一元函数而言, "可导"与"可微"是同一回事).

命题 1 $f(x)$ 在 x_0 点"可导" $\Longleftrightarrow$ $f(x)$ 在 x_0 点"可微", 且有

$$\mathrm{d}f(x_0)=f'(x_0)(x-x_0), \qquad \text{当 } x-x_0\to 0 \text{ 时}.$$

证明 " $\Longrightarrow$ ": 由 $f'(x_0)$ 存在的定义, 可知: 当令

$$R(x)\triangleq f(x)-f(x_0)-f'(x_0)(x-x_0)$$

时, 必有

$$\frac{R(x)}{x-x_0}=\frac{f(x)-f(x_0)}{x-x_0}-f'(x_0)\to 0, \qquad \text{当 } x-x_0\to 0 \text{ 时}.$$

由于 $f'(x_0)(x-x_0)$ 显然是 $x-x_0$ 的线性函数, 故也即导出 $f(x)$ 在 x_0 可微 (且有 $\mathrm{d}f(x_0)=f'(x_0)(x-x_0)$, 当 $x-x_0\to 0$ 时).

" $\Longleftarrow$ ": 如 $f(x)$ 在 x_0 可微, 由定义 (**) 式可得: 对于任意的点 $x\in(a,b)$, 当 $x\neq x_0$ 时, 有

$$\frac{f(x)-f(x_0)}{x-x_0}=\frac{L(x-x_0)}{x-x_0}+\frac{R(x)}{x-x_0}.$$

注意到假设 L 为 $\mathbb{R}$ 中的一个"线性函数", 因此, 必存在某一数 λ, 使得 $L(x-x_0)=\lambda(x-x_0)$ $(\forall\ x\in\mathbb{R})$. 由此, 从上式便可导出

$$\lim_{x\to x_0}\frac{f(x)-f(x_0)}{x-x_0}=\lambda+\lim_{x\to x_0}\frac{R(x)}{x-x_0}=\lambda,$$

也即 $f'(x_0)=\lambda$(从而亦有 $\mathrm{d}f(x_0)=f'(x_0)(x-x_0)$, 当 $x-x_0\to 0$ 时).

总上, 命题得证. □

注 1 从上面的定义 1 中关系式 (**) 和命题 1, 显然可以看出: 如果我们改写 $x-x_0\triangleq\Delta x$ (即自变量在 x_0 的改变量), $f(x)-f(x_0)=\Delta f(x_0)$ (即函数在 x_0 点的相应改变量), 那么, f 在 x_0 点"可微"即有下面关系式:

$$\Delta f(x_0)=\mathrm{d}f(x_0)+o(\Delta x) \quad (\text{当 } \Delta x\to 0 \text{ 时})$$

成立, 并且 f 在 x_0 的"微分" $\mathrm{d}f(x_0)$ 必为

$$\mathrm{d}f(x_0)=f'(x_0)\Delta x. \tag{Δ_1}$$

(后者也即 $L(\Delta x)$, 此即在 $\mathbb{R}$ 中关于 Δx 的某一"线性函数").

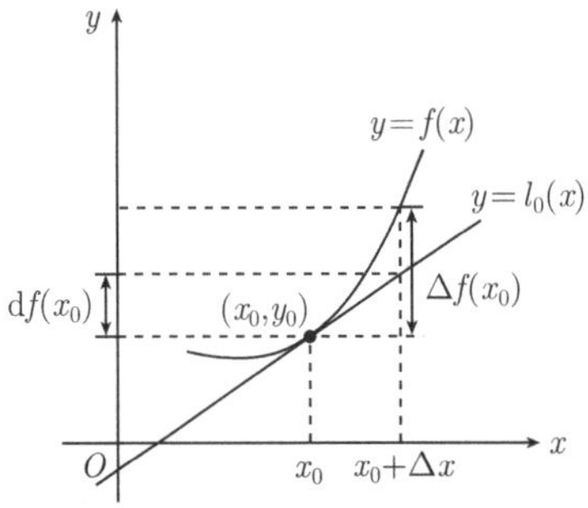

图 2

由此可见: 由函数决定的在 x_0 点的"微分"其几何意义即为"切线 (函数)"对此点的"改变量"(参看图 2). 此改变量与函数相应的"改变量"之差是一个当"$\Delta x \to 0$"更高阶的"无穷小量".

注 2　从注 1 中有关 f 的微分表达式, 即可导出: 当特取函数 $f(x) \triangleq I(x) = x$ 时 (这里, "$I(x) \triangleq x, \forall\, x \in \mathbb{R}$"为 $\mathbb{R}$ 中的"恒等映像"(或称"恒等函数")), 则有

$$\mathrm{d}x(x_0) = \mathrm{d}f(x_0) = f'(x_0)\Delta x = \Delta x.$$

因而, 我们可将上面对于任意函数 f 在 x_0 点的微分改写为

$$\mathrm{d}f(x_0) = f'(x_0)\mathrm{d}x(x_0). \tag{Δ_2}$$

不难看出: 虽然在一元函数时, (由上面命题 1) 我们可以将"可导"与"可微"视为同一性质, 但是, 值得特别注意, 与导数 $f'(x_0)$ 完全不同的是, 微分 $\mathrm{d}f(x_0)$ **不是一个数**, 而是一个**无穷小量**! 因为从前面微分的定义 $(**)$ 中, 我们已经知道: $\mathrm{d}f(x_0)$ 是在 $x - x_0 \to 0$ 时, 与函数改变量 $f(x) - f(x_0)$ 之"差"为一个高阶无穷小量的一个"线性函数 $L(x - x_0)$". 因此, 其当然亦是一个无穷小量 (当 $x - x_0 \to 0$ 时). 此外, 从上面的命题 1 我们有

$$\mathrm{d}f(x_0) = f'(x_0)(x - x_0) \to 0, \qquad \text{当 } x - x_0 \to 0 \text{ 时},$$

从而函数的微分 $\mathrm{d}f(x_0)$ 的确是一个无穷小量 (当 $x - x_0 \to 0$ 时).

此外, 由于历史的原因, 人们一般不用上面的 (Δ_2) 式来表达函数 f 的导数与其微分 $\mathrm{d}f(x_0)$ 及自变量微分 $\mathrm{d}x(x_0)$ 的关系, 而是简洁地、对称地将此关系"记为"

$$\mathrm{d}f(x_0) = f'(x_0)\mathrm{d}x, \qquad \left(\text{或者}\frac{\mathrm{d}f(x_0)}{\mathrm{d}x} = f'(x_0)\right).$$

因此, 如果函数 $f(x)$ 在一个开区间 (a, b) 内均可导 (可微), 则有

$$\mathrm{d}f(x) = f'(x)\mathrm{d}x, \quad \left(\text{或者}\frac{\mathrm{d}f(x)}{\mathrm{d}x} = f'(x)\right), \qquad \forall\, x \in (a, b). \tag{Δ_3}$$

而当令 $y = f(x)$ 时, 亦有

$$\mathrm{d}y = \mathrm{d}f(x) = f'(x)\mathrm{d}x, \quad \left(\text{或者}\frac{\mathrm{d}y}{\mathrm{d}x} = f'(x)\right), \qquad \forall\, x \in (a, b).$$

因此, 这也是过去我们一直用 $\frac{\mathrm{d}y}{\mathrm{d}x}$ 或 $\frac{\mathrm{d}f}{\mathrm{d}x}$ 来代表导数 $f'(x)$ 的原因. 当然不同的是, 那时, 我们将 $\frac{\mathrm{d}y}{\mathrm{d}x}\left(\frac{\mathrm{d}f}{\mathrm{d}x}\right)$ 是视为一个"整体符号". 但当了解过微分意义之后, 我们则知它就是两个函数 (包括一个 $I(x)=x$——"恒等函数") 的微分之"商"了, 故人们也常常称导数为"微商"(以上导数的表示式亦称为"Leibniz 记号"). 同样地, 与本章开篇讲导数定义时的"差商"不同的是, 微商是两个无穷小量之商, 而差商则是两个数之商.

从上面 (Δ_3) 式我们可以看到, 由于 $\mathrm{d}f(x)=f'(x)\mathrm{d}x$, 因此, 求微分其实也就是求导数. 这样一来, 借助于 5.1 节和 5.2 节中所得到的有关导数运算之法则和公式, 就可立即导出下面有关微分的相应法则和公式:

命题 2 在有关函数导数存在的条件下, 下面的微分运算成立:

1° $\mathrm{d}(f\pm g)(x)=\mathrm{d}f(x)\pm \mathrm{d}g(x)$;

2° $\mathrm{d}(\lambda f)(x)=\lambda \mathrm{d}f(x)$;

3° $\mathrm{d}(f\cdot g)(x)=g(x)\mathrm{d}f(x)+f(x)\mathrm{d}g(x)$;

4° $\mathrm{d}\left(\frac{f}{g}\right)(x)=\frac{g(x)\mathrm{d}f(x)-f(x)\mathrm{d}g(x)}{g^2(x)}$;

5° $\mathrm{d}(f\circ\varphi)(t)=f'(\varphi(t))\mathrm{d}\varphi(t)$, (或者, $\mathrm{d}f(t)=f'(x)\mathrm{d}x(t)$).

值得注意的是, 涉及上面式 5° , 我们有下面一个命题:

命题 3 (一阶微分形式的不变性) 当 $y=f(x)$ 时, 无论 x 是"自变量", 还是"中间变量" $x=\varphi(t)$, 下面的微分形式

$$\mathrm{d}y=f'(x)\mathrm{d}x$$

均是正确的 (这里, 我们约定相应求导 (求微分) 公式的条件均已满足).

证明 事实上, 当 x 是中间变量, 并设 $x=x(t)$ 时, 复合函数 $y=f(x(t))$ 此时必为自变量 t 的函数. 因此, 从微分公式并利用复合函数的求导公式, 应有

$$\mathrm{d}y=y'(t)\mathrm{d}t=(f(x(t)))'_t\mathrm{d}t=f'(x)\cdot x'(t)\mathrm{d}t.$$

故注意到函数 $x=x(t)$ 的微分公式, 则有

$$\mathrm{d}x=x'(t)\mathrm{d}t.$$

于是, 总上两式, 即可导出 (即使当 x 为"中间变量"时, 亦有)

$$\mathrm{d}y=f'(x)\mathrm{d}x. \qquad \square$$

注 3 必须注意的是, 上面的命题虽然告诉我们, 无论 x 是自变量或者是中间变量, 一阶微分形式上是不变的, 均有

$$\mathrm{d}y=y'(x)\mathrm{d}x,$$

但是, 当 x 是“自变量”时, $\mathrm{d}x$ 即为 Δx ; 而当 x 是“中间变量 $x=x(t)$ ”时, $\mathrm{d}x$ 则表示函数 $x=x(t)$ 的“微分”, 故有 $\dfrac{\Delta x-\mathrm{d}x}{\Delta t}\to 0$ (当 $\Delta t\to 0$ 时). 因此一般而言, 并不保证均有 $\mathrm{d}x=\Delta x$.

与函数的导数一样, 从上面 (一阶) 微分的定义, 不难类似地导出二阶微分, 三阶微分, …… 直至 n 阶微分的定义如下:

定义 2　设 $f(x)$ 在 (a,b) 内均可微 (可导), 而其微分

$$\mathrm{d}f(x)=f'(x)\mathrm{d}x,\qquad \forall\, x\in(a,b).$$

如果 $f'(x)$ 亦可微 (从上 (Δ_3) 式, 则有 $\mathrm{d}f'(x)=f''(x)\mathrm{d}x$), 我们则称 $f(x)$ 是**二阶可微**的, 并记其为

$$\mathrm{d}^2f(x)=f''(x)\mathrm{d}x^2.$$

注 4　从上定义可见, 当设函数 $f(x)$ 的二阶导数 $f''(x)$ 存在时, 则亦等价于其二阶微分的存在. 并且, 为了得到如高阶导数运算相似的形态, 也即为了得到 $\mathrm{d}^{n+1}f(x)=\mathrm{d}(\mathrm{d}^nf(x))$ $(\forall\, n\in\mathbb{N})$ 的方便表示式 (特别值得指出的是: 严格地, 从定义来看 $\mathrm{d}(\mathrm{d}y)$ 是没有意义的! 因为前面已经讲过: $\mathrm{d}y$ 是一个“无穷小量”, 而微分则是对于“函数”才有定义的. 因此, 这里的写法只能视为历史造成的又一个“约定”而已), 人们常常又只能 (约定): **视 $\mathrm{d}x$ 为与 x 无关的常数 (也即有 $(\mathrm{d}x)'=0$).** 这样一来, 从前面微分的运算法则 (命题 2), 显然可以导出

$$\mathrm{d}^2f(x)=\mathrm{d}(\mathrm{d}f(x))\triangleq\mathrm{d}(f'(x)\mathrm{d}x)=(f'(x)\mathrm{d}x)'\mathrm{d}x=f''(x)(\mathrm{d}x)^2.$$

当记 $(\mathrm{d}x)^2$ 为 $\mathrm{d}x^2$ 时, 从上式则有

$$\mathrm{d}^2f(x)=f''(x)\mathrm{d}x^2,\tag{Δ_4}$$

也即得到了前面定义 2(所定义) 的“二阶微分”. 因此, 在上述约定下 (即视 $\mathrm{d}x$ 为与 x 无关的常数), 更一般地, 我们又可以简便地将 $f(x)$ 的 n **阶微分**记为

$$\mathrm{d}^nf(x)=\mathrm{d}(\mathrm{d}^{n-1}f(x)),$$

并有

$$\mathrm{d}^nf(x)=f^{(n)}(x)\mathrm{d}x^n,\qquad \forall\, n\in\mathbb{N}.\tag{Δ_5}$$

类似地, 当令 $y=f(x)$ 时, 我们亦可将相应的 n 阶微分写为

$$\mathrm{d}^ny=f^{(n)}(x)\mathrm{d}x^n,\qquad \forall\, n\in\mathbb{N}.$$

注 5 从上面的命题 3 我们已知, 一阶微分有"形式不变性". 那么, 对于高阶微分, 此一性质是否仍旧成立呢? 事实上, 此问题的回答是否定的! 我们可以看看下面的反例:

反例 (二阶微分的不变式未必成立) 设

$$f(x) = \lambda x(\lambda\text{为某一实数}), \qquad x = \sin t.$$

那么, 当 x 是"自变量"时, 函数 f 的一、二阶微分是

$$\mathrm{d}f = f'(x)\mathrm{d}x = \lambda\mathrm{d}x, \qquad \mathrm{d}^2 f = f''(x)\mathrm{d}x^2 = 0.$$

而当 x 是"中间变量"时, 由于 $f(t) = \lambda\sin t$, 故函数 f 的一、二阶微分是

$$\mathrm{d}f = (f(x(t)))'_t\mathrm{d}t = \lambda\cos t\mathrm{d}t, \qquad \mathrm{d}^2 f = (f(x(t)))''_t\mathrm{d}t^2 = -\lambda\sin t\mathrm{d}t^2.$$

从而上述两种意义下的 $\mathrm{d}^2 f$ 是不同的.

如果我们要深究上面有关二阶以上微分其"形式不变性"失效的原因, 其实, 只要注意其定义则可不难看出. 事实上, 从上面定义所得的关系式 (Δ_4), 故从命题 2 的微分运算, 有

$$\mathrm{d}^2 y = \mathrm{d}(f'(x)\mathrm{d}x) = \mathrm{d}(f'(x))\mathrm{d}x + f'(x)\mathrm{d}(\mathrm{d}x) = f''(x)\mathrm{d}x^2 + f'(x)\mathrm{d}^2 x.$$

由此容易看出: 当 x 是"自变量"时, 由 $(x)''_x = 0$, 以及二次微分的定义知 $\mathrm{d}^2 x = (x)''_x\mathrm{d}x^2 = 0$; 而当 x 不是自变量时, 就不能保证" $\mathrm{d}^2 x = 0$"了.

下面, 我们给出几个求微分 (及高阶微分) 的例子:

例 1 设 $y(x) = xe^x$, 求 $\mathrm{d}y$ 及 $\mathrm{d}^3 y$.

解 由于此函数 $y(x)$ 的一阶、二阶和三阶导函数为

$$y'(x) = e^x + xe^x = (1+x)e^x, \qquad y''(x) = e^x + e^x + xe^x = (2+x)e^x,$$

及

$$y'''(x) = (3+x)e^x,$$

故

$$\mathrm{d}y = (1+x)e^x\mathrm{d}x, \qquad \mathrm{d}^3 y = (3+x)e^x\mathrm{d}x^3. \qquad \square$$

例 2 设 $y = \dfrac{e^x - e^{-x}}{2}$ (称为"双曲正弦函数", 记为 $\sinh x$. 类似地, "双曲余弦函数" $\cosh x \triangleq \dfrac{e^x + e^{-x}}{2}$). 求 $\mathrm{d}y$ 及 $\mathrm{d}^2 y$.

解　由于导数

$$y'(x)(\triangleq (\sinh x)') = \frac{e^x + e^{-x}}{2}(\triangleq \cosh x),$$

及

$$y''(x)(\triangleq (\cosh x)') = \frac{e^x - e^{-x}}{2}(\triangleq \sinh x),$$

故知

$$\mathrm{d}y = (\frac{e^x + e^{-x}}{2})\mathrm{d}x \qquad (\text{即 } \mathrm{d}(\sinh x) = \cosh x \mathrm{d}x),$$

及

$$\mathrm{d}^2y = (\frac{e^x - e^{-x}}{2})\mathrm{d}x^2 \qquad (\text{即 } \mathrm{d}^2(\sinh x) = \sinh x \mathrm{d}x). \qquad \square$$

(从上两例可见, 求微分其实就是求导数. 求高阶微分亦就是求高阶导数.)

其实, 微分有价值之处, 正如我们本节开始讲的, 是作“近似计算”. 因为, 从微分的定义我们看出：由前面 $(**)$ 式和 (Δ_1) 式, 有关系式

$$\begin{aligned}\Delta f(x_0) &\triangleq f(x_0 + \Delta x) - f(x_0)\\ &= \mathrm{d}f(x_0) + o(\Delta x) \triangleq f'(x_0)\Delta x + o(\Delta x), \qquad \text{当 } \Delta x \to 0 \text{ 时}.\end{aligned}$$

因此从上式即可导出：当 $\Delta x \to 0$ 时, 有

$$\Delta f(x_0) \approx \mathrm{d}f(x_0), \qquad \text{也即 } f(x_0 + \Delta x) - f(x_0) \approx f'(x_0)\Delta x. \qquad (\Delta_6)$$

精确地说还有

$$\frac{[f(x) - f(x_0)] - f'(x_0)(x - x_0)}{x - x_0} \to 0, \qquad (\text{当 } x \to x_0 \text{ 时}).$$

作为本节的最后, 下面我们再来看两个用微分作近似计算的例子：

例 3　计算 $\cos(60°1')$.

(附, 对于角度而言, 一度 =60 分, 一分 =60 秒, 记为 $1° = 60'$, $1' = 60''$. 此外, $1° \approx 0.01745$ 弧度, 1 弧度 $\approx 57°17'44.8''$.)

解　首先, “必须”将上面的“角度”换成“数”——“弧度”. 由于 $60°1' \approx \frac{\pi}{3} + 0.00029083$, 故从上 (Δ_5) 式, 有 (先令 $\Delta x = 0.00029083$)

$$\begin{aligned}\cos(60°1') &= \cos\left(\frac{\pi}{3} + \Delta x\right) \approx \cos\left(\frac{\pi}{3}\right) + \cos'\left(\frac{\pi}{3}\right)\Delta x\\ &= \frac{1}{2} - \sin\left(\frac{\pi}{3}\right)\Delta x = \frac{1}{2} - \frac{\sqrt{3}}{2}\Delta x\\ &= \frac{1}{2} - \frac{\sqrt{3}}{2} \times 0.00029083 \approx 0.4997481. \qquad \square\end{aligned}$$

例 4 设函数 $S(r)=\pi r^2$ ($r>0$)(也即半径为 r 的圆之面积). 试从上面有关函数之“微分”近似于其“改变量”的关系式, 来说明此一函数关系式代表的几何意义.

解 事实上, 从前面关系式 (Δ_5) 可知: 对于足够小的 (自变量的) 改变量 $\Delta r\neq 0$, 有 (函数的改变量)

$$S(r+\Delta r)-S(r)\approx S'(r)\Delta r,$$

此即

$$\pi(r+\Delta r)^2-\pi r^2\approx(\pi r^2)'_r\Delta r=2\pi r\Delta r.$$

由此可见, 当 $\Delta r>0$ 时, 如右图 3 所示: 同心圆之间的“圆环”的面积“近似地”等于以原圆周为“底”, 以自变量的改变量 (绝对值) 为“高”的“矩形”之面积. □

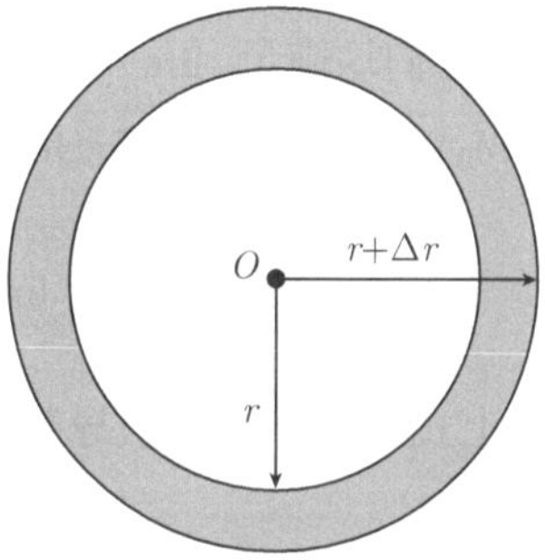

图 3

注 6 用函数的一阶微分来近似地代替其相应的改变量, 这种做法很简洁, 但却很“粗略”. 因为, 在上面的近似计算中, 什么时候可以称“ Δx 充分小”? 以及这种“近似”所带来的“误差”如何估计? 我们均无法予以回答. 为了较完满地回答以上两个问题, 必须在下节学过 Taylor(泰勒) 公式以后才可以做到.

5.6 Taylor 定理 (公式)

作为 5.5 节中用函数的一阶微分做近似计算方法的推广和精确化, 类似地, 作为 5.4 节中 Lagrange 中值公式的推广, 本节将要介绍, 以著名的英国数学家 B.Taylor(泰勒) 之姓命名的 Taylor 定理和公式. 这个定理在理论上和应用上均是十分重要的, 因此, 有些人夸张地称其为“一元微分学的顶峰”.

(一)

从 5.5 节, 我们已经得知: 当函数 $f(x)$ 在 x_0 可微 (可导) 时, 有

$$f(x)=f(x_0)+f'(x_0)(x-x_0)+o(x-x_0),\qquad 当x\to x_0时.$$

因而, 当 $x\to x_0$ 时, $f(x)$ 可由“一次多项式”

$$P_1(x)\triangleq f(x_0)+f'(x_0)(x-x_0)$$

来近似地表出, 并且它们之间的误差满足关系式 $\dfrac{f(x)-P_1(x)}{x-x_0}\to 0$(当 $x\to x_0$ 时). 由此, 人们自然会联想: 当 $x\to x_0$ 时, $f(x)$ 能否用 $x-x_0$ 的二次多项式来近似地表出呢? 此外, 如果能够的话, 此二次多项式与 $f(x)$ 之间的"误差"将会与无穷小量 $(x-x_0)$ 有何关联呢?

事实上, 为了得到上述问题的答案, 最方便的探索是: 先给出一个相应的"二次多项式": $P_2\triangleq f(x_0)+f'(x_0)(x-x_0)+\lambda(x-x_0)^2$, 然后, 试着求出数 λ 来. 下面, 我们就来实践一下.

为了得出待定数 λ, 首先注意下面两个函数:

$$\widetilde{f}(x)\triangleq f(x)-[f(x_0)+f'(x_0)(x-x_0)],\qquad \widetilde{g}(x)=(x-x_0)^2,$$

显然, 它们均满足 $\lim\limits_{x\to x_0}\widetilde{f}(x)=\lim\limits_{x\to x_0}(x-x_0)^2=0$. 因此, 当假设 $f(x)$ 在 x_0 某邻域 $I(x_0,\delta_0)$ 均可导时, 由 L'Hospital 法则可导出

$$\lim_{x\to x_0}\frac{\widetilde{f}(x)}{\widetilde{g}(x)}=\lim_{x\to x_0}\frac{f'(x)-f'(x_0)}{2(x-x_0)}=\frac{1}{2}\lim_{x\to x_0}\frac{f'(x)-f'(x_0)}{x-x_0},$$

由于上式右边就是二次导数 $f''(x_0)$ 的定义, 因此, 如果假设 $f''(x_0)$ 存在, 那么,

$$\lim_{x\to x_0}\frac{\widetilde{f}(x)}{\widetilde{g}(x)}=\frac{1}{2}f''(x_0),$$

也即

$$\lim_{x\to x_0}\frac{\widetilde{f}(x)-\frac{1}{2}f''(x_0)\widetilde{g}(x)}{\widetilde{g}(x)}=0.$$

因此, 我们从上面的关系式实际上已得到了下面的关系式 (当取上面的待定数 $\lambda=\dfrac{1}{2}f''(x_0)$ 时):

$$\lim_{x\to x_0}\frac{f(x)-P_2(x)}{(x-x_0)^2}=\lim_{x\to x_0}\frac{f(x)-[f(x_0)+f'(x_0)(x-x_0)+\frac{1}{2}f''(x_0)(x-x_0)^2]}{(x-x_0)^2}=0. \tag{$*$}$$

有了上面的探索, 不难类比地猜测: 如果想用 $(x-x_0)$ 的 n 次多项式 $P_n(x)$ 来逼近函数 $f(x)$, 那么, 此 n 次多项式可能是

$$P_n(x)=f(x_0)+\frac{f'(x_0)}{1!}(x-x_0)+\frac{f''(x_0)}{2!}(x-x_0)^2+\cdots+\frac{f^{(n)}(x_0)}{n!}(x-x_0)^n,$$

并且应有

$$\frac{f(x)-P_n(x)}{(x-x_0)^n}\to 0,\qquad 当x\to x_0时.$$

(为此, 当然就要求 $f'(x_0)$, $f''(x_0)$, …, $f^{(n)}(x_0)$ 均存在.) 下面的定理说明此一猜测是正确的.

定理 1(Taylor) 假设函数 $f(x)$ 在 x_0 点 n 次可导, 那么

$$f(x)=P_n(x)+o((x-x_0)^n),\qquad \text{当}x\to x_0\text{时},$$

其中,

$$P_n(x)\triangleq\sum_{k=0}^{n}\frac{f^{(k)}(x_0)}{k!}(x-x_0)^k.$$

证明 用数学归纳法来证明本结论. 首先, 注意到由于已假设 n 阶导数 $f^{(n)}(x_0)$ 存在, 因此, 从定义显然可知导数 $f^{(n-1)}(x_0)$, $f^{(n-2)}(x_0)$, $\cdots$, $f'(x_0)$ 亦均存在.

于是, 当 $n=1$ 时, 由导数 $f'(x_0)$ 存在, 故知 f 在 x_0 点可微, 因此本定理结论此时成立.

下面, 当 $n=m$ 时, 我们假设定理是成立的, 即有

$$\frac{f(x)-P_m(x)}{(x-x_0)^m}\triangleq\frac{f(x)-\displaystyle\sum_{k=0}^{m}\frac{f^{(k)}(x_0)}{k!}(x-x_0)^k}{(x-x_0)^m}\to 0,\qquad \text{当}x\to x_0\text{时},\tag{1}$$

则当 $n=m+1$ 时, 从 L'Hospital 法则可以得到

$$\begin{aligned}\lim_{x\to x_0}\frac{f(x)-P_{m+1}(x)}{(x-x_0)^{m+1}}&\triangleq\lim_{x\to x_0}\frac{f(x)-\displaystyle\sum_{k=0}^{m+1}\frac{f^{(k)}(x_0)}{k!}(x-x_0)^k}{(x-x_0)^{m+1}}\\&\xlongequal{\text{(L-法则)}}\lim_{x\to x_0}\frac{f'(x)-\displaystyle\sum_{k=1}^{m+1}\frac{f^{(k)}(x_0)}{(k-1)!}(x-x_0)^{k-1}}{(m+1)(x-x_0)^m}\\&=\frac{1}{m+1}\lim_{x\to x_0}\frac{f'(x)-\displaystyle\sum_{k=0}^{m}\frac{(f'(x_0))^{(k)}}{k!}(x-x_0)^k}{(x-x_0)^m}.\end{aligned}\tag{2}$$

而注意到在 (1) 式中, 当将那里的函数 $f(x)$ 换为 $f'(x)$ 时, 其仍应成立 (由现在 $n=m+1$ 的假设可知 $f(x)$ 在 x_0 点是 $m+1$ 阶可导的, 故导函数 $f'(x)$ 则应满足在 x_0 点是 m 阶可导的. 因而, 上关系式 (1) 当将 $f(x)$ 换为 $f'(x)$ 时自然依旧成立). 这样一来, 从上面的 (1) 和 (2) 式即可导出

$$\lim_{x\to x_0}\frac{f(x)-P_{m+1}(x)}{(x-x_0)^{m+1}}=0,$$

此即表明当 $n=m+1$ 时, 定理的结论也成立.

总上, 我们因而归纳地证得了本定理. □

注 1 首先, 从定义可知: 当我们设 $f'(x_0)$ 存在时, 当然要假设 $f(x)$ 在 x_0 的某一邻域内有定义. 因此, 在上面定理 1 中我们假设 $f^{(n)}(x_0)$ 存在时, 当然也就假设了 $f^{(n-1)}(x)$ 在 x_0 的某邻域内有定义. 由此类推, 也即假设了 $f^{(n-2)}(x),\cdots,f'(x)$ 在 x_0 的某一邻域内有定义. 其次, 从定理结果可知: 当 $n>1$ 时, 所得的多项式 $P_n(x)$ 对 $f(x)$ 的"逼近"(在 x_0 某邻域内) 显然比 5.5 节利用微分所得的一次多项式 $P_1(x)$ 的"逼近"要好, 因为那里的"逼近误差"是比"$x-x_0$ 高阶"的无穷小, 但此处则是比"$(x-x_0)^n$ 高阶"的无穷小 (当 $x\to x_0$ 时). 最后, 值得特别注意的是, 从这个定理导出的思维容易看到: 为发现 (或创造) 一个新的成果, 其起因是有一个特定的已知结果. 然后, 经过联想猜测出相应的新结果; 接着, 则须去试验、探索、给予为可能导出此新结果的一切条件. 当新结果出来之后, 再去删除某些多余的附加条件, 这样一个新成果就得出来了 (这里, 同样重要的是: 如果在探索的过程中, 发觉某些显现出来的东西与原来猜想的有出入, 则须即时修正自己原来的思维, 沿着出现的新情况继续做下去).

定义 1 对于一个在 x_0 点具有 n 次导数的函数 $f(x)$, 亦可将上述多项式 $P_n(x)$ 显现地表示为

$$P_n(f,x_0;x)\triangleq f(x_0)+\frac{f'(x_0)}{1!}(x-x_0)+\frac{f''(x_0)}{2!}(x-x_0)^2+\cdots+\frac{f^{(n)}(x_0)}{n!}(x-x_0)^n,$$

并称为 f 在 x_0 点处的 n 次**Taylor 多项式**.

特别地,

$$P_n(f,0;x)=f(0)+\frac{f'(0)}{1!}x+\frac{f''(0)}{2!}x^2+\cdots+\frac{f^{(n)}(0)}{n!}x^n$$

则以英国数学家 C.Maclaurin(麦克劳林) 的姓命名, 称之为**Maclaurin 多项式**.

此外, 称

$$R_n(x)\triangleq f(x)-P_n(f,x_0;x)$$

为**Peano(佩亚诺) 余项**(以意大利著名数学家 G.Peano 的姓命名), 并且从上定理可知

$$\lim_{x\to x_0}\frac{R_n(x)}{(x-x_0)^n}=0,$$

而相应地, 有

$$f(x)=P_n(f,0;x)+o(x^n),\quad 当\ x\to 0\ 时,$$

并称为**带有 Peano 余项的 Maclaurin 定理**, 亦称为函数 $f(x)$ 的**Maclaurin 展开式** (而定理 1 中的关系式对应地称为**Taylor 展开式**).

从上面定理以及这里的定义, 不难验证以下熟悉的函数的 Maclaurin 展开式: 当 $x \to 0$ 时, 有

1° $e^x = 1 + x + \frac{1}{2!}x^2 + \cdots + \frac{1}{n!}x^n + o(x^n)$, 即 $\sum_{k=0}^{n} \frac{x^k}{k!} + o(x^n)$;

2° $\sin x = x - \frac{x^3}{3!} + \frac{x^5}{5!} + \cdots + (-1)^{n-1}\frac{x^{2n-1}}{(2n-1)!} + o(x^{2n})$, 即 $\sum_{k=1}^{n}(-1)^{k-1}\frac{x^{2k-1}}{(2k-1)!} + o(x^{2n})$;

3° $\cos x = 1 - \frac{x^2}{2!} + \frac{x^4}{4!} + \cdots + (-1)^n\frac{x^{2n}}{(2n)!} + o(x^{2n+1})$, 即 $\sum_{k=0}^{n}(-1)^k\frac{x^{2k}}{(2k)!} + o(x^{2n+1})$;

4° $\ln(1+x) = x - \frac{x^2}{2} + \frac{x^3}{3} + \cdots + (-1)^{n-1}\frac{x^n}{n} + o(x^n)$, 即 $\sum_{k=1}^{n}(-1)^{k-1}\frac{x^k}{k} + o(x^n)$;

5° $(1+x)^\lambda = 1 + \lambda x + \frac{\lambda(\lambda-1)}{2!}x^2 + \cdots + \frac{\lambda(\lambda-1)\cdots(\lambda-n+1)}{n!}x^n + o(x^n)$, 即 $\sum_{k=0}^{n}\binom{\lambda}{k}x^k + o(x^n)$ (这里 $\binom{\lambda}{k}$ 的定义与 3.2 节中例 7 相同, 并规定 $\binom{\lambda}{0} = 1$), $\forall x > 0$;

6° $\arctan x = x - \frac{x^3}{3} + \frac{x^5}{5} + \cdots + (-1)^{n-1}\frac{x^{2n-1}}{2n-1} + o(x^{2n})$, 即 $\sum_{k=1}^{n}(-1)^{k-1}\frac{x^{2k-1}}{2k-1} + o(x^{2n})$.

(附: 在用"$\sum$"简写上面相应 (多项式) 和"数"时, 我们以"$\sum_{k=0}^{n}$"代表此多项式有 (非零) 常数项, 而以"$\sum_{k=1}^{n}$"代表此多项式无常数项.)

验证 以上的 1°, 2°, 3° 和 5° 均是容易验证的 (请读者检验之). 下面验证 4° 和 6°

1) 验证 4° .

我们只要耐心地求到三次导数, 结果就会明朗起来了. 因为: 由

$$f(x) = \ln(1+x), \qquad f'(x) = \frac{1}{1+x}, \qquad f^{(2)}(x) = \frac{-1}{(1+x)^2},$$

及

$$f^{(3)}(x) = \frac{1 \cdot 2}{(1+x)^3},$$

则有 $f(0) = 0$, $f'(0) = 1$, $f^{(2)}(0) = -1$ 以及 $f^{(3)}(0) = 2!$, 从而不难估计出: 对任意

$k \in \mathbb{N}$, 应有

$$f^{(k)}(x) = \frac{(-1)^{k-1}(k-1)!}{(1+x)^k}, \qquad f^{(k)}(0) = (-1)^{k-1}(k-1)!.$$

因此不难导出 4° 的结论.

2) 验证 6° .

只要回忆到 5.2 节中例 6 的结果 (值得关注的是那里求导的技巧), 立即可得到 6° 的结论. □

注 2　值得指出的是, 我们除了要熟记以上常用函数的 (带有 Peano 余项的)Maclaurin 展开式之外, 还需学会将上面展开式来结合使用, 例子可见如下:

例　写出函数 $f(x) = e^{\sin x}$ 带有 Peano 余项的 Maclaurin 展开式 (至 3 次 M-多项式).

解　利用上面有关 e^x 的展开式 1° 结果, 首先有

$$e^{\sin x} = 1 + \sin x + \frac{1}{2!}(\sin x)^2 + \frac{1}{3!}(\sin x)^3 + o(\sin^3 x), \qquad \text{当} \sin x \to 0\text{时}.$$

然后注意到有关 $\sin x$ 的展开式 2° , 又有

$$\sin x = x - \frac{x^3}{3!} + o(x^3), \qquad \text{当} x \to 0\text{时}.$$

最后, 将上两式结合, 则可导出 (注意著名关系式: $x \to 0 \Longrightarrow \sin x \to 0$)

$$\begin{aligned} e^{\sin x} &= 1 + \left(x - \frac{x^3}{6} + o(x^3)\right) + \frac{1}{2}\left(x - \frac{x^3}{6} + o(x^3)\right)^2 + \frac{1}{6}\left(x - \frac{x^3}{6} + o(x^3)\right)^3 + o(x^3) \\ &= 1 + \left(x - \frac{x^3}{6}\right) + \frac{1}{2}(x^2) + \frac{1}{6}(x^3) + o(x^3) \\ &= 1 + x + \frac{1}{2}x^2 + o(x^3), \qquad \text{当} x \to 0\text{时}. \end{aligned}$$

而此即为本例所需结果. □

在本段结束前, 我们再给出上面 Taylor 定理 (或称 Taylor 展开) 的两点应用.

首先, 有了该定理, 就可以得到有关 (用导数符号来判断) 函数极值问题的较精确结果如下:

推理　假设函数 $f(x)$ 在点 x_0 有 n 阶导数, 并且有

$$f'(x_0) = f''(x_0) = \cdots = f^{(n-1)}(x_0) = 0, \qquad \text{但} f^{(n)}(x_0) \neq 0.$$

那么, 当 n 是“奇数”时, x_0 不是 $f(x)$ 的极值点; 而当 n 是“偶数” $2m$ 时, 则有

$$f^{(2m)}(x_0) > 0 \Longrightarrow x_0\text{是}f(x)\text{的极小值点},$$

$$f^{(2m)}(x_0)<0 \Longrightarrow x_0\text{是}f(x)\text{的极大值点}.$$

证明 与 5.3 节 (用二阶导数判别函数的极值点) 之定理 5 的证明类似, 由本推理假设, 当 $n=2m$ 时, 只要自然数 $k<2m$, 均有 $f^{(k)}(x_0)=0$. 故

$$\begin{aligned}&\lim_{x\to x_0}\frac{f(x)-f(x_0)}{(x-x_0)^{2m}}\\ &=\lim_{x\to x_0}\frac{1}{(x-x_0)^{2m}}\left[f(x)-\sum_{k=0}^{2m}\frac{f^{(k)}(x_0)}{k!}(x-x_0)^k+\frac{f^{(2m)}(x_0)}{(2m)!}(x-x_0)^{2m}\right]\\ &=\lim_{x\to x_0}\frac{f(x)-P_{2m}(x)}{(x-x_0)^{2m}}+\frac{f^{2m}(x_0)}{(2m)!},\quad (\text{这里}, P_{2m}(x)\text{ 为 } f \text{ 在 } x_0 \text{ 点的 Taylor 多项式.})\end{aligned}$$

因此, 由上面的 Taylor 定理, 从上式就可导出

$$\lim_{x\to x_0}\frac{f(x)-f(x_0)}{(x-x_0)^{2m}}=\frac{f^{2m}(x_0)}{(2m)!}.$$

这样, 重复 5.3 节定理 5 的证明方法, 从本推理中有关 $f^{2m}(x_0)$ 之值为正或为负的假设以及函数极限的局部保序性, 便可立即得到本推理有关极值点的结论.

最后, 类似上式, 不难看出, 当 n 为奇数 $2m-1$ 时, 相应关系式

$$\lim_{x\to x_0}\frac{f(x)-f(x_0)}{(x-x_0)^{2m-1}}=\frac{f^{2m-1}(x_0)}{(2m-1)!}.$$

另外, 由于 $(x-x_0)^{2m-1}$ 当 x 从两侧趋向于 x_0 时符号是不同的, 因此无论 $f^{2m-1}(x_0)\neq 0$ 为正或者为负, 均无法保证 x_0 为 $f(x)$ 的极值点.

总上可知, 本推理得证. □

其次, 由 Taylor 展开式中除第一项 $f(x_0)$ 外, 其余均为 $x-x_0$ 的一阶、二阶、三阶 …… 不同阶的无穷小量 (当 $x\to x_0$ 时), 因此, 对于求各种不定型的极限, 将有关函数作 Taylor 展开显然可能是一个“强”于 L'Hospital 法则的有力工具. 可以观察下面的几个例子:

例 1 求极限 $\lim\limits_{x\to+\infty}\left[\sqrt{x}-x\ln\left(1+\dfrac{1}{\sqrt{x}}\right)\right]$.

解 首先, 当 $x\to+\infty$ 时, 必有 $\dfrac{1}{\sqrt{x}}\to 0$. 因此, $\ln\left(1+\dfrac{1}{\sqrt{x}}\right)$ 的 Maclaurin 展开式

$$\ln\left(1+\frac{1}{\sqrt{x}}\right)=\frac{1}{\sqrt{x}}-\frac{1}{2}\left(\frac{1}{\sqrt{x}}\right)^2+o\left[\left(\frac{1}{\sqrt{x}}\right)^2\right],\quad \text{当}x\to+\infty\text{时}.$$

于是

$$1-\sqrt{x}\ln\left(1+\frac{1}{\sqrt{x}}\right)=\frac{1}{2\sqrt{x}}+o\left(\frac{1}{\sqrt{x}}\right),\qquad \text{当}x\to+\infty\text{时}.$$

这样,

$$\lim_{x\to+\infty}\left[\sqrt{x}-x\ln\left(1+\frac{1}{\sqrt{x}}\right)\right]=\lim_{x\to+\infty}\sqrt{x}\cdot\left[1-\sqrt{x}\ln\left(1+\frac{1}{\sqrt{x}}\right)\right]$$
$$=\lim_{x\to+\infty}\left(\frac{1}{2}+o(1)\right)=\frac{1}{2}.\qquad\square$$

例 2 求极限 $\lim\limits_{x\to0}\dfrac{\cos x-e^{-\frac{x^2}{2}}}{x^4}$.

解 $\cos x$ 和 $e^{-\frac{x^2}{2}}$ 的 Maclaurin 展开式 (展开到 x 的四次方) 分别为

$$\cos x=1-\frac{x^2}{2!}+\frac{x^4}{4!}+o(x^4),$$

及

$$e^{-\frac{x^2}{2}}=1+\left(-\frac{x^2}{2}\right)+\frac{1}{2!}\left(-\frac{x^2}{2}\right)^2+o(x^4),\qquad \text{当}x\to0\text{时}.$$

由上两式即可导出

$$\cos x-e^{-\frac{x^2}{2}}=\left(\frac{1}{24}-\frac{1}{8}\right)x^4+o(x^4)$$
$$=-\frac{1}{12}x^4+o(x^4),\qquad \text{当}x\to0\text{时}.$$

于是,

$$\lim_{x\to0}\frac{\cos x-e^{-\frac{x^2}{2}}}{x^4}=\lim_{x\to0}-\frac{1}{12}\frac{x^4}{x^4}=-\frac{1}{12}.\qquad\square$$

例 3 求极限 $\lim\limits_{x\to0}\dfrac{\sin x-\arctan x}{\tan x-\sin x}$.

解 先来整理分母, 注意下面 (变形) 恒等式:

$$\tan x-\sin x=\sin x\cdot\left(\frac{1}{\cos x}-1\right)=\frac{\sin x\cdot(1-\cos x)}{\cos x}.$$

再注意到 4.4 节中例 1 的结果: 当 $x\to0$ 时, $\sin x$ 与 x 以及 $(1-\cos x)$ 与 $\dfrac{x^2}{2}$ 均为同阶的无穷小, 因而, 回到原式, 从上述所得结果则可导出

$$\lim_{x\to0}\frac{\sin x-\arctan x}{\tan x-\sin x}=\lim_{x\to0}\left[(\sin x-\arctan x)\left(\frac{2\cos x}{x^3}\right)\right]$$
$$=2\lim_{x\to0}\frac{\sin x-\arctan x}{x^3}\cdot\lim_{x\to0}\cos x$$
$$=2\lim_{x\to0}\frac{\sin x-\arctan x}{x^3}.$$

于是, 最后利用 $\sin x$ 和 $\arctan x$ 的 Maclaurin 展开式 (展开到 x 的三次方), 有

$$\begin{aligned}\sin x-\arctan x&=(x-\frac{x^3}{3!}+o(x^3))-(x-\frac{x^3}{3}+o(x^3))\\&=\frac{1}{6}x^3+o(x^3),\qquad 当x\to 0时.\end{aligned}$$

由此即可得到

$$\lim_{x\to 0}\frac{\sin x-\arctan x}{\tan x-\sin x}=2\lim_{x\to 0}\frac{\frac{1}{6}x^3}{x^3}=\frac{1}{3}.\qquad\square$$

注 3 从上面的例 2 和例 3, 不难看出: 如果对上面两个极限式用 L'Hospital 法则来求解, 那就需要连续地分别使用四次和三次该法则. 然而, 如果利用 Taylor(特别地, Maclaurin) 展开式来求解那就简洁得多了.

在本段最后, 我们再举出一个较技巧性的、利用 Taylor 展开式的证明题如下:

例 4 试证明: 多项式

$$P_{2n}(x)\triangleq\sum_{k=1}^{n}\frac{(2x-x^2)^k-2x^k}{k}$$

必能被 x^{n+1} 所整除 ($\forall n\in\mathbb{N}$).

证明 只要我们能想到前面有关 $\ln(1+x)$ 的 Maclaurin 展开式, 那么, 该问题就不难了. 事实上, 从“分析”的角度看, 为得到本题的结果, 只需要证明: 在上面的多项式 $P_{2n}(x)$ 中必不含有常数项 (也即 x^0 项), x^1 项, ···, x^n 项, 此也即“等价于”下面的关系式成立:

$$\lim_{x\to 0}\frac{P_{2n}(x)}{x^n}=0.\qquad(*)$$

为验证极限式 $(*)$, 只要注意到: 为最终得到上述多项式 $P_{2n}(x)$, 只要作 (同一个) 函数 $-\ln[(1-x)^2]$ 的以下两个 (变形的)Maclaurin 展开式:

$$-\ln[(1-x)^2]=-2\ln(1-x)=2\sum_{k=1}^{n}\frac{x^k}{k}+o(x^n),\qquad 当x\to 0时,$$

以及

$$\begin{aligned}-\ln[(1-x)^2]&=-\ln(1-2x+x^2)\\&=-\ln[1-(2x-x^2)]\\&=\sum_{k=1}^{n}\frac{(2x-x^2)^k}{k}+o(x^n),\qquad 当x\to 0时.\end{aligned}$$

由此, 当上述两式相减时, 即可导出

$$P_{2n}(x)=\sum_{k=1}^{n}\frac{(2x-x^2)^k-2x^k}{k}=o(x^n),\qquad 当x\to 0时.$$

从而得到了上面的极限式 (*), 也即得出了本例所需结果. □

(二)

在上面 (一) 中, 我们引出的 Taylor 定理是一个非常重要和有用的定理, 利用它, 常常可以很迅速和方便地将一些"不定型"的极限求出来 (这里, 除了一些其他技巧外, 主要是依据分母的"无穷小量"的"阶数", 而相应将分子的函数亦作"相同阶数"的 Taylor 多项式展开). 此外, 由此定理也可更深入地探索函数的极值点问题. 因此, Taylor 定理成为研究一个函数在一点的"局部性质", 更详细地说, 成为研究此函数在一点的邻域内如何用一个多项式 (具有"n 阶"的多项式) 来"代替"的有力工具. 然而, 该定理中函数的多项式展开后的"误差", 也即"Peano 余项", 仅仅只能是一个"定性"的估计, 也即仅仅指出: 该函数用相应多项式 $P_n(x)$ 来"代替"时, 它们两者的"误差"是比 $(x-x_0)^n$ 更高阶的无穷小量 (当 $x\to x_0$ 时). 因而, 其完全没有给出上述"误差"之"定量"的估计法. 而在本段将要介绍的 Taylor 公式正是要解决此一问题, 也即, 我们将把上面 (一) 中有关 Taylor 展开式之 (定性估计的)Peano 余项给予具体的相关表达式, 从而为定量地作误差估计提供方便.

那么, 如何将抽象的 Peano 余项

$$R_n(x)=o((x-x_0)^n),\qquad 当x\to x_0时$$

赋予一个具体的表达式呢? 由于此余项是一个比 $(x-x_0)^n$ 更高阶的无穷小量 (当 $x\to x_0$ 时), 因此, 可以尝试探索一下: 是否 $\dfrac{R_n(x)}{(x-x_0)^{n+1}}$(当 $x\to x_0$ 时) 可以等于某一个"值"呢? 为此, 我们自然就会想到 5.5 节的 Cauchy 中值公式能否在此再使用一下? 另外, 我们也想观察一下, 这样做将会得到什么结果. 下面, 我们就以上述思路来进行讨论, 并由此引出下面的命题.

定理 2 (带 Lagrange 余项的 Taylor 公式) *假设函数 $f(x)$ 在 (a,b) 上具有 $n+1$ 阶导数, 并设 x_0, x 为 (a,b) 内的任意两点, 那么, 必存在 x_0 与 x 之间的一点 ξ, 使得*

$$f(x)=P_n(f,x_0;x)+R_n(x),\qquad (注意P_n(f,x_0;x)\triangleq\sum_{k=0}^{n}\frac{f^{(k)}(x_0)}{k!}(x-x_0)^n),$$

这里

$$R_n(x) = \frac{f^{(n+1)}(\xi)}{(n+1)!}(x-x_0)^{n+1}. \qquad \text{(称为Lagrange 余项)} \qquad (\Delta_1)$$

证明 为了利用上节的 Cauchy 中值公式, 不妨设 $x_0 < x$. 首先在 $[x_0, x]$ 上给出两个函数如下:

$$\begin{aligned} \varphi(u) &\triangleq f(x) - P_n(f, u; x) \\ &= f(x) - \sum_{k=0}^{n} \frac{f^{(k)}(u)}{k!}(x-u)^n, \qquad \forall\, u \in [x_0, x] \\ \psi(u) &\triangleq (x-u)^{n+1}. \end{aligned} \tag{3}$$

(这里, 在 $\varphi(u)$ 的假设中, 之所以将 Taylor 多项式 $P_n(x)$ 中的各阶导数的"取值点"作为此新函数的"自变量", 是因为从原 Cauchy 中值公式中已知: 其将"0 次导函数"之"差商"转换为"一次导函数"之"商". 因此, 从含有"直到 n 阶导函数"的"差商", 不难类似地将其最后转换为" $n+1$ 阶导函数"之"商".)

事实上, 在 (3) 式的假设下, 上述两个函数是满足 Cauchy 中值公式之条件的, 故必存在数 $\xi \in (x_0, x)$, 使得下面关系式成立:

$$\frac{\varphi(x_0) - \varphi(x)}{\psi(x_0) - \psi(x)} = \left.\frac{\varphi'(u)}{\psi'(u)}\right|_{u=\xi}. \tag{4}$$

而注意到 $\varphi(x_0) = f(x) - P_n(f, x_0; x) = R_n(x)$, $\varphi(x) = f(x) - f(x) = 0$; $\psi(x_0) = (x-x_0)^{n+1}$, $\psi(x) = 0$; 以及

$$\begin{aligned} (P_n(f,u;x))'_u &= \left(f(u) + \frac{f'(u)}{1!}(x-u) + \frac{f^{(2)}(u)}{2!}(x-u)^2 + \cdots + \frac{f^{(n)}(u)}{n!}(x-u)^n \right)'_u \\ &= f'(u) + \left[-f'(u) + \frac{f^{(2)}(u)}{1!}(x-u) \right] \\ &\quad + \left[-\frac{f^{(2)}(u)}{1!}(x-u) + \frac{f^{(3)}(u)}{2!}(x-u)^2 \right] \\ &\quad + \cdots + \left[-\frac{f^{(n)}(u)}{(n-1)!}(x-u)^{n-1} + \frac{f^{(n+1)}(u)}{n!}(x-u)^n \right] \\ &= \frac{f^{(n+1)}(u)}{n!}(x-u)^n. \end{aligned} \tag{5}$$

于是, 从上面 (3)~(5) 式, 即可导出

$$\begin{aligned} \frac{R_n(x)}{(x-x_0)^{n+1}} &= \frac{[f(x) - P_n(f,u;x)]'_{u=\xi}}{[(x-u)^{n+1}]'_{u=\xi}} = \frac{-\dfrac{f^{(n+1)}(\xi)}{n!}(x-\xi)^n}{-(n+1)(x-\xi)^n} \\ &= \frac{f^{(n+1)}(\xi)}{(n+1)!}. \end{aligned}$$

此即, 得到了 $f(x)$ 的 Taylor 展开之 Peano 余项的具体表达式

$$R_n(x)=\frac{f^{(n+1)}(\xi)}{(n+1)!}(x-x_0)^{n+1},\qquad \text{这里}\xi\in(x_0,x).$$

类似地, 如果 $x_0>x$, 亦可得到上面的结论, 只要取 $\xi\in(x,x_0)$ 即可.

总上, 我们完成了本定理的证明. □

注 4 定理 2 中当 $n=0$ 时, 其实也是正确的, 此可从该定理的证明中看出. 此时, 我们再次得到了 5.5 节的 Lagrange 中值公式. 由此可见: Taylor 公式是 Lagrange 中值公式的推广和精确化. 此外, 从上面 Taylor 公式中, 我们已经得到

$$f(x)=P_n(f,x_0;x)+\frac{f^{(n+1)}(\xi)}{(n+1)!}(x-x_0)^{n+1},$$

也即

$$\begin{aligned}f(x)=&f(x_0)+\frac{f'(x_0)}{1!}(x-x_0)+\frac{f^{(2)}(x_0)}{2!}(x-x_0)^2+\cdots+\frac{f^{(n)}(x_0)}{n!}(x-x_0)^n\\&+\frac{f^{(n+1)}(\xi)}{(n+1)!}(x-x_0)^{n+1}.\end{aligned}$$

由此, 则可导出

$$\left|f(x)-\sum_{k=0}^{n}\frac{f^{(k)}(x_0)}{k!}(x-x_0)^k\right|=\left|\frac{f^{(n+1)}(\xi)}{(n+1)!}(x-x_0)^{n+1}\right|,$$

这里, ξ 为 x_0 与 x 之间的某一点. 有了上面的关系式, 可得到: 当用后面的 n 阶 Taylor 多项式来代替 $f(x)$ 时, 两者间的误差之估计法; 并且在上面关系式中, 当仅取右端的多项式之值来代替前面的函数值时, 其精度必然随着 n 的增大而变细. 此外, 在实际问题中, 正是根据误差的要求, 由上式后端的"余项"来估计出近似于此函数的多项式之阶数 n 的取值的 (具体的实例可见后面的例 5).

从上面定理的启发, 可以导出定理 2 的一个推广定理. 其证明的技巧性更强, 故得到的结果也更广泛一些. 这一新的定理是由德国数学家 O.Schlömilch(施勒米希) 和法国数学家 Roche(洛切) 得到的.

注 5 在前面定理 1 的证明中, 我们在其关系式 (2) 曾经得到

$$[P_n(f,x_0;x)]'_x=P_{n-1}(f',x_0;x);\tag{$*$}$$

而在定理 2 的证明中, 我们在其关系式 (5) 又得到

$$[P_n(f,u;x)]'_u=\frac{f^{(n+1)}(u)}{n!}(x-u)^n.\tag{$**$}$$

此两个有关 Taylor 多项式的关系式均是十分有用和重要的 (例如上面的关系式 (**) 就是下面 Taylor 公式的推广定理之论证关键), 值得我们特别记忆.

定理 3 (带 Schlömilch-Roche 余项的 Taylor 公式) 在上面定理 2 的假设条件下, 对于任意的 $i \in \mathbb{N}$ (这里的 i 亦可为任意正数), 必存在 x_0 与 x 之间的一个数 ξ, 使得

$$f(x) = P_n(f, x_0; x) + R_n(x),$$

这里

$$R_n(x) = \frac{f^{(n+1)}(\xi)}{n!i}(x-\xi)^{n+1-i}(x-x_0)^i. \tag{Δ_2}$$

(或者当令 $\xi = x_0 + \theta(x - x_0)$ 时, 这里 $\theta \in (0,1)$, 亦可写为

$$R_n(x) = \frac{f^{(n+1)}(x_0 + \theta(x - x_0))}{(n)!i}(x-x_0)^{n+1}(1-\theta)^{n+1-i}. \tag{Δ_2'}$$

证明 首先, 与定理 2 的证明一样, 不妨设 $x_0 < x$. 其次, 为了利用 5.4 节的 Rolle 定理, 我们必须引进一个在 $[x_0, x]$ 上定义的辅助函数 $\widetilde{\varphi}(u)$, 使其满足 $\widetilde{\varphi}(x) = \widetilde{\varphi}(x_0)$ (并使得当取某一点 $\xi \in [x_0, x]$ 时, 从 $\widetilde{\varphi}'(\xi) = 0$ 可将所需结果导出来). 而再注意到, 从 Peano 余项特性可知 $R_n(x)$ 其必含有 $(x - x_0)^{n+1}$ 的公共因子 (否则不会就有 $\dfrac{R_n(x)}{(x-x_0)^n} \to 0$, 当 $x \to x_0$ 时). 此外, 为了得到本定理的结果, 对任意给定的 $i \in \mathbb{N}$, 还必须让 $R_n(x)$ 亦含有因子 $(x - x_0)^i$. 这样, 从以上的分析考虑, 可以先设 $R_n(x) \triangleq (x - x_0)^i \lambda_n(x)$, 使得 $f(x)$ 原来的 Taylor 展开式变为

$$f(x) = P_n(f, x_0; x) + (x - x_0)^i \lambda_n(x). \tag{6}$$

然后, 通过辅助函数及 Rolle 定理来最后确定 $\lambda(x)$ 则可.

同样地, 为了得到本定理所需结果 (注意所需余项 $R_n(x)$ 中 f 之导函数的要求), 由定理 2 证明中的关系式 (5) 的启发, 可以令辅助函数 $\widetilde{\varphi}$ 为

$$\widetilde{\varphi}(u) \triangleq P_n(f, u; x) + (x - u)^i \lambda_n(x), \qquad \forall u \in [x_0, x]. \tag{7}$$

(也即将上面 (6) 式中 $f(x)$ 等号后面之函数的点“x_0”换为新变量“u”而得.) 那么, 从 (6) 式则有

$$\widetilde{\varphi}(x_0) = P_n(f, x_0; x) + (x - x_0)^i \lambda_n(x) = f(x),$$

而从上面 (7) 式中 $\widetilde{\varphi}$ 的定义又有

$$\widetilde{\varphi}(x) = P_n(f, x; x) = (f(x) + 0) + 0 = f(x).$$

从而 (无论 $\lambda_n(x)$ 为何) 总有 $\widetilde{\varphi}(x_0)=\widetilde{\varphi}(x)$, 并且, 函数 $\widetilde{\varphi}(u)$ 在 $[x_0,x]$ 区间上显然满足 Rolle 定理的条件. 由此导出：必存在一个中间值 $\xi\in(x_0,x)$, 使得下面关系式成立：

$$\widetilde{\varphi}'(\xi)=0.$$

再次注意到定理 2 证明中的关系式 (5), 从上面 (7) 式的函数定义, 可得

$$\begin{aligned}0=\widetilde{\varphi}'(u)\Big|_{u=\xi}&=[P_n(f,u;x)]'_{u=\xi}+[(x-u)^i\lambda_n(x)]'_{u=\xi}\\&=\frac{f^{(n+1)}(\xi)}{n!}(x-\xi)^n-i(x-\xi)^{i-1}\lambda_n(x),\end{aligned}$$

从而解得

$$\lambda_n(x)=\frac{f^{(n+1)}(\xi)}{n!i}\frac{(x-\xi)^n}{(x-\xi)^{i-1}},\tag{8}$$

这里 $\xi\in(x_0,x)$. 最后, 将上面 (8) 式的结果代入前面的 (6) 式, 即可导出

$$\begin{aligned}f(x)&=P_n(f,x_0;x)+(x-x_0)^i\frac{f^{(n+1)}(\xi)}{n!i}\frac{(x-\xi)^n}{(x-\xi)^{i-1}}\\&=P_n(f,x_0;x)+\frac{f^{(n+1)}(\xi)}{n!i}(x-\xi)^{n+1-i}(x-x_0)^i,\end{aligned}$$

这里 $\xi\in(x_0,x)$. 与上面推导类似, 同样可以在 $x_0>x$ 时, 导出与上面类似的结果.

总上, 也即导出了本定理所需的结论. □

注 6 在上面的定理 3 中, 当取 $i=n+1$ 时, 便可得到前面的定理 3, 也即带有“Lagrange 余项的 Taylor 公式”. 而当取 $i=1$ 时, 此时余项变为

$$R_n(x)=\frac{f^{(n+1)}(\xi)}{n!}(x-\xi)^n(x-x_0),\tag{Δ_3}$$

(这里, ξ 为 x_0 与 x 之间的某一数) 称为 **Cauchy 余项**. 同样地, 当令 $\xi=x_0+\theta(x-x_0)$ 时 (这里, $0<\theta<1$), 上面的 Cauchy 余项又可变形为

$$R_n(x)=\frac{f^{(n+1)}(x_0+\theta(x-x_0))}{n!}(x-x_0)^{n+1}(1-\theta)^n,\qquad 0<\theta<1.\tag{Δ_3'}$$

特别地, 对于 Maclaurin 展开式 (也即, 在点 $x_0=0$ 的 Taylor 展开), 此时相应的“Lagrange 余项”变为

$$R_n(x)=\frac{f^{(n+1)}(\theta x)}{(n+1)!}x^{n+1},$$

而相应的“Cauchy 余项”则变为

$$R_n(x)=\frac{f^{(n+1)}(\theta x)}{n!}x^{n+1}(1-\theta)^n,\qquad 0<\theta<1.$$

与上段 (一) 中给出的一些初等函数的 Maclaurin 展开式 (带 Peano 余项) 相对应, 不难得到它们各自相应的 Lagrange 余项如下, 请读者自己验明之 (以下, ξ 均为 0 与 x 之间的某一数, 而 θ 则为 0 与 1 之间的某一数):

1° 对于函数 e^x , 其 Lagrange 余项为

$$R_n(x)=\frac{e^{\xi}}{(n+1)!}x^{n+1};$$

而其相应的 Maclaurin 公式则为

$$e^x=1+\frac{x}{1!}+\frac{x^2}{2!}+\cdots+\frac{x^n}{n!}+\frac{e^{\theta x}}{(n+1)!}x^{n+1}.$$

2° 对于函数 $\sin x$, 其 Lagrange 余项为

$$R_{2n}(x)=\frac{\sin\left(\xi+\dfrac{2n+1}{2}\pi\right)}{(2n+1)!}x^{2n+1}=\frac{(-1)^n\cos\xi}{(2n+1)!}x^{2n+1};$$

而其相应的 Maclaurin 公式则为

$$\sin x=x-\frac{x^3}{3!}+\frac{x^5}{5!}-\frac{x^7}{7!}+\cdots+(-1)^{n-1}\frac{x^{2n-1}}{(2n-1)!}+(-1)^n\frac{\cos\theta x}{(2n+1)!}x^{2n+1}.$$

3° 对于函数 $\cos x$, 其 Lagrange 余项为

$$R_{2n+1}(x)=\frac{(-1)^{n+1}\cos\xi}{(2n+2)!}x^{2n+2};$$

而其相应的 Maclaurin 公式则为

$$\cos x=1-\frac{x^2}{2!}+\frac{x^4}{4!}-\frac{x^6}{6!}+\cdots+(-1)^n\frac{x^{2n}}{(2n)!}+(-1)^{n+1}\frac{\cos\theta x}{(2n+2)!}x^{2n+2}.$$

4° 对于函数 $\ln(1+x)$, (当 $x>-1$ 时), 其 Maclaurin 展开式为

$$\ln(1+x)=x-\frac{x^2}{2}+\frac{x^3}{3}-\frac{x^4}{4}+\cdots+(-1)^{n-1}\frac{x^n}{n}+R_n(x).$$

由此, 特别地, 当 $-1<x<1$ 时, 有

$$\ln(1-x)=-x-\frac{x^2}{2}-\frac{x^3}{3}-\cdots-\frac{x^n}{n}+R_n(x).$$

为了今后判断右端相应收敛区间的需要, 我们将余项的两个形式均在下面给出 (而此后一余项则是解决上述问题所必须的):

(i) Lagrange 余项

$$R_n(x) = \frac{(-1)^n}{n+1}\frac{x^{n+1}}{(1+\theta x)^{n+1}};$$

(ii) Cauchy 余项

$$R_n(x) = \left(\frac{1-\theta}{1+\theta x}\right)^n \frac{1}{1+\theta x}x^{n+1}.$$

(附：从上面的后一个余项表达式, 容易导出：只要 $|x|<1$, 就有

$$|R_n(x)| \leqslant |x|^n \frac{1}{|1+\theta x|} \leqslant |x^n|\frac{1}{1-|x|} \to 0, \quad \text{当} n\to\infty \text{时}.\ )$$

5° 对于函数 $(1+x)^\lambda$, (当 $x>-1$ 时), 其 Maclaurin 展开式为

$$(1+x)^\lambda = \sum_{k=0}^{n}\binom{\lambda}{k}x^k + R_n(x).$$

同样地, 为了将来估计余项趋于 0 的状况, 我们亦将其两种余项的形式在下面给出：

(i) Lagrange 余项

$$R_n(x) = \binom{\lambda}{n+1}(1+\theta x)^{\lambda-n-1}x^{n+1} = \frac{\lambda(\lambda-1)\cdots(\lambda-n)}{(n+1)!}(1+\theta x)^{\lambda-n-1}x^{n+1};$$

(ii) Cauchy 余项

$$\begin{aligned} R_n(x) &= \frac{\lambda(\lambda-1)\cdots(\lambda-n)}{n!}(1+\theta x)^{\lambda-n-1}(1-\theta)^n x^{n+1} \\ &= \frac{\lambda(\lambda-1)\cdots(\lambda-n)}{n!}\left(\frac{1-\theta}{1+\theta x}\right)^n(1+\theta x)^{\lambda-1}x^{n+1}. \end{aligned}$$

(附：当 $x\in(-1,0)$ 时, 上面的 Lagrange 余项, 在 λ 不是自然数时, 是不方便作估计关系的. 但如用 Cauchy 余项, 则容易得到

$$\begin{aligned} |R_n(x)| &\leqslant \left(\frac{|\lambda(\lambda-1)\cdots(\lambda-n)|}{n!}|x|^{n+1}\right)\left(\frac{1-\theta}{1+\theta x}\right)^n(1+\theta x)^{\lambda-1} \\ &\leqslant \left|\frac{\lambda(\lambda-1)\cdots(\lambda-n)}{n!}x^{n+1}\right|\cdot 2^{\lambda-1}, \end{aligned}$$

故从 3.2 节的 (D'Alembert)“比值判别法”, 以及级数 $\sum\limits_n \frac{\lambda(\lambda-1)\cdots(\lambda-n)}{n!}x^{n+1}$ 当 $|x|<1$ 时是绝对收敛的, 故知其“通项” $\to 0$ (当 $n\to\infty$ 时). 由此即可导出上式中

$$R_n(x)\to 0, \qquad \text{当} n\to\infty \text{时}.$$

而当 $x=1$ 时, 由 3.2 节的例 7 及 Raabe 判别法可知, 当 $\lambda>0$ 时, 上面对应 (数项) 级数亦是绝对收敛的, 故 $R_n(1)\to 0$ (当 $n\to\infty$ 时). 其实, 当 $x=1$ 时, 只要 $\lambda\in(-1,0)$, 则亦可由交错级数的 Leibniz 判别法得知上面对应的 (数项) 级数是收敛的, 故仍可得到 $R_n(1)\to 0$ (当 $n\to\infty$ 时) 的结论.

此外, 上述有关 Cauchy 余项的估计式, 在该幂级数的近似计算中也将是很有用的. 这里, 我们要求 $|x|<1$. 此时, 只要注意到不等式

$$1-|x|\leqslant 1+\theta x\leqslant 1+|x|,$$

从上面的 Cauchy 余项公式不难导出

$$|R_n(x)|\leqslant\begin{cases}\dfrac{|\lambda(\lambda-1)\cdots(\lambda-n)|}{n!}(1+|x|)^{\lambda-1}|x|^{n+1}, & \text{当}\lambda>1\text{时},\\ \dfrac{|\lambda(\lambda-1)\cdots(\lambda-n)|}{n!}(1-|x|)^{\lambda-1}|x|^{n+1}, & \text{当}\lambda<1\text{时}.\end{cases}\qquad (*)$$

在本段的最后, 作为 Taylor 公式的应用, 我们给出下面几个例子.

注 7 从 Taylor 展开式, 显然看出: 当其余项满足 $\lim\limits_{n\to\infty}R_n(x)=0$ 时 (当 $|x-x_0|<\delta$ 时), 则有

$$f(x)=\sum_{k=0}^{\infty}\frac{f^{(k)}(x_0)}{k!}(x-x_0)^k,\qquad \forall\, x\in(x_0-\delta,x_0+\delta).$$

此时, 称 $f(x)$ 在 x_0 点的邻域可以展为**Taylor 级数**(当 $x_0=0$ 时, 则类似地称为**Maclaurin 级数**). 值得注意的是: 即使 $f(x)$ 在一点 x_0 的邻域任意可导, 其"形式上的 Taylor 级数"也收敛, 此并不保证 $f(x)$ 在该邻域可以"Taylor 展开". 反例可见:

$$f(x)=\begin{cases}e^{-\frac{1}{x^2}}, & x\neq 0,\\ 0, & x=0.\end{cases}$$

从数学归纳法容易证明: $f(x)$ 在 $x=0$ 点任意邻域均有 n 次导数 ($\forall\, n\in\mathbb{N}$), 并且 $f^{(n)}(0)=0(\forall\, n\in\mathbb{N})$. 由此, $f(x)$ 之"形式上的 Maclaurin 级数"是

$$0+0\cdot x+\frac{0}{2!}x^2+\cdots+\frac{0}{n!}x^n+\cdots.$$

于是, 尽管对于任意的 $x\in\mathbb{R}$, 上面级数均收敛于 0, 但当 $x\neq 0$ 时, 其并不收敛于 $f(x)$. 因而, 函数 $f(x)$ 没有 Maclaurin 展开式.

例 5 求 $2^{1/5}$ 的近似值, 使其误差小于万分之三.

解 首先, 我们需要试探一下: 什么样的较简单些的"有理数", 其 5 次方与 2 相近? 经过实践, 可取 $\dfrac{6}{5}$, 因为 $\left(\dfrac{6}{5}\right)^5=2.48832$. 于是, 有恒等关系式

$$2=\left(\frac{6}{5}\right)^5-\left[\left(\frac{6}{5}\right)^5-2\right]\triangleq\left(\frac{6}{5}\right)^5(1-x),$$

(这里, $x = 0.1962449\cdots$). 这样, 从上式就有

$$f(x) \triangleq 2^{\frac{1}{5}} = \frac{6}{5}(1-x)^{\frac{1}{5}}.$$

故利用函数 $(1-x)^{\frac{1}{5}}$ 的 Maclaurin 展开式, 以及上面有关此函数余项的估计关系式 $(*)$, 从误差的要求则有

$$|R_n(x)| \leqslant \frac{\frac{1}{5}\cdot\frac{4}{5}\cdots\left(n-\frac{1}{5}\right)}{n!}(1-x)^{-\frac{4}{5}}x^{n+1} < 0.0003.$$

故经测试, 可得 $n=3$. 因当 $n=3$ 时, $|R_n(x)| < 0.0002492\cdots$, 于是, 从前面 $f(x)$ 的关系式以及其三阶的 Maclaurin 多项式即可得到

$$2^{\frac{1}{5}} \approx \frac{6}{5}\left(1-\frac{1}{5}x-\frac{4}{50}x^2-\frac{6}{125}x^3\right) \approx 1.1487686\cdots.$$

(而从计算器直接计算出的 $2^{\frac{1}{5}}$ 为 $1.1486984\cdots$, 可见上面的近似值符合要求.) □

注 8 例 5 系引自: 常庚哲、史济怀的《数学分析教程》的相应例子. 值得特别重述的是: 该例是在 1956 年, 我国著名的数学大师华罗庚教授考核被新分配到中国科学院数学研究所的年轻人时, "高等数学" 中的一个考题 (我们在例 5 的表述中略有 "变形"). 从例 5 可见, Taylor 公式在数值计算中是十分有用的 (当然, 它比之 5.5 节用微分作近似计算要精确得多).

例 6 假设 $f(x)$ 在 (a,b) 内有二阶导数, a_0, b_0 为 (a,b) 内不同的任意两点, 且有 $f'(a_0)=f'(b_0)=0$. 试证: 必存在点 $c_0 \in (a_0, b_0)$, 使得

$$|f''(c_0)| \geqslant \frac{4}{(b_0-a_0)^2}|f(b_0)-f(a_0)|.$$

证明 分别将函数 $f(x)$ 在 a_0 和 b_0 点作带 Lagrange 余项的 Maclaurin 展开 (取 $n=1$), 并取 $x=\dfrac{a_0+b_0}{2}$. 那么,

$$f\left(\frac{a_0+b_0}{2}\right) = f(a_0) + \frac{f'(a_0)}{1!}\left(\frac{b_0-a_0}{2}\right) + \frac{f''(c_0)}{2!}\left(\frac{b_0-a_0}{2}\right)^2, \quad c_0 \in (a_0, b_0),$$

及

$$f\left(\frac{a_0+b_0}{2}\right) = f(b_0) + \frac{f'(b_0)}{1!}\left(\frac{a_0-b_0}{2}\right) + \frac{f''(\widetilde{c}_0)}{2!}\left(\frac{a_0-b_0}{2}\right)^2, \quad \widetilde{c}_0 \in (a_0, b_0).$$

于是, 由本例中假设 $f'(a_0)=f'(b_0)=0$, 故将上两式相减, 则可导出

$$0 = f(a_0) - f(b_0) + \frac{f''(c_0)-f''(\widetilde{c}_0)}{2}\frac{(b_0-a_0)^2}{4},$$

也即

$$\frac{f''(c_0)-f''(\widetilde{c}_0)}{2}=\frac{4}{(b_0-a_0)^2}(f(b_0)-f(a_0)),$$

由此得到

$$\max(|f''(c_0)|,|f''(\widetilde{c}_0)|)\geqslant\frac{|f''(c_0)|+|f''(\widetilde{c}_0)|}{2}\geqslant\frac{4}{(b_0-a_0)^2}|f(b_0)-f(a_0)|.$$

从而本例得证. □

例 7 假设 $f(x)$ 在 (a,b) 内有任意阶的导数, 并且 $\forall n\in\mathbb{N}$, 有

(i) $|f^{(n)}(x)|\leqslant g(x),\qquad \forall x\in(a,b),$

或者

(ii) $|f^{(n)}(x)|\leqslant \beta^n,\qquad \forall x\in(a,b),$

(这里, $g(x)$ 为 (a,b) 上的连续函数, β 为某一正数.) 那么, 对于任意一点 $x_0\in(a,b)$, $f(x)$ 均可由相应的 Taylor 多项式 $P_n(f,x_0;x)$ 逼近 (也即均有 $P_n(f,x_0;x)\to f(x)$, 当 $n\to\infty$ 时).

证明 对于任意自然数 $n\in\mathbb{N}$, 将 $f(x)$ 在 (a,b) 内任一点 x_0 作 Taylor 展开, 并取 Lagrange 余项 $R_n(x)$. 那么, 从假设可知: $\forall n\in\mathbb{N}$, 有

$$|R_n(x)|=\left|\frac{f^{(n+1)}(\xi)}{(n+1)!}(x-x_0)^n\right|\leqslant|g(\xi)|\frac{|x-x_0|^n}{(n+1)!},$$

或者

$$|R_n(x)|\leqslant\frac{\beta^{n+1}}{(n+1)!}|x-x_0|^n.$$

最后, 注意到在上述两种情况下, 均有

$$R_n(x)\to 0,\qquad 当n\to\infty时.$$

因此,

$$|P_n(f,x_0;x)-f(x)|=|R_n(x)|\to 0,\qquad 当n\to\infty时.\qquad \square$$

第 6 章　多元函数的微分学

在 4.6 节中, 我们曾经讨论过二元、n 元甚至任意抽象距离空间上之变元函数 (亦可称泛函) 的极限及一点连续的局部性质 (注意该节 (一) 中的注 5). 此外, 在 4.8 节和 4.9 节中, 同样也讨论了 (包括一元、二元和 n 元在内的) 任意抽象距离空间内的紧集和连通集上之连续函数 (泛函) 的整体特性. 而在第 5 章, 则研究了一元函数的变化率的问题. 由此, 我们当然就会联想: 在二维、三维甚至 n 维以及"无穷维"的距离空间中, 是否亦可同样地来研讨空间上的函数 (泛函) 的变化率的问题呢? 当然, 从理论上讲, 在适当的距离空间上 (例如, 赋范空间) 是可以予以研究的. 然而正如 4.6 节 (二) 和 (三) 段中显现出来的一样, 由于在二维以上的线性距离空间 (如 Euclid 空间 $\mathbb{R}^n$ 或者任意 n 维赋范空间 $E_{(n)}$) 中, 一个"变点 (元)" $\boldsymbol{x}$ 趋于一个"定点 (元)" $\boldsymbol{x_0}$ 的方式非常复杂, 因此, 在讨论相应函数 (泛函) 的变化率时就显得十分困难了. 因而, 在本章中, 我们最多仅在 n 维 Euclid 空间 $\mathbb{R}^n$ 上来研讨问题, 而相应的 n 元函数也仅主要研究其对于各个坐标方向的变化率 (即"偏导数").

6.1　偏导数 (含: 方向导数)

(一)

回忆 4.6 节的 (二), 我们曾经介绍过"方向极限"的定义 (在任意的赋范空间中). 完全类似地, 将那里讨论的"范数"换为"相应于此方向泛函之改变量除以相应自变量之改变量"的"差商", 不难导出下面有关"方向导数"的定义:

定义 1　假设 E 为任一 (维数大于 1 的) 赋范空间, $\boldsymbol{x_0}$ 为 E 中任意一点, f 为定义在 $\boldsymbol{x_0}$ 的某一"去心开球" $\check{O}(x_0, \delta_0)$ 上的泛函. 那么, 对于空间 E 中任意一点 $\boldsymbol{u}(\|\boldsymbol{u}\| = 1)$, 如果"差商" ($t$ 的一元函数) 的极限

$$\lim_{t\to 0}\frac{f(\boldsymbol{x_0}+t\boldsymbol{u})-f(\boldsymbol{x_0})}{t}$$

存在, 则称其为 f 在 $\boldsymbol{x_0}$ 点**沿方向 $\boldsymbol{u}$ 的导数**, 记为 $\dfrac{\partial f}{\partial \boldsymbol{u}}(\boldsymbol{x_0})$.

注 1　首先, 从上定义, 容易得知: 当取方向为 $-\boldsymbol{u}$ 时, 相应的方向导数 $\dfrac{\partial f}{\partial(-\boldsymbol{u})}$

$(\boldsymbol{x_0}) = -\dfrac{\partial f}{\partial \boldsymbol{u}}(\boldsymbol{x_0})$. 事实上, 从定义可知,

$$\begin{aligned}\lim_{t\to 0}\frac{f(\boldsymbol{x_0}+t(-\boldsymbol{u}))-f(\boldsymbol{x_0})}{t} &= -\lim_{(-t)\to 0}\frac{f(\boldsymbol{x_0}+(-t)\boldsymbol{u})-f(\boldsymbol{x_0})}{-t}\\ &= -\lim_{\tilde{t}\to 0}\frac{f(\boldsymbol{x_0}+\tilde{t}\boldsymbol{u})-f(\boldsymbol{x_0})}{\tilde{t}}\\ &= -\frac{\partial f}{\partial \boldsymbol{u}}(\boldsymbol{x_0}).\end{aligned}$$

其次, 如果令 (一元函数) $\varphi(t) \triangleq f(\boldsymbol{x_0}+t\boldsymbol{u})$, $(|t|<\delta_0)$, 那么, $\dfrac{\partial f}{\partial(\boldsymbol{u})}(\boldsymbol{x_0})$ 的存在等价于 $\varphi'(0)$ 的存在.

下面举几个求方向导数的例子.

例 1(考察 4.6 节中注 8 的反例 1) 二元函数

$$f(\boldsymbol{p}) = \begin{cases} \dfrac{xy^2}{x^2+y^4}, & \text{当 } \boldsymbol{p}=(x,y)\in\mathbb{R}^2\setminus(0,0) \text{ 时},\\ 0, & \text{当 } \boldsymbol{p}=\boldsymbol{0}=(0,0) \text{ 时}.\end{cases}$$

试研讨 f 在 $(0,0)$ 点的方向导数.

解 对于任意“方向”(取“极坐标”)$\boldsymbol{u}=(\cos\theta,\sin\theta)(\forall\theta\in[0,2\pi))$, 由于沿此方向的函数与自变量的“差商”

$$\begin{aligned}\frac{f(\boldsymbol{0}+t\boldsymbol{u})-f(\boldsymbol{0})}{t} &= \frac{f(t\cos\theta,t\sin\theta)}{t}\\ &= \frac{t^3\cos\theta\sin^2\theta}{t(t^2\cos^2\theta+t^4\sin^4\theta)}\\ &= \frac{\cos\theta\sin^2\theta}{\cos^2\theta+t^2\sin^2\theta}\\ &= \begin{cases}0, & \text{当 } \cos\theta=0 \text{ 时},\\ \dfrac{\sin^2\theta}{\cos\theta+t^2\sin^2\theta/\cos\theta}, & \text{当 } \cos\theta\neq 0 \text{ 时},\end{cases}\end{aligned}$$

于是, 对于方向 $\boldsymbol{u}=(\cos\theta,\sin\theta)$ 而言, 有

$$\lim_{t\to 0}\frac{f(\boldsymbol{0}+t\boldsymbol{u})-f(\boldsymbol{0})}{t} = \begin{cases}0, & \text{当 } \theta=\dfrac{\pi}{2} \text{ 或 } \dfrac{3\pi}{2} \text{ 时},\\ \sin\theta\tan\theta, & \text{当 } \theta\neq\dfrac{\pi}{2} \text{ 及 } \dfrac{3\pi}{2}, \text{ 且 } \theta\in[0,2\pi) \text{ 时}.\end{cases}$$

此即函数 $f(\boldsymbol{p})$ 在原点 $\boldsymbol{0}$ 的任何方向“均存在”方向导数 (值得指出的是, 从 4.6 节的叙述可知, 此函数 $f(\boldsymbol{p})$ 在 $\boldsymbol{0}$ 点却是“不连续”的. 这在一维空间中是不会发生的). □

例 2(4.6 节中例 4 之“变形”)

$$f(\boldsymbol{p})=\begin{cases}\dfrac{xy}{x^2+y^2}, & \text{当}\boldsymbol{p}=(x,y)\neq(0,0)\text{时},\\ \dfrac{1}{2}, & \text{当}\boldsymbol{p}=\boldsymbol{0}=(0,0)\text{时}.\end{cases}$$

解　注意到, 对于任意的“方向” $\boldsymbol{u}=(\cos\theta,\sin\theta)$, 相应的一元函数

$$\varphi_{\boldsymbol{u}}(t)\triangleq f(\boldsymbol{0}+t\boldsymbol{u})=\begin{cases}\dfrac{1}{2}\sin 2\theta, & \text{当}t\neq 0\text{时},\\ \dfrac{1}{2}, & \text{当}t=0\text{时}.\end{cases}$$

故知 (i) 当 $\theta\neq\dfrac{\pi}{4}$ 或 $\dfrac{5}{4}\pi$ 时, $\varphi_{\boldsymbol{u}}(t)$ 在 $t=0$ 点必不连续, 因而当然不可导. 由此, 从注 1 可以导出: 当 $\theta\neq\dfrac{\pi}{4}$ 或 $\dfrac{5}{4}\pi$ 时, 相应的方向导数 $\dfrac{\partial f}{\partial\boldsymbol{u}}(\boldsymbol{0})$ 均不存在. (ii) 而当 $\theta_1=\dfrac{\pi}{4}$ 和 $\theta_2=\dfrac{5}{4}\pi$ 时, 设其对应于方向 $\boldsymbol{u}_i$ $(i=1,2)$, 那么,

$$\varphi_1(t)\triangleq f(\boldsymbol{0}+t\boldsymbol{u}_1)=\frac{1}{2}\sin\left(\frac{\pi}{2}\right)=\frac{1}{2},$$

及

$$\varphi_2(t)\triangleq f(\boldsymbol{0}+t\boldsymbol{u}_2)=\frac{1}{2}\sin\left(\frac{5}{2}\pi\right)=\frac{1}{2},$$

故知 $\varphi_1'(0)=\varphi_2'(0)=0$. 由此, 从注 1 可导出: 对于方向 $\boldsymbol{u}_1=\left(\dfrac{\sqrt{2}}{2},\dfrac{\sqrt{2}}{2}\right)$ 和方向 $\boldsymbol{u}_2=\left(-\dfrac{\sqrt{2}}{2},-\dfrac{\sqrt{2}}{2}\right)$, 相应的方向导数 $\dfrac{\partial f}{\partial\boldsymbol{u}_i}(\boldsymbol{0})(i=1,2)$ 均存在且为 0. □

(二)

定义 2　假设 $f(\boldsymbol{x})$ 为 (n 维 Euclid 空间)$\mathbb{R}^n$ 内某点 $\boldsymbol{x}_0$ 之去心邻域 $\check{O}(\boldsymbol{x}_0,\delta_0)$ 内的一个泛函 (或称“n 元函数”), 并设 $\boldsymbol{e}_1,\boldsymbol{e}_2,\cdots,\boldsymbol{e}_n$ 是 $\mathbb{R}^n$ 的一组标准基. 那么, 当令动点 $\boldsymbol{p}=\sum\limits_{k=1}^{n}x_k\boldsymbol{e}_k$ 时, f 在 $\boldsymbol{x}_0$“沿方向 $\boldsymbol{e}_k$ 的导数”称为 $f(\boldsymbol{x})\triangleq f(x_1,x_2,\cdots,x_n)$ 对x_k **的偏导数**, 并记为 $\dfrac{\partial f}{\partial x_k}(\boldsymbol{x}_0)$ (亦可简记为 $f'_{x_k}(\boldsymbol{x}_0)$) 或 $D_kf(\boldsymbol{x}_0)$, 并称 $D_k=\dfrac{\partial}{\partial x_k}$ 为对x_k **的偏微分算子** $(1\leqslant k\leqslant n)$.

注 2 由方向导数的定义, 不难得到偏导数

$$\frac{\partial f}{\partial x_k}(\boldsymbol{x}_0)=(D_k f(\boldsymbol{x}_0)=)\lim_{t\to 0}\frac{f(\boldsymbol{x}_0+t\boldsymbol{e}_k)-f(\boldsymbol{x}_0)}{t}$$
$$=\lim_{t\to 0}\frac{f(x_1^0,x_2^0,\cdots,x_{k-1}^0,x_k^0+t,x_{k+1}^0,\cdots,x_n^0)-f(x_1^0,x_2^0,\cdots,x_{k-1}^0,x_k^0,x_{k+1}^0,\cdots,x_n^0)}{t}$$

由此可见: 对 n 元函数 $f(x_1,\cdots,x_n)$ 求其对 x_k 的偏导数, 其实就是仅对f **中的"第 k 个"坐标变量求导**(如同一元函数求导一样), 而"其余的"坐标变量则均"视为常数". 因此求偏导并不是什么新东西, 只要会求导数就不难求偏导数 (至于"方向导数"的求法, 则是不容易的. 在下一节, 我们将会介绍用偏导数来求方向导数的方法).

例 3 设 $f(x,y,z)$ 为 $\mathbb{R}^3$ 中函数,

$$f(x,y,z)=x^\lambda\ln y+\cos z,\qquad \forall x,y,z>0.$$

求 $\frac{\partial f}{\partial x}(x,y,z)$, $\frac{\partial f}{\partial y}(x,y,z)$ 和 $\frac{\partial f}{\partial z}(x,y,z)(\forall\ x,y,z>0)$.

解 由一元函数的求导公式即可得到 $\forall x,y,z>0$,

$$\frac{\partial f}{\partial x}(x,y,z)=(x^\lambda\ln y+\cos z)'_x=\lambda x^{\lambda-1}\ln y,$$

$$\frac{\partial f}{\partial y}(x,y,z)=(x^\lambda\ln y+\cos z)'_y=\frac{x^\lambda}{y},$$

及

$$\frac{\partial f}{\partial z}(x,y,z)=-\sin z.\qquad\square$$

例 4 设 $\mathbb{R}^2$ 中定义的函数 $f(x,y)$ 为

$$f(x,y)=\begin{cases}xy\dfrac{x^2-y^2}{x^2+y^2}, & \text{当}(x,y)\neq(0,0)\text{时},\\ 0, & \text{当}(x,y)=(0,0)\text{时}.\end{cases}$$

求 $f_x(x,y)$ 和 $f_y(x,y)$.

解 (i) 当 $(x,y)\neq(0,0)$ 时, 直接由 (一元函数) 导函数公式可以得到

$$f'_x(x,y)=\left(xy\frac{x^2-y^2}{x^2+y^2}\right)'_x=y\left(x\frac{x^2-y^2}{x^2+y^2}\right)'_x$$
$$=y\left(\frac{x^2-y^2}{x^2+y^2}+x\frac{4xy^2}{(x^2+y^2)^2}\right)=y\frac{x^4-y^4+4x^2y^2}{(x^2+y^2)^2}.$$

注意到此函数 x 与 y 的“反对称性”, 也即 $f(y,x)=-f(x,y)$. 因此, 从上结果可直接得到 (将那里 x 与 y 互换, 最后取负号)

$$f'_y(x,y)=-f'_x(y,x)=-x\frac{y^4-x^4+4y^2x^2}{(y^2+x^2)^2}.$$

(ii) 当 $(x,y)=(0,0)$ 时, 由定义可知 $f(0,0)=0$ 及

$$f(x,0)=f(0,y)=0,\qquad \forall x\neq 0, y\neq 0.$$

由此, 从偏导数定义得

$$f'_x(0,0)=\lim_{x\to 0}\frac{f(x,0)-f(0,0)}{x}=0,$$

及

$$f'_y(0,0)=\lim_{y\to 0}\frac{f(0,y)-f(0,0)}{y}=0.$$

(附: 从上面两种情况, 容易看到

$$|f'_x(x,y)|\leqslant 2|y|,\qquad |f'_y(x,y)|\leqslant 2|x|,\qquad \forall (x,y)\in\mathbb{R}^2.$$

因此, 作为二元函数的上述两个偏导函数均是 (二元) 连续的.) □

例 5 在 $\mathbb{R}^n$ 中, 求函数 $f(\boldsymbol{x})=\|\boldsymbol{x}\|$ 的各个偏导数.

解 首先, Euclid 空间 $\mathbb{R}^n$ 中的范数 (其为“l^2 型”的范数) 为

$$\|\boldsymbol{x}\|=(x_1^2+x_2^2+\cdots+x_n^2)^{\frac{1}{2}},\qquad \forall \boldsymbol{x}=(x_1,x_2,\cdots,x_n)\in\mathbb{R}^n.$$

其次, 对于此“n 元”函数, 对其自变量 $\boldsymbol{x}$ 分下面两种情况讨论:

(i) 当 $\boldsymbol{x}\neq\mathbf{0}$ 时, 由 (一元函数) 求导法, 显然可以得到

$$\begin{aligned}D_{x_k}f(\boldsymbol{x})&=[(x_1^2+x_2^2+\cdots+x_n^2)^{\frac{1}{2}}]'_{x_k}\\&=\left[\left(\sum_{k=1}^n x_k^2\right)^{\frac{1}{2}}\right]'_{x_k}=\frac{1}{2}\left(\sum_{k=1}^n x_k^2\right)^{-\frac{1}{2}}\left(\sum_{k=1}^n x_k^2\right)'_{x_k}\\&=\frac{1}{2}\left(\sum_{k=1}^n x_k^2\right)^{-\frac{1}{2}}\cdot 2x_k=\frac{x_k}{\|\boldsymbol{x}\|},\qquad k=1,2,\cdots,n.\end{aligned}$$

(ii) 当 $\boldsymbol{x}=\mathbf{0}$ 时, 由定义可得

$$\begin{aligned}D_{x_k}f(\mathbf{0})&=\lim_{t\to 0}\frac{f(\mathbf{0}+t\boldsymbol{e}_k)-f(\mathbf{0})}{t}=\lim_{t\to 0}\frac{\|\mathbf{0}+t\boldsymbol{e}_k\|-\|\mathbf{0}\|}{t}\\&=\lim_{t\to 0}\frac{|t|}{t}=\begin{cases}1, & \text{当 } t>0 \text{ 时},\\ -1, & \text{当 } t<0 \text{ 时},\end{cases}\qquad k=1,2,\cdots,n.\end{aligned}$$

由此可知函数 $\|\boldsymbol{x}\|$ 在原点 $\mathbf{0}$ 的任何偏导数均不存在 (附：从上亦可看出：虽然在原点 $\mathbf{0}$ 函数 $\|\boldsymbol{x}\|$ 的任何偏导数均不存在, 但其各相应的“左、右偏导数”均是存在的). □

在本段最后, 我们再来观察一下在 $\mathbb{R}^2$ 上定义的二元函数 $z=f(x,y)$ 在点 (x_0,y_0) 处其各偏导数 $\dfrac{\partial f}{\partial x}(x_0,y_0)$ 和 $\dfrac{\partial f}{\partial y}(x_0,y_0)$ 的几何意义.

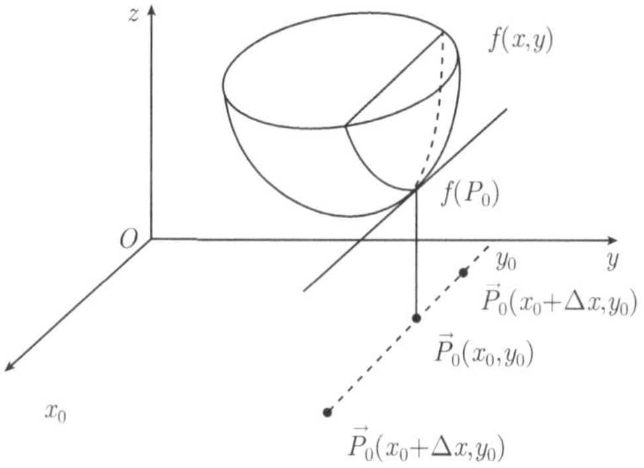

图 1

从图 1 不难看出：对于曲面 $z=f(x,y)$, 当其与平面 $y=y_0$ 相交时, 可以得到下面的曲线：

$$\Gamma_x : z=f(x,y_0).$$

注意上面只是一个“一元函数”, 即 z 是 x 的函数. 由此, 从一元函数导数的几何意义可以看出：偏导数 $\dfrac{\partial f}{\partial x}(x_0,y_0)$ 其实就是在 $y=y_0$ 平面中的上述曲线 Γ_x 在点 $(x_0,y_0,f(x_0,y_0))$ 之切线的斜率. 类似地, 不难得到 $\dfrac{\partial f}{\partial y}(x_0,y_0)$ 为曲面 $z=f(x,y)$ 与平面 $x=x_0$ 相交而得的曲线

$$\Gamma_y : z=f(x_0,y)$$

在点 $(x_0,y_0,f(x_0,y_0))$ 之切线的斜率.

(三)

对于多元函数而言, 其偏导数存在与函数的连续性是没有直接关联的. 最明显的例子是 4.6 节最后的反例 6, 在那里 $f(x,y)\equiv 1$(当 $x=0$ 或 $y=0$ 时), $f(x,y)\equiv 0$ (其他 $\mathbb{R}^2$ 中的点). 因此, 虽然 $\dfrac{\partial f}{\partial x}(0,0)=\dfrac{\partial f}{\partial y}(0,0)=0$, 但是 $f(x,y)$ 在点 $(0,0)$ 显然不连续. 而更深刻地, 从上面例 1 还可以看到：即使函数在一点的“各方向导

数” 均存在, 此亦不能保证函数在此点的连续性. 反过来也是一样的, 从上面例 5, $f(x_1,\cdots,x_n)=\sqrt{\sum_{k=1}^{n}x_k^2}$, 或者类似地 $f(x_1,\cdots,x_n)=\left|\sum_{k=1}^{n}x_k\right|$ (此两多元函数均为一元函数 $f(x)=|x|$ 的推广) 可看到: $\mathbb{R}^n$ 空间中的函数 $f(x_1,\cdots,x_n)$ 在点 $\mathbf{0}$ 连续, 而在此点的任何偏导数 $\dfrac{\partial f}{\partial x_k}(\mathbf{0})(1\leqslant k\leqslant n)$ 均是不存在的.

但是, 下面的定理告诉我们, 当对导函数附加一定条件之后, 则是可以导出多元函数之连续性的 (我们仅以二元函数为例予以证明).

定理 1　假设 $f(x,y)$ 为定义在点 (x_0,y_0) 的某一邻域 $U(x_0,y_0)$ 内的二元函数. 那么, 如其满足以下两条件:

1° 其对应的一元函数 $f(x,y_0)$ 在点 x_0 “连续”,

2° 其偏导函数 $\dfrac{\partial f}{\partial y}(x,y)$ 在 $U(x_0,y_0)$ 均存在, 且“有界”,

则函数 $f(x,y)$ 必在 (x_0,y_0) 点连续.

证明　由 4.9 节的定义可知, “区域”即连通的开集. 由此易知: 必存在数 $\delta_0>0$, 使得

$$I(x_0,y_0;\delta_0)\triangleq\{(x,y):|x-x_0|<\delta_0,|y-y_0|<\delta_0\}\subset U(x_0,y_0).$$

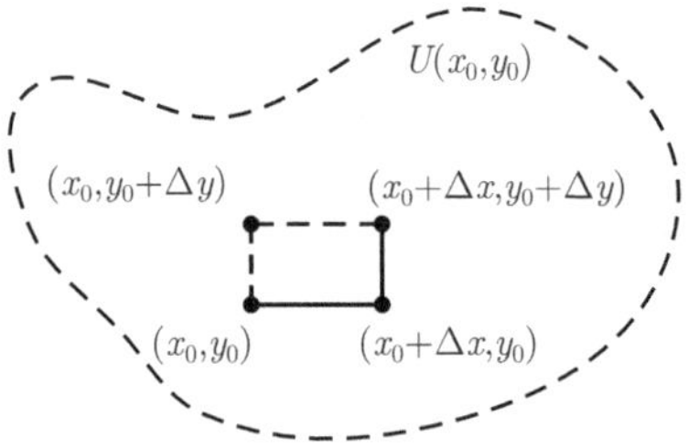

图 2

特取“变元”$(x_0+\Delta x,y_0+\Delta y)$, 并取一个“中介点”$(x_0+\Delta x,y_0)$, 其中 $|\Delta x|,|\Delta y|<\delta_0$ (如图 2). 注意到下面的恒等关系式:

$$\begin{aligned}\Delta f&\triangleq f(x_0+\Delta x,y_0+\Delta y)-f(x_0,y_0)\\&=f(x_0+\Delta x,y_0+\Delta y)-f(x_0+\Delta x,y_0)+f(x_0+\Delta x,y_0)-f(x_0,y_0),\end{aligned}\quad(1)$$

并注意到一元函数的 Lagrange 中值公式所导出的下面关系式:

$$f(x_0+\Delta x,y_0+\Delta y)-f(x_0+\Delta x,y_0)=\frac{\partial f}{\partial y}(x_0+\Delta x,y_0+\theta\Delta y)\cdot\Delta y,\qquad 0<\theta<1.\quad(2)$$

因此, 由定理的假设条件 2°, 设

$$\left|\frac{\partial f}{\partial y}(x,y)\right| < \rho(\text{正常数}), \qquad \forall (x,y) \in U(x_0,y_0),$$

从上 (1) 和 (2) 两式, 可得到

$$\begin{aligned}|\Delta f| &\leqslant \left|\frac{\partial f}{\partial y}(x_0+\Delta x, y_0+\theta\Delta y)\cdot\Delta y\right| + |f(x_0+\Delta x,y_0)-f(x_0,y_0)| \\ &\leqslant \rho|\Delta y| + |f(x_0+\Delta x,y_0)-f(x_0,y_0)|. \end{aligned} \tag{3}$$

再注意到定理的假设条件 1°, 由一元函数 $f(x,y_0)$ 在 x_0 点连续, 故可导出: 对任意 $\varepsilon>0$, 必存在正数 $\delta_1(<\delta_0)$, 使得当 $|x-x_0|<\delta_1$ 时, 有

$$|f(x_0+\Delta x,y_0)-f(x_0,y_0)| < \frac{\varepsilon}{2}. \tag{4}$$

这样, 当取正数 $\delta_2=\min\left(\delta_1,\dfrac{\varepsilon}{2\rho}\right)$ 时, 从上面 (3) 和 (4) 两式, 可得: 只要 $|\Delta x|<\delta_2$ 和 $|\Delta y|<\delta_2$, 则有

$$|f(x_0+\Delta x,y_0+\Delta y)-f(x_0,y_0)| = |\Delta f| < \rho\frac{\varepsilon}{2\rho}+\frac{\varepsilon}{2}=\varepsilon,$$

也即证得函数 $f(x,y)$ 在点 (x_0,y_0) 是连续的. □

定理 1′ 在上定理 1 中, 如果将其两个假设条件中的 x 与 y “互换” (也即一元函数 $f(x_0,y)$ 在 y_0 点 “连续”, 以及 $\dfrac{\partial f}{\partial x}(x,y)$ 在 $U(x_0,y_0)$ 存在, 且 “有界”), 那么, $f(x,y)$ 必在点 (x_0,y_0) 连续.

证明 完全类似上面定理 1 的证明, 只要将那里的“中介点”换为 $(x_0,y_0+\Delta y)$ 即可. □

遵循上面的证明思路, 不难直接导出下面的推论.

推理 1 假设 $f(x,y,z)$ 为定义在点 (x_0,y_0,z_0) 的某一邻域 $U(x_0,y_0,z_0)$ 内的一个三元函数. 那么, 如果其满足以下两条件:

1° 其对应的一元函数 $f(x,y_0,z_0)$ 在 x_0 点 “连续”,

2° 其偏导数 $\dfrac{\partial f}{\partial y}(x,y,z)$ 和 $\dfrac{\partial f}{\partial z}(x,y,z)$ 均在 $U(x_0,y_0,z_0)$ 内存在, 且 “有界”,

则函数 $f(x,y,z)$ 必在 (x_0,y_0,z_0) 点连续.

证明 与上面定理 1 证明基本类似, 此时只要取两个“中介点” $(x_0+\Delta x,y_0+\Delta y,z_0)$ 和 $(x_0+\Delta x,y_0,z_0)$ 则可. □

注 3 同样地, 从上面推理 1, 我们当然也可换那里 x 的一元函数为 y 或者 z 的相应一元函数来研讨并得到相同的结果. 更进一步, 通过归纳法, 同样可以得到在 $\mathbb{R}^n$ 空间中定义的 n 元函数的上述相应结论 (这些, 均请读者验证之).

另一方面, 对于一元函数而言, 必有性质: 可导 $\Rightarrow$ 连续. 因此, 不难验证: 如果一个 n 元函数 $f(x_1,x_2,\cdots,x_n)$ 在某点 $\boldsymbol{p}_0=(x_1^0,x_2^0,\cdots,x_n^0)$ 有某偏导数 $\dfrac{\partial f}{\partial x_k}(\boldsymbol{p_0})$ 存在 (这里 $1\leqslant k\leqslant n$), 那么, 相应的一元函数 $f(x_1^0,\cdots,x_{k-1}^0,x_k,x_{k+1}^0,\cdots,x_n^0)$ 也必在 x_k^0 点连续. 由此, 又可得到下面的推论.

推理 2　如果 n 元函数 $f(\boldsymbol{p})$ 在点 $\boldsymbol{p}_0$ 的某一邻域 $U(\boldsymbol{p}_0)$ 内, 其所有的偏导数均存在, 且"有界", 那么, $f(\boldsymbol{p})$ 必在 $\boldsymbol{p}_0$ 点连续.

与一元函数讨论相似, 接着研讨多元函数的复合函数之偏导数的存在性与计算法 (即链式法则). 我们给出下面的一个定理 (同样地仅对二元函数来讨论).

定理 2　假设 $f(x,y)$ 为定义在点 (x_0,y_0) 之某一邻域 $U(x_0,y_0)$ 内的一个二元函数, 而 $x=x(s,t)$ 和 $y=y(s,t)$ 为定义在点 (s_0,t_0) 之某一邻域 $V(s_0,t_0)$ 内的两个二元函数, 且其满足条件:

$$x_0=x(s_0,t_0),\qquad y_0=y(s_0,t_0),$$

以及

$$\{(x,y):x=x(s,t),y=y(s,t);(s,t)\in V(s_0,t_0)\}\subset U(x_0,y_0).$$

那么, 如果 $f(x,y)$ 满足以下两条件:

1° $f(x,y)$ 在邻域 $U(x_0,y_0)$ 内, 其所有的偏导数均存在, 且在 (x_0,y_0) 点"连续",

2° 上述两函数 $x(s,t)$ 和 $y(s,t)$ 在点 (s_0,t_0) 的所有偏导数均"存在",

则复合函数

$$g(s,t)\triangleq f[x(s,t),y(s,t)],\qquad \forall(s,t)\in V(s_0,t_0)$$

在 (s_0,t_0) 点各偏导数也均存在, 且有

$$\frac{\partial g}{\partial s}(s_0,t_0)\triangleq\frac{\partial f}{\partial s}[x(s_0,t_0),y(s_0,t_0)]=\frac{\partial f}{\partial x}(x_0,y_0)\cdot\frac{\partial x}{\partial s}(s_0,t_0)+\frac{\partial f}{\partial y}(x_0,y_0)\cdot\frac{\partial y}{\partial s}(s_0,t_0),$$

$$\frac{\partial g}{\partial t}(s_0,t_0)=\frac{\partial f}{\partial t}[x(s_0,t_0),y(s_0,t_0)]=\frac{\partial f}{\partial x}(x_0,y_0)\cdot\frac{\partial x}{\partial t}(s_0,t_0)+\frac{\partial f}{\partial y}(x_0,y_0)\cdot\frac{\partial y}{\partial t}(s_0,t_0).$$

证明　由于证明的相似性 (因为只要将 t 与 s 交换则可互得上面两关系式), 因此下面仅来验证上面的第一个结果.

首先, 与上定理证明类似, 先假设

$$I(x_0,y_0;\delta_0)\subset U(x_0,y_0),\qquad I(s_0,t_0;\widetilde{\delta}_0)\subset V(s_0,t_0),$$

及

$$\{(x(s,t),y(s,t)):(s,t)\in I(s_0,t_0;\widetilde{\delta}_0)\}\subset I(x_0,y_0;\delta_0).$$

(这里, 与前面叙述相同, $I(u_0, v_0; \delta_0)$ 代表相应空间中的“开的方体” $\{(u,v): |u-u_0| < \delta_0, |v - v_0| < \delta_0\}$.)

其次, 从定义, 我们来研讨下面“差商”的恒等关系式 (注意定理假设中 x_0, y_0 的等式):

$$\begin{aligned}\left.\frac{\Delta g}{\Delta s}\right|_{(s_0,t_0)} &\triangleq \frac{g(s_0+\Delta s, t_0) - g(s_0, t_0)}{\Delta s}\\ &\triangleq \frac{f[x(s_0+\Delta s, t_0), y(s_0+\Delta s, t_0)] - f[x(s_0,t_0), y(s_0,t_0)]}{\Delta s}\\ &= \frac{1}{\Delta s}\{f[x(s_0+\Delta s,t_0), y(s_0+\Delta s, t_0)] - f[x(s_0+\Delta s, t_0), y_0]\\ &\quad + f[x(s_0+\Delta s, t_0), y_0] - f(x_0, y_0)\},\end{aligned} \tag{5}$$

注意 (上面两对) 分别利用一元函数的中值公式, 从 (5) 式可得

$$\begin{aligned}\left.\frac{\Delta g}{\Delta s}\right|_{(s_0,t_0)} =& \frac{1}{\Delta s}\left\{\frac{\partial f}{\partial y}(x(s_0+\Delta s, t_0), y_1)\cdot[y(s_0+\Delta s, t_0) - y_0]\right.\\ &\left. + \frac{\partial f}{\partial x}(x_1, y_0)\cdot[x(s_0+\Delta s, t_0) - x_0]\right\},\end{aligned} \tag{6}$$

(这里, y_1 是介于 y_0 和 $y(s_0+\Delta s, t_0)$ 之间的一个值, x_1 是介于 x_0 和 $x(s_0+\Delta s, t_0)$ 之间的一个值).

这样, 注意到定理假设条件 $2°$, 则有下面关系式成立 (注意上面推理 2 前面的叙述):

$$\lim_{\Delta s\to 0} y(s_0+\Delta s, t_0) = y(s_0, t_0) \triangleq y_0,$$

及

$$\lim_{\Delta s\to 0} x(s_0+\Delta s, t_0) = x(s_0, t_0) \triangleq x_0.$$

再注意到在关系式 (6) 中 x_1 和 y_1 的两个“中值”的取法, 从上面两式, 便可导出: xOy 平面上的上述两点必有以下关系:

$$\lim_{\Delta s\to 0}(x(s_0+\Delta s), y_1) = \lim_{\Delta s\to 0}(x_1, y_0) = (x_0, y_0).$$

于是, 从上式并由定理假设条件 $1°$, 可得

$$\lim_{\Delta s\to 0}\frac{\partial f}{\partial y}(x(s_0+\Delta s, t_0), y_1) = \frac{\partial f}{\partial y}(x_0, y_0), \qquad \lim_{\Delta s\to 0}\frac{\partial f}{\partial x}(x_1, y_0) = \frac{\partial f}{\partial x}(x_0, y_0). \tag{7}$$

再次注意到假设条件 2°, 从 (6) 和 (7) 两式, 便可导出

$$\begin{aligned}\frac{\partial g}{\partial s}(s_0,t_0)&=\lim_{\Delta s\to 0}\frac{\Delta g}{\Delta s}\Big|_{(s_0,t_0)}\\&=\frac{\partial f}{\partial y}(x_0,y_0)\cdot\lim_{\Delta s\to 0}\frac{y(s_0+\Delta s,t_0)-y(s_0,t_0)}{\Delta s}\\&\quad+\frac{\partial f}{\partial x}(x_0,y_0)\cdot\lim_{\Delta s\to 0}\frac{x(s_0+\Delta s,t_0)-x(s_0,t_0)}{\Delta s}\\&=\frac{\partial f}{\partial x}(x_0,y_0)\cdot\frac{\partial x}{\partial s}(s_0,t_0)+\frac{\partial f}{\partial y}(x_0,y_0)\cdot\frac{\partial y}{\partial s}(s_0,t_0),\end{aligned}$$

也即得到本定理所需结果. □

完全重复上面的证明方法, 并利用归纳法, 不难直接导出下面的推论.

推理 假设 $f(\boldsymbol{x})\triangleq f(x_1,x_2,\cdots,x_n)$ 为定义在点 $\boldsymbol{x}_0\triangleq(x_1^0,x_2^0,\cdots,x_n^0)$ 之某一邻域 $U(\boldsymbol{x}_0)$ 内的 n 元函数, 而 $x_k=x_k(\boldsymbol{t})\triangleq x_k(t_1,t_2,\cdots,t_m)$ $(1\leqslant k\leqslant m)$ 均为定义在点 $\boldsymbol{t}_0\triangleq(t_1^0,t_2^0,\cdots,t_m^0)$ 之某一邻域 $V(\boldsymbol{t}_0)$ 内的 m 元函数, 且其满足条件:

$$x_k^0=x_k(\boldsymbol{t}_0),\qquad 1\leqslant k\leqslant n,$$

以及

$$\{(x_1(\boldsymbol{t}),x_2(\boldsymbol{t}),\cdots,x_n(\boldsymbol{t})):\boldsymbol{t}\in V(\boldsymbol{t}_0)\}\subset U(\boldsymbol{x}_0).$$

那么, 如果 $f(\boldsymbol{x})$ 满足以下两个条件:

1° n 元函数 $f(\boldsymbol{x})$ 在邻域 $U(\boldsymbol{x}_0)$ 内所有偏导数均存在, 且在 $\boldsymbol{x}_0$ 点"连续",

2° 相应的 n 个函数 (均 m 元函数)$x_k=x_k(\boldsymbol{t})(1\leqslant k\leqslant n)$ 在点 $\boldsymbol{t}_0$ 的所有偏导数均"存在",

则 m 元复合函数 $g(\boldsymbol{t})$:

$$g(\boldsymbol{t})\triangleq f[x_1(\boldsymbol{t}),x_2(\boldsymbol{t}),\cdots,x_n(\boldsymbol{t})],\qquad\forall\boldsymbol{t}\in V(\boldsymbol{t}_0)$$

在 $\boldsymbol{t}_0$ 点的各偏导数也均存在, 且有

$$\frac{\partial g}{\partial t_i}(\boldsymbol{t}_0)=\sum_{k=1}^{n}\frac{\partial f}{\partial x_k}(\boldsymbol{x}_0)\cdot\frac{\partial x_k}{\partial t_i}(\boldsymbol{t}_0),\qquad 1\leqslant i\leqslant m.$$

(此式即为多元函数的**复合函数求导的链式法则** .)

(四)

前面所讨论的偏导数 $\dfrac{\partial f}{\partial x_k}(\boldsymbol{x}_0)(1\leqslant k\leqslant n)$ 也可称为多元函数在点 $\boldsymbol{x}_0$ 的**一阶偏导数**. 与一元函数类似, 同样也可引出多元函数的高阶偏导数的概念如下:

定义 3 设 $f(\boldsymbol{x})$ 为 $\mathbb{R}^n$ 中某点 $\boldsymbol{x}_0$ 之去心邻域 $\check{O}(\boldsymbol{x}_0,\delta_0)$ 内的一个 n 元函数, 如果它的偏导函数 $\dfrac{\partial f}{\partial x_i}(\boldsymbol{x})$(亦作为 n 元函数) 在邻域 $\check{O}(\boldsymbol{x}_0,\delta_0)$ 内均存在, 并且其在点 $\boldsymbol{x}_0$ 对于 x_j 的偏导数 $\dfrac{\partial}{\partial x_j}\left(\dfrac{\partial f}{\partial x_i}\right)(\boldsymbol{x}_0)$ 也存在, 则称其为 f 在 $\boldsymbol{x}_0$ 点处的**二阶偏导数**, 并记为 $\dfrac{\partial^2 f}{\partial x_j\partial x_i}(\boldsymbol{x}_0)$ (也可简记为 $(f'_{x_i}(\boldsymbol{x}_0))'_{x_j} \triangleq f''_{x_ix_j}(\boldsymbol{x}_0)$) 或 $D_{ji}f(\boldsymbol{x}_0)$ $(1\leqslant i,j\leqslant n)$. 类似地, 亦可以定义 $\boldsymbol{n}$ **阶 (混合) 偏导数** $\dfrac{\partial^n f}{\partial x_i^n}(\boldsymbol{x}_0)$(及 $\dfrac{\partial^n f}{\partial x_i^k\partial x_j^{n-k}}(\boldsymbol{x}_0)$, $\cdots$, $\dfrac{\partial^n f}{\partial x_n\partial x_{n-1}\cdots\partial x_1}(\boldsymbol{x}_0)$, 等等).

注 4 (i) 值得注意的是: 即使对二阶混合偏导数而言, 一般说来, 未必总有 $\dfrac{\partial^2 f}{\partial x\partial y}(x_0,y_0)=\dfrac{\partial^2 f}{\partial y\partial x}(x_0,y_0)$, 也即, 函数的二阶混合偏导数是与其对两个不同变量取导之“先后次序”有关的. 可见下面的一个反例.

反例 在前面的例 4 中, 曾经得到

$$f'_x(x,y)=y\frac{x^4-y^4+4x^2y^2}{(x^2+y^2)^2},\qquad f'_y(x,y)=-f'_x(y,x),\qquad \text{当}(x,y)\neq(0,0)\text{时},$$

以及

$$f'_x(0,0)=f'_y(0,0)=0.$$

由此, 即可导出

$$f''_{xy}(0,0)=\lim_{y\to 0}\frac{f'_x(0,y)-f'_x(0,0)}{y}=\lim_{y\to 0}\frac{-y-0}{y}=-1,$$

和

$$f''_{yx}(0,0)=\lim_{x\to 0}\frac{f'_y(x,0)-f'_y(0,0)}{x}=\lim_{x\to 0}\frac{x-0}{x}=1.$$

因而可见 $f''_{xy}(0,0)\neq f''_{yx}(0,0)$. □

(ii) 从上面 (i), 不难看出: 对 n 个变量的函数 $f(\boldsymbol{x})$, 从排列组合可知: f 在任何一点 $\boldsymbol{x}_0$, 其二阶偏导数共有 n^2 个.

下面研讨如下问题: 上面两个二阶混合偏导何时才能够相等呢? 这里, 我们将要给出一个充分性的命题. 由此命题, 值得我们高兴的是: 所有的初等函数其实都是满足此充分条件的. 因而, 对于它们的高阶混合偏导则就简单、清晰多了.

定理 3 假设 $f(x,y)$ 在点 (x_0,y_0) 的某一邻域 $U(x_0,y_0)$ 内, 其两个偏导函数 f'_x 和 f'_y 均存在. 那么, 相应的二阶混合偏导 f''_{xy} 与 f''_{yx}, 只要有一个在 $U(x_0,y_0)$

内均“存在”, 且在点 (x_0, y_0) 上“连续”, 则另一个也必在 (x_0, y_0) 点“存在”, 且有

$$f''_{xy}(x_0, y_0) = f''_{yx}(x_0, y_0).$$

证明　首先, 不妨设二阶混合偏导 f''_{xy} 在邻域 $U(x_0, y_0)$ 内均存在, 且在点 (x_0, y_0) 上连续.

其次, 值得注意的是, 这个定理证明的技巧在于: 作下面一个辅助图形. 如前面定理 1 的证明中的那个辅助图形一样, 不同的是, 这里与 (x_0, y_0) 有关联的另外三个点都要用上 (如图 3). 然后, 我们将此对应的四个函数值“纵向组合”“互减”后再连续使用二次中值公式. 最后, 注意到此已给的二次导数的连续性, 而由重极限与二次极限的有关命题导出.

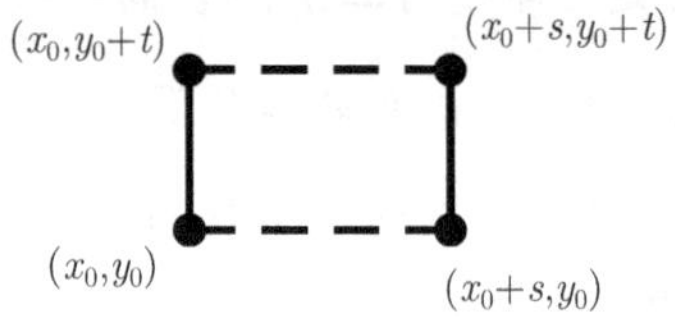

图 3

下面就来如此验证之. 首先, 仍旧如定理 1 证明中一样, 假设“开方形”$I(x_0, y_0; \delta_0) \subset U(x_0, y_0)$, 然后, 对于任一“变元”$(x_0 + s, y_0 + t)$, 作下面一个 (二元) 辅助函数:

$$\Delta(s,t) \triangleq [f(x_0 + s, y_0 + t) - f(x_0 + s, y_0)] - [f(x_0, y_0 + t) - f(x_0, y_0)], \tag{8}$$

这里 $0 < |s|, |t| < \delta_0$. 其次, 我们“合纵”作一个 (一元的) 辅助函数

$$\varphi(x) \triangleq f(x_0 + x, y_0 + t) - f(x_0 + x, y_0), \qquad x \in (0, s), \tag{9}$$

那么, 从上面 (8) 和 (9) 两式, 则有关系式

$$\Delta(s,t) = \varphi(s) - \varphi(0). \tag{10}$$

于是, 从上面 (10) 的后式, (注意定理有关一阶偏导数存在的假设) 由一元函数的中值公式, 以及前面 (9) 式, 则可导出: 必存在正数 $\theta_1 \in (0,1)$, 使得

$$\Delta(s,t) = \varphi'(\theta_1 s) \cdot s \triangleq [f'_x(x_0 + \theta_1 s, y_0 + t) - f'_x(x_0 + \theta_1 s, y_0)] \cdot s.$$

而再注意到本证明中开始的假设, 当在上后式中再次对 y 的一元函数使用中值公式后, 又可得到: 必存在正数 $\theta_2 \in (0,1)$, 使得

$$\Delta(s,t) = f''_{xy}(x_0 + \theta_1 s, y_0 + \theta_2 t) \cdot s \cdot t. \tag{11}$$

这样, 再从 $f''_{xy}(x,y)$ 之连续性, 以及 (11) 式便可导出

$$\lim_{\substack{s\to0\\t\to0}}\frac{\Delta(s,t)}{st}=f''_{xy}(x_0,y_0). \tag{12}$$

另一方面, 由定理假设 $f'_y(x,y)$ 在 $U(x_0,y_0)$ 均存在. 由此, 类似地, 当我们将辅助函数 $\Delta(s,t)$ 中的四项"合纵"后, 分别先对 $t\to0$ 取极限, 就可得到

$$\begin{aligned}\lim_{t\to0}\frac{\Delta(s,t)}{t}&=\lim_{t\to0}\left(\frac{f(x_0+s,y_0+t)-f(x_0+s,y_0)}{t}\right)-\lim_{t\to0}\left(\frac{f(x_0,y_0+t)-f(x_0,y_0)}{t}\right)\\&=f'_y(x_0+s,y_0)-f'_y(x_0,y_0)\end{aligned} \tag{13}$$

最后, 注意到上面的 (12) 和 (13) 两个关系式, 并回忆到 4.6 节 (三) 中有关累次极限与二重极限的关系之定理 7, 则可立即导出

$$\lim_{s\to0}\lim_{t\to0}\frac{\Delta(s,t)}{st}\overset{(存在)}{=\!=\!=}\lim_{\substack{s\to0\\t\to0}}\frac{\Delta(s,t)}{st},$$

也即有

$$f''_{yx}(x_0,y_0)=\lim_{s\to0}\frac{f'_y(x_0+s,y_0)-f'_y(x_0,y_0)}{s}=f''_{xy}(x_0,y_0).$$

由此, 本定理得证. □

注 5 从定理 3 证明中我们看到: 在点 (x_0,y_0) 的一个邻域内, 如果 $\dfrac{\partial^2 f}{\partial y\partial x}(x,y)$ 均存在且在 (x_0,y_0) 点连续, 那么, 只要 $\dfrac{\partial f}{\partial y}(x,y_0)$ 均存在, 则必有 $\dfrac{\partial^2 f}{\partial x\partial y}(x_0,y_0)$ 亦存在, 且等于 $\dfrac{\partial^2 f}{\partial y\partial x}(x_0,y_0)$. 类似地, 上面将 x 和 y 互换, 结论仍成立.

从定理 3, 我们立即就可以得到下面更一般的结论 (注意 4.9 节中的定义: 任何连通的开集为区域):

推理 在 $\mathbb{R}^n$ 中某个区域 U 内定义的 n 元函数 $f(\boldsymbol{p})$, 如果其在 U 内有 m 阶偏导函数存在 $(m\leqslant n)$, 那么, 在其 m 阶偏导函数的"连续点"处, n 元函数 f 的任何 k 阶混合偏导数 $(k\leqslant m)$ 与其自变量的求导"次序"无关.

注 6 一个多元函数 f, 如果其所有 k 阶偏导数存在且连续, 则称其为 $\boldsymbol{C^{(k)}}$ **类函数**. 特别地, 若 f 具有"任意阶"的偏导数, 便称 f 是 $\boldsymbol{C^\infty}$ **类函数**. 在下一节我们将会知道: 凡 $C^{(k)}$ 类函数必是 $C^{(k-1)}$ 类函数. 由此可知: 例如, 当 f 在 $\mathbb{R}^2$ 中某邻域是 $C^{(3)}$ 类函数时, 从上面定理 3 及其推理可得 (注意定义 2, $D_k\triangleq\dfrac{\partial}{\partial x_k}$)

$$D_{112}f=D_{121}f=D_{211}f,\quad 以及\ D_{12}f=D_{21}f.$$

下面给出几个与偏导数有关的例子:

例 6　设 $\mathbb{R}^n$ 内的 n 元函数, 当 $\boldsymbol{x}\neq\mathbf{0}$ 时,

$$u(\boldsymbol{x})=\begin{cases}-\ln\|\boldsymbol{x}\|, & \text{当}n=2\text{时},\\ \dfrac{1}{n-2}\|\boldsymbol{x}\|^{-(n-2)}, & \text{当 } n>2 \text{ 时},\end{cases}\quad \forall n\in\mathbb{N}.$$

求: 当 $\boldsymbol{x}\neq\mathbf{0}$ 时,

$$\Delta u(\boldsymbol{x})\triangleq\sum_{k=1}^{n}\frac{\partial^2 u}{\partial x_k^2}(\boldsymbol{x})$$

的值 (这里, 符号 Δ 为以法国著名数学家 P.S.Laplace 的姓命名的 Laplace(拉普拉斯) 算子).

解　注意到在 $\mathbb{R}^n$ 中, 元的"范数"

$$\|\boldsymbol{x}\|=\left(\sum_{k=1}^{n}x_k^2\right)^{\frac{1}{2}},\qquad \forall\boldsymbol{x}=(x_1,x_2,\cdots,x_n)\in\mathbb{R}^n.$$

且从前面例 5 我们已知: $\mathbb{R}^n$ 中任意的元 $\boldsymbol{x}\neq\mathbf{0}$, 对于任意的 $1\leqslant k\leqslant n$, 均有

$$\frac{\partial\|\boldsymbol{x}\|}{\partial x_k}=\frac{x_k}{\|\boldsymbol{x}\|},$$

故 (注意复合函数求偏导的链式法则) 不难导出

$$\frac{\partial u}{\partial x_k}(\boldsymbol{x})=\begin{cases}-\dfrac{1}{\|\boldsymbol{x}\|}\cdot\dfrac{\partial\|\boldsymbol{x}\|}{\partial x_k}=-\dfrac{x_k}{\|\boldsymbol{x}\|^2}, & \text{当 } n=2 \text{ 时},\\ (-\|\boldsymbol{x}\|^{-n+1})\cdot\dfrac{\partial\|\boldsymbol{x}\|}{\partial x_k}=-\dfrac{x_k}{\|\boldsymbol{x}\|^n}, & \text{当 } n>2 \text{ 时},\end{cases}$$

也即, 对于任意的非零元 $\boldsymbol{x}\in\mathbb{R}^n$ 均有

$$\frac{\partial u}{\partial x_k}(\boldsymbol{x})=-\frac{x_k}{\|\boldsymbol{x}\|^n},\qquad 1\leqslant k\leqslant n,\quad 2\leqslant n\in\mathbb{N}.$$

从上则不难得到: 当 $\mathbf{0}\neq\boldsymbol{x}\in\mathbb{R}^n$ 时, 有

$$\frac{\partial^2 u}{\partial x_k^2}(\boldsymbol{x})=-\frac{1}{\|\boldsymbol{x}\|^n}+\frac{nx_k^2}{\|\boldsymbol{x}\|^{n+2}},\qquad 1\leqslant k\leqslant n, 2\leqslant n\in\mathbb{N}.$$

这样, 即可导出

$$\begin{aligned}\Delta u(\boldsymbol{x})&=\frac{\partial^2 u}{\partial x_1^2}(\boldsymbol{x})+\frac{\partial^2 u}{\partial x_2^2}(\boldsymbol{x})+\cdots+\frac{\partial^2 u}{\partial x_n^2}(\boldsymbol{x})\\&=-\frac{n}{\|\boldsymbol{x}\|^n}+\frac{n}{\|\boldsymbol{x}\|^{n+2}}(x_1^2+x_2^2+\cdots+x_n^2)\\&=-\frac{n}{\|\boldsymbol{x}\|^n}+\frac{n}{\|\boldsymbol{x}\|^n}=0.\end{aligned}$$

(附：由上例我们亦可说：上述的 n 元函数 $u(\boldsymbol{x})$ 是满足 Laplace 方程 $\Delta u(\boldsymbol{x})=0$ 的.) □

例 7 设函数 $z=z(x,y)\in C^{(2)}$(即 $C^{(2)}$ 类函数), 其满足下面 (方程) 关系式:

$$\frac{\partial^2 z}{\partial x^2}+\frac{\partial^2 z}{\partial y\partial x}+\frac{\partial z}{\partial x}=z.$$

今设新参数 (新变元): s, t 和 u 有以下关系:

$$u=z(x,y)e^y,\qquad t=\frac{1}{2}(x-y),\qquad s=\frac{1}{2}(x+y).$$

试求：上面新变量所确定的新函数 $u=u(s,t)$ 所满足的偏微分方程式.

解 从上面新变元的关系式, 不难转换得到

$$\begin{cases} x\triangleq s+t, \\ y\triangleq s-t. \end{cases}\quad 及\quad z\triangleq ue^{-y}.$$

由此不难得到, 相应于上面已给出的微分方程中的各项为

$$\frac{\partial z}{\partial x}=e^{-y}\frac{\partial u}{\partial x}=e^{-y(s,t)}\left(\frac{\partial u}{\partial s}\frac{\partial s}{\partial x}+\frac{\partial u}{\partial t}\frac{\partial t}{\partial x}\right)=\frac{1}{2}e^{-y(s,t)}\left(\frac{\partial u}{\partial s}+\frac{\partial u}{\partial t}\right),$$

$$\frac{\partial^2 z}{\partial x^2}=\frac{1}{4}e^{-y(s,t)}\left(\frac{\partial^2 u}{\partial s^2}+2\frac{\partial^2 u}{\partial t\partial s}+\frac{\partial^2 u}{\partial t^2}\right),$$

以及

$$\begin{aligned}\frac{\partial^2 z}{\partial y\partial x}&=-\frac{1}{2}e^{-y(s,t)}\left(\frac{\partial u}{\partial s}+\frac{\partial u}{\partial t}\right)+\frac{1}{4}e^{-y(s,t)}\left(\frac{\partial^2 u}{\partial s^2}-\frac{\partial^2 u}{\partial t\partial s}+\frac{\partial^2 u}{\partial s\partial t}-\frac{\partial^2 u}{\partial t^2}\right)\\&=-\frac{1}{2}e^{-y(s,t)}\left(\frac{\partial u}{\partial s}+\frac{\partial u}{\partial t}\right)+\frac{1}{4}e^{-y(s,t)}\left(\frac{\partial^2 u}{\partial s^2}-\frac{\partial^2 u}{\partial t^2}\right).\end{aligned}$$

这样, 将上面三项代入原先的已给方程, 则可导出

$$\frac{1}{4}\left(\frac{\partial^2 u}{\partial s^2}+2\frac{\partial^2 u}{\partial t\partial s}+\frac{\partial^2 u}{\partial t^2}\right)+\frac{1}{4}\left(\frac{\partial^2 u}{\partial s^2}-\frac{\partial^2 u}{\partial t^2}\right)=u,$$

也即在上面的变换下, 新变量所满足的新的偏微分方程为

$$\frac{\partial^2 u}{\partial s^2}+\frac{\partial^2 u}{\partial t\partial s}=2u.\quad □$$

例 8 解下面的偏微分方程：求 $z=z(x,y)$ 为何时, 其满足

$$\frac{\partial^2 z}{\partial x^2}-y\frac{\partial^2 z}{\partial y^2}=\frac{1}{2}\frac{\partial z}{\partial y},\qquad \forall y>0.$$

解 作变量替换

$$\begin{cases} s \triangleq x - 2\sqrt{y}, \\ t \triangleq x + 2\sqrt{y}, \end{cases} \quad u = u(s,t) \triangleq z[x(s,t), y(s,t)].$$

然后, 我们观察一下在上述新变量下, 有关函数 $u(s,t)$ 的方程为何. 事实上, 注意到复合函数求偏导的链式法则, 不难得到

$$\begin{cases} \dfrac{\partial z}{\partial x} = \dfrac{\partial u}{\partial s}\dfrac{\partial s}{\partial x} + \dfrac{\partial u}{\partial t}\dfrac{\partial t}{\partial x} = \dfrac{\partial u}{\partial s} + \dfrac{\partial u}{\partial t}, \\ \dfrac{\partial z}{\partial y} = -\dfrac{\partial u}{\partial s} \cdot \dfrac{1}{\sqrt{y}} + \dfrac{\partial u}{\partial t} \cdot \dfrac{1}{\sqrt{y}}, \end{cases}$$

以及 (注意下面运算!)

$$\begin{aligned} \frac{\partial^2 z}{\partial x^2} &= \frac{\partial}{\partial x}\left(\frac{\partial u}{\partial s} + \frac{\partial u}{\partial t}\right) \\ &= \left[\frac{\partial}{\partial s}\left(\frac{\partial u}{\partial s}\right) \cdot \frac{\partial s}{\partial x} + \frac{\partial}{\partial t}\left(\frac{\partial u}{\partial s}\right) \cdot \frac{\partial t}{\partial x}\right] + \left[\frac{\partial}{\partial s}\left(\frac{\partial u}{\partial t}\right) \cdot \frac{\partial s}{\partial x} + \frac{\partial}{\partial t}\left(\frac{\partial u}{\partial t}\right) \cdot \frac{\partial t}{\partial x}\right] \\ &= \frac{\partial^2 u}{\partial s^2} + 2\frac{\partial^2 u}{\partial t \partial s} + \frac{\partial^2 u}{\partial t^2}, \end{aligned}$$

和

$$\frac{\partial^2 z}{\partial y^2} = \left(\frac{\partial^2 u}{\partial s^2} - 2\frac{\partial^2 u}{\partial t \partial s} + \frac{\partial^2 u}{\partial t^2}\right)\frac{1}{y} + \frac{1}{2}\left(\frac{\partial u}{\partial s} - \frac{\partial u}{\partial t}\right)\left(\frac{1}{\sqrt{y}}\right)^3.$$

这样, 将上面相应关系式代入原来已给的方程, 便可得到有关新变量的偏微分方程为

$$4\frac{\partial^2 u}{\partial t \partial s} = 0.$$

由此, 导出下面关系式:

$$\begin{aligned} \frac{\partial}{\partial t}\left(\frac{\partial u}{\partial s}(s,t)\right) = 0 &\Rightarrow \text{函数 } \frac{\partial u}{\partial s}(s,t) \text{ 与 } t \text{ 无关} \\ &\Rightarrow \frac{\partial u}{\partial s}(s,t) = h_1^0(s)(\text{后者仅为变量 } s \text{ 的一个可微函数}) \\ &\Rightarrow u(s,t) = h_1^0(s)\text{的某一“原函数”} \\ &\qquad (\text{也即其对 } s\text{“取导以后”应“等于”} h_1^0(s)) \\ &\Rightarrow u(s,t) = h_1(s) + h_2(t). \end{aligned}$$

(这里注意, 对于任意“纯 t”的函数, 在对 s 取导后当然必为 0.)

最后, 回到原来新变量的取法, 从上面的结果可得: 原偏微分方程的解应为

$$z(x,y) = h_1(x - 2\sqrt{y}) + h_2(x + 2\sqrt{y}),$$

这里, h_1 和 h_2 为均具有二阶连续偏导数的函数, 并且它们分别以 $x-2\sqrt{y}$ 和 $x+2\sqrt{y}$ 为“自变量”. □

注 7 上面的例 7 和例 8 均是利用变量替换, 而使原偏微分方程形式变为较简洁, 甚至可直接求解的新方程的特例. 这是在解偏微分方程时经常要用到的十分有效的方法, 值得好好品味.

6.2 多元函数的微分

与 5.5 节一元函数微分的定义相类似, 不难导出二元函数的微分定义如下:

定义 1 设二元函数 $f(x,y)$ 定义于 $\mathbb{R}^2$ 内某点 (x_0,y_0) 的某一邻域 $U(x_0,y_0)$. 如果存在 $\mathbb{R}^2$ 内的一个“线性函数” $L(x-x_0,y-y_0)$, 使得当 $x\to x_0$, $y\to y_0$ 时, 有

$$f(x,y)-f(x_0,y_0)=L(x-x_0,y-y_0)+o(\sqrt{(x-x_0)^2+(y-y_0)^2}),$$

则称二元函数 f **在点** (x_0,y_0) **可微**, 并将 (此线性函数)$L(x-x_0,y-y_0)$ 称为 $f(x,y)$ 在(x_0,y_0) **点的微分**, 记为 $\mathrm{d}f(x_0,y_0)$. 如果 f 在 $U(x_0,y_0)$ 内每一点均可微, 则称 f **在** $U(x_0,y_0)$ **内可微**, 其微分记为 $\mathrm{d}f$ 或者 $\mathrm{d}f(x,y)$.

更一般地, 我们可以定义任意 n 元函数的微分.

定义 2 设 n 元函数 (或泛函) $f(\boldsymbol{x})$ 定义于 $\mathbb{R}^n$ 空间内某点 $\boldsymbol{x_0}$ 的某一邻域 $U(\boldsymbol{x_0})$, 点 $\boldsymbol{x}_0\triangleq(x_1^0,x_2^0,\cdots,x_n^0)$. 如果存在 $\mathbb{R}^n$ 内的一个“线性函数” L, 使得

$$f(\boldsymbol{x})-f(\boldsymbol{x}_0)=L(\boldsymbol{x}-\boldsymbol{x}_0)+o(\|\boldsymbol{x}-\boldsymbol{x}_0\|),\qquad 当\|\boldsymbol{x}-\boldsymbol{x}_0\|\to 0时,$$

则称 n 元函数 (或泛函)f **在** $\boldsymbol{x}_0$ **点可微**, 并将 (此线性泛函之值) $L(\boldsymbol{x}-\boldsymbol{x}_0)$ 称为 $f(\boldsymbol{x})$ 在$\boldsymbol{x}_0$ 点微分, 记为 $\mathrm{d}f(\boldsymbol{x}_0)$. 如果 f 在 $U(\boldsymbol{x_0})$ 内每一点均可微, 则称 f **在** $U(\boldsymbol{x_0})$ **内可微**, 其微分记为 $\mathrm{d}f$ 或者 $\mathrm{d}f(\boldsymbol{x})$.

注 1 从上面定义不难看出: 微分 $\mathrm{d}f(\boldsymbol{x}_0)$ 就是自变量从 $\boldsymbol{x}_0$ 变到 $\boldsymbol{x}$ 时 f 的“函数变化量”之“线性部分”, 它与函数改变量之“差”是比 $\|\boldsymbol{x}-\boldsymbol{x}_0\|$ 更高阶的“无穷小量”(当 $\|\boldsymbol{x}-\boldsymbol{x}_0\|\to 0$ 时).

注 2 (i) 当 L 是 $\mathbb{R}$ 上的任一“线性”泛函时, 其必对应于 $\mathbb{R}$ 内一个确定的元(数)λ, 使得 $L(x)=\lambda x(\forall x\in\mathbb{R})$;

(ii) 当 L 是 $\mathbb{R}^2$ 上的任一“线性”泛函时, 其必对应于 $\mathbb{R}^2$ 内一个确定的元 (λ,μ), 使得 $L(x,y)=\lambda x+\mu y(\forall(x,y)\in\mathbb{R}^2)$;

(iii) 一般地, 当 L 是 $\mathbb{R}^n$ 上的任一“线性”泛函时, 其必对应于 $\mathbb{R}^n$ 内一个确定的元 $\boldsymbol{L}\triangleq(\lambda_1,\lambda_2,\cdots,\lambda_n)$, 使得 $L(\boldsymbol{x})=\sum\limits_{k=1}^{n}\lambda_k x_k(\forall\boldsymbol{x}\triangleq(x_1,x_2,\cdots,x_n)\in\mathbb{R}^n)$.

总上, 不难看出: 在任意的 n 维空间 $\mathbb{R}^n$ 上, 如果将其上的线性泛函 L 与其确定的 $\mathbb{R}^n$ 内的元 $\boldsymbol{L} \triangleq (\lambda_1, \lambda_2, \cdots, \lambda_n)$ 作"1-1"对应, 那么, 泛函值 $L(\boldsymbol{x})$ 显然有下面关系式:

$$L(\boldsymbol{x}) = (\boldsymbol{L}, \boldsymbol{x}) = \sum_{k=1}^{n} \lambda_k x_k, \qquad \forall \boldsymbol{x} \triangleq (x_1, x_2, \cdots, x_n) \in \mathbb{R}^n,$$

这里, $(\boldsymbol{L}, \boldsymbol{x})$ 是 $\mathbb{R}^n$ 内两个元 $\boldsymbol{L}$ 和 $\boldsymbol{x}$ 的"内积".

注 3*　作为上面注 2(iii) 的推广, 有更一般的结论 (由 4.10 节可知: 在任意有限维的赋范空间上定义的线性泛函均为连续泛函, 因此在上面注 2 中由函数"微分"定义的线性函数 (泛函) 亦均为连续的), 即由著名的匈牙利数学家 F.Riesz (黎斯) 的姓命名的下面定理:

Riesz 表现定理　设 L 为实的 Hilbert 空间 H 上的"连续线性"泛函, 那么, 必存在空间 H 中唯一的元 $\boldsymbol{L}$, 使得

$$L(\boldsymbol{x}) = (\boldsymbol{L}, \boldsymbol{x}), \qquad \forall \boldsymbol{x} \in H,$$

且有 $\|L\| = \|\boldsymbol{L}\|$ (这里, $\|L\|$ 代表 L 的"范数"—— 见后面注 4*).

这里, 与 4.1 节中的注 6 类似, 称"完备"的、具有"内积"的线性空间为 (用著名的数学大师 D.Hilbert(希尔伯特) 的姓命名的) Hilbert 空间. 而相应"实"空间的"内积""$(\boldsymbol{x}, \boldsymbol{y})$"则为由线性空间 $E \times E$ 到 $\mathbb{R}$ 内的泛函, 对于任意的元 $\boldsymbol{x}, \boldsymbol{y}, \boldsymbol{z} \in E$ 以及实数 $\alpha, \beta \in \mathbb{R}$, 其满足以下三条性质: (i)$(\boldsymbol{x}, \boldsymbol{x}) \geqslant 0$, 且 $(\boldsymbol{x}, \boldsymbol{x}) = 0 \Leftrightarrow \boldsymbol{x} = \boldsymbol{\theta}$; (ii)$(\boldsymbol{x}, \boldsymbol{y}) = (\boldsymbol{y}, \boldsymbol{x})$; (iii)$(\alpha \boldsymbol{x} + \beta \boldsymbol{y}, \boldsymbol{z}) = \alpha(\boldsymbol{x}, \boldsymbol{z}) + \beta(\boldsymbol{y}, \boldsymbol{z})$.

从上面定义我们显然看到: 任何一个 Euclid 空间 $\mathbb{R}^n (\forall n \in \mathbb{N})$, 当然就是一个 (有限维的) Hilbert 空间. 注意到 4.7 节 (三) 中的引理 2, 更一般地, 由 4.10 节中注 3 后的命题 1, 亦可知道: $\mathbb{R}^n$ 显然是一个"完备"的内积空间, 故为 Hilbert 空间, 其"内积"即为 $(\boldsymbol{x}, \boldsymbol{y}) \triangleq \sum\limits_{k=1}^{n} x_k y_k, \forall \boldsymbol{x} = (x_1, x_2, \cdots, x_n), \boldsymbol{y} = (y_1, y_2, \cdots, y_n)$.

注 4*　至于任意赋范空间 E 上的连续线性泛函 L, 正如 5.3 节中注 12 讲过的, 注意到 4.10 节中定理 1 证明中的结果, 可知: E 上的连续线性泛函必是 Lipschitz 泛函, 因而必存在正数 β, 使得均有 $|f(\boldsymbol{x})| \leqslant \beta \|\boldsymbol{x}\| (\forall \boldsymbol{x} \in E)$. 因此, 可定义: $\|f\| \triangleq \inf\{\beta : |f(\boldsymbol{x})| \leqslant \beta \|\boldsymbol{x}\|, \forall \boldsymbol{x} \in E\}$, 并可验证此 $\|f\|$ 亦为一个"范数". 因此, 赋范空间 E 上的"所有连续线性泛函之全体"也必构成一个赋范空间, 称为 E 的"共轭空间", 并记为 E^*. 这样一来, 从上面注 3*, 可得: $(\mathbb{R}^n)^* = \mathbb{R}^n (\forall n \in \mathbb{N})$, 有时亦可记为 $\mathbb{R}^n = l^2_{(n)}$ (即 n 维的 l^2 空间). 更一般地, 则有 $H^* = H$ (这里, H 为任意的 Hilbert 空间 —— 参看 5.3 节的注 12*). 另一特例则是 $(l^2)^* = l^2$. 我们亦称它们为**自共轭的赋范空间**.

从上面注 2 我们看到: 对于任意的 $n \in \mathbb{N}$, 在 $\mathbb{R}^n$ 空间中某点 $\boldsymbol{x}_0$ 的某一邻域 $U(\boldsymbol{x_0})$ 内定义的泛函 f, 如果其可微, 且在点 $\boldsymbol{x}_0 \in U(\boldsymbol{x_0})$ 上的微分为

$$\mathrm{d}f(\boldsymbol{x}_0) = L(\boldsymbol{x} - \boldsymbol{x}_0), \qquad 当\boldsymbol{x} \to \boldsymbol{x}_0时,$$

那么, 当令 $\Delta\boldsymbol{x} = \boldsymbol{x} - \boldsymbol{x}_0$ 时, 从上面的注可知: 线性泛函 L 必对应 (唯一的) 一个元 $\boldsymbol{L} \in \mathbb{R}^n$, 故当令 $\boldsymbol{L} = (\lambda_1, \lambda_2, \cdots, \lambda_n)$ 时, 则相应的微分应为

$$\mathrm{d}f(\boldsymbol{x}_0) = (\boldsymbol{L}, \Delta\boldsymbol{x}) = \sum_{k=1}^{n} \lambda_k \Delta x_k,$$

当 $\|\Delta\boldsymbol{x}\| \triangleq \sqrt{\sum\limits_{k=1}^{n} |\Delta x_k|^2} \to 0$ 时, $\forall \Delta\boldsymbol{x} = (\Delta x_1, \Delta x_2, \cdots, \Delta x_n) \in \mathbb{R}^n$; 或者, 如一元函数时的约定一样, 将上简记为

$$\mathrm{d}f(\boldsymbol{x}_0) = \sum_{k=1}^{n} \lambda_k \mathrm{d}x_k. \tag{$*$}$$

由此, 回到前面的定义 2, 从前式也可得到

$$\Delta f(\boldsymbol{x}_0) \triangleq f(\boldsymbol{x}_0 + \Delta\boldsymbol{x}) - f(\boldsymbol{x}_0) = \sum_{k=1}^{n} \lambda_k \Delta x_k + o(\|\Delta\boldsymbol{x}\|), \tag{$**$}$$

当 $\|\Delta\boldsymbol{x}\| \triangleq \sqrt{\sum\limits_{k=1}^{n} |\Delta x_k|^2} \to 0$ 时, $\forall \Delta\boldsymbol{x} = (\Delta x_1, \Delta x_2, \cdots, \Delta x_n) \in \mathbb{R}^n$.

有了上面的关系式 $(*)$ 和 $(**)$, 接着, 我们自然就会提出一个问题: 在上面有关微分的关系式中, 对应于由微分所确定之 $\mathbb{R}^n$ 上的线性泛函 L, 由它所对应之 $\mathbb{R}^n$ 空间中的元 $\boldsymbol{L} \triangleq (\lambda_1, \lambda_2, \cdots, \lambda_n)$, 那里的相应实数 λ_k $(1 \leqslant k \leqslant n)$ 将是什么呢? 回忆到 5.5 节中有关一元函数微分的性质, 我们知道: $\mathbb{R}$ (当上面的 $n = 1$ 时) 上的函数 f 在 x_0 点的微分 $\mathrm{d}f(x_0)$ 所确定的 ($\mathbb{R}$ 上的) 线性函数 $L(x - x_0) \triangleq L(\Delta x) = \lambda\Delta x$ 的表达式中, λ 不是别的, 正是 f 在 x_0 的"导数"值 $f'(x_0)$. 由此我们不难联想: 上述 $\mathbb{R}^n$ 中的元 $\boldsymbol{L} = (\lambda_1, \lambda_2, \cdots, \lambda_n)$ 会不会就是元 $\left(\dfrac{\partial f}{\partial x_1}(\boldsymbol{x}_0), \dfrac{\partial f}{\partial x_2}(\boldsymbol{x}_0), \cdots, \dfrac{\partial f}{\partial x_n}(\boldsymbol{x}_0)\right)$ 呢? 下面的定理告诉我们, 这个联想是正确的.

定理 1 设 $f(\boldsymbol{x})$ 是定义在 $\mathbb{R}^n$ 中某点 $\boldsymbol{x}_0$ 之邻域 $U(\boldsymbol{x}_0)$ 内的一个泛函 (或称 n 元函数). 那么, 如果 $f(\boldsymbol{x})$ 在 $\boldsymbol{x}_0$ 点"可微", 则

1° $f(\boldsymbol{x})$ 在 $\boldsymbol{x}_0$ 点"连续";

2° $f(\boldsymbol{x})$ 在 $\boldsymbol{x}_0$ 点的所有"偏导数" $\dfrac{\partial f}{\partial x_k}(\boldsymbol{x}_0)(1 \leqslant k \leqslant n)$ 均存在, 并且, 对于任

意改变量 $\Delta\boldsymbol{x}=(\Delta x_1,\Delta x_2,\cdots,\Delta x_n)\in\mathbb{R}^n$, 只要 $\boldsymbol{x}_0+\Delta\boldsymbol{x}\in U(\boldsymbol{x}_0)$, 就有

$$\Delta f(\boldsymbol{x}_0)\triangleq f(\boldsymbol{x}_0+\Delta\boldsymbol{x})-f(\boldsymbol{x}_0)=\sum_{k=1}^{n}\frac{\partial f}{\partial x_k}(\boldsymbol{x}_0)\cdot\Delta x_k+o(\|\Delta\boldsymbol{x}\|),\qquad \text{当 } \|\Delta\boldsymbol{x}\|\to 0 \text{ 时},$$

这里, $\|\Delta\boldsymbol{x}\|=\sqrt{\sum_{k=1}^{n}|\Delta x_k|^2}$;

3° $f(\boldsymbol{x})$ 在 $\boldsymbol{x}_0$ 点沿任何方向 $\boldsymbol{u}\triangleq(u_1,u_2,\cdots,u_n)\in\mathbb{R}^n(\|\boldsymbol{u}\|=1)$ 的“方向导数”均存在, 并且有

$$\frac{\partial f}{\partial\boldsymbol{u}}(\boldsymbol{x}_0)=\sum_{k=1}^{n}\frac{\partial f}{\partial x_k}(\boldsymbol{x}_0)\cdot u_k=\left(\frac{\partial f}{\partial x_1}(\boldsymbol{x}_0),\frac{\partial f}{\partial x_2}(\boldsymbol{x}_0),\cdots,\frac{\partial f}{\partial x_n}(\boldsymbol{x}_0)\right)\begin{pmatrix}u_1\\u_2\\\vdots\\u_n\end{pmatrix}.$$

(上面后式亦可记为“泛函” $J_f(\boldsymbol{x}_0)$ 在“元” $\boldsymbol{u}$ 上的**取值**: $(J_f(\boldsymbol{x}_0))(\boldsymbol{u})$, 并且, 从 $\mathbb{R}^n$ 上 (连续) 线性泛函的表现定理, 此亦可记为**内积** $(\nabla f(\boldsymbol{x}_0),\boldsymbol{u})$. 因此, 这里 (及以后), 当将上面的线性泛函 (算子) 之“值”用“内积”表示时, 均将变量 $\boldsymbol{x}$ 各坐标“横排”; 而当视其为“矩阵作用”后之相应空间的“值”时, 则将变量 $\boldsymbol{x}$ 各坐标“纵排”之.)

证明　1) 上面的 1° 是容易的, 只要注意到可微性的定义, 由本定理前面的关系式 (∗∗), 则可直接得知此时 f 在 $\boldsymbol{x}_0$ 点必是连续的.

2) 首先, 对于任意的自然数 k: $1\leqslant k\leqslant n$, 特取改变量 $\Delta\widetilde{\boldsymbol{x}}=(\Delta\widetilde{x}_1,\Delta\widetilde{x}_2,\cdots,\Delta\widetilde{x}_n)\in\mathbb{R}^n$ 如下:

$$\Delta\widetilde{x}_k\neq 0 \text{ 及 } \Delta\widetilde{x}_{k'}=0,\qquad \text{当 } k'\neq k \text{ 且 } 1\leqslant k'\leqslant n \text{ 时}.$$

那么, 从定理中可微性的假设, 由前面的关系式 (∗∗), 可得

$$\begin{aligned}&f(\boldsymbol{x}_0+\Delta\widetilde{\boldsymbol{x}})-f(\boldsymbol{x}_0)\\=&f(x_1^0,x_2^0,\cdots,x_{k-1}^0,x_k^0+\Delta\widetilde{x}_k,x_{k+1}^0,\cdots,x_n^0)-f(x_1^0,x_2^0,\cdots,x_{k-1}^0,x_k^0,x_{k+1}^0,\cdots,x_n^0)\\=&\lambda_k\Delta\widetilde{x}_k+o(\|\widetilde{\boldsymbol{x}}\|),\qquad \text{当}\|\widetilde{\boldsymbol{x}}\|=|\Delta\widetilde{x}_k|\to 0\text{时}.\end{aligned}$$

由此, 即可导出

$$\frac{\partial f}{\partial x_k}(\boldsymbol{x}_0)=\lim_{\Delta\widetilde{x}_k\to 0}\frac{f(\boldsymbol{x}_0+\Delta\widetilde{\boldsymbol{x}})-f(\boldsymbol{x}_0)}{\Delta\widetilde{x}_k}=\lambda_k.$$

最后, 注意到上面自然数 k 可任意取到 1 至 n, 由此, 可得本定理中 2° 的结论.

3) 因 $f(\boldsymbol{x})$ 在 $\boldsymbol{x}_0$ 可微, 因此, 由上面已证得的结果 2°, 对于方向 $\boldsymbol{u}=(u_1,u_2,\cdots,u_n)$, 当元 $\boldsymbol{x}_0+t\boldsymbol{u}\in U(\boldsymbol{x}_0)$ 时 (这里 $t\in\mathbb{R}$), 有

$$\begin{aligned}f(\boldsymbol{x}_0+t\boldsymbol{u})-f(\boldsymbol{x}_0)&=\sum_{k=1}^{n}\frac{\partial f}{\partial x_k}(\boldsymbol{x}_0)\cdot tu_k+o(\|t\boldsymbol{u}\|)\\&=t\sum_{k=1}^{n}\frac{\partial f}{\partial x_k}(\boldsymbol{x}_0)\cdot u_k+o(|t|).\end{aligned}$$

因此, 从方向导数的定义以及上面的关系式, 便可导出

$$\frac{\partial f}{\partial \boldsymbol{u}}(\boldsymbol{x}_0)=\lim_{t\to0}\frac{f(\boldsymbol{x}_0+t\boldsymbol{u})-f(\boldsymbol{x}_0)}{t}=\sum_{k=1}^{n}\frac{\partial f}{\partial x_k}(\boldsymbol{x}_0)\cdot u_k=(\nabla f(\boldsymbol{x}_0),\boldsymbol{u}).$$

此即得到了本定理 3° 的结论.

总上, 即验明了本定理的所有结果. □

注 5 虽然从多元函数 f 在 $\boldsymbol{x}_0$ 点之微分的定义来看: 前面相应于一元函数的 f 在点 x_0 的导数 $f'(x_0)$ 不是别的, 而正是由该微分所决定的"线性泛函"(此时的微分 $\mathrm{d}f(x_0)=f'(x_0)\mathrm{d}x$); 在二元函数 f 的情况下, 由该微分所决定的"线性泛函"$\boldsymbol{L}\triangleq(f'_x(x_0,y_0),f'_y(x_0,y_0))\in\mathbb{R}^2$ (此时的微分 $\mathrm{d}f(x_0,y_0)=\dfrac{\partial f}{\partial x}(x_0,y_0)\mathrm{d}x+\dfrac{\partial f}{\partial y}(x_0,y_0)\mathrm{d}y$). 一般地, 在任意 n 元函数 f 的情况下, 由该微分所决定的"线性泛函"则是 $\boldsymbol{L}\triangleq(f'_{x_1}(\boldsymbol{x}_0),f'_{x_2}(\boldsymbol{x}_0),\cdots,f'_{x_n}(\boldsymbol{x}_0))\in\mathbb{R}^n$ (此时的微分 $\mathrm{d}f(\boldsymbol{x}_0)=\sum\limits_{k=1}\dfrac{\partial f}{\partial x_k}(\boldsymbol{x}_0)\mathrm{d}x_k$). 但是, 与一元函数完全不同的是: 对于一元函数而言, "可微"与"可导"是等价的, 而在 $n\geqslant 2$ 时的空间 $\mathbb{R}^n$ 中, 上面"类似导数"之线性泛函的"存在", 不但不能导出此多元函数在该点的可微性, 甚至连此函数在该点的连续性都不能保证 (更深一步的是, 6.1 节我们还曾给出实例指出: 即使函数在某一点, 其所有"方向导数"均存在, 亦不能保证其在该点的连续性). 这些均可以由 6.1 节我们在空间 $\mathbb{R}^2$ 中所举的几个反例看出. 因此, 只有当上述的线性泛函满足前面的相应关系式 (**) 时, 才能说 f 在该点是"可微"的.

定义 3 在空间 $\mathbb{R}^n$ 中某点 $\boldsymbol{x}_0$ 邻域 $U(x_0)$ 内定义的泛函 (或称"n 元函数")$f(\boldsymbol{x})$, 当其在 $\boldsymbol{x}_0$ 点"可微"时, 此微分对应之"线性泛函"L 称为函数 f 在 $\boldsymbol{x}_0$ 点的**Fréchet (弗雷歇) 导数** (由法国著名数学家 M.Fréchet 之姓命名, 此称谓在无穷维的赋范空间中依然保留). 而此线性泛函 L 在空间 $\mathbb{R}^n$ 的"表现"元

$$\boldsymbol{L}=\left(\frac{\partial f}{\partial x_1}(\boldsymbol{x}_0),\frac{\partial f}{\partial x_2}(\boldsymbol{x}_0),\cdots,\frac{\partial f}{\partial x_n}(\boldsymbol{x}_0)\right)$$

则称为函数 f 在 $\boldsymbol{x}$ 点的**Jacobian (雅可比)**(由德国著名数学家 C.G.J.Jacobi 的姓"变形"为"所有格"而命名), 记为

$$J_f(\boldsymbol{x}_0),$$

亦称为函数 f 在 $\boldsymbol{x}_0$ 点的**梯度** (来自英文 gradient), 记为

$$\nabla f(\boldsymbol{x}_0) \text{ 或 } \mathrm{grad} f(\boldsymbol{x}_0).$$

因此, 也即得到

$$\nabla f(\boldsymbol{x}_0) = \mathrm{grad} f(\boldsymbol{x}_0) = J_f(\boldsymbol{x}_0) = \left(\frac{\partial f}{\partial x_1}(\boldsymbol{x}_0), \frac{\partial f}{\partial x_2}(\boldsymbol{x}_0), \cdots, \frac{\partial f}{\partial x_n}(\boldsymbol{x}_0)\right).$$

注 6 从定理 1 的 3°, 我们曾经得到: 当 $f(\boldsymbol{x})$ 在 $\boldsymbol{x}_0$ 可微时, 其沿任何方向 $\boldsymbol{u}$ ($\|\boldsymbol{u}\| = 1$) 的"方向导数" $\dfrac{\partial f}{\partial \boldsymbol{u}}(\boldsymbol{x}_0) = (\nabla f(\boldsymbol{x}_0), \boldsymbol{u})$. 再回忆到 5.3 节的例 10′, 对于著名的 Cauchy-Schwartz 不等式

$$\left(\sum_k a_k b_k\right)^2 \leqslant \left(\sum_k a_k^2\right)\left(\sum_k b_k^2\right),$$

曾经验证过: 当 $a_k b_k \neq 0$ 时, 上面的"等号"成立的充要条件是 $a_k = \lambda b_k, \forall k \in \mathbb{N}$. 这样, 从上面两个结果, 即可得到: 只有当方向 $\boldsymbol{u} = \dfrac{\nabla f(\boldsymbol{x}_0)}{\|\nabla f(\boldsymbol{x}_0)\|}$ 时 (再次注意梯度 $\nabla f(\boldsymbol{x}_0)$ 是空间 $\mathbb{R}^n$ 中的一个元), $f(\boldsymbol{x})$ 在 $\boldsymbol{x}_0$ 点沿此方向的方向导数最大, 且其值为 $\|\nabla f(\boldsymbol{x}_0)\|$. 而此"方向" $\boldsymbol{u} = \dfrac{\nabla f(\boldsymbol{x}_0)}{\|\nabla f(\boldsymbol{x}_0)\|}$ 则称为**梯度方向**. 此外, 注意到"梯度"是一个"方向导数", 其仅与"函数形态"及空间的"距离"有关, 因此, 其与空间的**坐标的选取** (也即线性空间中的"基底"的选取) **是无关的** (由此, 不难从方向导数出发来定义函数在一点的"梯度", 其"方向"即为方向导数取最大值的方向, 其"值"即为该最大值).

回忆到前面的注 5, 我们曾讲过, 如 6.1 节举过的反例一样 (最简单明显的反例就如过去讲方向极限时的"十字人行天桥"), 偏导数的存在并不能保证该点的连续性. 但又注意到 6.1 节的定理 1, 那里我们曾经给出过其一个推理: 即, 如果 $f(x, y)$ 在 (x_0, y_0) 的一个邻域内处处存在各偏导数, 且有界, 则 $f(x, y)$ 在 (x_0, y_0) 点必连续. 那么, 在此推理同样的假设条件下, $f(x, y)$ 在 (x_0, y_0) 点是否一定"可微"呢? 事实上, 下面的反例告诉我们, 上面问题的回答是否定的.

反例 设 $\mathbb{R}^2$ 上定义的函数

$$f(x,y) = \begin{cases} \dfrac{xy}{\sqrt{x^2+y^2}}, & \text{当}(x,y) \neq (0,0)\text{时}, \\ 0, & \text{当}(x,y) = (0,0)\text{时}. \end{cases}$$

不难计算出

$$\frac{\partial f}{\partial x}(x,y)=\begin{cases}\dfrac{y}{\sqrt{x^2+y^2}}-\dfrac{x^2y}{(\sqrt{x^2+y^2})^3}, & \text{当}(x,y)\neq(0,0)\text{时},\\ 0, & \text{当}(x,y)=(0,0)\text{时}.\end{cases}$$

由函数关于 x 与 y 的"对称性", 则有

$$\frac{\partial f}{\partial y}(x,y)=\frac{\partial f}{\partial x}(y,x)\qquad(\text{即将上式中 } x \text{ 与 } y \text{ 互换而得}).$$

因此,

$$\left|\frac{\partial f}{\partial x}(x,y)\right|=\frac{|y|^3}{(\sqrt{x^2+y^2})^3}\leqslant 1.$$

类似地, 有

$$\left|\frac{\partial f}{\partial y}(x,y)\right|=\frac{|x|^3}{(\sqrt{x^2+y^2})^3}\leqslant 1,\qquad \forall(x,y)\neq(0,0).$$

这样, 上面函数 f 所有的偏导数均在 $\mathbb{R}^2$ 上处处存在且有界. 但是, f 在 $(0,0)$ 是不可微的.

事实上, 反之, 如果 f 在 $(0,0)$ 点可微, 由于已知 $\dfrac{\partial f}{\partial x}(0,0)=\dfrac{\partial f}{\partial y}(0,0)=0$, 故由可微性定义则有

$$f(x,y)-f(0,0)=(f'_x(0,0)x+f'_y(0,0)y)+o(\sqrt{x^2+y^2}),\qquad \text{当 } \sqrt{x^2+y^2}\to 0 \text{ 时},$$

也即有

$$\frac{xy}{\sqrt{x^2+y^2}}=o(\sqrt{x^2+y^2}),\qquad \text{当 } \sqrt{x^2+y^2}\to 0 \text{ 时},$$

此即有关系式

$$\lim_{x^2+y^2\to 0}\frac{xy}{x^2+y^2}=0.$$

但从 4.6 节的例 4 可知: 上面的极限根本是不存在的, 矛盾! 由此归谬验得函数 f 在 $(0,0)$ 点是不可微的. □

那么, 各偏导数要加上什么样的条件以后, 就可以导出函数的可微性呢? 下面给出一个充分性命题.

定理 2 设 $f(x,y)$ 是定义在 $\mathbb{R}^2$ 中某点 (x_0,y_0) 之邻域 $U(x_0,y_0)$ 内的一个泛函. 那么, 如果 f 在 $U(x_0,y_0)$ 内的某一偏导数存在, 且在点 (x_0,y_0) 连续, 而另一偏导数在 (x_0,y_0) 点存在, 则 f 必在 (x_0,y_0) 点可微.

证明 不妨设 $\dfrac{\partial f}{\partial x}(x,y)$ 在 (x_0,y_0) 点的某"开矩形"邻域 $I(x_0,\delta_1^0)\times I(y_0,\delta_2^0)$

内均存在, 且在 (x_0, y_0) 点连续, 而 $\dfrac{\partial f}{\partial y}(x_0, y_0)$ 存在.

首先, 利用上节定理 1 中的证明方法, 加入一个“中介点” $f(x_0, y_0 + \Delta y)$ 来研讨如下 (以下, 均设 $|\Delta x| < \delta_1^0$ 和 $|\Delta y| < \delta_2^0$): 由于恒等式

$$\begin{aligned}\Delta f(x_0, y_0) &= f(x_0 + \Delta x, y_0 + \Delta y) - f(x_0, y_0) \\ &= [f(x_0 + \Delta x, y_0 + \Delta y) - f(x_0, y_0 + \Delta y)] \\ &\quad + [f(x_0, y_0 + \Delta y) - f(x_0, y_0)],\end{aligned}$$

故对上式第一部分利用 Lagrange 中值公式, 且对第二部分注意 $\dfrac{\partial f}{\partial y}(x_0, y_0)$ 的存在假设, 则可得到

$$\Delta f(x_0, y_0) = \frac{\partial f}{\partial x}(x_0 + \theta\Delta x, y_0 + \Delta y) \cdot \Delta x + \frac{\partial f}{\partial y}(x_0, y_0) \cdot \Delta y + \alpha(\Delta y), \tag{1}$$

其中, $0 < \theta < 1$, 且 $\lim\limits_{\Delta y \to 0} \dfrac{\alpha(\Delta y)}{\Delta y} = 0$. 为了将上式与可微性相关联, 令

$$\Delta f(x_0, y_0) \triangleq \left[\frac{\partial f}{\partial x}(x_0, y_0) \cdot \Delta x + \frac{\partial f}{\partial y}(x_0, y_0) \cdot \Delta y\right] + r(\Delta x, \Delta y), \tag{2}$$

那么, 从上面 (1) 和 (2) 式, 便可导出 ((2) 式中的余项)

$$r(\Delta x, \Delta y) = \left[\frac{\partial f}{\partial x}(x_0 + \theta\Delta x, y_0 + \Delta y) - \frac{\partial f}{\partial x}(x_0, y_0)\right] \cdot \Delta x + \alpha(\Delta y).$$

这样就可得到

$$\begin{aligned}\frac{|r(\Delta x, \Delta y)|}{\sqrt{\Delta x^2 + \Delta y^2}} \leqslant & \frac{|\Delta x|}{\sqrt{\Delta x^2 + \Delta y^2}} \left|\frac{\partial f}{\partial x}(x_0 + \theta\Delta x, y_0 + \Delta y) - \frac{\partial f}{\partial x}(x_0, y_0)\right| \\ & + \frac{|\Delta y|}{\sqrt{\Delta x^2 + \Delta y^2}} \left|\frac{\alpha(\Delta y)}{\Delta y}\right|.\end{aligned} \tag{3}$$

最后, 注意到定理假设: 上述偏导 $\dfrac{\partial f}{\partial x}(x, y)$ 在 (x_0, y_0) 点是连续的, 故从 (3) 式, 可导出

$$\lim_{\sqrt{\Delta x^2 + \Delta y^2} \to 0} \frac{|r(\Delta x, \Delta y)|}{\sqrt{\Delta x^2 + \Delta y^2}} = 0,$$

也即

$$r(\Delta x, \Delta y) = o(\sqrt{\Delta x^2 + \Delta y^2}), \qquad \text{当 } \sqrt{\Delta x^2 + \Delta y^2} \to 0 \text{ 时}. \tag{4}$$

于是, 从 (2) 和 (4) 式, 也即证得 $f(x, y)$ 在 (x_0, y_0) 点是可微的. □

完全用上定理的证法, 即可得到下面推理:

推理 设 $f(\boldsymbol{x})$ 是定义在 $\mathbb{R}^n$ 中某点 $\boldsymbol{x}_0$ 之邻域 $U(\boldsymbol{x}_0)$ 的一个泛函. 那么, 如果 f 在 $U(\boldsymbol{x}_0)$ 内的所有偏导数均存在, 且在 $\boldsymbol{x}_0$ 点连续, 则 f 必在 $\boldsymbol{x}_0$ 点可微.

证明 首先, 假设 $\Delta\boldsymbol{x}=(\Delta x_1,\cdots,\Delta x_n)$, $\Delta\boldsymbol{x}^{(k)}=(\Delta x_1,\cdots,\Delta x_k,0,\cdots,0)$, $(1\leqslant k\leqslant n)$. 那么, 显然 $\Delta\boldsymbol{x}^n=\Delta\boldsymbol{x}$ 和 $\Delta\boldsymbol{x}^0=\mathbf{0}$. 于是, 利用上面定理证明的技巧, 当加入 $n-1$ 个“中介点”时, 不难得到

$$\Delta f(\boldsymbol{x}_0)\triangleq f(\boldsymbol{x}_0+\Delta\boldsymbol{x})-f(\boldsymbol{x}_0)=\sum_{k=1}^{n}[f(\boldsymbol{x}_0+\Delta\boldsymbol{x}^{(k)})-f(\boldsymbol{x}_0+\Delta\boldsymbol{x}^{(k-1)})].$$

于是, 由一元函数的 Lagrange 中值公式, 则可找到 n 个正数 $\theta_k\in(0,1)(1\leqslant k\leqslant n)$, 使得上式变为

$$\Delta f(\boldsymbol{x}_0)=\sum_{k=1}^{n}\frac{\partial f}{\partial x_k}(\boldsymbol{x}_0+\Delta\boldsymbol{x}^{(k-1)}+\theta_k\Delta x_k\cdot\boldsymbol{e}_k)\Delta x_k, \tag{5}$$

这里, $\boldsymbol{e}_k=(0,\cdots,0,\underset{(k)}{1},0,\cdots,0)\in\mathbb{R}^n$, $1\leqslant k\leqslant n$. 于是, 与上定理类似, 为了将上式与 f 的可微性相关联, 令

$$\Delta f(\boldsymbol{x}_0)\triangleq\sum_{k=1}^{n}\frac{\partial f}{\partial x_k}(\boldsymbol{x}_0)\cdot\Delta x_k+r(\Delta\boldsymbol{x}). \tag{6}$$

那么, 从上面 (5) 和 (6) 式, 便可导出

$$r(\Delta\boldsymbol{x})=\sum_{k=1}^{n}\left[\frac{\partial f}{\partial x_k}(\boldsymbol{x}_0+\Delta\boldsymbol{x}^{(k-1)}+\theta_k\Delta x_k\cdot\boldsymbol{e}_k)-\frac{\partial f}{\partial x_k}(\boldsymbol{x}_0)\right]\Delta x_k.$$

这样就可得到

$$\begin{aligned}\frac{|r(\Delta\boldsymbol{x})|}{\|\Delta\boldsymbol{x}\|}&\leqslant\sum_{k=1}^{n}\frac{|\Delta x_k|}{\sqrt{\sum\limits_{k=1}^{n}\Delta x_k^2}}\left|\frac{\partial f}{\partial x_k}(\boldsymbol{x}_0+\Delta\boldsymbol{x}^{(k-1)}+\theta_k\Delta x_k\boldsymbol{e}_k)-\frac{\partial f}{\partial x_k}(\boldsymbol{x}_0)\right|\\&\leqslant\sum_{k=1}^{n}\left|\frac{\partial f}{\partial x_k}(\boldsymbol{x}_0+\Delta\boldsymbol{x}^{(k-1)}+\theta_k\Delta x_k\boldsymbol{e}_k)-\frac{\partial f}{\partial x_k}(\boldsymbol{x}_0)\right|.\end{aligned}$$

最后, 注意到 $\theta_k\in(0,1)$, 故从上面后式中各偏导所取的“点”与 $\boldsymbol{x}_0$ 点之“扰动量”, 有下面关系式:

$$\begin{aligned}\|\Delta\boldsymbol{x}^{(k-1)}+\theta_k\Delta x_k\boldsymbol{e}_k\|&=\|(\Delta x_1,\Delta x_2,\cdots,\Delta x_{k-1},\theta_k\Delta x_k,0,\cdots,0)\|\\&\leqslant\|(\Delta x_1,\Delta x_2,\cdots,\Delta x_k,\cdots,\Delta x_n)\|=\|\Delta\boldsymbol{x}\|,\quad 1\leqslant k\leqslant n.\end{aligned} \tag{7}$$

因此, 注意到定理假设: 上述各偏导 $\frac{\partial f}{\partial x_k}(\boldsymbol{x})$ $(1 \leqslant k \leqslant n)$ 均是在点 $\boldsymbol{x}_0$ 连续的, 故从 (7) 式, 则可导出

$$\lim_{\|\Delta \boldsymbol{x}\| \to 0} \frac{|r(\Delta \boldsymbol{x})|}{\|\Delta \boldsymbol{x}\|} = 0,$$

而从 (6) 式, 即可得到本推理所需的结论: $f(\boldsymbol{x})$ 在 $\boldsymbol{x}_0$ 点是可微的. □

注 7 从上面的推理以及前面的定理 1, 不难导出在 6.1 节曾经说过的结论: 对于任意的 $\mathbb{R}^n$ 空间, 如果在其某点的某邻域内的函数是 $C^{(m+1)}$ 类的, 则其必亦是 $C^{(m)}$ 类函数. 事实上, 当 f 在某点的某邻域内是 $C^{(m+1)}$ 类函数时, 则由定义可知, 其所有"$(m+1)$ 阶"的偏导数在该邻域均连续. 因此, 从上面推理则知: 函数 f 相应的所有"$m+1$ 阶"偏导数均是可微函数. 故由前面定理 1, 即可导出 f 的上述所有的"m 阶"偏导函数必均是连续的. 因而, f 在上述邻域内亦是 $C^{(m)}$ 类函数.

注 8 总合上述两个定理以及注 5 和注 6 的叙述, 也即得到了下面的蕴含关系:

$$C^{(1)}\text{类函数} \Rightarrow \text{可微}\begin{cases}\Rightarrow \text{各方向导数均存在} \Rightarrow \text{各偏导数均存在}.\\ \Rightarrow \text{连续}.\end{cases}$$

值得注意的是: (i) 上面的"关系"均是"不可逆"的; (ii) 凡无蕴含符号"$\Rightarrow$"连接的任意两个性质, 它们均是相互不可断言其蕴含关系的.

(附: 这里, "可微 $\not\Rightarrow C^{(1)}$ 类函数"的反例, 可参考 5.2 节例 4 中的一元函数"翻版"成的二元函数: $f_1(x,y) = (x+y)^2 \sin\left(\frac{1}{\sqrt{x^2+y^2}}\right)$, 或者 $f_2(x,y) = (x^2+y^2)\sin\left(\frac{1}{\sqrt{x^2+y^2}}\right)$, (当 $(x,y) \neq (0,0)$ 时); $f_1(0,0) = f_2(0,0) = 0$.)

在本节的最后, 如 5.5 节对一元函数一样, 我们来介绍多元函数"一阶微分"的不变性 (即当取的是"自变量"或者"中间变量"时, 其所得到的一阶微分在形式上是一样的).

命题 1(一阶微分形式的不变性) 当多元函数 $f(\boldsymbol{x})$ 中的 $\boldsymbol{x} \triangleq (x_1, x_2, \cdots, x_n)$ 时, 无论其是"自变量", 或者是"中间变量" $x_k = x_k(t_1, t_2, \cdots, t_m)$, $1 \leqslant k \leqslant n$, 下面的微分形式

$$\mathrm{d}f(\boldsymbol{x}) = \sum_{k=1}^{n} \frac{\partial f}{\partial x_k}(\boldsymbol{x})\mathrm{d}x_k$$

都是正确的 (这里, 我们均约定相应求偏导及可微等条件均已满足).

证明 由于只要逐点对上面形式予以证实即可, 因此, 下面假设 $f(\boldsymbol{x})$ 在 $\mathbb{R}^n$ 中的点 $\boldsymbol{x}_0 \triangleq (x_1^0, \cdots, x_n^0)$ 之某一邻域 $U(\boldsymbol{x}_0)$ 内有定义, 并在 $\boldsymbol{x}_0$ 点可微; 且设对于任意的点 $\boldsymbol{x} \triangleq (x_1, x_2, \cdots, x_n)$, 其对应的 n 个函数 $x_k(\boldsymbol{t}) \triangleq x_k(t_1, \cdots, t_m)(1 \leqslant k \leqslant n)$

均在 $\mathbb{R}^m$ 中点 $\boldsymbol{t}_0 \triangleq (t_1^0, \cdots, t_m^0)$ 的某一邻域 $V(\boldsymbol{t}_0)$ 有定义, 并在 $\boldsymbol{t}_0$ 点可微, 且有

$$\boldsymbol{x}_0 = (x_1(\boldsymbol{t}_0), \cdots, x_n(\boldsymbol{t}_0)) \text{ 及 } \{\boldsymbol{x} = (x_1(\boldsymbol{t}), \cdots, x_n(\boldsymbol{t})) : \boldsymbol{t} \in V(\boldsymbol{t}_0)\} \subset U(\boldsymbol{x}_0). \tag{8}$$

然后, 令

$$\widetilde{f}(\boldsymbol{t}) \triangleq f(x_1(\boldsymbol{t}), \cdots, x_n(\boldsymbol{t})), \qquad \forall \boldsymbol{t} \in V(\boldsymbol{t}_0).$$

下面先来证明: $\mathbb{R}^m$ 中邻域 $V(\boldsymbol{t}_0)$ 的 m 元函数 $\widetilde{f}$ 在 $\boldsymbol{t}_0$ 点亦是可微的.

事实上, 从 $f(\boldsymbol{x})$ 在 $\mathbb{R}^n$ 中的点 $\boldsymbol{x}_0$ 之可微性假设, 必存在空间 $\mathbb{R}^n$ 上定义的一个 (连续) "线性泛函" $L \in (\mathbb{R}^n)^*$, 使得当 $\sqrt{\sum\limits_{k=1}^n |\Delta x_k|^2} \to 0$ 时, 有关系式

$$\begin{aligned} f(\boldsymbol{x}_0 + \Delta \boldsymbol{x}) - f(\boldsymbol{x}_0) &= L(\Delta \boldsymbol{x}) + o(\|\Delta \boldsymbol{x}\|) \\ &= L(\Delta x_1, \cdots, \Delta x_n) + o\left(\sqrt{\sum_{k=1}^n |\Delta x_k|^2}\right). \end{aligned} \tag{9}$$

类似地, 从各 $x_k(\boldsymbol{t})$ 在 $\mathbb{R}^n$ 中的点 $\boldsymbol{t}_0$ 的可微性假设, 又可得知: 必存在空间 $\mathbb{R}^m$ 上定义的相应 (连续) "线性泛函" $l_k \in (\mathbb{R}^m)^*$, 使得当 $\|\Delta \boldsymbol{t}\| \to 0$ 时均有

$$x_k(\boldsymbol{t}_0 + \Delta \boldsymbol{t}) - x_k(\boldsymbol{t}_0) = l_k(\Delta \boldsymbol{t}) + o(\|\Delta \boldsymbol{t}\|), \quad 1 \leqslant k \leqslant n. \tag{10}$$

于是, 注意到上面的假设关系 (8), 从关系式 (9), 不难得到当 $\|\Delta \boldsymbol{t}\| \to 0$ 时,

$$\begin{aligned} \widetilde{f}(\boldsymbol{t}_0 + \Delta \boldsymbol{t}) - \widetilde{f}(\boldsymbol{t}_0) &= f[x_1(\boldsymbol{t}_0 + \Delta \boldsymbol{t}), \cdots, x_n(\boldsymbol{t}_0 + \Delta \boldsymbol{t})] - f[x_1(\boldsymbol{t}_0), \cdots, x_n(\boldsymbol{t}_0)] \\ &= L[x_1(\boldsymbol{t}_0 + \Delta \boldsymbol{t}) - x_1(\boldsymbol{t}_0), \cdots, x_n(\boldsymbol{t}_0 + \Delta \boldsymbol{t}) - x_n(\boldsymbol{t}_0)] \\ &\quad + o(\|\Delta \boldsymbol{t}\|). \end{aligned}$$

由此, 将 (10) 式的结果代入上面关系式, 则可得到

$$\begin{aligned} \widetilde{f}(\boldsymbol{t}_0 + \Delta \boldsymbol{t}) - \widetilde{f}(\boldsymbol{t}_0) =& L[l_1(\Delta \boldsymbol{t}) + o(\|\Delta \boldsymbol{t}\|), \cdots, l_n(\Delta \boldsymbol{t}) + o(\|\Delta \boldsymbol{t}\|)] \\ &+ o(\|\Delta \boldsymbol{t}\|), \qquad \text{当 } \|\Delta \boldsymbol{t}\| \to 0 \text{ 时}. \end{aligned} \tag{11}$$

这样一来, 注意到 L 是 $\mathbb{R}^n$ 上的线性泛函, $l_k (1 \leqslant k \leqslant n)$ 又均为 $\mathbb{R}^m$ 上的线性泛函, 因而, 从 (11) 式可以得到 $\mathbb{R}^m$ 上的一个线性泛函 $\widetilde{L}$, 使得

$$\widetilde{f}(\boldsymbol{t}_0 + \Delta \boldsymbol{t}) - \widetilde{f}(\boldsymbol{t}_0) = \widetilde{L}(\Delta \boldsymbol{t}) + o(\|\Delta \boldsymbol{t}\|), \qquad \text{当 } \|\Delta \boldsymbol{t}\| \to 0 \text{ 时},$$

此即证得 $\widetilde{f}$ 在 $\boldsymbol{t}_0$ 点的可微性.

其次, 从微分定义, 有

$$\mathrm{d}f(\boldsymbol{x}_0) \triangleq \mathrm{d}\widetilde{f}(\boldsymbol{t}_0) = \sum_{i=1}^{m} \frac{\partial \widetilde{f}}{\partial t_i}(\boldsymbol{t}_0) \cdot \mathrm{d}t_i. \tag{12}$$

最后, 只要注意到: 当函数 $f(x_1, \cdots, x_n)$ 在点 $\boldsymbol{x}_0 \triangleq (x_1^0, \cdots, x_n^0)$ “可微”, 且各 $x_k = x_k(\boldsymbol{t}) \triangleq x_k(t_1, \cdots, x_m)$ $(1 \leqslant k \leqslant n)$ 在点 $\boldsymbol{t}_0 = (t_1^0, \cdots, t_m^0)$ 的每个偏导数均“存在”时 (这里 $x_k(\boldsymbol{t}_0) = x_k^0$, $1 \leqslant k \leqslant n$), $\widetilde{f}(\boldsymbol{t})$ 在 $\boldsymbol{t}_0$ 点的各偏导数必也均存在, 并且满足“链式法则”, 也即

$$\frac{\partial \widetilde{f}}{\partial t_i}(\boldsymbol{t}_0) = \frac{\partial f}{\partial t_i}(x_1(\boldsymbol{t}_0), \cdots, x_n(\boldsymbol{t}_0)) = \sum_{k=1}^{n} \frac{\partial \widetilde{f}}{\partial x_k}(\boldsymbol{x}_0) \frac{\partial x_k}{\partial t_i}(\boldsymbol{t}_0), \qquad 1 \leqslant i \leqslant m. \tag{13}$$

(请读者作习题自证之.) 于是, 从 (12) 和 (13) 两式, 便可得到

$$\begin{aligned}
\mathrm{d}f(\boldsymbol{x}_0) = \mathrm{d}\widetilde{f}(\boldsymbol{t}_0) &= \sum_{i=1}^{m} \left(\sum_{k=1}^{n} \frac{\partial \widetilde{f}}{\partial x_k}(\boldsymbol{x}_0) \frac{\partial x_k}{\partial t_i}(\boldsymbol{t}_0) \mathrm{d}t_i \right) \\
&= \sum_{k=1}^{n} \left[\frac{\partial \widetilde{f}}{\partial x_k}(\boldsymbol{x}_0) \left(\sum_{i=1}^{m} \frac{\partial x_k}{\partial t_i}(\boldsymbol{t}_0) \mathrm{d}t_i \right) \right] \\
&= \sum_{k=1}^{n} \frac{\partial \widetilde{f}}{\partial x_k}(\boldsymbol{x}_0) \mathrm{d}x_k(t_0) \\
&= \sum_{k=1}^{n} \frac{\partial \widetilde{f}}{\partial x_k}(\boldsymbol{x}_0) \mathrm{d}x_k.
\end{aligned}$$

(注意, 如我们在 5.5 节讲过的一样, 因为历史的原因, 人们将 $\mathrm{d}x_k(\boldsymbol{t}_0)$ 简记为 $\mathrm{d}x_k$.) 由此我们验得本命题结论. □

作为上面命题 1 的一个应用, 不难得到下面有关多元函数之微分的运算法则的命题:

命题 2　假设 $f(\boldsymbol{x})$ 和 $g(\boldsymbol{x})$ 在某点 $\boldsymbol{x} \in \mathbb{R}^n$ 是可微的, $\lambda \in \mathbb{R}$, 那么, 则有

1° $\mathrm{d}(f(\boldsymbol{x}) \pm g(\boldsymbol{x})) = \mathrm{d}f(\boldsymbol{x}) \pm \mathrm{d}g(\boldsymbol{x})$;

2° $\mathrm{d}(\lambda f(\boldsymbol{x})) = \lambda \mathrm{d}f(\boldsymbol{x})$;

3° $\mathrm{d}(f(\boldsymbol{x})g(\boldsymbol{x})) = g(\boldsymbol{x})\mathrm{d}f(\boldsymbol{x}) + f(\boldsymbol{x})\mathrm{d}g(\boldsymbol{x})$;

4° $\mathrm{d}\left(\dfrac{f(\boldsymbol{x})}{g(\boldsymbol{x})}\right) = \dfrac{g(\boldsymbol{x})\mathrm{d}f(\boldsymbol{x}) - f(\boldsymbol{x})\mathrm{d}g(\boldsymbol{x})}{g^2(\boldsymbol{x})}$, $g(\boldsymbol{x}) \neq 0$.

(请读者自证之.)

最后, 作为命题 1 的一个应用例题, 可见下面的例子.

例　求函数 $f(x, y, z) = e^{\sin x} + \ln(1 + y^2 z^2)$ 的微分 $\mathrm{d}f$.

解 由上面的一阶微分运算法则及其形式的不变性, 可直接得到

$$\begin{aligned}\mathrm{d}f &= \mathrm{d}(e^{\sin x}) + \mathrm{d}[\ln(1+y^2z^2)] = e^{\sin x}\mathrm{d}(\sin x) + \frac{\mathrm{d}(1+y^2z^2)}{1+y^2z^2}\\ &= e^{\sin x}\cos x\mathrm{d}x + \frac{y^2\mathrm{d}(z^2)+z^2\mathrm{d}(y^2)}{1+y^2z^2}\\ &= e^{\sin x}\cos x\mathrm{d}x + \frac{2yz^2}{1+y^2z^2}\mathrm{d}y + \frac{2y^2z}{1+y^2z^2}\mathrm{d}z. \qquad \square\end{aligned}$$

6.3 空间 $\mathbb{R}^n$ 到 $\mathbb{R}^m$ 中映像 (算子) 的微分

(一)

作为上一节 Euclid 空间 $\mathbb{R}^n$ 中多元函数 (泛函)f 的可微概念的推广, 不难类比地得到下面有关 $\mathbb{R}^n$ 到 $\mathbb{R}^m$ 空间 $(n, m \in \mathbb{N})$ 之"映像"(算子)A 的可微性定义如下 (注意: $\mathbb{R}^n$ 中的"泛函"也即是 $\mathbb{R}^n$ 到 $\mathbb{R}$ 的特殊映像而已):

定义 假设 $U(\boldsymbol{x}_0)$ 是空间 $\mathbb{R}^n$ 内某点 $\boldsymbol{x}_0$ 的某一邻域, A 为 $U(\boldsymbol{x}_0)$ 到空间 $\mathbb{R}^m$ 内的一个映像 (算子), 这里, $n, m \in \mathbb{N}$. 称 A 在 $\boldsymbol{x}_0$ 点是**可微的**, 是指存在一个"线性算子" $L: \mathbb{R}^n \to \mathbb{R}^m$, 使得对任何 $\Delta\boldsymbol{x} \in \mathbb{R}^n$, 均有

$$\lim_{\|\Delta\boldsymbol{x}\|\to 0} \frac{\|A(\boldsymbol{x}_0+\Delta\boldsymbol{x}) - A(\boldsymbol{x}_0) - L(\Delta\boldsymbol{x})\|}{\|\Delta\boldsymbol{x}\|} = 0, \tag{$*$}$$

也即

$$A(\boldsymbol{x}_0+\Delta\boldsymbol{x}) = A(\boldsymbol{x}_0) + L(\Delta\boldsymbol{x}) + o(\|\Delta\boldsymbol{x}\|), \qquad \text{当 } \|\Delta\boldsymbol{x}\| \to 0 \text{ 时}, \tag{$**$}$$

这里, 如果设 $r(\Delta\boldsymbol{x}) \triangleq o(\Delta\boldsymbol{x})$, 则应有 $r(\Delta\boldsymbol{x}) \in \mathbb{R}^m$. 而所得的线性算子 L 则称为映像 A 在 $\boldsymbol{x}_0$ 点的 **Fréchet 导数** (简记为**F-导数**), 记为 $A'(\boldsymbol{x}_0)$ 或 $DA(\boldsymbol{x}_0)$; 且相应的 $L(\Delta\boldsymbol{x})$ 则称为映像 A 在点 $\boldsymbol{x}_0$ 的**微分**, 并记为 $\mathrm{d}A(\boldsymbol{x}_0)$.

注 1 从上可知, 当定义了"Fréchet 导数"以后, 任何映像 (或泛函), 其"可微性"与"F-可导性"是等价的, 而这与一元函数的状况就完全一致了.

注 2 与上节所说的类似, 由于空间 $\mathbb{R}^n$ 中的泛函 f(n 元函数) 的"导数"是 (空间 $\mathbb{R}^n$ 上的) 一个线性泛函 (相应于一元函数的"导数"), 因此, 当将自变量 $\boldsymbol{x} \in \mathbb{R}^n$ 记为"n 行 1 列"的矩阵 $\boldsymbol{x} = \begin{pmatrix} x_1 \\ x_2 \\ \vdots \\ x_n \end{pmatrix}$ 时, 导数所表示的"线性泛函"L 便可记为"1 行 n 列"(即 $1\times n$ 阶) 矩阵 $L \triangleq (f_1, f_2, \cdots, f_n)$(这里, $x_k, f_k \in \mathbb{R}$,

$1 \leqslant k \leqslant n$). 由此则知泛函 f 的"微分"的值即为 (由矩阵运算)

$$\mathrm{d}f(\boldsymbol{x}_0) \triangleq L(\Delta \boldsymbol{x}) = (f_1, f_2, \cdots, f_n) \begin{pmatrix} \Delta x_1 \\ \Delta x_2 \\ \vdots \\ \Delta x_n \end{pmatrix} = \sum_{k=1}^{n} f_k \Delta x_k, \qquad \text{当 } \|\Delta \boldsymbol{x}\| \to 0 \text{ 时}. \tag{Δ_1}$$

依此推论, 不难看出: 空间 $\mathbb{R}^n$ 到 $\mathbb{R}^m (n, m \in \mathbb{N})$ 内的映像 A 的"导数"则是相应的一个"线性算子"L(相似于 n 元函数的"导数"), 其必为一个"m 行 n 列"的矩阵, 也即 $m \times n$ 阶矩阵 (相对于空间标准基的表示). 因此, 在它的作用下, 相应映像 A 的"微分"则应为

$$\begin{aligned} \mathrm{d}A(\boldsymbol{x}_0) = L(\Delta \boldsymbol{x}) &= \begin{pmatrix} \lambda_{11} & \lambda_{12} & \cdots & \lambda_{1n} \\ \lambda_{21} & \lambda_{22} & \cdots & \lambda_{2n} \\ \vdots & \vdots & & \vdots \\ \lambda_{m1} & \lambda_{m2} & \cdots & \lambda_{mn} \end{pmatrix} \begin{pmatrix} \Delta x_1 \\ \Delta x_2 \\ \vdots \\ \Delta x_n \end{pmatrix} \\ &= \begin{pmatrix} \sum\limits_{k=1}^{n} \lambda_{1k} \Delta x_k \\ \sum\limits_{k=1}^{n} \lambda_{2k} \Delta x_k \\ \vdots \\ \sum\limits_{k=1}^{n} \lambda_{mk} \Delta x_k \end{pmatrix} \in \mathbb{R}^m, \qquad \text{当 } \|\Delta \boldsymbol{x}\| \to 0 \text{ 时}. \end{aligned} \tag{Δ_2}$$

由上容易看出: (i) 无论一元函数或者多元函数 f, 其"微分"均为实数空间 $\mathbb{R}$ 中的一个无穷小量, 并且它为定义域空间上的一个"线性 (一元或多元) 函数"作用于"自变量之改变量 (当其趋于 0 时)"的值 (亦可视为作用于"自变量各坐标微分"之值). (ii) 对于一个从空间 $\mathbb{R}^n$ 到 $\mathbb{R}^m (n, m \in \mathbb{N})$ 的映像 (算子)A 而言, 其"微分"则为 (值域) 空间 $\mathbb{R}^m$ 中的一个无穷小量, 并且它为空间 $\mathbb{R}^n$ 到 $\mathbb{R}^m$ 内的一个"线性算子"作用于"自变量之改变量 (当其趋于 0 时)"所确定之空间 $\mathbb{R}^m$ 中的一个元 (亦可视为作用于"自变量各坐标微分"后所得之元).

注 3　对于从赋范空间 E 到赋范空间 E_1 内的"所有连续线性算子"之全体, 用英文花写的 $\mathscr{L}$, 记为 $\mathscr{L}(E \to E_1)$. 回忆到 4.10 节定理 3 的证明, 类似于线性泛函可知: 任何定义在"有限维"赋范空间上的线性算子一定是连续的. 因此, 从映像的微分之定义即可导出: $L \in \mathscr{L}(\mathbb{R}^n \to \mathbb{R}^m)$. 如 6.2 节曾说过, 由于在"泛函分析"中, 人们将赋范空间 E 上的"所有连续线性泛函"记为 E^*(称共轭空间), 因此, 对定

义在 $\mathbb{R}^n$ 上的泛函 f (或称 n 元函数) 的微分 L, 则应有 $L \in \mathscr{L}(\mathbb{R}^n \to \mathbb{R}) \triangleq (\mathbb{R}^n)^*$. 此外, 为了下面定理的需要, 还需要指出: 对于任意从赋范空间 E 到赋范空间 E_1 内的连续线性算子 T, 必存在正数 β_T, 使其满足下面不等式:

$$\|T(\boldsymbol{x})\|_1 \leqslant \beta_T \|\boldsymbol{x}\|, \qquad \forall \boldsymbol{x} \in E,$$

这里, $\|\cdot\|$ 与 $\|\cdot\|_1$ 分别代表 E 和 E_1 的范数. 事实上, 此一结论也是明显的, 我们只要利用 4.10 节定理 1 证明中的技巧, 则容易立即得到.

对于映像的微分, 有下面简单的命题 (此结论对于任意赋范空间均是正确的. 那时, 在可微的定义中人们规定存在的是"连续"的"线性算子"):

命题 如果映像 A 在某点 $\boldsymbol{x}_0$ 是"可微"的, 那么,

1° 映像 A 必在 $\boldsymbol{x}_0$ 点"连续";

2° 映像 A 的"F-导数"必唯一;

3° 当映像 A 是连续线性映像时, A 的"F-导数"即为 A 自己.

证明 1) 直接由上面可微定义的关系式 $(**)$ 就可看出: 当 $\|\Delta\boldsymbol{x}\| \to 0$ 时, 由线性算子 (即 F-导数) 的连续性假设可知 $L(\Delta\boldsymbol{x}) \to 0$. 因此,

$$\lim_{\Delta\boldsymbol{x}\to\boldsymbol{\theta}} A(\boldsymbol{x}_0 + \Delta\boldsymbol{x}) = A(\boldsymbol{x}_0).$$

由此可得所需 1° 的结论.

2) 用归谬法. 如果设连续线性算子 L_1 和 L_2 均为映像 A 在 $\boldsymbol{x}_0$ 点的 F-导数, 那么, 由下面有关范数的不等式

$$\begin{aligned} 0 &\leqslant \frac{\|L_1(\Delta\boldsymbol{x}) - L_2(\Delta\boldsymbol{x})\|}{\|\Delta\boldsymbol{x}\|} \\ &\leqslant \frac{\|A(\boldsymbol{x}_0+\Delta\boldsymbol{x}) - A(\boldsymbol{x}_0) - L_1(\Delta\boldsymbol{x})\|}{\|\Delta\boldsymbol{x}\|} + \frac{\|A(\boldsymbol{x}_0+\Delta\boldsymbol{x}) - A(\boldsymbol{x}_0) - L_2(\Delta\boldsymbol{x})\|}{\|\Delta\boldsymbol{x}\|}, \end{aligned}$$

从可微性定义的关系式 $(*)$, 可得

$$\lim_{\|\Delta\boldsymbol{x}\|\to 0} \frac{\|L_1(\Delta\boldsymbol{x}) - L_2(\Delta\boldsymbol{x})\|}{\|\Delta\boldsymbol{x}\|} = 0. \tag{1}$$

因而, 对于任意的自变量 $\boldsymbol{x} \neq \boldsymbol{\theta}$, 当令任意非 0 的数 $t \to 0$ 时, 显然有 $t\boldsymbol{x} \to \boldsymbol{\theta}$. 由此, 注意到上面的关系式 (1), 就可以导出 (注意 L_i 的"齐性", $i = 1, 2$)

$$\lim_{t\to 0} \frac{\|L_1(\boldsymbol{x}) - L_2(\boldsymbol{x})\|}{\|\boldsymbol{x}\|} = \lim_{t\to 0} \frac{\|L_1(t\boldsymbol{x}) - L_2(t\boldsymbol{x})\|}{\|t\boldsymbol{x}\|} = 0,$$

也即 $L_1(\boldsymbol{x}) \equiv L_2(\boldsymbol{x}), \forall \boldsymbol{x} \neq \boldsymbol{\theta}$. 最后, 注意到 $L_i (i = 1, 2)$ 均是线性算子的假设, 又有 $L_1(\boldsymbol{\theta}) = L_2(\boldsymbol{\theta}) = \boldsymbol{\theta}$ (这里, 我们将定义域空间与值域空间中的"零元"均用"$\boldsymbol{\theta}$"表示). 于是, 我们便得到了本命题所需 2° 的结论.

3) 当 A 是连续线性映像时, 则由线性假设, 可得

$$A(\boldsymbol{x}_0+\Delta\boldsymbol{x})=A(\boldsymbol{x}_0)+A(\Delta\boldsymbol{x}).$$

由此, 当取 $L=A$ 时, 有关可微性定义的关系式 $(*)$ 显然成立; 而再由上面 2° 的结论, 即可导出 A 的“F-导数”就是 A 自己. 由此即得到了命题 3° 的结论.

总上, 本命题得证. □

与上一节类似, 同样可以导出有关映像 A 的“F-导数”与 A 的有关偏导数的关系. 为此, 我们先给出下面的一个引理:

引理 在上定义 1 的假设下, 映像 $A:U(\boldsymbol{x}_0)(\subset\mathbb{R}^n)\to\mathbb{R}^m$ 在 $\boldsymbol{x}_0$ “可微”的充要条件是 A 的“各分量泛函” $f_i(1\leqslant i\leqslant m)$ 均在 $\boldsymbol{x}_0$ 点“可微”(这里, 由于 $A(\boldsymbol{x})\in\mathbb{R}^m$, $\forall\boldsymbol{x}\in U(\boldsymbol{x}_0)$, 因此, 令

$$A(\boldsymbol{x})\triangleq\begin{pmatrix}f_1(\boldsymbol{x})\\ f_2(\boldsymbol{x})\\ \vdots\\ f_m(\boldsymbol{x})\end{pmatrix},\qquad\forall\boldsymbol{x}\in U(\boldsymbol{x}_0)\subset\mathbb{R}^n,$$

而 $f_i(1\leqslant i\leqslant m)$ 即为由 A 所确定的 $\mathbb{R}^n$ 空间中的各分量泛函).

证明 只要注意到映像和泛函可微性的定义 (即存在“线性算子”或“线性泛函”, 使有相应关系式成立), 从前面注 1 中的关系式 (Δ_2) 则不难导出本引理结论.

事实上, 当映像 A 在 $\boldsymbol{x}_0$ 点可微时, 从上面的 (Δ_2) 式和定义不难导出, 那里的每一个 $\displaystyle\sum_{k=1}^n\lambda_{ik}\Delta x_k$ 即为 A 的“分量泛函” f_i 在 $\boldsymbol{x}_0$ 点的微分 $f_i(\Delta\boldsymbol{x})(1\leqslant i\leqslant m)$. 反过来, 当 A 的每个“分量泛函”在 $\boldsymbol{x}_0$ 点均可微, 且有 $f_i(\Delta\boldsymbol{x})=\displaystyle\sum_{k=1}^n\lambda_{ik}\Delta x_k(1\leqslant i\leqslant m)$ 时, 则

$$\begin{pmatrix}\lambda_{11}&\lambda_{12}&\cdots&\lambda_{1n}\\ \lambda_{21}&\lambda_{22}&\cdots&\lambda_{2n}\\ \vdots&\vdots&&\vdots\\ \lambda_{m1}&\lambda_{m2}&\cdots&\lambda_{mn}\end{pmatrix}\begin{pmatrix}\Delta x_1\\ \Delta x_2\\ \vdots\\ \Delta x_n\end{pmatrix}$$

即为映像 A 在 $\boldsymbol{x}_0$ 点的微分 (这里, 仅须注意的是: 在任何空间 $\mathbb{R}^m$ 中元的“范数收敛”等价于“其各坐标均收敛”—— 回忆 4.10 节可知, 此一结论对于任意有限维赋范空间亦是正确的). 由此, 本引理得证. □

定理 1 在上面引理中, 当映像 A 在 $\boldsymbol{x}_0$ 点可微时, 则 A 在 $\boldsymbol{x}_0$ 点的“F-导

数” $A'(\boldsymbol{x}_0)$ (即线性算子) 为 $L = \begin{pmatrix} \dfrac{\partial f_1}{\partial x_1}(\boldsymbol{x}_0) & \dfrac{\partial f_1}{\partial x_2}(\boldsymbol{x}_0) & \cdots & \dfrac{\partial f_1}{\partial x_n}(\boldsymbol{x}_0) \\ \dfrac{\partial f_2}{\partial x_1}(\boldsymbol{x}_0) & \dfrac{\partial f_2}{\partial x_2}(\boldsymbol{x}_0) & \cdots & \dfrac{\partial f_2}{\partial x_n}(\boldsymbol{x}_0) \\ \vdots & \vdots & & \vdots \\ \dfrac{\partial f_m}{\partial x_1}(\boldsymbol{x}_0) & \dfrac{\partial f_m}{\partial x_2}(\boldsymbol{x}_0) & \cdots & \dfrac{\partial f_m}{\partial x_n}(\boldsymbol{x}_0) \end{pmatrix}$, (亦称为映像 A 在 $\boldsymbol{x}_0$ **点的 Jacobian**, 记为 $J_A(\boldsymbol{x}_0)$. 此外, 上面的 Jacobi 矩阵亦可记为 $\left.\dfrac{\partial(f_1, f_2, \cdots, f_m)}{\partial(x_1, x_2, \cdots, x_n)}\right|_{(\boldsymbol{x}_0)}$).

证明 事实上, 与上节求泛函在一点的“F-导数”类似, 这里, 注意到当映像 A 可微时, 其“F-导数” L 的矩阵表示之关系式 (Δ_2), 那么, 注意到引理以及上节关于泛函之微分的偏导数表达式, 即可导出

$$\frac{\partial A}{\partial x_i}(\boldsymbol{x}_0) = \lim_{\Delta x_i \to 0} \frac{A(\boldsymbol{x}_0 + \Delta x_i \boldsymbol{e}_i) - A(\boldsymbol{x}_0)}{\Delta x_i} = \begin{pmatrix} \dfrac{\partial f_1}{\partial x_i}(\boldsymbol{x}_0) \\ \dfrac{\partial f_2}{\partial x_i}(\boldsymbol{x}_0) \\ \vdots \\ \dfrac{\partial f_m}{\partial x_i}(\boldsymbol{x}_0) \end{pmatrix}.$$

由此, 便可得到: 映像 A 在 $\boldsymbol{x}_0$ 的“F-导数”

$$J_A(\boldsymbol{x}_0) = \left.\frac{\partial(f_1, f_2, \cdots, f_m)}{\partial(x_1, x_2, \cdots, x_n)}\right|_{(\boldsymbol{x}_0)},$$

这里, $A(\boldsymbol{x}) \triangleq \begin{pmatrix} f_1(\boldsymbol{x}) \\ f_2(\boldsymbol{x}) \\ \vdots \\ f_m(\boldsymbol{x}) \end{pmatrix}$, $\forall\ \boldsymbol{x}_0 \in U(\boldsymbol{x}_0)$. □

注 4 回忆到上节曾经说过: 对于泛函 f(n 元函数) 而言, 其在点 $\boldsymbol{x}_0$ 的“F-导数”即是 f 的 Jacobian 在 $\boldsymbol{x}_0$ 的值, 此即

$$J_f(\boldsymbol{x}_0) = \nabla f(\boldsymbol{x}_0) = \left(\frac{\partial f}{\partial x_1}(\boldsymbol{x}_0), \frac{\partial f}{\partial x_2}(\boldsymbol{x}_0), \cdots, \frac{\partial f}{\partial x_n}(\boldsymbol{x}_0)\right).$$

为了形式上的整齐, 也为了便于记忆, 注意到矩阵的“分块表示”法及上面的“梯

度”乃是一个行向量, 因此, 从定理 1 的结论, 则有

$$J_A(\boldsymbol{x}_0)=\begin{pmatrix}\nabla f_1(\boldsymbol{x})\\ \nabla f_2(\boldsymbol{x})\\ \vdots\\ \nabla f_m(\boldsymbol{x})\end{pmatrix}\xlongequal{(\text{记为})}\nabla A(\boldsymbol{x}_0).$$

于是, 对于映像 A 的微分, 有

$$\mathrm{d}A(\boldsymbol{x}_0)=\nabla A(\boldsymbol{x}_0)\mathrm{d}\boldsymbol{x}, \tag{Δ_3}$$

这里, 作为矩阵运算时, 取 $\mathrm{d}\boldsymbol{x}\triangleq\begin{pmatrix}\mathrm{d}x_1\\ \mathrm{d}x_2\\ \vdots\\ \mathrm{d}x_n\end{pmatrix}$. 因此, 上述的 (Δ_3) 式与一元函数、泛函 (多元函数) 的微分形式是一致的.

注意到任何一个从空间 $\mathbb{R}^n$ 到空间 $\mathbb{R}^m$ 内的映像 A 必可以表示为有 m 个泛函分量 $f_i(1\leqslant i\leqslant m)$ 的列矩阵

$$A(\boldsymbol{x})=\begin{pmatrix}f_1(\boldsymbol{x})\\ f_2(\boldsymbol{x})\\ \vdots\\ f_m(\boldsymbol{x})\end{pmatrix},\qquad \forall\boldsymbol{x}\in\mathbb{R}^n.$$

而从上面引理我们又知道: 映像 A 在一点 $\boldsymbol{x}_0$ 的可微性等价于其各分量泛函均在 $\boldsymbol{x}_0$ 点的可微性. 这样一来, 与多元函数 (泛函) 时的情况完全一样, 从映像的偏导数的连续性亦可得到其可微性, 由 6.2 节定理 2 的推理, 就可直接得到下面的定理 2:

定理 2 在定理 1 的假设下, 如果映像 A 的各个分量泛函, 其所有偏导数 $\dfrac{\partial f_i}{\partial x_j}$ $(1\leqslant i\leqslant m,\ 1\leqslant j\leqslant n)$ 均在点 $\boldsymbol{x}_0$ 的某邻域 $U(\boldsymbol{x}_0)$ 内存在, 且在 $\boldsymbol{x}_0$ 点连续, 那么, 映像 A 必在 $\boldsymbol{x}_0$ 点可微.

注 5 类似泛函一样, 对于在某开集 $D(\subset\mathbb{R}^n)$ 内定义映射到 $\mathbb{R}^m$ 内之所有如此的映像: 这些映像的各分量泛函的所有偏导数均在 D 内连续, 称它们为 D 上的**连续可微**映像, 并记为 $C^{(1)}(D,\mathbb{R}^m)$, 或简记为 $C^{(1)}(D)$ (特别地, 所有偏导数均在 D 内连续的泛函, 称其为 D 上的**连续可微**泛函; 对于一元函数而言, 当其导数在某开区间内连续时, 则称其为**连续可微**函数). 类似地, 亦可定义 $C^{(2)}(D)$, $C^{(3)}(D)$, $\cdots$,

$C^{\infty}(D)$ 等类型的映像 (算子) 空间. 此外, 类似于泛函亦有结论: 当 $A \in C^{(m+1)}(D)$ 时, 则必有 $A \in C^{(m)}(D)$, 也即有包含关系式: $C^{(m+1)}(D) \subset C^{(m)}(D)$, $\forall m \in \mathbb{N}$.

注 6 从 6.2 节我们已经看到, 对于一个泛函 (n 元函数)$f: \mathbb{R}^n \to \mathbb{R}$, 其在点 $\boldsymbol{x}_0$ 可微, 则其"F-导数"必为其在 $\boldsymbol{x}_0$ 点的"梯度" $\nabla f(\boldsymbol{x}_0)$:

$$\nabla f(\boldsymbol{x}_0) \triangleq \left(\frac{\partial f}{\partial x_1}(\boldsymbol{x}_0), \frac{\partial f}{\partial x_2}(\boldsymbol{x}_0), \cdots, \frac{\partial f}{\partial x_n}(\boldsymbol{x}_0)\right) \in \mathbb{R}^n.$$

由此可见, 当 f 在 $\boldsymbol{x}_0$ 的某邻域 $U(\boldsymbol{x}_0) \subset \mathbb{R}^n$ 均可微时, f 的"梯度"(或其"F-导数")$\nabla f(\boldsymbol{x})$ 即为 $U(\boldsymbol{x}_0)$ 到 $\mathbb{R}^n$ 内的一个映像. 因此, 当设映像 $\nabla f(\boldsymbol{x})$ 在 $\boldsymbol{x}_0$"可微"时, 其"F-导数"则应为 $\mathbb{R}^n$ 到其自身 $\mathbb{R}^n$ 内的一个线性算子, 其对应的 $n \times n$ 阶方阵则为

$$\begin{pmatrix} f_{x_1x_1} & f_{x_1x_2} & \cdots & f_{x_1x_n} \\ f_{x_2x_1} & f_{x_2x_2} & \cdots & f_{x_2x_n} \\ \vdots & \vdots & & \vdots \\ f_{x_nx_1} & f_{x_nx_2} & \cdots & f_{x_nx_n} \end{pmatrix},$$

即为由 n 元函数 f 的所有二阶偏导所组成. 而当 $f \in C^{(2)}$ 时, 则上面的 n 阶方阵是"对称的", 称为**Hessian(海赛) 矩阵**, 常记为 H_f, 而其 $\boldsymbol{x}_0$ 的值则记为 $H_f(\boldsymbol{x}_0)$.

类似一元函数一样, 将映像 A(或泛函 f) 在点 $\boldsymbol{x}_0$ 的"Fréchet 导数"仍然记为 $A'(\boldsymbol{x}_0)$(及 $f'(\boldsymbol{x}_0)$), 那么, 有求导公式如下:

定理 3 如果 $A_i(i=1,2)$ 及 A 均为 $\mathbb{R}^n$ 到 $\mathbb{R}^m$ 内的映像, 并且它们也均在点 $\boldsymbol{x}_0 \in \mathbb{R}^n$ 可微, 那么, A_1+A_2 和 λA 也必在 $\boldsymbol{x}_0$ 可微 ($\forall \lambda \in \mathbb{R}$), 且有

1° $(A_1+A_2)'(\boldsymbol{x}_0) = A_1'(\boldsymbol{x}_0) + A_2'(\boldsymbol{x}_0)$;

2° $(\lambda A)'(\boldsymbol{x}_0) = \lambda A'(\boldsymbol{x}_0)$, $\forall \lambda \in \mathbb{R}$;

更一般地, 对于任意在点 $\boldsymbol{x}_0$ 亦可微的 $\mathbb{R}^n$ 上的泛函 f, 更有

3° $[f(\boldsymbol{x})A(\boldsymbol{x})]'(\boldsymbol{x}_0) = A(\boldsymbol{x}_0)f'(\boldsymbol{x}_0) + f(\boldsymbol{x}_0)A'(\boldsymbol{x}_0)$.

(注意, 从"映射"的角度观察, 上面 3° 中的左端为 $\mathscr{L}(\mathbb{R}^n \to \mathbb{R}^m)$ 中一个算子, 其右端第一式当记 $A(\boldsymbol{x}_0)$ 为"$m \times 1$ 阶"矩阵、$f'(\boldsymbol{x}_0)$ 为"$1 \times n$ 阶"矩阵时, 此式即为"$m \times n$ 阶"矩阵, 因此与右端第二式一样, 亦为 $\mathscr{L}(\mathbb{R}^n \to \mathbb{R}^m)$ 中的算子. 而如果 3° 式中两边均作用于空间 $\mathbb{R}^n$ 中的元 $\boldsymbol{x}$, 则更容易看出所得亦均为 $\mathbb{R}^m$ 中的元.)

证明 上面的 1° 和 2° 的结论是明显的.

至于 3° 的结论, 亦可由"F-导数"(即"可微") 的定义导出. 事实上, 从空间 $\mathbb{R}^n$ 上定义的映像 A 和泛函 f 在点 $\boldsymbol{x}_0$ 可微的定义, 当记 (线性算子)$L_0 \triangleq A'(\boldsymbol{x}_0)$ 和 (线性泛函)$l_0 \triangleq f'(\boldsymbol{x}_0)$ 时, 则必有以下两关系式成立:

$$A(\boldsymbol{x}_0+\Delta\boldsymbol{x}) - A(\boldsymbol{x}_0) - L_0(\Delta\boldsymbol{x}) = o(\|\Delta\boldsymbol{x}\|), \tag{2}$$

及

$$f(\boldsymbol{x}_0+\Delta\boldsymbol{x})-f(\boldsymbol{x}_0)-l_0(\Delta\boldsymbol{x})=o(\|\Delta\boldsymbol{x}\|) \tag{3}$$

(当 $\|\Delta\boldsymbol{x}\|\to 0$ 时). 这样一来, 注意到下面的恒等式:

$$\begin{aligned}&(f\cdot A)(\boldsymbol{x}_0+\Delta\boldsymbol{x})-(f\cdot A)(\boldsymbol{x}_0)-[f(\boldsymbol{x}_0)L_0(\Delta\boldsymbol{x})+A(\boldsymbol{x}_0)l_0(\Delta\boldsymbol{x})]\\=&\underline{f(\boldsymbol{x}_0+\Delta\boldsymbol{x})}[A(\boldsymbol{x}_0+\Delta\boldsymbol{x})-\underline{A(\boldsymbol{x}_0)}-\underline{L_0(\Delta\boldsymbol{x})}]+\underline{A(\boldsymbol{x}_0)}[\underline{f(\boldsymbol{x}_0+\Delta\boldsymbol{x})}\\&-f(\boldsymbol{x}_0)-l_0(\Delta\boldsymbol{x})]+[\underline{f(\boldsymbol{x}_0+\Delta\boldsymbol{x})}-f(\boldsymbol{x}_0)]\underline{L_0(\Delta\boldsymbol{x})},\end{aligned} \tag{4}$$

(注意, (4) 式开首后面“方括号内”的确为自变量改变量 $\Delta\boldsymbol{x}$ 的一个“线性算子”. 此外, 上式下面划横线部分之总合为 0) 从前面关系式 (3) 立即导出: (4) 式后面的“第二大项”为 $o(\|\Delta\boldsymbol{x}\|)$(当 $\|\Delta\boldsymbol{x}\|\to 0$ 时). 而从前面关系式 (2) 以及泛函 f 在 $\boldsymbol{x}_0$ 点的连续性, 则可导出 (4) 式后面的“第一大项”亦为 $o(\|\Delta\boldsymbol{x}\|)$(当 $\|\Delta\boldsymbol{x}\|\to 0$ 时). 至于 (4) 式后面的“第三大项”, 首先只要注意到前面注 3 的结果, 便可找到一正数 α_0, 使得上述 $\mathbb{R}^n$ 空间上定义的连续线性算子 L_0 均成立下面关系式:

$$\|L_0(\boldsymbol{x})\|_{(m)}\leqslant\alpha_0\|\boldsymbol{x}\|_{(n)},\qquad\forall\boldsymbol{x}\in\mathbb{R}^n, \tag{5}$$

这里, $\|\cdot\|_{(k)}$ 代表空间 $\mathbb{R}^k$ 的范数. 由此, 从 (5) 式便可导出

$$\begin{aligned}&\|[f(\boldsymbol{x}_0+\Delta\boldsymbol{x})-f(\boldsymbol{x}_0)]\cdot L_0(\Delta\boldsymbol{x})\|_{(m)}\leqslant|f(\boldsymbol{x}_0+\Delta\boldsymbol{x})-f(\boldsymbol{x}_0)|\cdot\|L_0(\Delta\boldsymbol{x})\|\\\leqslant&|f(\boldsymbol{x}_0+\Delta\boldsymbol{x})-f(\boldsymbol{x}_0)|\cdot\alpha_0\|\boldsymbol{x}\|,\qquad\|\Delta\boldsymbol{x}\|\to 0,\forall\Delta\boldsymbol{x}\in\mathbb{R}^n.\end{aligned}$$

最后, 再次注意到泛函 f 在 $\boldsymbol{x}_0$ 点的连续性, 由上式即可导出, 前面关系式 (4) 后面的“第三大项”亦必为 $o(\|\Delta\boldsymbol{x}\|)$(当 $\|\Delta\boldsymbol{x}\|\to 0$ 时).

总上, 从 (4) 式即可得到

$$(f\cdot A)'(\boldsymbol{x}_0)=f'(\boldsymbol{x}_0)A(\boldsymbol{x}_0)+f(\boldsymbol{x}_0)A'(\boldsymbol{x}_0),$$

此即证得本定理. □

下面将要看到, 对于空间 $\mathbb{R}^n$ 到 $\mathbb{R}^m$ 内的映像 A, 以及从空间 $\mathbb{R}^m$ 到 $\mathbb{R}^l$ 内的映像 B, 它们的复合映像 $B\circ A$ 的“F-导数”亦有类似的“链式法则”如下:

定理 4　假设 A 为由邻域 $U(\boldsymbol{x}_0)(\subset\mathbb{R}^n)$ 到空间 $\mathbb{R}^m$ 内的一个映像, B 为从邻域 $V(A(\boldsymbol{x}_0))\subset\mathbb{R}^m$ 到空间 $\mathbb{R}^l$ 内的一个映像. 如果映像 A 在点 $\boldsymbol{x}_0$ 可微, 映像 B 在点 $A(\boldsymbol{x}_0)$ 可微, 那么,

$$(B\circ A)'(\boldsymbol{x}_0)=B'(A(\boldsymbol{x}_0))\cdot A'(\boldsymbol{x}_0).$$

(注意, 由于映像的“F-导数”乃是线性算子, 而两个有限维赋范空间之间的线性算子必为有限阶矩阵, 因此, 当上式后端均视为“矩阵”时, 则理解为两矩阵乘积. 而

当上式后端均视为“映像”时, 则对空间任一元 $\boldsymbol{x} \in \mathbb{R}^n$, 其作用即为 $[B'(A(\boldsymbol{x}_0)) \circ A'(\boldsymbol{x}_0)](\boldsymbol{x})$.)

证明 将映像 A 的导数 $A'(\boldsymbol{x}_0)$ 记为 L_0, 映像 B 的导数 $B'(A(\boldsymbol{x}_0))$ 记为 T_0, 那么, 从微分 (及 F-导数) 的定义则知, 要证明的是

$$B(A(\boldsymbol{x}_0+\Delta\boldsymbol{x}))-B(A(\boldsymbol{x}_0))-T_0(L_0(\Delta\boldsymbol{x}))=o(\|\Delta\boldsymbol{x}\|), \qquad \text{当 } \|\Delta\boldsymbol{x}\|\to 0 \text{ 时}. \tag{6}$$

下面就来验证此关系式. 事实上, 由 T_0 为线性算子的假设, 有下面恒等式:

$$\begin{aligned}
(6)\text{ 式左端} &= B(A(\boldsymbol{x}_0+\Delta\boldsymbol{x}))-B(A(\boldsymbol{x}_0)) \\
&\quad - T_0\{A(\boldsymbol{x}_0+\Delta\boldsymbol{x})-A(\boldsymbol{x}_0)-[A(\boldsymbol{x}_0+\Delta\boldsymbol{x})-A(\boldsymbol{x}_0)-L_0(\Delta\boldsymbol{x})]\} \\
&= [B(A(\boldsymbol{x}_0+\Delta\boldsymbol{x}))-B(A(\boldsymbol{x}_0))-T_0(A(\boldsymbol{x}_0+\Delta\boldsymbol{x})-A(\boldsymbol{x}_0))] \\
&\quad + T_0[A(\boldsymbol{x}_0+\Delta\boldsymbol{x})-A(\boldsymbol{x}_0)-L_0(\Delta\boldsymbol{x})] \triangleq r_1+r_2.
\end{aligned} \tag{7}$$

并且, 类似定理 3 证明中的关系式 (5), 由于存在正常数 β_0, 使得

$$\|T_0(\boldsymbol{y})\| \leqslant \beta_0\|\boldsymbol{y}\|, \qquad \forall \boldsymbol{y}\in\mathbb{R}^m, \tag{8}$$

因此, 从假设映像 A 在点 $\boldsymbol{x}_0$ 的可微性, 由 (8) 式就可导出 (7) 式后面的“第二部分”r_2 满足以下关系:

$$\|r_2\| \leqslant \beta_0\cdot\|A(\boldsymbol{x}_0+\Delta\boldsymbol{x})-A(\boldsymbol{x}_0)-L_0(\Delta\boldsymbol{x})\| = o(\|\Delta\boldsymbol{x}\|), \quad \text{当 } \|\Delta\boldsymbol{x}\|\to 0 \text{ 时}. \tag{9}$$

至于 (7) 式后面的“第一部分”r_1, 令

$$\Delta\boldsymbol{y} \triangleq A(\boldsymbol{x}_0+\Delta\boldsymbol{x})-A(\boldsymbol{x}_0), \qquad \text{当 } \|\Delta\boldsymbol{x}\|\to 0 \text{ 时}.$$

由定理假设中映像 B 在点 $A(\boldsymbol{x}_0)$ 的可微性, 则有

$$\begin{aligned}
r_1 &= B(A(\boldsymbol{x}_0+\Delta\boldsymbol{x}))-B(A(\boldsymbol{x}_0))-T_0(A(\boldsymbol{x}_0+\Delta\boldsymbol{x})-A(\boldsymbol{x}_0)) \\
&= \varepsilon_1(\Delta\boldsymbol{y})\|\Delta\boldsymbol{y}\|, \qquad \text{当 } \|\Delta\boldsymbol{y}\|\to 0 \text{ 时},
\end{aligned} \tag{10}$$

这里, $\lim\limits_{\|\Delta\boldsymbol{y}\|\to 0}\|\varepsilon_1(\Delta\boldsymbol{y})\|=0$. 再注意到映像 A 在点 $\boldsymbol{x}_0$ 的可微性假设, 与 (10) 式类似, 有

$$\Delta\boldsymbol{y} \triangleq A(\boldsymbol{x}_0+\Delta\boldsymbol{x})-A(\boldsymbol{x}_0)=L_0(\Delta\boldsymbol{x})+\varepsilon_2(\Delta\boldsymbol{x})\|\Delta\boldsymbol{x}\|, \quad \text{当 } \|\Delta\boldsymbol{x}\|\to 0 \text{ 时}, \tag{11}$$

这里, $\lim\limits_{\|\Delta\boldsymbol{x}\|\to 0}\|\varepsilon_2(\Delta\boldsymbol{x})\|=0$.

最后, 由假设又知, A 在 $\boldsymbol{x}_0$ 点必连续. 因此必有 $\|\Delta\boldsymbol{x}\|\to 0\Rightarrow\|\Delta\boldsymbol{y}\|\to 0$. 于是从 (10) 和 (11) 式以及定理 3 中式 (5), 即可导出

$$\begin{aligned}\|r_1\| &\leqslant \|\varepsilon_1(\Delta\boldsymbol{y})\|\cdot\|\Delta\boldsymbol{y}\|\\ &= \|\varepsilon_1(\Delta\boldsymbol{y})\|\cdot\|L_0(\Delta\boldsymbol{x})+\varepsilon_2(\Delta\boldsymbol{x})\|\Delta\boldsymbol{x}\|\|\\ &\leqslant \|\varepsilon_1(\Delta\boldsymbol{y})\|\cdot\Big(\alpha_0\|\Delta\boldsymbol{x}\|+\|\varepsilon_2(\Delta\boldsymbol{x})\|\cdot\|\Delta\boldsymbol{x}\|\Big)\\ &= o(\|\Delta\boldsymbol{x}\|),\qquad \text{当 } \|\Delta\boldsymbol{x}\|\to 0 \text{ 时}.\end{aligned}\tag{12}$$

这样一来, 从上面的关系式 (9) 和 (12), 即导出了前面所期望的关系式 (6). 由此, 本定理得证. □

注 7　上面的定理 4, 如用 Jacobian 表出即为

$$J_{B\circ A}(\boldsymbol{x}_0)=J_B(A(\boldsymbol{x}_0))\cdot J_A(\boldsymbol{x}_0).$$

而用矩阵表出即为: 当令

$$\boldsymbol{x}\triangleq(x_1,x_2,\cdots,x_n)\xrightarrow{A}\boldsymbol{y}\triangleq(y_1,y_2,\cdots,y_m)\xrightarrow{B}\boldsymbol{z}\triangleq(z_1,z_2,\cdots,z_l)$$

时, 则有

$$\begin{pmatrix}\dfrac{\partial z_1}{\partial x_1} & \cdots & \dfrac{\partial z_1}{\partial x_n}\\ \vdots & & \vdots\\ \dfrac{\partial z_l}{\partial x_1} & \cdots & \dfrac{\partial z_l}{\partial x_n}\end{pmatrix}_{(\boldsymbol{x}_0)}=\begin{pmatrix}\dfrac{\partial z_1}{\partial y_1} & \cdots & \dfrac{\partial z_1}{\partial y_m}\\ \vdots & & \vdots\\ \dfrac{\partial z_l}{\partial y_1} & \cdots & \dfrac{\partial y_l}{\partial y_m}\end{pmatrix}_{y(\boldsymbol{x}_0)}\cdot\begin{pmatrix}\dfrac{\partial y_1}{\partial x_1} & \cdots & \dfrac{\partial y_1}{\partial x_n}\\ \vdots & & \vdots\\ \dfrac{\partial y_m}{\partial x_1} & \cdots & \dfrac{\partial y_m}{\partial x_n}\end{pmatrix}_{(\boldsymbol{x}_0)}.$$

如沿用古典的 Jacobi 行列式符号, 则更加简洁地有

$$\left.\frac{\partial(z_1,\cdots,z_l)}{\partial(x_1,\cdots,x_n)}\right|_{(\boldsymbol{x}_0)}=\left.\frac{\partial(z_1,\cdots,z_l)}{\partial(y_1,\cdots,y_m)}\right|_{y(\boldsymbol{x}_0)}\cdot\left.\frac{\partial(y_1,\cdots,y_m)}{\partial(x_1,\cdots,x_n)}\right|_{(\boldsymbol{x}_0)}.$$

(与一元函数时, $\dfrac{\mathrm{d}z}{\mathrm{d}x}=\dfrac{\mathrm{d}z}{\mathrm{d}y}\cdot\dfrac{\mathrm{d}y}{\mathrm{d}x}$ 是类似的.)

从以上关系式不难看到, 当仅考虑某一偏导数时, 从上面的“链式法则”可得到

$$\frac{\partial z_i}{\partial x_j}=\sum_{k=1}^{m}\frac{\partial z_i}{\partial y_k}\cdot\frac{\partial y_k}{\partial x_j},\qquad 1\leqslant i\leqslant l, 1\leqslant j\leqslant n.$$

下面, 有定理 4 的一个推理.

推理 1(逆映像的微分) 假设 A 为 $\mathbb{R}^n$ 中某点 $\boldsymbol{x}_0$ 的某一邻域 $U(\boldsymbol{x}_0)$ 到此空间自身内的一个“一一对应”映像. 那么, 如果映像 A 在 $\boldsymbol{x}_0$ 可微, 则逆映像 $A^{-1}: A(U(\boldsymbol{x}_0)) \to \mathbb{R}^n$ 在点 $\boldsymbol{y}_0 \triangleq A\boldsymbol{x}_0$ 也必可微, 且有

$$(A^{-1})'(\boldsymbol{y}_0) = (A'(\boldsymbol{x}_0))^{-1}, \quad \text{(这里, 后者代表矩阵之逆矩阵.)}$$

或者

$$\left.\frac{\partial(y_1, \cdots, y_m)}{\partial(x_1, \cdots, x_n)}\right|_{(\boldsymbol{x}_0)} = \left(\left.\frac{\partial(x_1, \cdots, x_n)}{\partial(y_1, \cdots, y_m)}\right|_{(\boldsymbol{y}_0)}\right)^{-1},$$

这里, $\boldsymbol{y}_0 \triangleq A\boldsymbol{x}_0 = \begin{pmatrix} y_1(\boldsymbol{x}_0) \\ \vdots \\ y_n(\boldsymbol{x}_0) \end{pmatrix}$, $\boldsymbol{x}_0 \triangleq A^{-1}\boldsymbol{y}_0 = \begin{pmatrix} x_1(\boldsymbol{y}_0) \\ \vdots \\ x_n(\boldsymbol{y}_0) \end{pmatrix}$.

证明 只要在上定理中, 令 $B = A^{-1}$, 则由链式法则, 就可得到 (注意前面的命题, 我们已知, 线性算子的“F-导数”即其自身)

$$(B \circ A)'(\boldsymbol{x}_0) = I'_{U(\boldsymbol{x}_0)}(\boldsymbol{x}_0) = I_{U(\boldsymbol{x}_0)} = A^{-1\prime}(\boldsymbol{y}_0)A'(\boldsymbol{x}_0),$$

及

$$(B \circ A)'(\boldsymbol{x}_0) = (A^{-1} \circ A)'(\boldsymbol{x}_0) = A^{-1\prime}(\boldsymbol{y}_0)A'(\boldsymbol{x}_0),$$

这里, $I_{U(\boldsymbol{x}_0)}$ 代表 $\mathbb{R}^n$ 空间内 $U(\boldsymbol{x}_0)$ 到 $U(\boldsymbol{x}_0)$ 的“恒等”算子.

由此, 也即导出本推理所需结论. □

注 8 虽然在上面的“链式法则”中, 从结论看来, 其仅出现的是偏导数, 但是此法则能够施行的条件则是映像 (或泛函) 的“可微性”, 没有此前提条件, 该结论则未必成立, 这点是必须注意的! 反例可以观察 6.1 节的例 1: 在 $\mathbb{R}^2$ 中的二元函数

$$f(x,y) = \begin{cases} \dfrac{xy^2}{x^2+y^4}, & \text{当 } (x,y) \neq (0,0) \text{ 时}, \\ 0, & \text{当 } (x,y) = (0,0) \text{ 时}. \end{cases}$$

对于此函数, 我们知道: 在 $(0,0)$ 点, f 不但存在各偏导数, 并且还存在任意的方向导数. 但是对此函数 $f(x,y)$ 而言, 当设 $x = t^2$ 及 $y = t$ 时, 便可得到“复合函数”g:

$$g(t) \triangleq f(t^2, t) = \begin{cases} \dfrac{1}{2}, & \text{当 } t \neq 0 \text{ 时}, \\ 0, & \text{当 } t = 0 \text{ 时}. \end{cases}$$

而由其在 $t = 0$ 点不连续, 故知导数 $g'(0)$ 不存在. 但若此时仍套用“链式法则”, 就会导出下面的错误结果:

$$g'(0) = f'_x(0,0) \cdot (t^2)'_{t=0} + f'_y(0,0) \cdot (t)'_{t=0} = 0 \cdot 0 + 0 \cdot 1 = 0.$$

下面给出几个应用链式法则的例子.

例 1　设 $z = z(x, y) \in C^{(2)}$ 类函数, 对于极坐标变换

$$x = \rho\cos\theta, \quad y = \rho\sin\theta, \qquad 0 \leqslant \theta < 2\pi, \rho \geqslant 0.$$

证明: 当 $(x, y) \neq (0, 0)$ 时, 必有

1° $\left(\dfrac{\partial z}{\partial x}\right)^2 + \left(\dfrac{\partial z}{\partial y}\right)^2 = \left(\dfrac{\partial z}{\partial \rho}\right)^2 + \dfrac{1}{\rho^2}\left(\dfrac{\partial z}{\partial \theta}\right)^2$;

2° $\dfrac{\partial^2 z}{\partial x^2} + \dfrac{\partial^2 z}{\partial y^2} = \dfrac{\partial^2 z}{\partial \rho^2} + \dfrac{1}{\rho}\dfrac{\partial z}{\partial \rho} + \dfrac{1}{\rho^2}\dfrac{\partial^2 z}{\partial \theta^2}$.

证明　1) 由于上面极坐标变换由下面复合而成:

$$(\rho, \theta) \to (x, y) \to z,$$

因此, 从链式法则我们得到

$$\begin{pmatrix} \dfrac{\partial z}{\partial \rho} & \dfrac{\partial z}{\partial \theta} \end{pmatrix} = \begin{pmatrix} \dfrac{\partial z}{\partial x} & \dfrac{\partial z}{\partial y} \end{pmatrix} \begin{pmatrix} \dfrac{\partial x}{\partial \rho} & \dfrac{\partial x}{\partial \theta} \\ \dfrac{\partial y}{\partial \rho} & \dfrac{\partial y}{\partial \theta} \end{pmatrix} = \begin{pmatrix} \dfrac{\partial z}{\partial x} & \dfrac{\partial z}{\partial y} \end{pmatrix} \begin{pmatrix} \cos\theta & -\rho\sin\theta \\ \sin\theta & \rho\cos\theta \end{pmatrix},$$

从而有

$$\begin{pmatrix} \dfrac{\partial z}{\partial \rho} & \dfrac{1}{\rho}\dfrac{\partial z}{\partial \theta} \end{pmatrix} = \begin{pmatrix} \dfrac{\partial z}{\partial x} & \dfrac{\partial z}{\partial y} \end{pmatrix} \begin{pmatrix} \cos\theta & -\sin\theta \\ \sin\theta & \cos\theta \end{pmatrix}.$$

于是, 利用矩阵与其转置矩阵相乘, 从上关系式即可导出 1° 所需结论:

$$\begin{aligned} \left(\frac{\partial z}{\partial \rho}\right)^2 + \frac{1}{\rho^2}\left(\frac{\partial z}{\partial \theta}\right)^2 &= \begin{pmatrix} \dfrac{\partial z}{\partial x} & \dfrac{\partial z}{\partial y} \end{pmatrix} \begin{pmatrix} \cos\theta & -\sin\theta \\ \sin\theta & \cos\theta \end{pmatrix} \begin{pmatrix} \cos\theta & \sin\theta \\ -\sin\theta & \cos\theta \end{pmatrix} \begin{pmatrix} \dfrac{\partial z}{\partial x} \\ \dfrac{\partial z}{\partial y} \end{pmatrix} \\ &= \begin{pmatrix} \dfrac{\partial z}{\partial x} & \dfrac{\partial z}{\partial y} \end{pmatrix} \begin{pmatrix} \dfrac{\partial z}{\partial x} \\ \dfrac{\partial z}{\partial y} \end{pmatrix} = \left(\frac{\partial z}{\partial x}\right)^2 + \left(\frac{\partial z}{\partial y}\right)^2. \end{aligned}$$

2) 下面直接用偏导数的链式法则来验证 2°. 事实上, 从

$$\frac{\partial z}{\partial \rho} = \cos\theta\frac{\partial z}{\partial x} + \sin\theta\frac{\partial z}{\partial y}, \qquad \frac{\partial z}{\partial \theta} = -\rho\sin\theta\frac{\partial z}{\partial x} + \rho\cos\theta\frac{\partial z}{\partial y},$$

有

$$\frac{\partial^2 z}{\partial \rho^2} = \cos^2\theta\frac{\partial^2 z}{\partial x^2} + 2\cos\theta\sin\theta\frac{\partial^2 z}{\partial x \partial y} + \sin^2\theta\frac{\partial^2 z}{\partial y^2},$$

和

$$\frac{\partial^2 z}{\partial\theta^2}=\rho^2\sin^2\theta\frac{\partial^2 z}{\partial x^2}-2\rho^2\sin\theta\cos\theta\frac{\partial^2 z}{\partial x\partial y}+\rho^2\cos^2\theta\frac{\partial^2 z}{\partial y^2}-\rho\cos\theta\frac{\partial z}{\partial x}-\rho\sin\theta\frac{\partial z}{\partial y}.$$

于是, 将上面的三个关系式代入 2° 的右端, 就可导出所需之 2° 的结果. □

例 2 设 $z=f(s,x,y)$, 其中 $y=g(s,t,x)$, $x=h(s,t)$. 求 z'_s 和 z'_t.

解 注意到 z 是由以下三个函数复合而得:

$$(s,t)\mapsto\left\langle\begin{array}{l}(s,t,x)\\(s,t,h(s,t))\end{array}\right.\mapsto\left\langle\begin{array}{l}(s,x,y)\\(s,x,g(s,t,x))\end{array}\right.\mapsto\left\langle\begin{array}{l}z\\f(s,x,y)\end{array}\right.,$$

而此三个函数的 Jacobi 矩阵 $\dfrac{\partial(s,t,h)}{\partial(s,t)}$, $\dfrac{\partial(s,x,g)}{\partial(s,t,x)}$, $\dfrac{\partial(f)}{\partial(s,x,y)}$ 分别为

$$\begin{pmatrix}1&0\\0&1\\h'_s&h'_t\end{pmatrix},\qquad\begin{pmatrix}1&0&0\\0&0&1\\g'_s&g'_t&g'_x\end{pmatrix},\qquad(f'_s\ f'_x\ f'_y).$$

于是, 由链式法则 (对于上面三个函数), 则可得到

$$\begin{aligned}(z'_s\ z'_t)&=(f'_s\ f'_x\ f'_y)\begin{pmatrix}1&0&0\\0&0&1\\g'_s&g'_t&g'_x\end{pmatrix}\begin{pmatrix}1&0\\0&1\\h'_s&h'_t\end{pmatrix}\\&=(f'_s+f'_xh'_s+f'_y(g'_s+g'_xh'_s),f'_xh'_t+f'_y(g'_t+g'_xh'_t)).\end{aligned}\qquad□$$

例 3 设泛函 $f:\mathbb{R}^n\to\mathbb{R}$ 满足下面条件:

$$f(\lambda\boldsymbol{x})=\lambda^pf(\boldsymbol{x}),\qquad\forall\lambda\in\mathbb{R},\ \boldsymbol{x}\in\mathbb{R}^n,\ (\text{称“}p\text{-齐次”泛函})$$

这里, $p\geqslant1$ 为某一实数. 证明: 当定义在 $\mathbb{R}^n$ 上的 f 是一个“可微”的“p-齐次”泛函时, 必有

$$(\nabla f(\boldsymbol{x}),\boldsymbol{x})=p\cdot f(\boldsymbol{x}),\qquad\forall\boldsymbol{x}\in\mathbb{R}^n.\tag{Δ}$$

(也即有 $[f'(\boldsymbol{x})](\boldsymbol{x})=p\cdot f(\boldsymbol{x})$.) 反过来, 当上式 ($\Delta$) 成立时, f 必为“p-严格正齐次泛函”(即上开首的等式仅在 $\lambda>0$ 时成立).

(此命题为以著名的瑞士数学家 L.Euler(欧拉) 的姓命名的 **Euler 公式**.)

证明 “$\Rightarrow$”: 我们来验证上面关系式 (Δ). 事实上, 由假设: 对于任意的 $\lambda\in\mathbb{R}$ 及 $\boldsymbol{x}\in\mathbb{R}^n$, 均有

$$f(\lambda\boldsymbol{x})=\lambda^pf(\boldsymbol{x}),\tag{12}$$

于是, 将关系式 (12) 的左端对 λ 求导, 运用链式法则, 就可导出

$$\begin{aligned}[f(\lambda\boldsymbol{x})]'_\lambda &= f'(\lambda\boldsymbol{x})\cdot\boldsymbol{x}\\ &= \left(\frac{\partial f}{\partial x_1}(\lambda\boldsymbol{x}), \frac{\partial f}{\partial x_2}(\lambda\boldsymbol{x}), \cdots, \frac{\partial f}{\partial x_n}(\lambda\boldsymbol{x})\right)\begin{pmatrix} x_1\\ x_2\\ \vdots\\ x_n\end{pmatrix}\\ &= \sum_{k=1}^n x_k\frac{\partial f}{\partial x_k}(\lambda\boldsymbol{x}) = (\nabla f(\lambda\boldsymbol{x}), \boldsymbol{x}). \qquad (13)\end{aligned}$$

而将 (12) 的右端对 λ 求导, 则又有 $p\lambda^{p-1}f(\boldsymbol{x})$. 由此, 特取 $\lambda=1$, 结合 (13) 式, 便可得到所需的关系式 (Δ).

"$\Leftarrow$": 反过来, 令一元函数 φ 为

$$\varphi(\lambda) \triangleq f(\lambda\boldsymbol{x})/\lambda^p, \qquad \forall\lambda>0.$$

则由本例假设可知 $\varphi(\lambda)$ 当 $\lambda>0$ 时必为可微函数, 并且其导函数为: 对任意正数 $\lambda>0$, 有

$$\begin{aligned}\varphi'(\lambda) &= \frac{1}{\lambda^{2p}}[\lambda^p f'(\lambda\boldsymbol{x}) - p\lambda^{p-1}f(\lambda\boldsymbol{x})]\\ &= \frac{1}{\lambda^{p+1}}\left[\sum_{k=1}^n \lambda x_k\frac{\partial f}{\partial x_k}(\lambda\boldsymbol{x}) - pf(\lambda\boldsymbol{x})\right]\\ &= \frac{1}{\lambda^{p+1}}[(\nabla f(\lambda\boldsymbol{x}), \lambda\boldsymbol{x}) - pf(\lambda\boldsymbol{x})]. \qquad (14)\end{aligned}$$

这样一来, 由于泛函 f 满足前面的关系式 (Δ), 因此, 从上面关系式 (14), 则可得到

$$\varphi'(\lambda)=0, \qquad \forall\lambda>0,$$

从而导出 $\varphi(\lambda)\equiv C$(常数), $\forall\lambda>0$. 于是, 特别地, 有 (注意 φ 的定义)

$$\varphi(\lambda)=\varphi(1)=f(\boldsymbol{x}), \qquad \lambda>0.$$

最后, 再次注意到 $\varphi(\lambda)$ 的定义, 从上式便可导出所需的结果:

$$\frac{f(\lambda\boldsymbol{x})}{\lambda^p} = f(\boldsymbol{x}),$$

也即

$$f(\lambda\boldsymbol{x}) = \lambda^p f(\boldsymbol{x}), \qquad \forall\lambda>0. \qquad \square$$

(二)

在 5.4 节中, 我们曾经介绍过一元函数的 Lagrange 中值公式, 而从后面内容的学习中, 我们不断地看到了它的广泛应用, 直至本章前面两节的主要几个定理 (6.1 节中的定理 1, 定理 2 和定理 3, 以及 6.2 节中的定理 2), 并涉及本节前面的定理 1, 等等. 那么, 人们自然就会产生这样的疑问: 对于从空间 $\mathbb{R}^n$ 到空间 $\mathbb{R}^m$ 内的一个映像, 是否其亦有相应的"中值公式"呢? 下面, 来研讨此一问题. 为此, 先从在空间 $\mathbb{R}^n$ 中定义的泛函来开始此专题的讨论. 首先, 容易验证下面的一个定理.

定理 5(泛函的微分中值公式) *假设 $\boldsymbol{a},\boldsymbol{b}\in\mathbb{R}^n$, $[\boldsymbol{a},\boldsymbol{b}]$ 是 $\boldsymbol{a}$ 和 $\boldsymbol{b}$ 联成的"闭线段", U 为 $\mathbb{R}^n$ 中包含 $[\boldsymbol{a},\boldsymbol{b}]$ 的某一开集. 那么, 如果泛函 f 在 U 内"连续", 在"开线段" $(\boldsymbol{a},\boldsymbol{b})$ 内的每一点 (作为 U 的内点) 均"可微", 则必存在一点 $\boldsymbol{c}\in(\boldsymbol{a},\boldsymbol{b})$, 使得*

$$f(\boldsymbol{b})-f(\boldsymbol{a})=f'(\boldsymbol{c})(\boldsymbol{b}-\boldsymbol{a}),$$

即

$$f(\boldsymbol{b})-f(\boldsymbol{a})=\left(\frac{\partial f}{\partial x_1}(\boldsymbol{c}),\cdots,\frac{\partial f}{\partial x_n}(\boldsymbol{c})\right)\begin{pmatrix}b_1-a_1\\ \vdots\\ b_n-a_n\end{pmatrix}$$

$$(\text{或})=(\nabla f(\boldsymbol{c}),\boldsymbol{b}-\boldsymbol{a}),$$

这里, $\boldsymbol{a}\triangleq(a_1,\cdots,a_n),\boldsymbol{b}\triangleq(b_1,\cdots,b_n)\in\mathbb{R}^n$.

证明 首先, 回忆到 4.10 节 (二) 中的定义 2, 我们已经知道

$$[\boldsymbol{a},\boldsymbol{b}]=\{\lambda\boldsymbol{a}+(1-\lambda)\boldsymbol{b}:0\leqslant\lambda\leqslant 1\},$$

及

$$(\boldsymbol{a},\boldsymbol{b})=\{\lambda\boldsymbol{a}+(1-\lambda)\boldsymbol{b}:0<\lambda<1\}.$$

此外, 不难验证: 上面的闭线段和开线段也可表示为

$$[\boldsymbol{a},\boldsymbol{b}]=\{\boldsymbol{a}+\lambda(\boldsymbol{b}-\boldsymbol{a}):0\leqslant\lambda\leqslant 1\},$$

及

$$(\boldsymbol{a},\boldsymbol{b})=\{\boldsymbol{a}+\lambda(\boldsymbol{b}-\boldsymbol{a}):0<\lambda<1\}.$$

然后, 令一元函数 φ 如下:

$$\varphi(\lambda)\triangleq f(\boldsymbol{a}+\lambda(\boldsymbol{b}-\boldsymbol{a})),\qquad\forall\lambda\in[0,1].$$

那么, 注意到 $\varphi(\lambda)$ 是一个“复合”而得的函数, 且 $\lambda \mapsto \boldsymbol{a}+\lambda(\boldsymbol{b}-\boldsymbol{a})$ 是 $\mathbb{R} \to \mathbb{R}^n$ 的一个“映像”, 而 $\boldsymbol{a}+\lambda(\boldsymbol{b}-\boldsymbol{a}) \to f(\boldsymbol{a}+\lambda(\boldsymbol{b}-\boldsymbol{a}))$ 则是 $\mathbb{R}^n$ 内的一个“泛函”. 因此, 由 f 的假设以及求导的“链式法则”, 可知 $\varphi(\lambda)$ 在 $(0,1)$ 内均是可微的. 故从一元函数的 Lagrange 中值公式, 即可导出：存在一个数 $\lambda_0 \in (0,1)$, 使得

$$\varphi(1)-\varphi(0)=\varphi'(\lambda_0). \tag{15}$$

由此, 从 $\varphi(\lambda)$ 的定义, 一方面, 有 $\varphi(1)-\varphi(0)=f(\boldsymbol{b})-f(\boldsymbol{a})$; 另一方面, 从链式法则, 又有

$$\varphi'(\lambda_0)=[f(\boldsymbol{a}+\lambda(\boldsymbol{b}-\boldsymbol{a}))]'_{\lambda=\lambda_0}=f'(\boldsymbol{a}+\lambda_0(\boldsymbol{b}-\boldsymbol{a}))(\boldsymbol{b}-\boldsymbol{a}).$$

(回忆到 6.1 节的注 1 的后面结论, 不难看出上述函数 $\varphi(\lambda)$ 在 λ_0 点的导数 $\varphi'(\lambda_0)$ 亦为“泛函 f 在 $(\boldsymbol{a}+\lambda_0(\boldsymbol{b}-\boldsymbol{a}))$ 点, 也即 $\left(\boldsymbol{a}+\lambda_0\|\boldsymbol{b}-\boldsymbol{a}\|\dfrac{\boldsymbol{b}-\boldsymbol{a}}{\|\boldsymbol{b}-\boldsymbol{a}\|}\right)$点沿方向 $\dfrac{\boldsymbol{b}-\boldsymbol{a}}{\|\boldsymbol{b}-\boldsymbol{a}\|}$ 的方向导数”.)

这样一来, 当令点 $\boldsymbol{c} \triangleq \boldsymbol{a}+\lambda_0(\boldsymbol{b}-\boldsymbol{a})$ 时, 有 $\boldsymbol{c} \in (\boldsymbol{a},\boldsymbol{b})$, 并且由上两关系式以及 (15) 式便可导出

$$f(\boldsymbol{a})-f(\boldsymbol{a})=f'(c)(\boldsymbol{b}-\boldsymbol{a}).$$

因而本定理得证. □

从上定理即可导出下面的一个推理.

推理 2(泛函的改变量不等式) *假设 V 是 $\mathbb{R}^n$ 中一个开凸集, f 是定义在 V 内的一个可微泛函. 如果*

1° 存在一个正数 β, 使得

$$\|\nabla f(\boldsymbol{x})\| \leqslant \beta, \qquad \forall \boldsymbol{x} \in V,$$

或者

2° f 的所有偏导数均在 V 内以正数 $\dfrac{\beta}{\sqrt{n}}$ 为界,

那么, 则必有以下关系式成立:

$$|f(\boldsymbol{b})-f(\boldsymbol{a})| \leqslant \beta\|\boldsymbol{b}-\boldsymbol{a}\|, \qquad \forall \boldsymbol{a},\boldsymbol{b} \in V.$$

证明 1) 从上面定理 5 的结果, 当用空间 $\mathbb{R}^n$ 的“内积”表出时, 即为：对于任意两元 $\boldsymbol{a},\boldsymbol{b} \in V$, 必有

$$f(\boldsymbol{b})-f(\boldsymbol{a})=(\nabla f(\boldsymbol{c}),\boldsymbol{b}-\boldsymbol{a}), \tag{16}$$

这里, $\boldsymbol{c}\in(\boldsymbol{a},\boldsymbol{b})$. (注意, "梯度" $\nabla f(\boldsymbol{c})\triangleq\left(\dfrac{\partial f}{\partial x_1}(\boldsymbol{c}),\cdots,\dfrac{\partial f}{\partial x_n}(\boldsymbol{c})\right)\in\mathbb{R}^n$, 而上式右端即为 $\mathbb{R}^n$ 中两个元 $\nabla f(\boldsymbol{c})$ 与 $(\boldsymbol{b}-\boldsymbol{a})$ 的"内积".)

于是, 回忆到著名的 Cauchy-Schwartz 不等式 (5.3 节的例 10′), 又有

$$|(\nabla f(\boldsymbol{c}),\boldsymbol{b}-\boldsymbol{a})|\leqslant\|\nabla f(\boldsymbol{c})\|\cdot\|\boldsymbol{b}-\boldsymbol{a}\|, \tag{17}$$

因此, 从上面 (16) 和 (17) 式, 以及 1° 的假设, 便可直接导出定理所需结果.

2) 当 2° 的条件满足时, 由于

$$\left|\frac{\partial f}{\partial x_k}(\boldsymbol{x})\right|\leqslant\frac{\beta}{\sqrt{n}},\qquad\forall\boldsymbol{x}\in V,\quad 1\leqslant k\leqslant n, \tag{18}$$

因此, 从 $\mathbb{R}^n$ 中范数的定义, 以及 (18) 式则可得到

$$\|\nabla f(\boldsymbol{x})\|=\left\|\left(\frac{\partial f}{\partial x_1}(\boldsymbol{x}),\cdots,\frac{\partial f}{\partial x_n}(\boldsymbol{x})\right)\right\|=\left(\sum_{k=1}^{n}\left|\frac{\partial f}{\partial x_k}(\boldsymbol{x})\right|^2\right)^{\frac{1}{2}}\leqslant\beta,\quad\forall\boldsymbol{x}\in V.$$

于是, 从上面 1) 的结论, 亦可导出本推理的结论.

总上, 本推理得证. □

从定理 5, 人们自然会联想: 类似上面的中值公式是否对空间到 (非 $\mathbb{R}$ 的)Euclid 空间的"映像"仍然成立呢? 事实上, 这个问题的答案是否定的. 可以观察下面的反例:

反例 考虑映像 (或者如 4.1 节中定义 8 所说称为"向量值函数") $A:[0,1]\to\mathbb{R}^2$ 如下:

$$A(t)=\begin{pmatrix}t^2\\t^3\end{pmatrix}\in\mathbb{R}^2,\qquad\forall t\in[0,1].$$

那么, 显然容易得到

$$A'(t)=\begin{pmatrix}2t\\3t^2\end{pmatrix},\qquad\forall t\in[0,1].$$

反之, 如果对映像 A 仍有 (如定理 5 一样的) "中值公式", 那么, 存在一个数 $t_0\in(0,1)$, 使得

$$A(1)-A(0)=A'(t_0)(1-0)=A'(t_0),$$

也即有

$$\begin{pmatrix}1\\1\end{pmatrix}=\begin{pmatrix}2t_0\\3t_0^2\end{pmatrix}.$$

但上式显然是无法成立的, 矛盾! □

既然从上面反例我们知道：对于 (非泛函的) 映像上述的“中值公式”未必成立, 那么, 当然可以“退一步”思考：对这些映像可否成立如上述推理一样类似的结论呢？下面的定理告诉我们, 这个联想是正确的.

定理 6(映像的微分中值不等式)　*在上定理 5 中, 如果将那里的泛函 f 换为映像 $A: U \to \mathbb{R}^m (m \geqslant 2)$, 则必存在一点 $\boldsymbol{c} \in (\boldsymbol{a}, \boldsymbol{b})$, 使得*

$$\|A(\boldsymbol{b}) - A(\boldsymbol{a})\| \leqslant \|A'(\boldsymbol{c})\| \cdot \|\boldsymbol{b} - \boldsymbol{a}\|.$$

证明　下面分两步来验证本定理.

1) 当 $n = 1$ 时, 也即, 先对“向量值函数”：$A = \boldsymbol{x}(\lambda) \in \mathbb{R}^m$ $(\forall \lambda \in [\alpha, \beta])$, 此一特殊情况来证明结论. 事实上, 此时, 首先作一个辅助函数, 使其化为一元函数的情况来讨论. 令 $\boldsymbol{y} \triangleq \boldsymbol{x}(\beta) - \boldsymbol{x}(\alpha) \in \mathbb{R}^m$. 然后, 再设一个 (一元) 函数 $\varphi(\lambda)$ 如下：

$$\varphi(\lambda) \triangleq (\boldsymbol{y}, \boldsymbol{x}(\lambda)), \qquad \forall \lambda \in (\alpha, \beta), \tag{19}$$

这里, 上式右端为 $\mathbb{R}^m$ 中的“内积”. 那么, 由内积的定义, 对任意 $\lambda \in [\alpha, \beta]$, 当 $\widetilde{\lambda} \in [\alpha, \beta]$ 时, 则有 (再次注意 Cauchy-Schwartz 不等式)

$$|\varphi(\widetilde{\lambda}) - \varphi(\lambda)| = |(\boldsymbol{y}, \boldsymbol{x}(\widetilde{\lambda}) - \boldsymbol{x}(\lambda))| \leqslant \|\boldsymbol{y}\| \cdot \|\boldsymbol{x}(\widetilde{\lambda}) - \boldsymbol{x}(\lambda)\|. \tag{20}$$

于是, 由 $A = x(\lambda)$ 在 $[\alpha, \beta]$ 上每点的连续性和关系式 (20) 则知：由 (19) 式所定义的一元函数 $\varphi(\lambda)$ 亦在 $[\alpha, \beta]$ 上的每点均连续. 类似地, 由“内积”定义, 对任意 (内) 点 $\lambda \in (\alpha, \beta)$, 当点 $\lambda + \Delta\lambda \in (\alpha, \beta)$ 时, 则有

$$\frac{\varphi(\lambda + \Delta\lambda) - \varphi(\lambda)}{\Delta\lambda} = \left(\boldsymbol{y},\ \frac{\boldsymbol{x}(\lambda + \Delta\lambda) - \boldsymbol{x}(\lambda)}{\Delta\lambda}\right),$$

故又从假设 $\boldsymbol{x}(\lambda)$ 在 (α, β) 内每点的可微性, 由上式则知：$\varphi(\lambda)$ 在 (α, β) 内亦是可微的 (注意, 从上面关系式 (20) 可知内积 $(\boldsymbol{y}, \boldsymbol{x})$ 对元 $\boldsymbol{x}$ 是连续的).

这样, 从一元函数的 Lagrange 中值公式, 即可导出：必存在一个数 $\lambda_0 \in (\alpha, \beta)$, 使得

$$\varphi(\beta) - \varphi(\alpha) = \varphi'(\lambda_0)(\beta - \alpha).$$

故从 (19) 式的定义, 由上式则可导出

$$(\boldsymbol{y}, \boldsymbol{x}(\beta) - \boldsymbol{x}(\alpha)) = (\boldsymbol{y}, \boldsymbol{x}'(\lambda_0))(\beta - \alpha),$$

也即 (注意到 $\boldsymbol{y}$ 的定义和 Cauchy-Schwartz 不等式)

$$\|\boldsymbol{y}\|^2 \leqslant \|\boldsymbol{y}\| \cdot \|\boldsymbol{x}'(\lambda_0)\| \cdot (\beta - \alpha). \tag{21}$$

从而由 (21) 式可得: 当 $\|\boldsymbol{y}\| \triangleq \|\boldsymbol{x}(\beta)-\boldsymbol{x}(\alpha)\|=0$ 时, 显然有定理所需结论成立; 而当 $\|\boldsymbol{y}\| \neq 0$ 时, 从 (21) 式则有

$$\|\boldsymbol{x}(\beta)-\boldsymbol{x}(\alpha)\| \triangleq \|\boldsymbol{y}\| \leqslant \|\boldsymbol{x}'(\lambda_0)\|(\beta-\alpha).$$

因此同样得到定理所需的结论.

2) 当 $n \geqslant 2$ 时, 此时 A 为从 $U(\subset \mathbb{R}^n)$ 到 $\mathbb{R}^m$ 的映像.

此时, 首先从定理 5 中已知: 由 $\mathbb{R}^n$ 中元 $\boldsymbol{a}$ 和 $\boldsymbol{b}$ 所构成的闭线段应为

$$[\boldsymbol{a}, \boldsymbol{b}]=\{\boldsymbol{c}(\lambda) \triangleq \boldsymbol{a}+\lambda(\boldsymbol{b}-\boldsymbol{a}): 0 \leqslant \lambda \leqslant 1\}.$$

由此, 可以作一个从 $[0,1]$ 到空间 $\mathbb{R}^m$ 内的辅助向量值函数 $\boldsymbol{x}(t)$ 如下:

$$\boldsymbol{x}(\lambda) \triangleq A(\boldsymbol{c}(\lambda)), \qquad \forall \lambda \in[0,1]. \tag{22}$$

于是, 从定理假设, 类似于上段 1), 不难看出: $\boldsymbol{x}(\lambda)$ 在 $[0,1]$ 上之每一点均是连续的, 并且在 $(0,1)$ 内之每一点均是可微的. 因此, 从上段 1) 的结论则可得到: 存在一个数 $\lambda_0 \in(0,1)$, 使得 (注意链式法则)

$$\begin{aligned}\|A(\boldsymbol{c}(1))-A(\boldsymbol{c}(0))\| &\triangleq \|\boldsymbol{x}(1)-\boldsymbol{x}(0)\| \leqslant \|\boldsymbol{x}'(\lambda_0)\| \\ &=\|A'(\boldsymbol{c}(\lambda_0)) \cdot \boldsymbol{c}'(\boldsymbol{\lambda_0})\|=\|A'(\boldsymbol{c}(\lambda_0)) \cdot(\boldsymbol{b}-\boldsymbol{a})\|,\end{aligned}$$

也即导出 (同样注意到 Cauchy-Schwartz 不等式)

$$\|A(\boldsymbol{b})-A(\boldsymbol{a})\| \leqslant\|A'(\boldsymbol{c})\| \cdot\|\boldsymbol{b}-\boldsymbol{a}\|,$$

这里 $\boldsymbol{c} \in(\boldsymbol{a}, \boldsymbol{b})$. 从而证得本定理. □

与前面定理 5 类似, 这里, 我们对映像而言亦有下面的推理:

推理 3(映像的改变量不等式) 在前面定理 5 的推理中, 如果将那里的泛函 f 换为映像 $A: V \rightarrow \mathbb{R}^m(m \geqslant 2)$, 那么, 当存在一个正数 β, 使得

$$\left|\frac{\partial f_i}{\partial x_k}(\boldsymbol{x})\right| \leqslant \frac{\beta}{\sqrt{n m}}, \qquad \forall \boldsymbol{x} \in V,\ 1 \leqslant i \leqslant m,\ 1 \leqslant k \leqslant m,$$

则必有下面关系式成立

$$\|A(\boldsymbol{b})-A(\boldsymbol{a})\| \leqslant \beta\|\boldsymbol{b}-\boldsymbol{a}\|, \qquad \forall \boldsymbol{a}, \boldsymbol{b} \in V.$$

证明 从上面定理 6, 我们已经得到

$$\|A(\boldsymbol{b})-A(\boldsymbol{a})\| \leqslant\|\boldsymbol{b}-\boldsymbol{a}\| \cdot \sup_{0<\lambda_0<1}\|A'(\boldsymbol{a}+\lambda_0(\boldsymbol{b}-\boldsymbol{a}))\|. \tag{23}$$

故由“映像导数”, 也即 Jacobi 矩阵的表达式, 以及 Euclid 空间范数的定义, 可得

$$\begin{aligned}\|A'(\boldsymbol{a}+\lambda_0(\boldsymbol{b}-\boldsymbol{a}))\| &\leqslant \left[\sum_{k=1}^{n}\sum_{i=1}^{m}\left|\frac{\partial f_i}{\partial x_k}(\boldsymbol{a}+\lambda_0(\boldsymbol{b}-\boldsymbol{a}))\right|^2\right]^{\frac{1}{2}} \\ &\leqslant \sqrt{nm}\frac{\beta}{\sqrt{nm}}=\beta.\end{aligned} \tag{24}$$

于是, 结合 (23) 和 (24) 两式, 本推理立即得证. □

值得注意的是, 对于一个 (非泛函的) 映像 A 而言, 虽然我们导不出相应的“微分中值公式”, 而仅有“微分中值不等式”, 但是, 在许多应用中, 此定理同样起着与“中值公式”相当的作用, 此可由下面的定理和推理略见一二. 特别值得注意的是, 下面定理的证明中, 有关“连通的开集不能分离为两个开集”之特性的利用, 是继 4.9 节有关距离空间中的“一般介值定理”(定理 2) 的证明后, 又一个很好的示范.

定理 7 设 A 为由空间 $\mathbb{R}^n$ 中区域 U 到空间 $\mathbb{R}^m$ 内的一个映像. 那么, 如果

$$A'(\boldsymbol{x})\equiv 0(\text{“零算子”}),\qquad \forall \boldsymbol{x}\in U,$$

则必有

$$A(\boldsymbol{x})\equiv \boldsymbol{y}_0(\mathbb{R}^m\ \text{空间中某一“常元”}),\qquad \forall \boldsymbol{x}\in U.$$

(注意, 从 6.2 节我们知道: 映像 A 的“F-导数”为 $\mathbb{R}^n\to\mathbb{R}^m$ 的一个“连续线性算子”. 因此, 从这个角度看, 上面的假设条件即是 $A'(\boldsymbol{x})$ 对任何点 $\boldsymbol{x}\in U$ 而言均是一个“零算子”, 也即其将 $\mathbb{R}^n$ 中的任何元均映射为空间 $\mathbb{R}^m$ 的“零元”.)

证明 下面分三步来验明定理结论.

1) 任意取定一元 $\boldsymbol{x}_0\in U$, 并令 U 的一个子集 G 为

$$G\triangleq\{\boldsymbol{x}\in U: A(\boldsymbol{x})=A(\boldsymbol{x}_0)\}. \tag{25}$$

我们断言: G 必为空间 $\mathbb{R}^n$ 的一个非空开集, 同样必为 (距离空间)U 内的开集.

事实上, 对于任意点 $\widetilde{\boldsymbol{x}}\in G\subset U$, 注意到 U 是空间 $\mathbb{R}^n$ 的一个“区域”, 故从定义 (回忆 4.9 节的定义以及 6.1 节定理 3 与其推理间的说明) 可知: U 必为空间的一个“连通的开集”. 因此, 点 $\widetilde{\boldsymbol{x}}$ 必为 U 的一个“内点”, 故其必存在某球 $B(\widetilde{\boldsymbol{x}},\widetilde{\delta})\subset U$. 这样, 由上面“映像的微分中值不等式”(定理 6), 便可导出 (注意 $\widetilde{\boldsymbol{x}}\in G$ 和 G 的定义, 以及定理的假设)

$$\begin{aligned}0&\leqslant\|A(\boldsymbol{x})-A(\boldsymbol{x}_0)\|=\|A(\boldsymbol{x})-A(\widetilde{\boldsymbol{x}})\|\\&\leqslant\|\boldsymbol{A}'(\widetilde{\boldsymbol{x}}+\lambda_0(\boldsymbol{x}-\widetilde{\boldsymbol{x}}))\|\cdot\|\boldsymbol{x}-\widetilde{\boldsymbol{x}}\|=0,\qquad\forall \boldsymbol{x}\in B(\widetilde{\boldsymbol{x}},\widetilde{\delta}).\end{aligned}$$

于是, 从范数定义, 由上式得到

$$A(\boldsymbol{x}) \equiv A(\boldsymbol{x}_0), \qquad \forall \boldsymbol{x} \in B(\widetilde{\boldsymbol{x}}, \widetilde{\delta}). \tag{26}$$

注意到 (25) 式中集 G 的定义, 从 (26) 式, 也即证得了本段的断言: G 必为空间 $\mathbb{R}^n$ 内的一个开集; 而由 $G = G \cap U$, 故知其亦为"距离"空间 U(仍在原空间 $\mathbb{R}^n$ 距离下) 内的"开集".

2) 另一方面, 由假设 A 是 U 的一个"连续"映像 (因 A 可微), 故回忆到 4.8 节 (三) 中的引理及其后的注 8, 则有下述命题: 任何距离空间上的连续映像, 其值域空间的任何开集之"原像"必仍为此定义域空间中的开集. 由此, 仅仅注意到对一个集合而言"开"与"闭"在"余集"运算下是一个"互换关系", 因此, 上述命题对于"闭集"亦是成立的. 这样, 由于单点集 $A(\boldsymbol{x}_0)$ 为距离空间 $A(U)(\subset \mathbb{R}^m)$ 内的一个闭集 (见 4.7 节 (二) 中例 3), 故由上命题我们导出: $A^{-1}(\{A(\boldsymbol{x}_0)\})$ 必为距离空间 U 内的一个闭集. 而注意到前面 (25) 式的定义, 可得: 集合 G 必为 U 的一个闭集, 从而集合 $U \backslash G$ 则亦为距离空间 U 内的一个"开集".

3) 总合上面 1) 和 2) 两段的结果, 可得到下面的结论: 如果集合 $U \backslash G \neq \varnothing$(空集), 那么, 一个"开的连通集"$U$ (因其已设为区域), 可以分为"两个开集之并". 但这显然是不可能的 (参见 4.9 节中引理 1). 因此, $U \backslash G = \varnothing$, 也即

$$U = G \triangleq \{\boldsymbol{x} \in U : A(\boldsymbol{x}) = A(\boldsymbol{x}_0)\},$$

从而得到

$$A(\boldsymbol{x}) = A(\boldsymbol{x}_0) \triangleq \boldsymbol{y}_0, \qquad \forall \boldsymbol{x} \in U.$$

由此本定理得证. □

下面可以很容易地得到上面定理 7 的一个推论:

推理 4 在上定理 7 中, 如果映像 A 是一个泛函 f, 且有

$$\frac{\partial f}{\partial x_1}(\boldsymbol{x}) = \frac{\partial f}{\partial x_2}(\boldsymbol{x}) = \cdots = \frac{\partial f}{\partial x_n}(\boldsymbol{x}) \equiv 0, \qquad \forall \boldsymbol{x} \in U \subset \mathbb{R}^n,$$

(也即 $\nabla f(\boldsymbol{x}) \equiv 0,\ \forall\ \boldsymbol{x} \in U \subset \mathbb{R}^n$) 则必有

$$f(\boldsymbol{x}) \equiv \xi_0(\text{常数}), \qquad \forall \boldsymbol{x} \in U.$$

证明 注意到, 从推理假设, 此时必有下面 (在空间 $\mathbb{R}^n$ 中"范数"的) 关系式:

$$\|f'(\boldsymbol{x})\| \triangleq \|\nabla f(\boldsymbol{x})\| \triangleq \left\| \left(\frac{\partial f}{\partial x_1}(\boldsymbol{x}), \frac{\partial f}{\partial x_2}(\boldsymbol{x}), \cdots, \frac{\partial f}{\partial x_n}(\boldsymbol{x}) \right) \right\|$$

$$= \left(\sum_{k=1}^{n} \left| \frac{\partial f}{\partial x_k}(\boldsymbol{x}) \right|^2 \right)^{\frac{1}{2}} \equiv 0, \qquad \forall \boldsymbol{x} \in U.$$

由此, 完全类似上面定理 7 的证明, 不难直接导出本推理所需结论. □

6.4　隐函数 (隐映像) 定理及逆映像定理

5.2 节的 (二) 中, 曾介绍过隐函数的概念, 也即此时函数与其自变量的关系不是由一个明显的表达式直接给出, 而是被隐含于一个或数个方程之中. 以二维空间 $\mathbb{R}^2$ 为例, 其内的任何一条曲线 Γ 如果可写为某个方程 $F(x,y)=0$, 那么, 在此曲线上的任意的点 $(\tilde{x},\tilde{y})\in\mathbb{R}^2$, 必满足上述方程 $F(\tilde{x},\tilde{y})=0$, 此即 $\tilde{x}$ 与 $\tilde{y}$ 必有一种"隐含的函数关系", 亦可称 y 为 x(或者 x 为 y) 的一个隐函数. 当然, 我们研讨的将是不包括以下两种"极端"状况: (i) 如果根本就没有点 $(x,y)\in\mathbb{R}^2$ 满足 $F(x,y)=0$, 也即曲线 $\Gamma=\varnothing$(空集) 的情形; (ii) 对任意的 $(x,y)\in\mathbb{R}^2$ 均有 $F(x,y)=0$, 即 $F(x,y)=0$ 是一个恒等式, 也即, 曲线 $\Gamma=\mathbb{R}^2$(全空间) 的情形. 同样, 可以给出一个具体有关隐函数的例子如下:

例如, 对于 $\mathbb{R}^2$ 中的一个椭圆曲线 Γ:

$$\frac{x^2}{a^2}+\frac{y^2}{b^2}=1,$$

亦可写为方程

$$F(x,y)=\frac{x^2}{a^2}+\frac{y^2}{b^2}-1=0,\qquad (\text{这里, } a,b>0.) \tag{$*$}$$

那么, 由此隐函数方程所确定的隐函数 $y=f(x)$ 可以有"无穷多个"! 事实上, 满足上述隐函数方程的 $y\triangleq f(x)$, 如果要求它是连续的, 则有

$$f_1(x)=\frac{b}{a}\sqrt{a^2-x^2}\quad \text{和 } f_2(x)=-\frac{b}{a}\sqrt{a^2-x^2},\qquad \text{当} x\in[-a,a] \text{ 时}.$$

而当不要求连续时, 则有

$$f_\lambda(x)=\begin{cases} f_1(x), & \text{当} x\in[-a,\lambda] \text{ 时}, \\ f_2(x), & \text{当} x\in(\lambda,a] \text{ 时}, \end{cases}\quad \forall -a<\lambda<a,$$

及

$$f_\mu(x)=\begin{cases} f_1(\mu), & \text{当} x=\mu \text{ 时}, \\ f_2(x), & \text{当} x\neq\mu \text{ 时}, \end{cases}\quad \forall -a\leqslant\mu\leqslant a,$$

等等. 特别地, 从隐函数方程所确定的曲线 (如图 1) 可以看出: 在曲线的 A 点附近可以确定一个 (正的) 连续函数 $y=f(x)$, 在 B 点附近则可确定一个 (负的) 连续函数 $y=f(x)$, 但在 C 点附近这样的连续函数 $y=f(x)$ 不存在 (注意, 在"数学分析"中, 人们均不考虑"多值函数"或称"集值函数"). 而在 C 点, 容易验证, 有

$\dfrac{\partial F}{\partial y}(x_C, y_C) = 0$. 而本节, 就在隐函数方程中任何一点 (x_0, y_0), 当自变量的定义域和函数的值域均有一定的约束情况下, 来研讨此隐函数的“局部显示方程”的存在性 (注意, 这里并不提供“如何解出” $y = f(x)$ 的方法, 而仅仅是一种“理论性”的保证)、唯一性和光滑性 (即导数 $f'(x)$ 的连续性) 等. 由此, 我们将研讨多元函数 (即泛函) 的类似问题, 进而推广至研讨相应映像 (算子) 的类似问题.

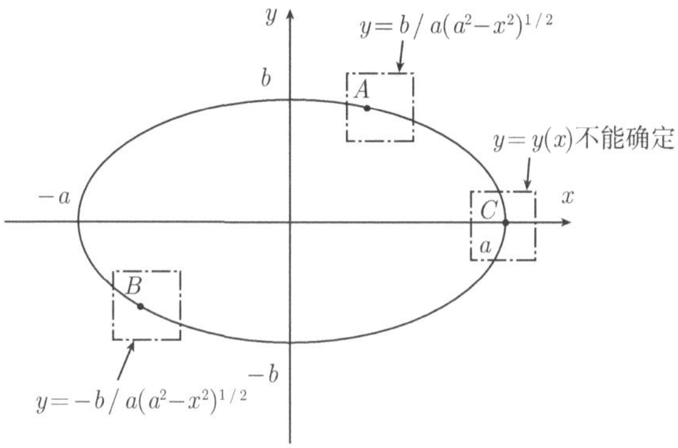

图 1

例如, 一般地, 已知带有 $n+m$ 个变元的 m 个方程组如下:

$$\begin{cases} F_1(x_1, x_2, \cdots, x_n; y_1, y_2, \cdots, y_m) = 0, \\ F_2(x_1, x_2, \cdots, x_n; y_1, y_2, \cdots, y_m) = 0, \\ \qquad\cdots\cdots \\ F_m(x_1, x_2, \cdots, x_n; y_1, y_2, \cdots, y_m) = 0, \end{cases} \tag{**}$$

类似上面所述, 人们自然同样可以研讨这样的问题: 对于空间 $\mathbb{R}^{n+m}$ 中满足上面方程组的一个点 $(x_1^0, x_2^0, \cdots, x_n^0; y_1^0, y_2^0, \cdots, y_m^0)$, 是否存在其某一邻域 $U_0 \subset \mathbb{R}^{n+m}$, 使得在此邻域 U_0 内, m 个函数 $f_1, f_2, \cdots, f_m$ 具有以下显示表达式:

$$y_k = f_k(x_1, x_2, \cdots, x_n), \qquad 1 \leqslant k \leqslant m?$$

而当将上面方程组 $(**)$ 用“向量”(即线性空间 $\mathbb{R}^k$ 中的“元”) 来重新表示时, 可设

$$\boldsymbol{x} \triangleq (x_1, x_2, \cdots, x_n) \in \mathbb{R}^n, \quad \boldsymbol{y} \triangleq (y_1, y_2, \cdots, y_m) \in \mathbb{R}^m$$

和

$$(\boldsymbol{x}; \boldsymbol{y}) \triangleq (x_1, x_2, \cdots, x_n; y_1, y_2, \cdots, y_m),$$

(注意, 此式前面的表达式不是“内积”!) 以及

$$\boldsymbol{F} \triangleq \begin{pmatrix} F_1 \\ \vdots \\ F_m \end{pmatrix}, \qquad \boldsymbol{f} \triangleq \begin{pmatrix} f_1 \\ \vdots \\ f_m \end{pmatrix}.$$

(注意, 这里的 $\boldsymbol{F}$ 与 $\boldsymbol{f}$ 实际上均为“映像”, 而其相应的 F_i 与 $f_i(1 \leqslant i \leqslant m)$ 实际上即为该映像对应的“分量泛函”.) 那么, 上面关系式 $(**)$ 与前面空间 $\mathbb{R}^2$ 中的隐函数方程“在形式上”则完全一致了. 因为, 此时, 上面的相应问题即变为下面形式: 当有

$$\boldsymbol{F}(\boldsymbol{x}, \boldsymbol{y}) = \boldsymbol{0}$$

时, 问在上面相应的邻域 $U \subset \mathbb{R}^{n+m}$ 内, 是否可确定 $\boldsymbol{y} = \boldsymbol{f}(\boldsymbol{x})$, 使得

$$\boldsymbol{F}(\boldsymbol{x}, \boldsymbol{f}(\boldsymbol{x})) = \boldsymbol{0}?$$

(一)

下面从二维 Euclid 空间 $\mathbb{R}^2$ 开始讨论. 首先, 给出一个引理.

引理 (隐函数的存在性)　*假设 $F(x,y)$ 是定义在空间 $\mathbb{R}^2$ 中一个区域 G 内的一个二元函数, 其满足以下条件:*

1° $F(x_0,y_0)=0$, (这里, 点 $(x_0,y_0) \in G$);

2° $F(x,y)$ 在 G 内 (对任意固定的 x) 均为 y 的, 而 (对任意固定的 y) 均为 x 的 (一元) 连续函数;

3° $\dfrac{\partial F}{\partial y}(x_0,y_0) \neq 0$.

那么, 存在点 (x_0,y_0) 的一个“开矩形” $I(x_0,\delta_1^0) \times I(y_0,\delta_2^0) \subset G$, 使得在其内存在一个 (一元) 函数 $y=f(x)$, 满足 $F(x,f(x))=0, \forall x \in I(x_0,\delta_1^0)$.

证明　首先, 由题设 $G(\subset \mathbb{R}^2)$ 为开集, 因此, 点 $(x_0,y_0) \in G$ 必为 G 的内点. 由此可知, 必有正数 δ 存在, 使得开“正方形” (注意 4.7 节中注 3, 在 $\mathbb{R}$ 中 $I(a,\delta)$ 代表“开区间” $(a-\delta, a+\delta)$):

$$I(x_0,\delta) \times \overline{I(y_0,\delta)} \subset G.$$

此外, 由引理假设条件 3°, 不妨假设 $\dfrac{\partial F}{\partial y}(x_0,y_0) > 0$, 然后来验证本引理.

其次, 注意到假设 3°, 由极限的“局部保序性” (回顾 4.6 节定理 2 中的 3°), 则可导出: 必存在一个正数 $\delta_2^0 < \delta$, 使得一元函数 $F(x_0,y)$ 必在 G 内相应的闭“竖线

段” $[(x_0, y_0-\delta_2^0), (x_0, y_0+\delta_2^0)]$ 上是“隔点”严格单调递增的 (回顾 5.3 节的开首之命题), 也即

$$y_0^{(l)} < y_0 < y_0^{(r)} \Longrightarrow F(x_0, y_0^{(l)}) < F(x_0, y_0) < F(x_0, y_0^{(r)}), \qquad \forall\ y_0^{(l)}, y_0^{(r)} \in I[y_0, \delta_2^0].$$

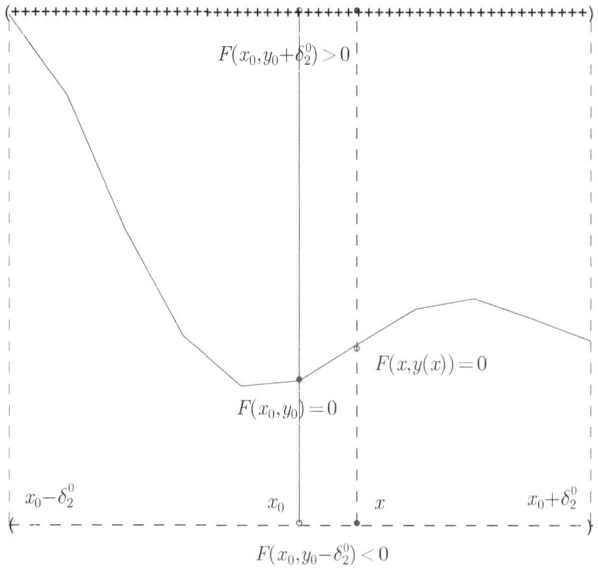

图 2

这样一来, 从引理假设条件 1°, 由于 $F(x_0, y_0) = 0$, 可得

$$F(x_0, y_0-\delta_2^0) < 0 \quad \text{和} \quad F(x_0, y_0+\delta_2^0) > 0. \tag{1}$$

于是, 注意到假设条件 2°, 由于相应的两个一元函数 $F(x, y_0-\delta_2^0)$ 和 $F(x, y_0+\delta_2^0)$ 均在 $x = x_0$ 连续, 因此同样从极限的“局部保序性”, 以及上面的 (1) 式, 可以得到: 存在一个 (公共的) 正数 $\delta_1^0 < \delta$, 使得均有 (参看上图 2)

$$F(x, y_0-\delta_2^0) < 0 \ \text{和} \ F(x, y_0+\delta_2^0) > 0, \qquad \forall x \in (x_0-\delta_1^0, x_0+\delta_1^0). \tag{2}$$

最后, 再次注意到假设条件 2°, 由于对任意的 $\tilde{x} \in (x_0-\delta_1^0, x_0+\delta_2^0)$, 一元函数 $F(\tilde{x}, y)$ 均为 y 的连续函数, 因此, 利用“介值定理”以及关系式 (2), 从 $F(\tilde{x}, y_0-\delta_1^0) < 0$ 和 $F(\tilde{x}, y_0+\delta_1^0) > 0$, 即可导出: 必存在 $\tilde{y} \in (y_0-\delta_1^0, y_0+\delta_1^0)$ 使得 $F(\tilde{x}, \tilde{y}) = 0$(注意, 此时 $\tilde{y}$ 未必是“唯一”的). 于是, 按上面对应关系, 可令一元函数

$$y = f(x), \qquad \forall x \in (x_0-\delta_1^0, x_0+\delta_1^0),$$

并且可得到

$$F(x,f(x))\equiv 0,\qquad \forall\, x\in(x_0-\delta_1^0,x_0+\delta_1^0).$$

此即证得本引理所需要的结论. □

注 1 上引理的证明方法是很有用的, 值得熟记. 其实, 对它的记忆也不难, 只要记住一句"隔点单调在中间, 一根扁担挑两边"就行了. 事实上, 以 $F(x_0,y_0)$ 为"中心", 从 $\dfrac{\partial F}{\partial y}(x_0,y)>0$ 引出"一根扁担", 并从其两头的"正号"与"负号", 由 $F(x,y_0\pm\delta_2^0)$ 对 x_0 的连续性, 就得到了"正"边与"负"边. 最后, 再由 $F(\widetilde{x},y)$ 对 y 的介值定理就可求出相应的函数 $\widetilde{y}=f(\widetilde{x})$ 了.

定理 1(隐函数定理 A) 在上面引理中, 如果将那里的假设条件附加上条件 4°:

4° $\dfrac{\partial F}{\partial y}F(x,y)$ 在 G 内均存在, 且在 (x_0,y_0) 点连续,

那么, 上面引理所得到的满足 $F(x,y)=0$ 的隐函数 $y=f(x)$ 就是唯一的, 并且在开区间 $I(x_0,\delta_1^0)$ 内均是连续的.

(注意, 由于这里的假设条件 4°, 因此上面引理中的假设条件 2° 中有关 $F(x,y)$ 在 G 内, "(对任意固定的 x) 其均为 y 的 (一元) 连续函数"之约定当然是自然成立的.)

证明 首先, 从上引理假设条件 4° 已知 $\dfrac{\partial F}{\partial y}(x_0,y_0)\neq 0$, 不妨设 $\dfrac{\partial F}{\partial y}(x_0,y_0)>0$, 然后来验证本定理. 下面按本定理所需结论, 分两步来验证之.

1) 从本定理的假设条件 4°, 以及 $\dfrac{\partial F}{\partial y}(x_0,y_0)>0$, 同样利用极限的"局部保序性", 可取到正数 $\delta_1^0<\delta$ 和 $\delta_2^0<\delta$, 使得

$$\frac{\partial F}{\partial y}(x,y)>0,\qquad \forall\,(x,y)\in I(x_0,\delta_1^0)\times I(y_0,\delta_2^0). \tag{1'}$$

(为了下面论述方便, 我们沿用上面引理证明中一些特殊符号和结论.)

于是, 类似地可以得到上引理证明中的 (1) 和 (2) 式. 继而, 对于任意的 $\tilde{x}\in I(x_0,\delta_1^0)$, 对 (一元函数) $F(\tilde{x},y)$ 运用"介值定理", 可得到 (一元函数) $y=f(x)$, 使得 $F(x,f(x))=0$ $(\forall x\in I(x_0,\delta_1^0))$. 此外, 注意到上面的关系式 (1′), 以及 5.3 节定理 1 可知: 对于上面的任何 $\tilde{x}$, $F(\tilde{x},y)$ 对 y 必是严格单增的. 因此, 这里相应于满足方程 $F(\tilde{x},\tilde{y})$ 的 $\tilde{y}$ 必是"唯一的", 也即, 上面所得到 (一元函数) $y=f(x)$ (其使 $F(x,f(x))=0,\forall\, x\in I(x_0,\delta_1^0)$) 必是唯一的.

2) 下面来验证上述函数 $y=f(x)$ 在开区间 $I(x_0,\delta_1^0)$ 内是连续的.

事实上, 对于任意的 $x=\tilde{x}\in I(x_0,\delta_1^0)$, 从上段可知, 必对应唯一的 $\tilde{y}\in I(y_0,\delta_2^0)$, 使得 $F(\tilde{x},\tilde{y})=0$. 那么, 对于任意的数 $\varepsilon>0$, 由上面假设 (1′) 可知, 必存在 $(\tilde{x},\tilde{y})$ 点的一个 (开矩形) 邻域 $I(\tilde{x},\widetilde{\delta_1})\times I(\tilde{y},\widetilde{\varepsilon})$, 使得

$$\tilde{\varepsilon}\leqslant\varepsilon \quad \text{及} \quad I(\tilde{x},\widetilde{\delta_1})\times I(\tilde{y},\widetilde{\varepsilon})\subset I(x_0,\delta_1^0)\times I(y_0,\delta_2^0).$$

因此

$$\frac{\partial F}{\partial y}(x,y)>0, \qquad \forall\ (x,y)\in I(\tilde{x},\widetilde{\delta_1})\times I(\tilde{y},\widetilde{\varepsilon}).$$

这样, 完全重复上面 1) 的论证叙述, 可知: 作为上段所得的 (一元) 函数 $y=f(x)$ 之一部分 (注意上段 $f(x)$ 唯一性的结论), 其落在开矩形 $I(\tilde{x},\widetilde{\delta_1})\times I(\tilde{y},\widetilde{\varepsilon})$ 中的部分, 必满足以下关系式:

$$\tilde{y}-\tilde{\varepsilon}<f(x)<\tilde{y}+\tilde{\varepsilon}, \qquad \forall\ x\in I(\tilde{x},\widetilde{\delta}),$$

此即

$$|f(x)-f(\tilde{x})|<\tilde{\varepsilon}\leqslant\varepsilon, \qquad \forall\ x\in I(\tilde{x}-\widetilde{\delta},\tilde{x}+\widetilde{\delta}).$$

于是, (一元函数)$y=f(x)$ 在 $I(x_0,\delta_1^0)$ 内是连续的.

总上, 本定理得证. □

定理 2(隐函数定理 B) 在上面定理 1 中, 如果将那里的假设条件 4° 加强为条件

$\widehat{4^\circ}$ $F(x,y)\in C^{(1)}(G)$(也即 $\dfrac{\partial F(x,y)}{\partial x}$ 与 $\dfrac{\partial F(x,y)}{\partial y}$ 均在 G 内存在且连续),

那么, 上面定理 1 中所确定 (满足方程 $F(x,y)=0$) 的一元函数 $y=f(x)(\forall x\in I(x_0,\delta_1^0))$ 亦有 $f\in C^{(1)}(I(x_0,\delta_1^0))$, 且有

$$f'(x)=-\frac{\partial F}{\partial x}(x,y)\Big/\frac{\partial F}{\partial y}(x,y),$$

这里 $y=f(x)$, $\forall(x,y)\in I(x_0,\delta_1^0)\times I(y_0,\delta_2^0)$. (注意, 由于这里的假设条件 $\widehat{4^\circ}$, 因此, 前面引理中的假设条件 2° 的约定当然均是自然成立的, 故此时可以将 2° 取消.)

证明 首先, 由假设条件 $\widehat{4^\circ}$ 及 6.2 节的定理 2 可知: $F(x,y)$ 在区域 G 内均是可微的. 于是, 对于任意的 $x\in I(x_0,\delta_1^0)$, 以及较小的 x 之改变量 Δx, 其使 $x+\Delta x\in I(x_0,\delta_1^0)$, 可令 $\Delta y=f(x+\Delta x)-f(x)$, 则由定理的假设, 有 $y=f(x)$, 从

而 $f(x+\Delta x)=y+\Delta y\in I(y_0,\delta_2^0)$. 于是, 从 F 的可微性便可得出

$$\begin{aligned}0=&F(x+\Delta x,f(x+\Delta x))-F(x,f(x))\\=&F(x+\Delta x,y+\Delta y)-F(x,y)\\=&\frac{\partial F}{\partial x}(x,y)\Delta x+\frac{\partial F}{\partial y}(x,y)\Delta y+r(\sqrt{\Delta x^2+\Delta y^2}),\end{aligned}\tag{3}$$

这里, $\dfrac{r(\sqrt{\Delta x^2+\Delta y^2})}{\sqrt{\Delta x^2+\Delta y^2}}\to 0$(当 $\sqrt{\Delta x^2+\Delta y^2}\to 0$ 时). 为计算简洁, 可以令

$$r(\sqrt{\Delta x^2+\Delta y^2})\triangleq r_1(\sqrt{\Delta x^2+\Delta y^2})\Delta x+r_2(\sqrt{\Delta x^2+\Delta y^2})\Delta y,\tag{4}$$

这里,

$$\begin{aligned}r_1(\sqrt{\Delta x^2+\Delta y^2})=&\frac{\Delta x}{\sqrt{\Delta x^2+\Delta y^2}}\frac{r(\sqrt{\Delta x^2+\Delta y^2})}{\sqrt{\Delta x^2+\Delta y^2}},\\r_2(\sqrt{\Delta x^2+\Delta y^2})=&\frac{\Delta y}{\sqrt{\Delta x^2+\Delta y^2}}\frac{r(\sqrt{\Delta x^2+\Delta y^2})}{\sqrt{\Delta x^2+\Delta y^2}}.\end{aligned}$$

将 (4) 代入上面 (3) 式, 则可得到

$$\begin{aligned}0=&\frac{\partial F}{\partial x}(x,y)\cdot\Delta x+\frac{\partial F}{\partial y}(x,y)\cdot\Delta y+r_1(\sqrt{\Delta x^2+\Delta y^2})\cdot\Delta x\\&+r_2(\sqrt{\Delta x^2+\Delta y^2})\cdot\Delta y,\qquad\forall(x,y)\in I(x_0,\delta_1^0)\times I(y_0,\delta_2^0),\end{aligned}\tag{5}$$

这里, 有 $r_1(\sqrt{\Delta x^2+\Delta y^2})\to 0$ 和 $r_2(\sqrt{\Delta x^2+\Delta y^2})\to 0$ (当 $\sqrt{\Delta x^2+\Delta y^2}\to 0$ 时).

由此从 (5) 式导出 (注意前面定理 1 中关系式 (1′) 可知下式的分母不为 0)

$$\frac{\Delta y}{\Delta x}=-\frac{\dfrac{\partial F}{\partial x}(x,y)+r_1(\sqrt{\Delta x^2+\Delta y^2})}{\dfrac{\partial F}{\partial y}(x,y)+r_2(\sqrt{\Delta x^2+\Delta y^2})},\qquad\forall(x,y)\in I(x_0,\delta_1^0)\times I(y_0,\delta_2^0).\tag{6}$$

因而, 注意到关系式 (5) 后面的 $r_1(\sqrt{\Delta x^2+\Delta y^2})$ 和 $r_2(\sqrt{\Delta x^2+\Delta y^2})$ 的性质, 以及从上面定理 1 中已经得知: $y=f(x)$ 在 $I(x_0,\delta_1^0)$ 内均是连续的, 故当 $\Delta x\to 0$ 时, 必有 $\Delta y\to 0$. 于是, 从上面关系式 (6) 则可得到

$$f'(x)=\lim_{\Delta\to 0}\frac{\Delta y}{\Delta y}=-\frac{\dfrac{\partial F}{\partial x}(x,y)}{\dfrac{\partial F}{\partial y}(x,y)},\qquad\forall(x,y)\in I(x_0,\delta_1^0)\times I(y_0,\delta_2^0).$$

由此, 就导出了本定理所需之关系式. 此外, 注意到定理假设 $\widehat{4^\circ}$, 由于各偏导函数 $\dfrac{\partial F}{\partial x}(x,y)$ 和 $\dfrac{\partial F}{\partial y}(x,y)$ 在区域 $I(x_0,\delta_1^0)\times I(y_0,\delta_2^0)$ 内均是连续的, 故从上面的关系式, 也就得到了导函数 $f'(x)$ 在 $I(x_0,\delta_1^0)$ 也是连续的, 此即有 $f\in C^{(1)}(I(x_0,\delta_1^0))$. 因而完成了本定理证明. □

上面的隐函数定理是从二元函数 $F(x,y)=0$ 产生的. 更一般地, 可以由 $n+1$ 元函数来类似地研讨上面相应的隐函数存在定理, 并且, 不难得到下面的相应结论 (其证明完全是类似的, 留给读者验证之).

定理 3(隐函数定理的一般形式) 假设 $F(x_1,x_2,\cdots,x_n;y)$ 是定义在空间 $\mathbb{R}^{n+1}$ 中某一个区域 G 内的一个 $n+1$ 元函数, 其满足以下条件:

1° $F(x_1^0,\cdots,x_n^0;y_0)=0$(这里, 点 $(x_1^0,\cdots,x_n^0;y_0)\in G$);

2° $F(x_1,\cdots,x_n;y)\in C^{(1)}(G)$;

3° $\dfrac{\partial F}{\partial y}(x_1^0,\cdots,x_n^0;y_0)\neq 0$.

那么, 必存在点 $(x_1^0,\cdots,x_n^0;y_0)$ 的一个开矩形 $I(x_1^0,\delta_1^0)\times\cdots\times I(x_n^0,\delta_n^0)\times I(y_0,\delta_{n+1}^0)\subset G$, 使得在其内存在唯一的 $(n$ 元) 函数 $y=f(x_1,\cdots,x_n)$, 满足

$$F(x_1,\cdots,x_n;f(x_1,\cdots,x_n))=0,\qquad \forall(x_1,\cdots,x_n)\in I(x_1^0,\delta_1^0)\times\cdots\times I(x_n^0,\delta_n^0),$$

且有 $f\in C^{(1)}(I(x_1^0,\delta_1^0)\times\cdots\times I(x_n^0,\delta_n^0))$, 以及

$$\frac{\partial f}{\partial x_k}(x_1,\cdots,x_n)=-\frac{\partial F}{\partial x_k}(x_1,x_2,\cdots,x_n;y)\Big/\frac{\partial F}{\partial y}(x_1,x_2,\cdots,x_n;y),$$
$$\forall\ (x_1,\cdots,x_n)\in I(x_1^0,\delta_1^0)\times\cdots\times I(x_n^0,\delta_n^0)\times I(y_n^0,\delta_{n+1}^0),$$

这里, $y=f(x_1,\cdots,x_n)$.

注 2 在上面的定理 3 中, 令 $\boldsymbol{x_0}\triangleq(x_1^0,\cdots,x_n^0)$, $\boldsymbol{x}\triangleq(x_1,\cdots,x_n)\in\mathbb{R}^n$, 以及

$$U(\boldsymbol{x_0})=I(x_1^0,\delta_1^0)\times\cdots\times I(x_n^0,\delta_n^0),$$

那么, 假设条件 1°, 2° 和 3° 可简记为 $F(\boldsymbol{x_0};y_0)=0, F(\boldsymbol{x};y)\in C^{(1)}(G)$ 和 $\dfrac{\partial F}{\partial y}(\boldsymbol{x_0};y_0)\neq 0$. 相应的结论则为: 在 $U(\boldsymbol{x_0})\times I(y_0,\delta_{n+1}^0)$ 内存在唯一的 $(n$ 元) 函数 $y=f(\boldsymbol{x})$, 满足方程

$$F(\boldsymbol{x},f(\boldsymbol{x}))=0,\qquad \forall\boldsymbol{x}\in U(\boldsymbol{x_0}),$$

且有 $f \in C^{(1)}(U(\boldsymbol{x_0}))$, 以及

$$\frac{\partial f}{\partial x_k}(\boldsymbol{x}) = -\frac{\dfrac{\partial F}{\partial x_k}(\boldsymbol{x};y)}{\dfrac{\partial F}{\partial y}(\boldsymbol{x};y)}, \qquad y = f(\boldsymbol{x}),\ \forall(\boldsymbol{x};y) \in U(\boldsymbol{x_0}) \times I(y_0, \delta_{n+1}^0).$$

从上面的 (定理 2 和) 定理 3, 利用归纳法, 同样可直接得到下面的推理:

推理　*在定理 3 的条件下, 如果 $n+1$ 元函数 $F(\boldsymbol{x},y) \in C^{(m)}(U(\boldsymbol{x_0}) \times I(y_0,\delta_{n+1}^0))$, 那么, 则有 $f(\boldsymbol{x}) \in C^{(m)}(U(\boldsymbol{x_0}))(\forall m \in \mathbb{N})$.*

有了上面的有关隐函数定理, 不难看出: 只要有隐函数方程, 那么, 在一定的假设条件下, "不必求出" 有关 y 的 "显函数" 表达式, 却同样可以得到有关 y 的导数 (甚至 m 次导数). 下面给出几个例子.

例 1　已知方程

$$x^3 + y^3 - 4xy = 0,$$

试验证: 当 $x \in \left(\frac{7}{4}, \frac{9}{4}\right)$ 时, 必可确定一个满足上方程, 且具有连续导数的 "显函数" $y = y(x)$, 并求 $y'(x)$, $\forall x \in \left(\frac{7}{4}, \frac{9}{4}\right)$.

证明　首先, 令

$$F(x,y) \triangleq x^3 + y^3 - 4xy = 0.$$

显然可见 $F(2,2) = 0$, 并且, 由于

$$\frac{\partial F}{\partial y}(x,y) = 3y^2 - 4x, \tag{7}$$

故有

$$\frac{\partial F}{\partial y}(2,2) = 3 \neq 0, \tag{8}$$

并且, 当 $|x-2| < \frac{1}{4}$ 和 $|y-2| < \frac{1}{4}$ 时, 有

$$\begin{aligned}\left|\frac{\partial F}{\partial y}(x,y)\right| &= 3y^2 - 4x = 3\left(y^2 - \frac{4}{3}x\right) = 3\left[(y-2)^2 + 4(y-2) - \frac{4}{3}(x-2) + \frac{4}{3}\right] \\ &\geqslant 3\left[\frac{4}{3} - \left(4|y-2| + \frac{4}{3}|x-2|\right)\right] > 3\left[\frac{4}{3} - \left(1 + \frac{1}{3}\right)\right] = 0.\end{aligned} \tag{9}$$

此外, 再注意到: 由于

$$\frac{\partial F}{\partial y}(x,y) = 3y^2 - 4x, \tag{10}$$

故从 (7) 和 (10) 式可知

$$F(x,y)\in C^{(1)}\left(\left(\frac{7}{4},\frac{9}{4}\right)\right). \tag{11}$$

这样, 从上面关系式 (9) 和 (11), 并注意到 $F(2,2)=0$, 由隐函数定理得: 当 $x\in\left(\frac{7}{4},\frac{9}{4}\right)$ 时, 满足方程 $F(x,y)=0$ 的"显方程" $y=y(x)$ 唯一存在, 并且有 $y(x)\in C^{(1)}\left(\left(\frac{7}{4},\frac{9}{4}\right)\right)$, 以及

$$y'(x)=-\frac{3x^2-4y(x)}{3y^2(x)-4x},\qquad \forall x\in\left(\frac{7}{4},\frac{9}{4}\right).\qquad \square$$

例 2 设隐函数 $y=y(x)$ 由下面方程确定:

$$y-2x\arctan\frac{y}{x}=0,\qquad \forall x\neq 0. \tag{$*$}$$

求 $y'(x)$ 及 $y''(x)$.

解 首先, 不难验证, 上面 $(*)$ 所确定的二元函数方程 $F(x,y)=0$ 满足前面定理 2 中的所有条件, 因此, 其可以确定 (满足该二元方程的) 连续可微的函数 $y=y(x)$. 既然如此, 可视

$$F(x,y(x))\equiv 0,\qquad \forall x\neq 0 \tag{$*$}$$

为 x 的一个恒等式. 这样, 注意到 y 为 x 的函数, 故对上式运用复合函数的"链式法则", 便可导出

$$y'(x)-2(x)'\cdot\arctan\frac{y}{x}-2x\left(\arctan\frac{y}{x}\right)'_x=0,$$

也即

$$y'-2\arctan\frac{y}{x}-2x\frac{\left(\frac{y}{x}\right)'_x}{1+\left(\frac{y}{x}\right)^2}=0,$$

故

$$y'-2\arctan\frac{y}{x}+\frac{2xy}{x^2+y^2}-\frac{2x^2y'}{x^2+y^2}=0,\qquad \forall x\neq 0. \tag{12}$$

回顾原方程的关系式 $(*)$, 可知: $2\arctan\dfrac{y}{x}=\dfrac{y}{x}$. 因此, (12) 式变为

$$y'\left(1-\frac{2x^2}{x^2+y^2}\right)=\frac{y}{x}-\frac{2xy}{x^2+y^2},$$

化简后则可以得到

$$y'\left(\frac{y^2-x^2}{x^2+y^2}\right)=\frac{y}{x}\left(\frac{y^2-x^2}{x^2+y^2}\right),\qquad \forall x\neq 0. \tag{13}$$

于是, 从 (13) 式解得 $y(x)$ 的导函数

$$y'=\frac{y}{x},\qquad \forall x\neq 0.$$

最后, 将上式两边再对 x 求导 (同样注意到链式法则), 并注意到上式结果, 可得

$$y''=\frac{x\cdot y'-y}{x^2}=\frac{x\left(\dfrac{y}{x}\right)-y}{x^2}=0,\qquad \forall x\neq 0.\qquad \square$$

注 3　上面所得结果是出人意料地如此简单. 其实, 从观察原方程 $(*)$, 不难发现其原由.

事实上, 在原方程 $(*)$ 中, 如果做一新变量 $t\triangleq\dfrac{y}{x}$ $(\forall x\neq 0)$, 那么, 该方程就简化为

$$\frac{t}{2}=\arctan t.$$

而此方程显然只有三个根: $t=0$ 及 $t=\pm t_0$(见下图 3), 也即原方程 $(*)$ 仅只有解

$$y=t_i x,\qquad i=1,2,3,\ \forall x\neq 0,$$

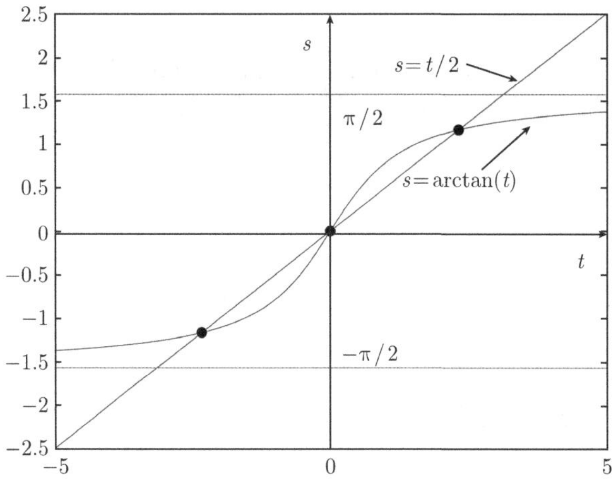

图 3

这里, $t_i(i=1,2,3)$ 分别为上面的 0 和 $\pm t_0$. 也即原方程 $(*)$ 的解为 (不含原点的) 从原点出发的 6 条射线. 因此, 当任何点 (x,y) 满足方程 $(*)$ 时, 在此点的足够小的邻域中, 只能有上述 6 条射线之"一条"的某段满足隐函数定理, 故此 $y=y(x)$ 必满足条件: $y'=t_i\left(=\text{斜率}\dfrac{y}{x}\right)$, $i=1,2,3$, 因此 $y''=0$.

(二)

本段来研讨当 (一) 中的多元函数 (或称"泛函") 推广为"映像"(算子) 时的相关问题. 如本节开始所说, 对于具有 $m+n$ 个自变量的 m 个方程所形成的方程组

$$\begin{cases} F_1(x_2,\cdots,x_n;y_1,\cdots,y_m)=0, \\ \qquad\qquad\cdots\cdots \\ F_m(x_2,\cdots,x_n;y_1,\cdots,y_m)=0, \end{cases} \tag{Δ_1}$$

人们试图探讨从 (Δ_1) 中解出 (作为 $x_1,\cdots,x_n$ 的 n 元"显函数"之)$y_1,\cdots,y_m$.

为了记述简洁, 并且与上面 (一) 中作为一个 n 元函数的情况相对应, 可令映像 (算子) 为

$$B_F\triangleq\begin{pmatrix}F_1\\ \vdots\\ F_m\end{pmatrix},\qquad A_f\triangleq\begin{pmatrix}f_1\\ \vdots\\ f_m\end{pmatrix},$$

这里, $B_F\in\mathscr{L}(\mathbb{R}^{n+m}\to\mathbb{R}^m)$, $A_f\in\mathscr{L}(\mathbb{R}^n\to\mathbb{R}^m)$, 且有, (它们各自的"分量泛函")

$$F_i\in\mathscr{L}(\mathbb{R}^{n+m}\to\mathbb{R})\quad\text{及}\quad f_i\in\mathscr{L}(\mathbb{R}^n\to\mathbb{R}),\qquad 1\leqslant i\leqslant m.$$

(也即, F_i 与 f_i 分别为 $\mathbb{R}^{n+m}$ 和 $\mathbb{R}^n$ 上的连续线性函数 (泛函), 或记为 $F_i\in(\mathbb{R}^{n+m})^*$ 及 $f_i\in(\mathbb{R}^n)^*$, $\forall\ 1\leqslant i\leqslant m$.)

那么, 上面的方程组就可变为一个"算子方程"

$$B_F(\boldsymbol{x},\boldsymbol{y})=\boldsymbol{0},\qquad(\text{这里, }\boldsymbol{x}\in\mathbb{R}^n;\boldsymbol{y},\boldsymbol{0}\in\mathbb{R}^m.)\tag{Δ_2}$$

所研讨的问题则为: 是否存在一个映像 $A_f:\mathbb{R}^n\to\mathbb{R}^m$, 使得

$$\boldsymbol{y}=A_f(\boldsymbol{x})?$$

为了下面运算的需要, 对于线性算子 J_B(即映像 B 的 Jacobian, 也即其“F-导数”B') 所成的矩阵

$$J_B=\begin{pmatrix}\dfrac{\partial F_1}{\partial x_1} & \cdots & \dfrac{\partial F_1}{\partial x_n} & \dfrac{\partial F_1}{\partial y_1} & \cdots & \dfrac{\partial F_1}{\partial y_m}\\ \vdots & & \vdots & \vdots & & \vdots\\ \dfrac{\partial F_m}{\partial x_1} & \cdots & \dfrac{\partial F_m}{\partial x_n} & \dfrac{\partial F_m}{\partial y_1} & \cdots & \dfrac{\partial F_m}{\partial y_m}\end{pmatrix}$$

可以作为“分块”矩阵表示为 $J_B=\begin{pmatrix} J_{B_x} & J_{B_y}\end{pmatrix}$, 其中, 矩阵

$$J_{B_x}\triangleq\begin{pmatrix}\dfrac{\partial F_1}{\partial x_1} & \cdots & \dfrac{\partial F_1}{\partial x_n}\\ \vdots & & \vdots\\ \dfrac{\partial F_m}{\partial x_1} & \cdots & \dfrac{\partial F_m}{\partial x_n}\end{pmatrix},\quad J_{B_y}\triangleq\begin{pmatrix}\dfrac{\partial F_1}{\partial y_1} & \cdots & \dfrac{\partial F_1}{\partial y_m}\\ \vdots & & \vdots\\ \dfrac{\partial F_m}{\partial y_1} & \cdots & \dfrac{\partial F_m}{\partial y_m}\end{pmatrix}.$$

(此即, 原来的 $m\times(n+m)$ 阶矩阵可以“纵向分为”两块, 前者为“$m\times n$”阶矩阵, 而后者则为 $m\times m$ 阶, 也即 m 阶方阵). 这样, 就可以引出有关“隐映像 (算子) 定理”如下:

定理 4(隐映像定理)　假设 B_F 是从空间 $\mathbb{R}^{n+m}$ 中的一个区域 G 到空间 $\mathbb{R}^m$ 内的一个映像, 其满足以下条件:

1° $B_F(\boldsymbol{x_0},\boldsymbol{y_0})=\boldsymbol{0}$, (这里, $\boldsymbol{x_0}\in\mathbb{R}^n$, $\boldsymbol{y_0}\in\mathbb{R}^m$ 且 $(\boldsymbol{x_0},\boldsymbol{y_0})\in G$);

2° $B_F\in C^{(1)}(G,\mathbb{R}^m)$;

3° 行列式 $\det J_{B_y}(\boldsymbol{x_0},\boldsymbol{y_0})\neq 0$ (也即 $\dfrac{\partial(F_1,\cdots,F_m)}{\partial(y_1,\cdots,y_m)}(\boldsymbol{x_0},\boldsymbol{y_0})\neq 0$).

那么, 存在点 $(\boldsymbol{x_0},\boldsymbol{y_0})$ 的一个邻域 $U(\boldsymbol{x_0})\times V(\boldsymbol{y_0})\subset G$, 使得

1. 对每个 $\boldsymbol{x}\in U(\boldsymbol{x_0})$, 均存在唯一的 $\boldsymbol{y}\in V(\boldsymbol{y_0})$, 使得 $B(\boldsymbol{x},\boldsymbol{y})=\boldsymbol{0}$. 因此, 当令 $\boldsymbol{y}\triangleq A_f(\boldsymbol{x})$ 时, 即有

$$B_F(\boldsymbol{x},A_f(\boldsymbol{x}))=\boldsymbol{0},\qquad \forall\boldsymbol{x}\in U(\boldsymbol{x_0});$$

2. $\boldsymbol{y_0}=A_f(\boldsymbol{x_0})$;

3. $A_f\in C^{(1)}(U(\boldsymbol{x_0}),\mathbb{R}^m)$, 并且有

$$J_{A_f}(\boldsymbol{x})=-[J_{B_y}(\boldsymbol{x},\boldsymbol{y})]^{-1}\cdot J_{B_x}(\boldsymbol{x},\boldsymbol{y}),$$

其中, $\boldsymbol{y}=A_f(\boldsymbol{x})$, $\forall\boldsymbol{x}\in U(\boldsymbol{x_0})$. (注意, 上式右端的 $[J_{B_y}(\boldsymbol{x},\boldsymbol{y})]^{-1}$ 表示方阵 $J_{B_y}(\boldsymbol{x},\boldsymbol{y})$ 的逆矩阵.)

证明　用归纳法来证明本定理.

当 $m=1$ 时 (也即方程组 (Δ_1) 中仅有一个方程). 可由前面定理 3 直接得到本定理结果.

假设 $m=m_0-1$ 时, 本定理结论成立.

下面来验证当 $m=m_0$ 时定理的正确性 (分三段来验证之).

1) 首先, 从定理假设条件 3°, 由此时相应的 m_0 阶行列式

$$\det J_{B_y}(\boldsymbol{x_0},\boldsymbol{y_0})=\det\frac{\partial(F_1,\cdots,F_m)}{\partial(y_1,\cdots,y_m)}(\boldsymbol{x_0},\boldsymbol{y_0})=\left|\left(\frac{\partial F_i}{\partial y_j}(\boldsymbol{x_0},\boldsymbol{y_0})\right)_{m_0\times m_0}\right|\neq 0,$$

因而, 此行列式中的元素必不能均为 0. 由此, 为方便下面论述, 不妨假设

$$\frac{\partial F_{m_0}}{\partial y_{m_0}}(\boldsymbol{x_0},\boldsymbol{y_0})\neq 0. \tag{14}$$

(这里, $\boldsymbol{x_0}\triangleq(x_1^0,\cdots,x_n^0)$, $\boldsymbol{y_0}\triangleq(y_1^0,\cdots,y_{m_0}^0)$.) 下面将要证明: 在点 $(\boldsymbol{x_0},\boldsymbol{y_0})\in\mathbb{R}^{n+m_0}$ 的一个邻域内, y_{m_0} 可由 $(\boldsymbol{x_0};y_1,\cdots,y_{m_0-1})$ "解" 出来, 也即此邻域内存在某一泛函 ($n+m_0-1$ 元函数) φ, 有 $y_{m_0}=\varphi(\boldsymbol{x_0};y_1,\cdots,y_{m_0-1})$.

事实上, 注意到前面 (Δ_1) 式中的最后一个方程, 从关系式 (14), 直接利用上面的定理 3, 可以得到: 存在 $\boldsymbol{x_0}$ 的一个邻域 $\tilde{U}(\boldsymbol{x_0})\subset\mathbb{R}^n$, $(y_1^0,y_2^0,\cdots,y_{m_0-1}^0)$ 的一个邻域 $I(y_1^0,\widetilde{\delta}_1^0)\times\cdots\times I(y_{m_0-1},\widetilde{\delta}_{m_0-1}^0)\subset\mathbb{R}^{m_0-1}$, 以及 $y_{m_0}^0$ 的一个邻域 $I(y_{m_0}^0,\widetilde{\delta}_{m_0}^0)$ (这里, $\boldsymbol{y_0}=(y_0^1,\cdots,y_{m_0-1}^0,y_{m_0}^0)\in\mathbb{R}^{m_0}$), 使得

(i) 对每一点 $(\boldsymbol{x};y_1,\cdots,y_{m_0-1})\in\tilde{U}(\boldsymbol{x_0})\times[I(y_1^0,\widetilde{\delta}_1^0)\times\cdots\times I(y_{m_0-1},\widetilde{\delta}_{m_0-1}^0)]$, 下面方程

$$F_{m_0}(\boldsymbol{x};y_1,\cdots,y_{m_0-1},y_{m_0})=0$$

在区间 $I(y_{m_0},\widetilde{\delta}_{m_0}^0)$ 内存在唯一解 $y_{m_0}=\varphi(\boldsymbol{x};y_1,\cdots,y_{m_0-1})$;

(ii) $\varphi(\boldsymbol{x_0};y_1,\cdots,y_{m_0-1})=y_{m_0}^0$;

(iii) $\varphi\in C^{(1)}(\tilde{U}(\boldsymbol{x_0})\times[I(y_1^0,\widetilde{\delta}_1^0)\times\cdots\times I(y_{m_0-1},\widetilde{\delta}_{m_0-1}^0)])$.

2) 其次, 将上面 1) 中解得的 $y_{m_0}=\varphi(\boldsymbol{x_0};y_1,\cdots,y_{m_0-1})$ 代入到前面方程组 (Δ_1) 的前 m_0-1 个方程中 (此也即数学中解方程组常用的"消元法"). 然后, 把 $y_1,\cdots,y_{m_0-1}$ 均由 $\boldsymbol{x_0}$ "解" 出来, 此即存在 $\boldsymbol{x_0}$ 的一个邻域, 在其内存在 m_0-1 个泛函 $f_1,\cdots,f_{m_0-1}$ 使得 $y_i=f_i(\boldsymbol{x})(1\leqslant i\leqslant m_0-1)$.

为此, 先构造 (在 $\mathbb{R}^{n+m_0-1}$ 中定义的)(m_0-1) 个泛函 Φ_i 如下:

$$\Phi_i(\boldsymbol{x};y_1,\cdots,y_{m_0-1})\triangleq F_i[\boldsymbol{x};y_1,\cdots,y_{m_0-1},\varphi(\boldsymbol{x};y_1,\cdots,y_{m_0-1})],$$

其中 $1 \leqslant i \leqslant m_0 - 1$, 并令相应的 (从 $\tilde{U}(\boldsymbol{x_0}) \times [I(y_1^0, \widetilde{\delta}_1^0) \times \cdots \times I(y_{m_0-1}, \widetilde{\delta}_{m_0-1}^0)]$ 到 $\mathbb{R}^{m_0-1}$ 内的映像)

$$\Phi \triangleq \begin{pmatrix} \Phi_1 \\ \vdots \\ \Phi_{m_0-1} \end{pmatrix}. \tag{15}$$

然后, 我们来验证: 上述映像 Φ 是满足本定理相应的三个假设条件的. 由此则可将本段结论导出. 下面就来逐条验证之:

(a^0) 由上面 1) 中泛函 φ 的特性, 以及定理中 2° 的假设, 可知: 上关系式 (15) 中所定义的映像 $\Phi \in C^{(1)}(\tilde{U}(\boldsymbol{x_0}) \times [I(y_1^0, \widetilde{\delta}_1^0) \times \cdots \times I(y_{m_0-1}^0, \widetilde{\delta}_{m_0-1}^0)], \mathbb{R}^{m_0-1})$.

(b^0) 此外, 显然有

$$\begin{aligned}\Phi_i(\boldsymbol{x_0}; y_1^0, \cdots, y_{m_0-1}^0) &\triangleq F_i[\boldsymbol{x_0}; y_1^0, \cdots, y_{m_0-1}^0, \varphi(\boldsymbol{x_0}; y_1^0, \cdots, y_{m_0-1}^0)] \\ &= F_i(\boldsymbol{x_0}, \boldsymbol{y_0}), \quad 1 \leqslant i \leqslant m_0 - 1,\end{aligned}$$

从而得到 $\Phi(\boldsymbol{x_0}; y_1^0, \cdots, y_{m_0-1}^0) = \mathbf{0}$.

(c^0) 最后, 注意到上面泛函 $\Phi_i(1 \leqslant i \leqslant m_0 - 1)$ 的定义, 故当利用复合函数求偏导的“链式法则”, 可得到 (这里注意关系式 (15), 并且下面我们有时将 $\varphi(y_1, \cdots, y_{m_0-1})$ 简记为 $\varphi(\cdot)$)

$$\begin{aligned}&\frac{\partial \Phi_i}{\partial y_j}(\boldsymbol{x}; y_1, \cdots, y_{m_0-1}) \left(\triangleq \frac{\partial F_i}{\partial y_j}(\boldsymbol{x}; y_1, \cdots, y_{m_0-1}, \varphi(\boldsymbol{x}; y_1, \cdots, y_{m_0-1}))\right) \\ =&\frac{\partial F_i}{\partial y_j}(\boldsymbol{x}; y_1, \cdots, y_{m_0-1}, y_{m_0}) + \frac{\partial F}{\partial y_{m_0}} \frac{\partial \varphi}{\partial y_j}(\boldsymbol{x}; y_1, \cdots, y_{m_0-1}, y_{m_0}); \\ &\qquad\qquad 1 \leqslant i, j \leqslant m_0 - 1.\end{aligned} \tag{16}$$

再注意到 (14) 式, 并将 $y_{m_0} = \varphi(y_1, \cdots, y_{m_0-1})$ 代入后, 则知 F_{m_0} 亦为自变量 $(y_1, \cdots, y_{m_0-1})$ 的复合函数. 故同样由“链式法则”, 又可得到

$$\begin{aligned}\frac{\partial F_{m_0}}{\partial y_j}(\boldsymbol{x}; y_1, \cdots, y_{m_0-1}, \varphi(\cdot)) =& \frac{\partial F_{m_0}}{\partial y_j}(\boldsymbol{x}; y_1, \cdots, y_{m_0-1}, y_{m_0}) \\ &+ \frac{\partial F_{m_0}}{\partial y_{m_0}} \frac{\partial \varphi}{\partial y_j}(\boldsymbol{x}; y_1, \cdots, y_{m_0-1}, y_{m_0-1}) = 0,\end{aligned} \tag{17}$$

其中 $1 \leqslant i, j \leqslant m_0 - 1$. 因此, 从 (16) 和 (17) 两式以及行列式的性质, 就可以导出

$$\frac{\partial(F_1, \cdots, F_{m_0})}{\partial(y_1, \cdots, y_{m_0})}(\boldsymbol{x}; y_1, \cdots, y_{m_0-1}, \varphi(\cdot)) = \begin{vmatrix} \dfrac{\partial F_1}{\partial y_1} & \cdots & \dfrac{\partial F_1}{\partial y_{m_0}} \\ \vdots & & \vdots \\ \dfrac{\partial F_{m_0}}{\partial y_1} & \cdots & \dfrac{\partial F_{m_0}}{\partial y_{m_0}} \end{vmatrix} (\boldsymbol{x}; y_1, \cdots, y_{m_0-1}, \varphi(\cdot))$$

$$
=\begin{vmatrix}
\left(\dfrac{\partial F_1}{\partial y_1}+\dfrac{\partial F_1}{\partial y_{m_0}}\dfrac{\partial \varphi}{\partial y_1}\right) & \cdots & \left(\dfrac{\partial F_1}{\partial y_{m_0-1}}+\dfrac{\partial F_1}{\partial y_{m_0}}\dfrac{\partial \varphi}{\partial y_{m_0-1}}\right) & \dfrac{\partial F_1}{\partial y_{m_0}} \\
\vdots & & \vdots & \vdots \\
\left(\dfrac{\partial F_{m_0}}{\partial y_1}+\dfrac{\partial F_{m_0}}{\partial y_{m_0}}\dfrac{\partial \varphi}{\partial y_1}\right) & \cdots & \left(\dfrac{\partial F_{m_0}}{\partial y_{m_0-1}}+\dfrac{\partial F_{m_0}}{\partial y_{m_0}}\dfrac{\partial \varphi}{\partial y_{m_0-1}}\right) & \dfrac{\partial F_{m_0}}{\partial y_{m_0}}
\end{vmatrix}(\boldsymbol{x}; y_1, \cdots, y_{m_0-1}, y_{m_0})
$$

$$
=\begin{vmatrix}
\dfrac{\partial \Phi_1}{\partial y_1} & \cdots & \dfrac{\partial \Phi_1}{\partial y_{m_0-1}} & \dfrac{\partial F_1}{\partial y_{m_0}} \\
\vdots & & \vdots & \vdots \\
\dfrac{\partial \Phi_{m_0-1}}{\partial y_1} & \cdots & \dfrac{\partial \Phi_{m_0-1}}{\partial y_{m_0-1}} & \dfrac{\partial F_{m_0-1}}{\partial y_{m_0}} \\
0 & \cdots & 0 & \dfrac{\partial F_{m_0}}{\partial y_{m_0}}
\end{vmatrix}(\boldsymbol{x}; y_1, \cdots, y_{m_0-1}, y_{m_0})
$$

$$
=\frac{\partial F_{m_0}}{\partial y_{m_0}}(\boldsymbol{x}; y_1, \cdots, y_{m_0}) \cdot \det \frac{\partial(\Phi_1, \cdots, \Phi_{m_0-1})}{\partial(y_1, \cdots, y_{m_0-1})}(\boldsymbol{x}; y_1, \cdots, y_{m_0-1}),
$$

$$
\forall (\boldsymbol{x}; y_1, \cdots, y_{m_0}) \in \tilde{U}(\boldsymbol{x_0}) \times [I(y_1^0, \widetilde{\delta}_1^0) \times \cdots \times I(y_{m_0}, \widetilde{\delta}_{m_0}^0)]. \tag{18}
$$

注意到前面假设的关系式 (14) 以及定理的假设条件 3°(再注意归纳假设当 m_0 时定理的相应假设均应成立), 由关系式 (18) 之首尾, 即可导出 (行列式)

$$
\det \frac{\partial(\Phi_1, \cdots, \Phi_{m_0-1})}{\partial(y_1, \cdots, y_{m_0-1})}(\boldsymbol{x_0}; y_1^0, \cdots, y_{m_0-1}^0) \neq 0.
$$

这样一来, 从上面的三段论证, 也即得到了新的映像

$$
\Phi = \begin{pmatrix} \Phi_1 \\ \vdots \\ \Phi_{m_0-1} \end{pmatrix} : \tilde{U}(\boldsymbol{x_0}) \times [I(y_1^0, \widetilde{\delta}_1^0) \times \cdots \times I(y_{m_0-1}, \widetilde{\delta}_{m_0-1}^0)] \to \mathbb{R}^{m_0-1}
$$

满足归纳假设条件, 因此从本定理结论则应有: 存在点 $(\boldsymbol{x_0}; y_1, \cdots, y_{m_0-1})$ 的一个邻域 $\tilde{U}(\boldsymbol{x_0}) \times [I(y_1^0, \delta_1^0) \times \cdots \times I(y_{m_0-1}, \delta_{m_0-1}^0)] \subset \tilde{U}(\boldsymbol{x_0}) \times [I(y_1^0, \widetilde{\delta}_1^0) \times \cdots \times I(y_{m_0-1}, \widetilde{\delta}_{m_0-1}^0)]$, 使得

(a) 对每个 $\boldsymbol{x} \in U(\boldsymbol{x_0})$, 均存在唯一的 $(y_1, \cdots, y_{m_0-1}) \in I(y_1^0, \delta_1^0) \times \cdots \times I(y_{m_0-1}^0, \delta_{m_0-1}^0)$, 使得 $\Phi(\boldsymbol{x}; y_1, \cdots, y_{m_0-1}) = 0$. 由此, 可以令 $y_i = f_i(\boldsymbol{x})(1 \leqslant i \leqslant m_0 - 1)$.

(b) $\Phi(\boldsymbol{x_0}; f_1(\boldsymbol{x_0}), \cdots, f_{m_0-1}(\boldsymbol{x_0})) = 0$.

(c) $f_1, \cdots, f_{m_0-1} \in C^{(1)}(U(\boldsymbol{x_0}))$.

3) 现在, 将上面第 2) 段解出的 $y_i = f_i(\boldsymbol{x})(1 \leqslant i \leqslant m_0 - 1)$ 代入前面第 1) 段解得的 $y_{m_0} = \varphi(\boldsymbol{x}; y_1, \cdot, y_{m_0-1})$ 中去, 并令

$$
f_{m_0}(\boldsymbol{x}) \triangleq \varphi(\boldsymbol{x}; f_1(\boldsymbol{x}), \cdots, f_{m_0-1}(\boldsymbol{x})), \qquad \forall\, \boldsymbol{x} \in U(\boldsymbol{x_0}),
$$

以及

$$A_f \triangleq \begin{pmatrix} f_1 \\ \vdots \\ f_{m_0} \end{pmatrix} : U(\boldsymbol{x_0})(\subset \mathbb{R}^n) \to \mathbb{R}^m, \tag{19}$$

那么, 从上面 1) 和 2) 两段的结果不难证明: 当令 $\boldsymbol{y} = A_f(\boldsymbol{x})$ 时, 有

$$\begin{aligned} &B_F(\boldsymbol{x}, A_f(\boldsymbol{x})) = B_F(\boldsymbol{x}, \boldsymbol{y}) \\ =&B_F[\boldsymbol{x}; f_1(\boldsymbol{x}), \cdots, f_{m_0-1}(\boldsymbol{x}), \varphi(\boldsymbol{x}; f_1(\boldsymbol{x}), \cdots, f_{m_0-1}(\boldsymbol{x}))] = \boldsymbol{0}, \quad \forall \boldsymbol{x} \in U(\boldsymbol{x_0}). \end{aligned}$$

此即导出定理所需的结论 1.

此外, 类似地不难得到

$$\boldsymbol{y_0} = A_f(\boldsymbol{x_0}),$$

也即导出定理所需的结论 2.

最后, 从第 1) 段中的 (iii) 和第 2) 段中的 (c), 显然可知关系式 (19) 的 $A_f \in C^{(1)}(U(\boldsymbol{x_0}), \mathbb{R}^{m_0})$, 并且, 从下面的恒等式:

$$B_F(\boldsymbol{x}, A_f(\boldsymbol{x})) = 0, \qquad \forall x \in U(\boldsymbol{x_0}),$$

由复合函数求导的链式法则, 可得

$$J_{B_x}(\boldsymbol{x}, \boldsymbol{y}) + J_{B_y}(\boldsymbol{x}, \boldsymbol{y}) J_{A_f}(\boldsymbol{x}) = \boldsymbol{0}. \tag{20}$$

而从归纳假设 (定理的条件 3° 及 2°), 又有

$$\begin{aligned} \det J_{B_y}(\boldsymbol{x}, \boldsymbol{y}) = \det \frac{\partial(F_1, \cdots, F_{m_0})}{\partial(y_1, \cdots, y_{m_0})} \neq 0, \\ \forall\ (\boldsymbol{x}, \boldsymbol{y}) \in U(\boldsymbol{x_0}) \times [I(y_1^0, \delta_1^0) \times \cdots \times I(y_{m_0}^0, \delta_{m_0}^0)]. \end{aligned}$$

因此上述 m_0 阶方阵 $J_{B_y}(\boldsymbol{x}, \boldsymbol{y})$ 是一个"可逆方阵". 这样一来, 从上面的关系式 (20), 可得

$$J_{A_x}(\boldsymbol{x}) = -[J_{B_y}(\boldsymbol{x}, \boldsymbol{y})]^{-1} \cdot J_{B_x}(\boldsymbol{x}, \boldsymbol{y}),$$

也即导出了本定理所需的结论 3. 由此, 我们在 $m = m_0$ 时验证了本定理结论成立.

总上, 我们已经归纳地证得了本定理对任何 $m \in \mathbb{N}$ 均是成立的. □

下面举一个例子 (此在以后积分学中的变量代换部分是十分有用的).

例 3 在 $\mathbb{R}^n$ 中的"球坐标"是如下规定的:

$$\begin{cases} x_1 = \rho\cos\theta_1, \\ x_2 = \rho\sin\theta_1\cos\theta_2, \\ x_3 = \rho\sin\theta_1\sin\theta_2\cos\theta_3, \\ \qquad \cdots\cdots \\ x_{n-1} = \rho\sin\theta_1\cdots\sin\theta_{n-2}\cos\theta_{n-1}, \\ x_n = \rho\sin\theta_1\cdots\sin\theta_{n-2}\sin\theta_{n-1}, \end{cases} \qquad \forall\ \rho > 0,\ 0 \leqslant \theta_i \leqslant 2\pi\ (1 \leqslant i \leqslant n-1),$$

试求 Jacobi 行列式 $\det\dfrac{\partial(x_1,\cdots,x_n)}{\partial(\rho,\theta_1,\cdots,\theta_{n-1})}$ (在默认相应的隐映像定理成立的前提下).

解 如果简单地将上方程组顺序记为

$$F_i^0(\theta_1,\cdots,\theta_{n-1};x_1,\cdots,x_n) = x_i - \rho(\cdots), \qquad 1 \leqslant i \leqslant n,$$

相应的 Jacobi 行列式 $\det\dfrac{\partial(F_1^0,\cdots,F_n^0)}{\partial(\rho,\theta_1,\cdots,\theta_{n-1})}$ 将是不容易计算的. 因此, 将其"变形"为

$$\begin{cases} F_1(\rho,\theta_1,\cdots,\theta_{n-1};x_1,\cdots,x_n) = \rho^2 - (x_1^2+\cdots+x_n^2), \\ F_2(\rho,\theta_1,\cdots,\theta_{n-1};x_1,\cdots,x_n) = \rho^2\sin^2\theta_1 - (x_2^2+\cdots+x_n^2), \\ \qquad\qquad \cdots\cdots \\ F_n(\rho,\theta_1,\cdots,\theta_{n-1};x_1,\cdots,x_n) = \rho^2\sin^2\theta_1\cdots\sin^2\theta_{n-1} - x_n^2. \end{cases}$$

($\forall\ \rho > 0,\ 0 \leqslant \theta_i < 2\pi, 1 \leqslant i \leqslant n-1.$) 容易计算出 Jacobi 矩阵的以下关系式:

$$\frac{\partial(F_1,\cdots,F_n)}{\partial(\rho,\theta_1,\cdots,\theta_{n-1})} = \frac{\partial(F_1,\cdots,F_n)}{\partial(x_1,\cdots,x_n)}\cdot\frac{\partial(x_1,\cdots,x_n)}{\partial(\rho,\theta_1,\cdots,\theta_{n-1})},$$

因而导出 (行列式)

$$\det\frac{\partial(x_1,\cdots,x_n)}{\partial(\rho,\theta_1,\cdots,\theta_{n-1})} = (-1)^n\det\left[\frac{\partial(F_1,\cdots,F_n)}{\partial(x_1,\cdots,x_n)}\right]^{-1}\cdot\det\frac{\partial(F_1,\cdots,F_n)}{\partial(\rho,\theta_1,\cdots,\theta_{n-1})}. \tag{21}$$

最后, 由于

$$\det\frac{\partial(F_1,\cdots,F_n)}{\partial(x_1,\cdots,x_n)} = \begin{vmatrix} -2x_1 & -2x_2 & \cdots & -2x_{n-1} & -2x_n \\ 0 & -2x_2 & \cdots & -2x_{n-1} & -2x_n \\ \vdots & \vdots & & \vdots & \vdots \\ 0 & 0 & \cdots & 0 & -2x_n \end{vmatrix} = (-1)^n 2^n x_1\cdots x_n$$

$$=(-1)^n 2^n \rho^n(\sin^{n-1}\theta_1\cdot\sin^{n-2}\theta_2\cdots\sin\theta_{n-1})\cdot(\cos\theta_1\cdots\cos\theta_{n-1}), \tag{22}$$

不难计算出

$$\begin{aligned}&\det\frac{\partial(F_1,\cdots,F_n)}{\partial(\rho,\theta_1,\cdots,\theta_{n-1})}\\=&2^n\rho^{2n-1}(\sin^{2n-3}\theta_1\cdot\sin^{2n-5}\theta_2\cdots\sin\theta_{n-1})\cdot(\cos\theta_1\cdots\cos\theta_{n-1}).\end{aligned}\tag{23}$$

因此, 将上面关系式 (22) 和 (23) 代入式 (21) 后, 即可导出

$$\det\frac{\partial(x_1,\cdots,x_n)}{\partial(\rho,\theta_1,\cdots,\theta_{n-1})}=\rho^{n-1}\sin^{n-2}\theta_1\cdot\sin^{n-3}\theta_2\cdots\sin\theta_{n-2}.$$

(注意, 虽然当 $x_1\cdot x_2\cdots x_n=0$ 时, 从 (22) 式可知, 上面关系式是没有意义的. 但是注意到最后的结果, 所得的为一连续函数, 因此, 若 $\mathbb{R}^n$ 空间中所有涉及 $x_1^0\cdot x_2^0\cdots x_n^0=0$ 的点先用 $x_1\cdot x_2\cdots x_n\neq 0$ 的点来逼近, 那么, 上述结论仍可保持.)

□

例 3′　作为上面 $\mathbb{R}^n$ 空间中例 3 的特例:

(a) 当 $n=2$ 时, 上面的"球坐标"即为平面的极坐标

$$\begin{cases}x=\rho\cos\theta,\\y=\rho\sin\theta,\end{cases}\qquad\forall\rho>0,\ 0\leqslant\theta<2\pi,$$

而相应的 Jacobi 行列式 $\det\dfrac{\partial(x,y)}{\partial(\rho,\theta)}=\rho.$

(b) 当 $n=3$ 时, 球坐标为

$$\begin{cases}x=\rho\sin\varphi\cos\theta,\\y=\rho\sin\varphi\sin\theta,\qquad\forall\rho>0,\ 0\leqslant\theta<2\pi,\ 0\leqslant\varphi<\pi,\\z=\rho\cos\varphi,\end{cases}$$

而相应的 Jacobi 行列式 $\det\dfrac{\partial(x,y,z)}{\partial(\rho,\varphi,\theta)}=\rho^2\sin\varphi$. (上述两个变量代换及相应的 Jacobi 行列式在二重和三重积分论中是十分重要的, 须予以足够的重视.) □

(三)

在本节的最后, 作为隐映像 (函数) 定理的一个应用, 我们研讨在局部邻域内, 有关逆映像的存在及相应的特性.

首先, 在二维空间 $\mathbb{R}^2$ 中来观察反函数的存在与隐函数的存在之间的关联. 为此, 先假设有函数

$$y=f(x),\qquad\forall x\in(\alpha,\beta),$$

满足 $y_0 = f(x_0), f \in C^{(1)}((\alpha, \beta))$ 以及 $f'(x_0) \neq 0$.

于是, 我们考察相应的二元函数

$$F(x,y) = y - f(x), \qquad \forall (x,y) \in (\alpha,\beta) \times \mathbb{R}.$$

从上可知, 其满足条件:

1° $F(x_0, y_0) = 0$;

2° $F \in C^{(1)}((\alpha,\beta) \times \mathbb{R}, \mathbb{R}^2)$;

3° $\dfrac{\partial F}{\partial x}(x_0, y_0) = f'(x_0) \neq 0$.

那么, 从隐函数定理, 便可得到以下结论: 存在开矩形: $I(x_0, \delta_1^0) \times I(y_0, \delta_2^0) \subset (\alpha, \beta) \times \mathbb{R}$, 使得对每一个 $y \in I(y_0, \delta_2^0)$, 必有唯一的 $x \in I(x_0, \delta_1^0)$, 使得 $F(x, y) = 0$. 此即有

1. 对每一个 $y \in I(y_0, \delta_2^0)$, 存在函数 $x = f^{-1}(y) \in I(x_0, \delta_1^0)$, 使得

$$F(f^{-1}(y), y) = 0, \qquad \forall y \in I(y_0, \delta_2^0);$$

此外, 显然还可得到:

2. $x_0 = f^{-1}(y_0)$;

3. $f^{-1} \in C^{(1)}(I(y_0, \delta_2^0))$, 并且有

$$[f^{-1}(y)]'_y = -\frac{\partial F(x,y)}{\partial y} \bigg/ \frac{\partial F(x,y)}{\partial x} = \frac{1}{f'(x)} \qquad \forall y \in I(y_0, \delta_2^0).$$

上面得到的, 即是**逆函数定理**. 下面, 类似地, 引出在局部邻域内的逆映像定理:

定理 5(局部逆映像定理) 设 A 为从 $\mathbb{R}^n$ 空间中一个开集 G 到空间 $\mathbb{R}^n$ 自身内的一个映像, 其满足以下条件:

1° $A \in C^{(1)}(G, \mathbb{R}^n)$;

2° 对于某一点 $\boldsymbol{x_0} \in G$, 有 $\det J_A(\boldsymbol{x_0}) \neq 0$.

那么, 当记 $\boldsymbol{y_0} \triangleq A(\boldsymbol{x_0})$ 时, 必存在 $\boldsymbol{x_0}$ 的某一邻域 $U(\boldsymbol{x_0})$ 和 $\boldsymbol{y_0}$ 的某一邻域 $V(\boldsymbol{y_0})$, 使得

1. $A(U(\boldsymbol{x_0})) = V(\boldsymbol{y_0})$, 并且映像 A 在 $U(\boldsymbol{x_0})$ 上是“单射”(即“一一对应”) 的;

2. 当记 A^{-1} 为 A 在 U 上的“逆映像”, 则有 $A^{-1} \in C^{(1)}(V(\boldsymbol{y_0}), \mathbb{R}^n)$;

3. 对于任意的元 $\boldsymbol{y} \in V(\boldsymbol{y_0})$(相应的 Jacobi 矩阵) 均有以下关系:

$$J_{A^{-1}}(\boldsymbol{y}) = [J_A(\boldsymbol{x})]^{-1}. \qquad (\text{这里 } \boldsymbol{x} = A^{-1}(\boldsymbol{y}).)$$

证明 首先, 作一个从 $\mathbb{R}^{2n}$ 到 $\mathbb{R}^n$ 内的新映像 B 如下:

$$B(\boldsymbol{x}, \boldsymbol{y}) = A(\boldsymbol{x}) - \boldsymbol{y}, \qquad \forall (\boldsymbol{x}, \boldsymbol{y}) \in G \times \mathbb{R}^n (\subset \mathbb{R}^n \times \mathbb{R}^n).$$

于是, 从定理假设 1° 可知: $B \in C^{(1)}(G \times \mathbb{R}^n, \mathbb{R}^n)$, 且从定理假设还有

$$B(\boldsymbol{x_0}, \boldsymbol{y_0})(= A(\boldsymbol{x_0}) - \boldsymbol{y_0}) = \mathbf{0}.$$

此外, 从定理假设 2°, 又可导出

$$\det J_{B_x}(\boldsymbol{x_0}, \boldsymbol{y_0}) = \det J_A(\boldsymbol{x_0}) \neq 0,$$

(这里, 矩阵 B_x 与前面定理 4 一样, 即为 $n \times 2n$ 矩阵 B 的"纵向"分割的前一块方阵, 相应地, B_y 则为 B 分割后的后一块方阵). 这样, 直接由隐映像定理 (定理 4) 可知: 必存在 $\boldsymbol{x_0}$ 的某一邻域 $\tilde{U}(\boldsymbol{x_0})$ 和 $\boldsymbol{y_0}$ 的某一邻域 $V(\boldsymbol{y_0})$, 使得对于任意的 $\boldsymbol{y} \in V(\boldsymbol{y_0})$, 算子方程 $B(\boldsymbol{x}, \boldsymbol{y}) = 0$(也即方程 $A(\boldsymbol{x}) = \boldsymbol{y}$) 在 $U(\boldsymbol{x_0})$ 内均有"唯一"解 $\boldsymbol{x}$, 可以记为

$$\boldsymbol{x} = A^{-1}(\boldsymbol{y}),$$

并且有 $A^{-1} \in C^{(1)}(V(\boldsymbol{y_0}), \mathbb{R}^n)$, 以及对于任意的 $\boldsymbol{y} \in V(\boldsymbol{y_0})$, 有以下关系式 (下式中 $I_{(n)}$ 代表 n 阶单位方阵):

$$\begin{aligned} J_{A^{-1}}(\boldsymbol{y}) &= -[J_{B_x}(\boldsymbol{x}, \boldsymbol{y})]^{-1} \cdot J_{B_y}(\boldsymbol{x}, \boldsymbol{y}) \\ &= -[J_A(\boldsymbol{x})]^{-1}(-I_{(n)}) = [J_A(\boldsymbol{x})]^{-1}. \end{aligned}$$

这里, $\boldsymbol{x} = A^{-1}(\boldsymbol{y})$. 由此, 我们已证得定理所需的 2 和 3 两个结论. 下面再来验证本定理所需的结论 1.

事实上, 令

$$U(\boldsymbol{x_0}) \triangleq A^{-1}(V(\boldsymbol{y_0})).$$

那么, 从上面叙述, (注意到在 $V(\boldsymbol{y_0})$ 上, A 与 A^{-1} 互逆) 有 $V(\boldsymbol{y_0}) = A(U(\boldsymbol{x_0}))$. 余下, 还需证明 $U(\boldsymbol{x_0})$ 亦是个"开集". 而这可直接从下面关系式:

$$U(\boldsymbol{x_0}) = \tilde{U}(\boldsymbol{x_0}) \cap A^{-1}(V(\boldsymbol{y_0})),$$

并注意到定理假设: A 为一个连续映像, 故其必使得值域空间的开集 $V(\boldsymbol{y_0})$ 的"原像"亦为开集. 这样, 作为上述两个开集之"交", 即可导出: $U(\boldsymbol{x_0})$ 必为开集. 到此, 本定理得证. □

注 4 值得特别指出的是, 上面"逆映像 (包括逆函数) 定理"仅仅是一种"局部性质"! 即使上面的映像 A 在其定义域 G 内均有 $\det J_A(\boldsymbol{x}) \neq 0 (\forall \boldsymbol{x} \in G)$, 其也只能在 G 内"每一点" $A(\boldsymbol{x})$ 的"某邻域"上存在逆映像, 而并"不能"断言: A 在整个 $A(G)$ 上存在着逆映像.

作为特殊的状况, 下面将给出一个“整体的”逆映像定理:

定理 6(逆映像定理) 设 A 为 $\mathbb{R}^n$ 空间中一个开集 G 到空间 $\mathbb{R}^n$ 自身内的一个映像, 其满足以下条件:

1° $A \in C^{(1)}(G, \mathbb{R}^n)$,

2° 对于每一个 $\boldsymbol{x} \in G$, 均有 $\det J_A(\boldsymbol{x}) \neq 0$,

则集合 $\hat{G} \triangleq \{A(\boldsymbol{x}), \boldsymbol{x} \in G\}$ 必为开集.

此外, 如果又有

3° A 是 G 上的“单射”,

那么, 必存在由 $\hat{G}$ 到 G 上的算子 (A 的“逆算子”)A^{-1}, 其满足以下性质:

1. $(A \circ A^{-1})(\boldsymbol{y}) = \boldsymbol{y}, \forall \boldsymbol{y} \in \hat{G}$,
2. $A^{-1} \in C^{(1)}(\hat{G}, \mathbb{R}^n)$,
3. Jacobi 矩阵有关系

$$J_{A^{-1}}(\boldsymbol{y}) = [J_A(\boldsymbol{x})]^{-1}, \qquad \text{这里}\boldsymbol{x} = A^{-1}(\boldsymbol{y}),\ \forall \boldsymbol{y} \in \hat{G}.$$

证明 首先, 由 A 的“单射”假设, 故知 A^{-1} 存在, 由此本定理所需结果 1 可得.

其次, 从前面定理 5 可知, 在本定理假设条件下, “局部的逆映像”均是存在且唯一的. 而由唯一性, 可知本定理中的 (整体) 逆映像当然必具有定理 5 所得的结果. 因此, 本定理所需的结果 2 和 3 亦成立.

最后, 余下来仅要验证集 $\hat{G}$ 是个开集. 事实上, 对于任何一点 $\boldsymbol{y} \in \hat{G}$(下面将要证明其必为 $\hat{G}$ 的内点), 从上已知, 必存在唯一的点 $\boldsymbol{x} \in G$, 使得 $\boldsymbol{y} = A(\boldsymbol{x})$. 故从本定理假设 1° 和 2°, 以及前面的“局部逆映像定理” (定理 5) 可知: 必存在邻域 $U(\boldsymbol{x})$ 和 $V(\boldsymbol{y})$, 使得

$$V(\boldsymbol{y}) = A[U(\boldsymbol{x})],$$

也即有 $V(\boldsymbol{y}) \subset A(G) = \hat{G}$. 因此, 我们证得 $\hat{G}$ 必为开集.

总上, 本定理证毕. □

注 5 本节中的隐函数 (隐映像) 定理和逆映像定理在多元函数的微分学中占有中心的地位. 我们不仅要熟练地掌握隐函数 (隐映像) 的求导运算, 而且还要熟练地运用这些定理来解决某些方程 (特别是某些方程组) 的解的存在和唯一性问题. 此外, 上面的两个隐映像定理不但解决了在什么样的点的邻域内两个已给方程组存在唯一解, 并且还在证明中给出了求此数值解的方法, 以及指出了解对初始数据的连续依赖性.

从上面的定理可得到下面的定义, 在许多数学分支中常被用到.

定义　对于空间 $\mathbb{R}^n$ 中一个开集 G 到空间 $\mathbb{R}^m$ 内的一个映像 A, 如果它满足以下三个条件:

1° $A \in C^{(1)}(G, \mathbb{R}^n)$,

2° A 是 G 上的"单射",

3° $\det J_A(\boldsymbol{x}) \neq 0,\ \forall\ \boldsymbol{x} \in G$,

那么, 就称 A 为 G 上的一个 **正则映像 (算子)**.

注 6　从上面定义以及前面的定理 6 可知: 正则映像 A 的逆映像 $A^{-1}: A(G) \to G$ 必亦为正则映像.

最后, 我们给出一个例子:

例 4　设

$$\begin{cases} u+v+w=x, \\ uv+vw+wu=y, \\ uvw=z. \end{cases}$$

试求 $\dfrac{\partial u}{\partial x}, \dfrac{\partial u}{\partial y}$ 以及 $\dfrac{\partial u}{\partial z}$.

解　令 $A:(u,v,w) \mapsto (x,y,z)$, 从例 3 中方程组的定义, 则有

$$A = \begin{pmatrix} F_1 \\ F_2 \\ F_3 \end{pmatrix} \text{ 以及 } \begin{cases} F_1(x,y,z;u,v,w) = u+v+w-x=0, \\ F_2(x,y,z;u,v,w) = uv+vw+wu-y=0, \\ F_3(x,y,z;u,v,w) = uvw-z=0. \end{cases}$$

于是,

$$J_A(u,v,w) = \frac{\partial(F_1,F_2,F_3)}{\partial(u,v,w)} = \begin{pmatrix} 1 & 1 & 1 \\ v+w & w+u & u+v \\ vw & wu & uv \end{pmatrix},$$

$$\det J_A(u,v,w) = -(u-v)(v-w)(w-u).$$

因此, 当上式 $\det J_A(u,v,w) \neq 0$ 时, 由逆映像定理则有

$$\begin{aligned} J_{A^{-1}}(u,v,w) &= [J_A(u,v,w)]^{-1} \\ &= \frac{1}{\det J_A(u,v,w)} \begin{pmatrix} u^2(v-w) & -u(v-w) & v-w \\ v^2(w-u) & -v(w-u) & w-u \\ w^2(u-v) & -w(u-v) & u-v \end{pmatrix}, \end{aligned}$$

而其中第一行即为 $\dfrac{\partial u}{\partial x}, \dfrac{\partial u}{\partial y}$ 以及 $\dfrac{\partial u}{\partial z}$.

另解 将题首方程组微分, 则得

$$\begin{cases} du+dv+dw=dx, \\ (v+w)du+(u+w)dv+(u+v)dw=dy, \\ vwdu+wudv+uvdw=dz. \end{cases}$$

于是解得

$$du=\frac{-u^2dx+udy-dz}{(u-v)(w-u)}.$$

最后, 注意到 $du=\dfrac{\partial u}{\partial x}dx+\dfrac{\partial u}{\partial y}dy+\dfrac{\partial u}{\partial z}dz$, 故从上式可得

$$\frac{\partial u}{\partial x}=\frac{-u^2}{(u-v)(w-u)},\quad \frac{\partial u}{\partial y}=\frac{u}{(u-v)(w-u)},\quad \frac{\partial u}{\partial z}=\frac{-1}{(u-v)(w-u)}.\quad \square$$

6.5 Taylor 公式及条件极值理论

(一)

在 5.6 节中, 我们曾经介绍过一元函数的 Taylor 定理 (公式), 以及该定理 (公式) 的重要意义. 这里, 将类比地来介绍 n 元函数 $f(\boldsymbol{x})(\boldsymbol{x}\in\mathbb{R}^n)$ 的相应定理和公式.

首先, 回顾 6.3 节 (二) 中的多元函数 (泛函) 的中值公式 (定理 5) 的证明. 那里, 对任意元 $\boldsymbol{a},\boldsymbol{b}\in\mathbb{R}^n$, 曾构造了一个一元函数 $\varphi(\lambda)$:

$$\varphi(\lambda)\triangleq f(\boldsymbol{a}+\lambda(\boldsymbol{b}-\boldsymbol{a})),\qquad \forall\ \lambda\in[0,1].$$

然后, 利用一元函数的 Lagrange 中值公式得到了此多元函数 (泛函)$f(\boldsymbol{x})$ 的中值公式. 由此, 不难联想, 如果对上面的 $\varphi(\lambda)$ 运用一元函数的 Taylor 定理 (当然, 假设相应使用定理的"条件"均是成立的), 那么, 可得到下面关系式:

$$\varphi(1)=\varphi(0)+\frac{\varphi'(0)}{1!}+\frac{\varphi''(0)}{2!}+\cdots+\frac{\varphi^{(n)}(0)}{n!}+R_n,$$

这里,

$$R_n=\frac{\varphi^{(n+1)}(\lambda_0)}{(n+1)!},\qquad 0<\lambda_0<1.\ \text{(Lagrange 余项)}$$

相应地, 也可得到下面关系式:

$$\varphi(\Delta\lambda)=\varphi(0)+\frac{\varphi'(0)}{1!}\Delta\lambda+\frac{\varphi''(0)}{2!}\Delta\lambda^2+\cdots+\frac{\varphi^{(n)}(0)}{n!}\Delta\lambda^n+R_n(\Delta\lambda),$$

这里

$$\lim_{\Delta\lambda\to 0}\frac{R_n(\Delta\lambda)}{\Delta\lambda^n}=0,$$

也即

$$R_n(\Delta\lambda)=o(|\Delta\lambda|^n);\ \text{(Peano 余项)}$$

或有

$$R_n(\Delta\lambda)=\frac{\varphi^{(n+1)}(\theta\Delta\lambda)}{(n+1)!}\Delta\lambda^{n+1},\quad 0<\theta<1.\ \text{(Lagrange 余项)}$$

此外, 注意到在一元函数中上述公式成立的条件是: 在包含 $[0,1]$ 的某开区间内, 函数须有 n 阶导数 (如附 Peano 余项), 或者 $n+1$ 阶导数 (如附 Lagrange 余项). 下面为了方便, 在多元函数 $f(\boldsymbol{x})$ 的情况下, 可相应地假设 f 是 $C^{(n+1)}$ 类函数 (泛函).

更进一步地, 我们则要思索在多元函数时, 相应的 Taylor 定理 (公式) 将会是如何表达呢? 其实, 只要回忆到多元函数 (泛函) 可微性的定义, 就会得到启示. 从 6.2 节中定理 1 之 2°, 我们已知: 当 $\mathbb{R}^n$ 中的多元函数 (泛函)$f(\boldsymbol{x})$ 在点 $\boldsymbol{x}_0$"可微"时, 必有

$$f(\boldsymbol{x}_0+\Delta\boldsymbol{x})=f(\boldsymbol{x}_0)+\sum_{k=1}^{n}\frac{\partial f}{\partial x_k}(\boldsymbol{x}_0)\Delta x_k+o(\|\Delta\boldsymbol{x}\|),\qquad \text{当 } \|\Delta\boldsymbol{x}\|\to 0 \text{ 时}.\qquad (\Delta_0)$$

而从上式当然就可以作近似计算, 可见下例:

例 求 $(1.03)^3\Big/\sqrt{0.98}\cdot\sqrt[3]{1.01}$ 之近似值.

解 在 $\mathbb{R}^3$ 空间中, 考虑函数 $f(x,y,z)=x^3\Big/\sqrt{y}\cdot\sqrt[3]{z}$, 从题设, 此即求 $f(1.03,0.98,1.01)$ 的近似值. 显然, 从上面关系式 (Δ_0) 可知: 当令 $\boldsymbol{x}_0=(1,1,1)$, $\Delta\boldsymbol{x}=(0.03,-0.02,0.01)$ 时, 应有

$$\begin{aligned}(1.03)^3\Big/\sqrt{0.98}\cdot\sqrt[3]{1.01}\approx& f(1,1,1)+\frac{\partial f}{\partial x}(1,1,1)\cdot(0.03)-\frac{\partial f}{\partial y}(1,1,1)\cdot(0.02)\\&+\frac{\partial f}{\partial z}(1,1,1)\cdot(0.01)=\cdots.\end{aligned}$$

由此容易得出所需结果. □

因此, 与一元函数情况类似, 如想将微分的近似计算精确化, 必须将上面关系式 (Δ_0) 中的 $o(\|\Delta\boldsymbol{x}\|)$ 取出"比 $\|\Delta\boldsymbol{x}\|$ 更高阶"的项出来, 也即 (从 (Δ_0) 式推想出) 除了要求出 f 的所有的一阶偏导, 必然会涉及 f 的所有二阶, 相应地, 三阶、四阶甚至更高阶的所有偏导. 而这样的推想也正是导出多元函数的 Taylor 定理 (公式) 的思路.

注 1 此外, 特别值得注意的是: 在本节开首讲述的一元 (复合) 函数 $\varphi(\lambda)$, 当其取一阶导数时, 将涉及多元函数 (泛函) 在"一点"的一阶"F-导数"$[f(\boldsymbol{a}+$

$\lambda(\boldsymbol{b}-\boldsymbol{a}))]'_{\lambda=0}$, 而从 6.2 节的定义 3, 我们知道, 其必对应于从空间 $\mathbb{R}^n$ 到 $\mathbb{R}$ 内的"一个" **(连续) 线性函数 (泛函)**, 也即

$$(\text{F-导数}) f'(\boldsymbol{a}) \in \mathscr{L}(\mathbb{R}^n \to \mathbb{R}).$$

因此, 一个多元函数 (泛函) 在"一点"的二阶"F-导数", 应是其"导函数" $f'(\boldsymbol{x}) \in \mathscr{L}(\mathbb{R}^n \to \mathbb{R})$ 在某一点的"F-导数", 从而即是**一个**从空间 $\mathbb{R}^n$ 到空间 $\mathscr{L}(\mathbb{R}^n \to \mathbb{R})$ 的**映像 (算子)**在该点的"F-导数"! 因此, 此泛函的二阶"F-导数"必为从空间 $\mathbb{R}^n$ 到线性算子 (泛函) 空间 $\mathscr{L}(\mathbb{R}^n \to \mathbb{R})$ 内的**一个(连续) 线性算子**, 也即

$$(\text{F-导数}) f''(\boldsymbol{a}) \in \mathscr{L}(\mathbb{R}^n \to \mathscr{L}(\mathbb{R}^n \to \mathbb{R})).$$

类似地, 对于上述泛函 f, 它的任意 n 阶"F-导数" $(n > 2)$ 也必为从空间 $\mathbb{R}^n$ 到某 (连续线性算子空间) $\mathscr{L}(\mathbb{R}^n \to E)$ 内的 (连续) 线性算子 (如果将 $f'(\boldsymbol{a})$ 表为矩阵, 则其为 $1 \times n$ 阶矩阵, 将其作用于 $\mathbb{R}^n$ 中的元后, 即得一实数. 而 $f''(\boldsymbol{a})$, 由 $\mathscr{L}(\mathbb{R}^n \to \mathbb{R})$ 的"Riesz 表现原理"(参看 6.2 节中注 3*) 可知其必为 $n \times n$ 阶方阵).

有了上述的思路和注 1, 不难导出多元函数的 Taylor(定理) 公式 (可对比 6.3 节 (二) 中的定理 5, 有关多元函数 (泛函) 的微分中值公式的证法):

定理 1(用"F-导数"表出的 Taylor 公式) 假设元 $\boldsymbol{a}, \boldsymbol{b} \in \mathbb{R}^n$, $[\boldsymbol{a}, \boldsymbol{b}]$ 是由 $\boldsymbol{a}$ 和 $\boldsymbol{b}$ 构成的"闭线段", U 为 $\mathbb{R}^n$ 空间中包含 $[\boldsymbol{a}, \boldsymbol{b}]$ 的某一开集. 那么, 如果泛函 (n 元函数)$f(\boldsymbol{x})$ 是 U 上的 $C^{(m+1)}$ 类函数 $(m \in \mathbb{N})$, 则必存在一点 $\boldsymbol{c} \in (\boldsymbol{a}, \boldsymbol{b})$, 使得

$$f(\boldsymbol{b}) = f(\boldsymbol{a}) + \frac{f'(\boldsymbol{a})}{1!}(\boldsymbol{b}-\boldsymbol{a}) + \frac{f''(\boldsymbol{a})}{2!}(\boldsymbol{b}-\boldsymbol{a})^{(2)} + \cdots + \frac{f^{(m)}(\boldsymbol{a})}{m!}(\boldsymbol{b}-\boldsymbol{a})^{(m)} + R_m.$$

当记 $\boldsymbol{h} \triangleq (\boldsymbol{b}-\boldsymbol{a})$ 时, 上式亦可记为

$$f(\boldsymbol{a}+\boldsymbol{h}) = f(\boldsymbol{a}) + \sum_{k=1}^{m} \frac{1}{k!} f^{(k)}(\boldsymbol{a})\boldsymbol{h}^{(k)} + R_m,$$

这里,

$$f^{(k)}(\boldsymbol{a})\boldsymbol{h}^{(k)} \triangleq \sum_{i_1,\cdots,i_k=1}^{n} \frac{\partial^k f(\boldsymbol{a})}{\partial x_{i_1} \cdots \partial x_{i_k}} h_{i_1} \cdots h_{i_k}, \qquad \boldsymbol{h} = (h_1, h_2, \cdots, h_n), 1 \leqslant k \leqslant m, \tag{$*$}$$

并且有

$$R_m = \frac{1}{(m+1)!} f^{(m+1)}(\boldsymbol{c})\boldsymbol{h}^{(m+1)}, \quad \boldsymbol{c} \in (\boldsymbol{a}, \boldsymbol{b}), \text{(Lagrange 余项)}$$

或者

$$R_m = o(\|\boldsymbol{h}\|^m). \quad \text{(Peano 余项)}$$

证明 正如本节开首所讲的一样, 对于元 $\boldsymbol{a}, \boldsymbol{b} \triangleq \boldsymbol{a} + \boldsymbol{h} \in \mathbb{R}^n$, 令

$$\varphi(\lambda) \triangleq f(\boldsymbol{a} + \lambda \boldsymbol{h}), \qquad \lambda \in [0,1], \tag{1}$$

与 6.3 节的定理 5 类似, 注意到本定理假设 $f \in C^{(m+1)}(U)$, 故知其所有 $m+1$ 阶偏导数均在 U 内连续, 而从 6.2 节的定理 5 (或其推理), 可知: f 在 U 内均有直到 $m+1$ 阶的“微分”, 因此 f 在 U 内均有直到 $m+1$ 阶的“F-导数”.

于是, 从复合函数 (映像) 求导公式可知: 上述关系式 (1) 的一元函数 $\varphi(\lambda)$ 亦在 U 内均有直到 $m+1$ 阶的导数, 因而从 5.6 节中一元函数的 Taylor 展开式, 可得

$$\varphi(1) = \varphi(0) + \frac{\varphi'(0)}{1!} + \frac{\varphi''(0)}{2!} + \cdots + \frac{\varphi^{(m)}(0)}{m!} + R_m, \tag{2}$$

这里,

$$R_m = \frac{\varphi^{(m+1)}(\lambda_0)}{(m+1)!}, \qquad 0 < \lambda_0 < 1, \tag{3}$$

或

$$R_m = o(1).$$

这样, 与 6.2 节定理 5 证明中类似, 从复合函数 (映像) 求导法则, 可得

$$\varphi'(0) = f'(\boldsymbol{a} + \lambda \boldsymbol{h})\Big|_{\lambda=0} = f'(\boldsymbol{a}) \cdot \boldsymbol{h} = (\nabla f(\boldsymbol{a}), \boldsymbol{h}) = \sum_{k=1}^{n} \frac{\partial f(\boldsymbol{a})}{\partial x_k} h_k.$$

为了求出 $\varphi(\lambda)$ 的高阶导数在 $\lambda = 0$ 的值, 首先用运算符号 (即“算符”) 来表出 $\varphi'(t)$ 的形式为

$$\varphi'(t) = \frac{\partial f}{\partial x_1}(\boldsymbol{a} + t\boldsymbol{h})h_1 + \cdots + \frac{\partial f}{\partial x_n}(\boldsymbol{a} + t\boldsymbol{h})h_n = \left[\left(h_1 \frac{\partial}{\partial x_1} + \cdots + h_n \frac{\partial}{\partial x_n}\right) f\right](\boldsymbol{a} + t\boldsymbol{h}).$$

那么, 不难得到

$$\varphi''(t) = \left[\left(h_1 \frac{\partial}{\partial x_1} + \cdots + h_n \frac{\partial}{\partial x_n}\right)^2 f\right](\boldsymbol{a} + t\boldsymbol{h}),$$

$$\cdots\cdots$$

$$\varphi^{(k)}(t) = \left[\left(h_1 \frac{\partial}{\partial x_1} + \cdots + h_n \frac{\partial}{\partial x_n}\right)^k f\right](\boldsymbol{a} + t\boldsymbol{h}), \qquad 1 \leqslant k \leqslant m+1.$$

因此,

$$\varphi''(0)=\sum_{i=1}^{n}\left[\sum_{k=1}^{n}\frac{\partial^2 f(\boldsymbol{a})}{\partial x_i\partial x_k}h_k\right]h_i,$$

$$\cdots\cdots$$

$$\varphi^{(m)}(0)=\sum_{i_1,\cdots,i_m=1}^{n}\frac{\partial^m f(\boldsymbol{a})}{\partial x_{i_1}\cdots\partial x_{i_m}}h_{i_1}\cdots h_{i_m}.$$

类似地, 有

$$\varphi^{(m+1)}(\lambda_0)=\frac{1}{(m+1)!}\sum_{i_1,\cdots,i_{m+1}=1}^{n}\frac{\partial^{m+1}f(\boldsymbol{a}+\lambda_0\boldsymbol{h})}{\partial x_{i_1}\cdots\partial x_{i_{m+1}}}h_{i_1}\cdots h_{i_{m+1}},\qquad 0<\lambda_0<1.$$

最后, 我们定义: $\boldsymbol{c}\triangleq\boldsymbol{a}+\lambda_0\boldsymbol{h}$, 以及

$$f^{(k)}(\boldsymbol{x})\boldsymbol{h}^{(k)}\triangleq\sum_{i_1,\cdots,i_k=1}^{n}\frac{\partial^k f(\boldsymbol{a})}{\partial x_{i_1}\cdots\partial x_{i_k}}h_{i_1}\cdots h_{i_k},\qquad 1\leqslant k\leqslant m+1,$$

那么, 将上述所有关系式代入前面的 (2) 和 (3) 式, 就可得到本定理所需结论. □

由上面定理, 可以直接得到下面推理:

推理 *在定理 1 中, 如果 f 的所有偏导数均在区域 U 上以正数 ρ 为界, 那么, 上面 Taylor 展开式的余项则以 $\frac{\rho}{(m+1)!}(\sqrt{n}\|\boldsymbol{h}\|)^{m+1}$ 为界.*

证明 从上定理中之 Lagrange 余项表示的关系式 (3), 即可得到

$$\begin{aligned}\|\boldsymbol{R}_m\|&=\frac{1}{(m+1)!}\|f^{(m+1)}(\boldsymbol{c})\boldsymbol{h}^{(m+1)}\|\\&\triangleq\frac{1}{(m+1)!}\left|\sum_{i_1,\cdots,i_{m+1}=1}^{n}\frac{\partial^{m+1}f(\boldsymbol{c})}{\partial x_{i_1}\cdots\partial x_{i_{m+1}}}h_{i_1}\cdots h_{i_{m+1}}\right|,\end{aligned}$$

这里, $\boldsymbol{a}+\lambda_0\boldsymbol{h}=\boldsymbol{c}\in U$. 而由本推理假设又有

$$\left|\frac{\partial^k f(\boldsymbol{c})}{\partial x_{i_1}\cdots\partial x_{i_k}}\right|\leqslant\rho,\qquad\forall\ i_1,\cdots,i_k\in\{1,2,\cdots,n\},\ 1\leqslant k\leqslant m+1.$$

因此, 从以上两式, 即可导出

$$\|\boldsymbol{R}_m\|\leqslant\frac{\rho}{(m+1)!}\sum_{i_1,\cdots,i_{m+1}=1}^{n}|h_{i_1}|\cdots|h_{i_{m+1}}|.$$

最后, 应用一个多项式展开命题 (此可由归纳法不难证得):

$$(x_1+\cdots+x_n)^k=\sum_{i_1,\cdots,i_k=1}^{n}x_{i_1}\cdots x_{i_k}\left(=\sum_{i_1+\cdots+i_n=k}\frac{k!}{i_1!\cdots i_n!}x_1^{i_1}\cdots x_n^{i_n}\right),\qquad(**)$$

那么, 上面的余项的“界”则有下面的控制关系式:

$$\begin{aligned}\|\boldsymbol{R}_m\| &\leqslant \frac{\rho}{(m+1)!}(|h_1|+\cdots+|h_n|)^{m+1}\\ &\leqslant \frac{\rho}{(m+1)!}(\sqrt{n}\|\boldsymbol{h}\|)^{m+1}.\end{aligned}$$

由此, 本推理得证. □

注 2　从上面推理中证明所引用的命题 $(**)$ 之括号部分, 即可看出, 当记

$$|k| \triangleq k_1+\cdots+k_n, \qquad k! \triangleq k_1!\cdots k_n!$$

和

$$\boldsymbol{x} \triangleq (x_1,\cdots,x_n), \qquad \boldsymbol{x}^k \triangleq x_1^{k_1}\cdots x_n^{k_n}$$

时, 命题 $(**)$ 即为

$$(x_1+\cdots+x_n)^m = \sum_{|k|=m}\frac{m!}{k!}x^k.$$

因此, 当又记

$$(D^k f)(\boldsymbol{a}) \triangleq \frac{\partial^{k_1+\cdots+k_n} f}{\partial x_{k_1}\cdots\partial x_{k_n}}(\boldsymbol{a})$$

时, 定理 1 中的 Taylor 展开, 即变形为与一元函数时相似的表达式: 对于任意的 $m_0 \in \mathbb{N}$, 均有

$$f(\boldsymbol{a}+\boldsymbol{h}) = \sum_{m=0}^{m_0}\sum_{|k|=m}\frac{D^k f(\boldsymbol{a})}{k!}\boldsymbol{h}^k + R_{m_0}, \tag{Δ_1}$$

其中 (下面 $0<\lambda_0<1$),

$$R_{m_0} = \sum_{|k|=m_0+1}\frac{D^k f(\boldsymbol{a}+\lambda_0\boldsymbol{h})}{k!}\boldsymbol{h}^k. \qquad \text{(Lagrange 余项)}$$

特别地, 当 $n=2$ 时, 即可得到

$$\begin{aligned}f(x_0+\Delta x, y_0+\Delta y) = f(x_0,y_0) &+ \sum_{p+q=1}^{m}\frac{1}{p!q!}\frac{\partial^{p+q} f(x_0,y_0)}{\partial x^p \partial y^q}\Delta x^p \Delta y^q\\ &+ \sum_{p+q=m+1}\frac{1}{p!q!}\frac{\partial^{m+1} f(x_0+\theta\Delta x, y_0+\theta\Delta y)}{\partial x^p\partial y^q}\Delta x^p\Delta y^q,\end{aligned} \tag{Δ_2}$$

这里, $p, q \in \mathbb{N}, \theta \in (0,1)$.

注 3　在应用时, 特别涉及的常常仅是上面 Taylor 公式的前三项, 而当我们回忆到多元函数 (泛函) 在某点 $\boldsymbol{a}$ 的一阶“F-导数”可由 Jacobi 矩阵 $J_f(\boldsymbol{a})$ 表出 (见

6.2 节定义 3), 而其二阶 "F-导数" 则可由一个 Hessian 矩阵 $H_f(\boldsymbol{a})$ 表出 (见 6.3 节的注 6) 时, 上面 Taylor 公式 (Δ_1) 就可写为

$$f(\boldsymbol{a}+\boldsymbol{h}) = f(\boldsymbol{a}) + J_f(\boldsymbol{a})\boldsymbol{h} + \frac{1}{2}(h_1,\cdots,h_n)H_f(\boldsymbol{a})\begin{pmatrix} h_1 \\ \vdots \\ h_n \end{pmatrix} + \cdots, \qquad (\Delta_3)$$

并且, 由于此时假设了 $f \in C^{(m+1)}$, 故知 f 的 Hessian n 阶方阵还是 "对称" 的 (也即其 "转置" 后不变).

(二)

与一元函数类似 (回忆 5.6 节定理 1 的推理), 有了 Taylor 展式, 就容易得到 n 元函数 (泛函) 极值判别的一个方法. 为此, 我们类似地给出有关 n 元函数极值的定义 (与 5.3 节 (二) 中一元函数时的情况相比较) 如下:

定义 1 如果 n 元函数 (泛函)$f(\boldsymbol{x})$ 在其定义域中的某一点 $\boldsymbol{x}_0$, 存在一个邻域 $U(\boldsymbol{x}_0)$, 使得均有

$$f(\boldsymbol{x}_0) \leqslant f(\boldsymbol{x}) \qquad (\text{或者}, f(\boldsymbol{x}_0) \geqslant f(\boldsymbol{x})), \qquad \forall\, \boldsymbol{x} \in U(\boldsymbol{x}_0),$$

那么, 称 $f(\boldsymbol{x}_0)$ 为 $f(\boldsymbol{x})$ 的一个**(局部) 极小值**(相应地, **(局部) 极大值**), 而称 $\boldsymbol{x}_0$ 为 $f(\boldsymbol{x})$ 的一个**(局部) 极小值点**(相应地, **(局部) 极大值点**). 对应地, 上面亦可统称为**(局部) 极值**与**(局部) 极值点**. 类似地, 可以定义**严格极小 (大) 的值**和**点**.

与一元函数类似, 有下面的结论:

定理 2(极值的必要条件) 假设 n 元函数 (泛函) $f(\boldsymbol{x})$ 定义在其定义域的某一内点 $\boldsymbol{x}_0$ 处有局部极值, 并且 f 在 x_0 点可微, 则必有 (F-导数)$f'(\boldsymbol{x}_0) = \boldsymbol{0}$.

证明 事实上, 只要观察下面各坐标值构成的一元函数: 当设 $\boldsymbol{x}_0 = (x_1^0,\cdots,x_n^0)$ 时, 令

$$\varphi_k(t) \triangleq f(x_1^0,\cdots,x_{k-1}^0,t,x_{k+1}^0,\cdots,x_n^0), \qquad 1 \leqslant k \leqslant n,$$

那么, 不难导出以下各关系式均成立:

1) $f(\boldsymbol{x}_0)$ 是极值 $\Longleftrightarrow$ 各一元函数值 $\varphi_k(x_k^0)$ 均是极值 $(1 \leqslant k \leqslant n)$;

2) (一元函数导数) $\varphi_k'(x_k^0) = 0 \Longleftrightarrow$(各偏导)$\dfrac{\partial f}{\partial x_k}(\boldsymbol{x}_0) = 0\ (1 \leqslant k \leqslant n)$;

3) (泛函 f 的各偏导) $\dfrac{\partial f}{\partial x_k}(\boldsymbol{x}_0) = 0 (1 \leqslant k \leqslant n) \Longleftrightarrow$(泛函 f 的 Jacobian)$J_f(\boldsymbol{x}_0) = 0$.

最后, 回忆到 6.2 节的定义 3, 我们知道 $J_f(\boldsymbol{x}_0) \triangleq \nabla f(\boldsymbol{x}_0)$(梯度) $\triangleq f'(\boldsymbol{x}_0)$(“F-导数”), 故从以上关系式, 并利用一元函数极值之必要性的命题之 Fermat 定理 (见 5.3 节中 (二) 的定理 3), 可得到本定理所需结论. □

注 4　与一元函数一样, 类似地, 将泛函 (多元函数) f 的定义域中满足 (F-导数) $f'(\boldsymbol{x}_0) = \boldsymbol{0}$ (也即 $J_f(\boldsymbol{x}_0)$ 或 $\nabla f(\boldsymbol{x}_0)$ 为 $1 \times n$ 阶零矩阵) 的一切“内点”称为 f 的**驻点**. 此外, 类似地不难看到: 当 $f'(\boldsymbol{x}_0) = \boldsymbol{0}$ 时, 点 $\boldsymbol{x}_0$ 未必是泛函 f 的极值点 (此时, 这种驻点称为**鞍点**). 可见反例如下:

反例　在空间 $\mathbb{R}^n$ 中, 令泛函

$$f(\boldsymbol{x}) \triangleq x_1 x_2 \cdots x_n, \qquad \forall\, \boldsymbol{x} = (x_1, x_2, \cdots, x_n) \in \mathbb{R}^n.$$

那么, 由于

$$f'(\boldsymbol{x}) \triangleq \nabla f(\boldsymbol{x}) \triangleq \left(\frac{\partial f}{\partial x_1}, \frac{\partial f}{\partial x_2}, \cdots, \frac{\partial f}{\partial x_n}\right),$$

故知仅有零点 $\boldsymbol{0} \in \mathbb{R}^n$ 为 f 的“驻点”.

但是, 注意到 $f(\boldsymbol{0}) = 0$, 而对于点 $\boldsymbol{0}$ 的任意一个开球 $O(\boldsymbol{0}, \delta)$, 其内显然均有使 $f'(\boldsymbol{x}) > 0$ 的点 (例如, 当点 $\boldsymbol{x}$ 各坐标值均为正时), 亦有使 $f'(\boldsymbol{x}) < 0$ 的点 (例如, 当点 $\boldsymbol{x}$ 的坐标值有奇数个为负数, 且其他均为正数时), 故知 f 的驻点 $\boldsymbol{0}$ 不是它的极值点. □

同样地, 与一元函数类似, 亦有下面有关极值二阶导数判别法的结论 (对比 5.3 节 (二) 中定理 5) 如下:

定理 3(极值的充分条件)　假设 n 元函数 (泛函)f 在点 $\boldsymbol{x}_0 \in \mathbb{R}^n$ 的某邻域 $U(\boldsymbol{x}_0)$ 内是一个 $C^{(2)}$ 类函数, 且有 $f'(\boldsymbol{x}_0) = \boldsymbol{0}$, 那么, 对于 $\mathbb{R}^n$ 空间中的任意非零元 $\boldsymbol{h}$, 其满足 $\boldsymbol{x}_0 + \boldsymbol{h} \in U(\boldsymbol{x}_0)$, 必有以下结论:

1° 如果均有 $f^{(2)}(\boldsymbol{x}_0)\boldsymbol{h}^{(2)} > 0$, 则 $f(\boldsymbol{x}_0)$ 为 f 的一个“严格极小值”;

2° 如果均有 $f^{(2)}(\boldsymbol{x}_0)\boldsymbol{h}^{(2)} < 0$, 则 $f(\boldsymbol{x}_0)$ 为 f 的一个“严格极大值”;

3° 如果 $f^{(2)}(\boldsymbol{x}_0)\boldsymbol{h}^{(2)}$ 变号, 则 f 在 $\boldsymbol{x}_0$ 没有局部极值.

(这里, $f^{(2)}(\boldsymbol{x}_0)\boldsymbol{h}^{(2)}$ 的符号意义见定理 1 中的 $(*)$ 式. 此外, 从上面注 3 中 (Δ_3) 式亦知: 本定理即表明: 在 $J_f(\boldsymbol{x}_0) = 0$ 时, 由

$$\det[\boldsymbol{h}^{\mathrm{T}} H_f(\boldsymbol{x}_0) \boldsymbol{h}] > 0 \ (\text{或} < 0), \qquad \forall \boldsymbol{x}_0 + \boldsymbol{h} \in U(\boldsymbol{x}_0),$$

可判断 $f(\boldsymbol{x}_0)$ 是严格极小值 (或极大值), 这里 $\boldsymbol{h} = \begin{pmatrix} h_1 \\ \vdots \\ h_n \end{pmatrix} \in \mathbb{R}^n$, $\boldsymbol{h}^{\mathrm{T}}$ 为 $\boldsymbol{h}$ 的“换置矩阵”(即“行”与“列”互换后所得矩阵), 也即有 $\boldsymbol{h}^{\mathrm{T}} = (h_1, \cdots, h_n)$.)

证明　从前面定理 1 可知, 当令 $m=2$ 时, 从带 Peano 余项的 Taylor 展开式, 可得

$$\begin{aligned}
f(\boldsymbol{x}_0+\boldsymbol{h})-f(\boldsymbol{x}_0)&=f'(\boldsymbol{x}_0)\boldsymbol{h}+\frac{1}{2}f^{(2)}(\boldsymbol{x}_0)\boldsymbol{h}^{(2)}+o(\|\boldsymbol{h}\|^2)\\
&=\frac{1}{2}\sum_{i,j=1}^{n}\frac{\partial^2 f(\boldsymbol{x}_0)}{\partial x_i\partial x_j}h_ih_j+o(\|\boldsymbol{h}\|^2)\\
&\triangleq\|\boldsymbol{h}\|^2\left(\frac{1}{2}\sum_{i,j=1}^{n}\frac{\partial^2 f(\boldsymbol{x}_0)}{\partial x_i\partial x_j}\frac{h_ih_j}{\|\boldsymbol{h}\|^2}+r(\|\boldsymbol{h}\|)\right),\quad \text{当 } \|\boldsymbol{h}\|\to 0 \text{ 时},
\end{aligned}\tag{4}$$

这里, $r(\|\boldsymbol{h}\|)\to 0$, 当 $\|\boldsymbol{h}\|\to 0$ 时.

下面分三种情况来研讨之:

1) 当 $f^{(2)}(\boldsymbol{x}_0)\boldsymbol{h}^{(2)}>0$ 时, 也即

$$\sum_{i,j=1}^{n}\frac{\partial^2 f(\boldsymbol{x}_0)}{\partial x_i\partial x_j}h_ih_j>0,\qquad \forall\ \boldsymbol{x}_0+\boldsymbol{h}\in U(\boldsymbol{x}_0),\ \boldsymbol{h}\neq\boldsymbol{0},$$

注意到 $\boldsymbol{x}_0$ 是 $U(\boldsymbol{x}_0)$ 的内点, 因此, 必存在某正数 δ_0, 使得当取 $\|\boldsymbol{h}\|=\delta_0$ 时, 均有 $\boldsymbol{x}_0+\boldsymbol{h}\in U(\boldsymbol{x}_0)$. 于是, 回忆 4.10 节中引理 3 的证明方法, 由于空间 $\mathbb{R}^n$ 中任意有界闭集均是紧集 (见 4.7 节中定理 7), 因此, $\mathbb{R}^n$ 中的球面 $S_{\delta_0}\triangleq\{\boldsymbol{h}:\|\boldsymbol{h}\|=\delta_0\}$ 必亦为一个紧集. 于是, 连续泛函 (n 元函数)

$$H(\boldsymbol{h})\triangleq\frac{1}{2}\sum_{i,j=1}^{n}\frac{\partial^2 f(\boldsymbol{x}_0)}{\partial x_i\partial x_j}h_ih_j\tag{5}$$

(这里, $\boldsymbol{h}=(h_1,\cdots,h_n)\in\mathbb{R}^n$.) 在 S_{δ_0} 上必可取到最小值 α. 此外, 从本段假设 $\alpha>0$, 即有

$$H(\boldsymbol{h})\geqslant\alpha,\qquad \forall\ \|\boldsymbol{h}\|=\delta_0,\ \boldsymbol{h}\in\mathbb{R}^n.$$

于是, 从上式可得

$$H\left(\frac{\delta_0\boldsymbol{h}}{\|\boldsymbol{h}\|}\right)\geqslant\alpha,\qquad \forall\ 0<\|\boldsymbol{h}\|\leqslant\delta_0,\ \boldsymbol{h}\in\mathbb{R}^n.\tag{6}$$

再由关系式 (4) 和 (6), 可得

$$\sum_{i,j=1}^{n}\frac{\partial^2 f(\boldsymbol{x}_0)}{\partial x_i\partial x_j}\frac{\delta_0h_i}{\|\boldsymbol{h}\|}\frac{\delta_0h_j}{\|\boldsymbol{h}\|}\geqslant\alpha,$$

也即导出

$$\sum_{i,j=1}^{n}\frac{\partial^2 f(\boldsymbol{x}_0)}{\partial x_i\partial x_j}\frac{h_ih_j}{\|\boldsymbol{h}\|^2}\geqslant\frac{\alpha}{\delta_0^2}(>0),\qquad \forall\ 0<\|\boldsymbol{h}\|\leqslant\delta_0,\ \boldsymbol{h}\in\mathbb{R}^n.\tag{7}$$

这样一来, 从关系式 (4) 和 (7), 则有

$$f(\boldsymbol{x}_0+\boldsymbol{h})-f(\boldsymbol{x}_0)\geqslant\|\boldsymbol{h}\|^2\left(\frac{\alpha}{\delta_0^2}+r(\|\boldsymbol{h}\|)\right),\quad 当\ \|\boldsymbol{h}\|\to 0\ 时. \tag{8}$$

最后, 注意到证明开首已设 $\lim\limits_{\|\boldsymbol{h}\|\to 0}r(\|\boldsymbol{h}\|)=0$. 因此, 对上述 $\dfrac{\alpha}{\delta_0^2}>0$, 必存在正数 $\delta(<\delta_0)$, 使得

$$|r(\|\boldsymbol{h}\|)|<\frac{\alpha}{2\delta_0^2},\qquad \forall\ 0<\|\boldsymbol{h}\|<\delta,\ \boldsymbol{h}\in\mathbb{R}^n. \tag{9}$$

从而由 (8) 和 (9) 式, 即可导出 $f(\boldsymbol{x}_0)$ 是 f 的一个极小值.

2) 当 $f^{(2)}(\boldsymbol{x}_0)\boldsymbol{h}^{(2)}<0$ 时, 仿照上面 1) 的证明, 或者考虑一个新泛函 $\widetilde{f}(\boldsymbol{x})\triangleq -f(\boldsymbol{x})$, 并直接利用 1) 的结论, 均可容易地得到: 此时 $f(\boldsymbol{x}_0)$ 必为 f 的一个极大值的结论.

3) 当 $f^{(2)}(\boldsymbol{x}_0)\boldsymbol{h}^{(2)}$ 对 $\boldsymbol{h}$ 变号时 (这里, $\boldsymbol{x}_0+\boldsymbol{h}\in U(\boldsymbol{x}_0)$), 可以假设存在上述的两个元 $\boldsymbol{h}_0$ 和 $\widetilde{\boldsymbol{h}}_0$, 使得

$$f^{(2)}(\boldsymbol{x}_0)\boldsymbol{h}_0^{(2)}>0,\quad 及\quad f^{(2)}(\boldsymbol{x}_0)\widetilde{\boldsymbol{h}}_0^{(2)}<0,$$

也即

$$\sum_{i,j=1}^{n}\frac{\partial^2 f(\boldsymbol{x}_0)}{\partial x_i\partial x_j}h_i^0h_j^0>0,\quad 及\quad \sum_{i,j=1}^{n}\frac{\partial^2 f(\boldsymbol{x}_0)}{\partial x_i\partial x_j}\widetilde{h}_i^0\widetilde{h}_j^0<0,$$

这里, $\boldsymbol{h}_0\triangleq(h_1^0,\cdots,h_n^0)$, $\widetilde{\boldsymbol{h}}_0\triangleq(\widetilde{h}_1^0,\cdots,\widetilde{h}_n^0)$.

由此, 对任意正数 $\varepsilon<1$, 有

$$f^{(2)}(\boldsymbol{x}_0)\varepsilon\boldsymbol{h}_0\triangleq\sum_{i,j=1}^{n}\frac{\partial^2 f(\boldsymbol{x}_0)}{\partial x_i\partial x_j}\varepsilon^2h_i^0h_j^0>0,$$

$$f^{(2)}(\boldsymbol{x}_0)\varepsilon\widetilde{\boldsymbol{h}}_0\triangleq\sum_{i,j=1}^{n}\frac{\partial^2 f(\boldsymbol{x}_0)}{\partial x_i\partial x_j}\varepsilon^2\widetilde{h}_i^0\widetilde{h}_j^0<0. \tag{10}$$

这样一来, 从上面 1) 和 2) 段的论述, 类似地, 由关系式 (10), 则可得到相应于前面关系式 (8) 的两个不等式如下:

$$f(\boldsymbol{x}_0+\varepsilon\boldsymbol{h}_0)-f(\boldsymbol{x}_0)\geqslant\|\varepsilon\boldsymbol{h}_0\|^2\left(\frac{\alpha_0}{\delta_0^2}+r(\|\varepsilon\boldsymbol{h}_0\|)\right), \tag{11}$$

及

$$f(\boldsymbol{x}_0+\varepsilon\widetilde{\boldsymbol{h}}_0)-f(\boldsymbol{x}_0)\leqslant\|\varepsilon\widetilde{\boldsymbol{h}}_0\|^2\left(\frac{\beta_0}{\delta_0^2}+r(\|\varepsilon\widetilde{\boldsymbol{h}}_0\|)\right), \tag{11$'$}$$

这里, α_0 及 β_0 为两个与 $\varepsilon\boldsymbol{h}_0$ 及 $\varepsilon\widetilde{\boldsymbol{h}}_0$ 无关的正常数.

最后, 在上 (11) 和 (11′) 两式中, 注意到: $\lim\limits_{\varepsilon\to 0} r(\|\varepsilon \boldsymbol{h}_0\|)=\lim\limits_{\varepsilon\to 0} r(\|\varepsilon \widetilde{\boldsymbol{h}}_0\|)=0$, 因此, 从 (11) 和 (11′) 两式中便可导出: 对于任意足够小的正数 ε, 均有

$$f(\boldsymbol{x}_0+\varepsilon \boldsymbol{h}_0)>f(\boldsymbol{x}_0)>f(\boldsymbol{x}_0+\varepsilon \widetilde{\boldsymbol{h}}_0),$$

也即, $\boldsymbol{x}_0$ 不可能是 f 的一个极值点.

总上, 本定理得证. □

注 5 当 $f\in C^{(2)}$ 时, 前面注 3 曾经指出: f 的二阶 "F-导数" $f^{(2)}(\boldsymbol{x}_0)$ 就是一个对称的 Hessian 方阵 $H_f(\boldsymbol{x}_0)$. 因此, 从线性代数的知识可知: $f^{(2)}(\boldsymbol{x}_0)\boldsymbol{h}^{(2)}$ 的符号也即由方阵 $H_f(\boldsymbol{x}_0)$ 是否**严格正定**或**严格负定**, 或者**不定**来确定. 这里, 就不重复叙述了. 我们仅在二元函数时, 指出下面的结果.

推理 在定理 3 中的 $n=2$ 时, 如果相应的二元函数 $f(x,y)$ 之二阶偏导

$$\frac{\partial^2 f}{\partial x^2}(x_0,y_0)\triangleq a,\ \frac{\partial^2 f}{\partial x\partial y}(x_0,y_0)=\frac{\partial^2 f}{\partial y\partial x}(x_0,y_0)\triangleq b,\ \frac{\partial^2 f}{\partial y^2}(x_0,y_0)\triangleq c,$$

那么,

1° 当 $b^2-ac<0$ 时,

(i) 如果 $a>0$, 则 $f(x_0,y_0)$ 为 "严格极小值",

(ii) 如果 $a<0$, 则 $f(x_0,y_0)$ 为 "严格极大值";

2° 当 $b^2-ac>0$ 时, 则 f 在 (x_0,y_0) 点没有极值.

证明 此时, 显然可见: 下面的 Hessian 方阵

$$\begin{pmatrix} a & b \\ b & c \end{pmatrix}$$

当情况 1°(i) 时, 是 "严格正定" 的; 当 1°(ii) 时, 是 "严格负定" 的; 而当情况 2° 时, 是 "不定" 的. 因此, 从定理 3 就可得到本推理的结论. □

注 6 值得注意的是, 在定理 3(及其推理) 中, "$f\in C^{(2)}$" 的条件是不可少的! 当 f 仅仅有各二阶偏导 "存在" 时, 即使其满足那里的假设条件, 也不能保证原定理 (及推理) 的结论成立. 数学家 O.Perron(佩龙) 给出过下面的反例:

反例 设二元函数

$$f(x,y)=\begin{cases} x^2+y^2-\dfrac{5x^2y^2}{x^2+y^2}, & \text{当 } (x,y)\neq(0,0) \text{ 时},\\ 0, & \text{当 } (x,y)=(0,0) \text{ 时}. \end{cases}$$

那么, 不难计算

$$a\triangleq\frac{\partial^2 f}{\partial x^2}(0,0)=c\triangleq\frac{\partial^2 f}{\partial y^2}(0,0)=2,$$

及

$$b \triangleq \frac{\partial^2 f}{\partial y \partial x}(0,0) = \frac{\partial^2 f}{\partial x \partial y}(0,0) = 0.$$

因此 $b^2 - ac < 0$ 及 $a > 0$. 但是, 因为当 $x \neq 0$ 时, 不难看出

$$f(x,x) = -\frac{x^2}{2} < 0, \qquad f(x,0) = x^2 > 0;$$

而由 $f(0,0) = 0$, 故知 $f(0,0)$ 不是 f 的极小值. □

注 7 与一元函数类似, 对于一个定义在集合 $D \subset \mathbb{R}^n$ 上的泛函 (n 元函数), 为了求出其在 D 上的最大、最小值, 首先求出其在“驻点”的值, 然后求出其在“至少有一个偏导不存在”的点以及“不可微”的点泛函的值, 最后, 再求此泛函在定义域 D 的“边界”点的所有值. 从以上三类泛函值的比较中, 可得到该泛函在定义域 D 上的最大值和最小值.

(三)

本段将要研讨的是多元函数的条件极值问题. 那么, 什么是“条件极值”问题呢? 顾名思义, 此即研究一个多元函数在一定的“限制条件”下, 如何来求出极值的问题. 那么, 如何来解决此类问题呢? 下面, 首先给出一个简单的例子:

例 在 $l^1_{(n)}$ 空间中 (即 n 维的数列空间 l^1, 类似于 5.3 节注 12 中当 $p > 1$ 时的 l^p 空间, 其内范数定义为

$$\|\boldsymbol{x}\| = |x_1| + \cdots + |x_n|, \qquad \forall\, \boldsymbol{x} = (x_1, \cdots, x_n) \in l^1_{(n)}),$$

试求其 (原心的) 单位球面 $S(l^1_{(n)})$ 上与“原点” $\mathbf{0}$ 的“Euclid 距离”之最大值.

解 首先, 从赋范空间 $l^1_{(n)}$ 的定义可知: 其原心的单位球面应为

$$S(l^1_{(n)}) \triangleq \{(x_1, \cdots, x_n) \in \mathbb{R}^n : |x_1| + \cdots + |x_n| = 1\},$$

而任何一点 $\boldsymbol{x} \in l^1_{(n)}$ 到原点的 Euclid 距离则为

$$\rho(\boldsymbol{x}) = \sqrt{x_1^2 + \cdots + x_n^2}, \qquad \forall\, \boldsymbol{x} = (x_1, \cdots, x_n).$$

由此, 上述问题即为, 在

$$\|\boldsymbol{x}\| \triangleq |x_1| + \cdots + |x_n| = 1 \tag{$*$}$$

的条件下, 求

$$\rho(\boldsymbol{x}) = \sqrt{x_1^2 + \cdots + x_n^2} \tag{$**$}$$

之最大值, 也即求 $\max\{\sqrt{x_1^2+\cdots+x_n^2}:|x_1|+\cdots+|x_n|=1,x_k\in\mathbb{R},1\leqslant k\leqslant n\}$.

当然, 经过上面的数学表达式后, 此问题变得既清晰且简单. 因为, 从上述"约束函数 (条件)" $(*)$ 以及"目标函数" $(**)$, 可以仅就 $x_k\geqslant 0(1\leqslant k\leqslant n)$ 来讨论. 从

$$x_1+\cdots+x_n=1$$

条件中, 例如解出 $x_n=1-(x_1+\cdots+x_{n-1})$, 将其代入 $(**)$ 式, 就将上面的"条件极值"问题 (即在一定约束条件下求函数的极值问题) 转化为一般多元函数 (或泛函) 的 (普通) 极值问题, 也即化为解决多元函数

$$\rho^2=x_1^2+\cdots+x_{n-1}^2+[1-(x_1+\cdots+x_{n-1})]^2,\qquad 0\leqslant x_k\leqslant 1,\ 1\leqslant k\leqslant n-1$$

的最大值问题. 由此, 可从本节上面之 (二) 的方法来处理解决之.

通过上面例子可以看出: 为了解决条件极值问题, 其核心就是想办法从"限制条件 (方程)"中"解"出一个 (或一些)"变量", 然后代入"目标函数"中, 使后者转变为一般的多元函数的极值问题. 当然, 不难联想到, 当"限制方程 (条件)"十分复杂而无法直接"解出"某个 (或某些)"变量"时, 很可能需要利用到隐函数 (隐映像) 定理来帮助. 然而, 在实际问题中, 上述的做法往往是很困难的.

下面要介绍的所谓"Lagrange 乘子法"则是解决条件极值的一个十分有效的方法 (其获得的思路, 可从下面的论证中去思索体会):

Lagrange 乘子法 对于"目标函数" $f(x_1,\cdots,x_n;y_1,\cdots,y_m)$,

$$f:(\text{开集})G(\subset\mathbb{R}^{n+m})\to\mathbb{R},\tag{$*$}$$

及此函数自变量 $(x_1,\cdots,x_n;y_1,\cdots,y_m)$ 之"约束条件"

$$\begin{cases}\Phi_1(x_1,\cdots,x_n;y_1,\cdots,y_m)=0,\\ \qquad\cdots\\ \Phi_m(x_1,\cdots,x_n;y_1,\cdots,y_m)=0,\end{cases}\tag{$**$}$$

作一辅助函数 F(亦称 **Lagrange 函数**):

$$F\triangleq f+\sum_{i=1}^m\lambda_i\Phi_i.\qquad(\text{数 }\lambda_i\text{“待定”},\ 1\leqslant i\leqslant m.)\tag{Δ}$$

下面将要证明: 在一定的假设条件下, 当点 $\boldsymbol{z}_0\triangleq(\boldsymbol{x}_0,\boldsymbol{y}_0)\triangleq(x_1^0,\cdots,x_n^0;y_1^0,\cdots,y_m^0)$ 是"目标函数" $(*)$ 在"约束条件" $(**)$ 下的一个"极值点"时, 必存在 m 个数 $(\lambda_1^0,\cdots,\lambda_m^0)$(亦称为 **Lagrange 乘子**), 使得上述点 $\boldsymbol{z}_0$ 必为 Lagrange 函数 (Δ) 的一个"驻点", 也即得到下面一个定理:

定理 4° 在某些假设条件成立时, 上面的目标函数 f(见 (*) 式) 在约束方程 (**) 下, 如果在点

$$z_0 \triangleq (\boldsymbol{x}_0, \boldsymbol{y}_0) \triangleq (x_1^0, \cdots, x_n^0; y_1^0, \cdots, y_m^0) \in \mathbb{R}^{n+m}$$

取到"极值", 那么, 必存在一个 (数组)$\boldsymbol{\lambda}_0 = (\lambda_1^0, \cdots, \lambda_m^0)$, 使得上面的 $(\boldsymbol{x}_0, \boldsymbol{y}_0)$ 为 (泛函) 方程

$$F(\boldsymbol{x}, \boldsymbol{y}) \triangleq f(\boldsymbol{x}, \boldsymbol{y}) + \sum_{i=1}^{m} \lambda_i^0 \Phi_i(\boldsymbol{x}, \boldsymbol{y})$$

的一个"驻点", 也即

$$\left(J_f + \sum_{i=1}^{m} \lambda_i^0 J_{\Phi_i}\right)(x_1^0, \cdots, x_n^0; y_1^0, \cdots, y_m^0) = 0.$$

更详细地表出, 此即

$$\begin{cases} \dfrac{\partial f}{\partial x_k}(\boldsymbol{x}_0, \boldsymbol{y}_0) + \displaystyle\sum_{i=1}^{m} \lambda_i^0 \dfrac{\partial \Phi_i}{\partial x_k}(\boldsymbol{x}_0, \boldsymbol{y}_0) = 0 \ (1 \leqslant k \leqslant n); \\ \dfrac{\partial f}{\partial y_j}(\boldsymbol{x}_0, \boldsymbol{y}_0) + \displaystyle\sum_{i=1}^{m} \lambda_i^0 \dfrac{\partial \Phi_i}{\partial y_j}(\boldsymbol{x}_0, \boldsymbol{y}_0) = 0 \ (1 \leqslant j \leqslant m). \end{cases}$$

为了验证上面的结论, 首先要将"使上述论断得以顺利推导出来"的所有条件找出来. 而通过不断地求索 (从本节开首的叙述也曾启发我们), 人们发现: 只要使得隐函数定理, 更一般且相似地, 则只要使得隐映像 (算子) 定理成立的条件附加上去, 就可以顺利地验证上述定理.

下面先将上述定理 4° 用映像 (泛函) 形式重新表述并予以证明.

定理 4(条件极值的必要条件) 假设泛函 (多元函数)f: (开集)$G(\subset \mathbb{R}^{n+m}) \to \mathbb{R}$, 映像 $\Phi: G \to \mathbb{R}^m$ 满足以下条件:

1° $f \in C^{(1)}(G)$, 且 $\Phi \in C^{(1)}(G, \mathbb{R}^m)$;

2° 存在点 $z_0 \triangleq (\boldsymbol{x}_0, \boldsymbol{y}_0) \in G(\subset \mathbb{R}^{n+m})$, 使得 $\Phi(z_0) = \mathbf{0}_{(m)}$($\mathbb{R}^m$ 中"零元");

3°(行列式)$\det J_{\Phi_y}(z_0) \neq 0$.

那么, 如果 f 在上述 (**) 条件的约束下, 在 z_0 点取到极值, 则必存在一个 (数组)$\boldsymbol{\lambda}_0 \in \mathbb{R}^m$, 使得"F-导数"$(f + \boldsymbol{\lambda}_0 \Phi)'(z_0) = \mathbf{0}_{(n+m)}$, 也即

$$(J_f + \boldsymbol{\lambda}_0 J_\Phi)(z_0) = \mathbf{0}_{(n+m)}(\mathbb{R}^{n+m} \text{ 中的"零元"}).$$

证明 首先, 由于映像 Φ 满足上述条件 1°, 2° 和 3°. 因此, 由上节的隐映像定理 (定理 4) 可知: 必存在点 $z_0 \triangleq (\boldsymbol{x}_0, \boldsymbol{y}_0)$ 的一个邻域 $U(\boldsymbol{x}_0) \times V(\boldsymbol{y}_0) \subset G$, 使得

(i) 对每个 $\boldsymbol{x}\in U(\boldsymbol{x}_0)$ 均存在唯一的 $\boldsymbol{y}\in V(\boldsymbol{y}_0)$, 使得 $\Phi(\boldsymbol{x}_0,\boldsymbol{y}_0)=\mathbf{0}_{(m)}$. 由此, 令映像 Y 满足 $\Phi(\boldsymbol{x},Y(\boldsymbol{x}))=\mathbf{0}_{(m)}$, $\forall\boldsymbol{x}\in U(\boldsymbol{x}_0)$;

(ii) $\boldsymbol{y}_0=Y(\boldsymbol{x}_0)$;

(iii) $Y\in C^{(1)}(U(\boldsymbol{x}_0),\mathbb{R}^m)$, 并且有

$$J_Y(\boldsymbol{x}_0)=-[J_{\Phi_y}(\boldsymbol{z}_0)]^{-1}\cdot J_{\Phi_x}(\boldsymbol{z}_0), \tag{12}$$

这里, 与上节 (二) 中类似, 定义

$$J_{\Phi_y}\triangleq\begin{pmatrix}\dfrac{\partial\Phi_1}{\partial y_1} & \cdots & \dfrac{\partial\Phi_1}{\partial y_m}\\ \vdots & & \vdots\\ \dfrac{\partial\Phi_m}{\partial y_1} & \cdots & \dfrac{\partial\Phi_m}{\partial y_m}\end{pmatrix},\qquad J_{\Phi_x}\triangleq\begin{pmatrix}\dfrac{\partial\Phi_1}{\partial x_1} & \cdots & \dfrac{\partial\Phi_1}{\partial x_n}\\ \vdots & & \vdots\\ \dfrac{\partial\Phi_m}{\partial x_1} & \cdots & \dfrac{\partial\Phi_m}{\partial x_n}\end{pmatrix}.$$

而 $[J_{\Phi_y}(\boldsymbol{z}_0)]^{-1}$ 则为相应数值方阵的逆矩阵.

其次, 当设 $\boldsymbol{z}_0=(\boldsymbol{x}_0,\boldsymbol{y}_0)$ 是泛函 f 的一个极值点时, 从上面的 (i) 则知: 相应的 $\mathbb{R}^n$ 空间的点 $\boldsymbol{x}_0$ 即为泛函 $f(\boldsymbol{x},Y(\boldsymbol{x}))$ 在 $U(\boldsymbol{x}_0)$ 中的一个极值点. 因此, 从前面定理 2 则知 $\boldsymbol{x}_0$ 必为泛函 f 之一个“驻点”(也即“F-导数”$f'(\boldsymbol{x},Y(\boldsymbol{x}))\Big|_{\boldsymbol{x}_0}\triangleq J_f(\boldsymbol{x}_0)=\mathbf{0}_{(n)}$—— 这里值得注意的是: 由于此时泛函 $f:\mathbb{R}^n\to\mathbb{R}$, 因此其“F-导数”所确定的 (连续) 线性泛函, 按“Riesz 表现定理”则为空间 $\mathbb{R}^n$ 中的一个“元”, 故当 $\boldsymbol{x}_0$ 为 f“驻点”时, $f'(\boldsymbol{x}_0)=\mathbf{0}_{(n)}$).

然后, 注意到复合函数 (映像) 的求导公式 (链式法则), 以及当 $f=f(x_1,\cdots,x_n;y_1,\cdots,y_m)$ 时, 有 $J_f=(J_{f_x},J_{f_y})$, 因此,

$$\mathbf{0}_{(n)}=J_{f_x}(\boldsymbol{x}_0,Y(\boldsymbol{x}_0))=J_{f_x}(\boldsymbol{x}_0,Y(\boldsymbol{x}_0))+J_{f_y}(\boldsymbol{z}_0)\cdot J_Y(\boldsymbol{x}_0)=J_{f_x}(\boldsymbol{z}_0)+J_{f_y}(\boldsymbol{z}_0)\cdot J_Y(\boldsymbol{x}_0). \tag{13}$$

这样, 从 (12) 和 (13) 式, 可得

$$J_{f_x}(\boldsymbol{z}_0)-J_{f_y}(\boldsymbol{z}_0)\cdot[J_{\Phi_y}(\boldsymbol{z}_0)]^{-1}\cdot J_{\Phi_x}(\boldsymbol{z}_0)=\mathbf{0}_{(n)}. \tag{14}$$

故当记

$$\boldsymbol{\lambda}_0\triangleq-J_{f_y}(\boldsymbol{z}_0)\cdot[J_{\Phi_y}(\boldsymbol{z}_0)]^{-1}\in\mathbb{R}^m \tag{15}$$

时, 关系式 (14) 和 (15) 可变为

$$J_{f_x}(\boldsymbol{z}_0)+\boldsymbol{\lambda}_0\cdot J_{\Phi_x}(\boldsymbol{z}_0)=\mathbf{0}_{(n)}.$$

再注意到式 (15) 中 $\boldsymbol{\lambda}_0$ 的假设, 对其可以改写为下面的矩阵乘法关系式:

$$J_{f_y}(\boldsymbol{z}_0)+\boldsymbol{\lambda}_0\cdot J_{\Phi_y}(\boldsymbol{z}_0)=\mathbf{0}_{(m)}.$$

最后, 将以上两式合并, 即可导出

$$J_f(\boldsymbol{z}_0)+\boldsymbol{\lambda}_0\cdot J_\Phi(\boldsymbol{z}_0)=\mathbf{0}_{(n+m)},$$

也即得到了本定理所需结果: $\boldsymbol{z}_0$ 是映像 $(f+\boldsymbol{\lambda}_0\Phi)$ 的一个"驻点". □

注 8 从定理 4 的证明中可以看出, 所谓"$\boldsymbol{\lambda}$-乘子法", 其实质仍来源于"消元法", 也即为了解决条件极值问题, 关键仍是从约束条件方程 $(**)$ 中设法将 $y_1,\cdots,y_m$ 解出来 (为确保此 m 个条件的独立性, 显然须有 $m\leqslant n$), 由此则需利用隐映像 (函数) 定理 (这里, 当约束条件仅有一个方程, 即当 $m=1$ 时, 此方程表示空间 $\mathbb{R}^n$ 中开集 G 内的一个"光滑的 $n-1$ 维超曲面"; 而当 $m=n-1$ 时, 则此方程组表示 G 内的一个光滑曲线段. 一般将其统称为 G 内的 $n-m$ 维**光滑流形**). 而在使用了隐映像 (函数) 定理后, 从复合函数 (映像) 求导法则, 以及由定理假设 z_0 是"目标函数" f 的一个"极值"点, 从而其在 $\boldsymbol{z}_0$ 点的"F-导数"必为"零"的关系式, 不难得知乘子 $\boldsymbol{\lambda}$ 的选法了.

同样地, 从上段 (二) 中的定理 3, 类似地可以得到下面的定理.

定理 5(条件极值的充分条件)　在上面定理 4 中, 假设 $\boldsymbol{z}_0$ 为辅助函数

$$F(\boldsymbol{z})\triangleq f(\boldsymbol{z})+\sum_{i=1}^{m}\lambda_i\Phi_i(\boldsymbol{z}),\qquad \forall\,\boldsymbol{z}\in G\subset\mathbb{R}^{n+m}$$

的一个"驻点"(这里, $\boldsymbol{z}\triangleq(\boldsymbol{x},\boldsymbol{y})$, $\boldsymbol{x}\triangleq(x_1,\cdots,x_n)$, $\boldsymbol{y}\triangleq(y_1,\cdots,y_m)$), 并且记"对称的" $m+n$ 阶 Hessian 方阵为

$$H_F(\boldsymbol{z}_0)=\left(\frac{\partial^2F(\boldsymbol{z}_0)}{\partial z_j\partial z_k}\right)_{1\leqslant j,k\leqslant m+n}.$$

那么,

1° 如果矩阵 $H_F(\boldsymbol{z}_0)$ 是"严格正定"的, 则 $f(\boldsymbol{z}_0)$ 为"严格条件极小值";

2° 如果矩阵 $H_F(\boldsymbol{z}_0)$ 是"严格负定"的, 则 $f(\boldsymbol{z}_0)$ 为"严格条件极大值".

证明　首先, 注意到上面定理 4 中的证明, 不难看到: 只要有点 $\boldsymbol{z}_0\in\mathbb{R}^{n+m}$ 满足 (约束条件): $\Phi_i(\boldsymbol{z}_0)=\mathbf{0}_{(n+m)}(1\leqslant i\leqslant m)$, 则必有 $\boldsymbol{z}_0$ 的一个邻域 $U(\boldsymbol{x}_0)\times V(\boldsymbol{y}_0)$, 使在其内有唯一的 $Y(\boldsymbol{x})$, 满足

$$\Phi_i(\boldsymbol{z})\triangleq\Phi_i(\boldsymbol{x},Y(\boldsymbol{x}))=\mathbf{0}_{(n+m)},\qquad 1\leqslant i\leqslant m,\forall\,\boldsymbol{z}\in U(\boldsymbol{x}_0)\times V(\boldsymbol{y}_0).$$

因此, 我们将空间 $\mathbb{R}^{n+m}$ 中满足约束条件 (方程) 的点之全体记为

$$M\triangleq\{\boldsymbol{z}\in\mathbb{R}^{n+m}:\Phi_i(\boldsymbol{z})=\mathbf{0}_{(n+m)},1\leqslant i\leqslant m\}.$$

于是, 对于辅助函数的驻点 $\boldsymbol{z}_0 \in M$, 令改变量 $\boldsymbol{h} \triangleq (h_1, \cdots, h_{n+m})$ 亦满足 $\boldsymbol{z}_0 + \boldsymbol{h} \in M$, 则由 F 的取法有

$$F(\boldsymbol{z}_0) = f(\boldsymbol{z}_0), \quad F(\boldsymbol{z}_0 + \boldsymbol{h}) = f(\boldsymbol{z}_0 + \boldsymbol{h}).$$

这样, 对 F 利用 Taylor 展开可得到下面关系式:

$$\begin{aligned} f(\boldsymbol{z}_0 + \boldsymbol{h}) - f(\boldsymbol{z}_0) &= F(\boldsymbol{z}_0 + \boldsymbol{h}) - F(\boldsymbol{z}_0) \\ &= \sum_{i=1}^{n+m} \frac{\partial F(\boldsymbol{z}_0)}{\partial z_i} h_i + \frac{1}{2} \sum_{j,k=1}^{n+m} \frac{\partial^2 F(\boldsymbol{z}_0)}{\partial z_j \partial z_k} h_j h_k + o(\|\boldsymbol{h}\|^2). \end{aligned}$$

最后, 注意到由定理假设 $\boldsymbol{z}_0$ 是泛函 F 的"驻点", 由此, 余下来的证明与前面定理 3 的证明是完全相同的. 因而, 本定理得证. □

注 9 值得我们注意, 上面定理 5 与前面定理 3 不同的一点是: 在定理 5 中, 即使 Hessian 矩阵 $H_F(\boldsymbol{z}_0)$ "不定" 时, "目标函数" f 却仍可能在 $\boldsymbol{z}_0$ 点取到极值. 可见下面例子.

例 设 (目标函数)

$$f(x, y, z) = x^2 + y^2 - z^2,$$

(约束条件)

$$\Phi(x, y, z) = z,$$

则辅助函数为 $F(x, y, z) = (x^2 + y^2 - z^2) + \lambda z$. 因此, 不难导出

$$\frac{\partial F}{\partial x} = 2x, \quad \frac{\partial F}{\partial y} = 2y, \quad \frac{\partial F}{\partial z} = -2z + \lambda.$$

故若

$$\begin{cases} \dfrac{\partial F}{\partial x} = \dfrac{\partial F}{\partial y} = \dfrac{\partial F}{\partial z} = 0, \\ z = 0 (\text{约束条件}), \end{cases}$$

则可得到 $x = y = z = \lambda = 0$, 也即 $(0, 0, 0)$ 必为 F 的一个"驻点". 而且容易看出 $f(0, 0, 0)$ 的确为 f 在 Φ 的约束下的一个"条件极小值". 但是, 计算 $\dfrac{\partial^2 F}{\partial x_j \partial x_k} (1 \leqslant j, k \leqslant 3$, 这里 $x_1 = x, x_2 = y, x_3 = z)$, 不难得到辅助函数 F 的 Hessian 矩阵为

$$H_F(0, 0, 0) = \begin{pmatrix} 2 & 0 & 0 \\ 0 & 2 & 0 \\ 0 & 0 & -2 \end{pmatrix}.$$

因此, 其既不是"正定"也不是"负定"型的. □

下面举两个例子, 一是直接求条件极值, 另一个则是利用求条件极值的方法来验证不等式.

例 1 求二元函数 $f(x,y)=2x^2+12xy+y^2$ 在有界闭区域 (下述“圆”)

$$B \triangleq \{(x,y)\in\mathbb{R}^2 : x^2+4y^2 \leqslant 25\}$$

上的最大和最小值.

解 首先, 求出 $f(x,y)$ 在上述圆内 $\mathring{B}=\{(x,y)\in\mathbb{R}^2 : x^2+4y^2<25\}$ 内的“驻点”. 事实上, 从以下关系式:

$$\begin{cases} \dfrac{\partial f}{\partial x}=4x+12y=0, \\ \dfrac{\partial f}{\partial y}=12x+2y=0, \end{cases} \tag{16}$$

可解得 $(x,y)=(0,0)$ 为 $f(x,y)$ 在 B 的内部 $\mathring{B}$ 中唯一的“驻点”, 且有 $f(0,0)=0$.

其次, 来求上述 (“目标函数”) f 在 B 的边界 ∂B 之“约束条件”:

$$\Phi(x,y) \triangleq x^2+4y^2-25=0$$

下的条件极值. 我们用“乘子法”, 对 Lagrange 辅助函数

$$F(x,y) \triangleq f+\lambda\Phi$$

求其“驻点”. 由于

$$\begin{cases} \dfrac{\partial f}{\partial x}=4x+12y-2\lambda x=0, \\ \dfrac{\partial f}{\partial y}=12x+2y-8\lambda y=0, \\ x^2+4y^2-25=0 \ (\text{约束条件}), \end{cases} \tag{17}$$

从上述关系式 (17) 中的第三个方程可知, x 与 y 不能同时为 0, 故从线性代数知识则知, 上面 (17) 式中的第一和第二个方程, 对应的 x,y 之行列式

$$\begin{vmatrix} 4-2\lambda & 12 \\ 12 & 2-8\lambda \end{vmatrix} = 16\lambda^2-36\lambda-136=0.$$

从而解得 Lagrange 乘子 $\lambda=\dfrac{17}{4}$ 或者 -2. 由此, 得到

(i) 当 $\lambda=\dfrac{17}{4}$ 时, 由关系式 (17) 中的前两个方程, 得到

$$12x-32y=0,$$

也即 $x=\dfrac{8}{3}y$, 代入 (17) 式中第三个方程, 就得到了下面 F 的两个"驻点": $\left(4,\dfrac{3}{2}\right)$ 和 $\left(-4,-\dfrac{3}{2}\right)$, 而对应 f 的值则为 $f(x,y)=\dfrac{425}{4}$.

(ii) 类似地, 当 $\lambda=-2$ 时, 可以得到 $x=-\dfrac{3}{2}y$, 代入 (17) 式中第三个方程 (约束条件), 则可得到 F 的另外两个驻点: $(3,-2)$ 和 $(-3,2)$, 而相应的 f 值则为 $f(x,y)=-50$.

最后, 总合第一段在 $\mathring{B}$ 内 f 于驻点上所得的值 0, 以及第二段, f 在边界 ∂B 上于驻点所得的值 $\dfrac{425}{4}$ 和 -50, 得到上述 $f(x,y)$ 在闭区域 B 上的最大值是 $\dfrac{425}{4}$, 最小值是 -50. □

在 5.3 节的例 10 中, 我们曾利用函数的凸凹性与二次导数的关系, 得到过一个著名和十分有用的 Hölder 不等式. 下面用条件极值的方法来再次给出此不等式的证明.

例 2 用条件极值方法证明下面的 Hölder 不等式: 对于任意的数 $p>1$, 当令 $\dfrac{1}{p}+\dfrac{1}{q}=1$ 时, 必有下面关系式:

$$\sum_{k=1}^{\infty}a_kb_k\leqslant\left(\sum_{k=1}^{\infty}a_k^p\right)^{\frac{1}{p}}\left(\sum_{k=1}^{\infty}b_k^q\right)^{\frac{1}{q}},\qquad\forall\ a_k,b_k\in(0,+\infty),k\in\mathbb{N}.$$

解 首先, 从数列极限的保序性, 容易看出: 为了证明上述不等式, 只要对任意 $n\in\mathbb{N}$, 验明下面不等式即可:

$$\sum_{k=1}^{n}a_kb_k\leqslant\left(\sum_{k=1}^{n}a_k^p\right)^{\frac{1}{p}}\left(\sum_{k=1}^{n}b_k^q\right)^{\frac{1}{q}},\qquad\forall\ a_k,b_k\in(0,+\infty),n\in\mathbb{N},1\leqslant k\leqslant n.$$

为了验证上面 (关于有限项的) 不等式, 令 $\boldsymbol{x}\triangleq(x_1,\cdots,x_n)$, $\boldsymbol{y}\triangleq(y_1,\cdots,y_n)$,

$$(\text{目标函数})f(\boldsymbol{x},\boldsymbol{y})=\sum_{k=1}^{n}x_ky_k;$$

(约束条件)

$$\begin{cases}\Phi_1(\boldsymbol{x},\boldsymbol{y})=\displaystyle\sum_{k=1}^{n}x_k^p-1=0,\\ \Phi_2(\boldsymbol{x},\boldsymbol{y})=\displaystyle\sum_{k=1}^{n}y_k^q-1=0,\end{cases}\qquad\forall\ x_k,y_k\in(0,+\infty),1\leqslant k\leqslant n.$$

然后, 我们来求: f 在 Φ_1, Φ_2 的约束条件下的极值 (也即, 当令 $\left(\sum_{k=1}^{n} a_k^p\right)^{\frac{1}{p}} = \left(\sum_{k=1}^{n} b_k^q\right)^{\frac{1}{q}} = 1$ 时, $\sum_{k=1}^{n} a_k b_k$ 的极值状况).

于是, 用 Lagrange 乘子法, 令函数

$$F(\boldsymbol{x},\boldsymbol{y}) = f(\boldsymbol{x},\boldsymbol{y}) + \lambda_1\Phi_1(\boldsymbol{x},\boldsymbol{y}) + \lambda_2\Phi_2(\boldsymbol{x},\boldsymbol{y}).$$

然后, 我们求 F 的"驻点". 由于

$$\frac{\partial F}{\partial x_k} = y_k + \lambda_1 p x_k^{p-1} = 0, \qquad 1 \leqslant k \leqslant n, \tag{18}$$

$$\frac{\partial F}{\partial y_k} = x_k + \lambda_2 q y_k^{q-1} = 0, \qquad 1 \leqslant k \leqslant n, \tag{19}$$

$$\Phi_1 = \sum_{k=1}^{n} x_k^p - 1 = 0, \text{(约束条件)} \tag{20}$$

$$\Phi_2 = \sum_{k=1}^{n} y_k^q - 1 = 0, \text{(约束条件)} \tag{21}$$

再注意到 $x_k, y_k > 0(\forall\ 1 \leqslant k \leqslant n)$, 从 (18) 和 (19) 式, 即可导出 $\lambda_1, \lambda_2 < 0$, 而从 (18) 式乘以 x_k 后累加, 以及 (19) 式乘以 y_k 后累加, 并利用 (20) 和 (21) 式, 可得到

$$\sum_{k=1}^{n} x_k y_k + \lambda_1 p = 0, \tag{22}$$

及

$$\sum_{k=1}^{n} x_k y_k + \lambda_2 q = 0. \tag{23}$$

从而, 由 (22) 和 (23) 两式, 便可得到 $\lambda_1 p = \lambda_2 q$. 将此关系式代回到 (18) 和 (19) 式, 从"消元法"则有

$$\lambda_1 p = \lambda_2 q = -1, \quad x_k^{\frac{1}{q}} = y_k^{\frac{1}{p}} (1 \leqslant k \leqslant n).$$

这样, 上面所得后式即确定了函数 f 的唯一"驻点". 而此时, 由于 f 在该点的值为 (注意 p, q 的假设以及 (21) 式)

$$f(\boldsymbol{x},\boldsymbol{y}) = \sum_{k=1}^{n} x_k y_k = \sum_{k=1}^{n} y_k^{\frac{q}{p}} \cdot y_k = \sum_{k=1}^{n} y_k^{1+\frac{q}{p}} = \sum_{k=1}^{n} y_k^q = 1,$$

并注意到, 当 $\boldsymbol{x}$, $\boldsymbol{y}$ 趋于定义域的边界时, 必有某 a_k 或 $b_k(1 \leqslant k \leqslant n)$ 趋于 0, 而此时当然有下面关系式:

$$\lim_{\boldsymbol{x}\to\boldsymbol{0}} f(\boldsymbol{x},\boldsymbol{y}) = \lim_{\boldsymbol{y}\to\boldsymbol{0}} f(\boldsymbol{x},\boldsymbol{y}) = 0,$$

因此, $f(\boldsymbol{x},\boldsymbol{y})$ 在此"驻点"上取到最大值为 1.

最后, 对于任意正数 a_k 和 $b_k(1 \leqslant k \leqslant n)$, 令

$$x_k^0 = a_k \Big/ \left(\sum_{k=1}^n a_k^p\right)^{\frac{1}{p}}, \quad 及 \quad y_k^0 = b_k \Big/ \left(\sum_{k=1}^n b_k^q\right)^{\frac{1}{q}}, \qquad 1 \leqslant k \leqslant n,$$

那么, 从上面已得结果, 可以导出

$$f(x_1^0, \cdots, x_n^0, y_1^0, \cdots, y_n^0) \leqslant 1.$$

由此也即得到

$$\sum_{k=1}^n a_k b_k \leqslant \left(\sum_{k=1}^n a_k^p\right)^{\frac{1}{p}} \left(\sum_{k=1}^n b_k^q\right)^{\frac{1}{q}}, \qquad \forall\ a_k, b_k \in (0,+\infty),\ 1 \leqslant k \leqslant n.$$

从而本例得证. □

6.6 几何上的几点应用 (切线、切面及法向量)

(一)

定义 1 在 $\mathbb{R}^n$ 空间中, 一条闭、连续、没有重点的曲线称为**简单曲线**. 而当始点与终点是同一点时, 则称为**封闭曲线** .

不难看出, 当 $\mathbb{R}^n$ 空间中一条曲线 Γ 可以用一个参数表示为

$$\Gamma \triangleq \{\boldsymbol{x} = \boldsymbol{x}(t) \in \mathbb{R}^n, \alpha \leqslant t \leqslant \beta\} \tag{$*$}$$

时, 那么, 如果 (向量值函数) $\boldsymbol{x}(t) \in C^{(0)}([\alpha,\beta],\mathbb{R}^n)$, 且 $\boldsymbol{x}(t_1) \neq \boldsymbol{x}(t_2)(\forall\ t_1 \neq t_2, t_1, t_2 \in (\alpha,\beta))$, 则 Γ 就是一条"简单曲线".

定义 2 设简单曲线 Γ 如 $(*)$ 式所表达, 若 (向量值函数)$\boldsymbol{x}(t) \in C^{(1)}([\alpha,\beta],\mathbb{R}^n)$, 且 (向量值函数的"F-导数")$\boldsymbol{x}'(t) \neq 0(\forall\ t \in [\alpha,\beta])$, 而当 Γ 为封闭曲线时, 还有 $\boldsymbol{x}'(\alpha+0) = \boldsymbol{x}'(\beta-0)$, 这时则称 Γ 为**光滑简单曲线** .

下面仅对有单参数表示的"光滑简单"曲线开展讨论. 先来导出 $\mathbb{R}^n$ 空间中曲线的切线方程.

假设 Γ 为 $\mathbb{R}^n$ 中一条光滑简单曲线, 如图 1, $\boldsymbol{p}_0$ 为此曲线 Γ 上的任何一点. 此时, 由于 Γ 是由 $\boldsymbol{x}=\boldsymbol{x}(t)$ 表出的, 故存在参数 $t_0\in[\alpha,\beta]$, 使得 $\boldsymbol{p}_0=\boldsymbol{x}(t_0)$. 于是, 对于曲线 Γ 上的任一点 $\boldsymbol{p}\neq\boldsymbol{p}_0$, 由线段 $\boldsymbol{p}_0\boldsymbol{p}$ 所确定的割线, 当点 $\boldsymbol{p}$ 沿 Γ 趋于 $\boldsymbol{p}_0$ 时如果其趋于一条固定的直线, 则称其为曲线 Γ 过 $\boldsymbol{p}_0$ 点的**切线**. 下面就来证明: 光滑简单曲线在 Γ 的任一点 $\boldsymbol{p}_0=\boldsymbol{x}(t_0)$ 的切线是存在的, 并将其切线方程表示出来.

(非简单曲线)　　　　(非光滑简单曲线)

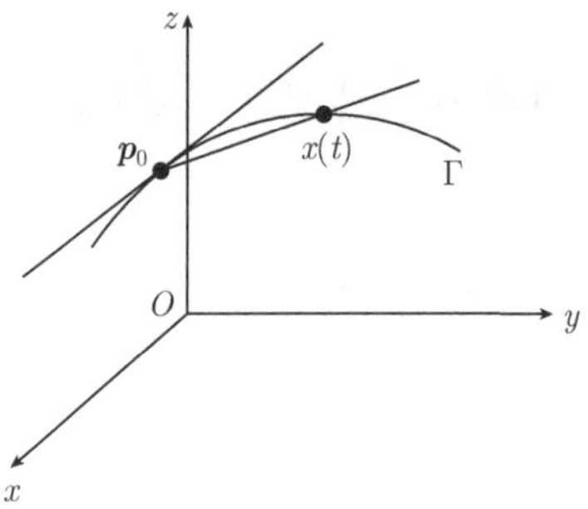

图 1

事实上, 对于 Γ 上任意的一点 $\boldsymbol{p}=\boldsymbol{x}(t)\neq\boldsymbol{x}(t_0)$, 上述 $\boldsymbol{p}_0\boldsymbol{p}$ 的割线方程 $l=\{(x_1,x_2,\cdots,x_n)\}$ 上的每一点 $(x_1,x_2,\cdots,x_n)\in\mathbb{R}^n$ 必满足下面方程组:

$$l:\qquad \frac{x_1-x_1(t_0)}{x_1(t)-x_1(t_0)}=\cdots=\frac{x_n-x_n(t_0)}{x_n(t)-x_n(t_0)},\tag{1}$$

这里, $\boldsymbol{p}_0=(x_1(t_0),\cdots,x_n(t_0))$, $\boldsymbol{p}=(x_1(t),\cdots,x_n(t))$, $\forall\ t\in[\alpha,\beta]$.

由此, 无论 Γ 是否封闭曲线, 不难看到: 当 $\boldsymbol{p}\to\boldsymbol{p}_0$ 时, 必有 $t\to t_0$. 因而, 将关系式 (1) 中的 n 个比例等式同乘以 $(t-t_0)$ 时, 注意到曲线“光滑”的定义 2(那时 $\boldsymbol{x}_k'(t_0)$ $(1\leqslant k\leqslant n)$ 不能同时为 0), 当 $\boldsymbol{p}\to\boldsymbol{p}_0$ 时, 从 (1) 式便可得到

$$l_0:\qquad \frac{x_1-x_1(t_0)}{x_1'(t_0)}=\cdots=\frac{x_n-x_n(t_0)}{x_n'(t_0)}.\tag{2}$$

此关系式 (2) 则为所求之曲线 Γ 在 $\boldsymbol{p}_0\triangleq(x_1(t_0),\cdots,x_n(t_0))$ 点的**切线方程**, 而由上式所确定的 l_0 即为所求之切线.

从上面结果显然可以导出: 光滑简单曲线 $\Gamma:\boldsymbol{x}=\boldsymbol{x}(t)$, 其在任何一点 $\boldsymbol{p}_0\triangleq\boldsymbol{x}(t_0)$ 的切线之方向向量 (简称为: **切向量**) 必为

$$(\text{F-导数})\boldsymbol{x}'(t_0)=(x'(t_0),\cdots,x'(t_0)).\tag{3}$$

这样, 从解析几何即可得到: 上述曲线 Γ 在 $\boldsymbol{p}_0 \triangleq \boldsymbol{x}(t_0)$ 点的**法平面**方程则为

$$x_1'(t_0)(x_1 - x_1(t_0)) + \cdots + x_n'(t_0)(x_n - x_n(t_0)) = 0. \tag{4}$$

下面举两个例子.

例 1 在 $\mathbb{R}^2$ 空间中, 如果已知一光滑简单曲线段 Γ 如下:

$$\Gamma : y = f(x), \qquad \alpha \leqslant x \leqslant \beta,$$

那么, 当视 x 为参数时, 从上面关系式 (3) 即可导出: 对于 Γ 上任何一点 $(x_0, f(x_0))$, 该曲线在此点切线的"切向量"必为 $(1, f'(x_0))$, 而相应的切线方程 $l_0(x)$, 从上面关系式 (2) 可知则为

$$\frac{x - x_0}{1} = \frac{l_0(x) - f(x_0)}{f'(x_0)},$$

也即

$$l_0(x) = f(x_0) + f'(x_0)(x - x_0), \qquad \forall\, x \in \mathbb{R}.$$

此与 5.1 节中的例 4 所得之结果是一致的. □

例 2 在 $\mathbb{R}^3$ 空间中, 如果已知一个光滑简单曲线 Γ 如下:

$$\Gamma : \begin{cases} x = x(t), \\ y = y(t), \qquad \forall\, t \in [\alpha, \beta], \\ z = z(t), \end{cases}$$

并设此曲线亦可由 $\mathbb{R}^3$ 上定义的一个 $C^{(1)}$ 类泛函 (多元函数) 隐函数 $f(x, y, z)$ 表示为

$$\Gamma : f(x, y, z) = \xi_0, \text{ (此亦可称为 } f \text{ 的}\textbf{等值线}\text{)} \tag{$**$}$$

试从 f 的偏导数来表出 Γ 在 (x_0, y_0, z_0) 点的切线方程.

解 由设可知

$$f(x(t), y(t), z(t)) \equiv \xi_0, \qquad \forall\, t \in [\alpha, \beta].$$

故由复合函数求导的链式法则, 上式两边对 t 求导, 则有

$$\begin{aligned} &\frac{\partial f}{\partial x}(x(t), y(t), z(t)) \cdot x'(t) + \frac{\partial f}{\partial y}(x(t), y(t), z(t)) \cdot y'(t) \\ &\qquad + \frac{\partial f}{\partial z}(x(t), y(t), z(t)) \cdot z'(t) \equiv 0, \qquad \forall\, t \in [\alpha, \beta]. \end{aligned}$$

故对任意 $t_0 \in [\alpha, \beta]$, 令 $\boldsymbol{p}_0 \triangleq (x_0, y_0, z_0) \triangleq (x(t_0), y(t_0), z(t_0))$, 从上式则可导出：下面向量的“内积”：

$$\left(\frac{\partial f}{\partial x}(\boldsymbol{p}_0), \frac{\partial f}{\partial y}(\boldsymbol{p}_0), \frac{\partial f}{\partial z}(\boldsymbol{p}_0)\right) \cdot (x'(t_0), y'(t_0), z'(t_0)) = 0.$$

此即表明：上述曲线 Γ 在 $\boldsymbol{p}_0$ 的“切向量” $\boldsymbol{r}_0 \triangleq (x'(t_0), y'(t_0), z'(t_0))$, 其与上面泛函 f 的“梯度”向量：

$$(\text{F-导数 } f'(\boldsymbol{p}_0) \triangleq J_f(\boldsymbol{p}_0) \triangleq)\nabla f(\boldsymbol{p}_0) \triangleq \left(\frac{\partial f}{\partial x}(\boldsymbol{p}_0), \frac{\partial f}{\partial y}(\boldsymbol{p}_0), \frac{\partial f}{\partial z}(\boldsymbol{p}_0)\right)$$

是互相**垂直**的 (此也即表明：f 的“梯度” $\nabla f(\boldsymbol{p}_0)$ 与经过 $\boldsymbol{p}_0$ 点的 f“等值线”垂直, 方向指向 f 的增加方向). 注意到此向量是与 x, y, z 的参数方程之“表示式”是无关的, 因此, Γ 在 $\boldsymbol{p}_0$ 点的切线方程必为 $l_0(x, y, z)$, 而 x, y, z 满足以下关系：

$$\begin{aligned}&\frac{\partial f}{\partial x}(x_0, y_0, z_0) \cdot (x - x_0) + \frac{\partial f}{\partial y}(x_0, y_0, z_0) \cdot (y - y_0)\\&\qquad + \frac{\partial f}{\partial z}(x_0, y_0, z_0) \cdot (z - z_0) = 0, \qquad \forall\ (x, y, z) \in \mathbb{R}^3.\end{aligned}$$

由此本例得证. □

(二)

从本段开始, 我们将要来研讨有关曲面的切平面 (及法线) 的问题. 为简单和易于显示起见, 我们仅在三维空间 $\mathbb{R}^3$ 来讨论, 而下面将得到的所有结果, 都不难直接推广到任意的空间 $\mathbb{R}^n$ $(n > 3)$ 中的曲面上去.

首先, 值得注意的是, 空间的曲面一般有两种表示法：隐式方程的表示法和参数方程的表示法. 本段, 先就**隐式曲线** (也即由隐式方程表达的曲面) 来进行讨论. 先给出下面的定义.

定义 3 称由下面三元 (隐) 函数定义的曲面块 Σ 是一个**光滑曲面**, 是指

$$\Sigma : F(x, y, z) = 0, \qquad \forall\ (x, y, z) \in (\text{区域})G \subset \mathbb{R}^3, \tag{Δ_1}$$

且有 $F \in C^{(1)}$ 以及 (其“梯度”)$\nabla F(x, y, z) \neq \mathbf{0}(\forall\ (x, y, z) \in G)$.

注 1 与前面空间曲线的讨论类似, 这里对由隐函数 F 定义的“隐式曲面”, 同样地也假设 $F \in C^{(1)}(G)$, 也即三个偏导数 $\dfrac{\partial F}{\partial x}(x, y, z)$, $\dfrac{\partial F}{\partial y}(x, y, z)$ 和 $\dfrac{\partial F}{\partial z}(x, y, z)$ 均在 G 内是连续的. 此外, 不难看到：为了确定上述隐式曲面上的点而来“解”上面隐函数方程 (Δ_1) 时, 一般而言是十分不易的. 然而, 从另外一个角度来观察, 隐式曲面亦有其优点, 例如, 当方程 (Δ_1) 表示一张封闭曲面的时候, 首先, 我们看出,

它可能是无法由“一个”显式方程 (如 $z=f(x,y)$, $y=g(z,x)$ 或者 $x=h(y,z)$) 来表示, 但是, 此时的闭曲面亦必将全空间 $\mathbb{R}^3$ 分为三部分: 曲面的“内部”与“外部”以及曲面的“自身”. 故由连续函数的介值定理, 我们立即可从以上后一结论导出: Σ“内部”与 Σ“外部”的点必分别使 $F(x,y,z)$ 取“同一符号”的值, 当然在 Σ 上 $F(x,y,z)$ 则为 0. 此一特点, 使得我们很容易区分曲面 Σ 的内部和外部, 这在“计算机图形学”中是一个十分有用的结果.

下面就来讨论: 由隐函数确定的曲面上的任一点其切平面的表述以及其方程的表示式.

假设 Σ 为 $\mathbb{R}^3$ 空间中的一块曲面, 其由上面关系式 (Δ_1) 所确定, 并且决定它的隐函数 $F\in C^{(1)}(G)$. 对于 Σ 上任一点 $\boldsymbol{p}_0\triangleq(x_0,y_0,z_0)$, 我们在曲面 Σ 上作过 $\boldsymbol{p}_0$ 点的任一条 (Σ 上的) 曲线 Γ(如图 2), 并设其参数方程如下:

$$\Gamma: x=x(t), y=y(t), z=z(t), \tag{5}$$

且 $\boldsymbol{p}_0$ 与参数 t_0 相对应, 也即

$$x_0=x(t_0),\ y_0=y(t_0),\ z_0=z(t_0).$$

然后, 将 (5) 式代入上面的曲面方程之 (Δ_1) 式 (注意, 上述曲线 Γ 的每一点均是属于曲面 Σ 的), 便可得到

$$F(x(t),y(t),z(t))\equiv 0, \qquad \forall\ t\in I(t_0,\delta_0), \tag{6}$$

这里, $I(t_0,\delta_0)$ 表示以 t_0 为中心, $2\delta_0$ 为长度的开区间.

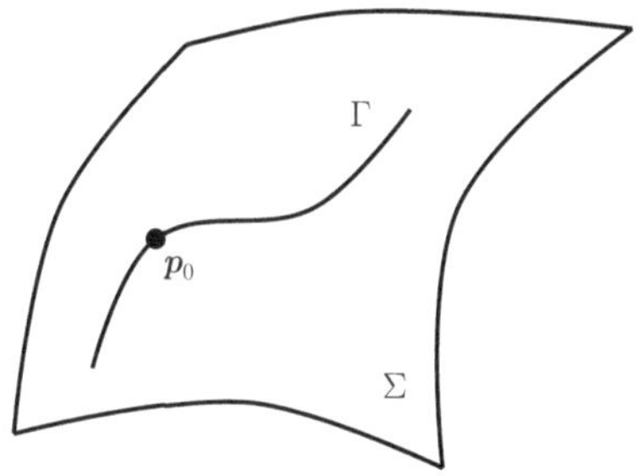

图 2

将 (6) 式对 t 求导, 由复合函数 (泛函) 的求导链式法则, 可导出

$$\frac{\partial F}{\partial x}(\boldsymbol{p}_0)\cdot x'(t_0)+\frac{\partial F}{\partial y}(\boldsymbol{p}_0)\cdot y'(t_0)+\frac{\partial F}{\partial z}(\boldsymbol{p}_0)\cdot z'(t_0)=0,$$

也即下面的向量内积关系式

$$\left(\frac{\partial F}{\partial x}(\boldsymbol{p}_0),\frac{\partial F}{\partial y}(\boldsymbol{p}_0),\frac{\partial F}{\partial z}(\boldsymbol{p}_0)\right)\cdot(x'(t_0),y'(t_0),z'(t_0))=0, \tag{7}$$

此即表明, 泛函 F 在 $\boldsymbol{p}_0$ 点的“非零向量”:

$$(\text{F-导数})F'(\boldsymbol{p}_0),\ (\text{或 (Jacobi) } J_F(\boldsymbol{p}_0) \text{ 或者“梯度”} \nabla F(\boldsymbol{p}_0))$$

与曲线 Γ 在 $\boldsymbol{p}_0$ 点的切向量 $\boldsymbol{\gamma}_0$:

$$\boldsymbol{\gamma}_0 \triangleq (x'(t_0), y'(t_0), z'(t_0))$$

是**互垂**的.

这样一来, 注意到上面的“非零”梯度向量 $\nabla F(\boldsymbol{p}_0)$ 显然与 Σ 上过 $\boldsymbol{p}_0$ 点之曲线 Γ 的选择是“无关的”, 由此可看出: **曲面 Σ 上过点 $\boldsymbol{p}_0$ 的所有曲线, 它们在 $\boldsymbol{p}_0$ 的切线必是共面的**. 我们称此平面为曲面 Σ 在 $\boldsymbol{p}_0$ 点的**切平面**. 而与此切平面在 $\boldsymbol{p}_0$ 点相互垂直的向量 $\nabla F(\boldsymbol{p}_0)$, 称为曲面 Σ 在点 $\boldsymbol{p}_0$ 处的一个**法向量**.

由此, 即得到曲面 Σ 在点 $\boldsymbol{p}_0$ 的切面 $\Pi \triangleq \{x, y, z\}$, 其点所满足的方程 (即**切平面方程**) 为

$$\Pi: \frac{\partial F(x_0, y_0, z_0)}{\partial x}(x - x_0) + \frac{\partial F(x_0, y_0, z_0)}{\partial y}(y - y_0) + \frac{\partial F(x_0, y_0, z_0)}{\partial z}(z - z_0) = 0. \quad (8)$$

注 2　对于一个闭曲面, 我们一般将指向曲面内部的法向量称为**内法向量**, 而将指向外部的法向量称为**外法向量**. 对于一个不封闭的曲面, 我们一般则将以“右手系”(也即法向量与 z 轴正向的夹角不超过 $90°$) 的定为**上法向量**, 其反方向即为**下法向量**方向.

注 3　由于曲面的显式方程总可以转化为隐式方程, 例如“$z = f(x, y)$”即为“$F(x, y, z) = z - f(x, y) = 0$”, 因此, 对于显示方程, 就无需重述了.

(三)

无论在理论研究或者实际应用中 (在高维的线性距离空间, 特别在 $\mathbb{R}^n$ 中), 被广泛使用的还是由参数表示的“向量参数曲面”. 因此, 本段将对由参数表示的曲面来研讨其切面和法向量的问题.

正如在 $\mathbb{R}^n$ 空间中, “曲线”其实就是一个“单参数的向量值函数”一样, 类似地, 在 $\mathbb{R}^3$ 空间中, “曲面”实际上也即是一个“双参数的向量值函数”, 即一个从 $\mathbb{R}^2$ 到 $\mathbb{R}^3$ 内的一个“映像”. 事实上, 在一般的 n 维线性空间中, 当 $n > 3$ 时, 亦可“推广地”对所有“k 个参数的向量值函数”, 当 k 满足 $2 \leqslant k < n - 1$ 时, 称其为 $\mathbb{R}^n$ 中的“曲面”. 特别地, 对于“仿射平面”而言, 当 $k = n - 1$ 时, 称其为空间的“超平面”.

其实, 在空间 $\mathbb{R}^3$ 中, 令曲面为一个参数曲面 $\Sigma = \{(x, y, z)\}$, 其中点 (x, y, z) 满足

$$\begin{cases} x = x(u,v), \\ y = y(u,v), \\ z = z(u,v), \end{cases} \qquad \forall\ (u,v) \in \text{(区域)}\ D \subset \mathbb{R}^2. \qquad (\Delta_2)$$

那么, 不难将此曲面用映像 (算子) $\boldsymbol{r}: D(\subset \mathbb{R}^2) \to \mathbb{R}^3$ 表示为

$$\Sigma: \boldsymbol{r} = \boldsymbol{r}(u,v), \qquad \forall\ (u,v) \in D. \qquad (\Delta_3)$$

而此向量值函数 $\boldsymbol{r}(u,v)$ 在 $\mathbb{R}^3$ 中的三个分量即为关系式 (Δ_2).

在 $\mathbb{R}^3$ 空间中以双参数来表示曲面块是十分方便的, 可以看下面的例子.

例如 对于在 $\mathbb{R}^3$ 中"不平行"的两个向量 $\boldsymbol{a}_0$ 和 $\boldsymbol{b}_0$, 那么, 由此两个向量经过某一点 $\boldsymbol{p}_0$ 的平面 Π, 可由下面的映像 (算子) 直接表出:

$$\Pi: \boldsymbol{r}(u,v) = \boldsymbol{p}_0 + u\boldsymbol{a}_0 + v\boldsymbol{b}_0, \qquad \forall\ (u,v) \in \mathbb{R}^2.$$

由此亦可用平面 Π 的三个坐标分量表示为

$$\Pi: \begin{cases} x(u,v) = p_1^0 + ua_1^0 + vb_1^0, \\ y(u,v) = p_2^0 + ua_2^0 + vb_2^0, \\ z(u,v) = p_3^0 + ua_3^0 + vb_3^0, \end{cases} \qquad \forall\ (u,v) \in \mathbb{R}^2,$$

这里, $\boldsymbol{p}_0 \triangleq (p_1^0, p_2^0, p_3^0)$, $\boldsymbol{a}_0 \triangleq (a_1^0, a_2^0, a_3^0)$ 及 $\boldsymbol{b}_0 \triangleq (b_1^0, b_2^0, b_3^0)$.

又如 从我们熟悉的球坐标方程可知: 空间 $\mathbb{R}^3$ 中的半径为 r_0 的原心球面 Σ(如图 3), 其参数方程必为

$$\Sigma: \begin{cases} x(\theta,\varphi) = r_0 \sin\theta\cos\varphi, \\ y(\theta,\varphi) = r_0 \sin\theta\sin\varphi, \\ z(\theta,\varphi) = r_0 \cos\theta, \end{cases} \qquad \forall\ \theta \in [0,\pi], \varphi \in [0,2\pi].$$

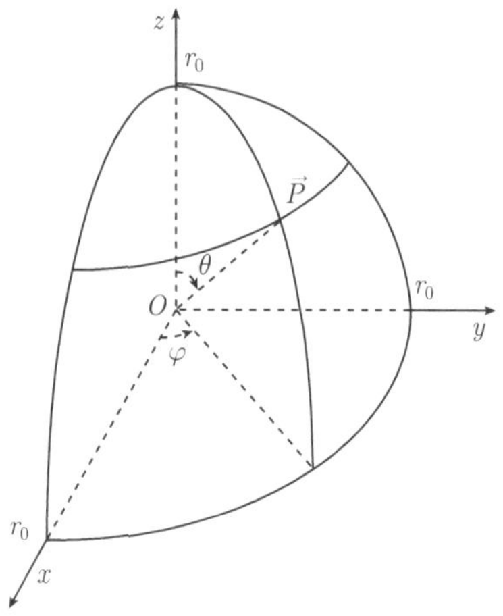

图 3

(注意, 当推广到任意 n 维 Euclid 空间 $\mathbb{R}^n$ 时, 为了"格式化", 其相应的"角参数" $\theta_k(1 \leqslant k \leqslant n)$ 的取法有所变化 —— 可参看 6.4 节 (二) 中的例 3).

同样地, 球面 Σ 也可由定义在 $[0,\pi]\times[0,2\pi]\subset\mathbb{R}^2$ 到 $\mathbb{R}^3$ 内的映像 (算子) 表述为

$$\|\boldsymbol{r}(\theta,\varphi)\| = r_0, \qquad \forall\ (\theta,\varphi)\in[0,\pi]\times[0,2\pi]\subset\mathbb{R}^2.$$

注 4 值得注意的是: 在 $\mathbb{R}^3$ 空间中我们如上所选择的"角参数"与"地球物理学"中亦有所差异, 地理学中所说的"北纬 38°"在这里却是"北纬 $(90^\circ-38^\circ)$", 也即从 z 轴正向作起点计算的角 θ, 在实际地理的标书中, 却是从 xOy 平面 (即 $z=0$ 时) 来开始作 θ 角的计数的.

下面将在空间 $\mathbb{R}^3$ 中, 对于由参数表示的光滑曲面 Σ 来导出其在曲面上任何一点 $\boldsymbol{p}_0$ 的切面方程和法向量. 这里, 当曲面表示为 $\boldsymbol{r}=\boldsymbol{r}(u,v)(\forall\ (u,v)\in D)$ 时, 约定 $\boldsymbol{r}\in C^{(1)}(D,\mathbb{R}^3)$, 并且 $\boldsymbol{r}'(\boldsymbol{p}_0)\neq\boldsymbol{0}_{(3)}$.

首先, 不难看出: 对于上述 $\mathbb{R}^3$ 中的曲面

$$\boldsymbol{r}=\boldsymbol{r}(u,v), \qquad \forall\ (u,v)\in D(\subset\mathbb{R}^2),$$

当 v 取常值 v_0 时, 在参数区域 D 中, 其代表平行于 u 轴的直线段 (如图 4), 而在曲面块 Σ 上, 由于此时相应的点所对应的坐标三分量为

$$\begin{cases} x = x(u,v_0), \\ y = y(u,v_0), \qquad\qquad \forall\ (u,v_0)\in D, \\ z = z(u,v_0), \end{cases}$$

因而, 此单参数 u 的方程组必代表一条 Σ 上的曲线段, 也即在 $\mathbb{R}^3$ 取值的向量值函数 $\boldsymbol{r}_1(u)\triangleq\boldsymbol{r}(u,v_0)$, 称其为曲面 Σ 的**u-曲线**. 类似地, 对于任意固定的 u_0, 单参数向量值函数 $\boldsymbol{r}_2(v)\triangleq\boldsymbol{r}(u_0,v)$ 所代表的 Σ 曲面上的曲线则称为**v-曲线**.

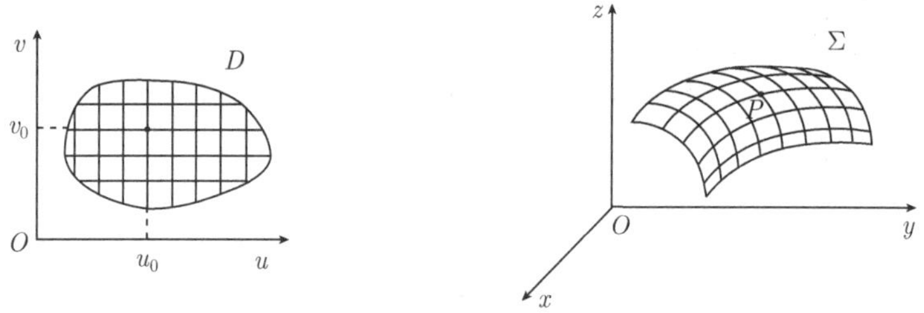

图 4

从本节第 (一) 段, 不难导出:

(i) 在曲面 Σ 上的"u-曲线" $\boldsymbol{r}_1(u)\triangleq\boldsymbol{r}(u,v_0)$, 其在 Σ 上的点 $\boldsymbol{p}_0\triangleq(u_0,v_0)$ 的"切向量"为

$$\frac{\partial \boldsymbol{r}}{\partial u}(u_0, v_0) = \left(\frac{\partial x}{\partial u}(u_0, v_0), \frac{\partial y}{\partial u}(u_0, v_0), \frac{\partial z}{\partial u}(u_0, v_0)\right), \tag{9}$$

(ii) 在曲面 Σ 上的“v-曲线” $\boldsymbol{r}_2(v) \triangleq (u_0, v)$, 其在 Σ 上的点 $\boldsymbol{p}_0 \triangleq \boldsymbol{r}(u_0, v_0)$ 的“切向量”为

$$\frac{\partial \boldsymbol{r}}{\partial v}(u_0, v_0) = \left(\frac{\partial x}{\partial v}(u_0, v_0), \frac{\partial y}{\partial v}(u_0, v_0), \frac{\partial z}{\partial v}(u_0, v_0)\right), \tag{10}$$

从上面所得到的 (i) 和 (ii) 的 u-曲线和 v-曲线的切向量公式, 不难得到下面的结论.

定理 1 假设 Σ 为空间 $\mathbb{R}^3$ 中的曲面块,

$$\Sigma : \boldsymbol{r} \triangleq \boldsymbol{r}(u, v), \qquad \forall\ (u, v) \in (\text{区域}) D,$$

并设

$$\Gamma : \boldsymbol{r} \triangleq \boldsymbol{r}(u(t), v(t)) \qquad (\text{这里}, (u(t), v(t)) \in D)$$

为过 Σ 曲面一点 $\boldsymbol{p}_0 = \boldsymbol{r}(u_0, v_0)$ 之 Σ 上的任一条曲线段. 那么, 曲线 Γ 在 $\boldsymbol{p}_0$ 点的“切向量”必为向量 $\dfrac{\partial \boldsymbol{r}}{\partial u}(u_0, v_0)$ 与 $\dfrac{\partial \boldsymbol{r}}{\partial v}(u_0, v_0)$ 的线性组合. 此即曲面 Σ 在其上一点 $\boldsymbol{p}_0$ 的**切平面**即为上述两个切向量所张成的平面 (当设此两切向量“不共线”时).

证明 从上述曲线 Γ 的假设可知: 当设 t_0 有 $u_0 = u(t_0)$, $v_0 = v(t_0)$ 时, 由于曲线 Γ 满足 $\boldsymbol{r} = \boldsymbol{r}(u(t), v(t))$, 故按映像的复合函数求导公式, 我们导出

$$\frac{\mathrm{d}\boldsymbol{r}}{\mathrm{d}t}(t_0) = \frac{\partial \boldsymbol{r}}{\partial u}(u(t_0), v(t_0)) \cdot u'(t_0) + \frac{\partial \boldsymbol{r}}{\partial v}(u(t_0), v(t_0)) \cdot v'(t_0),$$

也即得到

$$\frac{\mathrm{d}\boldsymbol{r}}{\mathrm{d}t}(u_0, v_0) = \frac{\partial \boldsymbol{r}}{\partial u}(u_0, v_0) \cdot u'(t_0) + \frac{\partial \boldsymbol{r}}{\partial v}(u_0, v_0) \cdot v'(t_0).$$

上即表明: 在曲面 Σ 上, 过点 $\boldsymbol{p}_0 = (u_0, v_0)$ 的曲线 Γ 之切向量, 必为在此点的“u-曲线的切向量”与“v-曲线的切向量”的线性组合.

最后, 注意到上述 (曲面 Σ 上) 的曲线 Γ 的任意性, 可知: 曲面 Σ 在点 $\boldsymbol{p}_0 = (u_0, v_0)$ 的切平面, 当设 $\dfrac{\partial \boldsymbol{r}}{\partial u}(u_0, v_0)$ 与 $\dfrac{\partial \boldsymbol{r}}{\partial v}(u_0, v_0)$ 不共线时, 必为此两向量所在 $\boldsymbol{p}_0$ 点张成的平面. 从而本定理证毕. □

基于上面定理的结论, 有下面的定义.

定义 4 对于一个“光滑曲面”块 $\Sigma : \boldsymbol{r} = \boldsymbol{r}(u, v) (\forall\ (u, v) \in (\text{区域})\ D)$, 其上一点 $\boldsymbol{p}_0 \triangleq (u_0, v_0)$ 称为是 Σ 的**正则点**, 是指: 下面的“向量积”

$$\frac{\partial \boldsymbol{r}}{\partial u}(u_0, v_0) \times \frac{\partial \boldsymbol{r}}{\partial v}(u_0, v_0) \neq 0. \tag{11}$$

而非正则点之曲面 Σ 上的点则称为**奇点**. 此外, 当 $\boldsymbol{p}_0 \triangleq (u_0, v_0)$ 是正则点时, 称 $\dfrac{\partial \boldsymbol{r}}{\partial u}(u_0, v_0) \times \dfrac{\partial \boldsymbol{r}}{\partial v}(u_0, v_0)$ 为曲面 Σ 在 $\boldsymbol{p}_0$ 点的**法向量**, 并记为 $\boldsymbol{n}$.

(注意, 两个非零向量 $\boldsymbol{a}$ 和 $\boldsymbol{b}$ 的**向量积**, 亦称**外积** 或**叉积** , 其定义为一个向量 $\boldsymbol{a} \times \boldsymbol{b}$, (i) 此向量"长度" $\|\boldsymbol{a} \times \boldsymbol{b}\| = \|\boldsymbol{a}\| \cdot \|\boldsymbol{b}\| \sin(\widehat{\boldsymbol{ab}})$; (ii) 此向量"垂直"于 $\boldsymbol{a}$ 和 $\boldsymbol{b}$, 也即有"内积"关系 $(\boldsymbol{a} \times \boldsymbol{b}, \boldsymbol{a}) = (\boldsymbol{a} \times \boldsymbol{b}, \boldsymbol{b}) = 0$; (iii) 其指向按"右手法则"确定, 也即右手从 $\boldsymbol{a}$ 沿小于 90° 角转向 $\boldsymbol{b}$ 时, 大拇指所指定的方向. 此外, 还定义: $\boldsymbol{a} \times \boldsymbol{0} = \boldsymbol{0}$.)

从上面的定义 4 并注意到前面的定义 3, 不难得到下面注的结论.

注 5　定义 3 中定义的"光滑曲面" Σ 必为"正则曲面"(也即 Σ 上所有点均为"正则点"). 事实上, 只要注意到 (二) 中的关系式 (7), 由该式可知, 过 Σ 上点 $\boldsymbol{p}_0$ 的任一条 (Σ 上的) 曲线 Γ, 其在 $\boldsymbol{p}_0$ 点的切向量均垂直于隐函数 F 在 $\boldsymbol{p}_0$ 点的"梯度" $\nabla F(\boldsymbol{p}_0) \triangleq \left(\dfrac{\partial F}{\partial x}(\boldsymbol{p}_0), \dfrac{\partial F}{\partial y}(\boldsymbol{p}_0), \dfrac{\partial F}{\partial z}(\boldsymbol{p}_0)\right)$. 而再从定义 3—$\Sigma$ 为"光滑曲面"的定义, 可知 $\nabla F(\boldsymbol{p}) \neq 0 (\forall\ \boldsymbol{p} \in G)$. 因此, 曲面 Σ 在任何一点均有非零的"法向量", 故其为"正则曲面". 此外, 从定义当然亦知: 对于正则曲面, 在其面上的任一点均有切平面和法向量.

本段 (本节) 的最后再来对法向量作一些讨论. 首先, 从上面定义 4 中的关系式 (11), 并注意前面的关系式 (9) 和 (10), 以及向量积, 可得: 在上述空间 $\mathbb{R}^3$ 中, 由参变量决定的曲面 $\Sigma : \boldsymbol{r} = \boldsymbol{r}(u, v)$, 在其任一点 $\boldsymbol{p} \triangleq (u, v)$ 的"法向量"

$$\frac{\partial \boldsymbol{r}}{\partial u}(u, v) \times \frac{\partial \boldsymbol{r}}{\partial v}(u, v) = \left(\frac{\partial(y, z)}{\partial(u, v)}, \frac{\partial(z, x)}{\partial(u, v)}, \frac{\partial(x, y)}{\partial(u, v)}\right), \tag{12}$$

这里, 后者均表示 Jacobi"行列式".

而此法向量的长度, 由"向量积"与"内积"的关系可以导出

$$\|\boldsymbol{r}_u \times \boldsymbol{r}_v\|^2 = \|\boldsymbol{r}_u\|^2 \cdot \|\boldsymbol{r}_v\|^2 - (\boldsymbol{r}_u, \boldsymbol{r}_v)^2.$$

(上面的关系式是初等的, 只要注意到: 对于两个向量 $\boldsymbol{a} = (a_1, a_2, a_3)$ 及 $\boldsymbol{b} = (b_1, b_2, b_3)$, 有以下关系式

$$\boldsymbol{a} \times \boldsymbol{b} = \begin{vmatrix} a_2 & a_3 \\ b_2 & b_3 \end{vmatrix} \boldsymbol{e}_1 + \begin{vmatrix} a_3 & a_1 \\ b_3 & b_1 \end{vmatrix} \boldsymbol{e}_2 + \begin{vmatrix} a_1 & a_2 \\ b_1 & b_2 \end{vmatrix} \boldsymbol{e}_3 = \begin{vmatrix} \boldsymbol{e}_1 & \boldsymbol{e}_2 & \boldsymbol{e}_3 \\ a_1 & a_2 & a_3 \\ b_1 & b_2 & b_3 \end{vmatrix},$$

从而不难验证.)

由此得到“微分几何”中十分重要的称之为曲面 Σ 的**第一基本量**之三个数如下:

$$
\begin{aligned}
E &\triangleq \|\boldsymbol{r}_u\|^2 = \left(\frac{\partial x}{\partial u}\right)^2 + \left(\frac{\partial y}{\partial u}\right)^2 + \left(\frac{\partial z}{\partial u}\right)^2, \\
F &\triangleq (\boldsymbol{r}_u, \boldsymbol{r}_v) = \frac{\partial x}{\partial u}\frac{\partial x}{\partial v} + \frac{\partial y}{\partial u}\frac{\partial y}{\partial v} + \frac{\partial z}{\partial u}\frac{\partial z}{\partial v}, \\
G &\triangleq \|\boldsymbol{r}_v\|^2 = \left(\frac{\partial x}{\partial v}\right)^2 + \left(\frac{\partial y}{\partial v}\right)^2 + \left(\frac{\partial z}{\partial v}\right)^2.
\end{aligned} \tag{13}
$$

有了上面的约定, 从前面关系式便可得到: 曲面法向量的长度亦可由上面第一基本量表出为

$$\|\boldsymbol{r}_u \times \boldsymbol{r}_v\| = \sqrt{EG - F^2}. \tag{14}$$

由此可知此相应的**单位法向量**, 当记为 $\boldsymbol{n}$ 时, 从 (12) 和 (14) 式则可得到

$$\boldsymbol{n} \triangleq \frac{\boldsymbol{r}_u \times \boldsymbol{r}_v}{\|\boldsymbol{r}_u \times \boldsymbol{r}_v\|} = \frac{1}{\sqrt{EG - F^2}}\left(\frac{\partial(y,z)}{\partial(u,v)}, \frac{\partial(z,x)}{\partial(u,v)}, \frac{\partial(x,y)}{\partial(u,v)}\right). \tag{15}$$

注 6 由于当 $\boldsymbol{n}$ 为单位法向量时, 显然 $-\boldsymbol{n}$ 亦为单位法向量, 因此, 只要曲面 Σ 没有“定向”时, 可以任取 $\pm\boldsymbol{n}$ 作为其单位法向量.

此外, 下面将要来研讨曲面 Σ 在其上任意一点的法向量与曲面方程参数表示式的关系. 回忆在 6.2 节注 6 中曾经讲过: 一个多元函数的“梯度”(向量) 是与空间“坐标的选择”无关的. 类似地, 由于曲面 Σ 在一点的法向量完全是由曲面自身的“几何形态”所确定的, 当然不应当依赖于曲面参数方程之“参数的选择”. 因此, 不要从上面法向量的公式 (12) 或单位法向量公式 (15) 误以为其与参数选择有关. 下面将要对此一事实予以严格证实, 有如下的定理:

定理 2 任何正则曲面, 在其面上的任何一点, 曲面的法向量除了“指向”外, 与曲面参数方程中之参数的选择无关.

证明 假设曲面 Σ 有两种参数表示:

$$\Sigma: \boldsymbol{r} \triangleq \boldsymbol{r}(u,v), (\forall\ (u,v) \in (\text{区域})\ D), \quad \text{以及} \quad \boldsymbol{r} \triangleq \boldsymbol{r}(s,t), (\forall\ (s,t) \in (\text{区域})\ \widetilde{D}).$$

由于在上面两参数方程下, 代表的均为同一个曲面 Σ, 因而“正则性”不变. 由此, 可以假设, 双参数 (u,v) 与 (s,t) 有一种“双方单值”的对应关系, 设此对应为

$$\begin{cases} u = u(s,t), \\ v = v(s,t), \end{cases} \qquad \forall\ (s,t) \in \widetilde{D},$$

且有 $u, v \in C^{(1)}(\widetilde{D})$, 那么, $\boldsymbol{r} = \boldsymbol{r}(u,v)$ 则为 (s,t) 的复合向量值函数

$$\boldsymbol{r} = \boldsymbol{r}(u(s,t), v(s,t)), \qquad \forall\ (s,t) \in \widetilde{D}.$$

这样, 由复合函数求导法则, 则可导出

$$\frac{\partial \boldsymbol{r}}{\partial s}\times\frac{\partial \boldsymbol{r}}{\partial t}=\left(\frac{\partial \boldsymbol{r}}{\partial u}\frac{\partial u}{\partial s}+\frac{\partial \boldsymbol{r}}{\partial v}\frac{\partial v}{\partial s}\right)\times\left(\frac{\partial \boldsymbol{r}}{\partial u}\frac{\partial u}{\partial t}+\frac{\partial \boldsymbol{r}}{\partial v}\frac{\partial v}{\partial t}\right)=\left(\frac{\partial u}{\partial s}\frac{\partial v}{\partial t}-\frac{\partial u}{\partial t}\frac{\partial v}{\partial s}\right)\left(\frac{\partial \boldsymbol{r}}{\partial u}\times\frac{\partial \boldsymbol{r}}{\partial v}\right),$$

也即, 下面关系式:

$$\boldsymbol{r}_s\times\boldsymbol{r}_t=\frac{\partial(u,v)}{\partial(s,t)}(\boldsymbol{r}_u\times\boldsymbol{r}_v),\qquad \forall\ (s,t)\in\widetilde{D}.$$

注意到 Σ 在 (u,v) 或 (s,t) 参数的表示下均是正则曲面. 因此, 上述 Jacobi 行列式 $\dfrac{\partial(u,v)}{\partial(s,t)}\neq 0$. 此外, 从上面两向量积关系式, 以及 (12) 式则可知: 曲面 Σ 在上面两对参数的表示下, 法向量不变, 而其"指向"则由上述 Jacobi 行列式的"正负号"来决定. □

索　　引